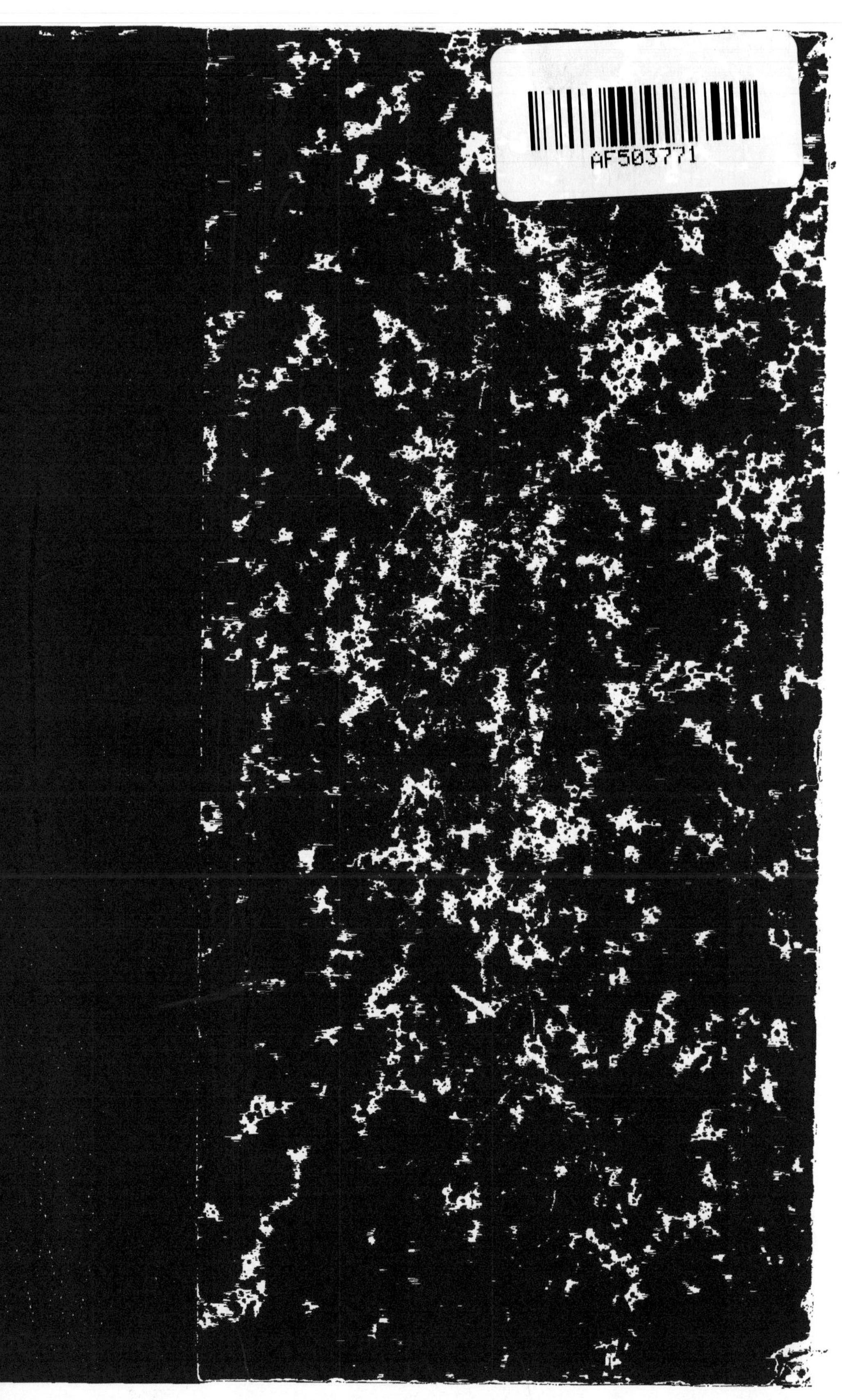
AF503771

# OEUVRES COMPLÈTES

# DE BUFFON

—

## XII

PARIS. — IMPRIMERIE V<sup>ve</sup> P. LAROUSSE ET C<sup>ie</sup>
19, RUE MONTPARNASSE, 19

# ŒUVRES

## COMPLÈTES

# DE BUFFON

## NOUVELLE ÉDITION

ANNOTÉE ET PRÉCÉDÉE D'UNE INTRODUCTION SUR BUFFON

ET SUR LES PROGRÈS DES SCIENCES NATURELLES DEPUIS SON ÉPOQUE

### PAR J.-L. DE LANESSAN

Professeur agrégé d'histoire naturelle à la Faculté de médecine de Paris

SUIVIE DE LA

## CORRESPONDANCE GÉNÉRALE DE BUFFON

RECUEILLIE ET ANNOTÉE PAR M. NADAULT DE BUFFON

OUVRAGE ILLUSTRÉ

## DE 160 PLANCHES GRAVÉES SUR ACIER ET COLORIÉES A LA MAIN

ET DE 8 PORTRAITS GRAVÉS SUR ACIER

## TOME DOUZIÈME

TABLE ANALYTIQUE GÉNÉRALE

DÉPÔT LÉGAL
Seine
N° 737
1885

## PARIS

### LIBRAIRIE ABEL PILON

A. LE VASSEUR, SUCC", ÉDITEUR

33, RUE DE FLEURUS, 33

# ŒUVRES COMPLÈTES

# DE BUFFON

## TABLE
## ANALYTIQUE ET RAISONNÉE
### DES MATIÈRES CONTENUES DANS L'OUVRAGE [1]

## A

ABEILLES. Examen de la prétendue intelligence des abeilles. T. IV, p. 457 et suiv. — La société des abeilles n'est qu'un assemblage physique, ordonné par la nature, et indépendant de toute vue, etc.; preuve de cette assertion. P. 459. — Raison pourquoi les cellules des abeilles sont hexagones. P. 461 et suiv. — La régularité des ouvrages des abeilles ne dépend que du nombre et nullement de l'intelligence de ces petites bêtes. P. 462. — Raison pourquoi les abeilles ramassent et font plus de cire et de miel qu'il ne leur en faut. P. 463. — Elles ne travaillent que par un sentiment aveugle; on peut les obliger à travailler, pour ainsi dire, autant que l'on veut: tant qu'il y a des fleurs dans le pays qu'elles habitent, elles ne cessent d'en tirer le miel et la cire; elles ne discontinuent leur travail et ne finissent leur récolte que parce qu'elles ne trouvent plus rien à ramasser. On a imaginé de les transporter et de les faire voyager dans d'autres pays, où il y a encore des fleurs, alors elles reprennent le travail, elles continuent à ramasser, à entasser jusqu'à ce que les fleurs de ce nouveau canton soient épuisées ou flétries, etc. P. 465 et suiv.

ABIMES, profondeurs énormes, qui se trouvent dans certaines montagnes, et surtout dans les plus élevées; ce sont d'anciennes bouches de volcans. T. I, p. 274.

ABIME du mont Ararat. T. I, p. 274.

ABSOLU. Il n'y a rien d'absolu dans la nature, rien de parfait, rien d'absolument grand, rien d'absolument petit, rien d'entièrement nul, rien de vraiment infini. T. II, p. 219.

ABSTINENCE (l') de toute chair, loin de convenir à la nature de l'homme, ne peut que la détruire. T. IX, p. 68.

ABSTRACTION, selon nous, est le simple des choses, et la difficulté de les réduire à cette abstraction fait le composé. T. I, p. 436.

ABSTRACTIONS, sont des échafaudages pour soutenir notre jugement. T. I, p. 436. — Puissance réelle attribuée aux abstractions, est le plus grand abus qu'on pût faire de la raison, et le plus grand obstacle qu'on pût mettre à l'avancement de nos connaissances. P. 436.

ABSTRACTIONS *mentales* (nos) ne sont que des êtres négatifs, qui n'existent même intellectuellement que par le retranchement que nous faisons des qualités sensibles aux êtres réels. T. I, p. 467.

ABSTRACTION. Difficultés que les abstractions produisent dans les sciences. T. XI, p. 342. — Utilité de ces mêmes abstractions. P. 344 et suiv.

ABYSSINS. Leur manière d'écrire est plus lente que celle des Arabes. T. XI, p. 272. — Il se vend tous les ans à Moka et dans les autres ports de l'Arabie plus de quatre mille jeunes filles abyssines, toutes desti-

(1) Cette table a été rédigée par Buffon lui-même. Elle peut être considérée comme un résumé de toutes les idées et de tous les faits exposés dans l'*Histoire naturelle*.

nées pour les Turcs ; elles ont néanmoins la peau basanée. T. XI, p. 270.

ACACAHOACTLI, oiseau indiqué par Nieremberg, auquel on a mal à propos donné le nom de *martin-pêcheur*, et qui paraît être une espèce de cigogne ou de jabiru. T. VII, p. 520.

ACACAHOACTLI (l'), de Fernandez, paraît devoir se rapporter au genre du héron ou du butor. T. VIII, p. 464.

ACALOT, espèce de courlis qui se trouve au Mexique ; description des parties extérieures de son corps et des couleurs de son plumage. T. VIII, p. 185.

ACATÉCHILI, oiseau du Mexique dont l'espèce est voisine de celle du tarin. T. VI, p. 279.

ACCOUCHEMENT (explication de l'). T. IV, p. 360 et suiv. — Vraies et fausses douleurs de l'accouchement, manière de les distinguer. P. 361 et suiv. — Conjectures sur la cause des douleurs par accès qui précèdent l'accouchement. P. 361 et suiv. — Il arrive quelquefois que le fœtus humain sort de la matrice sans déchirer les membranes qui l'enveloppent, et par conséquent sans que la liqueur qu'elles contiennent se soit écoulée : cet accouchement paraît être le plus naturel, et ressemble à celui de presque tous les animaux. P. 362. — Temps ordinaires de l'accouchement naturel s'étendent à vingt jours, c'est-à-dire depuis huit mois et quatorze jours jusqu'à neuf mois et quatre jours. P. 370. — Arrive à la dixième période des règles. P. 370. — Limites des temps de l'accouchement. P. 370 et suiv. — Causes occasionnelles de l'accouchement. P. 371 et suiv. — La cause physique de l'accouchement est le retour des menstrues ; explication et preuves de cette assertion. P. 373 et suiv.

ACCOUPLEMENT d'animaux d'espèces différentes desquels il n'a rien résulté. T. IV, p. 524. — Il est souvent arrivé que plusieurs animaux d'espèces différentes se sont accouplés librement et sans y être forcés, et néanmoins ces unions volontaires n'ont pas été prolifiques. Exemple à ce sujet. P. 525 et suiv.

ACCOUPLEMENT, ne se fait que d'une façon parmi les oiseaux, seulement la femelle s'accroupit dans certaines espèces, comme fait la poule, ou elle reste debout, comme celle du moineau : dans tous les cas il est très court et très fréquent, mais surtout dans le second cas. T. V, p. 44. — Les quadrupèdes au contraire semblent avoir épuisé toutes les situations possibles ; la femelle du chameau s'accroupit, celle de l'éléphant se renverse sur le dos, les hérissons s'accouplent face à face, debout ou couchés, les chevaux, les taureaux, les béliers, comme chacun sait ; les singes de toutes les façons. *Ibid.* — Accouplement du coq. P. 295. — Du tétras. P. 360. — Fable sur l'accouplement de la gelinotte. P. 376.

ACCROISSEMENT (l') et le développement de l'animal ou du végétal se fait par l'extension du moule dans toutes ses dimensions extérieures et intérieures, par l'intus-susception d'une matière accessoire et étrangère qui pénètre dans l'intérieur, qui devient semblable à la forme et identique avec la matière du moule. T. IV, p. 169. — Dans le temps de l'accroissement et du développement, les êtres organisés ne peuvent encore produire ou ne produisent que peu : raison de cet effet. P. 171. — Une chose remarquable dans l'accroissement du corps de l'homme, c'est que le fœtus dans le sein de la mère croît toujours de plus en plus jusqu'à sa naissance, et que l'enfant depuis sa naissance croît toujours de moins en moins jusqu'à l'âge de puberté, auquel il croît, pour ainsi dire, tout à coup, et arrive en fort peu de temps à la hauteur qu'il doit avoir toujours. T. XI, p. 24. — Dans les animaux comme dans les végétaux, l'accroissement en hauteur est celui qui est achevé le premier ; exemple à ce sujet. T. XI, p. 76.

ACCROISSEMENT. Table de l'accroissement successif d'un jeune homme, depuis le moment de sa naissance jusqu'à l'âge de près de dix-huit ans. T. XI, p. 224. — L'accroissement du corps humain se fait plus promptement en été qu'en hiver, surtout depuis l'âge de cinq ans, P. 226. — Exemples d'accroissement très prompt dans quelques enfants. *Ibid.* et suiv.

ACHBOBBA ou *Sacre d'Égypte*, oiseau qui se voit en troupes sur les sables aux environs des pyramides d'Égypte, vit principalement de charogne ; est peut-être l'épervier d'Égypte auquel les Égyptiens rendaient un culte religieux, et dont les yeux soutiennent l'éclat du soleil. T. V, p. 94 et 95.

ACIDE *aérien*. Décompose la surface des cailloux exposés aux impressions de l'air, et convertit, avec le temps, toutes les pierres vitreuses en terre argileuse. T. III, p. 533.

ACIDE *aérien* (l'), auquel les chimistes récents ont donné le nom d'*acide méphitique*, n'est que de l'air fixe, c'est-à-dire de l'air fixé par le feu ; c'est l'acide primitif ou le premier principe salin. Preuve de cette assertion. Par son union avec la terre vitreuse, il a pris plus de masse et acquis plus de puissance, et il est devenu acide vitriolique. T. III, p. 110. — Ce même acide aérien, par son union avec les substances métalliques, a formé l'acide arsenical ou l'arsenic ; et ensuite, par son union avec les matières calcaires, cet acide aérien a formé l'acide marin, et enfin ce même acide aérien est entré dans la composition de tous les corps organisés, et, se combinant avec leurs principes, il a formé, par la fermentation, les acides animaux et végétaux, et l'acide nitreux par la putréfaction de leurs détriments. *Ibid.* — Effets de l'acide aérien sur toutes les substances métalliques terreuses, végétales et animales, et sur l'eau, ainsi que les autres liquides. P. 110. — Il est non seulement le seul et vrai principe de tous les acides, mais aussi de tous les alcalis, tant minéraux que végétaux et animaux. *Ibid.* — Il altère tous les sucs extraits des végétaux, il produit le vinaigre et le tartre, il forme dans les animaux l'acide auquel on a donné le nom d'*acide phosphorique*. — Il produit aussi tous les acides des végétaux. P. 111. — Preuves particulières que l'acide aérien est l'acide primitif, et qu'il a existé le premier. P. 117. — Combinaisons de l'acide aérien avec les matières solides et liquides, et son union avec les substances animales et végétales. P. 140 et 141.

ACIDE *animal* (l') appartient aux végétaux comme aux animaux. Preuves de cette assertion. T. III, p. 112. — Cet acide, de même que celui que l'on tire des végétaux, provient de l'acide aérien. P. 141. — Les propriétés les mieux constatées et les plus évidentes de l'acide animal sont les mêmes que celles de l'acide végétal, et démontrent suffisamment que le principe salin est le même dans les uns et les autres; c'est également l'acide aérien différemment modifié par la végétation ou par l'organisation animale. P. 143.

ACIDE *du vinaigre*. Sa formation, ses propriétés, sa concentration. T. III, p. 141.

ACIDE *marin*. Propriétés qui le distinguent des autres acides minéraux. T. III, p. 148 et 149. — Ses différentes combinaisons. P. 149. — Ses rapports avec l'acide vitriolique et l'acide nitreux, et ses combinaisons avec différentes matières. P. 168 et 169.

ACIDE *nitreux*. Ses rapports avec l'acide vitriolique et l'acide marin, et ses autres propriétés. La pesanteur spécifique de l'acide nitreux n'est que de moitié plus grande que celle de l'eau pure. L'acide aérien réside en grande quantité dans l'acide nitreux. Preuve de cette assertion. T. III, p. 170. — Ses ressemblances avec l'acide sulfureux, et ses différences avec l'acide vitriolique. P. 171. — Raison pourquoi, en présentant le phlogistique à l'acide du nitre, il ne se forme point de soufre nitreux. P. 171.

ACIDE *phosphorique*. C'est le nom que les chimistes récents ont donné à l'acide qu'ils ont tiré, non seulement de l'urine et des excréments, mais même des os et des autres parties solides des animaux; il tire sa première origine de l'acide aérien. T. III, p. 144.

ACIDE *sulfureux volatil*. Sa différence avec l'acide vitriolique fixe. Il paraît être l'une des nuances que la nature a mises entre l'acide vitriolique et l'acide nitreux. T. III, p. 126.

ACIDE *végétal*. Son origine. T. III, p. 141. — Ses propriétés, qui sont les mêmes que celles de l'acide animal. P. 143.

ACIDE *vitriolique*, raison pourquoi cet acide n'agit point sur les substances vitreuses. T. III, p. 117. — Ses qualités, ses rapports et sa nature. Sa substance est composée d'air et de feu unis à la terre vitrifiable, et à une très petite quantité d'eau qu'on lui enlève aisément par la concentration. P. 119. — Matières dont on tire l'acide vitriolique. P. 120. — Cet acide est le plus fort et le plus puissant de tous les acides; il a saisi les terres argileuses et les matières calcaires, et il se manifeste dans les premières sous la forme d'alun, et dans les dernières sous la forme de sélénite. P. 136. — Ses différentes combinaisons avec les alcalis et avec la magnésie. P. 136. — Combinaisons de l'acide vitriolique avec les huiles, et formation des bitumes, dans lesquels cet acide est toujours pleinement saturé. P. 137. — Raison pourquoi on ne trouve nulle part cet acide dans son état de pureté et sous sa forme liquide; lorsqu'il est bien déphlegmé il pèse spécifiquement plus du double de l'eau. P. 140.

ACIDES (les) viennent en grand partie de la décomposition des substances minérales ou végétales. Preuve de cette assertion. T. II, p. 232. — Ils ne doivent leur liquidité qu'à la quantité d'air et de feu qu'ils contiennent. P. 257. — Contiennent toujours une certaine quantité d'alcali. P. 258.

ACIDES et ALCALIS. Il y a plus de terre et moins d'eau dans les alcalis, et plus d'eau et moins de terre dans les acides. T. II, p. 257.

ACIDES NITREUX (les) contiennent une grande quantité d'air et de feu fixes. T. II, p. 232.

ACIDES. Tous les acides, de quelque espèce qu'ils soient, peuvent être convertis en acide aérien, et cette conversion doit être réciproque et commune; de sorte que tous les acides ont pu être formés par l'acide aérien, puisque tous peuvent être ramenés à la nature de cet acide. T. III, p. 119.

ACIDES et ALCALIS. La production des acides et des alcalis a nécessairement précédé la formation des sels, qui tous supposent la combinaison de ces mêmes acides ou alcalis, avec une matière terreuse ou métallique, laquelle leur sert de base et contient toujours une certaine quantité d'eau qui entre dans la cristallisation de tous les sels. T. III, p. 117.

ACIDES. Le fer dissous par les acides cesse d'être attirable à l'aimant, mais il reprend cette propriété lorsqu'on fait exhaler ces acides par le moyen du feu. T. IV, p. 116.

ACIER. On peut faire de l'acier de la meilleure qualité sans employer du fer comme on le fait communément, mais seulement en faisant fondre la mine à un feu long et gradué. Preuve de cette vérité par l'expérience. T. II, p. 294.

ACIER. Manière de faire l'acier par la cémentation du fer. T. III, p. 230. — Pour faire

ridionale, suivant M. le capitaine Gordon, aucun quadrupède qui perde les cornes, et il n'y a par conséquent ni élans, ni cerfs, ni chevreuils. *Add.*, t. X, p. 477.

AGAMI (l') n'est point le *caracara* de Marc-grave, ni le faisan du P. Dutertre. Ce n'est pas non plus un oiseau d'eau. T. VI, p. 354 et suiv. — Il doit plutôt être rangé parmi les gallinacés. Sa description. P. 355. — Son singulier, sourd et profond que cet oiseau fait entendre. Discussion critique à ce sujet, et explication de cet effet. P. 357. — Habitudes de l'agami dans l'état de domesticité. P. 358. — Ses habitudes dans l'état de nature. P. 359. — Il pond des œufs en grand nombre, depuis dix jusqu'à seize. Non seulement il s'apprivoise très aisément, mais il s'attache avec autant d'empressement et de fidélité que le chien, et il est très jaloux contre ceux qui s'approchent de la personne de son maître. P. 359. — Il est aussi supérieur à cet égard aux autres oiseaux que le chien l'est aux autres animaux ; on pourrait en tirer une grande utilité en les multipliant. P. 361.

AGAMI, susceptible d'éducation presque autant que le chien. T. VIII, p. 77.

AGATE. Les agates et cailloux herborisés n'ont pas une aussi grande densité que les agates et cailloux qui ne présentent point d'herborisations. T. III, p. 331.

AGATES. Le fond de leur substance est de la même essence que celle du quartz. T. III, p. 498. — Elles sont produites par le sédiment de la stillation des eaux. P. 498. — Agates en grand volume, leur formation. P. 498. — Variétés dans les couleurs et dans la disposition des lits dont sont composées les agates. P. 498. — Elles se trouvent dans toutes les parties du monde, et dans tous les terrains où le quartz domine. P. 500. — La pesanteur spécifique des agates en général est un peu moindre que celle du cristal de roche. P. 498. — Quelques agates contiennent de l'eau en quantité même assez sensible, et que l'on peut recueillir en les cassant. P. 456 et 498. — Agates œillées. P. 503. — Agates herborisées. P. 500. — Pétrifications d'os et de bois en agates. P. 500. — Les agates onyx sont composées de couches ou de lits de différentes couleurs. P. 503. — Les plus belles agates onyx se trouvent en Orient, et particulièrement en Arabie. P. 504.

AGATES JASPÉES. Voyez *Jaspes agatés.* T. III, p. 523.

AGE. L'âge d'or de la morale, ou plutôt de la Fable, n'était que l'âge de fer de la physique et de la vérité. T. II, p. 2.

AGE. Peinture de l'homme moral dans la jeunesse et dans le moyen âge. T. XI, p. 448 et 449.

AGE de puberté. Voyez *Puberté.*

AGNEAU. Le jeune agneau, dans un nombreux troupeau, trouve et saisit la mamelle de sa mère, sans jamais se méprendre, ce qui prouve que l'instinct des animaux est d'autant plus sûr qu'il est plus machinal et pour ainsi dire plus inné. T. VIII, p. 554. — Choix des agneaux que l'on veut élever et nourrir. P. 555. — En quel temps se doit faire la castration des agneaux ; deux manières dont se fait cette opération. Comment il faut traiter l'agneau après la castration. P. 555.

AGOUTI. Ses caractères et ses habitudes naturelles. T. IX, p. 163. — La chair de l'agouti est assez bonne à manger, et on la prépare comme celle du cochon de lait. *Ibid.* — Manière de chasser et de prendre l'agouti. Lorsqu'on le prend jeune, il s'apprivoise aisément ; il reste à la maison, et lorsqu'il en sort il revient de lui-même. La femelle de l'agouti prépare un lit à ses petits ; elle produit deux ou trois fois par an. P. 164. — L'agouti est un animal particulier à l'Amérique, et ne se trouve pas dans l'ancien continent. Courte description de l'agouti. P. 164.

AGOUTI. L'espèce de cet animal est très nombreuse dans les terres de la Guyane, et sur le bord de la rivière des Amazones. Habitudes naturelles de cet animal. *Add.*, t. X, p. 355.

AGRIPENNE. Voyez *Ortolan* de riz.

AGROLLE, nom donné dans le Bourbonnais à la corbine. T. V, p. 560.

AHU. Description de l'ahu. C'est le même animal que le tzeiran. T. IX, p. 472.

AÏ. Quelques habitudes naturelles de cet animal. *Add.*, t. X, p. 361.

AÏ, espèce de quadrupède qui se meut lentement et qui a la vue basse comme les autres *paresseux.* T. V, p. 16. — Voyez *Mouvement, Vue.*

AIGLE, s'élève au-dessus des nuages. T. V, p. 17. — L'aigle, noble et généreux, est parmi les oiseaux le représentant du lion. P. 32 et 50. — Pour l'empêcher de s'élever trop haut, il ne faut que lui dégarnir le ventre, il devient alors trop sensible au froid pour s'élever à la hauteur où on le perd de vue. P. 35. — Aigle diffère du vautour en ce qu'il a la tête couverte de plumes, et le vautour d'un simple duvet ; diffère des éperviers, buses, milans et faucons, par la forme du bec. P. 47. — Ne pond que deux œufs. P. 47. — Réduction du genre de l'aigle à trois espèces, avec des variétés. P. 50. — Les anciens savaient que les aigles de races différentes se mêlent volontiers et produisent ensemble. P. 51. — On n'en reconnaît ici que trois espèces : 1° l'aigle doré, ou grand aigle ; 2° l'aigle commun, ou moyen ; 3° l'aigle tacheté, qui s'appelle ici *le petit aigle.* P. 50. — Les aigles peuvent se passer longtemps de nourriture; se tiennent rarement dans les petites îles et les presqu'îles étroites, parce qu'ordinairement ils y trouvent moins de proie. P. 59. — Observations anatomiques. P. 61. — Aigle comparé au vautour. P. 84. — Au percnoptère. P. 86. — Le grand aigle, appelé aussi *aigle royal, aigle roux, aigle fauve, aigle noble*, est le plus grand de tous, a 8 pieds 1/2 de vol, et pèse jusqu'à dix-huit livres; a l'œil jaune, étincelant, enfoncé dans l'orbite; le bec et les ongles très forts; le cri effrayant, le corps robuste, les os fermes, la chair dure, les plumes rudes, l'attitude fière, les mouvements brusques, le vol rapide; c'est de tous les oiseaux celui qui s'élève le plus haut, et par cette raison les anciens lui ont donné les noms d'*oiseau céleste*, de *messager de Jupiter*; a la vue perçante, et n'a que peu d'odorat; emporte grues, oies, lièvres, agneaux, chevreaux, etc. Lorsqu'il attaque les faons, les veaux, etc., c'est pour les dévorer sur place, et en emporter des lambeaux dans son aire. P. 55. — Tue quelquefois, dit-on, le plus faible ou le plus vorace de ses petits. P. 55. — Est sujet à blanchir en vieillissant, surtout dans l'esclavage et par les maladies; aiguise son bec, qui ne croît pas sensiblement pendant plusieurs années; à défaut de chair, mange du pain, des reptiles, boit rarement, surtout lorsqu'il peut se désaltérer dans le sang; difficile à apprivoiser. P. 56. — On s'en servait cependant autrefois pour la chasse au vol. P. 54. — Attaque, lorsqu'il est dressé, les renards et les loups. P. 56. — Paraît fixé aux pays tempérés et chauds de l'ancien continent. P. 54. — Devient gras l'hiver; sa chair ne sent pas le sauvage. P. 53. — Jette de temps en temps un cri aigu. P. 56.

AIGLE à queue blanche. Voyez *Pygargue* et *Soubuse*.

AIGLE commun, cette espèce est composée de deux variétés, qui sont l'*aigle brun* et l'*aigle noir*; c'est le Μελαινάετος d'Aristote; est plus petit que le grand aigle, plus sujet à varier pour le plumage; crie plus rarement, élève des petits plus longtemps et les conduit dans leur jeunesse; préfère les lièvres à toute autre proie, d'où lui est venu le nom d'*aigle aux lièvres*; se plaît dans les pays froids, se trouve dans les deux continents; cette espèce est plus nombreuse que celle du grand aigle. T. V, p. 57. — On l'a dressé autrefois en France pour la fauconnerie, ainsi que le grand aigle. P. 60. — Les mâles sont préférés pour cela, quoique les femelles soient plus grandes, plus fortes et plus courageuses dans l'état de nature. P. 60. — Les mâles au printemps cherchent à fuir pour trouver une femelle; précaution qu'on prend pour les retenir. *Ibid.* — Leurs manières de voler indiquent s'ils cherchent ou non à s'enfuir. *Ibid.* — L'aigle dressé pour la chasse se jette sur d'autres oiseaux de proie. *Ibid.* — Le mâle et la femelle semblent chasser de concert dans l'état de nature. *Ibid.* — L'aigle commun est le plus valeureux et le plus diligent. P. 63.

AIGLE (petit), tacheté, a quatre pieds de vol, est le plus faible et le plus criard, se trouve partout dans l'ancien continent; un épervier suffit pour l'abattre. T. V, p. 59 et suiv. — N'a jamais été dressé pour les fauconneries. P. 60. — Chasse ses petits du nid, comme le grand aigle et le pygargue, ce qui indique que ces trois espèces sont plus voraces et plus paresseuses que l'aigle commun, qui soigne, nourrit, élève ses petits, les instruit à chasser et ne les émancipe que lorsqu'ils sont en état de se pourvoir eux-mêmes. P. 63. — Les aigles vivent longtemps sans manger, jusqu'à cinq semaines et plus. P. 61. — Différences des aigles et du pygargue. P. 63. — Ce que l'on a tant dit des aigles, qu'ils forcent leurs petits à regarder le soleil, et tuent ceux qui ne peuvent en soutenir l'éclat, n'a été que répété d'après Aristote qui avait mis cette tradition équivoque sur le compte du balbuzard. P. 67. — Comparaison de l'aigle et du jean-le-blanc. P. 75.

AIGLE d'Amérique (petit), se trouve dans la partie méridionale de ce continent, n'a que dix-huit pouces de longueur; a sous la gorge et sous le cou une large plaque d'un rouge pourpré. T. V, p. 82.

AIGLE de Pondichéry *ou* l'aigle Malabare, l'un des plus beaux oiseaux du genre des oiseaux de proie, adoré par les Malabares; est une fois plus petit que le plus petit des aigles; ressemble au balbuzard par le beau bleuâtre qui entoure la base du bec; au pygargue par ses pieds jaunes; réunit sur son bec les couleurs du bec du pygargue et de l'aigle. T. V, p. 79 et 80.

AIGLE d'Orénoque *ou* l'Ouroutaran, *ou* l'Ysquautzli, plus petit que l'aigle commun; approche du petit aigle par son plumage. T. V, p. 80 et suiv. — A une huppe noire, haute de deux pouces; l'iris d'un jaune vif, la peau de la base du bec et les pieds jaunes, les jambes garnies de plumes jusqu'aux pieds. P. 80 et 81. — Le même que l'aigle du Pérou de Garcilasso, que l'aigle huppé de M. Edwards, venant d'Afrique, que l'aigle couronné de Guinée de Barbot. P. 81.

AIGLE du Brésil *ou* l'Urubitinga de Marcgrave, plus petit que l'aigle d'Orénoque, d'un brun noirâtre, sans huppe, ayant le bas des jambes et les pieds nus comme le pygargue. T. V, p. 82.

AIGLONS, il est rare d'en trouver trois dans le même nid; sont d'abord blancs, puis d'un jaune pâle, et enfin d'un jaune assez vif.

T. V, p. 56. — Les aiglons de l'aigle commun sont doux et assez tranquilles; ceux du grand aigle et du pygargue ne cessent de se battre dans le nid. P. 64.

**AIGRETTE** du paon. T. V, p. 400 et 412. — Du spicifère. P. 438 et 439.

**AIGRETTE**, petite espèce de héron blanc qui porte de longues plumes soyeuses sur le dos, et ces belles plumes servent à faire des aigrettes pour embellir et relever la coiffure des femmes. T. VII, p. 601. — Description de ces belles plumes. P. 602. — Description de l'oiseau. Il est plus brun que blanc dans le premier âge. C'est un des plus petits hérons. Ses dimensions. Ses habitudes naturelles. Il se trouve dans les deux continents. *Ibid.* — Et presque dans tous les pays du monde. P. 603.

**AIGRETTE** (la demi-), espèce de héron du nouveau continent, ainsi nommé parce qu'il n'a pas, comme les aigrettes, un panache aussi étendu sur le dos, mais seulement un faisceau de brins effilés qui lui dépassent la queue, et représentent en petit les touffes de l'aigrette. Description de la demi-aigrette et ses dimensions. T. VII, p. 604.

**AIGRETTE** (la grande) est un héron du nouveau continent. C'est la plus belle de toutes les espèces de hérons. Sa ressemblance avec l'aigrette d'Europe. Ses dimensions. Elle porte un magnifique parement de plumes soyeuses. Sa description; ses habitudes naturelles. T. VII, p. 603. — Elles ne vont pas en troupes comme les petites aigrettes. P. 604.

**AIGRETTE** (l') *rousse*, espèce de héron du nouveau continent. Ses dimensions et sa description. T. VII, p. 604.

**AIGRETTE** ou **MACAQUE CORNU**, est une variété dans l'espèce du macaque. T. X, p. 137.

**AIGUE-MARINE** (l') est une stalactite du quartz, un cristal de roche teint d'un vert bleuâtre ou d'un bleu verdâtre. T. III, p. 450.

**AIGUE-MARINE ORIENTALE**. Voyez *Buéryl*.

**AIGUILLE**. L'électricité des nuées a souvent troublé la direction de l'aiguille de la boussole. T. IV, p. 90.

**AIGUILLE AIMANTÉE**. Depuis 1580, la direction de l'aiguille aimantée s'est peu à peu portée vers l'ouest. T. IV, p. 104. — Son mouvement pourrait devenir rétrograde s'il se découvrait de grandes masses ferrugineuses dans le nord de l'Europe et de l'Asie. P. 104. — Si l'on soutient deux aiguilles aimantées l'une au-dessus de l'autre, et si on leur communique le plus léger mouvement, elles ne se fixent point dans la direction du méridien magnétique; mais elles s'en éloignent également des deux côtés, l'une à droite et l'autre à gauche. P. 119. — Les aiguilles aimantées des boussoles, présen-tent tous les phénomènes magnétiques d'une manière plus précise qu'on ne pourrait les reconnaître dans les aimants mêmes. P. 121. — L'aiguille aimantée déclinait à Paris de onze degrés trente minutes vers l'est en 1580; en 1663, elle se dirigeait droit aux pôles. P. 128. — Depuis 1663, elle s'est de plus en plus éloignée de la direction au pôle, en déclinant vers l'ouest. *Ibid.*

**AILES**, leur forme convexe en dessus et concave en dessous; leur fermeté, leur grande étendue et la force des muscles qui les font mouvoir, sont autant de moyens qui contribuent à la vitesse du vol. T. V, p. 30. — Le milan est un des oiseaux qui a les ailes les plus longues et qui sait le mieux s'en servir. P. 109. — Comment ont les ailes les oiseaux de chasse de la première classe, et ceux de la seconde. P. 128. — Ailes de l'autruche armées de piquants. P. 206.

**AILES** des oiseaux-mouches; leur couleur. T. VII, p. 41. — Leur forme dans l'espèce nommée *rubis*. P. 42. — Ailes de l'améthyste. P. 43. — Longues ailes de la perruche aux ailes chamarrées. P. 122. — La salangane a les ailes plus courtes que nos hirondelles. P. 399.

**AIMANT**. Raisons pourquoi l'aiguille aimantée se dirige toujours vers le nord, avec plus ou moins de déclinaison. T. II, p. 45. — Montagnes d'aimant; comment l'aimant se trouve et se tire dans ces montagnes d'aimant. P. 153 et suiv.

**AIMANT**. L'aimant, quoique aussi brut qu'aucun autre minéral, semble tenir à la nature active et sensible des êtres organisés. T. IV, p. 89. — L'aimant primordial n'est qu'une matière ferrugineuse, qui, ayant d'abord subi l'action du feu primitif, s'est ensuite aimantée par l'impression du magnétisme du globe. *Ibid.* — Les aimants s'attirent dans un sens et se repoussent dans le sens opposé; les corps électriques par eux-mêmes s'attirent et se repoussent aussi dans certaines circonstances. P. 89. — On peut diriger ou accumuler sur un ou plusieurs points la force magnétique; on peut de même diriger et condenser la force électrique. *Ibid.* — Aimant employé par M. l'abbé Le Noble pour la guérison de plusieurs maladies. P. 93. — L'aimant peut être considéré comme un corps perpétuellement électrique. P. 98. — Les mines de l'aimant primordial sont moins fusibles que les autres mines primitives de fer. P. 105. — L'aimant n'est qu'un minéral ferrugineux, qui a subi l'action du feu, et ensuite a reçu, par l'électricité générale du globe, son magnétisme particulier. *Ibid.* — L'aimant primordial est une mine de fer en roche vitreuse, qui a subi une plus violente ou plus longue impression du feu primitif que les autres mines de fer, et qui attire les matières ferrugineuses qui ont subi l'action du feu. *Ibid.* — Les aimants de seconde formation ne sont que des minéraux ferrugineux, provenant des détriments du fer en état métallique, et qui sont devenus magnétiques par la seule exposition à l'action de l'électricité générale. *Ibid.* — Les meilleurs aimants sont les plus pesants. P. 105. — L'aimant primordial n'a pas acquis au même instant son attraction et sa direction. P. 106. — Il a fallu peut-être le concours de deux circonstances pour la production des aimants primitifs; la première a été la situation et l'exposition constante, et la seconde une qualité différente dans la matière ferrugineuse, qui compose la substance de l'aimant. P. 108. — En ne jugeant les grandes propriétés de l'aimant que par les apparences, leurs effets sembleraient provenir de causes différentes. P. 109. — L'aimant était rare chez les Grecs. *Ibid.* — Du temps de Pline, il était devenu plus commun. *Ibid.* — Les aimants les plus puissants ne sont pas toujours les plus généreux. P. 111. — Un aimant attire le fer de quelque côté qu'on le présente, au lieu qu'il n'attire un autre aimant que dans un sens, et qu'il le repousse dans le sens opposé. P. 111. — Un aimant exerce sa force attractive dans tous les points de sa surface, mais fort inégalement. P. 116. — Les corps interposés diminuent beaucoup l'intensité de la force attractive de l'aimant sur le fer, lorsqu'ils empêchent leur contact. P. 116. — Un aimant agit de plus loin sur un autre aimant, ou sur le fer aimanté, que sur le fer qui ne l'est pas. P. 121. — Les aimants ne communiquent pas d'abord autant de force qu'ils en ont. P. 122. — L'aimant ou le fer aimanté ne perdent rien de leurs forces magnétiques, quoiqu'ils en communiquent à d'autres fers. *Ibid.* — Les aimants les plus forts communiquent ordinairement plus de vertu que les aimants plus faibles. P. 122.

**AIMANT.** Les mines primitives de l'aimant ne paraissent différer des autres roches de fer, qu'en ce qu'elles ont été exposées aux impressions de l'électricité de l'atmosphère, et qu'elles ont en même temps éprouvé une plus grande ou une plus longue action du feu, qui les a rendues magnétiques par elles-mêmes et au plus haut degré. T. III, p. 187. — Les pierres d'aimant sont de la même nature que les autres roches ferrugineuses. *Ibid.* — La direction de l'aimant ou de l'aiguille aimantée vers les pôles est un des effets de l'électricité du globe. P. 188.

**AIR.** L'attraction de la lune et du soleil cause dans l'air un mouvement de flux et de reflux qui est à peu près égal à celui du flux et du reflux des eaux de la mer; ce mouvement dans l'air est fort peu considérable en comparaison de ceux qui sont produits par la raréfaction et la condensation.

T. I, p. 190. — On remarque dans l'air des courants contraires; on voit des nuages qui se meuvent en même temps dans une direction contraire; cette contrariété de mouvements ne dure pas longtemps. P. 194.

**AIR.** Description des phénomènes et des propriétés générales de l'air. T. II, p. 199.

**AIR** (l'), quoique compressible, est néanmoins à peu près également dense à toutes les hauteurs dans l'atmosphère; preuves de cette assertion. *Add.*, t. I, p. 289. — La condensation de l'air par le froid, toujours plus grande à mesure qu'on s'élève davantage dans les hautes régions de l'atmosphère, doit compenser la diminution de la densité produite par la diminution de la charge ou poids incombant, et par conséquent l'air doit être aussi dense sur les sommets froids des montagnes que dans les plaines. *Ibid.*

**AIR** (l') est le premier aliment du feu, aliment nécessaire, sans lequel le feu ne peut subsister. Un petit point de feu, tel que celui d'une bougie allumée, absorbe une grande quantité d'air, et la bougie s'éteint au moment que la quantité ou la qualité de cet aliment lui manque. T. II, p. 228. — L'air est la plus fluide de toutes les matières connues, à l'exception du feu, qui est la cause de toute fluidité, et qu'on doit regarder comme plus fluide que l'air. Inductions tirées de la grande fluidité de l'air. P. 228. — L'air est, de toutes les matières connues, celle que la chaleur met le plus aisément en mouvement expansif. Il est tout près de la nature du feu. Pourquoi il augmente si fort l'activité du feu, et pourquoi il est nécessaire à sa subsistance. *Ibid.* — Manière dont le feu détruit le ressort de l'air. Explication de la façon dont l'air élastique devient fixe. L'air, étant raréfié par la chaleur, peut occuper un espace treize fois plus grand que celui de son volume ordinaire. P. 230. — L'air paraît être, de toutes les matières, celle qui peut exister le plus indépendamment du feu. Il lui faut infiniment moins de chaleur qu'à toute autre matière pour entretenir sa fluidité. Les plus grands froids et les plus fortes condensations ne peuvent détruire son ressort; la chaleur seule, en le raréfiant, est capable de cet effet. P. 243. — Dans quelles circonstances l'air peut reprendre son élasticité. Comment il la perd et la recouvre. Comment il devient une substance fixe et s'incorpore avec les autres corps. *Ibid.* — Manière dont il contribue à la chaleur animale. P. 245. — Explication de la manière dont l'air que les animaux respirent contribue à l'entretien de la chaleur animale. Comment il passe dans le sang des animaux. P. 247 et suiv. — Il fait partie très sensible de la nourriture des végétaux et se fixe dans leur intérieur. P. 249. — L'air contenu dans l'eau est dans un état moyen entre la fixité et l'élasticité. P. 251. — Il se sépare plus aisément de l'eau que de toute autre matière. P. 252. — Explication de la manière dont le froid et le chaud dégagent l'air contenu dans l'eau. *Ibid.* — Il y a beaucoup moins d'air dans l'eau que d'eau dans l'air. Il s'imbibe très aisément de l'eau, et paraît aussi la rendre aisément. P. 252.

AIR FIXE. Sa différence avec l'air disséminé dans les corps. T. II, p. 230. — Il faut une assez longue résidence de l'air devenu fixe dans les substances terrestres pour qu'il s'établisse à demeure sous cette nouvelle forme. Mais il n'est pas nécessaire que le feu soit violent pour faire perdre à l'air son élasticité; le plus petit feu et même une chaleur très médiocre suffit, pourvu qu'elle soit appliquée sur une petite quantité d'air. P. 244. — L'air fixe existe en grande quantité dans toutes les substances animales ou végétales, et dans un grand nombre de matières brutes. P. 249.

AIRAIN. Est un alliage de cuivre et d'étain dans lequel il ne faut qu'une partie de ce dernier métal sur trois de cuivre pour en faire disparaître la couleur, et même pour le défendre à jamais de sa rouille ou vert-de-gris. T. III, p. 307. — L'airain de Corinthe était un alliage de cuivre, d'or et d'argent dont les anciens ne nous ont pas indiqué les proportions. P. 306.

AIRE de l'aigle, est toute plate, placée ordinairement entre deux rochers dans un lieu sec et inaccessible, construite avec de petites perches de cinq ou six pieds, appuyées par les deux bouts, traversées par des branches souples et recouvertes de plusieurs lits de joncs et de bruyères : on assure que le même nid sert à l'aigle pour toute sa vie, et il est en effet assez solide pour durer longtemps. T. V, p. 55. — La femelle dépose ses œufs dans le milieu de cette aire, où ils ne sont abrités que par quelque avance de rocher. P. 55. — L'aire du grand pygargue se trouve sur les gros arbres, mais elle est construite comme celle de l'aigle. P. 63. — Aire de condor, posée sur trois chênes, dont les dimensions paraissent avoir été grossies par la frayeur de ceux qui l'ont observée. P. 107.

AIURU-APARA. Voyez *Crik.*

AIURU-CATINGA. Voyez *Crik.*

AIURU-CURUCA. Variété de l'aourou-couraou. T. VII, p. 158.

AKOUCHI. Notice au sujet de cet animal. Ses différences avec l'agouti. *Add.*, t. X, p. 356.

AKOUCHI. (*Suite.*) Sa différence avec l'agouti. *Add.*, t. X, p. 356.

ALAPI, espèce de fourmilier rossignol; sa description. T. VI, p. 353.

ALATLI, espèce de grand martin-pêcheur du nouveau continent. T. VII, p. 517. — Ses

dimensions; il n'a pas les couleurs aussi brillantes que les autres. Sa description. C'est un oiseau voyageur qui se trouve aux Antilles et au Mexique. *Ibid.*

ALBATRE. Le véritable albâtre est une matière purement calcaire, plus souvent colorée que blanche, et qui est plus dure que le plâtre, mais en même temps plus tendre que le marbre. T. II, p. 574. — Différence de l'albâtre calcaire ou véritable albâtre et de la matière gypseuse à laquelle on a donné ce nom. P. 575. — Explication détaillée de la formation de l'albâtre. P. 575 et suiv.

ALBATRES. Le lieu le plus renommé par ses albâtres est Volterra, en Italie. On y compte plus de vingt variétés différentes. T. II, p. 574. — Manière de polir les albâtres. P. 575. — Albâtres en grande quantité dans les grottes souterraines d'Arcy, sur la rivière de Cure. Observations sur ces albâtres. P. 575 et suiv. — Tous les albâtres doivent leur origine aux concrétions produites par l'infiltration des eaux à travers les matières calcaires ; et plus les bancs de cette matière sont épais et durs, plus les albâtres qui en proviennent sont solides à l'intérieur et brillants au poli. P. 576. — Il ne faut pas bien des siècles, ni même un très grand nombre d'années pour former les albâtres. Preuves de cette vérité. P. 578. — Cet accroissement ou des albâtres, qui est très prompt dans certaines grottes, est quelquefois très lent dans d'autres. Exemple à ce sujet et cause de cette différence d'effet. P. 578. — La plupart des albâtres se décomposent à l'air, peut-être encore plus promptement qu'ils ne se forment dans les cavités de la terre. Exemple a ce sujet. *Ibid.* — Il n'y a point de coquilles ni d'impressions de coquilles dans les albâtres. P. 579. — Les plus beaux albâtres sont mêlés de spath pur, et c'est ce qui leur donne de la transparence. P. 579. — Exemple d'albâtres et de marbres qui ont plus de transparence que les autres. *Ibid.*

ALBATRES *agatés, albâtres onyx.* T. II, p. 574.

ALBATRES *blancs.* Ne sont que des matières gypseuses auxquelles on ne doit pas donner le nom d'albâtres. T. II, p. 574.

ALBATRES *de Malte.* Leur description. T. II, p. 574.

ALBATRES *d'Italie.* Leur description. T. II, p. 574.

ALBATRES *herborisés.* T. II, p. 574.

ALBATROS (l') est le plus gros des oiseaux aquatiques et n'habite que les mers australes. T. VIII, p. 424. — Description de la conformation de son corps et des couleurs de son plumage. P. 425. — Avec les armes d'un oiseau guerrier, l'albatros n'en a pas la cruauté, et paraît ne vivre que de poissons mous et de zoophytes. *Ibid.* — Manière de prendre à l'hameçon ces gros oiseaux. P. 426. — Ils n'élèvent leur vol que dans les gros temps, et pour l'ordinaire ils rasent en volant la surface de l'eau, s'y reposent, et même y dorment. P. 427. — Description et discussion des variétés que parait offrir cette espèce. *Ibid.* et suiv. — Les albatros semblent se multiplier et augmenter en nombre à mesure que l'on approche des îles de glace. P. 429.

ALBINOS, nom que l'on donne aux blafards ou nègres blancs dans l'isthme d'Amérique. *Add.*, t. XI, p. 298.

ALCALI (l') est produit par le feu. Expérience qui le démontre. T. II, p. 258. — Le feu est le principe de la formation de l'alcali minéral, et les autres alcalis doivent également leur formation à la chaleur constante de l'animal et du végétal dont on les tire. *Ibid.*

ALCALI *fixe végétal* (l') a plus de puissance que les autres sels pour vitrifier les substances terreuses ou métalliques; il les fait fondre et les convertit presque toutes en verre solide et transparent. T. III, p. 147.

ALCALI *minéral* ou *marin* est le seul sel alcali naturel, et il est universellement répandu; il est aussi le seul avec lequel l'acide vitriolique s'est naturellement combiné sous la forme d'un sel cristallisé, auquel on a donné le nom du chimiste *Glauber*. T. III, p. 136. — Tous les alcalis peuvent se réduire à l'alcali minéral ou marin; c'est le seul sel que la nature nous présente dans un état libre et non neutralisé; on lui a donné le nom de *natron;* sa formation, ses propriétés, ses combinaisons. P. 144. — On emploie le natron dans le Levant aux mêmes usages que nous employons la soude. P. 145. — L'alcali minéral et l'alcali fixe végétal sont essentiellement de la même nature; ils ne diffèrent que par quelques effets secondaires. P. 146. — Origine primitive des alcalis. P. 148.

ALCALI *volatil* (l') appartient plus aux minéraux qu'aux végétaux. T. III, p. 148. — Tous les alcalis volatils se réduisent à un seul et même alcali, toujours semblable à lui-même, lorsqu'il est appelé à un point de pureté convenable. P. 179.

ALCALI *volatil.* Est plus commun qu'on ne croit à la surface et dans l'intérieur de la terre. T. III, p. 305.

ALCATRAZ (l') n'est pas le pélican, comme plusieurs auteurs l'ont écrit. T. VIII, p. 154.

ALCE et MACHLIS, dans Pline, ne désignent que le même animal, et cet animal est l'élan. T. IX, p. 436.

ALCO. Animal domestique au Pérou et au Mexique avant l'arrivée des Européens. *Add.*, t. X, p 286. — Ce mot alco parait être un nom générique, et qu'on a appliqué à deux

ou trois animaux d'espèces différentes. Discussion critique à ce sujet. P. 287.

ALCYON, l'un des noms de la salangane. Voyez ce mot.

ALCYON, nom célèbre chez les Grecs. T. VII, p. 495. — Ce que c'était que les jours alcyoniens. *Ibid.*

ALCYON. Voyez *Martin-pêcheur.* — L'alcyon des Grecs est certainement le même oiseau que notre martin-pêcheur. P. 495 et suiv. — Erreurs des naturalistes qui ont fait deux espèces d'alcyon. P. 497.

ALCYON, *nids d'alcyon.* Les nids fameux du Tunquin et de la Cochinchine que l'on mange avec délices, et que l'on a nommés *nids d'alcyon*, sont l'ouvrage et le nid de l'hirondelle *salangane.* T. VII, p. 499.

ALCYONIUM. Les alcyonium des anciens ne sont pas des nids d'alcyon, mais des pelotes de mer ou des holothuries qui n'ont aucun rapport avec des nids d'oiseaux. T. VII, p. 499.

ALGAZEL, espèce de gazelle qui se trouve en Arabie. Sa description. T. IX, p. 474.

ALIMENTS. Indépendamment de l'effet de la nutrition, les aliments en produisent un autre qui ne dépend que de leur quantité, c'est-à-dire de leur masse et de leur volume. Les aliments, avant de servir à la nutrition du corps, lui servent de lest; leur présence et leur volume sont nécessaires pour maintenir l'équilibre entre les parties intérieures qui agissent et réagissent toutes les unes contre les autres. Lorsqu'on meurt par la faim, c'est donc moins parce que le corps n'est pas nourri que parce qu'il n'est plus lesté. Le plus pressant besoin n'est pas de rafraîchir le sang par un chyle nouveau, mais de maintenir l'équilibre des forces dans les grandes parties de la machine animale. T. IX, p. 70.

ALLANTOÏDE. Considération sur les usages prétendus de l'allantoïde dans les fœtus des animaux. T. VIII, p. 573. — Rapports physiques par lesquels on peut juger de son origine et de sa production. P. 574.

ALLIANCE. On peut croire que, par une expérience dont on a perdu toute mémoire, les hommes ont autrefois connu le mal qui résultait des alliances du même sang, puisque chez les nations les moins policées il a rarement été permis au frère d'épouser sa sœur. Cet usage ne peut être fondé que sur l'observation : si les hommes ont une fois connu par expérience que leur race dégénérait toutes les fois qu'ils ont voulu la conserver sans mélange, dans une même famille, ils auront regardé comme une loi de la nature celle de l'alliance avec des familles étrangères, et se seront tous accordés à ne pas souffrir de mélange entre leurs enfants. T. VIII, p. 500.

ALMA (l') *de Maestro* des Espagnols, oi-

mais prend un goût huileux lorsqu'on la garde un peu de temps. P. 697. — Leurs habitudes naturelles. Elles secouent la queue incessamment. Leurs voyages et leurs passages. P. 697. — L'espèce en est commune aux deux continents, et répandue du nord au midi dans l'ancien. P. 698.

ALOUETTES, n'aperçoivent jamais le hobereau sans le plus grand effroi. T. V, p. 146.

ALOUETTES, couvent l'œuf du coucou. T. VII, p. 218.

ALPACA ou PACO (l') n'est pas le même animal que la vigogne; c'est une espèce intermédiaire entre la vigogne et le lama. *Add.*. t. X, p. 429. — Ses ressemblances et ses différences avec le lama. L'alpaca n'a pas été réduit en domesticité. Sa laine est plus estimée que celle du lama. P. 430. — Il est plus hardi que les vigognes, et souvent il sauve la troupe entière en lui montrant à franchir le piège. *Ibid.* 430.

ALPES MARITIMES (les) ont servi de barrière aux feux souterrains de la Provence, et les ont, pour ainsi dire, empêchés de se joindre à ceux de l'Italie par la voie la plus courte. T. IV, p. 82.

ALUN (l') est un composé d'acide vitriolique et de terre argileuse; mais cette argile qui sert de base à l'alun n'est pas de l'argile absolument pure; elle est mélangée d'une certaine quantité de terre limoneuse et calcaire, qui toutes deux contiennent de l'alcali. T. III, p. 129. — Preuve de cette assertion. *Ibid.* et suiv. — Formation et qualités de l'alun. P. 130. — Manière d'obtenir l'alun en le tirant des différentes matières qui en contiennent. P. 131. — Différentes sortes d'alun qui ne diffèrent que par le plus ou moins de pureté. P. 131 et suiv. — Différents lieux où l'on fabrique l'alun en Europe. *Ibid.* — Usages et propriétés de l'alun. P. 135. — L'usage de l'alun est plus ancien dans le Levant qu'en Europe. *Ibid.* — On pourrait fabriquer, en France, de l'alun autant qu'il serait nécessaire pour notre usage. P. 135.

AMALGAME. Différence de l'amalgame d'avec l'alliage proprement dit. T. III, p. 254.

AMALGAME. Différences entre l'amalgame et l'alliage. T. III, p. 377.

AMANDES amères, poison pour les poulets. T. V, p. 304.

AMANDES *amères*, contraires aux aras. T. VII, p. 148.

AMAZONE, espèce voisine de celle du bruant, qui se trouve à Surinam. T. VI, p. 292.

AMAZONE (bâtard). Voyez *Amazone* à tête jaune.

AMAZONE (perroquet) à front jaune, variété de l'aourou-couarou. T. VII, p. 159.

AMAZONE *à tête blanche*, n'a guère que le front blanc; ce blanc est plus ou moins étendu, et quelques autres différences dans les couleurs semblent former des variétés dans cette espèce. T. VII, p. 154. — Se trouve à Cuba, à Saint-Domingue, au Mexique. P. 153. — N'est pas le perroquet de la Martinique de Labat. *Ibid.*

AMAZONE *à tête jaune*. T. VII, p. 153. — Ses variétés, ou espèces qui en sont voisines. P. 153. — Le bâtard, amazone de la Guyane, vient dit-on du mélange de cette espèce avec une autre. P. 153.

AMAZONE (demi-). Voyez *Amazone* à tête jaune.

AMAZONE *à tête rouge*. Voyez *Tarabé*.

AMAZONE jaune ou PERROQUET d'or, est vraisemblablement du Brésil. T. VII, p. 155.

AMAZONES, famille de perroquets originaire du pays des Amazones; en quoi diffèrent des criks, et en quoi leur ressemblent. Très beaux, très rares; moins gros que les aras. Volent et se perchent en troupes. Mangent de plusieurs sortes de fruits. T. VII, p. 149. — Font leur nid dans des trous de vieux arbres. Pondent deux œufs deux fois par an. Ne les renoncent pas lorsqu'on les a maniés. Le mâle et la femelle couvent tour à tour. Nichent dans la saison des pluies. Leur caquet et leurs mouvements continuels. P. 150. — Comment les sauvages les prennent et les apprivoisent. *Ibid.* — Ces oiseaux très méchants. *Ibid.* — Femelles plus douces; apprennent à parler comme les mâles. Les amazones et les criks sont, de tous les perroquets d'Amérique, les plus susceptibles d'éducation et de l'imitation de la parole. P. 151. — Ont des plumes sur les joues. P. 152.

AMBLE. Allure que quelques chevaux ont naturellement, et que l'on donne à d'autres. Exposition du mouvement du cheval dans cette allure. T. VIII, p. 487. — Les poulains prennent assez souvent cette allure, surtout lorsqu'on les force à aller vite et qu'ils ne sont pas assez forts pour trotter ou galoper. P. 487.

AMBRE. La mer, après de violentes tempêtes, rejette de l'ambre gris sur les côtes de l'Irlande, et de l'ambre jaune ou du succin sur les côtes de Poméranie. T. I, p. 182.

AMBRE *gris* : de quelle matière il est composé; il se trouve dans un état de mollesse et de viscosité dans le fond de la mer auquel il est attaché, et dans cet état il a une odeur désagréable. T. III, p. 63. — Les oiseaux, les poissons et les animaux terrestres recherchent l'ambre gris et l'avalent avec avidité. Il durcit en se séchant. Mais il n'acquiert jamais autant de solidité que l'ambre jaune ou succin. *Ibid.* — Quoique plus précieux que l'ambre jaune, il est néanmoins plus abondant, et il serait beaucoup moins rare s'il ne servait pas de pâture aux animaux. Lieux où la mer rejette de l'ambre gris en plus grande quantité. P. 64. — La mauvaise odeur de l'ambre gris s'adoucit et se change à mesure qu'il se dessèche; il y en a de plus ou moins odorant et de différentes couleurs. P. 65. — Différentes opinions sur l'origine et la nature de l'ambre gris. P. 66. — Mais il est certain que c'est un bitume. qui seulement est mélangé de parties gélatineuses ou mucilagineuses des animaux et des végétaux, lesquelles lui donnent la qualité nutritive et l'odeur particulière que nous lui connaissons. Pêche de l'ambre gris décrite par quelques voyageurs. P. 66. — Les Chinois, les Japonais et autres peuples de l'Orient, estiment plus l'ambre jaune ou succin que l'ambre gris. Rapport de l'ambre gris avec le musc et la civette. P. 67.

AMBRE *jaune*. Voyez *Succin*.

AMÉRICAINS. Les Américains et les Asiatiques du Nord se ressemblent si fort, qu'on ne peut guère douter qu'ils soient issus les uns des autres. T. II, p. 106.

AMÉRICAINS, sortent tous d'une même souche. Raisons sur lesquelles l'auteur appuie cette présomption. T. XI, p. 211 et suiv. — Les Américains sont des peuples nouveaux. Raison de cette assertion. P. 211. — Origine des Américains; leur ressemblance avec les Tartares orientaux et septentrionaux. P. 213.

AMÉRICAINS. Discussion au sujet des Américains. *Add.*, p. 284 et suiv. — Critique des opinions de M. P*** à ce sujet. *Ibid.* — Réfutation par les faits des opinions de M. P*** sur les Américains. P. 284 et suiv.

AMÉRIQUE. Description des différents peuples de l'Amérique. T. XI, p. 198 et suiv. — Les habitants de l'Amérique n'avaient jamais été civilisés lorsqu'on en fit la découverte. Preuve de cette assertion. T. IV, p. 572. — Le plus gros animal de ce nouveau continent n'est pas plus grand qu'un petit mulet. P. 574.

AMÉRIQUE. L'imperfection de nature que M. P*** reproche gratuitement à l'Amérique en général ne doit porter que sur les animaux de la partie méridionale de ce continent, lesquels se sont trouvés bien plus petits et tous différents de ceux des parties méridionales de l'ancien continent. Parties de ce continent dans lesquelles les hommes se sont trouvés moins robustes que les Européens; causes de cette différence. *Add.*, t. XI, p. 284. — En général, tous les habitants de l'Amérique septentrionale et ceux des terres élevées dans la partie méridionale, telles que le Mexique, le Pérou, le Chili, etc., étaient peut-être moins agissants, mais aussi robustes que les Européens. *Ibid.*

AMÉRIQUE. Découverte des côtes occidentales au delà de la Californie en montant vers le nord. *Add.*, t. XI, p. 287.

AMÉRIQUE (l') n'a été peuplée qu'après l'Asie, l'Afrique et l'Europe, et il y a nombre d'indices qui démontrent qu'en général on doit regarder le continent d'Amérique comme une terre nouvelle. *Add.*, t. I, p. 253.

AMÉRIQUE. Tableau des savanes noyées et des terres marécageuses de l'Amérique. T. VII, p. 582 et suiv.

AMÉRIQUE (l') a reçu ses habitants des terres septentrionales de l'Asie, auxquelles elle est contiguë. T. II, p. 106.

AMÉRIQUE méridionale. L'établissement de la nature vivante s'est fait dans l'Amérique méridionale postérieurement à son séjour déjà fixé dans les terres du Nord. T. II, p. 96.

AMÉRIQUE SEPTENTRIONALE. La marche vers l'ouest du mouvement de déclinaison de l'aiguille aimantée semble correspondre avec le défrichement et la dénudation de la terre dans l'Amérique septentrionale. T. IV, p. 135.

AMÉTHYSTE, une des plus petites espèces d'oiseau-mouche. T. VII, p. 43.

AMÉTHYSTE. Les améthystes violettes et pourprées ne sont que des cristaux de roche teints de ces belles couleurs. T. III, p. 450 et 457. — Elles ont la même densité, la même dureté, la même double réfraction que le cristal de roche, et sont également réfractaires au feu. P. 457. — Leur pointe est toujours colorée, et souvent la couleur manque dans leur base. *Ibid.* — Améthystes en Auvergne, en Hongrie, en Sibérie, à Kamtschatka. P. 458. — Améthystes pourprées en Catalogne. P. 458.

AMÉTHYSTE ORIENTALE. Voyez *Saphir*.

AMIANTE. L'amiante et l'asbeste sont des substances talqueuses qui ne diffèrent l'une de l'autre que par le degré d'atténuation de leurs parties constituantes. T. III, p. 552. — Leur composition par filaments séparés longitudinalement les uns des autres, ou réunis assez régulièrement en directions obliques et convergentes. *Ibid.* — Différences entre l'amiante et l'asbeste, qui semblent prouver que l'amiante est composé de parties talqueuses, et l'asbeste de parties micacées qui n'ont pas encore subi le même degré d'atténuation que les parties talqueuses. P. 552. — Description des amiantes et leurs propriétés. P. 553. — L'amiante et l'asbeste se trouvent en plusieurs endroits dans toutes les parties du monde, au pied ou sur les flancs des montagnes composées de granite et autres matières vitreuses. *Ibid.* — Description de l'asbeste et ses propriétés. L'asbeste et l'amiante ne se brûlent ni ne se calcinent au feu. On peut faire avec l'amiante des toiles qu'on jette au feu au lieu de les laver, pour les nettoyer; mais les amiantes, ainsi que les asbestes, se vitrifient, comme le talc, à un feu violent. *Ibid.* — L'amiante se trouve souvent mêlé et comme incorporé dans les serpentines et pierres ollaires en grande quantité. *Ibid.* — Discussion des différentes opinions sur l'origine de l'amiante et de l'asbeste. P. 553. — Discussion historique au sujet de l'usage de l'amiante pour en faire des toiles et des sortes de draps. P. 554. — Différents procédés pour cet effet. P. 555 et suiv. — Lieux particuliers où l'on trouve l'amiante et l'asbeste. P. 556.

**Amitié.** Peinture de l'amitié. T. IV, p. 453. — L'amitié n'appartient qu'à l'homme, et l'attachement peut appartenir aux animaux. P. 453.

**Amour.** Tableau de l'amour physique et universel. T. IV, p. 452. — Pourquoi il fait l'état heureux de tous les êtres et le malheur de l'homme. P. 452. — La vanité est le moral de l'amour. *Ibid.* — Pourquoi l'amour des pères et des enfants descend toujours plus qu'il ne remonte. P. 461.

**Amour.** Ce sentiment, qui dans les animaux est le plus profond de la nature, n'a pas été exempt de l'influence de l'homme, qui en a étendu la durée et multiplié les effets dans les quadrupèdes et les oiseaux domestiques ; le coq, le pigeon, le canard, peuvent comme le cheval, le bélier et le chien, s'unir presque en toute saison. T. V, p. 28. — Au printemps toutes les plantes renaissent, les insectes engourdis se réveillent, la terre semble fourmiller de vie ; cette chère nouvelle, qui ne paraît préparée que pour les oiseaux, leur donne une nouvelle vigueur qui se répand par l'amour et se réalise par la reproduction. P. 36. — Amour des quadrupèdes. P. 38. — Des oiseaux ; véritable origine de tout ce qui s'y trouve de moral. P. 38. — Il n'y en a point dans les amours des quadrupèdes, et pourquoi. P. 39. — Ce sentiment cède dans les oiseaux à celui de l'amour paternel. P. 41. — Il est pour les oiseaux et les animaux qui vivent des fruits de la terre la seule cause de discorde et de guerre. P. 48. — Inconvénients de la disposition à aimer. T. VI, p. 89.

**Amour** (l') est de toutes les émotions intérieures celle qui transporte le plus puissamment les animaux ; les oiseaux par leur chant, le taureau par son mugissement, le cheval par le hennissement, l'ours par son gros murmure, annoncent tous un seul et même désir ; l'ardeur de ce désir n'est pas à beaucoup près aussi grande dans la femelle que dans le mâle, aussi ne l'exprime-t-elle que rarement par la voix. T. VI, p. 142. — Tristes effets de l'amour non satisfait. P. 146.

**Ampélite.** Est le crayon noir ou pierre noire dont se servent les ouvriers pour tracer des lignes sur les bois et les pierres qu'ils travaillent ; son nom n'a nul rapport à cet usage, mais il vient de celui qu'en faisaient les anciens contre les insectes et les vers qui rongeaient les feuilles et fruits naissants des vignes. T. III, p. 559. — La substance de l'ampélite est une argile noire ou un schiste plus ou moins dur ; mais elle est toujours mélangée d'une assez grande quantité de parties pyriteuses, car elle s'effleurit à l'air. Elle contient aussi une certaine quantité de bitume, puisqu'on en sent l'odeur lorsqu'on jette la poudre de cette pierre sur les charbons ardents. P. 560. Propriétés et usage de l'ampélite. P. 560. — L'ampélite ne se trouve pas dans tous les schistes ou argiles desséchées ; elle paraît, comme l'ardoise, affecter des lieux particuliers. Différents lieux où elle se trouve en France ; les meilleures ampélites nous viennent d'Italie et de Portugal ; il y en a aussi de très bonnes au Bourg-d'Oisans, en Dauphiné. *Ibid.*

**Amphibie.** Les seuls animaux auxquels on puisse donner le nom d'amphibie dans toute la rigueur de l'acception de ce terme sont les phoques, les morses et les lamantins, parce qu'ils sont les seuls dans lesquels le trou de la cloison du cœur reste toujours ouvert, les seuls qui puissent par conséquent se passer de respirer, et vivre également dans l'air et dans l'eau. T. X, p. 2.

**Amphibies**, comment leur sang circule. T. VII, p. 334 (note *c*).

**Amsterdam.** État des couches de terre à Amsterdam, jusqu'à deux cent trente-deux pieds de profondeur. T. I, p. 111. — Le terrain de la Hollande a été élevé de cent pieds par les sédiments de la mer. *Ibid.*

**Anaca**, perruche du Brésil à queue longue et égale. Confondue avec la perruche aux ailes variées. T. VII, p. 180. — Taille de l'alouette. P. 180.

**Analogues vivants.** On ne connaît pas l'analogue vivant de la coquille fossile qu'on appelle corne d'ammon. T. I, p. 127.

**Anatomie.** N'est encore qu'une nomenclature. T. IX, p. 62. — Défaut de la méthode par laquelle on a cultivé l'anatomie. P. 63.

**Ancienneté** de l'opinion de l'existence des pygmées. Voyez *Pygmées.*

**Anciens.** Étaient plus instruits et plus avancés que nous sur l'histoire des animaux, quoiqu'ils n'eussent point fait de méthodes de nomenclature. T. I, p. 22. — N'avaient aucune idée de ce que nous appelons physique expérimentale. P. 27. — Les anciens ont fait le tour de l'Afrique, selon le témoignage d'Hérodote. P. 97. — N'ont ni dit ni conjecturé qu'on pût faire le tour du globe. *Ibid.* — Étaient fort éloignés d'avoir une juste mesure de la circonférence du globe, quoiqu'ils y eussent beaucoup travaillé. *Ibid.*

**Ane.** Ressemblances et différences générales entre l'âne et le cheval. T. VIII, p. 518 et suiv. — Description de l'âne, son naturel, son tempérament, ses qualités, etc. P. 527 et suiv. — L'âne qu'on a fait hongre ne brait qu'à basse voix, et quoiqu'il paraisse faire autant d'effort et les mêmes mouvements de la gorge, son cri ne se fait pas entendre de loin. P. 528. — On connaît l'âge de l'âne comme celui du cheval, par les dents. *Ibid.* — Qualité de l'âne étalon. P. 529. — Vit comme le cheval, vingt-cinq ou trente ans. *Ibid.* — Dort encore moins que le cheval, et ne se couche guère que quand il est excédé. *Ibid.* — En général, la santé de cet animal est bien plus ferme que celle du cheval. *Ibid.* — L'âne est originaire des climats chauds, et a été transporté nouvellement dans les climats froids. P. 530-531. — Différents usages de la peau de l'âne. P. 533. — L'âne appartient à l'ancien continent et ne s'est point trouvé dans le nouveau lorsqu'on en fit la découverte. T. IV, p. 561. — Il a plus de puissance pour engendrer, même avec la jument, que n'en a le cheval. Il corrompt et détruit la génération du cheval, et le cheval ne peut corrompre la génération de l'âne. T. IV, p. 485. — Exemples de l'ardeur de l'âne et de son appétit plus que véhément pour la femelle. L'âne est hors de combat et même de service en très peu d'années. L'ânesse conserve plus longtemps la faculté d'engendrer. P. 488.

ANE. L'ardeur du tempérament de cet animal le rend peu délicat sur le choix des femelles, et il paraît rechercher à peu près également l'ânesse, la jument et la mule. *Add.*, t. IV, p. 514.

ANE et ANESSE, tendent à la stérilité par des causes générales et particulières. La chaleur est non seulement nécessaire à la fécondité, mais même à la pleine vie de ces animaux. Il faut choisir la saison propre aux accouplements pour les rendre prolifiques. T. IV, p. 487.

ANE RAYÉ, est le même animal que le zèbre. T. IX, p. 418.

ANES, ont, comme les chevaux, une prodigieuse quantité de vers dans l'estomac. T. VIII, p. 481. — Sont d'autant moins forts et plus petits que le climat est plus froid. P. 530. — Sont meilleurs et plus forts que les chevaux dans tous les pays excessivement chauds. P. 530. — Ont été transportés en Amérique et y ont beaucoup multiplié dans les pays chauds; ils y sont même devenus sauvages, et ces ânes sauvages vont par troupes, comme vont aussi les chevaux sauvages. P. 532. — Ont dans le premier âge le poil long, et on est dans l'usage de les tondre. T. IX, p. 420.

ANESSE. Est en état d'engendrer à l'âge de deux ans. T. VIII, p. 528. — Est peu féconde, et pourquoi. *Ibid.* — Est ordinairement en chaleur aux mois de mai ou de juin. P. 529. — Met bas le douzième mois. *Ibid.* — Ne produit qu'un petit. *Ibid.* — L'usage du lait d'ânesse s'est conservé depuis les Grecs jusqu'à nous; choix de l'â-

nesse pour que son lait soit de bonne qualité. P. 532.

ANES SAUVAGES, sont différents des zèbres et sont de la même espèce que les ânes domestiques. T. VIII, p. 531.

ANGALA DIAN (l'). Espèce de soui-manga du Sénégal. Sa description. T. VII, p. 17. Ses habitudes. Son nid dans lequel la femelle pond communément cinq ou six œufs, et d'où elle est souvent chassée par une grosse araignée. Dimensions de cet oiseau. P. 18.

ANGLETERRE. Les côtes méridionales d'Angleterre ont été abandonnées par la mer. T. I, p. 114. — Preuves qui démontrent que l'Angleterre faisait autrefois partie du continent. P. 238.

ANGOLI, oiseau des Indes orientales, qui tient de la poule sultane et de la poule d'eau. T. VIII, p. 106. — Notice assez imparfaite au sujet de cet oiseau qui n'est pas bien connu. *Ibid.*

ANGUILLE DE SURINAM. On voit paraître des étincelles électriques dans les intervalles que laissent les conducteurs métalliques, avec lesquels on touche l'anguille de Surinam. T. IV, p. 92.

ANHINGA. Figure extraordinaire de cet oiseau dont le cou a presque l'air d'un reptile enté sur le corps d'un oiseau; sa description. Il se trouve à la Guyane et au Brésil. T. VIII, p. 233. — Ses habitudes naturelles et ses mouvements dans l'eau. Son caractère farouche. Il se tient perché sur les plus hauts arbres le long des rivières et des savanes noyées, et il fait son nid sur ces mêmes arbres. Cet oiseau est ordinairement fort gras; mais sa chair est huileuse et mauvaise à manger. Variété dans le plumage de cet oiseau. P. 335. — Sa grandeur et ses dimensions. *Ibid.*

ANHINGA *roux;* il se trouve au Sénégal. Ses différences avec l'anhinga du Brésil. T. VIII, p. 335.

ANI, ou bout de petun, ou bout de tabac, ou diable, ou bouilleur de Canari, à cause de son cri sourd imitant le bruit de l'eau bouillante. T. VII, p. 261. — A le bec supérieur très convexe, formant une arête tranchante. Deux doigts en avant. P. 261.

ANI ou DIABLE des palétuviers du Brésil. Taille du geai; queue plus longue que le corps; va en troupes; se tient au bord des eaux. Plusieurs femelles pondent et couvent dans le même nid. Ces oiseaux se nourrissent de grains, de fruits, et au besoin d'insectes. Sont aussi amoureux que les moineaux. Tandis que la plus pressée pond et couve, les autres agrandissent le nid. Couvrent leurs œufs de feuilles. Les anis sont faciles à apprivoiser, et, quoiqu'ils aient la langue mince et pointue, ils apprennent à parler. Ne sont pas nuisibles. T. VII, p. 263 et suiv.

ANI ou DIABLE *des savanes*. Taille du merle; mêmes mœurs que le précédent. Vit de graines, d'insectes et de petits reptiles. T. VII, p. 262.

ANIMAL, a l'odorat plus parfait que l'homme. T. V, p. 14.

ANIMAL. Les parties les plus essentielles sont celles par lesquelles l'animal prend sa nourriture, celles qui reçoivent et digèrent cette nourriture, et celles par où il en rend le superflu. T. 1, p. 25. — L'animal est l'ouvrage le plus complet de la nature, et l'homme en est le chef-d'œuvre. T. IV, p. 143. — Idée générale et description de l'animal. P. 145 et suiv. — Son individu est un centre où tout se rapporte, un point où l'univers entier se réfléchit. P. 146. — Le corps d'un animal est un moule intérieur dans lequel la matière qui sert à son accroissement se modèle et s'assimile au total. P. 168. — Ce que l'on doit entendre par le mot animal. Idées claires et précises à ce sujet. P. 288 et suiv. — Il y a des parties essentielles et fondamentales au corps de l'animal; les parties de l'économie animale qui agissent continuellement et sans interruption sont celles qui se ressemblent le plus dans l'homme et dans l'animal; celles au contraire qui forment les sens et les membres se ressemblent moins, et les plus grandes différences entre l'homme ou l'animal sont à l'extérieur et principalement aux extrémités du corps. P. 415 et suiv. — Explication de la manière dont l'animal peut être déterminé à faire telle ou telle action par la seule impression des objets sur les sens. P. 425. — Dans l'animal, le sens intérieur ne diffère des sens extérieurs que par la propriété qu'a le sens intérieur de conserver les ébranlements, les impressions qu'il a reçues. *Ibid.* — Explication de la manière dont l'animal nouveau-né est déterminé à chercher sa nourriture. P. 428. — Peinture d'un animal qui est ému par la peur pour la première fois. P. 451. — En quoi consiste la perfection dans l'animal. P. 584.

ANIMAL *anonyme*. Notice à ce sujet. *Add.*, T. X, p. 322.

ANIMAUX carnassiers, leurs appétits les plus véhéments dérivent de l'odorat et du goût, comme ceux du chien. T. V, p. 25. — Ont les intestins courts, et très peu de *cæcum*. P. 31.

ANIMAUX, sont bien plus généralement répandus que les plantes. T. IV, p. 148. — Les animaux et les plantes qui peuvent se multiplier et se reproduire par toutes leurs parties, sont des corps organisés, composés d'autres corps organiques semblables. P. 155. — Les animaux suivent plus exactement que nous les lois de la nature. P. 183. — La plupart des animaux ne cherchent la copulation que quand leur accroissement est pris presque en entier; ceux qui n'ont qu'un temps pour le rut ou pour le frai n'ont de liqueur séminale que dans ce temps. P. 186. Les grands animaux sont moins féconds que les petits. P. 313. — Raison de cet effet. *Ibid.* — Petits animaux mangent plus à proportion que les grands. *Ibid.* — Les animaux ovipares sont en général plus petits que les vivipares; ils produisent aussi beaucoup plus. *Ibid.* — Raison de cet effet. P. 314. — Les animaux qui ne produisent qu'un petit nombre de petits prennent la plus grande partie de leur accroissement et même leur accroissement tout entier avant que d'être en état d'engendrer; au lieu que les animaux qui multiplient beaucoup engendrent avant même que leur corps ait pris la moitié ou même le quart de son accroissement. P. 314. — Animaux qui peuvent produire leurs semblables, quoiqu'ils n'aient pas eux-mêmes été produits de cette façon. P. 322. — En général, les grands animaux vivent plus longtemps que les petits. T. XI, p. 76. — Les animaux rendent moins à la terre qu'ils n'en tirent. T. I, p. 110. Les animaux tiennent le premier rang dans la nature, parce qu'ils sont capables de plus de fonctions que les autres êtres, et qu'ils ont par leurs sens plus de rapport avec les objets qui les environnent. T. IV, p. 143. — Ils ont avec les objets extérieurs des rapports du même ordre que les nôtres. P. 145. — Il y a dans les animaux plusieurs parties qui croissent par une vraie végétation. P. 148. — Il y a des animaux qui se reproduisent comme les plantes et par les mêmes moyens; la multiplication des pucerons, qui se fait sans accouplement, est semblable à celle des plantes par les graines; et celle des polypes, qui se fait en les coupant, ressemble à la multiplication des arbres par la bouture. *Ibid.* — Les animaux se ressemblent en général beaucoup moins que les plantes. P. 149. — Dans les animaux, les uns engendrent un prodigieux nombre de petits, et les autres n'en produisent qu'un seul; dans les plantes, au contraire, toutes produisent en très grand nombre. P. 151. — Principe par lequel on peut expliquer toutes les actions des animaux, quelque compliquées qu'elles puissent paraître, et sans qu'il soit besoin de leur accorder ni la pensée ni la réflexion. T. IV, p. 431. — Les animaux ont le sentiment, même à un plus haut degré que nous ne l'avons; ils ont aussi la conscience de leur existence actuelle, mais ils n'ont pas celle de leur existence passée; ils ont des sensations, mais il leur manque la faculté de les comparer, c'est-à-dire il leur manque la puissance qui produit les idées; car les idées ne sont que des sensations comparées, ou, pour mieux dire, des associations de sensations. *Ibid.* — Les animaux, étant privés d'idées et de sensations. ne savent point qu'ils existent; mais ils le sentent. Ils n'ont aucune connaissance du passé, aucune notion de l'avenir, aucune idée du temps, et par conséquent ils n'ont pas la mémoire. Preuves de ces assertions. P. 438 et suiv. — Ils ne peuvent distinguer leurs rêves de leurs sensations réelles, et l'on peut dire que ce qu'ils ont rêvé leur est effectivement arrivé. P. 445. — Manière de juger des qualités intérieures des différents animaux. P. 462 et 463. — L'empire de l'homme sur les animaux est un empire légitime qu'aucune révolution ne peut détruire. Cependant cet empire n'est pas absolu, ni même à beaucoup près. T. VIII, p. 471 et 472. — C'est par les talents de l'esprit et non par la force et par les autres qualités de la matière que l'homme a su subjuguer les animaux. Cet empire de l'homme, comme tous les autres empires, n'a été fondé qu'après la société. P. 473.

ANIMAUX, Premier dessein sur lequel il paraît que tous les animaux ont été conçus. En les créant l'Être Suprême n'a voulu employer qu'une idée, et la varier en même temps de toutes les manières possibles, afin que l'homme pût admirer également et la magnificence de l'exécution et la simplicité du dessein. T.VIII, p. 520 et suiv. — La manière dont les animaux se nourrissent et la diversité de leurs aliments dépendent en entier de la capacité plus ou moins grande de l'estomac et des intestins. P. 546. — Dans presque tous les animaux, le mâle devient plus ou moins féroce lorsqu'il cherche à s'accoupler, et la femelle lorsqu'elle a mis bas. P. 581. — Comment l'homme a été obligé d'agir pour se rendre maître des animaux. P. 585. — L'empreinte originaire de la nature est beaucoup moins altérée dans les animaux sauvages que dans les animaux domestiques. Dans ceux qui ne vivent que peu de temps, l'espèce est plus sujette à varier que dans ceux qui vivent longtemps. P. 588. — L'indice le plus sûr pour juger de la nature intérieure et de l'espèce réelle des animaux, c'est la conformité ou la différence de leur naturel et de leur instinct. P. 599. — Dans les animaux qui produisent en grand nombre, les petits ne sont pas aussi parfaits au moment de leur naissance que dans ceux qui ne produisent qu'en petit nombre P. 601. — Dans tous les animaux, les premières portées sont toujours moins nombreuses que les autres. P. 603. — Comment on a fait pour se procurer des animaux à poils tout blancs. P. 611 et 612. — C'est dans les climats tempérés et chez les peuples les plus policés que se trouvent la plus grande diversité, le plus grand mélange et les plus nombreuses variétés dans chaque espèce

d'animaux. P. 613. — Les animaux, au lieu d'aller en augmentant vont au contraire en diminuant de facultés et de talents; le temps même travaille contre eux. Ce qu'ils sont devenus, ce qu'ils deviendront encore, n'indique pas assez ce qu'ils ont été ni ce qu'ils pourraient être. T. IX, p. 5. — Les animaux en général ne sont en état d'engendrer que lorsqu'ils ont pris la plus grande partie de leur accroissement; mais ceux qui ont eu un temps marqué pour le rut ou pour le frai semblent faire une exception à cette loi. Dans les animaux quadrupèdes, ceux qui, comme le cerf, l'élan, le daim, le renne, le chevreuil, etc., ont un temps de rut bien marqué, engendrent plus tôt que les autres animaux. P. 13. — La mort violente des animaux est un usage légitime, innocent, puisqu'il est fondé dans la nature, et qu'ils ne naissent qu'à cette condition. P. 53. — Les animaux qui n'ont qu'un estomac et les intestins courts sont forcés, comme l'homme, à se nourrir de chair. Preuves de cette assertion. P. 69. — Tous les animaux qui sont tout à fait blancs ont en même temps les yeux rouges. P. 103. — Les animaux se sont presque tous abaissés au-dessous de leur état de nature. Ils n'ont conservé que leurs propriétés individuelles. Ils ont perdu par la durée autant et plus qu'ils n'avaient acquis par le temps avant que l'homme les eût inquiétés. P. 147. Animaux qui mangent leur queue. Dans les parties très éloignées du centre du sentiment, ce même sentiment est très faible. Preuve de cette assertion. P. 162. — L'influence du climat est beaucoup plus marquée dans les animaux que dans l'homme. Dans les pays chauds, les animaux terrestres sont plus grands et plus forts que dans les pays froids ou tempérés; ils sont aussi plus hardis et plus féroces. T. IX, p. 166. — Le courage dans les animaux s'exalte ou se tempère suivant l'usage heureux ou malheureux qu'ils ont fait de leur force. P. 168. — L'empreinte des espèces n'est pas inaltérable; la nature des animaux est moins constante que celle de l'homme; elle peut se varier et se changer avec le temps. T. IV, p. 593. — Les animaux des climats chauds ne peuvent guère produire dans les climats froids, lors même qu'ils y sont libres et largement nourris. T. IX, p. 183. — La vraie patrie des animaux est la terre à laquelle ils ressemblent, c'est-à-dire la terre à laquelle leur nature paraît s'être entièrement conformée, surtout lorsque cette même nature de l'animal ne se modifie point ailleurs et ne se prête pas à l'influence des autres climats. P. 360. — La plupart des gros animaux des pays chauds n'ont point de poil ou n'en ont que très peu. P. 197. — L'intérieur, dans les animaux, est le fond du dessein de la nature, c'est la forme constituante, c'est la vraie figure; l'extérieur n'en est que la draperie. Cet extérieur, souvent très différent, recouvre souvent un intérieur parfaitement semblable, et au contraire la moindre différence intérieure en produit de très grandes à l'extérieur. P. 544. — Les animaux sont en général plus heureux que l'homme; l'espèce chez eux n'a rien à redouter de ses individus; le mal n'a pour eux qu'une source, il en a deux pour l'homme : celle du mal moral, qu'il a lui-même ouverte, est un torrent qui afflige la face entière de la terre; le mal physique, au contraire, est resserré dans des bornes étroites; il va rarement seul, le bien est souvent au-dessus ou du moins de niveau. P. 546. — Animaux féroces dont la robe est la plus belle, ont en même temps la nature la plus perfide. P. 579. — Comparaison de l'éducation des animaux avec celle de l'homme. T. X, p. 102 et suiv. — Les animaux dont l'éducation est la plus longue, c'est-à-dire ceux qui ont le plus longtemps besoin des secours et des soins de leur mère, sont ceux qui paraissent avoir le plus d'intelligence. P. 103. — Dans l'homme, la physionomie trompe; mais dans les animaux l'on peut juger du naturel par la mine. P. 129. — Par quelle raison les altérations de nature sont plus grandes et plus promptes dans les animaux que dans l'homme. T. IV, p. 470. — L'ordre dans la multiplication des animaux est en raison inverse de l'ordre de grandeur, et la possibilité des différences est en raison directe du nombre dans le produit de leur génération; il y a donc plus de variétés dans les petits animaux que dans les gros, et il y a aussi, par cette même raison, plus d'espèces voisines. P. 479. — Les animaux dont l'espèce est isolée sont en très petit nombre en comparaison de ceux dont les espèces sont voisines et semblent former des familles ou des genres. P. 483. — Le genre des animaux cruels est l'un des plus nombreux et des plus variés. Heureusement les animaux fiers sont tous solitaires et ne marchent point en troupe. De tous les animaux qui ont des griffes, c'est-à-dire des ongles crochus et rétractibles, aucun n'est social, aucun ne se met en troupe. P. 493.

ANIMAUX. Le moyen le plus sûr de rendre les animaux infidèles à leur espèce, c'est de les mettre, comme l'homme, en grande société, en les accoutumant peu à peu avec ceux pour lesquels ils n'auraient, sans cela, que de l'indifférence ou de l'antipathie. T. IV, p. 512. — Dans les animaux domestiques soignés et bien nourris, la multiplication est plus grande que dans les animaux sauvages. P. 517. — Plusieurs animaux s'irritent du cri de leurs semblables. T. X, p. 252.

— Les animaux des terres méridionales de l'ancien continent ne se sont pas trouvés dans le nouveau continent lorsqu'on en fit la découverte, et de même aucun des animaux naturels à l'Amérique méridionale n'était connu ni n'existait dans l'ancien continent. P. 307.

ANIMAUX (les) paraissent aimer la musique. Voyez *Musique.*

ANIMAUX du Nord : raison pourquoi les rennes et autres animaux du Nord supportent mieux les extrêmes du froid et du chaud que les animaux des contrées moins froides; c'est parce qu'ils sont gras et fourrés de poil en hiver, et secs et vêtus légèrement pendant l'été. *Add.*, t. X, p. 444.

ANIMAUX QUADRUPÈDES. Ils ne sont en état d'engendrer que quand leur corps a pris son accroissement presque en entier. T. IV, p. 183. — Dans tous les quadrupèdes, sans en excepter aucun, et même dans l'homme, le cou est composé de sept vertèbres, ni plus ni moins. En général, les animaux carnassiers ont le cou beaucoup plus court que les animaux qui se nourrissent d'herbes. T. IX, p. 175. — Il n'y a guère, dans toute la terre habitable et connue, que deux cents espèces d'animaux quadrupèdes. T. IV, p. 591. — Les animaux quadrupèdes sont, après l'homme, les êtres dont la nature est la plus fixe et la forme la plus constante. P. 594. — Quadrupèdes desquels les parties de la génération se renouvellent et s'oblitèrent tous les ans à peu près comme les laitances des poissons. T. IX, p. 230. — Leurs attributs les plus généraux, qui sont d'avoir quatre pieds et d'être couverts de poil, se trouvent communs le premier avec des animaux d'un autre ordre, tels que les lézards, les grenouilles, etc.; et le second manque à de certains animaux, tels que le tatou, le pangolin, qui sont cependant de véritables quadrupèdes. P. 263. — Quadrupèdes, tiennent entre eux de plus près qu'ils ne tiennent aux autres animaux, et néanmoins il s'en trouve un grand nombre qui paraissent s'élancer à d'autres classes de la nature; les singes tendent à s'approcher de l'homme; les chauves-souris sont les singes des oiseaux qu'elles imitent par leur vol; les porc-épics, par les tuyaux dont ils sont couverts, semblent nous indiquer que les plumes peuvent appartenir à d'autres qu'aux oiseaux; les tatous, par leurs cuirasses, se rapprochent des crustacés; les castors, par les écailles de leur queue, ressemblent aux poissons; les fourmiliers, par leur espèce de bec ou de trompe sans dents, et par leur longue langue, nous rappellent encore les oiseaux; enfin les phoques, les morses et les lamantins font la nuance entre les quadrupèdes et les cétacés. T. X, p. 1. — Considération des animaux quadrupèdes sous un

nouveau point de vue; c'est sans raison suffisante qu'on leur a donné généralement à
tous le nom de quadrupèdes. T. X. p. 94. —
Sur environ deux cents espèces d'animaux
auxquels on a donné le nom commun de
quadrupèdes, il y en a au moins quarante
espèces qui sont quadrumanes, douze ou
quinze espèces qui sont bipèdes, et autant
auxquels les pieds de devant ou de derrière
sont inutiles; en sorte que le nombre des
quadrupèdes se trouve par là réduit de plus
d'un tiers. P. 95. — Les animaux quadrumanes remplissent le grand intervalle qui
se trouve entre l'homme et les quadrupèdes; les bimanes, comme le lamantin, sont
le terme moyen dans la distance encore plus
grande de l'homme aux cétacés; les bipèdes
avec des ailes font la nuance des quadrupèdes aux oiseaux, et les fissipèdes, qui se
servent de leurs pieds de devant comme de
mains, remplissent tous les degrés qui se
trouvent entre les quadrumanes et les quadrupèdes. P. 95.

ANIMAUX DOMESTIQUES et SAUVAGES. Les
animaux domestiques varient prodigieusement par les couleurs dans le même pays
tandis que les animaux sauvages ne varient
par les couleurs que dans les différents climats. T. VIII, p. 500. — Les animaux domestiques sont comme les hommes, plus
forts, plus grands et plus courageux dans
les pays froids; plus civilisés, plus doux
dans les climats tempérés; plus lâches, plus
faibles et plus laids dans les climats trop
chauds. P. 613. — C'est dans les climats
tempérés et chez les peuples les plus policés
que se trouve la plus grande diversité, le
plus grand mélange et les plus nombreuses
variétés dans chaque espèce. *Ibid.* — Il y a
dans les animaux domestiques plusieurs
signes évidents de l'ancienneté de leur esclavage : les oreilles pendantes, les couleurs
variées, les poils longs et fins, sont autant
d'effets produits par le temps ou plutôt par
la longue durée de leur domesticité. *Ibid.*
— Tableau de la condition des animaux sauvages. T. IX, p. 1. — Les animaux sauvages
et libres sont peut-être, sans en excepter
l'homme, de tous les êtres vivants les moins
sujets aux altérations, aux changements,
aux variations de tout genre. P. 4. — Les
animaux captifs et renfermés dans les ménageries ou dans des enclos peu spacieux
ne prennent pas leur entier accroissement,
et vivent moins de temps que quand ils
sont en pleine liberté. T. IX, p. 183. —
Dans les animaux captifs et resserrés dans
des loges, les parties desquelles ils ne peuvent
faire usage. telles que celles de la génération,
sont si petites et si peu développées qu'on
a de la peine à les trouver, et que quelquefois elles paraissent oblitérées. *Ibid.*
— Les animaux domestiques sont sujets à

beaucoup plus de variétés que les animaux
sauvages, et pourquoi. P. 376. — Causes
nécessaires de leur dégénération. P. 378. —
L'état de domesticité semble rendre les animaux plus libertins, c'est-à-dire moins
fidèles à leur espèce, et il les rend aussi
plus chauds et plus féconds. T. IV, p. 491.
— Dans les animaux sauvages indépendants
de l'homme, l'éloignement du climat est un
indice assez sûr de celui des espèces. T. X,
p. 141. — Dans l'état où nous avons réduit
les animaux domestiques, il ne serait peut-
être plus possible de les réhabiliter, ni de
leur rendre leur forme primitive et les
autres attributs de nature que nous leur
avons enlevés. T. IV, p. 473. — L'état de
domesticité a beaucoup contribué à faire
varier la couleur du poil des animaux.
Les couleurs primitives et naturelles sont le
fauve et le brun. Le blanc pur et sans aucune
tache est, à cet égard, le signe du dernier
degré de dégénération. P. 476. — Cause des
variétés dans les animaux libres et indépendants de l'homme. Dans les espèces où
le mâle s'attache à sa femelle et ne la change pas, il y a peu de variétés. Dans celles
où les femelles changent souvent de mâle,
il y a des variétés plus nombreuses, et en
général il y en a d'autant plus que le nombre dans leur produit est plus grand. Il y a
par cette raison beaucoup plus de variétés
dans les petites espèces que dans les grandes. P. 479.

ANIMAUX DES DEUX CONTINENTS. Les noms
ont presque tous été mal appliqués aux
animaux du nouveau monde. T. IX, p. 172.
— Énumération des animaux, dans laquelle
il faut distinguer: 1° ceux qui sont naturels
et propres à l'ancien continent, et qui ne
se sont point trouvés dans le nouveau;
2° ceux qui sont naturels et propres au nouveau continent, et qui n'étaient point connus
dans l'ancien; 3° ceux qui sont communs
aux deux continents. T. IV, p. 557. — De
tous les animaux domestiques qui ont été
transportés d'Europe en Amérique, le cochon
est celui qui a le mieux et le plus universellement réussi, dans les pays chauds ou
froids de ce nouveau continent. Les chèvres n'ont réussi que dans les climats
chauds ou tempérés; l'espèce n'a pu se
maintenir en Canada, où il faut la renouve-
ler par des boucs qu'on fait venir d'Europe.
L'âne, qui multiplie dans les pays chauds de
ce nouveau monde, ne peut se perpétuer
dans les climats froids comme en Canada.
Les chevaux ont à peu près également multiplié dans les climats chauds et dans les
climats froids de ce nouveau continent. P. 564.
— Tous les animaux transportés de l'ancien
continent dans le nouveau sont devenus plus
petits. *Ibid.* et suiv. — En général, tous les
animaux de l'Amérique, même ceux qui

sont naturels au climat, sont beaucoup plus petits que ceux de l'ancien continent. P. 565. — Les noms américains de presque tous les animaux du nouveau monde étaient si barbares pour les Européens, qu'ils cherchèrent à leur en donner d'autres par des ressemblances quelquefois heureuses avec les animaux de l'ancien continent, mais souvent aussi par de simples rapports, trop éloignés pour fonder l'application de ces dénominations. P. 568. — Les animaux de l'ancien continent qui ne se sont pas trouvés dans le nouveau lorsqu'on en fit la découverte sont l'éléphant, le rhinocéros, l'hippopotame, la girafe, le chameau, le lion, le tigre, la panthère, le cheval, l'âne, le zèbre, le buffle, la brebis, la chèvre, le cochon, le chien, l'hyène, le chacal, la genette, la civette, le chat, la gazelle, le chamois, le bouquetin, le chevrotain, le lapin, le furet, les rats et les souris, le loir, le lérot, la marmotte, la mangouste, le blaireau, la zibeline, l'hermine, la gerboise, le maki et plusieurs espèces de singes. P. 571. — Les animaux naturels au nouveau monde étaient, dans chaque espèce, extrêmement nombreux en individus. Raison de cet effet. P. 573. — Les espèces, au contraire, dans les animaux du nouveau monde, étaient en petit nombre. *Ibid.* Les animaux propres et particuliers au nouveau continent, et qui n'existaient point dans l'ancien, sont le tapir, le cabiai, le pécari, les fourmiliers, les paresseux, le lama, le pacos, le puma, le jaguar, le couguar, le jaguarète, le chatpard, le coendou, les agoutis, le coati, le paca, les philandres, le cochon d'Inde, l'apérea, les tatous. P. 575. — Les animaux des parties méridionales de chaque continent n'existaient pas dans l'autre. P. 577. — Énumération des animaux communs aux deux continents. P. 578 et suiv. — Le nombre des espèces communes aux deux continents est assez petit en comparaison de celui des espèces qui sont propres et particulières à chacun des deux. P. 580. — Tous les animaux qui ont été transportés de l'ancien continent dans le nouveau y sont devenus plus petits, et tous ceux qui se trouvent également dans les deux continents sont de même plus petits dans le nouveau continent, et cela sans aucune exception. P. 581. — Il n'y a que les animaux du nord qui se trouvent également dans les deux continents. P. 581. — Les animaux quadrupèdes sont en général, et sans exception, beaucoup plus petits dans le nouveau continent que dans l'ancien, et au contraire les insectes et les reptiles sont plus petits dans l'ancien que dans le nouveau. P. 582. — Noms américains des animaux du nouveau continent. P. 586. — Il n'y avait à Saint-Domingue, lorsqu'on en fit la découverte,

que cinq espèces d'animaux quadrupèdes, dont le plus grand n'était pas plus gros qu'un écureuil. P. 588.

ANIMAUX *propres au nouveau continent*, sont beaucoup moins grands que ceux de l'ancien. Énumération de leurs différences. T. IX, p. 416. — On peut réduire à quinze genres et à neuf espèces isolées tous les animaux qui sont communs aux deux continents, et tous ceux qui sont propres et particuliers à l'ancien. Énumération de ces genres et de ces espèces isolées. T. IV, p. 494. — Les animaux propres et particuliers de l'ancien continent se réduisent à huit genres ou familles, et à cinq espèces isolées. Énumération de ces huit genres et de ces cinq espèces. P. 496. — Les animaux propres et particuliers au nouveau continent peuvent se réduire à dix genres et à quatre espèces isolées; énumération de ces dix genres et de ces quatre espèces. P. 497. — Rapports éloignés qui paraissent indiquer quelque chose de commun dans la formation des animaux des deux continents, et qui conduisent à remonter à des causes très anciennes de dégénération. P. 496. — De dix genres et de quatre espèces isolées, auxquels on peut réduire tous les animaux du nouveau monde, il n'y a que le genre des tigres et l'espèce du pécari qu'on puisse rapporter aux animaux de l'ancien continent d'une manière évidente. L'espèce du lama et les genres des sapajous, des sagouins, des mouffettes, des agoutis et des fourmiliers ne peuvent être comparés que d'une manière assez éloignée aux chameaux, aux guenons, aux putois, aux lièvres et aux pangolins; et enfin les espèces du tapir et du cabiai, et les genres des philandres, des coatis, des tatous et des paresseux ne peuvent être rapportés à aucune des espèces de l'ancien continent. P. 501.

ANIMAUX *propres et particuliers du nouveau monde*. Leur origine ne peut être attribuée à la simple dégénération. Lorsque les deux continents étaient contigus, les espèces qui étaient cantonnées dans ces contrées du nouveau monde y ont été probablement renfermées par l'irruption des eaux, lorsqu'elles divisèrent les deux continents. Possibilité de cet événement. T. IV, p. 502.

ANIMAUX ET VÉGÉTAUX. Il n'y a aucune différence absolument essentielle et générale entre les animaux et les végétaux. La nature descend par degrés ou par nuances imperceptibles de l'animal qui nous paraît le plus parfait à celui qui l'est le moins, et de celui-ci au végétal. Ainsi les animaux et les végétaux sont pour la nature des êtres à peu près du même ordre. T. IV, p. 147.

ANIMAUX domestiques, ont la faculté de s'unir et de produire presque en toute saison. T. V, p. 28.

ANIMAUX. Pourquoi n'ont point de langage. T. VII, p. 73. — Les espèces susceptibles d'éducation, comme celle du chien, sont supérieures aux autres. P. 74.

ANIMAUX. Origine du culte des animaux. T. VIII, p. 1 et suiv. — L'Égypte est l'une des contrées où ce culte s'est établi le plus anciennement et s'est conservé le plus longtemps, parce que tous les reptiles et autres animaux nuisibles y étaient en plus grande quantité que partout ailleurs. P. 1. — Exemples à ce sujet. P. 2. — Le culte des animaux sacrés étaient fondé, chez les anciens, sur leur utilité. Les soins qu'ils prenaient de leur conservation ; la défense de les détruire était une loi sage qui dégénéra ensuite en superstition, et fit de ces animaux des dieux. P. 3.

ANIMAUX. Les dépouilles des éléphants et des autres animaux terrestres se trouvent presque à la surface de la terre, au lieu que celles des animaux marins sont pour la plupart, et dans les mêmes lieux, enfouies à de grandes profondeurs, ce qui prouve que ces derniers sont plus anciens que les premiers. T. II, p. 11 et 92. — Il paraît que les premiers animaux terrestres et marins étaient plus grands que ceux d'aujourd'hui : ceux qui peuplent maintenant les terres du midi de notre continent y sont primitivement venus du Nord. P. 99. — Nos éléphants et nos hippopotames, qui nous paraissent si gros, ont eu des ancêtres plus grands dans les temps qu'ils habitaient les terres septentrionales, où ils ont laissé leurs dépouilles ; les cétacés d'aujourd'hui sont aussi moins gros qu'ils ne l'étaient anciennement : raison particulière de ce fait. P. 97. — Raison pourquoi il ne s'est point formé d'espèces nouvelles dans les contrées méridionales de notre continent, comme il s'en est formé dans celles de l'Amérique. P. 99. — Et pourquoi les formations des terres du Nord ont été beaucoup plus considérables et plus grandes que celles des terres du Midi. P. 100. — Sur trois cents espèces d'animaux quadrupèdes et quinze cents espèces d'oiseaux qui peuplent la surface de la terre, l'homme en a choisi dix-neuf ou vingt, et ces vingt espèces figurent seules plus grandement dans la nature, et font plus de bien sur la terre que toutes les autres espèces réunies. P. 132.

ANIMAUX et VÉGÉTAUX. Il était plus facile à l'homme d'influer sur la nature des animaux que sur celle des végétaux : preuves de cette assertion. T. II, p. 135.

ANIMAUX. La chaleur dans les différents genres d'animaux n'est pas égale ; les oiseaux sont les plus chauds de tous. les quadrupèdes ensuite, l'homme après les quadrupèdes. les cétacés après l'homme, les reptiles beaucoup après, et enfin les poissons, les insectes et les coquillages sont, de tous les animaux, ceux qui ont le moins de chaleur. T. II, p. 244. — Les animaux qui ont des poumons, et qui par conséquent respirent l'air, ont toujours plus de chaleur que ceux qui en sont privés ; et plus la surface des poumons est étendue, plus aussi leur sang devient chaud. Les oiseaux ont, relativement au volume de leur corps, les poumons considérablement plus étendus que l'homme ou les quadrupèdes, et c'est par cette raison qu'ils ont plus de chaleur. Ceux qui les ont moins étendus ont aussi beaucoup moins de chaleur, et elle dépend en général de la force et de l'étendue des poumons. P. 245. — Les animaux fixent et transforment l'air, l'eau et le feu en plus grande quantité que les végétaux. Les fonctions des corps organisés sont l'un des plus puissants moyens que la nature emploie pour la conversion des éléments. P. 256-257.

ANIMAUX *à coquilles*. Les animaux à coquilles ou à transsudation pierreuse sont plus nombreux dans la mer que les insectes ne le sont sur la terre. T. II, p. 254.

ANIMAUX et VÉGÉTAUX. Les détriments des animaux et des végétaux conservent des molécules organiques actives qui communiquent à la matière brute et passive les premiers traits de l'organisation en lui donnant la forme extérieure. T. II, p. 466.

ANIMAUX, VÉGÉTAUX et MINÉRAUX. Comparaison de l'accroissement des minéraux et de l'accroissement ou développement des animaux et végétaux. T. II, p. 466.

ANIMAUX *quadrupèdes* qui ont anciennement existé, et dont les espèces sont actuellement perdues. T. III, p. 581. — Quelques-unes de ces anciennes espèces étaient plus grandes que l'espèce actuelle de l'éléphant. Les premiers pères des espèces actuelles d'animaux étaient beaucoup plus grands que leurs descendants. Preuves de cette assertion. *Ibid.* et suiv.

ANNEAU *de Saturne*. Recherches sur la perte de la chaleur propre de cet anneau, et sur la compensation à cette perte. T. I, p. 367 et suiv. — Sa distance à Saturne est de 55 mille lieues ; sa largeur est d'environ 9 mille lieues, et son épaisseur n'est peut-être que de 100 lieues. P. 367. — Supputation de toutes ses dimensions et du volume de matière qu'il contient, lequel se trouve être trente fois plus grand que le volume du globe de la terre. P. 368. — Recherches sur la consolidation et le refroidissement de cet anneau. P. 368 et suiv. — Le moment où la chaleur envoyée par Saturne à son anneau a été égale à sa chaleur propre s'est trouvé dans le temps de l'incandescence. P. 360.— Il jouira de la même température dont jouit aujourd'hui la terre, dans l'année 126473 de la formation des planètes. P. 371 — et ne sera refroidi à $\frac{1}{25}$ de la chaleur actuelle de la terre que dans l'année 252946 de la formation des planètes. *Ibid.* — Il a été la douzième terre habitable, et la nature vivante y a duré depuis l'année 53711, et y durera jusqu'à l'année 177568 de la formation des planètes. P. 393. — La nature organisée, telle que nous la connaissons, est en pleine existence sur cet anneau. P. 396.

ANTA ou ANT. C'est le même animal que le tapir. Origine de ce nom *anta*; on appelle aussi cet animal *maïpouri* ou *manipouris*. T. IX, p. 415.

ANTILOPE, espèce de gazelle qui se trouve en Barbarie, en Arabie, etc.; sa description. T. IX, p. 476. — Description de ses cornes. *Ibid.* — Variétés dans cette espèce. P. 476. — L'antilope des Indes est une espèce plus petite que les autres. *Ibid.* — Les grandes antilopes sont plus farouches que les autres gazelles. P. 481.

ANTILOPE, espèce de gazelle; sa description par M. Pallas. *Add.*, t. X, p. 485 et suiv. — Cette gazelle a vécu et même multiplié en Hollande, quoique âgée de plus de dix ans; le mâle était très sauvage et ne s'est jamais apprivoisé; au contraire, la femelle était très douce et très familière. P. 485 et suiv. Habitudes de ces deux animaux en domesticité. P. 485 et suiv. — La femelle porte près de neuf mois et ne produit qu'un petit à la fois. Ce n'est guère qu'au bout de trois ans que le mâle est en état d'engendrer; mais la femelle produit au bout de deux ans d'âge. Différences entre le mâle et la femelle. P. 486.

ANTIMOINE. Différence de fusibilité entre le régule d'antimoine ou antimoine natif, et l'antimoine qui a déjà été fondu. T. II, p. 332.

ANTIMOINE. Formation des mines primordiales d'antimoine. T. III, p. 388. — Formation des mines secondaires. P. 389. — Mines d'antimoine en plumes et autres mines antimoniales de dernière formation. *Ibid.* — Mines d'antimoine en France, en Allemagne, en Hongrie, en Italie, en Asie, en Afrique et en Amérique. P. 390. Antimoine cru. Sa composition et sa réduction en régule. P. 387. — Foie et verre d'antimoine. P. 387. Différence du régule d'antimoine avec les autres métaux. P. 387. — Alliage du régule d'antimoine avec les métaux. P. 388.

ANTIMOINE. On ne connaît point de régule d'antimoine natif, et ce demi-métal est toujours minéralisé dans le sein de la terre. T. IV, p. 44. — Description des minerais d'antimoine; ils sont souvent mêlés d'arsenic. Mine d'antimoine qui ressemble à la galène de plomb, et qui souvent est mêlée d'argent. *Ibid.* Autre mine d'antimoine, à laquelle on donne le nom de *mine d'argent en plumes*. *Ibid.*

AOUROU-COURAOU, espèce d'amazone de la Guyane ou du Brésil. T. VII, p. 156. — L'oiseau nommé *catherina* au Mexique paraît en être une variété, et avoir été transporté de là à la Jamaïque. P. 158. — Autres variétés; l'*aiuru-curuca*. P. 158.

APAR, espèce de tatou qui n'a que trois bandes mobiles; sa description et ses caractères spécifiques. T. IX, p. 265. — Quand l'apar se couche pour dormir, ou que quelqu'un le touche et veut le prendre avec la main, il rapproche et réunit, pour ainsi dire, en un point ses quatre pieds, ramène sa tête sous son ventre, et se courbe parfaitement en rond, en sorte qu'alors on le prendrait plutôt pour une coquille de mer que pour un animal terrestre. P. 263. — Sa chair est aussi blanche et aussi bonne à manger que celle du cochon de lait. P. 276.

APE, est le nom que les Anglais ont donné aux singes sans queue. T. X, p. 119.

APÉRÉA. Notice au sujet de cet animal. Sa description, ses habitudes naturelles. Ce pourrait bien être le même animal que le *cori*. T. X, p. 354.

APUTÉ-JUBA, perriche à queue longue et inégale, différente de celle à front rouge, commune à la Guyane. S'appelle à Cayenne *perruche poux-de-bois*, parce qu'elle fait ordinairement son nid dans les ruches de ces insectes. T. VII, p. 184. — Il est douteux qu'elle voyage jusqu'au pays des Illinois. P. 185. — Parle difficilement. P. 185.

ARA BLEU ou CANIDÉ (Thevet dit *carindé*). A les mêmes habitudes naturelles, se trouve dans les mêmes climats que l'ara rouge. A la voix un peu différente. Ces deux espèces ne se mêlent ni ne se font la guerre. T. VII, p. 144.

ARA NOIR. Son plumage ressemble à celui de l'ani. Est connu des sauvages de la Guyane. Se tient dans l'intérieur des terres, sur les sommets des montagnes de roches, loin des habitations. Paraît être l'*araruna* ou *machao* de Laët. T. VII, p. 149.

ARA ROUGE des climats chauds de l'Amérique. Il y a variété de grandeur dans cette espèce, et aussi variété de couleurs. T. VII, p. 139 et suiv. — Devenu rare. P. 140. — Habite les bois humides. Se nourrit des fruits du palmier-latanier. Vole par paires et vole très bien. Crie en volant. Se rassemblent quelquefois le matin pour crier tous ensemble. Reviennent tous les soirs au même lieu. Vivent de fruits mûrs, quelquefois même de celui du mancenillier. *Ibid.* — Inconvénient. *Ibid.* — Se laissent approcher par l'homme; au commencement, ils semblaient le rechercher. P. 141. — Nichent dans les trous de vieux arbres. Font deux pontes par an, chacune de deux œufs, gros comme ceux de pigeon, tachetés comme ceux de perdrix. Pondent rarement dans nos contrées. Les petits ont quelquefois des vers dans les narines et ailleurs. Le mâle et la femelle ne se quittent guère, et soignent ensemble la couvée. P. 142. — S'apprivoisent. Leur chair bonne à manger. Apprennent à parler grossièrement. Sujets à l'épilepsie dans l'état de domesticité, et pourquoi. Remède. La cause de ce mal tient à l'électricité. P. 143.

ARA VERT du Brésil, etc., bien plus rare et plus petit, mais aussi beau que le rouge · et le bleu. Appelé *macao;* est familier, caressant, jaloux. Mange de tout en domesticité. Préfère les pommes cuites. Suce les fruits tendres. Se sert de ses pattes comme d'une main. T. VII, p. 146 et suiv. — A les narines cachées dans les plumes; replie sa langue. A la voix moins forte et prononce moins distinctement *ara;* cependant il apprend mieux à parler. P. 148. — Le persil lui est contraire, et dit-on, les amandes. P. 148. — Il y a dans cette espèce variété de grandeur. P. 148.

ARABES, manière dont ils exercent leurs brigandages. T. IX, p. 362.

ARABES. Voyez *Bédouins.*

ARABES. Description des Arabes et de plusieurs de leurs usages. *Add.,* t. XI, p. 268 et suiv. — Les Arabes sont tous pasteurs et n'ont point de travail suivi; néanmoins ils souffrent la chaleur, la faim et la soif mieux que tous les autres hommes. P. 270.

ARABIE. Peinture des déserts d'Arabie. T. IX, p. 361. — Description des sables et des déserts brûlants d'Arabie. P. 361.

ARABIE PÉTRÉE. Tableau de cette terre déserte. T. VII, p. 582.

ARACARIS (les) ressemblent aux toucans, mais sont bien plus petits; on en connaît quatre espèces, toutes originaires des climats chauds de l'Amérique. T. VII, p. 473. — Ils ont le bec plus solide et plus dur que les toucans. P. 474. — Ils ont de même une plume pour langue. *Ibid.*

ARACARI (l') *à bec noir.* Sa description d'après Nieremberg. Il se trouve au Mexique. T. VII, p. 475.

ARACARI (l') *bleu.* Sa description d'après Fernandez. T. VII, p. 476.

ARADA. Cet oiseau n'est pas précisément un fourmilier, quoiqu'il ait beaucoup de caractères communs extérieurs avec eux; il en diffère par les habitudes naturelles et par le chant; on assure qu'il répète souvent les sept notes de l'octave par lesquelles il prélude, qu'ensuite il siffle différents airs, et que son chant est en quelque façon supérieur à celui du rossignol. T. VI, p. 350. — Description et dimensions de l'arada. P. 351.

ARAIGNÉES, dévorent indifféremment les autres espèces d'insectes et la leur. T. IX, p. 53.

ARARUNA *ou* MACHAO. Voyez *Ara noir.*

ARAS, appartiennent au nouveau continent; sont les plus beaux et les plus gros des perroquets. Sont familiers. Connaissent leur domicile, ceux qui les nourrissent. Nommés *guacamayas* par Colomb. T. VII, p. 136. — Ont la queue très longue et le menton nu. Leur cri est *ara.* P. 137.

ARAU *ou* KARA (le), des mers du Nord, paraît devoir se rapporter aux plongeons. T. VIII, p. 466.

ARBRES. L'accroissement des arbres se fait par l'addition de parties semblables au tout. T. IV, p. 158. — Manière dont s'opère l'accroissement des arbres. *Ibid.* Sont composés de petits êtres organisés semblables, et l'individu total est formé par l'assemblage d'une multitude de petits individus semblables. *Ibid.* — Plus un arbre est âgé, et plus il produit de fruits. P. 185. — Explication de la formation, du développement et de l'accroissement du bois dans les arbres. T. XI, p. 71. — Causes naturelles et générales du dépérissement et de la mort des arbres, c'est la trop grande solidité que le bois acquiert avec l'âge. P. 76. — La plupart des arbres ne portent abondamment du fruit et des graines que de deux années l'une. T. IX, P. 39.

ARBRE. Description de l'organisation d'un arbre. T. XI, p. 459 et suiv. — Accroissement des arbres en hauteur et en grosseur. P. 456. — Un gros et grand arbre est un composé d'un grand nombre de cônes ligneux qui s'enveloppent et se recouvrent tant que l'arbre grossit. *Ibid.* — Comment on connaît l'âge des arbres. Description des couronnes concentriques ou cercles annuels de la croissance des arbres. P. 459. — Les couches ligneuses varient beaucoup pour l'épaisseur, dans les arbres de même espèce. P. 460. — Le bois des arbres fendus par l'effort de la gelée ne se réunit jamais dans la partie fendue. P. 552. — Gerçures dans les arbres; leur origine différente. *Ibid.*

ARBRES *écorcés* (les) du haut en bas et entièrement dépouillés de leur écorce dans le temps de la sève, ne paraissent pas souffrir qu'au bout de deux mois. T. XI, p. 490. — Ils deviennent durs au point que la cognée a peine à les entamer. *Ibid.* — Devancent les autres pour la verdure lorsqu'ils ne meurent pas dans la première année. P. 490. — Raisons pourquoi on doit défendre l'écorcement des bois taillis et le permettre pour les futaies. P. 490.

ARBRES *fruitiers.* Moyens de hâter la production des arbres fruitiers lorsqu'on ne se soucie pas de les conserver. T. XI, p. 494.

ARBRES *résineux* (les) comme les pins, sapins, épicéas; expériences faites sur ces arbres pour en former des cantons de bois.

la mine d'argent vitrée; elles tirent toutes deux leur origine de l'argent pur et natif de première et dernière formation. *Ibid.* — Mine d'argent en cristaux transparents et d'un rouge de rubis. Description de ces cristaux qui ne sont pas tous également transparents. *Ibid.* — Mine d'argent noire, sa formation, différents lieux où elle se trouve. Cette mine noire est de dernière formation. P. 38. — Concrétions de l'argent réduites en poudre et mêlées dans différentes matières. P. 38. — Procédés actuellement en usage au Mexique pour réduire l'argent minéralisé en métal pur. P. 39.

ARGENT. Raison pourquoi on trouve moins d'argent en paillettes et en poudre, que d'or dans les sables des rivières et des torrents. T. III, p. 246.

ARGENT. Estimation de la valeur de l'argent. Dans le moral, il ne doit par être estimé par sa quantité, mais pas les avantages qui en résultent. T. XI, p. 318. — Estimation de la valeur de l'argent pour le pauvre et pour le riche. *Ibid.* — La manière dont les mathématiciens ont considéré l'argent lorsqu'ils ont calculé les jeux de hasard doit être rectifiée; exemple à ce sujet. P. 319. — La quantité de l'argent, passé de certaines bornes, ne peut plus augmenter le bonheur de l'homme. P. 321. — Proportion de la valeur de l'argent, relativement aux avantages qui en résultent. P. 324 et suiv. — L'avare et le mathématicien estiment tous deux l'argent par sa quantité numérique; correction de cette fausse estimation. P. 325.

ARGILES (les) et les glaises ne sont que du sable vitrifiable décomposé, et ces glaises, en se décomposant elles-mêmes, se changent en limon. Preuve de ces assertions. T. I, P. 117. — L'argile peut devenir du caillou. P. 117. — Voyez *Sable vitrifiable*. P. 229.

ARGILE. L'argile doit son origine à la décomposition des matières vitreuses qui, par l'impression des éléments humides, se sont divisées, atténuées et réduites en terre. Preuves de cette vérité. T. II, p. 324 et suiv. — Comment l'argile devient une terre féconde. P. 525. — Comment les molécules spongieuses de l'argile sont devenues dures et sèches dans les schistes et les ardoises. P. 539. — L'argile, ou sous sa propre forme ou sous celle d'ardoise et de schiste, doit être regardée comme la première terre; elle forme les premières couches qui aient été transportées et déposées par les eaux. Ce fait s'unit à tous les autres pour prouver que les matières vitrescibles sont les substances premières et primitives, puisque l'argile, formée de leurs débris, est la première terre qui ait couvert la surface du globe. C'est aussi dans cette terre que se trouvent généralement les coquilles d'espèces anciennes, comme c'est aussi sur les ardoises

qu'on voit les empreintes des poissons inconnus, qui ont appartenu au premier océan. Un grand nombre de ces lits de schistes et d'ardoise ne paraissent s'être inclinés que par la violence, ayant été déposés sur les voûtes des grandes cavernes avant que leur affaissement fit pencher les masses dont elles étaient surmontées, tandis que les couches calcaires, déposées plus tard sur la terre affermie, offrent rarement de l'inclinaison dans leurs bancs, qui sont assez généralement horizontaux ou beaucoup moins inclinés que ne le sont communément les lits des schistes et des ardoises. P. 542.

ARGILE (l') est de la même essence que la terre vitrifiable ou quartzeuse; démonstration de cette vérité. T. III, p. 127 et suiv. — Il est certain que l'argile ne diffère du quartz ou du grès réduit en poudre, que par l'atténuation des molécules de cette poudre quartzeuse, sur laquelle l'acide aérien combiné avec l'eau agit assez longtemps pour les pénétrer et enfin les réduire en terre, et c'est à l'acide aérien qu'on doit attribuer cet effet. P. 128. — Comment s'est opérée cette décomposition des verres primitifs en argile. *Ibid.*

ARGILES. La production des argiles a précédé celle des coquillages, et par conséquent celle des matières calcaires. T. II, p. 55.

ARGILES. Première formation des argiles par les détriments des verres primitifs atténués et décomposés par l'impression des éléments humides. T. II, p. 525. — La nature a suivi, pour la formation des argiles, les mêmes procédés que pour celle des grès. P. 526. — Distinction précise entre les argiles et les glaises. P. 528.

ARGILES *mélangées*. Ne sont pas aussi réfractaires au feu que les argiles pures. T. II, p. 526.

ARGILES *pures et blanches*. Ne se trouvent qu'en quelques lieux. Raisons de ce fait. Ces argiles pures sont aussi réfractaires que le quartz dont elles proviennent. T. II, p. 526. — Différence des argiles pures et blanches d'avec les marnes. P. 529. — Lieux où se trouvent ces argiles pures. P. 530. — Il n'y a point de coquilles ni d'autres productions marines dans les masses d'argiles blanches ou pures, au lieu que toutes les couches de glaise en contiennent en grande quantité. *Ibid.*

ARGILES, *Usage de l'argile*. L'usage de l'argile cuite pour les bâtiments, les vases, etc., paraît être de toute antiquité, et avoir précédé l'emploi des pierres calcaires. T. II, p. 532.

ARGUS *ou* luen, sorte de faisan de la Chine. T. V, p. 436.

ARIMANON ou oiseau de coco, perruche à queue courte de l'île d'Otahiti. A la langue pointue, terminée par un pinceau de poils courts et blancs. T. VII, p. 136. — Crie sans cesse. Vole par troupes. Se nourrit de bananes. S'accoutume difficilement à la domesticité; vit alors de jus de fruits. *Ibid.*

**Arménienne.** Voyez *Pierre arménienne.*

**Armure.** La position de l'armure et la figure de l'aimant doivent également influer sur sa force. T. IV, p. 118. — Les pieds de l'armure doivent être placés sur les pôles de la pierre, pour réunir le plus de force. *Ibid.*

**Arsenic.** Est une matière qui forme une ligne de séparation qui remplit le grand intervalle entre les matières métalliques et les matières salines. T. IV, p. 431. — Son essence est autant saline que métallique. *Ibid.* — Propriétés salines de l'arsenic. *Ibid.* — Propriétés métalliques de son régule. *Ibid.* — La plupart des mines d'arsenic, noires et grises, sont des mines de cobalt mêlées d'arsenic; et l'arsenic vierge est, comme le cobalt, toujours mêlé de fer. P. 432. — L'arsenic se trouve dans presque toutes les mines métalliques, et surtout dans celles de cobalt et d'étain. P. 433. — Actions de l'arsenic sur les mines de différents métaux. P. 433. — Alliage de l'arsenic avec les métaux. P. 435. — Manière dont on recueille l'arsenic par sublimation. P. 436.

**Arts.** Les arts utiles se sont conservés après la perte des sciences. T. II, p. 126. — Ils se sont répandus de proche en proche. perfectionnés de loin en loin; ils ont suivi le cours des grandes populations. *Ibid.*

**Arts.** L'art de l'homme ne peut que tracer des figures et former des surfaces, tandis que celui de la nature travaille les corps dans leur intérieur et dans toutes les dimensions à la fois. T. II, p. 467. — Ce n'est pas la faute de l'homme, si par son art il ne peut imiter la nature dans ses opérations, puisque, quand même par les lumières de son esprit il pourrait reconnaître tous les éléments que la nature emploie, quand il les aurait à sa disposition, il lui manquerait encore la puissance de disposer du temps, et de faire entrer des siècles dans l'ordre de ses combinaisons. P. 472.

**Art.** Comparaison des ouvrages de l'art et de ceux de la nature. Différence infinie dans le produit, causé par l'inégalité de la puissance. L'homme ne peut employer que la force qu'il a; il est borné à une petite quantité de mouvement, qu'il ne peut communiquer que par la voie de l'impulsion. S'il pouvait disposer de la force d'attraction comme de celle d'impulsion, si seulement il avait un sens qui fût relatif à cette force pénétrante, il verrait le fond de la matière, il pourrait l'arranger en petit, comme la nature la travaille en grand. T. X, p. 97.

**Arts.** Toutes les idées des arts ont leur modèle dans les productions de la nature. T. I, p. 16.

**Asbeste.** Voyez *Amiante.*

**Asie** et tout le continent oriental est le pays le plus ancien du globe. Les côtes occidentales de l'Europe et de l'Afrique sont des terres plus nouvelles. T. I, p. 51.

**Assimilation.** Les êtres qui ont la puissance de convertir la matière en leur propre substance et de s'assimiler les parties des autres êtres sont les plus grands destructeurs. T. IV, p. 166. — Ce qui est une cause de mort est en même temps un moyen nécessaire pour produire le vivant. P. 167.

**Asphalte.** L'asphalte est un bitume que l'on recueille sur l'eau ou dans le sein de la terre, et qui dans ce premier état est gras et visqueux, mais qui bientôt prend à l'air un certain degré de consistance et de solidité. T. III, p. 54. — Il est d'abord fluide, ensuite mou et visqueux, et enfin il devient dur par la seule dessiccation. P. 56. — Ce bitume se trouve non seulement en Judée et en plusieurs autres provinces du Levant, mais encore en Europe et même en France; usage de ce bitume pour enduire les bassins qui contiennent de l'eau. P. 57.

**Astres.** Raison pourquoi il n'y a que les astres fixes qui soient lumineux, et pourquoi dans l'univers solaire tous les astres errants sont obscurs. T. II, p. 28.

**Astre.** La force d'attraction est également répartie dans toute la matière, mais chaque astre a reçu une quantité différente de force d'impulsion. Il y a des astres solitaires et d'autres accompagnés de satellites, des astres de lumière et des globes de ténèbres, des soleils qui paraissent, disparaissent et semblent alternativement se rallumer et s'éteindre. T. II, p. 196.

**Astronomie.** Progrès presque inconcevables de l'ancienne astronomie. Exemple par la période lunisolaire de six cents ans, connue dès le temps des patriarches avant le déluge. T. II, p. 123.

**Atingacu** du Brésil, nom du *coucou cornu.* T. VII, p. 256.

**Atlantide** (île) des anciens. T. I, p. 245.

**Atmosphère.** L'atmosphère aérienne ne s'étend pas à beaucoup près aussi haut qu'on le croit vulgairement. *Add.,* t. I, p. 289.

**Atmosphère.** Les atmosphères des planètes se sont formées aux dépens de l'immense atmosphère du soleil. T. II, p. 33.

**Atototl,** petit oiseau du lac du Mexique; sa notice dans Fernandez. T. VIII, p. 464.

**Attachement** aux choses inanimées, est le dernier degré de la stupidité. T. IV, p. 454. — La plupart de nos attachements naissent lorsqu'on pense et qu'on réfléchit le moins. Il suffit que quelque chose flatte nos sens pour que nous l'aimions, et il ne faut que s'occuper souvent et longtemps d'un objet pour s'en faire une idole. P. 454. — Différence de l'attachement et de l'amitié. *Ibid.*

res et des fleuves de préférence aux autres plages de la mer. Sa grandeur, sa description, ses habitudes, son naturel vif et inconstant. *Ibid.* — Elle passe sur nos côtes de Picardie en avril et en novembre, et part souvent dès le lendemain de son arrivée. Salerne assure que l'espèce en est assez nombreuse sur les côtes du bas Poitou, et qu'elle y fait sa ponte. *Ibid.* — Différences des couleurs du plumage et des pieds dans les jeunes et dans les adultes. Il y a peu de différence entre le mâle et la femelle, sinon que cette dernière est un peu plus petite. Cet oiseau est défiant et se laisse prendre très difficilement. P. 244.

AVOINE. Il n'y a point d'avoine en Arabie ni dans les climats les plus chauds de l'Asie, et c'est avec de l'orge et de la paille hachée qu'on y nourrit les chevaux. *Add.*, t. X, p. 415.

AXE *du corps animal*. La moelle épinière, à la prendre depuis le cerveau jusqu'à son extrémité inférieure, c'est-à-dire jusqu'au coccyx, et les vertèbres qui la contiennent, paraissent être l'axe réel auquel on doit rapporter toutes les parties doubles du corps animal. T. I, p. 348 et 349.

AXIOMES. Il faut se défier de ces axiomes absolus, de ces proverbes de physique que tant de gens ont mal à propos employés comme principes, comme *nulla fœcundatio extra corpus*, tout vivant vient d'un œuf; toute génération suppose des sexes, etc. T. IV, p. 163.

AXIS. Est le même animal que l'on connaît vulgairement sous le nom de *cerf du Gange*. MM. de l'Académie l'ont indiqué par la dénomination de *biche de Sardaigne*. T. IX, p. 410 et suiv. — Tient du cerf et du daim tout ensemble; ses différences et ses ressemblances avec l'un et avec l'autre. P. 412. — Est originaire des pays chauds, et cependant il vit aisément et se multiplie dans les pays tempérés lorsqu'il est soigné et qu'on le tient à l'abri pendant l'hiver. *Ibid.* — On n'a pas remarqué dans les ménageries que l'axis se soit mêlé avec le cerf ou le daim, et qu'ils aient jamais produit ensemble. P. 412.

AXIS ou daim à pelage tacheté de blanc. Il engendre avec les autres daims. *Add.*, t. X, p. 454.

AYACA (l') de quelques voyageurs, ne paraît pas différent de l'*ayaia* du Brésil, qui est la spatule. T. VIII, p. 464.

AYE-AYE (l') se trouve à Madagascar. *Add.*, t. X, p. 323. — Description de cet animal, et notice relative à ses habitudes. *Ibid.* et suiv.

AZULINHA, espèce de bengali appelé *cordon bleu*. Ses différences avec les autres bengalis. T. VI, p. 168.

AZUR (le petit) ou *gobe-mouche bleu des Philippines*. Sa description et ses dimensions. T. VI, p. 380.

AZURIN, espèce de fourmilier. Son indication. VI, p. 344.

AZURIN. Voyez *Merle* de la Guyane. T. VI, p. 74.

AZUROUX, oiseau de Canada dont l'espèce est voisine de celle du bruant; sa description et ses dimensions. T. VI, p. 295.

# B

BABIROUSSA. Ses ressemblances et ses différences avec le cochon. T. IX, p. 516. — Description de ses défenses ou dents canines. *Ibid.* — Ses défenses sont d'un très bel ivoire, plus net, plus fin, mais moins dur que celui de l'éléphant. *Ibid.* — Sa figure et ses habitudes naturelles. P. 517. — S'accroche avec ses défenses pour dormir debout. *Ibid.* — Nage fort légèrement et longtemps. P. 517. — Son climat. Doute si la femelle manque des grandes défenses supérieures qui se trouvent dans le mâle. *Ibid.*

BABIROUSSA. Description de cet animal. *Add.*, t. X, p. 404.

BABOUCARD (le), espèce de martin-pêcheur de moyenne grandeur de l'ancien continent, qui se trouve au Sénégal. L'espèce est très voisine de celle du martin-pêcheur d'Europe, et peut-être la même. T. VII, p. 509.

BABOUIN. Est un animal qui appartient à l'ancien continent et qui ne se trouve point dans le nouveau. T. IV, p. 577. — Définition du babouin; c'est un animal à queue courte, à face allongée, à museau large et relevé, avec des dents canines plus grosses à proportion que celles de l'homme, et portant des callosités sur les fesses. T. X, p. 87. — Les anciens n'ont point eu de nom propre pour désigner cet animal; Aristote est le seul qui l'ait indiqué par la dénomination de *simia porcaria*. Ibid. — *Babouin*, nom générique qui comprend trois espèces : 1° le *papion* ou le *babouin* proprement dit; 2° le *mandrill*; 3° l'*ouanderou*. Courte description de ces trois babouins. P. 88. — Il y en a de petits et de grands. Voyez *papion*. P. 131.

BABOUIN A FACE BLEUATRE. Description de ce singe, *Add.*, t. X, p. 176. — Il ne paraît être qu'une variété du babouin des bois. *Ibid.*

BABOUIN A LONGUES JAMBES. Description et habitudes de cet animal, *Add.*, t. X, p. 175.

BABOUIN A MUSEAU DE CHIEN. Description et habitudes naturelles de ce singe. *Add.*, t. X, p. 188.

BABOUIN CENDRÉ. Sa description. *Add.*, t. X, p. 175.

BABOUIN DES BOIS. M. Pennant a fait connaître cette espèce. Sa description. *Add.*, t. X, p. 175.

BABOUIN GRIS, babouin à museau de chien. *Add.*, t. X, p. 188.

BABOUIN JAUNE. Description de ce babouin. *Add.*, t. X, p. 176.

BACKER ou BECQUETEUR (le) des îles d'Oëland et de Gothland est une hirondelle de mer. Son cri, sa nichée, son vol et ses autres habitudes naturelles. T. VIII, p. 467. — Description de son plumage. *Ibid.*

BAGLAFECHT, comparé au toucnam-courvi; son plumage; son nid. T. VI, p. 105.

BALANCE *hydrostatique*. On ne peut rien conclure de positif des expériences faites à la balance hydrostatique sur des volumes trop petits. T. II, p. 338.

BALANCES. Considérations sur la précision des balances. On ignore quelle doit être pour un poids donné la balance la plus exacte. T. II, p. 422. — Les balances très sensibles sont très capricieuses. Une balance moins sensible est plus constante et plus fidèle. P. 423.

BALANCES de toutes espèces. T. XI, p. 347.

BALBUZARD, *ou* aigle de mer, *ou* craupêcherot, c'est-à-dire corbeau pêcheur; n'a ni la grosseur, ni le port, ni la figure, ni le vol, ni la férocité de l'aigle, et ne vit que de poisson qu'il prend dans l'eau; aussi sa chair en a une forte odeur : il guette sa proie perché sur une branche à portée d'un étang; dès qu'il aperçoit quelque gros poisson il fond dessus et l'emporte dans ses serres; a les jambes nues, de couleur bleuâtre et quelquefois jaunâtre, le ventre blanc, la queue large, la tête grosse, l'ongle de derrière plus court que les autres, les doigts et la base du bec bleus; se tient dans les terres méditerranées à portée des eaux douces, autant et plus souvent que sur les côtes de la mer; et le nom d'*aigle aquatique* lui conviendrait mieux que celui d'*aigle de mer*. C'est de lui qu'Aristote a dit qu'il forçait ses petits de fixer le soleil, et qu'il tuait tous ceux qui ne pouvaient en soutenir l'éclat, tradition équivoque et qu'on a étendue à tous les aigles; pond trois ou quatre œufs; se tient dans les terres basses et marécageuses; passe plusieurs jours sans manger et sans paraître affaibli; se dresse, dit-on, pour la pêche; est répandu depuis la Suède jusqu'en Grèce et même en Nigritie; celui qu'ont décrit Messieurs de l'Académie était une femelle des plus grandes; a le foie plus petit et les reins plus gros que l'aigle. T. V, p. 64-68. — Erreurs de Pline sur le balbuzard. P. 71 et suiv. — Quelques-uns lui donnent le nom de faucon de marais. P. 73 (note).— Le mélange du balbuzard et de l'orfraie n'est pas impossible; et pourquoi. P. 73. — Il y a des balbuzards de diverses grandeurs et de diverses couleurs. P. 73. — Comparés au jean-le-blanc. P. 75. — Le pêcheur des Antilles et de la Caroline est une variété du balbuzard. P. 83. — Le jeune balbuzard a beaucoup moins de blanc sur la tête, le cou, la poitrine, etc., que les vieux; il a les pieds jaunes.

BALICASE des Philippines; sa grosseur; étendue de son vol; son bec, ses pieds, sa queue fourchue, son chant. T. V, p. 578.

BALTIMORES, comparés en particulier avec les troupiales, les carouges, les cassiques. T. V, p. 640. Origine de leur nom; leur grosseur; couleurs du mâle, et celles de la femelle; leurs becs; leurs voyages; leurs nids. P. 654.

BALTIMORES bâtard, origine de leur nom. leurs couleurs; en quoi ils diffèrent des baltimores francs. T. V, p. 655.

BALTIQUE, *mer Baltique*. Suivant les observateurs suédois, la mer Baltique, qui n'a guère que trente brasses de profondeur, sera dans quatre mille ans une terre abandonnée par les eaux. Cette preuve doit s'ajouter à toutes les autres, qui démontrent l'abaissement successif et général des mers. *Add.*, T. I, p. 336.

BALVANE, employée dans la chasse aux petits tétras. T. V, p. 368.

BAMBLA, espèce de fourmilier qui a une bande blanche transversale sur chaque aile. T. VI, p. 350.

BANANISTE, oiseau de Saint-Domingue, que l'on voit souvent sur les bananiers. Sa grandeur. Sa nourriture. T. VI, p. 583. — Ses habitudes naturelles. Son ramage. Sa description. Ses dimensions. *Ibid.* et suiv.

BANDE *sans déclinaison* (étendue de la), dans la mer Atlantique. T. IV, p. 136. — Les bandes sans déclinaison se trouvent plus près des côtes orientales des grands continents que des côtes occidentales. P. 138.

BANIAHBOU de Bengale, ou le merle de Bengale, son plumage, son chant, quelques-unes de ses dimensions; variété de climat dans cette espèce. T. VI, p. 57.

BARBARESQUE. Petit animal appelé vulgairement *écureuil de Barbarie*. Ses ressemblances et ses différences avec le palmiste et l'écureuil de Suisse. T. IX, p. 249.

BARBARIE. Les femmes qui habitent les villes de Barbarie sont d'un blanc de marbre, qui tranche trop avec le rouge vif de leurs joues. *Add.*, t. XI, p. 270.

gie au feu, et ensuite plongée perpendiculairement dans l'eau, acquiert en un moment la vertu magnétique. T. IV, p. 123.

**BARRES AIMANTÉES** (deux) qui se touchent n'attirent pas un morceau de fer avec autant de force que lorsqu'elles sont à une certaine distance l'une de l'autre. T. IV, p. 118.

**BARRES DE FER** (des) ou d'acier placées dans la direction du grand courant électrique, qui va de l'équateur aux pôles, acquièrent, avec le temps, une vertu magnétique, plus ou moins sensible, qu'elles n'obtiennent qu'avec peine lorsqu'elles sont situées dans un plan trop éloigné de cette direction. T. IV, p. 101.

**BARTAVELLE.** Voyez *Perdrix rouge*.

**BASALTES.** Lieux où l'on trouve des basaltes, soit en Europe, soit dans d'autres parties du monde. *Add.*, t. 1, p. 314. Explication de l'origine et de la formation des basaltes, de leur configuration en colonnes prismatiques, de leur articulation et de tous les autres phénomènes qu'ils présentent. P. 321.

**BASALTE.** Se présente sous la forme d'une pierre plus ou moins noire, dure, compacte, pesante, attirable à l'aimant, susceptible de recevoir le poli, fusible par elle-même sans addition, donnant plus ou moins d'étincelles avec le briquet, et ne faisant aucune effervescence avec les acides. T. IV, p. 51. — Différentes formes de basalte en petites et en grandes masses. *Ibid.* — Différentes couleurs dans les basaltes; le verdâtre est le plus estimé. P. 51.

**BASALTES** (les) qu'on appelle antiques et les basaltes modernes ont également été produits par le feu des volcans; preuves de cette assertion. T. III, p. 84

**BASALTES** (les) et les laves contenant une très grande quantité de matières ferrugineuses doivent être regardés comme autant de grands conducteurs de l'électricité. T. IV, p. 84. — Les basaltes peuvent former de véritables masses d'aimant. P. 104.

**BAUME** *momie* ou *mumie*. Ce n'est qu'un bitume, dont les Orientaux font grand cas; lieux où il se trouve. T. III, p. 60.

**BAURD-MANNETJES,** espèce de *guenon* ou *singe à longue queue*, d'un poil noir, avec une barbe blanche. Voyez *Talapoin*. T. X, p. 150.

**BAY-MONKEY.** Nom donné à une guenon qui a beaucoup de rapports avec la guenon à camail. *Add.*, t. X, p. 184.

**BEAU MARQUET,** espèce étrangère, voisine du friquet, connu sous le nom de moineau de la côte d'Afrique. T. VI, p. 120.

**BEAUTÉ.** Les idées que les différents peuples ont de la beauté sont très opposées, et les femmes ont plus gagné par l'art de se faire désirer que par ce don même de la nature. T. XI, p. 69. — Les femmes ont eu de la beauté dès qu'elles .ont su se respecter assez pour se refuser à tous ceux qui ont voulu les attaquer par d'autres voies que par celles du sentiment; et du sentiment une fois né, la politesse des mœurs a dû suivre. P. 69.

**BEC,** le bec crochu n'est pas un signe certain d'un appétit décidé pour la chair. T. V, p. 33. — Voyez *Perroquets.* Dans ce genre d'oiseaux et dans plusieurs autres, la partie supérieure du bec est mobile, comme l'inférieure. P. 34 (note *a*). — Dans l'aigle et le vautour, la courbure du bec ne commence qu'à quelque distance de sa base; dans l'épervier, la buse, le milan et le faucon, elle commence dès l'origine du bec. P. 46. — Bec du percnoptère, percé de deux trous, outre les narines, par lesquels s'écoule la salive. P. 86. — Les mêmes trous se retrouvent dans le bec du griffon, aux côtés d'une petite éminence ronde qui s'élève sur le bec supérieur, près de son extrémité. Ce bec supérieur a en dedans de chaque côté une rainure où sont reçus les bords tranchants du bec inférieur; les ouvertures des narines percent sa base et sont fort amples. P. 89. — Bec du faucon noir, comparé à celui du faucon commun. P. 142. — Du hocco. P. 444. — Du pauxi. P. 447. — Choucas à bec crochu, à bec croisé; poulets qui avaient aussi le bec croisé. P. 574. — Bec du cassenoix. P. 598. — Bec à cinq pans des baltimores. T. V, p. 655. — Bec supérieur mobile dans les grives. T. VI, p. 11. — Bec des oiseaux-mouches. T. VII, p. 37. — En quoi diffère du bec des colibris. P. 40. Plus ou moins garni de plumes à sa base et au delà dans les différentes espèces d'oiseaux-mouches. P. 45. — Dans l'oiseau-mouche huppé. P. 47. — Dans l'escarboucle. P. 51. — Long bec du brin-blanc. P. 61. — Du colibri à queue violette. P. 65. — Bec très arqué du colibri à gorge carmin. P. 66. — Bec du perroquet et en particulier du jaco. Sa structure, sa force, sa mobilité, ses divers usages. P. 98 et suiv. — Le perroquet noir a le bec très court. P. 104. — Celui à bec couleur de sang l'a plus gros et plus large que tous les autres perroquets. P. 105. — Les loris l'ont plus petit, plus aigu, moins courbé. P. 107. — Les aras ont la base du bec inférieur recouverte d'une peau grise. P. 137. — Plusieurs perroquets se servent de leur bec pour grimper ou pour descendre. P. 148. — Bec du meunier le dépare. P. 161. — Bec du touraco, courbe. P. 203. — Les coucous se servent de leur bec pour se traîner sur le ventre. — P. 224. — Bec à arête convexe et tranchante de l'ani. P. 261. — Bec conique. courbé et dentelé du houtou. P. 267. — Bec des guêpiers, tient le milieu entre celui des huppes, des promerops et celui des martins-pêcheurs. P. 271. — Bec de plusieurs hirondelles d'Amérique, plus fort que celui des nôtres. P. 384 (note *b*) et 389.

Bec (le) des oiseaux est l'organe principal qui détermine l'exercice de leurs facultés, et dont la conformation influe le plus sur leur nature et nécessite la plupart de leurs habitudes. T. VIII, p. 434. — Si leurs instincts divers leur ont fait peupler tous les districts de l'empire de la nature, c'est qu'elle-même a eu soin de dessiner le trait du bec sous toutes les formes possibles. P. 435. — Conformation particulière et très singulière de celui du macareux. P. 435.

Bécardes, ainsi nommées à cause de leur gros et long bec rouge; ont le corps plus épais que nos pies-grièches ; celles envoyées de Cayenne sous les noms de pie-grièche grise et de pie-grièche tachetée paraissent être le mâle et la femelle; notre bécarde à ventre jaune est la pie-grièche jaune de Cayenne; et le vanga de Madagascar, nommé dans nos planches enluminées *pie-grièche* ou *écorcheur de Madasgacar*, est notre bécarde à ventre blanc. T. V, p. 162. Voyez *Schet-bé*, *Tcha-cheri-bé* et *Vanga*.

Bécasse (la) arrive dans nos bois vers le milieu d'octobre, en même temps que les grives. T. VII, p. 650. — Elle descend des hautes montagnes où elle habite pendant l'été, et d'où les premiers frimas déterminent son départ et nous l'amènent Les voyages de la bécasse ne se font donc qu'en hauteur, c'est-à-dire de haut en bas, et de bas en haut, et non pas en longueur comme ceux des autres oiseaux qui changent de contrée. P. 651. — Ces oiseaux arrivent la nuit et quelquefois le jour par un temps sombre, toujours une à une ou deux ensemble, et jamais en troupes. Elles préfèrent les bois où il y a beaucoup de terreau et de feuilles tombées: elles s'y tiennent cachées tout le jour et il faut des chiens pour les faire lever, et elles ne quittent ces endroits fourrés que pendant la nuit, pour se répandre dans les clairières des bois. Leurs habitudes naturelles en cherchant leur nourriture. Leur vol. Leur défiance. P. 652. — Quoiqu'elles aient de grands yeux, elles ne voient bien que dans le crépuscule. La bécasse a un pressant désir de changer de lieu après le coucher et avant le lever du soleil; exemple à ce sujet. Elle se promène au clair de la lune. Manière de la chasser et de la prendre. P. 652. — On reconnaît les lieux que fréquente la bécasse à ses fientes, qui sont de larges fécules blanches et sans odeur. Son instinct est obtus et son naturel est stupide. P. 653. — Elle ne se nourrit pas de graines ni de fruits; elle ne vit que de vers et de petits insectes qu'elle cherche en fouillant avec son bec dans les terres molles. P. 654. — Elle ne gratte point la terre avec les pieds; elle détourne seulement les feuilles

avec son bec en les jetant brusquement à droite et à gauche. Il paraît qu'elle cherche à discerner sa nourriture par l'odorat plutôt que par les yeux qu'elle a mauvais. Mais la nature semble lui avoir donné dans l'extrémité du bec un organe de plus et un sens particulier approprié à son genre de vie; la pointe en est charnue plutôt que cornée, et paraît susceptible d'une espèce de tact propre à démêler l'aliment convenable dans la terre fangeuse. P. 654. — Description de son bec; c'est de la longueur de ce bec que la bécasse a pris son nom dans la plupart des langues. Sa tête est plutôt carrée que ronde. P. 655. — Description de son plumage. Description de ses parties intérieures. Dimensions des intestins. Dimensions de l'oiseau. P. 655. — Son corps est en tout temps fort charnu, mais il est fort gras sur la fin de l'automne, et tout le monde sait que la bécasse est alors et même pendant l'hiver un très bon gibier. Cependant les chiens ne veulent point en manger, et l'odeur de l'oiseau leur répugne si fort qu'il n'y a que les barbets qu'on puisse accoutumer à rapporter cet oiseau. C'est au mois de mars que presque toutes les bécasses quittent nos plaines pour retourner aux montagnes où elles nichent pendant l'été. P. 656. — Elles partent appariées, et volent alors rapidement et sans s'arrêter pendant la nuit, mais elles s'arrêtent pendant le jour. Il en reste quelques-unes dans les terres élevées de nos provinces de France, comme en Bourgogne et en Champagne. P. 656. — Elle fait son nid par terre; il est composé de feuilles ou d'herbes sèches, entremêlées de petits brins de bois, le tout rassemblé sans art et amoncelé contre un tronc d'arbre ou sous une grosse racine; on y trouve quatre ou cinq œufs oblongs, un peu plus gros que ceux du pigeon commun. Ils sont d'un gris roussâtre, marbrés d'ondes plus foncées et noirâtres. Les petits quittent le nid presque au moment qu'ils sont éclos. Ils courent jusqu'à ce qu'ils puissent voler, mais ils volent aussi de bonne heure et avant que le corps soit couvert de plumes. Le père et la mère les précèdent ou les suivent, et ne les quittent pas tant qu'ils ont besoin de leurs secours. *Ibid.* — Ces oiseaux ne font entendre leur voix que dans le temps de l'éducation de leurs petits. Attachement du mâle et de la femelle. Les mâles se battent et se disputent les femelles. L'espèce de la bécasse est universellement répandue du nord au midi dans les deux continents. P. 657. — On l'a trouvée au Groenland comme au Kamtschatka, en Égypte, en Barbarie, au Sénégal, en Guinée, au Japon, aux Illinois, à la Louisiane et dans plusieurs autres endroits du nouveau continent. P. 657.

Bécasse (variétés de la). *La bécasse blan-*

*che* ne paraît être qu'une dégénération individuelle; quelquefois le plumage est tout blanc, mais il est souvent mêlé de quelques ondes de gris ou de marron. T. VII, p. 658. — *La bécasse rousse* n'est encore qu'une variété dans l'espèce de la bécasse commune; sa description. P. 659. — Il y a aussi une variété de grandeur dans la bécasse commune; mais cette différence n'est pas assez grande pour en faire deux espèces séparées, d'autant que ces bécasses plus grandes ou plus petites ne laissent pas de s'unir et de produire ensemble. *Ibid.*

Bécasse *des savanes*. Cette bécasse d'Amérique est d'un quart plus petite que celle de France, et cependant elle a le bec encore plus long; elle a aussi les jambes un peu plus hautes. Sa description. Ses habitudes naturelles, conformes aux terres et au climat qu'elle habite, et en même temps différentes de celles de notre bécasse. Sa manière de nicher. Elle ne pond que deux œufs, mais elle fait plus d'une ponte par an. T. VII, p. 659. — Ces bécasses des savanes vont ordinairement deux ensemble, et leur chair est aussi bonne à manger que celle de la bécasse de France. P. 660.

Bécasseau, cet oiseau est connu vulgairement sous le nom de *cul-blanc des rivages;* il est gros comme la bécassine commune. Sa description. T. VII, p. 688. — Il se trouve au bord des eaux et particulièrement sur les ruisseaux d'eau vive. Ses habitudes naturelles et son vol. Il vit solitaire et n'aime point à changer de lieu. Il a une expression de sentiment assez marquée dans la voix, qui est modulée. P. 689. — Il voyage quelquefois dans des saisons où la plupart des autres oiseaux sont fixés par le soin des nichées. Ses habitudes naturelles. Sa chair est très bonne à manger. P. 690. — Il secoue sans cesse la queue en marchant. Confusion des nomenclatures au sujet de cet oiseau. P. 691.

Bécassine. Comparaison de la bécasse et de la bécassine. T. VII, p. 661. — Leurs habitudes naturelles sont opposées, car la bécassine ne fréquente pas les bois, mais se tient dans les endroits marécageux des prairies, dans les herbages et les osiers qui bordent les rivières. Elle s'élève très haut en volant. P. 662. — Elle a deux cris différents. En France, les bécassines paraissent en automne, et le plus souvent elles sont seules. Elles partent de fort loin. Leur manière de voler. Il en reste tout l'hiver dans nos contrées, auprès des fontaines qui ne gèlent pas. Au printemps, elles repassent en grand nombre. *Ibid.* — Position de leur nid. Elles pondent quatre ou cinq œufs de forme oblongue, d'une couleur blanchâtre avec des taches rousses. Les petits quittent le nid en sortant de la coque, et la mère ne les quitte

que quand ils peuvent se pourvoir d'eux-mêmes. Il y a toute apparence que la bécassine ne se nourrit que de vers qu'elle prend dans la terre en fouillant avec le bec. Ses autres habitudes naturelles. P. 663. — Elle est très difficile à tirer. Manière de la prendre au piège. Sa chair est excellente à manger, et sa graisse a une saveur très fine. L'espèce n'en est pas très nombreuse aujourd'hui dans nos contrées, mais elle est encore plus universellement répandue que celle de la bécasse. *Ibid.* — On la rencontre dans les deux continents, et même dans toutes les parties du monde. P. 664. — Ses habitudes dans les lieux inhabités et particulièrement aux îles Malouines. Elle est du nombre des oiseaux qu'on ne peut apprivoiser. Il y a une petite race dans cette espèce comme dans celle de la bécasse. Il n'y a dans la bécassine aucune différence entre le mâle et la femelle. P. 664.

Bécassine (la petite). Elle est surnommée *la sourde*, parce qu'elle semble ne point entendre le bruit que l'on fait autour d'elle, et qu'elle ne part, pour ainsi dire, que quand on la touche; elle est de moitié plus petite que la bécassine commune. T. VII, p. 665. — Ses habitudes naturelles. *Ibid.* — Son vol. Sa chair est aussi très bonne à manger; mais l'espèce n'en est pas aussi généralement répandue que celle de la bécassine commune. Sa description. Ses habitudes naturelles. P. 666.

Bécassine (la) *brunette* est aussi fort petite et se trouve dans les parties septentrionales de l'Angleterre; elle est de moitié plus petite que la bécassine commune. Sa description. Ses habitudes naturelles. Ce n'est peut-être qu'une variété de la petite bécassine que nous appelons *la sourde.* T. VII, p. 666.

Bécassine *de la Chine*. Ses dimensions. T. VII, p. 668. — Sa description. *Ibid.*

Bécassine *du cap de Bonne-Espérance*. Ses dimensions et sa description. Quoique plus grande que la bécassine commune, elle a le bec beaucoup moins long. T. VII, p. 667.

Bécassine *de Madagascar*. C'est un joli oiseau. Sa description. T. VII, p. 667.

Bécassine *de Madras*. Cet oiseau, donné par M. Brisson, n'est peut-être pas du genre des bécassines. T. VII, p. 668.

Bec-croisé, ses rapports avec le gros-bec; forme singulière et incommode du bec de cet oiseau; variété dans cette difformité; parti qu'il en tire. T. VI, p. 94. — Pourquoi nommé par quelques-uns perroquet d'Allemagne. P. 95. — Climats qu'il affecte, est ordinairement sédentaire; voyage quelquefois en grandes troupes; causes et circonstances de ces migrations irrégulières. *Ibid.* — Variétés de son plumage et leurs différentes causes. P. 96. — Sa stupidité; comment on le nourrit en cage; saison de ses amours; forêts qu'il habite de préférence; son nid. P. 97.

Bec-d'argent; espèce de tangara de la Guyane, dont le bec est revêtu de plaques brillantes comme de l'argent. Sa description et ses habitudes naturelles. T. VI, p. 243 et suiv. — Description du nid. P. 244.

Bec-en-ciseaux, oiseau qui ne peut ni mordre de côté, ni ramasser devant soi, ni becqueter en avant; raison de cette difficulté qui vient de la conformation très singulière de son bec. Comment il est forcé de prendre sa nourriture. T. VIII, p. 236. — Description du bec et des autres parties extérieures de son corps et de son plumage, qui est semblable dans le mâle et la femelle. *Ibid.* — Cet oiseau se trouve sur les côtes de la Caroline et de la Guyane; il est presque toujours en l'air et va communément par troupes assez nombreuses; mais son vol n'est pas rapide. Ses autres habitudes naturelles. P. 238.

Becfigue; sa description. T. VI, p. 506. — Le véritable climat de cet oiseau est celui du Midi. Les becfigues arrivent en France plus tard au printemps et partent aussi plus tôt que les autres petits oiseaux. *Ibid.* — Ils se répandent dans toute l'Europe, et jusqu'en Suède en été. Leur naturel et leurs mœurs. Description de leur nid. P. 507. — Méprise au sujet du becfigue. P. 507. — Sa nourriture. Son petit cri et ses habitudes naturelles. Il est très commun dans les îles de la Méditerranée. P. 508.

Becfigue de chanvre (le) est le même oiseau que la fauvette babillarde. T. VI, p. 480.

Bécharu, a, dit-on, deux ovaires; doutes sur cela. T. V, p. 213 (note *d*).

Bécharu. Voyez *Flamant*. T. VIII, p. 249.

Bec-ouvert (le) est un oiseau qui est plus voisin de la famille des hérons et des crabiers que d'aucune autre. T. VII, p. 621. — Le nom de bec-ouvert marque une difformité naturelle, car le bec de cet oiseau est en effet ouvert et béant sur les deux tiers de sa longueur, la partie du dessus et celle du dessous se déjetant également en dehors, laissent entre elles un large vide, et ne se rejoignent qu'à la pointe. Cet oiseau se trouve aux Grandes Indes. Sa description et ses dimensions. P. 622.

Bec-rond ou *bouvreuil bleu d'Amérique*. Sa description. T. VI, p. 307-308.

Bec-rond à *ventre roux*, oiseau d'Amérique, dont l'espèce est voisine de celle du bouvreuil. T. VI, p. 307. — Ses habitudes naturelles et sa description. *Ibid.*

Bedaude (espèce de cigale) ou plutôt sa larve, produit sur les plantes ce qu'on appelle la *salive du coucou*. T. VII, p. 208.

Bédouins. Les Arabes Bédouins ont conservé leur liberté et leurs usages anciens.

Ils ont l'odorat très fin, ne veulent point habiter dans les villes. Leurs mœurs et leurs coutumes, etc. *Add.*, t. XI, p. 269. — Le nombre de ces Arabes établis dans le désert peut monter à deux millions. *Ibid.*

Beffroi (le grand); sa description. T. VI, p. 345. — La femelle est plus grosse que le mâle. Il fait entendre le matin et le soir un son singulier, semblable à celui d'une cloche qui sonne l'alarme. P. 345.

Beffroi (le petit) n'est qu'une variété du fourmilier appelé *grand beffroi*. T. VI, p. 346.

Behemoth de l'Écriture sainte, est le même animal que l'hippopotame. T. IX, p. 423.

Belette, est très commune dans les pays chauds, et fort rare dans les pays froids, ce qui est tout le contraire de l'hermine. T. IX, p. 97. — Il y a quelques belettes qui deviennent blanches pendant l'hiver. *Ibid.* — Différence de la belette et de l'hermine. *Ibid.* — Elles ne s'apprivoisent point. *Ibid.* — Habitudes naturelles de la belette et de l'hermine. P. 97. — La belette met bas au printemps; les portées sont ordinairement de quatre ou de cinq; les petits naissent les yeux fermés. P. 98. — Elle a l'odeur très forte. *Ibid.*

Belette et Hermine, sont deux espèces distinctes et séparées. T. IX, p. 98.

Belette. La belette peut s'apprivoiser; exemples à ce sujet. *Add.*, t. X, p. 264 et suiv.

Belette. Nouvelle addition relative aux habitudes naturelles de la belette. *Add.*, t. X, p. 268 et suiv.

Bélier. Nature et qualités du bélier. T. VIII, p. 553 et suiv. — Manière de connaître son âge par les cornes. P. 556. — Le bélier est en état d'engendrer dès l'âge de dix-huit mois, et à un an la brebis peut produire; mais il est mieux d'attendre que la brebis ait deux ans et que le bélier en ait trois avant de leur permettre de s'accoupler. *Ibid.* — Un bélier peut aisément suffire à vingt-cinq ou trente brebis. Qualités du bélier qu'on destine à la propagation. *Ibid.* — Il y a des béliers sans cornes, et ces béliers sans cornes sont, dans ces climats, moins vigoureux et moins propres à la propagation. Le bélier s'attache de préférence aux brebis âgées, et dédaigne les plus jeunes. *Ibid.*

Bélier *d'Islande*. En Islande, il y a des béliers à plusieurs cornes. *Add.*, t. X, p. 513. — Mais ils ne sont qu'en très petit nombre, en comparaison de ceux qui n'en ont que deux. *Ibid.*

Bélier *morvant*. Description de cet animal. *Add.*, t. X, p. 512.

Béliers *sauvages*. Au Kamtschatka, il y a des béliers qui vivent dans l'état de nature. *Add.*, t. X, p. 512. — D'autres qui vivent en pleine liberté dans certains pays du Nord. P. 512.

P. 483 et suiv. — Description du bézoard oriental et sa comparaison avec les autres bézoards. P. 485 et suiv. — Ne vient pas uniquement d'une seule espèce de gazelles, mais provient également des gazelles, des chèvres, et même des moutons qui habitent les montagnes de l'Asie. P. 486. — Les anciens ne connaissaient pas les bézoards, et Galien est le premier qui ait fait mention de ses propriétés. P. 487.

BÉZOARDS *occidentaux*. Ne viennent ni des chèvres ni des gazelles; ils proviennent des vigognes et des lamas. T. IV, p. 489 et suiv. — Leur substance est semblable à celle du tartre qui se forme sur les dents des animaux ruminants. P. 490.

BÉZOARDS *orientaux*. Les chèvres et les gazelles de l'Afrique donnent des bézoards, mais qui ne sont pas si bons que ceux de l'Asie. T. IX, p. 492. — Les bézoards, en général, ne sont qu'un résidu des nourritures végétales. *Ibid.* — Causes physiques de leur vertu et de leurs différentes qualités. *Ibid.* — Les animaux qui se nourrissent d'herbes et qui habitent les hautes montagnes de l'Asie et même de l'Afrique donnent les bézoards que l'on appelle *orientaux*, dont les vertus sont les plus exaltées; ceux des montagnes de l'Europe, où la qualité des plantes et des herbes est plus tempérée, ne produisent que des pelotes sans vertu qu'on appelle *égagropiles*; et dans l'Amérique méridionale, tous les animaux qui fréquentent les montagnes sous la zone torride donnent d'autres bézoards que l'on appelle *occidentaux*, qui sont encore plus solides et peut-être aussi qualifiés que les orientaux. La vigogne ou paco sauvage en fournit en grand nombre. Le huanacus ou lama sauvage en donne aussi et l'on en tire des cerfs et des chevreuils dans les montagnes de la Nouvelle-Espagne. Les lamas et les pacos ne donnent de beaux bézoards qu'autant qu'ils sont huanacus et vigognes, c'est-à-dire dans leur état de liberté; ceux qu'ils produisent dans leur condition de servitude sont petits, noirs et sans vertu. Les meilleurs sont ceux qui ont une couleur de vert obscur, et ils viennent ordinairement des vigognes, surtout de celles qui habitent les parties les plus élevées de la montagne et qui paissent habituellement dans les neiges; de ces vigognes montagnardes, les femelles comme les mâles produisent des bézoards, et ces bézoards du Pérou tiennent le premier rang après les bézoards orientaux, et sont beaucoup plus estimés que les bézoards de la Nouvelle-Espagne, qui viennent des cerfs, et sont les moins efficaces de tous. P. 542. — Les singes qui produisent les bézoards sont l'ouanderou et le douc; ces bézoards de singe sont toujours d'une forme ronde. T. X, p. 152.

BÉZOARD. Discussion historique sur le bézoard, par M. Allamand. *Add.*, t. X, p. 474 et suiv.

BICHES (les) évitent d'abord les cerfs dans le temps du rut; elles fuient et ne les attendent qu'après avoir été longtemps fatiguées de leur poursuite. Les vieilles biches entrent en chaleur les premières. T. IX, p. 11. — Les biches, en général, préfèrent les vieux cerfs aux jeunes. *Ibid.* — Les biches portent huit mois et quelques jours, et ne produisent ordinairement qu'un faon, et très rarement deux; elles mettent bas au mois de mai et au commencement de juin. P. 13. — Il y a des biches qui sont stériles. Ces biches sont plus grosses que les autres, et quoiqu'elles ne produisent pas, elles sont les premières en chaleur. *Ibid.* — Raisons physiques pourquoi les biches n'ont pas du bois comme les cerfs. P. 16.

BICHES *de Cayenne*. Leurs variétés, et notices à leur sujet. T. IX, p. 503 et suiv.

BIEN et MAL. Il y a dans la physique infiniment plus de bien que de mal; ce n'est donc pas la réalité, c'est la chimère qu'il faut craindre; ce n'est ni la douleur du corps, ni les maladies, ni la mort, mais l'agitation de l'âme, les passions et l'ennui qui sont à redouter. T. IV, p. 434.

BIHOREAU (le) n'est point du tout le *nycticorax*, ni un corbeau de nuit, quoiqu'il fasse entendre un croassement ou plutôt un gros râlement effrayant et lugubre pendant la nuit. T. VII, p. 636. — Ses ressemblances et ses différences avec le héron. Ses dimensions et sa description. Différences du mâle et de la femelle. Il porte un panache de plumes qui, de toutes celles dont on fait des aigrettes, sont les plus belles et les plus précieuses. P. 637. — La femelle est privée de ce bel ornement; sa description. Dans les contrées différentes, le bihoreau établit différemment son nid, tantôt dans les rochers et tantôt sur les arbres. La ponte est de trois ou quatre œufs blancs. Cet oiseau paraît être de passage. P. 638. — Il fréquente également les rivages de la mer et les rivières ou marais de l'intérieur des terres. On en trouve en France, dans la Sologne, en Italie; mais l'espèce, plus rare que celle du héron gris, est aussi moins répandue, et ne s'est pas avancée dans le Nord jusqu'en Suède. Le bihoreau cherche sa pâture moitié dans l'eau, moitié sur terre. Sa nourriture et ses autres habitudes naturelles. *Ibid.*

BIHOREAU *de Cayenne*. Sa comparaison avec le bihoreau d'Europe. Sa description et ses dimensions. Son panache est composé de cinq ou six brins, les uns blancs et les autres noirs. T. VII, p. 638.

BIMBELÉ OU FAUSSE LINOTTE; oiseau de Saint-Domingue, qui cependant ne ressemble point du tout à notre linotte. Son chant.

Sa nourriture. T. VI, p. 582. — Ses autres habitudes naturelles. La femelle ne pond que deux ou trois œufs. Description et dimensions de cet oiseau. P. 582.

BISAGO. Voyez *Misago*.

BIS-ERGOT, a des rapports avec le francolin; deux sortes d'éperons à chaque pied. T. V, p. 478-479.

BISET, tige primitive des autres pigeons. T. V, p. 508. — S'appelle aussi rocheraie; pigeon de roche, de montagne. *Ibid.* — Ses voyages, ses pontes. P. 508. — Se perche; ses amours. P. 509 et 526.

BISMUTH. Se trouve presque toujours pur dans le sein de la terre. T. III, p. 391. — Sa pesanteur est plus grande que celle du cuivre. *Ibid.* — Il est plus fusible qu'aucune autre substance métallique. *Ibid.* Son alliage avec les métaux et demi-métaux. P. 391. — Le bismuth et le mercure forment ensemble un amalgame coulant. P 392. — Époque de la première formation du bismuth. P. 392. — Poudre du précipité de bismuth avec laquelle on fait le fard. P. 393. — Étamage des glaces et verres au moyen du bismuth. P. 394.

BISMUTH est quelquefois altéré par l'arsenic et mêlé de cobalt, sans néanmoins être entièrement minéralisé. Description d'une mine secondaire de bismuth. T. IV, p. 44.

BISON. Courte description du bison d'Amérique et ses différences avec le bœuf. T. IV, p. 561.

BISON ou BŒUF A BOSSE DES INDES ORIENTALES. Produit avec notre vache domestique, et par conséquent il est de la même espèce. Observations et réflexions à ce sujet. T. IV, p. 562 et suiv.

BISON ou BŒUF A BOSSE. Ne fait pas une espèce particulière et n'est qu'une variété dans l'espèce du bœuf. T. IX, p. 375. — Le bison diffère de l'aurochs par la bosse qu'il porte entre les deux épaules et par la longueur de son poil. P. 377. — La race du *bison* ou *bœuf à bosse* remplit toutes les provinces méridionales dans le continent entier des Grandes Indes et de l'Afrique. P. 387.

BISON ou BŒUF A BOSSE. Avantages de cette race de bœuf sur la race ordinaire. T. IX, p. 388. — Description de leur bosse. Qualité de cette chair. P. 390.

BISONS (les) se sont trouvés naturels dans les provinces de l'Amérique septentrionale. T. IX, p. 393. — Ils ont passé d'un continent à l'autre. Leur différence suivant la nature du climat. *Ibid.* — Cause physique de la production de leur bosse. P. 394.

BISON. Notice sur les bisons ou bœufs à bosse des Grandes Indes et de l'Afrique. Description d'un bison d'Amérique. *Add.*, T. X, p. 517. — Le bison et la vache grognante de Tartarie paraissent être de la même espèce. Ne fait jamais retentir sa voix;

celui dont on donne la description était muet, au rapport de son maitre. P. 518. — Ils sont indigènes à l'Amérique septentrionale, mais ne sont point répandus dans l'Amérique méridionale. P. 518.

BISON. M. Forster assure que le bison est encore aujourd'hui commun en Moldavie, où on l'appelle *zimbr*. *Add.*, t. X, p. 521 et suiv. — Le bison a, dans l'Amérique, une variété constante qu'on appelle *bœuf musqué*, qui diffère par la forme et la position des cornes du bison commun. P. 522. — Ce bison ou bœuf musqué se trouve dans les parties les plus septentrionales de l'Amérique. Sa description. Ses habitudes naturelles. P. 522.

BISON *blanc*. Sa race subsiste encore en Écosse, mais ce n'est que dans de grands parcs qu'on la conserve; ses habitudes. Elle est aussi farouche que dans son plein état de liberté. Ce bison blanc ne se mêle jamais avec l'espèce commune du bœuf. Sa description, sa grandeur, son poids. *Add.*, T. IX, p. 522.

BITUME. Source de bitume. T. I, p. 155. — Le bitume et le sel sont les matières dominantes dans l'eau de la mer. *Ibid.*

BITUME. Voyez *Soufre*. T. III, p. 4.

BITUME. Voyez *Fontaine bitumineuse*.

BITUMES *liquides*. Comment se sont formées les sources de pétrole et autres bitumes liquides. T. III, p. 5.

BITUMES. Tous les bitumes proviennent originairement des huiles animales ou végétales, altérées par le mélange des acides. T. III, p. 53. — Les bitumes se trouvent dans presque toutes les provinces de l'Asie; on en a aussi trouvé dans quelques endroits de l'Afrique et de l'Amérique. Les anciens Péruviens se servaient de bitume pour embaumer leurs morts. P. 62.

BITUMES *liquides* (les) sont produits par la distillation des charbons de terre et autres bitumes solides, occasionnée par la chaleur des feux souterrains. T. III, p. 56.

BITUMINEUSES. *Matières bitumineuses* (les) sont ou solides comme le succin et le jayet, ou liquides comme le pétrole et le naphte, ou visqueuses comme l'asphalte et la poix de montagne. T. III, p. 54.

BIZAAM. Habitudes et description de cet animal. *Add.*, t. X, p. 293.

BLAFARDS. Voyez *Hommes blafards*.

BLAIREAU. Caractère et habitudes naturelles du blaireau. T. IX, p. 84. — Il creuse la terre avec une grande facilité. *Ibid.* Il a les jambes trop courtes pour pouvoir bien courir. *Ibid.* — Qualités du blaireau et sa manière de se défendre contre les chiens. P. 85 et suiv. — Les blaireaux étaient autrefois plus communs qu'ils ne le sont aujourd'hui. P. 85. — Manière de les chasser et de les prendre. *Ibid.* — Le blaireau pris jeune s'apprivoise et n'est ni malfaisant ni gourmand. Il mange de tout ce qu'on lui offre. *Ibid.* — Il dort beaucoup, mais n'est point sujet à l'engourdissement pendant l'hiver. *Ibid.* — Manière dont la femelle du blaireau met bas et prépare un lit à ses petits, et comment elle les élève. *Ibid.* — Elle produit trois ou quatre petits. *Ibid.* — Le blaireau est naturellement frileux. *Ibid.* — Il a, comme la civette, une poche dans laquelle suinte continuellement une liqueur grasse et de mauvaise odeur. P. 86. — Usage de sa peau. *Ibid.* — Le blaireau-cochon n'est pas un animal réellement existant; il n'y a même que peu ou point de variétés dans l'espèce du blaireau. *Ibid.* — L'espèce en est peu nombreuse et ne se trouve qu'en quelques endroits. P. 86 et suiv. — Caractères particuliers du blaireau. P. 87.

Blaireau *de l'Amérique septentrionale.* Sa description. Voyez *Carcajou. Add.*, t. X, p. 558.

Blaireau *des rochers.* Voyez *Marmotte du cap de Bonne-Espérance. Add.*, t. X, p. 379.

Blanc *d'Espagne.* Voyez *Craie.* T. II, p. 547.

Blanc-nez (le). Description et habitudes naturelles de cet animal. *Add.*, t. X, p. 177.

Blanche-coiffe. Voyez *Geai* de Cayenne; diffère de notre geai.

Blanche-raie, ou étourneau des terres Magellaniques. T. V, p. 637.

Blé ergoté. *Add.*, t. IV, p. 388.

Blende. Voyez *Zinc.* Il se forme assez souvent dans les grands fourneaux des concrétions semblables aux blendes naturelles. Voyez *ibid.*

Blongios. Sa différence avec les crabiers et leurs ressemblances. Ses habitudes naturelles et sa description. Il se trouve en Suisse, mais très rarement en France. T. VII, p. 614.

Blongios. Variété du blongios. T. VII, p. 614.

Bluet (le). Sa description et ses habitudes naturelles. T. VI, p. 246.

Bobak (le) est une marmotte qui se trouve en Pologne, et qui ne diffère guère de la marmotte des Alpes que par les couleurs du poil et par un ongle ou pouce qu'il a aux pieds de devant, et que la marmotte des Alpes n'a pas. T. IX, p. 557.

Bœuf (le) rend à la terre tout autant qu'il en tire, et même il améliore le fonds sur lequel il vit, il engraisse son pâturage; au lieu que le cheval et la plupart des animaux amaigrissent en peu d'années les meilleures prairies. T. VIII, p. 539. — Manière dont il tire le plus avantageusement. P. 539. — Il est plus propre, par sa forme, que le cheval, à labourer la terre. *Ibid.* — Manière dont se fait la castration dans ces animaux, avec quelques remarques sur ce sujet. P. 541. —

Le bœuf dort d'un sommeil court et léger, et se réveille au moindre bruit. T. VIII, p. 544. — Se couche ordinairement du côté gauche, et le rein ou rognon de ce côté gauche est toujours plus gros et plus chargé de graisse que le rognon droit. *Ibid.* — Qualités d'un bon bœuf pour la charrue. *Ibid.* — Manière de l'accoutumer au joug. P. 544. — Combien de temps pendant sa vie doit-il servir au travail. P. 545. Manière de connaître l'âge du bœuf. *Ibid.* — Manière dont croissent les cornes du bœuf. P. 545. — Le bœuf mange vite et prend en assez peu de temps toute la nourriture qu'il lui faut. P. 545. — Il rumine pendant plus longtemps qu'il ne mange : comparaison de la digestion de l'herbe dans l'estomac du cheval et du bœuf. *Ibid.* — Manière de traiter et de soigner les bœufs employés au labourage. P. 548. — Ils doivent être mis à l'engrais au plus tard à l'âge de dix ans. P. 549. — Manière de les engraisser. *Ibid.* — Pourquoi le bœuf ne fait aucun tort aux pâturages sur lesquels il vit. P. 550. — Le bœuf appartient à l'ancien continent et ne s'est point trouvé dans le nouveau. T. IX, p. 561. — En 1550, on laboura pour la première fois la terre avec des bœufs au Pérou, dans la vallée de Cuzco. P. 561. — La bosse que les bœufs des Indes ont sur les épaules n'est point un caractère essentiel, et elle disparaît après quelques générations lorsqu'on mêle ces bœufs à bosse avec les bœufs communs. P. 563. — Expériences qui prouvent démonstrativement que les bisons ou bœufs à bosse sont de la même espèce que nos bœufs. T. IX, p. 384. — La grandeur de ces animaux dépend moins du climat que de la bonté et de l'abondance des pâturages. P. 387. — Raisons pourquoi ils sont en France de petite stature. P. 387. — Causes de la vénération des Indiens pour cet animal. P. 389. — Raisons pourquoi l'on multiplie moins ce gros bétail dans les pays chauds que dans les contrées tempérées. P. 390. — Raisons pourquoi ces animaux sont plus intelligents et plus habiles à toute sorte de service chez les Hottentots que chez les peuples de l'Europe. P. 390. — L'espèce s'est trouvée répandue dans tous les climats de la terre, à l'exception de celui de l'Amérique méridionale, où l'espèce en était inconnue. P. 393. — L'espèce du bœuf est celle de tous les animaux domestiques sur laquelle la nourriture paraît avoir la plus grande influence. T. IV, p. 474. — Bœufs que les anciens ont appelés *taureaux-éléphants*, à cause de leur énorme grosseur. *Ibid.* — Il serait bien utile de nourrir les bœufs largement et convenablement et d'abolir les vaines pâtures en permettant les enclos. *Ibid.* — Influence de la nourriture et des différents climats sur les bœufs. P. 474.

Bœuf. En Irlande, il y a des bœufs qui manquent souvent de cornes dans les endroits où le fourrage est fort rare. *Add.*, t. X, p. 518. — Plusieurs de ces animaux sont devenus sauvages dans les pays du Nord. P. 518. — Et ceux que l'on a transportés d'Europe dans l'Amérique méridionale s'y sont prodigieusement multipliés. *Ibid.*

Bœufs et vaches d'Islande, sont dépourvus de cornes, quoiqu'ils soient de la même race que les nôtres. T. IX, p. 385.

Bœufs *de Sicile*. Ils diffèrent de nos bœufs de France par la forme des cornes, qui sont très remarquables par leur longueur et par la régularité de leur figure. Ces cornes sont longues de trois pieds, et quelquefois de trois pieds et demi, et ne sont que légèrement courbées. Elles sont constamment de la même forme sur tous les individus. *Add.*, t. X, p. 521.

Bœuf *gris du Mogol*. Voyez *Nilgault*.

Bœuf *musqué*. Voyez *Bison*.

Boire, le jean-le-blanc boit en plongeant son bec jusqu'aux yeux, et à plusieurs reprises dans l'eau ; mais il ne boit jamais qu'après avoir regardé de tous côtés, fixement et longtemps, comme pour s'assurer s'il est seul. Il y a apparence que les autres oiseaux de proie se cachent de même pour boire. T. V, p. 77.

Boire. Manière différente de boire dans les animaux différents. T. VIII, p. 516.

Bois *pétrifiés*. Lieux où l'on trouve des bois pétrifiés. *Add.*, T. I, p. 329 et suiv. — Comment on peut concevoir que s'opère cette pétrification. P. 330 et suiv.

Bois souterrains, se trouvent en plusieurs endroits, et particulièrement au fond des marais. T. I, p. 234. — Exemples de ces bois souterrains où les arbres sont en entier avec leurs branches et leurs feuilles. *Ibid.* — Bois que l'on tire de la terre, perdent en se desséchant leur solidité. P. 234.

Bois. Manière dont les arbres croissent et dont le bois se forme. T. XI, p. 459. — Dans le bois, la cohérence longitudinale est bien plus considérable que l'union transversale. P. 460. — Défauts des petites pièces de bois sur lesquelles on a voulu faire des expériences pour en reconnaître la force. *Ibid.* — Dans le même terrain, le bois qui croît le plus vite est le plus fort P. 461. — Expériences sur la pesanteur spécifique du bois. P. 466. — Il y a environ un quinzième de différence entre la pesanteur spécifique du cœur de chêne, et la pesanteur spécifique de l'aubier. P. 466. — La pesanteur spécifique du bois décroît à très peu près en raison arithmétique depuis le centre jusqu'à la circonférence de l'arbre. P. 467. — Le bois du pied d'un arbre pèse plus que celui du milieu, et celui du milieu plus que celui du sommet. P. 467. — Dès que les arbres cessent de croître, cette proportion commence à varier. *Ibid.* — Preuve par l'expérience que dans les vieux chênes au-dessus de cent ou cent dix ans le cœur n'est plus la partie la plus pesante de l'arbre, et qu'en même temps l'aubier est plus solide dans les vieux que dans les jeunes arbres. *Ibid.* — L'âge où le bois des arbres est dans la perfection n'est ni dans le temps de la jeunesse ni dans celui de la vieillesse de l'arbre, mais dans l'âge moyen, où les différentes parties de l'arbre sont à peu près d'égale pesanteur. *Ibid.* — Dans l'extrême vieillesse de l'arbre, le cœur, bien loin d'être le plus pesant, est souvent plus léger que l'aubier. P. 467. — Raison pourquoi dans un même terrain il se trouve quelquefois des arbres dont le bois est très différent en pesanteur et en résistance. La seule humidité plus ou moins grande du terrain qui se trouve au pied de l'arbre peut produire cette différence. P. 477. — Le bois des terrains sablonneux a beaucoup moins de pesanteur et de résistance que celui des terrains fermes et argileux. Preuve par l'expérience. P. 477. — Il y a dans le bois une matière grasse que l'eau dissout fort aisément, et le bois contient des parties ferrugineuses qui donnent à cette dissolution une couleur brune noire. P. 516. — Dommages que les baliveaux portent au taillis. P. 520. — Le bois des baliveaux n'est pas ordinairement de bonne qualité. *Ibid.* — Le quart de réserve dans les bois des ecclésiastiques et gens de mainmorte est un avantage pour l'État, qu'il est utile de maintenir. Les arbres de ces réserves ne sont pas sujets aux défauts des baliveaux et ne produisent pas les mêmes inconvénients. Moyens de rendre ces réserves encore plus utiles. P. 521. — Exposition du progrès de l'accroissement du bois. P. 522 et suiv. — Il n'y a point de terrain, quelque mauvais, quelque ingrat qu'il paraisse, dont on ne puisse tirer parti, même pour planter des bois, et il ne s'agit que de connaître les différentes espèces d'arbres qui conviennent aux différents terrains. P. 530. — La quantité de bois de service, c'est-à-dire de bois parfait de chêne, déduction faite de l'aubier, est, au même âge des arbres, plus que double dans un bon terrain que dans un mauvais terrain. P. 547.

Bois, *dessèchement du bois*. Expériences réduites en Tables sur le dessèchement du bois. T. XI, p. 496 et suiv. — Expériences réunies en Tables sur le temps et la gradation du dessèchement. P. 498. — Le bois se réduit par son dessèchement aux deux tiers de la pesanteur. D'où l'on doit conclure que la sève fait un tiers de la pesanteur du bois, et qu'ainsi il n'y a dans le bois que deux tiers de parties solides et ligneuses, et un tiers de parties liquides, et peut-être moins. P. 499. — Le desséchement ne change rien ou presque rien au volume du bois. *Ibid.* — Expériences réduites en Tables pour reconnaître si ce desséchement se fait proportionnellement aux surfaces. P. 499. — Le desséchement du bois se fait d'abord dans une plus grande raison que celle des surfaces, ensuite dans une moindre proportion, et enfin il devient absolument moindre pour la surface plus grande. P. 502. — Expériences réduites en Tables pour comparer le desséchement du bois parfait, qu'on appelle le *cœur*, avec le desséchement du bois imparfait, qu'on appelle l'*aubier*. P. 503 et suiv. — Le bois le plus dense est celui qui se dessèche le moins. P. 504. — Il faut sept ans au moins pour dessécher des solives de 8 à 9 pouces de grosseur, et par conséquent il faudrait beaucoup plus du double de temps c'est-à-dire plus de quinze ans, pour dessécher une poutre de 16 à 18 pouces d'équarrissage. P. 519. — Le bois de chêne gardé dans son écorce se dessèche si lentement, qne le temps qu'on le garde dans son écorce est presque en pure perte pour le desséchement. *Ibid.* — Quand le bois est parvenu aux deux tiers de son desséchement, il commence à repomper l'humidité de l'air, et c'est par cette raison qu'il faut garder dans des lieux fermés les bois secs qu'on veut employer à la menuiserie. *Ibid.*

Bois, *force du bois.* Défauts de toutes les expériences qui avaient été faites sur la force et la résistance du bois, avant celles de l'auteur. T. XI, p. 460. — Le jeune bois est moins fort que le bois plus âgé; un barreau tiré du pied d'un arbre résiste plus qu'un barreau qui vient du sommet du même arbre. Un barreau pris à la circonférence, près de l'aubier, est moins fort qu'un pareil morceau pris au centre de l'arbre, et le degré de desséchement du bois fait beaucoup à la résistance. Le bois vert casse bien plus difficilement que le bois sec. P. 461. — Préparatifs des expériences pour reconnaître la force relative des pièces de bois de différentes grandeurs et grosseurs. Les bois venus dans différents terrains ont des résistances différentes. Il en est de même des bois des différents pays, quoique pris dans des arbres de même espèce. P. 461. — Le degré de desséchement du bois fait varier très considérablement sa résistance. P. 462. — Description de la machine pour faire rompre les poutres et les solives de bois, et reconnaître par là leur résistance respective. P. 462 et suiv. — Le bois ne casse jamais sans avertir, à moins que la pièce ne soit fort petite ou fort sèche. P. 463. — Le bois vert casse plus difficilement que le bois sec, et en général le bois qui a du ressort résiste beaucoup plus que celui qui n'en a pas. *Ibid.*

— La force du bois n'est pas proportionnelle à son volume; une pièce double ou quadruple d'une autre pièce de même longueur est beaucoup plus du double ou du quadruple plus forte que la première. Il en est de même pour la longueur. *Ibid.* — La force du bois est proportionnelle à sa pesanteur. *Ibid.* — Unité qu'on doit tirer de cette remarque. *Ibid.* et suiv. — On peut assurer, d'après l'expérience, que la différence de force d'une pièce sur deux appuis, libre par les bouts, et de celle d'une pièce fixée par les deux bouts dans une muraille bâtie à l'ordinaire, est si petite, qu'elle ne mérite pas qu'on y fasse attention. P. 464. — Dans des bâtiments qui doivent durer longtemps, il ne faut donner au bois tout au plus que la moitié de la charge qui peut le faire rompre. P. 465. — Moyens d'estimer la diminution que les nœuds font à la force d'une pièce de bois. *Ibid.* — Les pièces courbes résistent davantage en opposant à la charge le côté concave, qu'en opposant le côté convexe. *Ibid.* — Le contraire ne serait vrai que pour les pièces qui seraient courbes naturellement, et dont le fil du bois serait continu et non tranché. *Ibid.* — Un barreau ou une solive résiste bien davantage, lorsque les couches ligneuses qui le composent sont situées perpendiculairement; et plus il y a de couches ligneuses dans les barreaux ou autres petites pièces de bois, plus la différence de la force de ces deux pièces dans ces deux positions est considérable. P. 470. — La force des pièces de bois n'est pas proportionnelle à leur grosseur; preuve par l'expérience. P. 470. — Les pièces de 28 pieds de longueur, sur 5 pouces d'équarrissage, portent 4,800 livres ou environ, avant que d'éclater ou de rompre; celles de 14 pieds de longueur, sur la même grosseur de 5 pouces, portent 5,000 livres, tandis que par la loi du levier elles n'auraient dû porter que le double des pièces de 28 pieds. P. 475. — Il en est de même des pièces de 7 pieds de longueur; elles ne rompent que sous la charge d'environ 11,000 livres, tandis que leur force ne devrait être que quadruple de celle des pièces de 24 pieds, qui n'est que de 4,800, et par conséquent elles auraient dû rompre sous une charge de 7,200 livres. P. 476. — Les pièces de 24 pieds de longueur, sur 5 pouces d'équarrissage, éclatent et rompent sous la charge de 2,200 livres, tandis que les pièces de 12 pieds et de même grosseur ne rompent que sous celle de 6,000 livres environ, au lieu que par la loi du levier elles auraient dû rompre sous la charge de 4,400 livres. P. 476. — Les pièces de 20 pieds de longueur, sur 5 pouces d'équarrissage, portent 3,225 livres, tandis que celles de 10 pieds, et de même grosseur, peuvent porter une charge de 7,125 livres, au lieu que par la loi du levier elles n'auraient dû porter que 6,450 livres. P. 477. — Les pièces de 18 pieds de longueur, sur 5 pouces d'équarrissage, portent 3,700 livres avant de rompre, et celles de 9 pieds peuvent porter 8,308 livres, tandis qu'elles n'auraient dû porter, suivant la règle du levier, que 7,400 livres. P. 477. — Les pièces de 16 pieds de longueur, sur 5 pouces d'équarrissage, portent 4,350 livres, et celles de 8 pieds, et du même équarrissage, peuvent porter 9,787 livres, au lieu que par la force du levier elles ne devraient porter que 8,700 livres. *Ibid.* — A mesure que la longueur des pièces de bois diminue, la résistance augmente, et cette augmentation de résistance croît de plus en plus. P. 478. — Les pièces de bois pliées par une forte charge se redressent presque en entier, et néanmoins rompent ensuite sous une charge moindre que celle qui les avait courbées. P. 479.

*Force des pièces de 6 pouces d'équarrissage.*

La charge d'une pièce de 10 pieds de longueur, sur 6 pouces d'équarrissage, est le double et beaucoup plus d'un septième d'une pièce de 20 pieds.

La charge d'une pièce de 9 pieds de longueur est le double et beaucoup plus d'un sixième de celle d'une pièce de 18 pieds.

La charge d'une pièce de 8 pieds de longueur est le double et beaucoup plus d'un cinquième de celle d'une pièce de 16 pieds.

La charge d'une pièce de 7 pieds est le double et beaucoup plus d'un quart de celle d'une pièce de 14 pieds ; ainsi l'augmentation de la résistance est beaucoup plus grande à proportion que dans les pièces de 5 pouces d'équarrissage. P. 480.

*Force des pièces de 6 pouces d'équarrissage.*

La charge d'une pièce de 10 pieds de longueur et de 7 pouces d'équarrissage est le double et plus d'un sixième de celle d'une pièce de 20 pieds.

La charge d'une pièce de 9 pieds est le double et près d'un cinquième de celle d'une pièce de 18 pieds.

La charge d'une pièce de 8 pieds de longueur est le double et beaucoup plus d'un cinquième de celle d'une pièce de 16 pieds ; ainsi, non seulement la résistance augmente, mais cette augmentation accroît toujours à mesure que les pièces deviennent plus grosses, c'est-à-dire que plus les pièces sont courtes et plus elles ont de résistance, au delà de ce que suppose la règle du levier ; et plus elles sont grosses, plus cette augmentation de résistance est considérable. P. 482.

Examen et modification de la loi donnée par Galilée, pour la résistance des solides. P. 483. — Table de la résistance des pièces de bois de différentes longueur et grosseur. P. 485 et suiv. — Moyen facile d'augmenter la force et la durée du bois. P. 489. — Le bois écorcé et séché sur pied est toujours plus pesant, et considérablement plus fort que le bois coupé à l'ordinaire. Preuve par l'expérience. P. 491. — L'aubier du bois écorcé est non seulement plus fort que l'aubier ordinaire, mais même beaucoup plus que le cœur de chêne non écorcé, quoiqu'il soit moins pesant que ce dernier. P. 492. — La partie extérieure de l'aubier dans les arbres écorcés sur pied est celle qui résiste davantage. P. 492. — Le bois des arbres écorcés et séchés sur pied est plus dur, plus solide, plus pesant et plus fort que le bois des arbres abattus dans leur écorce, d'où l'auteur croit pouvoir conclure qu'il est aussi plus durable. *Ibid.* — Causes physiques de cet effet. P. 493. — Autres avantages du bois écorcé et séché sur pied. P. 494.

Bois, *imbibition du bois.* Expériences pour le desséchement et l'imbibition du bois dans l'eau, que l'auteur a suivies pendant vingt ans. T. XI, p. 506 et suiv. — Ces expériences démontrent : 1° qu'après le desséchement à l'air pendant dix ans, et ensuite au soleil et au feu pendant dix jours, le bois de chêne parvenu au dernier degré de desséchement perd plus d'un tiers de son poids lorsqu'on le travaille tout vert, et moins d'un tiers lorsqu'on le garde dans son écorce pendant un an avant de le travailler ; 2° que le bois gardé dans son écorce avant d'être travaillé prend plus promptement et plus abondamment l'eau, et par conséquent l'humidité de l'air, que le bois travaillé tout vert. Détail et comparaison des progrès de l'imbibition du bois dans l'eau. P. 511 et suiv. — 3° Quel est le temps nécessaire pour que le bois reprenne autant d'eau qu'il a perdu de sève en se desséchant. P. 512. — 4° Le bois plongé dans l'eau tire non seulement autant d'humidité qu'il contenait de sève, mais encore près d'un quart au delà, et la différence est de 3 à 5 environ. Un morceau de bois bien sec qui ne pèse que 30 livres en pèsera 50 lorsqu'il aura séjourné plusieurs années dans l'eau. P. 512. — 5° Lorsque l'imbibition du bois dans l'eau est plénière, le bois suit au fond de l'eau les vicissitudes de l'atmosphère ; il se trouve toujours plus pesant lorsqu'il pleut, et plus léger lorsqu'il fait beau. Preuve par une *expérience suivie pendant trois ans. Ibid.* — Comparaison des progrès de l'imbibition des bois, dont la solidité est plus ou moins grande. *Ibid.* et suiv. — Expériences réduites en Tables sur les variations de la pesanteur du bois dans l'eau. P. 514 et suiv. — Ces expériences démontrent que le bois gardé dans l'eau en tire et rejette alternativement dans une proportion dont les quantités sont très considérables par rapport au total de l'imbibition. P. 515. — Expériences réduites en Tables sur l'imbibition du bois vert. P. 515. — Autres expériences réduites en Tables, et comparaison de l'imbibition du bois sec dans l'eau douce et dans l'eau salée. P. 516. — Le bois tire l'eau douce en plus grande quantité que l'eau salée. P. 517. — Étant plongé dans l'eau, il s'imbibe bien plus promptement qu'il ne se dessèche à l'air. P. 519.

Bois, *plantation des bois*. Exposition d'un grand nombre d'essais pour semer et planter du bois. T. XI, p. 524 et suiv. — Une plantation de bois par de jeunes arbres tirés des forêts ne peut avoir un grand succès. P. 526. — Au contraire, de jeunes arbres tirés d'une pépinière peuvent se planter avec succès. *Ibid.* — Exposition des différentes manières de cultiver les jeunes bois plantés ou semés. P. 529. — L'accroissement des jeunes bois peut indiquer le temps où il faut les receper. P. 532.

Bois, *semis de bois*. Voyez Semis de bois.

Bois *taillis*. La gelée fait un beaucoup plus grand tort aux taillis surchargés de baliveaux qu'à ceux où les baliveaux sont en petit nombre. T. XI, p. 520. — Les coupes réglées dans les bois ne sont pas, comme on le croit, le moyen d'en tirer le plus grand produit. P. 522. — Dans les bons terrains, on gagnera à retarder les coupes, et dans ceux où il n'y a pas de fond, il faut couper les bois fort jeunes. *Ibid.* — Avantages qu'on peut tirer des bois blancs, tels que le coudrier, le marseau, le bouleau, dans l'exploitation des taillis. P. 536. — Age auquel on doit les couper, suivant la nature du terrain. P. 537. Différence de l'accroissement des taillis dans les parties élevées et dans les parties basses du terrain. Observations importantes à ce sujet. P. 537. — Exploitation des taillis en jardinant. P. 537.

Bois *fossiles et charbonifiés*. Exemples à ce sujet. T. II, p. 162 et suiv.

Bois *fossiles et bitumineux*. Observation importante sur ce sujet. T. III, p. 44 et suiv.

Bois fossiles. Leurs ressemblances et leurs différences avec les charbons de terre; différents lieux où l'on rencontre des bois fossiles. T. IV, p. 68. — Ils se rencontrent ordinairement plus près de la surface du terrain que les charbons de terre qui gisent à de plus grandes profondeurs. *Ibid.*

Bois *fossiles*. Comparaison de certains bois fossiles avec le jayet. T. III, p. 55.

Bols. Caractères qui distinguent les bols des argiles, et les terres limoneuses des terres argileuses. Ressemblances des bols aux argiles. T. III, p. 605. — L'origine et la nature des bols et des argiles sont réellement très différentes; celles-ci ne sont que des détriments des matières vitreuses décomposées, au lieu que les bols sont les produits ultérieurs de la destruction des animaux et des végétaux. P. 605. — Bols sont assez communs dans toutes les parties du monde. Ils sont tous de la même essence et ne diffèrent que par les couleurs ou la finesse du grain ; le bol blanc parait être le plus pur de tous. P. 605. — Il y a de ces bols blancs qui contiennent encore assez de particules organiques et nutritives pour en faire du pain en les mélant avec de la farine. *Ibid.* — Le bol rouge tire sa couleur du fer en rouille dont il est plus ou moins mélangé. P. 606. — Différents lieux où l'on trouve des bols rouges. P. 608 et suiv.

Bonana, oiseau d'Amérique et particulièrement de la Jamaïque; sa description. T. VI, p. 189.

Bonasus. Recherche de l'animal indiqué par ce nom. T. IX, p. 374. — Le bonasus d'Aristote est le même animal que le bison. P. 375.

Bondrée, comparée à la buse. T. V, p. 113. — Est de même grosseur, a le bec un peu plus long, les intestins plus courts, pèse deux livres; a de dix-huit à vingt-deux pouces de longueur, et quatre pieds deux pouces de vol; l'ouverture du bec large, l'intérieur du bec, l'iris et les pieds jaunes; les ongles peu crochus; le sommet de la tête large et aplati; tapisse son nid de laine à l'intérieur; pond des œufs cendrés tachetés de brun ; occupe quelquefois des nids étrangers, par exemple des nids de milans; nourrit ses petits de chrysalides, de guêpes ; se nourrit elle-même de mulots, de grenouilles, de lézards, qu'elle avale entiers, de chenilles et autres insectes; piette et court fort vite. *Ibid.* — On la prend aux gluaux, au lacet et par engin, avec des grenouilles ; est grasse en hiver et bonne à manger : vole d'arbre en arbre, d'où elle se jette sur sa proie; plus rare en France que la buse. P. 114. — Comparée avec le milan. *Ibid.*

Bonheur. Dans le temps où le principe spirituel domine, on s'occupe tranquillement de soi-même, de ses amis, de ses affaires; mais on s'aperçoit encore, ne fût-ce que par des distractions involontaires, de la présence du principe matériel; lorsque celui-ci vient à dominer à son tour, on se livre ardemment à la dissipation, à ses goûts, à ses passions, et à peine réfléchit-on par instants sur les objets mêmes qui nous occupent et qui nous remplissent tout entiers ; dans ces deux états nous sommes heureux : dans le premier, nous commandons avec satisfaction, et dans le second nous obéissons encore avec plus de plaisir; comme il n'y a que l'un des deux principes qui soit alors en action, et qu'il agit sans opposition de la part de l'autre, nous ne sentons aucune contrariété intérieure, notre *moi* nous paraît simple, parce que nous n'éprouvons qu'une impulsion simple, et c'est dans cette unité d'action que consiste notre bonheur. T. IV, p. 447. — Le bonheur de l'homme consistant dans l'unité de son intérieur, il est heureux dans le temps de l'enfance, parce que le principe matériel domine seul et agit presque continuellement. Si l'enfant était entièrement livré à lui-même, il serait parfaitement heureux ; mais ce bonheur cesserait, et cette entière liberté produirait le malheur pour les âges suivants ; on est donc obligé de contraindre l'enfant ; il est triste, mais nécessaire, de le rendre malheureux par instants, puisque ces instants mêmes de malheur sont les germes de tout son bonheur à venir. P. 448.

BONHEUR et MALHEUR. Le bonheur est au dedans de nous-mêmes, il nous a été donné ; le malheur est au dehors, et nous l'allons chercher. T. IV, p. 433.

BONJOUR COMMANDEUR ; on appelle ainsi cet oiseau à Cayenne, parce qu'il a coutume de chanter au point du jour ; son espèce est voisine de celle du bruant. T. VI, p. 295.— Ses habitudes naturelles. P. 296. — Sa description. *Ibid.*

BONNET-CHINOIS, espèce de guenon ainsi nommée parce que les poils au-dessus de sa tête sont disposés en forme de bonnet plat. Voyez *Malbrouck*. T. X, p. 140.

BORANDIENS, habitants du pays de Boranda, maintenant appelé *Petzora*. Discussions géographiques et critiques. *Add.*, t. XI, p. 257 et suiv.

BORAX (le) est un sel qui nous vient de l'Asie, et dont l'origine et même la fabrication ne nous sont pas bien connues. Il se trouve dans quelques provinces de la Perse, de la Tartarie méridionale, et dans quelques contrées des Indes orientales. T. III, p. 179.

BORAX *brut* ou *tinkal*. Manière de l'extraire et de le purifier. T. III, p. 180. — Il y en a de deux sortes. P. 182.

BORAX *commun*. On distingue le borax pur du borax mélangé ; action du borax dans la fusion des métaux. T. III, p. 183.

BORAX (*cristaux de borax*), leurs qualités comparées à celles de l'alun. T. III, p. 180.

BORAX *et sel sédatif*. Il est très probable que le borax et le sel sédatif contiennent de l'arsenic. T. III, p. 181.

BORAX (*verre de borax*). Ses qualités ; c'est le plus puissant de tous les fondants. Ce sel contient une grande quantité d'alcali. Preuves de cette assertion. T. III, p. 181.

BOSBOK. Très jolie gazelle qui se trouve au cap de Bonne-Espérance. Sa description par M. Allamand. Ses différences avec le ritbok. Ses dimensions. *Add.*, t. X, p. 490. — Les femelles n'ont point de cornes. Habitudes naturelles de cette espèce de gazelle ;

son cri est une espèce d'aboiement. P. 491.

BOTANIQUE (la) a de tout temps été la partie de l'histoire naturelle la plus cultivée. T. I, p. 7. — Elle est plus aisée à apprendre que la nomenclature, qui n'en est que la langue. P. 9. — Elle n'était pas regardée par les anciens comme une science qui dût exister par elle-même ; ils ne la considéraient que relativement à l'agriculture, au jardinage, à la médecine et aux arts. P. 24.

BOUC (le) s'accouple et engendre avec la brebis. T. VIII, p. 564. — Nature et qualités du bouc. P. 567. — Un seul bouc peut suffire à plus de cent cinquante chèvres, pendant deux ou trois mois ; mais cette ardeur ne dure que deux ou trois ans. Il est énervé et hors de service dès l'âge de cinq ou six ans. *Ibid.* — Choix du bouc qu'on destine à la propagation. *Ibid.* — Il pourrait engendrer jusqu'à l'âge de sept ans, et peut-être au delà, si on le ménageait davantage ; mais communément il ne sert que jusqu'à l'âge de cinq ans. P. 568. — L'odeur forte du bouc ne vient pas de sa chair, mais de sa peau. *Ibid.* — Communément les boucs et les chèvres ont des cornes ; cependant il y a, quoique en moindre nombre, des chèvres et des boucs sans cornes. *Ibid.* — La production du bouc avec la brebis est un agneau couvert de poil. T. IX, p. 405.

BOUC (le) s'accouple et produit avec la brebis ; résultat de plusieurs expériences à ce sujet. T. IV, p. 506.

BOUC, dont les sabots avaient pris un accroissement extraordinaire. Ce défaut ou plutôt cet excès, est assez commun dans les boucs et les chèvres qui habitent les plaines et les terrains humides. *Add.*, t. X, p. 514.

BOUC de JUDA (le) est de la même espèce que le bouc domestique. T. IX, p. 460.

BOUC *de Juda*. Sa description. *Add.*, t. X, p. 513.

BOUCARO. Voyez BOL ROUGE.

BOUILLEUR *de canari*. Voyez *Ani*. T. VII, p. 261.

BOULETS *de canon*. C'est une très mauvaise pratique que de faire chauffer à blanc et plusieurs fois les boulets de canon pour en diminuer le volume ; ils deviennent par cette opération réitérée très légers et cassants. T. II, p. 350.

BOUQUETIN (le) appartient à l'ancien continent et ne se trouve point dans le nouveau. T. IV, p. 570. — Différence du bouquetin mâle et du chamois. T. IX, p. 434. — La femelle a les cornes différentes de celles du mâle et assez semblables à celles du chamois. *Ibid.* — Le bouquetin s'élève au sommet des plus hautes montagnes. *Ibid.* — Ses convenances avec le chamois. P. 435. — Lorsqu'on les prend jeunes, ils s'apprivoisent aisément et vont avec les chèvres. *Ibid.* — La femelle seule constitue l'espèce du bouquetin, comme la femelle seule constitue l'espèce de la brebis. P. 456. — Le bouquetin et la chèvre domestique ne sont très vraisemblablement qu'une seule et même espèce avec le chamois. *Ibid.* et suiv. — Le bouquetin est la tige primitive de toutes les races des chèvres, comme le mouflon l'est de toutes les races de brebis. P. 450. — Ses convenances et ses différences avec le bouc domestique. P. 459. — Le bouquetin court aussi vite que le cerf et fait d'aussi grands sauts. P. 460. — Le bouquetin est la tige masculine et le chamois est la tige féminine dans l'espèce de la chèvre. P. 463. — Il ne se trouve que dans les montagnes élevées. *Ibid.* — La chasse de cet animal est très pénible; les chiens y sont presque inutiles. P. 464 et suiv. — Les propriétés spécifiques attribuées au sang du bouquetin appartiennent aussi au sang du chamois et au sang du bouc domestique, et proviennent uniquement des herbes chaudes et odoriférantes, dont ces animaux se nourrissent. P. 467.

Bourgmestre. Voyez *Goéland* à manteau gris brun.

Bouscarle (la) a plus de rapport avec la fauvette grise qu'avec aucun autre oiseau. Ses ressemblances et ses différences. T. VI, p. 478.

Bousin. Voyez Pierres calcaires. T. II, p. 556.

Boussole. On n'est point parvenu à construire des boussoles dont une aiguille indiquerait le pôle terrestre. T. IV, p. 119. — Les Français sont les premiers en Europe qui aient fait usage de la boussole pour se conduire dans leur navigation. P. 128. — La boussole horizontale indique la direction avec ses déclinaisons, et la boussole verticale démontre l'inclinaison de l'aiguille. P. 136.

Boussole. La propriété qui a le fer aimanté de se diriger vers les pôles a été très anciennement connue des Chinois. Forme de leur première boussole. *Add.*, t. I, p. 254.

Brebis (la) se laisse enlever son agneau sans le défendre, sans s'irriter, etc., ce qui, dans les animaux, paraît être le dernier degré de l'insensibilité ou de la stupidité. T. VIII, p. 554. — La brebis est sujette à beaucoup de maladies, met bas difficilement et avorte fréquemment. P. 555. — Manière de soigner les brebis pleines ou qui viennent de mettre bas. *Ibid.* — Communément les brebis n'ont pas de cornes, mais elles ont sur la tête des proéminences osseuses aux mêmes endroits où naissent les cornes des béliers. Il y a cependant quelques brebis qui ont deux et même quatre cornes parmi nos brebis domestiques. P. 556. — Quelles sont les meilleures brebis pour la propagation. *Ibid.* — La saison de la chaleur des brebis est depuis le commencement de novembre

jusqu'à la fin d'avril; cependant elles ne laissent pas de concevoir en tout temps si on leur donne, aussi bien qu'au bélier, des nourritures qui les échauffent, comme de l'eau salée et du pain de chènevis. *Ibid.* — Comment il faut les donner au bélier. P. 557. — Elles portent cinq mois et mettent bas au commencement du sixième. P. 557. — La brebis ne produit ordinairement qu'un seul agneau et une fois par an dans ces climats. *Ibid.* — Manière de conduire et de traire les brebis qui ont du lait. *Ibid.*

Bout de petun ou de tabac. Voyez *Ani*.

Boutsallick de Bengale, plus allongé, mais plus petit que notre coucou. Autres différences. T. VII, p. 237.

Bouveret, oiseau de l'île de Bourbon, sa description et ses dimensions. T. VI, p. 305.

Bouveron (le) paraît faire la nuance entre les bouvreuils d'Europe et les becs-ronds d'Amérique; sa description et ses dimensions. T. VI, p. 306.

Bouvreuil. Portrait de cet oiseau. Son éducation. T. VI, p. 297 et suiv. — Son chant dans l'état de nature n'a rien d'agréable, mais il le perfectionne infiniment par l'imitation des chants qu'on lui fait entendre. Il apprend aussi à parler, et s'exprime même avec un accent pénétrant qui paraît supposer de la sensibilité. Il est capable d'un attachement très fort et très durable; exemple à ce sujet. P. 298 et suiv. — Les bouvreuils passent la belle saison dans les bois, ils font leurs nids sur les buissons avec de la mousse en dehors et des matières plus molettes en dedans. La femelle pond de quatre à six œufs d'un blanc sale un peu bleuâtre, environnés près du gros bout d'une zone d'un violet éteint et de noir. P. 300. — Habitudes naturelles des pères, des mères et des petits. P. 300. — Ils ont une grande facilité d'apprendre, et la même facilité pour se laisser approcher et prendre dans les différents pièges. Le même bouvreuil peut s'apparier avec la femelle du serin. P. 301. — Les bouvreuils vivent cinq à six ans. P. 302. — Leur description et leurs dimensions, tant intérieures qu'extérieures. *Ibid.* et suiv.

Bouvreuil (variétés du). Le *bouvreuil blanc*, le *bouvreuil noir*, le *grand bouvreuil noir d'Afrique*; leurs descriptions et dimensions. T. VI, p. 303 et 304.

Bouvreuil à *bec blanc*, oiseau de la Guyane; sa description et ses dimensions. T. VI, p. 305.

Bouvreuil ou *Bec-rond noir et blanc*, oiseau du Mexique, dont l'espèce est voisine de celle du bouvreuil. T. VI, p. 308.

Bouvreuil ou *Bec-rond violet de la Caroline;* sa description et ses habitudes naturelles. T. VI, p. 309.

Bouvreuil ou *Bec-rond violet à gorge et*

*sourcils rouges*, oiseau de la Caroline et des îles de Bahama. Sa description et ses dimensions. T. VI, p. 309.

BOUVREUIL. Coupe l'œuf du coucou déposé dans son nid. T. VII, p. 219.

BRAC (le) ou CALAO d'*Afrique*. Ses dimensions et sa description d'après le P. Labat. T. VII, p. 480.

BRACHYPTÈRES, *ou* oiseaux à ailes courtes. T. V, p. 379.

BREBIS et BÉLIERS, vivent douze ou quatorze ans. T. VIII, p. 557. — Race de brebis étrangères qui produisent plus que nos brebis communes. P. 562. — L'espèce appartient à l'ancien continent, et ne s'est point trouvée dans le nouveau lorsqu'on en fit la découverte. T. IV, p. 563. — Difficulté qu'il y avait à trouver la vraie souche de nos brebis. T. IX, p. 399. — La nature n'a pas produit la brebis telle qu'elle est, et c'est entre nos mains qu'elle a dégénéré. *Ibid.* — Dans les pays chauds, la brebis perd sa laine et se couvre de poil. P. 401.

BREBIS d'Islande à plusieurs cornes; leur description. T. IX, p. 400.

BREBIS des pays chauds; leur description. T. IX, p. 400.

BREBIS de Barbarie et d'Arabie dont la queue est si grosse, si longue et si fort chargée de graisse qu'elle pèse plus de vingt livres. T. IX, p. 400.

BREBIS domestique de l'île de Candie, strepsichéros de Belon; sa description. T. IX, p. 401.

BREBIS à large queue. Leur race est beaucoup plus répandue que celle de nos petites brebis, et elles sont également brebis domestiques. T. IX, p. 401.

BREBIS (grandes) des pays méridionaux; leur description. T. IX, p. 402. — La laine est très belle en Espagne, et encore plus belle dans le Khoraçan et dans quelques autres provinces de l'Orient. P. 403. — Notre brebis domestique est une espèce bien plus dégénérée que celle de la chèvre. P. 405. — Comparaison de nos brebis domestiques avec le mouflon, qui est la brebis primitive et sauvage. T. IV, p. 473. — Si l'on voulait en relever l'espèce pour la force et la taille, il faudrait donner le mouflon à notre grande brebis flandrine. Si l'on voulait dévouer cette espèce à ne nous donner que de la belle laine et de la bonne chair, il faudrait propager la race des brebis de Barbarie, c'est-à-dire donner à nos béliers des femelles de Barbarie, pour avoir de belle laine; et le mouflon à nos brebis, pour en relever la taille. P. 474.

BREBIS et CHÈVRES. Doivent être regardées avec toutes leurs variétés comme ne faisant qu'une seule famille, à laquelle on peut même ajouter celles de toutes les gazelles. T. IV, p. 490.

BREBIS de *Flandre* (les) produisent ordinairement quatre agneaux chaque année. Elles viennent originairement des Indes orientales. *Add.*, t. X, p. 514.

BREBIS de *l'île de France*. Exemple de mélange de races et de variétés dans les brebis de l'île de France et de Bourbon. *Add.*, t. X, p. 517.

BREBIS de *Moldavie*. Il y a trois races ou espèces de brebis en Moldavie. *Add.*, t. X, p. 514. — Les deux premières paraissent être les mêmes que les brebis valachiennes. *Ibid.*

BREBIS de bois de Moldavie. Sa description. Il y a toute apparence que c'est le même animal que le saïga. *Add.*, t. X, p. 514.

BREBIS de *Tartarie*. Chez les Kalmoucks, les Mongous et les Kirghises, les brebis ont la queue très courte et composée seulement de trois ou quatre articulations. *Add.*, t. X, p. 516.

BREBIS des *pays méridionaux*. La différence de la graisse des brebis dans les pays méridionaux vient probablement de la différence de nourriture et des plantes grasses dont elles s'y nourrissent. Manière dont on les traite et nourrit dans ces climats chauds. *Add.*, t. X, p. 516.

BREBIS *du cap de Bonne-Espérance* (les) ressemblent, pour la plupart, au bélier de Barbarie; mélange et variété dans les brebis que les Hollandais ont propagées au Cap. Différence de la graisse de ces brebis et de celle des brebis d'Europe. *Add.*, t. X, p. 515. — Discussion historique sur la variété des brebis qui se trouvent actuellement dans les terres du cap de Bonne-Espérance. P. 516.

BRÈCHES, *marbres-brèches*. Leur première formation. T. II, p. 516.

BRÈVE de Bengale; sa taille et son plumage. T. VI, p. 76. — Appelée aussi merle vert des Moluques.

BRÈVE de Madagascar, *ou* merle des Moluques; son plumage. T. VI, p. 76.

BRÈVE de M. Edwards, *ou* pie à courte queue des Indes orientales; son plumage. T. VI, p. 75.

BRÈVE des Philippines, *ou* merle vert à tête noire des Moluques; ses dimensions et son plumage. T. VI, p 75.

BRÈVES, comparées avec les merles; toutes les brèves connues jusqu'ici se réduisent à quatre variétés appartenant à la même espèce. T. VI, p. 74.

BRIN BLANC, espèce de colibri ainsi nommé à cause de la longueur de deux pennes intermédiaires de sa queue. A le bec plus long qu'aucun autre colibri. T. VII, p. 61.

BRIN BLEU, une des plus grandes espèces de colibri, ainsi nommée à cause de la longueur et de la couleur des plumes intermédiaires de sa queue. T. VII, p. 63.

BROWN BABOON. Un des noms du babouin

à longues jambes. *Add.*, t. X, p. 174 (note *a*).

BRUANT (le) *familier*, est à peu près de la taille du tarin, et son espèce est différente de celle du bruant. T. VI, p. 294.

BRUANT (le) *fou*, ainsi appelé parce qu'il donne indifféremment dans tous les pièges. Il ne se trouve point dans les pays septentrionaux. T. VI, p. 286. — Comparaison de ce bruant avec le bruant commun. P. 287. — Ses dimensions. *Ibid.*

BRUANT (le) *de France*. Sa parenté avec les ortolans. T. VI, p. 287. — Il fait plusieurs pontes et il construit son nid à terre ou sur les basses branches des arbustes assez négligemment. La femelle pond quatre ou cinq œufs tachetés de brun sur fond blanc. P. 283. — Elle couve avec tant d'affection qu'on peut quelquefois la prendre à la main en plein jour. Leur nourriture et celle de leurs petits. Leurs habitudes naturelles. P. 283. — Ils sont répandus dans toute l'Europe, depuis l'Italie jusqu'en Suède. Description du mâle. P. 283. — De la femelle et des parties intérieures. Dimensions. P. 284. — Variétés. P. 284.

BRUANT *de haies*. Voyez *Zizi*.

BRUANT (petit) de Saint-Domingue. Voyez *Olive*.

BRUANTS, repoussent le coucou lorsqu'il se présente pour pondre dans leur nid. T. VII, p. 217 (note).

BRUME. Origine et effets de la brume; elle accompagne les glaces flottantes, et elle est perpétuelle sur les plages glacées. *Add.*, t. I, p. 253.

BRUNET du cap de Bonne-Espérance; son plumage, ses dimensions. T. VI, p. 63. — Le merle à cul-jaune du Sénégal est une variété du brunet, est plus gros, a le bec plus courbe, plus large à sa base; dimensions de cet oiseau. P. 63.

BUBALE. Sa description, ses différences et ses ressemblances avec le cerf, les gazelles et le bœuf. T. IX, p. 493. — Description de ses cornes. P. 493. — Singularités dans la forme du poil du bubale et de l'élan. P. 493. — Différences du bubale et de l'élan. P. 494. Description particulière de cet animal par MM. de l'Académie. P. 495. — Il y a dans cette espèce des variétés pour la forme des cornes et la grandeur du corps. P. 495. — Son climat et ses habitudes naturelles. *Ibid.*

BUBALE. Son naturel est doux, mais sa figure est moins élégante et sa forme plus robuste que celle des autres grandes gazelles; il a quelques ressemblances avec la vache. Sa grandeur et sa description. *Add.*, t. X, p. 496. — On doit regarder le bubale non pas comme une grande gazelle, mais comme faisant une espèce particulière et moyenne entre celle des bœufs et celle du cerf. Description d'un bubale. P. 496. — L'espèce du bubale est répandue dans toute l'Afrique. Elle est très nombreuse dans les terres du cap de Bonne-Espérance, et on la trouve aussi en Barbarie; c'est bien le *bubalus* des anciens Grecs et Romains. P. 497. — Sa description et ses dimensions. *Ibid.* P. 497. — Les bubales vont en troupes et courent avec une très grande vitesse; ils se tiennent dans les plaines plutôt que sur les montagnes; leur chair est bonne à manger. P. 498. — Les femelles n'ont que deux mamelles, et pour l'ordinaire elles ne font qu'un petit à la fois; elles mettent bas en septembre et quelquefois aussi en avril. *Ibid.*

BUBALUS. N'est point le buffle, mais un autre animal que nous avons appelé *bubale*. T. IX, p. 373. — Le *bubalus* des Latins, que j'ai appelé *bubale*, est le même animal que celui qui a été indiqué par MM. de l'Académie des sciences sous la dénomination de *vache de Barbarie*. P. 380.

BUCULA-CERVINA. Est le même animal que le bubale. T. IX, p. 493.

BUFFLE. Discussion critique sur les étymologies de ce nom. *Add.*, t. X, p. 524. — Les marais Pontins et les maremmes de Sienne sont, en Italie, les lieux les plus favorables à ces animaux. Ces marais Pontins sont réservés et spécialement affectés pour la nourriture des buffles. P. 525 et suiv. — Les buffles ont naturellement une mauvaise et forte odeur de musc. P. 525. — Selon Monsignor Gaëtani, ils ont la vue courte et confuse, mais une mémoire supérieure à celle de la plupart des autres animaux; ils reviennent seuls, et de plusieurs lieues de distance, à leurs habitations ordinaires. P. 528. — Le lait de la buffle est supérieur, tant par la blancheur que par la saveur, à celui de la vache, et l'on en fait du beurre excellent et de bons petits fromages. P. 529. — La femelle a quatre mamelons, cependant elle ne produit ordinairement qu'un petit et très rarement deux; elle met bas au printemps et une seule fois l'année. Elle produit communément deux années de suite et se repose la troisième. Sa fécondité commence à l'âge de quatre ans et finit à douze. Manière dont on élève et conduit les buffles; leur castration. *Ibid.* — Spectacle de chasse aux buffles. P. 530. — Le terme de la vie du buffle est à peu près le même que celui du bœuf, c'est-à-dire à dix-huit ans, quoiqu'il y en ait qui vivent vingt-cinq ans; les dents lui tombent assez communément quelque temps avant de mourir. P. 530. — Usages de sa chair, de sa peau et de ses cornes. Son tempérament. Ses maladies particulières. P. 530. — Les buffles amenés à Astracan et dans les provinces méridionales de la Russie, par ordre de l'impératrice Catherine II, s'y sont bien multipliés. Cet exemple peut suffire pour nous encourager à faire en France l'acquisition de cette espèce utile qui remplacerait celle des bœufs à tous égards, et surtout dans les temps où la grande mortalité de ces animaux fait un si grand tort à la culture de nos terres. P. 532.

BUFFLE (le) appartient à l'ancien continent, et ne s'est point trouvé dans le nouveau. T. IV, p. 570. — Il n'était connu ni des Grecs ni des Romains, et a été apporté de l'Afrique et des Indes en Europe dans le VIIᵉ siècle. T. IX, p. 373. — Le buffle, en Italie, est de la même espèce que le buffle domestique et sauvage aux Indes. P. 375. — Le buffle ne s'accouple ni ne produit avec la vache, et il y a même de l'antipathie entre ces deux espèces. P. 395. — Son naturel, son tempérament, ses habitudes et ses différences avec le bœuf. P. 395. — Utilité que l'on en tire pour le labourage, les voitures, etc. P. 396. — Le buffle est le quatrième des animaux quadrupèdes dans l'ordre de grosseur. *Ibid.* — Il produit dans les pays tempérés ; la femelle porte environ un an et ne fait ordinairement qu'un petit. *Ibid.* — Les buffles sont plus traitables dans les pays chauds que dans les pays tempérés. P. 397. — Ils aiment à se vautrer et même à séjourner dans l'eau. P. 398. — Ils nagent facilement et courent plus légèrement que le bœuf. *Ibid.*

BUFFLES (les) sont très communs dans tous les climats chauds, surtout dans les contrées marécageuses et voisines des fleuves. L'eau ou l'humidité du terrain paraissent leur être encore plus nécessaire que la chaleur du climat. Manière singulière de traire la femelle du buffle dans la Perse méridionale. *Add.*, t. X, p. 520.

BURE. C'est ainsi qu'on appelle la partie supérieure du fourneau à fondre les mines de fer, qui s'élève au-dessus de son terreplein. T. II, p. 361.

BUSARD, *autrement* busard de marais ; harpaye à tête blanche, fau-perdrieux ; plus vorace, plus actif et plus petit que la buse ; plus rare ou plus difficile à trouver ; sédentaire en France, se tient à portée des étangs et des rivières poissonneuses ; avide de poisson, comme de gibier ; préfère les poules d'eau, plongeons, etc. Se nourrit aussi de grenouilles, de reptiles et d'insectes aquatiques ; il lui faut beaucoup de pâture ; on l'élève à chasser ; vole plus pesamment que le milan, se défend mieux, se fait craindre des hobereaux et des cresserelles : comparé au milan noir, à la buse. T. V, p. 118.

BUSARD, nom donné mal à propos à l'autour blond. T. V, p. 125.

BUSARD roux. Voyez *Harpaye*.

BUSE, corbeau, milan, qui ne cherchent que les chairs corrompues, sont les représentants des hyènes, des loups et des chacals. T. V, p. 32. — Voyez *Bec*.

BUSE, comparée au milan. T. V, p. 109. —

A le corps plus long et le vol moins étendu, habite les forêts, est sédentaire et paresseuse, reste plusieurs heures de suite perchée sur le même arbre, pond deux ou trois œufs blanchâtres, tachetés de jaune, garnit son nid d'un matelas mollet, soigne ses petits plus longtemps que les autres oiseaux de proie, et, au défaut de la femelle, le mâle prend ce soin. P. 112. — Ne saisit pas sa proie au vol, reste sur une branche ou sur une motte de terre, d'où elle se jette sur les levreaux, lapins, perdrix, cailles, serpents, grenouilles, lézards, sauterelles, etc., qui passent à sa portée : dévaste les nids de la plupart des oiseaux. P. 113. — Très sujette à varier dans le même climat, à peine trouve-t-on deux buses bien semblables. *Ibid.* — Comparée avec la bondrée. *Ibid.* — Avec le buzard. P. 118.

BUSE cendrée de M. Edwards, a la grosseur du coq, la figure et partie des couleurs de la buse, bec et pieds bleuâtres, les jambes couvertes jusqu'à moitié de leur longueur, de plumes brunes ; se trouve à la baie de Hudson ; fait la guerre aux gelinottes blanches, diffère des buses, soubuses, harpayes et busards, par les jambes courtes. T. V, p. 120. — La buse se bat avec le grand-duc. P. 174.

BUSE prise au piège, s'apprivoise en la faisant jeûner. En imposait aux chats, attaquait les renards. Ne souffrait aucun autre oiseau de proie dans le canton. Ne faisait aucun tort à la volaille de la maison. Respectait moins celle des voisins. T. VII, p. 77 (note).

BUSELAPHUS, est le même animal que le bubale, T. IX, p. 493.

BUTOR (le). Différences entre le butor et le héron. T. VII, p. 623. — Le butor est moins stupide, mais il est encore plus sauvage que le héron. On ne le voit presque jamais, et il n'habite que les marais d'une certaine étendue où il y a beaucoup de joncs. Ses autres habitudes naturelles. P. 624. — Il ne se réunit jamais avec le héron en famille commune. Le cri qu'il fait en volant est désagréable, mais beaucoup moins que sa voix, qu'il fait entendre lorsqu'il est en amour, et qui est une espèce de mugissement, *botaurus, quasi boatus tauri*, dont on a tiré son nom *butor. Ibid.* — Sa nature sauvage et farouche jusque dans le temps des amours. P. 624. — Manière dont il se cache dans les roseaux. Sa défiance ; sa vie sédentaire et ses habitudes naturelles et paresseuses. P. 626. — Sa description. — Sa nourriture la plus ordinaire est le poisson, et surtout les grenouilles. *Ibid.* — En automne, il va dans les bois chasser aux rats qu'il avale tout entiers, et dans cette saison il devient fort gras. On mangeait autrefois de sa chair, dans le temps que celle du héron faisait un mets distingué. La femelle pond quatre ou cinq œufs qui sont d'un gris verdâtre; le nid est ordinairement posé au milieu des roseaux, sur une touffe de joncs P. 627. — Le temps de l'incubation est de vingt-quatre à vingt-cinq jours. P. 628. — Les jeunes naissent presque nus, et sont d'une figure hideuse; ils semblent n'être que cou et jambes; ils ne sortent du nid que plus de vingt jours après leur naissance. *Ibid.* — Le butor se trouve partout où il y a des marais assez grands pour lui servir de retraite. L'espèce en est répandue dans toute l'Europe, et il y en a d'autres espèces dans toute l'étendue du nouveau continent. Dans nos provinces de France, il ne supporte pas la grande rigueur de l'hiver, et dans ce temps il passe dans des climats plus doux. P. 627.—Il y a peu d'oiseaux qui se défendent avec autant de sang-froid que le butor. Il n'attaque jamais; mais lorsqu'il est attaqué il se défend courageusement sans se donner beaucoup de mouvement. Si un oiseau de proie fond sur lui, il ne le fuit pas, il l'attend debout et le reçoit sur le bout de son bec, qui est très aigu. Il se défend même contre le chasseur, et lui lance des coups de bec dans les jambes. P. 628. — On est obligé de les assommer, car ils se défendent jusqu'à la mort. La patience de cet oiseau égale son courage; il demeure pendant des heures entières immobile, les pieds dans l'eau et caché par les roseaux, pour guetter les grenouilles et les anguilles. Dans l'espèce du butor, comme dans celle du canard, il existe plus de femelles que de mâles. *Ibid.* — Différence du mâle et de la femelle. P. 628.

Butor (le grand) parait faire la nuance entre la famille des hérons et celle des butors. Il se trouve en Italie. T. VII, p. 629. Sa description et ses dimensions. P. 629.

Butor (le petit) se trouve sur les terres voisines du Danube. T. VII, p. 630. — Sa description. Il parait être le plus petit de tous les butors de notre continent. *Ibid.*

Butor *brun* de la Caroline. Voyez *Étoilé.*

Butor *brun rayé.* Il se trouve sur le Danube, et est à peu près aussi petit que le petit butor. Sa description. T. VII, p. 630.

Butor *jaune* du Brésil. Ses dimensions. Sa description d'après Marcgrave. T. VII, p. 633. — Il a le bec dentelé vers la pointe, tant en haut qu'en bas. *Ibid.*

Butor *roux.* Sa description. Il se trouve en Grèce, en Italie, en Alsace. T. VII, p. 631.

Butor *tacheté.* Voyez *Pouacre.*

Butor *de Cayenne* (le petit). Ses dimensions. Sa description. T. VII, p. 634.

Butor *de la baie d'Hudson.* Sa description et ses dimensions. T. VII, p. 634.

Butor *du Sénégal.* Ses dimensions et sa description. T. VII, p. 631.

# C

Cabaret, *petite linotte.* Ses différences avec la linotte ordinaire; elle a la voix plus forte et plus variée; cet oiseau est assez rare; il a le vol rapide et va par grandes troupes; sa description. T. VI, p. 160 et suiv.

Cabiai, animal de l'Amérique méridionale, qui n'existait point dans l'ancien continent. T. IV, p. 574. — Ses différences et ses ressemblances avec le cochon. T. IX, p. 518. — Sa description, sa grandeur, sa figure, etc. *Ibid.* — Il a des membranes entre les doigts des pieds, et habite souvent l'eau, où il nage avec grande facilité. *Ibid.* — Sa nourriture et ses autres habitudes naturelles. *Ibid.* — Il produit en grand nombre. *Ibid.* — Il ne se trouve que dans l'Amérique méridionale. *Ibid.* — Le cabiai ne ressemble à l'extérieur à aucun autre animal, quoique, par les parties intérieures, il ressemble au cochon d'Inde. T. IV, p. 498.

Cabiai. Ses habitudes naturelles. Il n'habite que les marécages et le bord des eaux, et peut rester assez longtemps sous l'eau sans respirer. *Add.,* t. X, 353. — Il pourrait vivre dans notre climat. *Ibid.*

Cabinet du Roi, présente une collection d'oiseaux plus complète qu'aucune autre qui soit en Europe. T. V, p. 1.

Caboure *ou* cabure du Brésil, a des aigrettes de plumes sur la tête, la grosseur d'une grive; s'apprivoise aisément, ainsi que les chouettes du Cap. T. V, p. 106. — C'est une espèce de petit duc. P. 107.

Cachicame. Espèce de tatou qui a neuf bandes mobiles sur le dos; sa description et ses caractères spécifiques. T. IX, p. 270 et suiv.

Cacolin, espèce de caille du Mexique. T. V, p. 501.

Cadmie des fourneaux est une concrétion de fleurs de zinc, qui s'accumulent et s'attachent aux parois des cheminées des fourneaux où l'on fond les mines de fer qui contiennent du zinc. T. III, p. 398. — Manière de faire du laiton avec la cadmie des fourneaux. P. 398.

Café, espèce de poison pour les poulets. T. V, p. 305.

Cafres. Description des Cafres T. XI, p. 194.

CAÏCA. Voyez *Maïpouri*. Perruche à tête noire de Cayenne. Oiseau de passage à la Guyane, de la même famille que le maïpouri. T. VII, p. 175.

CAILLE, appelée anciennement *Perdrix naine*, et de là les noms de *cordonix* et *coturnice*, appliqués à la perdrix. T. V, p. 482. — Comparée à la perdrix, traits de conformité et traits de dissemblance. P. 483. — Est peu sociale. *Ibid.* — Ses voyages, leurs causes, leurs circonstances, leurs temps. P. 484. — Dans l'état de captivité éprouve une agitation marquée au temps du passage. P. 484 et 492. — Ne s'engourdit point pendant l'hiver. P. 486. — S'aide du vent pour voyager. P. 488. — Erreurs sur les circonstances du passage : réfutées. P. 489. — Toutes les cailles ne voyagent point. P. 490. — Moyens de juger des lieux d'où elles viennent. *Ibid.* et suiv. — Amours, ponte, œufs, incubation, éducation des petits. P. 491. — Éprouve deux mues par an. P. 492. — Différence du mâle et de la femelle, leurs cris. *Ibid.* — Erreurs sur leur génération, leur nourriture; peuvent se passer de boire; leurs allures. P. 493. — Vivent peu, leurs joutes; se trouvent partout, même en Amérique; qualités de leur chair, pièges qu'on leur tend. P. 494.

CAILLE blanche. T. V, p. 497.

CAILLE de Java ou Réveil-matin, a la voix du butor, le naturel social, vit dans les forêts, ne se plait qu'au soleil T. V, p. 498.

CAILLE de la Chine *ou* des Philippines *ou* la Fraise, se bat courageusement; plus petite que la nôtre; variété de sexe. T. V, P. 497.

CAILLE de la Gambra. T. V, p. 496. — De la Louisiane. P. 502.

CAILLE de Madagascar *ou* Turnix, n'a que trois doigts à chaque pied. T. V, p. 498.

CAILLE de Pologne (grande) *ou* Chrokiel, paraît n'être qu'une variété de la nôtre. T. V, p. 496.

CAILLE des îles Malouines, plus brune que la nôtre, a le bec plus fort. T. V, p. 497.

CAILLES. L'œuf du coucou ne réussit point dans leur nid, et pourquoi. T. VII, p. 218.

CAILLOU. Se change naturellement en argile par un progrès lent et insensible, ou plutôt en bol et en limon. Preuves de cette assertion. T. I, p. 255. — En grande masse et en petite masse. P. 122.

CAILLOUX ( petits ) qu'avalent les granivores, sont comme des dents dont ils se servent pour la mastication de leur nourriture, qui se fait dans le gésier. T. V, p. 34.

CAILLOUX. On a donné le nom de *cailloux* à toutes les pierres, soit du genre vitreux, soit du genre calcaire, qui se présentent sous une forme globuleuse; mais cette dénomination, prise uniquement de la forme extérieure, n'indique rien sur la nature de ces pierres. T. III, p. 526. — Les cailloux proprement dits, les vrais cailloux sont des concrétions formées, comme les agates, par exsudation ou stillation du suc vitreux, avec cette différence que, dans les agates et autres pierres fines, le suc vitreux plus pur forme des concrétions demi-transparentes : au lieu que dans les cailloux, étant plus mélangé de matières terreuses ou métalliques, il produit des concrétions opaques. *Ibid.* — Les cailloux prennent la forme des cavités dans lesquelles ils se moulent, et souvent ils offrent encore la figure des corps organisés, tels que les bois, les coquilles, dans lesquels le suc vitreux s'est infiltré et a rempli les vides que laissait la destruction de ces substances. P. 527. — Tous les cailloux, en général, sont composés de couches additionnelles, dont les intérieures sont toujours plus denses et plus dures que les extérieures. Cause de cet effet. P. 527. — Formation du caillou. *Ibid.* — Formation des cristaux dans l'intérieur des cailloux creux. *Ibid.* — Cailloux qui contiennent de l'eau dans leur intérieur. *Ibid.* — Discussion et réfutation de l'opinion vulgaire sur la formation des cailloux. P. 528. — Fait qui démontre que les cailloux creux commencent à se former par la surface extérieure, et non pas autour d'un noyau qui leur sert de centre. *Ibid.* — La surface extérieure des cailloux creux est le plus souvent brute et raboteuse. P. 528. — Propriétés essentielles des cailloux; sont les mêmes que celles des autres substances vitreuses. P. 528. — Cailloux de qualités diverses, selon le mélange et les doses des matières qui les composent. *Ibid.* — Agrégations des cailloux. Voyez *Poudingues.* — On doit séparer des vrais cailloux les morceaux de quartz, de jaspe, de porphyre, de granite, etc., qui, ayant été roulés, ont pris une forme globuleuse. P. 530. — Le véritable caractère distinctif des cailloux est tiré des couches concentriques posées les unes sur les autres, et ces couches qui composent le caillou sont de couleur différente. P. 530. — Cailloux d'Égypte; sont remarquables par leurs zones alternatives de jaune et de brun, et par la singularité de leurs herborisations. *Ibid.* — Cailloux d'Oldenbourg; remarquables par les taches en forme d'œil qu'ils présentent, ce qui leur a fait donner le nom de *cailloux œillés. Ibid.*

CAILLOUX. Liqueur des cailloux. T. III, p. 127.

CALAMINE. Voyez *Zinc.*

CALAO, n'est point le corbeau des Indes de Bontius. T. V, p. 538.

CALAOS (les) ne se trouvent que dans les parties méridionales de l'ancien continent. Leur bec est encore plus prodigieux et plus singulier que celui des toucans. T. VII, p. 479. — Difformité de ces becs et inconvénients qui résultent de leur monstrueuse conformation. Leur description. *Ibid.* et suiv. — On a appelé les calaos *oiseaux rhinocéros,* à cause de l'espèce de corne qui surmonte leur bec. P. 480. — En considérant la forme de ces becs, depuis le tock qui est la dernière espèce de calao, jusqu'au rhinocéros, on reconnaîtra tous les degrés de leur monstrueuse conformation. Le tock a un large bec en forme de faux, comme les autres calaos, mais ce bec est simple et sans éminence. P. 481. — Le calao de Manille a déjà une éminence apparente sur le haut du bec; cette éminence est plus marquée dans le calao de l'île Panay; elle est très remarquable dans le calao des Moluques; encore plus considérable dans le calao d'Abyssinie, énorme enfin, dans le calao des Philippines et du Malabar, et tout à fait monstrueuse dans le calao-rhinocéros. P. 481. — Tous les calaos, qui diffèrent si fort par la conformation du bec, ont une ressemblance générale par la conformation des pieds. P. 481. — C'est mal à propos que quelques-uns de nos nomenclateurs ont voulu donner le nom d'*hydrocorax* ou corbeau d'eau aux calaos, car ces oiseaux ne se tiennent point au bord des eaux. P. 485. — Tous les calaos ont les pieds très courts et marchent aussi mal qu'il est possible. P. 486.

Calao *d'Abyssinie;* sa forme et ses dimensions. Sa description. T. VII, p. 489. — Forme, dimensions de son bec et description de la proéminence qui le domine. P. 489.

Calao *d'Afrique.* Voyez *Brac.*

Calao *à casque rond;* description de son bec. T. VII, p. 491. — Ce doit être un des plus grands et des plus forts calaos. Description du casque qui surmonte son bec. P. 492.

Calao *de l'île Panay;* sa description d'après M. Sonnerat. T. VII, p. 482.

Calao *de Malabar;* ses dimensions. T. VII, p. 486. — Dimensions de son bec et de la corne qui le surmonte. P. 487. — Description de cet oiseau que nous avons vu vivant. P. 487. — Ses habitudes naturelles. On l'a nourri à Paris dans un jardin pendant tout l'été de 1777, il mangeait des fruits et des laitues, mais il avalait aussi de la chair crue lorsqu'on lui en jetait; il prenait aussi les rats, et on l'a vu manger un petit oiseau vivant. Il gloussait comme la poule d'Inde, et avait encore un autre cri sourd. P. 488. — Il craignait le froid et le vent, et est mort avant la fin de l'été. *Ibid.*

Calao *de Manille;* ses dimensions, sa description et celle du bec. T. VII, p. 483.

Calao *des Moluques* (le) a été mal à propos nommé *alcatraz,* ce nom alcatraz étant celui du pélican. T. VII, p. 485. — Ses dimensions, sa description et celle de son bec.

Il vit de fruit selon Bontius, et principalement de noix muscade, ce qui donne à sa chair un fumet aromatique qui la rend agréable au goût. P. 486.

Calao *des Philippines;* ses dimensions et celles de son bec et de la corne qui le surmonte. Description de son plumage. T. VII, p 490. — Variété ou espèce voisine de celle de ce calao. Description de cette variété, tirée des *Transactions philosophiques* de Londres, ainsi que les habitudes naturelles de l'oiseau. P. 491.

Calao-rhinocéros; ses dimensions. T. VII, p. 492. — Sa description d'après Bontius; description de son bec et de l'excroissance en forme de corne qui le surmonte. Cet oiseau se trouve à Sumatra, aux Philippines et dans les autres parties des climats chauds des Indes. Il vit de chair et de charogne. P. 493. — Il fait la chasse aux rats, c'est par cette raison que les Indiens en élèvent quelques-uns en domesticité. P. 493.

Calandre, grosse espèce d'alouette. Manière de prendre cet oiseau. T. VI, p. 435. — Sa comparaison avec l'alouette ordinaire à laquelle la calandre ressemble beaucoup. P. 436. — Elle chante très bien et même mieux et d'une voix encore plus forte que l'alouette commune. Et elle contrefait aisément le ramage de plusieurs autres oiseaux. P. 436. — Manière d'élever la calandre. *Ibid.* — Différences du mâle et de la femelle. Elle niche à terre comme l'alouette ordinaire, et pond quatre ou cinq œufs. On la trouve en Provence, en Italie, vers les Pyrénées et aux environs d'Alep. P. 437. — Ses dimensions. P. 437.

Calatti *de Seba.* Critique à ce sujet. T. VI, p. 263.

Calcaires. Les matières calcaires peuvent, comme toutes les autres, être réduites en verre. Différence de l'action du feu sur les matières vitrescibles et sur les matières calcaires. *Add.,* t. I, p. 259 et suiv.

Calcaire. Toute matière calcaire contient une très grande quantité d'eau qui est incorporée dans sa substance, et ne peut s'en séparer que par le moyen du feu, en réduisant cette matière calcaire en chaux. T. III, p. 583.

Calcaire. Les matières calcaires se réduiraient en verre comme toutes les autres matières terrestres par l'augmentation du feu, soit des fourneaux, soit des miroirs ardents. T. II, p. 237 et 238.

Calcinable. Les matières calcinables se dissolvent toutes par l'eau-forte. T. I, p. 109. — Les matières calcinables perdent au feu plus du tiers de leur poids, et reprennent la forme de terre sans autre altération que la désunion de leurs parties. P. 117.

Calcédoine est une agate d'un blanc bleuâtre et d'une transparence laiteuse. T. III,

p. 504. — Calcédoines en petit et en grand volume. P. 505.

CALCINATION. Par la simple calcination l'on augmente le poids du plomb de près d'un quart, et l'on diminue celui du marbre de près de moitié; il y a donc un quart de matière inconnue que le feu donne au premier, et une moitié d'autre matière également inconnue qu'il enlève au second; et lorsque après cette calcination l'on travaille sur ces matières calcinées, il est évident que ce n'est plus sur le plomb ou sur le marbre que l'on travaille, mais sur des matières dénaturées ou décomposées par l'action du feu. T. II, p. 234. — La calcination est pour les corps fixes et incombustibles ce qu'est la combustion pour les matières volatiles et inflammables. Elle a besoin, comme la combustion, du secours de l'air. Comparaison de la calcination et de la combustion. P. 241 et suiv. — Toute calcination est toujours accompagnée d'un peu de combustion, et de même toute combustion est toujours accompagnée d'un peu de calcination. P. 241. — Explication de la manière dont certaines matières augmentent de pesanteur par l'effet de la calcination. P. 242. — Calcination produite par la chaleur obscure dans la pierre calcaire jusqu'à deux pieds et deux pieds et demi de profondeur. P. 366. — La calcination est plus grande par fa chaleur obscure et concentrée que par le feu libre et lumineux. Moyen de faire à peu de frais la calcination du plâtre et des pierres. P. 393.

CALCUL. On peut tout représenter avec le calcul, mais on ne réalise rien. T. II, p. 267.

CALCULS, pierres qui se forment dans la vessie des animaux, sont d'une substance et d'une composition toute différente de celle des bézoards. T. IX, p. 491.

CALEÇON ROUGE. Voyez *Couroucou à ventre rouge.*

CALFAT, oiseau de l'île de France dont l'espèce est voisine de celle du bruant. Sa description. T. VI, p. 296.

CALICUT. La mer a beaucoup gagné sur la côte de Calicut. T. I, p. 240.

CALI-CALIC de Madagascar, peut se rapporter, à cause de sa petitesse, à notre écorcheur. T. V, p. 163.

CALLITRICHE, nom dérivé du grec *Callitrix.* C'est la guenon qu'on appelle communément le *singe vert.* Sa description. Les pays où il se trouve. T. X, p. 147. — Caractères distinctifs de cette espèce. P. 148.

CALLITRIX. En grec signifie *beau poil,* et on a apliqué ce nom à la *guenon* ou *singe à longue queue,* dont le poil est d'un beau vert, le ventre d'un beau blanc et la face d'un beau noir. T. X, p. 90.

CALLOSITÉS sur la poitrine des chameaux, des lamas et sur les fesses des babouins et des guenons; leur origine et comme elles sont produites. T. IV, p. 477.

CALLOU, liqueur blanche que donnent les cocotiers. T. VII, p. 129 et 136. — Quelques espèces de perruches en sont friandes. *Ibid.*

CALMAR. La liqueur séminale du calmar et même la laite qui la contient se forme et s'oblitère tous les ans. T. IV, p. 186.

CALMOUCKS. Voyez *Tartares.*

CALMOUCKS. Tartares Calmoucks, passent pour être les plus laids de tous les hommes. T. XI, p. 143.

CALYBÉ de la Nouvelle-Guinée, son plumage. T. V, p. 626.

CAMAIL (le) ou la Cravate, espèce de tangara à cravate noire. Sa description. T. VI, p. 240.

CAMARIA ou HIRONDELLE acutipenne de Cayenne. Variété de l'hirondelle brune acutipenne de la Louisiane. T. VII, p. 403.

CAMPAGNOL. L'espèce en est encore plus nombreuse que celle du mulot. T. IX, p. 111. — Habitudes naturelles du campagnol. *Ibid.* — Ils font de très grands dommages aux blés. *Ibid.* — Différences du campagnol et du rat d'eau. *Ibid.* — Ils produisent au printemps et en été; les portées ordinaires sont de cinq ou six, et quelquefois de sept ou huit. P. 112. — Ils se détruisent eux-mêmes dans les temps de disette. P. 113.

CANAL hépatique, s'ouvre dans le ventricule, dans quelques poissons, et quelquefois dans l'homme. T. V, p. 209.

CANARDS, s'exercent à nager longtemps avant de voler. T. V, p. 37.

CANARD (le). Son espèce, ainsi que celle de l'oie, est partagée en deux grandes tribus ou races distinctes dont l'une, depuis longtemps privée, se propage dans nos basses-cours; et l'autre, sans doute encore plus étendue, nous fuit constamment, se tient sur les eaux, ne fait pour ainsi dire que passer et repasser en hiver dans nos contrées, et s'enfonce au printemps dans les régions du Nord pour y nicher sur les terres les plus éloignées du domaine de l'homme. T. VIII, p. 414. — Temps de l'automne où commencent à passer les bandes de canards sauvages. Description du vol de ces oiseaux; précautions qu'ils prennent pour leur sûreté. *Ibid.* — Leur chasse suppose beaucoup de finesse dans les moyens employés pour les surprendre, les attirer ou les tromper, parce qu'ils sont très défiants. *Ibid.* — Les allures des canards sauvages sont plus de nuit que de jour, et la plupart de ceux que l'on voit en plein jour ont été forcés de prendre essor par les chasseurs ou par les oiseaux de proie. P. 321. — Nourriture des canards sauvages. P. 322. — Dans les gelées continues, ils disparaissent pour ne revenir qu'aux dégels, dans le mois de février. C'est alors qu'on les voit repasser le soir, par les vents de sud; mais ils sont en moindre nombre. L'instinct social paraît s'être affaibli à mesure que leur nombre s'est réduit. Ils passent dispersés. semblent dès lors s'unir par couples, et se hâtent de gagner les contrées du nord, où ils doivent nicher et passer l'été. *Ibid.* — Lieux où ils s'établissent. P. 323. — Il reste dans nos contrées tempérées quelques couples de ces oiseaux qui nichent dans nos marais. P. 323. — Temps et durée de leurs amours; description de leurs nids. *Ibid.* — Quoique la cane sauvage place de préférence sa nichée près des eaux, on ne laisse pas d'en trouver quelques nids dans les bruyères assez éloignées, ou dans les champs sur les tas de paille, ou même dans les forêts sur des chênes tronqués et dans de vieux nids abandonnés. P. 324. — Nombre et couleur des œufs de la cane sauvage. La ponte des vieilles femelles est plus nombreuse et commence plus tôt que celle des jeunes. P. 324. — Précautions que prend la cane pour la conservation de sa nichée. *Ibid.* — Lorsqu'une fois elle est tapie sur ses œufs, l'approche même d'un homme ne les lui fait pas quitter. *Ibid.* — Le mâle ne paraît pas remplacer la femelle dans le soin de la couvée; seulement il l'accompagne lorsqu'elle va chercher sa nourriture, et la défend de la persécution des autres mâles. *Ibid.* — Durée de l'incubation, naissance des petits, leur éducation. *Ibid.* — La nature, en fortifiant d'abord en eux les muscles nécessaires à la natation, semble négliger pendant quelque temps la formation ou du moins l'accroissement de leurs ailes. P. 325. — Dans cet état, on appelle le jeune canard *hallebran.* Étymologie de ce nom. — On fait aux hallebrans une petite chasse aussi facile que fructueuse sur les étangs et les marais, qui en sont peuplés. *Ibid.* — La même espèce de ces canards, qui visitent nos contrées en hiver et qui peuplent en été le nord de notre continent, se trouve dans les régions correspondantes du nouveau monde; leurs migrations et leurs voyages paraissent y être réglés de même. P. 326. — Nous pouvons douter que les canards vus par les voyageurs, et trouvés en grand nombre dans les terres du Sud, appartiennent à l'espèce de nos canards. P. 326. — Les espèces de canards qui peuplent les régions du Midi n'y paraissent pas soumises aux voyages et migrations. P. 327. — Outre l'espèce vulgaire du canard, quelques autres espèces étrangères, et dans l'origine également sauvages, se sont multipliées en domesticité, et ont donné de nouvelles races privées. *Ibid.* — Moyen d'élever des canards avec fruit. P. 327 et suiv. — Quantité d'œufs que la femelle peut produire si on la nourrit largement. P. 329. — Elle est ardente en amour et son mâle est jaloux. P. 329. —

Néanmoins au défaut de femelles de son espèce, il recherche des alliances peu assorties, et la femelle n'est guère plus réservée à recevoir des caresses étrangères. P. 329. — Le temps de l'éclosion des œufs est de plus de quatre semaines; ce temps est le même lorsque c'est une poule qui a couvé les œufs. *Ibid.* — La poule s'attache par ce soin et devient pour les petits canards une mère étrangère, mais qui n'en est pas moins tendre. *Ibid.* — Éducation des jeunes canards. *Ibid.* — Ils acquièrent en six mois leur grandeur et toutes leurs couleurs. Caractères distinctifs du mâle. P. 330. — Les belles couleurs du canard n'ont toute leur vivacité que dans les mâles de la race sauvage. La forme du canard domestique est aussi moins élégante et moins légère. P. 330. — Autres différences entre le canard sauvage et le canard domestique. *Ibid.* — Différence entre le mâle et la femelle pour la taille et les couleurs. *Ibid.* — Variétés dans l'espèce du canard. P. 332. — La race des canards blancs est constamment plus petite et moins robuste que les autres races. P. 332. — Dans le mélange des individus de différentes couleurs, les petits ressemblent généralement au père par les couleurs de la tête, du dos et de la queue, ce qui arrive de même dans le produit de l'union d'un canard étranger avec une femelle de l'espèce commune. *Ibid.* — Les canards sauvages et privés se mêlent et s'apparient. *Ibid.* — Il se trouve souvent dans une même couvée des canards nourris près des grands étangs quelques petits qui ressemblent aux sauvages, qui en ont l'instinct farouche et qui s'enfuient avec eux dans l'arrière-saison. *Ibid.* — Tous les canards sauvages et privés sont sujets, comme les oies, à une mue presque subite. P. 333. — Temps et cause de cette mue. *Ibid.* — Particularités de l'organisation intérieure dans les espèces du canard et de l'oie. *Ibid.* — La voix de la femelle est plus haute, plus forte, plus susceptible d'inflexions que celle du mâle, qui est monotone, et dont le son est toujours enroué. P. 334. — La femelle ne gratte point la terre comme la poule, mais elle gratte dans l'eau peu profonde pour déchausser les racines ou pour déterrer les insectes. *Ibid.* — Conformation extérieure du canard. *Ibid.* — Malgré son air lourd il n'est point stupide; on reconnaît au contraire, par la facilité de ses mouvements dans l'eau, la force, la finesse et même la subtilité de son instinct. *Ibid.* — Qualité de la chair du canard. P. 335. — Celle du canard sauvage est plus fine et de bien meilleur goût que celle du canard domestique. *Ibid.* — Graisse du canard employée dans les topiques. *Ibid.* — Division de la nombreuse famille des canards. P. 336.

CANARD *à collier de Terre-Neuve* (le). Sa description. T. VIII, p. 378.—Le petit ruban blanc qui borde et coupe au bas le domino noir dont le cou de cet oiseau est couvert, a offert à l'imagination des pêcheurs de Terre-Neuve l'idée d'un cordon de noblesse, puisqu'ils appelent ce canard *the lord* ou *le seigneur. Ibid.*—Différences du mâle et de la femelle. P. 379.—Le *canard des montagnes de Kamtschatka* et l'*anas histrionica* de Linnæus doivent se rapporter à cette espèce, qui se trouve non seulement dans le nord-est de l'Asie, mais même sur le lac Baikal. *Ibid.*

CANARD *à crête rouge de la Nouvelle-Zélande.* Sa description par le capitaine Cook. T. VIII, p. 402.

CANARD *à face blanche* (le). Sa description. T. VIII, p. 381.—Il se trouve au Maragnon, et est de plus grande taille et de plus grosse corpulence que notre canard sauvage. *Ibid.*

CANARD *à longue queue de Terre-Neuve* (le). Sa description. T. VIII, p. 353. — Sa taille. P. 356. — Le *canard à longue queue de la baie d'Hudson*, d'Edwards, paraît être la femelle de celui-ci. Leur différence. *Ibid.* — Cette espèce est habitante des contrées les plus reculées du Nord. On la reconnaît dans le *Havelda* des Islandais, et le *Sawki* ou *kiangitch* des Kamtchadales. *Ibid.*

CANARD *à tête grise* (le). Description et caractères particuliers de cet oiseau. T. VIII, p. 380. — Sa taille surpasse celle du canard domestique. *Ibid.* — Il a beaucoup de rapports avec le canard à collier de Terre-Neuve. *Ibid.*

CANARD *brun* (le) est de la taille de la sarcelle. T. VIII, p. 379. — Sa description. P. 379.—Cette espèce est connue des Russes sous le nom de *uhle*. P. 380.

CANARD de Barbarie *à tête blanche*, du docteur Shaw, doit se rapporter aux sarcelles. T. VIII, p. 400.

CANARD *huppé* (beau). Description de cet oiseau. T. VIII, p. 376 et 377. — Il est moins grand que le canard commun, et la femelle est aussi simplement vêtue que le mâle est pompeusement paré. P. 377. — Ils aiment à se percher sur les plus hauts arbres et c'est pour cela que quelques voyageurs leur ont donné le nom de *canards branchus. Ibid.* — Ils nichent à la Virginie et à la Caroline, et placent leurs nids dans les trous que les pics ont faits aux grands arbres voisins des eaux; les vieux portent les petits du nid dans l'eau, sur le dos, et ceux-ci, au moindre danger, s'y attachent avec le bec. *Ibid.*

CANARD *musqué* (le) est ainsi nommé parce qu'il exhale une forte odeur de musc. T. VIII, p. 336. — C'est le plus gros de tous les canards connus. P. 337. — Ses dimensions et sa description. P. 337 et 338. — Caractère distinctif de cette race. *Ibid.*—Diffé-

rence entre le mâle et la femelle. *Ibid.* — Ce canard a la voix grave, et si basse qu'à peine se fait-il entendre, à moins qu'il ne soit en colère; mais il n'est point vrai qu'il soit muet. P. 337. — Il marche lentement et pesamment, ce qui n'empêche pas que dans l'état sauvage il ne se perche sur les arbres P. 338. — On l'appelle en France *canard d'Inde*, mais nous ne savons pas d'où cette espèce nous est venue. *Ibid.* — Il paraît qu'elle se trouve au Brésil dans l'état sauvage. P. 338. — Ce canard s'engraisse également en domesticité dans la basse-cour, ou en liberté sur les rivières. P. 338. — Sa fécondité. *Ibid.* — Le mâle est très ardent en amour; toutes les femelles, celles même d'autre race et d'autre espèce lui conviennent. *Ibid.* — Organe d'où s'exale l'odeur musquée que répandent ces oiseaux. P. 339. — Leurs habitudes naturelles dans l'état sauvage. P. 339.

CANARD *peint* de la Nouvelle-Zélande. Sa description, par le capitaine Cook. T. VIII, p. 402.

CANARD (petit) *à grosse tête* (le) est de taille moyenne entre le canard commun et la sarcelle. T. VIII, p. 378. — La touffe épaisse qui grossit sa tête lui a fait donner, par Catesby, le nom de *tête de buffle*. Description de ce canard; différences du mâle à la femelle. *Ibid.* — Il paraît pendant l'hiver à la Caroline, où il fréquente les eaux douces. *Ibid.*

CANARD (petit) *des Philippines*, qu'on dit n'être pas plus gros que le poing, est plutôt une sarcelle qu'un canard. T. VIII, p. 401.

CANARD *sifflant à bec mou* de la Nouvelle-Zélande. Notice qu'en donne le capitaine Cook. T. VIII, p. 402.

CANARD *siffleur* (le) a la voix claire et semblable au son d'un fifre. T. VIII, p. 339 et 340. — Il a l'air plus gai que les autres canards; sa taille est à peu près pareille à celle du souchet. P. 340. — Sa description. *Ibid.* — Les femelles sont plus petites que les mâles, et demeurent toujours grises. *Ibid.* — Les canards siffleurs volent et nagent toujours par bandes; il en passe chaque hiver quelques troupes dans la plupart de nos provinces, même dans celles qui sont éloignées de la mer. P. 341. — Habitudes naturelles de cet oiseau. *Ibid.* — Il s'accoutume aisément à la domesticité. p. 342. — L'espèce se trouve en Amérique comme en Europe. P. 342. — Il semble qu'on doit y rapporter le *wigeon* ou le *gingeon* de Saint-Domingue et de Cayenne. P. 342. — Les canards siffleurs, ainsi que les chipeaux, les souchets et les *penards* ou canards à longue queue, naissent gris et conservent cette couleur jusqu'au mois de février, et dans ce premier temps on ne distingue pas les mâles des femelles. P. 341. — Au commencement de mars leurs plumes se colorent, et la nature leur donne les agréments qui conviennent à la saison des amours. *Ibid.* — Elle les dépouille de cette parure vers la fin de juillet, leur voix même se perd alors ainsi que celle des femelles, et tous semblent être condamnés au silence comme à l'indifférence pendant six mois de l'année. *Ibid.* — C'est dans cet état que ces oiseaux partent au mois de novembre pour leur long voyage; il n'est guère possible de distinguer alors les vieux des jeunes, surtout dans les *penards.* P. 341. — Lorsque tous ces oiseaux retournent dans le Nord à la fin de février ou au commencement de mars, ils sont parés de leurs belles couleurs, et font sans cesse entendre leur voix. P. 341.

CANARD *siffleur à bec noir* (le). Sa description. T. VIII, p. 347. — Il se perche sur les arbres, et fait entendre un sifflement. *Ibid.* — Sa chair est très bonne, l'espèce se trouve en Amérique. *Ibid.*

CANARD *siffleur à bec rouge et narines jaunes* (le), distingué du siffleur huppé, qui a aussi le bec rouge. T. VIII, p. 346 et 347. — Sa description. P. 347. — L'espèce se trouve en Amérique. *Ibid.*

CANARD *siffleur huppé* (le) est de la taille de notre canard sauvage. T. VIII, p. 346. — Sa description. *Ibid.* — Cette espèce, moins commune que celle du siffleur sans huppe, a été vue dans nos climats. *Ibid.*

CANARD *souchet* (le) est surnommé *canard cuiller, canard spatule,* à cause de son grand et large bec épaté, arrondi et dilaté par le bout, en manière de cuiller. T. VIII, p. 349 et 350. — Description de ce canard. P. 350. — Il se nourrit d'insectes et de crustacés. P. 351. — Ses autres habitudes naturelles. P. 351. — Les souchets arrivent dans nos climats au mois de février; ils se répandent dans les marais, et une partie y couve tous les ans. P. 351. Il est très rare d'en voir pendant l'hiver. *Ibid.* — Ils nichent dans les mêmes endroits que les sarcelles; ponte et durée de l'incubation. *Ibid.* — Description des souchets nouveau-nés, et leur éducation. P. 352. — Leurs belles plumes ne sont bien éclatantes qu'à la seconde année. *Ibid.* — Le cri du souchet ressemble au craquement d'une crécelle à main tournée par petites secousses. *Ibid.* — Il est le meilleur et le plus délicat des canards; il prend beaucoup de graisse en hiver. Qualité de sa chair. *Ibid.*

CANARD *souchet à ventre blanc.* Variété de l'espèce du souchet. T. VIII, p. 352. — L'*yacapatlahoac* et le *tempatlahoac* de Fernandez paraissent devoir être rapportés à l'espèce du souchet. P. 352 et 353. — Le souchet d'Amérique et celui d'Europe ne

sont qu'une seule et même espèce. P. 353.

CANARDS de deux espèces, aux îles Malouines T. VIII, p. 353.

CANARDS du détroit de Magellan. T. VIII. p. 401.

CANARDS du Mexique, au nombre de dix espèces, données par Fernandez. T. VIII, p. 402.

CANARDS (*neuf espèces de*) de Kamtschatka, dont on ne trouve que les noms dans Kracheninnikow. T VIII, p. 400 et 401.

CANARDS *quatre ailes,* dont les ailes renversées paraissent doubles, semblent n'être qu'une variété accidentelle dans l'espèce commune. T. VIII, p. 399.

CANARIS. Voyez *Serin des Canaries.*

CANCANER, mot qui exprime un vilain cri des perroquets. T. VIII, p. 151.

CANEPÉTIÈRE. Voyez *petite Outarde.*

CANIDÉ. Voyez *Ara bleu.*

CANNA. C'est un des plus grands animaux à pieds fourchus de l'Afrique méridionale. *Add.,* t. X, p. 478. — Il a été appelé *élan* par Kolbe, mais ce nom ne lui convient en aucune façon. Ses dimensions, son poids et sa description. P. 478 et suiv. — Description de ses cornes; celles de la femelle sont pour l'ordinaire plus menues, plus droites et plus longues que celles du mâle. P. 478. — Différences entre le mâle et la femelle. P. 478. — Les cannas se trouvent dans les terres des Hottentots, à quelque distance du Cap; ils marchent en troupes de cinquante ou soixante. Leur naturel dans l'état de liberté. Ils sont très doux; leur chair est une excellente venaison. Leur peau est très ferme; les femelles ne produisent qu'un petit à la fois. P. 479. — Le canna n'est point l'*oryx* des anciens. *Ibid.* — Il ne leur était pas même connu. Description de la femelle canna. P. 480.

CANONS *de bronze.* Les canons de bronze font un bruit au moment de l'explosion qui offense plus l'organe de l'ouïe que celui des canons de fonte de fer. T. II, p. 449.

CANONS *de fer battu.* Raisons que l'on donne pour ne pas s'en servir sur les vaisseaux. T. II, p. 449.

CANONS *de fonte de fer.* Les canons de la marine sont en fonte de fer; raisons de cet usage. T. II, p. 449. — Travail de l'auteur dans la vue de perfectionner les canons de la marine. P. 451 et suiv. — Manière dont on fond les canons de fonte de fer. Préjugés qui faisaient craindre de fondre des gros canons à un seul fourneau. *Ibid.* — La pratique de couler les gros canons de fonte de fer à trois ou tout au moins à deux fourneaux comme on l'avait toujours fait, a été rectifiée par l'auteur, et on a coulé avec plus d'aisance et d'avantage ces gros canons à un seul fourneau. P. 451. — Raisons pourquoi les canons coulés à deux ou trois fourneaux sont plus mauvais que ceux qu'on coule à un seul fourneau. *Ibid.* — Causes qui contribuent à la fragilité des canons de fonte de fer. P. 452 — C'est une mauvaise pratique que de leur enlever leur première écorce, et de les travailler au tour; cela diminue considérablement leur résistance. *Ibid.* — Raisons pour et contre les deux pratiques de couler les canons pleins ou creux; il est difficile de décider laquelle serait la meilleure. P. 453 et 454. — Raisons pourquoi la fonte de fer de nos canons de la marine n'a pas la résistance qu'elle devrait avoir. Expériences à ce sujet qui démontrent qu'on a coulé des fontes tendres pour les canons, uniquement par la raison de pouvoir les forer plus aisément. P. 454 et 455. — Examen de la fonte, et travail pour refondre les canons envoyés de la forge de la Nouée en Bretagne. P. 455. — Les épreuves de la résistance des canons par la surcharge de la poudre sont non seulement fautives, mais même très désavantageuses, et l'on gâte une pièce toutes les fois qu'on l'éprouve avec une plus forte charge que la charge ordinaire : preuve de cette vérité. P. 456 et 457. — Moyen simple et sûr de s'assurer de leur résistance. P. 457. — Machine à forer les canons, par M. le marquis de Montalembert, bien préférable à celle de M. Maritz ; exposition de leurs différences. P. 458. — Précautions à prendre pour qu'il ne tombe dans le moule du canon que de la fonte pure. P. 458 et 459. — Il n'est pas impossible de purifier la fonte de fer au degré qui serait nécessaire pour que les canons de cette matière ne fissent que se fendre au lieu d'éclater par l'explosion de la poudre. Ce serait une très grande découverte par son utilité et pour le salut de la vie des marins. P. 461.

CANONS *de fusil.* La soudure est l'opération la plus importante de la fabrication des canons de fusil, et celle qui est en même temps la plus difficile. Précautions qu'il faudrait prendre pour la faire réussir. T. II, p. 358.

CANONS. Les canons de fonte de fer ne doivent point être tournés; car, en enlevant par le tour l'écorce du canon, on lui ôte sa cuirasse, c'est-à-dire la partie la plus dure et la plus résistante de toute la masse. T. III, p. 221.

CANONS *de fusil* (les) ne doivent pas être faits avec du fer qui aurait acquis toute sa perfection, mais seulement avec du fer qui puisse en acquérir par le feu. T. III, p. 227 et 228.

CANOT, hibou de l'Amérique septentrionale, ainsi nommé parce qu'il semble crier *au canot.* T. V, p. 179 (note c).

CANUT. Origine de ce nom. L'oiseau canut ressemble assez au vanneau gris, mais il est plus petit et son bec est différent. Sa description. T. VIII, p. 73. — C'est un petit oiseau de rivage que l'on peut engraisser et nourrir de pain trempé de lait, et cette nourriture donne à sa chair un goût exquis. P. 73.

CAPARACOCH de la baie d'Hudson, mâle et femelle, fait la nuance entre la chouette et l'épervier. T. V, p. 197. — Prend sa proie en plein jour. *Ibid.*

CAP-MORE, nommé mal à propos troupiale du Sénégal. T. V, p. 652. — Observations faites sur deux mâles de différents âges, pris d'abord pour le mâle et la femelle. P. 653. — Leurs façons de faire; leur chant, leur grosseur, leur nid, leur mort. P. 653 et 654.

CAPRICORNE (le) forme une race intermédiaire entre le bouquetin et la chèvre domestique. Sa description. T. IX, p. 458.

CARACAL. Ses ressemblances avec le lynx et ses différences T. IX, p. 209. — Il ne se trouve que dans les climats les plus chauds de l'ancien continent. *Ibid.* — Le caracal est un animal de proie qui habite le même pays que le lion, le tigre, la panthère, etc., et qui, étant beaucoup plus faible qu'aucun d'eux, est pour ainsi dire obligé de vivre de leurs restes. *Ibid.* — Il suit le lion, et on l'a appelé le *guide* ou *pourvoyeur* du lion. *Ibid.* — Ses habitudes naturelles et son tempérament. P. 210. — On peut, malgré sa férocité, s'en servir pour la chasse. *Ibid.*

CARACAL. Il existe au pays d'Alger, dans la province de Constantine, une espèce de caracal sans pinceaux au bout des oreilles. Comparaison de ce caracal au lynx et au caracal ordinaire. *Add.*, t. X, p. 304. — Un autre caracal de Libye a les oreilles blanches; description de cet animal. *Ibid.* Il paraît qu'il y a deux espèces de caracal en Barbarie, l'une grande, à oreilles noires et à longs pinceaux, et l'autre beaucoup plus petite, à oreilles blanches et à très petits pinceaux. *Ibid.*

CARACAL *de Bengale.* Ses différences avec le caracal ordinaire. *Add.*, t. X, 304.

CARACAL *de Nubie.* Sa différence avec le caracal de Barbarie. *Add.*, t. X, p. 304.

CARACARA de Marcgrave, *autrement* Gavion, oiseau de proie du Brésil, de la grosseur d'un milan, grand ennemi des poules, ayant la tête et les serres de l'épervier, la queue de neuf pouces, les ailes de quatorze, l'iris et les pieds jaunes; les couleurs du plumage sont sujettes à varier dans cette espèce. T. V, p. 120 et 452.

CARACARA, oiseau des Antilles, nommé faisan, par le Père du Tertre; sa taille, ses pieds, son cou, son bec, sa tête, son plumage, son naturel, qualité de sa chair. T. V, p. 451 et 452.

CARACOLI *des Américains,* quelle peut être cette matière métallique. T. III, p. 323.

CARACTÈRES par lesquels on peut reconnaître et l'on doit distinguer les matières minérales : 1° le plus ou moins de fusibilité; 2° le caractère de la calcination ou non calcination avant la fusion ; 3° l'effervescence avec les acides, par laquelle on distingue les substances calcaires des matières vitreuses; 4° celui d'étinceler ou de faire feu par le choc de l'acier, qui indique plus qu'aucun autre la sécheresse et la dureté; 5° la cassure vitreuse, spathique, terreuse ou grenue, qui présente à nos yeux la texture intérieure de chaque substance; 6° les couleurs, qui démontrent la présence des parties métalliques dont les différentes matières sont imprégnées; 7° la densité ou le poids spécifique de chaque matière, qui est de tous les caractères le plus essentiel. T. II, p. 483.

CARCAJOU ou KINKAJOU, est le même animal que le glouton. T. IX, p. 588.

CARCAJOU *d'Amérique* (le) est le même animal que le glouton d'Europe, ou du moins il est d'une espèce très voisine. *Add.*, t. X, p. 254.

CARDINAL. Voyez *Commandeur*.

CARDINAL de Madagascar. Voyez *Foudis*.

CARDINAL Dominicain. Voyez *Paroare*.

CARDINAL Dominicain huppé. Voyez *Paroare* huppé.

CARDINAL du cap de Bonne-Espérance. Voyez *Foudis*.

CARDINAL huppé *ou* gros-bec de Virginie, rouge gros-bec, rossignol de Virginie : ses rapports avec le dur-bec, sa huppe, son plumage; différences de la femelle, son chant; il apprend à siffler; sa nourriture. T. VI, p. 99.

CARDINAL (le) *brun* de M. Brisson est le même que le commandeur; ce n'est point un tangara, mais un *troupiale*. T. VI, p. 264.

CARIACOU, est le même animal que le cuguacu, le même que le mazame, le même que le chevreuil. T. III, p. 504 et 505.

CARIAMA (le), le secrétaire et le kamichi, sont de grands oiseaux qui forment un groupe à part. T. VII, p. 576. — Le cariama est un bel oiseau de l'Amérique méridionale qui fréquente les marécages et s'y nourrit comme le héron; avec de longs pieds et le bas de la jambe nu comme les oiseaux de rivage, il a un bec court et crochu comme les oiseaux de proie. Son port et sa description. P. 576 et 577. — Sa voix ressemble à celle de la poule d'Inde. Sa chair est fort bonne à manger. On l'a rendu à demi domestique dans son pays natal, en Amérique. P. 577.

CARIBOU, est le nom qu'on donne au renne dans le nord de l'Amérique. T. IX, p. 441.

CARIGUEIBEJU *du Brésil*, est le même animal que la saricovienne. T. IX, p. 603 et 604.

CARILLONNEUR, espèce de fourmilier dont la voix est très forte. Ces oiseaux semblent chanter en partie et forment successivement trois tons différents; ils continuent ce singulier carillon pendant des heures entières. T. VI, p. 349.

CARINDÉ. Voyez *Ara bleu*.

CAROLINE. Aucune espèce de perroquet au delà de cette province. T. VII, p. 185. — La perruche à tête jaune est la seule espèce de perroquet que l'on y voie, et qui y niche quelquefois. P. 187.

CAROUGE, nom donné par M. Brisson à un xochitol. T. V, p. 646.

CAROUGE à tête jaune d'Amérique. Variétés. P. 662.

CAROUGE bleu de Madras, petit geai bleu; petite pie de Madras. T. V, p. 642.

CAROUGE de Cayenne, paraît être une variété du commandeur. T. V, p. 648.

CAROUGE de Cayenne (autre), son plumage, ses dimensions, son nid, son chant, sa nourriture; variété. T. V, p. 660 et 661.

CAROUGE de Cayenne (autre). Voyez *Coiffes-jaunes*.

CAROUGE de la Martinique. T. V, p. 660.

CAROUGE de l'île Saint-Thomas. Variétés. T. V, p. 663.

CAROUGE de Saint-Domingue, *ou* cul-jaune de Cayenne. T. V, p. 662. — Voyez *Jamac*.

CAROUGE du cap de Bonne-Espérance, mal nommé. T. V, p. 663.

CAROUGE du Mexique. T. V, p. 662. Voyez *Petit cul-jaune*.

CAROUGE olive de la Louisiane, mal à propos nommé carouge du cap de Bonne-Espérance; son plumage, ses dimensions. T. V, p. 663 et 664.

CAROUGES réunis dans un même genre avec les troupiales, les baltimores, les cassiques. T. V, p. 639.

CARPES, qui ont cent cinquante ans bien avérés. T. IV, p. 314.

CARRIÈRES (les) de pierres calcaires dans les vallées et dans les terrains bas ne sont formées que des détriments des anciennes couches de pierre, toutes situées au-dessus de ces nouvelles carrières. T. II, p. 87.

CARRIÈRES (les) sont composées de différents lits ou couches, presque toutes horizontales ou inclinées suivant la même pente. Cela doit s'entendre de toutes les carrières de pierres calcaires, comme marbre, pierre de taille, moellons, etc. Les carrières de grès, de granite et des autres matières vitrescibles ne sont pas disposées aussi régulièrement, quoiqu'en général elles suivent la même règle, et que leurs couches soient parallèles et horizontales ou également inclinées. T. I, p. 48. — Description de la carrière de Maëstricht. P. 224.—Dans la plupart des carrières, le premier lit, c'est-à-dire celui qui est le plus près de la surface de la terre, et les lits qui sont au-dessous de ce premier, sont d'une pierre plus tendre que les lits inférieurs. P. 229. — Ordre des matières dans une carrière de matières vitrescibles. P. 229.

CARRIÈRES PARASITES (les) ne sont pas d'une grande étendue. Formation de ces carrières parasites. T. I, p. 123.

CASOAR, ne se trouve que dans les pays chauds ainsi que l'autruche, le dronte et d'autres oiseaux presque nus. T. V, p. 35. — Tous ces oiseaux ne volent point. P. 36 et p. 102.

CASOAR ou Cassoware, Émeu ; moins gros que l'autruche, paraît cependant plus massif, sa grosseur varie beaucoup ; a un casque de corne, les narines près de la pointe du bec. le bec supérieur plus relevé que celui de l'autruche, la tête et le haut du cou presque nus, sous le cou deux et quelquefois quatre barbillons, les ailes très courtes et inutiles, armées de piquants, point de queue, des callosités sous le corps, des plumes décomposées ressemblant à du poil, et trois doigts antérieurs à chaque pied. T. V, p. 239 et 243. — Comment se défend ; son allure, sa vitesse à la course ; a la langue très courte, avale tout ce qu'on lui donne, rend quelquefois une pomme, un œuf sans les avoir digérés ; a le jabot et le double estomac des animaux qui vivent de matières végétales et les courts intestins des animaux carnassiers. P. 243 et 244. — Observations anatomiques ; œuf du casoar ; son domaine commence où finit celui de l'autruche, dans le midi de l'Asie ; est moins multiplié, et pourquoi ; comparé avec l'autruche et le touyou. P. 245 et suiv.

CASQUE NOIR ou merle à tête noire du cap de Bonne-Espérance, ressemble au brunet et surtout au merle à cul-jaune ; ses dimensions, son plumage. T. VI, p. 62 et 63.

CASTINE. Gros gravier calcaire et sans mélange de terre, dont on doit faire usage dans les fourneaux à fondre la mine de fer, lorsque ce sont des mines mêlées de matières vitrescibles, et dont on ne doit pas se servir lorsque les mines se trouvent mêlées de matières calcaires. T. II, p. 441. — On pêche presque partout par l'excès de castine qu'on met dans les fourneaux. P 442.

CASSE-NOISETTE, espèce de manaquin de la Guyane, dont le cri ressemble à celui de l'instrument qui casse les noisettes ; sa description. T. VI, p. 318.

CASSE-NOIX, pic grivelé, ses rapports avec les geais et les pics, différences. T. V, p. 598. — Deux variétés dans cette espèce, langue courte de l'une et structure intérieure du bec. — Nourriture des casse-noix, leur instinct de faire des provisions, lieux où ils se plaisent, pays qu'ils habitent, paraissent étrangers à l'Allemagne, ne sont pas oiseaux de passage, mais voyagent quelquefois par grandes troupes. P. 599 et 600. — Pourquoi ne se perpétuent guère que dans les forêts escarpées ; leurs rapports avec les pics. P. 600.

CASSICAN, oiseau qui tient du cassique et du toucan ; ses ressemblances et ses différences avec l'un ou l'autre de ces oiseaux. Ses dimensions. T. VII, p. 477 et 478.

CASSIQUE de la Louisiane, le plus petit des cassiques connus. T. V, p. 660.

CASSIQUE huppé de Cayenne, le plus grand des cassiques connus ; ses dimensions, son plumage, variété. T. V, p. 639.

CASSIQUE jaune du Brésil, appelé *yapou* et *jupujaba*, variable dans son plumage. T. V, p. 656 ou 657.

CASSIQUE rouge du Brésil ; variété du cassique jaune, ses différences ; niche en société. T. V, p. 658.

CASSIQUE vert de Cayenne, espèce nouvelle, ses couleurs et ses dimensions. T. V, p 659.

CASSIQUES, réunis dans un même genre avec les troupiales, les baltimores, les carouges. T. V. p. 639. — Comparés avec tous ces oiseaux ; en quoi ils en diffèrent. P. 636.

CASTAGNEUX (les) sont des grèbes beaucoup moins grands que les autres ; il y en a même de presque aussi petits que les pétrels qui, de tous les oiseaux navigateurs, sont les plus petits. Leurs ressemblances et leurs différences avec les autres grèbes. On leur a donné le nom de *castagneux*, parce qu'ils portent du brun châtain ou couleur de marron sur le dos. T. VIII, p. 127 et 128. — Différences qui se trouvent dans plusieurs individus. P. 127. — Leurs habitudes naturelles. Difficulté qu'ils ont à se tenir et même à marcher sur la terre. On les voit tout l'hiver sur les rivières, et quoiqu'on l'ait nommé grèbe de rivière, on en voit aussi sur la mer. Leur nourriture. Description des parties intérieures et extérieures de cet oiseau. *Ibid.*

CASTAGNEUX *à bec cerclé*. Sa description. Il se trouve sur les étangs d'eau douce à la Caroline. T. VIII, p. 128.

CASTAGNEUX *des Philippines*. Cet oiseau n'est peut-être que notre castagneux, un peu agrandi et modifié par l'influence d'un climat plus chaud. Sa description. T. VIII, p. 128.

CASTAGNEUX *de Saint-Domingue*. Il est encore plus petit que le castagneux d'Europe. Ses dimensions et sa description. T. VIII, p. 129.

CASTRATION, ses effets dans les oiseaux. T. V, p. 308 et 309.

CATHERINE, variété de l'aourou-couraou. T. VII, p. 157 et 158. — Ce nom donné aussi au cocho. P. 165.

CASTOR. Ce n'est point par force ou par nécessité physique, comme les fourmis, les abeilles, etc., que les castors travaillent et bâtissent. C'est par choix qu'ils se réunissent. T. IX, p. 4. — Les castors sont peut-être le seul exemple qui subsiste comme un ancien monument de cette espèce d'intelligence des brutes qui suppose des projets

communs et des vues relatives. P. 147. —
Leur société n'est point une réunion forcée;
elle se fait par une espèce de choix et suppose des vues communes dans ceux qui la
composent. P. 148. — Ils ne songent point à
bâtir, à moins qu'ils n'habitent un pays
libre et qu'ils n'y soient parfaitement tranquilles. P. 149. — Le castor paraît être au-
dessous du chien, de l'éléphant, etc , pour
les qualités individuelles. P. 150. — Caractère et naturel du castor. P. 149. — Il paraît
plus remarquable par des singularités de
conformation extérieure que par la supériorité apparente de ses qualités intérieures.
P. 150. — Le castor est le seul parmi les
quadrupèdes qui ait la queue plate, ovale et
couverte d'écailles; le seul qui ait des nageoires aux pieds de derrière, et en même
temps les doigts séparés dans ceux de devant; le seul qui, ressemblant aux animaux
terrestres par les parties antérieures de son
corps, paraisse en même temps tenir des
animaux aquatiques par les parties postérieures de son corps. *Ibid.* — Les castors
commencent à s'assembler aux mois de juin
et de juillet, et forment bientôt une troupe
de deux ou trois cents : le rendez-vous et le
lieu de l'établissement est au bord des eaux.
Ils établissent une chaussée sur la rivière,
qui la traverse en entier; cette chaussée a
souvent quatre-vingts ou cent pieds de longueur sur dix ou douze pieds d'épaisseur à
sa base. *Ibid.* — Les plus grands castors
pèsent cinquante ou soixante livres, et n'ont
guère que trois pieds de longueur. P. 151,
note *a*. — Description de leur chaussée, avec
le détail de sa construction. *Ibid.* — Leur
chaussée a non seulement toute l'étendue,
toute la solidité nécessaire, mais encore la
forme la plus convenable pour retenir l'eau,
l'empêcher de passer, en soutenir le poids
et en rompre les efforts. *Ibid.* — Description
de leurs cabanes et le détail de leur construction. P. 152. — Manière dont ils coupent et abattent les arbres. *Ibid.* — Ils préfèrent l'écorce fraîche et le bois tendre à la
plupart des aliments ordinaires. *Ibid.* — Ils
font des provisions très considérables de
bois et d'écorce et chaque cabane a sa provision séparée. *Ibid.* — On a vu des bour-
gades composées de vingt ou vingt-cinq cabanes de castor. P. 153. — Les plus petites
cabanes contiennent deux, quatre, six, et
les plus grandes dix-huit, vingt, et même,
dit-on, jusqu'à trente castors, autant de femelles que de mâles. *Ibid.* — Ils s'avertis-
sent en frappant avec leur queue sur l'eau
un coup qui retentit au loin dans toutes les
voûtes des habitations. *Ibid.* — Ils vont
quelquefois assez loin sous la glace. *Ibid.*
— La chair des parties antérieures jusqu'aux
reins, a la qualité, le goût et la consistance
de la chair des animaux de la terre et de

l'air; celle des cuisses et de la queue a
l'odeur, la saveur et toutes les qualités de
celle du poisson. La queue du castor est une
vraie chair de poisson. P. 154. — Habitudes
naturelles des castors en société. P. 154 et
155. — Les femelles portent quatre mois et
mettent bas sur la fin de l'hiver, produisent
ordinairement deux ou trois petits. P. 154.
— Leur fourrure n'est parfaitement bonne
qu'en hiver. *Ibid.* — Outre les castors qui
sont en société, on rencontre partout des
castors solitaires. Ces castors solitaires demeurent comme les blaireaux dans un terrier. Différence de ces castors et des autres.
P. 156.

CASTOR. Notice sur quelques-unes des habitudes naturelles de cet animal. *Add.*, t. X,
p. 349.

CASTORS (les) des pays les plus septentrionaux sont ceux dont la fourrure est la plus
belle et la plus noire; il s'en trouve aussi
quelques-uns mêlés de blanc, et de blanc
mêlé de noir. T. IX, p. 156. — Le castor peut
subsister et vivre sans même entrer dans
l'eau. P. 157. — Il mange assez de tout, à
l'exception de la viande cuite ou crue qu'il
refuse constamment. *Ibid.* — Sa fourrure
est très belle et elle est composée de deux
espèces de poils. P. 158. — Il se sert de ses
pieds de devant comme de mains. *Ibid.* —
*Castoreum*, matière odorante que fournit le
castor. *Ibid.* — Il n'aime point les mauvaises
odeurs et éloigne ses ordures de l'endroit
où il est. P. 159. — Il nage beaucoup mieux
qu'il ne marche. *Ibid.* — Intelligence du
castor, plus admirable que celle de la plupart des autres animaux. P. 300. — Le castor
a reçu de la nature un don presque équi-
valent à celui de la parole. *Ibid.*

CASTRATION. L'usage de la castration des
hommes est fort ancien et assez généralement répandu ; cela se fait de différentes
façons. L'opération n'est pas fort dangereuse; on peut la faire à tout âge, celui cependant où il y a le moins de risque est
l'âge de l'enfance. T. XI, p. 30. — L'usage
de la castration fait non seulement tort à
l'individu, mais à l'espèce entière, et par
quelle raison. T. IX, p. 378.

CATARACTE. Exemple d'une cataracte perpendiculaire en Italie, qu'on peut comparer
à celle du Niagara au Canada, et à quelques
autres. *Add.*, t. I, p. 275.

CATARACTES dans les fleuves. T. I, p. 156.
— Cataracte de Niagara, en Canada, tombe
environ de cent cinquante pieds de hauteur
et a plus d'un quart de lieue de largeur. P. 156.

CATOTOL, petit oiseau du Mexique dont
l'espèce est voisine de celle du tarin. T. VI,
p. 231.

CAUDEC, espèce de tyran de la Guyane;
description du mâle et de la femelle. T. VI,
p. 407.

CAURALE. Oiseau qui est ainsi nommé parce qu'il ressemble aux râles, et qu'il a une longue queue. Description de son plumage qui est très agréablement nuancé. Dimensions de cet oiseau, comparées avec celles du râle. T. VIII, p. 88. — On le trouve, mais assez rarement, dans l'intérieur des terres de la Guyane. *Ibid.*

CAUSES. Les premières causes nous seront à jamais cachées ; et dans les effets, nous apercevons plutôt un ordre relatif à notre propre nature que convenable à l'existence des choses que nous considérons. T. I, p. 6. — Les seules causes qu'il nous soit permis de connaître sont les effets généraux de la nature. Nous pouvons remonter jusque-là par l'observation des effets particuliers, et les causes des effets généraux nous seront à jamais inconnues. P. 31.

CAUSES *de la formation des couches de la terre.* Explication de ces causes, et réponse aux objections. T. I, p. 43 et 44.

CAUSES *finales.* Examen du principe des causes finales. T. IV, p. 189. — Les causes finales ne sont que des rapports arbitraires et des abstractions morales. P. 190. — Les causes finales ont été élevées au plus haut point sous le nom de raison suffisante, et ont été représentées par le portrait le plus flatteur sous le nom de perfection. P. 190. — Une raison tirée des causes finales ne détruira ni n'établira jamais un système en physique. P. 234. — Inutilité des causes finales pour expliquer les effets de la nature. T. VIII, p. 572 et suiv. — Pourquoi l'on ne peut pas rendre raison des causes générales. T. IV, p. 160.

CAUSES *locales* qui peuvent influer sur la déclinaison. T. IV, p. 139.

CAVERNES. Deux espèces de cavernes, les unes sont formées par le feu et les autres par l'eau. T. I, p. 215. — Formation des cavernes et leur énumération. P. 222 et suiv. — Les terrains les plus caverneux sont les plus hautes montagnes et les îles qui ne sont en effet que des sommets de montagnes. Les îles de l'Archipel dans la Méditerranée, aussi bien que les îles de l'Archipel indien, les îles Moluques, etc., sont fort caverneuses. P. 223 et 224.

CAVERNES *naturelles*, appartiennent aux montagnes. Celles qui se trouvent dans les plaines sont artificielles et ne sont que d'anciennes carrières. T. I, p. 60 et 61.

CAVERNES. Première origine des cavernes qui se trouvent au-dessous de la surface de la terre. Effet produit par l'affaissement des cavernes. *Add.*, t. I, p. 293. — Les cavernes formées par le feu primitif sont les plus grandes et les plus anciennes de toutes, elles sont aussi les plus profondément enterrées, et c'est par leur affaissement que s'est fait l'abaissement des mers. P. 324 et suiv. —

Pourquoi ces cavernes primitives se sont trouvées en plus grand nombre dans les contrées de l'Equateur que dans le reste du globe. P. 325

CAVIA CAPENSIS de M. Pallas. Voyez *Marmotte* du cap de Bonne-Espérance. *Add.*, t. X, p. 379.

CAYOPOLLIN. Courte description de cet animal. T. IX, p. 297. — Ses conformités avec la marmose et le sarigue; ce sont tous trois des animaux propres et particuliers aux pays chauds du nouveau continent. P. 297 et 298.

CEDRON. Voyez *Tétras.*

CEINTURE *de prêtre.* Voyez *Alouette de Sibérie.*

CENCONTLATOLLI, nom mexicain du moqueur. T. VI, p. 28.

CENDRILLARD de Saint-Domingue et de la Louisiane. Taille du mauvis. Variété dans cette espèce, petit coucou gris. T. VII, p. 257 et 258.

CENDRILLE, oiseau du cap de Bonne-Espérance qui a rapport aux alouettes. Sa description, ses dimensions. T. VI, p. 442.

CENTRE *de gravité.* Les aiguilles des boussoles verticales doivent être placées de manière que leur centre de gravité coïncide avec leur centre de mouvement, au lieu que dans les boussoles horizontales le centre de mouvement de l'aiguille est un peu plus élevé que le centre de gravité. T. IV, p. 136.

CENTZONPANTLI, est de l'espèce du moqueur. T. VI, p. 28.

CERCEAU, on nomme ainsi dans la fauconnerie la première penne de l'aile des faucons. T. V, p. 128.

CERCLE. Voyez *Quadrature du cercle.*

CERCOPITHECOS, signifie singe à queue, et a été employé comme terme générique pour désigner toutes les guenons ou singes à longue queue. T. X, p. 90.

CERF. Ruses du cerf pour échapper au chien, T. VIII, p. 586. — Caractère et naturel du cerf. T. IX, p. 6. — Indices et connaissances du cerf pour les chasseurs. P. 8. — Manière de chasser le cerf avec appareil. P. 8 et 9. — Autres ruses du cerf devant les chiens. P. 9. — Quelles sont les saisons les plus propres à la chasse du cerf. P. 10. — Les cerfs se mettent en troupes dans le mois de décembre, et pendant les grands froids ils cherchent à se mettre à l'abri des côtes ou dans des endroits bien fourrés, où ils se tiennent serrés les uns contre les autres, et se réchauffent de leur haleine. *Ibid.* — Ils mettent bas leur bois au printemps. *Ibid.* — Il est rare que les deux côtés de la tête du cerf tombent en même temps, et souvent il y a un jour ou deux d'intervalle entre la chute de chacun des côtés de la tête. P. 10 et 11. — Les vieux cerfs sont ceux qui mettent bas leur tête les premiers, et c'est dans le mois de février ou au commencement de mars, et les jeunes cerfs ou daguets ne mettent bas qu'au commencement de mai. *Ibid.* — Signe du rut dans les cerfs. *Ibid.* — Les vieux cerfs entrent en rut les premiers. *Ibid.* — Ils combattent pour la femelle. P. 12. — Habitudes du cerf selon les différentes saisons. *Ibid.* — Saison du rut des cerfs commence au mois de septembre. P. 11. — Les cerfs sont inconstants et ne s'attachent pas à la même femelle. P. 12. — Ils s'épuisent entièrement dans le temps du rut, quoique ce temps ne dure qu'environ trois semaines. *Ibid.* — Le rut pour les vieux cerfs commence au 1er septembre et finit vers le 20; et pour les jeunes cerfs, c'est depuis le 20 septembre jusqu'au 15 octobre. *Ibid.* — Ils sont quelquefois sujets à un second rut vers la fin d'octobre; mais ce second rut dure beaucoup moins que le premier. *Ibid.* — Les bosses commencent à paraître à l'âge de six mois; elles s'allongent en dagues dans la première année. P. 13. — Ils s'accouplent dès l'âge de dix-huit mois. *Ibid.* — Les cerfs croissent et grossissent jusqu'à l'âge de huit ans, et leur tête va toujours en augmentant tous les ans jusqu'au même âge. *Ibid.* — Causes physiques de la venaison et de la production du bois des cerfs. P. 14. — La production du bois et celle de la liqueur séminale dans le cerf dépendent de la même cause. *Ibid.* — La castration du cerf empêche la chute et la renaissance du bois. *Ibid.* — La production du bois dans le cerf vient uniquement de la surabondance de la nourriture. *Ibid.* — Le bois de cerf n'est, comme la liqueur séminale, que le superflu rendu sensible de la nourriture organique qui ne peut être employée tout entière au développement, à l'accroissement, ou à l'entretien du corps de l'animal. P. 15. — Le bois du cerf pousse, croit et se compose comme le bois d'un arbre; sa substance est peut-être moins osseuse que ligneuse, c'est pour ainsi dire un végétal greffé sur un animal, et qui participe de la nature des deux. P. 17. — Le bois de cerf est d'abord tendre comme l'herbe, et se durcit ensuite comme le bois; la peau qui s'étend et croit avec le bois, est son écorce, et il s'en dépouille lorsqu'il a pris son entier accroissement : tant qu'il croit, l'extrémité supérieure demeure toujours molle; il se divise aussi en plusieurs rameaux, le mérain est l'arbre, les andouillers en sont les branches : en un mot tout est semblable, tout est conforme dans le développement et dans l'accroissement du bois des cerfs et du bois des arbres. *Ibid.* — Raisons physiques de ce que les cerfs et les autres animaux de ce genre portent du bois au lieu de cornes P. 17 et suiv. — Le bois de cerf est plutôt un végétal qu'une partie

animale. P. 19. — Bois de cerf, ses différences d'avec les cornes des bœufs, etc. *Ibid.* — Le cerf s'épuise si fort par le rut, qu'il reste pendant tout l'hiver dans un état de langueur, sa chair est même alors si dénuée de bonne substance, et son sang est si fort appauvri, qu'il s'engendre des vers sous sa peau, lesquels ne tombent qu'au printemps, lorsqu'il a repris pour ainsi dire une nouvelle vie par la nourriture active que lui fournissent les productions nouvelles de la terre. P. 20. — Le cerf vit trente-cinq ou quarante ans P. 21. — La tête ou bois du cerf augmente chaque année jusqu'à la huitième; elle se soutient à peu près la même pendant la vigueur de l'âge, et décline dans la vieillesse. *Ibid.* — Bois de cerf; ses qualités suivant les différents pays et les différentes nourritures. *Ibid.*

CERF. Addition à l'article de cet animal. *Add.*, t. X, p. 453. — La disette qu'il éprouve empêche la production de son bois. *Ibid.* — Le retranchement de son bois le prive, comme la castration, de la puissance d'engendrer. P. 454.

CERFS. Leur grandeur et leur qualité suivant les différents terrains. T. IX, p. 21. — Le cerf de Corse parait être le plus petit de tous les cerfs de montagne, et ces cerfs de montagne sont bien plus petits que ceux des plaines. P. 22. — Différence dans le pelage des cerfs et dans la couleur de leur bois. *Ibid.* — Habitudes naturelles du cerf. *Ibid.* — Le cerf ne rumine pas avec autant de facilité que le bœuf. P. 23. — Nourriture du cerf suivant les différentes saisons. *Ibid.* — Le cerf du Canada est le même que le cerf de France, il n'en diffère que par le bois, qu'il a plus grand et plus branchu. P. 25 et 26. — Différentes formes du bois des cerfs suivant les différents pays. P. 26. — L'espèce du cerf n'existe plus aujourd'hui dans certaines provinces de France. T. IX, p. 438. — Il y a parmi les cerfs autant de variétés en Amérique qu'en Europe. P. 505.

CERFS *blancs*. Se sont trouvés en Amérique. T. IX, p. 505.

CERF *des Ardennes*. Sa description et ses différences d'avec le cerf commun. T. IV, p. 480.

CERFS. Ces animaux ont la forme de la pupille rectangulaire et transversale. Il en est probablement de même des daims et des autres animaux de ce genre, et c'est absolument l'opposé de ce qui arrive aux chats, aux chouettes et autres animaux, dont la pupille se contracte dans le sens vertical, au lieu que dans les cerfs elle se contracte horizontalement. Observation de M. Beccaria. *Add.*, t. X, p. 451. — Observations de M. le marquis d'Amezaga, qui confirment le grand rapport qu'il y a entre les daintiers ou testicules du cerf et la formation de son bois. P. 451 et suiv. — Le cerf pourrait être rendu domestique; exemple à ce sujet. P. 453.

CERF-COCHON. Description de cet animal. *Add.*, t. X, p. 455.

CERF *du Gange.* Voyez *Axis. Add.*, t. X, p. 454.

CERF *noir.* Variétés dans cette race de cerf et notice à ce sujet. *Add.*, t. X, p. 452 et 453.

CERTITUDE. Voyez *Vérités.*

CERTITUDE. La certitude physique, c'est-à-dire la certitude de toutes la plus certaine n'est néanmoins qu'une probabilité plus grande qu'aucune autre probabilité. T. XI, p. 307 et suiv. — Différence de la certitude morale et de la certitude physique. P. 311. — Estimation précise de la certitude physique. P. 313. — Estimation de la certitude morale. P. 312. — La certitude morale peut être regardée comme telle, toutes les fois que la probabilité est au-dessus de dix mille. Comparaison de l'évaluation de la certitude morale à la certitude physique. P. 313 et suiv.

CERVEAU (le), qui est nourri par les artères lymphatiques, fournit à son tour la nourriture aux nerfs, que l'on doit considérer comme une espèce de végétation qui part du cerveau par troncs et par branches, lesquelles se divisent ensuite en une infinité de rameaux. Le cerveau est aux nerfs ce que la terre est aux plantes. Les dernières extrémités des nerfs sont les racines qui, dans tout végétal, sont plus tendres et plus molles que le tronc ou les branches; elles contiennent une matière ductile propre à faire croître et à nourrir l'arbre des nerfs : le cerveau, au lieu d'être le siège des sensations, le principe du sentiment, ne sera donc qu'un organe de sécrétion et de nutrition, mais un organe très essentiel, sans lequel les nerfs ne pourraient ni croître ni s'entretenir. T. IX, p. 59. — L'homme n'a pas, comme on l'a prétendu, le cerveau plus grand qu'aucun des animaux; il y a des espèces de singes et des cétacés qui, proportionnellement au volume de leur corps, ont plus de cerveau que l'homme. P. 60. — Preuves particulières que le cerveau n'est ni le siège des sensations ni le centre du sentiment. P. 60 et 61.

CERVELLE. La cervelle est insensible; c'est une substance molle et sans élasticité, incapable de produire, de propager ou de rendre le mouvement, les vibrations ou les ébranlements du sentiment. T. IX, p. 58. — Analyse physique de la substance de la cervelle. P. 59.

CÉTACÉS. La vie de ces animaux est bien plus longue que celle des animaux quadrupèdes. T. X, p. 10.

CÉTACÉS. Raison pourquoi les baleines et autres cétacés des mers du Nord n'ont pas gagné les mers du Midi. T. II, p. 97 et 98.

CHACAL et ADIVE, sont des animaux moins différents du chien que le renard et le loup. T. VIII, p. 598. — Cette espèce, qui est si voisine de celle du chien, appartient comme le chien à l'ancien continent et ne s'est point trouvée dans le nouveau. T. IV, p. 567. — Le *panther* des Grecs, le *lupus canarius* de Gaza, le *lupus armenius* des Latins modernes, est le même animal que le chacal; les Turcs l'appellent *thacal* ou *cical*, les Grecs modernes *zachalia*, les Persans *siechal* ou *schacal*, les Maures de Barbarie *deeb* ou *jackal*. T. IX, p. 213. — Différences et ressemblances du chacal et de l'adive. P. 580. — Il paraît qu'il y a partout de grands et de petits chacals; ils sont très communs dans la plupart des provinces du Levant. Ce sont des animaux très incommodes et très nuisibles; ils sont communément grands comme nos renards, auxquels ils ressemblent beaucoup, seulement ils ont les jambes plus courtes; ils ont aussi assez ordinairement le poil d'un beau jaune. et c'est par cette raison qu'on a appelé le chacal *lupus aureus*, loup doré. P. 581. — Variétés du chacal dans les différents climats. L'espèce en est répandue dans toute l'Asie et dans une grande partie de l'Afrique; elle semble remplacer celle du loup, qui ne se trouve pas dans les terres qu'habite le chacal. P. 582 et 583. — Raisons qui peuvent faire croire que le chacal et l'adive sont des espèces différentes. P. 583. — L'espèce du chacal est moyenne entre celle du loup et celle du chien. Caractères communs du chacal avec le loup, et caractères communs du chacal avec le chien. Naturel du chacal; ils vont toujours en troupe de vingt, trente ou quarante; ils dévorent tout ce qu'ils peuvent attraper; ils fouillent les tombeaux et accompagnent de cris lugubres et continuels toutes leurs déprédations. Ce sont les corbeaux des quadrupèdes, la chair la plus infecte ne les dégoûte pas. P. 584 et 585. — Comparaison du chacal et de l'hyène. Le chacal réunit l'impudence du chien à la bassesse du loup et, participant de la nature des deux, il semble n'être qu'un odieux composé des mauvaises qualités de l'un et de l'autre. P. 585.

CHACAL et ISATIS. Le chacal participe du chien et du loup, et l'isatis participe du chacal et du renard. T. IV, p. 492.

CHACAL, *petit chacal.* Voyez *Adive. Add.*, t. X, p. 289.

CHACAMEL, son cri, son plumage, lieu qu'il habite. T. V, p. 452 et 453.

CHACHELAS. Race d'hommes singulière dans l'île de Java et dans quelques autres parties des Indes; ce sont ceux que l'on appelle ordinairement *nègres blancs.* T. XI, p. 153.

CHAIR. Décomposition de la chair et sa réduction en molécules organiques par l'infusion dans l'eau. T. IV, p. 379. — La chair du corps prend toujours plus de dureté à mesure qu'on avance en âge. T. XI, p. 74.

CHAIR des perroquets d'Amérique contracte, dit-on, l'odeur et la couleur des fruits qu'ils mangent. T. VII, p. 150.

CHALAZÆ. Les deux cordons appelés *chalazæ* se trouvent aussi bien dans les œufs inféconds que la poule produit sans communication avec le coq que dans les œufs féconds. T. IV, p. 204.

CHALEUR. Explication physique de la chaleur. La chaleur n'est que le toucher de la lumière qui agit comme corps solide ou comme masse de matière en mouvement. T. XI, p. 129.

CHALEUR. L'homme peut soutenir pendant quelque temps un degré de chaleur fort au-dessus de la chaleur propre de son corps; expérience à ce sujet. *Add.*, t. XI, p. 253 et suiv. — L'homme est plus capable que la plupart des animaux de notre climat de supporter un très grand degré de chaleur. P. 254.

CHALEUR *des eaux thermales*. On trouve dans les eaux thermales, même les plus chaudes, des plantes, des insectes et même des poissons. *Add.*, t. XI, p. 254 et 255. — Exemple à ce sujet. *Ibid.*

CHALEUR. La chaleur que le soleil envoie à chaque planète est en général si peu considérable, qu'elle n'a jamais pu produire qu'une très légère différence sur la densité de chaque planète. *Add.*, t. I, p. 249.

CHALEUR, son économie. T. V, p. 302.

CHALEUR. Voyez *Feu*. T. II, p. 419. — La chaleur est une matière qui ne diffère pas beaucoup de celle de la lumière elle-même, qui, quand elle est très forte ou réunie en grande quantité, change de forme, diminue de vitesse, et, au lieu d'agir sur le sens de la vue, affecte les organes du toucher. P. 420. — Elle produit dans tous les corps une dilatation, c'est-a-dire une séparation entre leurs parties constituantes. *Ibid.* — La diminution du feu ou de la très grande chaleur se fait toujours à très peu près en raison de l'épaisseur des corps, ou des diamètres des globes de même matière. T. I, p. 338. — La déperdition de la chaleur, de quelque degré qu'elle soit, se fait en même raison que l'écoulement du temps. P. 339.

CHALEUR *du fer rouge* (la) et du verre en incandescence est huit fois plus grande que celle du soleil en été. T. I, p. 341. — Cette chaleur du fer rouge doit être estimée à très peu près vingt-cinq, relativement à la chaleur propre et actuelle du globe terrestre. Ainsi le globe terrestre dans le temps de l'incandescence était vingt-cinq fois plus chaud qu'il ne l'est aujourd'hui. P. 342.

CHALEUR *du globe terrestre*. — Dans l'hypothèse que le globe terrestre a été originairement dans un état de liquéfaction causée par le feu, et que ce même globe est principalement composé de trois matières, savoir les substances ferrugineuses, calcaires et vitrescibles, il aurait fallu 2,905 ans pour le consolider jusqu'au centre, 33,911 ans pour le refroidir au point d'en toucher la surface, et 74,047 ans pour le refroidir au point de la température actuelle. T. I, p 337. — Exposition des différents états et degré de chaleur par où le globe terrestre a passé avant d'arriver à la température actuelle. P. 339 et 340. — Le refroidissement du globe a été en partie retardé et en partie compensé par la chaleur du soleil, et même par celle de la lune. Recherches sur ces deux espèces de compensation. P. 340 et suiv. — Estimation de la chaleur qui émane actuellement de la terre, et de celle qui lui vient du soleil. P. 341. — La chaleur qui émane du globe de la terre est en tout temps et en toutes saisons bien plus grande que celle qu'il reçoit du soleil. *Ibid.* — Cette chaleur, qui appartient en propre au globe terrestre et qui en émane à sa surface, est cinquante fois plus grande que celle qui lui vient du soleil. *Ibid.* — Comparaison des différents degrés de chaleur, depuis la température actuelle jusqu'à l'incandescence. P. 341 et suiv. — Estimation de la compensation qu'a faite la chaleur du soleil et celle de la lune, à la perte de la chaleur propre du globe de la terre, depuis son incandescence jusqu'à ce jour. P. 342. — Recherches de la compensation qu'a pu faire la chaleur envoyée par la lune à la perte de la chaleur de la terre. P. 342 et 343. — Temps auquel la lune a pu envoyer de la chaleur à la terre. *Ibid.* — On doit regarder comme nulle la chaleur que toutes les planètes, à l'exception de la lune, ont pu envoyer à la terre. Le temps qui s'est écoulé depuis celui de l'incandescence de la terre, toute perte et compensation évaluées, est réellement de 74,832 ans. P. 344. — Idée que l'on doit avoir d'une chaleur vingt-cinq fois plus grande ou vingt-cinq fois plus petite que la chaleur actuelle du globe de la terre P. 347. — Raisons pourquoi l'auteur a pris pour terme de la plus petite chaleur $\frac{1}{25}$ de la chaleur actuelle de la terre. *Ibid.* — Recherches de la perte de la chaleur propre du globe terrestre et des compensations à cette perte. P. 347. — Le moment où la chaleur envoyée par le soleil à la terre sera égale à la chaleur propre du globe ne se trouvera que dans l'année 154,018 de la formation des planètes. *Ibid.* — La chaleur propre du globe terrestre est beaucoup plus forte que celle qui lui vient du soleil. Raisons qui paraissent décider que cette chaleur qui nous vient du soleil n'est que $\frac{1}{50}$ de la chaleur propre de la terre. Si l'on supposait cette chaleur du soleil beaucoup plus grande à proportion, cela ne ferait que reculer la date de la formation des planètes et allonger le temps de leur refroidissement. P. 402 et suiv. — La déperdition de la chaleur propre du globe terrestre a dû être plus grande sous les pôles que sous l'équateur : à peu près dans la raison de 230 à 231. P. 405 et suiv. La postérité pourra, en partant de nos observations, reconnaître dans quelques siècles la diminution réelle de la chaleur sur le globe terrestre. P. 411. — Deux causes particulières de chaleur dans le globe terrestre : la première, l'inflammation des matières combustibles, ce qui ne peut produire qu'une très petite augmentation à la chaleur totale ; la seconde, le frottement occasionné dans le globe terrestre par la pression et le mouvement de la lune autour de la terre, et cette seconde cause peut produire une augmentation assez considérable à la chaleur propre du globe terrestre. P. 411 et suiv.

Chaleur. La chaleur intérieure du globe terrestre, actuellement subsistante, est beaucoup plus grande que celle qui nous vient du soleil. T. II, p. 5. — La surface de la terre est plus refroidie que son intérieur. Preuves de cette vérité par l'expérience. *Ibid.* et suiv. — La chaleur obscure du globe se convertit en feux lumineux par l'électricité. P. 6. — Les contrées septentrionales du globe ont joui pendant longtemps du même degré de chaleur dont jouissent aujourd'hui les terres méridionales ; et, dans ce même temps, les terres du Midi étaient brûlantes et désertes. P. 89. — La déperdition de la chaleur du globe se fait d'une manière insensible ; il a fallu soixante-seize mille ans pour l'attiédir au point de la température actuelle, et dans soixante-seize autres mille ans, il ne sera pas encore assez refroidi pour que la chaleur particulière de la nature vivante y soit anéantie. P. 129. — Il n'y a qu'un trente-deuxième de différence entre le plus grand chaud de nos étés et le plus grand froid de nos hivers. *Ibid.* — Les causes extérieures influent beaucoup plus que la cause intérieure, sur la température de chaque climat. — Exemple de cette vérité. *Ibid.* — Comme tout mouvement, toute action produit de la chaleur, et que tous les êtres doués du mouvement progressif sont eux-mêmes autant de petits foyers de chaleur, c'est de la proportion du nombre des hommes et des animaux à celui des végétaux que dépend (toutes choses égales d'ailleurs) la température locale de chaque terre en particulier. — Preuves de cette vérité. P. 130. — Faits qui prouvent que la chaleur propre et intérieure du globe est plus grande à mesure que l'on descend à de plus grandes profondeurs. P. 136 et suiv. — Détail des faits et des expériences qui prouvent que la

chaleur du soleil ne pénètre pas à plus de cent cinquante pieds dans les eaux de la mer. P. 139.

Chaleur (la) paraît tenir encore de plus près que la lumière à l'essence du feu, et on doit regarder la chaleur comme une chose différente de la lumière et du feu. T. II, p. 220. — Elle existe aussi très souvent sans lumière. *Ibid.* — On a fait moins de découvertes sur la nature de la chaleur que sur celle de la lumière. P. 221. — Siège de la chaleur différent de celui de la lumière. *Ibid.* — Le globe de la terre, et en général toutes les matières fluides et solides dont il est composé ou environné, ont toutes une chaleur propre très grande et plus grande que la chaleur qui nous vient du soleil. *Ibid.* — Toute la matière connue est chaude, et dès lors la chaleur est une affection bien plus générale que celle de la lumière. *Ibid.* — Les molécules de la chaleur sont bien plus grosses que celles de la lumière. *Ibid.* — Son mouvement progressif est bien plus lent que celui de la lumière. Le principe de la chaleur est l'attrition des corps. *Ibid.* — Sa production et celle de la lumière. Leur différence. P. 222. — Elle diminue dans sa propagation beaucoup plus que la lumière. P. 223. — L'on doit reconnaître deux sortes de chaleurs : l'une lumineuse, dont le soleil est le foyer immense, et l'autre obscure, dont le grand réservoir est le globe terrestre. P. 225. — La chaleur qui émane du globe de la terre est bien plus considérable que celle qui nous vient du soleil. Elle est dans le climat de Paris vingt-neuf fois plus grande en été, et quatre cents fois plus grande en hiver que celle qui nous vient de cet astre, et cette estimation est encore trop faible. *Ibid.* — Effets de la chaleur du globe terrestre sur les matières minérales. P. 226. — La chaleur intérieure du globe a été originairement bien plus grande qu'elle ne l'est aujourd'hui ; on doit lui rapporter, comme à la cause première, toutes les sublimations, précipitations, agrégations, séparations, en un mot, tous les mouvements qui se sont faits et se font chaque jour dans l'intérieur du globe. P. 227. — La chaleur seule et dénuée de toute apparence de lumière et de feu peut produire les mêmes effets que le feu le plus violent. *Ibid.* — Elle chasse des corps toutes les parties humides, elle dilate les corps en les séchant et en augmente la dureté. Exemple de cette dureté acquise par la chaleur dans les pierres calcaires. Elle augmente la pesanteur spécifique de plusieurs matières, et se fixe dans leur intérieur lorsqu'elle leur est longtemps appliquée. P. 239 et 240. — Les degrés de chaleur sont différents dans les différents genres d'animaux. P. 244. — La chaleur propre du globe terrestre entre comme élément dans la combinaison de tous les autres éléments. P. 250. — Progression de la chaleur, tant pour l'entrée que pour la sortie, dans les boulets de fer de différents diamètres, déterminée par des expériences précises. P. 271 et suiv. — La durée de la chaleur dans les globes n'est rigoureusement proportionnelle à leur diamètre, que dans la supposition mathématique que ces globes soient composés d'une matière parfaitement perméable à la chaleur; en sorte que la sortie de la chaleur fût absolument libre, et que les particules ignées ne trouvassent aucun obstacle qui pût les arrêter ni changer le cours de leur direction. Mais les obstacles qui résultent de la perméabilité non absolue, imparfaite et inégale de toute matière solide, au lieu de diminuer le temps de la durée de la chaleur, doivent au contraire l'augmenter. P. 274. — La durée de la chaleur dans différentes matières exposées au même feu, pendant un temps égal, est toujours dans la même proportion, soit que le degré de chaleur soit plus grand ou plus petit. Exemples. P. 280. — Ce n'est pas proportionnellement à leur densité que les corps reçoivent et perdent plus ou moins vite la chaleur, mais dans un rapport bien différent et qui est en raison inverse de leur solidité, c'est-à-dire de leur plus ou moins grande *non-fluidité*. Démonstration de cette vérité par l'expérience. *Ibid.* — La densité n'est pas relative à l'échelle du progrès de la chaleur dans les corps solides ni dans les fluides. P. 281. — Ordre dans lequel les matières minérales reçoivent et perdent la chaleur, à commencer par le fer, qui de toutes les matières est celle à laquelle il faut le plus de temps pour s'échauffer et se refroidir.

Fer.
Émeril.
Cuivre.
Or.
Argent.
Zinc.
Marbre blanc.
Marbre commun.
Pierre calcaire dure.
Grès.
Verre.
Plomb.
Étain.
Pierre calcaire tendre.
Glaise.
Bismuth.
Porcelaine.
Antimoine.
Ocre.
Craie.
Gypse.
Bois.

P. 325 et suiv. — Le progrès de la chaleur dans les métaux, demi-métaux et minéraux métalliques, est en même raison, ou du moins en raison très voisine de celle de leur fusibilité. P. 331. — Le progrès de la chaleur dans toutes les substances minérales est toujours à très peu près en raison de leur plus ou moins grande facilité à se calciner ou à se fondre; mais, quand leur calcination ou leur fusion sont également difficiles et qu'elles exigent un degré de chaleur extrême, alors le progrès de la chaleur se fait suivant l'ordre de leur densité. P. 334. — Lorsque la chaleur est appliquée longtemps, elle se fixe dans les pierres et autres matières solides, et en augmente la pesanteur spécifique. P. 367 et suiv. — Estimation de la quantité de chaleur qui se fixe dans les pierres calcaires. P. 368 et 369.

CHALEUR *animale* (la) est une espèce de feu qui ne diffère du feu commun que du moins au plus. Raison pourquoi ce feu ou cette chaleur animale sont sans flamme et sans fumée apparente. T. II, p. 247.

CHALEUR *concentrée*. La plus violente chaleur, et la plus concentrée pendant un très long temps, ne peut, sans le secours et le renouvellement de l'air, fondre la mine de fer ni même le sable vitrescible, tandis qu'une chaleur de même espèce et beaucoup moindre peut calciner toutes les matières calcaires. T. II, p. 365. — La chaleur la plus violente, dès qu'elle n'est pas nourrie, produit moins d'effet que la plus petite chaleur qui trouve de l'aliment. *Ibid.* — Chaleur morte et feu vivant, leur différence. *Ibid.*

CHALEUR *obscure*, c'est-à-dire chaleur privée de lumière, de flamme et de feu libre; ses effets. T. II, p. 360 et suiv. — Petite quantité d'aliments qu'elle consume, en comparaison de la très grande quantité d'aliments que consume le feu libre. Comparaison des effets de la chaleur obscure avec les effets du feu lumineux. P. 363. — En augmentant la masse de la chaleur obscure, on peut produire de la lumière, de la même manière qu'en augmentant la masse de la lumière on produit de la chaleur. P. 366.

CHALEUR. Les émanations de la chaleur intérieure du globe s'élèvent perpendiculairement à chaque point de la surface de la terre. T. IV, p. 78. — Elles sont plus abondantes à l'équateur que dans toutes les autres parties du globe. *Ibid.* — Elles doivent nécessairement partir de l'équateur où elles abondent, et se porter vers les pôles où elles manquent. *Ibid.* — La chaleur obscure qui émane de la terre, et forme des courants électriques, peut devenir lumineuse vers les pôles, en s'y condensant dans un moindre espace. *Ibid.*

CHAMEAUX (les) transportés en Amérique n'y ont pas réussi. T. IV, p. 558. — Le chameau porte deux bosses sur le dos, au lieu que le dromadaire n'en a qu'une. T. IX, p. 357. — Le chameau et le dromadaire produisent ensemble, et les métis qui proviennent de ce mélange sont plus vigoureux que ceux qui viennent d'une race non mêlée. *Ibid.* — Le chameau indiqué par les anciens sous le nom de chameau *bactrien* est le chameau à deux bosses, et celui qu'ils ont indiqué par le nom de chameau d'Arabie est celui que nous appelons *le dromadaire.* P. 358. — La race du chameau n'est pas si nombreuse que celle du dromadaire. Pays où on la trouve. P. 358 et 359. — On a inutilement essayé de propager l'espèce du chameau en Espagne, et elle a très mal réussi en Amérique. P. 360. — Dans leur pays natal les chameaux sont infiniment utiles : leur lait fait la nourriture ordinaire des Arabes ; ils en mangent aussi la chair, surtout celle des jeunes. P. 360 et 361. — Le poil du chameau est fin et moelleux, et se renouvelle tous les ans par une mue complète ; on en fait de très belles étoffes. *Ibid.* — Manière d'élever les chameaux pour les rendre sobres et agiles. P. 362. — Ils peuvent faire trois cents lieues en huit jours, presque sans s'arrêter, et sans boire et manger que très peu. P. 363. — Ils marchent quelquefois neuf à dix jours sans trouver de l'eau et sans boire. *Ibid.* — Lorsque l'on charge le chameau d'un poids excessif, il refuse constamment de se lever pour se mettre en marche. P. 364. — Les grands chameaux portent ordinairement un millier pesant, et les plus petits six à sept cents. Manière dont on les fait voyager pour transporter des marchandises à de très grandes distances. *Ibid.* — Le chameau semble préférer aux herbes les plus douces l'absinthe, le chardon, l'ortie et les autres végétaux épineux ; tant qu'il trouve de l'herbe à brouter, il se passe très aisément de boire. *Ibid.* — La facilité que les chameaux ont de s'abstenir longtemps de boire n'est pas de pure habitude, c'est plutôt un effet de leur conformation ; ils ont un estomac de plus que les autres ruminants, et ce cinquième estomac, qui est d'une grande capacité, leur sert de réservoir pour contenir l'eau qu'ils boivent en très grande abondance ; et lorsqu'ils sont pressés par la soif, ils font remonter une partie de cette eau dans leur panse et jusque dans l'œsophage. P. 365. — La nature du chameau a été considérablement altérée ; il est plus anciennement, plus complètement et plus laborieusement esclave qu'aucun des autres animaux. *Ibid.* — Il porte les empreintes de la servitude ; indépendamment des bosses que les chameaux ont sur le dos, ils ont sur la poitrine une large callosité et d'autres pareilles callosités sur toutes les jointures des jambes, et ces callosités sont pour

la plupart remplies de pus. P. 366. — Manière de les conduire et de les faire travailler. P. 367 et 368. — On coupe les chameaux mâles, et on ne laisse ordinairement qu'un chameau entier pour huit ou dix femelles. Ils sont furieux dans le temps du rut, qui dure quarante jours, et qui arrive tous les ans au printemps. P. 368. — Les chameaux ne s'accouplent pas debout, à la manière des autres quadrupèdes ; mais la femelle s'accroupit et reçoit le mâle dans cette situation. Elle porte près d'un an et ne produit qu'un petit. P. 369. — On ne fait guère travailler les femelles chameau, le profit que l'on tire de leur produit et de leur lait est plus grand que celui que l'on tirerait de leur travail. *Ibid.* — Leurs bosses diminuent lorsqu'ils maigrissent, et disparaissent quelquefois en entier. P. 369 et 370.

CHAMEAUX. Les mâles et les femelles jettent leur urine de la même manière, c'est-à-dire en arrière. T. IX, p. 370. — Le petit chameau tette sa mère pendant un an ou plus, et on ne doit commencer à le faire travailler qu'à l'âge de quatre ans ; il vit à peu près quarante ou cinquante ans. *Ibid.* — Le chameau est d'une très grande utilité ; il dépense vingt fois moins que l'éléphant, et travaille pour ainsi dire autant que deux mulets. Il mange presque aussi peu que l'âne ; sa femelle donne d'aussi bon lait que la vache ; sa chair est aussi bonne et aussi saine que celle du veau ; son poil est plus recherché que la plus belle laine ; le sel ammoniac se tire de son urine, etc. P. 371. — Il y a plusieurs variétés dans l'espèce du chameau. P. 358. — Étendue des terres où se trouvent le chameau et le dromadaire. P. 358 et 359. — Les chameaux craignent les climats où la chaleur est excessive aussi bien que les pays froids. P. 359. — Conformité de la nature du dromadaire avec la nature des terres de l'Arabie. P. 359 et 360. — Manière dont les Arabes les élèvent et les font servir à leurs courses. P. 362. — Ils se passent souvent plusieurs jours de boire, et sentent l'eau de très loin. P. 363. — Les plus forts chameaux portent aisément un millier pesant ; on charge les autres de six ou sept cents ; c'est de toutes les voitures la moins chère. P. 364. — Manière dont on les conduit dans les voyages de commerce. *Ibid.* — Leur nourriture et leur sobriété. *Ibid.* — La nature du chameau a été considérablement altérée par l'esclavage. P. 365. — Ses bosses et ses callosités ne sont pas naturelles et sont les indices de sa servitude. P. 365. — Docilité et autres qualités du chameau. P. 367. — On est dans l'usage de faire hongres tous les chameaux qui travaillent. P. 368. — Leur manière de s'accoupler. P. 369. — La femelle porte près d'un an, et ne produit qu'un petit. *Ibid.* — Le chameau est l'animal le plus précieux et le plus utile de tous. P. 371.

CHAMEAU et DROMADAIRE appartiennent à l'ancien continent et ne se trouvent point dans le nouveau. T. IV, p. 557.

CHAMEAU. Notice sur les chameaux, tirée de M. Niebuhr. Leur manière de s'accoupler dans l'état de domesticité. Le mâle paraît froid et plus indolent qu'aucun autre animal dans l'accouplement. *Add.*, T. X, p. 426. — Ceux qui ont été transportés à la Jamaïque et dans d'autres endroits de l'Amérique, y ont vécu et même produit ; ce n'est que faute de savoir les soigner et les nourrir convenablement que l'espèce ne s'y est pas multipliée, et il est à présumer qu'ils pourraient même se multiplier en France, ce qui serait d'une grande utilité. Exemple de chameaux qui ont nouvellement produit en Prusse, dont le climat est bien plus froid. La femelle porte douze mois et quelques jours. *Ibid.*

CHAMEAU. Les chameaux sont actuellement en nombre et presque naturalisés dans les gouvernements d'Astracan et d'Orembourg, aussi bien que dans quelques parties de la Sibérie méridionale. *Add.*, T. X, p. 375.

CHAMECK (du Pérou) est un sapajou qui est de la même espèce que le coaita de la Guyane. T. X, p. 198 et 199.

CHAMOIS. Différence du chamois et du bouquetin mâle. T. IX, p. 454. — Le chamois ne monte pas aussi haut sur les montagnes que le bouquetin. *Ibid.* — Ses convenances avec le bouquetin. P. 454. — Lorsqu'on prend les chamois jeunes, ils s'apprivoisent aisément et vont avec les chèvres. P. 455. — Le chamois et la chèvre domestique ne sont très vraisemblablement qu'une seule et même espèce avec le bouquetin. P. 458. — Les chamois aiment à lécher les pierres ; on voit dans les Alpes des rochers creusés par la langue de ces animaux. P. 463. — Le chamois ne se trouve que dans les montagnes élevées. P. 463 et 464. — Histoire particulière du chamois. P. 465. — Les chamois vont ordinairement en troupeaux. *Ibid.*

CHAMOIS (le) s'accouple avec les chèvres ; on assure même qu'ils produisent ensemble. *Add.*, T. X, p. 467.

CHANGEMENT. Plusieurs faits sur le changement des terres en mer, et des mers en terre. T. I, p. 237 et suiv.

CHANGEMENTS *de mer en terre*. Exemple sur les côtes de France, tout le long de l'Océan et de la Méditerranée. *Add.*, t. I, p. 336. — Sur celles de Portugal et d'Espagne ; sur celles de Suède, etc. P. 336.

CHANSONNET pour Sansonnet. Voyez *Etourneau*.

CHANT des oiseaux, se renouvelle et cesse tous les ans avec la saison de l'amour, et paraît dépendre de ce sentiment. T. V, p. 26 et 27. — Chant de la grive. T. VI, p. 10.

CHANTRE. Voyez *Pouillot*.

CHANTRE. Couve l'œuf du coucou déposé dans son nid. T. VII, p. 218.

CHAPONS, moyens d'en tirer parti pour la multiplication de l'espèce. T. V, p. 309.

CHARBON. On doit préférer le charbon de bois de chêne pour les grands fourneaux à fondre les mines de fer, et employer le charbon des bois les plus doux à la forge et aux affineries. T. II, p. 443.

CHARBON. Il ne se dégage que peu ou point d'air du charbon dans sa combustion, quoiqu'il s'en dégage plus d'un tiers du poids total du bois de chêne bien séché. T. II, p. 362. — Expérience sur la diminution de son volume et de sa masse dans un grand fourneau clos, où l'air n'a point d'accès. P. 364.

CHARBON *de terre*. Époque de la formation des couches de charbon de terre. T. II, p. 57 et 58. — Les couches en sont ordinairement inclinées et toujours parallèles entre elles. Elles sont toutes composées de détriments de végétaux mêlés plus ou moins de bitumes. P. 57 et 58. Les feuillets de charbon de terre ont pris leur forme par des causes combinées ; la première est le dépôt toujours horizontal de l'eau ; la seconde, la disposition des matières végétales qui tendent à faire des feuillets. P. 58 et 59. — Les charbons de terre sont composés de détriments de végétaux. Preuves de cette assertion et discussion critique à ce sujet. P. 161 et suiv.

CHARBON de terre est une dénomination assez impropre, parce qu'elle paraît supposer que la matière végétale dont il est composé a été attaquée et cuite par le feu, tandis qu'elle n'a subi qu'un plus ou moins grand degré de décomposition par l'humidité et qu'elle s'est conservée au moyen de son huile convertie par les acides en bitume. T. III, p. 1. — Différentes sortes de charbon de terre, les unes plus pures, les autres plus mélangées. P. 2 et 3. — Tous les charbons de terre en général tirent leur origine des matières végétales et animales, dont les huiles et les graisses se sont converties en bitume. P. 3 et 4. — Qualités et défauts des différents charbons de terre. *Ibid.* — Autres preuves que le fond de la substance de tous les charbons de terre est une matière végétale : discussion et réfutation des opinions contraires. *Ibid.* — Le charbon de terre n'est formé que de la réunion des débris solides et de l'huile liquide des végétaux, qui se sont ensuite durcis par le mélange des acides. P. 4. — Le charbon de terre de la meilleure qualité est celui dans lequel la matière végétale est la plus pure, et à laquelle le bitume est intimement uni, et le charbon pyriteux est le plus mauvais. *Ibid.* — On peut passer par degrés, de la tourbe récente et sans mélange de bitume, à des tourbes plus anciennes, devenues bitumineuses ; du bois charbonifié aux véritables charbons de terre. P. 6. — Discussion et réfutation des opinions qui donnent au charbon de terre une autre origine. *Ibid.* et suiv. — Charbons de terre de seconde formation par la filtration des eaux à travers les couches anciennes de ce charbon ; leur description. P. 7. — Génération primitive du charbon de terre, et développement successif de sa formation et de sa composition. P. 9. — Il y a deux manières dont les charbons de terre ont été déposés ; la première en veines étendues sur des terrains en pentes, et la seconde en masses sur le fond des vallées, et ces dépôts en masses sont toujours plus épais que les veines en pentes : il y a de ces masses de charbons qui ont jusqu'à dix toises d'épaisseur, tandis que les veines n'en ont que quelques pieds. P. 22. — Distinction des différentes sortes de charbon de terre. P. 29 et 30. — Leurs usages : il faut les épurer pour les employer dans les forges. Les charbons pyriteux rendent le fer cassant et doivent être rejetés ; ce ne sont que les charbons les plus purs ou les charbons épurés, que l'on peut substituer au bois et qui peuvent le remplacer, soit dans les arts, soit dans les autres usages économiques. P. 30. — Le bon charbon de terre contient beaucoup plus de parties combustibles que le bois ; aussi la chaleur de ce charbon fossile est-elle bien plus forte et plus durable que celle du charbon végétal. *Ibid.* — Usages et pratiques du charbon de terre, pour les feux des maisons et les fours et fourneaux des manufactures à feu. P. 47. — Comparaison de la chaleur et du feu du charbon de terre avec la chaleur et le feu du charbon de bois. P. 49. — Manière dont on fait le *coak* et les *cinders* avec les charbons de terre. *Ibid.* — *Désoufrage*, ou manière dont on peut enlever les acides et autres matières pyriteuses du charbon de terre. P. 51. — Autre manière d'épurer les charbons de terre, au point de les rendre utiles aux blanchisseries et à tous les autres objets économiques où l'on emploie le bois. P. 53. — Expériences qui démontrent que le charbon de terre épuré par la méthode du sieur *Ling*, approuvée du gouvernement, peut remplacer le bois, et a en même temps une grande supériorité sur toutes les matières combustibles, soit pour le chauffage ordinaire, soit pour les arts de métallurgie. *Ibid.* — *Mines de charbon.* Les mines de charbon les plus profondes que l'on connaisse en Europe sont celles du comté de Namur, qu'on assure être fouillées jusqu'à deux mille pieds de France. P. 22.

— Les mines de charbon en amas sont plus faciles à exploiter que les mines en veines. P. 25. — Et celles-ci, lorsqu'elles sont situées dans les montagnes, s'exploitent plus aisément que quand elles sont dans les vallées. *Ibid.* — Vapeurs et différentes exhalaisons qui s'élèvent dans les mines de charbon : leur indication et leurs effets. P. 25 et suiv. — Les embrasements spontanés sont assez fréquents dans les mines de charbon, et par quelles raisons ; et quand le feu s'est allumé, il est non seulement durable, mais perpétuel. P. 27. — Les eaux souterraines, même les plus profondes, proviennent uniquement des eaux de la superficie, dans les mines de charbon : preuves à ce sujet. *Ibid.* et suiv. — Énumération des principales mines de charbon, tant en France que dans les autres régions de la terre. P. 29. — Indications des principales mines de charbon, qui sont actuellement en exploitation en France. P. 31 et suiv. — Mines de charbon incendiées, et qui brûlent depuis longtemps. P. 33. — Énumération des principales mines de charbon de l'Angleterre, de l'Écosse et de l'Irlande. P. 36 et suiv. — Disposition des mines de charbon du pays de Liège. P. 39 et suiv. — D'Allemagne. P. 42 et suiv. — D'Espagne. P. 43 et suiv. — De Savoie. P. 44. — De Suisse. *Ibid.* — D'Italie. P. 44 (note c), 45 et suiv. — De Suède. P. 45 et 46. — De Russie. *Ibid.* — De Sibérie. P. 46. — De la Chine. *Ibid.* — Du Japon, de Sumatra, de Madagascar, du continent de l'Afrique et de l'Amérique. P. 47. — *Veines de charbon de terre.* Origine des couches ou veines de charbon de terre. P. 1 et 2. — La formation des veines de charbon de terre est bien postérieure à celle des matières primitives ; on n'a jamais vu de veines de charbon de terre dans les masses primitives de quartz ou de granit. P. 2. — La direction la plus constante des veines de charbon de terre est du levant au couchant : raison de cet effet de nature ; interruption dans ces veines. P. 11 et 12. — Les veines de charbon, même les plus étendues, courent presque toutes du levant au couchant, et ont leur inclinaison au nord en même temps qu'elles sont plus ou moins inclinées dans chaque endroit, suivant la pente du terrain sur lequel elles ont été déposées ; il y en a même qui approchent de la perpendiculaire ; et cette grande différence dans leur inclinaison n'empêche pas qu'en général, cette inclinaison n'approche dans chaque veine, de plus en plus, de la ligne horizontale, à mesure que l'on descend plus profondément. P. 12. — Toutes les veines de charbon inclinées et même perpendiculaires, approchent de plus en plus de la position horizontale, à mesure qu'elles descendent plus bas ; et quelquefois après leur cours dans cette position horizontale, elles remontent, non seulement dans la même direction, mais encore sous le même degré, à très peu près, d'inclinaison. **P. 13.** — Toutes les veines de charbon de terre vont en augmentant d'épaisseur, à mesure qu'elles s'enfoncent plus profondément; et nulle part leur épaisseur n'est plus grande que tout au fond, lorsqu'on est arrivé au *plateur* ou ligne horizontale. *Ibid.* — Il y a ordinairement plusieurs couches de charbon les unes au-dessus des autres, et séparées par une épaisseur de plusieurs pieds, et même de plusieurs toises de matières étrangères. *Ibid.* — Différences dans les inclinaisons des veines de charbon, suivant la plus ou moins grande profondeur où elles se trouvent : explication de cet effet de nature. *Ibid.* — Tableau des couches de charbon de la montagne de Saint-Gilles au pays de Liège, et discussion critique à ce sujet. **P. 14 et suiv.** — La partie du milieu et le fond de la veine de charbon de terre sont toujours celles où se trouve le meilleur charbon; celui de la partie supérieure est toujours plus maigre et plus léger, et à mesure que les rameaux de la veine approchent plus de la surface de la terre, le charbon en est moins compact. **P. 20 et 21.** — Lieux dans lesquels les veines de charbon de terre se trouvent à des profondeurs médiocres. **P. 21.** — *Creins et failles* qui interrompent le cours des veines de charbon. **P. 22.** — Les veines de charbon sont ordinairement couvertes et enveloppées par un schiste plus ou moins mêlé de terre végétale ou limoneuse, avec des empreintes de plantes; et quelquefois le toit et le sol de la veine sont de grès, et même de pierres calcaires plus ou moins dures; exemples à ce sujet. **P. 24.**

CHARBON DE TERRE. Il y a deux sortes de charbons de terre : l'un, que l'on nomme *charbon sec*, qui produit, en brûlant, une flamme légère et diminue de poids et de volume en se convertissant en braise; et l'autre, que l'on appelle *charbon collant*, qui donne une chaleur plus forte, se gonfle et s'agglutine en brûlant. **T. IV, p. 65.** — Les charbons secs ne se trouvent ordinairement que dans les terrains calcaires, et les charbons collants dans les terrains granitiques et schisteux. *Ibid.* — Description du charbon sec, sa composition, son gisement dans la mine, etc., sa combustion, ses cendres, son odeur en brûlant. *Ibid.* — Ces charbons secs, lorsqu'ils sont épurés, présentent assez souvent les fibres ligneuses, et même les couches concentriques du bois, qu'il était difficile d'y reconnaître avant l'épurement. *Ibid.* — Les charbons secs, quoique moins bitumineux en apparence que les charbons collants, le sont réellement davantage, et ils produisent par leur distillation, un cinquième de plus de bitume et un tiers de plus d'eau alcalisée. **P. 66.** — Le charbon collant, qu'on appelle aussi *charbon gras*, augmente de volume au feu au moins d'un tiers. *Ibid.* — Ses autres qualités, sa réduction en cendres. *Ibid.* — Il donne une chaleur plus forte et plus durable que le charbon sec. *Ibid.* — Autres différences du charbon collant et du charbon sec. *Ibid.* — Empreintes de roseaux et autres végétaux dans les charbons de terre. *Ibid.* — Situation des mines de charbon sec dans les terrains calcaires. **P. 66 et 67.** — Leur inclinaison, leurs variétés, leurs différentes épaisseurs. **P. 67.** — On doit rapporter à la même époque la formation de ces charbons et de la pierre calcaire qui les environne. *Ibid.* — Situation des charbons collants dans les terrains granitiques ou schisteux, leurs variétés dans leur épaisseur, dans leur inclinaison. *Ibid.* — Jamais ce charbon ne porte immédiatement sur le granite; il y a toujours une couche de grès, de sable quartzeux ou de pierres vitreuses roulées entre les granites et les couches de ce charbon. *Ibid.* — Raisons pourquoi le charbon sec rend une quantité d'alcali double et même triple, de celle qu'on obtient des charbons collants. *Ibid.* La terre végétale n'entre qu'en petite quantité dans les compositions du charbon sec, et entre au contraire pour beaucoup dans celle du charbon collant. *Ibid.* — Énumération des couches de terre ou de charbon du puits de Caughley-Lane en Angleterre, d'où l'on peut conclure, ainsi que de celle des couches de charbon de la montagne Saint-Gilles au pays de Liège, que l'épaisseur des couches de charbon n'est pas relative à la profondeur où elles gisent, et que l'épaisseur plus ou moins grande des matières étrangères, interposées entre les couches du charbon, n'influe pas sur l'épaisseur de ces couches; et l'on doit encore en inférer que la plus ou moins grande profondeur à laquelle se trouvent ces différentes couches de charbon n'influe pas sur leur qualité. **P. 69.** — Tous les résultats que nous avons tirés de la nature et de la position des couches de la montagne de Saint-Gilles au pays de Liège se trouvent confirmés par la comparaison des couches de Caughley-Lane en Angleterre. *Ibid.*

CHARBON DE TERRE. Les mines de charbon de terre se trouvent ordinairement dans les glaises à une grande profondeur. Il y a de ces mines qui brûlent continuellement, mais lentement et sans explosion. **T. I, p. 219.**

CHARBONNIER. Sorte d'oiseau, ainsi nommé par M. de Bougainville; notice qu'en a donnée ce navigateur. **T. VIII, p. 468.**

CHARBONNIÈRE (la). Méprise de Belon au sujet des habitudes de cette mésange. **T. VI,**

p. 613 et 614. — Habitudes naturelles de la mésange charbonnière. Le chant du mâle est très différent au printemps de ce qu'il est en été. On l'appelle aussi *mésange-pinson*. P. 615. — Elle s'apprivoise très aisément. S'apparie dès le commencement de février. Construction de son nid, dans lequel la femelle pond huit, dix et jusqu'à douze œufs blancs avec des taches rousses, principalement vers le gros bout. L'incubation ne passe pas douze jours, et les petits restent plusieurs jours les yeux fermés. P. 615. — Elle fait plusieurs pontes dans un été. Description de la mésange charbonnière. P. 616. — Ses dimensions. P. 616 et 617. — Description de ses parties intérieures. P. 617.

CHARBONNIÈRE (petite). T. VI, p. 617. — Ses différences avec la grande charbonnière. Son naturel peu défiant et fort courageux. Ses habitudes. P. 618. — Sa grandeur, sa description et ses dimensions. *Ibid.* — Ses variétés. P. 619 et suiv.

CHARDONNERETS, se mêlent avec les tarins et les serins. T. V, p. 11. — Vivent vingt-trois ans selon Willughby. P. 31 (note *a*).

CHARDONNERET. Portrait de cet oiseau. T. VI, p. 210. — Description de la femelle et des jeunes. P. 211. — Les mâles ont un ramage très agréable qu'ils font entendre dès les premiers jours de mars. P. 211. — Ils chantent en domesticité, même pendant l'hiver. *Ibid.* — Le chardonneret et le pinson sont les deux oiseaux qui savent le mieux construire leurs nids : le dehors est de la mousse fine, du jonc, des petites racines, de la bourre de chardon entrelacés avec beaucoup d'art; le dedans est garni de crin, de laine et de duvet; ils posent leurs nids de préférence sur les pruniers et les noyers ou dans les buissons. P. 212. — La femelle pond ordinairement quatre œufs tachetés de brun rougeâtre vers le gros bout; elle fait ordinairement deux pontes par an; ils nourrissent leurs petits de chenilles et d'insectes. P. 212. — Le mâle du chardonneret mis en cage s'apparie plus volontiers avec la femelle du serin qu'avec la sienne propre. P. 213. — Préliminaires de l'alliance du mâle chardonneret avec la femelle du serin. *Ibid.* — Résultat de cette alliance. P. 213 et 214. — Le chardonneret a le vol bas, mais suivi et filé; c'est un oiseau actif et laborieux. P. 214. — Un seul mâle chardonneret dans une volière suffit, s'il est vacant, pour faire manquer toutes les couvées, tant il y fait de mouvement et de dégâts. *Ibid.* — Le chardonneret est très docile; on lui apprend différents petits exercices; il aime la compagnie. P. 214 et 215. — Son éducation. P. 215. — Ces oiseaux se rassemblent en automne, et l'hiver ils vont en troupes fort

nombreuses; ils se cachent dans les buissons fourrés lorsque le froid est rigoureux; ils vivent longtemps. Exemple d'un chardonneret de vingt-trois ans et d'un autre de seize à dix-huit ans. P. 215 et 216. — Ils sont sujets à l'épilepsie et à d'autres maladies. — P. 216. — Leur langue est divisée à l'extrémité en petits filets déliés. *Ibid.* — Leurs dimensions, et description de leurs parties intérieures. *Ibid.*

CHARDONNERET (variétés du). Le chardonneret à poitrine jaune; le chardonneret à sourcils et front blancs; le chardonneret à tête rayée de rouge et de jaune; le chardonneret à capuchon noir; le chardonneret blanchâtre; le chardonneret blanc; le chardonneret noir à tête orangée; le chardonneret métis. Description de toutes ces variétés. T. VI, p. 216 à 220.

CHARDONNERET *à quatre raies*. Cet oiseau se trouve dans les terres qui sont à l'ouest du golfe de Bothnie. Sa description. T. VI, p. 221.

CHARDONNERET *jaune*, oiseau de l'Amérique septentrionale dont l'espèce est voisine de celle du chardonneret. Sa description. T. VI, p. 222 et 223. — Description de la femelle et du jeune. P. 222. — Exemple d'une femelle qui a pondu, quoique seule, un œuf en Angleterre; il était gris de perle et sans aucune tache; cette femelle muait deux fois par an, en mars et en septembre. Description et dimensions de cet oiseau. P. 222 et 223.

CHARDONNERET. Couve et fait éclore des œufs de serins avec les siens. T. VII, p. 216

CHASSE (la) est l'exercice le plus sain pour le corps et le plus agréable pour l'esprit. T. IX, p. 7.

CHAT. Caractère et naturel du chat. Raisons de son incompatibilité avec le chien. Son tempérament et ses habitudes naturelles. T. VIII, p. 607 et 608. — Dans cette espèce, la femelle paraît être plus ardente que le mâle. Sa chaleur dure neuf ou dix jours, et arrive ordinairement deux fois par an, au printemps et en automne, et souvent trois fois par an; elle porte cinquante ou cinquante-six jours, et les portées ordinaires sont de quatre, cinq ou six petits. Les femelles se cachent pour mettre bas. Les mâles sont sujets à dévorer leur progéniture, et les mères, quoique fort amoureuses de leurs petits, ne laissent pas de les dévorer aussi quelquefois. P. 608. — Les chats deviennent d'eux-mêmes d'excellents chasseurs quoiqu'ils n'aient pas une grande finesse d'odorat. Cause physique du penchant qu'ils ont à épier et à surprendre les autres animaux. *Ibid.* — Conformation des yeux des chats. Ils voient très bien la nuit, lorsque l'obscurité n'est pas profonde. P. 609. — Les chats ne sont pas absolument ni entièrement animaux domestiques; ceux qui sont le mieux apprivoisés n'en sont pas plus asservis. On élève en général plus de chats que de chiens. *Ibid.* — Les chats prennent moins d'attachement pour les personnes que pour les maisons qu'ils fréquentent; ils craignent l'eau, le froid et les mauvaises odeurs; ils aiment les parfums. *Ibid.* — Ils sont en état d'engendrer avant l'âge d'un an, et peuvent s'accoupler pendant toute leur vie, qui n'est guère que de neuf ou dix ans. Les chats mâchent lentement et difficilement; raison de ce défaut. Ils dorment moins qu'ils ne font semblant de dormir. P. 610. — Le chat sauvage produit avec le chat domestique, et par conséquent tous deux ne font qu'une seule et même espèce. Le chat domestique a ordinairement les boyaux plus longs et plus gros que le chat sauvage. Caractères du chat sauvage comparés à ceux du chat domestique. P. 610 et 611. — Différence des chats relativement au climat. Chat du Chorazan, chat d'Angora, chat chartreux, chat d'Espagne, etc. P. 611. — Comment se sont produites les variétés dans l'espèce du chat. Elle n'est pas, comme celle du chien, sujette à s'altérer et à dégénérer lorsqu'on la transporte dans les climats chauds. P. 612. ·

Chat (le) est un animal qui appartient à l'ancien continent, et qui ne s'est pas trouvé dans le nouveau lorsqu'on en fit la découverte. T. IV, p. 568.

Chat. Le miaulement d'un chat allaité par une chienne ressemblait beaucoup plus à l'aboiement du chien qu'au miaulement du chat. *Add.*, t. X, p. 282. — Les chats dorment rarement, mais leur sommeil est quelquefois très profond; observation à ce sujet. Quelques gens prétendent que le chat exhale par la gueule une odeur de musc dans de certaines circonstances. P. 301 et 302. Il naît quelquefois des chats avec des pinceaux aux oreilles, comme ceux du caracal. Exemple à ce sujet. P. 302.

Chat-Cervier (le), du Canada est le même animal que notre lynx ou loup-cervier du nord de l'ancien continent; il est seulement plus petit, comme le sont aussi tous les autres animaux dans ce nouveau continent. T. IX, p. 207.

Chat de *Madagascar*. *Add.*, t. X, p. 302.

Chat *sauvage de la Caroline*. Notice sur cet animal, avec une courte description. *Add.*, t. X, p. 305.

Chat *sauvage de la Nouvelle-Espagne*. Courte description de cet animal. Il paraît être le même animal que le serval. *Add.*, t. X, p. 302.

Chat tigre *de Cayenne*. Voyez *Margay*. *Add.*, t. X, p. 305.

Chat *volant*. Voyez *Taguan*. *Add.*, t. X, p. 318.

Chat-huant, Γλαὺξ, *noctua*, appelé Γλαὺξ, à cause de la couleur bleuâtre de ses yeux. T. V, p. 169. — On en trouve dans les bois pendant la plus mauvaise saison. P. 168. — Est de la grosseur de l'effraie, a douze à treize pouces de longueur du bout du bec au bout des ongles, moins gros que la hulotte à proportion; *ho, ho*, est son cri; le mâle, plus brun que la femelle, se tient dans les bois; plus commun que la hulotte, reste l'hiver; n'est point le *strix* des Latins; se trouve en Suède, d'où il a pu passer en Amérique. P. 186 et suiv. — Le chat-huant de Saint-Domingue paraît être une variété de cette espèce. P. 188.

Chat-huant de Canada. Voyez *Chouette* de Canada.

Chat-huant de Cayenne. T. V, p. 200.

Chat musqué, nom donné à une genette du Cap de Bonne-Espérance. *Add.*, t. X, p. 293.

Chataigniers. Le bois de chêne blanc a souvent été pris pour du bois de châtaignier. T. XI, p. 538.

Chauche-branche. Un des noms de notre engoulevent. T. VII, p. 311.

Chaud. Les limites du plus grand chaud de l'été au plus grand froid de l'hiver sont comprises dans un intervalle qui n'est qu'un trente-deuxième de la chaleur réelle totale. T. II, p. 129.

Chauffer *et refroidir*. Il faut environ la sixième partie et demie du temps pour chauffer à blanc les globes de fer, de ce qu'il en faut pour les refroidir au point de pouvoir les tenir dans la main, et environ la quinzième partie et demie du temps qu'il faut pour les refroidir au point de la température actuelle. T. II, p. 277.

Chaumes. Différence des chaumes et des friches. T. XI, p. 558.

Chauve. Il n'y a que les hommes qui deviennent chauves, les femmes conservent toujours leurs cheveux; et quoiqu'ils deviennent blancs comme ceux des hommes lorsqu'elles approchent de la vieillesse, ils tombent beaucoup moins. Les enfants et les eunuques ne sont pas plus sujets à être chauves que les femmes. T. XI, p. 53.

Chauve-souris. Les pieds de devant de la chauve-souris ne sont ni des pieds ni des ailes. Difformité énorme de ces animaux. Leurs habitudes naturelles. T. IX, p. 121 et 122. — Les chauves-souris vivent de papillons et d'insectes; ce sont de vrais quadrupèdes qui n'ont rien de commun que le vol avec les oiseaux; elles ont seulement les muscles pectoraux beaucoup plus forts et plus charnus que les autres quadrupèdes. Elles ont la verge pendante et détachée comme celle du singe; elles s'accouplent et mettent bas du printemps à l'automne; elles ne produisent que deux petits; elles sont engourdies pendant l'hiver. Elles peuvent passer plusieurs jours sans manger, et cependant elles sont du nombre des animaux carnassiers. P. 122 et 123. — Cinq nouvelles espèces de chauves-souris qui étaient inconnues aux naturalistes : nous avons appelé la première la *noctule*, la seconde la *serotine*, la troisième la *pipistrelle*, la quatrième la *barbastelle*, et la cinquième le *fer à cheval*. P. 123 et 124. — Autre espèce de chauve-souris, et qui est la sixième de celles qui étaient inconnues; nous l'avons nommée *fer de lance*, parce qu'elle présente une crête ou membrane en forme de trèfle très pointu, qui ressemble parfaitement à un fer de lance garni de ses deux oreillons. Cette chauve-souris n'a presque point de queue; elle n'a aussi que quatre dents à la mâchoire inférieure, au lieu que la plupart des autres chauves-souris en ont six, et elle ne se trouve point en Europe, mais en Amérique. T. IX, p. 573. — Septième espèce de chauve-souris qui était inconnue : elle se trouve au Sénégal, et elle porte sur le nez une membrane en forme de feuille ovale, d'où nous l'avons appelée la *feuille*. P. 574 et suiv. — Les chauves-souris en général ont quelques rapports avec les oiseaux par leur vol, par leurs espèces d'ailes, par la grandeur et la force des muscles pectoraux, et aussi par les membranes ou crêtes qu'elles portent sur la face; ces parties excédentes qui ne se présentent d'abord que comme des difformités superflues, sont les caractères réels et les nuances visibles de l'ambiguïté de la nature entre ces quadrupèdes volants et les oiseaux. *Ibid.*

CHAUVE-SOURIS. Table du nombre et de l'ordre des dents dans les différentes espèces de chauves-souris. *Add.*, t. X, p. 237.

CHAUVE-SOURIS *céphalotte*. Sa description, par M. Pallas. Elle se trouve aux îles Moluques. *Add.*, t. X, p. 237.

CHAUVE-SOURIS *fer de lance*. Cet animal ne doit pas être confondu avec la chauve-souris donnée par M. Seba, sous la dénomination de la chauve-souris commune d'Amérique. *Add.*, t. X, p. 236.

CHAUVE-SOURIS *musaraigne*. Description de cet animal par M. Pallas. Cette chauve-souris se trouve dans les parties les plus chaudes de l'Amérique méridionale. *Add.*, t. X, p. 238.

CHAUVE-SOURIS (Description de la), *grande sérotine de la Guyane*. *Add.*, t. X, p. 238 et 239.

CHAUVE-SOURIS (la grande) *fer de lance de la Guyane*. Dimensions et description de cet animal. *Add.*, t. X, p. 239 et 240. — Description d'une autre chauve-souris du même pays. P. 240.

CHAUVE-SOURIS. Dorment l'hiver engourdies dans leurs trous. T. VII, p. 331 et 332.

— Fausses conséquences qu'on a tirées de ce fait. P. 333 et suiv.

CHAUX (la) faite avec des coquilles est plus faible que la chaux faite avec du marbre ou de la pierre dure. Explication des différents phénomènes que présente la calcination de la chaux. T. II, p. 254. — La chaux qui a subi une longue calcination contient une plus grande partie d'alcali. P. 258. — Moyen facile de faire de la chaux à moindres frais. P. 366. — Différence de la chaux faite à un feu lent, ou simplement avec la chaleur obscure, et de la chaux faite à la manière ordinaire. P. 366 et 367.

CHAUX. La chaux éteinte et desséchée est de la même nature que la craie et peut servir aux mêmes usages. T. II, p. 549. — Plus les pierres calcaires sont denses, plus il faut de temps pour les convertir en chaux. P. 571.

CHÊNE. Il y a dans les chênes des espèces qui s'élèvent jusqu'à cent pieds de hauteur, et d'autres espèces qui ne s'élèvent jamais qu'à trois ou quatre pieds. T. I, p. 9.

CHÊNES. Comparaison de l'accroissement des chênes semés et cultivés dans un jardin, et des chênes semés en pleine campagne et abandonnés sans culture. T. XI, p. 530 et 531. — Différentes espèces de chênes; observations utiles à ce sujet. P. 539. — Comparaisons du bois de chêne à gros glands au bois de chêne à petits glands. *Ibid.* — Les chênes sont souvent endommagés par la gelée du printemps dans les forêts, tandis que ceux qui sont dans les haies et dans les autres lieux découverts ne le sont point du tout. Cause de cet effet. P. 555.

CHENILLE *des palétuviers*. T. VII, p. 351.

CHÉRIC, oiseau de Madagascar, du genre des figuiers qui s'appelle *œil-blanc* à l'île de France. Ses dimensions et sa description. T. VI, p. 554.

CHEVAL. Caractère et éloge du cheval. T. VIII, p. 476 et suiv. — La bouche est d'une si grande sensibilité dans le cheval, que c'est à la bouche, par préférence à l'œil et à l'oreille, qu'on s'adresse pour transmettre au cheval les signes de la volonté. P. 482. — Ses différentes allures; le trot est la plus naturelle à l'animal. P. 483. — Défaut de ses attitudes et de ses allures. *Ibid.* — Les mouvements du cheval doivent non seulement être légers, mais il faut encore qu'ils soient égaux et uniformes dans le train du devant et dans celui du derrière. P. 484. — Exposition des mouvements du cheval dans ses différentes allures, le pas, le trot et le galop. P. 484 et suiv. — Description du cheval. P. 487 et 488. — Belle proportion du cheval. P. 487 et suiv. — On juge assez bien du naturel et de l'état actuel du cheval par le mouvement des oreilles. P. 489. — Manière de connaître l'âge du

plier ensemble dans un haras des chevaux de même race, car ils dégénèrent infailliblement et en peu de temps. P. 499. — Opérations et conditions essentielles pour avoir de beaux chevaux. P. 499 et 500. — Les chevaux, lorsqu'ils ont été bien ménagés, peuvent engendrer jusqu'à l'âge de vingt ans et même au delà. P. 502. — Comme les gros chevaux prennent leur entier accroissement en moins de temps que les chevaux fins, ils vivent aussi moins de temps. *Ibid.* — Course de chevaux faite avec une prodigieuse vitesse. P. 506. — Les climats excessivement chauds sont contraires aux chevaux; ils sont très petits au Sénégal et en Guinée, comme aux Grandes Indes. P. 512. — Manière de hongrer les chevaux. P. 514 et 515.

CHEVAUX *arabes* et CHEVAUX *barbes*, leur description. T. VIII, p. 504.

CHEVAUX *barbes*, engendrent en France des poulains plus grands qu'eux. T. VIII, p. 504.

CHEVAUX *des pays chauds*, ont le poil plus ras que les autres. T. VIII, p. 504.

CHEVAUX *turcs*, ne sont pas si bien proportionnés que les barbes. T. VIII, p. 504.

CHEVAUX *d'Espagne*, leur description. T. VIII, p. 504 et 505.

CHEVAUX *anglais*, leur description. T. VIII, p. 505.

CHEVAUX *d'Italie*, leur description. T. VIII, p. 506.

CHEVAUX *danois*, leur description. T. VIII, p. 506.

CHEVAUX *allemands*, leur description. T. VIII, p. 506 et 507.

CHEVAUX *hongrois*, leur description. T. VIII, p. 506 et 507.

CHEVAUX *de Hollande*, leur description. T. VIII, p. 507.

CHEVAUX *de Flandre*, leur description. T. VIII, p. 507.

CHEVAUX *du Limousin, d'Auvergne, de Poitou, du Morvan en Bourgogne, de Normandie*, etc., *en France*. T. VIII, p. 507.

CHEVAUX *sauvages*. T. VIII, p. 507 et 508. — Manière dont les Arabes nourrissent et exercent leurs chevaux. P. 508 et 509. — Généalogies des chevaux se conservent avec soin chez les Arabes. *Ibid.*

CHEVAUX *de Perse*, leur description. T. VIII, p. 511.

CHEVAUX *des Indes*, ne sont pas bons et sont très petits. T. VIII, p. 511 et 512.

CHEVAUX *chinois*, leur description. T. VIII, p. 512.

CHEVAUX *tartares*, leur description. T. VIII, p. 512.

CHEVAUX *sauvages*, sont plus forts, plus légers, plus nerveux que la plupart des chevaux domestiques; ils ont ce que donne la nature, la force et la noblesse; les autres n'ont que ce que l'art peut donner, l'adresse et l'agrément. T. VIII, p. 477. — On ne trouve plus de chevaux sauvages en Europe, et ceux qui sont sauvages en Amérique sont des chevaux européens et domestiques d'origine. P. 478. — Description des chevaux devenus sauvages en Amérique. P. 479.

CHEVAUX (les) se nourrissent et se traitent différemment dans les différents climats et selon les différents usages auxquels on les destine. *Add.*, t. X, p. 414. — Manière de les élever en Perse. *Ibid.* — Ils se maintiennent mieux dans les climats même très froids, s'ils ne sont point humides, que dans les climats très chauds. Exemples à ce sujet. P. 415. — Élevés en liberté dans les pays même les plus froids, ils deviennent plus beaux que ceux qu'on nourrit à l'écurie. *Ibid.* — Cependant l'excès du chaud et du froid semble être également contraire à la grandeur de ces animaux. Ceux qui sont originaires des pays secs et chauds dégénèrent et ne peuvent vivre dans les climats et les terrains trop humides, quelque chauds qu'ils soient; au lieu qu'ils sont très bons dans tous les pays de montagne, depuis le climat de l'Arabie jusqu'en Danemark et en Tartarie, dans notre continent, et depuis la Nouvelle-Espagne jusqu'aux terres Magellaniques dans le nouveau continent; ce n'est donc ni le chaud ni le froid, mais l'humidité seule qui leur est contraire. P. 416. — Prodigieuse multiplication des chevaux dans toutes les terres élevées du nouveau continent. P. 416 et 417. — Ils vivent errants dans les campagnes en Ukraine et chez les Cosaques du Don, en Finlande, etc. Manière dont ces animaux se conduisent et se gouvernent eux-mêmes. P. 417.

CHEVAUX *du cap de Bonne-Espérance*. Il y a dans cette partie de l'Afrique des chevaux qui sont tachetés sur le dos et sous le ventre de jaune, de noir, de rouge et d'azur. *Add.*, t. X, p. 420.

CHEVAUX *d'Islande*. Il y a dans cette île de petits chevaux qui ne peuvent servir de monture qu'à des enfants; on les y nourrit souvent avec du poisson desséché. *Add.*, t. X, p. 415. — Remarques sur les chevaux d'Islande, de Norvège, etc. P. 503.

CHEVAUX *sauvages* ou *devenus sauvages*. On les chasse dans certains endroits par le moyen des oiseaux de proie. *Add.*, t. X, p. 418.

CHEVAUX *domestiques*. Les Tartares ont des chevaux domestiques qui vivent néanmoins dans le désert en grandes troupes, et ce sont ceux qui s'échappent de ces troupes qui deviennent sauvages; exemple à ce sujet. *Add.*, t. X, p. 419.

CHEVAUX *sauvages*. Il se trouve des chevaux sauvages dans toute l'étendue du milieu de l'Asie, depuis le Volga jusqu'à la mer du Japon. *Add.*, t. X, p. 419. — Les chevaux noirs et les chevaux pies sont fort

rares parmi ces chevaux sauvages. P. 420.
— Ils sont tous de petite taille, quoiqu'ils aient la tête plus grosse que les chevaux domestiques. *Ibid.* — Leur description. On les nomme *tarpan* dans le pays des Tartares Mongous. P. 419 et 420.

CHEVÊCHE (grande) ou chouette proprement dite Αἰγολιὸς, *ulula*. T. V, p. 191. — Pourquoi l'on doit regarder cette chouette comme l'Αἰγολιὸς des Grecs. P. 170.

CHEVÊCHE (grande) ou chouette du Canada. T. V, p. 200.

CHEVÊCHE (grande) ou chouette de Saint-Domingue, paraît être une espèce nouvelle. T. V, p. 201. — A le bec plus fort, plus grand et plus crochu qu'aucune autre chouette. *Ibid.*

CHEVÊCHE ou petite chouette, de la grosseur du petit-duc, a sept ou huit pouces du bout du bec au bout des ongles, a la tête sans aigrettes, le bec jaune vers le bout, la queue courte, et les ailes encore plus, à proportion; se tient dans les carrières, etc., rarement dans les bois; voit mieux le jour que les autres oiseaux nocturnes, chasse aux hirondelles, etc., mais avec peu de fruit, les plume; déchire les mulots pour les manger; pond cinq œufs presque à cru dans les trous de murailles; n'est pas l'oiseau de mort comme on l'a cru. T. V, p. 193 et suiv. — A le plumage brun tacheté de blanc régulièrement. P. 194. — La chevêche de Frisch est plus noire et a les yeux de cette couleur; c'est peut-être une variété dans cette espèce, ainsi que la chevêche de Saint-Domingue. P. 195.

CHEVÊCHE (grande). Voyez *Oiseaux de nuit.*

CHEVEUX (les) commencent à blanchir par la pointe. T. XI, p. 53.

CHÈVRE *mambrine*, à grandes oreilles pendantes, est une variété de la chèvre d'Angora, et toutes sont de la même espèce que la chèvre commune. T. IX, p. 461. — Énumération de toutes les races de chèvres. P. 462.

CHÈVRE *naine*, n'est qu'une variété dans l'espèce commune. T. IX, p. 462.

CHÈVRES. Elles ont plus de sentiment et d'instinct que les brebis. T. VIII, p. 554. — Qualité de la chèvre et son utilité. P. 563. Naturel et tempérament de la chèvre. P. 566. — La chèvre ne craint pas, comme la brebis, la trop grande chaleur; elle dort au soleil et s'expose volontiers à ses rayons les plus vifs sans en être incommodée. *Ibid.* — Ces animaux sont naturellement amis de l'homme. P. 567. — Le bouc peut engendrer à un an, et la chèvre dès l'âge de sept mois; mais on attend ordinairement que l'un et l'autre aient dix-huit mois ou deux ans avant de leur permettre de se joindre. *Ibid.* — Les chèvres sont ordinairement en

chaleur aux mois de septembre, octobre et novembre. Cependant elles peuvent recevoir le mâle en toutes saisons. *Ibid.* — Elles portent cinq mois, et mettent bas au commencement du sixième. *Ibid.* — La chèvre ne produit ordinairement qu'un chevreau, quelquefois deux, très rarement trois, et jamais plus de quatre; elle ne produit que depuis l'âge d'un an ou dix-huit mois jusqu'à sept ans. P. 568. — Utilité et produit des chèvres. P. 569.

CHÈVRES *d'Angora*, sont de la même espèce que les nôtres. T. VIII, p. 569. — Beauté du poil des chèvres d'Angora; on en fait de très belles étoffes. *Ibid.* — La chèvre d'Angora, qui a les oreilles pendantes, doit être regardée comme celle de toutes les chèvres qui s'éloigne le plus de l'état de nature. P. 614. — La chèvre appartient à l'ancien continent, et ne s'est point trouvée dans le nouveau lorsqu'on en fit la découverte. T. IV, p. 563. — L'espèce de la chèvre a plus dégénéré dans les pays chauds que dans les pays tempérés. T. IV, p. 474.

CHÈVRE. Prodigieuse quantité de ces animaux en Norvège. *Add.*, t. X, p. 513.

CHÈVRE *de Grimm.* Voyez *Grimm. Add.*, t. X, p. 492.

CHÈVRE *de Madagascar.* Il se trouve dans cette île une grande espèce de chèvres à oreilles pendantes. *Add.*, t. X, p. 513.

CHÈVRE. Grande fécondité dans l'espèce de la chèvre; exemple à ce sujet. Les chèvres d'Europe ont produit à l'île de Bourbon avec les chèvres des Indes et avec une très petite race de chèvres qui venaient de Goa, et qui sont très fécondes. *Add.*, t. X, p. 514. — On obtient aisément des métis ou mulets qui se reproduisent en mêlant les espèces de la chèvre et celle de la brebis. *Ibid.*

CHÈVRE *bleue du cap de Bonne-Espérance*, sa description par M. Forster. — Dans cette espèce, la femelle porte des cornes comme le mâle. *Add.*, t. X, p. 489 et 490.

CHÈVRE *sautante du cap de Bonne-Espérance* (la), doit plutôt être rapportée au genre des gazelles qu'à celui des chèvres; l'espèce en est extrêmement nombreuse dans les terres du Cap; elles sont en troupes par centaines et par milliers. Il y a deux espèces de ces chèvres sautantes; leurs différences et leurs ressemblances; l'une est appelée *chèvre sautante*, et l'autre *sauteur des rochers. Add.*, t. X, p. 470. — Observations sur la première espèce de ces chèvres sautantes par M. Forster. P. 470 et suiv.

CHEVREUIL. Habitudes naturelles du chevreuil. T. IX, p. 29. — Il laisse après lui des impressions plus fortes et qui donnent aux chiens plus d'ardeur et de véhémence d'appétit que l'odeur du cerf. *Ibid.* — Ses ruses pour se dérober aux chiens. *Ibid.* — Le chevreuil ne se met point en troupe, mais demeure en famille. P. 30. — Il ne change pas de femelle ~mme le cerf. *Ibid.* — Le temps où il entre en rut est à la fin d'octobre et le rut ne dure qu'environ quinze jours. *Ibid.* — La femelle du chevreuil porte cinq mois et demi ; elle met bas vers la fin d'avril ou au commencement de mai. *Ibid.* — Le chevreuil peut être regardé comme une espèce de chèvre sauvage, laquelle ne vivant que de bois porte du bois au lieu de cornes. *Ibid.* — Manière dont la femelle élève et défend ses petits. *Ibid.* — La femelle produit ordinairement deux petits, quelquefois trois, mais souvent un seul. P. 31. — L'espèce n'en est pas fort nombreuse, et ils ne se plaisent que dans certains cantons. *Ibid.* — Leur bois commence à paraître vers la fin de leur première année. *Ibid.* — Il met bas son bois à la fin de l'automne, et le refait pendant l'hiver. P. 32. — Le chevreuil n'est jamais chargé de venaison et ne s'épuise pas par le rut comme le cerf. *Ibid.* — Accroissement et forme de son bois. *Ibid.* — Le bois du chevreuil et du cerf est très sensible tant qu'il est tendre. *Ibid.* — Le chevreuil vit douze ou quinze ans. P. 33. — Les chevreuils peuvent s'apprivoiser, mais retiennent toujours quelque chose de leur naturel sauvage. P. 33 et 34. — Ils sont sujets à des caprices, P. 34. — Leur nourriture dans les différentes saisons. *Ibid.* — Quels sont les meilleurs chevreuils à manger. P. 34 et 35.

CHEVREUILS roux et bruns. T. IX, p. 35.

CHEVREUILS et DAIMS, paraissent avoir passé d'Amérique en Europe. T. IV, p. 501.

CHEVREUILS *d'Amérique* (les) sont plus grands que ceux d'Europe. Notice sur ceux de l'Amérique méridionale. *Add.*, t. X, p. 458 et 459.

CHEVREUIL, *blanc*, trouvé dans les bois de Franche-Comté. *Add.*, t. X, p. 458.

CHEVREUIL *des Indes orientales* Espèce très voisine de celle du chevreuil d'Europe, mais qui en diffère par la conformation des os de la tête et la position des bois. *Add.*, t. X, p. 455. — Ce chevreuil des Indes est beaucoup plus petit que le chevreuil d'Europe. Ses dimensions, sa description. P. 455 et suiv. — Comparaison de la position des bois de cet animal avec les bois de nos chevreuils d'Europe. P. 456 et 457. — Son naturel, sa jolie figure et ses dimensions. P. 457.

CHEVREUIL. Description d'une troisième race de chevreuils. *Add.*, t. X, p. 459 et 460.

CHEVREUIL, modèle de la fidélité conjugale, chose très rare parmi les quadrupèdes. T. V, p. 39.

CHEVROTAIN, animal qu'on connaît sous le nom de *petit cerf de Guinée*, appartient à l'ancien continent et ne s'est point trouvé dans le nouveau. T. IV, p. 570. Le plus grand est tout au plus de la grandeur d'un lièvre ; ses différences d'avec les chèvres et les cerfs. T. IX, p. 500. — Les chevrotains ne sont ni cerfs, ni gazelles, ni chèvres. *Ibid.* — Il y a deux espèces de chevrotains; leurs différences. P. 502. — Leur description, leur grandeur, leur figure. P. 500 et suiv. — Ils font des sauts et des bonds prodigieux pour leur taille. P. 501.

CHEVROTAIN *des Indes orientales*, n'a point de cornes, pas plus le mâle que la femelle. T. IX, p. 501.

CHEVROTAIN *du Sénégal*, s'appelle dans ce pays *guevei*; le mâle a des cornes et la femelle n'en a point. T. IX, p. 501 et 502.

CHEVROTAIN *des Grandes Indes*, s'appelle *memina;* il y a plusieurs espèces dans cette espèce, et entre autres une race dont la peau est marquée de taches blanches. T. IX, p. 502. — Les chevrotains ne peuvent vivre que dans les pays excessivement chauds. *Ibid.* — Ce sont les plus petits, sans comparaison, de tous les animaux à pieds fourchus. *Ibid.* — Ils ne se trouvent point en Amérique. *Ibid.*

CHEVROTAIN *memina.* Sa comparaison avec le chevrotain de Ceylan. Ils sont l'un et l'autre sans cornes, et ne font qu'une seule et même espèce. — *Add.*, t. X, p. 434.

CHEVROTAIN, espèce d'animal appelé *petite gazelle* à Java, et qui est à peu près de la même espèce que le chevrotain *memina* de Ceylan ; sa description. *Add.*, t. X, p. 437.

CHIC *de Mitylène*, oiseau de Mételin, en Grèce. Voyez *Mitylène.*

CHIEN, son odorat fort supérieur à celui du corbeau et du vautour. T. V, p 18. — Ses appétits les plus véhéments dérivent, ainsi que ceux des autres animaux carnassiers, de l'odorat et du goût. P. 25. — S'est perfectionné par son commerce avec l'homme. *Ibid.* — A acquis, comme les autres animaux domestiques, la faculté de s'unir et de produire presque en toute saison. P. 28.

CHIENS (les) qui sont blancs sont ordinairement sourds. T. XI, p. 208. — Naturel et qualités du chien, qui le rendent digne d'entrer en société avec l'homme. T. VIII, p. 584 et suiv. — Importance de l'espèce du chien dans l'ordre de la nature. P. 585. — Il a servi à l'homme pour faire la conquête des autres animaux. P. 585 et 586. — Ses talents et sa vigilance pour la conduite des troupeaux. P. 585 et 586. — Son ardeur et ses talents pour la chasse. *Ibid.* — Finesse et sûreté de l'odorat du chien. *Ibid.*

CHIENS *sauvages*, pour les mœurs, ne diffèrent des loups que par la facilité qu'on trouve à les apprivoiser. T. VIII, p. 587. — Se réunissent en troupes pour chasser et attaquer les autres animaux. *Ibid.* — Différence du naturel du chien sauvage et du loup. *Ibid.* — Qualités uniques et particulières au chien. *Ibid.* — Ses talents naturels sont évidents et son éducation toujours heureuse. *Ibid.* — De même que tous les animaux, le chien est celui dont le naturel est le plus susceptible d'impression et se modifie le plus aisément par les causes morales ; il est aussi de tous celui dont la nature est le plus sujette aux variétés et aux altérations causées par les influences physiques. P. 587 et 588. — Il y a plus de variétés dans l'espèce du chien que dans celles d'aucun animal. P. 588. — Tous les chiens, quelque différents qu'ils soient les uns des autres, produisent ensemble, et ne font par conséquent qu'une seule et même espèce. *Ibid.* — Causes physiques de la variété dans l'espèce du chien. P. 589. — Forme des chiens suivant les différents climats. P. 589 et suiv.

CHIENS *des climats tempérés*, transportés dans les pays chauds, cessent d'aboyer et prennent des oreilles droites dès la première génération. T. VIII, p. 592. — Le chien de berger est, de tous les chiens, celui qui approche le plus de la race primitive de cette espèce. *Ibid.* — Il est supérieur par l'instinct à tous les autres chiens. *Ibid.* — Il paraît être le vrai chien de la nature, c'est-à-dire le modèle et la souche de l'espèce entière. P. 593. — Il y a dans l'espèce du chien et dans celle de l'homme le même ordre et les mêmes rapports lorsqu'on les considère relativement au climat. *Ibid.* — Les chiens de Laponie sont très petits, très laids et ont les oreilles droites. *Ibid.* — Les chiens d'Albanie, de Tartarie et d'Irlande sont les plus beaux et les plus grands de tous les chiens. *Ibid.* — Le grand danois, le mâtin et le lévrier, quoique différents au premier coup d'œil, ne sont cependant que le même chien. P. 594. — Les chiens danois viennent du nord, et les lévriers viennent de Constantinople et du Levant. *Ibid.* — Le chien de berger, le chien-loup et le chien de Sibérie ne sont tous trois que le même chien. *Ibid.* — Le chien courant, le braque, le basset, le barbet et l'épagneul peuvent être regardés comme ne faisant qu'un seul et même chien. *Ibid.* — Le chien braque à peau mouchetée, qu'on appelle mal à propos *chien de Bengale*, ne vient pas des Indes. *Ibid.* — Le chien courant, le braque et le basset paraissent être naturels en France et en Allemagne ; les barbets et les épagneuls en Barbarie et en Espagne. P. 595. — Les chiens sans poil qu'on appelle vulgairement *chiens turcs* sont mal nommés ; ce n'est point dans le climat tempéré de la Turquie, mais dans les pays excessivement chauds, comme le Sénégal et la Guinée, que les chiens perdent leur poil. *Ibid.* — Les chiens ne conservent pas leur sagacité ni leurs talents hors des climats tempérés. *Ibid.* — Les nègres préfèrent la chair du chien à celle de tous les animaux. P. 596. — Expériences qui semblent prouver que les chiens, les loups et les renards sont chacun d'une espèce différente, n'ayant jamais voulu se joindre entre eux par l'accouplement. P. 596 et suiv. — Il y a trente variétés connues dans l'espèce du chien. De ces trente variétés, il y en a dix-sept que l'on doit rapporter à l'influence du climat, et les treize autres au mélange des premières. P. 600. — Différences dans leur naturel et leur instinct, relativement à leurs différentes races. *Ibid.* — Le petit danois et le chien turc ne font que le même chien. P. 601. — Le chien dogue forme lui seul une variété différente de toutes les autres, et affecte un climat particulier ; il est naturel à l'Angleterre. *Ibid.* — Les chiens naissent communément avec les yeux fermés ; les deux paupières ne sont pas simplement collées, mais adhérentes par une membrane qui se déchire lorsque le muscle de la paupière supérieure est devenu assez fort pour la relever et vaincre cet obstacle. *Ibid.* — La plupart des chiens n'ont les yeux ouverts qu'au dixième ou douzième jour après leur naissance. P. 601 et 602. — Ils ont en tout quarante-deux dents. P. 602. — Ils sont en état d'engendrer avant l'âge d'un an. *Ibid.* — La femelle est en chaleur deux fois par an ; mais le mâle peut couvrir en tout temps. *Ibid.* — Signe de la chaleur des chiennes : cette chaleur dure douze ou quinze jours. *Ibid.* — On a reconnu qu'un seul accouplement a quelquefois suffi pour que la chienne produise, même en grand nombre. *Ibid.* — Les chiens dans l'accouplement ne peuvent se séparer : cause physique de cet effet. P. 602 et 603. — Les chiennes portent soixante-trois jours, quelquefois soixante-deux ou soixante-un, et jamais moins de soixante ; elles produisent six, sept, et quelquefois jusqu'à douze petits ; celles qui sont de la plus grande et de la plus forte taille produisent en plus grand nombre que les petites, qui souvent ne font que quatre ou cinq, et quelquefois qu'un ou deux petits, surtout dans les premières portées. P. 603. — Les chiens s'accouplent et produisent toute leur vie, qui est ordinairement bornée à quatorze ou quinze ans. *Ibid.* — Manière de connaître l'âge des chiens. *Ibid.* — Les chiens peuvent se passer très longtemps de nourriture. *Ibid.* — L'eau leur est plus nécessaire que les autres aliments. *Ibid.* — Table ou ordre généalogique des différentes races des chiens. P. 604 et suiv. — L'on a remarqué sur les chiens courants que, dans la même portée, il se trouve assez souvent des chiens courants, des braques et des bassets. P. 604. — Le chien est si antipathique avec le loup, qu'un jeune chien qui n'en a jamais vu frissonne au premier aspect ou à la première odeur de cet animal. **T. IX,** p. 72. — Les chiens ne se sont trouvés en Amérique que sous une forme assez difficile à rapporter à l'espèce. **T. IV,** p. 565. — Transportés d'Europe en Amérique, ils ont à peu près également réussi dans les climats chauds et dans les climats froids de ce nouveau monde. **P.** 567. — Le chien appartient à l'ancien continent, où sa nature ne s'est entièrement développée que dans les régions tempérées. *Ibid.* — En quoi le naturel du chien diffère de celui des autres animaux féroces et carnassiers. **T. IX,** p. 299. — Le chien est naturellement, et lorsqu'il est livré à lui seul, aussi cruel, aussi sanguinaire que le loup. Son naturel ne diffère de celui des autres animaux de proie que par un point sensible qui le rend susceptible d'affection et capable d'attachement. *Ibid.* — Ses qualités les plus relevées sont empruntées de nous. **P.** 300. — La nourriture ne paraît avoir que de légères influences sur l'espèce du chien; mais le climat en a de très grandes, et l'empire de l'homme encore de plus grandes. **T. IV,** P. 475 et 476.

**Chien** (le) peut engendrer avec la louve; expérience de M. le marquis de Spontin-Beaufort à ce sujet. **T. IV,** p. 508 et suiv. — Le chien, séparé de ses semblables et de la société de l'homme, prend un caractère sauvage et cruel. **P.** 511. — Autre expérience faite en Angleterre chez milord Pembroke, de l'accouplement d'un chien avec une louve. **P.** 512 (note *a*). — Exemple d'un amour violent d'un chien pour une truie, sans cependant que l'accouplement ait pu s'effectuer. Raison de cet effet. **P.** 524.

**Chien crabier.** Voyez *Crabier. Add.,* t. X, p. 308.

**Chien.** Le chien de berger se trouve dans presque tous les pays du monde. *Add.,* t. X, p. 282.

**Chien des bois.** Description de la grande espèce de chien des bois de Cayenne. *Abd.,* t. X, p. 285. — Notice au sujet de la petite espèce de chien des bois de ce pays. **P.** 286.

**Chien-loup.** Description d'un grand chien-loup. *Add.,* t. X, p. 284.

**Chienne** qui, sans avoir jamais reçu de mâles, a tous les symptômes de la prégnation. *Add.,* t. X, p. 282.

**Chiennes et chattes.** Raisons particulières de conformation dans les mâles, qui font que les chattes et les chiennes, quoique très ardentes en amour, ne manquent presque jamais de concevoir et de produire. **T. IV,** p. 517.

**Chiens** *sans queue,* ne sont pas des monstres individuels : c'est une race particulière qui se perpétue par la génération. **T. IV,** p. 475. — Le chien, le loup, le renard, le chacal et l'isatis peuvent être re-

gardés comme ne faisant que la même famille. Dans le mélange du chien avec le loup ou avec le renard, la répugnance à l'accouplement vient du loup et du renard plutôt que du chien, c'est-à-dire de l'animal sauvage et non pas de l'animal domestique. **P.** 490 et 491. — Le chien paraît être l'espèce moyenne et commune entre celles du renard et du loup; les anciens ont assuré que le chien, dans quelques pays et dans quelques circonstances, produit avec le loup et avec le renard. Raison pourquoi l'espèce du chien doit être regardée comme moyenne entre celle du loup et celle du renard. **P.** 491 et suiv. — Le chien qu'Aristote appelle *Canis laconicus,* et qu'il assure provenir du mélange du renard et du chien, pourrait bien être le même que le chien de berger. Raisons de cette présomption. **P.** 492.

**Chiens** *du Groenland,* leur description et leurs habitudes naturelles. *Add.,* t. X, p. 281.

**Chiens** *de Kamtschatka,* leur description et leurs habitudes naturelles. *Add.,* t. X, p. 281.

**Chiens** *sauvages du Cap de Bonne-Espérance.* Notice sur ces animaux. *Add.,* t. X, p. 282.

**Chiens** *de Sibérie.* Description d'une race particulière de chiens de Sibérie. *Add.,* t. X, p. 280. — Autre race de chiens de Sibérie; leur description et leurs habitudes naturelles. *Ibid.* — Ces chiens paraissent être de la race de ceux que j'ai appelés *chiens d'Islande.* **P.** 281. — Selon M. Collinson, les chiens de Sibérie s'accouplent avec les louves et avec les femelles renard. *Ibid.*

**Chiens** *singuliers,* dont la race est peut-être perdue; description d'un individu de cette race. *Add.,* t. X, p. 281.

**Chiens-métis,** production présumée d'un chien avec une louve. **T. IV,** p. 552 et suiv. — Autres exemples du produit d'une louve avec un chien. **P.** 554 et suiv.

**Chiens-mulets** provenant d'une louve et d'un chien braque. **T. IV,** p. 529. — Description et habitudes du mâle, première génération. **P.** 530 et 531. — De la femelle, première génération. **P.** 533 et suiv. — Du mâle, seconde génération. **P.** 535. — De la femelle, seconde génération. **P.** 537. — De la femelle, troisième génération. **P.** 543. — Du mâle, quatrième génération. **P.** 549. — De la femelle, quatrième génération. **P.** 550. — Suite de leur histoire. *Ibid.* et suiv.

**Chimie.** Défauts de sa théorie. **T. II,** p. 234. — D'où provient l'obscurité de cette science. **P.** 242 et suiv.

**Chinche,** seconde espèce de mouffette. **T. IX,** p. 593. — Sa description. **P.** 596. —

**Chinois,** leur description et leur ressemblance avec les Tartares. **T. XI,** p. 145 et 146.

**Chinquis,** paon du Thibet, de Brisson; sa

grosseur, son plumage orné de miroirs ou yeux. T. V, p. 438. — N'est pas le kinki. *Ibid.*

CHIPEAU (le) n'est pas si grand que notre canard sauvage. T. VIII, p. 348. — Sa description. P. 348 et 349. — Sa voix ressemble fort à celle du canard sauvage. P. 348. — Habitudes naturelles de cet oiseau. *Ibid.* — Différences entre le mâle et la femelle. P. 349. — Les femelles chipeau deviennent fort rousses en vieillissant. *Ibid.* — Description du bec et des pieds du canard, avec ses dimensions. *Ibid.*

CHIRURGIEN. V. *Jacana.*

CHOC (le) et toute violente attrition, entre les corps, produit du feu. T. IV, p. 78.

CHON-KUI ou CHUNGAR, oiseau de la Grande-Tartarie, dont l'espèce est peu reconnaissable dans les notices incomplètes qu'en donnent les voyageurs. T. VIII, p. 465.

CHOQUARD ou choucas des Alpes. T. V, p. 574. — Pris mal à propos pour un merle; son plumage, son bec, ses pieds. P. 575. — Lieux où il se plaît, sa grosseur, sa voix. *Ibid.* — Sa nourriture, sa chair, son vol dont on tire des présages météorologiques. *Ibid.*

CHORAS. Description et habitudes naturelles de ce babouin. *Add.*, T. X, p. 186 et suiv.

CHOSES (les) par rapport à nous ne sont rien en elles-mêmes, elles ne sont encore rien lorsqu'elles ont un nom; mais elles commencent à exister pour nous lorsque nous leur connaissons des rapports, des propriétés : ce n'est même que par les rapports que nous pouvons leur donner une définition. T. I, p. 13. — Dans les choses naturelles, il n'y a rien de bien défini que ce qui est exactement décrit. P. 14.

CHOUC ou choucas cendré. T. V, p. 571 et 573.

CHOUCARI de la Nouvelle-Guinée, ses rapports avec les choucas et avec le colnud. T. V, p. 577 et 578.

CHOUCAS ou chouette rouge, l'un des noms du crave ou coracias. T. V, p. 540. — Ce genre comparé à celui des corneilles. P. 571. — Contient de même trois espèces. *Ibid.* — Choucas sont plus petits que les corneilles; leur cri, leur nourriture; détruisent beaucoup d'œufs de perdrix. P. 572. — Vont en troupes; leurs nids, leurs amours; ponte, œufs; soins de la couvée partagés par le mâle; font deux couvées par an. *Ibid.* — Sont oiseaux de passage. *Ibid.* — Observations anatomiques. P. 573. — Les choucas se privent, apprennent à parler, volent des pièces de monnaie, etc. *Ibid.* — Comparaison des deux espèces de choucas d'Europe *Ibid.* — Variétés P. 574.

CHOUCAS à bec croisé. T. V, p. 574.

CHOUCAS blanc. T. V, p. 574.

CHOUCAS cendré. V. *Chouc.*

CHOUCAS chauve de Cayenne, est le pendant du freux; en quoi ressemble à nos choucas, et en quoi il en diffère. T. V, p. 571 et 577.

CHOUCAS de la Nouvelle-Guinée; son bec, son plumage. T. V, p. 577.

CHOUCAS de Suisse, ayant un collier blanc. T. V, p. 574.

CHOUCAS des Alpes. V. *Choquart.*

CHOUCAS des Philippines. V. *Balicase.*

CHOUCAS moustache, ses ailes, sa queue, ses poils autour du bec, sa crinière. T. V, p. 576.

CHOUCAS varié; son bec. T. V, p. 574.

CHOUCAS. V. *Oiseaux.*

CHOUETTE ou chouette des rochers, grande chevêche; se tient dans les carrières, sur les rochers escarpés, etc., rarement dans les bois; est plus brune que l'effraie; marquée d'espèces de flammes, a le bec tout brun, les yeux d'un beau jaune et les pieds plus velus; plus petite que le chat-huant; pond trois œufs blancs parfaitement ronds, vers le commencement de mars; détruit les mulots. T. V, p. 191 et 192. — Est commune en Europe, surtout dans les pays de montagnes; se retrouve en Amérique sous le nom de *chevêche-lapin* ou de *Coquimbo.* P. 192 et 193. — Cette variété s'appelle aussi le *diable. Ibid.* (note *b.*)

CHOUETTE ou grande chevêche du Canada. T. V, p. 200 et 201.

CHOUETTE ou grande chevêche de Saint-Domingue; paraît être une espèce particulière. T. V, p. 201.

CHOUETTES, ne chassent que la nuit, et sont parmi les oiseaux les représentants des chats. T. V, p. 32. — Ne peuvent guère attraper la nuit que des chauves-souris, et se rabattent sur les phalènes qui volent aussi dans l'obscurité. P. 33. — N'ont point sur la tête ces deux aigrettes ou oreilles de plumes qui distinguent les hiboux; ce genre a cinq espèces : la hulotte, le chat-huant, l'effraie, la chevêche et la petite chevêche. P. 163-167 et 195-196. — V. *Caboure.*

CHOUETTES du Cap. T. V, p. 197.

CHOUETTE qui n'avait pas encore mangé seule, dévore une fauvette. T. VII, p. 208.

CHROKIEL. V. *Grande Caille* de Pologne.

CHRYSOCOLLE *verte* ou *vert de montagne,* n'est que du vert-de-gris très atténué. La chrysocolle bleue ne diffère de la verte que par la couleur que les alcalis volatils ont fait changer. T. III, p. 304. — On l'appelle *azur* lorsque le bleu est bien intense, et *bleu de montagne* lorsqu'il l'est moins. *Ibid.*

CHRYSOLITHE. Les pierres que l'on appelle aujourd'hui *chrysolithes* ne sont que des cristaux dont le jaune est mêlé d'un peu de vert. T. III, p. 460. Différence de la chrysolithe et du péridot. P. 460. — Chrysolithes des volcans sont de la même nature que les chrysolithes ordinaires. P. 460.

CHRYSOPRASE, est une prase dont la couleur verte est mêlée d'un peu de jaune. T. III, p. 502.

CHULON ou CHÉLASON. Voyez *Lynx* ou *loup-cervier*. *Add.*, T. X, p. 304.

CHURGE ou l'outarde moyenne des Indes, plus petite que celle d'Europe, et plus haut montée; a le bec plus allongé. T. V, p. 282. — N'est point un pluvier. P. 283. — Son plumage. *Ibid.* — Est originaire du Bengale. *Ibid.*

CICATRICULE. Description de la cicatricule dans l'œuf. T. IV, p. 204. — Elle se trouve dans tous les œufs féconds ou inféconds. *Ibid.* — Elle est plus petite dans les œufs inféconds que dans les œufs féconds. Elle renferme une petite bourse qui contient l'embryon du poulet dans les œufs fécondés et ne renferme qu'une espèce de môle dans les œufs inféconds. Elle a augmenté considérablement après six heures d'incubation : on y voit déjà nager la tête du poulet, jointe à l'épine du dos. P. 210.

CICATRICULE. On doit comparer la cicatricule, dans l'œuf des femelles ovipares, aux corps glanduleux des testicules des femelles vivipares. L'œuf n'est qu'une matrice. Différence de cette matrice avec celle des vivipares. *Add.*, t. IV, p. 386.

CICATRICULE de l'œuf, contient le véritable germe de l'embryon futur. T. V, p. 296.

CIEL (le) est le pays des grands événements, mais à peine l'œil humain peut-il les saisir. L'homme, borné à l'atome terrestre sur lequel il végète, voit cet atome comme un monde, et ne voit les mondes que comme des atomes. T. II, p. 197.

CIEUX. Tableau physique des cieux. T. I, p. 396.

CIGOGNES, ne vivent pas six mois sous l'eau. T. VII, p. 335.

CIGOGNE; le genre de la cigogne n'est composé que de deux espèces : la cigogne blanche et la cigogne noire, qui ne diffèrent à l'extérieur que par la couleur, mais dont le naturel et l'instinct ne laissent pas d'être fort différents; la cigogne noire cherche les lieux déserts, se perche dans les bois, fréquente les marécages et niche dans l'épaisseur des forêts. La cigogne blanche choisit, au contraire, nos habitations pour domicile; elle s'établit sur les tours, sur les cheminées et sur les combles des édifices. T. VII, p. 540 et 541. — Dimensions de la cigogne blanche. Sa description. Singularité dans la coupure des plumes de ses ailes. P. 541. — Son vol est puissant et soutenu. Elle s'élève fort haut et fait de très longs voyages. P. 542. — Les cigognes blanches arrivent en Alsace au mois de mars, et même dès la fin de février. Elles reviennent constamment aux mêmes lieux, et si le nid est détruit elles le reconstruisent de nouveau avec des brins de bois et d'herbes de marais qu'elles entassent en grande quantité; c'est ordinairement sur les combles élevés, sur les créneaux des tours, et quelquefois sur de grands arbres au bord des eaux ou à la pointe d'un rocher escarpé qu'elles le posent. En Alsace, on place des roues, et en Hollande des caisses carrées au faîte des édifices, pour engager ces oiseaux à y faire leur nid. *Ibid.* — Leurs habitudes naturelles dans l'état de repos. Elles se nourrissent de grenouilles, de lézards, de couleuvres et de petits poissons. Elles marchent comme la grue, en jetant le pied en avant par grands pas mesurés; lorsqu'elles s'irritent ou s'inquiètent, elles font claquer leur bec. Manière dont s'exécute ce mouvement du bec. P. 542 et 543. — Ce bruit de claquement est le seul que la cigogne fasse entendre, car on ne lui connaît aucune voix ni aucun cri. Elle a la langue courte et cachée au fond du gosier. Elle ne pond pas au delà de quatre œufs, et souvent pas plus de deux, d'un blanc sale et jaunâtre, un peu moins gros, mais plus allongés que ceux de l'oie; le mâle les couve dans le temps que la femelle va chercher sa pâture; les œufs éclosent au bout d'un mois. P. 543. — Manière dont elles soignent leurs petits. Leurs habitudes naturelles dans le premier âge. Les jeunes partent avec les plus âgées dans les derniers jours d'août, saison de leur départ dans nos provinces de France. P. 544. — Elles se rassemblent et font divers mouvements avant leur départ, qui se fait ordinairement par un vent de nord. Elles s'élèvent toutes ensemble, et dans quelques instants se perdent au haut des airs. *Ibid.* — Elles vont en automne dans les pays chauds, tels que l'Égypte, pour y passer l'hiver, et reviennent dans nos contrées au printemps. P. 545. — Observations sur leurs passages et leur séjour en hiver. *Ibid.* — Les cigognes nichent en été dans nos climats, et une seconde fois en hiver dans des climats plus chauds. On ne voit de cigognes que très rarement en Angleterre et en Écosse, non plus qu'en Italie; cependant elles se portent bien plus avant dans le nord de l'Europe, comme en Suède, en Dancmark, etc. P. 546. — La Lorraine et l'Alsace sont les provinces de France où les cigognes passent en plus grande quantité. La cigogne est d'un naturel doux et se prive aisément. Il semble qu'elle ait l'idée de la propreté. Elle a presque toujours l'air triste et la contenance morne. P. 547. — Cependant, lorsqu'elle est excitée, elle se prête au badinage des enfants en sautant et jouant avec eux; elle vit longtemps, même en domesticité. Elle nourrit aussi fort longtemps ses petits. *Ibid.* — Elle les défend jusqu'à la mort; on l'a vue donner des marques d'attachement pour les lieux et les hôtes qui l'ont reçue. Elle donne aussi de tendres soins à ses parents trop faibles et trop vieux. P. 548. — Il était défendu chez les anciens de tuer la cigogne. La chair n'en est pas bonne à manger. P. 548 et 549.

Cigogne *noire* (la) n'a pas le plumage profondément noir. Sa description. T. VII, p. 549 et suiv. — Variété dans la couleur du bec et des pieds. Ses dimensions. Son naturel est très différent de celui de la cigogne blanche; car, au lieu de s'approcher et de s'établir dans les lieux habités, elle fuit dans les déserts et ne fréquente que les marais et les lieux écartés; elle niche dans l'épaisseur des bois, sur de vieux arbres, particulièrement sur les sapins, et elle est commune dans les Alpes en Suisse. Sa manière de pêcher et de chercher sa nourriture. P. 549 et 550. — Contrées de l'Europe où elle se trouve. On peut l'apprivoiser jusqu'à un certain point. On ignore si elle voyage comme la cigogne blanche, et si les temps de ses migrations sont les mêmes; mais il y a toute raison de le croire, parce qu'elle ne pourrait trouver sa nourriture pendant l'hiver dans nos contrées. P. 550 — Elle est moins nombreuse et moins répandue que la cigogne blanche. Sa chair est d'un mauvais suc et d'un fumet sauvage. P. 551.

Ciments. Différence des ciments naturels et de nos ciments artificiels. T. III, p. 438. — Le premier des ciments de nature est le suc vitreux ou cristallin. Le second est le suc spathique ou calcaire. *Ibid.* — Le troisième est le ciment métallique et pyriteux. P. 438 et 439. — Le quatrième est le bitume, etc. P. 439.

Ciments *naturels*, sont de plusieurs sortes, et diffèrent principalement entre eux, en ce que les uns sont de la même nature et homogènes avec la matière dont ils remplissent les interstices, et que les autres sont d'une substance différente de celles qu'ils pénètrent. T. II, p. 518.

Ciment *pierreux*. Voyez Grès. T. II, p. 517.

Cinabre, est un composé de mercure par le foie de soufre. T. III, p. 371.—Production du cinabre. P. 372.—Le cinabre ne se trouve point mêlé avec les mines des autres métaux, à l'exception de celles de fer en rouille, qui sont de dernière formation. P. 371.

Cincle (le) est le plus petit des oiseaux de rivage. Son espèce paraît n'être que secondaire et subalterne à celle de l'alouette de mer. Ses dimensions et sa description. Ses habitudes naturelles et communes avec celles de l'alouette de mer. Il a dans la queue le même mouvement de secousse ou de tremblement. T. VII, p. 698.

Cini ou Gigni, nom du serin de Provence. T. VI, p. 124. — Cet oiseau s'appelle aussi *serin vert.* P. 125.—Il a la voix plus grande que le venturon; il est remarquable par ses belles couleurs. La femelle est un peu plus grosse que le mâle; il vit longtemps en cage. *Ibid.* — On le trouve en Provence, en Dauphiné, dans le Lyonnais, et on le connaît en Bourgogne sous le nom de serin. *Ibid.*— Le cini ou serin vert de Provence est celui de tous les serins qui a la voix la plus forte, qui est le plus vigoureux et le plus ardent pour la propagation. P. 131.

Circoncision, se fait en Turquie à l'âge de sept ou huit ans, et souvent on attend jusqu'à onze ou douze; en Perse, c'est à l'âge de cinq ou six ans; elle fait beaucoup de douleur aux personnes âgées. T. XI, p. 28. — Causes naturelles de cet usage. P. 29.

Circoncision des filles, est en usage chez les peuples du Midi. En quoi elle consiste. Cause naturelle de cet usage. T. XI, p. 29.

Circulation du sang dans les quadrupèdes, les oiseaux, les amphibies. T. VII, p. 334 (note *e*). — Expérience sur cette matière. P. 335.

Cirquinçon, espèce de tatou qui n'a qu'un bouclier et dix-huit bandes mobiles sur le dos et sur la croupe; sa description et ses caractères spécifiques. T. IX, p. 273 et suiv. — On l'a appelé *Tatou-belette*, parce qu'il a la tête à peu près de la figure de la belette. P. 273.—C'est de tous les tatous celui qui a le plus de facilité pour se contracter et se serrer en boule à cause de ses dix-huit bandes mobiles qui occupent non seulement l'espace du dos, mais encore celui de la croupe jusqu'auprès de la queue. P. 273 et 274.

Citli (le) de Fernandès paraît être le même animal que le tapeti de Margrave. *Add.*, t. X, p. 353.

Civette, ses ressemblances et ses différences avec le zibet. T. IX, p. 216 et suiv.— L'espèce en est plus sujette aux variétés que celles des autres animaux sauvages, parce qu'on élève en plusieurs endroits les civettes comme des animaux domestiques. P. 217. — Ses caractères particuliers et ses différences d'avec la genette. P. 218 et 219. —Le parfum des civettes est très fort, celui du zibet est surtout d'une violence extrême. P. 219.—Siège du parfum de la civette. *Ibid.* — Substance et consistance de la matière du parfum dans les civettes. *Ibid.* — Différence du parfum de la civette et de celui du musc. *Ibid.*—Le mâle de la civette n'a rien d'apparent au dehors que trois ouvertures, toutes semblables à celles de la femelle, et il est difficile de distinguer dans cette espèce, par la seule inspection, le mâle de la femelle. *Ibid.* — Les civettes sont des animaux de l'ancien continent et qui n'existaient point dans le nouveau; discussion critique à ce sujet. P. 219 et 220. — Quoique originaires des climats les plus chauds, elles peuvent cependant vivre dans les climats tempérés et froids. P. 222. — Manière de recueillir l'humeur du parfum de la civette. P. 223.— Manière de nourrir les civettes domestiques. Naturel et tempérament des civettes. *Ibid.*— Quoiqu'elles puissent vivre dans les régions tempérées, et qu'elles y rendent leur liqueur parfumée comme dans leur climat, elles ne peuvent cependant y multiplier. P. 224. — Usage de ce parfum. *Ibid.*

CIVETTE (la) parait souffrir beaucoup du froid; elle devient moins méchante lorsqu'elle y est exposée. *Add.*, t. X, p. 292.

CIVETTE *volante*. Voyez *Taguan*. *Add.*, t. X, p. 318.

CLIGNOT. Voyez *Traquet* à lunette.

CLIMAT. Les oiseaux en général sont moins assujettis à la loi du climat que les quadrupèdes. T. V, p. 6. — Quelques espèces d'oiseaux de proie ne paraissent pas avoir de climat fixe et bien déterminé. P. 47. — Influence du climat sur les mœurs des animaux. P. 341.

CLIMAT des oiseaux-mouches, T. VII, p. 36 et 37. — Des colibris. P. 59 et 60. — Des perroquets. P. 81 et 82, 102, 126. Loi du climat a lieu pour les oiseaux comme pour les quadrupèdes. Voyez *Oiseaux*. — Climat des loris. P. 107. — Il est douteux que l'on trouve des perroquets dans la Nouvelle-Zélande, la terre de Diémen et les terres Magellaniques. P. 181. — On ne trouve aucune espèce de perroquets ni de perruches au delà de la Caroline. On n'en trouve qu'une seule espèce à la Louisiane. P. 185. — Climat des huppes, guépiers, promerops. P. 271.

CLIMATS, leur influence sur les animaux. De tous les climats de la terre habitable, celui de l'Espagne et celui de la Syrie sont les plus favorables aux belles variétés de la nature dans les animaux. Les moutons, les chèvres, les chiens, les chats, les lapins, etc., ont en Espagne et en Syrie la plus belle laine, les plus beaux et les plus longs poils, les couleurs les plus agréables et les plus variées; il semble que ces climats adoucissent la nature et embellissent la robe de tous les animaux. T. VIII, p. 611 et 612. — Il semble que les mêmes causes qui ont adouci, civilisé l'espèce humaine dans nos climats, ont produit de pareils effets sur toutes les autres espèces. T. IX, p. 2. — Influence générale du climat sur les végétaux, les animaux et l'homme. P. 2 et 3. — Tout se tempère dans un climat tempéré, et tout est excès dans un climat excessif. P. 3.

CLIMATS. Ce que l'on doit entendre par climats. *Add.*, t. IX, p. 207.

CLIMATS. Dans tous les climats de la terre, les étés sont égaux, tandis que les hivers sont prodigieusement inégaux. Examen et réfutation de l'explication que feu M. de Mairan a donnée de ce fait. Cause réelle de cet effet démontrée par l'auteur. Les hivers sont d'autant plus inégaux qu'on s'avance plus vers les zones froides. T. I, p. 404 et suivantes. — Raison pourquoi les plantes végètent plus vite, et que les récoltes se font en beaucoup moins de temps dans les climats du Nord, et pourquoi l'on y ressent souvent au commencement de l'été des chaleurs insoutenables. P. 406.

CLIMATS. L'homme peut modifier les influences du climat qu'il habite, et en fixer pour ainsi dire la température au point qui lui convient. T. II, p. 131 et 184.

CLITORIS de la femelle de l'autruche. T. V, p. 214.

CLOCHES (les) faites de fonte de fer sont d'autant plus sonores que la fonte est plus cassante, et par cette raison il faut leur donner plus d'épaisseur qu'aux cloches faites du métal ordinaire. T. II, p. 448.

COAGULATION *de la fonte de fer*, expériences sur ce sujet. T. II, p. 427.

COAÏTA, espèce de sapajou d'une assez grande taille et d'un naturel doux, dans laquelle il y a plusieurs variétés. T. X, p. 196. — Naturel de ces animaux, leur intelligence, leur adresse, etc. P. 199 et suivant. — Caractères distinctifs de cette espèce. P. 200.

COAÏTA. Addition à l'article de ce sapajou, et exposé de ses habitudes. *Add.*, tome X, p. 216 et suivantes.

COAK et CINDERS. Voyez CHARBON DE TERRE. T. III, p. 49.

COASE, première espèce de mouffette. T. IX, p. 593. — Description du coase, ses habitudes naturelles, ses déprédations. Il répand, lorsqu'il est irrité ou effrayé, une odeur abominable, mais ce n'est pas une chose habituelle, car il y a des gens qui élèvent des coases dans leurs maisons. P. 594 et 595. — Le coase diffère des autres mouffettes en ce qu'il n'a que quatre doigts aux pieds de devant, tandis que les autres en ont cinq. P. 595.

COATI. Voyez *Raton*. T. IX, p. 159. — Différences du coati et du raton. P. 161. — Le coati ne se trouve que dans les climats méridionaux du nouveau continent. 161. — Il a le museau très allongé et le groin mobile en tout sens. *Ibid.* — Il est sujet à manger sa queue. 162. — C'est un animal de proie qui se nourrit de chair et de sang. *Ibid.*

COATI-MONDI, est une variété du coati. P. 161.

COATI. On assure que les coatis produisent ordinairement trois petits. Leurs habitudes naturelles. Ils sont très habitués à manger l'extrémité de leur queue, et on ne peut pas les corriger de cette habitude, qui leur devient funeste. Manière dont on pourrait peut-être les en préserver. *Add.*, t. X, p. 254.

COBALT. De tous les minéraux métalliques, le cobalt est peut-être celui dont la nature est la plus masquée; on ne peut le reconnaître d'une manière sûre que par la couleur bleue qu'il donne aux émaux. T. III. p. 418. — Les mines de cobalt sont rares, et toujours chargées de matières étrangères. *Ibid.* — Le cobalt est toujours mêlé de fer si intimement, qu'on ne peut les séparer. *Ibid.* — Régule de cobalt, ses propriétés. *Ibid.* — Indice des minières de cobalt. P. 419. — La substance du régule de cobalt est plus fixe au feu que celle des demi-métaux et même que celle du fer et des autres métaux imparfaits. P. 422. — Alliage du régule de cobalt avec les métaux et demi-métaux. *Ibid.* — Mines de cobalt en Europe, à la Chine, au Japon, etc. P. 422 et suiv.

COBALT. Régule de cobalt est toujours plus ou moins attirable à l'aimant. T. IV, p. 45.

COCHEVIS (le) ou GROSSE ALOUETTE huppée. Sa huppe et sa description. T. VI, 443 et 444. — Son naturel, ses habitudes. P. 444. — L'espèce en est répandue dans tous les climats tempérés de l'Europe. Son chant est fort agréable et très doux. *Ibid.* — Manière de les gouverner en domesticité. P. 445. — Différences du mâle et de la femelle. *Ibid.* — Habitudes de la mère à l'égard de ses petits. P. 445 et 446. — Différences des habitudes du cochevis avec celles des autres alouettes. P. 446. — Elle a une singulière habitude pour apprendre à chanter un air de musique. *Ibid.* — Description de parties intérieures. Ses dimensions. P. 446 et 447.

COCHEVIS *du Sénégal.* Voyez *Grisette.*

COCHICAT, espèce de toucan du Mexique. Sa description d'après Fernandez. T. VII, P. 472.

COCHITOTOTL, femelle du promerops orangé. Voyez ce mot.

COCHO, nommé aussi *catherina*, variété du crick à tête bleue. Parle très bien. T. VII, p. 164 et 165. — Cocho de Seba, variété du guarouba. P. 186.

COCHON (le), le cochon de Siam et le sanglier sont tous trois de la même espèce. T. VIII, p. 570. — Il a quatre doigts au dedans, quoiqu'il n'en paraisse que deux à l'extérieur. *Ibid.* — Comparaison du cochon avec les animaux solipèdes, pieds fourchus et fissipèdes. *Ibid.* — Le cochon produit en plus grand nombre que tous les autres animaux de la même grandeur. P. 571. — Il a des parties inutiles, des doigts qui ne lui servent à rien. P. 572. La graisse du cochon est différente de celle de presque tous les autres animaux quadrupèdes, non seulement par sa consistance et sa qualité, mais aussi par sa position dans le corps de l'animal. P. 575. — Singularité dans la forme des dents du cochon. P. 576. — Il a quarante-quatre dents. *Ibid.* — Naturel et qualités du cochon. *Ibid.* — Grossièreté et insensibilité du cochon, de quoi elles dépendent. P. 576 et 577. — Imperfections de cet animal dans les sens du goût et du toucher. P. 577. — Maladie du cochon par laquelle il devient ladre; de quelles causes elle peut provenir. *Ibid.* — Manière de rendre sa chair excellente au goût. *Ibid.* — Différentes manières de les engraisser. P. 577 et suiv. — La castration du cochon se fait ordinairement à l'âge de six mois, au printemps ou en automne. P. 578. — Manière dont se fait la castration des cochons. *Ibid.* L'accroissement du cochon paraît toujours aller en augmentant, et plus un sanglier est vieux, plus il est gros; mais on laisse rarement les cochons domestiques vivre plus de deux ou trois ans. *Ibid.* — Les cochons pourraient s'accoupler dès l'âge de neuf mois ou d'un an; mais il vaut mieux attendre qu'ils aient dix-huit mois ou deux ans. Les cochons blancs ne sont jamais aussi forts que les noirs. P. 578 et suiv.

COCHON. Cet animal fait exception à la règle générale de la fécondité dans les animaux, laquelle est en raison inverse de la grandeur. T. X, p. 521. — Les cochons peuvent devenir avec l'âge beaucoup plus gros et plus grands qu'ils ne sont ordinairement; exemple a ce sujet. *Add.*, tome X, p. 395.

COCHONS et TRUIES, sont sujets à dévorer quelques-uns de leurs petits nouveau-nés. T. VIII, p. 579. — Manière dont on élève les jeunes cochons domestiques. *Ibid.* — Pourquoi les cochons fouillent la terre avec leur boutoir. P. 579 et 580. — Manière dont ils se secourent et se défendent les uns les autres. P. 580. — Manière de les conduire à la pâture et de les traiter dans les différentes saisons de l'année. *Ibid.* — Différents cris du cochon. *Ibid.* — Les petits cochons domestiques reconnaissent à peine leur mère, et tettent la première truie qui veut les souffrir. P. 581. — Utilité et profit que l'on tire du cochon. P. 582. — Les cochons domestiques, dans les climats chauds, sont tous noirs comme les sangliers. *Ibid.* — Les cochons de la Chine, qui sont aussi ceux de Siam et de l'Inde, ne diffèrent des nôtres que par de légers caractères, et non pas par l'espèce. *Ibid.* — Le cochon appartient à l'ancien continent et ne s'est pas trouvé dans le nouveau lorsqu'on en fit la découverte. T. VI. p. 564. — Les cochons transportés dans l'Amérique méridionale y ont prodigieusement multiplié et y sont meilleurs à manger qu'en Europe. *Ibid.*

COCHON D'INDE. Il est naturel aux climats chauds. T. IX, p. 112. — Manière de rendre

les cochons d'Inde meilleurs à manger. *Ibid.*
— Les femelles ne portent que trois semaines, et nous en avons vu mettre bas à deux mois d'âge; les premières portées sont de quatre ou cinq, la seconde portée de cinq ou six; et les autres de sept ou huit, et même de dix ou onze; la mère n'allaite ses petits que pendant douze ou quinze jours, elle les chasse dès qu'elle reprend le mâle; c'est au plus tard trois semaines après qu'elle a mis bas. *Ibid.* — Les cochons d'Inde produisent tous les deux mois. Avec un seul couple, on pourrait en avoir un millier dans un an. P. 113. — Le froid et l'humidité les font mourir. P. 113. — Les mères n'ont pas le temps de s'attacher à leurs petits et les laissent manger aux chats sans s'irriter. *Ibid.* — Habitudes naturelles et tempérament du cochon d'Inde. *Ibid.* — L'espèce a été portée du nouveau continent dans l'ancien, c'est-à-dire du Brésil en Guinée. T. IV, p. 578.

COCHON DE GUINÉE. Notice au sujet de cet animal, qui paraît n'être qu'une variété de l'espèce commune du cochon. *Add.*, t. X, p. 395.

COCHON *de terre* (le) est un animal d'Afrique différent des fourmiliers d'Amérique, et il ne leur ressemble qu'en ce qu'il est de même privé de dents, et qu'il a une langue assez longue pour l'introduire dans les fourmilières. Le nom de cochon de terre est relatif à ses habitudes naturelles et même à sa forme, et c'est celui sous lequel il est communément connu dans les terres du Cap. *Add.*, t. X, p. 364. — Sa description par M. Allamand. P. 364 et suiv. — Ses différences très reconnaissables avec le tamanoir, le tamandua et le fourmilier, qui sont tous trois d'Amérique, tandis que le cochon de terre est d'Afrique. P. 366. — Il introduit sa langue dans les fourmilières et avale les fourmis qui s'y attachent. *Ibid.* — Ses petits rapports avec le cochon commun et ses grandes différences avec cet animal. *Ibid.* — Description du cochon de terre par Kolbe. P. 366, (note *a*). — Ses dimensions par M. Allamand. P. 366.

COCHON DE SIAM. Addition à son article. *Add.*, t. X, p. 395.

COCOTZIN, petite tourterelle d'Amérique. T. V, p. 539.

COCQUAR. Voyez *Faisan bâtard.*

CŒCUM, dans l'espèce de l'aigle; le mâle n'en a point, tandis que la femelle en a deux fort amples. T. V, p. 62. — Gros *cœcum* du moyen duc. P. 178. — De l'autruche. P. 210. — Très grand dans les dindons. P. 331. — De six pouces dans la pintade. P. 346. — De vingt-quatre pouces dans le petit tétras. P. 365.

CŒCUM unique dans l'hirondelle de rochers, le bihoreau. T. VII, p. 373.

COENDOU, animal d'Amérique dont la nature approche de celle du porc-épic; erreur de Pison à l'égard de cet animal. Il n'existe point dans l'Asie méridionale et ne se trouve qu'en Amérique. T. IX, p. 523. — Il y en a deux espèces ou plutôt deux variétés. P. 524. — Description du coendou et ses différences avec le porc-épic. Son naturel, ses habitudes, sa nourriture : provinces de l'Amérique où on le trouve. P. 524 et 525.

COENDOU. Il y a deux espèces de coendous, l'une plus grande et l'autre plus petite, dans les terres de l'Amérique méridionale. *Add.*, t. X, p. 350.

COENDOU A LONGUE QUEUE. Description de cet animal. *Add.*, t. X, p. 350 et 351.

COESCOES *des Indes orientales*, ses différences avec le sarigue d'Amérique, qui prouvent que ce ne sont pas des animaux de même espèce. *Add.*, t. X, p. 306 et 307.

CŒUR, est presque rond dans l'autruche, T. V, p. 215. — Ce n'est que le onzième jour de l'incubation que le cœur se trouve parfaitement formé et réuni avec ses artères. P. 299. — Cœur de la pintade plus pointu qu'il n'est ordinairement dans les oiseaux. P. 347. — Communications entre le péricarde et les poumons. *Ibid.*

COIFFES JAUNES, espèce de carouge noir de Cayenne à tête jaune; variété de grandeur. T. V, p. 663.

COIFFE NOIRE, espèce de tangara du Brésil et de la Guyane; sa description. T. VI, p. 255. — Le tijepiranga de Marcgrave pourrait être la femelle de cet oiseau. P. 256.

COLENICUI, espèce de perdrix du Mexique; comment on s'est joué de cette espèce. T. V, p. 502 et 503.

COLIBRI. Confondu par plusieurs auteurs avec l'oiseau-mouche. Lui ressemble par ses belles couleurs, la forme de sa langue, l'usage qu'il en fait, la manière de se nourrir, etc. En diffère par son bec arqué et plus long, sa taille plus allongée. Est généralement plus gros. T. VII, p. 57 et 58. — Comparé aux grimpereaux. En quoi ils diffèrent. P. 58. — Petits du colibri difficiles à nourrir en domesticité, comme ceux de l'oiseau-mouche. Exemple d'une nichée prise et nourrie à l'aide des père et mère qui leur apportaient à manger, et qui s'apprivoisèrent. P. 58 et 59. — La voix du colibri n'est qu'un petit cri ou bourdonnement. P. 59. — Son climat est la zone torride du nouveau monde. P. 59 et 60. — Ne se trouve point en Asie. P. 63. — A été confondu avec le grimpereau. *Ibid.*

COLIBRI *à cravate verte.* Assez grande espèce. T. VII, p. 65 et 66.

COLIBRI *à gorge carmin.* T. VII, p. 66. — Son bec se rapproche par sa courbure de celui des grimpereaux. *Ibid.*

COLIBRI *à queue violette.* Assez grande espèce, a le bec très long. T. VII, p. 63.

COMBUSTIBLES. Les matières combustibles ne se consument pas dans des vaisseaux bien clos, quoique exposées à l'action du plus grand feu. T. II, p. 228. — On peut mesurer la célérité ou la lenteur avec laquelle le feu consume les matières combustibles par la quantité plus ou moins grande de l'air qu'on lui fournit. P. 229. — Matières combustibles qui paraissent n'avoir pas besoin d'air pour se consumer. *Ibid.* — Explication de la manière dont se fait la combustion de ces matières. P. 229. — Différences des matières combustibles et non combustibles. *Ibid.* — Rapport des matières combustibles avec le feu. P 230. — Différence essentielle entre les matières volatiles et les matières fixes, et entre les substances plus ou moins combustibles. *Ibid.* — Toutes les matières combustibles viennent originairement des animaux ou des végétaux. Preuve de cette assertion. P. 231

COMBUSTION. Explication de la manière dont s'opère la combustion. T. II, p. 229. — Ce qu'elle suppose de plus que la volatilisation. *Ibid.* — Ses effets comparés à ceux de la calcination. P. 240. — La combustion et la calcination sont des effets du même ordre. *Ibid.*

COMÈTES (les), comme les planètes, obéissent à la force de l'attraction du soleil. Elles décrivent de même autour du soleil des aires proportionnelles aux temps, dans des orbites elliptiques fort allongées. T. I, p. 68 et 69. — Les comètes parcourent le système solaire dans toutes sortes de directions, et les inclinaisons des plans de leurs orbites sont fort différentes entre elles. Elles n'ont rien de commun dans leur mouvement d'impulsion. P. 69. — Il est presque nécessaire qu'il en tombe quelquefois dans le soleil. P. 70. — La comète de 1680 approcha si fort du soleil, qu'elle n'en était pas éloignée de la sixième partie du diamètre solaire. *Ibid.* — Les comètes sont composées d'une matière très dense. P. 71. — Elles se meuvent avec une immense vitesse acquise, lorsqu'elles approchent du soleil de fort près. *Ibid.* — Les comètes, comme les planètes, sont toutes opaques, et aucune n'est lumineuse par elle-même. P. 75. — Elles sont sujettes à des vicissitudes terribles, à cause de l'excentricité de leurs orbites; tantôt, comme dans celle de 1680, il y fait mille fois plus chaud qu'au milieu d'un brasier ardent; tantôt, si l'on ne considère que l'éloignement où elles sont alors du soleil, il y fait mille fois plus froid que dans la glace. P. 83. — La comète de 1680 a éprouvé à son périhélie une chaleur deux mille fois plus forte que celle d'un fer rouge. Il lui faudra cinquante mille ans pour se refroidir. P. 84. — La queue d'une comète est la partie la plus légère de son atmosphère; c'est un brouillard transparent, une vapeur subtile que l'ardeur du soleil fait sortir du corps et de l'atmosphère de la comète : cette vapeur, composée de particules aqueuses et aériennes extrêmement raréfiées, précède la comète lorsqu'elle descend, et la suit lorsqu'elle remonte; en sorte qu'elle est toujours située du côté opposé au soleil. La colonne que forme cette vapeur est souvent d'une longueur immense, et plus une comète approche du soleil, plus sa queue est longue et étendue. P. 84 et 85. — Plusieurs comètes descendent au-dessous de l'orbe annuel de la terre. P. 85. — Les comètes sont en beaucoup plus grand nombre que les planètes. Elles pèsent de même sur le soleil et contribuent de tout leur poids à son embrasement. T. II, p. 197. — Ce sont pour ainsi dire des mondes en désordre, étant sujettes à des vicissitudes étranges de chaleur et de froid extrême, et à des inégalités prodigieuses de mouvement. P. 198.

COMÈTES. Il existe probablement dans le système solaire quatre ou cinq cents comètes qui parcourent en tous sens les différentes régions de cette vaste sphère. T. I, p. 397. — Quand même il existerait des comètes dont la période de révolution serait double, triple et même décuple de la période de 575 ans, la plus longue qui nous soit connue, et qu'en conséquence ces comètes s'enfonceraient à une profondeur dix fois plus grande, il y aurait encore un espace soixante-quatorze ou soixante-quinze fois plus profond pour arriver aux confins du système du soleil et du système de Sirius. P. 398 et 399. — Raisons qui semblent prouver que les comètes ne peuvent passer d'un système dans un autre. P. 399.

COMÈTES. Le noyau, c'est-à-dire le corps des comètes qui approchent du soleil, ne paraît pas être profondément pénétré par le feu, puisqu'il n'est pas lumineux par lui-même, comme le serait toute masse de fer, de verre ou d'autre matière solide intimement pénétrée par cet élément. T. II, p. 26. — Manière d'estimer par approximation le nombre des comètes. Il est beaucoup plus grand qu'on ne le croit vulgairement, et peut-être y en a-t-il quatre ou cinq cents dans le système solaire. P. 29.

COMÈTES. Correction à faire à l'estime que Newton a faite de la chaleur que le soleil a communiquée à la comète de 1680. T. II, p. 277. — Cette comète n'a pu recevoir le degré de chaleur assigné par Newton: il aurait fallu pour cela qu'elle eût séjourné pendant un très long temps dans le point de son périhélie. P. 277 et 278. — Explication de l'origine de ce que l'on appelle les queues des comètes. P. 279. — Lorsque les comètes approchent du soleil, elles ne reçoivent pas une chaleur immense, ni très longtemps durable ; leur séjour est si court dans le voisinage de cet astre, que leur masse n'a pas le temps de s'échauffer, et il n'y a guère que la partie de la surface exposée au soleil qui soit brûlée par cet instant de grande chaleur. *Ibid.*

COMMANDEUR, est l'acolchi de Fernandez, l'étourneau rouges ailes, le troupiale à ailes rouges ; son plumage, tache qui lui a valu le nom de commandeur ; différences entre le mâle et la femelle. T. V, p. 646 et 647. — Dimensions, poids, pays qu'il habite, se prive aisément, apprend à parler, chante, soit en cage, soit en liberté. P. 647. — Nourriture, vole en troupes, même avec d'autres espèces ; où place son nid selon Catesby, selon Fernandez. P. 648. — Manière de prendre ces oiseaux à la Louisiane. *Ibid.* — Variétés d'âge, de sexe. P. 648 et 649.

COMMOTION (la) produite par la torpille, l'anguille de Surinam et le trembleur du Niger, n'est point un effet mécanique. T. IV, p. 92. — Elle ne peut point être rapportée au simple magnétisme. *Ibid.* — Elle ne doit pas non plus être regardée comme un phénomène purement électrique. *Ibid.*

CONCEPTION. Trois ou quatre jours après la conception, il y a dans la matrice de la femme une bulle ovale qui a au moins six lignes sur son grand diamètre, et quatre lignes sur le petit. T. IV, p. 354. — Les conceptions qui se font dans les jours qui suivent l'écoulement périodique sont celles qui tiennent et qui réussissent le mieux : raison de cet effet. P. 374. — La conception s'opère quelquefois avant l'âge de puberté dans les femmes, c'est-à-dire avant que les menstrues paraissent. T. XI, p. 44 et 45. — Elle s'opère aussi quelquefois après la cessation des menstrues. P. 45. — Signes d'une conception récente sont très incertains. P. 45 et suiv.

CONCRÉTIONS (les) et stalactites produites par les cailloux, sont presque toutes des pierres dures et précieuses ; au lieu que celles de la pierre calcinable ne sont que des matières tendres et qui n'ont aucune valeur. T. I, p. 230.

CONCRÉTIONS. Différence entre les concrétions, les incrustations et les pétrifications ; comment se forment les unes et les autres. T. III, p. 584 et suiv.

CONDENSATION ou COCTION *des planètes*, à un rapport immédiat avec les degrés de chaleur qu'elles ont à supporter. T. I, p. 76. — Examen de la condensation des planètes. *Ibid.*

CONDOMA. Description de sa tête et de ses cornes. T. IX, p. 495 et suiv. — Il est très remarquable par sa taille et par la longueur et la figure de ses cornes. P. 496. — C'est le même animal que celui du cap de Bonne-Espérance, que Kolbe appelle *chèvre sauvage*. Sa description. P. 497.

CONDOMA (le) est appelé par les Hollandais *coësdoës*, qui se prononce *coudous*. Description d'une peau de condoma et des belles cornes de cet animal. *Add.*, t. X, p. 480 et 481. — Ses dimensions. La femelle porte des cornes comme le mâle. Variétés dans le pelage de ces animaux. Ils se trouvent dans l'intérieur des terres au cap de Bonne-Espérance, et ils ne vont point en troupes. Leur force et leur légèreté pour sauter. On peut les apprivoiser. P. 481 et 482. — Description d'un condoma vivant, par MM. Allamand et Klockner. P. 482 et suiv. — Sa nourriture en domesticité et en liberté dans son pays natal. Ses dimensions. P. 484.

CONDOR, possède à un plus haut degré que l'aigle les prérogatives des oiseaux ; a de neuf à dix-huit pieds de vol, le corps, le bec et les serres à proportion, la tête couverte d'un duvet court ; se tient sur les montagnes, d'où il ne descend que dans la saison des pluies ; passe ordinairement la nuit sur le bord de la mer. T. V, p. 102 et 103. — A une crête brune, non dentelée, la gorge couverte d'une peau rouge ; enlève une brebis tout entière et la dévore, attaque les cerfs, et même les hommes, se nourrit aussi de vers de terre ; vole avec grand bruit ; diffère des vautours en ce qu'il se nourrit de proies vivantes ; se trouve en Afrique et en Asie, comme au Pérou ; c'est le roc des Orientaux, le vautour des moutons de Suisse et d'Allemagne ; son plumage est noir et blanc, quelques individus ont du rouge sous le ventre. P. 104 et suiv.

CONDUCTEURS. Les amas d'eau, les matières métalliques, calcaires, végétales et humides, sont les plus puissants conducteurs du fluide électrique. T. IV, p. 79. — Lorsqu'elles sont isolées par les matières vitreuses, elles peuvent être chargées d'un excès plus ou moins considérable de ce fluide. *Ibid.*

CONDUCTEURS *électriques*. La foudre, lancée par les conducteurs électriques souterrains, est assez puissante pour bouleverser et même projeter plusieurs millions de toises cubes. T. IV, p. 81.

CONEPATL, troisième espèce de mouffette. T. IX, p. 593. — Sa description. P. 595, 596.

CONGÉLATIONS. Origine des congélations et de toutes les espèces de stalactites. T. I, p. 227 et suiv.

CONGÉLATION (la) paraît présenter d'une manière inverse les mêmes phénomènes que l'inflammation. T. II, p. 254.

CONNAISSANCES. L'expérience est la base de nos connaissances, et l'analogie en est le premier instrument. Toutes deux peuvent nous donner des certitudes à peu près égales. T. XI, p. 311.

CONSOLIDATION. Les temps nécessaires pour consolider le métal fluide (le fer) sont en même raison que celle de son épaisseur.

Preuve de cette vérité par l'expérience. T. II, p. 428 et 429.

CONTACT (dans le point de), la force attractive, dont l'action est très inégale à toutes les distances dans les différents aimants, produit alors un effet moins inégal dans l'aimant faible et dans l'aimant fort. T. IV, p. 111.

CONTINENCE. La continence forcée produit quelquefois de grands maux, et particulièrement l'épilepsie; exemple frappant à ce sujet, *Add.*, t. XI, p. 227 et suiv. — Effets de la continence forcée dans les animaux. P. 231. Elle ne fait aucun mal dès qu'on a passé l'âge de cinquante-cinq ou soixante ans. *Ibid.*

CONTINENT. La plus grande longueur de l'ancien continent se trouve être en diagonale avec l'équateur et doit se mesurer en commençant au nord de la Tartarie la plus orientale et finissant à la pointe de l'Afrique, c'est-à-dire au cap de Bonne-Espérance; cette ligne est d'environ trois mille six cents lieues, et n'est interrompue que par de petites étendues d'eau, telles que la mer Caspienne et la mer Rouge. T. I, p. 95. — Cette ligne peut être regardée comme le milieu de la bande de terre qui compose l'ancien continent, attendu que la superficie des terres de chaque côté de cette ligne est à peu près égale. *Ibid.* — La surface de l'ancien continent ne fait pas la cinquième partie de la surface entière du globe. *Ibid.* — La plus grande largeur du nouveau continent doit être prise depuis l'embouchure du fleuve de la Plata jusqu'à cette contrée marécageuse qui s'étend au delà du lac des Assiniboïls. P. 96. — Cette ligne peut avoir environ deux mille cinq cents lieues de longueur, et partage le nouveau continent en deux parties égales. Elle est inclinée, comme celle qui partage l'ancien continent, de trente degrés à l'équateur, mais en sens contraire. *Ibid.* — Les terres de l'ancien et du nouveau continent, prises ensemble et telles qu'elles nous sont connues, ne font pas le tiers de la surface du globe terrestre. *Ibid.* — Le vieux et le nouveau continent sont presque opposés l'un à l'autre; l'ancien est plus étendu au nord de l'équateur qu'au sud; au contraire, le nouveau l'est plus au sud qu'au nord de l'équateur; le centre de l'ancien continent est à seize ou dix-huit degrés de latitude nord, et le centre du nouveau est à seize ou dix-huit degrés de latitude sud, en sorte qu'ils semblent faits pour se contrebalancer. *Ibid.* — Terres et îles séparées du continent; l'île de la Grande-Bretagne a été séparée de la France; l'Espagne de l'Afrique; la Sicile de l'Italie; la Terre-de-Feu de l'Amérique; l'île de Frisland du Groenland. Preuves de cette assertion. P. 114 et 115. — Les pointes formées par les continents sont toutes posées de la même façon, elles regardent toutes le midi, et la plupart sont coupées par des détroits qui vont de l'orient à l'occident; *exemples :* la pointe de l'Amérique méridionale, la pointe du Groenland, la pointe de l'Afrique, la pointe de la presqu'île de l'Inde. P. 171. — Il n'y a dans le nouveau continent qu'une seule et même race d'hommes, à l'exception du nord, où il se trouve des hommes semblables aux Lapons, et aussi quelques hommes à cheveux blonds, semblables aux Européens du nord. T. XI, p. 211. — Pourquoi la température des différents climats est bien moins inégale dans le nouveau continent que dans l'ancien. P. 212 et 213. — Contiguïté des deux continents vers le nord, mieux démontrée par l'histoire naturelle que par la géographie. T. IV, p. 579. — La chaleur et l'humidité sont en général beaucoup moindres dans le nouveau continent que dans l'ancien. Causes physiques de cet effet. T. IV, p. 584. — Différences essentielles et très marquées entre l'ancien et le nouveau continent. P. 584 et 585.

CONTINENTS. L'ancien et le nouveau continent sont vraisemblablement contigus vers le nord du côté de l'Asie. *Add.*, t. XI, p. 288.

CONTINENT de la Nouvelle-Hollande. Voyez *Hollande.*

CONTINENTS. Détail du calcul de la superficie des deux continents. *Add.*, t. I, p. 251 et 252.

CONTINENTS. Vieux et nouveau, n'ont pas les mêmes espèces de perroquets. T. VII, p. 81. — Ni de perruches. P. 128.

CONTINENTS. Si les deux continents sont séparés vers le nord, il est certain que cette séparation ne s'est faite qu'après la naissance des éléphants dans les contrées du nord, puisqu'on retrouve leurs dépouilles en Amérique, comme en Asie et en Europe. T. II, p. 16. — Tous les continents vont en se rétrécissant du côté du midi. Raison de ce fait général. P. 48. — Preuve démonstrative que le continent de l'Afrique a toujours été séparé de celui de l'Amérique, et qu'au contraire celui de l'Asie était contigu à l'Amérique vers le nord. P. 63. — La continuité des deux continents vers le nord a subsisté longtemps. Preuves de cette vérité. P. 98. — La séparation des continents vers le nord est d'un temps assez moderne en comparaison de la division de ces mêmes continents vers les parties de l'équateur. P. 104 et 105. — Les deux continents de l'Asie et de l'Amérique ont été autrefois contigus vers le nord, et le sont peut-être encore aujourd'hui. P. 105. — Dans tous les continents, les terres ont une pente plus rapide du côté de l'occident que du côté de l'orient. Détails des faits qui prouvent cette vérité générale. P. 165 et 166. — L'étendue des continents terrestres ne fera qu'augmenter avec le temps. Fondement de cette présomption. P. 167 et suiv. — Le continent de l'Asie et celui de l'Amérique sont réunis vers le nord. Détails des faits qui indiquent cette vérité. L'on n'a point doublé le cap des Tschutschis, c'est-à-dire la pointe la plus septentrionale de l'Asie orientale. Il y a eu de temps immémorial un commerce entre les Tschutschis et les Américains. L'intervalle des mers qui les sépare est semé d'un si grand nombre d'îles, qu'on peut prendre terre tous les jours, et faire en canot à la rame, le trajet de l'Asie à l'Amérique en très peu de jours. Nouveaux faits qui prouvent cette facilité de communication. P. 177 et suiv.

Convenances. Le sentiment des convenances doit régner dans tout écrit. T. XI, p. 580.

Coq (un) est capable d'engendrer à l'âge de trois mois, et il n'a pas pris alors plus du tiers de son accroissement. T. IV, p. 344.

Coq, sevré de poules, se sert d'un autre coq, d'un chapon, d'un dindon et même d'un canard. T. V, p. 11. — Est en état d'engendrer à l'âge de quatre mois, et ne prend son entier accroissement qu'en un an. P. 30. — On a vu des coqs vivre vingt ans. *Ibid.* — Les coqs sont, avec les paons et les dindons, et tous les autres oiseaux à jabot, les représentants, parmi les oiseaux, des bœufs, des brebis, des chèvres et des autres ruminants. P. 32. — Un coq suffit aisément à douze ou quinze poules et féconde par un seul acte tous les œufs que chaque poule peut produire en vingt jours, en sorte qu'il pourrait chaque jour être père de trois cents enfants. P. 40. — Le coq et la poule sauvages ne produisent dans l'état naturel qu'autant que nos perdrix et nos cailles, dix-huit ou vingt œufs. *Ibid.* — Une bonne poule de basse-cour peut produire en un an une centaine d'œufs. *Ibid.*

Coq, difficulté de le classer. T. V, p. 286 et 287. — Son vol, sa démarche, son chant. P. 287. — Ses fonctions; détail de ses parties, avec les variétés qu'entraîne le sexe; qualités d'un bon coq. P. 288. — Se joint quelquefois avec un autre coq. P. 289. — Moyen de perfectionner l'espèce. *Ibid.* — Ses attentions pour ses poules, sa jalousie, sa fureur contre un rival, ses combats devenus spectacles. P. 289 et 290. — Coqs de joute, sont moins ardents pour leurs poules. P. 291. — Un coq ne pond jamais. P. 293. — Sa nourriture lorsqu'il est jeune, organes de la digestion. P. 304. — Meurt de faim sans avaler une seule petite pierre. P. 306. — Organes de la respiration. P. 307. — Durée de sa vie. P. 310. — N'existait point en Amérique. P 311.

Coq à cinq doigts. T. V, p. 316.

Coq à duvet du Japon. T. V, p. 315.

Coq d'Angleterre. T. V, p. 314.

Coq de Bantam, coq nain de Bantam. T. V, p. 314.

Coq (grand) de bruyère, coq de bois, coq de Limoges, coq sauvage, coq et poule noire des montagnes de Moscovie. Voyez *Tétras.*

Coq de bruyère à fraise, coq de bois, d'Amérique. Voyez *Grosse Gelinotte* de Canada.

Coq de Cambodge. T. V, p. 314.

Coq de Caux ou de Padoue. T. V, p. 317.

Coq de Hambourg ou culotte de velours. T. V, p. 315.

Coq de Java ou demi-poule d'Inde. T. V, p. 314.

Coq de l'isthme de Darien. T. V, p. 313.

Coq de Madagascar ou l'acoho T. V, p. 313.

Coq de marais. Voyez *Gelinotte* d'Écosse, *Attagas.*

Coq de Perse ou sans croupion. T. V, p. 316.

Coq de Sansevare. T. V, p. 317.

Coq de Siam. T. V, p. 314.

Coq de Turquie. T. V, p. 315.

Coq huppé. T. V, p. 312.

Coq nain de Java. T. V, p. 313

Coq nègre. T. V, p. 315.

Coq sauvage d'Asie. T. V, p. 313.

Coqs qui ne sont point des coqs T. V, p. 317. — Quelle est la race primitive. p. 317 et suiv.

Coq de roche, bel oiseau rouge de l'Amérique méridionale. T. VI, p. 326. — Description du mâle et de la femelle. P. 327. — Ce n'est qu'avec l'âge que le mâle prend sa belle couleur rouge. Ces oiseaux habitent les fentes profondes des rochers et les cavernes obscures. Ce n'est cependant pas un oiseau de nuit, car il voit très bien pendant le jour. P. 327 et 328. — Le mâle et la femelle sont également vifs et très farouches; leurs habitudes naturelles. P. 328.

Coq de roche *du Pérou* (le) ne paraît être qu'une variété du coq de roche de la Guyane. T. VI, p. 329

Coquallin, est le nom d'un animal de l'Amérique méridionale dont l'espèce approche beaucoup de celle de l'écureuil, mais dont cependant elle diffère par plusieurs caractères aussi bien que par le naturel et par les mœurs. Description du coquallin, ses habitudes naturelles. T. IX, p. 553.

Coquantototl ou *petit oiseau huppé*, mal indiqué par Seba et par les nomemclateurs; il ne doit point se rapporter au genre des manakins. T. VI, p. 324 et 325.

Coqueluche. Sa description et ses dimensions. T. VI, p. 372.

Coquillade, oiseau de Provence qui a rapport à l'alouette huppée. Son chant, ses habitudes naturelles. Sa description et ses dimensions. T. VI, p. 449.

Coquillages (les) ont produit toute la matière calcaire qui existe sur le globe terrestre. T. II, p. 255 et suiv.

Coquillages *et poissons*. Indices et faits qui semblent démontrer que leur existence a précédé, même de fort loin, celle des animaux terrestres. T. III, p. 582. — Coquillages et poissons des premiers âges de la nature et dont les espèces sont actuellement perdues; leurs débris nous démontrent l'excès de la grandeur de certaines espèces. *Ibid.*

Coquilles. Accroissement et multiplication des coquilles. P. 254.

Coquilles *et autres productions de la mer*, se trouvent partout dans l'intérieur de la terre et jusque sur les montagnes, et dans les lieux les plus éloignés des mers. T. I, p. 40. — Les plus légères sont dans les craies, les plus pesantes dans les argiles et dans les pierres. P. 47. — La quantité de coquilles de mer qui se trouvent contenues dans les couches de la terre est prodigieuse et immense. Cela démontre invinciblement que la terre que nous habitons a été autrefois un fond de mer. P. 119. — Les coquillages se multiplient prodigieusement et croissent très promptement. P. 121. — Ils sont l'intermède que la nature emploie pour former les pierres. Les craies, les marnes, les pierres à chaux, les marbres, etc., ne sont composés que de détriments de coquilles. *Ibid.* — Preuves par les faits, qu'on trouve des coquilles de la mer par toute la terre. P. 125 et suiv. — Les coquilles qu'on trouve dans chaque pays sont la plupart de la même espèce que celles qui habitent dans les mers voisines; il s'en trouve aussi des mers étrangères, mais en moindre nombre. P. 127. — Il y a des coquillages qui habitent le fond de la mer et qui ne sont jamais jetés sur les rivages. P. 128. — On trouve aussi des coquilles fossiles pétrifiées sur les hautes montagnes, sur les collines, dans les plaines, et aussi dans les carrières et mines les plus profondes. *Ibid.* — Manière dont les coquilles sont placées dans les couches de la terre P. 131. — Elles sont plus rares dans les matières vitrifiables et inflammables que dans les autres matières. *Ibid.* — Elles sont toutes également remplies de la substance qui les environne. *Ibid.* — Pourquoi l'on ne trouve point de coquilles dans les hautes montagnes du Pérou. P. 218.

Coquilles. Les coquilles marines se trouvent dans tous les lieux de la terre habitée. Plusieurs exemples à ce sujet. *Add.*, t. I, p. 261 et 262. — On a prétendu trop généralement qu'il n'y avait point de coquilles ni d'autres productions de la mer sur les plus hautes montagnes; on en trouve dans les Alpes .et dans les Pyrénées, à plus de quinze cents toises d'élévation au-dessus du niveau de la mer, et, dans le Pérou et le Chili, à plus de deux mille toises. P. 263. — La quantité de coquilles pétrifiées, qui ne sont proprement que des pierres figurées par les coquilles, est infiniment plus grande que celle des coquilles fossiles qui ont conservé leur nature, et qui sont encore telles qu'elles existent dans la mer, et ordinairement on ne trouve pas les unes et les autres ensemble, ni même dans les lieux contigus. P. 264.

Coquilles. On trouve à la surface et à l'intérieur de la terre des coquilles et autres productions de la mer, et toutes les matières qu'on appelle *calcaires* sont composées de leurs détriments. La plupart des coquilles que l'on tire du sein de la terre n'appartiennent pas aux espèces actuellement subsistantes dans les mers voisines, mais plutôt aux espèces qui se trouvent dans les mers méridionales, et même il y en a plusieurs espèces dont les analogues vivants sont inconnus et ne subsistent plus. T. II, p. 10. — On trouve dans les contrées du nord, ainsi que dans notre zone tempérée, des coquilles, des squelettes et des vertèbres d'animaux marins qui ne peuvent subsister que dans les mers les plus méridionales. Il est donc arrivé pour les climats de la mer le même changement de température que pour ceux de la terre. P. 17. — Les animaux dont on trouve les coquilles à quinze cents et deux mille toises d'élévation dans les montagnes, doivent être regardés comme les premiers habitants du globe terrestre. P. 50.

Coquilles. Les coquilles sont rarement dispersées dans toute la hauteur des bancs calcaires; souvent sur une douzaine de ces bancs, tous posés les uns sur les autres, il ne s'en trouvera qu'un ou deux où se voient encore des coquilles, quoique l'argile qui d'ordinaire leur sert de base soit mêlée d'un très grand nombre de coquilles : ce qui prouve que dans l'argile, où l'eau n'ayant pas pénétré n'a pu les décomposer, elles se sont mieux conservées que dans les couches de matière calcaire où elles ont été dissoutes et ont formé ce suc pétrifiant qui a rempli les pores des bancs inférieurs et a lié les grains de la pierre qui les compose. T. II, p. 562. — Bancs de coquilles. Voyez Pierres calcaires. P. 563.

Coracias ou crave. T. V, p. 540.

Coracias huppé ou le sonneur. T. V, p. 543. — Perd sa huppe en vieillissant. *Ibid.* — Chasse périlleuse que l'on fait à ses petits. P. 544. — Pris mal à propos pour un courlis. *Ibid.*

Corail. La substance du corail est de la même nature que celle des coquilles; il est produit, ainsi que tous les autres madrépores, astroïtes, cerveaux de mer, par le suintement du corps d'une multitude de petits animaux auxquels il sert de loge, et c'est dans ce genre la seule matière qui ait une certaine valeur. Lieux particuliers où on trouve le corail en plus grande abondance ; l'île de Corse pourrait en fournir une très grande quantité. T. III, p. 579. — Récit historique au sujet de la pêche du corail autour de cette île et de celle de Sardaigne. *Ibid.* — Le corail se forme et croît en assez peu d'années ; il se gâte en vieillissant : il devient piqué, et même sa tige tombe, et il se pourrit. *Ibid.* — Le corail de première qualité est celui qui est le plus gros et de plus belle couleur, et ce beau corail se vend depuis trente à quarante francs la livre. *Ibid.* — Manière dont on pêche le corail autour de la Sicile. P. 580.

Coraya, espèce de fourmilier rossignol. Sa description. T. VI, p. 352.

Corbeau, son odorat fort inférieur à celui du chien et du renard. T. V, p. 18. — Est, avec la buse et le milan, le représentant de l'hyène, du loup, du chacal. P. 32. — Écarte les milans de son domaine. P. 110. — Dressé pour la chasse par les Perses. P. 145 (note *a*). Paraît craindre les pies-grièches. P. 154. — Comment attiré par les faisandiers. P. 175. — Couleur de ses œufs. P. 319. — Son histoire. P. 545 et suiv. — S'accommode de toutes sortes de nourriture. P. 545 et 546. — Honoré dans certains pays, proscrit dans d'autres. P. 546. — Sent mauvais. *Ibid.* — A quoi se réduit sa science de l'avenir. P. 547. — Ses différentes inflexions de voix. P. 548. — Apprend à parler. *Ibid.* — Et à chasser au profit de son maître. *Ibid.* — S'attache à lui et le défend. *Ibid.* — Sa sagacité, son industrie. P. 549. — Ses mœurs sociales. P. 549 et 550. — Sa nourriture la plus ordinaire. *Ibid.* — Ses habitudes. P. 550. — Ses amours. P. 550 et 551. — Pourquoi se cache dans ce temps. P. 551. — Variété de forme et de plumage en différents individus. *Ibid.* — Incubation. *Ibid.* Son inclination à faire des amas et à voler. P. 552. — Couleur des petits qui viennent d'éclore. *Ibid.* — Éducation. *Ibib.* et suiv. — Courage et occupations du mâle. *Ibid.* — Durée de la vie du corbeau. P. 554. — Couleur qu'il prend en vieillissant. *Ibid.* — Sa couleur ordinaire. *Ibid.* — Observations anatomiques. P. 555. — Comment casse les noix. *Ibid.* (note *e*). — Pièges dont on se sert pour le prendre. *Ibid.* — Son antipathie pour les oiseaux de nuit. *Ibid.* — La côte des pennes moyennes excède les barbes. P. 556. — On le voit quelquefois, dans les temps d'orage, traverser les airs ayant le bec chargé de feu. *Ibid.* — Est répandu partout. *Ibid.* — Variétés dans les couleurs de son plumage. P. 557. — Les couleurs du plumage sont un caractère peu constant. P. 558. — Variétés dans la grosseur du corps. *Ibid.*

Corbeau chauve. Voyez *Corbeau* sauvage.

Corbeau de Corée. T. V, P. 559.

Corbeau des Indes de Bontius. T. V, p. 559. — N'est point un calao. *Ibid.*

Corbeau du désert. T. V, p. 541.

Corbeau sauvage de Gessner, comparé au crave et au pyrrhocorax. T. V, p. 559.

Corbeaux (roi des) de Tournefort, est plutôt un paon qu'un corbeau. T. V, p. 560. — Corbeau *de nuit*. Voyez *Engoulevent.*

Corbeau des Indes, nom donné au kakatoës noir. Voyez ce mot. T. VII, p. 90.

Corbillards ou corbillats, ce sont les petits du corbeau. Voyez *Corbeau.* T. V, p. 545.

Corbin, l'un des noms du corbeau, d'où viennent les mots de *corbiner* et de *corbine.* Voyez *Corbeau.* T. V, p. 545.

Corbine ou corneille noire. T. V, p. 560 et suiv. — Détruit beaucoup d'œufs de perdrix, et sait les porter à ses petits fort adroitement sur la pointe de son bec. P. 560. — Vit l'hiver avec les autres espèces de corneilles, et devient fort grasse ; se retire sur la fin de l'hiver dans les grandes forêts où elle s'apparie. P. 560 et 561. — Sa ponte, son nid, ses petits nouvellement éclos. P. 561. — Ses combats avec la buse, la cresserelle et la pie-grièche. P. 562. — Éducation des petits. *Ibid.* — Ses mœurs sociales, ses talents pour imiter la parole humaine, sa nourriture ; est employée pour la chasse du vol. *Ibid.* — Proportion de ses parties, tant extérieures qu'intérieures. P. 562 et 563. — Manières de la prendre. *Ibid.* — Son vol. *Ibid.* — Variations dans la couleur de son plumage. *Ibid.* — Il n'y en a point aux Antilles. P. 564. — La corbine se trouve aux Philippines. P. 570 (note *a*).

Cordillères (les montagnes volcaniques des), qui s'élèvent à plus de trois mille toises, ont dû être soulevées à cette énorme hauteur par la force des feux souterrains. T. IV, p. 85.

Cordon bleu, espèce de cotinga. Description du mâle et de la femelle. T. VI, p. 331 et 332.

Coreicabas, nom du corbeau de Corée. T. V, p. 559.

Cori, animal de l'Amérique, qui pourrait bien être le même que l'apéréa. *Add.*, t. X, p. 354.

Corine, espèce de gazelle qui se trouve au Sénégal. T. IX, p. 471. — Ses différences et ses ressemblances avec le kevel et avec la gazelle commune ; sa description. *Ibid.* — Il est incertain si la corine est une espèce différente de la gazelle commune, ou si ce n'est qu'une variété dans cette espèce. P. 471 et 472.

Corlieu ou petit courlis. Sa grandeur est moindre que celle du courlis. Sa figure, ses couleurs et ses différences avec le grand courlis. T. VIII, p. 15. — Ils ont les mêmes habitudes naturelles, et cependant les deux espèces ne se mêlent point, quoique subsistant ensemble dans les mêmes lieux, parce qu'elles sont trop inégales en grandeur. Le corlieu ou petit courlis est plus commun en Angleterre que le grand courlis, mais il est plus rare en France et en Italie. Erreur de Gessner sur cet oiseau. P. 15 et 16.

CORMORAN. Étymologie de ce nom. T. VIII, p. 161. — Le cormoran est un grand oiseau à plumage noir et à pieds palmés, qui détruit beaucoup de poisson. Sa grandeur, sa figure et sa description. P. 161 et 162. — Il ne reste pas constamment sur l'eau. Il prend fréquemment son essor et se perche sur les arbres. Il a les pieds engagés par une membrane continue. P. 162. — Son adresse à pêcher; sa voracité. Il se tient presque toujours sur les côtes de la mer, et on le trouve rarement dans l'intérieur des terres. Il peut rester longtemps plongé sous l'eau, dans laquelle il nage très rapidement. Sa manière singulière d'avaler le poisson. P. 162 et 163. — On peut en faire un pêcheur domestique en le dressant pour la pêche, comme on l'a fait en Angleterre et même en France à Fontainebleau. Il est paresseux dès qu'il est rassasié. Il prend beaucoup de graisse, mais sa chair n'est pas bonne à manger. P. 163. — L'espèce en est fort répandue; on la rencontre sur toutes les mers, dans les deux hémisphères. Naturel de cet oiseau. P. 163 et 164. — Description de ses parties extérieures. Différences entre les vieux et les jeunes. *Ibid.* — Il paraît supporter également les chaleurs du Sénégal et les frimas de la Sibérie, d'où néanmoins il semble se retirer en hiver pour aller plus au midi vers le lac Baïkal. P. 164. — Son espèce est fort nombreuse au Kamtschatka ; observations des voyageurs sur cet oiseau. P. 165.

CORMORAN (le petit) est appelé nigaud, à cause de sa stupidité niaise et de sa paresse indolente. T. VIII, p. 165. — Cette petite espèce de cormoran est aussi généralement répandue que la grande, mais elle se trouve particulièrement sur les îles et les côtes des continents austraux. P. 166. — Lieux où il place son nid. *Ibid.* La chair des jeunes est assez bonne à manger. Il paraît qu'il y a quelques variétés dans cette espèce, mais elles ne sont pas bien désignées par les voyageurs. Nous n'en connaissons distinctement qu'une, qui se voit quelquefois sur les côtes de Cornouailles, en Angleterre, sur celles de Prusse et sur celles de Hollande. P. 167. — Ils ont les mêmes habitudes que les grands cormorans. Différences entre les deux espèces. *Ibid.* — Observations sur les parties intérieures et extérieures du petit cormoran. P. 168.

CORMORANS, vivent de poissons, et sont avec les hérons les représentants, parmi les oiseaux, des castors et des loutres. T. V, p. 32.

CORNAC ou CORNAR, est le nom qu'on donne aux Indes au conducteur de l'éléphant. Emploi et office du cornac. Manière dont il s'y prend pour conduire, gouverner et faire obéir l'éléphant. T. IX, p. 336.

CORNALINES sont des agates d'un rouge pur et d'une belle transparence. T. III, p. 301. — Il y en a aussi de moins transparentes. *Ibid.*

CORNE. Voyez PIERRE DE CORNE. T. II, p. 611 et suiv.

CORNEILLE ; durée de sa vie. T. V, p. 554 (note *c*).

CORNEILLE de la Jamaïque ou corneille babillarde, a rapport à nos diverses espèces de corneilles, mais a un cri tout différent. T. V, p. 570 et 571.

CORNEILLE de la Louisiane. T. V, p. 564 (note *i*).

CORNEILLE de la Nouvelle-Guinée et de la Nouvelle-Hollande. T. V, p. 564.

CORNEILLE des Indes, des Maldives. T. V, p. 564.

CORNEILLE emmantelée, nom donné à la corneille mantelée. T. V, p. 567.

CORNEILLE mantelée ; son histoire. T. V, p. 567 et suiv. — Son plumage, ses rapports avec la frayonne. P. 568 — Ses rapports avec la corbine. *Ibid.* — Conjectures sur l'origine de cette espèce. P. 569. — A deux cris, est fort attachée à sa couvée. *Ibid.* — Proscrite en Allemagne. *Ibid.* — Se prend comme les autres corneilles, parcourt toute l'Europe, est un mauvais manger. P. 569 et 570. — N'est point du tout l'hoexotototl de Fernandez. P. 570.

CORNEILLE moissonneuse, nom donné à la frayonne. Voyez *Freux.* T. V, p. 565.

CORNEILLE noire ou corbine; son histoire. T. V, p. 560 et suiv. — Voyez *Corbine.*

CORNEILLE sauvage, nom donné à la corneille mantelée. T. V, p. 567.

CORNEILLES variées, allant de compagnie avec les hirondelles. T. V, p. 563 et 564.

CORNES d'Ammon. Les grandes volutes appelées *Cornes d'Ammon*, dont il y en a qui ont plusieurs pieds de diamètre, sont les dépouilles d'animaux testacés, dont les espèces n'existent plus dans la mer. T. II, p. 14.

CORNES D'AMMON. On peut croire que l'animal qui habite la coquille appelée *corne d'Ammon* demeure toujours au fond de la mer. T. I, P. 128.

CORNES d'Ammon. Les cornes d'Ammon paraissent faire un genre plutôt qu'une espèce dans la classe des animaux à coquilles, tant elles sont différentes les unes des autres par la forme et la grandeur : ce sont réellement les dépouilles d'autant d'espèces qui ont péri et qui ne subsistent plus. *Add.*, t. I, p. 264. — Exemple de la quantité prodigieuse de cornes d'Ammon dans une mine de fer en grains. P. 265.

CORNES *des animaux*, leur composition et leur accroissement. T. IX, p. 19 et suiv. — Les cornes varient si fort à tous égards dans les animaux domestiques, qu'il serait fort difficile de prononcer quel est leur vrai modèle dans la nature. T. IX, p. 377.

CORNU (Sapajou). Description de ce sapajou. *Add.*, t. X, p. 220.

CORPS. L'usage des corps que l'on fait porter aux filles dans leur jeunesse est sujet à beaucoup d'inconvénients. T. XI, p. 16.

CORPS. Le corps de la femme est ordinairement, à vingt ans, aussi parfaitement formé que celui de l'homme l'est à trente. T. XI, p. 49.

CORPS. Tous les corps sont plus ou moins élastiques ; il n'existe point de corps parfaitement dur ; un corps parfaitement dur ne pourrait recevoir de mouvement. Les expériences sur l'électricité prouvent que sa force élastique appartient généralement à toute matière. T. II, p. 211.

CORPS GLANDULEUX. Voyez *Glanduleux*.

CORPS et MAILLOT. Voyez *Maillot*.

CORPS. Un corps dur et absolument inflexible serait nécessairement immobile, c'est-à-dire incapable de recevoir ou de communiquer le mouvement. T. II, p. 213. — Les corps s'échauffent ou se refroidissent d'autant plus vite qu'ils sont plus fluides, et d'autant plus longtemps qu'ils sont plus solides. P. 280.

CORRESPONDANCE. Il y a des correspondances certaines et sensibles dans certaines parties du corps, quoique très éloignées les unes des autres, comme entre les parties de la génération et la gorge ; les testicules, la barbe et la voix ; la matrice, les mamelles et la tête, etc. On devrait observer ces correspondances avec plus de soin qu'on ne l'a fait jusqu'ici. T. XI, p. 32.

CORRUPTION (la), ou la *décomposition des animaux et des végétaux*, produit une infinité de corps organisés, vivants et végétants. T. IV, p. 321.

COS. Voyez *Pierre à aiguiser*.

COSSAC. Voyez *Isatis. Add.*, t. X, p. 292.

COSTOTOL, nom du xochitol dans son premier âge. T. V, p. 645. — Deux espèces de costotols décrits par Fernandez. P. 645 et 646.

CÔTES *de la mer*. Les côtes voisines, qui ne sont séparées que par un bras de mer, sont composées des mêmes matières, et les lits de terre sont les mêmes, à la même hauteur, de l'un et de l'autre côté. T. I, p. 39. — On peut distinguer les côtes de la mer en trois espèces, savoir : 1° les hautes côtes ; 2° les basses côtes, qui sont presque du niveau avec la surface de l'eau ; 3° les dunes P. 184. — Exposition de la différente hauteur des côtes et de la différente profondeur des eaux dans un grand nombre d'endroits, soit en Europe, soit en Afrique et en Amérique. P. 184 et suiv. — Le fond de la mer, le long des côtes, a les mêmes inégalités que la surface de la terre au-dessus de ces mêmes côtes. *Ibid.*

COTINGAS. Portrait de ces beaux oiseaux. T. VI, p. 330 et 331. — Le genre entier des cotingas appartient aux climats chauds du nouveau continent. *Ibid.* — Ils ne font point de voyages de long cours, mais seulement des tournées périodiques deux fois par an. Ils se tiennent au bord des eaux sur les palétuviers ; on leur fait la guerre parce qu'ils sont bons à manger et que leur plumage sert à faire des parures. *Ibid.*

COTINGA (le) *à plumes soyeuses* se trouve dans le pays de Maynas. Sa description et ses dimensions. T. VI, p. 333 et 334.

COU-JAUNE, joli oiseau de Saint-Domingue ; ses habitudes naturelles. Il chante agréablement pendant presque tous les mois de l'année. T. VI, p. 494. — La femelle chante aussi, mais sa voix n'est pas aussi modulée que celle du mâle. Description du plumage de cet oiseau. *Ibid.* — Son espèce n'est pas fort éloignée de celle des fauvettes. Ses habitudes naturelles. P. 495. — Disposition singulière de son nid qu'il suspend aux branches d'arbres qui s'avancent sur les eaux. Description de ce nid. *Ibid.* — L'espèce n'en est pas nombreuse, et paraît indigène et comme confinée dans l'île de Saint-Domingue. La femelle pond trois ou quatre œufs, et répète ses pontes plus d'une fois par an. P. 496.

COUA de Madagascar, porte sa queue épanouie. A les joues nues. T. VII, p. 333. — Sa chair bonne à manger. *Ibid.*

COUAGGA, animal dont l'espèce paraît intermédiaire entre le cheval et le zèbre, ou peut-être entre le zèbre et l'onagre. Ses ressemblances et différences avec le zèbre. Sa description. *Add.*, t. X, 424. — Son naturel ; il se défend très bien contre les chiens et même contre les hyènes. Ses habitudes naturelles. Conjecture sur l'origine de cet animal, dont l'espèce paraît être métive, et qui n'est probablement qu'une race bâtarde provenant de l'union du cheval et du zèbre. P. 425. — Son nom *couagga* est tiré de son cri *kwah, kwah.* Sa chair n'est pas bonne à manger. Dimensions d'un *couagga* jeune. P. 425.

COUALE, COUAR, COUAS, noms donnés en différentes provinces à la corbine. Voyez *Corbine.* T. V, p. 560.

COUCHE *ligneuse.* Expérience qui démontre la vraie cause de la différente épaisseur et de l'excentricité des couches ligneuses dans les arbres. Cela dépend de la force et de la position des racines et des branches. T. XI, p. 543.

COUCHES *de la terre.* Les couches voisines

de la surface du globe sont les seules qui, etant exposées à l'action des causes extérieures, ont subi toutes les modifications que ces causes réunies à celle de la chaleur intérieure auront pu produire par leur action combinée, c'est-à-dire toutes les formes des substances minérales. T. II, p. 227.

COUCHES *de la terre*. Époque de l'origine des couches horizontales de la terre, et de la formation des collines ; de leur figuration par angles correspondants. T. II, p. 54.

COUCHES. La première couche de terre qui enveloppe le globe est partout d'une même substance ; savoir, de parties d'animaux et de végétaux détruits. T. I, p. 38 — Les couches de terre sont toutes horizontalement posées les unes sur les autres, et chacune a la même épaisseur dans toute son étendue. *Ibid.* — Les couches de la terre ont été formées peu à peu par le sédiment des eaux et n'ont pu être formées tout à coup par quelque révolution que ce soit. P. 42. — Les couches parallèles et horizontales qu'on trouve dans l'intérieur de la terre sont produites par le sédiment des eaux, toujours agitées par les alternatives du flux et du reflux : explication de ces effets. P. 44. — Les petites couches dont sont composés les lits des craies, des marnes, des argiles sont forts minces, et elles sont arrangées les unes sur les autres, comme les feuillets d'un livre. P. 48. — Couches d'ancienne et de nouvelle formation. *Ibid.* — Les couches anciennes sont celles qui se sont formées lorsque les eaux de la mer couvraient la surface de la terre ; les couches de nouvelle formation sont celles qui se sont formées par le sédiment des eaux pluviales ou des fleuves, depuis que la surface de la terre a été découverte et abandonnée par la mer. P. 48 et suiv. — Manière de distinguer les couches de nouvelle formation : caractères qui les distinguent des couches anciennes. P. 49. — Pour trouver la terre ancienne et les matières qui n'ont jamais été remuées, il faudrait creuser dans les climats des pôles, où la couche de terre remuée doit être plus mince que dans les climats méridionaux. P. 80. — Les sédiments qui ont produit les couches de la terre ne se sont pas déposés dans le même temps, mais ont été amenés successivement les uns sur les autres. P. 88. — La première couche qui enveloppe le globe de la terre est composée de limon, mêlé avec des parties de végétaux ou d'animaux détruits, ou bien avec des particules pierreuses ou sablonneuses. P. 106. — État des différentes couches de terre à Marly-la-Ville, jusqu'à cent pieds de profondeur. P. 107 et 108. — La couche de terre végétale s'augmente considérablement avec le temps dans tous les lieux inhabités, où l'on ne coupe ni les

plantes ni les bois. P. 110. — Observation sur la formation de cette couche de terre végétale. *Ibid.* — La couche de terre végétale doit toujours aller en diminuant dans un pays habité, et toujours en augmentant dans un pays inhabité. *Ibid.* — Les couches de la terre se trouvent être d'autant plus épaisses qu'on fouille plus profondément. P. 111. — Observations sur l'inclinaison des couches de terre dans les collines et les montagnes. P. 112. — Chaque couche de pierre, soit qu'elle soit horizontale ou inclinée, a une épaisseur égale dans toute son étendue. *Ibid.* — Les couches horizontales de pierres, de marbres, etc., s'étendent à de grandes distances ; on trouve dans les collines séparées par un vallon les mêmes lits, les mêmes matières au même niveau. P. 113. — Observations sur l'étendue des couches de marbres et de pierres. *Ibid.* — Les différentes couches dont la terre est composée ne sont pas disposées suivant l'ordre de leur pesanteur spécifique. P. 115. — Les couches horizontales de la terre n'ont pas été produites dans un même temps, mais ont été arrangées les unes dans les autres dans une longue succession de temps. P. 133. — Couches horizontales ou inclinées par l'expansion des matières liquéfiées que les volcans rejettent. P. 218. — Description des différentes couches horizontales ou des différents lits, qui composent l'intérieur d'une colline, lorsque les matières sont de nature calcinable. P. 226. — Couches de nouvelle formation ; matières qui composent ces couches. P. 232. Ces couches ne sont produites que par le dépôt des eaux courantes. *Ibid.* — On n'y trouve que des productions terrestres, et jamais des coquilles ni de productions marines. *Ibid.*

COUCHES *de la terre*. Quelques exemples au sujet des couches ou lits de terre dans différentes parties du monde, et particulièrement dans les Arabies. *Add.*, t. I, p. 255 et suiv. — Considérations sur les différentes couches de la terre. P. 265 et 263.

COUCOU. Principaux faits de son histoire connus des anciens. Dépose son œuf dans des nids étrangers ou dans des trous de rochers. T. VII, p. 205 et suiv. — Jeunes coucous bons à manger. P. 206. — Erreurs populaires sur le coucou rectifiées. Cet oiseau ne se métamorphose pas en épervier. Ne voyage point sur les épaules du milan. Ne jette point de salive sur les plantes. Ne pond point d'œufs de différentes couleurs. Jeune coucou ne dévore point sa nourrice. P. 207 et suiv. — Fait qui semble autoriser cette dernière erreur. P. 208. — Observation qui la réfute. *Ibid.* — Couleurs de cet oiseau varient. P. 209. — Les jeunes longtemps niais. P. 210. — Les vieux se défendent, menacent, imposent quelquefois aux petits oiseaux de proie. *Ibid.* — Joie du coucou lorsqu'il revoit le lieu de sa naissance. P. 210. — En quelle circonstance se bat avec les petits oiseaux. *Ibid.* — Ne pond guère qu'un œuf dans chaque nid. P. 210 et 211. — Ce qu'il devient l'hiver. P. 214 et 212. — Conjectures sur son habitude de pondre au nid d'autrui ; de ne pondre qu'un œuf ou deux. P. 212. — Dans des nids différents. *Ibid.* — Pourquoi ne couve pas. *Ibid.* — La conduite de la nourrice du coucou ne suppose point de loi particulière du Créateur en faveur du coucou. P. 213. — Réflexions et observations à ce sujet. P. 214. — Coucou repoussé par de petits oiseaux. P. 217. — Résultats des observations précédentes. *Ibid.* et suiv. — Coucous ne prennent aucune part à l'incubation de leurs œufs, à l'éducation de leurs petits. P. 219 et 220. — Cris des vieux et des jeunes. P. 219 et suiv. — Mâles plus nombreux que les femelles. P. 220. — Ne s'apparient point. *Ibid.* et suiv. — Leurs petits sont insatiables. P. 221. — En général, les coucous se nourrissent d'insectes, d'œufs. P. 221. — Nourriture qu'on peut donner à ceux qu'on élève. P. 221 et 222. — Sont naturellement hydrophobes. *Ibid.* — Quand cessent de chanter. *Ibid.* — Leur départ. *Ibid.* — Adultes bons à manger. *Ibid.* — Vont en Afrique. *Ibid.* — Solitaires, néanmoins vont quelquefois par petites troupes. P. 222. — Proverbes sur les coucous. P. 223. — S'apprivoisent. *Ibid.* — Fientent beaucoup. Craignent le froid. *Ibid.* — Répandus dans le vieux continent. *Ibid.* — Marchent en sautillant. — Les jeunes se servent de leur bec pour se traîner sur le ventre. P. 223 et 224. — Variation de leur plumage. P. 224. De celui des femelles. P. 224 et 225. — De celui des jeunes. P. 225. — Celui des sauvages élevés dans les bois, moins variable. *Ibid.* — Variation de leur poids. P. 225 et 226. — Parties intérieures. *Ibid.* — Différence entre le sauvage et le domestique P. 225 et 226. — Variétés dans cette espèce. P. 226. — Principaux attributs du coucou. P. 228 et 229. — En quoi diffère des couroucous, des barbus. *Ibid.* — Chaque coucou n'a pas tous les attributs du genre. *Ibid.* — Ce genre contient plusieurs familles, distinguées entre elles par la forme de la queue, le nombre de ses pennes, la forme du bec, l'éperon du doigt postérieur, interne. Changement dans la direction de l'un des doigts postérieurs. P. 230 et suiv. — Coucous d'Amérique moins sujets aux variations. P. 231. — Plus petits. *Ibid.* On ignore s'il est un seul coucou étranger qui ponde au nid d'autrui. *Ibid.* — Coucous du vieux continent. P. 232 et suiv. — Coucous

d'Amérique. P. 250 et suiv. — La plupart font des nids et couvent leurs œufs. P. 254.

Coucou *à longs brins*, de Siam. Il est huppé, et ses longs brins ne sont que le prolongement des pennes extérieures de la queue. Taille du geai. T. VII, p. 245.

Coucou (petit) *à tête grise et ventre jaune*, de l'île Panay, Taille du merle, plus allongée. Queue plus longue que le corps. T. VII, p. 242.

Coucou *brun piqueté de roux* des Indes, des Philippines. Taille d'un pigeon romain. Différences de la femelle. T. VII, p. 240.

Coucou *brun varié de noir*, nommé *ava wereroa* dans les îles de la Société. T. VII, p. 240.

Coucou *brun varié de roux* de Cayenne. Taille du mauvis. Couvertures de la queue très longues. T. VII, p. 256 et 257. — Variété dans cette espèce. P. 257.

Coucou *brun et jaune à ventre rayé* de l'île Panay. Taille de notre coucou ; queue non étagée. T. VII, p. 241.

Coucou *cornu* du Brésil, ainsi appelé à cause de sa huppe. Taille de la grive. Queue trois fois plus longue que le corps. T. VII, p. 256.

Coucou de Loango. Son chant singulier. T. VII, p. 229.

Coucou *de paradis* de Linnæus, le même que notre coucou à longs brins. T. VII, p. 245.

Coucou *des palétuviers* ou petit vieillard. Variété du vieillard. T. VII, p. 250 et 251.

Coucou des Philippines. Variété du houhou. T. VII, p. 236.

Coucou du cap de Bonne-Espérance. Variété du nôtre. T. VII, p. 228.

Coucou *huppé à collier* de Coromandel. A les deux pennes intermédiaires de la queue très longues. Taille du mauvis. T. VII, p. 242. — Ressemble au san-hia de la Chine. *Ibid.*

Coucou *indicateur* des environs du Cap. Crie *chirs, chirs*, d'un ton fort aigu, et semble appeler les chasseurs qui cherchent le miel. Il a la queue composée de douze pennes étagées. T. VII, p. 247 et 248.

Coucou *noir* (petit) de Cayenne. A les mêmes habitudes que le grand, et pas plus de mouvement. Niche quelquefois dans des trous en terre lorsqu'il en trouve de tout faits. T. VII, p. 260.

Coucou *noir* de Cayenne. A l'œil et le bec rouges. Un tubercule à la partie antérieure de l'aile. A moins de mouvement que la plupart des coucous. T. VII. p. 259.

Coucou *piaye* de Cayenne. Oiseau de mauvais augure. Peu farouche. Se nourrit d'insectes. On ne l'entend jamais crier. Sa chair est maigre en tout temps. T. VII, p. 258 et 259. — Deux variétés dans cette espèce. P. 259.

Coucou *tacheté* de Cayenne. Nom donné

au coucou brun varié de roux. T. VII, p. 256 (note *c*).

Coucou *tacheté* (grand) de Gibraltar. Taille de la pie. A une belle huppe. T. VII, p. 232 et 233.

Coucou *tacheté* de la Chine. N'a point la queue étagée. T. VII, p. 241.

Coucou *tacheté* de l'île Panay. Variété du coucou brun piqueté de roux. N'a pas la queue étagée. T. VII, p. 240.

Coucou *varié* de Mindanao, ressemble à un jeune coucou d'Europe, mais beaucoup plus gros. T. VII, p. 238 et 239.

Coucou *vert* d'Antigue. Variété du houhou. T. VII, p. 236.

Coucou *verdâtre* de Madagascar, remarquable par sa grande taille. Variété dans cette espèce. T. VII, p. 233 et suiv.

Coucou *vert doré et blanc* du cap de Bonne-Espérance. Espèce nouvelle. Porte sa queue épanouie. A la taille de la grive, les ailes longues. T VII, p. 244 et 245.

Coucous *huppés noirs et blancs*, vus en Italie, où ils firent leurs nids et leur ponte qui réussit Sont plus gros que le nôtre et ont la queue plus longue. T. VII, p. 233.

Couguar (le) réduit en domesticité a presque la tranquillité et la douceur d'un chien *Add* , t. X, p. 301.

Couguar *noir*. Notice sur cet animal. *Add.*, t. X, p. 299 et 300. — C'est probablement le même animal que le *jaguarette* du Brésil, dont parlent Pison et Marcgrave. *Ibid.*

Couguar *de Pensylvanie*. Sa description. *Add.*, t. X, 299.

Coukeels des contrées orientales de l'Asie. Il y en a trois. Le plus gros a la taille du pigeon ; le second, celle de notre coucou, et vient de Mindanao. Porte sa queue épanouie. T. VII, p. 243 et suiv. — Le troisième, du Bengale, a la taille du merle. Les bords du bec ondés, porte sa queue épanouie. *Ibid.*

Coulacissi de Luçon, espèce de perruche à queue courte. T. VII, p. 132. — Différences de la femelle. *Ibid.* — Confondu avec notre perruche à tête bleue et queue courte. *Ibid.*

Coulavan. Voyez *Loriot*.

Couleurs *accidentelles*. Leur origine et leurs effets. T. XI, p. 116.

Couleurs du plumage des oiseaux, très difficiles par le discours. T. V, p. 3. — Présentent plus de différentes apparences que la forme des parties du corps. *Ibid.* — Les couleurs du plumage des oiseaux sont plus vives et plus fortes dans les pays chauds, plus douces et plus nuancées dans les pays tempérés ; il en est de même de la robe des quadrupèdes. P. 23 et 24. — La domesticité contribue encore à adoucir la rudesse des couleurs primitives. P. 24 et 25. Les couleurs du plumage ne sont pas des caractères suffisants pour distinguer les espèces. P. 48 et

49. — Changent considérablement à la première mue, même à la seconde et à la troisième. P. 49. — Servent à faire connaître l'âge des faucons jusqu'à cette époque. P. 141. — Couleurs du plumage de l'autruche à différents âges et dans les deux sexes. P. 220.— Changements des couleurs du plumage par la mue. P. 294 — Observations à faire sur les substances qui teignent en noir le périoste de la poule nègre. P. 315. Couleurs du plumage du paon, leur jeu. P. 400 et suiv.—Du faisan. P. 422 et 423. — Du faisan doré ou tricolor de la Chine. P. 433 et suiv. —Du chinquis. P. 438. — Du spicifère. P. 438 et 439 — De l'éperonnier. P. 439 et 440. — Du pauxi. P. 447. — Du caracara. P. 451 et 452. De l'hoitlallotl. P. 453.

Couleurs vives et brillantes du plumage des oiseaux-mouches. T. VII, p. 36 et suiv. — Des colibris. P. 57 et suiv. — Des perroquets. Art de les varier. P. 71. — Le rouge domine dans le plumage des loris. P 107.— Aras les plus beaux des perroquets par les couleurs du plumage. P. 136. — Couleurs des amazones et des criks ; les uns et les autres ont du rouge sur l'aile, mais non aux mêmes endroits. P. 149.— Rouge sur le fouet de l'aile, livrée des amazones. P. 149 et 155. — Couleurs du coucou et de l'épervier, sujettes à beaucoup de variations. P. 209. — Influence de la lumière sur les couleurs des oiseaux et des insectes. P. 315 et 316.

Couleurs *en général*. Moyens de les produire. T. II, p. 412 et suiv. — Chaque couleur différente a un degré différent de réfrangibilité. Pourquoi les dénominations de toutes les couleurs doivent être réduites à sept, ni plus ni moins. P. 412. Le rapport entre les sept espaces qui contiennent les couleurs primitives et les sept intervalles des sept tons de la musique, n'est qu'une proportion de hasard dont on ne doit tirer aucune conséquence. *Ibid.* Elles sont produites par la réflexion de la lumière, aussi bien que par la réfraction. *Ibid.* et suiv.

Couleurs (les), odeurs, saveurs, proviennent toutes de l'élément du feu. Preuves de cette assertion. T. II, p. 258 et 259.

Couleurs *accidentelles*. Découverte des couleurs naturelles et accidentelles. T. II, p. 414. — Rapports et différence des couleurs naturelles et accidentelles. P. 415.—Moyens de les produire et exposition des phénomènes qu'elles présentent. *Ibid.*— Expériences sur les couleurs accidentelles faites sur des couleurs naturelles mates, et sur des couleurs naturelles brillantes. *Ibid.* et suiv. — Les taches que l'œil porte sur tous les objets après avoir regardé le soleil sont des phénomènes du même genre que ceux des couleurs accidentelles. Il en est de même des flammes et des points noirs que l'on voit lorsque l'organe de l'œil est trop fatigué.

P. 416. Autres expériences sur les couleurs accidentelles. *Ibid.*

COULEURS. Les couleurs ne doivent pas être regardées comme partie intégrante d'aucune substance, parce qu'il ne faut qu'une très petite quantité de matière pour colorer de très grandes masses, et que l'addition de ces couleurs n'ajoute rien ou presque rien à leurs poids. T. II, p. 478.

COULON-CHAUD. Voyez *Tourne-pierre.* T. VIII, p. 67.

COUPES *de bois.* Voyez *Bois.*

COURANTS *de la mer.* L'inspection attentive des côtes de nos vallées nous démontre que le travail particulier des courants a été postérieur à l'ouvrage général de la mer. T. II, p. 81. — Exemple et détail de cette vérité générale. *Ibid.* et suiv. — La direction des courants a varié dans leur cours, et la déclinaison des coteaux a changé par la même cause. Raison de ce fait. P. 85.

COURANTS. Formation des courants de la mer; explication de leurs effets. T. I, p. 46 et suiv. — Ce sont les courants qui ont produit les angles correspondants que l'on remarque entre les montagnes et collines opposées; ils ont creusé les vallons, etc. P. 46. — Ce sont les courants de la mer qui ont creusé les vallons et élevé les collines en leur donnant des directions correspondantes. P. 63. — Causes particulières des courants de la mer. P. 183 et suiv. — Origine des courants. P. 186. — Ils sont produits par le mouvement des marées, et suivent dans leur direction celle des inégalités au fond de la mer. *Ibid.* — D'autres courants, qui sont produits par les vents, suivent aussi la direction de ces inégalités. *Ibid.* — Explication détaillée du cours et du rebroussement des courants. P. 186 et suiv. — Dans la mer des Indes, les courants vont comme les vents, six mois dans une direction et six mois dans la direction opposée. P. 187. — Les courants doivent être regardés comme les fleuves de la mer et suivent exactement les mêmes lois que les fleuves de la terre. P. 188. — Énumération des principaux courants de la mer. *Ibid.* — Les courants ont tous une largeur déterminée et qui ne varie point; cette largeur dépend de l'intervalle qui se trouve entre les montagnes de la mer qui leur servent de bords. P. 189.

COURANTS *de la mer.* Le courant de la Guyane aux Antilles coule avec une très grande rapidité, comme si l'on descendait d'un lieu plus élevé dans un lieu plus bas. *Add.*, t. I, p. 234. — Causes de cet effet. Il y a des plages dans la mer où l'on observe un double courant, l'un supérieur et l'autre inférieur, dans une direction opposée. Expériences et exemples à ce sujet. P. 276 et suiv.

COURANTS. Dans tout aimant, comme dans le globe terrestre, la force magnétique forme deux courants inégaux et en sens contraire, qui partent tous deux de l'équateur en se dirigeant aux deux pôles. T. IV, p. 118.

COURANTS *électriques.* La force des courants électriques, qui produisent les commotions souterraines et en suivent la direction, se manifeste par la vertu magnétique, que reçoivent des barres de fer ou d'acier, placées dans le même sens que ce courant passager et local. T. IV, p. 101. — L'action de cette force particulière est quelquefois supérieure à celle du courant général de l'électricité. *Ibid.*

COURBES. Lois et propriétés des courbes. T. XI, p 339.

COURBES géométriques et courbes mécaniques. T. XI, p. 339.

COURE-VITE. Espèce d'oiseau qui n'était pas connu, et que j'ai nommé *coure-vite* à cause de la rapidité avec laquelle il court. Ses ressemblances avec le pluvier et ses différences. On n'en a vu que deux individus, l'un qui a été pris en France, et l'autre sur la côte de Coromandel. Leur description. T. VIII, p. 66 et 67.

COUREUR. Ainsi nommé de la célérité avec laquelle il court sur les rivages. Il se trouve en Italie, mais on ne le connaît point en France. Sa description. T. VIII, p. 244 et suiv.

COURICACA, oiseau de la Guyane et du Brésil, de la grandeur de la cigogne. T. VII, p. 552. — Ses ressemblances et ses différences avec la cigogne. Description et dimensions de son bec. Description du plumage et des autres parties du corps de cet oiseau. *Ibid.* — Il peut dilater la peau de sa gorge. *Ibid.* — Les couricacas arrivent en nombre à la Caroline vers la fin de l'été, saison des grandes pluies. Leurs habitudes naturelles. Leur chair est bonne à manger. P. 553.

COURLIRI ou COURLAN. Cet oiseau a la structure et presque la hauteur du héron. Ses dimensions particulières. Sa description. Il se trouve à Cayenne. T. VII, p. 639 et 640.

COURLIS. Ce nom est un son imitatif de la voix de l'oiseau. T. VIII, p. 11. — Rapports et étymologie des noms qu'on a donnés au courlis dans différentes langues. Il a le bec courbé et très long relativement à la grandeur de son corps. P. 12. — Par la forme et la substance de ce bec, le courlis pourrait être placé à la tête de la nombreuse tribu d'oiseaux à longs becs effilés, tels que les bécasses, les barges, les chevaliers, etc., qui sont autant d'oiseaux de marais que de rivage, et qui ne peuvent que fouiller dans les terres humides pour y chercher les vers. *Ibid.* — Sa grandeur, ses dimensions, ses couleurs. *Ibid.* — Il y a peu de différence entre le mâle et la femelle, qui est seulement un peu plus petite. Ses habitudes natu-



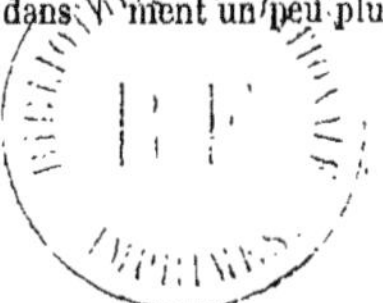

relles. Il se nourrit de vers de terre, d'insectes, de menus coquillages qu'il ramasse sur le sable et les vases de la mer, ou sur les marais et dans les prairies humides. Description des parties intérieures. P. 13. — Les courlis courent très vite et volent en troupes. Ils sont oiseaux de passage dans les provinces intérieures de la France; mais ils séjournent dans nos contrées maritimes, comme en Poitou, en Bretagne, etc., où ils nichent. *Ibid.* — Ils se répandent en été vers le nord, jusqu'au golfe de Bothnie; et, du côté du midi, on les voit passer à Malte deux fois l'année, au printemps et en automne; on les trouve aussi dans presque toutes les parties du monde. P. 14. — Et l'espèce d'Europe paraît se retrouver au Sénégal et à Madagascar. On rencontre quelquefois des courlis blancs, comme l'on trouve des bécasses blanches, des merles, des moineaux blancs; mais ces variétés ne sont qu'individuelles et ne forment pas des races constantes. *Ibid.*

Courlis *à tête nue.* Est une espèce nouvelle et très singulière. Sa description : sa tête entière est nue, et le sommet en est relevé par une sorte de bourrelet couché et roulé en arrière, de cinq lignes d'épaisseur, et recouvert d'une peau très rouge et très mince. T. VIII, p. 18. — Cet oiseau se trouve au cap de Bonne-Espérance. Il a toute la forme du courlis d'Europe; sa taille est seulement plus forte et plus épaisse. Ses dimensions. *Ibid.*

Courlis *blanc.* Il est un peu plus blanc que le courlis rouge. Sa description. Il arrive à la Caroline en troupes fort nombreuses, vers le milieu de septembre, qui est la saison des pluies. Habitudes naturelles de cet oiseau. Il niche probablement dans un climat plus chaud que celui de la Caroline, où il ne séjourne que pendant six semaines. T. VIII, p. 22. — La femelle ne diffère pas du mâle; leur plumage est également blanc, et leur graisse est d'un jaune de safran. *Ibid.*

Courlis *brun.* Il se trouve aux Philippines, dans l'île de Luçon. Il est de la taille de notre grand courlis. Sa description. T. VIII, p. 17.

Courlis *brun à front rouge.* Il arrive à la Caroline avec les courlis blancs et mêlé dans leurs bandes; il est de même grandeur, mais en plus petit nombre. Description de cet oiseau. T. VIII, p. 23. — Il passe, comme le courlis blanc, dans des climats plus chauds pour nicher. *Ibid.*

Courlis *brun marron.* Voyez *Gouarona.*

Courlis *huppé.* Il est le seul de son genre qui ait une huppe, ou pour mieux dire une belle touffe de longues plumes, partie blanches, et partie vertes, qui se jettent en arrière en panache. Description de son plu-

mage. T. VIII, p. 18. — Et des parties extérieures de son corps. Il se trouve à Madagascar. P. 18 et 19.

Courlis *rouge.* C'est la plus belle espèce de tous les courlis. T. VIII, p. 19 et 20. — Elle est commune à la Guyane. Description du plumage de l'oiseau et des autres parties extérieures de son corps. Sa grandeur, ses dimensions. La femelle diffère du mâle en ce que ses couleurs sont moins vives; l'un et l'autre ne prennent du rouge qu'avec l'âge. Les petits naissent avec un duvet noirâtre; ils deviennent ensuite cendrés, puis blancs lorsqu'ils commencent à voler, et ce n'est qu'à la seconde ou troisième année que le rouge commence à paraître, et il devient toujours plus vif ou plus foncé à mesure que l'oiseau prend de l'âge. Les courlis rouges se tiennent en troupes soit en volant, soit en se posant sur les arbres. *Ibid.* — Leur vol et leurs autres habitudes naturelles. P. 20. — Les vieux et les jeunes courlis volent en troupes séparées. Temps où ils nichent et leur manière de nicher. Leurs œufs sont verdâtres, et on prend aisément les petits, même hors du nid, lorsque la mère les conduit pour chercher les insectes et les petits crabes dont ils se nourrissent. Ils ne sont point farouches et ils s'habituent aisément à vivre en domesticité, où ils mangent de tout ce qu'on leur présente, et surtout les entrailles de poissons et de volaille qu'ils aiment de préférence. P. 20. — Leurs habitudes en domesticité. *Ibid.* — Leur chair est bonne à manger quoiqu'elle ait un petit goût de marais, et il paraît qu'on pourrait les multiplier et en faire des oiseaux domestiques. Leurs habitudes naturelles dans l'état sauvage. Ils ne s'éloignent pas des bords de la mer, séjournent toute l'année dans le même canton; l'espèce en est répandue dans la plupart des contrées les plus chaudes de l'Amérique. P. 21. — Les naturels du Brésil se parent de leurs plumes : on les a mal à propos appelés flamants à Cayenne. *Ibid.*

Courlis *tacheté.* Il se trouve, comme le courlis brun, aux Philippines, dans l'île de Luçon; il est d'un tiers plus petit. Ses autres différences et sa description. T. VIII, p. 17.

Courlis *vert.* Il approche de la grandeur du héron commun. T. VIII, p. 16. — Ce courlis, commun en Italie, se trouve aussi en Allemagne, et le courlis du Danube, cité par Marsigli, paraît être le même oiseau. P. 17.

Courlis *violet.* Il se trouve à Madagascar, suivant la relation de F. Cauche. T. VIII, p. 22.

Courlis *de bois.* Il se tient dans les forêts de la Guyane, le long des ruisseaux et des rivières, et loin des côtes de la mer, que les autres courlis ne quittent guère; il ne va point en troupes, mais seulement accompagné de sa femelle. Ses autres habitudes naturelles. Sa manière de pêcher. Ses dimensions, son cri, ses couleurs et sa description. T. VIII, p. 23.— On l'a mal à propos appelé flamant des bois. P. 24.

COURLIS (grand) *de Cayenne.* C'est le plus grand des courlis. Sa description. T. VIII, p. 26.

COURLIS *de terre.* Voyez *grand Pluvier.*

COURLIS *d'Italie.* Voyez *Courlis vert.*

COURLIS *du Mexique.* Voyez *Acalot.*

COUROUCOU *à chaperon violet,* n'est point un lanier. A le bec large et court, sans membrane autour de sa base. Des barbes autour du bec inférieur. Les pieds du coucou. T. VII, p. 198 et 199. — Est solitaire, se tient dans les forêts humides, vit d'insectes. Voltige d'arbre en arbre. P. 199. — Diffère du tzanattototl et du quaxoxoctototl. P. 200.

COUROUCOU *à ventre jaune,* de Cayenne. T. VII, p. 197 et suiv. — Plusieurs variétés dans cette espèce. Couroucou de la Guyane, des planches enluminées n° 765. Couroucou à queue rousse de Cayenne, n° 736. Couroucou vert à ventre blanc de Cayenne, de Brisson. *Ibid.*

COUROUCOU *à ventre rouge,* de Cayenne. Ses variétés; l'une semble être la femelle; l'autre, nommé *couroucou gris* à longue queue de Cayenne. T. VII, p. 194 et suiv. — Nommé à Saint-Domingue *caleçon rouge;* en d'autres îles, *demoiselle* ou *dame anglaise.* Est solitaire, se retire au fond des bois en avril pour nicher dans un trou d'arbre, sur de la poussière de bois. OEufs blancs, moins gros que ceux du pigeon. Incubation. Chant du mâle. Petits nourris d'insectes par les père et mère. Mangés par divers animaux. Adultes difficiles à nourrir en domesticité. P. 196.

COUROUCOU *gris à longue queue,* de Cayenne. Voyez *Couroucou à ventre rouge.*

COUROUCOUAIS. Voyez *Couroucous.*

COUROUCOUCOU du Brésil. Fait la nuance entre les couroucous et les coucous; taille au-dessous de la pie. T. VII, p. 200. — Pieds de coucou. *Ibid.*

COUROUCOUIS. Voyez *Couroucous.*

COUROUCOUS, *couroucouais, couroucouis, curucuis,* oiseaux du Brésil dont le nom exprime le cri; nommés à la Guyane *ouroucouais.* Bec approchant de celui des perroquets. Dentelé, entouré de plumes à sa base. Pieds courts et pattus. T. VII, p. 194. — Ont peu de mouvement, beaucoup de plumes, et ces plumes tombent facilement. Ce sont les oiseaux d'Amérique dont le plumage est le plus beau. Les Mexicains faisaient des tableaux avec leurs plumes. P. 199. — En quoi diffèrent des coucous. P. 229.

COUVÉE. Exemple qui semble prouver que l'instinct de couver précède dans les oiseaux femelles celui de s'apparier. T. VI, p. 415 et 416.

COUVER. La passion de couver est plus forte dans les oiseaux que celle de l'amour. Exemple à ce sujet tiré du rossignol. T. VI, p. 454.

COYOLCOS, espèce de colin du Mexique. T. V, p. 501 et 502.

CRABIERS (les) sont des hérons encore plus petits que les aigrettes; on leur a donné le nom de crabier parce qu'il y en a quelques espèces qui se nourrissent de crabes de mer. Ils sont répandus dans toutes les parties du monde. Nous en connaissons neuf espèces dans l'ancien continent, et treize dans le nouveau. T. VII, p. 609.

CRABIER OU CHIEN-CRABIER. Description de cet animal. Il a moins de rapport avec les chiens qu'avec les sarigues. Cependant la femelle crabier ne porte point ses petits dans une poche sous le ventre, comme les sarigues, marmoses, cayopollins, etc. Par conséquent, le crabier n'est point de ce genre et fait une espèce particulière et isolée. *Add.,* t. X, p. 308. — Cet animal habite les terrains humides et se trouve assez communément à Cayenne. Ses habitudes naturelles. P. 309. — Manière dont il prend les crabes, lesquels font sa principale nourriture. *Ibid.* — Il se trouve encore à la Guyane un autre animal auquel on a donné le même nom de crabier, quoiqu'il soit d'une espèce très différente du vrai crabier ou chien-crabier. Notice au sujet de ce second animal. *Ibid.*

CRABIER (le petit), espèce de petit héron de l'ancien continent, et le plus petit des crabiers. Ses dimensions. Sa description. T. VII, p. 613.

CRABIER *blanc à bec rouge,* espèce de petit héron du nouveau continent. Description de cet oiseau, qui est un des plus jolis de ce genre. Ses dimensions. T. VII, p. 617.

CRABIER *blanc et brun,* espèce de petit héron de l'ancien continent. Sa description; se trouve à Malaca. T. VII, p. 613.

CRABIER *bleu,* espèce de petit héron du nouveau continent; cet oiseau est singulier en ce qu'il a le bec bleu comme le plumage, avec les pieds verts. Sa description et ses dimensions. T. VII, p. 615.

CRABIER *bleu à cou brun,* espèce de petit héron du nouveau continent; ses ressemblances avec le crabier bleu et ses différences. T. VII, p. 616.

CRABIER *caiot,* espèce de petit héron de l'ancien continent, qui se trouve en Italie. Sa description. T. VII, p. 610.

CRABIER *cendré,* espèce de petit héron du nouveau continent; ses dimensions et sa description. Il se trouve à la Nouvelle-Espagne. T. VII, p. 617.

CRABIER *chalybé,* espèce de héron du nouveau continent. Sa description. T. VII, p. 619.

Crabier *gris à tête et queue vertes*, espèce de petit héron du nouveau continent. Ses ressemblances avec le crabier roux à tête et queue vertes, et avec le crabier vert. Sa description. T. VII, p. 621.

Crabier *gris de fer*, espèce de petit héron du nouveau continent. Sa description. Il est fort commun dans les îles de Bahama, et il fait ses petits dans les buissons qui croissent dans les fentes des rochers. Il se nourrit de crabes plutôt que de poissons. Leur chair est de bon goût et ne sent point le marécage. T. VII, p. 616.

Crabier *marron*, espèce de petit héron de l'ancien continent. Sa description. Il est fort petit. Variété dans cette espèce. T. VII, p. 611.

Crabier *noir*, espèce de petit héron de l'ancien continent, qui se trouve à la Nouvelle-Guinée, ses dimensions et sa description. T. VII, p. 613.

Crabier *pourpré*, espèce de petit héron du nouveau continent. Notice au sujet de cet oiseau d'après Seba. T. VII, p. 618.

Crabier *roux*, petit héron de l'ancien continent; sa description et ses dimensions. Il se trouve en Silésie. T. VII, p. 610.

Crabier *roux à tête et queue vertes*, espèce de petit héron du nouveau continent. Ses dimensions et sa description. T. VII, p. 621.

Crabier *vert*, espèce de petit héron du nouveau continent, qui est le plus bel oiseau de ce genre. Sa description. Ses dimensions et ses habitudes naturelles. T. VII, p. 619.

Crabier *vert tacheté*, espèce de petit héron du nouveau continent; ses ressemblances avec le crabier vert et ses différences. Sa description. T. VII, p. 620.

Crabier de Coromandel, espèce de petit héron de l'ancien continent. Ses ressemblances et ses différences avec le crabier de Mahon. Sa description. T. VII, p. 612.

Crabier *de Mahon*. Espèce de petit héron de l'ancien continent. Ses dimensions et sa description. T. VII, p. 612.

Cracher. L'enfant nouveau n'a pas encore la force de cracher. T. XI, p. 12.

Cracra, espèce de crabier ou petit héron du nouveau continent, dont le cri exprime son nom *cracra*. Sa description d'après le P. Feuillée. T. VII, p. 618.

Craie. Formation et composition de la craie. T. I, p. 131.

Craie. De toutes les substances calcaires, la craie est celle dont les bancs conservent le plus exactement la position horizontale. *Add.*, t. I, p. 272.

Craie *de Briançon*. Cette pierre n'est point une craie, mais une pierre talqueuse, et presque même un véritable talc. Légères différences de cette craie de Briançon et du talc. T. III, p. 551. — Après le talc, la craie de Briançon est de toutes les stéatites la plus tendre et la plus douce au toucher; on la trouve plus fréquemment et en plus grandes masses que les talcs. *Ibid.* — Différentes sortes de cette pierre. *Ibid.* — En général, cette craie est un talc qui n'a pas acquis toute sa perfection; celui qu'on appelle *talc de Venise* ou *de Naples* est absolument de la même nature; on se sert également de la poudre de craie de Briançon ou de talc de Venise pour faire le fard blanc, et la base du rouge dont nos femmes font un usage agréable aux yeux, mais déplaisant au toucher. *Ibid.*

Craie *d'Espagne*. Nom impropre donné à cette matière, parce qu'ordinairement elle est blanche comme la craie. T. III, p. 549. — Mais elle n'a d'autre rapport avec la craie, que la couleur et l'usage qu'on en fait, en la taillant de même en crayon pour tracer des lignes blanches. *Ibid.* — Cette craie d'Espagne, ainsi que la pierre de lard de la Chine, sont toutes deux des stéatites ou pierres talqueuses. Leur description. *Ibid.* — La craie d'Espagne et la pierre de lard sont plus denses, quoique moins dures que les serpentines et les pierres ollaires. *Ibid.* — La craie d'Espagne se trouve aussi en Italie, où on l'appelle *piedra di sartori;* ordinairement, cette pierre est blanche; cependant il y en a de la grise, de la rouge, de la marbrée, de couleur jaunâtre et verdâtre dans quelques contrées. P. 550. — Ces pierres craie d'Espagne et pierre de lard se durcissent au feu comme toutes les autres pierres talqueuses; on peut les employer à faire des vases et de la vaisselle de cuisine qui résiste au feu, s'y durcit et ne s'imbibe pas d'eau. *Ibid.*

Craie. La craie doit être regardée comme le premier détriment des coquilles et autres dépouilles des animaux marins; la substance coquilleuse est encore toute pure dans la craie, sans mélange sensible d'autre matière, et sans aucune de ces nouvelles formes de cristallisation spathique, que la stillation des eaux donne à la plupart des pierres calcaires. T. II, p. 544. — La craie est, en général, ce qu'il y a de plus léger et de moins solide dans les matières calcaires, et la craie la plus dure est encore une pierre tendre. *Ibid.* — Il ne faut pas confondre la craie avec la marne; celle-ci étant toujours mêlée de terre argileuse, au lieu que la craie est une terre calcaire pure. *Ibid.* — La craie a, comme le sable, une double origine; la première par les coquilles réduites en poussière, et la seconde par la poudre des pierres déjà formées : exemples de cette seconde formation des craies. P. 545. — On donne à la craie différents noms, selon ses différents degrés de pureté; l'une des plus fines s'appelle *blanc d'Espagne;* elle est aussi l'une des plus pures et des plus blanches : son usage.

Quand elle est encore plus légère, on l'a appelée *lac lunæ*, *medulla saxi*, *agaric minéral*, noms impropres auxquels on pourrait substituer celui de *fleur de craie*. P. 547. — Propriétés de la craie, communes avec celle des autres substances calcaires. *Ibid.* — La craie fine, connue sous le nom de *blanc d'Espagne*, ne se trouve pas en grandes couches ni même en bancs, mais dans les fentes des rochers calcaires, et sur la pente des collines crétacées ; elle y est conglomérée en pelotes plus ou moins grosses. *Ibid.* — Anciennes excavations faites par les hommes dans les montagnes de craie pour y habiter. Exemples de ces excavations dans les Indes, en Arabie et ailleurs. *Ibid.* — Concrétions qui proviennent de la craie. P. 548. — Dépôts secondaires de la matière crétacée ; se font très promptement. Exemple à ce sujet. *Ibid.* — Usages de la craie en agriculture ; elle peut aider la végétation et en augmenter le produit, lorsqu'elle est répandue sur les terres argileuses trop dures et trop compactes. *Ibid.* — Expériences sur les sels qu'elle contient. P. 551. — Le nitre se trouve en assez grande quantité dans la craie qui est à la surface de la terre et exposée à l'air. *Ibid.* — On trouve aussi du sel marin dans le blanc d'Espagne et dans la fleur de craie. *Ibid.* — Quoique la craie, ou terre calcaire, puisse être regardée comme une terre animale, puisqu'elle n'a été produite que par les détriments des coquilles, elle est néanmoins plus éloignée que l'argile des caractères de la terre végétale ou limoneuse. Preuves par la comparaison des unes et des autres. P. 631. — Couches de craie ; il y a des couches de craie très épaisses et très étendues. Exemples à ce sujet. P. 545. — Les couches de craie sont ordinairement horizontales ; raison de ce fait. *Ibid.* — La craie est plus dure dans les lits inférieurs que dans les lits supérieurs ; et cette même différence de solidité s'observe dans toutes les couches anciennement formées par les sédiments des eaux de la mer ; raison de ce fait général. *Ibid.* — On trouve entre les couches épaisses de craie de petits lits de substance vitreuse, et le *silex*, que nous nommons *pierre à fusil*, se trouve en grande quantité dans les craies, ce qui prouve que la matière coquilleuse s'est mêlée avec des poudres vitreuses dans son transport par les eaux. P. 546. — Craie des lits inférieurs, quoique solide et dure, est assez tendre au sortir de la carrière ; mais elle prend, en se séchant à l'air, assez de dureté pour qu'on puisse l'employer à bâtir. P. 547 La craie n'est pas si généralement répandue que la pierre calcaire dure, et ses couches, quoique très étendues en superficie, ont rarement autant de profondeur que celles des autres pierres. *Ibid.*

CRAPAUD VOLANT. Voyez *Engoulevent.*

CRAVATE JAUNE, oiseau du cap de Bonne-Espérance qui a rapport à la calandre ou grosse alouette. Sa description. Ses dimensions. T. VI, p. 437 et 438

CRAVATE *dorée*, espèce d'oiseau-mouche. T. VII, p. 47 et 48.

CRAVANT (le). Étymologie de ce nom selon Gessner. T. VIII, p. 300. — Par le port et par la figure, cet oiseau approche plus de l'oie que du canard ; sa description. P. 301. — Le cravant est d'une espèce différente de celle de la bernache ; différences entre l'un et l'autre. P. 301 et 302. — Différents cris du cravant. P. 302. — Cet oiseau peut vivre en domesticité ; ses habitudes dans cet état. *Ibid.*

CRAVE ou coracias. T. V, p. 540 et suiv. — Pourquoi appelé *avis incendiaria*. P. 540 et 541. — Est attiré par ce qui brille. P. 541. — Comparé au corbeau sauvage de Gessner, et au choquard ou pyrrhocorax. *Ibid.* — Ne se plaît pas indifféremment sur toutes sortes de montagnes et de rochers ; en quel temps se montre en Égypte, et pourquoi. P. 542. — Coracias d'Aristote. *Ibid.* — Coracias à bec et pieds noirs. P. 543.

CRESSERELLE, très commune en France, surtout en Bourgogne ; crie en volant, fréquente les vieilles tours abandonnées, plume les oiseaux, avale les souris tout entières, vomit leur peau sous la forme d'une pelote ; a la vue perçante, le vol aisé, le naturel hardi. T. V, p. 147 et 148. — Différence du mâle et de la femelle ; on a fait de celle-ci une espèce particulière, connue sous le nom d'*épervier des alouettes*. *Ibid.* — Niche sur les grands arbres ou dans les trous de murailles, et quelquefois dans des nids étrangers ; pond plus d'œufs que la plupart des oiseaux de proie, nourrit ses petits d'insectes, puis de mulots et de reptiles secs ; se nourrit elle-même de petits oiseaux, enlève quelquefois une perdrix rouge qui est beaucoup plus pesante qu'elle. P. 148 et 149. — Variétés d'âge ; s'apprivoise au point de revenir d'elle-même à la volière ; variété dans l'espèce ; on parle d'une cresserelle jaune de Sologne, pondant des œufs jaunes. P. 149. — La cresserelle de France se trouve en Suède, a beaucoup d'analogie avec les émérillons d'Amérique et avec l'émérillon de M. Brisson. *Ibid.*

CRI. Voyez *Voix.*

CRIK, espèce si commune à Cayenne qu'on a donné son nom à tout le genre. T. VII, p. 163. — Plus petit que les amazones, mais plus gros que les perruches, et autant qu'un poulet. Confondu cependant avec la perruche de la Guadeloupe, et aussi avec le *tahua* ou *tavoua*. *Ibid.* — Nommé aussi *aiuru-cotinga*. Variété dans cette espèce nommée *aiuru-apara*. P. 165.

CRIK *à face bleue*, venu de la Havane. Paraît commun au Mexique et aux terres de l'isthme. Beaucoup moins grand que le meunier. T. VII, p. 162.

CRIK *à tête bleue*, se trouve à la Guyane. T. VII, p. 164. Ses variétés. P. 164 et 165. — Est le même que le perroquet vert facé de bleu, d'Edwards. P. 171.

CRIK *à tête et gorge jaunes*. T. VII, p. 159. — Capable d'attachement. Exige les caresses. Jaloux. Indépendant. Capricieux. Mord dans ses caprices. Grand destructeur de meubles. Triste dans la cage et par le mauvais temps. Apprend aisément à parler. Aime les enfants. Sa mue dure trois mois. La viande lui fait mal. Rumine. P. 160.

CRIK *à tête violette*, perroquet de la Guadeloupe qui y devient très rare. Beauté de son plumage. Hérisse les plumes de son cou et s'en fait une fraise. Parle distinctement et apprend promptement étant pris jeune. Son naturel doux, facile à priver. Dutertre en a vu nicher dans un arbre à cent pas de sa case, où ils venaient chercher à manger; y amenèrent leurs petits. T. VII, p. 165 et 166. — Est un de ceux que les sauvages tapirent. P. 166 et 167.

CRIK *poudré*. Voyez *Meunier*.

CRIK *rouge et bleu*. Son pays n'est pas connu. Pourquoi rangé parmi les criks. T. VII, p. 161 et 162. — Confondu avec le perroquet violet de Barrère. P. 162.

CRIKS, famille de perroquets d'Amérique, moins beaux et plus communs que les amazones. T. VII, p. 150.

CRINIÈRE (Description de la guenon à). *Add.*, t. X, p. 172 et 173.

CRISTAL. Origine et formation du cristal. T. I, p. 229 et 230.

CRISTAL *de roche*. Est de la même essence que le quartz. Sa formation. T. III, p. 448. — Pourquoi l'on trouve rarement des cristaux à deux pointes, et très communément des cristaux en pyramide simple, ou en prismes surmontés de cette seule pyramide. *Ibid.* — Cristaux de roche, grands et petits, sont figurés de même. P. 449. — Cristal de roche donne une double réfraction dans le sens du *fil*, qui n'a pas lieu dans le sens du *contre-fil* de sa substance. *Ibid.* — Est composé de deux matières de différente densité, et dont l'une est moins dure que l'autre. P. 449 et 450. — Cristaux de roche de couleurs différentes. P. 450. — Les parties élémentaires du cristal de roche sont des lames triangulaires fort petites, et dont la surface plane est néanmoins beaucoup plus étendue que celle de la tranche, qui est presque infiniment mince. P. 453. — C'est toujours près du sommet des montagnes quartzeuses et graniteuses que se trouvent les grandes cristallières ou mines de cristal. P. 454. — Il se trouve plusieurs

cristaux qui contiennent de l'eau et des bulles d'air. P. 455. — Le cristal se trouve dans toutes les montagnes primitives quartzeuzes et graniteuses en Europe, en Asie et dans toutes les parties du monde. P. 456. — Les cristaux colorés ne sont pas plus denses que les cristaux sans couleurs. P. 457 et 460.

CRISTAL. Le cristal est de la même nature que le quartz; il n'en diffère que par la forme et par la transparence. Leurs caractères communs. T. II, p. 480.

CRISTAL *d'Islande*. N'est qu'un spath calcaire qui fait effervescence avec les acides, et que le feu réduit en une chaux qui s'échauffe et bouillonne avec l'eau, comme toutes les chaux des matières calcinées; on lui a donné le nom de *cristal d'Islande*, parce qu'il y en a des morceaux qui sont très transparents, et qu'il se trouve en Islande en très grande quantité. Autres lieux où on le trouve. T. III, p. 564. — Texture et figure de ce cristal. Il est ordinairement blanc et quelquefois coloré de jaune, d'orangé, de rouge, et d'autres couleurs. P. 565. — Dans quelque sens que l'on regarde les objets à travers le cristal d'Islande, ils paraîtront toujours doubles, et les images de ces objets sont d'autant plus éloignées l'une de l'autre que l'épaisseur du cristal est plus grande; il y a un sens dans le cristal de roche où la lumière passe sans se partager, et ne subit pas une double réfraction, au lieu que, dans le cristal d'Islande, la double réfraction a lieu dans tous les sens. Causes de cette différence. P. 565 et 566. — Dans le cristal d'Islande, ainsi que dans les autres spaths calcaires, la séparation de la lumière ne se borne pas à une double réfraction, et souvent, au lieu de deux réfractions, il y en a trois, quatre et même un nombre encore plus grand. Cause de cet effet. P. 566. — Explication de la manière dont se forment les couches alternatives de différentes densités dans le cristal d'Islande et dans les autres matières transparentes. P. 566 et 567. — Il paraît que le procédé le plus général de la nature, pour la composition des cristaux vitreux ou calcaires par la stillation des eaux, est de former des couches alternatives, dont l'une paraît être le dépôt de ce que l'autre a de plus grossier; en sorte que la densité et la dureté de la première couche sont plus grandes que celles de la seconde. P. 567. — Raison pourquoi la différence de réfraction est très petite dans les cristaux vitreux, et très grande dans le cristal d'Islande et autres spaths calcaires. *Ibid.*

CRISTALLISATION. Les formes de cristallisation ne sont ni générales ni constantes, et elles varient autant dans le genre calcaire que dans le genre vitreux. T. III, p. 441. — Manière dont se produisent les cristallisations, soit par le moyen du feu, soit par l'intermède de l'eau. P. 440 et 441. — Raison pourquoi des matières très différentes peuvent se cristalliser, et se cristallisent en effet sous la même forme. P. 444. — La forme de cristallisation n'indique ni la densité, ni la dureté, ni la fusibilité, ni l'homogénéité, ni aucune des propriétés essentielles de la substance des corps. *Ibid.* — Elle n'est point un caractère spécifique et distinctif de chaque substance. *Ibid.* — Il se forme des cristaux dans les laves et il ne s'en forme pas ordinairement dans nos verres factices. T. III, p. 80.

CRISTAUX. Tous les cristaux, soit vitreux ou calcaires, ne peuvent servir pour les lunettes ni pour les microscopes, parce que tous ayant une double réfraction doublent les images des objets, et diminuent par conséquent l'intensité de leur lumière. T. III, p. 565. — Explication de la manière dont se fait la double réfraction dans les cristaux calcaires et vitreux. *Ibid.*

CROCODILE. Dans le crocodile, la mâchoire supérieure n'est pas mobile, comme l'ont prétendu les anciens. T. XI, p. 55.

CROCODILES *caïmans,* qui se trouvent dans un petit lac au-dessus d'une colline dans la Guyane. Voyez *Guyane.*

CROISSANT ou moineau du cap de Bonne-Espérance, espèce étrangère, voisine de la soulcie; il est caractérisé par un croissant qu'il a sous le cou. T. VI, p. 122.

CROMB, nom de la femelle du vourou-driou de Madagascar. T. VII, p. 249.

CUGUACU-APARA *du Brésil,* ne paraît être qu'une variété de notre chevreuil d'Europe. T. IX, p. 35.

CUIL de Malabar, moins gros que notre coucou. Est en vénération dans son pays. T. VII, p. 239.

CUIR *de montagne.* Le cuir de montagne est composé de parties talqueuses ou micacées, disposées par couches et en feuillets minces et légers, plus ou moins souples; ces couches sont plus ou moins adhérentes entre elles, et forment une masse mince comme du papier, ou épaisse comme un cuir, et toujours légère ; cette substance acquiert quelquefois le double de son poids par son imbibition dans l'eau. T. III, p. 557. — Le cuir et le liège de montagne tirent également leur origine et leur formation de l'assemblage et de la réunion des particules de mica, moins atténuées que dans les talcs et les amiantes. *Ibid.* — Ils sont ordinairement blancs, et quelquefois jaunâtres. Lieux où on les trouve. Il n'y en a qu'en quelques endroits dans toute l'étendue du royaume de France. P. 557 et suiv.

CUIRIRI. Voyez *Bentaveo.*

CUIT ou rollier de Mindanao. T. V, p. 609.

CUIVRE. Le cuivre primitif a été formé comme l'or et l'argent dans les montagnes quartzeuses, et il se trouve, soit en morceaux de métal massif, soit en veines ou filons mélangés d'autres métaux. T. III, p. 302. — Mines de cuivre de seconde formation, sont plus rebelles que toutes autres à l'action du feu. P. 326. — Elles exigent d'être grillées plusieurs fois avant de donner leur métal. P. 311. — Mines de cuivre de troisième formation. P. 304. — Cuivre de cémentation fait par la nature. P. 308. — Affinité du cuivre et du fer. P. 307. — Alliages du cuivre avec les autres métaux, demi-métaux et avec l'arsenic. P. 308 et suiv. — Propriétés du cuivre, sa densité, sa ténacité, sa mauvaise odeur, ses qualités funestes, sa dureté, son élasticité, sa ductilité, sa résistance au feu. P. 309. — Chaux et verre de cuivre. *Ibid.* — Tous les sels de la terre et des eaux, soit acides, soit alcalins, attaquent le cuivre et le dissolvent avec plus ou moins de promptitude et d'énergie. P. 310. — Énumération des principales mines de cuivre de l'Europe et des autres parties du monde. P. 312 et suiv. — Comme le cuivre est moins difficile à fondre que le fer, il a été employé longtemps auparavant, pour fabriquer les armes et les instruments d'agriculture. P. 302. — Raison pourquoi l'on ne trouve presque plus de cuivre primitif en Europe et en Asie; et pourquoi l'on en trouve encore en Afrique et en Amérique. *Ibid.* — Conversion du cuivre en vert-de-gris ou verdet; comment elle s'est opérée dès les premiers temps. P. 303. — Eaux cuivreuses. *Ibid.* — Comparaison du cuivre avec l'or et l'argent, et leurs différences essentielles. P. 305. — Les minerais cuivreux de seconde formation demandent encore plus de temps et d'art que les mines de fer pour être réduits en bon métal. P. 305 et 306.

CUIVRE *jaune* ou *laiton.* Est un mélange de cuivre et de zinc, qui ne se trouve pas dans la nature. T. III, P. 306. — Manière de faire du bon laiton. P. 308.

CUIVRE (le) s'échauffe et se refroidit en moins de temps que le fer et plus lentement que le plomb. T. II, p. 283.

CUIVRE. Le cuivre de première formation fondu par le feu primitif, et le cuivre de dernière formation cémenté sur le fer par l'intermède des acides, se présentent également dans leur état métallique; mais la plupart des mines de cuivre sont d'une formation intermédiaire entre la première et la dernière. T. IV, p. 39. — Ce cuivre de seconde formation est un minerai pyriteux ou plutôt une vraie pyrite qui est très difficile à réduire en métal; lorsque le minerai de cuivre se trouve mêlé de fer en quantité, on ne peut le traiter avec profit, et on doit le rejeter dans les travaux en grand.

**P. 39 et 40.**—Description des minerais cuivreux, et de leur état dans le sein de la terre. **P. 40.** — Autres minéralisations du cuivre. Mines de cuivre vitreuses proviennent de la décomposition des pyrites cuivreuses ou du cuivre, qui de l'état métallique a passé à l'état de chaux. Description de ces mines. *Ibid.* — Mine de cuivre hépathique. *Ibid.* — Concrétions du cuivre se présentent, mais assez rarement, comme celles 'de l'argent, en ramifications, en végétations et en filets déliés de métal pur. **P. 42.**

Cujelier. Différences du cujelier et de l'alouette. T. VI, p. 423 et 424. — Il se perche sur les arbres, tandis que l'alouette ordinaire ou mauviette ne se pose ordinairement qu'à terre. Raison pourquoi les alouettes et même les cujeliers se perchent difficilement. On appelle le cujelier *alouette de bois*, parce qu'il niche dans les terres incultes qui avoisinent les taillis ou à l'entrée des jeunes taillis. P. 424. — Le chant du cujelier ressemble beaucoup plus au chant du rossignol qu'à celui de l'alouette, et il fait entendre sa voix non seulement le jour, mais pendant la nuit, comme le rossignol. L'espèce du cujelier, quoique plus petite que celle de l'alouette, est cependant moins nombreuse. Il fait sa première ponte bien plus tôt que l'alouette ordinaire, et on voit des petits cujeliers en état de voler dès la mi-mars. P. 424 et 425. — Les petits cujeliers sont difficiles à élever, surtout dans les pays un peu froids comme l'Angleterre. Habitudes naturelles du cujelier; il s'élève très haut en chantant, fait son nid à terre. Description de ses parties intérieures et extérieures. Différences du mâle et de la femelle. P. 425. — L'espèce en est répandue depuis l'Italie jusqu'en Suède. Ces oiseaux sont assez gras en automne, et leur chair est alors un fort bon manger. *Ibid.* — Dimensions du cujelier. P. 426.

Cujelier. Couve l'œuf du coucou déposé dans son nid. T. VII, p. 218.

Cul-blanc. Voyez *Motteux.*

Cul-blanc, un des noms de l'hirondelle de fenêtre. T. VII, p. 356 et 359 (note *b*).

Cul-jaune de Cayenne (petit), appelé aussi *carouge du Mexique* et *carouge de Saint-Domingue.* T. V, p. 662. — Son cri, son nid, ses mœurs, ses dimensions, son plumage et ses variétés. P. 662 et 663.

Culotte de velours. Voyez *Coq* de Hambourg.

Cul-rousset, oiseau du Canada dont l'espèce approche de celle du bruant. Sa description et ses dimensions. T. VI, p. 294 et 295.

Curicaca (le) doit être séparé de la famille des courlis T. VIII, p. 25.

Curucuis. Voyez *Couroucous.*

Cusco. Voyez *Pauxi.*

Cuscus ou Cusos. Voyez *Coescoes. Add.*, t. X, p. 306 et suiv.

Cuscus ou Cusos (le) des Indes orientales, paraît être du même genre que les philanders d'Amérique, mais l'espèce est différente de celle du sarigue, de la marmose et du cayopollin. *Add..* t. X, p. 307.

Cuve. C'est ainsi qu'on appelle l'endroit de la plus grande capacité des grands fourneaux où l'on fond les mines de fer ; cet endroit se trouve ordinairement à un quart ou un tiers de la hauteur du fourneau prise depuis le bas, c'est-à-dire à deux tiers ou à trois quarts depuis le dessus du fourneau. T. II, p. 360.

Cygne, qu'on dit avoir vécu trois cents ans. T. V, p. 31 (note *a*).

Cygne encapuchonné. Voyez *Dronte.*

Cygne (le) semble être le roi paisible des eaux, tandis que l'aigle n'est que le sanguinaire tyran des airs. T. VIII, p. 259 et 260. — Il règne à tous les titres qui fondent un empire aimable, beauté, douceur, majesté. P. 260. — Ses grâces l'ont fait regarder comme cher à l'amour. P. 261. — Noble chef des oiseaux navigateurs ailés, il paraît avoir servi de modèle à l'homme dans l'art de la navigation. *Ibid.* — Il fait l'ornement de nos plus belles pièces d'eau, et ne consent à s'y établir que comme un hôte libre et volontaire, et non comme un esclave. P. 261 et 262. — Sa vitesse à la nage et la hauteur de son vol. P. 262. — Ses moyens de subsistance et de défense. P. 262 et 263. — Son instinct social, qui suppose des mœurs douces et un naturel sensible. P. 263. — Longue durée de sa vie. *Ibid.* — Amours des cygnes; temps de la nichée, nombre de la ponte; éducation et accroissement des petits. P. 263 et 264. — Combats entre les mâles pour la possession d'une femelle aimée. P. 264 et 265. — Goût et soin du cygne pour la propreté. P. 265. — Il s'établit de préférence sur les rivières d'un cours sinueux et tranquille, où il trouve plus abondamment sa nourriture. P. 265 et 266. — Contrées où l'espèce s'est portée. P. 267. — Elle se trouve également dans le nord de l'ancien et du nouveau monde. *Ibid.* — Différences entre le cygne sauvage et le cygne privé. P. 268. — Ce sont moins des caractères de nature que des indices et des empreintes de domesticité, et le cygne domestique doit être regardé comme une race tirée anciennement et originairement de l'espèce sauvage. P. 268 et 269. — Le cygne domestique est plus grand et plus gros que le cygne sauvage. et la femelle est plus petite que le mâle ; leurs dimensions. P. 269. — Description du bec dans les deux races ; sa forme paraît avoir servi de modèle à la nature pour le bec des deux grandes familles des oies et des canards. *Ibid.* — Qualités de la chair du cygne et de son duvet. P. 269 et 270. — Conformation des organes de la voix dans le cygne. P, 270. — Fable des anciens sur le prétendu chant mélodieux du cygne expirant, et touchante expression tirée de ce préjugé. P. 271.

Cygne (le) est l'emblème de la grâce, premier trait qui nous frappe même avant ceux de la beauté. T. VII, p. 531.

Cynocéphale (le) d'Aristote, est un singe sans queue. T. X, p. 121 et 122. — C'est le même animal que nous appelons *magot*. P. 122.

Cynocéphale (Le petit) a été indiqué par Prosper Alpin. *Add.*, t. X, p. 170. — Caractères distinctifs de cette espèce. *Ibid.* — Ses rapports avec le pithèque. *Ibid.*

Cynocéphale (Le nom de) a été donné au babouin à museau de chien. *Add.*, t. X, p. 188.

Czigithais ou Mulets *de Daourie*, ne doivent pas être confondus avec les zèbres. *Add.*, t. X, p. 421 et suiv.

Czigithai (le) ou mulet de Daourie, pourrait bien être de la même espèce ou du moins d'une espèce très voisine du zèbre. *Add.*. t. X, p. 421. — Il se pourrait aussi que le czigithai fût le même animal que l'onagre. *Ibid.*

Czigithai, animal qui se trouve dans la Tartarie. Ce mot signifie, dans la langue des Mongoux, *longue oreille*. Les czigithais vont par troupes de vingt, trente et même cent. Ils sont indomptables. Chaque troupe a son chef, comme dans les *tarpans* ou *chevaux sauvages*. Habitudes naturelles des czigithais. *Add.*, t. X, p. 422. — Ils forment une espèce moyenne entre l'âne et le cheval, qu'on a nommée *mulet fécond de Daourie*. Ils sont plus beaux que les mulets ; dimensions et description d'un de ces animaux. Leur ressemblance avec l'âne. Leur course très rapide. Les Tartares regardent leur chair comme une viande délicieuse. P. 422 et 423.

# D

Daim (le) est d'une nature moins robuste et moins agreste que le cerf. T. IX, p. 25. — L'Angleterre est le pays de l'Europe où il y a plus de daims. *Ibid.* — Les chiens préfèrent le daim à tous les autres animaux, et le chassent de préférence aux cerfs et aux chevreuils. *Ibid.* — Le daim est un animal presque à demi domestique ; il est sujet, comme les animaux domestiques, à un assez grand nombre de variétés. P. 26. — Bois du daim, sa grandeur et sa forme, et ses différences d'avec celui du cerf. P. 27. — Le bois du daim tombe tous les ans, comme celui du cerf, mais plus tard. *Ibid.* — Le rut du daim arrive quinze jours ou trois semaines après celui du cerf. *Ibid.* — Les daims ne s'excèdent pas autant que le cerf par le rut. *Ibid.* — Ils combattent pour les femelles, et se mettent en troupes comme les cerfs. *Ibid.* — Ils combattent aussi en troupes et se disputent le terrain lorsqu'ils sont renfermés dans des parcs. *Ibid.* — Habitudes naturelles du daim, et ses ruses pour échapper aux chiens. *Ibid.* — Ils s'apprivoisent très aisément et mangent de beaucoup de choses que le cerf refuse. *Ibid.* — Ils sont en état d'engendrer et de produire depuis l'âge de deux ans jusqu'à quinze ou seize. P. 28. — Le daim et le chevreuil sont les seuls de tous les animaux communs aux deux continents qui soient plus grands et plus forts dans le nouveau que dans l'ancien. T. IV, p, 420.

Daims. Voyez *Axis*. *Add.*, t. X, p. 454.

— Cette race de daims tachetés de blanc existe en Angleterre avant celle des daims noirs et celle des daims tout blancs, et même avant celle des cerfs, qui y a été transportée de France suivant M. Collinson. *Ibid.*

Daims *chinois*, leur description. *Add.*, t. X. p. 454. — Ils paraissent être une variété dans la race de l'axis. *Ibid* et suiv.

Daims *de Groenland*, est le même animal que le renne de petite race. *Add.*, t. X, p. 438.

Daine (la) porte huit mois et quelques jours, comme la biche ; elle produit un petit, quelquefois deux et très rarement trois. T. IX, p. 28.

Dama (le) des anciens est le même animal que celui que nous avons appelé *Nanguer*. T. IX, p. 475.

Daman *Israël* ou Agneau *d'Israël*, est un animal dont l'espèce approche de celle de la gerboise. Sa description, son naturel, ses mœurs. T. IX, p. 561.

Daman. Le daman-israël n'est point une gerboise. Il est fort commun aux environs du mont Liban, et encore plus dans l'Arabie Pétrée ; il se trouve aussi dans les montagnes de l'Arabie Heureuse et dans toutes les parties hautes de l'Abyssinie ; sa forme et sa grandeur. Il n'a point du tout de queue. Sa description. Ses habitudes naturelles. *Add.*, t X, p. 380 et 381. — Sa chair est très bonne à manger. P. 381.

Daman *du Cap*, animal différent du daman-israël. — Leurs différences. *Add.*, t. X, p. 381. — C'est le même animal que celui dont j'ai donné la description sous le nom de *marmotte du Cap. Ibid.* — Ce daman du Cap est aussi le même animal que le *klipdaas* ou *blaireau de roches*, décrit par M. Allamand. *Ibid.* — Sa description, par MM. Allamand et Klockner. P. 381 et suiv. — Ses habitudes naturelles. P. 382. — Sa grandeur, lorsqu'il est adulte, est égale à celle du lapin domestique. *Ibid.* — Ses dimensions. P. 383.

DAME ou *Demoiselle anglaise*. Voyez *Couroucou à ventre rouge.*

DAMIER ou PÉTREL, *blanc et noir*. Le mélange symétrique de ces deux couleurs dans le plumage de ce pétrel l'a fait appeler *damier* par tous les navigateurs, de même que *pardelas* et *pintado* par les Espagnols et les Anglais. T. VIII, p. 407. — Sa taille, son port, son vol, et traits de sa conformation, qui le rangent dans la famille des *pétrels* proprement dits. P. 408. — Le damier paraît être indigène aux mers antarctiques, dans la zone tempérée et la zone froide où il pénètre jusqu'aux plus grandes latitudes. P. 408 et 409. — Hauteurs où l'on commence à rencontrer ces oiseaux. P. 409. — Ils savent trouver des points de repos jusqu'au milieu des flots agités ; néanmoins, leur état de tranquillité n'est jamais long ; on entend leur vol toute la nuit, et le soir on les voit se rassembler en nageant sous la poupe des vaisseaux. P. 409 et 410. — Leur nourriture ; hameçons pour les prendre ; leur impuissance à se remettre au vol lorsqu'ils sont une fois abattus. P. 410. — Leur instinct social ; attachement particulier du mâle et de la femelle, et marques touchantes qu'ils s'en donnent mutuellement. *Ibid.*

DAMIER *brun*. Voyez *pétrel antarctique.*

DANBIK, oiseau fort commun en Abyssinie ; sa description. T. VI, p. 171.

DANOIS. Établissements des Danois sur les côtes occidentales de la Laponie jusqu'au soixante-onzième et soixante-douzième degré. *Add.*, t. XI, p. 264.

DANT ou LANT *de Numidie*, est le même animal que le petit bœuf bossu que nous avons appelé *zébu*. T. IX, p. 414 et 415. — Ce nom, qui ne doit appartenir qu'au zébu, c'est-à-dire au petit bœuf bossu d'Afrique et d'Arabie, a été transporté et appliqué au tapir de l'Amérique. P. 415.

DATTIER ou moineau de datte, sa description. T. VI, p. 115 et 116. — Familier comme nos moineaux, aussi commun, chante mieux, difficile à transporter. P. 116.

DÉCHET (le) du fer en gueuse est ordinairement d'un tiers, et souvent de plus d'un tiers si l'on veut obtenir du fer d'excellente qualité, et le déchet du fer avec de vieilles ferrailles n'est pas de moitié, c'est-à-dire d'un sixième. T. II, p. 355.

DÉCLINAISON. Il y a, sur la surface du globe, trois espaces plus ou moins étendus dans lesquels l'aiguille aimantée se dirige vers le nord, sans décliner d'aucun côté. T. IV, p. 100. — La déclinaison de l'aimant est un effet purement accidentel. P. 104. — La déclinaison s'est trouvée nulle à Londres, plutôt qu'à Paris. P. 129. — Le mouvement de la ligne sans déclinaison n'est pas relatif aux intervalles des méridiens terrestres. *Ibid.* — La marche du mouvement de déclinaison ne paraît pas pouvoir être déterminée, parce que sa marche est plus qu'irrégulière, et n'est point du tout proportionnelle au temps, non plus qu'à l'espace. *Ibid.* — Ce mouvement n'est point l'effet d'une cause constante, ou d'une loi de la nature, mais dépend de circonstances accidentelles, particulières à certains lieux et variables selon les temps. P. 130.

DÉCLINAISON *de l'aiguille aimantée*. L'augmentation de la déclinaison vers l'ouest n'a été que de deux degrés dix-huit minutes dix-neuf secondes, depuis 1775 jusqu'en 1785 ; ce qui n'excède pas de beaucoup la variation de l'aiguille dans un seul jour, qui quelquefois est de plus d'un degré et demi. T. IV, p. 131. — Il y a plusieurs points sur le globe où la déclinaison est actuellement nulle ou moindre d'un degré, tant à l'est qu'à l'ouest ; et la suite de ces points forme des bandes qui se prolongent dans les deux hémisphères. P. 135. — Les endroits où la déclinaison est la plus grande se trouvent beaucoup plus près des pôles que de l'équateur. Endroits où les plus grandes déclinaisons ont été observées. P. 138. — La déclinaison de l'aiguille paraît varier beaucoup plus dans les hautes que dans les basses latitudes. *Ibid.* — Il y a près de deux cents ans que la bande sans déclinaison était inclinée du côté de l'ouest, relativement à l'équateur terrestre. P. 139.

DÉCLINAISON et *inclinaison*. Les changements de la déclinaison et de l'inclinaison ont toujours été irréguliers dans les divers points des deux hémisphères. T. IV, p. 139.

DÉCOMPOSITION *du fer*. Deux manières différentes dont s'opère la décomposition du fer, leur comparaison. T. II, p. 359.

DÉFINITION du nombre. Voyez *Nombre.*

DÉFINITION, telle qu'on la peut faire par une phrase, n'est que la représentation très imparfaite de la chose. Dans la nature, l'on ne peut jamais bien définir une chose sans la décrire exactement. T. I, p. 13 et 14.

DÉGÉNÉRATION. Explication physique de la dégénération des animaux et des plantes. T. VIII, p. 498. — La température du climat, la qualité de la nourriture et les maux de l'esclavage sont les trois causes de changement, d'altération et de dégénération dans les animaux. T. IV, p. 472. — Dégénération, de tout temps immémoriale, qui paraît s'être faite dans chacun des genres auxquels on peut réduire les espèces voisines dans les animaux. P. 483.

**Déluge.** On ne peut pas expliquer par le déluge universel le transport ni la position des productions marines que l'on trouve en si grande quantité dans l'intérieur de la terre. T. I, p. 41. — Le déluge universel a été fait par la volonté immédiate de Dieu et n'a pu s'opérer par les causes naturelles et physiques. P. 92 et 93. — La supposition que c'est le déluge universel qui a transporté les coquilles de la mer dans tous les climats de la terre est devenue l'opinion ou plutôt la superstition du commun des naturalistes. P. 94.

**Demi-fins,** genre d'oiseaux auquel nous avons donné ce nom parce que leur bec fait la nuance entre les becs fins et les becs forts des petits oiseaux. T. VI, p. 578 et 579.

**Demi-fin** *mangeur de vers.* Sa description. — On le trouve en Pensylvanie, où il n'est qu'un oiseau de passage. — Sa grandeur. T. VI, p. 580.

**Demi-fin** *noir et bleu.* Sa description. Sa grandeur. Il se trouve aux Indes. T. VI, p. 580 et 581.

**Demi-fin** *noir et roux.* Sa description. T. VI, p. 581. — Ses dimensions. Il se trouve dans l'Amérique méridionale. *Ibid.*

**Demi-fin** *à huppe et gorge blanches.* Il se trouve dans l'Amérique méridionale. Sa description; ses dimensions. T. VI, p. 584.

**Demoiselle** *de Numidie,* confondue mal à propos avec l'*otus* des anciens. T. V, p. 181 et 182.

**Demoiselle** ou *Dame anglaise.* Voyez *Couroucou à ventre rouge.*

**Demoiselle** *de Numidie;* cet oiseau a sous un moindre module toute la taille et les proportions de la grue; il lui ressemble aussi par le plumage. Sa description. T. VII, p. 570. On lui a donné le nom de *demoiselle* à cause de sa beauté, de son élégance et des gestes *mimes* qu'il semble affecter. Description de sa démarche et de ses gestes. *Ibid.* Il n'a été connu que tard par les naturalistes modernes; on l'a même confondu avec des oiseaux très différents, tels que les *hiboux, scops* et *otus.* Cet oiseau est naturel aux contrées de l'Afrique voisines du tropique. Cependant il peut s'accoutumer à la température de notre climat; il a même produit plusieurs fois à la Ménagerie du Roi, et la dernière morte, après avoir vécu environ vingt-quatre ans, était une de celles qu'on y avait vues naître. P. 571 et 572. — Description des parties intérieures de cet oiseau. P. 572.

**Dendrites.** On a prétendu que les agates, ainsi que les cailloux, renfermaient souvent des plantes, des mousses, et l'on a même donné le nom d'*herborisations* à ces accidents, et le nom de *dendrites* aux pierres qui présentent des tiges et des ramifications d'arbrisseaux; mais cette idée n'est fondée que sur une apparence trompeuse, et ce ne sont pas des végétaux renfermés dans ces pierres; ce sont, au contraire, des infiltrations d'une matière terreuse ou métallique dans les délits ou petites fentes de leur masse. T. III. p. 531. — Preuves de cette assertion. P. 531 et suiv.

**Densité** (la) de la matière de Jupiter et de Saturne, est à peu près la même que la densité de la matière du Soleil. T. I, p. 71.

**Densité** *relative des planètes.* La densité du Soleil étant supposée 100, celle de Saturne est égale à 67, celle de Jupiter à $94\frac{1}{2}$, celle de Mars à 200, celle de la Terre à 400, celle de Vénus à 800, et celle de Mercure à 2,800. T. I, p. 73. — Examen du rapport de la densité des planètes avec leur vitesse. *Ibid.* — Cette densité a moins de rapport avec la chaleur que les planètes ont à supporter qu'avec leur vitesse. P. 74.

**Densité** *du globe terrestre.* Plusieurs causes de l'augmentation de cette densité. *Add.,* t. I, p. 249.

**Densité** (la) *des planètes* n'est point du tout proportionnelle à la chaleur que le Soleil leur envoie, mais plutôt à leur vitesse de circulation autour de cet astre. *Add.,* t. I, p. 249 et 250.

**Densité.** Explication et développement de l'idée qu'on doit se former des causes de la densité. T. II, p. 330 et 331. — Matière dense; on peut démontrer que la matière la plus dense contient encore plus de vide que de plein. P. 331.

**Densité.** L'ordre de densité dans les matières terrestres commence par les métaux, et descend immédiatement aux pyrites, qui sont encore métalliques, et des pyrites passe aux spaths pesants et aux pierres précieuses. T. III, p. 610.

**Dentition,** est une opération naturelle qui cependant ne suit pas les lois ordinaires de la nature. T. XI, p. 20.

**Dents** (les) incisives de l'homme paraissent ordinairement les premières, communément à sept, huit ou dix mois, et quelquefois à la fin de la première année. T. XI, p. 20. — Les huit dents incisives, les quatre canines et les quatre premières molaires qui ont paru dans la première et la seconde année après la naissance tombent naturellement dans la cinquième, la sixième ou la septième année; mais elles sont remplacées par d'autres, qui paraissent dans la septième année, souvent plus tard, et quelquefois elles ne sortent qu'à l'âge de puberté. Les autres dents molaires ne tombent point, ou, si elles tombent, elles sont rarement remplacées. P. 21. — Les quatre dernières dents molaires manquent à plusieurs personnes ; elles ne paraissent ordinairement qu'à l'âge de puberté, et même souvent plus tard. *Ibid.* — Les dents canines paraissent, ou en même temps, ou très peu de temps après les incisives. *Ibid.* — Les dents molaires paraissent ordinairement sur la fin de la première ou dans le courant de la seconde année. *Ibid.* — Les premières dents des enfants ne sont pas d'une substance aussi solide que celles qui leur succèdent ; elles n'ont que fort peu de racine, et elles s'ébranlent très aisément. P. 22.

DENTS. Les grosses dents fossiles, carrées, et dont la face qui broie est en forme de trèfle, ont tous les caractères des dents molaires de l'hippopotame ; et les autres énormes dents, dont la face qui broie est composée de grosses pointes mousses, ont appartenu à une espèce détruite aujourd'hui sur la terre. T. II, p. 13 et 14.

DERKACZ de Rzaczynski, paraît être un râle. T. VIII, p. 465.

DESCRIPTION des oiseaux, ne doit point être séparée de leur histoire ; ses difficultés. T. V, p. 3. — Description des couleurs, très difficile à faire, très ennuyeuse à lire. *Ibid.* — Conditions d'une bonne description. P. 591.

DESCRIPTION. Comment se doit faire une description en histoire naturelle. T. I. p. 16.

DESCRIPTION de l'âge de la puberté. Voyez *Puberté.*

DESCRIPTION des Groenlandais. Voyez *Groenlandais.*

DÉSIR. Causes et origine du désir. T. IV, p. 419 et 420.

DESMAN, espèce de rat musqué du nord de l'Europe. T. IX, p. 227. — Ses différences avec les autres rats musqués. P. 227 et 228.

DÉSORGANISATION de la peau. Voyez *Peau.*

DESTRUCTION. Causes les plus générales de la mort et de la destruction. T. IV, p. 166.

DÉTROIT. Le mouvement de l'Océan par le détroit de Gibraltar est contraire à tous les autres mouvements de la mer, dans tous les détroits qui joignent l'Océan à l'Océan, qui se font d'orient en occident, au lieu que celui du détroit de Gibraltar se fait d'occident en orient. T. I, p. 53. — Les couches de terre se trouvent être les mêmes des deux côtés de ce détroit, ce qui prouve qu'elles étaient autrefois continues. *Ibid.* — Dans les détroits qui présentent leur ouverture à l'occident et dans les mers méditerranées, auxquels ils aboutissent, le mouvement des marées est beaucoup moins sensible que dans les détroits qui présentent leur ouverture à l'orient, ainsi que dans les mers où les détroits aboutissent. Raison de cet effet. P. 169. — Le détroit de Magellan est le plus long de tous les détroits, et le mouvement des marées y est extrêmement sensible. P. 171.

DÉTROIT. L'ouverture du détroit de Gibraltar est probablement du même temps que la submersion de l'Atlantide. T. II, p. 107.

DÉVELOPPEMENT. Explication du développement et de la nutrition des animaux et des végétaux. T. I, p. 256 et 257.

DÉVELOPPEMENT. Fausse notion au sujet du développement et de l'accroissement des êtres organisés. T. IV, p. 168. — Idée nette et vraie du développement. *Ibid.* — Le développement ne se fait pas par la seule addition aux surfaces, mais par une susception intime et qui pénètre la masse. *Ibid.* — Le premier développement qui succède immédiatement à la formation du fœtus n'est pas un accroissement proportionnel de toutes les parties qui le composent ; plus on s'éloigne du temps de la formation, plus cet accroissement est proportionnel dans toutes ses parties. P. 347. — Dans un corps organisé, il y a des parties essentielles et principales, desquelles dépend le développement des autres. *Ibid.*

DIABLE, nom de la grande chevêche d'Amérique. T. V, p. 193 (note *b*).

DIABLE, nom donné à l'*ani.* Voyez ce mot.

DIAMANT. C'est mal à propos qu'on a donné le diamant pour de la terre pure et élémentaire. T. II, p. 260 et 261.

DIAMANT. Est un corps igné provenant de la terre végétale, et dont la substance contient une si grande quantité de feu qu'elle brûle en entier comme le soufre, sans même laisser aucun résidu. T. III, p. 603 et 604. — Le feu n'y est pas fixé par l'acide vitriolique comme dans le soufre, mais par l'alcali ; et il en est de même dans les vraies pierres précieuses qui, comme le diamant, tirent leur origine de la terre végétale. P. 604 et 605. — Les diamants et les vraies pierres précieuses ne se trouvent que dans les climats les plus chauds, preuve évidente que cet excès de chaleur est nécessaire à leur production. T. IV, p. 3. — Et comme ce surplus de chaleur ne peut résider que dans les couches les plus extérieures de la terre, et que le diamant et les pierres précieuses se trouvent, en effet, dans ces couches extérieures, on ne peut guère douter qu'ils ne tirent leur origine des détriments des corps organisés, c'est-à-dire de la terre végétale ou limoneuse. P. 4. — Détails des faits par lesquels on peut démontrer que les diamants et les vraies pierres précieuses ne proviennent que de la terre végétale. P. 4 et 5. — On trouve les diamants dans les contrées les plus chaudes de l'un et de l'autre continent ; ils sont également combustibles ; les uns et les autres n'offrent qu'une simple et très forte réfraction ; cependant la densité et la dureté du diamant d'Orient surpassent un peu celle du diamant d'Amérique ; sa réfraction paraît aussi plus forte et son éclat plus vif ; il se cristallise en octaèdre, et le diamant du Brésil en dodécaèdre. P. 8. — Les diamants colorés n'ont, comme les diamants blancs, qu'une simple réfraction ; les couleurs n'influent donc pas sur l'homogénéité de leur substance, et de plus ces couleurs ne sont pas fixes, mais volatiles ; car elles disparaissent en faisant chauffer fortement ces diamants colorés. *Ibid.* — Structure des diamants, leur figure est sujette à varier. P. 8 et 9. — Propriétés générales et particulières des diamants. P. 9 et 10. — Imperfections et défauts dans les diamants. P. 10 et suiv. — Les diamants étaient anciennement beaucoup plus rares qu'ils ne le sont aujourd'hui. P. 11. — On employait autrefois les diamants bruts, et tels qu'ils sortaient de la terre ; ce n'est que dans le xv° siècle qu'on a trouvé en Europe l'art de les tailler. *Ibid.* — Lieux où se trouvent les diamants aux Indes orientales. P. 11 et suiv. — Les diamants colorés tirent leur teinture du sol qui les produit. P. 13. — Les diamants n'ont point de gangue ou de matrice particulière ; ils sont seulement environnés de terre limoneuse. *Ibid.* — C'est en 1728 qu'on a trouvé, pour la première fois, des diamants en Amérique, au Brésil où ils sont en grande quantité. P. 14. — Il est plus que probable que si l'on faisait des recherches dans les climats les plus chauds de l'Afrique, on y trouverait des diamants, comme il s'en trouve dans les climats les plus chauds de l'Asie et de l'Amérique. *Ibid.* — L'art de tailler les diamants est aussi moderne qu'il était difficile. *Ibid.* — Il y a des diamants qui, quoique de la même essence que les autres, ne peuvent être polis et taillés que très difficilement ; on leur donne le nom de *diamants de nature*. Différence de leur texture et de celle des autres diamants. P. 15.

DIAMANT. Le diamant doit son origine à la terre végétale ou limoneuse : preuves de cette assertion. T. II, p. 628 et suiv.

DIAPHRAGME, est le principal organe du sentiment intérieur. T. XI, p. 56. — Il paraît être le centre du sentiment. T. IX, p. 56.

DIEMEN (Terre de) ; il est douteux qu'on y ait trouvé des perroquets. T. VII, p. 181.

DIEU. *Invocation à l'auteur de la nature…* Dieu de bonté, auteur de tous les êtres, vos regards paternels embrassent tous les objets de la création ; mais l'homme est votre être de choix ; vous avez éclairé son âme d'un rayon de votre lumière immortelle ; comblez vos bienfaits en pénétrant son cœur d'un trait de votre amour. T. II, p. 201.

DIFFORMITÉ. Origine de nos idées sur la difformité des êtres. T. IX, p. 121.

DIGESTION des gallinacés. T. V, p. 305.

DIGITALE (grande) à fleurs rouges, est un poison pour les dindons. T. V, p. 330.

DILATATION (la) respective dans les différents corps, est en même raison que leur fusibilité, et la promptitude du progrès de la chaleur dans ces mêmes corps est en même raison que leur fusibilité. Preuve par l'expérience. T. II, p. 420 et 421.

DILATATION (la) par la chaleur, est générale dans tous les corps. La dilatation est le premier degré pour arriver à la fusion. T. II, p. 229.

DIMENSIONS. Il faut une certaine proportion dans les dimensions du fer, pour qu'il puisse s'aimanter promptement par la seule action du magnétisme général. T. IV, p. 119 et 120. — Il faut une certaine proportion dans les dimensions du fer ou de l'acier que l'on veut aimanter pour qu'ils reçoivent la plus grande force magnétique qu'ils peuvent comporter. P. 122.

DINDON, en quoi ressemble au paon. T. V, p. 324 (note *a*). Sa tête dénuée de plumes, peau charnue qui la couvre, caroncule à la base du bec supérieur, barbillon à celle du bec inférieur ; mouvement de toutes ces parties lorsque l'oiseau est affecté d'amour ou de colère. P. 324 et 325. — Sa queue ; comment se relève. P. 325 et 326. — Couleurs de son plumage. P. 325. — Bouquet de crins à son cou. P. 325 et 326. — Différence du mâle et de la femelle. P. 326. — Les mâles se battent entre eux ; s'accouplent avec d'autres espèces. P. 327. — Ponte, incubation, éducation des petits, soins de la mère. P. 328-330. — Quand les petits poussent le rouge ; on ne les chaponne point, ils engraissent sans cela. P. 329. — Sommeil du dindon ; craint l'humidité, surtout étant jeune ; la grande digitale à fleurs rouges est un poison pour lui. P. 330. — Tantôt lâches, tantôt courageux ; leur voix, leurs fonctions, leurs intestins. *Ibid.* — Parties de la génération, œil. P. 331.

DINDONS, sont avec les paons, les coqs et autres oiseaux à jabot, les représentants des bœufs, des brebis, des chèvres et des autres ruminants. T. V, p. 32.

DIRECTION (la) du magnétisme se combine avec le gisement des continents, et se détermine par la position particulière des matières ferrugineuses. T. IV, p. 97. — La force magnétique a autant de différentes directions qu'il y a de pôles magnétiques sur le globe ; au lieu que la direction de l'électricité se porte constamment de l'équateur aux deux pôles terrestres. *Ibid.*

DIRECTION *de l'aiguille*. La proximité des terres influe beaucoup sur la direction de l'aiguille aimantée. T. IV, p. 137. — Certaines côtes paraissent la repousser. *Ibid.* — Lorsqu'à l'approche des terres l'aiguille aimantée éprouve constamment des changements très marqués dans sa déclinaison, on peut en conclure l'existence ou le défaut de mines de fer dans ces mêmes terres, suivant qu'elles attirent ou repoussent l'aiguille aimantée. P. 138.

DIRECTION *de l'aimant.* Les tremblements de terre, les foudres de l'électricité souterraine, et les grands incendies des forêts, peuvent produire de nouvelles mines attirables à l'aimant, et qui influent sur sa direction. T. IV, p. 104. — Les grandes ou petites aiguilles fortement ou faiblement aimantées se dirigent toujours vers les pôles du globe, soit directement, soit obliquement, en déclinant à l'est ou à l'ouest, selon les temps et les lieux. P. 128.

DIRECTION *magnétique* (la) reçoit des inflexions dépendantes de la position des matières ferrugineuses. T. IV, p. 88.

DISSOLUTION. Toutes les explications que l'on donne de la dissolution ne peuvent se soutenir, si l'on n'admet pas deux forces opposées, l'une attractive et l'autre expansive, et par conséquent la présence des éléments de l'air et du feu, qui sont seuls doués de cette seconde force. T. II, p. 259. — Explication générale de la manière dont s'opère la dissolution. *Ibid.*

DISSOLUTIONS. Les dissolutions des métaux sont, en général, plus corrosives que l'acide même dans lequel ils ont été dissous. T. III, p. 299.

DISTANCE. L'idée de la distance ne nous est pas venue par le sens de la vue, mais par celui du toucher; démonstration à ce sujet. T. XI, p. 105. — Pourquoi nous nous trompons sur la grandeur des objets qui sont à de grandes distances, ou que nous voyons du haut en bas et du bas en haut. P. 106.

DIVISIBILITÉ (la) de la matière à l'infini n'est qu'une supposition mal fondée qu'on ne peut appliquer aux ouvrages de la nature. T. IV, p. 232.

DIVISION. La grande division des productions de la nature *en animaux, végétaux* et *minéraux,* ne contient pas tous les êtres matériels. T. IV, p. 290.

DOCILITÉ, suppose quelque analogie entre celui qui donne et celui qui reçoit; c'est une qualité relative qui ne peut être exercée que lorsqu'elle est active dans le maître et passive dans le sujet. T. X, p. 105.

DODO. Voyez *Dronte.*

DOG-FACET BABOON. Le babouin à museau de chien a été ainsi nommé. *Add.,* t. X, p. 188.

DOIGTS de l'autruche, sont au nombre de deux seulement à chaque pied, et chacun est composé de trois phalanges, contre ce qu'on voit ordinairement dans les doigts des oiseaux, lesquels ont très rarement un nombre égal de phalanges. T. V, p. 208.

DOIGTS du touraco. T. VII, p. 202. — Du coucou. P. 224 et 231. — Dans les hiboux et les chats-huants, l'un des doigts antérieurs se tourne souvent en arrière. P. 231. — Dans les coucous, l'un des postérieurs se tourne souvent en avant. *Ibid.* — Les anis ont les doigts disposés comme les coucous. P. 261. — Le doigt postérieur de l'engoulevent disposé à se tourner en avant. P. 312. — Doigt du milieu du grand ibijau, a de chaque côté un rebord membraneux. P. 321.

DOMICILE. Animaux qui se font un domicile sont supérieurs aux autres par l'instinct. T. IX, p. 78.

DOMINO, paraît n'être qu'une variété dans l'espèce du jacobin. T. VI, p. 104.

DOUBLE *contact* (méthode du) de MM. Mitchel et Canton. T. IV, p. 124. — De M. Æpinus. *Ibid.* — Deux manières d'employer le double contact, imaginées par M. Æpinus. P. 125.

DOUC, n'est précisément ni du genre des singes, ni de celui des babouins, ni de celui des guenons, mais participe de tous trois; il paraît faire la nuance entre les guenons et les sapajous. Il est la seule des guenons qui ait du poil sur les fesses; il paraît faire aussi la nuance les orangs-outangs et les guenons à de certains égards. T. X, p. 151. — Le douc est très aisé à distinguer de tous les singes, babouins, guenons et sapajous; sa robe est variée de toutes couleurs. Sa description. Il se trouve à la Cochinchine et à Madagascar. P. 151 et 152. — Caractères distinctifs de l'espèce du douc. P. 152.

DOULEURS (les) de l'enfantement sont pour le moins aussi grandes dans les fausses couches que dans les accouchements à terme. T. IV, p. 376. — Intensité de la douleur, faux raisonnement des philosophes à ce sujet. T. XI, p. 82 et 83. — Analyse de la douleur physique. P. 83. — La douleur, dans le physique, est l'extrême plutôt que le contraire du plaisir. T. IV, p. 433.

DOUTE. Le doute est toujours en raison inverse de la probabilité. T. XI, p. 312.

DRAINE, ses rapports avec la grive. T. VI, p. 2 et suiv. — La plus grosse de toutes les grives; son poids, ses voyages; plusieurs restent dans le pays où elles sont nées. P. 16 et 17. — Sa ponte, son nid, ses œufs, éducation des petits, sa nourriture, son chant, attribut distinctif du mâle; mœurs de la draine, qualités de sa chair. P. 16, 17 et 18. — Niche au Jardin du Roi à Paris. P. 18. — Chasse aux draines. *Ibid.*

DRAINE blanchâtre; variété de la draine. T. VI, p. 17 et 18.

DROMADAIRE, n'est pas une espèce différente de celle du chameau, mais une variété dans cette espèce. T. IX, p. 357. — Le dromadaire ne porte qu'une bosse sur le dos, au lieu que le chameau en a deux. *Ibid.* — La race en est plus nombreuse et plus répandue que celle du chameau. P. 358. — Énumération des pays où l'on trouve la race du dromadaire. P. 359. — Le dromadaire est le plus sobre de tous les animaux, et peut se passer plusieurs jours de boire. *Ibid.* — Il a les pieds faits pour marcher dans les sables, et peut se soutenir dans les terrains humides et glissants. P. 360.

DUGON ou *Dugung*, nom de cet animal aux Philippines ; il ressemble plus au morse qu'à aucune autre espèce. Description de sa tête et de ses dents. On a confondu le dugon avec le lion marin, mais ce sont des espèces très différentes. T. X, p. 23 et 24. — L'espèce paraît se trouver dans les mers méridionales jusqu'aux îles Philippines. P. 24.

DRONGO, oiseau de Madagascar et des autres climats chauds de l'ancien continent ; on ne doit pas le ranger avec les gobe-mouches, et il paraît faire une espèce isolée. Sa description. T. VI, p. 409.

DRONTE, ainsi que l'autruche, le casoar et autres oiseaux presque nus, ne se trouve que dans les pays chauds. T. V, p. 35. — Tous ces oiseaux, ainsi que le touyou d'Amérique, ne volent point. P. 36 et 247. — S'appelle aussi dodo et cygne encapuchonné ; le plus lourd des oiseaux ; a le bec énorme, les ailes et la queue hors de sa place ; a quatre doigts à chaque pied ; est plus gros que le cygne et le dindon ; on lui trouve quelquefois des pierres dans l'estomac ; paraît propre aux îles de France et de Bourbon. P. 247 et 248. — Comparé avec le solitaire et l'oiseau de Nazare. P. 245 et suiv.

DUC ou grand duc, βύας, *bubo.* T. V, p. 168. — Le seul, avec le petit duc, dont les ailes, dans leur repos, n'arrivent pas au bout de la queue. *Ibid.* — Comparé avec l'aigle. P. 172 et 173. — A la tête énorme, les ailes courtes (cinq pieds de vol), la cavité des oreilles très grande, les aigrettes de la tête hautes de deux pouces et demi, le bec court, les yeux grands, l'iris orangé, les pieds velus jusqu'aux ongles, les serres fortes, le cri effrayant ; habite les rochers, les vieilles tours ; il y niche ou bien sur les arbres creux ; chasse lièvres, lapins, mulots, chauves-souris, reptiles ; rejette par le bec les os, les peaux, etc. ; se bat avec la buse, fait tête à des volées entières de corneilles ; supporte mieux la lumière du jour que les autres oiseaux de nuit. P. 173 et 174. — S'élève assez haut à l'heure du crépuscule, vole bas le jour ; on s'en sert pour attirer le milan et les autres oiseaux ; il a la langue courte et assez large, l'œil enveloppé d'une tunique cartilagineuse, le cerveau recouvert d'une et non de deux tuni-

ques comme les autres oiseaux. P. 175. — Ses variétés sont le duc aux ailes noires, le duc aux pieds nus ; ils ont tous deux les pieds plus grêles ; le duc blanc de Laponie, marqué de taches noires ; le jacurutu du Brésil, qui est absolument le même que notre grand duc, le hibou des terres Magellaniques. P. 175 et 176.

DUC (le) de la baie d'Hudson et de Virginie. T. V, p. 176. — Cet oiseau se trouve dans les deux continents, au nord et au midi. — *Ibid.* — Les aigrettes partent quelquefois de la base du bec. P. 177. — Le grand duc est gros comme une oie. P. 178.

DUC (moyen), ὠτος, *otus.* T. V, p. 168. — Appelé *dux* parce qu'on le supposait conducteur des cailles dans leur passage, lesquelles en effet ne volent que la nuit et ont pu quelquefois voler de compagnie avec cet oiseau de nuit. P. 167. — Est oiseau sédentaire, se trouve en France en hiver. P. 168. — Ses aigrettes sont composées de six plumes hautes d'un pouce ; a la grosseur d'une corneille, la langue un peu fourchue, l'estomac assez ample, la vésicule du fiel grande, les boyaux longs de vingt pouces, de gros *cæcums.* P. 177 et 178. — Commun en France, surtout l'hiver, pond dans des nids étrangers ; se trouve en Suède, en Amérique sous le nom de *canot ;* le hibou d'Italie est une autre variété ; produit quatre ou cinq œufs ; ses petits sont blancs en naissant. P. 179. — Le hibou de la Caroline de Catesby, celui de l'Amérique méridionale du P. Feuillée et le tecolotl de Fernandez, ne sont peut-être que des variétés de cette espèce. — P. 179 et note *e.* — Ce moyen duc attire mieux les gros oiseaux à la pipée ; fait pendant le jour des gestes ridicules et bouffons. P. 180-182. — Les vieux qui se voient pris refusent toute nourriture. P. 182. — S'assemblent quelquefois en troupes de cent et plus. P. 184.

DUC (petit), σκὼψ, *asio.* Le seul avec le grand duc dont les ailes, dans leur repos, n'arrivent pas jusqu'au bout de la queue. T. V, p. 168. — C'est peut-être le seul des oiseaux de nuit qui soit oiseau de passage. *Ibid.* — Est de la grosseur d'un merle, a les aigrettes d'un demi-pouce, et composées d'une seule plume ; a la tête plus petite à proportion que les autres ducs ; se réunit en troupes en automne et au printemps pour changer de climat ; détruit beaucoup de mulots ; ressemblant à la chevêche. P. 183 et 184. — Le talchicuatli de Nieremberg est peut-être une de ses variétés. P. 184. — Rare partout et difficile à prendre. *Ibid.* — Les couleurs du plumage et des yeux sujettes à varier. *Ibid.* — Voyez *Caboure.*

DUC (moyen). Voyez *Oiseaux de nuit.*

DUCTILITÉ (la) des métaux paraît avoir

autant de rapport à la densité qu'à la fusibilité, et cette qualité semble être en raison composée des deux autres. T. II. p. 331. — Difficulté de prononcer affirmativement sur le plus ou moins de ductilité des substances minérales. P. 331 et 332.

Ductilité des matières est en raison composée de la densité et de la ténacité de ces mêmes matières. T. III, p. 248.

Dunes. Formation des dunes. T. I, p. 182. — Elles ne sont pas composées de pierres et de marbres comme les montagnes qui se sont formées dans le fond de la mer. P. 241.

Dur-bec, ou gros-bec de Canada, nommé au Canada *bouvreuil*, est la grosse pivoine d'Edwards; en quoi diffère des autres grosbecs; son plumage, sa queue; différence de la femelle. T. VI, p. 98 et 99.

Durée. Preuves de la très longue durée du temps qui a été nécessaire pour la construction des couches de pierres calcaires et de celles des charbons de terre, etc. T. II, p. 61 et suiv.

Durée (la) de la chaleur n'est pas en raison plus petite, mais plutôt en raison plus grande que celle des diamètres ou des épaisseurs des corps. T. II, p. 274 et 275.

Duvet du vautour, et son usage. T. V, p. 47, 84 et 92.

# E

Eau (l') a, comme toutes les autres matières du globe, un grand degré de chaleur qui lui appartient en propre, et qui est indépendante de celle du soleil. T. II, p. 227. — Elle est aussi chaude à 100 et 200 brasses de profondeur dans la mer qu'elle l'est à la surface. *Ibid.* — Il suffit de faire chauffer de l'eau ou de la faire geler, pour que l'air qu'elle contient reprenne son élasticité et s'élève en bulles sensibles à sa surface. P. 252. — L'eau, soit gelée, soit bouillie, reprend l'air qu'elle avait perdu dès qu'elle se liquéfie ou qu'elle se refroidit. *Ibid.* — Étant prise en masse est incompressible, et néanmoins très élastique, dès qu'elle est en petites parties. *Ibid.* — Elle peut se changer en air lorsqu'elle est assez raréfiée pour s'élever en vapeurs. *Ibid.* — Sa transformation en matière solide par le filtre animal. P. 254. — Elle s'unit de préférence avec l'air et ensuite avec les sels, et c'est par leur moyen qu'elle entre dans la composition des minéraux. P. 257. — La durée de la chaleur dans l'eau est plus exactement proportionnelle à son épaisseur que dans les corps solides. Raisons de cet effet. P. 275.

Eau (l') dans son essence doit être regardée comme un sel insipide et fluide, et la glace qui n'est que ce même sel rendu solide le devient d'autant plus que le froid est plus grand. T. III, p. 365.

Eau *de la mer* (l') contient non seulement des acides et des alcalis, mais encore les huiles et toutes les matières qui peuvent provenir de la décomposition des corps organiques, à l'exception de celles que ces corps prennent par la putréfaction à l'air libre; encore se forme-t-il à la surface de la mer, par l'action de l'acide aérien, des matières assez semblables à celles qui sont produites sur la terre par la décomposition des animaux et des végétaux. T. III, p. 149. — L'eau de la mer n'était d'abord que simplement acide ou même acidule; elle est devenue plus acide et salée par l'union de l'acide aérien avec les alcalis et les autres acides; ensuite elle a pris de l'amertume par le mélange du bitume, et enfin elle s'est chargée de graisse et d'huile par la décomposition des substances organisées. Et cette salure et cette amertume n'ont pu qu'augmenter avec le temps. *Ibid.*

Eaux. Les eaux ont couvert la surface entière du globe jusqu'à deux mille toises de hauteur, et se se sont ensuite successivement abaissées par l'affaissement des cavernes de l'intérieur du globe. T. II, p. 52 et 53. — L'eau a saisi toutes les matières qu'elle pouvait délayer et dissoudre; elle s'est combinée avec l'air, la terre et le feu pour former les acides, les sels, etc.; elle a converti en argile les scories et les poudres du verre primitif; ensuite elle a par son mouvement transporté de place en place ces mêmes scories, et toutes les matières qui se trouvaient réduites en petit volume. P. 52. — Les eaux sont venues primitivement des deux pôles, mais en bien plus grande quantité du pôle austral que du pôle boréal. P. 62 et 63.

Eaux. Eaux chargées de différents sels : toutes les eaux dont les sources sont dans la couche de terre végétale ou limoneuse contiennent une assez grande quantité de nitre; au lieu que les eaux pluviales les plus pures et recueillies en plein air avec précaution donnent, après l'évaporation, une poudre terreuse très fine, d'une saveur sensiblement salée, et du même goût que le sel marin. La neige contient du sel marin comme l'eau de pluie, sans mélange d'autres sels. tandis que les eaux qui coulent sur les terres calcaires ou végétales ne contiennent point de sel marin, mais du nitre. T. II, p. 551.

**Eaux.** Lorsque les eaux de la mer parviennent dans les foyers des volcans, elles communiquent une grande quantité de fluide électrique aux matières enflammées et électrisées en moins. T. IV, p. 79, 80 et 84.

**Eau,** ne travaille point en grand dans l'intérieur de la terre, mais elle y fait beaucoup d'ouvrage en petit. Elle concourt immédiatement à la formation de plusieurs substances terrestres qu'il faut distinguer avec soin de celles qui sont d'une plus ancienne formation. T. I, p. 65 et 66. — Il y a assez d'eau dans la mer pour couvrir toute la surface du globe d'une hauteur de six cents pieds. T. I, p. 98. — Mouvement particulier qui se fait au fond des rivières lorsqu'il doit arriver une grande crue d'eau. P. 148. — La vitesse des eaux courantes ne suit pas exactement, ni même à beaucoup près, la proportion de la pente. P. 148. — Cette vitesse dépend non seulement de la pente du lit, mais de la quantité et du poids des eaux supérieures. P. 148 et 149. — Dans les eaux courantes, le poids contribue beaucoup à la vitesse, et c'est pour cette raison que la plus grande vitesse du courant n'est ni à la surface de l'eau ni au fond, mais à peu près dans le milieu de la hauteur de l'eau; explication de cet effet. P. 149. — Les obstacles qui se trouvent dans les eaux courantes, tels que les ponts, les îles, etc., n'en diminuent que très peu la vitesse totale. *Ibid.* — Ce qui diminue très considérablement la vitesse totale, c'est l'abaissement des eaux, comme au contraire l'augmentation du volume d'eau augmente cette vitesse plus qu'aucune autre cause. *Ibid.* — Moyen de diminuer la vitesse des eaux courantes. *Ibid.* — Manière d'estimer la quantité d'eau qui arrive à la mer par les fleuves. P. 152. — Évaporation de l'eau sur toute la surface de la mer, est environ de vingt à vingt et un pouces par an. P. 153. — Distribution des eaux. Il y a sur la surface de la terre des contrées élevées qui paraissent être des points de partage marqués par la nature pour la distribution des eaux. Énumération de ces points de partage. P. 153 et suiv.

**Eaux.** Examen de la filtration des eaux. T. I, p. 63 et 64. — Elles se rassemblent toutes sur le premier lit de glaise dans l'intérieur de la terre. P. 65. — Ce sont les eaux rassemblées dans la vaste étendue des mers qui, par le mouvement du flux et du reflux, ont produit les montagnes, les vallées et les autres inégalités de la terre. P. 66. — Causes et effets des eaux courantes. P. 61 et 62.

**Eaux** *souterraines.* T. I, p. 62. — Réservoirs d'eau en Orient. *Ibid.*

**Eaux** *souterraines.* Examen de leur quan-

tité. T. I, p. 65. — Ce n'est qu'en peu d'endroits qu'on a observé des veines d'eau souterraines un peu considérables. *Ibid.* — Ce sont les eaux de la mer qui, en transportant les terres, les ont disposées les unes sur les autres par lits horizontaux. P. 66.

**Eaux** *du ciel.* Détruisent l'ouvrage de la mer, en rabaissant continuellement la hauteur des montagnes, en comblant les vallées, les bouches des fleuves et les golfes, et ramènent tout au niveau. T. I, p. 66.

**Eaux** thermales. Voyez *Chaleur* des eaux thermales.

**Eaux** *thermales* (les), ainsi que les fontaines de pétrole et des autres bitumes et huiles terrestres, doivent être regardées comme intermédiaires entre les volcans éteints et les volcans en action. *Add.*, t. I, p. 319.

**Éboulements** causés par la filtration des eaux sur les lits d'argile; plusieurs exemples à ce sujet qui démontrent qu'on pourrait faire couler des collines calcaires tout entières, avec les châteaux et forteresses bâtis sur ces collines, en faisant des tranchées profondes dans les glaises ou argiles qui soutiennent ces collines calcaires. *Add.*, t. I, p. 326 et suiv.

**Échasse.** Cet oiseau est ainsi nommé à cause de l'excessive hauteur de ses jambes, qui sont trois fois longues comme son corps. T. VIII, p. 59 et 60. — Elles lui permettent à peine de porter son bec à terre pour prendre sa nourriture. Description des jambes et de la marche de l'échasse. P. 60. — Mais cet oiseau vole aussi bien qu'il marche mal. Sa description. P. 61. — L'espèce ne paraît pas être nombreuse. Cependant elle est assez répandue depuis l'Italie jusqu'en Écosse. Elle se trouve aussi dans le nouveau continent. *Ibid.* — A la Jamaïque, en Espagne, etc. P. 61 et 62.

**Échelles** *arithmétiques,* leur fondement et leur comparaison. T. XI, p. 334 et suiv. — Formule générale de toutes les échelles arithmétiques. P. 337.

**Échelles** *logarithmiques.* T. XI, p. 338.

**Écliptique.** Le changement de l'obliquité de l'écliptique n'est pas une diminution ou une augmentation successive et constante; ce n'est, au contraire, qu'une variation limitée, et qui se fait tantôt en un sens et tantôt en un autre. Cette variation est causée par l'action des planètes. Et prenant la plus puissante de ces attractions, qui est celle de Vénus, il faudrait 12,600 ans pour qu'elle pût produire un changement de 6 degrés 47 minutes dans l'obliquité réelle de l'axe de la terre. De même l'action de Jupiter ne peut, dans un espace de 936 mille ans, changer l'obliquité de l'écliptique que de 2 degrés 38 minutes; et encore cet effet est-il en partie compensé par les précédents; en sorte qu'il n'est pas possible que ce changement d'obliquité de l'axe de la terre aille jamais à **6** degrés **23** minutes. T. II, p. 15.

Écorcheur, espèce de pie-grièche plus petite que la rousse, à laquelle il ressemble par les habitudes, en diffère par le plumage; mais le mâle et la femelle de chacune de ces espèces, diffèrent encore plus entre eux; a pour variétés l'écorcheur varié, l'écorcheur des Philippines, la pie-grièche rousse d'Edwards et la pie-grièche de la Louisiane. T. V, p. 158 et suiv.

Écrire. Art d'écrire, principales règles de l'art d'écrire. T. XI, p. 565 et suiv.

Écrouissement. Considération de l'écrouissement des métaux ; le fer s'écrouit comme tous les autres. T. II, p. 331.

Écrouissement. Effets de l'écrouissement sur les métaux, et en particulier sur le fer et l'acier. T. III, p. 237. — Raison pourquoi le recuit détruit l'effet de l'écrouissement. *Ibid.*

Écureuil. Naturel et tempérament de l'écureuil. T. IX, p. 101. — Il ne descend à terre que quand les arbres sont agités par la violence des vents. *Ibid.* — Il habite sur les plus grands arbres des forêts, n'approche pas des habitations. *Ibid.* — Habitudes naturelles de l'écureuil. P. 102. — Il produit ordinairement trois ou quatre petits. Les écureuils entrent en amour au printemps et mettent bas au mois de mai ou au commencement de juin. *Ibid.* — L'écureuil se fait un nid comme les oiseaux ; construction de ce nid. *Ibid.* — De tous les animaux non domestiques, l'écureuil est peut-être celui qui est le plus sujet aux variétés, ou du moins celui dont l'espèce a le plus d'espèces voisines. T. IX, p. 247.

Écureuils (les) sont plutôt originaires des terres du nord que de celles du midi ; on en vend en Sibérie les peaux par milliers. *Add.*, t. X, p. 314. — Il y a dans l'Amérique septentrionale différentes espèces de ces animaux. *Ibid.* — Leurs habitudes naturelles et les dommages qu'ils causent dans les terres cultivées de l'Amérique. P. 314 et 315.

Écureuil *noir* de la Martinique. *Add.*, t. X, p. 314.

Écureuil *volant*. Grand écureuil volant. Voyez *Taguan. Add.*, t. X, p. 318.

Écureuil. Description du grand écureuil de la côte de Malabar. *Add.*, t. X, p. 315 et 316.

Écureuil de Madagascar. Description de cet animal. *Add.*, t. X, p. 316.

Édolio, coucou du cap de Bonne-Espérance. T. VII, p. 228 et 229.

Éducation des animaux. T. VII, p. 77 et suiv. — Éducation domestique du coucou. P. 223.

Éducation. Il y a deux éducations qui doivent être distinguées et dont les produits sont différents : l'éducation de l'individu, qui est commune à l'homme et aux animaux, et l'éducation de l'espèce, qui n'appartient qu'à l'homme. L'enfant est beaucoup plus lent que l'animal à recevoir l'éducation individuelle, et c'est par cette raison même qu'il devient susceptible de celle de l'espèce. Le commun des animaux est plus avancé pour les facultés du corps à deux mois que l'enfant ne peut l'être à deux ans. L'éducation de l'enfant veut être suivie longtemps et toujours soutenue. Or cette habitude nécessaire, continuelle et commune entre la mère et l'enfant pendant un si long temps, suffit pour qu'elle lui communique tout ce qu'elle possède, et quand on voudrait supposer qu'elle ne possède rien, pas même la parole, cette longue habitude suffirait pour faire naître une langue, et ce premier rayon d'intelligence entretenu, cultivé, communiqué, a fait ensuite éclore tous les germes de la pensée. T. X, p. 101 et suiv.

Effervescence. Le degré de division de la matière dans les effervescences est fort au-dessus de celui de la division de la matière dans les cristallisations. T. II, p. 260.

Effet *général*. Pourquoi on ne peut pas en donner la cause; les effets généraux de la nature doivent être pris pour les vraies causes. P. 214 et 215.

Effets (tous les) magnétiques ont leurs analogues dans les phénomènes de l'électricité ; mais tous les phénomènes électriques n'ont pas de même tous leurs analogues dans les effets magnétiques. T. IV, p. 98.

Effets. Raisons pourquoi les effets naturels ne nous paraissent pas être des merveilles. T. XI, p. 309 et 310. — Deux manières de considérer les effets naturels. P. 310.

Effets généraux. Pourquoi nous ne pouvons pas donner la raison des effets généraux ou des causes générales de la nature. T. IV, p. 160. — On donnera toujours la raison d'un effet particulier, dès qu'on pourra faire voir qu'il dépend d'un effet plus général. P. 161. — On ne peut pas donner la raison d'un effet absolument isolé, parce que rien de connu n'a les mêmes propriétés. *Ibid.* — Il est démontré qu'on ne peut pas trouver la raison d'un effet général, sans quoi il ne serait pas général, au lieu qu'on peut espérer de trouver un jour la raison d'un effet isolé. *Ibid.*

Effraie. Voyez *Oiseaux de nuit.*

Effraie ou fresaie, ἐλεὸς, *aluco*. T. V, p. 169. — Autrement chouette des clochers, parce qu'elle se tient dans les clochers, les toits des églises, par conséquent près des cimetières, ce qui, joint à sa qualité d'oiseau de nuit et à son cri aigre et lugubre, la fait regarder comme l'oiseau de la mort ; souffle comme un homme qui dort la bouche ouverte ; égale au chat-huant ; a l'iris jaune, le bec et les doigts blancs, se prend aisément ; refuse, étant prise, toute nourriture ; vit ainsi dix ou douze jours ; ne crie qu'en volant ; la femelle est plus grosse que le mâle, et a les couleurs plus claires et plus distinctes ; outre cela, le plumage est sujet à varier dans cette espèce ; commune en Europe et jusqu'en Suède, se retrouve en Amérique ; se nomme *tuidara* au Brésil ; pond, dès la fin de mars, cinq, six ou sept œufs blanchâtres à cru dans des trous d'arbre ou de muraille ; ses petits sont blancs dans le premier âge ; elle les nourrit et les engraisse avec des insectes et des morceaux de chair de souris, etc. Vit comme les chats-huants, va le soir dans les bois ; se précautionne l'hiver contre le froid ; visite les pièges, et fait sa proie des petits oiseaux qui y sont pris, avale les petits oiseaux tout entiers avec les plumes. P. 188 à 191. — Est le *strix* des Latins. P. 187.

ÉGAGROPILES. Pelotes de poil qui se forment dans l'estomac de plusieurs animaux ; leur origine et leur formation. T. VIII, p. 550. — Leur composition et leur différence d'avec les bézoards. T. IX, p. 491. — Animaux qui produisent des égagropiles. *Ibid.* — Elles se trouvent dans les animaux des pays tempérés, et les bézoards dans les animaux des pays chauds. P. 492.

ÉGYPTE. Le terrain de l'Égypte septentrionale a été formé par les dépôts et par les sédiments des eaux du Nil, et ce limon a aujourd'hui plus de cinquante pieds d'épaisseur. T. I, p. 54.

ÉGYPTE. Ce n'est que depuis très peu d'années que les maisons de libertinage établies pour le service des voyageurs ont été supprimées. *Add.*, t. XI, p. 270 et 271.

ÉGYPTIENS (les) sont beaucoup plus mélancoliques et d'une humeur plus sombre que les Arabes. *Add.*, t. XI, p. 270. — Il y a une grande différence entre la taille des hommes, qui communément sont grands et fluets, et celle des femmes, qui sont généralement courtes et trapues ; raison de cette différence. P. 271.

ÉGYPTIENS *aveugles.* Il y a jusqu'à vingt-cinq mille aveugles dans les hôpitaux de la seule ville du Caire. *Add.*, t. XI, p. 271.

ÉGYPTIENS. Ce peuple, aussi triste que vain, fut l'inventeur de l'art lugubre des momies, par lequel il voulait pour ainsi dire éterniser la mort ; non seulement les Égyptiens embaumaient les cadavres humains, mais ils conservaient également les corps de leurs animaux sacrés. T. VIII, p. 3. — Les oiseaux étaient enfermés dans des pots de terre cuite, dont l'orifice est bouché d'un ciment. *Ibid.*

EIDER (l') n'est point un aigle, comme son nom altéré l'a fait croire, mais une espèce d'oie des mers du Nord. T. VIII, p. 308 et 309. — Par une disposition contraire à celle qui s'observe dans le plumage de la plupart des oiseaux, l'eider a le dos blanc et le ventre noir, ou d'un brun noirâtre. P. 309. — Le duvet de l'eider est très estimé et se vend toujours très cher. *Ibid.* — Le meilleur duvet, que l'on nomme duvet vif, est celui que l'eider s'arrache pour garnir son nid et que l'on recueille dans ce nid même. *Ibid.* — Précautions à prendre pour chercher ce duvet et le ramasser dans les nids et manière de le purger de l'ordure dont il est souvent souillé. *Ibid.* — Ponte de l'eider, nombre et couleur des œufs. P. 310. — Lorsqu'on les ravit à la femelle, elle se plume de nouveau pour garnir son nid et fait une seconde ponte, mais moins nombreuse que la première ; si l'on dépouille une seconde fois son nid, le mâle se déplume à son tour, c'est pourquoi le duvet de ce troisième nid est plus blanc que celui du premier. *Ibid.* — Mais, pour faire cette troisième récolte, il faut attendre que la mère eider ait fait éclore ses petits ; autrement elle quitterait pour jamais la place. *Ibid.* — Soins que prennent les Islandais pour attirer les eiders chacun dans leur terrain et les engager à s'y fixer. *Ibid.* — Le nombre des femelles est plus petit que celui des mâles ; elles sont adultes avant eux, et leur première ponte est moins nombreuse que les suivantes. P. 311. — L'eider, au temps de la pariade, fait entendre une voix rauque et gémissante ; la voix de la femelle est semblable à celle de la cane commune. *Ibid.* — Lieux où ils placent leurs nids, et manière dont ils les construisent. *Ibid.* — Le mâle n'aide point la femelle à couver, mais fait sentinelle pour avertir si quelque ennemi paraît. *Ibid.* — Si le danger est pressant, elle va rejoindre le mâle qui, dit-on, la maltraite s'il arrive malheur à la couvée. P. 311 et 312. — Précaution que prend la mère eider pour soustraire ses petits au danger. P. 312. — Éducation des petits eiders à la mer. *Ibid.* — Les Groenlandais comptent leur temps d'été par l'âge des jeunes eiders. *Ibid.* — Temps où les couleurs du mâle et de la femelle sont démêlées et bien distinctes. *Ibid.* — Nourriture de l'eider. *Ibid.* — La fuite de ces oiseaux à la côte pendant le jour passe pour un présage infaillible de tempête. *Ibid.* — L'eider n'est point proprement un oiseau de passage, il ne quitte point le climat glacial. *Ibid.* — Lieux où on le trouve. P. 312 et 313.

ÉLECTRICITÉ, semble être pour quelque chose dans les accès d'épilepsie auxquels les aras et autres oiseaux sont sujets. T. VII, p. 143.

ÉLAN, se trouve dans le nord de l'Amérique, où on l'appelle orignal. Description de l'élan et sa comparaison avec le cerf. T. IX, p. 441 et suiv. — Habitudes naturelles de l'élan. P. 442 et suiv. — Lorsque l'élan court, les os de ses pieds font un craquement que l'on entend de loin. P. 447. — Il est du nombre des animaux ruminants. P. 448. — Description particulière de l'élan. P. 450 et 451. — Caroncule de l'élan ; doutes à cet égard. P. 451. — L'élan a le poil très épais et le cuir très dur. Il a une très grande force dans les pieds de devant. P. 452. — Préjugés sur la vertu de la corne de l'élan pour préserver de l'épilepsie. *Ibid.* — Manière dont les sauvages de l'Amérique chassent l'orignal ou l'élan pendant l'hiver. P. 452 et 453.

ÉLAN. Voyez *Orignal. Add.*, t. X, p. 439.

ÉLAN. Description et dimensions d'un élan mâle. *Add.*, t. X, p. 449 et suiv.

Nouvelle addition à l'article de l'élan. *Add.*, t. X, p. 450 et 451.

ELAPHO-CAMELUS (l'), décrit par Matthiole est le même animal que le lama. T. IX, p. 536 et 537.

ÉLECTRICITÉ. L'électricité joue un très grand rôle dans les tremblements de terre et dans les éruptions des volcans. T. II. p. 73.

ÉLECTRICITÉ. L'électricité tire son origine de la chaleur intérieure du globe. T. IV, p. 78. — L'électricité et le magnétisme ont des propriétés communes avec celles de l'attraction universelle. P. 87. — Les effets de l'électricité et du magnétisme sont produits par des forces impulsives particulières qu'on ne doit point assimiler à l'impulsion primitive. *Ibid.* — L'action de l'électricité donne également la vertu magnétique aux corps ferrugineux, et la vertu électrique aux substances électriques par elles-mêmes. P. 90. — Les chutes réitérées produisent également de l'électricité dans les matières électriques par elles-mêmes, et du magnétisme dans les substances ferrugineuses. *Ibid.* — Électricité employée pour la guérison de plusieurs maux. P. 93. — L'électricité et le magnétisme, combinés ensemble dans les torpilles, paraissent être plus ou moins actifs, suivant l'état de l'atmosphère, la diversité des saisons et les différents états de l'animal. *Ibid.* — On doit espérer de réunir par l'art l'électricité et le magnétisme ; et de les employer avec succès dans certaines maladies *Ibid.*

ÉLECTRIQUE (matière). Le fonds de la matière électrique est la chaleur propre du globe terrestre. T. II, p. 73.

ÉLÉMENTS. Tous les éléments pouvant se transmuer et se convertir, l'instant de la consolidation des matières fixes dans le globe terrestre fut aussi celui de la plus grande conversion des éléments et de la production des matières volatiles. T. II, p. 32.

ÉLÉMENTS. Tous les éléments sont convertibles ; le feu, l'air, l'eau et la terre peuvent chacun devenir successivement chaque autre. Preuve de cette assertion. T. II, p. 219 et suiv. — La terre, l'eau, l'air et le feu entrent tous quatre dans tous les corps de la nature, mais en proportion très différente. P. 230. — Dans l'ordre de la conversion des éléments, l'eau est pour l'air ce que l'air est pour le feu, et toutes les transformations de la nature dépendent de celles-ci. L'eau raréfiée par la chaleur se transforme en une espèce d'air capable d'alimenter le feu comme l'air ordinaire, et le feu se convertit ultérieurement avec l'air en matière fixe dans les substances terrestres qu'il pénètre par sa chaleur ou par sa lumière. P. 253. — Grandes bases sur lesquelles sont fondés les quatre éléments, la terre, l'eau l'air et le feu. P. 260.

ÉLÉPHANTS. On trouve, dans les parties septentrionales de l'Europe et de l'Asie, des squelettes, des défenses, des ossements d'éléphants, d'hippopotames et de rhinocéros, en assez grande quantité pour être assuré que les espèces de ces animaux, qui ne peuvent se propager aujourd'hui que dans les terres du Midi, existaient et se propageaient autrefois dans les contrées du Nord. T. II, p. 12. — Et non seulement on trouve ces ossements dans les terres du nord de notre continent, mais aussi dans celles du nord de l'Amérique, quoique les espèces de l'éléphant et de l'hippopotame n'existent point dans ce continent du nouveau monde. *Ibid.* — Preuves de ce fait par leurs ossements tirés du sein de la terre dans toutes ces contrées du Nord. *Ibid.* et suiv. — Comme on trouve des défenses et d'autres ossements d'éléphants, non-seulement dans les terres du Nord des deux continents, mais encore dans les terres des zones tempérées, comme en Allemagne, en France, en Italie, etc., on doit en conclure qu'à mesure que les terres septentrionales se refroidissaient, ces animaux se retiraient vers les contrées des zones tempérées ; et qu'enfin ces zones s'étant aussi trop refroidies avec le temps, ils ont successivement gagné les climats de la zone torride. P. 16 et 17. — En comparant leurs dépouilles antiques tirées du sein de la terre avec celles de ces animaux actuellement existants, on voit qu'en général ces anciens éléphants et hippopotames étaient plus grands que ceux d'aujourd'hui. P. 17. — Marche progressive des éléphants du nord au midi, depuis le 60° degré de latitude jusque sous l'équateur. P. 93. — La marche régulière qu'ont suivie les éléphants dans notre continent paraît avoir souffert des obstacles dans l'autre ; et il ne paraît pas qu'ils soient jamais arrivés dans l'Amérique méridionale au delà de l'isthme de Panama. P. 94 et 95. — Raisons pourquoi ces animaux n'ont pu gagner les terres de l'Amérique méridionale. P. 95. — La communication des éléphants d'un continent à l'autre a dû se faire par les contrées septentrionales de l'Asie voisines de l'Amérique. P. 106.

ÉLÉPHANT. Au moyen de sa trompe, qui lui sert de main, l'éléphant a les mêmes moyens d'adresse que le singe. Il a de la docilité, et il est susceptible d'un fort attachement comme le chien. Son naturel, ses qualités, son intelligence, etc. Pourquoi il n'édifie rien et ne fait aucun ouvrage en commun comme le castor. T. IX, p. 300 et suiv. — Vénération que les peuples de l'Orient ont pour les éléphants, surtout pour les éléphants blancs. P. 302 et 303. — Les éléphants ont les mœurs sociales : ordre qu'ils suivent dans leur marche. Quoique l'éléphant soit très pesant, son pas est si grand qu'il attrape aisément un homme qui court bien. L'éléphant est susceptible et délicat sur le fait des injures. Il a l'odorat excellent et probablement plus parfait qu'aucun des animaux. Il aime les lieux humides, et il remplit souvent sa trompe avec de l'eau. Il nage fort facilement, et pourquoi. P. 303 et suiv. — La nourriture que consomme un éléphant, lorsqu'il est en liberté, peut monter à cent cinquante livres d'herbe par jour, mais les éléphants foulent et détruisent avec leurs pieds beaucoup plus d'herbe et de grains qu'ils n'en mangent, et comme ils arrivent toujours en troupes, ils dévastent une campagne en une heure. P. 305. — L'espèce de l'éléphant est confinée aux pays méridionaux de l'Afrique et de l'Asie. P. 312. — Les anciens se servaient des éléphants à la guerre, et ils y seraient très inutiles aujourd'hui, et pourquoi. P. 314. — Ils semblent se complaire à la parure, et paraissent d'autant plus contents, qu'ils sont plus richement vêtus. P. 315. — Les éléphants sont plus grands dans les terres de l'Inde méridionale et de l'Afrique orientale que dans la partie de l'Afrique occidentale. P. 318. — Ceux qui habitent les montagnes sont plus grands et plus forts que les autres. *Ibid.* — Les éléphants de Ceylan sont, dit-on, ceux de tous qui ont le plus de courage et d'intelligence. *Ibid.* — Force de l'éléphant. P. 319. — Ils peuvent faire aisément quinze ou vingt lieues par jour, et lorsqu'on veut les presser ils peuvent en faire jusqu'à trente-cinq ou quarante. *Ibid.* — Le vestige de leurs pieds a quinze ou dix-huit pouces de diamètre. *Ibid.* Service que l'on tire de l'éléphant : manière de le nourrir pour qu'il s'entretienne dans sa pleine vigueur. *Ibid.* — Durée de la vie de l'éléphant dans l'état

de liberté et dans l'état de domesticité. P. 320. — Il ne vit pas longtemps dans les climats tempérés, et encore moins dans les pays froids. P. 321. — L'espèce de l'éléphant ne peut ni subsister ni se multiplier en aucune partie de l'Europe. *Ibid.* — Différentes couleurs des éléphants ; ils sont ordinairement noirs, et cependant il y en a quelques-uns qui sont rouges et quelques autres qui sont blancs. P. 321 et 322. — Ces couleurs rouge et blanche dans l'éléphant ne sont pas des variétés constantes et ne forment pas des races distinctes et subsistantes dans l'espèce ; ce sont plutôt des variétés purement individuelles. P. 322. — Les plus petits éléphants sont ceux de l'Afrique occidentale. *Ibid.* — L'éléphant a les yeux fort petits relativement au volume de son corps, mais il les a doux et très spirituels. P. 323. — L'éléphant a l'ouïe très bonne et l'oreille extérieure très grande, relativement au volume de son corps. *Ibid.* — L'éléphant relève et remue ses grandes oreilles avec beaucoup de facilité, et il s'en sert à essuyer ses yeux et à les préserver de l'incommodité de la poussière et des mouches. *Ibid.* — L'éléphant se délecte au son des instruments et paraît aimer la musique. *Ibid.* — Son odorat est exquis, et il aime avec passion les parfums de toute espèce, et surtout les fleurs odorantes. *Ibid.* — Il n'a, pour ainsi dire, le sens du toucher que dans sa trompe ; mais il est aussi distinct dans cette partie que dans la main de l'homme. P. 324. — Description de la trompe de l'éléphant et des principaux usages auxquels l'animal l'emploie. *Ibid.* — La trompe de l'éléphant est une main fort adroite avec laquelle il peut ramasser les plus petites pièces de monnaie, cueillir les fleurs en les choisissant une à une, ouvrir et fermer les verrous des portes, etc. *Ibid.* — L'éléphant a le nez dans la main, et il est le maître de joindre la puissance de ses poumons à l'action de sa main. P. 324 et 325. — Trompe de l'éléphant. De tous les instruments dont la nature a si libéralement muni ses productions chéries, la trompe est peut-être le plus complet et le plus admirable ; c'est non seulement un instrument organique, mais un triple sens, car la délicatesse du toucher, la finesse de l'odorat, la facilité du mouvement, se trouvent ensemble réunies à l'extrémité de la trompe de l'éléphant. P. 325. — Cause physique de la supériorité d'intelligence dans l'éléphant. *Ibid.* — Il a le cerveau assez petit, relativement au volume de son corps, et cependant il est de tous les animaux celui qui a le plus d'intelligence. P. 325 et 326. — L'éléphant est en même temps un miracle d'intelligence et un monstre de matière ; description des difformités du corps de l'éléphant. P. 326. — Il peut à peine tourner la tête, et ne peut se tourner lui-même qu'en faisant un circuit. Il ne peut fléchir ses jambes que lentement et difficilement. *Ibid.* — Lorsqu'il est vieux ou languissant, il aime mieux dormir debout que de plier ses jambes pour se coucher. P. 327. — Les défenses de l'éléphant deviennent, avec l'âge, d'un poids énorme et lui fatiguent prodigieusement la tête en la tirant en bas, en sorte que l'animal est quelquefois obligé de faire des trous dans le mur de sa loge pour les soutenir et se soulager de leur poids. *Ibid.* — L'éléphant a le désavantage d'avoir l'organe de l'odorat très éloigné de celui du goût, et encore le désavantage de ne pouvoir rien saisir à terre avec sa bouche, et il est forcé de prendre toute sa nourriture avec sa trompe. *Ibid.* — Manière dont il boit. *Ibid.* — Le petit éléphant ne doit pas teter avec la bouche, mais avec la trompe, quoique les anciens aient écrit le contraire. *Ibid.* — Les mamelles de la femelle sont au nombre de deux et situées sur la poitrine. P. 328. Les éléphants ne doivent pas s'accoupler à la manière des autres quadrupèdes; la position relative des parties génitales dans les individus des deux sexes paraît exiger que la femelle se renverse sur le dos pour recevoir le mâle. P. 328 et 329. — L'éléphant ne tette, ne s'accouple, ne mange, ni ne boit comme les autres animaux. P. 330. — Voix de l'éléphant, sons qu'il rend par le nez. *Ibid.* — L'éléphant n'est pas couvert de poil; sa peau est rase, et il en sort seulement quelques soies dans les gerçures. L'épiderme n'est pas partout adhérent à la peau, et il est seulement attaché par quelques points. Cause de la lèpre sèche à laquelle l'éléphant est sujet. *Ibid.* — Moyen que l'éléphant emploie pour chasser les mouches qui l'incommodent. P. 331. — Conformation particulière de leurs jambes et de leurs pieds. *Ibid.* — Les éléphants ont ordinairement cinq espèces d'ongles au bout des pieds. — La queue de l'éléphant est un ornement très recherché des nègres. P. 332. — Les plus grands éléphants ont quatorze à quinze pieds de hauteur, et les plus petits neuf ou dix; la longueur de leur corps est à peu près égale à la hauteur. P. 333. — L'éléphant nage très bien et assez vite, et il sert très utilement pour le passage des rivières, portant des énormes fardeaux et beaucoup de monde sans crainte d'être submergé. P. 334. — Il nage entre deux eaux et on ne lui voit que la trompe qu'il tient élevée pour respirer. P. 335. — Il n'a qu'un estomac et ne rumine pas; il a les intestins et surtout le côlon très long et très ample. *Ibid.*

ÉLÉPHANTS *sauvages* (les) sont presque continuellement occupés à manger; cause physique de cette manducation presque continuelle. T. IX, p. 335. — Propreté et délicatesse de l'éléphant dans son manger. *Ibid.* — Il aime beaucoup le vin et toutes les liqueurs spiritueuses, comme l'eau-de-vie, l'arack, etc. *Ibid.* — Il a une horreur naturelle pour le cochon, dont il ne peut entendre le cri sans être ému. P. 336 — Différents traits tirés des voyageurs, qui donnent une idée du naturel, du caractère et de l'intelligence de l'éléphant. P. 336 et suiv. — Il y a des défenses d'éléphant si grosses et si longues qu'elles pèsent chacune plus de cent vingt livres. P. 341. — L'éléphant varie pour la taille suivant la longitude plutôt que suivant la latitude du climat. T. IV, p. 482.

ÉLÉPHANT de mer. Voyez *Morse.* T. X, p. 15.

ÉLÉPHANT. De la trompe et de la verge de cet animal; observations à ce sujet. *Add.*, t. X, p. 370. — Manière dont ces animaux s'accouplent, par M. Marcel Bles. P. 370 et 371. — Ils ne peuvent se cacher dans aucun endroit de l'île de Ceylan, parce qu'elle est entièrement habitée, et c'est dans cette île où M. Marcel Bles les a vus s'accoupler. P. 371. — Signes qui précèdent le temps de leur chaleur; quelques jours avant ce temps, on voit couler une liqueur huileuse qui leur sort d'un petit trou de chaque côté de la tête. *Ibid.*

ÉLÉPHANT *femelle*, sa description. *Add.*, t. X, p. 370. — Elle a les formes plus grosses et plus charnues que le mâle. Seulement elle a les oreilles plus petites à proportion que le mâle; mais le corps paraît plus renflé, la tête plus grosse et les membres plus arrondis. *Ibid.* — Elle a les mœurs beaucoup plus douces que le mâle. *Ibid.*

ÉLÉPHANT. La hauteur d'un éléphant nouveau-né n'est guère que de trois pieds du Rhin; selon M. Marcel Bles, il croît jusqu'à l'âge de seize à vingt ans, et peut vivre soixante-dix et même jusqu'à cent ans. La femelle ne produit qu'un petit à la fois. Observations sur les habitudes naturelles de l'éléphant dans l'état de liberté, et sur la manière de le prendre et de le réduire en domesticité. *Add.*, t. X, p. 372. — Les éléphants, dans l'état de liberté, vivent dans une espèce de société durable; chaque bande ou troupe reste séparée et n'a aucun commerce avec une autre troupe, et même elles paraissent s'entr'-éviter très soigneusement. Manière dont ces animaux se conduisent et marchent en troupes, et comment ils traversent les eaux. Il y a des éléphants solitaires qui paraissent bannis de toute société, et ils sont féroces et très méchants. *Ibid.* — Au lieu que les autres qui vont en troupes sont doux et même timides. Ces éléphants farouches sont tous mâles. Les éléphants à longues et grosses défenses sont très rares à Ceylan, et le plus grand nombre n'a que de petites défenses longues d'environ un pied. On ne peut voir avant l'âge de douze à quatorze ans si leurs défenses deviendront longues ou si elles resteront à ces petites dimensions. P. 372 et 373. — Les éléphants ont existé dans tous les climats de la terre, car on trouve partout leurs ossements ; nouvel exemple à ce sujet. P. 373 et 374. — Le petit éléphant ne tette pas par la trompe comme cela m'avait paru probable, mais il tette avec la gueule et de la même manière que les autres animaux. P. 375.

ÉLOGE. Utilité et abus de l'éloge. T. XI, p. 575 et suiv.

ÉLOQUENCE. Deux genres d'éloquence, leur comparaison. T. XI, p. 561 et 562.

ÉMANATIONS (les) de la chaleur du globe terrestre sont supprimées par la gelée et par les vents froids qui descendent du haut de l'air, et c'est cette cause qui produit la très grande inégalité qui se trouve entre les hivers des différents climats. T. I, p. 406.

ÉMANATIONS (les) du globe qui produisent l'électricité et le magnétisme, s'élèvent à une très grande hauteur dans les pays chauds. T. IV, p. 136.

EMBERGOOSE. Voyez Imbrim.

EMBÉRISE à cinq couleurs, oiseau de la Plata ; sa description et ses dimensions. T. VI, p. 293.

EMBRYON. Observation sur l'embryon d'une négresse. Add., t. IV, p. 407 et suiv.

ÉMERAUDE-AMÉTHYSTE, espèce d'oiseau-mouche. T. VII, p. 49 et 50.

ÉMERAUDE, doit être mise au nombre des cristaux du quartz mêlé de schorl. T. III, p. 470. — Défauts des émeraudes. P. 471. — La véritable émeraude était bien connue des anciens. P. 472. — Fausses émeraudes. P. 473. — Lieux où l'on a trouvé la plus grande quantité d'émeraudes en Amérique. P. 475. — L'émeraude est fusible, et sa fusibilité ainsi que sa pesanteur spécifique démontre que sa substance quartzeuse est mêlée d'une certaine quantité de schorl. P. 477. — Émeraude du Brésil, ses différences d'avec la véritable émeraude du Pérou. Ibid. — Rapports évidents de cette émeraude du Brésil avec les schorls. Ibid. — Ses autres propriétés. Ibid. — Les émeraudes, étant des pierres vitreuses et à double réfraction, ne doivent pas être mises au rang des pierres précieuses, qui par leur densité, leur dureté et leur homogénéité, sont d'un ordre supérieur et d'une origine différente. Ibid.

ÉMERIL (l'), quoique une fois moins dense que le bismuth, conserve sa chaleur une fois plus longtemps. T. II, p. 332.

ÉMERIL. Il y a deux sortes d'émeril, l'un attirable et l'autre insensible à l'aimant ; le premier est un quartz ou un jaspe mêlé de particules ferrugineuses et magnétiques ; ces émerils attirables à l'aimant doivent être mis au nombre des mines primordiales formées par le feu primitif ; la seconde sorte d'émeril n'est point attirable à l'aimant, quoiqu'elle contienne peut-être plus de fer que la première ; le fond de sa substance est un quartz de seconde formation ou un grès, et le fer était en dissolution lorsqu'il s'est incorporé avec ce grès ; la quantité de fer contenue dans l'émeril n'est pas considérable. T. IV, p. 28. — Comme sa substance est quartzeuse, il est très réfractaire au feu. P. 29. — Usage de l'émeril. Ibid. — La couleur de l'émeril est un brun plus ou moins foncé ; mais il y en a aussi du gris, et du plus ou moins rougeâtre ; celui de l'île de Corse est le plus rouge. Ibid. — On ne trouve l'émeril qu'en certains lieux de l'ancien et du nouveau continent ; on n'en connaît point en France, quoiqu'il y en ait en grande quantité dans les îles de Jersey et de Guernesey. Ibid. — Autres lieux où l'on trouve de l'émeril. P. 29 et 30.

ÉMERILLON, pond jusqu'à sept œufs. T. V, p. 47. — Se porte sur le poing, découvert et sans chaperon. P. 147. — C'est l'émerillon des fauconniers ; gros comme la grive, et cependant oiseau noble, hardi, docile, enlevant alouettes, cailles et même perdrix ; a les ailes plus courtes que le hobereau, mais ressemble plus au rochier ; le mâle est aussi gros que la femelle, fréquente les bois et buissons, chasse seul, vole bas ; la femelle produit cinq ou six petits. P. 150 à 153.

ÉMERILLON des naturalistes, approche beaucoup de la cresserelle, ainsi que l'émerillon de Cayenne, celui de la Caroline, celui de Saint-Domingue, celui des Antilles, appelé gry-gry. T. V, p. 152.

ÉMEU. Voyez Casoar. T. V, p. 234 et 239.

ENCOUBERT, espèce de tatou à six bandes mobiles ; sa description et ses caractères spécifiques. T. IX, p. 267 et suiv. — L'encoubert est ordinairement épais et gras ; le mâle a le membre génital fort apparent. Il fouille la terre avec une extrême facilité, tant à l'aide de son groin que de ses ongles, il se fait un terrier où il se tient pendant le jour, et n'en sort que le soir pour chercher sa subsistance ; il boit souvent, il vit de fruits, de racines, d'insectes et d'oiseaux lorsqu'il en peut saisir. P. 268 et 269. — La chair de l'encoubert n'est pas bonne à manger. P. 276.

ENCOUBERT. Voyez Tatou-encoubert. Add., t. X, p. 363.

ENFANCE. Comparaison de ce qui arrive dans l'enfance et dans la vieillesse, relativement aux organes de la génération. Add., t. XI, p. 231.

ENFANTS. Raisons pourquoi les enfants sont incapables d'engendrer. T. IV, p. 178. — Les enfants qui naissent à sept mois ne vivent pas plus longtemps que ceux qui naissent à huit mois, comme on le croit vulgairement ; ils vivent même moins. P. 371. — La plupart des animaux ont encore les yeux fermés quelques jours après leur naissance; l'enfant les ouvre après qu'il est né, mais ils sont fixes et ternes. Le nouveau-né ne distingue rien, ses yeux ne s'arrêtent sur aucun objet. T. XI, p. 12. — L'enfant ne commence à rire qu'au bout de quarante jours; c'est aussi le temps où il commence à pleurer, car auparavant les cris et les gémissements ne sont point accompagnés de larmes. P. 13. — L'enfant, au moment de la naissance, a communément dix-huit ou vingt pouces de longueur, et pèse douze ou quatorze livres. P. 13 et 14. — Dans les premiers jours après la naissance, il y a du lait dans les mamelles de l'enfant, qu'on exprime avec les doigts. P. 14. — Ce n'est que dix ou douze heures après la naissance que l'enfant doit teter pour la première fois. P. 16. — L'usage d'emmailloter les enfants est sujet à de grands inconvénients, et devrait être proscrit. Détail de ces inconvénients. P. 16 et 17. — Le pouls dans les enfants est plus fréquent que dans les adultes; ils sont aussi moins sensibles au froid. P. 23. — Dans l'enfance, les parties supérieures du corps sont plus grandes que les parties inférieures. P. 66. — Les enfants voient les objets plus petits que les personnes adultes. T. XI, p. 115. — On ferait bien de laisser aux enfants le libre usage de leurs mains dès le moment de leur naissance. P. 132.

ENFANT DU DIABLE. Voyez *Mouffette*. T. IX, p. 593.

ENFANTS. Précautions à prendre lorsqu'on est obligé de couper le filet de la langue aux enfants. *Add.*, t. XI, p. 223.

ENGOULEVENT ou *tette-chèvre*, ou *crapaud volant*, ou *corbeau de nuit*, ou *hirondelle à queue carrée*. Pourquoi on a préféré le premier de ces noms. T. VII, p. 307 et suiv. — Vit d'insectes, leur donne la chasse dans le crépuscule, et pourquoi? Sensibilité de ses yeux. Insectes se prennent à la glu dans son bec. P. 309. — Appartient à tout l'ancien continent. Ses migrations. Terrain qu'il préfère. P. 309 et 310. — Ponte, nid, œufs, incubation. P. 310. — Cet oiseau a le vol de la bécasse, et les allures de la chouette; sa chasse, son bourdonnement et sa cause; pourquoi de mauvais augure; son véritable cri. P. 310 et 311. — Se perche singulièrement, est solitaire. P. 311. — A la tête grosse, les yeux saillants, le bec petit, l'ouverture du gosier et des oreilles larges, narines saillantes, l'ongle du milieu dentelé, le doigt postérieur disposé à se tourner en avant. Queue carrée, composée de dix pennes. P. 312. — Chair des jeunes bonne à manger. *Ibid.* — Il n'y en a qu'une seule espèce dans notre continent, il y en a dix ou douze en Amérique qui semble être le vrai lieu de leur origine. *Ibid.* — Principaux attributs de ces oiseaux. P. 313. — Ils ont l'ouïe fine : ce qui semble perfectionner cet

organe. P. 313 et 314. — La faiblesse de leur vue a de grandes influences sur leurs habitudes, sur celle entre autres de ne point faire de nids. P. 314. — Les autres oiseaux de nuit en font d'autant moins qu'ils sont plus oiseaux de nuit. *Ibid.* — Tous ces oiseaux n'ont point de couleurs éclatantes dans leur plumage. P. 315. — Les engoulevents ne sont, pour ainsi dire, que des hirondelles de nuit. P. 327. — Devraient être amis de l'homme comme les hirondelles. P. 346.

ENGOULEVENT *acutipenne*, de la Guyane, a les pennes de la queue pointues. Vole quelquefois de compagnie avec les chauves-souris. Ponte en octobre et novembre. T. VII, p. 324.

ENGOULEVENT *à lunettes* ou le *Haleur* de la Jamaïque, de la Guyane, etc. Le premier nom a rapport aux narines saillantes de l'oiseau; le second à son cri. T. VII, p. 322. — Vit d'insectes. Ressemble au guira-querea par les parties intérieures. *Ibid.*

ENGOULEVENT (grand) de Cayenne. Dénomination donnée au grand ibijau. Voyez ce mot.

ENGOULEVENT de la Caroline ou *Oiseau de pluie;* fort ressemblant à notre engoulevent. T. VII, p. 316 et 317.

ENGOULEVENT *gris*, de Cayenne. T. VII, p. 324.

ENGOULEVENT *roux*, de Cayenne. T. VII, p. 325 et 326. — A des taches carrées qui ont du rapport avec les cases d'un échiquier. *Ibid.* — Variété venant de la Louisiane. P. 326.

ENGOULEVENT *varié*, de Cayenne. Espèce fort commune dans cette île. A deux cris, l'un tirant sur celui du crapaud, l'autre sur celui du chien. T. VII, p. 323. — Est peu farouche. *Ibid.*

ENGOULEVENTS d'Amérique. T. VII, p. 312 et suiv.

ENGOURDISSEMENT. Vraies causes de l'engourdissement de la marmotte, du loir, etc., qu'on dit communément dormir pendant l'hiver. T. IX, p. 126.

ENGRAIS. Voyez *Craie*, t. II, p. 548, et *Marne*, p. 548 et suiv. — Manière de suppléer à la marne dans les endroits où l'on ne peut en trouver, pour amender les terres. P. 549.

ENHYDRES. C'est le nom qu'on a donné à des agates ou cailloux minces et creux qui contiennent une assez grande quantité d'eau. T. III, p. 455 et 456.

ENNUI connu des perroquets. T. VII, p. 98.

ENTENDEMENT. On doit distinguer dans l'entendement deux opérations différentes, dont la première sert de base à la seconde, et la précède nécessairement; cette première action de la puissance de réfléchir est de comparer les sensations et d'en former

erreur fondée sur quelque ressemblance de plumage. T. VII, p. 209.

ÉPIGLOTTE, la partie postérieure de la langue en tient lieu dans l'autruche. T. V, p. 215.

ÉPILEPSIE; les serins tombent souvent en épilepsie dans leur état de captivité. Raison de cet état. T. VI, p. 145 et 146.

ÉPILEPSIE; les loris, les aras et les serins y sont sujets. Comment la nature guérit ce mal. Remède employé par les sauvages. La cause tient à l'électricité. T. VII, p. 107 et 143.

ÉPINE du dos, une des premières parties qui paraissent formées dans l'œuf couvé. T. V, p. 298.

ÉPOQUES. Nous appelons époques de la nature les changements divers et bien marqués qu'elle a subis depuis le commencement des temps. T. II, p. 2. — Pour traiter les Époques de la Nature, nous emploierons trois grands moyens : 1º les faits qui peuvent nous rapprocher de l'origine de la nature ; 2º les monuments qu'on doit regarder comme les témoins de ses premiers âges ; 3º les traditions qui peuvent nous donner quelque idée des âges subséquents ; après quoi, nous tâcherons de lier le tout par des analogies, et de former une chaîne qui, du sommet de l'échelle du temps, descendra jusqu'à nous. P. 3. — Première date de la nature vivante sur le globe de la terre. P. 36 et 37.

ÉPOUVANTAIL. Voyez *Guifette* noire.

ÉQUATEUR. Dans le climat de l'équateur, l'intensité de la chaleur en été est à très peu près égale à l'intensité de la chaleur en hiver. Et, dans ce même climat, la chaleur qui émane de la terre est cinquante fois plus grande que celle qui arrive du soleil. T. I, p. 341.

ÉQUATEUR. Les parties de l'équateur se sont refroidies les dernières, et les parties polaires ont reçu les eaux de l'atmosphère plusieurs siècles avant que les terres de l'équateur aient été abreuvées. T. II, p. 62 et 63.

ÉQUATEUR. Les foudres souterraines ont exercé leur action avec plus de liberté et de puissance dans les contrées équatoriales que dans les autres régions. T. IV, p. 85.

ÉQUATEUR *magnétique*, est le point de partage entre les deux directions et inclinaisons en sens contraire des particules de la limaille de fer au-dessus d'un aimant. T. IV, p. 137. — L'équateur magnétique est toujours plus près du pôle le plus faible, dans les aimants ainsi que dans le globe terrestre. *Ibid.*

ERGOTÉ. Le blé ergoté, qui est produit par une espèce d'altération ou de décomposition de la substance organique du grain, est composé d'une infinité de filets ou de petits corps organisés, semblables à de petites anguilles, et qui dans l'eau ont un mouvement de flexion et de tortillement très marqué; lorsque l'eau vient à leur manquer, ils cessent de se mouvoir, et, en y ajoutant de la nouvelle eau, leur mouvement recommence, et on peut faire agir ces petites machines aussi souvent et aussi longtemps qu'on le veut. T. IV, p. 321.

ERREUR commune à toutes les méthodes d'histoire naturelle, c'est de vouloir juger d'un tout et de la combinaison de plusieurs touts par une seule partie, et par la comparaison des différences de cette partie. T. I, p. 8 et 9.

ERREURS. La plupart de nos erreurs viennent de la réalité que nous donnons à nos idées d'abstraction. T. XI, p. 332.

ERREURS populaires sur le coucou. T. VII, p. 207 et suiv. et p. 223.

ÉRUPTIONS. Description de la manière dont se font les éruptions des volcans. *Add.*, t. I, p. 302 et suiv.

ÉSAROKITSOK ou *petite aile*, des Groenandais, paraît être notre pingouin, première espèce. T. VIII, p. 450.

ESCARBOUCLE, espèce d'oiseau-mouche. T. VII, p. 50.

ESCLAVE, espèce de tangara auquel on a donné ce nom à Saint-Domingue, parce qu'on le voit toujours fuir devant l'oiseau nommé *tyran*; description de cet oiseau. T. VI, p. 245.

ESCORBEAU, l'un des noms du corbeau. Voyez *Corbeau.* T. V, p. 545.

ESPAGNE. Les montagnes, en Espagne, sont dirigées d'occident en orient, et le terrain méridional qui avoisine le détroit, et celui du détroit même est une terre plus élevée que les côtes de Portugal. T. I, p. 144.

ESPÈCES moyennes dans la nature, dérangent le projet de toutes les méthodes, parce qu'on ne sait où les placer. T. I, p. 7. — Le nombre des espèces d'animaux est beaucoup plus grand que celui des espèces de plantes. T. IV, p. 148. — Définition de l'espèce. *Ibid.* — Principe fondamental de l'essence, de l'unité et de la continuité des espèces. Elles ne doivent jamais s'épuiser; raison de cette assertion. P. 288. — Les espèces d'animaux ou de végétaux ne peuvent jamais s'épuiser d'elles-mêmes : tant qu'il subsistera des individus, l'espèce sera toujours toute neuve, elle l'est autant aujourd'hui qu'elle l'était il y a trois mille ans; toutes subsisteront d'elles-mêmes tant qu'elles ne seront pas anéanties par la volonté du Créateur. P. 381. — En quoi consiste l'essence des espèces dans les animaux. T. VIII, p. 524. — Considérations générales sur les espèces voisines, telles que celles de la brebis et de la chèvre. P. 563. — Les espèces que l'homme a beaucoup travaillées tant dans les végétaux que dans les animaux, sont celles qui de toutes sont les plus altérées. P. 589 et 590. — Débordements de l'espèce humaine dans le temps que l'homme était encore à demi sauvage. T. IX, p. 38. — Dans toutes les espèces, à commencer par l'homme, il y a un plus grand nombre de mâles que de femelles P. 74. — La nature a pourvu au maintien des espèces petites et faibles, non seulement en y multipiant prodigieusement les individus, mais encore en leur donnant un grand nombre d'espèces voisines comme supplément. P. 103. — L'espèce humaine, loin d'avoir diminué depuis quinze ou vingt siècles, s'est au contraire considérablement augmentée. T. IX, p. 167. — Espèces nobles dans la nature sont celles qui n'ont point ou que très peu d'espèces voisines. P. 170. — C'est la constance des différences qui distingue d'ordinaire les espèces d'avec les variétés. P. 218. — Exemples de productions entre des animaux d'espèces différentes. P. 455 et suiv. — Un individu n'est rien dans l'univers ; cent individus, mille, ne sont encore rien. Les espèces sont les seuls êtres de la nature, êtres perpétuels aussi anciens, aussi permanents qu'elle, qu'on peut considérer comme un tout indépendant du nombre, indépendant du temps, un tout qui a été compté pour un dans les ouvrages de la création, et qui par conséquent ne fait qu'une unité dans la nature. T. II, p. 202. — Les espèces ont chacune un droit égal à la mense de la nature ; elles lui sont également chères, puisqu'à chacune elle a donné les moyens d'être et de durer tout aussi longtemps qu'elle. *Ibid.* — L'empreinte de chaque espèce est un type dont les traits principaux sont gravés en caractères ineffaçables et permanents à jamais ; mais toutes les touches accessoires varient, aucun individu ne ressemble parfaitement à un autre, aucune espèce n'existe sans un grand nombre de variétés ; dans l'espèce humaine, sur laquelle le sceau de l'Éternel a le plus appuyé, l'empreinte ne laisse pas de varier du blanc au noir, du petit au grand, etc. Le Lapon, le Patagon, le Hottentot, l'Européen, l'Américain, le nègre, quoique tous issus du même père, sont bien éloignés de se ressembler comme frères. P. 206. — Différentes races dans l'espèce humaine. La race laponne s'étend dans les terres du nord de l'un et de l'autre continent ; description des hommes de cette race. T. XI, p. 139 et suiv. — La race tartare avoisine la race laponne ; description des hommes de cette race tartare. P. 142 et suiv.

ESPÈCES. Comparaison de la parenté d'espèce avec la parenté des races et la parenté des familles. T. IV, p. 522. — La parenté d'espèce est un de ces mystères profonds de la nature, que l'homme ne pourra sonder qu'à force d'expériences aussi réitérées que longues et difficiles. P. 523.

ESPÈCES *mélangées*. La grandeur et la grosseur du corps paraissent dépendre plus de la mère que du père dans les espèces mélangées. T. IV, p. 505. — Et même la forme du corps dépend aussi plus de la mère que du père, tandis que la forme de la tête, des oreilles, des jambes, de la queue et de toutes les extrémités du corps appartiennent plus au père qu'à la mère. P. 506. — Dans les espèces mélangées, le produit est toujours moins nombreux que dans les espèces pures. P. 514

ESPÈCES, c'est de la différence ou de la ressemblance des caractères tirés de la forme, de la grandeur, de la couleur, du naturel, des mœurs, qu'on doit conclure la diversité ou l'unité des espèces ; il est facile d'en multiplier le nombre, il faut beaucoup de connaissances et de comparaisons pour les réduire. T. V, p. 50. — Empire des hommes sur les espèces. P. 507.

ESPÈCES. Les espèces perdues des animaux qui n'existent plus sur la terre ou dans la mer sont celles dont la nature exigeait une chaleur plus grande que la chaleur actuelle de la zone torride. T. II, p. 17. — L'ancienne existence des espèces perdues d'animaux marins doit être rapportée à l'époque depuis trente à quarante mille ans de la formation des planètes et de la terre. P. 51.

ESPÈCE *humaine*. Dans l'espèce humaine la fécondité dépend de l'abondance, et la disette produit la stérilité. Démonstration de cette vérité. T. XI, p. 426.

ESPRIT (l') humain va sur une ligne pour arriver à un point, et s'il veut saisir un autre point, il ne peut l'atteindre que par une autre ligne ; la trame de ses idées est un fil délié, qui s'étend en longueur sans autres dimensions ; la nature, au contraire, ne fait pas un seul pas qui ne soit en tous sens ; en marchant en avant, elle s'étend à côté et s'élève au-dessus, elle parcourt et remplit à la fois les trois dimensions, et tandis que l'homme n'atteint qu'un point, elle arrive au solide, en embrasse le volume, et pénètre la masse dans toutes leurs parties. T. X, p. 96 et 97.

ESTIMATION de la valeur de l'argent. — Voyez *Argent*.

ESTOMAC des oiseaux de proie, est en général membraneux. T. V, p. 34 — Celui du griffon a de l'épaisseur à la partie du fond. P. 89 et 90. — Celui de l'autruche. P. 208 et 209.

ÉTAIN (l') exige pour se fondre plus du double de chaleur de ce qu'il en faut pour fondre le soufre. T. II, p. 283. — L'étain est de tous les métaux celui qui se dilate le plus promptement, et qui se fond aussi le plus vite. T. 331.

ÉTAIN. Mines d'étain de première formation. T. III, p. 332. — La mine d'étain est plus pesante qu'aucune de celles dès autres métaux minéralisés, et sa plus grande pesanteur provient de l'arsenic qui y est mêlé. P. 333. — Étain, comme tous les autres métaux, est un dans la nature. P. 340. — Mines d'étain en roche. P. 330 et 331. — Mines d'étain en cristaux ; grandeur et couleurs de ces cristaux. P. 330. — Produits de ces mines d'étain par la fonte. *Ibid.* — Étain peut s'allier avec tous les métaux et demi-métaux. P. 341. — Grande affinité de l'étain avec le fer et le cuivre. P. 343. — Étamage du fer préférable à celui du cuivre. *Ibid.* — L'étain enlève à l'argent comme à l'or sa ductilité. P. 287. — Est après l'or et l'argent, le métal le moins susceptible d'altération par les éléments humides. P. 307. — Ses mines paraissent affecter des lieux particuliers. P. 330. — Nulle part il ne se présente sous la forme métallique. *Ibid.* — Mines d'étain sont toujours plus ou moins mêlées d'arsenic. *Ibid.* — Cendre et potée d'étain. P. 332. — On peut faire artificiellement des mines d'étain avec de l'étain et de l'arsenic. *Ibid.* — L'étain est après le plomb le plus mou de tous les métaux. P. 333. — On mêle le cuivre avec l'étain pour lui donner plus de fermeté. *Ibid.* — Propriétés de l'étain, sa densité, sa ténacité, etc. *Ibid.* — Il n'y a point d'étain pur dans le commerce, et il est toujours mêlé de cuivre ou de plomb. *Ibid.* — Mines d'étain en Angleterre, en Allemagne, aux Indes, à Malaca, Banca, etc., sur les côtes orientales de l'Afrique et en Amérique. P. 334 et suiv.

ÉTAIN. Les mines primordiales de l'étain se trouvent dans une roche quartzeuse très dure, où ce métal s'est incorporé après avoir été réduit en chaux par le feu primitif. Les cristaux d'étain sont des mines secondaires produites par la décomposition des premières. Formation de ces cristaux d'étain. T. IV, p. 42. — Ils ne sont point minéralisés, quoiqu'ils soient ordinairement mêlés d'une certaine quantité d'arsenic. *Ibid.* — Les stalactites d'étain proviennent de la décomposition des cristaux ; ces stalactites sont souvent mêlées de fer. *Ibid.*

ÉTALON. Comment il faut nourrir et soigner le cheval étalon. T. VIII, p. 495.

ÉTAMAGE (l') fait avec de l'or et du mercure pourrait réfléchir plus puissamment la lumière que l'étamage ordinaire. T. II, p. 391.

ÉTAMINES. Il y a des plantes qui n'ont point d'étamines ; il y en a dont le nombre des étamines varie ; ainsi on ne doit pas fonder une méthode de botanique sur le nombre des étamines. T. I, p. 11.

ÉTÉ ou TOUI-ÉTÉ du Brésil, la plus petite des perruches d'Edwards. T. VII, p. 192.

ÉTHIOPIENS (les) ne sont pas de la même race que les Nubiens ; ceux-ci sont absolument noirs comme les nègres, et les Éthiopiens ne sont que bruns, comme les Arabes méridionaux. T. XI, p. 179.

ETNA. On peut fouiller jusqu'à soixante-huit pieds dans les matières rejetées par le mont Etna. T. I, p. 207. — Description de cette montagne ardente et de ses éruptions. P. 207 et 208.

ETNA. Description de l'Etna depuis la circonférence de sa base jusqu'à son sommet. *Add.*, t. I, p. 298 et suiv. — Comparaison de l'Etna avec le Vésuve ; différences dans les éruptions de ces deux volcans. P. 300. — Les masses de pierres lancées par l'Etna s'élèvent si haut, qu'elles emploient vingt et une secondes à retomber à terre, tandis que celles du Vésuve tombent en neuf secondes, ce qui donne douze cent quinze pieds pour la hauteur à laquelle s'élèvent les pierres lancées par le Vésuve, et six mille six cent quinze pieds pour la hauteur à laquelle montent celles qui sont lancées par l'Etna ; ce qui prouverait, si ces observations sont justes, que la force de l'Etna est cinq ou six fois plus grande que celle du Vésuve. L'Etna a enfanté d'autres volcans qui sont plus grands que le Vésuve. *Ibid.* — La violence du feu a diminué dans l'Etna, puisqu'il n'agit plus avec violence à son sommet depuis très longtemps. Détail à ce sujet. P. 301. — Il ne faut pas regarder l'Etna comme un seul volcan, mais comme un assemblage, une gerbe de volcans. P. 304. — Il paraît qu'il y a eu deux âges pour l'action des volcans de l'Etna ; le premier très ancien, où le sommet de l'Etna a commencé d'agir lorsque la mer universelle a laissé ce sommet à découvert et s'est abaissée à quelques centaines de toises au-dessous. *Ibid.* — Le second, après l'augmentation de la Méditerranée par les eaux de l'Océan et de la mer Noire. *Ibid.*

ETNA. Il y a toute raison de croire que l'Etna ne s'est élevé que par la force des foudres souterraines. T. IV, p. 84.

ÉTOILÉ, espèce de butor du nouveau continent. C'est le même que le butor brun de la Caroline de Catesby. Ses dimensions et sa description. Ses habitudes naturelles. T. VII, p. 632 et 633.

ÉTOILES qui paraissent et disparaissent pour un temps ou pour toujours. T. I, p. 75. — Aucune étoile lumineuse par elle-même ne tourne autour d'une autre. *Ibid.*

ÉTOILES *fixes*. Ce qui arriverait si une étoile fixe, qu'on doit regarder comme un soleil, changeait de lieu et venait à s'approcher d'un autre soleil. T. I, p. 399.

ÉTOURNEAU, *estournel, tournel, estour-*

*neau*, *estorneau*, *esterneau*, *étourneau*, *sansonnet*, *chansonnet*, ne voyage point, se prive et apprend aisément à chanter et à parler. T. V, p. 627 et 632. — Les étourneaux dans leur premier âge ressemblent beaucoup aux merles; en quoi ils en diffèrent par la suite. P. 627. — Vont en grandes troupes, leur vol, ses avantages et ses inconvénients, leur instinct social, leurs mœurs, leurs amours, leurs nids lorsqu'ils en font; s'ils font plusieurs couvées et dans quels pays. P. 628 et 629. — Plumage, mue, bec, yeux, langue en différents âges et sexes. P. 629 et 630. — Nourriture, manières de les prendre, leur chair. P. 631 et 632. — Leur manière de manger, de boire; aiment le bain, durée de leur vie, leurs parties internes ; sont répandus depuis la Suède jusqu'au cap de Bonne-Espérance. P. 632 et 633.

ÉTOURNEAU à tête blanche. T. V, p. 633.

ÉTOURNEAU à tête noire. T. V, p. 634.

ÉTOURNEAU blanc à bec et pieds rougeâtres. T. V, p. 633.

ÉTOURNEAU d'Abyssinie. Voyez *Warda*.

ÉTOURNEAU de la Louisiane, appelé *stourne*; en quoi diffère de notre étourneau. T. V, p. 635.

ÉTOURNEAU des roseaux, appelé *tolcana*; incertitude sur l'espèce à laquelle il appartient; a un cri désagréable. T. V, p. 636.

ÉTOURNEAU des terres Magellaniques, appelé *blanche-raie;* ses rapports avec les étourneaux et les troupiales. T. V, p. 637.

ÉTOURNEAU (grand) de Fernandez. Voyez *Ilocisana*.

ÉTOURNEAU gris cendré d'Aldrovande. T. V, p. 634.

ÉTOURNEAU jaune des Indes. T. V, p. 639.

ÉTOURNEAUX noirs et blancs. T. V, p. 633 et 634.

ÉTOURNEAU-PIE. T. V, p. 634.

ÊTRES. Il y a des êtres qui ne sont ni animaux, ni végétaux, ni minéraux, et qu'on tenterait vainement de rapporter aux uns ou aux autres. T. IV, p. 290. — Il y a peut-être, dans la plupart des êtres, moins de parties relatives, utiles ou nécessaires, que de parties indifférentes, inutiles ou surabondantes. T. VIII, p. 572. — Une succession continuelle d'êtres tous semblables n'équivaut qu'à l'existence perpétuelle d'un seul de ces êtres. T. II, p. 206.

ÊTRES *organisés*. Quoique les causes qui détruisent l'organisation des êtres soient très considérables, la cause qui la reproduit est infiniment plus puissante et plus active. T. IV, p. 167.

ÊTRES organisés qui n'ont pas la puissance de produire leurs semblables. *Add.*, t. IV, p. 391.

EUNUQUES (les) et tous les animaux mutilés grossissent plus que ceux auxquels il ne manque rien; les hanches surtout et les genoux des eunuques grossissent; raisons de ces effets. T. IV, p. 183. — Les eunuques auxquels on n'a ôté que les testicules ne laissent pas de sentir de l'irritation dans ce qui leur reste, et d'en avoir le signe extérieur, même plus fréquemment que les autres hommes; cette partie qui leur reste n'a cependant pris qu'un très petit accroissement, car elle demeure à peu près dans le même état où elle était avant l'opération; un eunuque fait à l'âge de sept ans est, à cet égard, à vingt ans, comme un enfant de sept ans; ceux, au contraire, qui n'ont subi l'opération que dans le temps de la puberté ou un peu plus tard, sont à peu près comme les autres hommes. T. XI, p. 31 et 32.

ÉVAPORATION. Une masse d'eau d'un pied d'épaisseur ne s'évaporera pas aussi vite que la même masse réduite à six pouces d'épaisseur, et augmentée du double en superficie. Ainsi, pour accélérer l'évaporation, il faut diminuer, autant qu'il est possible, l'épaisseur du liquide. T. II, p. 392.

ÉVÉNEMENTS *dans la nature*. Les choses les plus extraordinaires et qui arrivent le plus rarement arrivent cependant aussi nécessairement que les choses ordinaires et qui arrivent très souvent : dans le nombre infini de combinaisons que peut prendre la matière, les arrangements les plus extraordinaires doivent se trouver et se trouvent en effet, mais beaucoup plus rarement que les autres. T. IV, p. 368.

ÉVÊQUE. Voyez *Ministre*.

ÉVÊQUE *de Cayenne* (l') est le même oiseau que le tangara nommé *bluet*. T. VI, p. 246. — Il y avait trois oiseaux auxquels on avait donné ce nom d'*évêque :* l'un est celui que nous avons appelé *ministre*, le second est celui que nous appelons *organiste*, et le troisième est le *bluet*. *Ibid.*

EXAMEN des méthodes de botanique. T. I, p. 7 et suiv. — De la méthode de M. Linnæus, pour les animaux en général, et en particulier pour les quadrupèdes. P. 20 et suiv. — Examen de ce que nous pouvons savoir de science ou évidente ou certaine, de ce que nous ne pouvons connaître que par conjecture et de ce que nous devons ignorer. P. 30. — Examen des avantages que peut produire l'union des sciences mathématique et physique : l'une donne le *combien*, et l'autre le *comment* des choses. P. 31. — Des principes de la philosophie pythagoricienne. T. IV, p. 187 et suiv. — Du système des œufs et des animaux spermatiques avec la démonstration de leur insuffisance. P. 231 et suiv.

EXCRÉMENTS de l'autruche, figurés comme ceux de la brebis, où se figurent? T. V, p. 210 et 211.

EXISTENCE. La conscience de son existence,

ce sentiment intérieur qui constitue le *moi*, est composée chez nous de la sensation de notre existence actuelle et du souvenir de notre existence passée. Plus on a d'idées, et plus on est sûr de son existence. La conscience d'existence des animaux est moins sûre et moins étendue que la nôtre. Leur conscience d'existence est simple ; elle dépend uniquement des sensations qui les affectent actuellement, et consiste dans le sentiment intérieur que ces sensations produisent. T. IV, p. 437.

EXPÉRIENCES. Précision rigoureuse, presque impossible dans certaines expériences. T. II, p. 330. — Expériences en grand, pour reconnaître la force du fer de différentes qualités. P. 350 et suiv.

EXPÉRIENCE. Les résultats de nos sensations combinés, ordonnés et suivis sont ce qu'on appelle l'*expérience*, source unique de toute science réelle. T. IV, p. 189. — Précis des expériences de Harvey, au sujet de la génération dans les biches et dans les daines. P. 206 et suiv. — Précis des expériences de Malpighi, au sujet de la formation du poulet dans l'œuf. P. 209 et suiv. — Suite d'expériences au sujet de la génération. P. 238 et suiv.

EXPLICATION de la composition de la terre, depuis le centre jusqu'à la circonférence. T. I, p. 116.

EXPOSITION du plan qu'Aristote a suivi dans son *Histoire naturelle des animaux*. T. I, p. 24 et suiv. — Du plan de l'*Histoire naturelle* de Pline. P. 26. — Du système de Whiston sur la formation de la terre. P. 82. — Du système de Burnet. P. 86. — Du système de Woodward. P. 87. — Du système de Bourguet. P. 91. — Du système de Leibniz. *Ibid.* — Des idées de Scheuchzer. P. 92. — De Stenon. *Ibid.* — Des idées d'Aristote sur la génération. T. IV, p. 190. — Des idées d'Hippocrate au sujet de la génération. P. 197. — Des observations et du système de Harvey sur la génération. P. 201 et suiv. — Des expériences de Graaf sur la génération dans les femelles des lapins. P. 213. — Des observations de Malpighi et de Valisnieri au sujet de la formation du fœtus. P. 218 et suiv. — Des observations microscopiques de Leeuwenhoeck sur les liqueurs séminales, et leur comparaison avec les observations de l'auteur. P. 273 et suiv.

EXPOSITION *et examen des différentes matières* dont les couches du globe terrestre sont composées. T. I, p. 121 et suiv.

EXQUIMA (l') est d'une espèce très voisine de celle du coaïta, et même n'en est peut-être qu'une simple variété. T. X, p. 196.

# F

FAISAN, c'est-à-dire l'oiseau du Phase ou galignole. T. V, p. 420. — Se trouve presque dans toutes les contrées de l'ancien continent, excepté les contrées septentrionales et froides. P. 420 et suiv. — Ne s'accoutume au climat de France qu'avec beaucoup de soins. P. 421 et 422. — Ne s'est point trouvé en Amérique, mais a bien réussi dans les climats chauds de ce continent où on l'a transporté. P. 422. — Comparé au paon. P. 423 et 424. — Ses yeux bordés de rouge, sa double aigrette, son plumage ; différences entre le mâle et la femelle, sa queue étagée, ses pieds éperonnés, ses doigts liés par une membrane, son goût pour les marécages. *Ibid.* — Son amour pour la liberté ; jusqu'à quel point il s'apprivoise. P. 424. — Colère des faisans sauvages lorsqu'ils sont pris. *Ibid.* — Sommeil de cet oiseau, son cri, son naturel, ses amours dans l'état de liberté et dans l'état de captivité ; violence qu'on a faite à ses penchants naturels, nid, ponte, œufs, incubation. P. 425-427. — Se sert de la poule au besoin. Éducation en grand, distribution du parc, précautions relatives au naturel de ces oiseaux. P. 426. — Bon âge des coqs et des poules ; mariage entre les poules faisanes prisonnières et les mâles sauvages. *Ibid.* — Nourriture, incubation, éducation des petits, ménagements nécessaires pour les mettre en liberté. P. 426 et suiv. — Mélange du faisan avec la poule ordinaire. P. 429 et 430. — Mœurs du faisan, pièges où on le prend, qualités de sa chair, durée de sa vie. P. 430.

FAISAN bâtard ou cocquar, paraît être produit par le faisan et la poule ordinaire. T. V, p. 431 et 432.

FAISAN blanc, variété. T. V, p. 431.

FAISAN bruyant. Voyez *Tétras*.

FAISAN cornu. Voyez *Napaul*.

FAISAN couronné des Indes. T. V, p. 432.

FAISAN de la Chine, nommé *argus* ou *luen*. Grandes plumes de sa queue, sa huppe. T. V, p. 436.

FAISAN de l'île Kayriouacou, du P. Dutertre. T. V, p. 432.

FAISAN des Antilles. T. V, p. 432.

FAISAN-DINDON. T. V, p. 432 (note *a*).

FAISAN doré de la Chine. Voyez *Tricolor huppé*.

FAISAN huppé de Cayenne. Voyez *Hoazin*.

FAISAN noir et blanc de la Chine. Bordure rouge de ses yeux. Différences entre le mâle et la femelle. Conjectures sur l'origine de cette variété du faisan. T. V, p. 434 et 435

FAISAN varié, semble produit par le faisan ordinaire et le faisan blanc. T. V, p. 434.

FAISAN verdâtre de Cayenne. Voyez *Marail*. Oiseaux auxquels on donne le nom de *faisans* au Maryland, en Pensylvanie, à la baie d'Hudson, etc., sont des gelinottes. T. V, p. 397 et 398.

FAITS qui peuvent nous rapprocher de l'origine de la nature; faits fondamentaux des anciennes époques de la nature. T. II, p. 3 et suiv.

FAMILLE. Le cheval, le zèbre et l'âne paraissent ne former qu'une seule famille. T. IV, p. 483. — Il en est de même de plusieurs animaux dont les espèces sont voisines. P. 490 et suiv. — Réduction des animaux quadrupèdes en un certain nombre de familles. P. 494 et suiv.

FARINE. Les anguilles qui se forment dans la colle faite avec de la farine ont pour origine la réunion des molécules organiques de la partie la plus substantielle du grain. Les premières anguilles qui paraissent ne sont certainement pas produites par d'autres anguilles; cependant, quoiqu'elles n'aient pas été engendrées, elles ne laissent pas d'engendrer elles-mêmes d'autres anguilles vivantes : on peut, en les coupant avec la pointe d'une lancette, voir les petites anguilles sortir de leur corps, et même en très grand nombre. T. IV, p. 322.

FARLOUSANE, oiseau de la Louisiane qui a beaucoup de rapport avec la farlouse. Sa description. T. VI, p. 429 et 430.

FARLOUSE (la) s'appelle aussi *alouette des prés*. Sa description. T. VI, p. 426 et suiv. — Différences du mâle et de la femelle. P. 427. — Ses habitudes naturelles; elle a le chant agréable, quoique moins varié que celui du cujelier. Les femelles farlouses ont un chant; exemple à ce sujet. L'espèce n'en est pas nombreuse, parce que cet oiseau ne vit pas longtemps. *Ibid.* — Il se nourrit d'insectes aussi bien que de graines. Niche plus ordinairement dans les prés bas et marécageux. Il pose son nid à terre et le cache très bien. Description de quelques parties intérieures de la farlouse. P. 427 et 428. — On peut les nourrir en domesticité uniquement avec des graines; l'espèce en est répandue de l'Italie jusqu'en Suède. P. 428. — Dimensions de la farlouse. P. 429.

FARLOUSE; variété de la farlouse. T. VI, p. 429.

FARLOUSE *blanche*. Sa description. T. VI, 429.

FATUELLUS (*simia*), nom donné au sajou cornu. *Add.*, t. X, p. 220.

FAUCHETS des navigateurs, sont des hirondelles de mer. T. VIII, p. 618.

FAUCON de Henri II, qui fit en vingt-quatre heures le trajet de Fontainebleau à Malte; celui du duc de Lerme, qui alla de l'Andalousie à l'île de Ténériffe en seize heures (deux cent cinquante lieues). T. V, p. 29. — Est avec l'autour, l'épervier et les autres oiseaux chasseurs, le représentant du chien, du renard, de l'once et du lynx. P. 32. — Voyez *Bec*. Comparé avec la buse cendrée de M. Edwards. P. 121. — Variétés du faucon. P. 132 et suiv. — Manière de le dresser. P. 133. — Difficile à observer dans l'état de nature; se loge dans les rochers les plus escarpés et vole très haut. P. 134. — Les faucons chassent leurs petits comme les aigles. *Ibid.* — Le faucon fond perpendiculairement sur sa proie, l'enlève en se relevant de même; préfère les faisans aux autres proies, attaque et bat le milan, mais ne le tue pas. *Ibid.* — Est commun dans les îles de la Méditerranée, aux Orcades, en Islande. P. 135. — Il est assez universellement répandu. P. 136 et suiv. — N'est pas un autour brun. P. 136. — Le mâle employé au vol des perdrix et petits oiseaux; la femelle au vol du lièvre, du milan et autres grands oiseaux. *Ibid.* — Espèces de faucons réduites à deux. P. 138 et suiv. — Temps de leur mue. P. 140. — Qualités d'un bon faucon pour la fauconnerie. P. 141. — Manières de dresser les faucons en Perse. P. 144 (note *c*).

FAUCON à collier. Voyez *Soubuse*.

FAUCON bec jaune. T. V, p. 136.

FAUCON blanc. T. V, p. 136 et suiv.

FAUCON brun, qui prend au vol des pigeons et guette les oiseaux aquatiques, paraît être un busard. T. V, p. 139.

FAUCON de montagne. Variété du rochier. T. V, p. 139.

FAUCON de montagne cendré. T. V, p. 139.

FAUCON de roche, n'est pas un vrai faucon; approche du hobereau et de la cresserelle. T. V, p. 139.

FAUCON de Tartarie. T. V, p. 139.

FAUCON d'Islande. T. V, p. 137 et 142.

FAUCON étoilé. T. V, p. 139.

FAUCON gentil. T. V, p. 138, 139, 140. — Temps de sa mue. P. 140.

FAUCON hagard. T. V, p. 135, 138.

FAUCON huppé des Indes. T. V, p. 139, 143.

FAUCON lanier. Voyez *Oiseau Saint-Martin*.

FAUCON noir. Voyez *Faucon-Pèlerin*.

FAUCON passager. Voyez *Faucon-Pèlerin*.

FAUCON pattu, nommé mal à propos vautour. T. V, p. 136.

FAUCON pêcheur. Voyez *Tanas*.

FAUCON-PÈLERIN, étranger, passager. T. V,

p. 137 et suiv. — Temps de sa mue. P. 140.
— En quoi diffère du faucon gentil. *Ibid.* —
Temps et lieux où on le prend. P. 141. —
Aisé à instruire. *Ibid.*

FAUCON rouge. T. V, p. 139. — Des Indes.
P. 139 et 142.

FAUCON sors. T. V, p. 139 et 142. — Temps
où il faut le prendre. P. 135, 138.

FAUCON tacheté, est le jeune faucon-pèlerin. T. V, p. 140.

FAUCONS NIAIS. T. V, p. 140. — Comment
on les nourrit et on les élève. *Ibid.*

FAU-PERDRIEUX. Voyez *Busard.*

FAUSSE COUCHE. Cause naturelle de la
fausse couche. T. IV, p. 374.

FAUSSES COUCHES, plus fréquentes à la
première période de l'écoulement qu'à la
seconde, à la seconde période qu'à la troisième, à la troisième qu'à la quatrième, à
la quatrième qu'à la cinquième; elles sont
plus rares vers le milieu de la grossesse, et
plus fréquentes au commencement et à la
fin; raisons de ces effets. T. IV, p. 374 et
suiv.

FAUVETTES. Portrait et caractères principaux des fauvettes. Elles arrivent au moment où les arbres développent leurs feuilles
et se dispersent dans toute l'étendue de nos
campagnes et de nos bois. T. VI, p. 469 et
suiv — Leur plumage est obscur et terne,
à l'exception de deux ou trois espèces qui
sont légèrement tachetées; toutes les autres
n'ont que des teintes plus ou moins sombres
de blanchâtre, de gris et de roussâtre.
P. 470. — Presque toutes les fauvettes partent en même temps au milieu de l'automne.
P. 471. — Leur nourriture dans l'état de
liberté. Elles engraissent beaucoup dans le
temps de la saison de la maturité des graines
de sureau, de l'yèble, etc. *Ibid.* — Dans toutes
les espèces de fauvettes, les petits, quoique
sans plumes, quittent le nid quand on y
touche. P. 483.

FAUVETTE (la) proprement dite, ou la
fauvette commune, est de la grandeur du
rossignol. Sa description; ses dimensions,
ses habitudes naturelles. T. VI, p. 470. —
Le mâle dans cette espèce prodigue à sa
femelle mille petits soins pendant qu'elle
couve; il partage sa sollicitude pour les petits
qui viennent d'éclore. Description du nid
dans lequel la femelle pond ordinairement
cinq œufs qu'elle abandonne lorsqu'on les a
touchés. Il n'est pas possible de lui faire
adopter les œufs d'un autre oiseau. P. 470
et 471. — Description de quelques parties
extérieures et intérieures de cet oiseau.
*Ibid.* et suiv.

FAUVETTE *babillarde* (la) chante presque
sans cesse au printemps; ses autres habitudes naturelles. T. VI, p. 478 et 479. —
Elle est presque toujours en mouvement, et
pose son nid près de terre. P. 479. — Ses

œufs sont verdâtres pointillés de brun. Elle
se nourrit principalement d'insectes aquatiques et de chenilles. *Ibid.* — Sa description.
Elle s'apprivoise aisément, et demeure volontiers autour des habitations. P. 480. —
Manière de l'élever en cage où elle vit huit
ou dix ans. *Ibid.*

FAUVETTE *bleuâtre* de Saint-Domingue;
sa description. T. VI, p. 493.

FAUVETTE *à tête noire.* T. VI, p. 473. —
Les petits dans cette espèce sont pendant
tout l'été très semblables, pour le plumage,
au bec-figue; explication d'un passage d'A-
ristote à ce sujet. P. 474. — De toutes les
fauvettes, c'est celle qui a le chant le plus
agréable et le plus continu; il tient un peu
de celui du rossignol, et dure bien plus
longtemps pendant l'été. Le mâle couve les
œufs lorsque la femelle est fatiguée. Le nid
est placé près de terre dans un taillis, soigneusement caché, dans lequel la femelle
pond quatre ou cinq œufs d'un brun léger.
Elle ne fait communément qu'une ponte dans
nos provinces, et deux en Italie et dans les
climats plus chauds. P. 474 et 475. — Elle
se nourrit de petits fruits lorsque les insectes lui manquent; elle est très grasse, et
d'un goût délicat en automne. On peut aisément l'élever en cage; elle est capable d'affection; les petits ainsi élevés, s'ils sont à
portée d'entendre le rossignol, perfection-
nent leur chant. P. 475. — Celles qui sont
en liberté partent au mois de septembre, et
celles qui sont en cage s'y agitent surtout
pendant la nuit, comme si elles sentaient
qu'elles ont un voyage à faire. L'espèce en
est assez commune dans toutes les parties
de l'Europe jusqu'en Suède, à l'exception
de l'Angleterre où elle est rare. P. 475 et
476. — Description de quelques parties intérieures de cette fauvette. P. 476.

FAUVETTE *de Cayenne* à gorge brune et
ventre jaune. Sa description. T. VI, p. 493.

FAUVETTE *de Cayenne* à queue rousse. Sa
description. T. VI, p. 493.

FAUVETTE (la) *des Alpes,* ne se trouve que
sur les hautes montagnes, elle est beaucoup
plus grosse que toutes les autres fauvettes.
Sa description T. VI, p. 489. — Ses dimensions à l'extérieur et à l'intérieur. Sa nourriture. P. 489 et 490. — Ses habitudes naturelles. P. 490.

FAUVETTE *des bois;* elle ressemble beaucoup à la fauvette d'hiver appelée *mouchet*
par Belon. T. VI, p. 480 et 481. — Son chant.
Ses habitudes naturelles. Description de son
nid dans lequel on trouve ordinairement
quatre ou cinq œufs d'un bleu céleste. P. 481.
— On élève aisément les petits. Ces fauvettes sont hardies et courageuses. Description de cet oiseau. *Ibid.*

FAUVETTE (la) *des roseaux* chante dans les
nuits chaudes du printemps comme le ros-

signol. T. VI, p. 482. — Description de son nid dans lequel la femelle pond ordinairement cinq œufs d'un blanc sale, marbré de brun, plus foncé et plus étendu vers le gros bout. P. 482 et 483. — Cette fauvette se nourrit des insectes qui voltigent sur les eaux. Ses dimensions et sa description. P. 483.

FAUVETTE *d'hiver;* toutes les fauvettes partent au milieu de l'automne; la fauvette d'hiver arrive au contraire dans cette même saison. T. VI, p. 486. — Elle passe avec nous tout l'hiver; son plumage est varié de noir, de gris et de brun roux. P. 486 et 487. — Sa description. Ses habitudes naturelles. *Ibid.* — Son naturel semble participer du froid et de l'engourdissement de la saison. Son ramage, sa nourriture pendant l'hiver. P. 488. — Elle disparaît au printemps et retourne au nord ou sur les hautes montagnes pour y passer l'été et faire son nid. *Ibid.* — Description de ce nid dans lequel on trouve ordinairement quatre ou cinq œufs d'un joli bleu clair, uniforme et sans taches. On peut élever aisément cette fauvette en cage. *Ibid.* — Cette fauvette, ainsi que l'alouette-pipi, sont les seules espèces de petits oiseaux à bec effilé qui restent en France pendant l'hiver. P. 489.

FAUVETTE *du cap de Bonne-Espérance.* Sa description. T. VI, p. 491.

FAUVETTE *grise.* Description de son nid dans lequel la femelle pond cinq œufs, fond gris verdâtre, semés de taches roussâtres et brunes, plus fréquentes au gros bout. Description de la femelle et du mâle, tant à l'extérieur qu'à l'intérieur. T. VI, p. 477 et 478.

FAUVETTE (petite) *du cap de Bonne-Espérance.* Sa description. T. VI, p. 492.

FAUVETTE, *petite fauvette;* ses différences avec la grande fauvette commune. Son chant ou plutôt son refrain. Sa description. Ses habitudes naturelles. Description de son nid dans lequel la femelle pond quatre œufs, fond blanc sale, avec des taches vertes et verdâtres répandues en plus grand nombre vers le gros bout. Description de quelques parties extérieures et intérieures de cet oiseau. T. VI, p. 472 et 473.

FAUVETTE (petite) *rousse;* erreur de Belon au sujet du nom de cet oiseau. T. VI, p. 484. — Il produit ordinairement cinq petits. Ses œufs sont d'un brun verdâtre avec des taches plus ou moins claires, et on trouve ordinairement son nid près des habitations. Description de ce nid. P. 484 et 485. — Description de l'oiseau qui est un des plus petits du genre des fauvettes. P. 485.

FAUVETTE *tachetée;* elle ne diffère des autres fauvettes que par quelques taches noires qu'elle a sur la poitrine. Ses dimensions et sa description. T. VI, p. 483 et suiv. — Elle est plus commune en Italie qu'en France. Ses habitudes naturelles. Elle se laisse prendre avec ses petits plutôt que de les abandonner. P. 486.

FAUVETTE *tachetée* de la Louisiane. Sa description. T. VI, p. 492.

FAUVETTE *verdâtre* de la Louisiane. Sa description. T. VI, p. 492.

FAUVETTES, couvent l'œuf du coucou. T. VII, p. 206 et 218.

FAUX (le) porte en philosophie une signification bien plus étendue qu'en morale; dans la morale, une chose est fausse uniquement parce qu'elle n'est pas de la façon dont on la représente; le faux métaphysique consiste non seulement à n'être pas de la façon dont on le représente, mais même à ne pouvoir être d'une façon quelconque. T. IV, p. 189.

FAVORITE, espèce de petite poule sultane de la Guyane, qui n'est peut-être que la femelle de la petite poule sultane de cette même contrée. Sa description. T. VIII, p. 108.

FÉCONDATION. Il paraît que l'état dans lequel est l'embryon dans l'œuf, lorsqu'il sort de la poule, est le premier état qui succède immédiatement à la fécondation, et que la forme sous laquelle nous le voyons alors est la première forme résultant du mélange intime et de la pénétration des deux liqueurs séminales. T. IV, p. 353 et 354.

FÉCONDITÉ. Rapport de la fécondité dans tous les êtres doués de la faculté de se reproduire. T. IV, p. 515. — Il y a différents degrés de fécondité dans les espèces mixtes, comme dans les espèces pures. P. 516. — Table du rapport de la fécondité dans les animaux quadrupèdes. P. 519 et 520. — La fécondité est d'autant plus grande dans les animaux que l'espèce est plus petite, et il en est ainsi non seulement dans les quadrupèdes et les oiseaux, mais encore dans tous les autres ordres de la nature. P. 521.

FÉCONDITÉ, moindre dans les oiseaux de proie que dans les autres oiseaux. T. V, p. 47. — Celle de la cresserelle plus grande que celle de la plupart des oiseaux de proie. P. 149. — Moyen de tirer le plus grand parti de la fécondité des faisans. P. 425.

FÉCONDITÉ dans l'espèce humaine. Voyez *Espèce humaine.*

FÉCONDITÉ à *Londres.* Voyez *Londres.*

FEFÉ. Nom que les voyageurs ont donné à une espèce de singe que nous croyons être celle du gibbon. T. X, p. 126.

FELDSPATH. Caractères par lesquels il diffère du quartz. La cristallisation du feldspath a été produite par le feu primitif, et a par conséquent précédé toutes les cristallisations qui se sont faites par l'intermède de l'eau. Preuve de cette assertion. T. III, p. 462. — Les extraits du feldspath sont en assez grand nombre; mais ils ne se présentent nulle part en aussi gros volumes que les cristaux quartzeux; ils sont toujours en assez petits morceaux isolés, parce qu'il ne se trouve lui-même que très rarement en masses un peu considérables. *Ibid.*

FELDSPATH *de Russie.* Trouvé nouvellement près de Pétersbourg; sa description, ses couleurs et ses propriétés. T. III, p. 463. — Cette pierre chatoyante paraît être un feldspath mélangé de schorl. P. 464.

FELDSPATH. Formation du feldspath. T. II, p. 475. — Le feldspath est le quatrième verre primitif; sa cassure, au lieu d'être vitreuse, est spathique, et c'est par cette raison qu'on lui a donné le nom de *spath.* P. 492. — Il n'est nulle part en grandes masses; on le trouve incorporé dans les granits et les porphyres, ou quelquefois en petits morceaux isolés, et toujours plus ou moins régulièrement cristallisés. Sa cristallisation n'a pas été produite par l'eau, mais opérée par l'action du feu primitif. P. 492 et suiv. — Ses différences avec le quartz, sa fusibilité, sa dureté qui le fait étinceler contre l'acier. P. 492. — Sa substance est moins simple que celle du quartz, du jaspe et du mica. *Ibid.* — Le feldspath est non seulement fusible par lui-même, mais il communique la fusibilité au quartz, au jaspe et au mica, avec lesquels il est intimement lié dans les granites et les porphyres. *Ibid.* — Ses autres caractères. P. 492 et suiv. — Différences essentielles du feldspath d'avec les autres spaths, auxquels il ne ressemble que par sa cassure, *lamellée* ou spathique. P. 493. — Il se fond au même degré de feu que nos verres factices. *Ibid.* — Ses combinaisons et ses mélanges avec les autres matières vitreuses. P. 493 et 494. — Explication de la manière dont il a été formé, et comment il s'est mélé avec les porphyres et les granits. P. 494. — Usages du feldspath pour la composition des porcelaines et pour les émaux blancs. *Ibid.* — Ses couleurs différentes et sa forme de cristallisation. *Ibid.* — Les cristaux du feldspath sont plus longs et plus profondément implantés dans le granit que les grains du quartz, et ils résistent plus longtemps aux injures de l'air que le quartz et le mica, qui se détachent les premiers dans la décomposition des granits. P. 512.

FELDSPATH en morceaux isolés est très rare. T. IV, p. 64. — On n'en connaît qu'en Saxe et en Suède. *Ibid.* — Roches de feldspath en Sibérie. *Ibid.* — Feldspath chatoyant de Russie, très semblable à la pierre de Labrador. *Ibid.* — Sa description.

FEMELLES des oiseaux, plus silencieuses que les mâles. T. V, p. 26. — Femelles vivent plus longtemps que les mâles. P. 31. — Commencent le nid, sont chargées principalement du soin de couver. P. 38. — Fe-

melles des quadrupèdes, excepté un très petit nombre, ne connaissent point la fidélité conjugale, mais elles ont une tendresse constante pour leurs petits. *Ibid.* — Femelles des oiseaux de proie sont plus grandes d'un tiers que les mâles, lesquels sont appelés pour cela tiercelets. P. 46. — Les œufs ne sont point la cause ici, comme parmi les insectes, de cet excès de grandeur des femelles, car il n'a point lieu dans les poules, les poules faisanes, les dindes, les perdrix, les cailles et autres femelles d'oiseaux qui pondent beaucoup plus que celles des oiseaux de proie. *Ibid.* — Dans presque tous les animaux, même les plus doux, la femelle prend de la férocité pour la défense de ses petits. P. 48. — L'aigle femelle a deux *cæcums* de deux pouces de longueur, et le mâle n'en a point du tout. P. 62. — Serait-ce la cause de l'excès de grandeur des femelles d'oiseaux de proie sur les tiercelets qui n'ont point ou très peu de *cæcum.* P. 151.

FEMELLES des tétras, ont le plumage plus beau que les mâles. T. V, p. 358.

FEMELLES. La femelle appartient moins rigoureusement à son espèce que le mâle; preuves de cette assertion. T. VI, p. 130. — C'est faute d'une volonté ferme que la femelle se prête à des unions disparates. *Ibid.*

FEMELLES (les), dans l'espèce humaine, naissent plus tard que les mâles, c'est-à-dire demeurent plus longtemps dans le sein de la mère. T. IV, p. 371. — Les femelles de certains animaux peuvent servir également à deux mâles d'espèces différentes, et produisent de tous deux. T. IX, p. 456. — Les femelles, en général, concourent plus que les mâles au maintien des espèces, et pourquoi. P. 456 et 457. — La femelle du loris urine par le clitoris, qui est percé comme la verge du mâle, et ces deux parties du mâle et de la femelle se ressemblent parfaitement, même pour la grandeur et pour la grosseur. P. 572. — Dans l'ordonnance commune de la nature, ce ne sont pas les mâles, mais les femelles, qui constituent l'unité des espèces; la femelle influe beaucoup plus que le mâle sur le spécifique du produit. Le mulet ressemble plus à la jument qu'à l'âne, et le bardot plus à l'ânesse qu'au cheval. T. IV, p. 485.

FEMELLES. Le nombre des mâles est en général plus grand que celui des femelles, mais le nombre des femelles est relativement au nombre des mâles plus petit dans les espèces pures et encore beaucoup plus petit dans les espèces mixtes. T. IV, p. 512. — La femelle influe moins que le mâle sur la production. *Ibid.* — Son ardeur dans le tempérament nuit au produit de la génération; cependant elle a plus que le mâle la facilité de toujours représenter son espèce, quoiqu'elle se prête à des mâles d'espèces différentes; car, en général, la femelle produit avec un beaucoup plus grand nombre de mâles d'espèces différentes, tandis que son mâle ne peut engendrer qu'avec un très petit nombre d'espèces différentes à la sienne. T. X, p. 418.

FEMMES. Elles ont moins de liqueur séminale que les hommes; raison de ce fait. T. IV, p. 186. — Les femmes qui ont beaucoup de tempérament sont peu fécondes; raison de cet effet. P. 308 et 309. — Par les tables de mortalité, il est démontré que quoiqu'il naisse plus d'hommes que de femmes, il y a cependant plus de femmes que d'hommes qui arrivent à une extrême vieillesse; raison de cet effet. T. XI, p. 75.

FEMME (la) produit rarement si elle est trop sensible au physique de l'amour. T. IV, p. 516.

FEMMES. Plus les climats sont chauds, et plus la production des femmes est précoce, comme toutes les autres productions de la nature. *Add.*, t. XI, p. 259.

FEMMES *de Barbarie*. Voyez *Barbarie*.

FEMMES et HOMMES. Voyez *Hommes* et *Femmes*.

FENTES *des rochers*. Les fentes produites par le refroidissement et le desséchement des matières de la terre coupent et tranchent le plan vertical des montagnes, non seulement de haut en bas, mais de devant en arrière ou d'un côté à l'autre; et, dans chaque montagne, elles ont suivi la direction générale de sa première forme. T. II, p. 42. — Les fentes perpendiculaires se sont formées dans les matières calcaires lorsque ces matières se sont durcies et desséchées. P. 65. — Faits et preuves qui démontrent les fentes perpendiculaires de la roche du globe où se trouvent les filons métalliques par la sublimation causée par la chaleur intérieure de la terre. P. 150.

FENTES perpendiculaires. Les fentes perpendiculaires qui se sont formées par la retraite des matières vitreuses dans le temps du premier refroidissement du globe sont les grands soupiraux par où se sont échappées, et s'échappent encore, des vapeurs denses et métalliques. Les fentes qui séparent les masses du quartz, des granits et autres rochers vitreux, sont remplies de métaux et de minéraux produits par les exhalaisons les plus denses, c'est-à-dire par les vapeurs chargées de parties métalliques. Les émanations minérales, qui étaient très abondantes lors de la grande chaleur de la terre, ne laissent pas de s'élever, mais en moindre quantité, dans l'état actuel d'attiédissement. T. II, p. 519.

FENTES des couches de la terre; elles sont perpendiculaires à l'horizon. T. I, p. 40. — Produites par le desséchement des couches horizontales. P. 56 et 57. — Elles sont intérieurement garnies de cristaux, de spar, etc.

*Ibid.* — Leurs parois se répondent dans toute leur hauteur aussi exactement que deux morceaux de bois qu'on viendrait de fendre. P. 57. — Origine des fentes perpendiculaires qui se trouvent partout dans les couches horizontales de la terre. P. 225. — Détails au sujet des fentes perpendiculaires. P. 226. — Les fentes perpendiculaires se trouvent dans le roc et dans les lits de cailloux en grande masse, aussi bien que dans les lits de marbre et de pierre dure, et souvent elles y sont plus larges. P. 230. — Elles sont plus larges ou plus étroites, selon que les matières sont plus ou moins dures. P. 230 et 231.

FER. Ses qualités. T. II, p. 436 et suiv. — Véritable raison pourquoi l'on ne fabrique que du mauvais fer presque partout en France. P. 438. — Le fer, comme tout autre métal, est un dans la nature. Démonstration de cette vérité. P. 442. — Différence de ce qu'il coûte et de ce qu'on le vend, par laquelle il est démontré qu'il est de l'intérêt de tous les maîtres de forges de faire du mauvais fer. P. 447. — Manière de tirer le fer immédiatement de sa mine sans le faire couler en fonte. P. 449. — Le fer soudé avec d'autre fer, par le moyen du soufre, est une mauvaise pratique. P. 458.

FER *chaud* (le), transporté dans un lieu obscur, jette de la lumière et même des étincelles pendant un plus long temps qu'on ne l'imaginerait. T. II, p. 422 et 423. — Le fer chauffé à blanc, et qui n'a été malléé que deux fois avant d'être chauffé, perd en se refroidissant $\frac{1}{128}$ de sa masse. P. 424. — Étant parfaitement malléé quatre fois, et parfaitement forgé, ensuite chauffé à blanc, perd en se refroidissant environ $\frac{1}{125}$ de son poids. *Ibid.*

FER *et matières ferrugineuses*. Toutes les matières ferrugineuses qui ont subi l'action du feu sont attirables par l'aimant, et la plupart des mines de fer en grains, quoique contenant beaucoup de matières ferrugineuses, ne sont point attirables par l'aimant, à moins qu'on ne leur fasse auparavant subir l'action du feu. T. II, p. 434.

FER. Montagnes de fer et d'aimant. T. II, p. 153 et suiv.

FER. A chaque fois que l'on chauffe le fer, il perd une partie de son poids. T. II, p. 273. — Proportion de cette perte trouvée par les expériences. *Ibid.* — Cette perte va en augmentant à mesure que les boulets de fer sont plus gros; raisons de cet effet. P. 274. — Le fer, qui de tous les métaux est celui qui se fond le plus difficilement, est aussi celui qui se dilate le plus lentement. P. 331. — Le fer entièrement et intimement rouillé n'est plus attirable par l'aimant. P. 336. — Il perd non seulement de sa densité à chaque fois qu'on le chauffe, mais il perd aussi de sa solidité, c'est-à-dire de la cohérence de ses parties, il devient à chaque chaude plus léger et plus cassant. P. 350. — Comment il faut traiter le fer pour lui conserver sa masse et sa solidité. *Ibid.* — Le bon fer, c'est-à-dire le fer qui est presque tout nerf, est cinq fois aussi tenace et aussi fort que le fer sans nerf et à gros grains; preuve par l'expérience. P. 351. — Sa qualité ne dépend pas en entier, à beaucoup près, de celle de la mine; la nature des mines n'y fait rien, c'est la manière de les traiter qui fait tout. P. 352. — Moyens d'arriver au point de donner au fer toute sa perfection. *Ibid.* — Le fer chauffé trop souvent dégénère en mâchefer. *Ibid.* — Il est, comme le bois, une matière combustible à laquelle il ne faut qu'un plus grand feu pour brûler. P. 352 et 353. — Comment on procure au fer de la consistance et de la ténacité. *Ibid.* — Plus on presse le feu dans la fabrication du fer à l'affinerie, et plus il devient aigre et mauvais. P. 353. — Le fer en bandes plates est toujours plus nerveux que le fer en barreaux. P. 354. — D'où provient le nerf du fer, et la différence de sa force et de sa cohésion; effets de la malléation. *Ibid.* — Une des plus mauvaises pratiques, dans la fabrication du fer, est de tremper dans l'eau, surtout dans l'eau froide, les barres de fer encore rouges au sortir de dessous le marteau; cette trempe perd le nerf et gâte le grain du meilleur fer. *Ibid.* — Les écailles ou exfoliations qui se détachent de la surface du fer donnent de très bons fers. P. 355. — Indices par lesquels on doit juger les différentes qualités du fer. P. 356. — Les fers sans nerf et à très gros grains devraient être proscrits. *Ibid.* — Le feu du charbon de bois, et à plus forte raison celui du charbon de terre, donnent de l'aigre au fer, ce que ne fait pas le feu de bois qui pourrait l'améliorer et le rendre moins aigre. P. 357. — Le fer s'aimante par la percussion et aussi par la torsion sans percussion lorsqu'on le plie plusieurs fois de suite en différents sens. P. 358. — Il se soude avec lui-même; précautions nécessaires au succès de cette opération. *Ibid.* — Il se décompose par l'humidité comme par le feu. P. 359. — Se conserve sans altération dans l'eau beaucoup plus longtemps qu'à l'air. *Ibid.* — Énumération des principaux usages auxquels on emploie le fer, et proportion de la qualité qu'on doit lui donner pour chacun de ces usages. P. 356 et 357.

**FERS** *de charrue* (les) doivent être fabriqués avec du fer de la meilleure qualité, et si cela était on pourrait se passer de les armer d'acier, ainsi que les pioches et autres instruments nécessaires à la culture des terres. T. II, p. 357.

**FER** *de tirerie.* Comment doivent être fabriqués les fers de tirerie pour faire le fil de fer. T. II, p. 354.

**FER** *de vieilles ferrailles.* Manière de travailler et de fabriquer ce fer. T. II, p. 354. — C'est un fer de très bonne qualité. *Ibid.*

**FER.** Il ne se fait aucune union intime, aucun alliage entre le fer et l'argent. T. III, p. 287. — Comparaison du fer avec le zinc. P. 365.

**FER.** Le fer, qui de tous les métaux est le plus résistant au feu, a le premier occupé les fentes qui se formaient de distance en distance par la retraite que prenait le quartz fondu en se consolidant. T. II, p. 475. — Le fer, dans sa première origine, est une matière qui, comme les autres substances primitives, a été produite par le feu et se trouve en grandes masses et en roches dans plusieurs parties du globe; et c'est du détriment et des exfoliations de ces premières masses ferrugineuses que proviennent originairement toutes les particules de fer répandues à la surface de la terre et qui sont entrées dans la composition des végétaux et des animaux. P. 624.

**FER.** La fonte de fer retenue dans le creuset, sous la flamme du fourneau, produit des cristaux plus ou moins apparents, et on a aussi reconnu que tous les métaux, et même les demi-métaux et les autres substances métalliques qui donnent des régules, forment également des cristaux lorsqu'on leur applique convenablement le degré de feu constant et continu qui est nécessaire à cette opération. T. IV, p. 34. — Ces cristaux de fer produits par le feu agissent très puissamment sur l'aiguille aimantée. *Ibid.* — Les mines primordiales de fer, formées par le feu primitif, sont souvent parsemées de ces cristaux que la nature a produits avant notre art. P. 34 et 35.

**FER.** Ce métal s'est établi le premier sur le globe; preuves de cette assertion. Le fer primordial se trouve toujours intimement mêlé avec la matière vitreuse produite par le feu primitif. T. III, p. 186. — Le feu primitif n'a point produit de fer semblable à notre fer forgé, et la quantité tout entière de la matière de fer s'est mêlée dans le temps de la consolidation du globe avec les substances vitreuses; et c'est de ce mélange que sont composées les roches primordiales de fer et d'aimant. P. 190. — Comment le fer est entré dans la composition des corps organisés. P. 193 et 194. — Le fer est un dans la nature comme tous les autres métaux; preuves de cette assertion, dont on a douté jusqu'ici. P. 198.

**FER-BLANC.** Sa fabrication. T. III, p. 229.

**FER** *de martinet, de verge ronde;* leur fabrication. T. III, p. 229.

**FER** *en verge;* sa fabrication. T. III, p. 228.

Fer (*fabrication du fer*). Obstacles physiques et moraux qui s'opposent à la perfection de l'art des forges et à la fabrication du bon fer. T. III, p. 209. — Le mauvais fer se fait à bien meilleur compte que le bon, et cette différence est au moins d'un cinquième de son poids. P. 210. — Exposé succinct des travaux nécessaires à la fabrication du fer. P. 224 et suiv.

Fer *forgé*. Une barre de bon fer a non seulement plus de durée pour un long avenir, mais encore quatre ou cinq fois plus de force et de résistance actuelle qu'une pareille barre de mauvais fer. T. III , p. 210. — Cette bonne qualité du fer provient principalement du traitement de la mine avant et après sa mise au fourneau. P. 213. — Fer fabriqué avec de vieilles ferrailles. P. 226. — Le fer commun est, après l'étain, le plus léger des métaux : il ne pèse que 545 ou 546 livres le pied cube, et l'acier pèse 548 à 549 livres aussi le pied cube. P. 241. — Effets du soufre, des acides et des éléments du feu, de l'air et de l'eau sur le fer. P. 241 et 242. — Alliage et affinités du fer avec les autres métaux. P. 242.

Fer ( *régule de fer* ). Procédés par lesquels on peut obtenir du régule de fer sans instruments ni marteaux. La nature peut, dans certaines circonstances , produire le même effet. T. III , p. 189. — Manière d'obtenir de la fonte de fer en régule, qui est une matière mitoyenne entre la fonte et le fer. P. 221. — Propriétés de ce régule de fer; cette matière est très propre à faire de bons canons pour l'artillerie de la marine. *Ibid.* — Le régule de fer est dans l'état intermédiaire et moyen entre la fonte et le fer. P. 222. — Il est presque aussi infusible que le fer. Le feu des volcans a quelquefois formé de ces régules de fer, et c'est ce que les minéralogistes ont appelé mal à propos *fer natif*. *Ibid.* — Ses cristallisations. P. 222 et 223.

Fer ( *ténacité du fer* ). De tous les métaux , après l'or, le fer est celui dont la ténacité est la plus grande. Et il y a une énorme différence entre la ténacité du bon et du mauvais fer. T. III, 241.

Fer (le), ayant spécialement plus d'affinité que les autres matières avec l'électricité du globe et les forces dont elle est l'âme, en ressent et en marque mieux tous les mouvements. T. IV, p. 87 et 88. — S'il n'y avait point de fer sur la terre, il n'y aurait ni aimant ni magnétisme. P. 88. — Une barre de fer peut présenter une suite de pôles magnétiques, alternativement opposés, de même qu'un tube de verre peut présenter une suite de portions électrisées alternativement, en plus et en moins. P. 90. — Le fer et l'aimant ne sont au fond que la même substance. P. 105. — Le fer, et mieux encore l'acier peuvent recevoir une force magnétique plus grande que celle de la pierre d'aimant. *Ibid.* — Les mines de fer formées par l'intermède de l'eau ne reprennent leur propriété magnétique qu'après avoir subi l'action du feu. *Ibid.* — Dès les premiers temps de l'établissement des mines primordiales de fer, toutes les parties de ces masses qui étaient exposées à l'air, et qui sont demeurées dans la même situation, auront reçu la vertu magnétique par la cause générale qui produit le magnétisme du globe, tandis que toutes les parties de ces mêmes mines, qui n'étaient pas exposées à l'action de l'atmosphère, n'ont point acquis cette vertu magnétique. P. 106. — Le fer reçoit d'abord la force attractive, et ne prend des pôles qu'en plus ou moins de temps, suivant sa position, et selon la proportion de ses dimensions. *Ibid.* — Il ne prend aucune augmentation de poids, par l'imprégnation de la vertu magnétique. P. 112. — Quand on passe sur un aimant faible du fer aimanté par un aimant fort, ce fer perd la grande force magnétique qui lui avait été communiquée par l'aimant fort, et il acquiert en même temps la petite force que peut lui donner l'aimant faible. P. 113. — Le fer n'acquiert de lui-même la vertu magnétique, et l'aimant ne la communique au fer que dans une seule et même direction. P. 115. — Un fil de fer aimanté selon sa longueur, et plié ensuite de manière à former des angles et crochets, perd sa force magnétique. *Ibid.* — Un fil de fer passé par la filière dans le même sens qu'il a été aimanté conserve sa vertu magnétique. *Ibid.* — Un morceau de fer ou d'acier peut être considéré comme une masse de limaille, dont les parties sont réunies de plus près. *Ibid.* — Une lame de fer ou d'acier, passée sur un aimant plusieurs fois et dans le même sens, acquiert toute la vertu magnétique qu'elle peut comporter; mais, passée ensuite sur l'aimant dans le sens opposé, elle perd la vertu qu'elle avait acquise. *Ibid.* — Le fer ou l'acier posés sur un aimant acquièrent la vertu magnétique. *Ibid.* — Le fer sublimé par le moyen du feu acquiert du magnétisme et des pôles. P. 117. — Plus le fer est pur, et plus il peut s'aimanter fortement. P. 122. — Le fer dur, qui comporte plus de vertu magnétique que le fer doux, peut en recevoir davantage; mais il la reçoit avec moins de facilité, et peut souvent, dans le même temps, avoir acquis moins de force que le fer doux. P. 123.

Fer-a-cheval ou merle à collier d'Amérique. Son plumage, ses pieds longs, son bec de merle, son chant, sa nourriture, ses mouvements, son poids, ses dimensions. — Pays où il se trouve. T. VI, p. 52 et 53. — — Mange à terre comme l'alouette. P. 53.

FERMENTATION. Causes de la fermentation dans les matières animales et végétales. T. IV, p. 312.

FERRETS (les) du voyageur Le Guat, paraissent être des hirondelles de mer. T. VIII, p. 468.

FESSES, n'appartiennent qu'à l'espèce humaine. T. XI, p. 63.

FEUX souterrains, ne viennent pas uniquement du feu central, et ne sont pas même à une grande profondeur. T. I, p. 58. — Le feu et l'eau produisent beaucoup de choses semblables en apparence, telles que le verre et le cristal, l'antimoine natif et l'antimoine fondu, les pépites naturelles des mines et celles qu'on fait artificiellement par la fusion. P. 222.

FEU (le) ne peut guère exister sans lumière et jamais sans chaleur, tandis que la lumière existe souvent sans chaleur sensible, comme la chaleur existe encore plus souvent sans lumière. T. II, p. 419 et 420. — La chaleur et la lumière sont les deux éléments matériels du feu; ces deux éléments réunis ne sont que le feu même, et ces deux matières nous affectent chacune sous leur forme propre, c'est-à-dire d'une manière différente. P. 422. — Poids réel du feu; manière de s'en assurer par l'expérence. P. 423 et suiv. — Le feu a, comme toute autre matière, une pesanteur réelle dont on peut connaître le rapport à la balance, dans les substances, qui, comme le verre, ne peuvent être altérées par son action. La quantité de feu nécessaire pour rougir une masse quelconque pèse $\frac{1}{570}$ ou, si l'on veut, une centième partie de cette masse, en sorte que si elle pèse froide six cents livres, elle pèsera chaude six cent une livres lorsqu'elle sera rouge couleur de feu. Et sur les matières qui, comme le fer, sont susceptibles d'un plus grand degré de feu et chauffées à blanc, la quantité de feu est d'environ $\frac{1}{600}$ au lieu de $\frac{1}{600}$. P. 425 et 426.

FEU. Le feu agit sur les métaux comme l'eau sur les sels. T. III, p. 364. — Le feu paraît être dans le mercure en quantité presque infiniment petite. Ibid.

FEU. L'élément du feu, comme toute autre matière, est soumis à la puissance générale de la force attractive. T. II, p. 466.

FEU (le) seul est actif, et sert de base et de ministre à toute force impulsive. T. IV, p. 78. — Il se manifeste dans toutes les parties de l'univers, soit par la lumière, soit par la chaleur. Ibid. — Le feu violent diminue ou suspend la force magnétique. P. 567. — Il concourt quelquefois à augmenter la vertu magnétique. P. 112. — Le feu, la percussion et la flexion suspendent ou détruisent également la vertu magnétique, parce que ces trois causes changent également la position respective des parties composantes de l'aimant ou du fer. P. 115. — Le feu rend le fer d'autant plus attirable à l'aimant, que ce dernier a été plus violemment chauffé. P. 116 et 117.

FEU. Moyens généraux et particuliers de produire le feu. T. II, p. 216. — Origine et production de la chaleur et de la lumière. P. 217. — Le feu, la chaleur et la lumière peuvent être regardés comme trois choses différentes; examen de leurs propriétés différentes et de leurs propriétés communes. P. 220. — Il existe quelquefois sans lumière, mais n'existe jamais sans chaleur. Ibid. — A besoin d'aliments pour subsister, et son premier aliment est l'air. P. 228. — La différence la plus générale entre le feu, la chaleur et la lumière paraît consister dans la quantité et peut-être dans la qualité de leurs aliments. L'air est le premier aliment du feu, les matières combustibles ne sont que le second. Ibid. — La chaleur propre du globe terrestre doit être regardée comme notre vrai feu élémentaire. P. 230. — L'action du feu sur les différentes substances dépend beaucoup de la manière dont on l'applique; le produit de son action sur une même substance paraîtra différent selon la façon dont il est administré. Le feu doit être considéré en trois états différents, le premier relatif à sa vitesse, le second à son volume, et le troisième à sa masse. P. 232 et 233. — Trois moyens généraux d'augmenter l'action du feu. Chacun de ces moyens donne souvent des produits différents. On peut augmenter l'action du feu en accélérant sa vitesse, en augmentant son volume, et en augmentant sa masse et sa densité. Les instruments du premier moyen sont tous les fourneaux où l'on se sert de ventilateurs, de soufflets, de trompes, de tuyaux d'aspiration, etc. ; les instruments du second moyen sont tous les fourneaux de réverbère; et ceux du troisième moyen sont les miroirs ardents; chacun de ces moyens employés sur les mêmes matières donnent souvent des résultats très différents. P. 233 et suiv. — L'administration du feu doit se diviser en trois procédés généraux, le premier relatif à la vitesse, le second au volume, et le troisième à la masse de cet élément. Les matières qu'on soumet à l'action du feu doivent être divisées dans trois classes, celles qui perdent au feu leur poids, celles qui au lieu de perdre du poids en acquièrent, et celles qui ne perdent ni n'acquièrent rien. P. 233 et 234. — Le feu est réellement pesant comme toute autre matière. P. 234. — Matières avec lesquelles le feu a le plus d'affinité. P. 235. — Le feu se trouve comme l'air sous une forme fixe et concrète dans presque tous les corps. Ibid. Matières indifférentes à l'action du feu. Ibid.

de leur grandeur réelle et relative. P. 5. — Leur nombre limité. *Ibid.*

Figures géométriques et régulières n'existent que dans notre imagination; ne se trouvent pas dans la nature, ou, si elles s'y trouvent, c'est parce que toutes les formes possibles s'y trouvent. T. IV, p. 157. — On pourra, dans la suite des temps, trouver quelle est la figure des parties constituantes des corps, en partant du principe que *toute matière s'attire en raison inverse du carré de la distance, et cette loi générale ne paraît varier, dans les attractions particulières, que par l'effet de la figure des parties constituantes de chaque substance parce que cette figure entre comme élément dans l'expression de la distance;* car, lorsqu'on aura acquis par des expériences la connaissance de la loi d'attraction d'une substance particulière, on pourra trouver par le calcul la figure de ces parties constituantes; exemple à ce sujet. T. II, p. 208. — Quoique les figures puissent varier à l'infini, il paraît qu'il n'en existe pas autant dans la nature que l'esprit pourrait en concevoir. L'or et l'air sont les deux extrêmes de toute densité; toutes les figures admises, exécutées par la nature, sont donc comprises entre ces deux termes, et toutes celles qui auraient pu produire des substances plus pesantes ou plus légères ont été rejetées. P. 209.

Fil de fer. Sa fabrication. T. X, p. 501. — Plus le fil de fer est fin, plus sa ténacité est grande à proportion. P. 516.

Filets de la queue de l'oiseau de paradis. T. V, p. 617. — Du manucode. P. 621. — Du magnifique. P. 622. — Du sifilet. P. 623.

Filet *des enfants.* Voyez *Enfants.*

Filles, peuvent faire des môles sans avoir communication avec un homme; raison de cette présomption, avec les exemples qui la confirment. T. IV, p. 344.

Filles et Garçons. Voyez Garçons et Filles.

Fingah ou pie-grièche des Indes, d'Edwards. A la queue fourchue, le bec courbé comme celui de l'épervier, plus long; sa base est entourée de moustaches. T. V, p. 160.

Finnois. Les anciens Finnois et Finlandais ou Finnois d'aujourd'hui, forment deux différentes races d'hommes qu'il ne faut pas confondre. *Add.*, t. XI, p. 263.

Fissipèdes. Énumération des animaux fissipèdes. T. X, p. 94.

Fist (le) de Provence n'est point un bec-figue, mais se rapporte plutôt à l'alouette. Sa description et ses habitudes naturelles. T. VI, p. 509.

Fitert. Voyez *Traquet de Madagascar.*

Flammant ou Phénicoptère; origine de ce nom de *flammant.* T. VIII, p. 247 et 248. — Caractères principaux et très apparents

de ce bel oiseau. Il paraît faire la nuance entre la grande tribu des oiseaux de rivage et celle tout aussi grande des oiseaux navigateurs. Description de ses parties extérieures. Ses dimensions et son poids. Son plumage est de couleur de feu sur les ailes et sur quelques autres parties du corps. P. 248 et 249. — Description particulière de son bec. P. 249. — On voit quelques-uns de ces oiseaux en Italie et en Provence, et en plus grand nombre en Espagne. P. 250. — Le flammant est naturel aux climats chauds des deux continents. Il ne fréquente pas les pays froids. P. 251. — Lieux particuliers où il se trouve en plus grande quantité. P. 252. — Celui d'Amérique est le même que ceux d'Europe et d'Afrique. Partout il fait son nid sur les îles basses. P. 252 et 253. — Description de ce nid, et attitude singulière de l'oiseau pour couver ses œufs, qui ne sont qu'au nombre de deux ou trois. P. 253. — Ces œufs sont blancs et gros comme ceux de l'oie. Les petits ne commencent à voler que lorsqu'ils ont acquis presque toute leur grandeur; mais ils courent avec une vitesse singulière peu de jours après leur naissance. Description de leur plumage et des changements qui y surviennent. P. 253 et 254. — Ils ne prennent leur belle couleur rouge qu'avec l'âge. P. 254. — Manière dont ils cherchent et prennent leur nourriture. Ces oiseaux paraissent attachés aux rivages de la mer et aux embouchures des rivières. *Ibid.* — Et l'on a remarqué que, quand on voulait les nourrir en domesticité, il fallait leur donner à boire de l'eau salée. Leur manière de se ranger en ligne et de pêcher en troupes. P. 254 et 255. — Leur cri d'alarme est assez semblable au son d'une trompette. P. 255. — Leur chair est un mets recherché, dont le goût ressemblerait assez à celui de la perdrix, s'il n'y avait pas en même temps une légère odeur de marécage. P. 256. — La peau de ces oiseaux sert aux mêmes usages que celle du cygne. — On peut les apprivoiser assez aisément. P. 257. Leurs habitudes en domesticité. Ils refusent de se multiplier dès qu'ils ont perdu leur liberté. P. 258.

Flamme (la) n'est pas la partie du feu où l'intensité de la chaleur est la plus grande. T. II, p. 238. — Sa principale propriété est de communiquer le feu. *Ibid.* — Il y a de la flamme dans toute incandescence. P. 239. — Celle-ci n'obéit point à l'impulsion de l'air. *Ibid.*

Flamme. La vertu magnétique se communique de l'aimant au fer, à travers la flamme, sans diminution ni changement de direction. T. IV, p. 115.

Flavéole, espèce voisine de celle du bruant. T. VI, p. 292.

Flavert ou gros bec de Cayenne. Ses

rapports avec le rouge-noir; est peut-être
une variété d'âge ou de sexe dans cette espèce. T. VI, p. 101.

FLEURS *et fruits*. Comparaison de nos
fleurs et de nos fruits avec les fleurs et les
fruits des anciens, de laquelle il résulte
qu'ils sont tous différents. T. II, p. 133 et
suiv. — Nos pêches, nos abricots, nos
poires, sont des productions nouvelles, auxquelles on a conservé les vieux noms des
productions antérieures. P. 134. — Par quel
moyen l'homme a trouvé et perfectionné les
bons fruits. *Ibid.*

FLEUVES. La direction des grands fleuves
est presque perpendiculaire à la côte de la
mer dans laquelle ils ont leur embouchure.
Dans la plus grande partie de leur cours, ils
vont à peu près comme les chaines des
montagnes dont ils prennent leurs sources
et leur direction. T. I, p. 38. — Les plus
grands fleuves sont dirigés comme les plus
grandes montagnes en Europe, en Afrique
et en Asie; les fleuves et les autres eaux
méditerranées sont beaucoup plus étendus
d'orient en occident que du nord au sud.
P. 145. — Direction des fleuves, manière
dont on doit la concevoir. *Ibid.* — Les fleuves
de l'Amérique coulent presque perpendiculairement à la grande chaine de montagnes
qui traversent ce continent du nord au sud :
raison de cette différence de la direction des
fleuves dans l'ancien et le nouveau continent. *Ibid.* — Dans l'intérieur des terres, à
une distance considérable de la mer, les
fleuves vont droit et suivent la même direction dans de grandes longueurs, et, à mesure qu'ils approchent de leur embouchure,
les sinuosités de leur cours se multiplient.
P. 146. — On peut reconnaître par la direction des fleuves si l'ouest est loin ou près de
la mer, dans un pays inconnu. *Ibid.* — Bouches des fleuves, causes naturelles de ce
que presque tous les grands fleuves se dé-
chargent dans la mer par plusieurs bouches.
P. 147. — Les eaux des fleuves conservent
leur mouvement jusqu'à de grandes distances dans la mer. *Ibid.* — Deux espèces de
remous dans les fleuves; leurs causes avec
l'explication. Contre-courant d'eaux mortes
dans les fleuves, et tournoiement. P. 147 et
148. — Lorsque les fleuves approchent de
leur embouchure, la pente du lit est presque
nulle et cependant ils ne laissent pas de conserver une rapidité d'autant plus grande que
le fleuve a plus d'eau; raison de cet effet.
P. 149. — Un fleuve qui aurait acquis une
très grande vitesse pourrait non seulement
continuer à couler sur un terrain de niveau,
mais même surmonter une éminence sans
se répandre beaucoup. *Ibid.* — Énumération des plus grands fleuves de l'Europe,
avec l'étendue de leur cours. P. 151. —
Même énumération des fleuves de l'Asie.

*Ibid.* — Des fleuves de l'Afrique. *Ibid.* — Les
fleuves de l'Amérique sont les plus grands
fleuves du monde. *Ibid.* Énumération des
fleuves de l'Amérique. P. 151 et 152. — Il
y a dans l'ancien continent environ quatre
cent trente fleuves qui tombent immédiatement dans l'Océan ou la Méditerranée et la
mer Noire, et l'on n'en connaît guère que
cent quatre-vingts dans le nouveau continent, qui tombent immédiatement dans la
mer. P. 154. — Fleuves de matières liquéfiées par le feu, produits par l'éruption des
volcans. P. 208.

FLUIDE. Le mercure serait le plus fluide
des corps si l'air ne l'était encore plus. T. II,
p. 228. — Tous les fluides, avec la même
chaleur, quelque denses qu'ils soient, s'é-
chauffent et se refroidissent plus promptement qu'aucun solide, quelque léger qu'il
soit. P. 280.

FLUIDE ÉLECTRIQUE (le) agit avec beaucoup
de force à l'intérieur du globe; il y fait jaillir
dans tous les espaces libres des foudres
plus ou moins puissantes. T. IV, p. 79. —
Le cours du fluide électrique se fait en deux
sens opposés, c'est-à-dire de l'équateur aux
deux pôles terrestres. P. 88.

FLUIDITÉ. Toute fluidité a la chaleur pour
cause; et toute dilatation dans les corps
doit être regardée comme une fluidité com-
mençante. T. II, p. 420.

FLUIDITÉ. En général, toute fluidité a la
chaleur pour cause; preuves de cette assertion. T. II, p. 4 et 5. — Deux manières d'o-
pérer la fluidité : la première par le dé-
layement ou la dissolution; et la seconde
par la liquéfaction. *Ibid.*

FLUIDITÉ. Toute fluidité a la chaleur pour
cause. T. II, p. 228. — La plus ou moins
grande fluidité n'indique pas que les parties
du fluide soient plus ou moins pesantes,
mais seulement que leur adhérence est d'autant moindre, leur union d'autant moins intime et leur séparation d'autant plus aisée.
*Ibid.* — Moyen facile d'estimer le degré de
fluidité ou de fusibilité de chaque matière
différente. P. 281.

FLUORS. Les spaths-fluors sont composés
de matières calcaires et de parties sulfu-
reuses ou pyriteuses. T. III, p. 599. — On a
mal à propos appelé ces spaths-fluors *spaths
pesants, spaths fusibles vitreux, spaths phosphoriques*, et l'on a souvent appliqué les
propriétés des spaths pesants à ces spaths-
fluors, quoique leur origine et leur essence
soient très différentes. *Ibid.* — Spaths fusibles vitreux et spaths phosphoriques, ne
désignent qu'une seule et même chose. *Ibid.*
— Les spaths-fluors, loin d'être fusibles,
sont très réfractaires au feu; mais ce sont,
comme le borax, des fondants très actifs.
*Ibid.* — Les spaths-fluors sont d'un quart
moins denses que les spaths pesants, et ils

en diffèrent aussi par plusieurs autres propriétés. P. 600 et 601. — Il y a quatre principales sortes de spaths-fluors. P. 600. — Tous ces spaths offrent, comme les cristaux vitreux et calcaires, une double réfraction, au lieu que les spaths pesants n'ont qu'une simple réfraction ; autres différences entre ces deux sortes de spaths. P. 601. — Spaths-fluors contiennent de la matière calcaire en assez grande quantité; ils n'étincellent que peu ou point sous le choc de l'acier et c'est par là qu'on les distingue aisément du feldspath, qui de tous les spaths est le seul étincelant ; autres différences entre les spaths-fluors et le feldspath. *Ibid.* — Spaths-fluors accompagnent souvent les mines métalliques, et se trouvent quelquefois en masses assez considérables pour en pouvoir faire des petites tables, des urnes, et autres vases désignés sous les noms de *prime d'émeraude, prime d'améthyste,* etc. P. 602. — Description de plusieurs sortes de spaths-fluors, dont les couleurs et le brillant imitent les émeraudes, les améthystes, topazes, aigue-marines, etc. P. 602 et 603.

FLUIDE (un) diffère d'un solide, parce qu'il n'a aucune partie assez grosse pour que nous puissions la saisir et la toucher par différents côtés à la fois : raison pourquoi les fluides sont liquides. T. XI, p. 130.

FLUX et REFLUX, s'exerce avec plus de force sous l'équateur que dans les autres climats. T. I, p. 43. — Son mouvement a produit les montagnes et toutes les grandes inégalités du globe de la terre. P. 50. — Explication physique du flux et du reflux des eaux de la mer. P. 180 et suiv. — Les eaux du fond de la mer éprouvent, comme celles de la surface, les mouvements du flux et du reflux, et même elles les éprouvent bien plus régulièrement. P. 181. — Du mouvement de flux et reflux résulte le mouvement général d'orient en occident parce que l'astre qui produit l'intumescence des eaux va lui-même d'orient en occident, et ce mouvement d'orient en occident est très sensible dans tous les détroits qui joignent l'océan à l'océan ; en sorte que le reflux y est beaucoup plus petit que le flux. *Ibid.*

FŒTUS (le) humain est toujours reconnaissable, même à l'œil simple, dans le premier mois. T. IV, p. 305. — Formation du fœtus; description de cette formation dans toutes ses nuances et dans tous ses degrés d'accroissement. P. 324 et suiv. — Le fœtus vit, se développe et croît par intus-susception. P. 340. — Il est probable qu'il se forme souvent des fœtus dans le vagin, mais qu'ils en retombent pour ainsi dire aussitôt qu'ils sont formés, parce qu'il n'y a rien qui puisse les y retenir; il doit arriver aussi quelquefois qu'il se forme des fœtus dans les trompes, mais ce cas sera fort rare. P. 341. —

Développement du fœtus dans les premiers temps après la conception. P. 354 et suiv. — Sept jours après la conception, l'on peut distinguer à l'œil simple les premiers linéaments du fœtus; cependant ils sont encore informes : on voit seulement au bout de ces sept jours ce qu'on voit dans l'œuf au bout de vingt-quatre heures, une masse d'une gelée presque transparente, qui a déjà quelque solidité, et dans laquelle on reconnaît la tête et le tronc. P. 355. — Quinze jours après la conception, on commence à bien distinguer la tête, et à reconnaître les traits les plus apparents du visage. P. 356. — On voit aux deux côtés de la partie supérieure du tronc et au bas de la partie inférieure, de petites protubérances qui sont les premières ébauches des bras et des jambes ; la longueur du corps entier du fœtus est alors à peu près de cinq lignes. *Ibid.* — Trois semaines après la conception, le corps du fœtus n'a que six lignes de longueur; mais les bras et les jambes sont augmentés, et les mains et les pieds sont apparents; l'accroissement des bras est plus prompt que celui des jambes, et les doigts des mains se séparent plus tôt que ceux des pieds. P. 357. — A un mois, le fœtus a plus d'un pouce de longueur, il est un peu courbé dans la situation qu'il prend naturellement au milieu de la liqueur qui l'environne. P. 358. — A six semaines, le fœtus a près de deux pouces de longueur ; on aperçoit le mouvement du cœur à peu près dans ce temps; on l'a vu battre dans un fœtus de cinquante jours, et même continuer de battre assez longtemps après que le fœtus fut tiré hors du sein de la mère. *Ibid.* — Les enveloppes du fœtus croissent d'abord plus que le fœtus; mais après un certain temps c'est tout le contraire : le fœtus croît à proportion plus que ses enveloppes. P. 359. — Le fœtus change souvent de position et de situation. *Ibid.* — Pourquoi le corps du fœtus est courbé. P. 360. — Le fœtus dort presque toujours dans le sein de la mère. *Ibid.* — Le fœtus se nourrit par intus-susception : explication et preuves de cette assertion. P. 366. — Il ne rend point d'excréments : preuves de ce fait. P. 367. — L'estomac et les intestins ne font aucune fonction dans le fœtus, du moins aucune fonction semblable à celles qui s'opèrent dans la suite, lorsque la respiration a commencé à donner du mouvement au diaphragme et à toutes les parties intérieures sur lesquelles il peut agir. T. XI, p. 15. — Dans le fœtus où le diaphragme est sans exercice, le sentiment est nul, ou si faible qu'il ne peut rien produire. T. IX, p. 57.

FOIE, grand dans l'aigle commun, d'un rouge vif et divisé en deux lobes dont le gauche est plus gros que le droit. T. V, p. 62.

Foie *de soufre*. A souvent aidé, plus qu'aucun autre agent, à la minéralisation de tous les métaux. T. III, p. 386.

Foie *de soufre*. Voyez Soufre, *foie de soufre*.

Fontaines. Origine de toutes les fontaines. Voyez Glaise. T. II, p. 552.

Fontaine *bitumineuse en Auvergne*. Sa description. T. III, p. 58 et 59.

Fontaines *salées*. En Franche-Comté, en Lorraine et dans plusieurs autres contrées de l'Europe et des autres parties du monde, le sel se tire de l'eau des fontaines salées. T. III, p. 166.

Fonte *de fer* (la), pesée chaude couleur de cerise, perd en se refroidissant environ $\frac{1}{514}$ de son poids, ce qui fait une moindre diminution que celle du fer forgé; raison de cette différence. T. II, p. 425. — Les mauvaises fontes de fer coulent plus aisément à l'affinerie que les bonnes. P. 447. — Description de la bonne fonte de fer et de la mauvaise. P. 447 et 448. — Sa définition physique; ce n'est point encore un métal, mais un mélange de fer et de verre, etc. Examen des différentes espèces de fontes de fer. P. 448. — Expériences qui démontrent qu'on peut tenir la fonte de fer très longtemps en fusion et en très grand volume dans le creuset du fourneau sans aucun danger, et même avec avantage. P. 451. — La fonte de fer coulée en masse, comme canons, enclumes, boulets, etc., se trouve toujours être plus pure à la circonférence qu'au centre de ces masses. P. 452. — Cette même fonte en masse est toujours plus dure à l'extérieur qu'à l'intérieur. *Ibid.* et suiv. — La fonte de fer de bonne qualité est ordinairement plus difficile à forer que la mauvaise. P. 454.

Fonte *de fer*. Manière d'obtenir la fonte de la mine, et de la convertir en fer. T. III, p. 188 et suiv. — Caractères d'une bonne et d'une mauvaise fonte de fer. P. 216 — Manière de corriger la mauvaise qualité de la fonte de fer au fourneau de fusion. *Ibid.* — Différence entre la densité de la bonne et de la mauvaise fonte de fer. *Ibid.* — Il peut y avoir une différence d'un douzième environ sur la pesanteur spécifique d'une bonne et mauvaise fonte de fer. P. 220.

Fonte *de fer au charbon de terre*. Manière d'obtenir cette fonte dans des fourneaux de réverbère et sans soufflets. T. III, p. 218 et 219. — Cette fonte, faite au moyen du charbon de terre, ne donne pas ordinairement du bon fer. P. 218. — Cependant il est possible, quoique assez difficile, de faire du bon fer avec de la fonte fondue au charbon de terre, dans nos hauts fourneaux à soufflets, parce qu'elle s'y épure davantage que dans ceux à réverbère. P. 218 et 219.

Fonte *de fer blanche* (la) ne peut donner de bon fer, et n'est guère propre à être moulée. T. III, p. 218.

Fonte *des canons*. Erreur sur la manière de fondre les canons de fonte de fer. T. III, p. 219.

Fonte *de fer*. Moyens de corriger à l'affinerie la mauvaise qualité de la fonte de fer. T. II, p. 353. — La bonne fonte de fer est la base de tout bon fer. P. 354. — Étant chauffée à un très grand feu pendant longtemps, acquiert plus de dureté et de ténacité. P. 370. — Elle acquiert aussi plus de pesanteur spécifique. *Ibid.*

Forces. Il existe dans la nature des forces, comme celle de la pesanteur, qui sont relatives à l'intérieur de la matière, et qui n'ont aucun rapport avec les qualités extérieures des corps, mais qui agissent sur les parties les plus intimes, et qui les pénètrent dans tous les points. T. IV, p. 170. — Nous n'aurons jamais d'idée nette de ces forces pénétrantes ni de la manière dont elles agissent; mais, en même temps, il n'est pas moins certain qu'elles existent, que c'est par leur moyen que se produit la plus grande partie des effets de la nature, et qu'on doit en particulier leur attribuer l'effet de la nutrition et du développement. *Ibid.*

Force (la) qui produit la pesanteur et celle qui produit la chaleur sont les deux forces de la nature. T. II, p. 213. — Force attractive et force expansive; leur différence et la combinaison de leurs effets. P. 214. — Réduction des forces de la nature et de la puissance de l'expansion à celle de l'attraction. P. 215. — Force expansive, n'est point une force particulière opposée à la force attractive, mais un effet qui en dérive, et qui se manifeste toutes les fois que les corps se choquent ou se frottent les uns contre les autres. P. 215 et 216. — Force expansive, n'est que la réaction de la force attractive. P. 216. — La force attractive et la force expansive, sont, pour la nature, deux instruments de même espèce, ou plutôt ce n'est que le même instrument qu'elle manie dans deux sens opposés. P. 219.

Force. Il n'y a dans la nature qu'une seule force primitive : c'est l'attraction. T. IV, p. 76. — Elle a suffi pour produire toutes les autres forces qui animent l'univers. *Ibid.* — Toute force qui ne tend pas directement du centre à la circonférence ne peut pas être regardée comme une force intérieure, proportionnelle à la masse. P. 117.

Forces. On ne connaît les forces qui animent l'univers que par le mouvement et par ses effets. T. IV, p. 77. — Ce mot de *forces* ne signifie rien de matériel, et n'indique rien de ce qui peut affecter nos organes. *Ibid.* — L'origine et l'essence de la force primitive nous seront à jamais inconnues, parce que cette force n'est pas une substance, mais une puissance qui anime la matière. *Ibid.* — Nous ne connaissons les forces de la nature que par leurs effets. P. 87.

FORCE ATTRACTIVE. Rien ne peut intercepter l'action de la force attractive des aimants. T. IV, p. 110. — On peut expliquer par là des effets merveilleux en apparence. P. 111. — La force attractive de l'aimant est prodigieusement augmentée, lorsqu'on la réunit avec la force directive, au moyen d'une armure de fer ou d'acier. P. 117. — Cette plus forte attraction, produite par la réunion des forces attractives et directives de l'aimant, paraît s'exercer en raison des surfaces. *Ibid.*

FORCES DES AIMANTS. Pour comparer la force des aimants, il faut que le fer qu'ils attirent soit de même qualité, et que les dimensions et la figure de chaque morceau de fer soient semblables et égales. T. IV, p. 120.

FORCE DIRECTIVE (la) se marque avec plus d'énergie sur les aimants nus que sur ceux qui sont armés. T. IV, p. 110.

FORCE MAGNÉTIQUE (la) peut agir sur le fer sans être aidée d'aucune force motrice. T. IV, p. 88. — Elle n'agit que sur le fer; de même, la force électrique ne se produit que dans certaines matières. P. 89. — La force magnétique a différents points de tendance, que l'on peut regarder comme autant de pôles magnétiques. P. 99. — L'effet de la force magnétique est un mouvement composé. P. 101. — La force magnétique est extérieure, et pour ainsi dire infinie, relativement aux petites masses de l'aimant et du fer; elle existerait, quand il n'y aurait point de fer ni d'aimant dans le monde. P. 122.

FORCES de la nature. Les deux grandes forces de la nature sont celles de l'attraction, qui tend à rapprocher toute matière, et celle de la chaleur, qui ne tend, au contraire, qu'à les séparer; ces deux forces, lorsqu'elles sont réunies, peuvent travailler la matière dans les trois dimensions à la fois : par la combinaison de ces deux forces actives, la matière ductile peut prendre la forme d'un germe organisé. T. II, p. 466 et 467. — Et lorsqu'elles n'agissent pas sur une matière ductile, mais sur des matières dures qui leur opposent trop de résistance, elles ne peuvent alors agir que sur la surface, sans pénétrer l'intérieur de cette matière trop dure; et, par conséquent, elles ne pourront la travailler que dans deux dimensions au lieu de trois, en traçant à sa superficie quelques linéaments; et cette matière, n'étant travaillée qu'à la surface, ne pourra prendre d'autre forme que celle d'un minéral figuré. P. 467.

FORÊTS. Age auquel on doit abattre les forêts, suivant les différents terrains, pour en tirer du bois du meilleur service. T. XI, p. 521.

FORÊTS souterraines dans plusieurs endroits. T. I, p. 234.

FORME extérieure des oiseaux, présente moins de différences apparentes que leurs couleurs. T. V, p. 3.

FORTUNE DU JEU. Voyez JEU.

FOSSANE, joli animal qui se trouve à Madagascar, et qu'on a appelé aussi *genette de Madagascar*. La fossane est pourtant constamment plus petite que la genette, et il paraît qu'elle n'a pas de poches odoriférantes. Naturel de la fossane, ses habitudes, sa nourriture, etc. T. IX, p. 566 et 567.

FOSSILES sont les parties les plus solides, les plus dures des animaux et des végétaux, et particulièrement les dents des animaux qui se sont conservées intactes ou peu altérées dans le sein de la terre. Les os fossiles sont rarement pétrifiés; car ordinairement la substance osseuse n'y est pas entièrement détruite, et pleinement remplacée par le suc vitreux ou calcaire. T. III, p. 581 et 582. — Fossiles ne se trouvent que dans les premières couches de la terre, à une petite profondeur; tandis que les pétrifications se trouvent enfouies bien plus profondément. P. 582.

FOU. L'espèce du fou est répandue dans toutes les mers; c'est un oiseau stupide qui se laisse prendre aisément. Il ne paraît pas connaître l'homme ni avoir appris à s'en défier. T. VIII, p. 187. — Tous les oiseaux de ce genre ont beaucoup de peine à mettre en mouvement leurs longues ailes. P. 188. — Leur plus grand ennemi, parmi les oiseaux, est celui qu'on appelle *la frégate*, qui les force à livrer leur proie et à dégorger le poisson qu'ils ont avalé. *Ibid.* — Leur manière de pêcher. — Leur rencontre en mer annonce assez sûrement aux navigateurs le voisinage de quelque terre. P. 189. — Observations particulières faites à la côte d'Yucatan sur ces oiseaux. P. 190. — C'est avec les cormorans que ces oiseaux fous ont plus de rapport par leur conformation. Leurs différences. Caractères généraux des fous. *Ibid.* — Structure singulière de leur bec. Leur cri. Leur manière de voler. Ils se perchent sur les arbres, et cependant ils nichent à terre. P. 190 et 191. — Ils ne pondent qu'un œuf ou deux. P. 191.

FOU (le grand); cet oiseau est le plus grand de son genre, étant de la grosseur de l'oie et ayant six pieds d'envergure. Sa description. T. VIII, p. 194. — Il se trouve sur les grandes rivières de la Floride. Observations particulières sur cet oiseau. *Ibid.*

FOU (le petit); ses dimensions et sa description. T. VIII, p. 194 et 195.

FOU *blanc;* différence entre cette espèce

et celle du fou commun. Le fou blanc ne se perche guère sur les arbres, et ne vient pas se faire prendre sur les vergues des navires. T. VIII, p. 193. — On trouve les deux espèces dans l'île de l'Ascension; observations particulières à ce sujet. *Ibid.*

Fou *brun* (le petit); cette espèce, qui, peut-être, ne doit pas être séparée de celle du petit fou proprement dit, se trouve également à Cayenne. T. VIII, p. 195.

Fou *commun*; est connu aux Antilles. Sa grandeur est moyenne entre celle du canard et de l'oie. T. VIII, p. 191. — Ses dimensions et sa description. Il y a beaucoup de variétés individuelles dans les couleurs de cet oiseau. Sa chair est noire et sent le marécage. Lieux de l'Amérique où cette espèce se trouve en plus grand nombre. P. 192 et 193.

Fou *de Bassan*, ainsi nommé parce qu'il est commun dans la petite île de Bass ou Bassan, dans le petit golfe d'Édimbourg. C'est une grande et belle espèce dans ce genre d'oiseaux fous. T. VIII, p. 196. — Il est de la grandeur d'une oie. Ses dimensions et sa description. P. 196 et 197. — La chair des jeunes est assez bonne à manger. Naturel stupide de cet oiseau et sa manière de nicher. P. 197. — Il ne pond qu'un œuf. Les doigts, qui sont très longs, sont engagés dans la membrane. La peau du corps n'y est attachée que par une espèce de réseau, de manière qu'en la soufflant elle s'enfle comme un ballon; et il est à croire que l'oiseau en fait usage lorsqu'il veut renfler le volume de son corps pour se rendre plus léger dans son vol. Il arrive au printemps dans les îles du Nord pour y nicher, et regagne avant l'hiver les climats méridionaux. P. 197 et 198.

Fou *tacheté*; il a les ailes beaucoup plus courtes que tous les autres fous. Sa description. T. VIII, p. 195.

FOUDI-JALA; espèce de rossignol qui se trouve à Madagascar. Sa description et ses dimensions. T. VI, p. 468.

FOUDI à ventre rouge. T. VI, p. 119.

FOUDIS. Foudis lehéméné, espèce étrangère voisine du friquet, connue sous le nom de cardinal ou moineau de Madagascar et du cap de Bonne-Espérance. Ses variétés; différences de la femelle. T. VI, p. 118.

FOUDIS à ventre noir. T. VI, p. 119.

FOUDRE (la), mettant le feu aux matières combustibles renfermées dans le sein de la terre, peut produire des volcans et d'autres incendies durables. T. IV, p. 79. — La terre, bouleversée par la foudre souterraine, s'est souvent affaissée au-dessous ou élevée au-dessus de son niveau. P. 81. — Les foudres et les fortes étincelles électriques rendent aux chaux de fer la propriété d'être attirées par l'aimant. P. 91.

FOUDRES SOUTERRAINES, causes du changement de la déclinaison de l'aiguille aimantée. T. IV, p. 135.

FOUINE et MARTE, sont deux espèces distinctes et séparées. T. IX, p. 89. — Différences de la fouine et de la marte, qui prouvent qu'elles ne sont pas de la même espèce. P. 89 et 90.

FOUINE. L'espèce en est assez généralement répandue. T. IX, p. 90. — Caractères et habitudes naturelles de la fouine. *Ibid.* —Elle s'apprivoise jusqu'à un certain point, mais ne s'attache pas. *Ibid.* — Elle mange de tout, à l'exception de la salade et des herbes. *Ibid.* — Elle est ordinairement dans un mouvement continuel, et dort quelquefois un jour ou deux de suite. *Ibid.* — Les fouines produisent depuis trois ou quatre jusqu'à six ou sept petits. P. 91. — Cet animal acquiert au bout d'un an à peu près sa grandeur naturelle, et vit huit ou dix ans. *Ibid.* — Il a des vésicules qui contiennent une matière odorante. *Ibid.*

FOUINE *de la Guyane*. Description de cet animal. *Add.*, t. X, p. 262. — Autre animal appelé *petite fouine de la Guyane;* notice sur cet animal. *Ibid.*

FOUINE DE MADAGASCAR (petite). Sa description. *Add.*, t. X, p. 272.

FOULQUE (variétés de la) : on en connaît deux qui subsistent sur les mêmes eaux sans se mêler ensemble, et qui ne diffèrent qu'en ce que l'une est un peu plus grande que l'autre. T. VIII, p. 112.

FOULQUE (grande). Voyez *Macroule*.

FOULQUE *à crête* (grande); elle est encore plus grande que la macroule; la membrane qui lui couvre le front est détachée en deux lambeaux qui lui forment une sorte de crête. Sa description. Elle se trouve à Madagascar. T. VIII, p. 114.

FOULQUE, se nomme aussi morelle; c'est par la foulque que commence la nombreuse tribu des véritables oiseaux d'eau. Elle reste constamment sur l'eau, et il est très rare de la voir à terre. T. VIII, p. 109 et 110. — Elle se tient tout le jour sur les étangs qu'elle préfère aux rivières. Ses voyages ne se font que de nuit et par un vol très haut. P. 110. — Ses habitudes naturelles. Manière d'en faire la chasse. P. 110 et 111. — La foulque ne part qu'avec peine, soit sur la terre, soit sur l'eau, et rien ne peut la contraindre à prendre la fuite pendant le jour. Elle pond dix-huit à vingt œufs qui sont d'un blanc sale, et presque aussi gros que ceux de la poule. Manière dont elle fait son nid. P. 110 et 111. — Le temps de l'incubation est de vingt-deux ou vingt-trois jours. Les petits sortent du nid et courent dès qu'ils sont éclos; la mère ne les réchauffe pas sous ses ailes. Ils sont couverts à cet âge d'un duvet noir et paraissent très laids. Les oiseaux de proie, les buses, etc., leur font une cruelle guerre et mangent aussi les œufs dans le nid ; aussi cette espèce, quoique très féconde, n'est pas fort nombreuse en individus. P. 111. — La foulque niche de bonne heure au printemps. Elle reste sur nos étangs pendant la plus grande partie de l'année, et se réunit en grandes troupes dans l'automne ; et lorsque les frimas et la gelée la chassent des cantons élevés et froids, elle vient dans la plaine où la température est plus douce ; et c'est la glace ou le manque d'eau plus que le froid qui l'oblige à changer de lieu ; exemple à ce sujet. P. 112. — Elle va de proche en proche dans les contrées plus tempérées, et revient de très bonne heure au printemps. L'espèce est répandue dans toute l'Europe, depuis l'Italie jusqu'en Suède ; on la connaît également en Asie. *Ibid.* — Sa description. *Ibid.* — Sa manière de vivre. Sa chair sent un peu le marais. Elle a deux cris différents dans son état de liberté, mais elle n'en fait entendre aucun en captivité. P. 113.

FOUR *de fenderie*. Travail du fer au sortir de ce four. T. III, p. 229.

FOURMEIRON (le) de Provence : doit plutôt se rapporter au rossignol de murailles qu'au traquet. T. VI, p. 523.

FOURMILIERS (les) sont des oiseaux de la Guyane qui ne ressemblent à aucun de ceux d'Europe. T. VI, p. 341. — Ils font un genre particulier. *Ibid.* — Ils se tiennent en troupes, se nourrissent principalement de fourmis. P. 342. — Caractères généraux des fourmiliers, et les habitudes naturelles qui leur sont communes. P. 342 et 343.

FOURMILIERS (le roi des) est le plus grand des oiseaux de ce genre ; la femelle est plus grosse que le mâle. Leur description et leurs dimensions. T. VI, p. 343 et 344.

FOURMILIER huppé. Description du mâle et de la femelle. T. VI, p. 348.

FOURMILIER (le), le tamandua et le tamanoir, animaux d'Amérique qui n'existaient pas dans l'ancien continent. T. IV, p. 574 et 575. — Différences du fourmilier d'avec le tamanoir et le tamandua. T. IX, p. 252 et 253. — Habitudes naturelles du fourmilier, avec une courte description de cet animal. P. 253. — Il se suspend aux branches des arbres par l'extrémité de sa queue, et se balance dans cette situation. P. 257. — Le tamanoir, le tamandua et le fourmilier se ressemblent à beaucoup d'égards, et ont à peu près les mêmes habitudes naturelles : tous trois se nourrissent de fourmis en plongeant leur très longue langue dans les fourmilières. *Ibid.* — Les fourmiliers du nouveau continent paraissent avoir le pangolin et le phatagin pour représentants dans l'ancien. T. IV, p. 501.

FOURMILIER, *petit fourmilier*. Notice sur cet animal. *Add.*, t. X, p. 369.

FOURMILIER à oreilles blanches. Sa description. T. VI, p. 348 et 349.

FOURMILIERS-ROSSIGNOLS (les) forment un genre moyen entre les fourmiliers et les rossignols. T. VI, p. 352.

FOURMIS. La prévoyance des fourmis n'était qu'un préjugé ; on la leur avait accordée en les observant, on la leur a ôtée en les observant mieux. Elles sont engourdies tout l'hiver ; leurs provisions ne sont donc que des amas superflus. T. IV, p. 464 et 465. — Par quelle raison les fourmis font des amas superflus. *Ibid.* — Dégâts et dévastation causés par les fourmis. T. IX, p. 38.

FOURMIS (mangeurs de). Trois espèces de mangeurs de fourmis ; savoir, le tamanoir, le tamandua et le fourmilier : ces trois animaux ne se trouvent que dans l'Amérique méridionale ; caractères qui leur sont communs et qui les distinguent de tous les autres animaux. T. IX, p. 251 et suiv.

FOURMIS. Il y a dans la Guyane et au Brésil des fourmis en nombre immense ; elles accumulent des monceaux de plusieurs toises de diamètre, dont chacun équivaut à deux ou trois cents de nos fourmilières d'Europe. T. VI, p. 340 et 341.

FOURNEAU. Grand fourneau à fondre les mines de fer ; sa forme et ses proportions les plus avantageuses. T. II, p. 443. — Manière de charger ce fourneau, qu'on doit préférer à toutes les autres. *Ibid.*

FOURNEAU pour obtenir du fer par coagulation et de l'acier naturel, avec moins de dépenses que dans les grands fourneaux. T. II, p. 435 et 436.

FOURNEAU à *faire de l'acier par cémentation*. Sa description. T. III, p. 234.

FOURNEAU à *fondre la mine de fer*. Dans un fourneau à fondre la mine de fer, tout doit être en juste proportion ; la grandeur des soufflets, la largeur de l'orifice de leurs bases doivent être réglées sur la capacité du fourneau. T. III, p. 215. — Indices du bon ou du mauvais travail du fourneau. P. 215 et 216.

FOURNEAU *d'aspiration*. Sa description. T. III, p. 230.

FOURNEAUX. Le feu des fourneaux de verrerie n'est qu'un feu faible en comparaison de celui des fourneaux à soufflets. T. II, p. 238.

FOURNIER de Buenos-Ayres, fait la nuance entre les promérops et les guêpiers. A la queue courte. T. VII, p. 290.

FOYERS. Dans les miroirs ardents, les grands foyers font toujours beaucoup plus d'effet que les petits à égale intensité de lumière. T. II, p. 375. — Évaluation et comparaison de leurs effets. P. 386.

FROID. Pourquoi la plus grande chaleur étant égale en été dans tous les climats, le plus grand froid est au contraire très inégal, et d'autant plus inégal qu'on approche davantage du climat des pôles. T. 1, p. 412. —Pourquoi le froid de Sibérie est bien plus grand que celui des autres contrées du Nord qui sont sous la même latitude. P. 413.

FROID. Le froid ne peut venir sur la terre qu'en arrivant des régions supérieures de l'air. T. II, p. 90. — Il paraît certain qu'il fait quatre fois plus froid à deux lieues qu'à une lieue de hauteur dans notre atmosphère: preuves de ce fait. P. 131. — Tout froid plus grand, ou plutôt toute chaleur moindre de 10 degrés, ne peut arriver sur la terre que par la chute des matières refroidies dans la région supérieure de l'air. *Ibid.*

FROID. Lorsqu'on aimante une barre de fer, le degré de force qu'elle acquiert dépend en grande partie du degré de froid auquel elle est exposée. T. IV, p. 127. — Le grand froid et la grande chaleur diminuent la vertu magnétique des aimants. *Ibid.*

FRAI. Le temps du frai pour les carpes et pour plusieurs autres poissons à écailles est celui de la plus grande chaleur de l'année; celui du frai des brochets, des barbeaux et d'autres poissons, est au printemps. T. IV, p. 319.

FRAISE. Voyez *Caille* de la Chine.

FRAISE du huppe-col. T. VII, p. 45.

FRANCOLIN. Voyez *Attagas.* Ce nom a été donné à différents oiseaux. T. V, p. 475. — Différence du francolin et de la perdrix. Il est moins répandu; origine de son nom. P. 476 et 477. — Variétés de sexe, ses couleurs, sa nourriture, son cri; qualité de sa chair. P. 477. — Erreurs des naturalistes sur l'espèce, sur le climat; se plaît dans les lieux marécageux. P. 477 et 478. — Voyez *Bis-ergot.*

FRÉGATE; on a donné le nom de frégate à cet oiseau, parce que, de tous ceux qui fréquentent les mers, il vole le plus rapidement. T. VIII, p. 198. — Description de son vol. La frégate se porte au large sur la mer à plusieurs centaines de lieues de distance de toutes terres, et ne s'arrête sur la mer que dans les lieux qui lui fournissent une pâture abondante. P. 198 et 199. Elle distingue de très loin les troupes de petits poissons qui voyagent en colonnes. Sa manière de pêcher. P. 199.— Ce n'est qu'entre les tropiques ou un peu delà qu'on rencontre cet oiseau dans les mers des deux mondes. P. 199 et 200. — Manière dont il fait dégorger aux fous et à d'autres oiseaux le poisson qu'ils ont avalé. On a nommé la frégate l'*oiseau guerrier* ou *le guerrier*, à cause de ses hostilités. Elle ne craint pas l'aspect de l'homme; exemple à ce sujet. P. 200. — Description de son bec et de ses autres parties extérieures. P. 200 et 201. — Ressemblance de son bec avec celui des fous. Ses ailes ont jusqu'à douze et même quatorze pieds d'envergure. Cette longueur excessive des ailes l'empêche de prendre aisément son vol lorsqu'elle est posée. P. 201. — Ses habitudes naturelles dans le temps des nichées. P. 201 et 202. — Sa ponte n'est que d'un œuf ou deux, qui sont d'un blanc teint de couleur de chair, avec de petits points d'un rouge cramoisi. Description du plumage et du bec des petits, et de leur changement de couleur. Indication d'une partie extérieure au mâle. Sa description. P. 202. — Usage que les insulaires de la zone torride font de la graisse de cet oiseau. *Ibid.*

FRESSAIE. Voyez *Effraie.*

FREUX ou frayonne. A la base du bec environnée d'une peau nue, et pourquoi. T. V, p. 565. — Vit de grains et d'insectes. *Ibid.* Son ventricule, ses intestins, ses mœurs sociales, son adresse à retourner les pierres. P. 565 et 566. — Est proscrit en certains pays, niche en société. *Ibid.*—Comment défend son nid contre l'homme et contre les oiseaux de son espèce. P. 566. — Ponte, couvée, nourriture et éducation des petits. *Ibid.* — Ses voyages, lieux qu'il habite de préférence. P. 567. — Sa chair bonne a manger. P. 567.

FRIDYTUTAH, nom de la petite perruche à tête couleur de rose. T. VII, p. 124.

FRIQUET ou moineau à collier, moineau à tête rouge, moineau de campagne, moineau de montagne, moineau fou, passereau, passeron de muraille, passière folle, paisse de saule, petrat saulet, tchouet, etc. Origine du mot *friquet.* Ne se mêle point avec le moineau; habite les plaines, marche lestement, est moins nombreux, va par troupes dès la fin de l'été; sa ponte, son vol, ses variétés; lieux où il se trouve. T. VI, p. 116 et suiv. — S'unit avec le serin; comment se nourrit, son chant, durée de sa vie, son naturel. P. 118. — Voyez *beau Marquet, Foudis, Passe-bleu, Passe-vert.*

FRIQUET huppé ou moineau de Cayenne, de la Caroline, variété de sexe. T. VI, p. 119.

FRIQUET *femelle;* couve et fait éclore un œuf de pie. T. VII, p. 215. — Autre qui couve et fait éclore un œuf de pie avec sept des siens. P. 215 et 216.

FRISCH (M.). Défauts de sa méthode de distribution des oiseaux. T. V, p. 33, note *a.*

FRISEUR d'eau (*shear-water*) de Brown, paraît se rapporter au pétrel-puffin. T. VIII, p. 417.

FROTTEMENT. Les quartz, les jaspes, les feldspaths, les granites et autres matières vitreuses sont électrisables par frottement. T. IV, p. 79.

FULL-BOTTOM, nom donné à la guenon à camail. *Add.*, t. X, p. 183.

FULMAR *ou* pétrel-puffin, gris blanc, de l'île Saint-Kilda. Voyez ces mots.

Fumée *de piment vert, de tabac,* employée par les sauvages d'Amérique pour prendre les vieux perroquets ou pour les apprivoiser. T. VII, p. 151.

Furet. Il y a des furets qui ressemblent aux putois par la couleur du poil. T. IX, p. 94. — Le furet est originaire des climats chauds et ne peut subsister en France que comme animal domestique. *Ibid.* — Il s'apprivoise plus aisément que le putois, et c'est par cette raison qu'on se sert du furet et non pas du putois pour la chasse du lapin. *Ibid.* — Il a l'odeur très forte et très désagréable. *Ibid.* — Il varie par la couleur du poil. P. 95. — La femelle est sensiblement plus petite que le mâle. *Ibid.* — Il ne faut pas séparer le mâle de la femelle. *Ibid.* — Le furet dort presque continuellement dans l'état de domesticité. *Ibid.* — Il produit deux fois par an; les femelles portent six semaines. Elles dévorent quelquefois leurs petits. *Ibid.* — Elles produisent ordinairement cinq ou six et quelquefois jusqu'à huit ou neuf petits. *Ibid.* — Le furet est naturellement ennemi mortel du lapin. *Ibid.* — Manière de se servir du furet pour prendre les lapins. *Ibid.* — Habitudes naturelles et tempérament du furet. *Ibid.* — Cet animal appartient à l'ancien continent et ne se trouve point dans le nouveau. T. IV, p. 570.

Fusibilité. Explication des causes de la fusibilité. T. II, p. 331.

Fusibilité. En général, plus la substance d'une matière est simple et homogène, moins elle est fusible. T. II, p. 475. — L'infusibilité, ou plutôt la résistance à l'action du feu, dépend en entier de la pureté ou simplicité de la matière; la craie et l'argile pures sont aussi infusibles que le quartz et le jaspe : toutes les matières mixtes ou composées sont, au contraire, très aisément fusibles. P. 478.

Fusion (la) est, en général, une opération prompte qui a plus de rapport avec la vitesse du feu que la calcination, qui est presque toujours lente. T. II, p. 363.

# G

Gabro. Sorte de serpentine, ainsi nommée par les Florentins; c'est celle qui est mêlée de schorl et de mica. T. III, p. 540.

Gachet, hirondelle de mer, qui se trouve rarement sur nos côtes et qui paraît être plus commune sur celles de l'Amérique. Sa description. Ses habitudes naturelles. T. VIII, p. 78.

Galène n'est qu'une espèce de pyrite composée de chaux de plomb et de l'acide uni à la substance du feu fixe. T. III, p. 361. — Peut se régénérer dans les mines de plomb qui sont en état de céruse ou de chaux blanche. — P. 356.

Galène. Voyez *Plomb.* T. IV, p. 43.

Galera. Voyez *Tayra.*

Galets sont pour la plupart de la même nature que les pierres à fusil, desquelles ils ne diffèrent que parce qu'ils ont été usés et aplatis par le frottement. T. III, p. 595. — Voyez *Cailloux.*

Galignole. Voyez *Faisan.*

Gallinacés. Sont-ils granivores ou carnivores? T. V, p. 287.

Gallinache. Voyez *Vautour* du Brésil, *Marchand.*

Gamme chantée, dit-on, par un coucou. T. VII, p. 229.

Ganga ou gelinotte des Pyrénées, cata, perdrix de Damas, petit coq de bruyère ayant deux aiguilles à la queue; oiseaux avec lesquels on a confondu celui-ci. T. V, p. 378 et suiv. Voyez *Kittaviah.* — Le ganga n'est peut-être pas une vraie gelinotte; en quoi il en diffère. P. 380. — Nommé par les Catalans *perdrix de Garrira. Ibid.* — Si c'est l'oiseau nommé à Montpellier *angel.* P. 381. — Se trouve depuis l'Espagne jusqu'au Sénégal. *Ibid.*

Garaios. Voyez *Mouette* cendrée. T. VIII, p. 224.

Garçons et *filles.* Il naît à Paris vingt-sept garçons et vingt-six filles. T. XI, p. 427. — Cette proportion varie beaucoup, surtout dans les provinces, où il naît quelquefois autant et même plus de filles que de garçons; mais, en prenant la chose en général, il naît en France plus de garçons que de filles. P. 430.

Garlu. Voyez *Geai* à ventre jaune de Cayenne.

Garrot (le). Description de ce canard. T. VIII, p. 365. — Différences du mâle avec la femelle. *Ibid.* — Le vol du garrot est très raide et fait siffler l'air. *Ibid.* — Le garrot ne paraît pas si défiant que le canard. *Ibid.* — On voit de petites troupes de garrots sur nos étangs pendant tout l'hiver, mais ils disparaissent au printemps et sans doute vont nicher dans le Nord. *Ibid.* — Habitudes de ces oiseaux en domesticité. P. 366. — Les garrots, de même que les morillons et les millouins, viennent de temps en temps à terre, mais pour s'y tenir tranquilles et en repos. Ils évitent d'y marcher, car la marche paraît leur causer une extrême fatigue.

*Ibid.* — Il paraît que ces espèces, uniquement nées pour l'eau, ne pourront jamais augmenter le nombre des races que nous en avons tirées pour peupler nos basses-cours. P. 367.

GARZETTE *blanche;* espèce de héron blanc plus petite que le héron blanc commun. Il est tout blanc, à l'exception du bec et des pieds qui sont noirs. Il est probable que cet oiseau ne se trouve pas dans le Nord. T. VII, p. 600 et 601. — Cette espèce est sujette à varier par la couleur du bec et des pieds, même en France; exemple à ce sujet. P. 601.

GAUCHERS. Voyez *Hommes gauchers.*

GAVION. Voyez *Caracara.*

GAVOUÉ, espèce nouvellement connue, quoique habitante de la Provence; sa description. T. VI, p. 272.

GAZELLES (les) forment la nuance entre les chèvres et les cerfs. *Add.*, t. X, p 467.

GAZELLE *à bourse sur le dos.* Sa description, par M. Allamand. *Add.*, t. X, p. 472.

GAZELLE *sauteur des rochers* (la) est l'animal le plus leste de tous ceux de son genre; sa description, par M. Forster. Il franchit d'un saut de grands intervalles d'un rocher à l'autre et sur des profondeurs affreuses. *Add.*, t. X, p. 472 et 473.

GAZELLES, appartiennent à l'ancien continent et ne se trouvent pas dans le nouveau. T. IV, p. 369. — Il y en a treize espèces ou variétés. T. IX, p. 469. — Description des cornes de la gazelle commune. *Ibid.* — Les gazelles en général ressemblent beaucoup au chevreuil; mais, au lieu d'un bois qui tombe tous les ans, elles ont des cornes permanentes. P. 469 et 470. — Différences des gazelles et des chevreuils. P. 470. — Caractères qui appartiennent en propre aux gazelles. *Ibid.* — Énumération de toutes les espèces ou variétés de gazelles. P. 477. — La plupart des gazelles sont des animaux à demi domestiques. P. 480. — Manière dont on chasse les gazelles. P. 480 et 481. — Les gazelles sont les animaux qui de tous ont les plus beaux yeux. P. 482. — Elles ont les jambes de devant plus courtes que celles de derrière, ce qui leur donne plus de facilité pour courir en montant qu'en descendant. *Ibid.* — Elles courent uniformément plutôt qu'elles ne bondissent. *Ibid.* — Elles ont le pied fourchu et conformé à peu près comme celui des moutons. *Ibid.* — Les cornes des femelles sont plus courtes et plus minces que celles des mâles. *Ibid.*

GEAI ou jay, gay, jayon, gayon, jaques, jacuta, geta, gautereau, vaulrot, richard, girard, etc. Son instinct a du rapport avec celui de la pie. Différences. T. V, p. 591. — Marque bleue de l'aile, ses plumes soyeuses, son vol. *Ibid.* — Variétés de sexe, d'âge. Naturel pétulant du geai, son cri, son talent d'imiter les sons. P. 592. — Ces oiseaux se rappellent. Leur antipathie pour la chouette, se prennent à la pipée, apprennent à parler, sont voleurs par instinct, cachent leurs provisions superflues. Leurs nids, leurs œufs; leurs petits, leur nourriture, leur chair. P. 592 et 593. — Détails anatomiques; leur façon de manger, leur climat. P. 593.

GEAI à bec rouge de la Chine, espèce nouvellement connue. T. V, p. 595.

GEAI à cinq doigts. Variété du geai, citée par Pline. T. V, p. 594.

GEAI à ventre jaune de Cayenne ou le garlu. A les ailes très courtes. T. V, p. 597.

GEAI bigarré de Madras. T. VI, p. 26.

GEAI blanc. T. V, p. 594.

GEAI bleu de l'Amérique septentrionale. T. V, p. 597 et 598.

GEAI bleu (petit) ou carouge bleu de Madras. T. V, p. 640.

GEAI-BOUFFE de Petiver, est peut-être un loriot. T. V, p. 639.

GEAI brun de Canada. T. V, p. 596.

GEAI de Cayenne. T. V, p. 597. — Voyez *Blanche-coiffe.*

GEAI de Sibérie. T. V, p. 596.

GEAI du Pérou. T. V, p. 595.

GEAI jaune de Petiver, est peut-être le loriot. T. V, p. 639.

GEAI. Voyez *Oiseaux,* couve l'œuf du coucou déposé dans son nid. T. VII, p. 218.

GÉANTS. On ne peut douter qu'on ait rencontré dans l'Amérique méridionale des hommes en grand nombre tous plus grands, plus carrés, plus épais et plus forts que ne le sont tous les autres hommes de la terre. Causes probables de cet effet. T. II, p. 115. — Pourquoi les races de géants qui ont été détruites en Asie se sont conservées en Amérique. *Ibid.* et suiv. — Discussion détaillée au sujet des géants et des races de géants qui ont autrefois existé. P. 168 et suiv. — Exposition de la dispute entre les anatomistes Riolan et Habicot au sujet des os du prétendu géant Teutobochus. P. 169 et suiv. — On ne peut guère se refuser à croire qu'il y a eu des géants de onze, douze, treize et peut-être de quatorze ou quinze pieds de hauteur. Discussion à ce sujet. P. 172. — Exemples d'ossements gigantesques trouvés dans plusieurs endroits. P. 171 et suiv.

GÉANTS *dans les animaux.* Détail des exemples au sujet des espèces gigantesques dans les animaux. T. II, p. 158 et suiv.

GÉANTS. Exemples de plusieurs géants. *Add.*, t. XI, p. 233.

GELÉES. Dommage considérable qu'elles portent au jeune bois; moyens de prévenir en partie ces dommages. T. XI, p. 522. — La gelée du printemps agit sur les bois taillis bien plus vivement à l'exposition du midi qu'à l'exposition du nord; elle fait tout périr à l'abri du vent, tandis qu'elle épargne tout dans les endroits où il peut passer librement. *Ibid.* — Différence des effets de la gelée d'hiver et de la gelée de printemps. P. 548 et 549. — Vices produits par la grande gelée d'hiver, qui se reconnaissent dans l'intérieur des arbres. P. 549. — Expériences qui prouvent démonstrativement que la gelée du printemps fait beaucoup plus de mal à l'exposition du midi qu'à l'exposition du nord. P. 553 et 554. — Il y a peu de pays où il gèle dans les plaines au delà du 35ᵉ degré, surtout dans l'hémisphère boréal.

GELINOTTE ou poule des coudriers, n'est pas le francolin, paraît être la poule rustique ou sauvage de Varron. T. V, p. 373 et 374. — Différences entre le mâle et la femelle; grosseur de ces oiseaux; ont vingt et un pouces d'envergure, les ailes courtes, le vol pesant, courent très vite; remarque sur les pennes de leur queue, leurs sourcils rouges, doigts dentelés, pieds pattus. P. 374. — Tube intestinal, *cæcums*. P. 375. — Couleurs et qualités de leur chair; leur nourriture en liberté et en captivité; ne vivent pas longtemps captives. *Ibid.* — Comment et dans quel temps on les chasse. P. 375 et 376. — Fables sur leur génération. P. 376. — Nid, ponte, couvée. *Ibid.* — Les jeunes sont expulsés par les père et mère des cantons qu'ils habitent. P. 377. — Lieux où ces oiseaux se plaisent. *Ibid.*

GELINOTTE à longue queue, d'Amérique. T. V, p. 398.

GELINOTTE de Barbarie. Voyez *Kittaviah.*

GELINOTTE d'Écosse. T. V, p. 377 et 378.

GELINOTTE des Pyrénées, du Sénégal. Voyez *Ganga.*

GELINOTTE du Canada et de la baie d'Hudson; lieu où elle se plait, sa grosseur, ses sourcils, ses narines, ses ailes, ses pieds, son bec, son plumage; variétés de sexe, nourriture; comment on les dégèle l'hiver. T. V, p. 395.

GELINOTTE (grosse) du Canada et gelinotte huppée de Pensylvanie, est le coq de bruyère à fraise d'Edwards. T. V, p. 396 et 397. — Et le coq de bois d'Amérique, de Catesby. P. 396. — Grosseur, plumes en touffes, pieds, plumage; queue se relève; comment appelle sa femelle; nourriture, nids, œufs, couvée; va par troupes, est très sauvage; sa chair. P. 397 et suiv.

GELINOTTE huppée de M. Brisson. Voyez *Attagas.*

GÉLIVURE dans l'intérieur des arbres; origine de ce défaut. T. XI, p. 552.

GÉNÉRATION *universelle.* Idées de Platon au sujet de la génération universelle et particulière. T. IV, p. 187 et suiv.

GÉNÉRATION. Explication de la génération dans l'homme et dans les animaux qui ont des sexes. T. IV, p. 176 et suiv. — De quelque façon que la génération s'opère dans les différentes espèces d'animaux, la nature la prépare par une nouvelle production dans le corps de l'animal. P. 317. — La génération des êtres n'est pas univoque; il y a peut-être autant d'êtres, soit vivants, soit végétants, qui se produisent par l'assemblage fortuit des molécules organiques, qu'il y a d'animaux ou de végétaux qui peuvent se reproduire par une succession constante de générations. P. 320 et 321. — Grande question au sujet de la génération : pourquoi la nature paraît-elle employer le moyen des sexes pour la génération de la plupart des animaux; réponse à cette question. P. 328 et suiv. — Les vieillards sont inhabiles à la génération; raison physique de ce défaut. T. XI, p. 79. — Les vieillards décrépits engendrent, mais rarement; et lorsqu'ils engendrent, ils ont moins de part que les autres hommes à leur propre production et de là vient que de jeunes personnes qu'on marie avec des vieillards décrépits, et dont la taille est déformée, produisent souvent des monstres, des enfants contrefaits, plus défectueux encore que leur père. P. 80. — Vues générales sur la nutrition, le développement et la génération des êtres organisés. T. X, p. 97 et suiv.

GÉNÉRATION dans les vivipares et dans les ovipares. *Add.*, t. IV, p. 382 et suiv. — La génération prise en général n'est pas univoque. P. 388.

GÉNÉRATION spontanée : comment elle s'opère. *Add.*, t. IV, p. 390 et suiv. — Plusieurs exemples à ce sujet. P. 392 et suiv.

GÉNÉRATION (organes de la) ont un rapport physique avec ceux de la voix. T. V, p. 27 et 28. — Les oiseaux l'emportent sur les quadrupèdes par les puissances de la génération. P. 28. — Quoique les oiseaux soient en puissance bien plus prolifiques que les quadrupèdes, ils ne le sont pas beaucoup plus par l'effet. P. 40. — La disette, les soins, les inquiétudes, le travail forcé, diminuent dans tous les êtres les puissances et les effets de la génération. *Ibid.* — Les oiseaux ont les parties de la génération d'une structure toute différente de celles des quadrupèdes. P. 42. — Configuration de celles de l'autruche. P. 209 et suiv. — De celles du casoar. P. 215. — Influence de la température du climat sur tout ce qui a rapport à la génération. P. 408.

GENETTE. Cet animal appartient à l'ancien continent, et ne s'est point trouvé dans le nouveau. T. IV, p. 567 et 568. — Ses différences d'avec les civettes. T. IX, p. 218. — Courte description de la genette. P. 224. — Elle a sous la queue, et dans le même endroit que les civettes, une ouverture dans laquelle se filtre une espèce de parfum infiniment plus faible et moins durable que celui des civettes. *Ibid.* — La genette ressemble beaucoup à la fouine par la forme du corps aussi bien que par le naturel et par les habitudes. *Ibid.* — Elle s'apprivoise aisément. P. 225. — On a appelé les genettes *chats de Constantinople, chats d'Espagne, chats genette;* présomption sur l'origine du nom *genette. Ibid.* — L'espèce n'en est pas nombreuse, elle ne se trouve guère qu'en Espagne et en Turquie. *Ibid.* — La peau de la genette fait une fourrure légère et très jolie. *Ibid.*

GENETTE. Cet animal se trouve dans les provinces méridionales de France, et assez communément en Poitou, où il n'habite que les lieux humides et le bord des ruisseaux. *Add.*, t. X, p. 292. — Il se tient pendant l'hiver dans des trous ou terriers à peu près semblables à ceux des lapins. P. 293.

GENETTE *femelle.* Sa description. *Add.*, t. X, p. 295.

GENETTE *du cap de Bonne-Espérance.* Sa description. *Add.*, t. X, p. 293.

GÉNIE *d'Homère.* La présence éternelle des acteurs d'Homère sur notre scène théâtrale démontre la puissance immortelle de ce premier génie sur les idées de tous les hommes. T. XI, p. 584.

GENRE *humain.* Le quart du genre humain périt dans les premiers onze mois de la vie; le tiers du genre humain périt dans les vingt-trois premiers mois ; la moitié du genre humain périt avant l'âge de huit ans et un mois; les deux tiers du genre humain périssent avant l'âge de trente-neuf ans ; les trois quarts du genre humain périssent avant l'âge de cinquante et un ans. T. XI, p. 353. — Le quart des enfants d'un an périt avant l'âge de cinq ans révolus ; le tiers avant l'âge de dix ans, la moitié avant l'âge de trente-cinq ans; les deux tiers avant l'âge de cinquante-deux ans, et les trois quarts avant soixante et un ans révolus. P. 357.

GENRE. L'homme a fait des genres physiques et réels de chaque espèce d'animal domestique, parce qu'il a fait varier ces espèces et en a fait un grand nombre de races. T. IX, p. 407.

GÉODES (les) ou pierres d'aigle sont de très gros grains de mines de fer, dont la cavité est fort grande. T. II, p. 445.

GÉOMÉTRIE (la) appliquée au calcul des hasards. T. XI, p. 327 et suiv. — Prise en elle-même est maintenant une science complète. P. 340. — Toutes les difficultés et questions de géométrie ne sont pas réelles, et ne dépendent que des définitions et des suppositions qu'on a faites. Démonstration de cette vérité. P. 342 et 343.

GERBO ou GERBOISE. Provinces de l'Orient où l'on trouve cet animal. Son naturel, sa manière de marcher, qui est très extraordinaire, ses mœurs, etc. T. IX, p. 560 et 561.

GERBOISE, est un nom générique que l'on donne à quelques espèces de petits animaux dont les jambes de derrière sont excessivement longues, et celles de devant tout à fait courtes. Énumération de ces espèces. T. IX, p. 558 et 559.

GERBOISE. Voyez *Kanguroo.*

GERBOISES. Il se trouve dans ce genre, à pieds de devant très courts et à pieds de derrière très longs, des espèces vingt et même cent fois plus grosses et plus grandes les unes que les autres. *Add.*, t. X, p. 337.

GERBOISE (très grosse) appelée *Kanguroo.* Cet animal a été trouvé par l'équipage du capitaine Cook, dans les terres de la Nouvelle-Hollande. Sa grosseur approche de celle d'un mouton. *Add.*, t. X, p. 341. — Ses autres différences avec les gerboises. P. 341 et 342. — Sa description d'après le dessinateur Parkinson, qui néanmoins l'a très mal dessiné. P. 341. — Notice sur cet animal, tirée du voyage de M. le capitaine Cook. P. 344.

GERBOISE (grande), appelée au cap de Bonne-Espérance *lièvre sauteur.* Elle est de la grandeur du lapin d'Europe. Sa description, par M. le vicomte de Querhoënt. Notice sur cet animal, par M. Forster. *Add.*, t. X, p. 337 et suiv. — Autre description de cette grande gerboise, par M. Klockner. P. 336. — Ses dimensions. P. 343. — Le docteur Shaw lui a donné improprement le nom de daman. P. 345.

GERBOISE *commune.* Sa description par M. Allamand, et observations sur ses habitudes en captivité, par M. Klockner. *Add.*, t. X, p. 339 et suiv. — Ses dimensions. P. 340.

GERBOISE *du désert de Barca.* Ses différences avec la gerboise commune, dont cependant elle n'est qu'une variété. Sa description. *Add.*, t. X, p. 337.

GERFAUT, le premier et le plus grand de tous les oiseaux de la fauconnerie ; a les ailes longues, la première penne de l'aile faite en lame de couteau et presque aussi longue que la seconde, qui est la plus longue de toutes; le bec et les pieds bleuâtres; son plumage est sujet à des variétés; se trouve dans le nord de l'ancien continent, conserve toutes ses qualités dans les pays du Midi; on en connaît trois races : le gerfaut d'Islande, celui de Norvège et le gerfaut blanc; celui-ci est blanc dès la première année et conserve sa blancheur. T. V, p. 128 et 129.

GERMES contenus à l'infini les uns dans les autres, est une supposition inutile pour l'explication de la reproduction ; réfutation des opinions fondées sur cette supposition et démonstration de son absurdité et de son impossibilité. T. IV, p. 158 et suiv.

Germes monstrueux préexistants, imaginés par quelques anatomistes. *Add.*, t. XI, p. 308.

Gésier. Appartient plus particulièrement aux oiseaux qui vivent de grains et de fruits. T. V, p. 31. — Usage de cette partie. P. 34.

Gestation. Le temps de la gestation dans la jument est de onze à douze mois ; dans les femmes, les vaches et les biches, de neuf mois ; dans les renards et les louves, de cinq mois ; dans les chiennes, de neuf semaines ; dans les chattes de six semaines ; dans les lapins de trente et un jours. T. IV, p. 320. — Les femelles de tous les animaux qui n'ont point de menstrues mettent bas toujours au même terme à très peu près, et il n'y a jamais qu'une très légère variation dans la durée de la gestation. P. 375.

Gibbon, animal des Grandes-Indes, qui appartient à l'ancien continent et ne se trouve point dans le nouveau. T. IV, p. 577. — Le gibbon est la troisième espèce de singes. T. X, p. 87. — Ce singe sans queue, dont les bras sont aussi longs que le corps et les jambes prises ensemble, parvient au moins à quatre pieds de hauteur. Sa description, sa nourriture, son naturel, son tempérament ; il se trouve aux Indes orientales et dans les terres voisines de la Chine ; il varie pour la grandeur et pour les couleurs du poil. P. 125 et 126. — Caractères distinctifs de cette espèce. P. 126.

Gillit ou gobe-mouche pie de Cayenne. Sa description. T. VI, p. 384 et 385.

Gingeon. Voyez *Vingeon.*

Gip-gip ; espèce de martin-pêcheur de moyenne grandeur du nouveau continent. Ses dimensions et sa description par Marcgrave. *Gip-gip* est le cri de cet oiseau. T. VII, p. 521.

Girafe, appartient à l'ancien continent et ne se trouve point dans le nouveau. T. IV, p. 558. — C'est un animal inutile au service de l'homme à cause de la disproportion énorme de ses jambes, dont celles de derrière sont une fois plus courtes que celles de devant. L'espèce en est peu nombreuse et paraît confinée à quelques provinces de l'Afrique et de l'Inde méridionale. Description de la girafe, ses habitudes naturelles, sa nourriture, sa hauteur prodigieuse, etc. T. IX, p. 528 et suiv. — Description de la girafe par un voyageur qui a vu et dessiné cet animal dans les terres voisines du cap de Bonne-Espérance. P. 532. — La girafe est d'un naturel très doux ; elle approche plus de la figure et de la nature du chameau que de celle d'aucun autre animal ; elle est du nombre des ruminants ; elle manque, comme eux, de dents incisives à la mâchoire inférieure. P. 533. — La girafe, à cause de l'excessive hauteur de ses jambes,

ne peut paître l'herbe qu'avec peine ; elle se nourrit principalement et presque uniquement de feuilles et de boutons d'arbres. P. 534.

Girafe (la) a un tubercule osseux qui se trouve sur le dessus et en avant de sa tête. *Add.*, t. X, p. 461. — Cet animal paraît faire un genre particulier et unique. *Ibid.* — Bonne description et dimensions de cet animal par une personne dont on ignore le nom, et quelques observations relatives aux habitudes naturelles de cet animal. *Ibid.* et suiv. — La girafe se trouve également dans les terres méridionales de l'Afrique et de l'Asie. P. 462.

Girafe, *cornes de girafe*, leur figure. *Add.*, t. X, p. 460. — Description des cornes d'une très jeune girafe. Bonnes observations de M. Allamand au sujet de la substance de ces cornes. P. 455 et 456. — Autre description plus détaillée des cornes d'une jeune girafe. P. 462 et suiv. — Les cornes de la girafe sont très probablement des excroissances de l'os frontal, comme l'os qui sert de noyau aux cornes creuses des bœufs et des chèvres. Je suis sur cela du même avis que M. Allamand ; ainsi la girafe fait un genre à part, dont les cornes ne tombent pas annuellement comme celles des cerfs, et ne sont pas recouvertes d'une corne creuse comme celles des bœufs. *Ibid.*

Girafe, *jeune girafe.* Sa description et sa figure, par M. Allamand. *Add.*, t. X. p. 460. — Il y a beaucoup moins de différences entre la longueur des jambes de devant et celle des jambes de derrière de cet animal jeune qu'on ne l'a prétendu ; mais peut-être cette différence augmente-t-elle considérablement avec l'âge. P. 463.

Girafe. Lieux qu'elle habite. Sa description. *Add.*, t. X, p. 464. — Forme et nature de ses cornes. P. 465. — Ses habitudes. P. 466.

Girardine. Voyez *Marouette.* T. VIII, p. 81.

Girasol ainsi nommé par les Italiens, parce qu'à mesure qu'on tourne cette pierre, surtout à l'aspect du soleil, elle en réfléchit fortement la lumière. T. IV, p. 24. — Le girasol est un saphir dont la transparence est nébuleuse, et la couleur bleue teinte d'une nuance de rouge. P. 2 et 24. — Quoique la transparence du girasol ne soit pas nette, il a néanmoins de très beaux reflets, surtout à la lumière du soleil, et il n'a, comme les autres pierres précieuses, qu'une simple réfraction. P. 24. — Il est aussi de la même densité. *Ibid.* — On se tromperait si l'on prenait le girasol pour une sorte de calcédoine, qui n'est qu'une agate ou pierre vitreuse, dont la pesanteur spécifique n'est pas à beaucoup près aussi grande que celle du girasol qu'on peut regarder comme faisant la nuance entre le saphir et le rubis. *Ibid.*

GLACE. Phénomènes remarquables dans la congélation, T. II, p. 251 et 254.

GLACES (les) se présentent de tous côtés comme des barrières insurmontables à 82 degrés de latitude dans l'hémisphère boréal, et à une bien moindre latitude dans l'hémisphère austral. T. II, p. 118 et 119. — Exemple de l'augmentation des glaces depuis quelques siècles. P. 119 et 120.

GLACES ou *Miroirs* (les) de verre bien polis ou bien étamés, réfléchissent plus puissamment la lumière que les miroirs de métal poli. T. II, p. 372.

GLACES ou *Miroirs plans*. Manière aisée de reconnaître si la surface de ces miroirs est parfaitement plane. T. II, p. 376.

GLACES (les) se détachent des continents des pôles, et viennent, comme des montagnes flottantes, voyager et se fondre jusque dans les climats tempérés. T. I, p. 38. — On ne trouve plus de glaces, dès le mois d'avril, en deçà des 67e et 68e degrés de latitude septentrionale. Ces glaces, qui viennent du continent des pôles, occasionnent la longue durée des hivers. En 1725, il n'y eut, pour ainsi dire point d'été, et il plut presque continuellement; aussi non seulement les glaces des mers septentrionales n'étaient pas fondues au mois d'avril au 67e degré, mais même on en trouva au 15 juin vers le 41e ou 42e degré. Elles viennent de la mer de Tartarie dans celle de la Nouvelle-Zemble et dans les autres endroits de la mer Glaciale. Ces glaces se forment auprès des terres et jamais en pleine mer. Il n'y a que peu ou point de glaces dans les hautes mers, quelque septentrionales qu'elles soient. Les glaces trouvées dans le voisinage des terres australes indiquent qu'il y a de très grands fleuves dans ce continent inconnu et dont l'embouchure n'est pas éloignée des endroits où on les a trouvées. P. 98 et 99. — Formation des glaces dans la mer du Nord et particulièrement au détroit de Waigats. P. 157. — Épaisseur et hauteur des glaces au Spitzberg et sur les autres côtes des terres septentrionales. P. 158. — Description des glaces qui flottent dans les mers du Nord. P. 158 et 159. — Ces glaces viennent toutes des grands fleuves qui les transportent dans la mer. *Ibid.* — Raisons pourquoi il y a moins de glaces dans la mer du nord de la Laponie. P. 159.

GLACIÈRES *des Alpes*. Leur étendue et leur description abrégée. T. II, p. 117. — Ces grandes plages de glace, loin de diminuer dans leur circuit, augmentent tous les jours de plus en plus; elles gagnent de l'espace sur les terres voisines : preuves démonstratives de ce fait. *Ibid.* — Cette augmentation des glacières est déjà et sera dans la suite la preuve la plus palpable du refroidissement successif de la terre. P. 118. — Description détaillée des glacières des Alpes : faits qui prouvent l'augmentation successive de l'étendue superficielle de ces glacières. P. 172.

GLAISES. On doit donner le nom de *glaises* aux argiles mélangées, qui sont ordinairement colorées, et l'on doit réserver le nom d'*argiles* aux argiles pures. Le globe terrestre est presque environné partout d'une couche de glaise plus ou moins épaisse, qui a été déposée par les eaux, et sur laquelle portent immédiatement les bancs de la matière calcaire. Disposition de ces couches de glaise. Observations et expériences à ce sujet. T. II, p. 526 et suiv. — Différentes concrétions qui se forment entre les lits de glaise. P. 528 et suiv. (note). — Toutes les glaises deviennent rouges par l'impression d'un premier feu, et peuvent se fondre à un feu violent, au lieu que l'argile pure ne change point de couleur et résiste à l'action de tous nos feux. P. 531. — Il ne faut pas confondre avec les glaises les terres limoneuses. *Ibid.* — Les glaises ont été transportées et déposées par les eaux avec les dépouilles des animaux marins qui s'y trouvent mêlées en grande quantité. *Ibid.* — Leurs couleurs indiquent qu'elles sont imprégnées de parties minérales, et particulièrement de fer. On trouve entre les lits de glaise des pyrites martiales, dont les parties constituantes ont été entraînées de la couche de terre végétale par l'infiltration des eaux, et se sont réunies sous cette forme de pyrites, entre les lits de ces argiles impures. *Ibid.* — Propriétés des glaises soumises à l'action du feu. P. 532. — La glaise forme l'enveloppe de la masse entière du globe; les premiers lits se trouvent immédiatement sous la couche de terre végétale, comme sous les bancs calcaires auxquels la glaise sert de base; c'est sur cette terre ferme et compacte que se rassemblent tous les filets d'eau qui descendent par les fentes des rochers, ou qui se filtrent à travers la terre végétale; cette eau ne peut qu'humecter la première surface et ne pénètre point la glaise; elle suit la première pente qui se présente, et sort en forme de source entre le dernier banc des rochers et le premier lit de glaise; c'est là l'origine de toutes les fontaines. *Ibid.* — L'eau que la glaise retient produit des vapeurs humides qui sont très favorables à la végétation. Exemples à ce sujet. *Ibid.* — Productions hétérogènes qui se forment par l'intermède de l'eau entre les lits de glaise : 1o La pierre calcaire provenant de la décomposition des corps marins contenus dans la glaise; 2o De petites couches de plâtre formées par cette même matière calcaire et par l'acide vitriolique contenu dans la glaise; 3° Les pyrites, qui sont ordinairement en forme aplatie et séparées les unes des autres; 4° De petites masses de charbon de terre et de jayet, et une matière grasse ou bitumineuse; 5° Les glaises ont communément une couleur grise, bleue, brune ou noire, qui devient d'autant plus foncée qu'on descend plus profondément. P. 532 et suiv. — La glaise prend le nom de *schiste* et d'*ardoise* lorsqu'elle est dure et sèche. P. 534. — Leurs différences particulières. P. 535. — Comment s'est faite la conversion de la glaise en schiste et en ardoise. *Ibid.*

GLAISE. Couche de glaise de cent deux pieds d'épaisseur dans le terrain d'Amsterdam. T. I, p. 111.

GLANDS *germés*. Expériences sur l'amputation de leur pédicule. T. XI, p. 526.

GLANDULEUX (corps). Description des corps glanduleux dans les testicules des femelles. T. IV, p. 220. — Les corps glanduleux contiennent une cavité remplie de liqueur. *Ibid.* — Description des corps glanduleux dans les testicules de la chienne. P. 256 et 257. — Description des corps glanduleux dans les testicules de la vache. P. 261.

GLANDULEUX, corps glanduleux. Observations de M. Ambroise Bertrandi sur les corps glanduleux qui contiennent la liqueur séminale des femmes. *Add.*, t. IV, p. 382. — Les corps glanduleux commencent à paraître dans le temps de la puberté; leur végétation, leur accroissement, leur maturité et leur oblitération. P. 383 et 384. — Réflexions sur les fonctions des corps glanduleux et sur le travail continuel des testicules des femelles. P. 384. — Comparaison des corps glanduleux des femelles vivipares avec la cicatricule de l'œuf des femelles ovipares. P. 386.

GLOBE *terrestre*. Voyez *Chaleur du globe terrestre*.

GLOBE *terrestre* (le) n'a pu prendre sa forme élevée sous l'équateur et abaissée sous les pôles, qu'en vertu de la force centrifuge combinée avec celle de la pesanteur; il a par conséquent dû tourner sur son axe pendant un petit temps avant que sa surface ait pris sa consistance, et ensuite la matière intérieure s'est consolidée dans les mêmes rapports de temps indiqués par les expériences précédentes. T. II, p. 431 et 432. — Le globe terrestre a été la septième terre habitable, et la nature vivante a commencé à s'y établir dans l'année 34771, pour durer jusqu'à l'année 168123 de la formation des planètes. T. I, p. 392.

GLOBE *terrestre*. L'intérieur du globe de la terre n'est qu'une matière de verre ou concret ou discret. T. II, p. 227.

GLOBE *terrestre*. Le globe terrestre n'a pu prendre la forme renflée sous l'équateur et abaissée sous les pôles, que dans son état de liquéfaction par le feu. Les boursouflures et les grandes éminences du globe ont été nécessairement formées par l'action de ce même élément dans le temps de la consolidation; l'eau, en quelque quantité et dans quelque mouvement qu'on la suppose, n'a pu produire ces chaînes de montagnes primitives qui sont la charpente de la terre et tiennent à la roche qui en occupe l'intérieur. T. II, p. 477.

GLOBE *terrestre* (le) possède en grand toutes les propriétés dont les aimants ne jouissent qu'en petit. T. IV, p. 88. — La surface entière de la terre est mêlée d'une grande quantité de fer magnétique qui a produit le magnétisme général du globe. *Ibid.*

GLOBES. Dans les globes de différentes grosseurs, la chaleur ou le feu du plus haut degré, pendant tout le temps de leur incandescence, s'y conserve et y dure en raison de leur diamètre. Preuve de cette vérité par l'expérience. T. II, p. 431.

GLOUPICHI et STARIKI, de Steller. T. VIII, p. 469.

GLOUT, oiseau qui est une poule d'eau, suivant Gessner. Sa description. T. VIII, p. 94.

GLOUTON, courte description du glouton. T. IX, p. 213. — Animal du nord auquel on a donné ce nom à cause de sa voracité; il est plus gros qu'un gros blaireau. Il se trouve dans plusieurs provinces septentrionales de l'Europe et de l'Asie, et aussi dans le nord de l'Amérique sous le nom de *Carcajou*. P. 588 et 589. — Le glouton a souvent été confondu avec l'hyène, quoiqu'il soit d'une espèce fort différente et d'un climat fort éloigné. Manière dont le glouton se jette sur sa proie; il attaque les plus gros animaux, tels que les élans, les rennes, et vient à bout de les mettre à mort. P. 589. — On a appelé le glouton le vautour des quadrupèdes, parce qu'il est d'une voracité insatiable. Il ne court pas légèrement et ne peut prendre à la course aucun animal, à l'exception du castor; il mange la chair, le poisson et déterre les cadavres : il n'a pas un sentiment bien distinct pour sa propre conservation, car il vient à l'homme ou il s'en laisse approcher sans apparence de crainte. Raison de cette stupidité apparente. P. 590 et suiv. — Le glouton suit l'isatis, qui lui sert pour ainsi dire de pourvoyeur. Habitudes naturelles du glouton; sa peau fait une magnifique fourrure. P. 591 et 592.

GLOUTON. Description de cet animal. Quoique indigène et originaire des climats les plus septentrionaux, il peut néanmoins subsister dans nos climats tempérés. *Add.*, t. X, p. 259. — Habitudes naturelles de cet animal en domesticité. Il mange si goulûment qu'on a eu raison de lui donner le nom de glouton. Sa peau fait une fort belle fourrure. *Ibid.* et suiv.

son intelligence dans le premier des arts ; nulle part sur la terre on n'a trouvé du blé sauvage, et c'est évidemment une herbe perfectionnée par ses soins. T. II, p. 133.·

GRAINE (la) n'est point un germe, mais une production aussi parfaite que l'est le fœtus d'un animal, à laquelle, comme celui-ci, il ne manque plus qu'un grand développement. T. IV, p. 150.

GRAINES bouillies, qui sont plus profitables pour nourrir les poulets. T. V, p. 304.

GRAND BABOUIN, nom donné au choras. *Add.*, t. X, p. 186.

GRANDEUR (la) du corps, qui ne parait être qu'une quantité relative, a néanmoins des attributs positifs et des droits réels dans l'ordonnance de la nature ; le grand y est aussi fixe que le petit y est variable. T. IV, p. 479.

GRANDEUR. Dans les oiseaux comme dans les quadrupèdes, le produit de la génération suit la raison inverse de la grandeur. T. V, p. 47.

GRANIT. Le granit est de toutes les matières vitreuses la plus abondante et celle qui se trouve en plus grandes masses, puisque le granit forme les chaines de la plupart des montagnes primitives, sur tout le globe de la terre. T. II, p. 502 et 503. — De toutes les matières produites par le feu primitif, le granit est la moins simple et la plus variée ; il est ordinairement composé de quartz, de feldspath et de schorl, ou de quartz, de feldspath, de schorl et de mica. P. 503. — Explication de la formation des granits. P. 503 et suiv. — Leur gisement sur la roche quartzeuse du globe, et leurs accumulations sur les appendices de cette roche, dans toutes les boursouflures et montagnes primitives du globe. P. 503. — Granits à gros et petits grains : leurs différences dans la formation, et leur composition. P. 507. — Manière dont s'opère la décomposition des granits exposés à l'action des éléments humides. P. 512. — Granit décomposé par les vapeurs souterraines et par l'infiltration des eaux. P. 512 et 513. — Montagnes de granit. Les montagnes de granit s'offrent à la superficie du globe de la terre, dans tous les lieux où les argiles, les schistes et les couches calcaires n'ont pas recouvert l'ancienne surface du globe, et où le feu des volcans ne l'a point bouleversée ; en un mot, partout où subsiste la structure primitive de la terre. P. 507. — A mesure que l'on fouille dans une montagne dont la cime et les flancs sont de granit, loin de trouver du granit plus solide et plus beau à mesure que l'on pénètre, l'on voit au contraire qu'au-dessous, à une certaine profondeur, le granit se change, se perd et s'évanouit à la fin, en reprenant peu à peu la nature brute du roc vif et quartzeux. *Ibid.* — Les sommets des montagnes graniteuses sont généralement plus élevés que les montagnes schisteuses ou calcaires. Ces sommets n'ont jamais été surmontés ni travaillés par les eaux, dont la plus grande hauteur nous est indiquée par les bancs calcaires les plus élevés. On ne trouve aucun indice de coquilles ou d'autres productions marines, dans l'intérieur de ces granits primitifs, à quelque niveau qu'on les prenne ; et l'on ne voit jamais de bancs calcaires interposés dans les masses de ce même granit, ni de granits posés sur des couches calcaires, si ce n'est par bancs de seconde formation, ou par morceaux détachés et tombés de sommets plus élevés. P. 508. — Ouvrages de granit. Raison pourquoi tous les grands et anciens monuments sont de granit. P. 500. — Les anciens ont travaillé des blocs de granit de plus de vingt mille pieds cubes ; et de nos jours on a travaillé des masses encore plus grandes : le piédestal de la statue du czar Pierre Ier a été tiré d'un bloc de granit de 37,000 pieds cubes. P. 509.

GRANIT. Observations qui prouvent qu'il se forme, par les feux volcaniques, des substances assez semblables au granit et au porphyre de nature. T. III, p. 83 et suiv.

GRANITS *secondaires*. Origine et formation des granits secondaires. T. II, p. 513 et 514. — Caractères par lesquels on peut reconnaître que ces granits sont de nouvelle formation. P. 514. — Différence de position dans les anciens et les nouveaux granits ; les premiers ont été formés par le feu primitif, et les seconds par le transport et le dépôt des eaux. P. 514 et 515. — Les couches de cailloux de granit et de quartz arrondis sont non seulement de seconde, mais de troisième formation. P. 515.

GRANIT et ROC VIF sont la même substance ; elle est vitrescible, et l'auteur a souvent appelé le *granit* ou *roc vif* caillou en grande masse. T. I, p. 122. — Composition et formation du granit. P. 142.

GRANIT et GRÈS. On ne trouve guère de coquilles dans les granits ni dans les grès. T. I, p. 123.

GRANIVORES. Recherchent les vers, les insectes et les parcelles de viande encore plus soigneusement qu'ils ne recherchent les graines. T. V, p. 33. — Ont un gésier, avalent de petits cailloux qui leur servent comme de dents pour opérer la mastication qui se fait dans le gésier. P. 34.

GRAS. Ceux dont le corps est maigre sans être décharné, ou charnu sans être gras, sont beaucoup plus vigoureux que ceux qui deviennent gras. Dès que la surabondance de la nourriture a pris cette route et qu'elle commence à former de la graisse, c'est toujours aux dépens de la quantité de la liqueur séminale et des autres facultés de la génération. T. IV, p. 185.

GRAYE (venant de *Krae*), ancien nom français de la frayonne. Voyez *Frayonne.* T. V, p. 565.

GRÈBES; différences de conformation entre les grèbes et les plongeons. T. VIII, p. 118. — Habitudes naturelles et communes aux grèbes et leur nourriture; ils sont ordinairement fort gras. Leur manière de construire et d'arrêter leurs nids. P. 119 et 120. — Ils pondent ordinairement deux œufs, et rarement plus de trois. Le genre de ces oiseaux est composé de deux familles qui diffèrent par la grandeur; nous conservons à la plus grande le nom de *grèbes*, et nous donnons à la plus petite celui de *castagneux.* P. 120. — Les jeunes grèbes n'ont qu'après la mue leur beau blanc satiné. P. 122. — La famille des grèbes est répandue dans les deux continents, et aussi d'un pôle à l'autre; c'est-à-dire du Groenland au détroit de Magellan. P. 126.

GRÈBE: description du plumage du grèbe; on fait de sa peau de très beaux manchons. Le grèbe, garni d'un duvet impénétrable, se tient, comme le plongeon, constamment sur les eaux. T. VIII, p. 118. — Description des jambes du grèbe. Il a beaucoup de peine à marcher, et même à se tenir sur la terre P. 119. — Son agilité dans l'eau est aussi grande que son impuissance sur la terre. Les pêcheurs le prennent souvent dans leurs filets. Il nage entre deux eaux et descend à une grande profondeur, en poursuivant les petits poissons. Il fréquente également la mer et les eaux douces. *Ibid.*

GRÈBE (grand); il est regardé comme le plus grand de son genre, à cause de son cou, car il n'a le corps ni plus gros ni plus grand que le grèbe commun. Sa description. Il se trouve à Cayenne. T. VIII, p. 126.

GRÈBE (le petit), est plus petit que le grèbe commun, et c'est presque la seule différence qu'il y ait entre eux. T. VIII, p. 121. — Mais ce petit grèbe habite sur la mer, au lieu que le grand grèbe se trouve plus fréquemment dans les eaux douces. *Ibid.*

GRÈBE *à joues grises*, ou *jougris*, ainsi dénommé parce qu'en effet il a les joues et la mentonnière grises; sa description. Sa grandeur est à peu près celle du grèbe cornu. T. VIII, p. 125 et 126.

GRÈBE *cornu*, ainsi nommé parce qu'il porte une huppe noire, partagée en arrière et divisée comme en deux cornes. T. VIII, p. 122. — Sa crinière singulière. P. 122 et 123. — Sa description. L'espèce en est fort répandue dans toutes les parties septentrionales des deux continents. P. 123.

GRÈBE *cornu* (petit); il y a la même différence pour la taille entre les deux grèbes cornus qu'entre les deux grèbes huppés. T. VIII, p. 123. — Description de ce petit grèbe cornu. C'est de cet oiseau en particu-

lier dont on dit que le nid est flottant sur l'eau. La femelle pond quatre ou cinq œufs, et tout son plumage est gris. P. 124. — On connaît ce petit grèbe cornu dans la plupart des régions de l'Europe et dans quelques-unes de celles de l'Amérique septentrionale. *Ibid.*

GRÈBE *de la Lousiane*; ses différences avec les autres grèbes. T. VIII, p. 125. — Sa description. *Ibid.*

GRÈBE, *Duc-laart*; il se trouve à l'île Saint-Thomas; sa différence avec les autres grèbes. Sa grandeur. Sa description. T. VIII, p. 125.

GRÈBE *du lac de Genève*; c'est un oiseau mieux connu que la plupart des autres grèbes. Sa description et ses dimensions. T. VIII, p. 119.

GRÈBE *foulque*; oiseau qui se trouve à la Guyane, et qui participe de la nature du grèbe et de la foulque. Sa description. T. VIII, p. 129.

GRÈBE *huppé*; les plumes du sommet de sa tête sont un peu plus longues que les autres : il est plus grand que le grèbe commun. T. VIII, p. 121. — Il a au moins deux pieds du bec aux ongles. Sa description. Il se trouve également en mer et sur les lacs dans les deux continents. Sa nourriture. P. 121 et 122.

GRÈBE *huppé* (petit); il n'est pas plus gros qu'une sarcelle; ses différences avec l'autre grèbe huppé. T. VIII, p. 122.

GREFFE animale. T. V, p. 310.

GRENADIN. Sa description. Il se trouve au Brésil; il a le chant agréable. Description du mâle et de la femelle; leurs dimensions. T. VI, p. 202 et 203.

GRENAT, grande espèce de colibri. T. VII, p. 61.

GRENAT (le). Quoique aussi pesant que les pierres précieuses, ne doit pas être mis à leur rang, sa grande pesanteur ne provenant que du fer qu'il contient en parties massives. T. III, p. 484 à 485. — Différences du grenat et des pierres précieuses. P. 484. — Le grenat est composé de schorl et de fer; il est fusible et donne une véritable réfraction. *Ibid.* — Ses ressemblances avec les schorls de seconde formation. *Ibid.* — La plupart des grenats contiennent assez de fer en état métallique pour agir sur l'aiguille aimantée. *Ibid.* — La forme des grenats varie presque autant que celle des schorls. P. 485 et 487. — On les trouve souvent mêlés ensemble. P. 484. — Les grenats se présentent quelquefois en assez gros groupes, et plus souvent en cristaux isolés. P. 485. — Grenats volcanisés ont perdu leur couleur et une grande partie de leur poids. *Ibid.* — Les grenats de tout pays sont de la même nature; souvent même ceux de Bohême sont plus parfaits que ceux qu'on apporte des

Indes orientales. P. 486. — Grenat syrien ;
le plus beau de tous les grenats vient de
*Surian*, dans le royaume de Pegu. *Ibid.* —
Différentes couleurs dans les grenats. *Ibid.*
— L'escarboucle ou *carbunculus* des anciens,
est vraisemblablement un grenat. P. 487. —
Différences par lesquelles on peut distinguer
aisément les grenats des rubis. P. 488. —
Différents lieux où l'on trouve des grenats,
tant dans l'ancien que dans le nouveau continent. P. 488 et 489.

Grenouille *bleue et couleur d'or*, dont les
sauvages des Antilles emploient le sang à
tapirer les perroquets. T. VII, p. 166. —
Grenouilles, passent l'hiver au fond des
marais. P. 334. — Expériences sur des grenouilles trouvées sous la glace et tenues dans
l'eau et dans l'air. P. 335 et suiv. — Leur
respiration. P. 335 et 337.

Grès en grandes masses et en petites
masses. T. I, p. 122. — Il n'y a pas de coquilles dans les grès. P. 141. — Composition
du grès. *Ibid.*

Grès. Expériences qui prouvent que la
poudre de grès peut se consolider et former
une masse solide par le moyen du feu. *Add.*,
t. I, p. 270. — Les grès qui se trouvent à la
superficie ou à peu de profondeur dans la
terre ont tous été formés par l'intermède
de l'eau. P. 271.

Grès. La plupart des espèces de grès
s'égrenant au feu, on ne peut guère leur
donner un très grand degré de chaleur tel
qu'il le faudrait pour l'incandescence. Ils ne
gagnent rien au feu et n'y perdent que très
peu de leur poids. T. II, p. 425.

Grès (le) chauffé au plus grand feu ne
perd que très peu de son poids. T. II, p. 279.

Grès. Le grès pur n'est composé que des
petits grains de quartz réunis entre eux par
l'intermède de l'eau. Ses propriétés sont
communes avec celles du quartz. Explication de la formation des grès. T. II, p. 516.
— Ciment qui remplit les interstices entre
les grains quartzeux dont le grès est composé. Deux manières dont ce ciment a pu
être porté dans la masse des grès. Observations et exemples à ce sujet. P. 517 et suiv.
— Lorsque le grès est pur, il ne contient
que du quartz réduit en grains plus ou moins
menus, et souvent si petits qu'on ne peut les
distinguer qu'à la loupe. Les grès impurs
sont, au contraire, mélangés d'autres substances vitreuses ou métalliques, et plus souvent
encore de matières calcaires. P. 519 et 520.
— Gisement des grandes masses de grès
dans les sables quartzeux. P. 520 et 521. —
Tous les grès sont humides au sortir de la
carrière, et ils se dessèchent à l'air. P. 520.
— Différence dans la position et le gisement
des grès purs et des grès mélangés. *Ibid.* —
Formation des grès ; les grès se sont formés
par l'intermède de l'eau, preuve de cette as-

sertion. P. 521. — Différence du grès et du
granit. *Ibid.* — Le grès, réduit en poudre
très subtile, pénètre à travers le verre.
Exemple à ce sujet. *Ibid.* — Variétés dans
leur composition, aussi bien que dans leur
densité, leur dureté, etc. P. 521 et 522. —
Exposition détaillée de la dureté et des autres qualités des différents grès. P. 522. —
Le grès pur, comme le quartz, réduit en
sablons, fait la base de tous nos verres factices. *Ibid.* — Grès colorés. Quelques grès
sont colorés de rougeâtre, par les molécules
ferrugineuses qui s'écoulent de la terre végétale ou limoneuse. Exemple à ce sujet.
P. 522 et 523. — Il y a des grès figurés régulièrement à l'extérieur et d'autres en géode,
et qui sont creux intérieurement. Formation
de ces géodes de grès. P. 523. — On a trouvé
en plusieurs endroits des grès figurés assez
régulièrement en rhombes. Raisons de cette
figuration qui ne se trouve pas dans les grès
purs, mais seulement dans ceux qui sont
mélangés d'une grande quantité de matières
calcaires. P. 524. — Expérience qui le démontre. *Ibid.*

Grès. Détail des expériences qui démontrent que le grès en poudre se convertit aisément en argile par le seul intermède de
l'eau et en très peu de temps. T. II, p. 163
et suiv.

Grès *de Turquie* est une pierre à aiguiser,
d'un grain fin et presque aussi serré que celui de la pierre à fusil ; cependant elle n'est
pas dure au sortir de la carrière, et l'huile
dont on l'humecte semble lui donner plus de
dureté. Lieux où cette pierre se trouve.
T. III, p. 562 et 563.

Griffon ou vautour rouge, jaune, fauve ;
plus grand que le percnoptère et que le grand
aigle ; a le cou long de sept pouces et les
jambes d'un pied, le jabot rentré, les plus
grandes pennes de l'aile longues de deux
pieds, grosses à proportion, la queue courte
relativement aux ailes, et au reste tous les
caractères des vautours, l'iris orangé. T. V,
p. 87. — C'est le grand vautour d'Aristote.
*Ibid.* et suiv. — Le vautour doré (*fulvus*) de
Ray est une variété de cette espèce. — Le
griffon a quelque chose de remarquable
dans la conformation du bec, la langue dure
et cartilagineuse, un gros jabot semé d'une
quantité de vaisseaux fort visibles, le fond
du ventricule épais. P. 88 et 89. — L'intérieur de cet oiseau comparé avec celui de
l'aigle. P. 89 et 90.

Grigri ; espèce d'aracari qui se trouve au
Brésil et à la Guyane. T. VII, p. 473. — Il a
les mêmes habitudes naturelles que les toucans. Sa description. Différence du mâle et
de la femelle. P. 474.

Grigri ; *variétés du grigri* ; leur description et leurs dimensions. T. VII, p. 473.

Grimme. *Chèvre de Grimm*, animal du

Sénégal ; sa description. T. IX, p. 498. — Elle a un enfoncement très considérable et très remarquable au-dessous de chaque œil. P. 499. — Elle a un bouquet de poil bien fourni et dirigé en haut sur le sommet de la tête. *Ibid.* — Les différences de la grimme et ses ressemblances avec les chèvres et les gazelles. *Ibid.* — Elle fait la nuance entre les chèvres et les chevrotains. *Ibid.* — La femelle, dans cette espèce, ne porte point de cornes. *Ibid.*

Grimme (la). Description de cet animal par MM. Pallas et Wosmaër. Variétés dans cette espèce, indiquées par la figure des cornes. *Add.*, t. X, p. 492 et suiv. — Cette chèvre est d'un naturel fort timide et d'une très grande légèreté. Ses autres habitudes naturelles. P. 492 et 493. — Il paraît que le mâle a des cornes, et que la femelle n'en a point. P. 493.

Grimpereaux (les) ne se servent pas de leur bec pour frapper les arbres. Leurs caractères généraux. T. VII, p. 1 et suiv. — Leur espèce s'est répandue, par les terres du Nord, dans les deux continents. Ils suivent sur le tronc des arbres les pics et les mésanges, pour profiter des restes de leur chasse. Ils vivent uniquement d'insectes, et leurs espèces sont plus abondantes dans les climats chauds. P. 2.

Grimpereau (le) proprement dit. Sa petitesse et son mouvement presque continuel. T. VII, p. 3 et 4. — Il reste toute l'année dans son pays. Il habite dans un trou d'arbre. P. 4. — C'est là où la femelle pond et couve ses œufs qui sont ordinairement au nombre de cinq, et quelquefois de six ou sept ; ces œufs sont cendrés, marqués de points et de traits d'une couleur plus foncée. *Ibid.* — Le grimpereau est assez sauvage et fait sa principale demeure dans les bois. Il n'a qu'un petit cri fort aigu et fort commun. Son poids, sa grosseur, sa description. P. 4 et 5. — Ses dimensions. P. 5. — Et celle de quelques-unes de ses parties intérieures. *Ibid.* Variété dans cette espèce. *Ibid.*

Grimpereau *de muraille* (le) fait dans les rochers et les murailles tout ce que le grimpereau commun fait dans les arbres. T. VII, p. 6 et suiv. — Leur vol, leur nourriture, leurs climats et leurs habitudes naturelles. P. 7. — Description du mâle et de la femelle. *Ibid.* — Leurs dimensions. *Ibid.*

Grimpereau, comparé et quelquefois confondu avec le colibri. T. VII, p. 58 et 63.

Grinette, oiseau qui nous paraît appartenir au genre de la poule d'eau. T. VIII, p. 93. — Ses dimensions, sa description. Il se trouve en Italie et en Allemagne. *Ibid.*

Gris. (Le petit maki.) Sa description. *Add.*, t. X, p. 225.

Grisalbin ou gros-bec de Virginie. T. VI, p. 103 et 104.

Griset (le) de Flacourt, paraît être une hirondelle de mer. T. VIII, p. 468.

Grisette ou cochevis du Sénégal. Sa description et ses dimensions. Différences de la femelle et du mâle. T. VI, p. 450.

Grisette (la) est certainement une macreuse, puisqu'elle en a la figure et les habitudes. T. VIII, p. 372. — Il paraît que les grisettes sont, dans l'espèce des macreuses, les plus jeunes femelles qui n'acquièrent qu'avec le temps tout le noir de leur plumage. P. 373.

Grisin de Cayenne ; son plumage, sa taille, ses dimensions ; couleurs de la femelle. T. VI, p. 73.

Gris-olive, espèce de tangara de la Guyane et de la Louisiane. T. VI, p. 252.

Grison (le) ; sa description, d'après M. Allamand. Cet animal est d'une espèce très voisine de celle de la belette et de l'hermine. Il est néanmoins originaire de l'Amérique méridionale, si l'auteur de la description a été bien informé. *Add.*, t. X, p. 261. — Différences essentielles du grison avec la belette. *Ibid.*

Grive proprement dite. Ses rapports avec la draine. T. VI, p. 2 et 3. — Appelée *grive de vigne, grivette, mauviette*. Ses voyages, ses amours, ses pontes, son nid, ses œufs, son plumage variable ; attributs distinctifs du mâle ; son chant, éducation des petits. P. 8 et 11. C'est un oiseau des bois, peu rusé, facile à prendre, s'enivre à manger des raisins ; sa nourriture, qualités de sa chair et de celle de ses petits ; le froid n'influe point sur ses voyages ; a le bec supérieur mobile, le fait craquer en colère. P. 10 et 11. — Comparée avec le mauvis. P. 23.

Grive bassette. Ses pieds courts, son plumage, ses voyages, sa nourriture. P. 24 et 25.

Grive blanche ; variétés de la grive proprement dite. T. VI, p. 12. A des vestiges de grivelures et les couleurs variables. *Ibid.*

Grive cendrée ou le tilly. Ses dimensions, son plumage, ses variétés. T. VI, p. 25 et 26.

Grive de guy, la même que la draine.

Grive de la Guyane, est une variété de la grive. T. VI, p. 13.

Grive huppée. Variété de la grive. T. VI, p. 12.

Grive (petite) des Philippines. T. VI, p. 26.

Grive rousse de la Caroline. C'est le moqueur français. T. VI, p. 29 (note c).

Grive, couve l'œuf du coucou déposé dans son nid. T. VII, p. 218.

Grive d'eau. Cet oiseau est ainsi nommé parce qu'il a le plumage grivelé et la taille de la petite grive. Sa description. Ce n'est point une grive, mais un oiseau d'eau. C'est une espèce étrangère qui n'a que peu de rapport avec les oiseaux d'Europe ; elle se trouve en Pensylvanie. T. VIII, p. 72 et 73.

GRIVELETTE de Saint-Domingue. Plus petite que la grivette, est oiseau de passage, niche dans des tas de feuilles sèches ; ses œufs. T. VI, p. 26 et 27. — Diffère de nos grives. *Ibid.*

GRIVELIN ou gros bec du Brésil. Ses grivelures ; ressemble au guiritirica de Marcgrave. T. VI, p. 100 et 101.

GRIVELIN à cravate ou gros-bec d'Angola. T. VI, p. 107.

GRIVERT. Voyez *Rolle* de Cayenne.

GRIVES. Confondues mal à propos avec les merles ; leurs mouchetures ou grivelures. T. VI, p. 1. — Ce genre comprend quatre espèces qui ont chacune leurs variétés. P. 2. — Attributs communs à toutes les espèces ; leur grosseur, leur forme, leur nourriture, qualité de leur chair, volières où les anciens en élevaient. P. 3. — Nichent dans des pots ; leurs nids ordinaires, leurs œufs, leurs cris, leurs parties internes, leurs mœurs, leur vol ; manière de les prendre. P. 3 et 4. — Leurs voyages, quelquefois par troupes innombrables. P. 6 et 7. — Autres qualités communes à toutes les grives. P. 8. — Voyez *Hoamy, Rousserolle, Tilly.*

GRIVES du nord de l'Inde, lesquelles ne voyagent point. T. VI, p. 8.

GRIVETTE d'Amérique. Se trouve au Canada et à la Jamaïque ; ses rapports avec notre grive et avec le mauvis ; a les couleurs variables, est plus petite qu'aucune de nos grives, son cri ; est de passage au nord et non au midi. T. VI, p. 13 et 14.

GROENLAND. L'ancien Groenland, où les Danois avaient édifié des villes, et qu'ils regardaient comme l'une de leurs provinces, il y a deux ou trois siècles, ne subsiste plus aujourd'hui, ou du moins n'a pu être retrouvé par les voyageurs. T. I, p. 169.

GROENLANDAIS. Description des Groenlandais, leurs coutumes et leurs mœurs. *Add*, t. XI, p. 265 et 266. — Les Groenlandais ressemblent plus aux Kamtschadales qu'aux Lapons, et les habitants de la côte septentrionale de l'Amérique, vis-à-vis du Kamtschatka, ressemblent beaucoup aux Kamtschadales. P. 267.

GROLLE, nom donné en Touraine à la corbine. T. V, p. 560. — Appliqué par Belon à la frayonne. P. 565.

GROS-BEC ou pinson à gros bec, pinson royal, pinson maillé ou ébourgeonneux, gros pinson ou pinson d'Espagne, mangeur de noyaux, grosse-tête, malouasse ou amalouasse-gare, casse-rognon, casse-noix, casse-noyaux, dur-bec, geai de bataille, cochepierre. Se trouve depuis l'Espagne et l'Italie jusqu'en Suède ; est assez sédentaire et silencieux, n'a pas l'ouïe fine, ne vient pas à l'appeau ; sa chair. T. VI, p. 92. — Quelques-uns de ces oiseaux voyagent. P. 93. — Leurs nids, leurs œufs ; nourriture des pe-

tits. *Ibid.* — Le gros-bec tue les petits oiseaux dans les volières ; de quoi se nourrit en cage, en liberté ; la femelle diffère peu du mâle. *Ibid.*

GROS-BEC bleu d'Amérique. T. VI, p. 98.

GROS-BEC bleu de Catesby, n'est pas le même. T. VI, p. 98.

GROS-BEC cendré de la Chine. Voyez *Padda.*

GROS-BEC d'Abyssinie. Structure et position de son nid. T. VI, p. 103 et 106.

GROS-BEC d'Angola. Voyez *Grivelin* à cravate.

GROS-BEC de Canada. Voyez *Dur-bec.*

GROS-BEC de Cayenne. Voyez *Rouge-noir* et *Flavert.*

GROS-BEC de Coromandel. T. VI, p. 98.

GROS-BEC de Java. Voyez *Jacobin.*

GROS-BEC de la Chine. Voyez *Quadricolor.*

GROS-BEC de la Louisiane. T. VI, p. 100.

GROS-BEC de Virginie. Voyez *Cardinal* huppé et *Grisalbin.*

GROS-BEC des Indes. Voyez *Orchef.*

GROS-BEC des Moluques. Voyez *Jacobin.*

GROS-BEC des Philippines. Voyez *Toucnam-Courvi.*

GROS-BEC du Brésil ou grivelin. T. VI, p. 100.

GROS-BEC nonnette. T. VI, p. 103.

GROS-BEC tacheté du cap de Bonne-Espérance. T. VI, p. 107.

GROS-BECS (moyens). Ressemblent plus aux moineaux qu'aux gros-becs. T. VI, p. 100.

GROS-BECS (petits). T. VI, p. 100.

GROSSESSE. La durée de la grossesse est pour l'ordinaire d'environ neuf mois, c'est-à-dire de deux cent soixante et quatorze ou deux cent soixante et quinze jours. Il naît beaucoup d'enfants à sept et à huit mois, et il en naît quelques-uns plus tard que le neuvième mois ; mais, en général, les accouchements qui précèdent le terme de neuf mois sont plus communs que ceux qui le passent. T. IV, p. 370. — Signes de la grossesse, dans les premiers temps, sont presque tous équivoques. T. XI, p. 47.

GROSSEUR *des aimants*. Les gros aimants, même les plus faibles, répandent en proportion leur force à de plus grandes distances que les petits aimants les plus forts. T. IV, p. 121.

GRUE : de tous les oiseaux voyageurs, la grue est celui qui entreprend et exécute les plus grandes migrations ; elle est naturelle aux pays du Nord, et s'avance jusque dans ceux du Midi. T. VII, p. 557. — Elle fait un grand cercle de voyages avec le cercle des saisons. P. 558. — Discussion critique au sujet du combat des grues et des pygmées. *Ibid.* et suiv. — Les grues portent leur vol très haut et se mettent en ordre pour voyager. Leurs manœuvres dans les airs. P. 560. — Dans leur vol de nuit, le chef qui conduit la troupe fait entendre fréquemment une voix de réclame pour avertir de la route qu'il tient. Différents pronostics tirés du vol de la grue et de ses cris. Elle a quelque peine à prendre son essor. On assure que les grues établissent une garde pendant la nuit lorsqu'elles sont à terre. *Ibid.* — Leur naturel, leur intelligence sociale et leurs mouvements concertés. Elles partent de notre climat dès les premiers froids d'automne. P. 560 et 561. — Et reviennent en mars ou en avril. La chair des jeunes est bonne à manger. *Ibid.* — C'est autour des marais des pays du Nord que les grues nichent le plus volontiers, et il paraît qu'elles font deux nichées par an, l'une dans les pays du Nord en été, et l'autre en hiver dans les climats du Midi. Elles ne pondent que deux œufs. P. 561 et 562. — Manière de les prendre et de les chasser. P. 562. — On peut les élever en domesticité et même leur donner quelque éducation. On assure qu'elles vivent très longtemps ; exemple à ce sujet. P. 562 et 563. — La grue mange des graines, mais cependant préfère les insectes, les vers et les petits reptiles. Description de ses parties intérieures. Sa voix très forte provient de la conformation singulière de la trachée-artère P. 563. — Description de son plumage, de ses ailes et de son bec. *Ibid.* — Ses dimensions. P. 563 et 564. — Les grues cherchent une température toujours plus chaude que froide, et il est à croire qu'elles ne vont que jusqu'au tropique du côté du Midi. Cependant il s'en trouve au cap de Bonne-Espérance, à la Nouvelle-Hollande, aux Philippines, que l'on dit être très semblables à celles de l'Europe. P. 565.

GRUE, *variété de la grue*, tant pour la grandeur que pour la couleur du plumage. T. VII, p. 564.

GRUE *à collier* (la), est bien plus petite que la grue ordinaire : son collier est rouge ; description du reste du plumage. T. VII, p. 567.

GRUE *blanche* : elle paraît avoir formé en Amérique une variété constante et qui se perpétue sans altération. T. VII, p. 567 et 568. — Elle est encore plus grosse que notre plus grande grue d'Europe. Sa description. Ses migrations. *Ibid.*

GRUE *blanche et grise*, du Japon. T. VII, p. 566.

GRUE *brune* ; elle est d'un tiers moins grande que la grue blanche, et toutes deux sont du nouveau continent. T. VII, p. 568 et 569. — Sa description, sa comparaison avec la grue d'Europe et ses migrations. P. 569.

GRUE *des Indes orientales* ; elle ne paraît pas spécifiquement différente de la grue d'Europe, cependant elle est plus petite ; elle a le bec un peu plus long, et la peau du sommet de la tête rouge et rude. T. VII, p. 565.

GRUE (grande) *des Indes orientales ;* ses dimensions et sa description. T. VII, p. 566.

GRY-GRY, émérillon ou plutôt cresserelle des Antilles. T. V, p. 152.

GUACAMAYAS, nom donné aux aras par Colomb. T. VII, p. 137.

GUACCO, espèce de crabier ou petit héron de l'ancien continent, qui se trouve en Italie. Sa description. T. VII, p. 612. — Il est plus hardi et plus courageux que les autres hérons. *Ibid.*

GUACHI. Pourrait bien être le même animal que la saricovienne. T. IX, p. 604.

GUAN ou quan des Indes occidentales. Voyez *Yacou.*

GUARONA, espèce de courlis du Brésil, dont le plumage est d'un brun marron avec des reflets verts sur plusieurs parties du corps ; description du reste de son plumage. Dimensions de l'oiseau, qui a beaucoup de rapports avec le courlis vert d'Europe. T. VIII, p. 24. — Il se trouve à la Guyane aussi bien qu'au Brésil. *Ibid.*

GUAROUBA ou perriche jaune à queue longue et inégale du Brésil, du Mexique, du pays des Amazones. Triste. N'apprend point à parler. S'apprivoise aisément. T. VII, p. 186.

GUEULARD. C'est ainsi qu'on appelle l'ouverture du haut des grands fourneaux où l'on fond les mines de fer. T. II, p. 360.

GUENON. C'est ainsi que j'ai appelé, d'après notre idiome ancien, les animaux qui ressemblent aux singes ou aux babouins, mais qui ont de longues queues, c'est-à-dire des queues aussi longues ou plus longues que le corps. Différentes acceptions du mot *guenon.* Étymologie de ce nom. T. X, p. 89. — Manière aisée de distinguer les guenons des singes, des babouins et des makis. *Ibid.* — Il y a neuf espèces de guenons ; savoir : 1° les macaques ; 2° les patas ; 3° les malbroucks ; 4° les mangabeys ; 5° la mone ; 6° le callitriche ; 7° le moustac ; 8° le talapoin ; 9° le douc. Les anciens Grecs connaissaient la mone et le callitriche, mais vraisemblablement ils ne connaissaient pas les autres. *Ibid.*

GUENON A CAMAIL. Description de cet animal. *Add.*, t. X, p. 183. Variété dans cette espèce. P. 184.

GUENON A LONG NEZ. Description de cet animal. *Add.*, t. X, p. 184.

GUENON A MUSEAU ALLONGÉ. Pays où on la trouve. *Add.*, t. X, p. 186. — Sa description. *Ibid.*

GUENON A NEZ BLANC PROÉMINENT (la). Sa description. *Add.*, t. X, p. 179 et 180.

GUENON COURONNÉE (Description de la). *Add.*. t. X, p. 176. — Ses dimensions. P. 176 et 177.

hauteur au-dessus de son niveau. P. 114. — Description particulière des terres de la Guyane. P. 167 et 168.

Guib, animal du Sénégal; ses différences et ses ressemblances avec les gazelles. T. IX, p. 497 et 498. — Description de ses cornes et de ses rapports avec les chèvres. P. 498. — Le guib n'est ni chèvre ni gazelle, mais d'une espèce intermédiaire entre les deux. *Ibid.* — Son climat et ses habitudes naturelles. *Ibid.* — Description particulière de cet animal. *Ibid.*

Guifette, est le nom que porte en Picardie une espèce d'hirondelle de mer; sa description. Elle est de taille moyenne, entre le pierre-garin et la petite hirondelle de mer. Ses habitudes naturelles. T. VIII, p. 176. — Elle se nourrit plutôt d'insectes que de poissons. Elle ne pond pas sur le sable. Sa ponte est ordinairement de trois œufs qu'elle couve constamment. Ses petits peuvent voler au bout d'un mois. *Ibid.*

Guifette *noire*; on lui a aussi donné le nom d'*épouvantail*, parce que son plumage est d'une vilaine couleur très sombre. T. VIII, p. 177. — Sa description. Ses habitudes naturelles. Elle pond trois ou quatre œufs d'un vert sale, avec des taches noirâtres, qui forment une zone vers le milieu. *Ibid.*

Guifso - balito ou guifso-batito dimmo-wonjerck, oiseau étranger, comparé à nos gros-becs, silencieux comme eux; en quoi il en diffère; son plumage. T. VI, p. 106 et 107.

Guignard, est appelé par quelques-uns *petit pluvier*; ses dimensions. Sa description. Différences entre le mâle et la femelle. Cet oiseau est un excellent manger, et sa chair est plus délicate que celle du pluvier doré : l'espèce en est plus répandue dans le Nord que dans nos contrées; elle a deux passages, ou plutôt deux migrations marquées, l'une en avril, l'autre en août : le guignard se porte des marais aux montagnes, et descend des montagnes aux marais. Manière dont on fait la chasse des guignards dans le comté de Norfolk en Angleterre. T. VIII, p. 46 et 47. — Cet oiseau est indolent et paraît stupide. Sa tête est plus arrondie que celle des autres pluviers, ce qui semble être un indice de stupidité, comme on le reconnaît dans les *pigeons fous*, qui ont la tête plus ronde que les autres : les femelles sont un peu plus grandes que les mâles. P. 47.

Guignard (variété du); indication de cette variété. T. VIII, p. 47.

Guignette; on pourrait dire que la guignette est un petit bécasseau, tant il y a de ressemblances entre ces deux oiseaux. T. VII, p. 691. — Sa description. Elle vit solitaire le long des eaux. Ses habitudes naturelles. Son cri ou sa voix gémissante. L'espèce se

porte assez avant dans le Nord, et elle est commune aux deux continents. P. 692.

Guillemot (le) a les ailes si courtes qu'il ne peut que voleter, et par ce trait de conformation, ou plutôt de déformation, dans le genre des oiseaux, il paraît commencer la nuance par laquelle la nature se prépare à le terminer. T. VIII, p. 429 et suiv. — Cette espèce habite, avec celles des macareux et des pingouins, les dernières terres voisines des glaces de notre Nord. P. 430. — Migration des guillemots pendant l'hiver, et leur établissement sur quelques côtes où ils nichent. P. 430 et 431. — Couleur du plumage et particularités de la conformation du guillemot. P. 431. — Ses habitudes naturelles, et son peu d'astuce, qui fonde l'étymologie anglaise de son nom. *Ibid.*

Guillemot (le petit), improprement nommé *colombe de Groenland*, ne ressemble en rien à nos pigeons ou colombes, que par le rapport vague de la taille, et n'offre rien sous ce climat glacé qui retrace ou rappelle les grâces de ces amoureux oiseaux. T. VIII, p. 431 et suiv. — Ses ressemblances et ses différences avec la première espèce de guillemot. P. 432. — Livrées que porte son plumage et qui offrent une apparence de variétés dans cette espèce. *Ibid.* — Nichées et habitudes naturelles du petit guillemot. P. 433.

Guinette. Voyez *Pintade*.

Guiracantara du Brésil. Espèce de coucou fort criard. Taille de la pie. Queue de huit pennes, dit Marcgrave. T. VII, p. 255.

Guira-guainumbi. Voyez *Houtou*.

Guirapanga ou *cotinga blanc du Brésil et de la Guyane*. T. VI, p. 337. — Cet oiseau a une espèce de caroncule sur le bec comme le dindon; mais cette caroncule a une organisation et un jeu tout différents; elle diffère aussi de celle du dindon en ce qu'elle est couverte de petites plumes blanches; la femelle a cette caroncule comme le mâle. Différences du mâle et de la femelle; leurs dimensions. *Ibid.*

Guira-péréa, oiseau du Brésil. Sa description; on pourrait le rapporter au genre du bouvreuil plutôt qu'à celui du tangara. T. VI, p. 262.

Guira-querea du Brésil. Se tient dans les bois. Vit d'insectes. T. VII, p. 318 et 319. — Variété remarquable par les deux longues pennes intermédiaires de sa queue et par un collier doré. P. 319.

Guirarou, espèce de cotinga du Brésil, moins beau que les autres cotingas; il se trouve aussi à la Guyane. Sa description. T. VI, p. 339 et 340. — Variété du *guirarou*. Sa description. P. 340.

Guira-tirica de Macgrave. Ressemble fort au grivelin ou gros-bec du Brésil. T. VI, p. 100.

# H

soit dans un lieu où l'air libre n'a aucun accès. .P. 335.

HARAS. Manière d'établir un haras. T. VIII, p. 494 et 495. — Les haras établis dans les terrains secs et légers produisent des chevaux sobres, légers et vigoureux, avec la jambe nerveuse et la corne dure; tandis que dans les lieux humides et dans les pâturages les plus gras, ils ont presque tous la tête grosse et pesante, le corps épais, les jambes chargées, la corne mauvaise et les pieds plats. P. 497.

HARENGS, leur prodigieuse multiplication. T. IX, p. 53.

HARFANG, grande chouette blanche des pays du Nord, tant de l'ancien que du nouveau continent; prend, dit-on, de jour les perdrix blanches ou gelinottes. T. V, p. 198 et suiv.

HARLE (le) a été appelé *bièvre*, parce qu'il détruit beaucoup de poisson; erreur de Belon à ce sujet. T. VIII, p. 139 et 140. — Ses ressemblances et ses différences avec le canard et l'oie. Description de son bec et de sa langue. *Ibid.* — Il avale de très gros poissons et les digère à mesure qu'ils descendent dans son estomac. Sa manière de nager. Son vol. Description de son plumage et des autres parties extérieures de son corps. P. 140. — Sa chair est sèche et mauvaise à manger. Observations particulières sur la forme de cet oiseau, qui ne paraît que rarement dans nos provinces de France. On n'est pas bien informé de ses habitudes naturelles. P. 140 et 141. — Il vient des terres du Nord, et passe pour aller en hiver dans les climats plus chauds que celui de la France. P. 141.

HARLE à *manteau noir*. Sa description. On le voit en Silésie, où cependant il n'est pas commun. T. VIII, p. 144.

HARLE *couronné*. Il se trouve en Virginie. Sa description. T. VIII, p. 146. — La couronne ne paraît bien que dans l'oiseau vivant. Il est à peu près de la grosseur du canard. Différences du mâle et de la femelle. Il se trouve aussi au Mexique. *Ibid.*

HARLE *étoilé*. Cette espèce, mieux décrite et mieux connue, pourrait bien n'être que la femelle de la *piette*. Description de cet oiseau. T. VIII, p. 145.

HARLE *huppé*. Description de sa huppe. Il est de la grosseur du canard. Description de son plumage. T. VIII, p. 142. — Différences entre le mâle et la femelle. Contrées de l'Europe où se trouve cet oiseau. P. 142 et 143.

HARLE *huppé* (petit). Voyez *Piette*.

HARLES. Les femelles, dans le genre entier du harle, sont constamment et considérablement plus petites que les mâles, et elles en diffèrent aussi par les couleurs. T. VIII, p. 141. — Cette différence de livrée entre le mâle et la femelle a causé plus d'un double emploi dans l'énumération de leurs espèces, comme on peut le remarquer dans les listes de nos nomenclateurs. *Ibid.*

HARPAYE, autrement harpaye-rousseau, busard roux, vautour lanier moyen; a les habitudes de l'oiseau Saint-Martin et de la soubuse; prend le poisson comme le jean-le-blanc, a la vue très perçante; se trouve en France, en Allemagne, fréquente les lieux bas et le bord des eaux. T. V, p. 117.

HARPAYE à *tête blanche*. Voyez *Busard*.

HARPIES. Les anciens ont dessiné les harpies d'après le modèle de la roussette. T. IX, p. 239.

HASARD. Par la notion même du hasard, il est évident qu'il n'y a nulle liaison, nulle dépendance entre ses effets, et que par conséquent le passé ne peut influer en rien sur l'avenir. T. XI, p. 314. — Le résultat des expériences sur les effets du hasard est tout opposé au résultat des expériences sur les effets naturels. P. 315.—Moyens de connaître la pente du hasard. P. 316.

HAUSSE-COL. Voyez *Alouette* de Virginie.

HAUSSE-COL *vert*, assez grande espèce de colibri. Variété qui paraît être la femelle. T. VII, p. 67.

HAV-SUL des Écossais, paraît être le même que le *ratzher* des Hollandais; sorte de goéland. T. VIII, p. 466.

HAYSTRA de Rzaczynski, sorte d'oiseau pêcheur. T. VIII, p. 466.

HÉCLA. Comparaison de l'Hécla de l'Islande avec l'Etna de Sicile; tous deux ne sont pas des volcans simples, mais pour ainsi dire des gerbes de volcans. *Add.*, t. I, p. 310 et 311.

HÉLÈNE (SAINTE-). Il n'y a, dit-on, dans cette île, ni bête venimeuse ni animal vorace. T. V, p. 403.

HÉMATITE. On a donné ce nom à des concrétions ferrugineuses, dont la couleur est d'un rouge de sang plus ou moins foncé; elles proviennent de la décomposition des autres mines de fer; ce sont de vraies stalactites ferrugineuses qui, comme les autres stalactites, se présentent sous toutes sortes de formes. T. IV, p. 33. — Elles n'ont que peu de dureté, et ne sont point attirables à l'aimant. *Ibid.*

HÉMATITES. Leur description et leur formation. T. III, p. 196 et suiv.

HÉMISPHÈRES. L'hémisphère austral a eu dès l'origine de plus profondes vallées que l'hémisphère boréal, et il doit être regardé comme l'hémisphère maritime, et le boréal comme l'hémisphère terrestre. T. II, p. 48 et 49. — Raison pourquoi l'hémisphère austral est plus froid que l'hémisphère boréal. Il n'y a pas d'apparence que passé le 50e degré, l'on trouve jamais des terres heureuses et tempérées dans les régions australes. P. 119.

HÉMISPHÈRE. L'hémisphère austral étant plus refroidi que le boréal, les émanations de la chaleur qui forment les courants électriques et magnétiques doivent s'y porter en plus grande quantité que dans l'hémisphère boréal. T. IV, p. 102 et 103.

HÉMISPHÈRES. L'hémisphère austral est en général bien plus froid que l'hémisphère boréal. Raisons de cette différence. *Add.*, t. XI, p. 289 et 290.

HENNISSEMENT. On distingue cinq sortes de hennissement dans le cheval, tous cinq relatifs à différentes passions. T. VIII, p. 515.

HERBORISATIONS dans les agates, les cailloux, se trouvent encore plus fréquemment dans les pierres calcaires. Explication de leur formation dans les unes et dans les autres. T. III, p. 531 et suiv. — On peut imiter les herborisations, et il est assez difficile de distinguer les fausses dendrites des véritables. P. 532.

HÉRISSONS. Dorment l'hiver engourdis dans leurs trous. Fausses conséquences qu'on a voulu tirer de ce fait. T. VII, p. 331, 334 et suiv.

HÉRISSON. Se défend contre les chiens et contre les autres animaux de proie, en se mettant en boule. Le renard, cependant, vient à bout de le faire étendre. T. IX, p. 114. — Manière de s'accoupler des hérissons, différente de celle des autres animaux quadrupèdes. P. 114 et 115. — Ils se recherchent au printemps et produisent au commencement de l'été; les portées sont de trois ou quatre, et quelquefois de cinq; ils sont blancs dans ce premier temps, et l'on voit seulement sur leur peau la naissance de leurs piquants. P. 115. — Lorsque la mère est enfermée avec ses petits, elle les dévore au lieu de les nourrir. *Ibid.* — Le hérisson est un animal de mauvaise humeur et malicieux. *Ibid.* — Habitudes naturelles des hérissons. *Ibid.* — Ils sont engourdis et dorment pendant l'hiver. Ils ont le sang froid à peu près comme les autres animaux qui dorment pendant l'hiver. P. 115 et 116. — Il n'y en a qu'une seule espèce qui n'a même aucune variété dans ces climats. *Ibid.* — Les hérissons ne se trouvent pas dans les pays les plus froids. P. 117. — Manière dont le renard vient à bout du hérisson. T. IX, p. 260.

HÉRISSON. Addition relative aux habitudes naturelles de cet animal. *Add.*, t. X, p. 243 et suiv.

HERMAPHRODITES. On n'a aucun fait avéré au sujet des hermaphrodites, et la plupart des sujets qu'on a cru être dans ce cas n'étaient que des femmes dans lesquelles certaine partie avait pris trop d'accroissement. T. IV, p. 335 et 333.

HERMINE. Différence du nom *hermine* et du nom *roselet*. T. IX, p. 99. — L'hermine est un joli petit animal, mais méchant et très sauvage. *Ibid.* — Sa fourrure est précieuse, mais elle jaunit en assez peu de temps. *Ibid.* — L'hermine est très commune dans le nord de l'Europe. *Ibid.* — Les hermines sont partout roussâtres en été, et blanches en hiver. *Ibid.*

HERMINE. Habitudes naturelles de cet animal. Les hermines de Laponie et de Norvège conservent leur blancheur mieux que celles de Moscovie, qui jaunissent plus facilement. *Add.*, t. X, p. 269 et 270.

HERMINE *apprivoisée.* Exemple à ce sujet. *Add.*, t. X, p. 268. — Autre exemple d'une belette apprivoisée. *Ibid.* et suiv.

HÉRON. Sa vie est pénible et souffrante. T. VII, p. 586 et 587. — Il passe des jours entiers à la même place, immobile au point de laisser douter si c'est un être animé. Ses autres habitudes naturelles, tant dans l'état de mouvement que dans celui de repos. Il subit souvent de longs jeûnes, et quelquefois périt d'inanition. Il est oiseau sédentaire dans notre climat, même pendant les rigueurs de l'hiver. P. 587. — Lorsqu'on prend un héron adulte, on peut le garder quinze jours sans le voir chercher ni prendre aucune nourriture, et il rejette même celle qu'on tente de lui faire avaler. *Ibid.* — Cet oiseau est très mélancolique, très apathique, et se laisse consumer et périr sans se plaindre. Triste et solitaire, hors le temps des nichées, il ne paraît connaître aucun plaisir, ni même les moyens d'éviter la peine. Dans les plus mauvais temps, il se tient à découvert et exposé à toutes les injures des frimas. P. 588. — Il fait entendre sa voix ou plutôt son cri pendant la nuit. C'est un son aigre et bref qu'il répète de moment à moment. Il est craintif et défiant et fuit l'homme de très loin. *Ibid.* — Il s'élève très haut, surtout lorsqu'il est attaqué par les oiseaux de proie. La chasse du héron était autrefois le vol le plus brillant de la fauconnerie, et sa chair, quoique mauvaise, passait pour un mets distingué. On a aussi essayé dans ce temps de fixer les hérons dans des massifs de bois et dans des tours. P. 588 et 589. — Et on tirait quelque profit de ces héronnières, par la vente des petits héronneaux, qu'on savait engraisser. Ces oiseaux se plaisent à nicher rassemblés. P. 589. — C'est au plus haut des grands arbres que les hérons posent leurs nids qui sont vastes, composés de bûchettes, de beaucoup d'herbes sèches, de joncs et de plumes. La ponte est de quatre ou cinq œufs, d'un bleu verdâtre, pâle et uniforme, de même grosseur à peu près que ceux de la cigogne. P. 589 et 590. — Manière dont le héron s'accouple. P. 590. — Il se nourrit de poissons et de grenouilles et non pas de serpents. On peut l'élever en domesticité en le prenant jeune; il mange des entrailles de poisson et de la viande crue. Les jeunes hérons sont, dans le premier âge, assez longtemps couverts d'un poil follet épais, principalement sur la tête et le cou. P. 590 et 591. — Description des jambes du héron, de ses pieds, de ses ongles et de son bec. P. 591. — Singularité dans les vertèbres de son cou. Ses dimensions. P. 591 et 592. — Manière dont il vole. P. 592. — Description de cet oiseau qui, dans son état de nature, est toujours très maigre. *Ibid.* — Tous les oiseaux de cette famille n'ont qu'un seul cæcum, comme dans les quadrupèdes. Description des parties intérieures du héron. P. 593. — Dans la femelle, qui est plus petite que le mâle, les couleurs sont plus pâles, et elle n'a point d'aigrette sur la tête; les plumes de l'aigrette du mâle sont très recherchées et d'un grand prix. P. 593 et 594. — Singularité dans la position des doigts. Avec des dimensions presque aussi grandes que celles de la cigogne, le poids du héron n'excède pas quatre livres. P. 594. — L'espèce de notre héron commun paraît s'être portée dans tous les pays, et les habiter avec les autres espèces de héron qui y sont indigènes. On le trouve dans les deux continents et jusqu'à l'île de Taïti. P. 594 et 595. — Différentes habitudes des hérons suivant les différents pays. P. 595 et 596. — Ils habitent en plus grand nombre dans les pays coupés de ruisseaux et de canaux, comme en Suisse et en Hollande. Caractères particuliers de la famille des hérons proprement dits, et leurs différences avec les butors, les bihoreaux et les crabiers ou petits hérons. P. 596 et 597.

HÉRON. — Différentes familles du héron : 1° celle du *héron* proprement dit; 2° celle du *butor*; 3° celle du *bihoreau*; 4° celle des *crabiers*. Énumération des caractères communs qui rassemblent ces quatre familles, dont les habitudes naturelles sont à peu près les mêmes. T. VII, p. 596. — Ces quatre familles sont composées de dix-sept espèces; il y en a sept dans l'ancien continent et dix dans le nouveau. P. 597.

HÉRON *agami*. Il se trouve dans le nouveau continent. Sa description, ses dimensions; il est ainsi nommé par quelques rapports avec l'agami dans la position des plumes. T. VII, p. 606.

HÉRON *blanc*. Sa dimension. Il n'a point de panache, et tout son plumage est blanc; sa description. Il partage quelquefois la même aire avec le héron gris pour y élever en commun leurs petits. — T. VII, p. 597 et 598. — On voit beaucoup de hérons blancs sur les côtes de Bretagne. L'espèce en est cependant moins nombreuse que celle du héron gris; mais elle est également répandue dans toutes les parties du nouveau monde. P. 598.

HÉRON *blanc à calotte noire* du nouveau continent. Sa description. Ses dimensions. Ses habitudes naturelles. T. VII, p. 605 et 606.

HÉRON *brun* du nouveau continent. Ses dimensions, sa description. T. VII, p. 606.

HÉRON *noir*. L'espèce de ce héron n'est pas encore bien connue; notice à ce sujet. T. VII, p. 599.

HÉRON *pourpré*. Ses dimensions, sa description. T. VII, p. 600.

HÉRON *violet*. Cette espèce se trouve aux grandes Indes. Sa description. T. VII, p. 600.

HÉRON d'Amérique (grand). C'est le plus grand de tous les hérons connus; il a près de quatre pieds et demi de hauteur lorsqu'il est debout, et presque cinq du bec aux ongles. Sa description, ses habitudes naturelles. T. VII, p. 608.

HÉRON de la baie d'Hudson. Il a près de quatre pieds de longueur du bec aux ongles. Sa description. T. VII, p. 608 et 609.

HÉRONS. Vivent de poissons et sont avec les cormorans, les représentants des castors et des loutres. T. V, p. 32.

HÊTRE (le). La graine de hêtre ne peut pas sortir dans les terres fortes, parce qu'elle pousse du dehors dans son enveloppe, audessus de la tige naissante; ainsi il lui faut une terre meuble et facile à diviser, sans quoi elle reste et pourrit. T. XI, p. 534.

HEURES. Ce que c'est que les heures de travail dans l'enfantement; causes de ces douleurs et de leur retour périodique. T. IV, p. 360 et suiv.

HEUREUX et MALHEUREUX. La plupart de ceux qui se disent malheureux sont des hommes passionnés, c'est-à-dire des fous auxquels il reste quelques intervalles de raison pendant lesquels ils connaissent leur folie, et sentent par conséquent leur malheur; et comme il y a dans les conditions élevées plus de faux désirs, plus de vaines prétentions, plus de passions désordonnées, plus d'abus de son âme que dans les états inférieurs, les grands sont sans doute, de tous les hommes, les moins heureux. T. IV, p. 434 et 435.

HIBOUX, ne voient mal pendant le jour que par un excès de sensibilité de l'organe. T. V, p. 14. — Leur caractère distinctif est d'avoir sur la tête deux aigrettes de plumes en forme d'oreilles; ce genre contient trois espèces, le grand, le moyen et le petit duc. P. 166 et 167. — Catesby en a trouvé un en mer à six cents lieues, tant des côtes d'Afrique que de celles d'Amérique. P. 167.

HIMANTOPUS (l') des anciens n'est pas l'huîtrier, mais l'échasse; discussion critique à ce sujet. T. VIII, p. 65.

HIRONDELLES. Leurs attributs communs avec les engoulevents. T. VII, p. 327. Happent les insectes au vol. Ont douze pennes à la queue. La plupart l'ont fourchue. Quelques-unes l'ont carrée. En général plus petite que les engoulevents. Ont les couleurs plus tranchées et par plus grandes masses. P. 327 et 328. — Sont plus sociales. Font des nids. Leur vol non accompagné de bourdonnement; plus hardi, plus soutenu, etc. P. 328. Répandues presque en nombre égal dans les deux continents. P. 329. — Migration. Quelques-uns restent. *Ibid.* — Passent quelquefois, dit-on, l'hiver sous l'eau. P. 330. — Cette opinion combattue par des raisonnements et par des faits. *Ibid.* et suiv. — Rendue très suspecte par la seule raison que personne n'en a vu sortir de l'eau. P. 331. — Ne s'engourdissent point au Sénégal. P. 334. Il fait plus chaud dans le temps de la disparition des hirondelles que dans le temps de leur apparition. P. 339. — Causes de l'erreur sur le séjour des hirondelles dans l'eau. P. 340 et suiv. — Leur simple occultation. P. 340. — Migrations et leurs causes. P. 341. — Hirondelles vues en Afrique, sur les mers de ce continent, etc. P. 342 et suiv. — Hirondelles du Canada, de la Jamaïque, sont de passage. P. 345. — Expérience de Frisch sur ce sujet. *Ibid.* — Passent et repassent dans les îles de la Méditerranée. P. 346. — Comment il est possible qu'on ait pêché des hirondelles noyées, et qu'on les ait rendues à la vie. *Ibid.* — Amies de l'homme parce qu'elles vivent d'insectes. *Ibid.* — Les hirondelles diffèrent des martinets par la conformation, les habitudes et le naturel. P. 346 et suiv. — Raisons pourquoi on ne sépare point ici ces deux familles d'oiseaux. P. 347. — Hirondelles d'Europe et des contrées voisines, sont de passage. — Celles de l'Afrique méridionale, de la Guyane, de Cayenne, des Antilles, sont fixes, et s'y sont multipliées avec les établissements européens. Semblent chercher la société de l'homme. P. 384 et 385. — Quelques hirondelles d'Amérique ont le bec plus fort que les nôtres. P. 384 (note *b*) et 389.

HIPPÉLAPHE, est le même animal que celui que nous appelons *cerf des Ardennes*. T. IX, p. 412 et 413.

HIPPOMANÈS. Ce que c'est que l'hippomanès des juments. T. VIII, p. 496. — Ce que c'est que l'hippomanès du poulain. *Ibid.* — L'hippomanès du poulain; sa génération et sa nature. P. 502.

HIPPOPOTAME, appartient à l'ancien continent et ne se trouve point dans le nouveau. L'espèce n'en est pas nombreuse; il n'habite que les grands fleuves de l'Afrique et de l'Inde. T. IV, p. 557. — Temps auquel on a commencé à avoir quelque connaissance précise au sujet de cet animal. T. IX, p. 423 et 424. — Son cri de douleur ressemble plus au mugissement d'un buffle qu'au hennisse-

ment du cheval. P. 424. — L'hippopotame a la peau très épaisse et très dure, et presque impénétrable. *Ibid.* — Sa description; erreurs des anciens. P. 424 et 425. — Il n'a pas les dents saillantes hors de la gueule, quoiqu'elles soient énormément grandes. P. 425. — Ses mesures et ses dimensions. *Ibid.* et suiv. — Il a quarante-quatre dents; les canines sont d'une substance plus belle que l'ivoire. P. 426. — Il ne produit qu'un petit. P. 427. — Le mâle est d'un tiers plus grand que la femelle. *Ibid.* — L'hippopotame a le corps plus long et aussi gros que le rhinocéros. P. 428. — Usage que l'on fait des dents de l'hippopotame. P. 429 et 430. — Ses dents de devant ont jusqu'à quinze pouces de longueur, et ses dents molaires sont si grosses que quelques-unes pèsent jusqu'à trois livres. P. 430. — Hippopotame, son naturel et ses mœurs. P. 430 et 431. — Il est très pesant, et ne peut marcher que lentement; mais il nage très vite. P. 431. — Il se tient longtemps au fond de l'eau et y marche comme en plein air. *Ibid.* — Sa nourriture et ses habitudes naturelles. *Ibid.* — Ouverture énorme de sa gueule. *Ibid.* — L'espèce paraît confinée aux grands fleuves de l'Afrique. P. 432. — L'hippopotame est aujourd'hui très rare en Égypte. P. 433. — Il ne se trouve pas dans les climats tempérés, ni dans les climats du nord; ceux qui l'ont écrit se sont trompés et ont confondu l'hippopotame avec le morse ou vache marine. P. 433 et suiv. — Il séjourne dans les fleuves et dans les lacs d'eau douce, et non pas dans la mer. P. 435. — Le mâle et la femelle se quittent rarement. *Ibid.*

HIPPOPOTAME. Grand nombre de ces animaux dans le lac Tzana, dans la haute Abyssynie, à peu de distance des vraies sources du Nil. Quelques-uns de ces animaux ont jusqu'à vingt pieds de longueur, selon M. le chevalier Bruce. *Add.*, t. X, p. 385. — Relation au sujet d'un hippopotame tué sur la côte de Louangue, en Afrique. *Ibid.* — Description de l'hippopotame, par M. Allamand. P. 386. — Autre description de cet animal, par M. Klockner. P. 387. — Passage remarquable de Diodore de Sicile. *Ibid.* — Et observation sur sa peau, par le même auteur, P. 387 et suiv. — Le nombre des dents de l'hippopotame est ordinairement de trente-six, et même quelquefois de quarante-quatre; mais souvent d'un moindre nombre, surtout lorsque ces animaux sont jeunes. P. 388 et 389.

HIPPOPOTAME, *jeune hippopotame.* Sa description. *Add.*, t. X, p. 385.

HIPPOPOTAME. On a remarqué, dans les petites figures de fonte tirées des anciens tombeaux trouvés en Sibérie, celles de l'hippopotame et du chameau, ce qui prouve que ces animaux, qui sont actuellement étrangers à cette contrée, y étaient connus autrefois. *Add.*, t. X, p. 374. — Les hippopotames sont en grand nombre dans les terres de l'Afrique, à une certaine distance du cap de Bonne-Espérance ; exemple d'une chasse où l'on en a tué plus de vingt sur une rivière, à peu près à 7 degrés de longitude à l'est du Cap, et à 30 degrés de latitude méridionale. P. 392. — Description des parties extérieures de l'hippopotame. Sa longueur est communément de onze à douze pieds dans l'intérieur des terres du Cap. Ainsi les hippopotames de cette partie de l'Afrique sont bien plus petits que ceux du Nil, qui, selon Zerenghi, avaient plus de seize pieds. Le nombre des dents varie dans ces animaux. P. 392. — La longueur de leur queue varie aussi. P. 392 et 393. — Les testicules ne sont pas renfermés dans un *scrotum* extérieur, mais sont sous la peau du ventre. La femelle a un *follicule* au-dessous de la vulve ; elle n'a point de mamelles pendantes, mais seulement deux petits mamelons. Son lait est aussi bon et aussi doux que celui de la vache. P. 393. — Description des pieds et de quelques parties intérieures de l'hippopotame. *Ibid.* — Il n'a qu'un estomac et ne rumine point. Il est presque certain qu'il ne mange pas de poissons et qu'il ne vit que d'herbes. Il entre dans la mer jusqu'à plus de deux lieues de distance. *Ibid.* et suiv. — Mais il préfère habiter les eaux douces. Ses habitudes naturelles et ses combats. Les femelles ne produisent qu'un petit. P. 394. — Description d'un fœtus d'hippopotame. La chair des hippopotames, et surtout des jeunes, est fort bonne à manger ; particulièrement celle des pieds et de la queue. Dimensions prises sur deux hippopotames mâle et femelle. *Ibid.*

HIPPOPOTAMES. Ossements d'hippopotames tirés de la terre dans les contrées septentrionales. T. II, p. 10.

HIRONDELLES. Leurs migrations, diversité d'avis sur ce sujet. T. V, p. 7. — Expériences sur l'engourdissement prétendu des hirondelles de cheminées. P. 8. — Ces dernières arrivent au Sénégal dans la saison même où elles partent de France, et le quittent au printemps. *Ibid.* — Celles dont la couvée est retardée et qui partent plus tard que les autres ne s'engourdissent point ; celles même qui ne partent point du tout, étant surprises par les grands froids avant que leurs petits soient en état de les suivre, meurent avec leur famille, mais ne s'engourdissent point. *Ibid.* — Les hirondelles qu'on a vues se jeter dans l'eau, qu'on en a retirées, que l'on a vues reprendre peu à peu le mouvement en les réchauffant avec précaution, sont probablement les hirondelles de rivage. P. 8 et 9. — Expériences à faire pour s'en assurer. P. 9. — M. Adanson

a vu et tenu, à la côte du Sénégal, des hirondelles arrivées le 9 octobre, c'est-à-dire huit ou neuf jours après leur départ d'Europe. P. 29.

HIRONDELLE *de fenêtre*, noyée et ressuscitée. T. VII, p. 338. — On n'en peut rien conclure en faveur de l'immersion de ces oiseaux pendant l'hiver. *Ibid.* — Nommée aussi hirondelle au croupion blanc, hirondelle sauvage. P. 359. — Où place son nid. P. 360. — Insectes qui s'y trouvent. P. 361. — On voit souvent plus de deux hirondelles travailler à le construire et d'autres à le détruire. P. 362. — Temps de leur arrivée en différents pays. S'accouplent dans le nid. *Ibid.* — Nombre des pontes et des œufs à chaque ponte ; ces œufs sont blancs. P. 363. — Soins des père et mère pour leurs petits. Les méconnaissent lorsqu'ils sont tombés du nid ou que le nid a été déplacé. *Ibid.* — Les moineaux s'emparent de leur nid, et n'y sont point claquemurés par elles. P. 364. — Difficulté de les élever. Exemple d'une jeune qui a été apprivoisée. P. 365. — Se pose rarement ailleurs que dans le nid. *Ibid.* — Où s'assemblent pour le départ. P. 366. — Manière de les prendre en Alsace, a pu donner lieu à l'erreur de leur immersion. *Ibid.* — Jeunes bonnes à manger l'automne. *Ibid.* — Cette espèce tient le milieu entre la domestique et le grand martinet. Ses rapports avec ces deux espèces. Ses habitudes. Ses allures. Détails de sa conformation. P. 366 et 367. — Mouvement de la queue dans les jeunes. Celles-ci pèsent plus que les vieilles. P. 367. — Parties internes. *Ibid.* — Hirondelle blanche. P. 368. — Autres variétés. *Ibid.*

HIRONDELLE *de rivage*. Pourrait s'engourdir plutôt que toute autre espèce. T. VII, p. 330, 341 et 370. — On en voit quelquefois l'hiver dans nos pays tempérés. P. 340, 341, 369 et 370. — Observation au sujet de leur occultation. P. 341. — Où font leur ponte. P. 369, 371. — Leur arrivée, leur départ ; s'assemblent avec les hirondelles de fenêtre. P. 369, 372. — Leur nid. P. 371. — Leur ponte. *Ibid.* — Leurs petits sont des espèces d'ortolans. *Ibid.* — Leur chasse aux insectes. P. 372. — Ne se perchent jamais. *Ibid.*

HIRONDELLES *de cheminée ou domestiques*, vues pendant l'hiver en Périgord. T. VII, p. 340. — Cette espèce niche dans les cheminées, sous les avant-toits ; jamais ne s'éloigne volontairement des lieux habités. P. 348. — Son arrivée en France à une époque fixe, malgré la neige, etc. P. 349. — Inconvénient de tuer les hirondelles. *Ibid.* — Leur nid, leur ponte, leur chant ; incubation ; éducation des petits ; leçons de vol ; amour des mères pour leurs petits. P. 350. Les yeux de ceux-ci, crevés, se rétablissent d'eux-mêmes. Autres cris de ces hirondelles.

P. 351 et 352. — Dans quelles circonstances se rabattent près de terre et rasent la surface de l'eau. P. 352. — Se posent et même se perchent quelquefois, surtout lorsqu'elles s'assemblent pour le départ. *Ibid.* et suiv. On trouve de petites pierres dans leur estomac. *Ibid.* — Leur arrivée en Afrique. P. 353. — Y passent les nuits perchées sur la charpente des cases. Ne nichent pas au Sénégal. *Ibid.* — Restent pendant l'hiver aux îles d'Hyères. Paraissent rarement à Malte. P. 354. — Parti qu'on en peut tirer pour envoyer au loin des avis. *Ibid.* — Variétés. P. 355. — Hirondelles blanches. *Ibid.* — Manière de s'en procurer. *Ibid.* — Hirondelles rousses. *Ibid.* — L'hirondelle de cheminée, répandue dans tout l'ancien continent. *Ibid.* — Autres variétés. P. 356 et suiv.

HIRONDELLES *de rochers.* Leur apparition dans la plaine annonce la pluie. Vont de compagnie avec celles de fenêtre. T. VII, p. 373. — Leur arrivée; leur départ. *Ibid.* Cette espèce fait la nuance entre l'hirondelle de rivage, dont elle a les couleurs, et l'hirondelle de fenêtre, dont elle a les allures; elle n'a qu'un seul cæcum. *Ibid.*

HIRONDELLE *à ceinture blanche.* A aussi du blanc sur les jambes. Se trouve à Cayenne et à la Guyane. T. VII, p. 358.

HIRONDELLE *à croupion roux et à queue carrée,* des bords de la Plata. T. VII, p. 401. — Variété. P. 402.

HIRONDELLE *acutipenne* de Cayenne. Voyez *Camaria.*

HIRONDELLE *ambrée.* Son odeur, à quoi attribuée. Est de la grosseur du roitelet au plus. T. VII, p. 358. — A quelques rapports avec l'hirondelle de rivage et avec celle de cheminée. P. 359.

HIRONDELLE *à queue carrée.* Voyez *Engoulevent.*

HIRONDELLE *au capuchon roux,* est l'hirondelle à tête rousse du cap de Bonne-Espérance. Attache son nid au plafond des appartements. T. VII, p. 357.

HIRONDELLE *à ventre blanc* de Cayenne. Voltige dans les savanes noyées. Se perche sur les branches basses des arbres sans feuilles. Variété dans cette espèce. L'hirondelle à ventre tacheté. T. VII, p. 392 et 393.

HIRONDELLE *à ventre roux,* de Cayenne. Variété de l'hirondelle de cheminée. T. VII, p. 356. — Son nid a plusieurs étages. *Ibid.*

HIRONDELLE (grande) *à ventre roux,* du Sénégal. T. VII, p. 357 et 358.

HIRONDELLE *à ventre tacheté,* de Cayenne, variété de l'hirondelle à ventre blanc. T. VII, p. 392 et 393.

HIRONDELLE *bleue,* de la Louisiane. T. VII, p. 389. — Variétés dans cette espèce. Hirondelle de Cayenne. Martinet couleur de poupre de la Caroline. Hirondelle de la baie d'Hudson. P. 389 et 390.

HIRONDELLE *brune acutipenne* de la Louisiane. A les pennes de la queue pointues. Variétés. Hirondelle d'Amérique de Catesby et celle de la Caroline de M. Brisson, ont les ailes plus courtes. T. VII, p. 402. — Arrivée, départ; vont au Brésil, nichent dans les cheminées à la Caroline. P. 402 et 403. — Autre variété; camaria ou acutipenne de Cayenne. Ses ailes sont d'une longueur moyenne. N'approche point des lieux habités. P. 403.

HIRONDELLE *brune à poitrine blanchâtre,* de la Jamaïque. Variété de l'hirondelle de fenêtre. T. VII, p. 368.

HIRONDELLE (petite) *brune à ventre tacheté,* de l'île Bourbon. Variété de l'hirondelle des blés de l'île de France. T. VII, p. 400.

HIRONDELLE (grande) *brune à ventre tacheté,* de l'île de France. Voyez *Hirondelle des blés.*

HIRONDELLE *brune et blanche à ceinture brune,* du cap de Bonne-Espérance. Bec fort, un peu crochu. T. VII, p. 392.

HIRONDELLE *d'Amérique,* de Catesby, et de la Caroline, de M. Brisson. Variété de notre hirondelle brune acutipenne de la Louisiane. T. VII, p. 402 et 403.

HIRONDELLE *d'Antigue à gorge couleur de rouille.* A un bandeau de cette même couleur; variété de l'hirondelle de cheminée. T. VII, p. 356.

HIRONDELLE *de Cayenne.* Variété de l'hirondelle bleue. Est commune à Cayenne. Se pose dans les abatis, sur les troncs d'arbres secs. Ne fait point de nid. Pond dans des trous d'arbres. T. VII, p. 389.

HIRONDELLE *de la baie d'Hudson d'Edwards.* Ressemble à l'hirondelle de Cayenne. Est plus grande. Bec fort. T. VII, p. 390.

HIRONDELLE *de mer.* Voyez *Salangane.*

HIRONDELLE *des blés* ou grande hirondelle brune à ventre tacheté, de l'île de France. Où se tient. Son cri. Niche probablement dans des trous en terre ou des trous de rochers. Son nid. Ses œufs. Taille de notre martinet. T. VII, p. 399 et 400. — Variété, petite hirondelle brune à ventre tacheté, de l'île Bourbon. P. 400.

HIRONDELLE (petite) *noire à croupion gris,* de l'île de France. Elle y est peu nombreuse. Se tient pendant le jour dans le voisinage des eaux douces; le soir à la lisière des bois. Vol très prompt. On ne la voit presque jamais se poser. Taille de la mésange. T. VII, p. 401. — Une hirondelle des Indes fait la nuance entre cette espèce et la petite brune à ventre tacheté, de l'île Bourbon. *Ibid.*

HIRONDELLE *noire acutipenne,* de la Martinique. Taille du roitelet. T. VII, p. 403.

HIRONDELLE (petite) *noire à ventre cendré,* du Pérou. T. VII, p. 388.

HIRONDELLE *noire à ventre fauve,* de Barrère. Variété de l'hirondelle de fenêtre. T. VI, p. 368.

HIRONDELLES de l'Amérique méridionale et de Buenos-Ayres. Variétés de l'hirondelle bleue. T. VII, p. 390.

HIRONDELLES DE MER (les). On a donné ce nom à une petite famille d'oiseaux pêcheurs, parce qu'ils ressemblent à nos hirondelles de terre par leurs longues ailes et leur queue fourchue. Leur vol. Elles prennent en volant leur nourriture à la surface des eaux. T. VIII, p. 169. — Elles diffèrent des hirondelles de terre par la conformation du bec et par celle des pieds. Elles n'aiment point à nager et sont presque toujours en l'air; elles fréquentent également la mer, les rivières et même les étangs; elles jettent en volant un cri semblable à celui des martinets. P. 169 et 170. — Et surtout dans le temps des nichées où elles ne cessent de crier. Elles arrivent par troupes sur nos côtes de l'océan au commencement de mai. Le bruit des armes à feu ne les effraye pas. Singularité de leur naturel qui les porte à accompagner leurs compagnes blessées ou mortes. P. 170. — D'où peut venir cette confiance aveugle. Description des pieds et de quelques autres parties extérieures de ces oiseaux. Cette famille des hirondelles de mer est composée de plusieurs espèces, dont la plupart ont franchi les océans et peuplé leurs rivages. P. 170 et 171.

HIRONDELLE DE MER (grande). Voyez *Pierre-garin*.

HIRONDELLE DE MER (petite); elle ne diffère du pierre-garin ou grande hirondelle de mer de nos côtes, qu'en ce qu'elle est considérablement plus petite. T. VIII, p. 175. — Elle a aussi le même naturel et les mêmes habitudes. On peut néanmoins les nourrir en captivité. *Ibid.*

HIRONDELLE DE MER (autre). Voyez *Guifette*.

HIRONDELLE DE MER (autre.) Voyez *Gachet*.

HIRONDELLE DE MER *à grande envergure*. Quoique toutes les hirondelles de mer aient de très grandes ailes, celle-ci les a proportionnellement plus longues qu'aucune autre. Elle se trouve à l'île de l'Ascension en très grande quantité. Son naturel, son cri. Elle ne pond ordinairement qu'un œuf et rarement deux. T. VIII, p. 179. — Ces œufs sont très gros pour la taille de l'oiseau; ils sont de couleur jaunâtre avec des taches brunes et violettes. *Ibid.*

HIRONDELLE DE MER, de Cayenne. C'est la plus grande de toutes les hirondelles de mer. T. VIII, p. 180. — Sa description. *Ibid.*

HIRONDELLE DE MER des Philippines. Elle est grande comme notre pierre-garin, et peut-être est-elle de la même espèce, modifiée par l'influence du climat. Sa description. T. VIII, p. 178 et 179.

HISTOIRE des oiseaux, doit être inséparable, autant qu'il est possible, de leur description. T. V, p. 3. — Ses difficultés. P. 5, 6 et 9. — Doit embrasser ce qu'ils sont dans notre pays, dans ceux où il séjournent une partie de l'année, et dans tous ceux par où ils passent. P. 9. — Moyens employés ici pour abréger l'immensité des détails. P. 10. — Autres moyens pour parvenir à compléter l'ornithologie historique. *Ibid.*

HISTOIRE *civile*. Très incertaine dès qu'on remonte au delà d'un certain nombre de siècles. Elle se borne aux faits et gestes du petit nombre de peuples qui ont été soigneux de leur mémoire, au lieu que l'Histoire naturelle embrasse tous les espaces, tous les temps, et n'a d'autres limites que celles de l'univers. T. II, p. 1 et suiv.

HISTOIRE NATURELLE. Manière de l'étudier : on doit commencer par voir beaucoup et revoir souvent. T. I, p. 2. — L'attention scrupuleuse, toujours utile lorsqu'on sait beaucoup, est souvent nuisible à ceux qui commencent à s'instruire. *Ibid.* — Il faut aussi voir presque sans dessein, pour que l'esprit s'exerce dans toute son étendue et puisse former de lui-même la chaîne de ses idées. P. 2 et 3. — C'est l'étude des philosophes, la source des autres sciences physiques, et la mère de tous les arts. P. 16.

HISTOIRE *des Animaux*, par Aristote, est ce que l'on avait avant nous de mieux fait dans ce genre. Exposition du plan de cet ouvrage d'Aristote. T. I, p. 24 et suiv. — La cause la plus générale des équivoques et des incertitudes qui se sont si fort multipliées en histoire naturelle, c'est la nécessité où l'on s'est trouvé de donner des noms inconnus aux productions inconnues du nouveau monde. T. IX, p. 180.

HIVERS. Les grands hivers augmentent la mortalité. Démonstration de cette vérité. T. XI, p. 426.

HOAMY de la Chine, a les pieds longs, point de grivelures. T. VI, p. 26.

HOAZIN ou faisan huppé de Cayenne, sa taille, son bec, son plumage, sa huppe. T. V, p. 448. — Sa voix ou son cri; superstitions à son sujet; se nourrit de serpents; lieux où il se plaît; est peut-être oiseau de passage; diffère de l'hoazin de Fernandez; s'apprivoise, dit-on; nourriture des petits. P. 448 et 449.

HOBEREAU, plus petit que le faucon, plus lâche, mais plus rusé, et il vole aussi haut; fait surtout la chasse aux alouettes; niche dans les forêts sur les grands arbres. T. V, p. 146 et 147. — Variété dans cette espèce; ces deux races se trouvent en France, et elles ont le bas-ventre d'un roux vif; se portent sur le poing sans chaperon. P. 147.

HOCCO proprement dit, ou le mitou-poranga, appelé aussi *temocholli, tepetotolt, curasso, pocs, coxolissi* et *poule rouge du Pérou*, n'est point naturel à l'Afrique ni à l'Asie. T. V, p. 442 et 443. — Sa grosseur, sa huppe singulière, ses couleurs, son bec environné d'une peau jaune, chargé d'un bouton; ses oreilles, ses pieds sans éperons. P. 443 et 444. — Différences entre le mâle et la femelle. P. 444. — Le hocco comparé avec le dindon, tant pour l'extérieur que pour l'intérieur. P. 445. — A la trachée-artère conformée à peu près comme les oiseaux aquatiques. *Ibid.* — Diffère du faisan non seulement par sa conformation, mais par son naturel social et paisible; s'apprivoise parfaitement. P. 445 et 446. — Se tient sur les montagnes, se perche, vole pesamment; sa nourriture, qualité de sa chair; variété de sentiment sur la longueur de sa queue. P. 446.

Hoccos, appartiennent aux pays chauds de l'Amérique. T. V, p. 442.

Hocisana, grand étourneau de Fernandez, grande pie du Mexique de Brisson; ses rapports avec la pie, sa chair. T. V, p. 589 et 590.

Hocti, espèce de héron du nouveau continent, et particulièrement du Mexique. Ses dimensions, sa description; différence du mâle et de la femelle. Leurs habitudes naturelles. T. VII, p. 607.

Hohou, espèce de héron du nouveau continent, et particulièrement du Mexique. Hohou est le cri de cet oiseau. Ses dimensions et sa description. T. VII, p. 607 et 608.

Hoitlallotl ou oiseau long de Fernandez; sa queue, ses ailes courtes, son vol pesant; court vite; sa taille, son plumage. T. V, p. 453.

Hoitzitzillin de Tepuscullula, de Fernandez; est un colibri. T. VIII, p. 463.

Hollande, *Nouvelle-Hollande.* Description des habitants de la Nouvelle-Hollande, d'après le capitaine Cook. *Add.*, t. XI, p. 296 et suiv.

Hollande. Continent de la Nouvelle-Hollande. Ce continent est plus étendu que celui de l'Europe, et il est situé sous un ciel encore plus heureux; mais on n'en connait que les côtes. *Add.*, t. XI, p. 297.

Homère. Voyez *Génie d'Homère.*

Homme. Doit à certains égards se ranger lui-même dans la classe des animaux, auxquels il ressemble par tout ce qu'il a de matériel. T. I, p. 6. — Les ouvrages des hommes, quelque grands qu'ils puissent être, ne tiendront jamais qu'une bien petite place dans l'histoire de la nature. P. 224. — Nature de l'homme. T. XI, p. 1 et suiv. — L'homme, dans les premiers temps après sa naissance, est plus faible qu'aucun des animaux. P. 10. — Description de l'homme. P. 49 et suiv. — Le corps de l'homme est à proportion plus fort que celui des animaux.

P. 67. — Il est aussi capable de resister à un mouvement plus long; preuves et exemples à ce sujet. *Ibid.* — Hommes à queue. P. 154 et suiv. — Race d'hommes à grosses jambes au Malabar et à Ceylan. P. 161. — Race d'hommes appelés *Bedas* dans l'île de Ceylan. *Ibid.* — Race d'hommes la plus belle de la terre en Géorgie, Circassie, Mingrélie et Cachemire. P. 170 et 171. — Causes générales des variétés qui se voient parmi les hommes, tant pour la couleur que pour la figure. P. 177 et 178. — Ouvrages de l'homme; comparaison des ouvrages de l'homme et des œuvres de la nature. T. X, p. 95 et suiv. — L'homme intérieur est double, il est composé de deux principes différents. T. IV, p. 446. — Dans l'espèce humaine, le climat et la nourriture n'ont pas d'aussi grandes influences que dans les animaux; raison de cette différence. T. VIII, p. 500. — L'homme peut non seulement faire servir à ses besoins, à son usage, tous les individus de l'univers; mais il peut encore, avec le temps, changer, modifier et perfectionner les espèces, et c'est le plus beau droit qu'il ait sur la nature. P. 589. — L'homme est moins fait pour penser que pour agir, pour raisonner que pour jouir. T. IX, p. 7. — Lui seul immole et anéantit plus d'êtres vivants que tous les animaux carnassiers n'en dévorent. P. 53. — L'homme ne s'est jamais borné à vivre d'herbes, de graines et de fruits; il a dans tous les temps, aussi bien que la plupart des animaux, cherché à se nourrir de chair. P. 64. — L'espèce humaine n'a jamais existé sans former des familles, puisque les enfants périraient s'ils n'étaient secourus et soignés pendant plusieurs années. P. 65. — L'état de l'homme dans la pure nature est un état connu; c'est le sauvage vivant dans le désert, mais vivant en famille, connaissant ses enfants, connu d'eux, usant de la parole et se faisant entendre. P. 66. — Comparaison des actes purement individuels dans l'homme, et des actes qui supposent le secours de la société. P. 148 et 149. — La nature de l'homme s'est prêtée à tous les climats et à toutes les situations; il ne paraît affecter aucun climat particulier. T. IX, p. 165. — L'homme dans l'état sauvage n'est qu'une espèce d'animal incapable de commander aux autres, et qui n'a point d'idées de sa puissance réelle et de sa supériorité de nature sur tous les animaux, qu'il ne cherche point à se subordonner. T. IV, p. 572.

Homme (l') *sauvage du nouveau monde,* a peu d'ardeur pour sa femelle; il est moins fort de corps que l'Européen, moins sensible, et cependant plus craintif et plus lâche. T. IV, p. 582. — L'homme est le seul de tous les êtres capable de connaître et digne d'admirer. Dieu l'a fait spectateur de l'univers, et témoin de ses merveilles. L'étincelle divine dont il est animé le rend participant aux mystères divins ; c'est par cette lumière qu'il pense et réfléchit ; c'est par elle qu'il voit et lit dans le livre du monde, comme dans un exemplaire de la Divinité. T. II, p. 199. — L'homme, fait pour adorer le Créateur, commande à toutes les créatures; vassal du ciel, roi de la terre, il l'ennoblit, la peuple et l'enrichit; il embellit la nature même, il la cultive, l'étend et la polit, en élague le charbon et la ronce, y multiplie le raisin et la rose. *Ibid.* — L'homme, maître du domaine de la terre, en partage l'empire avec la nature. Cependant il ne règne que par droit de conquête; il jouit plutôt qu'il ne possède; il ne conserve rien que par des soins toujours renouvelés. Les temps où l'homme perd son domaine, les siècles de barbarie pendant lesquels tout périt, sont toujours préparés par la guerre. L'homme, qui ne peut que par le nombre, qui n'est fort que par sa réunion, qui n'est heureux que par la paix, a la fureur de s'armer pour sa ruine et de chercher à s'entre-détruire, et après ces jours de sang et de carnage, lorsque la fumée de la gloire s'est dissipée, il voit d'un œil triste son bonheur ruiné et sa puissance réelle anéantie. L'homme en venant au monde arrive des ténèbres l'âme aussi nue que le corps, il naît sans connaissance comme sans défense. D'abord il reçoit tout de la nature et ne lui rend rien; mais dès que ses sens sont affermis, dès qu'il peut comparer ses sensations, il se réfléchit vers l'univers. L'homme instruit n'est pas un simple individu, il représente en grande partie l'espèce humaine entière. P. 201 et 203. — Dégénération dans l'espèce humaine. Les altérations de nature ne sont que superficielles. Toutes les races ne font que le même homme. T. IV, p. 460 et 470. Il y a plus de force, plus d'étendue et plus de flexibilité dans la nature de l'homme que dans celle de tous les autres êtres. Raisons de cette force et de cette étendue dans la nature de l'homme. P. 470. — L'homme, s'il était contraint d'abandonner les climats qu'il a autrefois envahis pour se réduire à son pays natal, reprendrait avec le temps ses traits originaux, sa taille primitive et sa couleur naturelle. *Ibid.* — Altérations qui arrivent à l'homme par l'influence du climat. Autres altérations par l'influence de la nourriture. P. 471.

HOMME *sage.* Considération et portrait de l'homme sage. T. IV, p. 435.

HOMMES *acéphales, cynocéphales.* Sur quoi est fondé ce qu'en ont dit les anciens. T. XI, p. 209.

HOMME. La multiplication des hommes est beaucoup plus grande dans les peuples policés et bien gouvernés que dans les peuples sauvages. *Add.,* t. IV, p. 518. — Et leur nombre est devenu mille fois plus grand que celui d'aucune autre espèce d'animaux puissants. P. 523. — Il ne faut que du temps à l'homme pour tout connaître; il pourrait même, en multipliant ses observations, voir et prévoir tous les phénomènes, tous les événements de la nature avec autant de vérité et de certitude que s'il les déduisait immédiatement des causes. *Ibid.*

HOMME. Les limites de la grandeur du corps de l'homme, y compris les géants et les nains, s'étendent depuis deux pieds et demi jusqu'à huit pieds. *Add.,* t. XI, p. 235. — Poids du corps de l'homme, relativement à sa grandeur. P. 232 et 234.

HOMME. Chaleur que l'homme et les animaux peuvent supporter. Voyez *Chaleur.*

HOMME. Nourriture de l'homme. Voyez *Nourriture.*

HOMMES. Preuves que la différence des couleurs dans les hommes dépend absolument de la différence des climats. T. XI, p. 194 et suiv. — La multiplication des hommes tient plus à la société qu'à la nature. P. 200.

HOMMES *blancs* dans l'isthme de l'Amérique. T. XI, p. 206.

HOMMES *blancs.* Réflexions sur l'origine de ces hommes à cheveux et sourcils blancs, qui se trouvent également aux grandes Indes, à Ceylan, dans l'isthme de l'Amérique et même parmi les nègres. T. XI, p. 207. — Couleur des hommes : le blanc paraît être la couleur primitive de la nature. Preuves de cette présomption. *Ibid.* — Les hommes qui sont d'un blond blanc ont ordinairement les yeux faibles. P. 208.

HOMMES *noirs.* Pourquoi l'on trouve les hommes plus noirs sur les côtes occidentales de l'Afrique. T. XI, p. 215 et 216. — Pourquoi l'on trouve des hommes noirs dans la terre des Papous. P. 216. — Il y a autant de variétés dans la race des noirs que dans la race des blancs. P. 181. — Les hommes noirs peuvent se réduire à deux races principales, celle des nègres et celle des Cafres. *Ibid.*

HOMMES d'une grosseur extraordinaire; quelques exemples à ce sujet. *Add.,* t. XI, p. 232.

HOMMES BLAFARDS (les) diffèrent de tous les autres hommes, blancs, noirs, rouges et basanés. *Add.,* t. XI, p. 298. — Ces blafards forment plutôt des branches stériles de dégénération qu'une tige ou vraie race dans l'espèce humaine. Les blafards mâles sont inhabiles à la génération, tandis que leurs femelles blafardes peuvent produire avec les nègres. *Ibid.* — Il paraît qu'il y a différentes espèces ou variétés dans les blafards, suivant les différents climats. *Ibid.* et suiv.

HOMMES GAUCHERS ( les ), qui naturellement se servent de la main gauche de préférence à la main droite, pourraient bien avoir le poumon gauche plus grand et composé de plus de lobes que le poumon droit. *Add.*, t. XI, p. 308.

HOMME. A le toucher plus parfait que l'animal. T. V, p. 14 et 18. — Et peut-être le sens du goût. P. 18. — Est inférieur à la plupart des animaux par les trois autres sens. *Ibid.* — Influence de l'homme sur la nature et sur les animaux. P. 24, 25 et 28. — Il en a moins sur les oiseaux que sur les quadrupèdes. P. 25. — Aime à changer l'ordre de la nature. P. 425. — Son empire sur les espèces. P. 506.

HOMME. Le caractère de sa prééminence sur les autres animaux, c'est la perfectibilité de l'espèce entière. Son progrès arrêté par des alternatives de barbarie. T. VII, p. 72. — Origine de toute société entre les hommes et de tout langage. P. 72 et 73.

HOMME. Le premier séjour de l'homme a été, comme celui des animaux terrestres, dans les hautes terres de l'Asie. T. II, p. 103. — Tableau de l'état des premiers hommes. P. 121 et suiv. — Et de leurs premiers travaux. *Ibid.* — Origine et progrès de la société. P. 121 et 122. — L'homme sauvage n'ayant point d'idée de la société, n'a pas même cherché celle des animaux. Dans toutes les terres de l'Amérique méridionale, les sauvages n'ont point d'animaux domestiques. P. 132.

HOMMES et FEMMES. Il meurt à Paris plus d'hommes que de femmes, et les femmes vivent plus que les hommes, d'environ un neuvième. T. XI, p. 427 et 428. — Il naît à Paris plus de femmes et moins d'hommes qu'il n'y en meurt, ce qui prouve qu'il arrive à Paris plus d'hommes et moins de femmes qu'il n'en sort. P. 428.

HORIZON. Tous les fers posés dans une situation perpendiculaire à l'horizon, prennent dans nos climats quelque portion de vertu magnétique. T. IV, p. 120.

HOTTENTOTS ( les ) ne sont pas de la race des nègres, mais de celle des Cafres. T. XI, p. 190. — Description des Hottentots. P. 191. — Les femmes ont une excroissance de peau sur l'os pubis, qui leur sert de tablier et descend jusqu'au milieu des cuisses. *Ibid.* — Cérémonie de la castration chez les Hottentots; ils retranchent un testicule à tous leurs enfants mâles. P. 192 et 193. — Comparaison de l'Hottentot au singe. T. X, p. 100 et 101. — Quelque ressemblance qu'il y ait entre l'Hottentot et le singe, l'intervalle qui les sépare est immense, puisqu'à l'intérieur il est rempli par la pensée et au dehors par la parole. P. 101.

HOTTENTOTES. Le prétendu tablier des femmes hottentotes n'existe pas tel que les voyageurs l'ont décrit; mais cela est remplacé par une autre difformité. *Add.*, t. XI, p. 273 et 274.

HOUBARA ou petite outarde huppée d'Afrique; a une fraise; sa nourriture, son adresse à échapper aux oiseaux de proie; usage de son fiel, etc. T. V, p. 284 et 285.

HOUHOU d'Égypte; crie *hou, hou*. Va par paires. Vit de cigales. A un long éperon. Plumes de la tête et du cou épaisses et dures; celles du ventre et du croupion douces et effilées. T. VII, p. 235 et suiv. — Trois variétés dans cette espèce : le *coucou* des Philippines, de nos planches enluminées (*Planches de Buffon*); le *coucou vert* d'Antigue, de M. Sonnerat, et le *toulou* de Madagascar. P. 236 et 237.

HOUILLE. Il faut distinguer la houille du charbon de terre; leurs différences, quoique légères, peuvent être remarquées. T. III, p. 9 et 10.

HOUPPETTE, seconde espèce de tangara qui se trouve à la Guyane. Ses habitudes naturelles. T. VI, p. 234.

HOUTOU ou MOMOT. Oiseau de la Guyane dont le cri est *houtou*, décrit sous deux noms. On en a fait deux oiseaux. T. VII, p. 266 et 267. — Grosseur de la pie, bec conique, courbé et dentelé; longue queue étagée; a deux pennes ébarbées près du bout dans l'adulte. P. 267. — Vit d'insectes. Vieux, difficile à nourrir. Est solitaire. Saute plutôt qu'il ne vole. Erreur de Pison à son sujet. P. 268. — Niche dans des trous en terre. Ne monte pas sur les grands arbres. Est le *guira-guainumbi* de Marcgrave. P. 268 et 269. — Mauvais manger. P. 269.

HUILES qu'on appelle *terrestres*, sont des bitumes qui tirent leur origine des corps organisés. T. III, p. 6.

HUITRES. Prompte et nombreuse multiplication des huîtres. T. I, p. 121. — Il y a dans l'espèce des huîtres des individus féconds et d'autres individus qui ne le sont pas. Les individus féconds se distinguent à cette bordure déliée qui environne le corps de l'huître, et on les appelle les *mâles*. T. IV, p. 193.

HUITRIER, ainsi nommé parce qu'il se nourrit d'huîtres, de patelles et d'autres coquillages. Il se tient constamment sur les écueils et sur les côtes de la mer. Il crie presque continuellement et désagréablement à peu près comme la pie, ce qui lui a fait donner le surnom de *pie de mer*. Cet oiseau ne se voit que rarement sur nos côtes de France. T. VIII, p. 62 et 63. — Il niche cependant quelquefois sur celles de Picardie; il y arrive en troupe. On croit qu'il vient d'Angleterre et d'Écosse, où cette espèce est très commune. Il se porte aussi bien plus avant vers le nord, on le trouve jusqu'en Norvège et en Islande. On le rencontre aussi sur les terres antarctiques, au détroit de Magellan, à la Terre-de-Feu et la Nouvelle-Zélande. Il fréquente aussi les climats chauds et est commun au Japon. P. 63. — Il se retrouve en Amérique, et partout son espèce parait être isolée et sans variété. Comparaison de cet oiseau avec les autres oiseaux de rivage. P. 63 et 64. — Sa grandeur. Son bec est conformé de manière à pouvoir ouvrir aisément les huîtres, et détacher les coquillages des rochers. Description de l'oiseau. P. 64. — Sa manière de nager. On l'a appelé en quelques endroits bécasse de mer à cause de son long bec. Il est toujours gras en hiver, et la chair des jeunes est assez bonne à manger. Ses habitudes en captivité et en liberté. P. 64 et 65. — Il ne fait point de nid et dépose ses œufs sur le sable nu. La femelle pond quatre ou cinq œufs, et le temps de l'incubation est de vingt ou vingt-un jours; elle ne le couve pas assidûment. Les petits, au sortir de l'œuf, sont couverts d'un duvet noirâtre. Leurs habitudes naturelles. P. 65.

HULOTTE, *nycticorax*, *cicuma*, est, de toutes les chouettes, la plus grosse, la plus semblable au corbeau et la seule qui ait les yeux noirs. T. V, p. 169 et 170. — Par cette raison appelée *nycticorax* par les Grecs. P. 169. — A quinze pouces de la pointe du bec au bout des ongles, la tête très grosse et sans aigrettes, la face encavée dans ses plumes, le bec d'un blanc jaunâtre, la queue de six pouces et plus, trois pieds de vol, le duvet des pieds blanc pointillé de noir; vole légèrement et sans bruit; se tient dans les arbres creux au milieu des bois, prend les petits oiseaux et les mulots qu'elle avale tout entiers, et dont elle rend la peau roulée en pelotes; pond quatre œufs presque aussi gros que ceux d'une petite poule, et ordinairement dans des nids de buse, de cresserelle, de corneille, de pie. P. 185 et 186.

HULOTTE. Voyez *Oiseaux de nuit*.

HUMAIN. Voyez *Genre humain*.

HUPPE. Parmi les outardes, il n'y a que celles d'Afrique, grandes et petites, qui en aient. T. V, p. 284.

HUPPE du tricolor huppé de la Chine. T. V, p. 433. — Du spicifere. P. 438 et 439. — De l'éperonnier. P. 429. — Du hocco. P. 442. — De l'hoazin. P. 448.

HUPPE posthume des oiseaux, résultant d'une contraction de la peau de la tête, occasionnée par le dessèchement. T. VI, p. 12.

HUPPE *de montagne*, l'un des noms du coracias huppé ou sonneur. T. V, p. 544.

HUPPE NOIRE, oiseau d'Amérique dont l'espèce est voisine de celle du bouvreuil. Sa description et ses dimensions. T. VI, p. 310.

HUPPE des Alpes. Variété de la nôtre. Voyez *Huppe*.

HUPPE d'Europe. T. VII, p. 272 et suiv. — Histoire d'une huppe apprivoisée. P. 273 et 274. — Son attachement, sa nourriture. *Ibid.* et suiv. — Sa marche à la suite du Nil. P. 275. Ses migrations. P. 276 et suiv. — Niche dans des trous d'arbres. P. 277. — Ces trous sont profonds. Les petits y font leur ordure; de là la mauvaise odeur et le proverbe. P. 278. — Propreté de la huppe apprivoisée. *Ibid.* — Pond de deux à sept œufs qui n'éclosent pas tous en même temps. *Ibid.* — Fait deux ou trois pontes chaque année. P. 279. — Son cri. *Ibid.* — Aime le son des instruments. *Ibid.* — Comment elle boit. A un mouvement brusque du bec. *Ibid.* — Se prend difficilement dans les pièges. Se tire aisément. Son vol, sa marche. P. 279 et 280. — Ses voyages. Où passe l'hiver. P. 280. — Quelques-uns le passent dans des trous d'arbres. *Ibid.* — Durée de leur vie. *Ibid.* — Leur poids, leur taille; ont beaucoup de plumes. P. 280 et 281. — Couleurs de la femelle. P. 282. — Parties intérieures de la huppe. *Ibid.* — Variétés dans cette espèce. P. 282 et 283.

HUPPE du cap de Bonne-Espérance. Variété de la nôtre. Voyez *Huppe*.

HUPPE *noire et blanche* du cap de Bonne-Espérance. En quoi diffère de la nôtre. T. VII, p. 270 et 283. — Attachée à l'ancien continent. P. 271 et 276. — Se tient dans les grands bois. Vit de graines de baies. P. 284.

HUPPES. Rapports et différences entre les huppes, les promerops et les guépiers. T. VII, p. 270 et 271. — Huppes de passage bonnes à manger. P. 275. — Et non pas les sédentaires. *Ibid.* — Huppes de jardin, *Ibid.* — La chair de ces oiseaux sent le musc. P. 276. — Vont par petites troupes en Égypte; ailleurs vont par paires. *Ibid.* — Leur piété filiale. P. 280.

HUPPE du huppe-col. T. VII, p. 44. — De l'oiseau-mouche huppé, mâle. P. 46. — D'un oiseau-mouche de la Guyane. P. 57. — Longue huppe d'une espèce de colibri. P. 65. — Des kakatoës. P. 85. — Du touraco, est une espèce de couronne ou de mitre. P. 202. — De la huppe. P. 270, 272 et suiv. — Ce mot de huppe, qui signifie aigrette, formé du nom de l'oiseau. P. 272.

HUPPE-COL, petite espèce d'oiseau-mouche. Sa huppe et plumes latérales qui lui font une espèce de fraise. T. VII, p. 44. — Son plumage. *Ibid.* — Différences entre le mâle et la femelle. P. 44 et 45.

HYACINTHE (l') approche du grenat, et on peut la regarder comme un produit du schorl mêlé de substances métalliques. T. III, p. 489. — Ses caractères communs avec le grenat : ces deux pierres se rencontrent souvent ensemble. *Ibid.* — L'hyacinthe est après le grenat la pierre vitreuse la plus dense. *Ibid.* — Différentes nuances dans la couleur orangée des hyacinthes. *Ibid.* — Elles perdent leur couleur au feu, et y deviennent blanches sans perdre leur transparence. *Ibid.* — Différents lieux où l'on trouve des hyacinthes. P. 490.

HYDROPHANE (pierre), *oculus mundi;* cette pierre se trouve ordinairement autour de la calcédoine, ou intercalée entre ses couches. T. III, p. 505 et 506. — Leurs différences; cette pierre hydrophane est opaque et ne prend de la transparence que quand elle est imbibée d'eau. P. 506. — Sa texture est différente de celle de la calcédoine et des autres agates. *Ibid.* — Elle devient transparente, non seulement dans l'eau, mais dans toutes les autres liqueurs. *Ibid.* — Ces pierres ne prennent pas toutes à volume égal le même degré de transparence. P. 507. — La transparence n'appartient pas à la pierre hydrophane, et ne provient uniquement que de l'eau, qui fait une partie majeure de sa masse après l'imbibition. P. 507 et 508.

HYDROPHOBIE, état naturel du coucou. T. VII, p. 222.

HYÈNE, appartient à l'ancien continent et ne se trouve point dans le nouveau. T. IV, p. 567. — Ressemblance et différence du chacal et de l'hyène. T. IX, p. 211. — L'hyène fouille les sépultures et en tire les cadavres pour les dévorer. *Ibid.* — Ses ressemblances et ses différences avec le glouton. *Ibid.* — Ses ressemblances et ses différences avec la civette. *Ibid.* — Ses ressemblances et ses différences avec le babouin. *Ibid.* — Les noms *hyæna* et *glanus* employés par Aristote ne désignent pas deux animaux différents. P. 211 et 212. — L'hyène est un animal solitaire qui ne va pas en troupe comme le chacal. P. 213. — Elle a les oreilles longues et nues, et quatre doigts à tous les pieds. P. 214. — Ses caractères particuliers qui la distinguent de tous les autres animaux. P. 214 et 215. — L'hyène a comme le blaireau une ouverture sous la queue qui ne pénètre pas dans l'intérieur du corps. P. 215. — Habitudes naturelles de l'hyène. *Ibid.* — C'est un animal de proie; sa force et sa férocité. *Ibid.* — Fables et histoires absurdes au sujet de l'hyène. P. 216.

HYÈNE. Cet animal, étant apprivoisé de jeunesse, peut devenir traitable et fort doux. *Add.*, t. X, p. 296 et 297. — Les hyènes ont toutes un défaut singulier, c'est qu'au moment où on les force à se mettre en mouvement elles sont boiteuses de la jambe gauche. P. 297.

HYÈNE de *l'île de Méroé.* Il se trouve dans cette île, qui est près de la Nubie, une hyène plus grande et plus forte que l'hyène ordinaire. *Add.*, t. X, p. 297.

HYMEN. Membrane de l'hymen. Opinions pour et contre l'existence de cette membrane. T. XI, p. 36 et suiv.

HYPOCRISIE. Portrait de l'hypocrisie. T. XI, p. 569.

I

IBIJAU du Brésil, espèce d'engoulevent. De temps en temps épanouit sa queue. Taille de l'hirondelle. Langue très petite. T. VII, p. 321. — Variétés. Petit engoulevent tacheté de Cayenne. Le grand ibijau ne diffère du petit que par la taille. Se tient dans les arbres creux aux bords des eaux. *Ibid.* — N'a ni les ongles ni les doigts conformés comme les autres engoulevents. *Ibid.*

IBIS; origine du culte de cet oiseau en Égypte. T. VIII, p. 1 et 2. — Combat de l'ibis contre les serpents, décrit par Hérodote. P. 2. — Il était défendu, sous peine de la vie, aux Égyptiens de tuer cet oiseau. P. 3. — Les ibis embaumés par les anciens Égyptiens, et renfermés dans des pots de terre cuite, ne se sont pas entièrement conservés; description de l'état actuel de ces momies. *Ibid.* — La grandeur de l'ibis est à peu près égale à celle du courlis. Il doit être placé entre ce dernier oiseau et la cigogne. P. 4. — L'ibis a ses habitudes naturelles et son domicile en Égypte, à l'exclusion de presque toutes les autres contrées. Il était l'emblème de l'Égypte, sur tous les monuments. Son histoire naturelle a été chargée de fables par les anciens. P. 5. — Son culte en Égypte était fondé sur l'utilité de cet oiseau dont l'instinct le porte à combattre et tuer les serpents et les autres reptiles, plus nombreux dans les terres basses voisines du Nil, que dans tout autre pays. *Ibid.* — L'ibis fait en effet la plus cruelle guerre à tous ces animaux rampants, ainsi qu'aux gros scarabées et aux sauterelles. P. 6. — Accoutumés au respect qu'on leur marquait en Égypte, ces oiseaux venaient sans crainte au milieu des villes. *Ibid.* — Ils posent leur nid sur les palmiers, dans l'épaisseur des feuilles piquantes; pour le mettre à l'abri des chats qui sont leurs ennemis; on croit que la ponte est de quatre œufs. P. 7. — L'ibis était consacré à la lune, et les anciens ont dit qu'il mettait autant de jours à faire éclore ses petits, que l'astre d'Isis en met à parcourir le cercle de ses phases. Ils lui ont attribué l'invention du clystère, comme celle de la saignée à l'hippopotame. *Ibid.* — Il y a deux espèces d'ibis, l'un blanc et l'autre noir. Leurs ressemblances et leurs différences. Explication d'un passage d'Hérodote au sujet des ibis, méprise grossière des traducteurs de cet historien sur ce passage. P. 4. — L'ibis blanc est bien connu des naturalistes; mais l'ibis noir n'a été que vu et décrit que par Belon. P. 8.

Ibis *blanc;* il est un peu plus grand que le courlis : sa description. T. VIII, p. 8. — Comparaison et proportion du corps de l'ibis avec celui de la cigogne. Le bec de l'ibis est gros et arrondi à sa base et courbé dans toute sa longueur. Les côtés en sont tranchants et assez durs pour couper les serpents, et c'est probablement de cette manière que cet oiseau les détruit. P. 8 et 9. — Description de cet oiseau, par M. Perrault. *Ibid.* — Description de ses parties intérieures. P. 9 et 10.

Ibis *noir;* il est un peu moins gros qu'un courlis : sa description et ses dimensions, par Belon. T. VIII, p. 10. — Il est plus petit que l'ibis blanc. Son plumage est entièrement noir. Ses habitudes naturelles paraissent être les mêmes que celles de l'ibis blanc. *Ibid.*

Ictérocéphale, nom du guépier à tête jaune. Se montre quelquefois en Alsace. Un peu plus gros que notre guépier. A le bec plus arqué. T. VII, p. 306.

Idées (nos), quelque générales qu'elles puissent être, ne comprennent pas les idées particulières de toutes les choses existantes et possibles. T. I, p. 19. — L'idée fondamentale de l'explication du système du monde est d'avoir pensé que la même force qui fait tomber les graves sur la terre est aussi celle qui retient la lune dans son orbite. P. 32. — Notions précises des idées simples et des idées composées. T. IV, p. 164. — Nos idées, bien loin de pouvoir être les causes des choses, n'en sont que les effets, et des effets très particuliers. P. 189. — Nos idées générales ne sont que des méthodes artificielles que nous nous sommes formées pour rassembler une grande quantité d'objets dans le même point de vue, et elles ont, comme toutes les méthodes, le défaut de ne pouvoir jamais tout comprendre; elles sont de même opposées à la marche de la nature, qui se fait uniformément, insensiblement et toujours particulièrement; en sorte que c'est pour vouloir comprendre un trop grand nombre de choses dans un seul mot que nous n'avons plus une idée claire de ce que ce mot signifie. P. 289.

Iles (les) ne sont, en général, que des sommets de montagnes. T. I, p. 37. — Le nombre des îles est moins considérable dans les mers septentrionales que dans les mers du midi. P. 50. — Il y a des îles qui ne sont précisément que des pointes de montagnes, comme l'île Sainte-Hélène, l'île de l'Ascension, etc. P. 136. — Il y a fort peu d'îles dans le milieu des mers, et elles sont au contraire en très grand nombre dans le voisinage des terres. P. 222.

Iles *nouvelles.* Deux espèces d'îles nouvelles; les premières formées par les eaux, et les autres par les feux souterrains T. I, p. 219 et suiv. — Description de la manière dont s'est formée une île nouvelle par l'action des feux souterrains. *Ibid.* — Les îles produites par les feux souterrains se forment toujours dans le voisinage des autres îles ou des côtes, et il n'y a pas d'exemples qu'il se soit formé d'îles nouvelles par cette cause à une distance considérable des terres. P. 221. — Formation des îles nouvelles par le dépôt des eaux et par l'abaissement ou l'abandon des eaux de la mer. p. 222.

Imagination (l') de la mère ne peut produire aucun effet intérieur ni extérieur sur le corps du fœtus; preuve de cette négation. T. IV, p. 367 et suiv. — Deux sortes d'imagination dans l'homme. T. IV, p. 446.

Imbrim ou grand plongeon de la mer du Nord. T. VIII, p. 134. — Ses dimensions. Sa description. Son séjour ordinaire est dans les mers du Nord, aux Orcades, aux îles de Feroë, sur les côtes d'Islande et vers le Groenland. P. 135.

Imitation (l') est de tous les résultats de la machine animale le plus admirable; c'en est le mobile le plus délicat et le plus étendu, c'est ce qui copie de plus près la pensée. T. IV, p. 455. — Développement des différentes causes qui, dans les animaux, produisent l'imitation. P. 455 et 456. — Talent de l'imitation, suppose l'organisation la plus parfaite, les dispositions du corps les plus heureuses, mais rien ne lui est plus opposé qu'une forte dose de bon sens. P. 456. — Les animaux doivent s'imiter beaucoup plus parfaitement que ne font les hommes. *Ibid.*

Immersion (prétendue) des hirondelles et autres oiseaux sous l'eau. T. VII, p. 330 et suiv. — P. 366.

Impénétrabilité (l') ne doit pas être regardée comme une force, mais comme une résistance essentielle à la matière. T. II, p. 215.

Impulsion. La force d'impulsion est subordonnée à la force d'attraction, et en dépend comme un effet particulier dépend d'un effet général. Preuve de cette assertion. T. II, p. 213 et suiv.

Impulsion. Elle tend à désunir et à séparer les corps. T. IV, p. 77. — L'impulsion est contemporaine de l'attraction. P. 78.

IMPULSION. La force d'impulsion s'exercerait dans la tangente de l'orbite des planètes si la force d'attraction cessait un instant; elle a certainement été communiquée aux astres en général par la main de Dieu, lorsqu'il donna le branle à l'univers. T. I, p. 68 et 69. — On peut, dans le système solaire, rendre raison de la force d'impulsion d'une manière vraisemblable et qui s'accorde avec les phénomènes. P. 69. — La cause de l'impulsion ou de tel autre principe mécanique reçu sera toujours aussi impossible à trouver que celle de l'attraction ou de telle autre qualité générale qu'on pourrait découvrir. T. IV, p. 174. — L'impulsion dépend de l'attraction; on peut le démontrer, parce que le mouvement ne peut se communiquer que par le ressort, que le ressort ne peut s'exercer qu'en supposant la cohérence des parties et que cette cohérence n'existe que par l'effet de l'attraction. T. II, p. 210 et 211. — S'il n'y avait pas de ressort dans la matière, il n'y aurait nulle force d'impulsion; explication de la manière dont on doit concevoir que le mouvement passe d'un corps dans un autre. P. 211.

INCANDESCENCE. Il faut une livre de matière ignée, c'est-à-dire une livre réelle de feu, pour donner à six cents livres de toute autre matière l'état d'incandescence jusqu'au rouge couleur de feu, et environ une livre sur cinq cents, pour que l'incandescence soit jusqu'au blanc ou jusqu'à la fusion. T. II, p. 426 et 427. — Expériences sur la durée de l'incandescence dans le fer. P. 427 et suiv. — La durée de l'incandescence est comme celle de la prise de consistance de la matière, en même raison que l'épaisseur des masses. Preuve de cette vérité par l'expérience. P. 430. — Durée de l'incandescence; la plus forte compression qu'on puisse donner à la matière pénétrée de feu autant qu'elle peut l'être ne diminue que de $\frac{1}{16}$ partie la durée de son incandescence, et dans la matière qui ne reçoit point de compression extérieure, cette durée est en même raison que son épaisseur. P. 431.

INCANDESCENCE. Toutes les matières, lorsqu'elles sont dans un état d'incandescence, c'est-à-dire lorsqu'elles sont blanches ou rouges de feu, sont alors environnées d'une flamme dense, qui ne s'étend qu'à une très petite distance, et qui, pour ainsi dire, est attachée à leur surface. T. II, p. 239. — Cette couleur blanche ou rouge qui sort de tous les corps en incandescence et vient frapper nos yeux est l'évaporation de cette flamme dense qui environne le corps en se renouvelant incessamment à sa surface. Ibid. — Incandescence produite par la chaleur obscure. P. 366.

INCANDESCENCE. Des aimants naturels portés à l'état d'incandescence, refroidis ensuite,

et placés entre deux grandes barres d'acier fortement aimantées, acquièrent un magnétisme plus fort; et plus un aimant est vigoureux, mieux il reçoit et conserve ce surcroît de force. T. IV, p. 112 et 113. — Des barres de fer en incandescence, tenues dans la direction du méridien magnétique, s'aimantent bien plus tôt et bien plus fortement que si elles étaient froides. P. 119.

INCENDIE des forêts. Cause du changement de déclinaison de l'aiguille aimantée. T. IV, p. 135.

INCLINAISON. L'inclinaison de l'aiguille aimantée démontre que la force magnétique prend à mesure que l'on approche des pôles une tendance de plus en plus approchante de la perpendiculaire à la surface du globe. T. IV, p. 99. — Elle est moins irrégulière que la déclinaison. Ibid. — Elle serait de quatre-vingt-dix degrés dans les parties polaires, si elle n'était pas dérangée par l'action des pôles magnétiques. Ibid. — Les éléments de l'inclinaison sont plus simples que ceux de la déclinaison. P. 141.

INCLINAISON de l'aimant. Si l'on pose un aimant sur du mercure dans une situation horizontale, et sous le méridien magnétique, il s'inclinera de manière que le pôle austral de cet aimant s'élèvera au-dessus, et que le pôle boréal s'abaissera au-dessous de la ligne horizontale dans notre hémisphère boréal, et le contraire arrive dans l'hémisphère austral. T. IV, p. 136.

INCLINAISON. Cause de l'inclinaison des couches de la terre et des bancs de rochers dans les montagnes; exemples à ce sujet. Add., t. I, p. 272 et 273. — Cette disposition est accidentelle et provient de l'affaissement des cavernes qui soutenaient partie de ces montagnes. Exemples à ce sujet. P. 273.

INCOMMENSURABLES. Raison des incommensurabilités. T. XI, p. 339. — Les grandeurs incommensurables ne viennent que de la différence des échelles arithmétiques et géométriques. P. 343.

INCRUSTATION. Origine de toutes les incrustations produites par les eaux des fontaines. T. II, p. 550. — L'incrustation est le moyen aussi simple que général, par lequel la nature conserve, pour ainsi dire à perpétuité, les empreintes de tous les corps sujets à la destruction. L'art a trouvé le moyen d'imiter en ceci la nature. Exemples à ce sujet. P. 584.

INCRUSTATION. Différences de l'incrustation et de la pétrification. Manière dont se font les incrustations, tant à l'extérieur qu'à l'intérieur des corps organisés. T. III, p. 584 et suiv. — Incrustation intérieure des corps organisés, et particulièrement des os, qui augmente leur volume en les gonflant. Exemple à ce sujet. P. 586 et 587.

INCUBATION. T. V, p. 38. — *Ibid.*, p. 297 et suiv.

INCUBATION artificielle. T. V, p. 299 et suiv.

INCUBATION ou action de couver. Est quelquefois une passion dans les oiseaux. T. VII, p. 217.

INCUBATION. Après six heures d'incubation, on voit dans la cicatricule de l'œuf la tête de l'embryon du poulet jointe à l'épine du dos; à douze heures d'incubation, on distingue aisément les vertèbres; à dix-huit heures, la tête a grossi et l'épine dorsale s'est allongée; à vingt-quatre heures, la tête du poulet paraît s'être recourbée; les vertèbres sont disposées des deux côtés du milieu de l'épine, comme de petits globules, et presque dans le même temps on voit paraître le commencement des ailes; à trente-huit heures d'incubation, on distingue dans la tête trois vésicules entourées de membranes qui enveloppent aussi l'épine du dos; à quarante heures, on voit le poulet vivant; les ébauches des yeux paraissent, le cœur bat et le sang circule. T. IV, p. 210 et 211.

INDIVIDUS. Il n'existe réellement dans la nature que des individus, et les genres, les ordres et les classes n'existent que dans notre imagination. T. I, p. 21. — Dans les animaux comme dans les plantes, le nombre d'individus est beaucoup plus grand dans le petit que dans le grand; l'espèce des mouches est peut-être cent millions de fois plus nombreuse que celle de l'éléphant, et de même il y a en général beaucoup plus d'herbes que d'arbres, plus de chiendents que de chênes. T. IV, p. 149 et 150.

INÉGALITÉS. Première origine des inégalités en hauteurs et profondeurs du globe terrestre et des autres planètes. T. II, p. 33. — Raisons pourquoi les plus grandes inégalités du globe se sont trouvées dans les contrées de l'équateur. P. 48 et 49.

INFÉCONDITÉ (l') absolue a été mal à propos attribuée aux mulets provenant d'espèces mélangées dans les animaux, dans les oiseaux et même dans les végétaux. Raison de cette erreur. Il n'y a de différence que du plus ou moins d'infécondité; mais aucun individu, quoique provenant de deux espèces différentes, n'est absolument infécond. T. IV, p. 515 et 516. — Exposition des causes de l'infécondité plus ou moins grande dans les animaux d'expèces mixtes. P. 521.

INFIBULATION pour les garçons et pour les filles. T. XI, p. 29. — *Infibulation* des filles et des femmes; manière dont se fait cette opération. P. 40.

INFINI. Progrès à l'infini; développement à l'infini; origine et examen de ces idées. — T. IV, p. 159. — L'idée de l'infini ne peut venir que de l'idée du fini. *Ibid.* — De la même manière que l'on peut démontrer que l'infini géométrique n'existe point, on s'assurera que le progrès à l'infini n'existe point non plus, et que ce n'est qu'une idée d'abstraction. *Ibid.*

INFINI. Nature de l'infini géométrique. T. XI, p. 331 et suiv. — L'idée de l'infini nous vient de l'idée du fini, et il n'existe point de nombres infiniment grands ou infiniment petits. P. 331.

INFLEXION (l') de la lumière n'est qu'une réfraction qui s'opère dans le même milieu: elle est produite par l'harmonie des corps auprès desquels passe la lumière. T. II, p. 412.

INFUSIBILITÉ. Voyez *Fusibilité*.

INONDATIONS. Réflexions sur les inondations. T. I, p. 150. — Les inondations sont ordinairement plus grandes dans les parties supérieures des fleuves que dans les parties inférieures et voisines de leur embouchure. Raisons de cet effet. *Ibid.* — Inondations du Nil. *Ibid.* — Inondations périodiques dans les grands fleuves. P. 155 et 156. — Les inondations du Nil sont plus petites aujourd'hui qu'autrefois. P. 155.

INSECTES. Raison de la prodigieuse multiplication des insectes. T. IV, p. 313. — Idée nouvelle au sujet de la métamorphose des insectes. Raison de leur transformation. Raison pourquoi le papillon ne produit pas des papillons et qu'il produit des chenilles. P. 318 et 319. — La plupart des insectes s'épuisent entièrement par la génération et meurent peu de temps après. P. 319 et 320.

INSECTES, sont un fonds de subsistance que les quadrupèdes dédaignent et que la nature semble avoir abandonné aux oiseaux. T. V, p. 32.

INSECTES trouvés dans des nids d'hirondelles de fenêtre. T. VII, p. 361.

INSTINCT (l') social n'est pas donné à toutes les espèces d'oiseaux; mais, dans celles où il se manifeste, il est plus décidé que dans les autres animaux; leurs attroupements sont plus nombreux; leur réunion plus constante que celle des quadrupèdes; cause de cette supériorité d'instinct social dans les oiseaux. T. VIII, p. 39.

INSTINCT, est le résultat du sentiment ou plutôt de la faculté de sentir. T. V, p. 13. — Causes de ses diversités. P. 13 et 14. — Est plus constant, plus uniforme que notre raison. P. 14.

INSTINCT des oiseaux, modifié différemment de celui des quadrupèdes, par cela seul qu'ils ont le sens de la vue plus parfait. T. V, p. 16. — La facilité, la vitesse et la continuité de leur mouvement, influent aussi sur leurs habitudes, modifient leur instinct et le rendent différent de celui des quadrupèdes. P. 28.

INSTINCT *des animaux*, paraît plus sûr que

la raison de l'homme, et leur industrie plus admirable que les arts. T. I, p. 6. — L'instinct n'est que le produit de toutes les facultés tant intérieures qu'extérieures de l'animal. T. IX, p. 299.

Insulaires. Description des insulaires de la mer du Sud, d'après le commodore Byron. *Add.*, t. XI, p. 290 et suiv. — D'après le capitaine Carteret. P. 291. — D'après Samuel Wallis. P. 291 et suiv.—D'après M. de Bougainville. P. 292 et suiv. — D'après le capitaine Cook. P. 293 et suiv.

Intempérance (l') détruit et fait languir plus d'hommes, elle seule, que tous les autres fléaux de la nature humaine réunis. T. IV, p. 436.

Intensité *de lumière* Cette intensité de la lumière de chaque objet est un élément que les auteurs qui ont écrit sur l'optique n'ont point employé, et qui néanmoins fait plus que l'augmentation de l'angle sous lequel un objet doit nous paraître, en vertu de la courbure des verres. T. II, p. 384.

Intestins, plus étendus dans les quadrupèdes et les oiseaux qui vivent de grains et de fruits, que dans les espèces carnassières. T. V, p. 31. — Ceux de l'autruche. P. 209 et suiv. — Du coq. P. 308.

Iris de l'œil. Comment l'iris est composé et nuancé de différentes couleurs dans l'œil de l'homme. T. XI, p. 51.

Irlande. On trouve en Irlande les mêmes fossiles, les mêmes coquillages et les mêmes productions marines que l'on trouve en Amérique, dont quelques-unes sont différentes de celles qu'on trouve dans le reste de l'Europe. T. I, p. 245.

Irritations *nerveuses*. L'aimant peut calmer les irritations nerveuses. T. I, p. 91.

Isana de Fernandez, paraît être plutôt un étourneau qu'une pie; se plaît dans les contrées les plus froides du Mexique. T. V, p. 587 et 588.

Isatis, *animal du Nord* dont l'espèce paraît être intermédiaire entre le renard et le chien. Il a été regardé comme une variété dans l'espèce du renard. On l'a nommé *renard croisé*, *renard bleu*, *renard blanc;* mais il paraît certain que c'est une espèce différente de celle du renard. T. IX, p. 586 et 587.—L'isatis se trouve très communément dans toutes les terres voisines de la mer Glaciale, et ne se trouve que peu ou point du tout en deçà du soixante-neuvième degré. Il ressemble au renard par la forme du corps et par la longueur de la queue, et au chien par la forme de la tête. Description de l'isatis, tant à l'intérieur qu'à l'extérieur. P. 586. — Sa voix tient de l'aboiement du chien et du glapissement du renard; sa fourrure est très belle et très recherchée, il y en a de blancs et d'autres bleu cendré, et cette différence de couleur n'est qu'une variété dans l'espèce. T. IX, p. 586 et 587. — Terres que cet animal habite. Sa manière de s'accoupler. Le temps où il entre en chaleur. La durée de la gestation; la manière dont il se retire dans un terrier. Il produit ordinairement six, sept ou huit petits. Pourquoi on l'a appelé *renard croisé*. P. 587. — Ses habitudes naturelles, sa manière de chasser et de se nourrir. Il a pour ennemi le glouton. Il se trouve dans l'Amérique septentrionale. P. 587 et 588.

Isatis (les) ou Cossacs sont très communs dans les grands déserts de Tartarie. Description d'un de ces animaux. *Add.*, t. X, p. 292.

Islande. L'Islande n'est qu'un amas de volcans éteints, ou actuellement agissants. T. IV, p. 81.

Iswoschiki des Cosaques est le *kaior*. Voyez ce mot.

Italie. Est un des plus vastes domaines du feu. T. IV, p. 83.

Ivoire *fossile*. Différents faits curieux sur l'ivoire fossile. T. IX, p. 341 et suiv.

Ivoire (l') fossile qu'on trouve en Sibérie, en Russie, au Canada, etc., est certainement de l'ivoire d'éléphant, et non pas de l'ivoire de morse ou vache marine. T. II, p. 13.

# J

Jabiru, oiseau de l'Amérique méridionale, beaucoup plus gros que la cigogne, et même supérieur en hauteur à la grue. Sa description et ses dimensions. C'est le plus grand des oiseaux de rivage. T. VII, p. 553 et 554. — Discussion critique au sujet d'une méprise des auteurs sur le jabiru. — P. 554 et 555. — On le rencontre aux bords des rivières et des lacs dans les lieux écartés. Il engraisse dans la saison des pluies, et se laisse tuer aisément à coups de fusil et même de flèches. P. 555.

Jabot des oiseaux, correspond à la panse des ruminants. T. V, p. 31. — Le griffon ou grand vautour a un jabot formé d'une membrane blanche et semé d'une quantité de vaisseaux très visibles. P. 89. — D'autres vautours ont ce jabot proéminent, mais ici il remplit seulement le creux de la poitrine. *Ibid.*

Jacamars; différences du genre des jacamars et de celui des martins-pêcheurs, et leurs ressemblances. Les jacamars sont de la même grosseur que les espèces moyennes de martins-pêcheurs. Différences des jacamars et des pics. T. VII, p. 522 et 523.— Le genre des jacamars n'est composé que de deux espèces, toutes deux naturelles aux climats chauds de l'Amérique. P. 523.

JACAMAR *proprement dit*; ses dimensions. Sa description. T. VII, p. 523.—Il se trouve à la Guyane et au Brésil. Il se nourrit d'insectes, et se tient dans les forêts humides. Son vol, quoique assez rapide, est très court. Il est toujours seul et se perche sur les branches à une hauteur moyenne, où il se tient fort en repos. P. 523 et 524.

JACAMAR; variété individuelle dans l'espèce du *jacamar proprement, dit.* T. VII, p. 523.

JACAMAR *à longue queue*; il est un peu plus grand que le jacamar proprement dit. Ses dimensions et sa description. T. VII, p. 524. — Différences du mâle et de la femelle. Différences des habitudes naturelles dans les deux espèces de jacamars. P. 524 et 525.

JACANA, oiseau du Brésil qui ressemble aux poules d'eau par le naturel et par plusieurs traits de sa conformation; mais il en diffère par des caractères singuliers et même uniques; il porte des éperons aux épaules, et des lambeaux de membranes sur le devant de la tête. Description des autres parties extérieures. T. VIII, p. 96 et 97. — L'espèce de cet oiseau est commune sur tous les marais du Brésil; elle se trouve aussi à la Guyane et à Saint-Domingue. Sa description. L'oiseau est armé d'un éperon exactement semblable aux épines ou crochets dont est garnie la raie bouclée. P. 97. — Le jacana n'a pas le corps plus gros que la caille, mais il a les jambes plus hautes. Cette première espèce est assez commune à Saint-Domingue. Ses habitudes naturelles. P. 97 et 98. — Son cri est assez semblable à celui de l'effraie. P. 98.

JACANA *noir*; sa description. Il se trouve au Brésil. T. VIII, p. 99.

JACANA-PÉCA, est une espèce peu différente de celle du jacana vert. T. VIII, p. 99 et 100. — Sa description. Il se sert de ses éperons aux épaules pour se défendre. Il est commun à la Guyane. Ses habitudes naturelles. P. 100.

JACANA *varié*. Sa description. T. VIII, p. 100. — Il se trouve au Brésil et à Carthagène. P. 101.

JACANA *vert*, c'est le plus bel oiseau de ce genre. Sa description. T. VIII, p. 99. — Il se trouve au Brésil ainsi que le jacana noir. *Ibid.* (note c).

JACAPU. L'oiseau appelé *jacapu* par Marcgrave n'est point le piauhau. T. VI, p. 440.

JACARINI, petite espèce de tangara très commune au Brésil et à la Guyane; détail de ses habitudes naturelles, et sa description. T. VI, p. 259. — On peut l'élever en cage en les mettant plusieurs ensemble. *Ibid.*

JACO ou perroquet *cendré*. Prononce souvent son nom. Est docile. Vient d'Afrique. Imite de préférence la voix des enfants; quelquefois aussi celle des adultes. T. VII, p. 91 et 92. — Montre beaucoup de bonne volonté pour apprendre à parler. P. 92 et suiv. — Singuliers efforts de mémoire de quelques-uns. P. 96. — Comment les anciens lui apprenaient à parler. *Ibid.* — Se répond quelquefois à lui-même. Sa haine pour les enfants. Son goût pour les filles de cuisine. P. 97. — Imite aussi les gestes et les mouvements. *Ibid.* — Son babil dans l'ivresse. *Ibid.* — L'hiver, se plaît au feu, l'été, à la pluie ou dans le bain. *Ibid.* — S'ennuie et bâille. Imite plusieurs cris. Se tait dans l'obscurité. Prend le ton des personnes qu'il entend souvent. P. 98. — Organes de la parole. Bec mobile. P. 99. — Ce bec est pour lui un second organe du toucher. P. 100. — Cet oiseau est granivore. La viande lui est contraire. Maladie qu'elle lui donne. P. 100 et 101. — Est sujet à changer de couleur. P. 101. — Autres maladies. *Ibid.* — Durée de sa vie. *Ibid.* — Pond quelquefois en France. Le mâle est jaloux. P. 101 et 102.

JACOBIN ou gros-bec de Java, gros-bec des Moluques, *gowry, coury,* d'où vient ce dernier nom; se nourrit comme les serins, paraît être de même espèce que le domino. T. VI, p. 104.

JACOBIN *huppé* de Coromandel. Sa huppe est couchée. A pour variété un coucou du cap de Bonne-Espérance, dont la queue n'est étagée que dans ses deux pennes extérieures. T. VII, p. 242.

JACOBIN, nom donné en Savoie au grand martinet à ventre blanc. T. VII, p. 382.

JACOBINE. Voyez *Oiseau-mouche à collier.*

JACURUTU du Brésil est notre grand-duc. T. V, p. 176.

JADE. Ses caractères apparents et ses ressemblances avec le quartz. T. II, p. 487 et 488.

JADE, est une pierre talqueuse qui, néanmoins, dans l'état où nous la connaissons, est plus dense et plus dure que le quartz et le jaspe, mais qui ne paraît avoir acquis cette grande dureté que par le moyen du feu. Preuves de cette présomption. T. III, p. 536. — Le jade est à demi transparent lorsqu'il est aminci, et ce caractère l'éloigne moins des quartz que des jaspes, qui sont entièrement opaques. *Ibid.* — Le poli ou la transparence graisseuse du jade provient des molécules talqueuses qui sont intimement unies dans sa substance. P. 537. — Le jade blanc est aussi dense que les jades colorés, et tous le sont plus que le quartz. P. 536. — Rapports du jade avec les serpentines et autres pierres talqueuses. P. 537. — Il paraît que la dureté et la densité du jade ne lui ont pas été données par la nature, mais imprimées par le secours de l'art, et principalement par l'action du feu. Faits qui vont à l'appui de cette présomption. *Ibid.* — Lieux particuliers où se trouve le jade; on n'en connaît point en carrières ni en grandes masses, et il ne paraît pas qu'il y en ait en Europe. *Ibid.* — Les anciens Américains avaient fait des haches de jade olivâtre. *Ibid.* — Ils avaient aussi fait d'autres ouvrages en formes de cylindres percés d'un bout à l'autre, ce qui suppose l'action d'un instrument plus dur que cette pierre, et semble démontrer, puisqu'ils n'avaient aucun outil d'acier, que la matière du jade n'était pas bien dure lorsqu'ils l'ont travaillée. P. 537 et 538. — Tous les jades, quoique travaillés, n'ont qu'assez peu de valeur réelle. Le jade vert ou olivâtre n'est estimé que par des propriétés imaginaires, comme de guérir de la pierre, etc., ce qui lui a fait donner le nom de *pierre néphrétique.* P. 538. — Le jade paraît être une matière mixte, qui forme la nuance entre les pierres quartzeuses et les pierres micacées. P. 539.

JAGUACATI, espèce de grand martin-pêcheur du nouveau continent, qui se trouve depuis la baie d'Hudson jusqu'au Brésil. T. VII, p. 518. — Sa description, comparée à celle d'autres martins-pêcheurs qui lui sont semblables. P. 518 et 519.

JAGUAR, animal de proie du nouveau continent; ses différences d'avec la panthère. T. IV, p. 539. — Comparaison de cet animal avec l'once, la panthère et le léopard. T. IX, p. 198 et 199. — Habitudes naturelles du jaguar. P. 199. — Il varie par les couleurs du poil. P. 200.

JAGUAR. Variétés dans l'espèce de cet animal. *Add.*, t. X, p. 298.

JAGUAR *de la Guyane.* Observations sur les jaguars de la Guyane, par M. Sonnini de Manoncour. Les jeunes individus, dans ces animaux, ont le poil lisse et non crêpé. *Add.*, t. X, p. 298. — Et les grands jaguars excèdent les dimensions que je leur avais données. Habitudes naturelles de ces animaux. *Ibid.*

JAGUAR *de la Nouvelle-Espagne.* Courte description de cet animal. *Add.*, t. X, p. 299.

JAGUARÈTE, animal de proie du nouveau continent; ses différences avec le jaguar. T. IX, p. 200.

JAGUARÈTE. Voyez *Couguar noir.* On l'appelle à Cayenne *tigre noir. Add.*, t. X, p. 299 et suiv.

JALOUSIE, différence de cette passion dans l'homme et dans les animaux. T. IV, p. 452 et 453.

JAMAC de Marcgrave, espèce de carouge. T. V, p. 663.

JAPACANI, est le rossignol jaune et brun de Klein, gros comme le bemtère ou comme l'étourneau; ne peut être le petit gobemouche jaune, et brun, de M. Sloane. T. V, p. 644.

JAPON, on n'y trouve d'autres perroquets que ceux qui y ont été apportés. T. VII, p. 126 et 127.

JAPONAIS, sont de la même race que les Chinois; ils ont seulement le teint plus basané, parce que leur climat est plus chaud. T. XI, p. 148.

JASEUR, a des appendices rouges à l'extrémité des pennes des ailes, et qui ne sont constantes ni dans leur forme ni dans leur nombre. T. VI, p. 84 et 85. — N'est point le xomotl. P. 84 (note *a*). — Comparé aux merles, aux pies-grièches, aux écorcheurs. P. 85, 89 (note *a*) et 90. — Ses voyages, son climat propre. P. 85. 87 et 88. — Sa nourriture, ses mœurs douces et sociales et leurs inconvénients; son cri, son plumage, ses dimensions; différences de la femelle. P. 88 à 90.

JASEUR d'Amérique, son plumage et ses dimensions. T. VI, p. 90 et 91.

JASEUSE (petite), un des noms du tirica; espèce de toui. T. VII, p. 191.

JASPE. Formation du jaspe dans les fentes du quartz; ce n'est au fond qu'une matière quartzeuse, imprégnée de substances métalliques qui ont donné au jaspe ses couleurs. Il est aussi infusible que le quartz. T. II, p. 475 et 484. — Comparaison de la substance des jaspes à celle du quartz. P. 477 et 478. — Pourquoi les jaspes sont beaucoup plus rares que les quartz. P. 478. — La cassure du jaspe est moins nette que celle du quartz, il est aussi plus opaque. P. 484. — Ses propriétés communes avec le quartz; il est un peu moins dur : raison de cette différence. *Ibid.* — Il reçoit un beau poli dans tous les sens. *Ibid.* — Jaspes de première et de seconde formation, les uns par le feu primitif, et les autres par la stillation des eaux. P. 484 et 485. — Observations par lesquelles on peut démontrer l'origine et la formation du jaspe dans le quartz. P. 485 et 486. — Jaspes se trouvent en grandes masses dans la Lorraine, en Provence, en Allemagne, en Bohême, en Saxe. P. 486. — En Italie, en Pologne. *Ibid.* — En Sibérie. Il y a même près d'Argun une montagne entière de jaspe vert; on en trouve jusqu'en Groenland : il y en a des montagnes dans la haute Égypte; il s'en trouve aussi dans plusieurs endroits des Grandes-Indes, à la Chine. P. 487. — Il y en a de même dans les montagnes de l'Amérique. *Ibid.* — Jaspes de différentes couleurs. *Ibid.*

JASPE, n'est qu'un quartz pénétré de matières métalliques qui lui ont ôté toute transparence. T. III, p. 523. — Tous les jaspes, de quelque couleur qu'ils soient, n'ont aucune transparence s'ils sont purs, et ce n'est que quand les autres substances vitreuses s'y trouvent interposées qu'ils laissent passer de la lumière. Jaspes agatés. *Ibid.* — Les jaspes primitifs n'ont ordinairement qu'une seule couleur verte ou rouge, et l'on peut regarder tous ceux qui sont décolorés ou teints de couleurs diverses ou variées, comme des stalactites des premiers. *Ibid.* — Tous les jaspes de première ou de seconde formation ont à peu près la même densité, et ils sont en général un peu plus denses que le quartz. P. 524. — Les jaspes de première et de dernière formation ont été pénétrés et teints par le fer. *Ibid.* — La matière du jaspe est la base de la substance des porphyres et des ophites. *Ibid.* — On reconnaît les jaspes à la cassure terreuse et à leur poli, qui, quoique assez beau, n'est pas aussi vif que celui des agates, cornalines, sardoines, etc., lesquelles sont à demi transparentes, et toutes plus dures que les jaspes. P. 525. — Les jaspes d'une seule couleur sont les plus durs et les plus fins. *Ibid.* — Le plus beau de tous les jaspes est le sanguin, qui, sur un vert plus ou moins bleuâtre, présente des points ou petites taches d'un rouge vif de sang. *Ibid.* — Différences du jaspe sanguin et du jaspe héliotrope. *Ibid.* — Ressemblances et différences des jaspes aux cailloux. *Ibid.* — Lieux où se trouvent les beaux jaspes. *Ibid.* — Les anciens comprenaient sous le nom de *jaspe* plusieurs autres pierres qui ne leur ressemblaient que par la couleur verte, telles que les primes d'émeraude, les prases, etc. *Ibid.* — On trouve certains jaspes en masses assez considérables pour en faire des statues. P. 526.

JAUNOIR ou merle du cap de Bonne-Espérance; son plumage, ses dimensions. T. VI, p. 50.

JAYET semble faire la nuance entre les bitumes et le charbon de terre. T. III, p. 3.

JAYET (le) est un bitume qui diffère du succin en ce qu'il est opaque et ordinairement très noir, mais il est du même genre. T. III, p. 55. — Leurs propriétés sont les mêmes; quoique solide et assez dur, le jayet est fort léger. On trouve quelques minières de jayet en France; indications de ces minières. Comparaison du jayet avec certains bois fossiles. *Ibid.* — On trouve de très beau jayet en Angleterre et en plusieurs endroits de l'Écosse; il y en a aussi en Allemagne, etc. Le jayet et le succin tirent immédiatement leur origine des végétaux, et ils

ne sont composés que d'huiles végétales, devenues bitumineuses par le mélange des acides. P. 56.

JEAN-LE-BLANC, ainsi nommé parce que le mâle a le dessous du corps blanc; ses dimensions. T. V, p. 74. — Ses couleurs. *Ibid.* — Pèse trois livres et quelques onces, plus gros, relativement à sa grandeur, que les aigles et les pygargues, en quoi il se rapproche [du balbuzard; il a les jambes dénuées de plumes et la queue blanche comme les pygargues; a les jambes plus longues et plus menues qu'aucune des trois espèces nommées; tient de la buse par la disposition des couleurs du plumage; vu de face, ressemble à l'aigle; vu de côté, ressemble à la buse, et son naturel tient de celui de ces deux espèces. P. 75. — Tourne volontiers les yeux du côté du plus grand jour et même vis-à-vis le soleil, cherche le feu, soutient le froid, vit de perdrix, volailles, lapins, mulots, lézards, grenouilles, de celles-ci en les déchirant en pièces; avale les mulots tout entiers, etc., refuse les fruits, le poisson, les vers, le pain, le fromage, etc., même après un jeûne de plusieurs jours; mais alors il mange de la viande cuite; il préfère la viande crue et saignante; rend les peaux des mulots et souris en pelotes d'un pouce; boit en plongeant son bec dans l'eau jusqu'aux yeux et ne boit que quand il se croit seul; dans tout le reste paraît peu inquiet, se laisse toucher; ne s'attache point, prend de la graisse en automne. P. 75 et 76. — La femelle est presque toute grise; elle est plus grande que le mâle; fait son nid presque à terre dans les terrains couverts de bruyères, de genêts, de joncs, quelquefois aussi sur des arbres élevés; pond trois œufs ardoisés. Le jean-le-blanc s'approche des habitations et surtout des basses-cours, dont il est le fléau; a les ailes courtes, le vol pesant et bas, saisit sa proie à terre, ne chasse que le matin et le soir. P. 77. — Son cri est un sifflement aigu. *Ibid.* — En a un autre de contentement. P. 76. — Ressemble à l'oiseau Saint-Martin, mais il est plus petit. P. 77. — Encore plus au *laniarius* d'Aldrovande ou *milvus albus* de Schwenckfeld. P. 79. — N'est point le *ring-tail* des Anglais, qui est notre soubuse. P. 78. — Comparé avec la harpaye. P. 117.

JEAN-DE-GAND, ou VAN-GHENT des Hollandais, rapporté au *goéland manteau-noir.* T. VIII, p. 466.

JENDAYA, perriche à longue queue et égale du Brésil. Taille du merle. T. VII, p. 180.

JETONS. Manière de compter avec des jetons, et moyens de perfectionner cette manière. T. XI, p. 337 et 338.

JEU. La fortune du jeu marche en apparence d'un pas indifférent et incertain; néanmoins, à chaque démarche elle tend à un but certain, qui est la ruine de ceux qui la tentent... Le jeu, par sa nature même, est un contrat vicieux jusque dans son principe, un contrat nuisible à chaque contractant... Démonstration de cette vérité. T. XI, p. 316.

Jeu du franc carreau. T. XI, p. 328 et 329.

Jeunes gens (les) qui s'épuisent par des irritations forcées commencent par cesser de croître, maigrissent et tombent dans le marasme; raison de cet effet. T. IV, p. 183.

Jeunesse. Peinture des passions dans la jeunesse, et de leurs effets. T. IV, p. 448.

Jevraschka, est une espèce de marmotte en Sibérie, plus petite que le monax ou marmotte du Canada, qui est elle-même plus petite que la marmotte des Alpes. Description du jevraschka, ses habitudes naturelles, sa voix, sa multiplication, etc. T. IX, p. 557.

Jocko. Description du jocko, de ses habitudes naturelles, de tous les mouvements et de toutes les actions par lesquelles il paraît imiter l'homme. T. X, p. 108.

Jocko. Le singe décrit sous ce nom était un jeune pongo. *Add.*, t. X, p. 153. — Description de cette petite espèce d'orangoutang. P. 158 et suiv. — Habitudes naturelles d'une femelle de cette espèce. P. 160 et suiv.

Joues nues, caractère propre aux aras. T. VII, p. 137. — Attribué mal à propos aux amazones. P. 153.

Jumart. Tout ce qu'on raconte au sujet des jumarts paraît fort suspect. T. IV, p. 506 (note *c*). — Nous ne sommes point en état de prononcer sur l'existence réelle de cette espèce de mulet; discussions à ce sujet. En Barbarie, on les appelle *kumrach*. P. 524. — On prétend qu'il y en a de trois espèces : la première qu'on dit provenir du taureau et de la jument, la seconde de l'âne et de la vache, et la troisième du taureau et de l'ânesse. *Ibid.*

Jumarts, qu'on a dit provenir du taureau et de la jument, ne sont que des bardots, c'est-à-dire des petits mulets provenant du cheval et de l'ânesse. La nature du taureau est trop éloignée de celle de la jument pour qu'ils puissent produire ensemble. T. IV, p. 489.

Jument. Manière de reconnaître le vrai temps de la chaleur des juments, et de leur donner l'étalon. T. VIII, p. 494. — Le premier poulain d'une jument n'est jamais si étoffé que ceux qu'elle produit par la suite. P. 496. — Manière de conduire les juments dans le temps de la gestation. P. 501. — Elles portent ordinairement onze mois et quelques jours ; elles accouchent debout. *Ibid.* — Dans un haras, il s'en faut beaucoup que toutes les juments qui ont été couvertes produisent tous les ans ; c'est

beaucoup lorsque, dans la même année, il s'en trouve la moitié ou les deux tiers qui donnent des poulains. P. 502. — Les juments, quoique pleines, peuvent souffrir l'accouplement, et cependant il n'y a jamais de superfétation. *Ibid.* — Elles produisent ordinairement jusqu'à l'âge de quatorze ou quinze ans. *Ibid.*

Jument. Son accouplement avec le taureau sans aucune production. T. IV, p. 525.

Jupiter (Planète de). Si Jupiter était de même densité que la terre, il se serait consolidé jusqu'au centre en 31,955 ans; refroidi à pouvoir en toucher la surface en 373,021 ans; et à la température actuelle de la terre en 814,314 ans; mais comme sa densité n'est à celle de la terre que : : 292 : 1,000, il s'est consolidé jusqu'au centre en 9,331 ans $\frac{1}{2}$; refroidi au point d'en pouvoir toucher la surface en 108,922 ans; et enfin ne se refroidira à la température actuelle de la terre qu'en 237,833 ans. T. I, p. 338. — Recherches sur la perte de la chaleur propre de cette planète, et sur la compensation à cette perte. P. 350. — Cette planète ne jouira de la même température dont jouit aujourd'hui la terre que dans l'année 240,431 de la formation des planètes. *Ibid.* — Le moment où la chaleur envoyée par le soleil à Jupiter se trouvera égale à la chaleur propre de cette planète n'arrivera que dans l'année 740302 de la formation des planètes. P. 351. — La surface que présente Jupiter à son premier satellite est 39,032 $\frac{1}{2}$ fois plus grande que celle que lui présente le soleil; ainsi dans le temps de l'incandescence, cette grosse planète était pour son premier satellite un astre de feu 39,032 $\frac{1}{2}$ fois plus grand que le soleil. P. 355. — Cette planète est la dernière sur laquelle la nature vivante pourra s'établir, et elle n'a pu encore le faire à cause de la trop grande chaleur qui subsiste encore aujourd'hui sur cette planète. P. 393. — La nature organisée, telle que nous la connaissons, n'est donc point encore née dans Jupiter, dont la chaleur est encore trop grande pour pouvoir en toucher la surface. P. 395.

Jupiter, *satellites de Jupiter*. — Grandeur relative des quatre satellites de Jupiter. T. I, p. 353. — Recherches de la compensation faite par la chaleur de Jupiter à la perte de la chaleur propre de ses satellites. P. 354.

### SATELLITES DE JUPITER.

*Premier satellite.* Recherches sur la perte de la chaleur propre de ce satellite et sur la compensation à cette perte. *Ibid.* — Le moment où la chaleur envoyée par Jupiter à ce satellite a été égale à sa chaleur propre s'est trouvé dès le temps de l'incandescence. P. 355. — Comparaison de la chaleur envoyée à ce satellite par Jupiter, et de la chaleur envoyée par le soleil. P. 356. — Ce satellite ne jouira de la même température dont jouit aujourd'hui la terre que dans l'année 222203 de la formation des planètes. *Ibid.* — Et ce ne sera que dans l'année 444406 de la formation des planètes qu'il sera refroidi à $\frac{1}{25}$ de la température actuelle de la terre. P. 357. — Ce satellite a été la seizième terre habitable, et la nature vivante y a duré depuis l'année 71166, et y durera jusqu'à l'année 311973 de la formation des planètes. P. 393. — La nature organisée, telle que nous la connaissons, est dans sa première vigueur sur ce premier satellite de Jupiter. P. 396.

*Deuxième satellite.* Recherches sur la perte de la chaleur propre de ce satellite, et sur la compensation à cette perte. P. 357 et suiv. — Le moment où la chaleur envoyée par Jupiter à ce satellite s'est trouvée égale à sa chaleur propre est arrivé dès l'année 639 de la formation des planètes. P. 359. — Il ne jouira de la même température dont jouit aujourd'hui la terre que dans l'année 193090 de la formation des planètes. P. 360. — Et ce ne sera que dans l'année 386180 de la formation des planètes qu'il sera refroidi à $\frac{1}{25}$ de la température actuelle de la terre. *Ibid.* — Ce satellite a été la quinzième terre habitable, et la nature vivante y a duré depuis l'année 61425, et y durera jusqu'à l'année 271098 de la formation des planètes. P. 393. — La nature organisée, telle que nous la connaissons, est dans sa première vigueur sur ce satellite. P. 396.

*Troisième satellite.* Recherches sur la perte de la chaleur propre de ce satellite et sur la compensation de cette perte. P. 360 et suiv. — Le moment où la chaleur envoyée par Jupiter à ce satellite s'est trouvée égale à sa chaleur propre est arrivé dès l'année 2490 de la formation des planètes. P. 362. — Il ne jouira de la même température dont jouit aujourd'hui la terre que dans l'année 176212 de la formation des planètes. Et ce ne sera que dans l'année 352424 de la formation des planètes qu'il sera refroidi à $\frac{1}{25}$ de la température actuelle de la terre. P. 364. — Ce satellite a été la treizième terre habitable, et la nature vivante y a duré depuis l'année 56651, et y durera jusqu'à l'année 247401 de la formation des planètes. P. 393. — La nature organisée, telle que nous la connaissons, est en pleine existence sur ce troisième satellite de Jupiter. P. 396.

*Quatrième satellite.* Recherches sur la perte de la chaleur propre de ce satellite et sur la compensation à cette perte. P. 364. — Le moment où la chaleur envoyée par Jupiter à ce satellite s'est trouvée égale à sa chaleur propre est arrivé dans l'année 15279 de la formation des planètes. P. 365. — Il a joui de la même température dont jouit aujourd'hui la terre dans l'année 70296 de la formation des planètes. Et ce ne sera que dans l'année 140592 de la formation des planètes qu'il sera refroidi à $\frac{1}{25}$ de la température actuelle de la terre. P. 367. — Ce satellite a été la cinquième terre habitable; la nature vivante y a duré depuis l'année 22600, et y durera jusqu'à l'année 98696 de la formation des planètes. P. 392. — La nature organisée, telle que nous la connaissons, est faible dans ce quatrième satellite de Jupiter. *Ibid.*

# K

KABARDINSKI, petit peuple d'une beauté singulière au milieu des Tartares, qui sont extrêmement laids. T. XI, p. 145.

KABASSOU, espèce de tatou qui a douze bandes mobiles sur le dos; sa description et ses caractères spécifiques. T. IX, p. 272. — Il a la queue nue et sans têt, ce qui lui est particulier, tous les autres tatous ayant la queue couverte d'un têt comme le corps. *Ibid.* — Il a une odeur de musc. P. 276.

KAIOR ou KAIOVER de Kamtschatka, rapporté au *petit guillemot.* T. VIII, p. 433.

KAIOR ou KAIOVER, de Steller. Sa notice. T. VIII, p. 469.

KAKATOES. T. VII, p. 85 et suiv. — Les plus grands perroquets de l'ancien continent. Naturels au climat de l'Asie méridionale, presque tous remarquables par leur blancheur, par leur bec plus arrondi, et par leur huppe à double rang de plumes longues. Ne parlent point ou très peu. S'apprivoisent aisément. Font en quelques endroits des Indes leur nid sur les toits. Marchent en sautillant. Se prennent le bec réciproquement par forme de caresse. *Ibid.*

KAKATOES *à ailes et queue rouges* d'Aldrovande. Serait un kakatoës s'il avait une huppe. T. VII, p. 90.

KAKATOES (petit) *à bec couleur de chair;* espèce la plus petite. T. VII, p. 89.

p. 380. — Sa description par Shaw. P. 381 et 382.

Kob ou *petite vache brune du Sénégal*, espèce de gazelle; sa description. T. IX, p. 473.

Koba ou *grande vache brune du Sénégal*, espèce de gazelle; sa description. T. IX, p. 473.

Kob et Koba. Leurs différences. Ce sont deux races ou variétés de la même espèce. *Add.*, t. X, p. 469 et suiv.

Koriaques et *Kamtschadales*. Description de ces peuples. *Add.*, t. XI, p. 265 et suiv. — Leurs comparaisons avec les Samoïèdes, les Lapons et les Groenlandais. *Ibid.*

Koriaques sédentaires, Koriaques errants; différences remarquables dans leurs mœurs. *Add.*, t. XI, p. 260.

Koulan. Outre les tarpans ou chevaux sauvages, et les czigithais ou mulets féconds de Daourie, on trouve dans les grands déserts, au delà du Jaïk, du Yemba, du Sarason et dans le voisinage du lac Aral, une troisième espèce d'animal que les Kirghises ou les Kalmouks appellent *koulan*, qui paraît être l'*onagre* des auteurs, et qui semble faire nuance entre le czigithai et l'âne. *Add.*, t. X, p. 422 et 423. — Habitudes naturelles des *koulans*. Ils courent très rapidement et sont indomptables, et il y en a des troupes très nombreuses; ils sont plus grands que les chevaux sauvages ou tarpans, mais moins grands que les czigithais. Leur description. P. 423.

Koulik, espèce d'aracari, dont le mot *koulik* est le cri. T. VII, p. 475. — Ses dimensions. Sa description; se trouve à Cayenne. Différences du mâle et de la femelle. *Ibid.*

Koupara ou *chien crabe de la Guyane*. Notice au sujet de cet animal. *Add.*, t. X, p. 287.

Kouri, est une petite espèce d'unau qui se trouve à Cayenne. Ses ressemblances avec le grand unau; ses différences. *Add.*, t. X, p. 362. — Sa description. Il y a apparence que ce petit unau ne forme avec le grand unau qu'une seule et même espèce, qui peut varier pour la grandeur. *Ibid.*

Kratzhot des Russes. Voyez *Chungar*.

Krzyczka de Rzaczynski, sorte d'oiseau de marais. T. VIII, p. 466.

Kumrach, nom que l'on donne en Barbarie aux mulets ou jumarts qu'on prétend provenir de l'âne et de la vache, suivant le docteur Shaw. *Add.*, t. X, p. 524.

Kutgeghef. Voyez *Mouette* tachetée.

# L

Labbe ou Stercoraire. Ses différences et ressemblances avec les mouettes. Il est ennemi de la petite mouette cendrée tachetée qu'il poursuit sans cesse. T. VIII, p. 228. — Sa nourriture n'est pas la fiente des autres oiseaux comme on le croit vulgairement. *Ibid.* — Son vol. Sa manière de vivre. Sa présence indique aux pêcheurs les endroits où se trouvent les harengs. Il ne va point en grandes troupes, mais seulement en petites compagnies de trois ou quatre. P. 229. — Manière dont il force les mouettes à dégorger leur poisson. La femelle pond ses œufs sur les rochers; le mâle est plus noir et un peu plus gros que la femelle. Sa grandeur, sa couleur, sa figure et celle de ses parties extérieures. *Ibid.* — Son maintien, son cri. Son espèce n'est pas nombreuse. *Ibid.* — Cet oiseau, par la forme de son bec, fait la nuance entre les mouettes et les pétrels. P. 230.

Labbe *à longue queue*; il porte deux longs brins au milieu de la queue, et ce caractère le distingue de l'espèce précédente; description de son plumage. Il se trouve en Sibérie et en Norvège. T. VIII, p. 231. — On le voit aussi sur les côtes de la baie d'Hudson. *Ibid.* — Il y a quelque apparence que les deux espèces de labbe peuvent se réduire à une seule, et que celui-ci qui a de longs brins à la queue est le mâle et l'autre la femelle. P. 232.

Lac-Lunæ. Origine de *Lac-lunæ*, autrement dit *Medulla saxi*. T. I, p. 228.

Lacs. Quelques lacs ont des correspondances souterraines avec les mers voisines. T. I, p. 39. — Il ne se trouve point de lacs au sommet des plus hautes montagnes. P. 63. — Les uns reçoivent des eaux et en rendent, d'autres n'en reçoivent ni n'en rendent, et d'autres, sans en recevoir, en rendent continuellement et paraissent être les sources des plus grands fleuves de la terre. P. 63 et 175. — Trois espèces de lacs. Énumération des principaux lacs de chacune des espèces. P. 175 et suiv. — Tous les lacs dont les fleuves tirent leur origine, tous ceux qui se trouvent dans les cours des fleuves ou qui en sont voisins et qui y versent leurs eaux ne sont point salés, et tous ceux au contraire qui reçoivent des fleuves sans qu'il en sorte d'autres fleuves sont salés. P. 178. — Exposition des lacs doux et des lacs salés, avec les raisons de cette différence. *Ibid.*

Lacs. Tous les lacs dont il sort des fleuves ne sont point salés ; tandis que presque tous ceux qui reçoivent des fleuves sans qu'il en sorte sont imprégnés de sel. *Add.*, t. I, p. 275. — Il y a des lacs dont les eaux étaient autrefois douces et qui sont à présent salées. P. 283 et suiv.

Lagopède ou perdrix blanche, en quelle saison est blanc, a le dessous des pieds velu ; sa grosseur, sa chair, son séjour de préférence. T. V, p. 388 et 889. — Ses sourcils rouges ; variétés de sexe, variation dans les couleurs du plumage. P. 390. — Détail du plumage, du duvet des pieds. P. 390 et 391. — Grosseur de l'oiseau, son séjour d'habitude, sa voix, sa couleur pendant l'été ; semble fuir le soleil. P. 391 et 392. — On le garde dans des volières, s'apprivoise par stupidité, vole en troupes et pesamment ; sa nourriture, qualité de sa chair, sa ponte. P. 393. — Observations anatomiques. *Ibid.*

Lagopède de la baie d'Hudson ou perdrix blanche, n'est point le ptarmigan ; ses livrées d'été et d'hiver, ses pieds pattus ; passe la nuit dans la neige et le jour au soleil, fait la nuance entre le lagopède et l'attagas. T. V, p. 394.

Laie (la) ou Truie *sauvage*, ne produit qu'une fois par an, et la truie domestique produit deux fois l'année. T. VIII, p. 579. — Elle est en chaleur au mois de janvier ou de février. *Ibid.* — Comment elle conduit ses petits et combien de temps elle les allaite. *Ibid.*

Laine. Choix de la laine et ses différentes qualités. T. VIII, p. 560. — La laine est moins une substance de la nature qu'une production du climat aidée des soins de l'homme. T. IX, p. 406.

Lait. Quelles doivent être les apparences d'un bon lait. T. VIII, p. 549.

Laitier. La couleur et la qualité du laitier sont les plus sûrs indices de la bonne ou mauvaise allure d'un fourneau, et de la bonne ou mauvaise proportion de la quantité de mine et de charbon, et du mélange proportionnel de la matière calcaire et de la matière vitrescible. Description de la couleur et de la consistance d'un bon laitier. Différence entre le laitier et la mine brûlée. T. II, p. 442.

Laitiers *des volcans* sont des verres ou des espèces d'émaux qui peuvent être imités par l'art. Laitier noir et laitier blanc des volcans. Celui-ci est bien plus rare que l'autre. T. IV, p. 51. — Il y en a aussi de bleus ou bleuâtres et verdâtres. P. 52. — Usages de ces laitiers de volcans dont on peut faire de très bonnes pierres de touche. *Ibid.*

Laiton. Voyez *Cuivre jaune.* T. III, p. 306. — Est un peu plus dense que le cuivre pur, mais c'est lorsque ni l'un ni l'autre n'ont été comprimés ou battus, car il devient moins dense que le cuivre rouge après la compression ; il est aussi moins sujet à verdir, et, suivant les différentes doses du mélange, cet alliage est plus ou moins blanc, jaunâtre, jaune ou rouge ; c'est d'après ces différentes couleurs qu'il prend les noms de *Similor*, de *Peinchebec* et de *Métal de prince.* *Ibid.*

Laiton est souvent attirable à l'aimant. Raison de cet effet. T. IV, p. 45.

Lama, appartient au nouveau continent, et n'existait pas dans l'ancien. T. IV, p. 572. — Le lama et le paco ne se trouvent que dans le nouveau monde, et n'habitent que les montagnes de l'Amérique méridionale. C'étaient les seuls animaux domestiques des anciens Américains, et les Espagnols s'en servent encore aujourd'hui pour porter les fardeaux dans les montagnes. T. IX, p. 535 et suiv. — Le Pérou est la vraie patrie des lamas ; ils y sont en grand nombre et ils y servent très utilement ; leur chair est bonne à manger, leur poil est une laine d'un bon usage. Ils portent ordinairement cent cinquante ou deux cents livres ; ils ne font guère que quatre ou cinq lieues par jour, mais il est vrai que c'est dans des chemins très difficiles, etc. P. 537. — Les lamas croissent assez vite, et sont en état de produire à l'âge de trois ans, mais ils commencent à dépérir à douze ans ; ils sont vieux à quinze ; leur naturel paraît être modelé sur celui des Américains ; ils sont doux et flegmatiques, etc. *Ibid.* — Description de la manière dont on les conduit et dont on les nourrit. Leurs autres habitudes naturelles. *Ibid.* — Description du lama et de ses différentes parties. P. 539. — Quoique le lama soit un animal très lascif, il a cependant beaucoup de peine à s'accoupler. Préludes extraordinaires qui précèdent l'accouplement. *Ibid.* — Les lamas ne coûtent pour ainsi dire ni entretien ni nourriture ; ils sont fort sobres et boivent fort rarement ; ils s'abreuvent de leur salive qui est fort abondante. P. 540. — Le lama sauvage, qu'on appelle *huanacus*, se trouve en troupe sur les montagnes du Pérou et du Chili. Habitudes naturelles de ces lamas sauvages ; ils sont très vigoureux dans les parties les plus élevées des Cordillères, mais faibles et languissants dans les parties basses et au pied de ces montagnes, où ils ne restent jamais que malgré eux. *Ibid.* — Comparaison du lama avec le chameau. T. IV, p. 198.

Lama. Sa grandeur. Il semble être un diminutif en beau du chameau ; comparaison de ces deux animaux. *Add.*, t. X, p. 427. — Description du lama. *Ibid.* — Ses dimensions. Son naturel. *Ibid.* — Ses allures, ses habitudes naturelles. Il n'a pas besoin de boire, ayant une très grande abondance de salive. Les lamas ne craignent point le froid et marchent en troupes dans leur état de liberté, et ils sont très aisés à apprivoiser. P. 428. — Lama est un nom générique que les Indiens du Pérou donnent indifféremment à toutes sortes de bêtes à laine. P. 430. — Le lama produit dans les climats chauds comme dans les climats froids, et dans l'état de domesticité comme dans celui de liberté. La femelle ne fait qu'un petit à chaque portée. Le lama ne trotte ni ne galope, mais son pas ordinaire est si doux, qu'au Pérou les femmes s'en servent de préférence à toute autre monture; on les envoie paître dans les campagnes en toute liberté, sans qu'ils cherchent à s'enfuir. On les tond une fois l'an. *Ibid.*

LAMANTIN. Nous comprenons sous ce nom le lamantin ou manati de Cayenne, de Saint-Domingue, etc., et aussi le lamantin du Sénégal, qui ne paraissent être que deux variétés de la même espèce. T. X, p. 2. — Origine de ce nom. P. 25 (note *a*). — Le lamantin n'est pas entièrement cétacé; sa description détaillée. Il tient aux cétacés par les parties de l'arrière de son corps, et ne tient plus aux quadrupèdes que par les deux pieds ou par les deux mains qui sont en avant à côté de sa poitrine. P. 25 et 26. — Sa description et son histoire d'après Oviedo. P. 26. — Le lamantin ne va jamais à terre, et préfère le séjour des eaux douces à celui de l'eau salée. Sa longueur est de seize à vingt pieds. P. 27. — Il se trouve aux bords de la mer Atlantique et de la mer Pacifique. Il s'accouple dans l'eau, sur un bas-fond. Il broute l'herbe qui croît le long des rivages. *Ibid.* — Il a la queue horizontale, c'est-à-dire située comme celle des animaux cétacés. Il n'a point de dents de devant, mais il a trente-deux dents molaires; il a les yeux petits et mauvais, mais l'oreille excellente; les femelles ne portent qu'un petit, qu'elles embrassent avec leurs mains, et qu'elles allaitent; leur lait est de bon goût. P. 29. — Il a cinquante-deux vertèbres; sa langue est attachée en dessous presque jusqu'à son extrémité à la mâchoire inférieure. Autre description du lamantin. *Ibid.* — Faits historiques au sujet du lamantin. *Ibid.* — L'espèce n'en est pas confinée aux fleuves et aux mers du nouveau monde; il paraît qu'elle existe aussi sur les côtes et dans les rivières de l'Afrique. Description du lamantin du Sénégal. P. 31 et 32. — Le lamantin de Cayenne et le lamantin du Sénégal paraissent être de la même espèce. Faits historiques au sujet des lamantins des différents climats. P. 33.

LAMANTINS (les) forment la nuance entre les amphibies et les cétacés. Quoique informes à l'extérieur, ils sont à l'intérieur très bien organisés. *Add.*, t. X, p. 74. — Leur naturel et leurs mœurs semblent tenir quelque chose de l'intelligence et des qualités sociales. Ils se tiennent presque toujours en troupes. Ils se prêtent dans le danger de mutuels secours. Le mâle n'a communément qu'une femelle. Leur manière de s'accoupler. Ils ne viennent jamais à terre. Ils ont le trou ovale du cœur ouvert. Ils n'habitent pas les hautes mers et se nourrissent de fucus et d'autres herbes marines. P. 75. — Leur chair et leur graisse sont également bonnes à manger. Description de quelques-unes de leurs parties extérieures. Ils n'ont que de très petits trous auditifs et point d'oreilles externes. La partie génitale de la femelle n'est pas située, comme dans les autres animaux, au-dessous, mais au-dessus de l'anus. P. 76. — Caractères généraux et particuliers des différentes espèces de lamantins. *Ibid.* — On peut compter cinq espèces de lamantins, savoir : le grand lamantin de Kamtschatka, le grand lamantin des Antilles, le grand lamantin de la mer des Indes orientales et méridionales, le petit lamantin d'Amérique et le petit lamantin du Sénégal. Différences caractéristiques de ces cinq espèces. P. 84 et 85.

LAMANTIN (grand) *de Kamtschatka.* Il manque absolument de doigts et d'ongles dans les deux mains ou nageoires; il manque aussi de dents, et n'a dans chaque mâchoire qu'un os fort et robuste qui lui sert à broyer les aliments, tandis que les lamantins d'Amérique et d'Afrique ont des doigts et des ongles, et des dents molaires au fond de la gueule. *Add.*, t. X, p. 76. — Le lamantin de Kamtschatka se trouve dans la mer orientale, au delà de Kamtschatka. Ses habitudes naturelles. *Ibid.* — La femelle ne produit qu'un petit à la fois, et le temps de la gestation est d'environ un an. P. 77. — Le mâle et la femelle s'accouplent dans l'eau; manière dont ils préludent à l'accouplement. *Ibid.* — Il est plus facile de harponner les lamantins adultes que les petits ou les jeunes; manière dont on les harponne et comment on les tire au rivage. Ils ont le trou ovale du cœur ouvert. P. 78. — Ils ne mangent point de poisson, mais seulement des fucus et plusieurs autres herbes. Leur manière de dormir dans l'eau. Ils sont très gras en été et fort maigres en hiver. Leur graisse est aussi bonne que le beurre. *Ibid.* — La chair des jeunes est assez bonne à manger. La peau des vieux est très épaisse; elle est si dure, lorsqu'elle est sèche, qu'on a peine à l'entamer avec la hache. Un lamantin décrit par M. Steller pesait huit milliers, et sa longueur était de vingt-trois pieds; description d'un de ces animaux. Caractères par lesquels le lamantin de Kamtschatka diffère de tous les animaux terrestres ou marins. P. 79 et suiv.

est composé de parties vitreuses et de parties calcaires en moindre quantité. *Ibid.* — Les parties blanches sont calcaires ou gypseuses, et les parties bleues sont vitreuses et teintes en bleu par le fer; les parties jaunes et brillantes sont pyriteuses et ne contiennent point d'or, ni même de cuivre. *Ibid.* — Le lapis, comme la zéolithe et toutes les autres pierres mélangées de vitreux et de calcaire, se fond sans addition et se réduit en verre. *Ibid.* — Les parties bleues, séparées des autres, n'entrent point en fusion et ne perdent point au feu leur belle couleur bleue; c'est ce qui distingue le vrai lapis de la pierre arménienne et de la pierre d'azur, dont le bleu s'évanouit au feu. *Ibid.* — Autres propriétés du lapis. *Ibid.* — Lieux où se trouve le lapis. P. 592.

LAPONIE. Première découverte des côtes septentrionales de la Laponie. *Add.*, t. XI, p. 263. — Établissement des Danois sur les côtes occidentales de la Laponie, jusqu'au soixante-onzième ou soixante-douzième degré. Établissement des Russes sur la côte orientale de la Laponie, à la même hauteur de soixante-onze ou soixante-douze degrés. P. 264.

LAPONS. Leur figure, leur naturel, leurs mœurs et leurs usages. T. XI, p. 139 et suiv. — Ils mènent une vie très dure et très triste, et cependant ne sont jamais malades et parviennent à une vieillesse extrême. P. 141. — Ils sont cependant sujets à la cécité. *Ibid.*

LAPONS. Description des Lapons, comparaison de leur figure et de leurs mœurs avec les autres peuples du Nord. *Add.*, t. XI, p. 260.

LARD dans différentes espèces d'animaux. T. VIII, p. 575.

LATANIER (Palmier). Son fruit que mangent les aras est très dur. T. VII, p. 150.

LATAX (le) d'Aristote est vraisemblablement l'animal indiqué par Belon sous le nom de *loup-marin*. Raison de cette présomption. T. IX, p. 605.

LAVANDIÈRE; ressemblances et différences de la lavandière et des bergeronnettes. T. VI, p. 538. — Caractères communs à la lavandière et aux bergeronnettes. *Ibid.* — Discussion critique au sujet du nom grec mal appliqué à la lavandière. Elle n'a point de nom dans cette langue. P. 539. — Sa description. *Ibid.* — Ses habitudes naturelles. P. 540. — Origine de son nom. *Ibid.* — Différences du mâle et de la femelle. P. 541. — Elle fait son nid à terre, ordinairement au bord des eaux. Description de ce nid, dans lequel la femelle pond quatre ou cinq œufs blancs, semés de taches brunes, et ne fait communément qu'une nichée par an. Leur affection et leurs soins pour leurs petits sont remarquables. *Ibid.* — Ces oiseaux

mangent très goulument et ne vivent que d'insectes. Différences du mouvement de leur queue lorsqu'ils volent et lorsqu'ils sont posés. P. 542. — Manière de les prendre. *Ibid.* — Leur voix, leur cri, leur chamaillis en automne. Ils semblent être très sensibles au plaisir de leur société entre eux. Ils partent en octobre pour passer l'hiver dans des climats plus chauds. P. 543. — L'espèce est non seulement répandue en Europe, mais on la retrouve en Afrique, en Asie et jusqu'aux Philippines. P. 544.

LAVANDIÈRE, couve l'œuf du coucou déposé dans son nid. T. VII, p. 218.

LAVANGES. Leurs différentes espèces; exposition de leurs effets, et moyen de s'en garantir. *Add.*, t. I, p. 290 et 291.

LAVES. Nature des laves, leur formation, leur écoulement. *Add.*, t. I, p. 302 et suiv. — Différence de la sortie des laves dans les grands et dans les petits volcans. P. 302. — Effets désastreux causés par les torrents de lave, un mouvement de plus que dans les torrents d'eau; ce mouvement tend à soulever toute la masse qui coule, et il est produit par la force expansive de la chaleur dans l'intérieur du torrent embrasé. Effets prodigieux de ce mouvement. P. 319. — Les torrents de lave ont jusqu'à deux et trois mille toises de largeur, et quelquefois cent cinquante et même deux cents pieds d'épaisseur. Calcul du temps nécessaire pour le refroidissement des laves. Exemple de laves qui n'étaient pas encore refroidies au bout de quatre ans, et même de huit ans. P. 321. — Les laves se convertissent avec le temps en bonne terre; manière dont se fait cette conversion. P. 323.

LAVES. Les laves des volcans, qui ne sont que du verre fondu, deviennent avec le temps des terres fécondes, ce qui est une preuve invincible que la surface primitive de la terre, d'abord en fusion, puis consolidée, a pu de même devenir féconde. T. II, p. 79.

LAVES DES VOLCANS diffèrent des basaltes par plusieurs caractères; on doit les distinguer en laves compactes et en laves vaporeuses. T. IV, p. 51. — Il y a des laves et des basaltes qui sont évidemment changées en terres argileuses. *Ibid.* — On trouve dans les laves du fer critallisé en octaèdre, du fer en mine spéculaire, en hématite, etc. *Ibid.* — Il y a des laves poreuses qui sont si légères qu'elles se soutiennent sur l'eau, et d'autres qui, quoique poreuses, sont fort pesantes; celle qui est plus légère que l'eau est assez rare. *Ibid.*

LAVES *volcaniques*. Toutes les laves sont plus ou moins mêlées de particules de fer; mais il est rare d'y voir d'autres métaux, et aucun métal ne s'y trouve en filons réguliers et qui aient de la suite. T. III, p. 78. —

Stalactites des laves par l'intermède de l'eau.
P. 81.

Laves. Les matières fondues et rejetées par les volcans, soit qu'elles coulent à la surface de la terre, ou qu'elles s'élèvent en colonnes ardentes au-dessus des cratères, attirent le fluide électrique des divers corps qu'elles rencontrent. T. IV, p. 77.

Lavoirs. Différentes espèces de lavoirs pour les mines de fer en grains et les usages que l'on en doit faire suivant les différentes espèces de mines. T. II, p. 439 et suiv.

Leming. Description détaillée de cet animal. T. IX, p. 602. — Il habite ordinairement les montagnes de Norvège et de Laponie; mais il en descend quelquefois en si grand nombre, qu'on regarde l'arrivée de ces animaux comme un fléau terrible : ils dévastent absolument la campagne; ils aboient comme de petits chiens, et mordent le bâton avec lequel on les frappe; ils se creusent de grands terriers. Le mâle est plus grand que la femelle. P. 602 et 603. — Habitudes naturelles du leming; la chair de cet animal est mauvaise et sa fourrure inutile. P. 603.

Lentilles de verre solide. T. II, p. 408. — Grandeur et proportion qu'on doit donner aux lentilles, pour qu'elles puissent brûler le plus avantageusement. P. 409. — Inconvénients qui résultent de l'épaisseur des lentilles ordinaires. La partie du milieu de la lentille ne fait presque aucun effet. P. 409 et 410.

Lentille à échelons, est le miroir par réfraction le plus parfait qu'on puisse faire. Son invention et sa description, avec le calcul de ses effets. T. II, p. 410. — Comparaison des effets de cette lentille à échelons, avec l'effet des lentilles ordinaires. Ibid. — Sa construction et sa description. P. 411.

Léopard. Application équivoque de ce nom; courte description de l'animal auquel nous le donnons. T. IX, p. 189. — Origine de ce nom. P. 191. — Habitudes naturelles du léopard. P. 196 et 197. — Il ne s'apprivoise pas comme l'once. Ibid. — Ses différences d'avec la panthère et l'once. Ibid. — Cette espèce paraît être sujette à plus de variétés que celles de la panthère et de l'once. P. 197 et 198. — Sa fourrure est précieuse et plus chère que celle de la panthère ou de l'once. P. 198.

Lérot. Le loir demeure dans les forêts et semble fuir nos habitations; le lérot, au contraire, habite nos jardins, et se trouve quelquefois dans nos maisons. T. IX, p. 130. — Habitudes naturelles du lérot. P. 131. — Les lérots s'accouplent au printemps et produisent en été, et font cinq ou six petits qui croissent promptement, mais qui cependant ne produisent eux-mêmes que dans l'année suivante. Ibid. — Leur chair n'est pas mangeable comme celle du loir; ils ne deviennent pas aussi gras, et manquent des feuillets graisseux qui se trouvent dans le loir, et qui enveloppent la masse entière des intestins. Ibid. — Ces animaux ne se trouvent pas dans les pays très froids. Ibid.

Lérot a queue dorée. Habitudes, description et dimensions de cet animal. Add., t. X, p. 328.

Lettres. L'empire des lettres ne peut s'accroître et même se soutenir que par la liberté. T. XI, p. 578. — Les lettres, dans leur état actuel, ont plus besoin de concorde que de protection. Invitation aux gens de lettres. P. 582.

Liberté favorable à la multiplication des oiseaux. T. V, p. 422. — Amour des faisans pour la liberté. P. 427. — Précautions nécessaires pour la donner aux faisandeaux qu'on a élevés dans les parcs. P. 428 et 429. — Ce qu'il en faut laisser à la perdrix pour l'apprivoiser. P. 474 et 475.

Lidmée. Grande espèce d'antilope. T. IX, p. 477.

Liège de montagne, est une substance composée de particules micacées; ses différences avec le cuir de montagne. T. III, p. 557. — Description du liège de montagne qui se trouve dans le diocèse d'Alais, sur le chemin de Mandagout à Vigan. P. 558.

Lièvres. L'espèce en est excessivement nombreuse et presque universellement répandue. T. IX, p. 37. — Ils sont en état d'engendrer en tout temps et dès la première année de leur vie. P. 40. — Les femelles ne portent que trente ou trente-un jours; elles produisent trois ou quatre petits, et, dès qu'elles ont mis bas, elles reçoivent le mâle; elles le reçoivent aussi lorsqu'elles sont pleines, et par la conformation particulière de leurs parties génitales, il y a souvent superfétation. Ibid. — Singularités de conformation dans les parties génitales de la femelle du lièvre, qui fait que souvent on prend la femelle pour un mâle. Ibid. — Les petits ont les yeux ouverts en naissant; la mère les allaite pendant vingt jours. Ibid. — Habitudes naturelles du lièvre. P. 41. — Nourriture du lièvre. Ibid. — Il ne rumine pas, quoiqu'il ne vive que d'herbes. Ibid. — Les lièvres dorment beaucoup, et dorment les yeux ouverts. P. 42. — Mouvement du lièvre dans sa course. Ibid. — Les lièvres ne vivent que sept ou huit ans au plus. Ibid. — Ils passent leur vie dans la solitude et dans le silence. P. 43. — Ils s'apprivoisent aisément et sont même susceptibles d'éducation, mais ils ne peuvent devenir animaux domestiques, parce qu'ils reprennent leur liberté dès qu'ils en trouvent l'occasion. Ibid. — Instinct et sagacité du lièvre. Ibid. — Dans cette espèce, les femelles sont un peu plus grosses que les mâles. P. 44. — Les lièvres des montagnes sont plus grands et plus gros que ceux des plaines. *Ibid.* — Ils deviennent blancs pendant l'hiver dans les pays du Nord. *Ibid.* — Indice par lequel on peut reconnaître de loin un lièvre au gîte. P. 46. — Il y a dans quelques provinces du Nord des lièvres qui ont des cornes ou plutôt des bois assez semblables à celui du chevreuil; causes probables de cet effet. T. IV, p. 481.

Lièvre. Dans les Pyrénées, cet animal se creuse des tanières entre les rochers et se terre comme les lapins; et à l'île de France et au Sénégal, les lièvres sont beaucoup moins gros qu'en Europe. *Add.*, t. X, p. 351 et 352.

Lièvre *sauteur*. Voyez *Grande gerboise*, appelée au cap de Bonne-Espérance *lièvre sauteur*.

Ligne brûlante à l'infini ou à l'indéfini, n'est pas une rêverie comme l'a dit *Descartes*. T. II, p. 383 et 384.

Limaçon, a des parties propres à la copulation, et chaque individu a en même temps les deux sexes. T. IV, p. 316.

Limaille (la) de fer, mêlée avec de l'eau, devient une masse solide difficile à casser. T. II, p. 359.

Limaille *de fer* (la) est attirée plus puissamment par l'aimant, que la poudre même de la pierre d'aimant. T. IV, p. 111 et 112. — La limaille de fer comprimée peut acquérir la vertu magnétique qu'elle perd lorsqu'elle est réduite à l'état pulvérulent. P. 113. — Chacune des particules de limaille doit être considérée comme une petite aiguille aimantée qui a ses pôles. *Ibid.* — La limaille de fer, agitée sur un carton au-dessous d'une pierre d'aimant, s'arrange de manière à laisser deux vides aux endroits qui correspondent aux deux pôles de la pierre. Mais lorsqu'on présente l'aimant sur la limaille de fer sans la secouer, ce sont au contraire les pôles de la pierre qui s'en chargent le plus. P. 114. — Les particules de limaille de fer se dressent perpendiculairement sur les deux pôles de l'aimant, et s'inclinent vers ces pôles, à mesure qu'elles sont plus voisines de l'équateur de ce même aimant, où elles s'attachent horizontalement. P. 137.

Limon. Terre limoneuse. On a confondu le limon avec l'argile, et l'on a pris la terre limoneuse pour une terre argileuse; erreurs provenues de cette méprise dans la minéralogie. T. II, p. 616. — La terre limoneuse est essentiellement d'une nature différente de l'argile. — Voyez *Terre végétale.* P. 617 et suiv.

Limon. Formation du limon par le sédiment des pluies, des rosées, etc.; c'est la première couche de terre qui environne le globe. T. I, p. 105.

Lion. Son caractère et son naturel. T. IX, p. 166. — Les lions qui habitent les plus hautes montagnes où la chaleur est moindre sont moins féroces que ceux qui habitent les plaines, où la chaleur est excessive. *Ibid.* — L'espèce n'en est pas très nombreuse, et il paraît même qu'elle diminue tous les jours. *Ibid.* — Les lions du désert sont beaucoup plus intrépides et plus courageux que ceux des pays habités. P. 168. — Le lion est susceptible des impressions qu'on lui donne, et se prive jusqu'à un certain point. *Ibid.* — Il s'irrite des mauvais traitements et en conserve le souvenir, comme il conserve aussi la mémoire des bienfaits. P. 169. — Sa colère est noble, son courage magnanime, son naturel sensible. *Ibid.* — Il ne détruit que par nécessité, et ne tue les animaux qu'autant qu'il en a besoin pour se nourrir. *Ibid.* — Portrait du lion. *Ibid.* — Sa force prodigieuse et son agilité. *Ibid.* — Il fait mouvoir la peau de sa face et celle de son front. *Ibid.* — Il a la faculté de remuer sa crinière. *Ibid.* — L'espèce du lion est une des plus nobles, parce qu'elle est unique, et qu'on ne peut la confondre avec aucune autre. P. 170. — Les lions de la plus grande taille ont environ huit ou neuf pieds de longueur, et quatre ou cinq pieds de hauteur. *Ibid.* — Il y a très peu ou point de variétés dans l'espèce du lion. P. 171. — La crinière du lion n'est pas du crin, mais un long poil lisse; les lionnes n'ont point de crinière. *Ibid.* — L'animal d'Amérique que les Européens ont appelé *lion*, et que les naturels du Pérou appellent *puma*, n'est point un lion. *Ibid.* — Le lion ne se trouve que dans les climats les plus chauds; cependant il peut vivre et subsister assez longtemps dans les climats tempérés. — P. 172. Le lion vit vingt à vingt-cinq ans. P. 174. — Il n'évente pas de loin l'odeur des autres animaux; il ne les chasse qu'à vue, ou il les attend au passage pour se lancer dessus. P. 176. — On a donné le nom de *guide* du lion ou de *pourvoyeur* du lion à une espèce de lynx. *Ibid.* — Dans les forêts et les déserts, la nourriture la plus ordinaire du lion sont les gazelles et les singes. *Ibid.* — Il ne grimpe pas sur les arbres et ne prend les singes que quand ils sont à terre. *Ibid.* — Le lion mange beaucoup à la fois et se remplit pour deux ou trois jours; il brise les os et les avale avec la chair. *Ibid.* — Il boit toutes les fois qu'il peut trouver de l'eau; il boit en lapant et perd en même temps beaucoup d'eau. *Ibid.* — Il lui faut environ quinze livres de chair crue par jour. *Ibid.* — Son rugissement est différent de son cri ordinaire. P. 177. — Il voit la nuit comme le chat; son sommeil est court et léger. *Ibid.* — Marche, course et autres mouvements du lion. *Ibid.* — Manière dont il saisit sa proie, et quels sont les animaux qu'il cherche de préférence. *Ibid.* — Manière de chasser le lion. P. 178.

LIONNE (la) est dans toutes ses dimensions d'environ un quart plus petite que le lion. T. IX, p. 171. — Elle a quatre mamelles. P. 174. — Lorsqu'elle est en chaleur, elle est suivie de plusieurs mâles qui se battent furieusement entre eux. P. 175. — Elle met bas au printemps, et ne produit qu'une fois tous les ans ; elle est terrible lorsqu'elle a des petits. *Ibid.* — Le lion marche rarement pendant l'ardeur du jour, et c'est la nuit qu'il fait toutes ses courses. P. 176.

LION MARIN. Voyez *Phoque.* T. X, p. 2. Très grande espèce de phoque que l'on trouve sur les côtes des terres magellaniques. Description des lions marins; leur grandeur, leur grosseur ; quantité énorme de graisse dont ils sont surchargés. Leur différence d'avec les autres phoques. Les lions marins mâles ont une espèce de grosse crête qui pend au bout de la mâchoire supérieure; cette crête manque à la femelle. P. 12. — Ils se tiennent en troupes et passent tout l'été dans la mer, et tout l'hiver à terre; c'est dans cette saison que les femelles mettent bas ; elles ne produisent qu'un ou deux petits, qu'elles allaitent. *Ibid.* — Leurs habitudes naturelles, leur naturel pesant, leur sommeil, leur voix, leurs cris, leurs combats; qualités de leur chair. Il est très facile de les tuer. P. 13. — Description du lion marin. P. 14. — Voyez *Dugon.* P. 23.

LION MARIN (le) est la plus grande espèce de phoques qui ait des oreilles externes. *Add.*, t. X, p. 62. — On a trouvé des lions marins dans les deux hémisphères aux latitudes les plus élevées, comme dans les mers du Kamtschatka et dans celles des terres magellaniques, et peut-être cette espèce d'amphibie fréquente toutes les latitudes, ainsi que la plupart des autres phoques. Les lions marins vont en grandes familles. *Ibid.* — Chaque famille est ordinairement composée d'un mâle adulte, de dix à douze femelles et de quinze à vingt jeunes des deux sexes. P. 62 et 63. — Leurs habitudes en société tant sur mer que sur terre; la présence et la voix de l'homme les fait fuir. Ils sont d'un naturel doux et timide. *Ibid.* — Manière dont les habitants du Kamtschatka chassent et tuent ces animaux. P. 63. — Ils s'habitueraient aisément avec l'homme. P. 64. — Les mâles se battent souvent entre eux pour conserver ou ravir les femelles. Ils choisissent une grosse pierre pour domicile sur la terre. *Ibid.* Leurs combats particuliers et généraux. *Ibid.* — Les femelles ne paraissent pas avoir un grand attachement pour leurs petits. Les mâles et les femelles semblent s'aimer beaucoup dans tous les temps, et cependant les mâles paraissent

moins complaisants et plus fiers dans celui des amours. P. 65. — Manière dont ils préludent à leur accouplement. P. 66. — L'été est la saison des amours. Le temps de la gestation est de près de onze mois. La portée n'est ordinairement que d'un petit. *Ibid.* — Ils ne mangent que peu ou rien tant que durent leurs amours. Ils se nourrissent de poissons, de crustacés et de coquillages. Leur voix et leurs cris. P. 67. — Leur manière de marcher. *Ibid.* — Ils sont lourds et dorment sur le rivage. Ils peuvent rester longtemps sous l'eau sans respirer. *Ibid.* — On l'appelle lion marin parce qu'il porte une crinière jaune comme le lion terrestre. La femelle n'a point cette crinière. Description du lion marin. P. 68. — Il n'y a point de feutre sous les grands poils comme dans l'ours marin. Poids et dimensions des plus grands lions marins. P. 68 et 69. — Dimensions d'une jeune femelle. P. 71 et 72. — Différence entre l'ours marin et le lion marin. P. 72.

LIN INCOMBUSTIBLE. Voyez *Amiante* et *Asbeste.* C'est la même matière que le lin vif, *linum vinum* de Pline.

LINOT rouge, s'unit à la linotte commune. T. V, p. 11.

LINOTTE (la) doit être placée immédiatement après les serins par les rapports qui se trouvent entre ces deux espèces, et par la facilité de leur mélange. T. VI, p. 152. — Le linot mâle et la femelle canari produisent des métis féconds. *Ibid.* — Portrait de la linotte. P. 152 et 153. — Altération que lui cause l'état de domesticité. P. 153. — On dénature son chant; on lui apprend à siffler quelques mots, et quelquefois à les prononcer assez franchement. *Ibid.* — La linotte ordinaire ou linotte grise et la linotte rouge ou linotte de vigne paraissent ne former qu'une seule espèce ; raisons de cette opinion. P. 154 et suiv. — Elle fait souvent son nid dans les vignes, le pose quelquefois à terre, mais plus souvent l'attache entre des branches. P. 155. — Ce nid est composé de petites racines, de petites feuilles et de mousse au dehors, d'un peu de plumes et de crin avec beaucoup de laine en dedans; on y trouve trois, quatre, cinq et six œufs qui sont d'un brun sale, tachetés de rouge brun au gros bout. P. 155 et 156. — Les linottes ne font ordinairement que deux pontes par an; elles commencent à se réunir en troupes vers la fin d'août; elles vivent en société pendant tout l'hiver; elles volent en compagnies très serrées et couchent la nuit sur les arbres dont les feuilles ne sont pas encore tombées. P. 156. — Elles vivent de chènevis et de toutes sortes de petites graines. Les femelles ne chantent ni n'apprennent à chanter, les jeunes mâles pris au nid sont les seuls susceptibles de cette éducation.

*Ibid.*—Manière de les élever. *Ibid.* et suiv.— Ces oiseaux vivent longtemps en captivité et prennent de l'affection pour les gens qui les soignent. P. 157 et suiv.—Ils entrent en mue aux environs de la canicule et quelquefois beaucoup plus tard; manière de les traiter en domesticité. *Ibid.* — Différence du mâle et de la femelle. P. 158. — Variétés dans l'espèce de la linotte. *Ibid.*

LINOTTE *bleue* de Catesby (la) est le même oiseau que le ministre. T. VI, p. 165.

LINOTTE *brune.* Sa description. T. VI, p. 164.

LINOTTE *gris de fer.* Ses différences et ses ressemblances avec la linotte commune. T. VI, p. 163.

LINOTTE *de montagne*, commune dans les montagnes de Derby en Angleterre; ses différences et ressemblances avec la linotte commune. T. VI, p. 159 et 160.

LINOTTE *à tête jaune* (la), nommée par quelques-uns moineau du Mexique, a plus de rapport avec les linottes qu'avec les moineaux. T. VI, p. 163. — Description de cet oiseau. *Ibid.* et suiv. — Il se trouve au Mexique. P. 164.

LINOTTE. Voyez *Oiseaux.*

LINOTTES, âgées de quatorze ou quinze ans. T. V, p. 34 (note *a*).

LITORNE, ses rapports avec le mauvis. T. VI, p. 3. — En quoi diffère des autres grives; variétés de sexe, ses voyages, lieux qu'elle aime, sa nourriture, ses mœurs; s'apprivoise quelquefois, aime le froid; sa ponte; qualité de sa chair; nourrit et soigne les petits de la draine lorsqu'elle les trouve dans son nid; se prend au lacet; son bec, ses pieds. P. 19.—Se trouve en Suède. p. 22.

LITORNE à tête blanche. T. VI, p. 21.

LITORNE de Canada, est de passage; son chant, sa nourriture de choix. T. VI, p. 22.

LITORNE de Cayenne, n'est pas si grivelée. T. VI, p. 21 et 22.

LITORNE pie ou tachetée; sa grosseur, son plumage. T. VI, p. 21.

LIVRÉE, signifie dans les quadrupèdes la couleur du pelage des jeunes animaux avant la première mue. T. V, p. 49.

LOCUSTELLE, espèce d'alouette encore plus petite que l'alouette-pipi. On l'appelle en Angleterre *alouette des saules.* Sa description. T. VI, p. 431 et 432.

LOHONG ou outarde huppée d'Arabie, comparée à la nôtre; son plumage, sa huppe. T. V, p. 280. — Diffère des gallinacés. P. 281.

LOIR. Trois espèces de loirs, le loir, le lérot et le muscardin, qui tous trois sont engourdis pendant l'hiver comme la marmotte. T. IX, p. 126. — Différences du loir, du lérot et du muscardin. *Ibid.* — Les loirs ne sont pas dans le sommeil pendant l'hiver, mais dans un engourdissement ou une torpeur produite par le refroidissement du sang; ils ont si peu de chaleur intérieure, qu'elle n'excède guère celle de la température de l'air : preuves de cette assertion par l'expérience du thermomètre, lequel plongé dans le corps de ces animaux reste au même degré. P. 126 et 127. — Ils ont très peu de chaleur en comparaison des autres animaux, dix degrés au thermomètre, au lieu que les autres en ont trente ou trente-deux. P. 127. — Ces animaux, tenus pendant l'hiver dans un lieu bien chaud, ne s'engourdissent pas. *Ibid.* — Lorsqu'ils sentent le froid, ils se mettent en boule pour offrir moins de surface à l'air et se conserver un peu de chaleur. *Ibid.* — Manière de les dégourdir. *Ibid.* — Quoique engourdis et sans mouvement, ils sentent cependant la douleur quand elle est très vive. *Ibid.* — Exposés à une forte gelée, ils meurent en peu de temps. *Ibid.* — Ils se raniment pendant l'hiver lorsque le temps est fort doux. P. 128. — Les loirs faisaient partie de la bonne chère chez les Romains; leur chair est très grasse en tout temps. *Ibid.* — Habitudes naturelles du loir. *Ibid.* —Il ne s'apprivoise pas autant que l'écureuil. P. 129. — Les loirs se recherchent au printemps; ils font leurs petits en été, les portées sont ordinairement de quatre ou de cinq. *Ibid.* — Ils ne se trouvent pas dans les climats très froids. *Ibid.*

LOIRS, dorment l'hiver engourdis dans leurs trous. Fausses conséquences qu'on a voulu tirer de ce fait. T. VII, p. 331 et suiv.

LONDRES. La fécondité de cette ville ne suffit pas au maintien de sa population. T. XI, p. 440. On vieillit moins à Londres qu'à Paris. *Ibid.*

LORI (grand). A treize pouces de longueur. Le lori de Ceylan de M. Wosmaër paraît être le même. Apporté en Hollande y vécut peu. T. VII, p. 113.

LORI *à collier*, ne doit pas être nommé *lori des Indes orientales.* Est doux, familier, mais délicat et difficile à élever, apprend très aisément à parler. Variétés de cette espèce. T. VIII, p. 109.

LORI *à collier* des Indes. Voyez *Lori à collier.*

LORI *cramoisi.* Ses couleurs peu éclatantes. Se trouve à Amboine. T. VII, p. 111 et 112.

LORI de Céram. Variété du lori-noira. T. VII, p. 109.

LORI de Gilolo. Voyez *Lori rouge.*

LORI de Guèby. Voyez *Lori rouge et violet.*

LORI de la Chine. N'est pas de la Chine. Voyez *Lori rouge.*

LORI des Indes orientales. Voyez *Lori à collier.*

LORI des Moluques. Voyez *Lori-noira.*

Lori des Philippines. Voyez *Lori tricolor.*

Lori-noira, se trouve à Ternate, à Ceram, à Java. Très recherché dans les Indes. S'attache à son maître, le caresse, mord les étrangers. T. VII, p. 108. — Variétés. P. 109.

Lori-perruche *rouge*. Oiseau très rare selon Edwards. Donné à M. Hans Sloane comme venant de Borneo. T. VII, p. 113 et 314.

Lori-perruche *tricolor*. Distribution de ses couleurs. Gros comme une tourterelle. T. VII, p. 115.

Lori-perruche *violet et rouge*. Le violet de son plumage est un bleu violet. T. VII, p. 114.

Lori (petit). Voyez *Lori tricolor.*

Lori *rouge*, est presque entièrement de cette couleur. Mal à propos nommé *lori de la Chine*. Paraît le même que le lori de Gilolo de M. Sonnerat. T. VII, p. 112.

Lori *rouge et violet*. Nommé aussi *lori de Gueby*. N'a que huit pouces de longueur totale. T. VII, p. 112.

Lori *tricolor*, beau, familier, caressant, siffle et parle distinctement. Trouvé à l'île d'Yolo. T. VII, p. 111.

Loriot, difficulté de reconnaître ses vrais noms chez les anciens; ses amours, son nid, ses œufs. T. V, p. 666. — Son affection courageuse pour ses petits, ses voyages, ses dimensions. P. 668. — Ses couleurs; variété de sexe et d'âge, son cri; observations anatomiques; sa nourriture; façon de le prendre; variétés. *Ibid.* — Autres variétés. 670.

Loriot de la Chine et sa femelle; variété du loriot. T. V, p. 670.

Loriot de la Cochinchine ou coulavan, avec ses variétés; lui-même est une variété de notre loriot, ses différences. T. V, p. 670.

Loriot des Indes, le plus jaune des loriots, et variété du nôtre. T. V, p. 671.

Loriot-rayé, fait la nuance entre les loriots et les merles. T. V, p. 671.

Loris, famille des perroquets des Indes orientales. Tirent leur nom de leur cri. Le rouge domine dans leur plumage. Sont plus agiles que les autres. Apprennent à siffler, à parler. S'apprivoisent et s'accoutument aisément à la captivité, mais plus difficilement au changement de climat. Sujets à l'épilepsie. Ne se trouvent qu'aux Moluques et à la Nouvelle-Guinée. Les espèces sont différentes d'une île à l'autre. T. VII, p, 107. — Apprennent aisément à parler. P. 108.

Loris-perruches. Nuance entre les loris et les perruches. T. VII, p. 113. — Forme et longueur de leur queue. P. 115.

Loris, petit animal qu'on trouve à Ceylan, qui est quadrumane, et qui, comme le singe, n'a pas de queue, qui a le museau pointu comme les makis, et qui est remarquable par l'élégance de sa figure. Il est peut-être de tous les animaux celui dont le corps a le plus de longueur relativement à sa grosseur. Sa description et sa comparaison avec les makis. T. IX, p. 572.

Loris de Bengale. Description et habitudes de cet animal. *Add.*, t. X, p. 226 et suiv.

Louche. L'inégalité de force dans les yeux est la cause du regard louche. T. XI, p. 19.

Louche, yeux louches. Voyez *Strabisme.*

Louisiane. Ne s'y trouve qu'une seule espèce de perroquets. T. VII, p. 185.

Loup. Quoique pris jeune et élevé dans la maison, se livre tôt ou tard à son penchant pour la rapine et la destruction. T. VIII, p. 587. — Son tempérament et ses habitudes naturelles. T. IX, p. 71. — Naturel du loup très opposé à celui du chien. P. 71 et 72. — Les loups s'entre-dévorent, et lorsqu'un loup est grièvement blessé, les autres le suivent au sang et s'attroupent pour l'achever. *Ibid.* — Le loup pris jeune se prive, mais ne s'attache point, et reprend avec l'âge sa nature féroce. P. 72. — Les loups se cherchent une fois par an, et les mâles ne demeurent que peu de temps avec la femelle. P. 73. — Ils se battent cruellement pour les femelles. *Ibid.* — Différences extérieures du loup avec le chien. *Ibid.* — Les loups s'accouplent comme les chiens, et ont comme eux la verge osseuse. *Ibid.* — Ils naissent les yeux fermés comme les chiens. *Ibid.* — Les loups mâles et femelles sont en état d'engendrer à l'âge d'environ deux ans. P. 74. — Ils vivent quinze ou vingt ans. *Ibid.* — Ils blanchissent dans la vieillesse. P. 75. — Ils dorment d'un sommeil très léger. *Ibid.* — Ils ont besoin de boire souvent, mais ils supportent longtemps le manque de nourriture; ils avalent de la glaise, etc. *Ibid.* — Le loup est très difficile à forcer à la course. *Ibid.* — Connaissances nécessaires pour la chasse du loup. P. 76. — Manière de chasser et de prendre les loups. *Ibid.* — Variétés dans la couleur et la grandeur des loups suivant le climat. P. 76 et 77. — Qualités nuisibles du loup. P. 77.

Loup. La femelle peut s'accoupler et produire avec le chien; exemple à ce sujet. *Add.*, t. IV, p. 508 et suiv. — Mais le loup, quoique adouci par l'éducation, reprend avec l'âge sa férocité naturelle. P. 511. — Suivant Pontoppidan, il n'en existait point en Norvège avant l'année 1718. T. X, p. 288. — On connait deux espèces de ces animaux au cap de Bonne-Espérance. *Ibid.*

Loup-cervier (le) n'est pas un animal différent du chat-cervier, et tous deux sont la même chose que le lynx. T. IX, p. 207.

Loup-doré, est le même animal que le chacal. T. IX, p. 581.

Loup *du Mexique*. Notice au sujet de cet animal ; sa description; ses différences d'avec le loup ordinaire. T. X, p. 288.

Loup noir (le) *de Canada*, est de la même espèce que le loup d'Europe. T. IX , p. 225. — Il est plus petit que le loup commun et que le loup noir de l'Europe. *Ibid.* — Ses différences d'avec le loup commun. *Ibid.* — Sa peau ne peut faire qu'une fourrure assez grossière. P. 226.

Loup-tigre , est le même animal que le guépard. T. IX , p. 579.

Loups, dans cette espèce le mâle et la femelle restent unis pendant l'éducation des petits. T. V, p. 39.

Loups-garous, sont des loups qui s'accoutument à manger des cadavres humains, et qui ensuite attaquent les hommes. T. IX, p. 76.

Loutre. Caractère et naturel de la loutre. T. IX, p. 87. — Elle est plus avide de poisson que de chair. Elle a plus de facilité qu'aucun autre animal pour nager, ayant des membranes entre les doigts à tous les pieds. *Ibid.* — Elle ne va point à la mer et ne parcourt que les aux douces. *Ibid.* — Elle ne peut pas rester longtemps sous l'eau sans respirer. *Ibid.* — Elle devient en chaleur en hiver, et met bas au mois de mars. Les portées sont de trois ou de quatre. *Ibid.* — Les jeunes loutres sont plus laides que les vieilles. P. 88. — Habitudes naturelles de la loutre. *Ibid.* — Elle fait dans un vivier ce que le putois fait dans un poulailler. Elle y tue beaucoup plus de poisson qu'elle n'en peut manger. *Ibid.* — La peau de la loutre prise en hiver fait une bonne fourrure. — — L'espèce n'en est pas fort nombreuse. P. 89.

Loutre *de l'Amérique septentrionale*. La fourrure en est plus belle que celle de notre loutre d'Europe. T. IX, p. 89. — Elle est beaucoup plus grande que la loutre d'Europe; mais, au reste, elle est absolument semblable. Les loutres et les castors sont communément plus grands, et ont le poil plus noir et plus beau en Amérique qu'en Europe. T. IX, p. 605.

Loutre *d'Egypte*, est le nom que quelques auteurs ont donné à l'*Ichneumon* ou *grande Mangouste*. T. IX, p. 606.

Loutre. En Norvège, cet animal se trouve autour des eaux salées comme autour des eaux douces. *Add.*, T. X, p. 273.

Loutres *de Cayenne*. On connaît trois espèces de loutres à Cayenne; notice à ce sujet. *Add.*, t. X, p. 274. — L'une de ces espèces, qui est la plus grande, se trouve également dans les terres d'Oyacpock. *Ibid.*

Loutre, *petite loutre d'eau douce de Cayenne*. Description de cet animal. *Add.*, t. X, p. 313.

Louve, sa chaleur ne dure que douze ou quinze jours; elle commence par les vieilles louves. Les mâles n'ont point de rut marqué, ils pourraient s'accoupler en tout temps; ils passent successivement de femelles en femelles à mesure qu'elles deviennent en état de les recevoir; ils ont des vieilles à la fin de décembre et finissent par les jeunes au mois de février et au commencement de mars. Le temps de la gestation est d'environ trois mois et demi, et l'on trouve des louveteaux nouveau-nés depuis la fin d'avril jusqu'au mois de juillet. T. IX, p. 73. — Les louves se font un lit pour mettre bas. P. 73 et 74. — Elles produisent ordinairement cinq ou six petits, quelquefois sept, huit et même neuf, et jamais moins de trois. P. 74. — Manière dont la louve défend et cache ses petits. *Ibid.*

Lowando. Voyez *Ouenderou*.

Lowando. Addition à l'article de ce singe. *Add.*, t. X, p. 133 et suiv. — Le singe de Moco décrit dans cette page et dans la suivante est le babouin à museau de chien. *Avertissement.*

Luen ou argus, sorte de faisan de la Chine. T. V, p. 436.

Lulu. Voyez *Petite Alouette* huppée.

Lumière. Ses influences sur les couleurs des oiseaux et des insectes. T. VII, p. 315 et 316.

Lumière. L'intensité de la lumière influe beaucoup sur la vision; exemple à ce sujet. Raison pourquoi les lunettes d'approche ne font pas à beaucoup près autant d'effet que les microscopes. T. XI, p. 112. — La trop grande quantité de lumière est trop nuisible à l'œil, et peut occasionner la cécité. P. 116.

Lumière. Voyez *Feu*.

Lumière (la) est une matière mobile, élastique et pesante comme toutes les autres matières. Démonstration de cette vérité. T. II, p. 419.

Lumière (la) du soleil ne pénètre tout au plus qu'à six cents pieds de profondeur dans les eaux de la mer. T. II, p. 6. — Détail des faits et des expériences qui prouvent que la lumière du soleil ne pénètre pas au delà de cette profondeur. P. 140.

Lumière. Toute matière peut devenir lumière, chaleur et feu. T. II, p. 217. — Preuve de cette assertion. *Ibid.* — Elle conserve toutes les qualités essentielles, et même la plupart des attributs de la matière commune. *Ibid.* — Quoique composée de parties presque infiniment petites, est encore réellement divisible. *Ibid.* — Est pesante comme toute autre matière. Sa substance n'est pas simple. Elle est composée de parties de différentes pesanteurs. *Ibid.* — Elle est massive et agit dans quelques cas comme agissent tous les autres corps, elle les pousse et déplace au foyer du miroir ardent. P. 218. —

La lumière est mixte, et composée comme la matière commune de parties plus grosses et plus petites, et différemment figurées. *Ibid.* — Les atomes qui composent la lumière ont plusieurs faces et plusieurs angles. *Ibid.* — La lumière peut se convertir en toute autre matière. P. 219. — La lumière parait exister souvent sans chaleur. P. 220. — Expériences à faire pour reconnaitre si les rayons rouges ne sont pas plus chauds que les autres rayons, et en général pour reconnaitre la proportion de chaleur des différents rayons qui composent la lumière (note *b*). La lumière s'incorpore, s'amortit et s'éteint dans tous les corps qui ne la réfléchissent pas, ou qui ne la laissent pas passer librement. P. 225. — Elle parait n'avoir pas besoin d'aliments, tandis que le feu ne peut subsister qu'en absorbant de l'air. P. 227. — C'est par la lumière que le feu se communique. P. 239. — Expérience qui parait démontrer que la lumière a plus d'affinité avec les substances combustibles qu'avec toutes les autres matières. P. 250 (note *a*). — La lumière ne perd qu'environ moitié de sa chaleur par une glace étamée et bien polie. P. 372. — Elle ne perd presque rien de sa force par l'épaisseur de l'air qu'elle traverse. *Ibid* — Expérience de la perte de la lumière d'une bougie, comparée à la perte de la lumière du soleil. *Ibid.* — Diminution de la lumière en traversant différentes épaisseurs du même verre, et les mêmes épaisseurs de différents verres. Expériences à ce sujet. P. 397 et suiv.

Lumme ou petit plongeon de la mer du Nord. Son nom *lumme* signifie boiteux en langue laponne et désigne la démarche pénible de cet oiseau qui est un petit plongeon. T. VIII, p. 136. — Ses dimensions, sa description. Il ne quitte guère les mers du Nord. Il nourrit et élève ses petits avec une sollicitude singulière. P. 137. — Observations d'Anderson à ce sujet. *Ibid.* — Il se trouve dans les parties septentrionales des deux continents. *Ibid.* Le *lumb* du Spitzberg, indiqué par Martens, parait être différent des lummes du Groenland, puisqu'il a le bec crochu. P. 138.

Lune. Si la lune était de même densité que la terre, elle se serait consolidée jusqu'au centre en 792 ans environ; refroidie à pouvoir la toucher, en 9,248 ans environ; et à la température actuelle de la terre, en 20,194 ans; mais comme sa densité n'est à celle de la terre que : : 702 : 1,000, elle s'est consolidée jusqu'au centre en 556 ans; refroidie à pouvoir en toucher la surface en 6,492 ans; et enfin refroidie à la température actuelle de la terre, en 14,176 ans. T. I, p. 337 et 338. — Évaluation de la compensation que la chaleur du soleil a faite à la perte de la chaleur propre de la lune, et aussi de la compensation que la chaleur

du globe terrestre a pu faire à la perte de cette même chaleur de la lune. P. 344 et suiv. — Ce que c'est que cette couleur terne qu'on voit sur la surface de la lune lorsqu'elle n'est pas éclairée du soleil. *Ibid.* — Expériences par le moyen des miroirs d'Archimède, pour se procurer une lumière seize fois plus forte que celle de la lune, lumière qui est égale à celle de la terre envoyée à la lune. *Ibid.* — Une lumière seize fois plus forte que celle de la lune équivaut et au delà à la lumière du jour lorsque le ciel est couvert de nuages. *Ibid.* — La lumière n'est pas la seule émanation bénigne que la lune ait reçue de la terre; car elle en a reçu autrefois beaucoup de chaleur et en reçoit encore actuellement. P. 345. — Estimation du feu que la terre envoyait à la lune dans le temps de l'incandescence. *Ibid.* — Le temps qui s'est écoulé depuis l'incandescence de la lune jusqu'à son refroidissement à la température actuelle de la terre est réellement de 16,409 ans. *Ibid.* — Recherches sur la perte de la chaleur propre de la lune et de la compensation de cette perte, depuis le temps où la lune était refroidie à la température actuelle de la terre jusqu'au temps où elle s'est trouvée refroidie vingt-cinq fois davantage. *Ibid.* — Le moment où la chaleur envoyée par le soleil à la lune a été égale à la chaleur propre de cette planète s'est trouvé dans l'année 29792 de la formation des planètes. P. 346. — Cette planète a été la seconde terre habitable, et la nature vivante n'y a duré que depuis l'année 7515 jusqu'à l'année 72514 de la formation des planètes. P. 392. — La nature organisée, telle que nous la connaissons, est éteinte dans la lune depuis 2,318 ans. P. 395.

Lune (la) ne nous offre qu'un calme parfait, c'est-à-dire une surface qui est toujours la même, et sur laquelle on n'aperçoit ni mouvement ni changement. T. II, p. 36.

Lune. Il se peut que la lune, quoique fort lumineuse, nous envoie plutôt du froid que de la chaleur. T. II, p. 405.

Lunettes. Pour observer avec le plus grand avantage possible, il faudrait pour chaque planète une lunette différente, et proportionnée à leur intensité de lumière. T. II, p. 384. — Les lunettes avec de très grands objectifs seraient fort avantageuses pour observer les planètes et autres astres qui n'ont que peu de lumière. P. 399. — Construction et avantages des lunettes solaires. P. 400.

Lunettes *achromatiques*, dans lesquelles on compense la différente réfrangibilité des rayons de la lumière par des verres de différentes densités. Moyens de les perfectionner. T. II, p. 383.

Lunettes *de jour*, sans aucun verre. T. II, p. 402.

# M

en Angleterre, et s'abat sur les prairies dont elle paît l'herbe. P. 376.

MACREUSE (double) est ainsi nommée parce qu'elle est beaucoup plus grosse que les autres. T. VIII, p. 375. — Description et caractère particulier de cette espèce, qui paraît moins nombreuse que la première, mais qui du reste lui ressemble par la conformation et les habitudes naturelles. *Ibid.*

MACROULE, est une espèce de foulque plus grande que la morelle ou foulque commune, mais qui a la même figure et les mêmes habitudes naturelles. Observations sur un de ces oiseaux vivant en captivité. T. VIII, p. 113 et 114.

MADAGASCAR. Cette île paraît avoir appartenu autrefois au continent de l'Afrique; raison de cette vraisemblance. T. I, p. 167 et 168.

MADAGASCAR. Hommes blancs de Madagascar. Voyez *Quimos.*

MADRÉPORES (les), les coraux, les champignons, les cerveaux que l'on trouve pétrifiés ou fossiles dans la terre, sont encore en plus grand nombre que les coquilles, quelque nombreuses qu'elles soient. T. I, p. 127. — Il y a dans la mer Rouge des madrépores branchus, qui ont jusqu'à huit ou dix pieds de hauteur. P. 128. — On en trouve beaucoup dans la mer Méditerranée, dans le golfe de Marseille, près des côtes d'Italie et de Sicile; il y en a aussi en quantité dans la plupart des golfes de l'Océan, autour des îles, sur les bancs, dans tous les climats tempérés où la mer n'a qu'une profondeur médiocre. *Ibid.* — Les madrédores et les coraux, etc., doivent leur origine à des animaux, et ils ne sont pas des plantes. *Ibid.*

MAGNÉSIE. Sa nature et ses propriétés; combinée avec l'acide vitriolique, elle forme le sel d'Epsom. T. III, p. 137. — La magnésie n'est au fond qu'une terre calcaire, qui d'abord imprégnée, comme le plâtre, d'acide vitriolique, se trouve encore plus abondamment fournie d'acide aérien que la pierre calcaire ou le plâtre. *Ibid.* — Qualités communes à la magnésie et au plâtre. P. 137 et 138.

MAGNÉTISME (le) est un effet constant de l'électricité produite par la chaleur intérieure et par la rotation du globe. T. II, p. 35.

MAGNÉTISME *du fer* (le) suppose l'action précédente du feu. T. II, p. 359.

MAGNÉTISME. La force de l'électricité se modifie pour donner naissance à une nouvelle force à laquelle on a donné le nom de magnétisme. T. IV, p. 87. — Le magnétisme, bien moins général que l'électricité, n'agit que sur les matières ferrugineuses, et ne se montre que par les effets de l'aimant et du fer. *Ibid.* — Le magnétisme n'est qu'une

simple qualité accidentelle, que le fer acquiert ou qu'il perd sans aucun changement, et sans augmentation ni déperdition de sa substance. P. 88. — L'action du magnétisme et celle de l'électricité sont également variables, tantôt en plus, tantôt en moins, et leurs variations dépendent de l'état de l'atmosphère. P. 89. — Les effets du magnétisme se manifestent, ou, du moins, peuvent se reconnaître dans toutes les parties du globe. P. 100. — Le mouvement du magnétisme semble être composé de deux forces, l'une attractive, l'autre directive. P. 110.

MAGNIFIQUE de la Nouvelle-Guinée. Voyez *Manucode* à bouquets.

MAGOT, animal dont l'espèce est intermédiaire entre les singes et les babouins; ses ressemblances et ses différences avec les uns et avec les autres. Il a été connu des Grecs et des Latins sous le nom de *Cynocéphale.* T. X, p. 88 et 89. — Le magot est, de tous les singes sans queue, celui qui s'accommode le mieux de la température de notre climat. Son naturel, ses mœurs, ses mouvements, ses manières, sa nourriture, sa grandeur. Il a de grosses callosités sur les fesses. Ses différences avec la pithèque. P. 127. — Il y a des magots de différentes couleurs; l'espèce en est assez généralement répandue dans tous les climats chauds de l'ancien continent. P. 128. — Caractères distinctifs de cette espèce. P. 129.

MAGOUA, grande espèce de tinamous. Sa description. T. VI, p. 364. — Leur voix ou plutôt leur sifflement se fait entendre à des heures fixes. La femelle pond de douze à seize œfs presque ronds, plus gros que ceux des poules et bons à manger. P. 366.

MAGUARI, oiseau des climats chauds de l'Amérique, qui est presque aussi grand que la cigogne. Dimensions de son bec qu'il fait claqueter comme la cigogne. Description du plumage et des autres parties du corps de cet oiseau. T. VII, p. 551. — Il paraît être le représentant de la cigogne dans le nouveau monde. P. 552.

MAIA (les) sont de grands destructeurs de riz. Description du mâle et de la femelle. T. VI, p. 173 et 174.

MAIAN. Description de cet oiseau. T. VI, p. 174. — Variété dans cette espèce. P. 175.

MAILLOT. Inconvénients du maillot pour les enfants. T. XI, p. 16.

MAILLOT. Inconvénients du maillot et des corps pour les enfants et les jeunes personnes. *Add.*, t. T. XI, p. 123.

MAIMON. Nom que nous avons donné à un animal qui fait la nuance entre les babouins et les guenons. Sa queue est absolument dégarnie de poils. T. X, p. 91.

MAIMON. Ses ressemblances au babouin et ses différences. Ses ressemblances aux guenons et ses différences. Il est le seul de tous les babouins et guenons qui ait la queue nue, menue et tournée comme celle du cochon ; il est de la grandeur du magot et ressemble aux macaques. Sa description, son naturel. Il se trouve dans les provinces de l'Inde méridionale. T. X, p. 135. — Caractères distinctifs de cette espèce. P. 136.

MAIN du CRÉATEUR (la) ne paraît pas s'être ouverte pour donner l'être à un certain nombre déterminé d'espèces ; mais il semble qu'elle ait jeté, tout à la fois, un monde d'êtres, relatifs et non relatifs ; une infinité de combinaisons harmoniques et contraires, et une perpétuité de destructions et de renouvellements. T. I, p. 6.

MAINATE des Indes orientales, doit être rapproché du goulin et du martin ; sa taille, son plumage, sa double crête, ses dimensions ; il est sujet à des variétés ; apprend à siffler, chanter et parler. T. VI, p. 76 et 77.

MAINATE de Bontius, son plumage ; c'est une variété du précédent. T. VI, p. 78.

MAINATE de Brisson ; variété du mainate des Indes. T. VI, p. 77.

MAINATE (grand) de M. Edwards. T. VI, p. 78.

MAINATE (petit) de M. Edwards ; sa crête. T. VI, p. 78.

MAÏPOURI, fait avec le caïca la nuance pour la grandeur entre les perriches et les papegais. T. VII, p. 174. — Siffle comme le tapir, à s'y méprendre. Se trouve à la Guyane, au Mexique, etc., dans les bois humides. N'apprend point à parler. P. 175. — Ces oiseaux vont par petites troupes, se battent souvent. Les jeunes s'apprivoisent, mais non les vieux. Ils ont l'air massif et lourd. Les plumes serrées et collées contre le corps. *Ibid.*

MAJAGUÉ des Brésiliens ; espèce rapportée, mais avec incertitude, aux pétrels. T. VIII, p. 424.

MAKAVOUANNE, nom guyanais de la perriche ara. T. VII, p. 188.

MAKIS (les) sont des animaux qui appartiennent à l'ancien continent, et qui ne se trouvent point dans le nouveau. T. IV, p. 577. — *Maki* est un nom générique, sous lequel on comprend trois espèces ; savoir : le *Mococo*, le *Mongous* et le *Vari*. Différences générales de ces trois espèces. Description particulière du mococo. Son pays natal, ses mœurs, tant en liberté qu'en captivité. Description particulière du mongous ; comparaison du mongous et du mococo ; naturel du mongous, ses mœurs, sa nourriture ; variété dans cette espèce du mongous. Description particulière du vari ; comparaison du vari avec le mococo ; voix effrayante du vari ; la force de sa voix dépend d'une structure singulière dans la trachée-artère ; variété dans cette espèce du vari. Les mo-

cocos, les mongous et les varis sont tous originaires de Madagascar ; ils sont quadrumanes. T. IX, p. 568 et suiv.

MAKI. Description d'une autre espèce de maki. *Add.*, t. X, p. 226.

MAL (le) vient plus de nous que de la nature ; pour un malheureux, qui ne l'est que parce qu'il est né faible, impotent ou difforme, que de millions d'hommes le sont par la dureté de leurs semblables ! T. IX, p. 546.

MALACHITES. Comment elles sont produites par la décomposition du cuivre. T. III, p. 305. — Les belles malachites se trouvent le plus communément dans les contrées du nord de l'Asie. P. 321. — Différentes formes sous lesquelles se présentent les malachites. *Ibid.*

MALACHITES soyeuses, cristallisées, mamelonnées ; le cuivre qu'elles contiennent est dénaturé par le fer. T. IV, p. 40.

MALADIE. Raison pourquoi le corps prend plus d'accroissement dans la jeunesse pendant une maladie. T. XI, p. 42.

MALADIES. Exposition des différentes maladies auxquelles les serins sont sujets. T. VI, p. 144 et suiv. — Traitement de ces maladies. *Ibid.*

MALBROUCK. Espèce de guenon ; ses ressemblances avec le macaque. Ses différences qui paraissent indiquer que ces animaux ne sont pas de même espèce. T. X, p. 140. — Le malbrouck et le bonnet-chinois, qui n'en est qu'une variété, se trouvent au Bengale. *Ibid.* — Caractères distinctifs de ces espèces. P. 143.

MALDIVES. Les îles Maldives, qui toutes prises ensemble ont près de deux cents lieues de longueur, ne formaient autrefois qu'une même terre, un sommet de montagnes, composé de rochers de même nature et de même substance. T. I, p. 114.

MALE (le) parmi les oiseaux aide la femelle à construire le nid et quelquefois à couver les œufs, lui apporte à manger, etc. T. V, p. 38. — Parmi les quadrupèdes n'est ni mari ni père, et pourquoi. *Ibid.* — Il y a quelques exceptions. *Ibid.* P. 39.—Les mâles, parmi les oiseaux de proie, sont d'un tiers plus petits que les femelles, et pour cette raison sont appelés du nom générique de *tiercelets.* P. 46. — Dans presque tous les animaux, même les plus doux, les mâles deviennent furieux dans le rut. P. 48. — Voyez *Femelles.* Les mâles des deux premières espèces d'aigles, quoique plus petits et plus faibles, sont cependant préférés pour la fauconnerie. P. 60. — Ces mâles n'ont point de *cæcum*, tandis que leurs femelles en ont de fort amples et longs de deux pouces. P. 62.

MALE. La nature est plus ambiguë et moins constante, et le type de l'espèce moins ferme dans la femelle que dans le mâle ; celui-ci en est le vrai modèle ; preuves de cette assertion. T. VI, p. 130. — Le mâle influe plus que la femelle sur la force et la qualité des races. P. 133.

MALLEMUCKE. Voyez *Goéland* varié ou grisard. T. VIII, p. 216.

MALES. Il naît en Europe environ un seizième d'enfants mâles de plus que de femelles; raison de cet effet. T. IV, p. 186. — Raison pourquoi il naît plus de mâles dans certains pays, et plus de femelles dans d'autres. T. IX, p. 378.

MALES. En comparant le nombre des mâles au nombre des femelles dans les animaux quadrupèdes et dans les oiseaux, on trouve plus de mâles que de femelles dans les espèces naturelles et pures, et ce nombre des mâles, relativement à celui des femelles, est encore bien plus grand dans les espèces mélangées, telles que les mulets ou métis qui proviennent d'individus de différentes espèces, soit dans les animaux quadrupèdes, soit dans les oiseaux. T. IV, p. 512 et 513. — Le mâle, en général, dans les animaux quadrupèdes et dans les oiseaux, influe plus que la femelle sur la génération. P. 513. — Mais il produit plus difficilement que la femelle avec des espèces différentes de la sienne. P. 418.

MALHEUREUX. État le plus malheureux de l'homme. T. IV, p. 447.

MALTE, cette île sert de station à la plupart des oiseaux voyageurs qui traversent la Méditerranée. T. V, p. 605.

MAMELLES (les) des hommes peuvent former du lait, comme celles des femmes. T. XI, p. 62. — Considérations sur les mamelles des animaux, par lesquelles on prouve que leur nombre n'est nullement proportionnel à celui des petits. T. VIII, p. 574. — Le nombre des mamelles varie dans plusieurs animaux, comme dans la chienne, qui en a quelquefois dix et d'autres fois neuf, huit ou sept; la truie, qui en a dix, onze ou douze; la vache, qui en a six, cinq ou quatre; la chèvre et la brebis, qui en ont quatre, trois ou deux; le rat, qui en a dix ou huit; le furet, qui en a trois à droite et quatre à gauche, et le sarigue, qui en a cinq ou sept, etc. T. IX, p. 296.

MAMMOUTH, n'est plus qu'un animal fabuleux; les énormes ossements qu'on lui attribuait appartiennent réellement à l'éléphant. T. IX, p. 341.

MANAKINS. Caractères généraux de ces jolis petits oiseaux, qui tous appartiennent aux climats chauds de l'Amérique. T. VI, p. 315. — Leurs habitudes naturelles. P. 316.

MANAKIN *orangé;* sa description. T. VI, p. 317.

MANAKIN *rouge;* description du mâle, de la femelle et du jeune. T. VI, p. 318 et 319.

MANAKIN *à tête d'or; manakin à tête rouge, manakin à tête blanche,* sont tous trois de la même espèce. Leur comparaison et leur description. T. VI, p. 320 et 321. — Variétés dans cette espèce. Le *manakin à gorge blanche.* T. VI. p. 321.

MANAKIN *varié de la Guyane;* sa description. T. VI, p. 322.

MANATI. Voyez *Lamantin.* T. X, p. 74.

MANCHES DE VELOURS (*mangas de velado*) des Portugais, offrent, suivant différentes descriptions, des rapports avec le pélican ou le cormoran. T. VIII, p. 468.

MANCHOT (le) mérite spécialement le nom d'*oiseau sans ailes,* et semblerait pouvoir aussi s'appeler l'*oiseau sans plumes,* n'étant revêtu que de plumules en forme de poil ras, et en certaines parties de petites écailles. T. VIII, p. 442. — Les espèces de manchots peuplent les vastes mers australes, tandis que celles des pingouins paraissent propres aux mers septentrionales. *Ibid.* — Les manchots se gîtent et voyagent sur les îles de glace flottantes, et ne laissent pas que d'aller très loin en mer à la nage. P. 444. — A terre, ils se tiennent debout, le corps redressé de manière à ressembler de loin à de petits enfants. *Ibid.* — Combien ils sont nombreux sur les parages écartés dont ils sont les tranquilles possesseurs et presque les seuls habitants. P. 445. — Leurs œufs offrent une ressource et un rafraîchissement aux navigateurs. P. 445 et 446. — Leur retraite dans des trous ou terriers. P. 446. — Étendue des mers où leurs espèces se sont portées, bien qu'elles paraissent affecter spécialement la zone froide australe. P. 447.

MANCHOT *à bec tronqué* (le). Caractère distinctif de cette espèce. T. VIII, p. 459. — Le nom de *catarractes* ou *catarracta,* donné à cet oiseau, ne lui convient pas, mais à un oiseau de proie aquatique. *Ibid.* — Description du manchot à bec tronqué. P. 460.

MANCHOT (le grand), décrit par Clusius sous le nom de *pingouin,* se trouve non seulement dans tout le détroit de Magellan et aux îles Malouines, mais encore à la Nouvelle-Hollande et à la Nouvelle-Guinée. T. VIII, p. 453. — C'est l'espèce la plus grande du genre des manchots. P. 454. — — Autres descriptions de cet oiseau par MM. Forster et de Bougainville. *Ibid.*

MANCHOT moyen (le) est le même que le *pingouin aux pieds noirs* d'Edwards, et le même encore que le *manchot du cap de Bonne-Espérance ou des Hottentots,* de nos planches enluminées. T. VIII, p. 655. — L'espèce se rencontre aux terres magellaniques aussi bien qu'au Cap. *Ibid.* — Le collier que portent ces oiseaux ne paraît bien constant que dans le mâle. *Ibid.* — Leur description. P. 456. — Ils sont très nombreux au cap de Bonne-Espérance et dans les parages voisins. *Ibid.* — Quoiqu'on ait dit que les ailerons des manchots leur servent de pattes de devant, et qu'alors marchant comme à quatre ils vont plus vite, suivant toute apparence cela n'arrive que lorsqu'ils culbutent, et ce n'est point une véritable marche. P. 457. — Cette espèce nous paraît être la seconde de celles que M. de Bougainville a décrites aux îles Malouines, et celle encore que M. Forster désigne comme la plus commune à ces mêmes îles Malouines ou Falkland. *Ibid.* Observations sur le naturel de ces oiseaux. P. 457 et 458.

MANCHOT *sauteur* (le). Description de cet oiseau. T. VIII, p. 458. — Il est indiqué mal à propos sous le nom de *manchot de Sibérie*, puisqu'il ne s'y trouve pas mais dans les îles australes. *Ibid.* — Cette espèce a dans sa contenance plus de vivacité que les deux autres. P. 459.

MANDRILL, est un grand babouin, d'une laideur dégoûtante; sa description, tant du mâle que de la femelle. Sa comparaison avec le papion. Cette espèce se trouve dans les provinces méridionales de l'Afrique. C'est après l'orang-outang le plus grand de tous les singes et de tous les babouins; ces animaux marchent toujours sur les pieds de derrière, ils ont une violente passion pour les femmes. T. X, p. 132 et suiv. — Caractères distinctifs de cette espèce. P. 133.

MANGANÈSE est un minéral composé qui contient toujours du fer, et qui est mélangé de matière calcaire. T. III, p. 427. — La manganèse se trouve principalement dans les mines de fer spathique. P. 428. — Indices de la manganèse par la couleur violette des pierres calcaires. *Ibid.* — Variétés de la manganèse dans ses mines. 429. — Régule de la manganèse; ses principales propriétés. *Ibid.* — Alliage du régule de la manganèse avec les métaux et demi-métaux. *Ibid.* Le régule de manganèse contient toujours du fer, et il est si intimement uni avec ce métal qu'on ne peut jamais l'en séparer totalement. *Ibid.* — Usage de la manganèse dans les manufactures des glaces et des verres blancs; elle donne au verre une couleur violette, et fait disparaître les autres couleurs lorsqu'elles sont faibles. P. 430.

MANGANÈSE. Son régule est plus ou moins attirable à l'aimant; raison de cet effet. T. IV, p. 46.

MANGABEYS. Guenons de Madagascar, qui ont les paupières nues et d'une blancheur frappante. Ces animaux varient pour les couleurs du poil. Ils paraissent faire la nuance entre les makis et les guenons. T. X, p. 143. — Caractères distinctifs de cette espèce. P. 144.

MANGOUSTE (la) est un petit animal de proie qui poursuit les petits quadrupèdes, les reptiles, les serpents, etc., et qui chasse aussi les oiseaux, etc. Il y a des variétés dans cette espèce, elles sont plus grandes en Égypte et beaucoup plus petites dans les grandes Indes. T. IX, p. 562 et suiv. — Naturel de la mangouste, les terrains qu'elle habite, sa manière de marcher. Description de cet animal. Son adresse et son courage. P. 565. — La mangouste était en vénération chez les anciens Égyptiens, parce qu'elle détruit un grand nombre d'animaux nuisibles, et surtout les crocodiles dont elle sait trouver les œufs, quoique cachés dans le sable. P. 565 et 566.

MANGOUSTE. Notice sur une grande mangouste. *Add.*, t. X, p. 295.

MANIKOR (le) n'est point un manakin, mais un oiseau de la Nouvelle-Guinée; sa description. T. VI, p. 326.

MANSFENI, est de la grosseur du faucon, mais il a les griffes deux fois plus grandes et plus fortes; ne diffère de l'aigle que par sa seule petitesse; ses plumes sont très fortes et très serrées; sa chair, quoiqu'un peu noire, est excellente; n'attaque que les petits oiseaux jusqu'aux tourterelles inclusivement; vit aussi de reptiles, se perche sur les grands arbres. T. V, p. 83.

MANUCODE, c'est-à-dire oiseau de Dieu, appelé le *roi des oiseaux de Paradis*; fables à son sujet. T. V, p. 621. — Comparé avec l'oiseau de Paradis. *Ibid.*

MANUCODE à bouquets, appelé le *magnifique de la Nouvelle-Guinée*; ses filets, ses plumes veloutées; singularité de ses bouquets. T. V, 622.

MANUCODE à six filets ou le sifflet; ses rapports avec les oiseaux de Paradis. T. V, p. 623.

MANUCODE noir de la Nouvelle-Guinée ou le superbe, paraît avoir quatre ailes. T. V, p. 624.

MAPACH. Voyez *Raton*. T. IX, p. 159.

MAPURITA, est le même animal que le zorille. T. IX, p. 597.

MARACAXAO, espèce d'oiseau vert voisine de celle du chardonneret; on la trouve au Brésil; sa description. T. VI, p. 224. — Description de la femelle. *Ibid.*

MARAIL ou faisan verdâtre de Cayenne, est peut-être ou la femelle ou une variété de l'yacou; ses rapports avec le guan d'Edwards. T. V, p. 450. — Sa queue. P. 451. — S'apprivoise; qualité de sa chair. *Ibid.*

MARAIL sans queue, du pays qu'arrose la rivière des Amazones. T. V, p. 451.

MARAIS. Énumération des principaux marais. T. I, p. 233. — En général, il y a moins de marais en Asie et en Afrique qu'en Europe; et l'Amérique n'est, pour ainsi dire, qu'un marais continu dans toutes ses plaines. *Ibid.*

MARAIS *salants*. Il y a moins d'inconvénients à établir des marais salants dans les terres voisines de la Méditerranée que dans celles qui avoisinent l'Océan. T. III, p. 163.

MARAPUTÉ (le) est le même animal que le serval. T. IX, p. 574.

MARBRES (les) qui nous restent des plus anciens monuments des Romains sont remplis de coquilles comme les marbres que l'on tire aujourd'hui des carrières. T. I, p. 129. — Leur position dans les couches horizontales; origine de leurs différentes couleurs. P. 227.

MARBRES. Le marbre est une pierre calcaire dure et d'un gris fin, souvent colorée et toujours susceptible de poli; il y a des marbres de première, de seconde et peut-être de troisième formation. T. II, p. 585. — Les couleurs, quoique très fortes ou très foncées dans certains marbres, n'en changent point du tout la nature; elles n'en augmentent sensiblement ni la dureté ni la densité, et n'empêchent pas qu'ils ne se calcinent et ne se convertissent en chaux, au même degré de feu que les autres pierres dures. *Ibid.* — Veines de spath dans les marbres. Comment ces veines se sont formées. P. 586. — Veines, fils et taches dans les marbres. Comment elles se sont formées. *Ibid.* — Il y a peu de marbres, du moins en grand volume, qui soient d'une seule couleur; les plus beaux marbres blancs ou noirs sont les seuls que l'on puisse citer, et encore sont-ils souvent tachés de gris et de brun; tous les autres sont de plusieurs couleurs, et l'on peut dire que toutes les couleurs se trouvent dans les marbres. P. 588. — On peut augmenter par l'art la vivacité et l'intensité des couleurs que les marbres ont reçues de la nature; il suffit pour cela de les chauffer. *Ibid.* — Il y a des marbres dans presque tous les pays du monde. Énumération des principaux marbres de France et des autres contrées de l'Europe, de l'Asie, de l'Afrique et de l'Amérique. P. 590 et suiv. — Indication des lieux où l'on trouve des marbres distingués. *Ibid.* — Marbres mêlés de matière argileuse, tels que le *vert campan* des Pyrénées, dont les zones vertes sont formées d'un vrai schiste, interposé entre les branches calcaires rouges, qui font le fond de ce marbre mixte; telles sont aussi les *pierres de Florence*, où le fond du tableau est de substance calcaire pure, ou teinte par un peu de fer, mais dont la partie qui représente des ruines contient une portion considérable de terre schisteuse. P. 614. — Marbres mixtes, sont beaucoup moins solides et durables que les marbres qui sont purement calcaires. Exemples à ce sujet. P. 615.

MARBRES *antiques*. Raison pourquoi les beaux marbres antiques ne se trouvent point aujourd'hui dans le sein de la terre. T. II, p. 578. — Les carrières de la plupart des marbres antiques sont aujourd'hui perdues. On ne compte que treize ou quatorze variétés de ces marbres antiques. P. 592. — Le marbre de Paros est le plus fameux de tous ces marbres antiques. *Ibid.* — Lieux où il s'est trouvé, et où il se trouve encore. *Ibid.*

MARBRES *blancs*. Lieux où l'on trouve des marbres blancs. T. II, p. 592. — Montagne entière de marbre blanc en Espagne, près d'Alméria; sa description. Cette montagne paraît composée d'un seul bloc. P. 593.

MARBRES *brèches*. Leur composition, et pourquoi ils sont ainsi nommés. T. II, p. 586. — Courte énumération des plus beaux marbres brèches. P. 597.

MARBRES *de première formation*. Composition des anciens marbres qui, pour la plupart, sont mêlés de coquilles et d'autres productions de la mer, tandis que les marbres de seconde formation n'en contiennent point. T. II, p. 586. — Il paraît que l'établissement local de la plupart des bancs de marbre d'ancienne formation a précédé celui des autres bancs de pierre calcaire, parce qu'on les trouve presque toujours au-dessous de ces mêmes bancs. *Ibid.* — Caractères distinctifs des marbres de première formation. *Ibid.* — Explication détaillée de leur composition et de leurs variétés. P. 587.

MARBRES *de seconde formation*. Lorsqu'une cavité naturelle ou artificielle se trouve surmontée par des bancs de marbre qui, de toutes les pierres calcaires, est la plus dense et la plus dure, les concrétions formées dans cette cavité par l'infiltration des eaux ne font plus d'albâtres, mais de beaux marbres fins et d'une dureté presque égale à celle du marbre dont ils tirent leur origine et qui est d'une formation bien plus ancienne; ces nouveaux marbres, ainsi que les albâtres, ne présentent point d'impressions de coquilles. T. II, p. 573. — Ils sont ordinairement plus colorés que ceux dont ils tirent leur origine. *Ibid.* — Le marbre blanc est de seconde formation. Preuves de cette vérité. P. 586. — Les marbres antiques et modernes, surtout les plus beaux, sont tous de seconde formation. Exemples à ce sujet. P. 587. — Les marbres de nouvelle formation sont communément plus beaux et peuvent fournir des blocs beaucoup plus grands que les marbres de première formation. P. 595. — Dans les marbres de nouvelle formation, il y a souvent plus ou moins de mélange d'argile ou de terre limoneuse avec la matière calcaire. On reconnaîtra par l'épreuve de la calcination la quantité plus ou moins grande de ces deux substances hétérogènes. *Ibid.*

MARBRES *revêches ou fiers*. On ne peut les travailler ni les polir. Autres défauts dans les marbres. T. II, p. 589.

MARBRES OPALINS (les) sont plutôt des incrustations ou des concrétions que des pétrifications; car on y voit des fragments de

*Burgos* et de moules de Magellan avec leurs couleurs, ce qui démontre que ces coquilles n'étaient pas dissoutes lorsqu'elles sont entrées dans ces marbres. T. III, 584.

MARCASSINS. La castration des marcassins, ou plutôt de jeunes cochons sauvages qu'on lâchait ensuite dans les bois, était en usage chez les anciens. T. VIII, p. 581 et 582.

MARCASSITES (les) sont des pyrites martiales mêlées d'arsenic en quantité sensible; et les marcassites, comme les pyrites, ne contiennent le fer que dans son état de rouille ou de décomposition par l'humidité qui a détruit sa propriété. T. IV, p. 30. — Marcassites qui contiennent d'autres métaux avec le fer. *Ibid.*

MARCASSITE. Voyez *Pyrite.*

MARCHAND ou vautour du Brésil, gallinache, aura, ouroua, ouroubou, oiseau de l'Amérique méridionale, se trouve aussi en Afrique, est l'aigle du Cap de Kolbe, est un vautour, en a le naturel, bec crochu, tête et cou chauves, peau qui couvre ces parties, plumage, pieds, narines. T. V. p. 99. — Vit de charognes, de vidanges; sa légèreté, son vol très élevé, sa vue perçante. P. 100. — Ces oiseaux sont silencieux; leur plumage à différents ages; volent en grandes troupes et fondent aussi en troupes sur leur proie, surtout quand c'est une proie vivante. *Ibid.* — Dévorent les chairs et les viscères des cadavres dont ils font des squelettes très nets. *Ibid.* — Leur chair est infecte. *Ibid.* — Sont protégés en certains pays. *Ibid.* — Port d'ailes. P. 101. — Représentent les mœurs primitives des vautours. P. 102.

MAREC ou MARÉCA. Noms génériques des canards au Brésil, et que Marcgrave a donné à deux espèces qui ne paraissent pas fort éloignées l'une de l'autre. T. VIII, p. 381. — Description du marec. *Ibid.* — Du maréca. P. 382. — Qualités de la chair de l'un et de l'autre. *Ibid.* — Raison des sauvages pour ne pas aimer la chair de ces canards. *Ibid.*

MARÉES. Dans les grandes rivières, le mouvement des eaux occasionné par les marées est sensible à une très grande distance comme à cent lieues, etc. T. I, p. 147. — Explication de l'effet des marées, avec l'exposition des causes de ce mouvement. P. 179 et suiv. — Raison pourquoi les marées ne sont sensibles dans les hautes mers que par le mouvement général qui en résulte, c'est-à-dire par le mouvement d'orient en occident. P. 181. — Énumération des principaux endroits où les marées sont les plus sensibles sur les côtes de la terre. *Ibid.*

MARGAUX ou MARGOTS, des marins, paraissent être des cormorans ou des fous. T. VIII, p. 466.

MARGAY. Nom d'un animal féroce du Brésil, grand comme un chat sauvage. Sa comparaison avec le chat sauvage; on lui a donné le nom de *petit tigre* ou *chat-tigre.* Sa férocité, ses habitudes naturelles, ses variétés; il se trouve dans plusieurs provinces de l'Amérique. T. IX, p. 578 et 579.

MARGAY. Notice sur les habitudes naturelles de cet animal. *Add.*, t. X, p. 305.

MARIAGES. Les mariages sont plus prolifiques en Bourgogne qu'à Paris, trois mariages y donnent dix-huit enfants, au lieu que trois mariages à Paris n'en donnent que douze. P. XI, p. 429.

MARIKINA, *petit sagouin*, connu vulgairement sous le nom de *petit singe-lion.* Sa description, son naturel. T. X, p. 207. — Caractères distinctifs de cette espèce. P. 208.

MARINETTE. Nom donné à la boussole. T. IV, p. 128.

MARLY-LA-VILLE, *à six lieues de Paris.* Le terrain de Marly-la-Ville a été autrefois un fond de mer, qui s'est élevé au moins de soixante-quinze pieds, pusqu'on y trouve des coquilles à cette profondeur de soixante-quinze pieds. T. I, p. 109.

MARMOSE, *petit animal quadrumane;* ses conformités et ses différences avec le sarigue. T. IX, p. 295. — Dans cet animal, aussi bien que dans le sarigue, les dents sont en plus grand nombre que dans les autres quadrupèdes; elles sont au nombre de cinquante. P. 296. — La femelle n'a pas de poche sous le ventre comme celle du sarigue. *Ibid.* — La naissance des petits semble être encore plus précoce dans l'espèce de la marmose que dans celle du sarigue; ils sont à peine aussi gros que des petites fèves lorsqu'ils naissent et qu'ils vont s'attacher aux mamelles; les portées sont aussi plus nombreuses : elles sont de dix petits et peut-être davantage. *Ibid.* — Habitudes naturelles de la marmose. P. 297.

MARMOSE. Observations de M. Roume de Saint-Laurent sur la génération des marmoses, par lesquelles il paraîtrait que ces animaux, et peut-être les sarigues et les cayopollins, accouchent par les mamelles. *Add.*, t. X, p. 311. — Ce fait si extraordinaire dans la nature n'est cependant pas impossible, et mérite qu'on cherche à le vérifier en élevant ces animaux et observant la manière dont ils naissent. P. 312.

MARMOTTE (la) prise jeune s'apprivoise plus qu'aucun animal sauvage. Détails de ce qu'elle est capable d'apprendre. T. IX, p. 134. — Qualités naturelles de la marmotte. *Ibid.* — La marmotte fait comme le chat une espèce de murmure de contentement. P. 135. — Elle boit le lait avec avidité, et ne boit pas souvent de l'eau. *Ibid.* — Lorsqu'on l'irrite et qu'on la frappe, elle fait entendre un sifflet si aigu qu'il blesse le tympan. *Ibid.* — Elle se plaît sur les plus hautes montagnes, et on ne la trouve point ailleurs. *Ibid.* — Elle s'engourdit par le froid, se recèle dans son trou au commencement d'octobre pour n'en sortir qu'au commencement d'avril. *Ibid.* — Description du terrier de la marmotte. P. 135 et 136. — Les marmottes demeurent ensemble et travaillent en commun à leur habitation. P. 136. — Elles passent dans leur terrier les trois quarts de leur vie. *Ibid.* — Elles sont très grasses en automne, lorsqu'elles se recèlent et qu'elles sont prêtes à s'engourdir, et elles sont maigres au printemps lorsqu'elles sortent de leur terrier, dans lequel elles ne font aucune provision; elles sont près de six mois sans manger; elles tapissent de foin leur terrier, et lorsqu'elles s'engourdissent elles se mettent en boule. *Ibid.* — La marmotte produit une fois l'an; les portées ordinaires ne sont que de trois ou quatre petits; leur accroissement est prompt, et la durée de leur vie n'est que de neuf ou dix ans. P. 137.

MARMOTTE BATARDE *d'Afrique.* Voyez *Marmotte du cap de Bonne-Espérance. Add.*, t. X, p. 379.

MARMOTTE *du Canada.* Ses différences avec les autres marmottes. *Add.*, t. X, p. 325. — C'est plutôt une espèce voisine qu'une simple variété de la marmotte des Alpes. *Ibid.*

MARMOTTE *du cap de Bonne-Espérance.* Sa description, par MM. Pallas et Wosmaër. *Add.*, t. X, p. 379. — Habitudes naturelles de cet animal. *Ibid.*

MARMOTTE *du Kamtschatka.* Notice sur cet animal. *Add.*, t. X, p. 328.

MARMOTTE *du Cap.* Voyez *Daman du Cap.*

MARMOTTE *du cap de Bonne-Espérance.* Addition et correction à l'article de cet animal. *Add*, t. X, p. 383 et suiv.

MARMOTTES. Dorment l'hiver engourdies dans leur trou. Fausses conséquences qu'on a voulu tirer de ce fait. T. VII, p. 331 et suiv.

MARNE (la) n'est composée d'autre chose que de débris et de détriments de coquilles. T. I, p. 126.

MARNE. La marne n'est pas une terre simple, mais composée de craie mêlée d'argile ou de limon. T. II, p. 548. — Manière de reconnaître la qualité de la marne et les doses de son mélange. Usage qu'on en doit faire suivant les différentes terres qu'on veut amender. *Ibid.* — Les marnes doivent leurs différentes couleurs à l'argile et à la terre limoneuse dont elles sont mélangées. La marne blanche ne contient que peu d'argile ou de terre limoneuse, mais une très grande quantité de craie. P. 549. — Les marnes ne sont que des terres plus ou moins mélangées, et formées assez nouvellement

par les dépôts et les sédiments des eaux pluviales; il est rare d'en trouver à quelque profondeur dans le sein de la terre. P. 550. — Différentes positions dans lesquelles elles se trouvent. *Ibid.*

MARNE. *Sels dans la marne.* Les couches de marne stratifiées dans les vallons, au pied des montagnes, sous la terre végétale, fournissent du salpêtre, parce que la pierre calcaire et la terre végétale dont elles tirent leur origine en sont imprégnées, surtout à leur superficie; au contraire, les pelotes qui se trouvent dans les fentes ou dans les joints des pierres, et entre les lits des bancs calcaires, ne donnent, au lieu de nitre, que du sel marin, parce qu'elles doivent leur formation à l'eau pluviale tombée immédiatement dans ces fentes, et que cette eau ne contient que du sel marin, sans aucun mélange de nitre. T. II, p. 551.

MAROUETTE, petite râle d'eau qui n'est pas plus gros qu'une alouette. Description de son plumage. On l'a appelé *râle perlé* parce que son plumage est joliment émaillé. Ses habitudes naturelles. T. VIII, p. 81 et 82. — Description de son nid; manière dont il l'attache avec un lien pour le laisser flotter sur l'eau. Sa ponte est de sept ou huit œufs, les petits sont tout noirs en naissant; ils ne reçoivent presque aucune éducation du père ni de la mère, et en général le naturel de ces oiseaux est sauvage, et ils vivent presque solitaires. On peut cependant avec des soins les élever en captivité; exemple à ce sujet. P. 82. — La marouette en captivité jette un cri assez semblable à celui d'un petit oiseau de proie, et ce cri est bientôt répété par toutes les autres marouettes du canton. Son opiniâtreté à se tenir dans son gîte, et sa subtilité pour éviter les chiens. Ces oiseaux disparaissent en France dans le fort de l'hiver, et reviennent de bonne heure au printemps; c'est un très bon gibier. *Ibid.*

MARS (planète de). Si Mars était de même densité que la terre, il se serait consolidé jusqu'au centre en 1,510 ans $\frac{3}{5}$; refroidi à pouvoir en toucher la surface en 17,634 ans, et à la température actuelle de la terre en 38,504 ans; mais comme sa densité n'est à celle de la terre que :: 730 : 1000, il s'est consolidé jusqu'au centre en 1,102 ans, refroidi au point d'en pouvoir toucher la surface en 12,873 ans, et enfin à la température actuelle de la terre en 28,108 ans. T. I, p. 338. — Recherches sur la perte de la chaleur propre de Mars, et sur la compensation à cette perte. P. 330. — Cette planète a joui de la même température dont jouit aujourd'hui la terre dans l'année 28538 de la formation des planètes. *Ibid.* — Le moment où la chaleur envoyée par le soleil à cette planète s'est trouvée égale à sa chaleur propre a été dans l'année 42609 de la formation des planètes. *Ibid.* — Mars a été la troisième terre habitable, et la nature vivante n'y a duré que depuis l'année 13034 jusqu'à l'année 60326 de la formation des planètes. P. 421 et 422. — La nature organisée telle que nous la connaissons est éteinte dans la planète de Mars depuis 14,506 ans. P. 395.

Massicot est une chaux de plomb qui prend au feu la couleur jaune en la remuant avec une spatule. T. III, p. 357.

Marte (la) est naturelle au climat du Nord. et l'espèce y est très nombreuse. T. IX, p. 91. — Elle ne se trouve point dans les pays chauds. *Ibid.* — Elle fuit également les pays habités et les lieux découverts. *Ibid.* — Habitudes naturelles de la marte *Ibid.* — Manière dont la marte et la fouine se font chasser. P. 92. — La marte s'empare des nids des écureuils pour y faire ses petits. *Ibid.* — Elle met bas au printemps, les portées ne sont que de deux ou trois ; les petits naissent les yeux fermés. *Ibid.* — Les martes sont aussi communes dans le nord du nouveau continent que dans le nord de l'ancien. *Ibid.* — Elles donnent une très belle fourrure.; les parties de la peau qui sont les plus estimées sont la queue et le milieu du dos. *Ibid.*

Marte. Description de la grande marte de la Guyane. *Add.* t. X, p. 263.

Martelage (le). Inconvénients du martelage dans les bois. T. XI, p. 538.

Matériel. Rapports purement matériels, tels que l'étendue, l'impénétrabilité, la pesanteur, ne nous affectent point, et sont les mêmes pendant la vie et après la mort. T. IV, p. 144.

Mathématiques. On a coutume de mettre dans le premier ordre les vérités mathématiques, ce ne sont cependant que des vérités de définition ; ces définitions portent sur des suppositions simples, mais abstraites, et toutes les vérités en ce genre ne sont que des conséquences composées, mais toujours abstraites de ces définitions. Nous avons fait les suppositions, nous les avons combinées de toutes les façons ; ce corps de combinaisons est la science mathématique ; il n'y a donc rien dans cette science que ce que nous y avons mis, et les vérités qu'on en tire ne peuvent être que des expressions différentes, sous lesquelles se présentent les suppositions que nous avons employées. T. I, p. 29. — Nous sommes les créateurs des sciences mathématiques. Elles ne comprennent absolument rien que ce que nous avons imaginé ; il ne peut donc y avoir ni obscurités ni paradoxes qui soient réels ou impossibles, et on en trouvera toujours la solution en examinant avec soin les principes supposés et en suivant toutes les démarches qu'on a faites pour y arriver. P. 30.

Matière (la) dont sont composées les planètes en général est à peu près la même que la matière du soleil. T. I, p. 71. — Division générale des matières dont le globe terrestre est composé. Les premières sont disposées par couches, par lits, par bandes horizontales ; les secondes sont les matières qu'on trouve par amas, par sillons, par veines perpendiculaires ou irrégulièrement inclinées. Dans la première classe sont comprises les sables, les argiles, les granites, le roc vif, les cailloux, les grès en grandes masses, les ardoises, les marnes, les craies, les pierres calcinables, les marbres, etc. Dans la seconde sont les métaux, les demi-métaux, les cristaux, les pierres fines et les cailloux en petites masses, etc. P. 141. — Matières vitrifiables et calcinables ; énumération de ces matières. *Ibid.* et suiv. — La matière la moins organisée ne laisse pas d'avoir en vertu de son existence une infinité de rapports avec toutes les parties de l'univers. T. IV, p. 144. — La matière inanimée n'a ni sentiment, ni sensation. ni conscience d'existence. *Ibid.* — La division générale qu'on devrait faire de la matière est matière vivante et matière morte, au lieu de dire matière organisée et matière brute ; le brut n'est que le mort. P. 166. — La matière domine quelquefois sur la forme, exemple à ce sujet. T. IX, p. 16. — Il existe une quantité déterminée de matière organique vivante que rien ne peut détruire, et en même temps il existe un nombre déterminé de moules, capables de se l'assimiler. Ce nombre de moules ou d'individus, quoique variable dans chaque espèce, est au total toujours le même, toujours proportionné à cette quantité déterminée de matière vivante ; si elle était surabondante, c'est-à-dire si elle n'était pas dans tous les temps également employée et entièrement absorbée par les moules existants, il s'en formerait d'autres, et l'on verrait paraître des espèces nouvelles. P. 18. — La matière brute qui compose la masse de la terre n'est pas un limon vierge. Tout a été remué par la force des grands et des petits agents, tout a été manié plus d'une fois par la main de la nature. *Ibid.*

Matière *organique* que l'animal assimile à son corps par la nutrition, n'est pas absolument indifférente à recevoir telle ou telle modification ; elle retient quelquefois des caractères de son état précédent. T. IX, p. 18.

Matière. Les propriétés essentielles de toute matière sont la densité, la dureté, la plus ou moins grande fusibilité, l'homogénéité et la combustibilité ; ce sont en même temps les vrais caractères par lesquels on peut reconnaître la nature et l'origine de chaque substance différente. T. III, p. 446 et suiv.

MATIÈRE. Il n'y a point de matière sans pores, et dans la plus compacte il y a peut-être encore plus de vide que de plein. T. III, p. 247.

MATIÈRE (la) n'a jamais existé sans mouvement. T. IV, p. 77.

MATIÈRE. Toute matière combustible provient originairement des êtres organisés. T. III, p. 603.

MATIÈRE. Son poids spécifique et son poids absolu. T. XI, p. 343.

MATIÈRE *brute* et matière vive, leur différence. T. II, p. 214. — Toutes les parties constitutives de la matière sont à ressort parfait. P. 215. — Comment toute matière peut devenir lumière, chaleur et feu ; explication de cette grande opération de la nature. P. 217.

MATIÈRE *ferrugineuse* (la) fut frappée la première, et avec le plus de force et de durée, par les flammes du feu primitif. T. IV, p. 88. — Elle dut contracter la plus grande affinité avec l'élément du feu. *Ibid.* — Les matières ferrugineuses réduites en rouille, en ocre, et toutes les dissolutions du fer par les acides, ne peuvent recevoir la vertu magnétique, ni la vertu électrique. P. 90.

MATIÈRES (les) qui composent le globe terrestre en général doivent se diviser en matières vitrescibles et en matières calcinables ; différences essentielles de ces deux genres de matières. La quantité des matières calcaires, quoique fort considérable sur la terre, est néanmoins très petite en comparaison de la quantité des matières vitrescibles. T. II, p. 7. — Toutes les matières primordiales du globe terrestre qui n'ont pas été produites immédiatement par l'action du feu primitif ont été formées par l'intermède de l'eau. P. 8. — Le temps de la formation des matières vitrescibles est bien plus reculé que celui de la composition des substances calcaires. P. 11. — Les premières ont été produites par le moyen du feu, et les secondes par l'intermède de l'eau. P. 41. — On doit diviser toutes les matières terrestres en quatre classes : 1° les matières vitrescibles produites par le feu primitif ; 2° les matières calcaires formées par l'intermède de l'eau ; 3° toutes les substances produites par le détriment des animaux et des végétaux ; 4° les matières volcanisées, qui souvent participent de la nature des premières. Énumération de ces quatre classes de matières. P. 76 et suiv. — La plupart des matières volcanisées, ayant subi une action du feu, ont pris un nouveau caractère. P. 77.

MATIÈRES *volatiles* (les) du globe terrestre, telles que l'eau, l'air, etc., ont été entraînées de l'atmosphère du soleil, dans le temps de la projection des planètes. T. II, p. 33.

MATIÈRES *calcaires* (les) suivent dans leur refroidissement l'ordre de la densité ; raison de cet effet. T. II, p. 333. — Elles peuvent se réduire en verre au foyer d'un bon miroir ardent. Le terme de leur fusibilité est encore plus éloigné que celui des matières vitrescibles. P. 334.

MATIÈRES *vitrifiables* (les) forment le noyau des plus hautes montagnes. T. II, p. 262.

MATIÈRES. Les matières dont le globe terrestre est composé peuvent être divisées d'abord en trois grandes classes : la première, de celles qui ont été produites par le feu primitif, telles que le quartz, le jaspe, le feldspath, le schorl, le mica, le grès, le porphyre, le granite et encore les sables vitreux, les argiles, les schistes, les ardoises. T. II, p. 463 et suiv. — La seconde comprend les matières qui ont subi une action du feu dans les volcans, telles que les laves, les basaltes, les pierres ponces, les pouzzolanes ; ces deux classes sont celles de la *nature brute*, car toutes les matières qu'elles contiennent ne portent que peu ou point de traces d'organisation. La troisième contient les substances calcinables, les terres végétales et toutes les matières formées du détriment et des dépouilles des animaux et des végétaux, par l'action ou l'intermède de l'eau, telles que les marbres, les pierres calcaires, les craies, les plâtres et la couche universelle de terre végétale qui couvre la surface du globe, ainsi que les couches particulières de tourbes, de bois fossiles et de charbons de terre. P. 464.

MATIÈRES *brutes*. Il n'y a de matières entièrement brutes que celles qui ne portent aucun trait de figuration. T. II, p. 465. — Dans les matières brutes, le verre primitif est celle qui est la plus ancienne, comme ayant été produite par le feu dès le temps où la terre liquéfiée a pris sa consistance. P. 472.

MATIÈRES *calcaires*. Première production de la matière calcaire dans le sein des eaux, et par les animaux à coquilles, dont la multiplication est immense. T. II, p. 543. — La dureté des matières calcaires est toujours inférieure à celle des matières vitreuses qui n'ont point été altérées ou décomposées par l'eau, parce que les substances coquilleuses, dont les pierres calcaires tirent leur origine, sont par leur nature d'une consistance plus molle et moins solide que les matières vitreuses. P. 545.

MATIÈRES *combustibles*. Aucune matière dans la nature n'est combustible qu'en raison de la quantité de matière végétale ou animale qu'elle contient. Preuves de cette assertion. T. III, p. 4.

MATIÈRES *vitreuses*. Les grandes masses de matières vitreuses qui composent les éminences primitives du globe n'ont pas été formées par le dépôt des eaux, car elles ne portent aucune trace de cette origine et n'offrent pas le plus petit indice du travail de l'eau. On ne trouve aucune production marine, ni dans le quartz, ni dans le granit, et leurs masses, au lieu d'être disposées par couches comme le sont toutes les matières transportées ou déposées par les eaux, sont au contraire comme fondues d'une seule pièce sans lits ni divisions que celles des fentes perpendiculaires qui se sont formées par la retraite de la matière sur elle-même dans le temps de sa consolidation par le refroidissement. T. II, p. 476. — Les matières vitreuses telles que les cailloux, les laves des volcans, et tous nos verres factices, se convertissent en terre argileuse par la longue impression de l'humidité de l'air ; le quartz et tous les autres verres produits par la nature, quelque durs qu'ils soient, doivent subir la même altération, et se convertir à la longue en terre plus ou moins analogue à l'argile. P. 479.

MATIÈRES CALCAIRES ET MATIÈRES VITREUSES. Raisons pourquoi les matières calcaires contiennent une grande quantité d'eau, et les matières vitreuses n'en contiennent point. T. III, p. 584.

MARTIN, merle des Philippines de M. Brisson, destructeur d'insectes, cherche la vermine dans le poil des chevaux, des bœufs, des cochons ; est carnassier, comment vient à bout de dévorer un rat. T. VI, p. 80. — Détruit les sauterelles et nuit quelquefois aux grains, ce qui l'a fait tantôt protéger, tantôt proscrire dans l'île de Bourbon où on l'avait apporté des Indes. P. 81. — Leur multiplication dans cette île, leurs mœurs, leur babil ; leur ramage, leurs pontes, leurs nids, leur couvée ; soin qu'ils en prennent. P. 81 et 82. — Les jeunes s'apprivoisent, apprennent à parler, à contrefaire divers cris d'animaux ; leur grosseur, leur plumage. P. 82 et 83.

MARTIN-PÊCHEUR ou *Alcyon*. Le nom de martin-pêcheur vient de *martinet-pêcheur*; raison de cette étymologie. T. VII, p. 494. — Cet oiseau ne fait point de nid, mais il dépose ses œufs dans des trous horizontaux de la rive des fleuves ou du rivage de la mer. Il s'apparie de très bonne heure et avant l'équinoxe. P. 496. — Description de la forme singulière des doigts du martin-pêcheur. Forme et description de l'oiseau, qui est le plus beau de notre climat par les couleurs du plumage. P. 497. — Notre martin-pêcheur paraît s'être échappé des climats chauds où se trouve le genre entier de ces oiseaux, dont nous n'avons qu'une seule espèce en Europe, tandis qu'il y en a plus de vingt en Afrique et en Asie, et huit en Amérique. P. 498. — Le martin-pêcheur,

quoique originaire des climats chauds, s'est habitué au froid du nôtre ; on le voit en hiver plonger même sous la glace. *Ibid.* — Son vol est rapide et filé ; il rase ordinairement la surface de l'eau ; il jette en volant un cri perçant et répété, et il a un autre chant dans la saison du printemps. Il est très sauvage et part de loin ; il se tient sur une branche avancée au-dessus de l'eau pour pêcher, et se laisse tomber à-plomb dans l'eau pour y saisir sa proie. *Ibid.* — L'espèce n'en est pas nombreuse en individus, quoique ces oiseaux produisent six, sept et huit petits. *Ibid.* — Il en périt beaucoup pendant l'hiver. On peut les nourrir pendant quelque temps avec de petits poissons frais. *Ibid.* — Mais on ne peut l'apprivoiser, et il demeure toujours également sauvage. Sa chair a une odeur de faux musc et n'est pas bonne à manger. Description de ses parties intérieures. P. 500. — Rapidité de ses mouvements et de son vol. P. 499. — Le genre du martin-pêcheur occupe non seulement toute l'étendue de l'ancien continent, mais se trouve encore dans toutes les terres du nouveau monde. P. 518.

MARTIN-PÊCHEUR (le plus grand) de l'ancien continent, qui se trouve à la Nouvelle-Guinée. Ses dimensions et sa description. T. VII, p. 502.

MARTIN-PÊCHEUR *bleu et noir* du Sénégal. Ses dimensions et sa description. T. VII, p. 509.

MARTIN-PÊCHEUR *bleu et roux*. Ses dimensions et sa description. Il se trouve à Madagascar et en Afrique sur la rivière de Gambie. T. VII. p. 503.

MARTIN-PÊCHEUR *crabier*. Il se trouve au Sénégal et aux îles du Cap-Vert. Il est appelé crabier, parce qu'il se nourrit de crabes. T. VII, p. 503. — Sa description. Ses dimensions. P. 504.

MARTIN-PÊCHEUR *huppé*. Ses dimensions et sa description. T. VII. p. 506.

MARTIN-PÊCHEUR *pie*. Sa description et ses dimensions. Il se trouve au cap de Bonne-Espérance et au Sénégal. T. VII, p. 504.

MARTIN-PÊCHEUR *pourpré*. C'est de tous les martins-pêcheurs le plus joli et le plus riche en couleurs ; il est aussi fort petit, n'ayant qu'un pouce de plus que le petit martin-pêcheur à tête bleue. Sa description. Il se trouve aux Grandes Indes et nous a été envoyé de Pondichéry. T. VII, p. 512.

MARTIN-PÊCHEUR *roux*. Cet oiseau est un peu moins petit que le martin-pêcheur à tête bleue. Ses dimensions et sa description. Il se trouve à Madagascar. T. VII, p. 512.

MARTIN-PÊCHEUR *vert et blanc* de Cayenne. Ses dimensions et sa description. Différence du mâle et de la femelle. T. VII, p. 521.

MARTIN-PÊCHEUR *vert et orangé*. C'est le seul martin-pêcheur de très petite espèce qui soit en Amérique ; il n'a que cinq pouces de longueur. Sa description. Il se trouve à Cayenne. T. VII, p. 522.

MARTIN-PÊCHEUR *vert et roux* de Cayenne. Sa description et ses dimensions. T. VII, p. 520.

MARTIN-PÊCHEUR *à bec blanc*. Sa description et ses dimensions d'après Seba. T. VII, p. 513.

MARTIN-PÊCHEUR *à coiffe noire*. C'est un des plus beaux de ce genre. Sa description et ses dimensions. Il se trouve à la Chine. T. VII, p. 507.

MARTIN-PÊCHEUR *à collier blanc*. Ses dimensions et sa description d'après M. Sonnerat. Il se trouve aux Philippines. T. VII, p. 508.

MARTIN-PÊCHEUR *à front jaune*. Ses dimensions et sa description d'après Albin. Il se trouve au Bengale. T. VII, p. 512.

MARTIN-PÊCHEUR *à gros bec*. Ses dimensions et sa description. T. VII, p. 504.

MARTIN-PÊCHEUR *à longs brins*. Sa description et particulièrement celle de sa queue. Il se trouve à Ternate. T. VII, p. 511.

MARTIN-PÊCHEUR *à tête bleue*. Il y a des martins-pêcheurs aussi petits qu'un roitelet et un todier ; celui-ci est du nombre. Ses dimensions et sa description. Il se trouve à Madagascar. T. VII, p. 511.

MARTIN-PÊCHEUR *à tête couleur de paille*. Sa description et ses dimensions. T. VII, p. 507.

MARTIN-PÊCHEUR *à tête grise*. Ses dimensions et sa description. T. VII, p. 510.

MARTIN-PÊCHEUR *à tête verte*. Sa description et ses dimensions. Il se trouve à l'île de Bouro, voisine d'Amboine. T. VII, p. 507.

MARTIN-PÊCHEUR *à trois doigts*. On a déjà remarqué dans le genre des pics cette singularité de n'avoir que trois doigts ; elle est moins surprenante dans la famille des martins-pêcheurs, où le petit doigt intérieur, déjà si raccourci et presque inutile, a pu être plus aisément omis par la nature. Ce martin-pêcheur est un des plus beaux de ce genre. Sa description d'après M. Sonnerat. Il se trouve à l'île de Luçon. T. VII, p. 514.

MARTIN-PÊCHEUR du Bengale. Sa description et ses dimensions, d'après Edwards. T. VII, p. 513.

MARTIN-PÊCHEUR (grand) de l'île de Luçon. Ce n'est qu'une variété ou espèce très voisine du martin-pêcheur à coiffe noire. T. VII, p. 507.

MARTIN-PÊCHEUR de Taïti et îles voisines. Sa description par M. Forster. T. VII, p. 504.

MARTINETS. Diffèrent des hirondelles par la conformation, les habitudes et le naturel. T. VII, p. 346. — Raison pourquoi on ne sépare point ici ces deux familles d'oiseaux. T. VII, *ibid.* et 347.

MARTINETS *noirs*. Leur conformation, leur vol. Ne se posent guère â terre, et lorsqu'ils y sont tombés prennent difficilement leur volée, et pourquoi. T. VII, p. 374 et suiv. — Ne se reposent que dans le trou ou accrochés à une muraille, à un tronc d'arbre. Comment ils entrent dans leur trou. P. 375. — Sociables entre eux ; ne vont point avec les autres hirondelles. *Ibid.* — Où ils font leur nid. P. 376. — Leur instinct. Arrivée, départ. *Ibid.* — Matériaux du nid, où les prennent. *Ibid.* — Leur forme. P. 377. — Cri de ces oiseaux, du mâle et de la femelle. P. 377 et 380. — Leur ponte unique. P. 377. — Petits sont muets. *Ibid.* — Éducation et nourriture. P. 378. — Jeunes et vieux ont beaucoup de vermine. *Ibid.* — Plus difficiles à tirer au vol qu'à tuer à coups de baguette. *Ibid.* — On les pêche à la ligne. *Ibid.* — Craignent la chaleur. *Ibid.* — Leurs allures. *Ibid.* — Leur départ. P. 379. — On en voit quelquefois en automne des volées nombreuses. P. 380. — Ont la vue perçante ; se trouvent partout. *Ibid.* — Singulière existence de ces oiseaux ; leur caractère. P. 381. — N'ont les jouissances du tact que dans leur trou. *Ibid.* — Leur poids. *Ibid.* — Leurs parties internes. *Ibid.* — Différences de la femelle. *Ibid.* — Vermine de ces oiseaux. P. 382.

MARTINET *à collier blanc*, de Cayenne. Fait son nid dans les maisons, dit M. Bajon. Structure de ce nid. T. VII, p. 387 et suiv.

MARTINET (grand) *à ventre blanc*; en Savoie *jacobin*. Se plaît sur les montagnes ; niche dans les trous de rochers ; est l'hirondelle d'Espagne d'Edwards. Temps de son arrivée en Savoie, plus fixe que celui de son départ. T. VII, p. 386. — Parties intérieures. P. 387. — Ressemble à l'hirondelle de rivage, selon Edwards. P. 384.

MARTINET couleur de pourpre de la Caroline ; variété de l'hirondelle bleue. Niche dans des trous de murailles et dans des calebasses qu'on suspend pour l'attirer. Écarte les oiseaux de proie par ses cris. T. VII, p. 390.

MARTINET (grand) *noir à ventre blanc*, des îles de l'Amérique. A le chant de l'alouette. T. VII, p. 386.

MARTINET (petit) *noir*, de Saint-Domingue ; niche dans des trous en terre, se perche sur les arbres secs. T. VII, p. 386.

MARTINET *noir et blanc, à ceinture grise*, bec très court ; ongles crochus et forts. T. VII, p. 387. — Se trouve au Pérou. *Ibid.*

MARTINS. Oiseaux utiles auxquels les deux îles de France et de Bourbon doivent la conservation de leurs récoltes ; ils n'existent dans ces îles que depuis vingt ans, quoiqu'il y en ait peut-être déjà plusieurs centaines de milliers. *Add.*, t. X, p. 514.

MARTINS-PÊCHEURS, semblent être dans un mouvement perpétuel. T. V, p. 28.

Mascalouf. Voyez *Dattier*.

Mascarin. A une espèce de masque noir ; se trouve à Madagascar, à l'île de Bourbon. T. VII, p. 104. Voyez *Perroquet brun*.

Mastication, l'une des principales jouissances du sens du goût, manque aux oiseaux. T. V, p. 34. — Se fait, pour les granivores, dans le gésier, à l'aide de petits cailloux qu'ils avalent, et qui font les fonctions de dents. *Ibid.*

Matrice. Il arrive un changement prompt et subit à la matrice dès les premiers temps de la grossesse. Description de ce changement. T. IV, p. 324. — La matrice est pénétrée dans ses dimensions intérieures par la liqueur séminale du mâle. *Ibid.* — La matrice, dans le temps de la grossesse, augmente non seulement en volume, mais en masse, ce qui prouve qu'elle a alors une espèce de vie végétative. P. 325. — La matrice prend un assez prompt accroissement dans les premiers temps de la grossesse ; elle continue aussi à augmenter à mesure que le fœtus augmente, mais l'accroissement du fœtus devient ensuite plus grand que celui de la matrice, surtout dans les derniers temps. P. 360. — La dilatation de la matrice est le plus sûr indice pour reconnaître si les douleurs que ressent une femme grosse sont en effet les douleurs de l'enfantement. P. 361.

Matuiti. Espèce de grand martin-pêcheur du nouveau continent, qui se trouve au Brésil. T. VII, p. 519. — Sa description d'après Marcgrave. Il est grand comme l'étourneau. *Ibid.*

Matuiti *des rivages* doit être séparé de la famille des courlis. T. VIII, p. 25. — Il est de la grosseur d'une poule. Sa différence avec un autre matuitui qui n'est guère plus gros qu'une alouette, et qui ne nous est connu que par ce qu'en dit Marcgrave. Il nous paraît être un pluvier à collier. *Ibid.*

Maubèches (les) sont un peu plus grosses que le bécasseau, et un peu moins que les chevaliers. Leurs dimensions. Nous en connaissons quatre espèces. T. VII, p. 686. — Ces oiseaux ont le bas de la jambe nu et le doigt du milieu uni jusqu'à la première articulation par une portion de membrane avec le doigt extérieur. *Ibid.* — Les quatre espèces de maubèches sont :

1° La *maubèche commune*, qui est la plus grande ; sa description. P. 686.

2° La *maubèche tachetée*. Sa description. Elle est un peu moins grande que la première. P. 687.

3° La *maubèche grise*, qui est encore moins grande que la première, quoiqu'elle le soit un peu plus que la seconde. *Ibid.* — Sa description. *Ibid.*

4° La *sanderling*. C'est la plus petite des maubèches ; elle est ainsi nommée en anglais parce qu'elle fréquente les grèves sablonneuses des rivages de la mer. Sa description. P. 688.

Mauvis, ses rapports avec la litorne. T. VI, p. 3 et 23. — Il ne faut pas le confondre avec les mauviettes. P. 22. — Qualité de sa chair, ses voyages, sa nourriture, son cri. *Ibid.* — Comparé avec la grive. *Ibid.*

Maypouri, est le même animal que le tapir. T. IX, p. 416.

Mazame (le) d'Amérique est le même animal que le chevreuil. T. IX, p. 415 et suiv.

Mécanique *rationnelle et pratique*. La mécanique pratique n'emprunte qu'un seul principe de la mécanique rationnelle. T. I, p. 32 — La considération des forces de la nature est l'objet de la mécanique rationnelle, celui de la mécanique sensible n'est que la combinaison de nos forces particulières, et se réduit à l'art de faire des machines. T. II, p. 210. — La mécanique rationnelle est une science née, pour ainsi dire, de nos jours. On avait toujours mal raisonné sur la nature du mouvement ; on avait toujours pris l'effet pour la cause, on ne connaissait d'autres forces que celle de l'impulsion ; on voulait y ramener tous les phénomènes, quoiqu'elle ne soit qu'un effet particulier dépendant d'un effet plus général. *Ibid.*

Meconium. Cause de l'évacuation du *meconium*. T. IV, p. 372.

Médecine *vétérinaire*, devrait être autrement cultivée ; exhortation à ce sujet. T. VIII, p. 517.

Méléagrides. Voyez *Peintades*. Ainsi appelées autrefois parce qu'elles revenaient tous les ans sur le tombeau de Méléagre, ce qui indique assez qu'elles sont oiseaux de passage : on ajoute qu'elles s'y battaient, et cela n'est point surprenant, puisqu'on les connaît pour des oiseaux turbulents et querelleurs. Le nom de tetrax a été donné à la méléagride par les anciens. T. V, p. 352.

Membrane intérieure de l'œil des oiseaux, qui paraît contribuer à la perfection et à la plus grande sensibilité de cet organe. T. V, p. 14 et 15.

Memina, nom du chevrotain de Ceylan et des Indes orientales ; il y a plusieurs variétés dans cette espèce, tant pour la grandeur que pour les couleurs. T. IX, p. 502.

Memina. Voyez *Chevrotain. Add.*, t. V, p. 434.

Menstruel. Le sang menstruel paraît être nécessaire à l'accomplissement de la génération, c'est-à-dire à l'entretien, à la nourriture et au développement du fœtus ; mais il n'a aucune part à sa première formation, qui se fait par le mélange de deux liqueurs également prolifiques. T. IV, p. 190 et 191.

Mentavaza, de Madagascar. Courte notice

que donne Flacourt de cette espèce d'oiseau. T. VIII, p. 465.

Mer. Il y a des endroits dans la mer dont nous n'avons pas pu sonder les profondeurs. T. I, p. 36. — Le fond de la mer est parsemé d'éminences et d'inégalités comme la surface de la terre. P. 37. — Flux et reflux de la mer. *Ibid.* — Courants de la mer. *Ibid.* — Gouffres de la mer. Calmes et *tornados. Ibid.* — Le fond de la mer ressemble en tout à la surface de la terre habitable. P. 38. — Le balancement des eaux de la mer n'est point égal; il produit un mouvement continuel des eaux de l'orient vers l'occident. P. 44. — L'eau de la mer est violemment remuée à de grandes profondeurs. P. 46. — La mer gagne du terrain dans certaines côtes, et en perd dans d'autres. P. 50. — Elle gagne et a toujours gagné du terrain sur les côtes orientales, et elle en perd sur les côtes occidentales. P. 51. — Le fond de la mer se remplit peu à peu par les terres amenées par les fleuves, et il ne faut que du temps pour que la mer prenne successivement la place de la terre. P. 52. — La mer Méditerranée est la plus grande irruption de l'Océan dans les terres; elle y coule par le détroit de Gibraltar. L'étendue de cette mer est sept fois plus grande que celle du terrain de la France. *Ibid.* — La mer Noire coule avec une grande rapidité par le Bosphore dans la Méditerranée. P. 53. — La mer Noire et la mer Caspienne doivent plutôt être regardées comme des lacs que comme des mers ou des golfes de l'Océan. P. 54. — Leurs eaux sont peu salées et ont peu de profondeur. P. 55. — La mer Rouge est plus élevée que la mer Méditerranée. *Ibid.* — Le fond de la mer Adriatique s'élève tous les jours, et il y a longtemps que les lagunes de Venise feraient partie du continent, si on n'avait pas un très grand soin de nettoyer et vider les canaux. *Ibid.* — A l'inspection de tout ce qui est connu de la surface du globe terrestre, il paraît qu'il y a plus de mer que de terre. P. 98. — Les eaux de la mer ne communiquent pas par filtration dans les terres. P. 111. — L'évaporation des eaux de la mer suffit pour produire toutes les eaux courantes de la terre. P. 153. — L'eau de la mer contient environ une quarantième partie de sel. La mer est à peu près également salée partout, en dessus comme au fond, sous la ligne, au cap de Bonne-Espérance et dans les autres climats, à l'exception de quelques-uns. P. 154. — Causes de la salure de la mer. *Ibid.* — Énumération des mers méditerranées. P. 160 et suiv. — Les mers ne sont pas également élevées dans toutes les parties : preuves particulières de cette assertion. P. 165 et 166. — Le mouvement des mers d'orient en occident est, aussi bien que celui du flux et

du reflux, plus fort dans les plaines et dans les nouvelles lunes. P. 179. — Explication de la manière dont se fait le mouvement général des eaux d'orient en occident, aussi bien que celui du flux et du reflux. P. 179 et 180. — Les mers sont agitées dans toute leur étendue et dans toute leur profondeur, par la cause qui produit le mouvement des marées. P. 180. — Le fond de la mer est composé des mêmes matières que la surface de la terre, et il est semé d'inégalités toutes semblables à celles de la terre. P. 186. — La mer s'est éloignée de trente-cinq lieues de la ville de Tongres. P. 239. — Il paraît que la mer a abandonné depuis peu une grande partie des terres avancées et des îles de l'Amérique. P. 240. — L'élément de la mer est plus fertile que celui de la terre. La mer produit à chaque saison plus d'animaux que la terre n'en nourrit; elle produit moins de plantes, et tous ces animaux n'ayant pas comme ceux de la terre un fonds de subsistance sur les végétaux, sont forcés de vivre les uns sur les autres, et c'est à cette combinaison que tient leur immense multiplication. T. II, p. 205.

Mer *Baltique* (la), doit être regardée moins comme une mer que comme un grand lac qui est entretenu par les eaux des fleuves qu'elle reçoit en très grand nombre. T. I, p. 161. — Elle n'a aucun mouvement de flux et de reflux, quoiqu'elle soit étroite; elle est aussi fort peu salée. *Ibid.* — Ses eaux coulent dans l'Océan. *Ibid.*

Mer *Blanche* (la), peut encore être regardée comme un grand lac; elle reçoit plusieurs rivières suffisantes pour l'entretenir; elle n'est que peu salée. T. I, p. 161.

Mer *Caspienne* (la), n'est qu'un lac qui, autrefois, était continu avec le lac Aral. T. I, p. 161.

Mer *Méditerranée* (la), produit beaucoup de madrépores et de coraux. T. I, p. 127. — Elle ne participe pas d'une manière sensible au mouvement de flux et de reflux; il n'y a que dans le golfe de Venise, où elle se rétrécit beaucoup, que ce mouvement se fait sentir. P. 168. — La mer Méditerranée ne reçoit pas plus d'eau par les fleuves que la mer Noire. P. 172. — Elle tire beaucoup plus d'eau de l'Océan que de la mer Noire. P. 173.

Mer *Morte.* Estimation de l'eau qu'elle reçoit et de celle qu'elle perd par l'évaporation. T. I, p. 153. — Les eaux de la mer Morte contiennent beaucoup plus de bitume que de sel. P. 178.

Mer *Noire* (la), est quelquefois totalement glacée; raison de cet effet particulier. T. I, p. 100. — Cette mer n'est qu'un lac et non pas un appendice de la mer Méditerranée; raison de cette assertion. P. 172. — Les tempêtes y sont plus dangereuses que sur l'Océan; causes de cet effet. P. 174.

MER *pacifique*. Le mouvement d'orient en occident est très constant et très sensible dans cette mer. T. I, p. 179 et 180.

MER *Rouge* (la), est de toutes mers celle qui produit le plus abondamment des madrépores, des coraux, etc. T. I, p. 128. — Dans un temps calme, il se présente aux yeux une si grande quantité de ces productions, que le fond de la mer Rouge ressemble à une forêt. *Ibid.* — Le mouvement des marées est plus grand dans la mer Rouge que dans le golfe Persique; raison de cet effet et de cette différence. P. 165. — Ces mers ont été formées par une irruption de l'Océan dans les terres. *Ibid.* — La mer Rouge est en effet de cette couleur dans tous les endroits où il y a des coraux et des madrépores sur son fond. P. 166.

MER *Tranquille* (la), est vraisemblablement une mer méditerranée. T. I, p. 161.

MER, *salure de la mer*. Le premier degré de la salure de la mer vient de la dissolution de toutes les matières salines dans le premier temps de la chute des eaux, et ce degré a toujours augmenté et ira encore en augmentant, parce que les fleuves ne cessent de transporter à la mer une grande quantité de sels fixes que l'évaporation ne peut enlever. *Add.*, t. I, p. 274.

MER *Atlantique*. Les eaux de la mer Atlantique refoulent du pôle à l'équateur; preuve de ce fait. *Add.*, t. I, p. 278.

MER *Caspienne*. Nouvelles preuves que cette mer n'a jamais eu de communication avec l'Océan et que, par conséquent, on ne doit la regarder que comme un lac situé dans l'intérieur des terres. *Add.*, t. I, p. 283. — On n'y trouve point d'huitres ni d'autres coquillages de mer, mais seulement les espèces de ceux qui sont dans les rivières. *Ibid.*

MER *du Sud*. Anciennes limites de cette mer du côté de l'Asie et du côté de l'Amérique. *Add.*, t. I, p. 275 et suiv.

MER. La température des eaux de la mer est, aux mêmes profondeurs, à peu près égale à celle de la terre. T. II, p. 6. — La liquidité des eaux de la mer ne doit point être attribuée à la puissance des rayons solaires. Preuve de cette assertion. *Ibid.* — On a des preuves évidentes que les mers ont couvert le continent de l'Europe jusqu'à quinze cents toises au-dessus du niveau de la mer actuelle. On a les mêmes preuves pour les continents de l'Asie et de l'Afrique et même dans celui de l'Amérique, on a trouvé des coquilles marines à plus de deux mille toises de hauteur au-dessus du niveau de la mer du Sud. P. 50. — Les mers ont recouvert la surface du globe en entier, à l'exception peut-être des pointes de montagnes élevées au-dessus de deux mille toises. *Ibid.* — Il est très certain que les mers en général baissent encore aujourd'hui et s'abaisseront encore à mesure qu'il se fera quelque nouvel affaissement dans l'intérieur du globe. P. 68. — La mer Méditerranée, la mer Noire, la Caspienne et l'Aral, ne doivent être regardées que comme des lacs, dont l'étendue a varié. P. 108. — La mer Caspienne était autrefois plus grande, et la mer Méditerranée beaucoup plus petite qu'elles ne le sont aujourd'hui. Le lac Aral, la mer Caspienne et la mer Noire ne faisaient autrefois qu'une seule et même mer avant la rupture du Bosphore. *Ibid.* — La mer Méditerranée, après cette rupture du Bosphore, aura augmenté, en même proportion que la mer Noire réunie à la mer Caspienne aura diminué. P. 109. — Ensuite, lorsque la porte du détroit de Gibraltar s'est ouverte, les eaux de l'Océan ont dû produire dans la Méditerranée une seconde augmentation. *Ibid.* — L'époque de la rupture de ces barrières de l'Océan et de la mer Noire, et des inondations qui ont été produites par ces causes, est bien plus ancienne que la date des déluges dont les hommes ont conservé la mémoire. *Ibid.*

MER CASPIENNE. Nouvelles observations qui démontrent que la mer Caspienne était anciennement beaucoup plus grande qu'elle ne l'est aujourd'hui, et que très probablement elle était réunie avec la mer Noire. T. II, p. 106.

MERCURE. Mine secondaire de mercure; sa description. T. IV, p. 43. — Mines de mercure nouvellement reconnues au Chili et au Pérou. *Ibid.*

MERCURE (le) perd sa fluidité à 187 degrés de froid au-dessous de la congélation de l'eau, et pourrait la perdre à un degré de froid beaucoup moindre si on le réduisait en vapeurs. T. II, p. 421.

MERCURE. On pourrait geler et figer le mercure à un bien moindre degré de froid, si on le sublimait en vapeurs dans un air très froid. T. II, p. 254. — Dans le mercure, qui est onze mille fois plus dense que l'air, il ne faut, pour refroidir les corps qu'on y plonge, qu'environ neuf fois autant de temps de ce qu'il en faut pour produire le même effet dans l'air. P. 276.

MERCURE, est plutôt une eau métalique qu'un vrai métal. T. III, p. 365. — Raison pourquoi le mercure ne mouille que les métaux, et ne mouille pas les terres. *Ibid.* — Le froid extrême coagule le mercure sans lui donner une solidité constante, ni même aussi pemanente que celle de l'eau glacée. P. 364. — Comparaison des propriétés du mercure avec l'eau et avec les métaux. *Ibid.* — Le mercure mouille les métaux, comme l'eau mouille les sels ou les terres à proportion des sels qu'elles contiennent. *Ibid.* — Rapports du mercure avec l'eau. P. 365.

— Rapports du mercure avec les métaux. P. 366. — Le mercure ne se trouve que dans les couches de la terre formées par le dépôt des eaux; il n'est point mêlé dans les minerais des autres métaux. P. 367. — Sa mine, à laquelle on donne le nom de *cinabre*, n'est point un vrai minerai, mais un composé par simple juxtaposition de soufre et de mercure réunis. *Ibid.* — La formation des mines de mercure est postérieure à celle des mines primordiales des métaux. *Ibid.* — Le mercure se présente très rarement dans un état coulant. *Ibid.* — Le cinabre ne se trouve que dans quelques endroits particuliers où le soufre s'est trouvé en grande quantité, et réduit en foie de soufre par des alcalis ou des terres calcaires, qui lui ont donné l'affinité nécessaire à son union avec le mercure. *Ibid.* — Des trois grandes mines de mercure, et dont chacune suffirait aux besoins de tout l'univers, deux sont en Europe et une en Amérique. *Ibid.* — Mine d'*Idria* dans la Carniole.... Mine d'*Almaden* en Espagne. *Ibid.* — Mine de *Guanca Velica* au Pérou. *Ibid.* — Autres petites mines de mercure, tant en Europe qu'en Asie. P. 370. — Raison pourquoi l'on trouve si rarement le mercure dans son état coulant. P. 372. — Considération du mercure dans son état de cinabre, et dans son état fluide. P. 373 et 374. — Principales propriétés du mercure. P. 374. — Différence de la chaux de mercure et des autres chaux métalliques. *Ibid.* — Amalgame du mercure avec les métaux et demi-métaux. P. 377. — Il refuse de s'amalgamer avec le fer, l'antimoine et le cobalt. P. 378. — Le mercure ne forme pas un amalgame avec les graisses. P. 379. — On retire le mercure sans perte de tous les amalgames; mais on ne peut le retirer en entier des graisses. P. 380. — Sublimé corrosif. *Ibid.* — Mercure doux, sa préparation. *Ibid.* — Le mercure jeté dans l'huile bouillante prend une sorte de solidité. P. 382. — D'où peut provenir la solidité que le mercure prend dans le zinc fondu et dans l'huile bouillante. *Ibid.* — Le mercure philosophique n'est qu'un être d'opinion. P. 383. — Comment le mercure agit dans le corps des animaux. P. 385.

MERCURE (planète de). Si Mercure était de même densité que la terre, il se serait consolidé jusqu'au centre en 968 ans $\frac{1}{3}$, refroidi à pouvoir en toucher la surface en 11,304 ans, et à la température actuelle de la terre en 24,682 ans; mais, comme sa densité est à celle de la terre : : 2040 : à 1000, il ne s'est consolidé jusqu'au centre qu'en 1,976 ans $\frac{3}{10}$, refroidi au point d'en pouvoir toucher la surface en 23,504 ans, et enfin à la température actuelle de la terre en 50,331 ans. T. I, p. 338. — Recherches sur la perte de la chaleur propre de cette planète, et sur la compensation à cette perte. P. 348 et suiv. — Cette planète jouissait de la même température dont jouit aujourd'hui la terre, dans l'année 54192 de la formation des planètes. *Ibid.* — Le moment où la chaleur envoyée par le soleil à Mercure s'est trouvée égale à la chaleur propre de cette planète a été dans l'année 67167 de la formation des planètes. *Ibid.* — Mercure a été la sixième terre habitable, et la nature vivante a commencé de s'y établir en l'année 24813, pour y durer jusqu'à l'année 187765 de la formation des planètes. P. 392. — La nature organisée telle que nous la connaissons est en pleine existence sur cette planète. P. 396.

MERCURE (planète de). La durée de sa révolution autour de son axe doit être beaucoup moindre que la durée de la rotation du globe la terre. T. II, p. 36,

MÈRE artificielle, pour élever les petits poulets. T. V, p. 304.

MERLE, appelé l'*oiseau noir par excellence*, en quoi diffère de sa femelle; comparé aux grives; son instinct, tant en liberté que dans l'esclavage; apprend à chanter; est sujet à la mue. T. VI, p. 32. — Change de couleur, dit-on, en automne, ses pontes, ses œufs, son nid, incubation, éducation des petits, leurs mues; attributs de la femelle. P. 33 et 35. — Ne voyage pas au loin, sa nourriture; il est répandu partout dans les deux continents; qualité de sa chair en différentes contrées. P. 35. — Parties internes d'une femelle. P. 36.

MERLE à collier. Voyez *Merle* à plastron blanc.

MERLE à collier d'Amérique. Voyez *Fer-à-cheval.*

MERLE à collier du Cap. Voyez *Plastron noir* de Ceylan.

MERLE à cravate de Cayenne, est plus petit que notre mauvis, a le bec crochu; son plumage, ses dimensions. T. VI, p. 64.

MERLE à cul jaune du Sénégal. Voyez *Brunet.*

MERLE à gorge noire de Saint-Domingue, espèce nouvelle, son plumage, ses dimensions. T. VI, p. 59.

MERLE à longue queue du Sénégal. Voyez *Vert-doré.*

MERLE à plastron blanc, appelé aussi *merle à collier, merle terrier, buissonnier*, etc. Différences de la femelle, différences du mâle comparé au mâle ordinaire; est oiseau de passage, suit les montagnes. T. VI, p. 37 et 38. — Fait son nid à terre; pays où il se trouve, sa nourriture, sa chair, ses parties internes. P. 39. — Attire les grives. *Ibid.*

MERLE à tête blanche, à bec et pieds jaunes. T. VI, p. 37.

MERLE à tête noire du Cap. Voyez *Casque noir.*

MERLE terrier. Voyez *Merle* à plastron blanc.

MERLE vert à longue queue du Sénégal. Voyez *Vert-doré*.

MERLE vert à tête noire des Moluques. T. VI, p. 75.

MERLE vert d'Angola, son plumage, sa taille, ses dimensions ; variété. T. VI, p. 53. — Comparé au merle violet de Juida. P. 54.

MERLE vert de la Caroline, sa taille, ses mœurs, son vol, son cri, sa nourriture, son plumage, ses dimensions. T. VI, p. 66.

MERLE vert de l'île de France; espèce nouvelle, son plumage, ses dimensions. T. VI, p. 62.

MERLE vert des Moluques. Voyez *Brève* de Bengale.

MERLE violet à ventre blanc de Juida, sa taille, son plumage. T. VI, p. 70.

MERLE violet du royaume de Juida, son plumage, sa taille; comparé au merle vert d'Angola. T. VI. p. 54.

MERLES blancs ou tachetés de blanc. T. VI, p. 40.

MERLE *du Brésil* de Belon. Voyez *Scarlatte*.

MERLE. Voyez *Oiseaux*. — Couve l'œuf du coucou déposé dans son nid. T. VII, p. 218.

MERLE D'EAU. Ce n'est point un merle, mais un petit oiseau d'eau douce qui ne fréquente que les ruisseaux et les petits lacs dans les montagnes. Sa ressemblance avec le merle. T. VIII, p. 69. — Ses différences. Ses habitudes naturelles sont très singulières. Il entre tout entier dans l'eau et marche dans le fond comme les autres oiseaux marchent sur la terre. P. 70. — Description de cette allure extraordinaire, et observations à ce sujet. *Ibid.* — Dans l'eau, il paraît environné d'une couche d'air qui le rend brillant, semblable en cela à certains insectes du genre des scarabées qui sont toujours dans l'eau au milieu d'une bulle d'air. *Ibid.* — Autres habitudes naturelles de cet oiseau. La femelle pond quatre ou cinq œufs ; elle cache son nid avec beaucoup de soin. Le merle d'eau n'est point un oiseau de passage, il reste tout l'hiver dans nos montagnes. P. 71. — Description de ses parties extérieures. Il se nourrit de petits poissons et d'insectes aquatiques. Description de son plumage. P. 72.

MÉROPS ou guêpier; conformité des taches de sa queue avec celles de la queue du kittaviah. T. V, p. 382. — Nom de mérops donné à la pie de la Jamaïque. P. 586 (note c).

MÉROPS, petit genre intermédiaire entre celui des promérops et celui des guêpiers. T. VII, p. 270.

MÉROPS *rouge et bleu*. Il ne paraît pas qu'il soit du Brésil, quoi qu'en dise Seba. Est de la taille de notre guêpier. Intermédiaire entre les guêpiers et les promérops. T. VII, p. 291.

MERS plus orageuses que d'autres. T. I, p. 187.

MERS. Abaissement des mers. T. III, p. 583. — L'une des principales causes de la dépression des eaux est l'affaissement successif des boursouflures caverneuses, formées par le feu primitif dans les premières couches du globe, dont l'eau aura percé les voûtes et occupé le vide; mais une seconde cause peut-être plus efficace, quoique moins apparente, c'est la consommation de l'immense quantité d'eau qui est entrée, et qui entre encore chaque jour dans la composition des coquilles et autres corps marins. *Ibid.* — La quantité de l'eau des mers a diminué à mesure que les animaux à coquilles se sont multipliés ; et cette dépression des mers augmentera de siècle en siècle, tant que la terre éprouvera des secousses, et qu'il se formera de nouvelle matière calcaire, par la multiplication des animaux marins revêtus de matière coquilleuse. P. 584.

MÉSANGES, percent et déchirent les graines. T. V. p. 31 (note a).

MÉSANGES. Discussion critique sur ce qu'a dit Pline au sujet des mésanges, qu'elles étaient du genre des pics. T. VI, p. 604. — Caractères généraux des mésanges et leurs habitudes communes. Manière dont elles entament les graines pour les manger. P. 607. — Elles se nourrissent de graines sèches et d'œufs d'insectes dans la mauvaise saison, et mangent aussi la chair des petits oiseaux morts. P. 608. — Elles tuent même ceux qui sont languissants, fussent-ils de leur espèce, et leur percent le crâne pour en manger la cervelle; cette cruauté n'est pas toujours justifiée par le besoin, car elles se la permettent dans une volière où elles ont en abondance la nourriture qui leur convient. Pendant l'été elles mangent des insectes, des graines et des fruits durs. Quoique, en général, les mésanges soient un peu féroces, elles aiment néanmoins la société de leurs semblables. Mais elles semblent craindre de s'approcher de fort près. *Ibid.* — Les mésanges sont plus fécondes qu'aucun autre genre d'oiseaux. Manière dont elles attaquent et dont elles se défendent très vivement et avec acharnement. P. 609. — Manière de les prendre en grande quantité. *Ibid.* — Elles donnent dans tous les pièges, surtout dans le temps de leur arrivée. Les femelles pondent jusqu'à dix-huit ou vingt œufs. P. 610. — Toutes les mésanges du pays ont des marques blanches autour des yeux. Autres caractères généraux des mésanges du pays. *Ibid.* — Différents oiseaux avec lesquels les mésanges ont quelques conformités. P. 611. — Plusieurs espèces de mésanges sont répandues dans l'ancien continent, depuis le Danemark et la Suède jusqu'au cap de Bonne-Espérance. *Ibid.* — Presque toutes font des amas et des provisions, soit dans l'état de liberté, soit dans la volière; exemples à ce sujet. P. 612. — Il y en a qui reviennent tous les soirs coucher dans le même trou d'arbre. Leur chair est en général un fort mauvais manger, à l'exception de quelques espèces. *Ibid.* — Les mésanges des plus grosses espèces pèsent une once, et celle des plus petites ne pèsent que deux ou trois gros. *Ibid.*

Mésange (grosse). Voyez *Charbonnière.*

Mésange (petite). Voyez *Petite Charbonnière.*

Mésange *amoureuse* (la) se trouve à la Chine; elle s'éloigne des mésanges par la longueur et la forme de son bec. Le mâle et la femelle ne cessent de se caresser. T. VI, p. 644. — Sa description. *Ibid.* — Son poids et ses dimensions. *Ibid.*

Mésange *à ceinture blanche.* — Elle a été envoyée de Sibérie. Sa description et ses dimensions. T. VI, p. 639.

Mésange *à collier.* Sa description et ses dimensions. Elle se trouve à la Caroline. T. VI, p. 642.

Mésange *à croupion jaune* de Virginie. Ses habitudes naturelles Sa description et ses dimensions. T. VI, p. 642.

Mésange *à longue queue.* Cet oiseau est très petit et a une très longue queue. T. VI, p. 634. — Ses habitudes naturelles. Sa nourriture. P. 635. — Sa comparaison avec les autres mésanges. Manière dont elle fait son nid. Forme et texture de ce nid. Les pennes de sa longue queue se détachent avec facilité, et tombent au plus léger froissement. *Ibid.* — Cette mésange pond de dix à quatorze œufs, et quelquefois jusqu'à vingt; ils sont de la grosseur d'une noisette, environnés d'une zone rougeâtre sur un fond gris. lequel devient plus clair vers le gros bout. Ses habitudes naturelles. Son chant est agréable au printemps. Elle quitte rarement les bois pour venir dans les jardins. P. 636. — Description et dimensions du mâle et de la femelle, et de quelques parties intérieures du mâle. P. 637.

Mésange *bleue.* Sa description. T. VI, p. 623. — Dégâts qu'elle fait sur les arbres fruitiers. Son naturel, son appétit pour la chair. Son nid, dans lequel elle pond en très grand nombre et jusqu'à vingt-deux œufs. P. 624. — Elle ne fait qu'une couvée. Elle renonce aisément ses œufs, et dans ce cas elle recommence une autre ponte. Son gazouillement, son grincement, ses habitudes naturelles. P. 625. — Différences de la femelle et du mâle. Ses dimensions et description de quelques-unes de ses parties intérieures. P. 626.

Mésange (grosse) *bleue.* Sa description d'après Aldrovande. T. VI, p. 643.

Mésange (la) *grise* couronnée d'écarlate, envoyée par M. Muller, paraît être une variété du roitelet. T. VI, p. 604.

Mésange *grise* à gorge jaune de la Caroline. Description du mâle et de la femelle, et leurs dimensions. T. VI, p. 643.

Mésange *huppée.* Description de sa huppe. Le corps de cette mésange exhale une odeur agréable qu'elle contracte sur les genièvres. T. VI, p. 639. — Ses habitudes naturelles et solitaires. *Ibid.* — Elle est défiante, et on en prend rarement au trébuchet. Elle refuse constamment la nourriture en captivité. Elle se nourrit d'insectes, et est très féconde. Elle est plus commune en Normandie que dans les autres provinces de France. Sa description. P. 640. — Ses dimensions. P. 641.

Mésange *huppée* de la Caroline. Ses habitudes naturelles. Sa nourriture. T. VI, p. 416. — Description du mâle et de la famille et leurs dimensions. P. 642.

Mésange *moustache.* T. VI, p. 626. — Description du mâle et de la femelle et leurs dimensions. P. 627.

Mésange (la) *noire* paraît n'être qu'une variété dans l'espèce de la mésange amoureuse de la Chine. T. VI, p. 645.

Mésange *Penduline.* Voyez *Penduline.*

Mésange *petit deuil* du cap de Bonne-Espérance. Sa description; ses rapports avec la mésange à longue queue. Ses habitudes naturelles. Forme de son nid dans lequel le mâle a un petit logement séparé où il se tient pendant que la femelle couve. T. VI, p. 638.

Mésange *remiz.* Voyez *Remiz.*

Mésange. Couve l'œuf du coucou déposé dans son nid. T. VII, p. 218.

Messager. Voyez *Secrétaire.*

Mesure *universelle* et invariable : c'est la longueur du pendule qui bat les secondes sous l'équateur. T. XI, p. 541. — Cette mesure devrait être adoptée par tous les peuples. *Ibid.*

Mesures. Tout étant relation dans l'univers, tout est dès lors susceptible de mesure. T. XI, p. 332.

Mesures *arithmétiques.* L'application de ces mesures produit toutes les difficultés dans les sciences mathématiques. Defaut dans l'établissement et la marche de ces mesures arithmétiques. T. XI, p. 333 et suiv.

Mesures *géométriques.* T. XI, p. 338. — Différence des mesures. P. 340

Métamorphose prétendue du coucou en épervier. T. VII, p. 207 et 208.

Métaphysique (la) religieuse a survécu à la perte des sciences. Raison de ce fait. T. I, p. 30.

MÉTAPHYSIQUE. Des sciences métaphysiques. T. I, p. 28 et suiv.

MÉTAUX. Tous les métaux et toutes les substances métalliques perdent quelque chose de leur substance par l'application du feu. Preuve de cette vérité par des expériences. T. II, p. 426. — Explication de la manière dont les métaux, et particulièrement l'or et l'argent, se sont transformés dans le sein de la terre par sublimation. *Ibid.* — Les métaux et les minéraux métalliques, si l'on en excepte le fer et les matières ferrugineuses, ne font pour ainsi dire qu'une partie infiniment petite du volume du globe de la terre. T. I, p. 337.

MÉTAUX. Origine et première formation des métaux. T. II, p. 41. — Les métaux et la plupart des minéraux métalliques sont l'ouvrage du feu, puisqu'on ne les trouve que dans les fentes de la roche vitrescible. P. 43. — Tous les métaux sont susceptibles d'être volatilisés par le feu, à différents degrés de chaleur, en sorte qu'ils se sont sublimés successivement pendant le progrès du refroidissement. Pourquoi les métaux précieux, l'or et l'argent, se trouvent plus abondamment dans les contrées méridionales que dans les terres du Nord. *Ibid.* — Et pourquoi les métaux imparfaits se trouvent au contraire plus abondamment dans les contrées du Nord que dans celles du Midi. *Ibid.*

MÉTAUX. Explication simple de leur réduction ou revification. T. II, p. 242. — L'ordre des six métaux, suivant leur densité, est : étain, fer, cuivre, argent, plomb, or ; et l'ordre dans lequel ces métaux reçoivent et perdent la chaleur, est : étain, plomb, argent, or, cuivre, fer. Ce n'est point dans l'ordre de leur densité, mais dans celui de leur fusibilité, que les métaux reçoivent et perdent la chaleur. P. 330.

MÉTAUX, *demi-métaux* ou substances métalliques ; l'ordre de leur densité est : éméril, zinc, antimoine, bismuth ; et celui dans lequel ils perdent et reçoivent la chaleur est : antimoine, bismuth, zinc, éméril, ce qui ne suit pas l'ordre de leur densité, mais plutôt celui de leur fusibilité. T. II, p. 331.

MÉTAUX. Considérations et réflexions sur la nature des métaux. T. III, p. 383. — Ordre des matières métalliques, depuis l'or jusqu'à l'arsenic. P. 430. — La réduction de la chaux des métaux n'est dans le vrai qu'une sorte de précipitation. P. 359. — Comparaison des mines primordiales des six métaux. P. 362. — Échelle de la nature dans ses productions métalliques. P. 364.

MÉTAUX. Les métaux ne contiennent point d'humidité dans leur substance. Expérience démonstrative de cette assertion (note *a*). T. II, p. 479. — Formation des métaux. Voyez *Fentes perpendiculaires.* P. 519.

MÉTAUX. Les métaux, tels que nous les connaissons et que nous en usons, sont autant l'ouvrage de notre art que le produit de la nature. Les minerais des métaux imparfaits sont des sortes de pyrites ; le minerai du cuivre se présente en pyrite jaune, le minerai du fer en pyrite martiale ; la galène du plomb et les cristaux de l'étain ne sont aussi que des minerais pyriteux. T. IV, p. 25. — On ne doit pas confondre le métal calciné par le feu avec le métal minéralisé, c'est-à-dire la chaux des métaux produite par le feu primitif avec le minerai formé postérieurement par l'intermède de l'eau. *Ibid.* — Toutes les autres formes sous lesquelles se présentent les métaux minéralisés proviennent de l'action des sels et du concours des éléments humides. Examen des différentes manières dont s'opère la cristallisation des métaux. *Ibid.* — Des six métaux, il y en a trois, l'or, l'argent et le cuivre, qui se présentent assez souvent dans leur état métallique ; et les trois autres, le plomb, l'étain et le fer, ne se trouvent nulle part dans cet état, ils sont toujours calcinés ou minéralisés. *Ibid.*

MÉTAUX (les) se trouvent rarement sous leur forme métallique dans le sein de la terre. La quantité des métaux purs est très petite en comparaison de .celle des métaux minéralisés. T. III, p. 183. — Tous les métaux sont susceptibles d'être sublimés par l'action du feu. *Ibid.* — Premier établissement des métaux sur le globe. *Ibid.*

MÉTEMPSYCOSE. Origine de l'opinion de la métempsycose. T. IX, p. 68.

MÉTHODE *de botanique.* Gessner est le premier qui ait eu l'idée d'établir une méthode fondée sur les parties de la fructification des plantes, et cette idée a été adoptée en tout ou en partie par tous les botanistes qui sont venus après lui. T. I, p. 9.

MÉTHODE *de botanique par Tournefort,* est la plus ingénieuse et la plus complète. Elle n'est pas purement arbitraire. T. I, p. 9.

MÉTHODE *de Linnæus* (la) est purement arbitraire, et confond ensemble les arbres avec les herbes. Elle rassemble dans le même genre des espèces de plantes entièrement dissemblables, tout y est changé jusqu'aux noms les plus connus des plantes et les plus généralement adoptés. T. I, p. 9. — Elle a le défaut et l'inconvénient d'être fondée sur l'inspection de parties trop petites, telles que les étamines, qu'il faut souvent un microscope pour pouvoir discerner et compter. P. 11.

MÉTHODE *instructive et naturelle* (la), c'est de mettre ensemble les choses qui se ressemblent, et de séparer celles qui diffèrent les unes des autres, selon l'ordre de comparaison du nombre des différences au nombre des ressemblances prises, non pas d'une seule partie, mais du tout ensemble, c'est-à-dire de la forme, de la grandeur, du port extérieur, du nombre des parties, de leur position, etc. T. I, p. 11. — Les méthodes qu'on a faites pour la division des animaux sont encore plus fautives que celles de botanique. P. 12. — Les méthodes ne sont pas le fondement de la science en histoire naturelle, ce sont seulement des signes dont on est convenu pour s'entendre. P. 13. — Elles ne sont que des dictionnaires où l'on trouve les noms des choses naturelles, rangés relativement à une idée particulière, dans un ordre qui est par conséquent aussi arbitraire que l'ordre alphabétique. *Ibid.* — La vraie méthode en histoire naturelle est la description complète et l'histoire exacte de chaque chose en particulier. *Ibid.* — Méthode de distribution qu'on a suivie dans cet ouvrage. P. 18. — Méthode pour se conduire dans les sciences. P. 27. — Fondement de la vraie méthode pour conduire son esprit dans les sciences, tant mathématiques que physiques. P. 33.

MÉTHODES (les) sont utiles lorsqu'on ne les emploie qu'avec des restrictions convenables ; inutiles et même nuisibles lors-quelles sont, ou trop générales, ou trop particulières, ou purement arbitraires. T. I, p. 4. — Les méthodes rendent souvent la langue de la science plus difficile que la science même. *Ibid.* — Il est impossible de faire un système général, une méthode parfaite, non-seulement pour l'histoire naturelle entière, mais même pour une seule de ses branches. P. 6. — Il n'y a aucune méthode dans laquelle il n'entre nécessairement de l'arbitraire. *Ibid.* — Origine des méthodes et des genres employés par les naturalistes. T. IX, p. 103.

MÉTHODE de Frisch, qui distribue les genres et les espèces des oiseaux d'après leur manière de vivre et la différence de leur nourriture, porte sur un mauvais fondement ; jamais on ne déterminera la nature d'un être par un seul caractère ; on ne peut donner une connaissance complète de chaque espèce en particulier que par sa description jointe à son histoire. T. V, p. 33 (note *a*). — Défauts de la méthode de M. Frisch. *Ibid.* — De celle qui prend les caractères des espèces dans la différence des couleurs du plumage. P. 48 et suiv. et p. 122. — Toute bonne méthode de distribution des animaux doit tendre à réduire au juste le nombre des espèces. P. 148 et 149.

MÉTHODES. Quelles elles doivent être ; leur véritable but. T. VII, p. 229.

MÉTHODE que l'auteur a suivie dans toutes ses recherches sur la nature ; c'est de voir les extrêmes avant de considérer les milieux. T. II, p. 434.

MÉTIS. Les métis provenant du cini, du tarin et du chardonneret avec la femelle du serin de Canarie, sont plus forts que les canaris, leur voix est aussi plus forte ; ils chantent plus longtemps, mais ils apprennent plus difficilement. T. VI, p. 131. — Façon de se procurer des métis du chardonneret avec la serine. *Ibid.* — Cette union est aussi féconde que celle de la serine et du serin. *Ibid.* — L'union du mâle linotte avec la serine est moins féconde et se borne à une ponte par an. *Ibid.* — Le produit de la génération dans tous ces métis n'est pas aussi certain ni aussi nombreux que dans les espèces pures ; mais il s'y trouve toujours beaucoup plus de mâles que de femelles ; exemple à ce sujet. P. 132. — Les métis provenant de la serine avec d'autres espèces vivent plus longtemps que les serins. *Ibid.* — Ces métis ressemblent à leur père par toutes les parties extérieures, et à la mère par le volume du corps. P. 131. — Comparaison des métis des oiseaux avec les mulets des quadrupèdes. P. 220.

MÉTIS (les) et les MULETS confirment le système de l'auteur sur la génération. T. IV, p. 184.

MÉTIS ou MULETS. Comparaison des métis ou mulets provenus du bouc et des brebis avec des agneaux. T. IV, p. 507 et suiv. — Proportion du nombre des mâles à celui des femelles dans les métis ou mulets. P. 512.

MEUNIER ou *crik poudré*. Paraît être le perroquet blanchâtre de Barrère. Se trouve à Cayenne ; est, après les aras, le plus grand des perroquets d'Amérique, un des plus estimés pour la singularité des couleurs, la facilité d'apprendre à parler et la douceur du naturel. T. VII, p. 161. — Son bec couleur de corne blanchâtre. *Ibid.*

MEXICAINS (les) n'avaient point d'animaux domestiques. T. IV, p. 572.

MIACATOTOTL, oiseau du Mexique mal indiqué par les nomenclateurs, et qu'ils ont eu tort de rapporter au genre des manakins. T. VI, p. 322.

MICA. La poudre brillante qu'on a appelée *mica* est le produit de la première décomposition du sable vitrifiable : on trouve le mica parsemé très abondamment dans les ardoises et les argiles. T. I, p. 118.

MICA. Première origine du mica par les exfoliations du quartz. T. II, p. 475. — Légère différence entre la substance du quartz et celle du mica, qui seulement est un peu moins simple et moins réfractaire au feu que celle du quartz. *Ibid.* — Comment il est arrivé que la substance des micas est devenue moins simple que celle du quartz. *Ibid.* — Le mica ne se trouve pas comme le quartz et le jaspe en grandes masses solides et dures, mais presque toujours en paillettes et en petites lames minces et disséminées dans plusieurs matières vitreuses. P. 488.—

Les parcelles du mica ne sont pas aussi douces au toucher que celles du talc. *Ibid.* — Le mica est un verre primitif en petites lames et paillettes très minces, lesquelles, d'une part, ont été sublimées par le feu ou déposées dans certaines matières, telles que les granites, au moment de leur consolidation, et qui, d'autre part, ont ensuite été entraînées par les eaux et mêlées avec les matières molles, telles que les argiles, les ardoises et les schistes. *Ibid.* — Les micas ont produit les talcs quand ils se sont trouvés sans mélange, et quand ils se sont réunis avec d'autres matières qui leur sont analogues, ils ont formé des masses plus ou moins tendres, telles que le crayon noir ou molybdène, la craie de Briançon, la craie d'Espagne, les pierres ollaires, les stéatites et les serpentines. P. 489. — On trouve aussi des micas en masses pulvérulentes.—Exemples là-dessus. *Ibid.* — Raisons pourquoi ce verre primitif n'a pas formé des masses solides comme les quatre autres verres. P. 491. — Il est un peu moins réfractaire au feu que le quartz et le jaspe, et en même temps il est beaucoup moins fusible que le feldspath et le schorl. *Ibid.*

MICA. Toutes les concrétions du mica, à l'exception du talc, sont sans transparence. T. III, p. 535.

MICAS *volcaniques*. Leur formation. T. III, p. 82.

MICO, jolie petite espèce de sagouin, remarquable par le vermillon dont la face est teinte; sa description. T. X, p. 209. — Caractères distinctifs de cette espèce. P. 210.

MICROSCOPE. Quels sont les microscopes dont il faut se servir de préférence pour faire des observations sur les liqueurs séminales. T. IV, p. 240.

MICROSCOPIQUES. Les objets microscopiques que Leeuwenhock a fait graver sont représentés beaucoup plus grands qu'il ne les a vus. *Ibid.*

MIGRATIONS des oiseaux, ajoutent beaucoup à la difficulté de faire leur histoire. T. V, p. 6. — Les circonstances des migrations varient dans les différentes espèces. P. 18. — Les oiseaux captifs s'agitent beaucoup dans la saison destinée à ces voyages. *Ibid.* — Le sens intérieur de l'oiseau est principalement rempli d'images produites par le sens de la vue; ces images superficielles, mais très étendues, sont la plupart relatives aux mouvements, aux distances, aux espaces; il porte, pour ainsi dire, dans son cerveau une carte géographique des lieux qu'il a vus, et cette connaissance, jointe à la facilité qu'il a de parcourir ces mêmes lieux, sont l'une des causes déterminantes de ses fréquentes migrations. P. 42 et 484 à 491. — Le froid n'influe pas sur les migrations des grives. T. VI, p. 11 — Migrations irrégulières du bec-croisé et de quelques autres oiseaux. P. 95.

MIGRATIONS des hirondelles. T. VII, p. 343, 353 et suiv. — La salangane et plusieurs autres hirondelles n'y sont pas sujettes. P. 385 et 399.

MIKOU, nom que le sajou gris porte à la Guyane. *Add.*, t. X, p. 219.

MILAN ou milan royal, voit du haut des airs un petit lézard, un mulot, etc. T. V, p. 16. — Est, avec la buse et le corbeau, le représentant parmi les oiseaux de l'hyène, du loup, du chacal. P. 31. Voyez *Bec.* — Ressemble au vautour par le naturel et les mœurs; est plus commun, approche plus les lieux habités, s'établit dans les lieux cultivés, abondants en gibier, volaille, reptiles, insectes; on l'approche aisément, n'est point susceptible d'éducation; ressemble beaucoup à la buse, mais s'en distingue comme de tous les autres oiseaux de proie par sa queue fourchue; il l'a aussi plus longue. le vol est son état naturel, et il l'exécute avec aisance et presque sans aucun mouvement apparent, si ce n'est celui de la queue; quelquefois il plane immobile des heures entières; son combat ou plutôt sa défaite lorsqu'il est attaqué par l'épervier. P. 108 et 109. — Ne pèse que deux livres et demie, n'a que dix-sept pouces de longueur jusqu'au bout des ongles, et cependant a près de cinq pieds de vol; a l'iris, la peau du bec et les pieds jaunes; se nourrit aussi de cadavres, de tripailles, de poissons morts, de serpents; on l'a vu avaler un pigeonneau tout entier avec ses plumes. P. 109 et 110. — Niche dans des trous de rochers, quelquefois, dit-on, sur de vieux chênes ou de vieux sapins; pond deux ou trois œufs, plus ronds que ceux de poule, tachetés de jaune sale; est répandu dans tout l'ancien continent, depuis la Suède jusqu'au Sénégal. P. 110.

MILAN de la Caroline ou épervier à queue d'hirondelle de Catesby, oiseau du Pérou, que l'on ne voit à la Caroline qu'en été, espèce étrangère, voisine de notre milan royal. T. V, p. 111 et 119. — Pèse quatorze onces, a quatre pieds de vol, vit de reptiles et d'insectes. P 119.

MILAN noir ou étolien, est plus noir et un peu plus petit que le milan royal, et il a les pennes de la queue presque toutes égales entre elles, mais il lui ressemble à tous autres égards; il est de passage. Belon les a vus traverser le Pont-Euxin en files nombreuses; plus commun en Allemagne qu'en France; reste l'hiver en Égypte; vient dans les villes, se tient sur les fenêtres des maisons; il a la vue et le vol si sûrs, qu'il saisit en l'air les morceaux de viande qu'on lui jette. T. V, p. 111 et 112.

MILAN comparé avec la bondrée. T. V,

p. 114. — Avec l'oiseau Saint-Martin, la harpaye, la buse. P. 117 et 118. — Au busard. P. 118.

Milouin (le) est le canard désigné par Belon sous le nom de *cane à tête rousse*. T. VIII, p. 362. — Sa description. *Ibid.* — Son cri ressemble plus au sifflement grave d'un gros serpent qu'à la voix d'un oiseau. *Ibid.* — Habitudes naturelles de ces oiseaux. P. 363. — Ordre qu'ils tiennent en volant par troupes. *Ibid.* — Il est à croire que cette espèce appartient au Nord. *Ibid.*

Millouinan (le) est de la taille du millouin, et ses couleurs, quoique différentes, sont disposées de même. T. VIII, p. 334. — Description du millouinan. *Ibid.* — Cette espèce, qui est commune aux deux continents, était néanmoins inconnue jusqu'ici aux naturalistes, et ne paraît que rarement sur nos côtes. *Ibid.*

Mine *de fer en grains*. La mine de fer en grains se produit dans la terre limoneuse, par la réunion des particules de fer contenues dans les détriments des végétaux et des animaux. T. II, p. 620. — Voyez *Terre limoneuse*. Observation particulière sur les différences des mines de fer en grains, et raison de ces mêmes différences. P. 622. — La mine de fer en grains, après avoir été broyée et détrempée dans l'eau, semble reprendre les mêmes caractères et propriétés que la terre limoneuse. *Ibid.* — La mine de fer en grains n'est qu'une sécrétion qui se fait dans la terre limoneuse, d'autant plus abondamment qu'elle contient une plus grande quantité de fer décomposé. P. 623. — Différents degrés de la formation de la mine de fer en grains dans la terre limoneuse. Observations exactes à ce sujet et expérience qui prouve la manière dont s'opère la formation des grains de mine de fer dans la terre limoneuse. *Ibid.* — Composition par couches des grains de mine de fer. Ils sont tous par couches concentriques et creux au centre, et les couches supérieures sont les premières formées et celles dans lesquelles la matière ferrugineuse est la plus pure. *Ibid.*

Mine de fer *pyritiforme*. Je lui ai donné cette dénomination, parce qu'elle se présente toujours sous la forme de pyrite, et que sa substance n'est en effet qu'une pyrite qui s'est décomposée sans changer de figure; description de cette mine; sa formation différente de celle des mines de fer spathiques. T. IV, p. 31. — Elle est moins riche en métal que les mines spathiques. *Ibid.*

Mine de fer *spathique*. Les mines de fer spathiques se trouvent souvent en grandes masses et sont très riches en métal; elles ne sont point attirables à l'aimant; leur formation dans le spath calcaire, qui fait le fond de leur substance. T. IV, p. 32. — Elles conservent la forme du spath calcaire et se présentent, comme ce spath, en cristaux de forme rhomboïdale; leur description. *Ibid.* — Leurs propriétés, leurs changements de couleur au feu. *Ibid.* — Différentes sortes de mines de fer spathiques. *Ibid.* — La mine de fer en *crête-de-coq* est une mine spathique qui a pour base le spath lenticulaire, appelé *spath perlé*, dont elle a pris la forme orbiculaire en cristaux groupés par la base et séparés les uns des autres en écailles plus ou moins inclinées. *Ibid.*

Mine de fer spéculaire, contient du sablon magnétique; car, quoiqu'elle soit formée par l'intermède de l'eau, elle ne laisse pas d'être attirable à l'aimant; sa couleur est grise, sa texture lamelleuse et très luisante. T. IV, p. 33. — Autres propriétés de cette mine. P. 34.

Mine *de Cotteberg*, était du temps d'Agricola profonde de deux mille cinq cents pieds. T. I, p. 138.

Mine *en rouille et mine de marais*. Leur origine et leur formation; ces mines de marais sont souvent plus épaisses et plus abondantes que les mines terrestres. Raison de ce fait. T. II, p. 628.

Minéral. Dans le minéral, il n'y a point de germe, point de moule intérieur capable de se développer par la nutrition, ni de transmettre sa forme par la reproduction. T. II, p. 466. — Le minéral n'augmente et n'accroît que par la juxtaposition successive de ses parties constituantes, qui toutes, n'étant travaillées que sur deux dimensions, ne peuvent prendre d'autre forme que celle de petites lames infiniment minces et de figures semblables ou différentes, et ces lames figurées, superposées et réunies, composent par leur agrégation un volume plus ou moins grand et figuré de même. P. 469.

Minéral *figuré*. Tout minéral figuré a été travaillé par les molécules organiques, provenant du détriment des êtres organiques, ou existantes avant leur formation. T. II, p. 466.

Minéralisation. Comment et par quels agents s'opère la minéralisation des matières métalliques. T. III, p. 433.

Minéralisation. On doit bien distinguer la minéralisation du mélange simple; le mélange n'est qu'une interposition de parties hétérogènes et passives, et dont le seul effet est d'augmenter le volume ou la masse, au lieu que la minéralisation est non seulement une interposition de parties hétérogènes, mais de substances actives, capables d'opérer une altération de la matière métallique. T. IV, p. 26.

Minéraux. Différence essentielle dans la composition entre les minéraux et les animaux ou les végétaux. T. II, p. 469.

Minéraux. L'air et le feu entrent dans la

composition des minéraux ; preuve de cette assertion. T. II, p. 257. — Point de vue auquel on doit s'élever pour se former une idée juste de la formation des minéraux. P. 261. — Établissement d'une théorie générale sur la formation des minéraux. P. 262.

MINÉRAUX *figurés*. La plupart des minéraux figurés ne doivent leurs différentes formes qu'au mélange et aux combinaisons des molécules organiques avec l'eau qui leur sert de véhicule. T. II, p. 466.

MINÉRAUX. Idée générale et description de la matière minérale. T. IV, p. 145. — On peut réduire toutes les substances minérales a trois classes générales : 1° à celles qui sont parfaitement brutes et qui ont été liquéfiées par le feu, telles que le roc vif, le grès, les cailloux, les sables, qui tous sont des matières vitrescibles ; 2° les substances qui paraissent également brutes, et qui cependant tirent leur origine des corps organisés, telles que les marbres, les pierres à chaux, les graviers, les craies, les marnes, qui tous ne sont composés que des débris de coquillages, et dont la substance est calcaire ; on doit aussi y ajouter les matières qui ne sont que des résidus de végétaux ou d'animaux plus ou moins détériorés, pourris ou consumés, celle des charbons de terre et les tourbes, etc. ; 3° les matières qui ayant été rejetées par les volcans ont souffert une seconde action du feu, telles que les amiantes, les pierres ponces, les laves, etc. T. II, p. 207.

MINES. Toutes les mines sont mêlées de différents métaux et minéraux métalliques, et il y a presque toujours plusieurs métaux dans la même mine. T. III, p. 184.

MINES. Les mines métalliques en grandes masses et en gros filons ont été produites par la sublimation, c'est-à-dire par l'action de la chaleur du feu ; et les mines en filets et en petites masses ont été formées postérieurement par le moyen de l'eau, qui les a détachées par parcelles des filons primitifs. T. II, p. 39. — Les mines métalliques secondaires se trouvent dans les fentes perpendiculaires des montagnes à couches qui ont été formées de matières transportées par les eaux. *Ibid.* — Explication de la formation de ces mines secondaires. *Ibid.* — Faits et preuves qui démontrent que les premières mines métalliques ont été produites par le feu, et que les autres l'ont été par le moyen de l'eau. P. 152 et suiv.

MINES. *Recherche des mines.* Les mines de métaux doivent se chercher à la boussole, en suivant toujours la direction qu'indique la découverte du premier filon ; car, dans chaque montagne, les fentes perpendiculaires qui la traversent, sont à peu parallèles. T. II, p. 42.

MINES. Les mines primordiales du fer, de l'or, de l'argent, et même du cuivre, sont toutes dans le roc vitreux, et ces métaux y sont incorporés en plus ou moins grande quantité, dès le temps de leur première fusion ou sublimation par le feu primitif. T. III, p. 297. — Les mines secondaires qui se trouvent dans les matières calcaires ou schisteuses tirent évidemment leur origine des premières. P. 296.

MINES *d'aimant* (on trouve des) dans presque toutes les parties du monde, et surtout dans les pays du Nord. T. IV, p. 109.

MINES *de fer*. Il y a deux espèces principales de mines de fer : les unes en roches, les autres en grains. T. II, p. 433. — Expériences sur la fusion des mines de fer très différentes des procédés ordinaires, par un ventilateur au lieu de soufflets. P. 434. — Toutes les mines de fer en général peuvent donner de l'acier naturel sans avoir passé par les états précédents de fonte et de fer. P. 436. — La qualité du fer ne dépend pas de la mine, mais de la manière dont on la traite. *Ibid.* — D'où vient le préjugé que toutes les mines de fer contiennent beaucoup de soufre. P. 437. — Avec toutes sortes de mines on peut toujours obtenir du fer de même qualité. Preuve par l'expérience. P. 438. — Le lavage des mines dans des lavoirs foncés de fer, percés de petits trous, est utile pour certaines espèces de mines. P. 439. — La mine de fer peut se fondre seule et sans aucune addition ou mélange de castine ni d'aubue, lorsque cette mine est nette et pure. Il en résulte cependant un inconvénient, c'est qu'une partie de la mine se brûle. Moyens de prévenir cette perte. P. 442. — Fusion des mines de fer, avec la plus grande économie à laquelle l'auteur ait pu parvenir, est d'une livre et demie de charbon pour une livre de bonne fonte de fer. *Ibid.* — Les mines de fer qui contiennent du cuivre ne donnent que du fer aigre et cassant. P. 444. — Les très petits grains de mine de fer sont spécifiquement plus pesants que les gros grains, et contiennent par conséquent plus de fer. *Ibid.* — Difficultés des essais en grand des mines de fer. — Manière de faire ces essais. P. 446. — Défaut dans la façon ordinaire de fondre les mines de fer, et dans la manière de conduire le fourneau. *Ibid.* — Description des mines de fer qu'on emploie à Ruelle en Angoumois, pour faire les canons de la marine. P. 460. — Dans quel cas le grillage des mine est nécessaire. P. 461.

MINES *de fer*. Les mines de fer produites par le feu sont demeurées susceptibles de l'attraction magnétique, comme le sont toutes les matières ferrugineuses qui ont subi le feu. T. II, p. 44 et 45. — Celles qui sont en grains et qui se trouvent dans les fentes perpendiculaires des couches calcaires y ont été amenées par alluvion, c'est-à-dire par le mouvement des eaux. Preuves de cette vérité. P, 64 et suiv.

Mines *de fer*. Expériences sur la mine de fer, faites au plus grand feu de réverbère. T. II, p. 238. — Il y a des mines de fer formées par le feu, les autres par l'eau. P. 262. — Celles qui sont en grains ne sont point attirables par l'aimant. Celles qui sont en roches ou en grandes masses solides sont presque toutes magnétiques ; raison de cette différence. P. 336. — Les mines de fer des pays du Nord sont assez magnétiques pour qu'on les cherche a la boussole. *Ibid.* — Composition originaire des mines de fer en grains. P. 359.

Mines *de fer*. Toutes les mines de fer, soit qu'elles aient été produites par le feu primitif ou travaillées par l'eau, sont toujours mélangées d'une plus ou moins grande quantité de substance hétérogène. T. III, p. 192. — Indices par lesquels on peut distinguer les mines primitives de fer de celles de seconde et de troisième formation. P. 193. — Comment les mines de fer peuvent se reproduire et se reproduisent en effet. P. 198. — Elles sont plus sujettes à varier que toutes les autres mines métalliques. *Ibid.* — Celles qui contiennent du cuivre doivent être rejetées parce qu'elles ne donneraient que du fer très cassant. Traitement des mines de fer au fourneau de fusion. P. 215.

Mines DE FER *cristallisées* (les) doivent la plupart leur origine à l'élément de l'eau. T. II, p. 434. — Celle que l'auteur a trouvée en Bourgogne est semblable à celle de Sibérie, qui est une mine cristallisée. Examen de cette mine. P. 446.

Mines *de fer de Nordmarck, de Presberg et de Danemora*, en Suède. Leurs descriptions. T. III, p. 199.

Mines *de fer de première formation*. Voyez Mines *de fer en roche*.

Mines *de fer de seconde formation*. Origine des mines de fer en rouille, en ocre et en grains. T. III, p. 191. — Toutes les mines de fer de seconde formation peuvent se réduire à trois sortes, savoir : les mines en ocre ou en rouille, les mines en grains et les mines en concrétions ; elles ont également été produites par l'intermède de l'eau. *Ibid.* — Raison pourquoi dans une mine dont les particules en rouille ou les grains ne sont point attirables à l'aimant, il se trouve souvent des paillettes ou sablons magnétiques. P. 194. — Nature et qualité de ces sablons ferrugineux. *Ibid.* — Toutes les mines de fer dont nous faisons l'extraction ont été amenées, lavées et déposées par les eaux de la mer lorsqu'elles couvraient nos continents. P. 212.

Mines *de fer en grains* (les) qui ne sont point attirables par l'aimant ont été formées par l'élément de l'eau. Leur origine.

Chauffées à un grand feu dans des vaisseaux clos, elles n'acquièrent point la vertu magnétique, tandis que, chauffées à un moindre feu dans des vaisseaux ouverts, elles acquièrent cette vertu. T. II, p. 434. — Elles ne contiennent point de soufre pour la plupart, et, par cette raison, n'ont pas besoin d'être grillées avant d'être mises au fourneau. P. 437. — Elles valent mieux et sont plus aisées à traiter que les mines de fer en roche. On peut faire en France avec toutes nos mines de fer en grains d'aussi bons fers que ceux de Suède. *Ibid.* — Expériences et observations à faire sur les mines de fer en grains avant de les employer pour en faire du fer. P. 438. — Dans quel cas on doit cribler et vanner les mines en grains. Avantages de cette méthode. Il y a très peu de matières qui retiennent l'humidité aussi longtemps que les mines de fer en grains. Difficultés de les sécher. P. 440 et suiv. — Comparaison du produit en fer des mines en grains et en roche. P. 445.

Mines *de fer en grains*. Les mines de fer en grains, en ocre ou en rouille, quoique provenant originairement des détriments des roches primitives de fer, mais ayant été formées postérieurement par l'intermède de l'eau, ne sont point attirables à l'aimant, à moins qu'on ne leur fasse subir une forte impression du feu à l'air libre. T. III, p. 187. — Formation et composition des grains gros ou petits des mines de fer. P. 194. — Dans chaque minière de fer en grains, les grains sont tous à peu près égaux en grosseur et sont en même temps de la même pesanteur spécifique, et les sables ou graviers, soit calcaires, soit vitreux, qui ont été transportés par les eaux avec ces grains de fer, sont aussi du même volume et du même poids que les grains, à très peu près, dans chaque minière. P. 195. — Les mines de fer en grains et en rouille ont été déposées par ces anciennes alluvions des eaux avant qu'elles eussent abandonné la surface de nos continents. P. 211. — Elles ne font aucun effet sur l'aiguille aimantée ; on ne peut donc pas les trouver par le moyen de la boussole, comme l'on trouve les mines primordiales du fer, lesquelles agissent sur l'aiguille aimantée. P. 212. — Il se trouve des mines de fer en grains, en nids et en sacs, dans les fentes des rochers calcaires ; leurs descriptions et leurs différences. P. 212 et 213. — Comme ces mines sont à peu près de la même nature, leur plus ou moins grande fusibilité ne vient pas de la différente qualité des grains, mais de la nature des terres et des sables qui y sont mêlés. P. 214.

Mines *de fer en grains. Traitement de ces mines*. T. X, p. 211 et 213. — Leur extraction, leur lavage. *Ibid.* — Leur produit au fourneau. P. 214. — Leur mélange pour les fondre demande des attentions ; il ne faut jamais mélanger une mine très fusible avec une mine réfractaire, non plus qu'une mine en gros morceaux avec une mine en très petits grains. *Ibid.*

Mines *de fer en grains et en roche.* Énumération des principaux lieux du monde où il s'en trouve : il y en a en France. T. III, p. 201. — En Espagne. P. 202. — En Italie. P. 203. — En Angleterre. *Ibid.* — Au pays de Liège. P. 204. — En Allemagne. P. 205. En Pologne. P. 206. — En Islande. *Ibid.* — En Russie et en Sibérie. *Ibid.* — A la Chine, en Perse, en Arabie et dans les autres provinces méridionales de l'Asie. P. 207. — En Barbarie, en Mauritanie et en Abyssinie, et dans quelques autres provinces de l'Afrique. P. 208. — Au Canada, en Virginie et dans plusieurs autres contrées de l'Amérique septentrionale. P. 209. — Au Pérou, au Chili, et dans quelques autres endroits de l'Amérique méridionale. *Ibid.*

Mines *de fer en roche* (les), se trouvent presque toutes dans les hautes montagnes. Leur différence par la couleur, et leurs variétés. Toutes les mines de fer en roche, de quelque couleur qu'elles soient, deviennent noires par une légère calcination. T. II, p. 433. — Elles doivent pour la plupart leur origine à l'élément du feu. *Ibid.* — Celles de Suède renferment souvent de l'asbeste. *Ibid.* — Courte description des grands travaux nécessaires à leur extraction et préparation avant d'être mises au fourneau de fusion. P. 437. — Quoique généralement parlant, les mines de fer en roche, et qui se trouvent en grandes massses solides, doivent leur origine à l'élément du feu, néanmoins il se trouve aussi plusieurs mines de fer en assez grosses masses qui se sont formées par le mouvement et l'intermède de l'eau. Manière de reconnaître leur différente origine.

Mines *de fer en roche.* Les roches primordiales de fer ne sont pas toutes également riches en métal. Celles qui donnent le plus ne contiennent guère qu'une moitié de fer, et l'autre moitié de leur masse est de matière vitreuse. — Ces roches de fer qu'on doit regarder comme les mines primordiales de ce métal sont toutes attirables à l'aimant. T. III. p. 187. — Toutes les mines primordiales de fer en roche doivent être regardées comme des espèces de fonte de fer produit par le feu primitif. P. 188. — Elles se trouvent en plus grande quantité dans les régions du Nord que dans les autres parties du globe. *Ibid.* — Manière de traiter les mines de fer en roche. P. 190.

Mines *de fer* ou *sablons ferrugineux.* Il y a des sablons ferrugineux qui sont attirables à l'aimant, et qui proviennent de la décomposition du mâchefer ou résidu ferrugineux, des végétaux brûlés par le feu des volcans ou par d'autres incendies. T. III, p. 188. — Il se trouve souvent de ces sablons ferrugineux dans les mines de fer en rouille ou en grains, quoique ces dernières ne soient pas magnétiques. P. 194. — Nature et qualité de ces sablons. *Ibid.*

Mines *de fer spathiques.* Les mines de fer spathiques et calcaires sont de formation postérieure aux mines de fer en roches vitreuses. T. III, p. 188. — Elles ne sont point attirables à l'aimant, excepté dans de certaines circonstances. P. 192.

Mines *de fer en stalactites et en concrétions continues.* T. III, p. 195.

Mines *d'or.* Voyez Or.

Minières *de fer en grains.* Voyez *Terre limoneuse.* T. II, p. 621. — Observation particulière sur leurs différences, et raison de ces mêmes différences. P. 622. — Manière dont se sont produites et établies les minières de fer en grains. La nature en a fait le lavage, le transport et le dépôt, par le mouvement des eaux. Preuves et observations à ce sujet. P. 625.

Ministre, oiseau de la Caroline que d'autres appellent l'*évêque;* il ne faut pas le confondre avec le tangara qu'on appelle aussi l'*évêque* au Brésil. T. VI, p. 165. — Il ressemble, à s'y méprendre, à la linotte dans le temps de la mue, et même la femelle du ministre lui ressemble en tout temps. — Habitudes et description de cet oiseau. *Ibid.*

Minium est une chaux de plomb, qui prend la couleur rouge à un certain degré de feu déterminé, qui est de cent vingt degrés, et ne doit être ni plus fort ni plus faible. T. III, p. 357. — Pratiques usitées en Angleterre pour faire le minium en grande quantité et à moindres frais. P. 358.

Miracles. Rien ne caractérise mieux un miracle que l'impossibilité d'en expliquer l'effet par les causes naturelles. t. I, P. 93.

Miroir *ardent pour brûler au loin.* Sa description et sa construction. T. II, p. 376 et suiv. — On a enflammé du bois jusqu'à deux cents pieds de distance, et il serait très possible de porter le feu du soleil encore plus loin avec ce miroir. P. 378. — On a fondu tous les métaux et minéraux métalliques à vingt-cinq, trente et quarante pieds de distance. *Ibid.* — Estimation de sa puissance et limites de ses effets. P. 379. — En quoi consiste essentiellement la théorie de ce miroir. P. 385. — Moyens et précautions pour rendre ce miroir encore plus parfait et en augmenter considérablement les effets. P. 390 et suiv. — Proportion de la grandeur des miroirs, suivant les différentes distances auxquelles on veut brûler. *Ibid.*

Miroir *du port d'Alexandrie,* dont les anciens ont fait mention et par le moyen duquel on voyait de très loin les vaisseaux en

petits. P. 48. — C'est des déserts qu'il faut tirer les mœurs de la nature. P. 102.

MOINEAU ou moineau franc, moineau de ville, passeron, passière, pesserat, parat, paisse, paissorelle, passereau, pierrot, moinet, gros-pillery, guilleri, moucet, moisson. T. VI, p. 108. — Réduction d'espèces. *Ibid.* — Variétés de couleurs. P. 109. — L'espèce du moineau est répandue depuis la Suède jusqu'en Égypte, au Sénégal. *Ibid.* — Variétés de sexe. *Ibid.* — Les moineaux se plaisent dans les lieux habités; sont opiniâtres, rusés; font trois pontes; leur nid, leurs œufs, leur nourriture; effet de la fumée de soufre sur eux; dommage qu'ils causent aux volières, etc. P. 110. — Durée de leur vie, leur éducation, leurs mœurs; sont solitaires, vont quelquefois en troupes; leurs amours; nichent quelquefois sur les arbres; s'emparent du nid des hirondelles et des pigeons. P. 113.

MOINEAU à bec rouge du Sénégal. Voyez *Moineau du Sénégal.*

MOINEAU à collier. Voyez *Friquet.*

MOINEAU à la Soulcie. Voyez *Soulcie.*

MOINEAU à tête rouge. Voyez *Friquet.*

MOINEAU à tête rouge de Cayenne. Voyez *Friquet, Passevert.*

MOINEAU au collier jaune. Voyez *Soulcie.*

MOINEAU blanc; variété du moineau. T. VI, p. 119.

MOINEAU brun et blanc. T. VI, p. 109.

MOINEAU de bois. Voyez *Soulcie.*

MOINEAU de campagne. Voyez *Friquet.*

MOINEAU de Capfa. Voyez *Dattier.*

MOINEAU de Cayenne. Voyez *Friquet, Père-noir.*

MOINEAU de datte. Voyez *Dattier.*

MOINEAU de Java. Voyez *Padda, Père-noir.*

MOINEAU de la Caroline. Voyez *Friquet* huppé.

MOINEAU de la Chine. Voyez *Quadricolor.*

MOINEAU de la côte d'Afrique. Voyez *Beau-marquet.*

MOINEAU de Macao. Voyez *Père-noir.*

MOINEAU de Madagascar. Voyez *Foudis.*

MOINEAU de montagne. Voyez *Friquet.*

MOINEAU du Brésil. Voyez *Père-noir.*

MOINEAU du Canada. Voyez *Soulciet.*

MOINEAU du cap de Bonne-Espérance. Voyez *Croissant, Foudis.*

MOINEAU du royaume de Juida Voyez *Père-noir.*

Moineau du Sénégal, en quoi diffère du nôtre. T. VI, p. 113.

MOINEAU jaune. T. VI, p. 109.

MOINEAU indien. Voyez *Padda.*

MOINEAU noir ou plutôt noirci. T. VI, p. 109 (note *a*).

MOINEAUX, s'accouplent la femelle restant droite sur ses pieds, et leur accouplement dure très peu, mais il se renouvelle très souvent. T. V, p. 42.

MOINEAU *d'Amérique* (le) de Seba paraît être le même oiseau que le tangara bleu. T. VI, p. 254.

MOINEAU *du Mexique.* Voyez *Linotte* à tête jaune.

MOINEAU (le petit) *brun* de la Caroline et de la Virginie. T. VI, p. 164.

MOINEAUX *du Sénégal* (les) sont les mêmes que les sénégalis. T. VI, p. 165 (note *c*). — Description du petit moineau du Sénégal. P. 173.

MOINEAUX. S'emparent quelquefois des nids d'hcrondelles. T. VII, p. 210 et 364.

MOINEAU de mer (le), rapporté à l'ortolan de neige. T. VIII, p. 463.

MOLASSE. Est une matière mixte et mélangée d'argile et de substance calcaire; elle se trouve en grandes masses et se durcit à l'air; mais il faut la défendre de la pluie et ne l'employer que dans l'intérieur des bâtiments; cette pierre molasse résiste très bien à l'action du feu. T. II, p. 615.

MOLÉCULES *organiques.* Il y a dans la nature une infinité de petites parties ou molécules organiques vivantes, et dont la substance est la même que celle des êtres organisés. T. IV, p. 155. — Ces molécules vivantes sont communes aux animaux et aux végétaux; ce sont des parties primitives et incorruptibles. Leur assemblage forme à nos yeux des êtres organisés. P. 158. — Exposition de la manière dont les molécules organiques pénètrent les corps organisés et opèrent la nutrition, le développement et la reproduction. P. 170. — Le superflu des molécules organiques est renvoyé de toutes les parties du corps dans un ou plusieurs endroits communs où, se trouvant réunies, elles forment de petits corps organisés semblables au premier. *Ibid.* — Explication de la séparation des molécules organiques d'avec les parties brutes, et de leur renvoi de toutes les parties du corps dans les réservoirs séminaux. P. 179. — Expériences qui démontrent qu'il existe des molécules organiques vivantes dans toutes les matières animales et végétales. P. 286. — Les parties organiques vivantes sont en plus grande quantité dans les liqueurs séminales des animaux, dans les germes des amandes des fruits, dans les graines et dans les parties les plus substantielles de l'animal et du végétal. P. 287. — Les molécules organiques vivantes ne se meuvent pas comme les animaux; leur mouvement est continu et sans interruption. P. 288. — Les molécules organiques vivantes se trouvent non seulement danc la semence des animaux des deux sexes, mais aussi dans la matière qui s'attache aux dents, dans le chyle et dans tous les résidus de la nourriture. P. 301. — Elles se trouvent en quantité dans les excréments lorsque l'estomac est dévoyé, et se trouvent en petite quantité dans les excréments durs : raison de cette différence. P. 302. — Les herbes ne contiennent pas à beaucoup près une assez grande quantité, volume pour volume, de molécules organiques que la chair et les graines, et c'est par cette raison que l'homme et les animaux qui n'ont pas une grande capacité d'intestins sont obligés de se nourrir de chair et de graines. T. VIII, p. 536. — Les molécules organiques vivantes sont relatives, et pour l'action et pour le nombre. aux molécules de la lumière. Partout où la lumière du soleil peut échauffer la terre, sa surface se vivifie, se couvre de verdure et se peuple d'animaux. T. II, p. 405.

MOLÉCULES ORGANIQUES. Elles pénètrent la matière brute, la travaillent, la remuent dans toutes ses dimensions, et la font servir de base au tissu de l'organisation. *Add.*, t. IV, p. 382. — Leur origine. P. 406.

MOLOXITA ou religieuse d'Abyssinie, comparé au merle ordinaire pour la forme, la taille, la nourriture, etc.; plumage du moloxita; pourquoi appelé *religieuse*. T. VI, p. 71.

MOLYBDÈNE, est une concrétion talqueuse plus légère et moins dure que les serpentines et pierres ollaires, mais qui, comme elles, prend au feu plus de dureté, et même de densité. T. III, p. 546. — La couleur de la molybdène est noirâtre, et semblable à celle du plomb exposé à l'air, ce qui lui a fait donner le nom de *plombagine*; cependant elle ne contient pas un atome de plomb; le fond de sa substance est du mica atténué ou du talc très fin. *Ibid.* — Les chimistes récents ont voulu distinguer la plombagine de la molybdène; discussion à ce sujet. *Ibid.* — La plus belle et la plus pure molybdène se trouve en Angleterre, dans le duché de Cumberland ; celle d'Allemagne est fort inférieure, tant pour la dureté que pour la légèreté. *Ibid.* — La molybdène naturelle ne contient point de soufre, et la plombagine n'est que de la molybdène mêlée de soufre; c'est avec cette molybdène, mêlée de soufre, que l'on fait les crayons qui sont dans le commerce. *Ibid.* — Le fer entre dans la composition de la molybdène, et lui donne sa couleur noirâtre. *Ibid.* — Propriétés et usage de la molybdène. P. 548. — Elle résiste plus qu'aucune autre matière à la violente action du feu. *Ibid.* — Lieux où se trouve la molybdène. *Ibid.* — C'est dans les terrains de grès et de granite qu'il faut la chercher. *Ibid.*

MOMOT. Voyez *Houtou.*

MONA (Description du). *Add.*, t. X, p. 181.

MONAX, est le nom de la marmotte du Canada, que quelques voyageurs ont appelée *siffleur*; il ne paraît différer de la marmotte des Alpes que par la queue, qu'il a plus longue et plus garnie de poils. Le monax du Canada, le bobak de Pologne et la marmotte des Alpes pourraient bien être tous trois le même animal, c'est-à-dire trois variétés de la même espèce. T. IX, p. 557.

MONAX. Voyez *Marmotte du Canada. Add.*, t. X, p. 325.

MONDE. Exposition du système du monde. T. I, p. 67 et suiv. — Faits historiques et réflexions au sujet de la découverte du nouveau monde. P. 119 et suiv.

MONE. La guenon que j'ai appelée *mone* est la même que le *kébos* des Grecs ; elle a le poil varié de différentes couleurs, et le nom de *kébos* indique la variété dans les couleurs. T. X, p. 90. — La mone est l'espèce de guenon ou singe à longue queue la plus commune et qui s'accommode le mieux de la température de notre climat. Elle se trouve en Barbarie, en Arabie et en Perse ; elle était connue des anciens. P. 144. — On a appelé la mone *nonne*, par corruption, ou bien parce qu'elle porte un bandeau; on la connaît vulgairement sous le nom de *singe varié.* P. 145. — La mone est susceptible d'éducation et même d'un certain attachement pour ceux qui la soignent. Ses mœurs, ses habitudes naturelles, sa nourriture. *Ibid.* — Caractères distinctifs de cette espèce. P. 146.

MONGOUS, maki brun et sans anneau sur la queue. Voyez *Maki.*

MONGOUS (grand). Description de ce maki. *Add.*, t. X, p. 124.

MONKEY, est le nom que les Anglais ont donné aux singes à longue queue. T. X, p. 119

MONSTRES par excès et par défaut; leur origine. T. IV, p. 338. — La plupart des monstres le sont avec symétrie. P. 350. — Raison pourquoi il se trouve plus de monstres dans les animaux domestiques que dans les animaux sauvages. T. IX, p. 379.

MONSTRES (les) peuvent se réduire en trois classes : la première est celle des monstres par excès; la seconde des monstres par défaut, et la troisième de ceux qui le sont par le renversement ou la fausse position des parties. *Add.*, t. XI, p. 307. — Monstres qui ont un double corps et forment deux personnes. Exemple à ce sujet. *Ibid.* — Exemple remarquable d'un monstre par défaut. *Ibid.* — Exemple d'un monstre par le renversement ou fausse position des parties. P. 308.

MONTAGNES. Les grandes chaînes de montagnes sont plus voisines de l'équateur que des pôles. T. I, p. 38. — Dans l'ancien continent, elles s'étendent d'orient en occident beaucoup plus que du nord au sud, et au contraire, dans le nouveau continent, elles s'étendent du nord au sud beaucoup plus que d'orient en occident. *Ibid.* — Les montagnes ont partout des angles correspondants, en sorte que l'angle saillant est toujours opposé à un angle rentrant *Ibid.* — Elles occupent le milieu des continents et partagent les îles dans leur plus grande longueur, ainsi que les promontoires et les autres terres avancées. *Ibid.* — Raisons pourquoi les plus grandes inégalités du globe se trouvent voisines de l'équateur. P. 43. — Formation des montagnes dans le fond de la mer par le mouvement et le sédiment des eaux. P. 44. —Les montagnes les plus élevées sont dans l'Amérique méridionale et en Afrique; celles de l'Asie et de l'Europe, quoique très grandes, ne sont pas aussi élevées. P. 49. — Les montagnes n'ont point été produites par des tremblements de terre. P. 50. — Elles s'abaissent continuellement par les pluies, qui en détachent les terres et les entraînent dans les vallées. P. 52. — Origine des montagnes suivant Scheuchzer, suivant Stenon, suivant Ray. P. 93. — Les sommets des plus hautes montagnes sont ordinairement composés de granites, de roc vif, de grès et d'autres matières vitrifiables. Explication de cette composition. P. 150. — Les plus hautes montagnes de Suisse sont élevées d'environ seize cents toises au-dessus du niveau de la mer. P. 136. — Il paraît que ce sont les plus hautes de l'Europe : preuves de cette assertion. *Ibid.*

MONTAGNES *du Pérou*, sont les plus élevées, non seulement de l'Amérique, mais de toute la terre, ayant plus de trois mille toises de hauteur au-dessus du niveau de la mer. T. I, p. 136. — Les montagnes et les profondeurs qui sont à la surface du globe sont si petites relativement au diamètre de la terre, qu'elles ne peuvent causer aucune différence à la figure du globe. *Ibid.* — Chaînes de montagnes. Direction des principales chaînes de montagnes dans les deux continents. P. 139. — Les montagnes et les collines composées de matières calcinables ont ordinairement un sommet large et plat; celles au contraire qui sont composées de matières vitriables sont terminées par des pointes et des pics : raison de cette différence. P. 143. — Les plus grandes montagnes, généralement parlant, occupent le milieu des continents ; les autres occupent le milieu des îles, des presqu'îles et des terres avancées dans la mer. P. 144. — Explication précise et détaillée de la correspondance des angles des montagnes. P. 187 et suiv.

MONTAGNES (les) *de la terre* ont autrefois été les bords des courants, ou si l'on veut les bords des fleuves de la mer. T. I, p. 188. — Le sommet de la montagne baisse quelquefois d'une quantité assez considérable après l'éruption du volcan. P. 216. — Grandes fentes ou portes dans les montagnes; leur origine. P. 224. — Exemple de la chute d'une montagne. *Ibid.* — Le sommet des montagnes s'abaisse tous les jours; plusieurs exemples de cet abaissement des montagnes.

P. 230. — Les montagnes ont été formées pans la mer même; raisons et preuve de cette assertion. P. 242.

MONTAGNES. Les grandes montagnes composées de matières vitrescibles et produites par l'action du feu primitif, tiennent immédiatement à la roche intérieure du globe, laquelle est elle-même un roc vitreux de la même nature ; ces grandes montagnes en font partie et ne sont que les prolongements ou éminences qui se sont formés à la surface du globe dans le temps de sa consolidation. *Add.*, t. I, p. 259. — C'est dans ces montagnes composées de matières vitrescibles que se trouvent les métaux. *Ibid.*

MONTAGNES, *leur direction*. Exposition de la direction des montagnes dans les différentes parties du monde. *Add.*, t. I, p. 267 et suiv. — En général, les plus grandes éminences du globe sont dirigées du nord au sud, et c'est en partie par cette disposition des montagnes primitives que toutes les pointes des continents se présentent dans la direction du nord au sud. P. 268.

MONTAGNES, *leur hauteur*. Énumération des montagnes les plus élevées de la terre dans les différents climats. *Add.*, t. I, p. 265 et suiv. — Celles de l'Amérique méridionale sont en général d'un quart plus élevées que celles de l'Europe. P. 266.

MONTAGNES, *leur structure*. Les éminences qui ont été formées par les sédiments et les dépôts de la mer ont une structure bien différente de celles qui doivent leur origine au feu primitif, les premières sont toutes disposées par couches horizontales, et contiennent une infinité de productions marines; les autres, au contraire, ont une structure moins régulière et ne renferment aucun indice des productions de la mer. Ces montagnes de première et de seconde formation n'ont rien de commun que les fentes perpendiculaires qui se trouvent dans les unes comme dans les autres. *Add.*, t. I, p. 268.

MONTAGNES. On doit distinguer les montagnes primitives en plusieurs ordres; les plus anciennes, dont les noyaux et les sommets sont de quartz et de jaspe, ainsi que celles de granites et porphyres qui sont presque contemporaines, ont toutes été formées par les boursouflures du globe dans le temps de la consolidation; les secondes dans l'ordre de formation sont les montagnes de schiste ou d'argile qui enveloppent souvent les noyaux des montagnes de quartz et de granite, et qui n'ont été formées que par les premiers dépôts des eaux après la conversion des sables vitreux en argile; les troisièmes sont les montagnes calcaires, qui généralement surmontent les schistes ou les argiles, et quelquefois immédiatement les quartz et les granites, et dont l'établissement est, comme l'on voit, encore postérieur à celui des montagnes argileuses : ainsi les éminences formées par le soulèvement ou l'effort des feux souterrains, et les collines produites par les éjections des volcans, ne doivent être considérées que comme des tas de décombres provenant de ces premières matières. T. III, p. 76.

MONTAGNES. Première origine et formation des plus hautes montagnes de la terre. T. II, p. 33. — Celles qui sont composées de matières vitrescibles ont existé longtemps avant les montagnes composées de matières calcaires. P. 40. — Le noyau des hautes montagnes est de la même matière vitrescible que la roche intérieure du globe. P. 41. — Énumération des montagnes primitives du globe. P. 45 et suiv. — Les parties les plus élevées des grandes chaînes de montagnes en Amérique et en Afrique se trouvent sous l'équateur, et ces mêmes montagnes s'abaissent également des deux côtés en s'éloignant de l'équateur. *Ibid.* — Les sommets de toutes les montagnes qui s'étendent du nord au sud ou du sud au nord sont plus voisins de la mer à l'occident qu'à l'orient; par conséquent, toutes les pentes des terres sont plus douces vers l'orient et plus rapides vers l'occident. P. 69. — Explication de ce fait général. *Ibid.* — Les montagnes et autres terres élevées du globe ont été les premières peuplées de végétaux. P. 70. — Et la plupart sont situées sur des cavités, auxquelles aboutissent les fentes perpendiculaires qui les tranchent du haut en bas. P. 75.

MONTAGNES, *leur direction*. Les montagnes du continent de l'Europe et de l'Asie sont plutôt dirigées d'occident en orient que du nord au sud. Énumération de ces montagnes, ainsi que celle des branches principales qui courent vers le midi et vers le nord. T. II, p. 46.

MONTAGNES *calcaires*. Raisons pourquoi les deux côtés opposés dans les montagnes calcaires sont plus escarpés que les coteaux qui bordent les vallons à l'opposite du sommet. T. II, p. 85.

MONTAGNES PRIMITIVES. Formation des montagnes vitreuses. Le quartz a formé non seulement la roche intérieure du globe, mais aussi les éminences et appendices extérieurs de cette roche; il sert de noyau aux montagnes vitreuses. Ces noyaux des plus hautes montagnes se sont trouvés d'abord environnés et couverts de fragments décrépités de ce premier verre, ainsi que des écailles du jaspe, des paillettes du mica, et de petites masses cristallisées du feldspath et du schorl, qui dès lors ont formé par leur réunion les grandes masses de granite et de porphyre, et de toutes les roches vitreuses, composées de ces matières produites par le feu primitif; les eaux n'ont agi que longtemps après sur ces mêmes fragments et poudres de verre, pour en former les grès, les talcs, et les convertir enfin par une longue décomposition en argile et en schiste. T. II, p. 478.

MONTAGNES *primitives*. Les montagnes dans lesquelles on ne voit aucun indice de volcans sont en effet des montagnes primitives. T. IV, p. 86.

MONTAGNES (les) volcaniques du Mexique et des autres parties du monde, où l'on trouve des volcans encore agissants, ne doivent point être regardées comme des boursouflures primitives du globe. T. IV, p. 85.

MONTAIN (le grand), grosse espèce de pinson qui se trouve dans les montagnes des pays septentrionaux; sa description. T. VI, p. 187 et 188.

MONTEGAR, nom donné au choras. *Add.*, t. X, p. 186.

MONTICOLLI. On nomme ainsi en Italie les collines volcaniques qui entourent le Vésuve, l'Etna et les autres volcans, tant agissants qu'éteints. T. IV, p. 84.

MONTS *Neptuniens* (les) en Sicile, comme les Alpes en Provence, ont forcé les feux souterrains à suivre leurs contours. T. IV, p. 83.

MONTVOYAU de la Guyane. S'est nommé par son cri qu'il fait entendre le soir. A l'ongle du milieu dentelé sur son bord extérieur. T. VII, p. 325.

MONUMENTS témoins des premiers âges de la nature. T. II, p. 3. — Il est démontré par l'inspection des monuments authentiques de la nature, savoir, les coquilles dans les marbres, les poissons dans les ardoises, et les végétaux dans les mines de charbon, que tous ces êtres organisés ont existé longtemps avant les animaux terrestres. P. 87.

MOQUEUR, est de la même espèce que le merle de Saint-Domingue de M. Brisson, que son grand moqueur, que le merle cendré de Saint-Domingue de nos planches enluminées (*planches de Buffon*), que le *tzonpan* de Fernandez, son *tetzonpan*, et son *cenzonpantli*, et son *cencontlatolli*, enfin que le moqueur de M. Sloane. T. VI, p. 28 et 29. — Son chant, accompagné de mouvements cadencés. P. 31. — Son plumage, ses dimensions; lieux où il se trouve; son nid, sa nourriture; manière de l'élever en cage, ses mœurs, ses parties internes. P. 32.

MOQUEUR de M. Sloane, est notre moqueur.

MOQUEUR français, a plus de rapports avec nos grives; ses différences, ses dimensions, son plumage, son chant, sa nourriture. T. VI, p. 29.

MOQUEUR (grand), le même que le moqueur.

MOQUEURS; réduction des espèces à deux. T. VI, p. 28. — Voyez *Cencontlatolli, Cenzonpantli, Tetzonpan, Tzonpan.*

MORALE. La convenance morale ne peut jamais devenir une raison physique. T. IV, p. 161.

MORDORÉ, espèce nouvelle de tangara qui se trouve à la Guyane ; sa description. T. VI, p. 241.

MORDORÉ, espèce voisine de celle du bruant que l'on trouve à l'île de Bourbon. T. VI, p. 293.

MORELLE. Voyez *Foulque*.

MORILLON (le). Description de cet oiseau. T. VIII, p. 367. — Lorsqu'il vole, son aile paraît rayée de blanc, cet effet est produit par sept plumes qui sont en partie de cette couleur. P. 368. — Il fréquente les étangs et les rivières, et néanmoins se trouve aussi sur la mer. *Ibid.* — Sa nourriture. *Ibid.* — Il est moins défiant que le canard. *Ibid.* — Ses habitudes en domesticité, il est assez gai et se prive facilement. *Ibid.* — La huppe dans cette espèce est un caractère particulier à tous les mâles. P. 369. — Ces oiseaux n'ont toutes leurs belles couleurs qu'à la deuxième année. *Ibid.*

MORILLON (petit). Raisons de douter que cet oiseau soit d'une espèce différente de celle du morillon. T. VIII, p. 369. — On pourrait rapporter la différence de grandeur qui se trouve entre eux, à celle que l'âge et les divers temps d'accroissement mettent nécessairement entre les individus d'une même espèce. P. 370.

MORMON, nom donné au choras. *Add.*, t. X, p. 186.

MORSE, nom générique sous lequel je comprends deux espèces, savoir la vache-marine ou bête à la grande dent, du nord, et le dugon, qui est une espèce de vache-marine des mers du midi. T. X, p. 1. — Le morse, qu'on appelle vulgairement *vache-marine*, n'a cependant aucun rapport avec la vache de terre. Ceux qui l'ont nommé *éléphant de mer* l'ont mieux désigné, parce que le morse a, comme l'éléphant, deux grandes défenses d'ivoire qui sortent de la mâchoire supérieure. P. 15. — Imperfections de nature dans le morse. Sa description à l'extérieur. Sa ressemblance au phoque, sa grandeur, ses habitudes naturelles, sa nourriture. P. 16. — Le morse n'était pas connu des anciens. Il habite les mers septentrionales de l'Europe, de l'Asie et de l'Amérique. Faits historiques tirés des voyageurs au sujet des morses. P. 17. — L'espèce en était autrefois beaucoup plus répandue ; on la trouvait jusque dans les mers des zones tempérées, et actuellement il n'y en a plus que dans les mers glaciales ; cependant il est prouvé par l'expérience que cet animal peut vivre dans les climats tempérés : exemple à ce sujet. P. 22. — Le morse et l'éléphant sont les seuls animaux qui aient de longues défenses d'ivoire à la mâchoire supérieure. P. 23. — Le morse a, comme la baleine, un gros et grand os dans la verge ; la femelle ne produit ordinairement qu'un petit : la gestation doit être de plus de neuf mois. P. 22. — Les morses ne peuvent pas toujours rester dans l'eau ; ils sont obligés d'aller à terre, soit pour allaiter leurs petits, soit pour d'autres besoins. Ils se servent de leurs défenses pour s'accrocher et de leurs mains pour faire avancer la lourde masse de leur corps. Leur nourriture et leurs autres habitudes naturelles. P. 24.

MORSES. Observations de M. Crantz sur ces animaux ; il y en a qui ont jusqu'à dix-huit pieds de longueur sur une circonférence à peu près égale. Description d'un de ces animaux. *Add.*, t. X, p. 73. — Leurs habitudes naturelles, leur courage, leur grand nombre dans certains parages des mers du nord. P. 74. — On a fait une énorme destruction de ces animaux et l'espèce en est actuellement bien moins nombreuse qu'elle ne l'était jadis. *Ibid.*

MORT. La trop grande solidité que les os acquièrent à mesure que l'homme et les animaux avancent en âge est la cause de la mort naturelle. T. XI, p. 74. — Le corps meurt peu à peu et par parties ; son mouvement diminue par degrés, la vie s'éteint par nuances successives, et la mort n'est que le dernier terme de cette suite de degrés, la dernière nuance de la vie. P. 75. — La mort est aussi naturelle que la vie. L'instant de la mort est préparé par une suite d'instants du même ordre. P. 81. — La plupart des hommes meurent sans le savoir. *Ibid.* — Raisons qui devraient diminuer la crainte de la mort. *Ibid.* et suiv. — Tant qu'on sent et qu'on pense, on ne réfléchit, on ne raisonne que pour soi, et tout est mort que l'espérance vit encore. P. 82. — La mort n'est pas aussi terrible que nous nous l'imaginons ; nous la jugeons mal de loin : c'est un spectre qui nous épouvante à une certaine distance, et qui disparaît lorsqu'on vient à en approcher de près. *Ibid.* L'instant de la mort n'est pas accompagné d'une douleur extrême ni de longue durée. P. 84. — Incertitude des signes de la mort. P. 85. — Il est dans l'ordre que la mort serve à la vie, que la reproduction naisse de la destruction. T. IX, p. 52. — La mort violente des animaux est un usage presque aussi nécessaire que la loi de la mort naturelle. P. 53.

MORTALITÉ. Tables sur la mortalité du genre humain, lesquelles approchent plus de la vérité que toutes celles qui ont été faites auparavant. T. XI, p. 88 et suiv.

MORTALITÉ. Raison pourquoi la mortalité paraît, par les tables, avoir été beaucoup plus grande à Paris, pendant les années 1719 et

1720. T. XI, p. 426. — La mortalité moyenne de Paris est de dix-huit mille huit cents pour chaque année. P. 427. — On doit multiplier par 35 ce nombre 18,800 pour avoir le nombre des vivants: ainsi Paris contient six cent cinquante-huit mille personnes vivantes. *Ibid.* — Les mois de l'année dans lesquels il meurt le plus de monde à Paris, sont mars, avril et mai ; et ceux pendant lesquels il en meurt le moins sont juillet, août et septembre; ainsi c'est après l'hiver et au commencement de la nouvelle saison, que les hommes, comme les plantes, périssent en plus grand nombre. P. 428.

MORVE. Origine et siège de la maladie qu'on appelle morve dans les chevaux. T. VIII, p. 517.

MOTS. Pour qu'il y ait de la précision dans les mots, il faut qu'il y ait de la vérité dans les idées qu'ils représentent. T. X, p. 93. — Mots ou termes généraux paraissent être le chef-d'œuvre de la pensée. P. 93.

MOTTEUX. Cet oiseau est ainsi nommé parce qu'il se tient presque toujours sur les mottes. T. VI, p. 531. — Sa description. P. 432. — Différences du mâle et de la femelle. Leurs cris. *Ibid.* — Description du nid du motteux dans lequel la femelle pond cinq à six œufs d'un blanc bleuâtre clair, avec un cercle au gros bout d'un bleu plus mat. *Ibid.* — Ils sont gras en automne et sont bons à manger. Manière de les prendre en quantité. P. 533. — On trouve cet oiseau en Europe depuis l'Italie jusqu'en Suède, et il y a même apparence que l'espèce est répandue beaucoup plus loin dans les pays méridionaux. *Ibid.*

MOTTEUX. Variétés dans l'espèce du motteux. T. VI, p. 533. — Le motteux ou cul-blanc roussâtre. Sa description. P. 534. — Le motteux ou cul-blanc roux. Description du mâle et de la femelle. P. 535.

MOTTEUX (grand) du cap de Bonne-Espérance. Sa description. T. VI, p. 536.

MOTTEUX *brun verdâtre* du cap de Bonne-Espérance. Sa description. T. VI, p. 537.

MOTTEUX du Sénégal. Sa description. T. VI, p. 537.

MOUCHEROLLES (les) sont plus gros que les gobe-mouches et plus petits que les tyrans; ils forment une famille intermédiaire entre les deux ; ils se trouvent comme les gobe-mouches dans les deux continents. La plupart ont des queues très longues et fourchues. T. VI, p. 392.

MOUCHEROLLE *brun de la Martinique ;* sa description. T. VI, p. 396.

MOUCHEROLLE (le) *huppé à tête couleur d'acier poli,* se trouve au Sénégal, au cap de Bonne-Espérance et à Madagascar ; description du mâle et de la femelle. T. VI, p. 394. — Discussion critique au sujet de cet oiseau. P. 395.

MOUCHEROLLE *des Philippines ;* sa description. T. VI, p. 397.

MOUCHEROLLE *à queue fourchue du Mexique ;* sa description. T. VI, P. 397.

MOUCHEROLLE *de Virginie ;* sa description et ses habitudes naturelles. T. VI, p. 396.

MOUCHEROLLE *de Virginie à huppe verte ;* sa description et ses habitudes naturelles. T. VI, p. 398.

MOUCHES. Il y a des mouches vivipares, c'est-à-dire des mouches qui ne produisent pas comme les autres des œufs d'où sortent des vers qui se transforment en mouches, mais qui au contraire produisent des petites mouches toutes formées, auxquelles les ailes poussent après leur naissance. T. IV, p. 315 et suiv.

MOUCHET. Voyez *Épervier.*

MOUCHET. Voyez *Fauvette* d'hiver.

MOUETTE *d'hiver*, pourrait bien être le même oiseau que la mouette tachetée. T. VIII, p. 227. — Fondement de cette présomption. *Ibid.*

MOUETTE *rieuse*, ainsi nommée parce que son cri a quelque ressemblance avec un éclat de rire. T. VIII, p. 225. — Elle est très légère, très vive, très remuante et presque toujours en l'air; elle est criarde comme toutes les autres mouettes. La femelle pond dix œufs olivâtres et tachetés de noir. La chair des jeunes est bonne à manger. P. 226. — Cette mouette rieuse fréquente les côtes de la mer dans les deux continents, et s'étend aussi assez avant dans les terres, sur les rivières. *Ibid.* — Différences entre le mâle et la femelle. P. 227.

MOUETTE *tachetée.* Observations particulières sur cet oiseau. T. VIII, p. 220. — Sa grandeur, sa description. P. 221. — Son vol contre le vent. Il a pour ennemi l'oiseau appelé *strundjager*, qui ne cesse de le persécuter. Il se trouve non seulement dans les mers de notre Nord, mais sur les côtes d'Angleterre, et même en Grèce et dans les mers voisines de l'Espagne, mais avec quelques différences dans les couleurs, qui sont très variables dans cet oiseau. P. 221. — Cette mouette tachetée s'écarte quelquefois fort avant dans les terres ; on en a vu en Bourgogne en grandes troupes au mois de février 1775. Observations particulières à ce sujet. P. 222.

MOUETTE *à pieds bleus.* Voyez grande *Mouette* cendrée.

MOUETTE *blanche.* Sa grandeur. T. VIII, p. 219. — Sa description. C'est probablement le même oiseau que celui auquel Martens a donné le nom de *sénateur.* Sa voix est différente de celle des petites mouettes. Ses habitudes naturelles. *Ibid.*

MOUETTE *cendrée* (grande). Ses dimensions, sa description. On la nomme *grande miaulle* sur nos côtes de Picardie. T. VIII, p. 222. —

Observations particulières sur les différentes nuances de couleurs que prend successivement le plumage de ces mouettes dans la suite de leur mue, selon les différents âges. P. 223.

MOUETTE *cendrée* (petite). Couleur de ses pieds, sa grandeur et sa description T. VIII, p. 223. — Différences entre les jeunes et les adultes. Cette mouette cendrée et la mouette rieuse sont les deux plus petites de toutes les mouettes; elles ne sont que de la grosseur d'un pigeon. Naturel, nourriture et vol de la petite mouette cendrée. Elle mange beaucoup d'insectes et de mouches. P. 224. — On peut la nourrir dans un jardin où elle cherche les vers et les limaçons. *Ibid.*

MOUETTES, semblent être toujours en mouvement et ne se reposer que par instants. T. V, p. 28. — Les mouettes des Barbades vont se promener en troupes à plus de deux cents milles de la côte et reviennent le même jour. P. 30.

MOUETTE, nom qui désigne des espèces d'oiseaux plus petites que celle des goélands, mais du même genre. T. VIII, p. 205. — Indications de quelques espèces de mouettes qui ne sont pas encore bien connues. P. 227 et 228.

MOUFFETTE. Il y a quatre espèces de mouffettes, savoir : le *coase*, le *chinche*, le *conepate* et le *zorille*. T. IX, p. 592. — *Mouffette* est le nom que nous avons donné à trois ou quatre espèces d'animaux qui répandent une odeur exécrable et suffocante; les voyageurs les ont appelés *puants* ou *enfants du diable*. P. 591.

MOUFFETTE *du Chili*. Sa description. *Add.*, t. X, p. 272.

MOUFLON, est l'animal sauvage duquel sont issues toutes les races des brebis domestiques. T. IX, p. 404. — Sa description et sa conformité avec les brebis. *Ibid.* — Le mouflon est couvert de poil et non de laine. *Ibid.* — Il a pu peupler également les pays du nord et ceux du midi. P. 410.

MOUFLON (le) est la tige primordiale de toutes les races de bélier et de brebis. Il est d'une nature assez robuste pour subsister dans les climats froids, tempérés et chauds. Sa race, qui était autrefois commune en Corse, n'y existe plus, ou du moins ces animaux sont très rares. *Add.*, t. X, p. 512.

MOULE INTÉRIEUR. Puissance du moule intérieur sur les molécules organiques dans tous les êtres organisés. *Add.*, t. IV, p. 389.

MOULES. Explication des moules intérieurs. T. IV, p. 163. — L'idée des moules intérieurs est fondée sur de bonnes analogies, elle ne renferme aucune contradiction. P. 164. — Ce qu'il y a de plus constant, de plus inaltérable dans la nature, c'est l'empreinte ou le moule de chaque espèce, tant dans les animaux que dans les végétaux;

ce qu'il y a de plus variable et de plus corruptible, c'est la substance qui les compose. T. IX, p. 17.

MOULES INTÉRIEURS *de la nature*. Nos moules artificiels ne sont qu'extérieurs et ne peuvent que figurer des surfaces, c'est-à-dire opérer sur deux dimensions; mais l'existence des moules intérieurs et leur extension sont démontrées par le développement de tous les germes dans les végétaux, de tous les embryons dans les animaux, puisque toutes leurs parties, soit extérieures, soit intérieures, croissent proportionnellement, ce qui ne peut se faire que par l'augmentation du volume de leur corps dans les trois dimensions à la fois. T. II, p. 470. — Un homme, un animal, un arbre, une plante, en un mot tous les corps organisés sont autant de moules intérieurs dont toutes les parties croissent proportionnellement, et par conséquent s'étendent dans les trois dimensions à la fois. P. 471.

MOUSSES, dont le bas est pleinement incrusté, et dont le dessus est encore vert et en état de végétation. T. II, p. 583.

MOUSTAC, petite guenon remarquable par la blancheur de la lèvre supérieure et par deux toupets de poil jaune qu'elle porte au-dessous des oreilles. T. X, p. 149. — Caractères distinctifs de cette espèce. *Ibid.*

MOUTONS. Naturel et timidité des moutons. T. VIII, p. 553. — Ce sont de tous les animaux quadrupèdes ceux qui ont le moins de ressource et d'instinct. P. 554. — Les moutons sont peut-être les plus utiles de tous les animaux; détail de tous les avantages et de toute l'utilité que l'homme en tire. *Ibid.* — Naturel et tempérament des moutons. P. 555. — Manière dont il faut former et conduire les troupeaux de moutons pour en tirer du profit. P. 558. — Le soleil les incommode, leur cause des vertiges; ainsi il faut les mener paître sur des coteaux opposés au soleil, où ils puissent avoir, en paissant, la tête à l'ombre de leur corps. *Ibid.* — Rien ne flatte plus l'appétit des moutons que le sel, et rien aussi ne leur est plus salutaire lorsqu'il leur est donné modérément. *Ibid.* — L'eau prise en grande quantité engraisse beaucoup les moutons. P. 559. — Il faut tuer les moutons au moment qu'ils sont engraissés, car on ne peut les engraisser deux fois, et ils dépérissent d'eux-mêmes dès qu'ils sont engraissés. *Ibid.* — Ils périssent presque tous par des maladies du foie, dans lequel on trouve toujours des vers plats que l'on appelle *douves*. *Ibid.* — Manière de les tondre; différents usages à cet égard suivant les climats. P. 560. — Manière de les faire parquer pour améliorer les terres. *Ibid.* et suiv. — Provinces de France où le mouton est le meilleur. P. 561.

MOUVEMENT *progressif*, ne fait pas une

différence générale et nécessaire entre les animaux et les végétaux, puisqu'il y a des animaux qui n'ont aucun mouvement progressif. T. IV, p. 146. — Le mouvement progressif et les mouvements extérieurs des membres de l'animal n'ont point d'autres causes que l'action des objets sur les sens. P. 419. — Le mouvement progressif et extérieur ne dépend point de l'organisation et de la figure du corps et des membres, puisque, de quelque manière qu'un être fût extérieurement conformé, il ne pourrait manquer de se mouvoir, pourvu qu'il eût des sens et le désir de les satisfaire. P. 410. — Les mouvements généraux des corps célestes ont produit les mouvements particuliers du globe de la terre ; les forces pénétrantes dont ces grands corps sont animés animent aussi chaque atome de matière, et cette propension mutuelle de toutes ses parties les unes vers les autres est le premier lien des êtres, le principe de la consistance des choses et le soutien de l'harmonie de l'univers. T. II, p. 207. — Explication de la manière dont se fait la communication du mouvement ; preuves évidentes que le ressort dépend de l'attraction, et que l'impulsion, étant un effet du ressort, dépend elle-même de l'attraction, comme un effet particulier dépend d'un effet plus général. P. 209 et 210.

MOUVEMENT, les oiseaux y sont très propres et très habiles, et par cette raison ils ont dû avoir le sens de la vue plus parfait. T. V, p. 16. — La seule vitesse du vol d'un oiseau peut indiquer la portée relative de sa vue. *Ibid.* — Le mouvement paraît plus naturel aux oiseaux que le repos. P. 28. — Cela influe sur leurs habitudes et leur instinct. *Ibid.*

MOUVEMENT *des eaux*. Le mouvement des eaux d'orient en occident a escarpé toutes les côtes occidentales des continents terrestres, et a en même temps laissé tous les terrains en pente douce du côté de l'orient. T. II, p. 88.

MOUVEMENT (le) appartient, dans tous les cas, encore plus à l'attraction qu'à l'impulsion. T. II, p. 215.

MOUVEMENT (le) est aussi ancien que la matière. T. IV, p. 77.

MOUVEMENT *en déclinaison* (le) vers l'ouest paraît s'être ralenti depuis près de vingt ans. T. IV, p. 131. — Il pourra dans quelque temps devenir rétrograde. *Ibid.* — La supposition que le mouvement de déclinaison suit la même marche de l'est au nord que du nord à l'ouest n'est nullement appuyée par les faits. P. 132. — Ce mouvement ne doit pas être regardé comme un grand balancement, qui se ferait par des oscillations régulières, mais comme un mouvement qui s'opère par secousses plus ou moins sensibles. P. 133.

MOYENS (les) apparents dont la nature se sert pour la reproduction des êtres ne nous paraissent avoir aucun rapport avec les effets qui en résultent. T. IV, p. 162.

MUE, les oiseaux y sont sujets comme les quadrupèdes, sont souffrants alors et meurent quelquefois ; aucun ne pond pendant ce temps. T. V, p. 36. — Effets de la mue des oiseaux quant aux couleurs du plumage, P. 48. — Et même quant à celles du pelage des quadrupèdes. P. 49. — Dans certaines espèces d'oiseaux, les trois premières mues entraînent des changements considérables dans les couleurs du plumage. *Ibid.* — Temps de la mue des faucons. P. 140. — Du paon. P. 401 et 412. — Double mue des cailles. P. 492.

MUE. La mue est un effet dans l'ordre de la nature plutôt qu'une maladie. Raison pourquoi cet effet naturel devient une maladie dans l'état de captivité. T. VI, p. 143. — Dans presque tous les oiseaux le temps de la mue est celui où ils ne se cherchent ni ne s'accouplent ; raison de ce fait. P. 144.

MUE tardive du coucou, et ce qui en résulte. T. VII, p. 211.

MUGISSEMENT du taureau, du bœuf, de la vache et du veau ; leur différence. T. VIII, p. 543.

MULATRES. Notice sur les mulâtres. *Add.*, t. XI, p. 275.

MULE. Le cheval et l'âne pourraient peut-être produire avec la grande et la petite mule ; raisons de cette présomption. T. IV, p. 484. — L'âne doit produire avec les mules plus certainement que le cheval. P. 485. — La mule est aussi ardente en amour que l'ânesse, et par cette raison elle tend à la stérilité. P. 487.

MULE. Exemple récent d'une mule qui a produit un petit. T. IV, p. 513. — Il est prouvé par les faits que la mule peut concevoir et perfectionner son fruit dans tous les climats chauds, et il est probable que la mule produit avec l'âne plutôt qu'avec le mulet. P. 514.

MULE. Exemples d'accouplement prolifique de la mule avec le cheval. T. IV, p. 527 et suiv.

MULET. L'âne avec la jument produit les grands mulets ; le cheval avec l'ânesse produit les petits mulets. T. VIII, p. 532. — Le mulet, pris généralement, n'est pas infécond. Sa stérilité dépend de certaines circonstances souvent extérieures à sa nature. Il produit dans les pays chauds, et quelquefois même dans les climats tempérés. T. IV, p. 483 et 484. — Il y a deux sortes de mulets : le premier, qu'on appelle simplement *mulet*, provient de l'union de l'âne et de la jument ; le second, qui est plus petit et qu'on appelle *bardot*, provient du cheval et de l'ânesse. P. 484. — Le mulet produit avec la jument un animal auquel les anciens ont donné le nom de *Hinnus* ou *Ginnus;* ils ont assuré de même que la mule conçoit assez aisément, mais qu'elle ne peut que rarement perfectionner son fruit. *Ibid.* — Expériences proposées au sujet des mulets. Présomptions sur le produit de ces expériences. Raisons de ces présomptions. *Ibid.* et suiv. — Le mulet doit produire plus sûrement avec la jument qu'avec l'ânesse, et le bardot plus sûrement avec l'ânesse qu'avec la jument. P. 485. — Moyen de parvenir à faire des demi-mulets ou des quarts de mulets qui auraient la puissance d'engendrer et formeraient une nouvelle tige subsistante. P. 486.

MULET. Comparaison du mulet provenant de l'âne et de la jument, avec le bardot ou mulet provenant du cheval et de l'ânesse. T. IV, p. 405 et suiv. — Dans les mulets, le nombre des mâles est plus grand que celui des femelles. P. 506. — Et ces animaux seront toujours très rares dans l'état de pure nature. P. 521. — Le mulet ne doit pas être regardé comme le mâle naturel de la mule, quoique tous deux portent le même nom. P. 522. — Car ces deux animaux ne peuvent produire ensemble, peut-être même dans les pays les plus chauds. *Ibid.*

MULETS *féconds de Syrie,* dont parle Aristote, pouvaient bien être des demi-mulets ou des quarts de mulets. Les mulets féconds de Tartarie appelés *Czigithais* sont peut-être les mêmes que les mulets de Syrie, dont la race s'est maintenue jusqu'à ce jour. T. IV, p. 486. — Le mulet qui provient du bouc et de la brebis est fécond. Les mulets qui proviennent du mélange des différentes espèces d'oiseaux sont féconds pour la plupart. P. 487. — Ce n'est que dans l'espèce particulière du mulet qui provient de l'âne et du cheval, que la stérilité se manifeste, et c'est dans la nature particulière de l'âne et du cheval qu'il faut chercher les causes de l'infécondité des mulets qui en proviennent. *Ibid.* — Les mulets qui proviennent de l'âne et du cheval sont parfaitement formés pour les parties de la génération ; ils ont une grande abondance de liqueur séminale; ils ont à peu près la même véhémence de goût pour la mule, pour l'ânesse et pour la jument. P. 488. — Les mulets, dans les espèces nombreuses, ne sont pas stériles et remontent, comme dans la brebis, à leur espèce originaire dès la première génération, au lieu qu'il faudrait peut-être trois, ou quatre générations pour que le mulet provenant de l'âne et du cheval pût parvenir à ce degré de réhabilitation de nature. *Ibid.* — Les mulets qu'on a prétendu provenir de l'accouplement du cerf avec la vache sont fort suspects, mais cependant ils seraient moins impossibles que les jumarts qu'on prétend venir du taureau et de la jument.

On obtiendrait aussi plutôt des mulets du cerf et du daim mêlés avec le renne ou l'élan, que du cerf et de la vache. P. 490.

MULETS, *oiseaux mulets.* Le nombre des mâles, dans les oiseaux provenant d'espèces mélangées, est beaucoup plus grand que le nombre des femelles. T. IV, p. 506.

MULETS et MÉTIS (les) dans les quadrupèdes et les oiseaux, ressemblent à leur père par les parties extérieures, et à leur mère par le volume du corps. T. VI, p. 133. — Raison de cet effet, même dans l'espèce humaine. P. 134.

MULOT. La provision du mulot, au lieu d'être proportionnée au besoin de l'animal, ne l'est au contraire qu'à la capacité du lieu. T. IV, p. 465 et 466. — La pullulation prodigieuse des mulots n'est arrêtée que par les cruautés qu'ils exercent entre eux dès que les vivres commencent à leur manquer. T. IX, p. 105. — Habitudes naturelles du mulot. P. 107. — Les mulots grands et petits sont de la même espèce. *Ibid.* — Description des trous où ils se retirent et où ils amassent des grains. P. 108. — Les mulots causent de grands dommages aux semis de bois. Manière aisée d'en prendre un très grand nombre. *Ibid.* — Ils sont très nombreux en automne, et en moindre nombre au printemps, parce qu'ils se mangent les uns les autres, pour peu qu'ils manquent d'aliments. P. 109. — Le mulot pullule encore plus que le rat; il produit plus d'une fois par an, et les portées sont souvent de neuf et dix. *Ibid.*

MUNDICK, est une poussière qui se trouve dans les mines d'étain et qui ne contient qu'une très petite quantité de métal ; et c'est plutôt de l'arsenic décomposé que de l'étain. T. III, p. 334.

MUSARAIGNE (la) tient en petit du rat et de la taupe. T. IX, p. 116. — Elle a les yeux un peu plus gros que la taupe, mais cachés de même sous le poil. *Ibid.* — Elle a une odeur forte qui lui est particulière, et qui répugne aux chats. *Ibid.* — La musaraigne n'est ni venimeuse ni capable de mordre la peau d'un gros animal, et ce que l'on dit des blessures qu'elle fait au cheval n'est point fondé. *Ibid.* — Habitudes naturelles de la musaraigne. *Ibid.* — Variétés dans leur couleur. *Ibid.*

MUSARAIGNE *d'eau.* Lieux où elle se trouve et ses différences avec la musaraigne de terre. T. IX, p. 117.

MUSARAIGNE *du Brésil.* Notice au sujet de cet animal, qui est plus grand que la musaraigne d'Europe. *Add.,* t. X. p. 360.

MUSARAIGNE MUSQUÉE *de l'Inde.* Sa description. *Add.,* t. X, p. 243.

MUSC. L'animal du musc appartient à l'ancien continent et ne se trouve point dans le nouveau. T. IV, p. 570. — Description de l'animal du musc, par Grew. T. IX, p. 511. — L'humeur du musc se forme dans une poche ou tumeur qui est près du nombril dans l'animal du musc. P. 512. — La poche dans laquelle se filtre le musc ne se remplit que dans le temps que l'animal est en amour. *Ibid.* — Falsification et altération de cette matière. *Ibid.* — L'animal du musc n'est domestique nulle part, et l'espèce en paraît confinée aux provinces les plus orientales de l'Asie. P. 515.

Musc. Il paraît que cet animal, qui n'est commun que dans les parties orientales de l'Asie, pourrait s'habituer et peut-être même se propager dans nos climats. *Add.*, t. X, p. 434. — Sa nourriture en captivité. Il ne répandait point de son odeur de musc en hiver, mais en été et surtout dans les jours les plus chauds. Description de cet animal, par M. de Sève. *Ibid.* — Son naturel, ses habitudes et sa description, par M. Daubenton. P. 435.

Muscardin (le) est le moins laid de tous les rats; sa figure et ses habitudes naturelles. T. IX, p. 130. — Il est assez rare en France et plus commun en Italie, et se trouve même dans les climats du nord. *Ibid.* — Il fait son nid sur les arbres comme l'écureuil; description de ce nid. P. 131. — Il produit trois ou quatre petits. *Ibid.*

Musique. Réflexions sur le système de feu M. Rameau. *Add.*, t. XI, p. 250. — Plusieurs animaux paraissent aimer la musique. P. 251. — Les oiseaux sont très susceptibles des impressions musicales. P. 252.

Musique. Il doit y avoir du style en musique; chaque air doit être fondé sur une idée relative à quelque objet sensible, et l'union de la musique à la poésie ne peut être parfaite qu'autant que le poète et le musicien conviendront d'avance de représenter la même idée, l'un par des mots et l'autre par des sons. T. XI, p. 578.

# N

Nagor, espèce de gazelle du Sénégal, que Seba a donnée sous le faux nom de *Mazame*. Son climat et sa description. T. IX, p. 507.

Nagor. L'espèce du nagor a des espèces voisines. Comparaison de ces espèces ou variétés avec le nagor du Sénégal, dont j'ai donné la description volume IX, p. 507. — Notice sur ces variétés du nagor, par MM. Forster. *Add.*, t. X, p. 495. — Elles sont, selon moi, deux espèces ou races distinctes. P. 496.

Nains. Exemples de plusieurs nains. *Add.*, t. XI, p. 234.

Nains *blancs de Madagascar*. Voyez *Quimos*.

Naissance précoce à six mois onze jours après la conception. *Add.*, t. IV, p. 410.

Naissance tardive après treize mois de grossesse. *Add.*, t. IV, p. 408 et suiv.

Naissances. Les mois de l'année dans lesquels il naît le plus d'enfants à Paris sont les mois de janvier, février et mars; et ceux pendant lesquels il en naît le moins sont juin, novembre et décembre, d'où l'on peut inférer que la chaleur de l'été contribue au succès de la génération. T. XI, p. 427. — Les années où il naît le plus d'enfants sont en même temps celles où il meurt le moins de monde.

Naissances, mariages et morts. — Voyez *Table des naissances, mariages et morts*.

Nandapoa, grand oiseau des climats chauds de l'Amérique, qui cependant ne l'est pas autant que le jabiru. Ses ressemblances et ses différences avec le jabiru. Ses dimen-

sions; sa description. T. VII, p. 556. — Sa chair, dépouillée de la peau, est assez bonne à manger. P. 557.

Nanguer, espèce de gazelle qui se trouve au Sénégal; sa description. T. IX, p. 475. — C'est vraisemblablement le même animal que le *Dama* des anciens. P. 476.

Nanguer ou Nagor. Ces deux animaux ont un caractère qui n'appartient qu'à eux; ce sont les deux seuls animaux dont les cornes soient courbées en avant, au lieu que, dans toutes les autres espèces de gazelles et de chèvres, les cornes sont recourbées en arrière ou tout à fait droites. La femelle et le mâle nanguer ont également des cornes. *Add.*, t. X, p. 495.

Napaul ou faisan cornu, comparé au dindon, plus ressemblant au faisan; ses cornes, sa gorgerette, son plumage, ses ailes courtes; est un oiseau pesant. T. V, p. 436.

Naphte (le) est le bitume liquide le plus coulant, le plus léger, le plus transparent et le plus inflammable. T. III, p. 53. — On lui a donné ce nom parce qu'il est la matière inflammable par excellence; il est plus pur que le pétrole ou que tout autre bitume liquide. P. 58. — Il est aussi plus limpide et plus coulant, et prend feu plus subitement. *Ibid.* — Les sources de naphte et de pétrole sont encore assez communes dans les provinces du Levant. P. 60.

Narines du percnoptère, ont un écoulement continuel et fort dégoûtant. T. V, p. 85. — Du griffon, sont fort amples. P. 89.

Narines de l'ara vert, cachées dans les

plumes. T. VII, p. 148. — Narines de l'en-goulevent saillantes. P. 313.

NATRON. Voyez *Alcali minéral*.

NATURE, ce mot a deux acceptions, *ou* c'est un être idéal auquel on rapporte, comme à une cause active, tous les effets constants, tous les phénomènes de l'univers; *ou* c'est la somme des qualités dont cette cause active a doué les êtres particuliers. T. V, p. 14. — Nature des oiseaux. P. 15. — Uniformité du plan de la nature prouvée par les rapports particuliers observés entre la tribu des oiseaux et celle des quadrupèdes. P. 31. — C'est souvent des pays étrangers, et surtout des déserts, qu'il faut tirer les mœurs de la nature. P. 101 et 102.

NATURE. Son véritable ordre. Sa fécondité. Aisance de son exécution. T. VII, p. 231.

NATURE (erreurs de la). Les vrais caractères des erreurs de la nature sont la disproportion jointe à l'inutilité. T. VII, p. 465. — La vieille nature de l'ancien continent, toujours supérieure à la nature moderne du nouveau monde dans toutes ses productions, se montre aussi plus grande, même dans ses erreurs, et plus puissante jusque dans ses écarts. P. 478.

NATURE. Ordre et suite de ses plans, jusque dans ce qui en pourrait paraître l'interruption et le dérangement. T. VIII, p. 439. — Exemple frappant de cette suite, dans les dernières nuances des formes, par lesquelles elle termine le genre nombreux des oiseaux, comparé avec ces mêmes gradations dans les quadrupèdes et les cétacés. P. 440. — Elle semble avoir voulu rejeter, comme dans le lointain, aux deux extrémités du globe, des formes mutilées et tronquées, incapables de figurer avec des modèles plus parfaits au milieu de son grand tableau. P. 448.

NATURE. En examinant les ouvrages de la nature, on est aussi surpris de la variété du dessein que de la multiplicité des moyens de l'exécution; il semble que tout ce qui peut être est. T. I, p. 6. — La nature descend par degrés presque insensibles de la créature la plus parfaite jusqu'à la matière la plus informe, de l'animal le mieux organisé jusqu'au minéral le plus brut. Ces nuances imperceptibles sont le grand œuvre de la nature; elles se trouvent non seulement dans les grandeurs et dans les formes, mais dans les mouvements, dans les générations, dans les successions de toute espèce. *Ibid.* — La nature marche par des gradations inconnues, et ne peut par conséquent se prêter aux divisions des méthodes arbitraires. *Ibid.* — Elle passe d'une espèce à une autre espèce, et souvent d'un genre à un autre genre, par des nuances imperceptibles. *Ibid.* — La nature, en général, paraît tendre beaucoup plus à la vie qu'à la mort; il semble qu'elle

cherche à organiser les corps le plus qu'il est possible; la multiplication des germes, qu'on peut augmenter presque à l'infini, en est une preuve. T. IV, p. 165. — L'ouvrage le plus ordinaire de la nature est la production de l'organique. *Ibid.* — La nature est plus belle que l'art; et, dans un être animé, la liberté des mouvements fait la belle nature. T. VIII, p. 477. — Considération générale sur les fins et les moyens de la nature. P. 572. — La nature nous étonne encore plus par ses exceptions que par ses lois. T. IX, p. 262. — La nature est le système des lois établies par le Créateur pour l'existence des choses et pour la succession des êtres. La nature n'est point une chose. La nature n'est point un être, mais on peut la considérer comme une puissance qui embrasse tout et qui anime tout. Cette puissance est, de la puissance divine, la partie qui se manifeste : c'est un ouvrage perpétuellement vivant, un ouvrier sans cesse actif, qui sait tout employer. Le temps, l'espace et la matière sont ses moyens; l'univers son objet, le mouvement et la vie son but; les phénomènes du monde ses effets; les forces d'attraction et d'impulsion ses principaux instruments; la chaleur et les molécules organiques vivantes ses principes actifs pour la formation et le développement des êtres. T. II, p. 195.

NATURE. *Bornes de son pouvoir.* Elle ne s'écarte jamais des lois qui lui ont été prescrites, et elle n'altère rien aux plans qui lui ont été tracés. T. II, p. 196. — La nature est le trône extérieur de la magnificence divine : l'homme qui la contemple, qui l'étudie, s'élève par degrés au trône intérieur de la Toute-Puissance. P. 199.

NATURE *brute.* Tableau de la nature brute dans les parties élevées : des arbres sans écorce et sans cime, courbés, rompus, tombent de vétusté; d'autres, en plus grand nombre, gisant au pied des premiers pour pourrir sur des monceaux déjà pourris, étouffent, ensevelissent les germes prêts à éclore. La nature, qui partout ailleurs brille par sa jeunesse, paraît ici dans la décrépitude; la terre surchargée par le poids, surmontée par les débris de ses productions, n'offre, au lieu d'une verdure florisante, qu'un espace encombré. Dans toutes les parties basses, des eaux mortes et croupissantes; des terrains fangeux, qui, n'étant ni solides ni liquides, sont inabordables et demeurent également inutiles aux habitants de la terre et des eaux. Entre ces terrains marécageux qui occupent les lieux bas et les forêts décrépites, qui couvrent les terres élevées, s'étendent des espèces de landes, couvertes de végétaux agrestes, d'herbes dures et épineuses, qui semblent moins tenir à la terre qu'elles ne tiennent entre elles, et qui, se desséchant et repoussant alternativement les unes sur les autres, forment une bourre grossière, épaisse de plusieurs pieds. T. II, p. 200. — Dans la nature, une seule force est la cause de tous les phénomènes de la matière brute, et cette force réunie avec celle de la chaleur produit les molécules vivantes, desquelles dépendent tous les effets des substances organisées. P. 212. — La nature ne doit jamais être présentée que par unités et non pas par agrégats. T. X, p. 93. — Vues générales sur les forces de la nature. P. 96 et suiv. — Le plan général de la nature dans le passage de l'homme au singe, du singe au quadrupède, des quadrupèdes aux cétacés, aux oiseaux, aux poissons, aux reptiles, est un exemplaire fidèle de la nature vivante, et la vue la plus simple et la plus générale sous laquelle on puisse la considérer. Et lorsqu'on passe de ce qui vit à ce qui végète, on voit ce plan, qui d'abord n'avait varié que par nuances, se déformer par degrés, et quoique altéré dans toutes ses parties extérieures, conserver néanmoins le même fond, le même caractère. P. 98.

NATURE *brute.* Dans les terres désertes, nulle route, nulle communication; nul vestige d'intelligence dans ces lieux sauvages; l'homme, obligé de suivre les sentiers des bêtes farouches, effrayé de leurs rugissements, rebrousse chemin, et dit : « La na- » ture brute est hideuse et mourante; c'est » *moi, moi seul,* qui peux la rendre agréa- » ble et vivante : animons ces eaux mortes, » en les faisant couler. Mettons le feu à ces » vieilles forêts, déjà à demi consommées ; » achevons de détruire avec le fer ce que le » feu n'aura pu consumer; bientôt, au lieu » de nénufar, dont le crapaud composait » son venin, nous verrons paraître les her- » bes douces et salutaires; des troupeaux » d'animaux bondissants fouleront cette » terre, jadis impraticable. Servons-nous de » ces nouveaux aides pour achever notre » ouvrage; que le bœuf, soumis au joug, » emploie ses forces et le poids de sa masse » à sillonner la terre; qu'elle rajeunisse par » la culture; une nature nouvelle va sortir » de nos mains. » T. II, p. 200.

NATURE *cultivée.* Tableau de la nature cultivée. T. II, p. 200.

NATURE *vivante* (la) se maintient, se maintiendra comme elle s'est maintenue; un jour, un siècle, un âge, toutes les portions du temps ne font pas partie de sa durée. T. II, p. 204. — Dans la nature, le fonds des substances vivantes est toujours le même; elles ne varient que par la forme, c'est-à-dire par la différence des représentations. Dans les siècles d'abondance, dans les temps de la plus grande population, le nombre des hommes, des animaux domestiques et des plantes utiles, semble occuper et couvrir en entier la surface de la terre; celui des animaux féroces, des insectes nuisibles et des herbes inutiles paraît dominer à son tour dans le temps de disette et de dépopulation, et ces variations, si sensibles pour l'homme, sont indifférentes à la nature. Elle n'en est ni moins remplie ni moins vivante, elle ne protège aucune espèce aux dépens des autres, elle les soutient toutes; mais elle méconnaît le nombre dans les individus, et ne les voit que comme des images successives d'une seule et même empreinte, des ombres fugitives dont l'espèce est le corps. P. 205. — L'ordonnance de la nature est fixe pour le nombre, le maintien et l'équilibre des espèces; mais son habitude varie autant qu'il est possible dans toutes les formes individuelles. P. 206. — Vue de la nature pour un être qui serait toujours permanent. Tableau de la reproduction et de la destruction. P. 204.

NATURE. En recherchant et comparant les pétrifications qui sont les plus anciens monuments de la nature, on la verra plus grande et plus forte dans son printemps, qu'elle ne l'a été dans les âges subséquents; en suivant ses dégradations, on reconnaîtra les pertes qu'elle a faites, et l'on pourra déterminer encore quelques époques dans la succession des êtres qui nous ont précédés. T. III, p. 581.

NATURE. Son cours n'est pas absolument uniforme; elle admet des variations sensibles, elle reçoit des altérations successives; preuves de cette assertion. Elle est très différente aujourd'hui de ce qu'elle était dans le commencement et de ce qu'elle est devenue dans la succession des temps. T. II, p. 2. — L'état dans lequel nous voyons aujourd'hui la nature est autant notre ouvrage que le sien. Preuve de cette assertion. *Ibid.* — Ce n'est que de cet instant où l'on peut commencer à comparer la nature avec elle-même, et remonter de son état actuel et connu à quelques époques d'un état plus ancien. Preuves de cette vérité. P. 3. — La nature vivante a commencé à se manifester dès que la terre et les eaux ont été assez attiédies pour ne se pas opposer à la fécondation; les parties les plus élevées du globe ont été les premières peuplées de végétaux et d'animaux. P. 63.

NATURE (la) peut produire par le moyen de l'eau tout ce que nos arts produisent par le moyen du feu. T. II, p. 260. — Elle ne se dépouille jamais de ses propriétés en faveur d'une autre d'une manière absolue, c'est-à-dire de façon que la première n'influe en rien sur la seconde. P. 330.

NATURE. Ses productions ne doivent pas être regardées comme des ouvrages isolés; mais il faut les considérer comme des suites d'ouvrages dans lesquels on doit saisir les opérations successives de travail, en partant et marchant avec elle du plus simple au plus composé. T. III, p. 448.

NATURE. Ordre successif des grands travaux de la nature. T. III, p. 1.

NATURE ORGANISÉE. — Voyez les Tables, T. I, p. 353, 388, 390, 391 et 395.

NATURE *organisée*. Les productions de la nature organisée qui, dans l'état de vie et de végétation, représentent sa force et font l'ornement de la terre, sont encore après la mort ce qu'il y a de plus noble dans la nature brute. T. II, p. 466 et 467.

NATURE VIVANTE. Il y a des espèces dans la nature vivante qui peuvent supporter 45, 50 et jusqu'à 60 degrés de chaleur dans les eaux chaudes. T. I, p. 413. — On connaît des plantes, des insectes et des poissons qui supportent cette chaleur et vivent dans ces eaux. *Ibid.*

NATUREL. La forme du corps dans les animaux est ordinairement d'accord avec le naturel. T. IX, p. 181.

NATUREL, est l'exercice habituel de l'instinct guidé et même produit par le sentiment. T. V, p. 13.

NÉCESSITÉ morale, doit rarement faire preuve en philosophie. T. I, p. 135.

NECTAR ou suc des fleurs, nourriture des oiseaux-mouches. T. VII, p. 37, 39 et 41. — Et des colibris. P. 58.

NÈGRES. Leur race, d'après notre hypothèse, pourrait être plus ancienne que celle des hommes blancs. T. I, p. 414.

NÈGRES. Les petits nègres sont souvent dans une situation bien incommode pour teter; ils embrassent l'une des hanches de la mère avec leurs genoux et leurs pieds, et ils la serrent si bien qu'ils peuvent s'y soutenir sans le secours des bras de la mère; ils s'attachent à la mamelle avec leurs mains, et ils la sucent constamment sans se déranger et sans tomber, malgré les différents mouvements de la mère, qui, pendant ce temps, travaille à son ordinaire. T. XI, p. 17.

NÈGRES *du Sénégal* ; leur description. T. XI, p. 183.

NÈGRES *de Sierra-Leona et de Guinée*; leur description. T. XI, p. 185. — Il paraît que les Nègres ne vivent pas aussi longtemps que les autres hommes, et que l'usage prématuré des femmes pourrait bien être la cause de la brièveté de leur vie. P. 186. — Description des Nègres de Guinée, de Juda, d'Arada, de Congo, etc. P. 187. — Le teint des Nègres change lorsqu'ils sont malades; de noir qu'il est ordinairement, il devient couleur de bistre, et quelquefois couleur de cuivre. *Ibid.*

NÈGRES *d'Angola* (les) sentent extrêmement mauvais. T. XI, p. 188. — Il ne faut que cent cinquante ou deux cents ans pour laver la peau d'un nègre, par la voie du mélange avec le sang du blanc; mais il faudrait peut-être un assez grand nombre de siècles pour produire ce même effet par la seule influence du climat; manière de faire cette expérience. T. IV, p. 170 et 171.

NÈGRES. Il n'y a point de Nègres dans les terres élevées de l'intérieur de l'Afrique. *Add.*, t. XI, p. 271. — Développement des causes de la couleur des Nègres. P. 274.

NÈGRES *blancs*. Portrait et description exacte d'une Négresse blanche. *Add.*, t. XI, p. 299 et suiv. — Les Négresses blanches produisent avec les Nègres noirs des enfants pie. P. 301.

NÈGRE-PIE. Portrait et description d'un enfant Nègre-pie. *Add.*, t. XI, p. 301 et suiv.

NÉGRESSE *noire*. Exemple singulier d'une Négresse noire devenue blanche avec l'âge. *Add.*, t. XI, p. 305 et suiv.

NEIPSE ou NEMS. Sa description. *Add.*, t. X, p. 271. — Cet animal, qui se trouve dans les pays les plus chauds de l'Afrique, sur la côte orientale, et probablement aussi en Arabie, est une espèce voisine de celle du furet, dont le nom est *nems* en langue arabe. *Ibid.*

NEITSER-SOAK. Voyez *Phoque à capuchon.*

NERFS. La substance nerveuse prend de la solidité dès qu'elle se trouve exposée à l'air, et c'est par cette raison qu'à toutes les extrémités du corps, il y a des parties solides, telles que les ongles, les cornes, les becs, les dents, etc. T. XI, p. 62. — Les nerfs sont ce qui existe le premier, et les organes auxquels il aboutit un grand nombre de différents nerfs, comme les oreilles ou les yeux qui sont eux-mêmes de gros nerfs épanouis, sont aussi ceux qui se développent le plus promptement et les premiers. P. 102. — Pourquoi il arrive qu'un nerf ébranlé par un coup, ou découvert par une blessure, nous donne souvent la sensation de la lumière sans que l'œil y ait part. P. 128.

NEXHOITZILLIN, de Fernandez, est un colibri. T. VIII, p. 463.

NEWTON. Correction à faire d'un passage de Newton, au sujet du progrès de la chaleur. T. II, p. 274 et suiv.

NICKEL. Régule de nickel est plus ou moins attirable à l'aimant; raison de cet effet. T. IV, p. 45.

NICKEL est un minéral qui se trouve dans les mines de cobalt, et qui n'est connu que depuis peu d'années. T. III, p. 424. — Le nickel contient toujours du fer, et l'on ne peut l'en séparer entièrement par aucun moyen. P. 425. — Il donne au verre la couleur d'hyacinthe. *Ibid.* — Le nickel, le cobalt et la manganèse ne sont pas des demi-métaux purs, mais des alliages de différents minéraux mélangés, et si intimement unis au fer qu'on ne peut les en séparer. P. 426. — Alliage du nickel avec les métaux et demi-métaux. *Ibid.* — Le nickel ne s'amalgame point avec le mercure. P. 427. — Différence entre le minerai du nickel et celui du cobalt. *Ibid.*

NID des oiseaux-mouches. T. VII, p. 38. — Tous les perroquets d'Amérique nichent dans des creux d'arbres. Plusieurs espèces de l'ancien continent suspendent leurs nids à des rameaux flexibles. P. 129. — Nid des aras. P. 141. — Des amazones. P. 150. — Une espèce d'autour pond dans le nid du choucas; le torcol dans celui de la sittelle; le moineau dans ceux d'hirondelle. P. 210. — Coucous, pics, martins-pêcheurs, plusieurs espèces de mésanges, etc., ne font point de nids. P. 213. — Nids où l'on trouve à la fois un œuf de coucou et plusieurs œufs de sa nourrice; d'autres où l'on trouve tous ces œufs éclos. P. 215 et 218. — Nids où l'œuf du coucou ne réussit pas. P. 218. — Ce qui arrive dans les nids où cet œuf est couvé. *Ibid.* — La plupart des coucous d'Amérique font des nids. P. 254. — Les anis femelles pondent plusieurs dans un même nid. P. 262 et 265. — Houtou fait le sien dans des trous en terre. P. 268. — La huppe dans des trous d'arbres et souvent sans litière. P. 277. — Les oiseaux de nuit n'en font point. P. 314. — Nid des hirondelles de cheminée. P. 350. — De l'hirondelle au capuchon roux du Cap. P. 357. — De l'hirondelle au croupion blanc ou de fenêtre, en quel lieu elle l'établit de préférence. P. 360. — Insectes qui s'y trouvent. *Ibid.* — Nids d'hirondelles dont les moineaux s'emparent. P. 364. — Nids des martinets. P. 376. — Matériaux et forme de ces nids. *Ibid.* — Nid du martinet à collier blanc de Cayenne. P. 388. — De la salangane. P. 393. — Nids d'alcyons des anciens. *Ibid.* et suiv. — Opinions sur les nids de salangane. P. 394. — Ces oiseaux les construisent avec du frai de poisson. Forme de ces nids. P. 396. — Nid de l'hirondelle des blés, fait de paille et de plumes. P. 400.

NID des oiseaux, la femelle le commence par nécessité, le mâle amoureux y travaille par complaisance. T. V, p. 38. — Ce travail commun forme un attachement réciproque. *Ibid.* — Les oiseaux qui ne font point de nid ne se marient pas, et se mêlent indifféremment. P. 39. — Les hiboux n'en font point ordinairement, mais se servent de ceux des autres oiseaux. P. 179. — Il en est ainsi de la hulotte. P. 186.

NIGAUD. Voyez *petit Cormoran.*

NIL-GAULT. Quoique cet animal ait des ressemblances assez marquées avec le cerf par le cou et la tête, et avec le bœuf par les cornes et la queue, il est néanmoins plus éloigné de l'un et de l'autre de ces genres que de celui des gazelles ou des grandes chèvres. *Add.*, t X, p. 504. — Preuve de cette assertion. *Ibid.* — Il est seul de son genre, et d'une espèce particulière. Ses habitudes naturelles. Il est animal ruminant. Sa description. Son naturel. Cet animal pourrait devenir utile si l'on pouvait le naturaliser dans notre climat. *Ibid.* et suiv. — Description plus détaillée du mâle et de la femelle. P. 505. — Variétés dans cette espèce. Différences entre le mâle et la femelle. *Ibid.* — Leur attachement l'un pour l'autre. Leur description, par M. William Hunter. P. 506. — Le nil-gault est un animal très doux; il a l'odorat excellent, et flaire tout ce qu'on lui présente; il craint beaucoup les odeurs fortes. Combats des mâles. P. 508. — Deux individus de cette espèce, mâle et femelle, ont produit en Angleterre, chez mylord Clive, pendant quelques années. P. 509. — Les nil-gaults sont en grand nombre dans les parties septentrionales de l'empire du Mogol jusqu'au royaume de Cachemire; mais ils sont tous sauvages, et l'on n'a pas connaissance que les Indiens les aient réduits en domesticité. *Ibid.* et suiv. — Il s'en trouve aussi dans les environs de Surate et de Bombay, et on les croit indigènes dans la province de Guzarate. P. 510.

NITRE (le) doit son origine aux matières animales ou végétales. T. II, p. 232. — Contient une prodigieuse quantité d'air et de feu fixes. Explication de sa combustion. *Ibid.*

NITRE. On peut enlever à tous les sels l'eau qui est entrée dans leur cristallisation, et sans laquelle leurs cristaux ne se seraient pas formés; cette eau ni la forme en cristaux ne sont donc point essentielles aux sels, puisque après en avoir été dépouillés, ils ne sont point décomposés, et qu'ils conservent toutes leurs propriétés salines. Le nitre seul se décompose lorsqu'on le prive de cette eau de cristallisation, et cela démontre que l'eau, ainsi que l'acide aérien, entrent dans la composition de ce sel. Le nitre est de tous les sels le moins simple. C'est un composé et même un surcomposé de l'acide aérien par l'eau, la terre et le feu fixe des substances animales et végétales, exaltées par la fermentation putride. Ses grands effets. T. III, p. 170. — Ses combinaisons avec les autres substances salines, terreuses et métalliques. Il reste toujours liquide et s'exhale continuellement en vapeurs. Cet acide, ainsi que tous les autres, provient originairement de l'acide aérien, et il semble en être plus voisin que les deux autres acides minéraux; car il est évidemment uni à une grande quantité d'air et de feu. P. 171. — Le nitre est de tous les sels celui qui se dissout, se détruit et s'évanouit le plus complètement et le plus rapidement et toujours avec une explosion qui démontre le combat intestin et la puissante expansion des fluides élémentaires, qui s'écartent et se fuient à l'instant que leurs liens sont rompus. Détonation du nitre, sa cause et ses effets. P. 172. — Procédés par lesquels on peut se procurer du nitre en grande quantité. *Ibid.* — Les substances animales produisent du nitre en plus grande abondance que les matières végétales. La nature n'a point de nitre en masse; il semble qu'elle ait, comme nous, besoin de tout son art pour former ce sel. Plantes dans lesquelles le nitre se trouve tout formé. *Ibid.* — Lieux où se trouve le nitre en quantité sensible. P. 173. — Observations de M. le duc de La Rochefoucauld sur la formation du nitre naturel. *Ibid.* — Purification du nitre; il faut qu'il soit très pur pour en faire de la bonne poudre à canon. Qualités générales et particulières du nitre. P. 175.

NIVEROLLE ou *Pinson de neige;* sa description. T. VI, p. 188. — Cet oiseau est appelé *nivreau* par les montagnards du Dauphiné. *Ibid.*

NODDI, nommé très improprement *moineau fou;* il ne ressemble point du tout à un moineau, mais à une grande hirondelle de mer, ou si l'on veut à une petite mouette; il participe de ces deux oiseaux dans sa conformation. Sa description. Son nom *noddi* exprime en anglais l'espèce d'assurance folle avec laquelle il vient se poser sur les mâts et sur les vergues des navires. T. VIII, p. 240. — L'espèce de cet oiseau ne paraît pas s'être étendue fort au delà des tropiques ; mais elle est très nombreuse dâns les lieux qu'elle fréquente, comme près des côtes de Cayenne. P. 241. — Manière dont le noddi pêche en troupes. Il fait sa ponte sur le rocher tout nu. *Ibid.*

NOIRA. Voyez *Lori-noira.*

NOIR-AURORE, le petit *gobe-mouche d'Amérique;* sa description. T. VI, p. 387.

NOIR-SOUCI, habitudes naturelles et description de cet oiseau qui se trouve dans l'Amérique méridionale. T. VI, p. 195.

NOIRS. Races d'hommes noirs aux Philippines. T. XI, p. 154. — Raison pourquoi il ne se trouve point d'hommes noirs en Amérique, et pourquoi les parties de ce continent situées sous la zone torride sont beaucoup plus tempérées que ces mêmes parties de la zone torride dans l'ancien continent. P. 212.

NOM *général* qu'on veut imposer aux animaux, tel que le nom *quadrupède,* est une formule incomplète, une somme de laquelle quelquefois ils ne font pas partie. T. X, p. 93.

NOMBRE. Définition du nombre. Le der-

nier terme de la suite naturelle des nombres n'existe pas, et on ne peut même le supposer sans aller contre la définition du nombre et contre la loi générale des suites. T. XI, p. 332.

NOMENCLATURE *en minéralogie et fausses applications des dénominations.* — Discussion critique à ce sujet. T. II, p. 495.

NOMENCLATEURS ( les ) n'ont employé qu'une partie, comme les dents ou les ongles, pour ranger les animaux, les feuilles ou les fleurs, pour distribuer les plantes, au lieu de se servir de toutes les parties. T. I, p. 11.

NOMENCLATURE des oiseaux, ses difficultés. T. V, p. 3. — Nécessité de s'en occuper. P. 256. — Inconvénients des licences de la nomenclature. P. 337 et 382.

NOR d'Aldrovande doit être une variété du lori-noira. T. VII, p. 109.

NORD. Passage par le nord; quelques idées nouvelles à ce sujet. T. I, p. 96 et suiv. — Passage par le nord; tous les navigateurs qui ont tenté d'aller d'Europe à la Chine par le nord-est ou par le nord-ouest, ont également échoué dans leur entreprise. P. 172.

Notice au sujet du sajou nègre. *Add.,* t. X, p. 220.

Notice relative au tamarin nègre. *Add.,* t, X, p. 223.

NOURRITURE. L'influence de la nourriture est plus grande sur les animaux qui se nourrissent d'herbes et de fruits que sur ceux qui se nourrissent de chair ; et par quelles raisons. T. IV, p. 475.

NOURRITURE. Différentes nourritures des hommes suivant les différents climats. *Add.,* t. XI, p. 235.

NOURRITURE des oiseaux, consiste en tout ce qui vit et végète. T. V, p. 32. — Ils sont assez indifférents sur le choix, ne savourent point ce qu'ils mangent, sont privés de la mastication qui fait une grande partie de la jouissance du sens et du goût; ils ont ce sens très obtus, sans dicernement ; ils s'empoisonnent souvent en voulant se nourrir. *Ibid.* — Rien de plus gratuit et de moins fondé que la distribution des oiseaux tirée de leur manière de vivre ou de la différence de leur nourriture. *Ibid.* — On peut dire, des quadrupèdes comme des oiseaux, que la plupart de ceux qui se nourrissent de plantes ou d'autres aliments maigres pourraient aussi manger de la chair; les granivores recherchent les vers, les insectes, les parcelles de viande avec avidité; on nourrit avec de la chair le rossignol qui ne vit que d'insectes ; les chouettes se rabattent sur les phalènes; les oiseaux les plus carnassiers mangent, à défaut de chair, du poisson, des crapauds, des reptiles; presque tous les granivores ont été nourris d'insectes dans le premier âge. P. 33.

Nous. Nous existons sans savoir comment, et nous pensons sans savoir pourquoi. T. IV, p. 145.

Nouvelle-Hollande. Voyez *Hollande.*

Nouvelle-Zélande. Voyez *Zélande.*

Noyau cartilagineux dans la dernière poche intestinale joignant l'anus de l'autruche. T. V, p. 210 et 214.

Noyau *magnétique*, hypothèse de Halley. T. IV, p. 139.—Hypothèse de M. Æpinus. *Ibid.*

Nuages (les) sont généralement plus élevés en été, et constamment encore plus élevés dans les climats chauds; raison de ce fait. *Add.*, t. I, p. 289.

Nuances. La marche de la nature se fait par des degrés nuancés et souvent imperceptibles; elle passe par des nuances souvent insensibles de l'animal au végétal; mais, du végétal au minéral, le passage est plus marqué. T. IV, p. 290.

Nuit. Cause physique de la crainte que l'obscurité de la nuit fait ressentir à presque tous les hommes. T. XI, p. 109.

Nutrition. Idées nettes et générales de la nutrition dans l'animal et dans le végétal. Elle s'opère par la susception des parties organiques. T. IV, p. 169.

# O

Objections contre le système de la Théorie de la terre; réponse. T. II, p. 14 et suiv. — Objection contre le refroidissement de la terre, et réponse. P. 128 et suiv.

Objets. Moyens d'apercevoir sans lunettes les objets de très loin. T. II, p. 101.

Observations. Utilité des observations sur la déclinaison et l'inclinaison de l'aiguille aimentée. T. IV, p. 141.

Observations magnétiques (les) ont été faites en bien plus grand nombre sur les mers que sur les continents. T. IV, p. 101.

Objection la plus considérable qu'on puisse faire contre tous les systèmes en général, au sujet de la génération. T. IV, p. 190. — Première réponse à cette objection. — P. 192.

Observations sur de l'eau d'huîtres, sur de l'eau où l'on avait fait bouillir du poivre, sur de l'eau où l'on avait simplement fait tremper du poivre, et sur de l'eau où l'on avait mis infuser de la graine d'œillet. T. IV, p. 267.

Obstacles moraux qui s'opposent à la perfection de l'art des forges en France. T. III, p. 209.

Occultation des hirondelles. T. VII, p. 340 et suiv.

Océan; a un mouvement constant d'orient en occident, qui se fait sentir, non-seulement entre les tropiques, mais même dans toutes les autres zones. T. I, p. 51. — L'océan Pacifique fait un effort continuel contre les côtes de la Tartarie, de la Chine et de l'Inde. L'océan Indien fait de même effort contre la côte orientale de l'Afrique. L'océan Atlantique agit de même contre toutes les côtes orientales de l'Amérique. *Ibid.* — Les profondeurs de l'océan sont inégales. On prétend qu'il y a des endroits où les eaux ont une lieue de profondeur. Les profondeurs ordinaires sont depuis soixante jusqu'à cent cinquante brasses. Les golfes et les passages voisins des côtes sont bien moins profonds et les détroits encore moins. P. 135. — L'océan a rongé les terres dans une étendue de quatre ou cinq cents lieues sur toutes les côtes orientales de l'ancien continent. Preuves de cette assertion. P. 162 et suiv. — Il paraît que l'océan, par son mouvement d'orient en occident, a gagné tout autant de terrain sur les côtes orientales de l'Amérique qu'il en a gagné sur les côtes orientales de l'Asie. Ces deux grands golfes sont sous les mêmes degrés de latitude. et ils ont aussi à peu près de la même étendue. P. 170. — Indications des endroits de l'océan où le mouvement d'orient en occident est le plus sensible. P. 181.

Ocelot, *animal d'Amérique*, féroce et carnassier, du même genre que le jaguar et le couguar. Description du mâle et de la femelle; leur grandeur, leur naturel, les différents noms qu'on leur a donnés dans leur pays natal. Erreur à cet égard. T. IX, p. 576. — L'ocelot nous a paru être celui de tous les animaux à peau *tigrée* dont la robe est la plus belle et la plus élégamment variée. Celle de l'ocelot mâle est plus belle que celle de la femelle. P. 577. — L'ocelot est cruel et en même temps timide; il préfère le sang à la chair. Rien ne peut adoucir son naturel féroce. Il ne produit ordinairement que deux petits, P. 578.

Ococolin ou *perdrix de montagne*, du Mexique. Plus gros que nos perdrix. Climat où il se plaît. T. V, p. 504. — Il est une autre espèce d'ococolin. *Ibid.*

Ococolin, de Fernandez, est un pic. T. VIII, p. 463.

Ocre. Formation et description des mines d'ocre. T. II, p. 626 et suiv. — Propriétés de l'ocre. P. 628. — Les ocres ne sont pas des glaises, comme l'ont pensé quelques naturalistes, mais ce sont des terres limoneuses lesquelles contiennent beaucoup de fer, tandis que les glaises n'en contiennent que très peu. *Ibid.*

Ocre. L'ocre et la rouille de fer sont les plus simples et les premières décompositions du fer par l'impression des éléments humides ; ces matières n'acquièrent jamais un grand degré de dureté dans le sein de la terre. Les ocres brunes auxquelles on donne le nom de *terre d'ombre*, et l'ocre légère et noire dont on se sert à la Chine pour écrire et dessiner, sont des décompositions ultérieures de la rouille de fer, très atténuée, et dénuée de presque toutes ses qualités métalliques. T. IV, p. 26. — On connaît plusieurs sortes d'ocre, tant pour la couleur que pour la consistance. P. 27.

Oculus mundi. Voyez *Hydrophane.*

Odorat. Dans les animaux, le sens de l'odorat est un organe universel de sentiment ; c'est un œil qui voit les objets, non seulement où ils sont, mais même partout où ils ont été ; c'est en organe de goût, par lequel l'animal savoure, non seulement ce qu'il peut toucher et saisir, mais même ce qui est éloigné et qu'il ne peut atteindre ; c'est le sens par lequel il est le plus tôt, le plus souvent et le plus sûrement averti ; par lequel il agit, il se détermine ; par lequel il reconnaît ce qui est convenable ou contraire à sa nature ; par lequel enfin il aperçoit, sent et choisit ce qui peut satisfaire son appétit. T. IV, p. 436.

Odorat. Ne peut être que le sens du sentiment ; est plus parfait dans l'animal que dans l'homme. T. V, p. 13, 14 et 19. — Celui du corbeau et du vautour est fort inférieur à celui du chien et du renard. P. 19. — Cependant les oiseaux carnasiers paraissent en général avoir plus d'odorat que les autres oiseaux, et comme la finesse de l'odorat supplée à la grossièreté du goût, ils paraissent aussi avoir le sens du goût meilleur que les autres oiseaux. P. 29. — Voyez *Sens.* — Dans l'homme ou dans l'oiseau, l'odorat est le cinquième sens ; dans le quadrupède, il est le premier. P. 37. — Fort émoussé dans l'autruche. P. 222.

Œconomie ou Économie *animale.* Première division de l'économie animale ; parties qui agissent toujours et continuellement telles que le cœur, les poumons, etc., et parties qui n'agissent pas continuellement, telles que les sens et les membres. T. IV, p. 413. — Pourquoi la science de l'économie animale a jusqu'ici fait si peu de progrès. T. IX, p. 63.

Œil, plus sensible dans les hiboux et en général plus parfait, plus travaillé dans les oiseaux que dans les quadrupèdes. T. V, p. 14 et 15. — Il est aussi très souple, se renfle ou s'aplatit, se rétrécit ou s'élargit. P. 15. — Il est plus grand proportionnellement. P. 16. — Singulière conformation de l'œil de l'orfraie, connue d'Aristote, et vérifiée par Aldrovande. P. 69. — L'œil du jean-le-blanc soutient l'éclat du soleil. P. 75. — La pupille des oiseaux de proie nocturnes se rétrécit concentriquement. P. 171. — Les yeux de l'autruche disposés de manière qu'elle peut voir des deux à la fois le même objet. P. 207. — Du dindon. P. 331.

Œil-de-chat. Les pierres auxquelles on a donné ce nom sont toutes chatoyantes ; elles varient pour le dessin plus ou moins régulier des cercles ou anneaux qu'elles présentent. T. III, p. 464. — Variétés de ces pierres. *Ibid.* — Leurs propriétés chatoyantes, leurs rapports avec le feldspath. P. 465.

Œil-de-chat noir ou *noirâtre.* Ses différences avec les autres pierres auxquelles on donne ce même nom d'*œil-de-chat.* T. III, p. 479. — Il provient du schorl. *Ibid.*

Œil-de-loup. Pierre chatoyante provenant du feldspath, et mêlée de particules micacées ; elle paraît faire la nuance entre les feldspaths et les opales. T. III, p. 265 et 266.

Œil-de-poisson. Pierre ainsi nommée parce qu'elle ressemble au cristallin de l'œil d'un poisson. T. III, 265. — Elle est chatoyante, et on doit la rapporter au feldspath ; sa description et ses propriétés. *Ibid.*

Oiseaux. On s'est souvent trompé en attribuant à la migration et au long voyage des oiseaux les espèces de l'Europe qu'on trouve en Amérique ou dans l'orient de l'Asie, tandis que ces oiseaux d'Amérique et d'Asie, tout à fait semblables à ceux de l'Europe, sont nés dans leurs pays et ne viennent pas plus chez nous que les nôtres ne vont chez eux. T. I, p. 393.

Œil (l') appartient à l'âme plus qu'aucun autre organe. C'est le sens de l'esprit et la langue de l'intelligence. T. XI, p. 50. — L'œil peut être regardé comme une continuation du sens intérieur ; ce n'est qu'un gros nerf épanoui, un prolongement de l'organe dans lequel réside le sens intérieur de l'animal, et il n'est pas douteux qu'il n'approche plus qu'aucun autre sens de la nature de ce sens intérieur. T. IV, p. 423.

Œnanthe. Méprise des naturalistes au sujet de ce nom *œnanthe*, qui ne doit point être appliqué au motteux. T. VI, p. 534.

Œuf. Il n'existe point d'œuf dans les femelles vivipares ; elles ont, comme les mâles, une liqueur séminale contenue dans les corps glanduleux, et cette liqueur séminale des femelles contient, comme celle des mâles, une infinité de molécules organiques vivantes. *Add.*, t. IV, p. 383. — Vie végétative de l'œuf et vie végétative de la matrice dans les vivipares. P. 386. — Méprise et faux principes des anatomistes au sujet de la nature de l'œuf. *Ibid.*

ŒUFS, ne sont point cause, dans les espèces des oiseaux de proie, de l'excès de grandeur des femelles sur les mâles, comme ils en sont cause parmi les poissons et les insectes. T. V, p. 46. — Les aigles n'en font que deux ou trois, et en général les oiseaux en pondent d'autant moins qu'ils sont plus grands et plus gros. P. 46, 47 et 55. — Les œufs de milan et de tous les oiseaux de proie sont plus ronds que les œufs de poule. P. 110. — OEufs d'autruche dans l'ovaire. P. 213. — Confondus quelquefois avec les œufs de crocodiles. P. 219. — Histoire des œufs de la poule. P. 201. — OEuf à deux jaunes; œuf dans un œuf; épingle dans un œuf; œuf hardé; œuf à coque double ou à coque épaisse; œuf à pédicule, en forme de poire, de cylindre, de spirale; œuf portant l'empreinte d'un soleil, d'une éclipse, d'une comète; œuf lumineux. P. 293. — Prétendus œufs de coq. *Ibid.* — Évaporation de l'œuf; moyens de l'empêcher et de conserver les œufs. P. 294. — Effets de la fécondation sur l'œuf. P. 296 et suiv. — Rapport constant observé entre la couleur des œufs et celle du plumage. *Ibid.* — Différence de couleur entre les œufs des pintades sauvages et ceux des pintades domestiques. *Ibid.* — OEufs zéphyriens. *Ibid.* — OEufs des paons. *Ibid.*

OEUFS des oiseaux-mouches. T. VII, p. 39. — Sont, dit-on, la proie des grosses araignées de la Guyane. P. 51. — OEufs de perroquets pondus en France, les uns clairs, les autres féconds. P. 101. — OEufs des aras. P. 141. — Des amazones. P. 152. — Erreur sur les œufs de coucou. P. 205. — Nombre de ces œufs. P. 205 et suiv. — OEufs de l'autruche, non couvés par elle, mais exposés au soleil. P. 212. — OEufs couvés par des femelles d'une autre espèce. P. 215 et suiv. — OEuf de coucou d'abord couvé, puis mangé par une serine, quoiqu'il fût unique. P. 218. — L'œuf de coucou ne réussit pas dans les nids de cailles et de perdrix. P. 219.

OEUFS. Formation et accroissement de l'œuf, jusqu'à son exclusion hors du corps de la poule. T. IV, p. 200 — Les œufs, n'existent pas dans les femelles vivipares. P. 235. — Les œufs doivent être regardés comme des êtres qui, sans avoir la puissance de se reproduire comme les animaux et les végétaux, ont cependant une espèce de vie et de mouvement intérieur. P. 291. — Explication précise et succincte de l'accroissement des œufs, *Ibid.* — L'œuf a une espèce de vie et d'organisation, un accroissement, un développement et une forme qu'il prend de lui-même, et par ses propres forces; il ne vit pas comme l'animal; il ne végète pas comme la plante; il ne se repro-

duit pas comme l'un et l'autre; cependant il croît, il agit à l'extérieur, et il s'organise. *Ibid.* — L'œuf est un être qu'on doit considérer à part et en lui-même, parce qu'il arrive également à son entier développement et à la perfection de son organisation soit qu'il soit fécondé ou non. *Ibid.* — Les œufs sont des matrices portatives que l'animal jette au dehors. P. 303. — Les œufs, au lieu d'être des parties qui se trouvent généralement dans toutes les femelles, ne sont que des parties que la nature a employées pour remplacer la matrice dans les femelles qui sont privées de cet organe. *Ibid.* — L'œuf que la poule pond vingt jours après avoir reçu le coq produit un poulet, comme celui qu'elle aura pondu vingt jours auparavant. P. 352. — L'œuf attaché à l'ovaire est, dans les femelles ovipares, ce qu'est le corps glanduleux dans les testicules des femelles vivipares; la cicatricule de l'œuf sera, si l'on veut, la cavité de ce corps glanduleux, dans lequel réside la liqueur séminale de la femelle. *Ibid.* — Raison pourquoi le poulet ne se développe pas dans les œufs qui ont été fécondés plusieurs jours avant la ponte. *Ibid.* et suiv. — Les œufs, lorsqu'ils ont été couvés ou gardés, contiennent une assez grande quantité d'air; production de cet air, avec l'explication des effets qui y ont rapport. P. 364.

OEUFS *des poissons.* Explication succincte du développement et de l'accroissement de l'œuf des poissons à écailles. T. IV, p. 291.

OEUFS de l'ani, de la grosseur des œufs de pigeon, de couleur d'aigue-marine. T. VII, p. 266. — OEufs de la huppe n'éclosent pas tous en même temps. P. 278. — OEufs de l'hirondelle de cheminée blancs; cinq de la première ponte; trois de la seconde. P. 351. — De l'hirondelle de fenêtre; leur nombre à chaque ponte. P. 352. — Ceux de l'hirondelle des blés, gris pointillés de brun; il y en a deux à chaque ponte. P. 400.

OIE qui a vécu, dit-on, quatre-vingts ans. T. V, p. 31 (note *a*).

OIE (l') est, dans le peuple de la basse-cour, un habitant de distinction, et l'un des plus intéressants et même des plus utiles de nos oiseaux domestiques. T. VIII, p. 274. — Pour former de grands troupeaux d'oies, il faut que leur habitation soit à portée des eaux et des rivages, environnée de grèves spacieuses et de gazons; on doit les écarter des prairies et des blés verts, parce que leur fiente brûle les bonnes herbes, et qu'elles les fauchent jusqu'à terre avec le bec. *Ibid.* — Nourriture que les oies recherchent ds préférence. P. 275. — La ponte de l'oie se fait communément au mois de mars, mais plus tôt ou plus tard, selon la quantité de nourriture qu'on lui donne. *Ibid.* — Elle ne fait pas de nids dans nos basses-cours, et ne pond ordinairement que tous les deux jours ; si on enlève les œufs, elle continue à pondre jusqu'à ce qu'enfin elle s'épuise et périt. *Ibid.* — Différences de l'oie sauvage et de l'oie privée, qui ne conserve rien ou presque rien de son état primitif. P. 276. — Moyen de multiplier promptement un troupeau d'oies privées. *Ibid.* — Nombre des femelles qu'il convient de donner à un mâle ; leurs amours. *Ibid.* — Assiduité de la femelle à sa couvée. *Ibid.* — On peut multiplier le nombre des couvées, et obtenir de l'oie une seconde et même une troisième ponte. P. 277. — Durée de l'incubation ; intervalle qui a toujours lieu entre l'éclosion des œufs d'une même couvée. *Ibid.* — Manière d'élever les oisons nouveau-nés. *Ibid.* — Les monstruosités sont encore plus communes dans l'espèce de l'oie que dans celle des autres oiseaux domestiques, et pourquoi. *Ibid.* — Manière d'engraisser les oies chez les anciens et parmi nous. P. 278. — Économie et avantage d'élever les oies au bord de l'eau. *Ibid.* — Estime que les anciens faisaient de la graisse de l'oie, et propriétés qu'ils lui attribuaient. *Ibid.* — Sa chair est pesante et de difficile digestion. *Ibid.* — Ce que l'oie nous donne de plus précieux est son duvet. Temps où on commence à l'enlever aux jeunes oisons et où l'on peut en dépouiller les mâles et les femelles. P. 279. — Habitudes naturelles de ces oiseaux ; leur caractère de vigilance. P. 280. — L'oie défend sa couvée et se défend elle-même avec courage contre l'oiseau de proie ; elle est susceptible de reconnaissance, et se montre capable d'un attachement personnel très vif et très fort, et même d'une sorte d'amitié passionnée qui la fait languir et périr loin de l'objet de son affection. Exemple de cet attachement. P. 281. — Deux races dans les oies domestiques : celle des blanches plus anciennement, et celle à plumage varié plus récemment privée. P. 282. — Il ne paraît pas que les oies grises ou variées soient aujourd'hui, ni pour la taille, ni pour la fécondité, inférieures aux oies blanches. P. 283. — On ne voit entre l'oie domestique et l'oie sauvage de différences que celles qui doivent résulter de l'esclavage sous l'homme d'une part, et de l'autre de la liberté de nature. L'oie sauvage est maigre et de taille plus légère que l'oie domestique. *Ibid.* — Description de l'une et de l'autre. *Ibid.* — Dans quelques contrées il y a des oies qui, réellement sauvages pendant tout l'été, ne redeviennent domestiques que pour l'hiver. P. 284. — Temps du passage des oies sauvages dans nos contrées, durant lequel on voit les oies domestiques manifester par leurs inquiétudes et par des vols fréquents et soutenus, le même désir de voyager.

P. 285. — Description du vol des oies sauvages et de l'ordre qu'elles y observent. P. 286 et suiv. — Il y a apparence que ces oiseaux voyageurs ont, pour le départ et pour le retour, deux routes différentes. P. 287. — Diverses manières de les chasser. P. 288. — Lieux où le gros de l'espèce s'établit. *Ibid.* et suiv.— Elle se trouve également dans les parties les plus septentrionales des deux continents, et il paraît que ses voyages se portent fort avant dans les terres méridionales du nouveau monde, comme dans celles de l'ancien continent. P. 289 et suiv.

OIE *à cravate*. Caractère distinctif de cette oie, dont l'espèce paraît propre au nord du nouveau monde ou du moins en est originaire. T. VIII, p. 298. — Sa description. *Ibid.* — Cette oie est connue en France sous le nom d'*oie du Canada*; elle multiplie en domesticité. P. 299. — On pourrait regarder cette espèce comme faisant une nuance entre l'espèce du cygne et celle de l'oie. *Ibid.* — Ces oies voyagent dans le Midi. *Ibid.*

OIE *armée* (l') est la seule, de tous les oiseaux palmipèdes, qui ait aux ailes des ergots ou éperons. T. VIII, p. 295. — Sa description. *Ibid.* — M. Brisson l'a donnée sous le nom d'*oie de Gambie*. *Ibid.* — Elle est naturelle à l'Afrique et surtout au Sénégal. *Ibid.*

OIE *bronzée*. Sa description. T. VIII, p. 296. — C'est peut-être le même oiseau que le rassangue de Rennefort et de Flacourt, et l'ipecatiapoa des Brésiliens, de Marcgrave, et par là cette espèce serait commune aux deux continents. *Ibid.*

OIE de Guinée (l'). Sa taille surpasse celle des autres oies. T. VIII, p. 293. — Sa description, ses rapports avec l'oie et le cygne. P. 294. — Elle diffère de l'un ou de l'autre par sa gorge enflée et pendante en manière de poche ou de petit fanon, ce qui lui a fait donner le nom de *jabotière*. *Ibid.* — Elle est originaire des pays chauds de notre continent, et c'est mal à propos qu'on lui a donné le nom d'*oie de Sibérie*. *Ibid.* — Cette oie produit en domesticité dans les climats froids, et même s'allie avec l'espèce commune dans nos contrées *Ibid.* — Résultat de ce mélange. *Ibid.* — Le clairon de ces grandes oies est encore plus retentissant que celui des nôtres ; la même vigilance paraît leur être naturelle. *Ibid.* — Description du bec de ces oiseaux. *Ibid.*

OIE des Esquimaux (l') est propre et particulière aux contrées septentrionales du nouveau monde, et un peu moindre de taille que l'oie sauvage commune ; sa description. T. VIII, p. 297.

OIE des îles Malouines ou Falkland (l'). Description de cette oie, par M. de Bougainville. T. VIII, p. 292. — Elle est ainsi nommée parce que c'est dans ces îles qu'elle a été vue et trouvée pour la première fois par nos navigateurs français. *Ibid*. — Il paraît que ces mêmes oies se rencontrent en d'autres endroits, d'après deux descriptions données par le capitaine Cook, et qui semblent appartenir à cette espèce. P. 293.

OIE des terres Magellaniques (l') paraît être propre et particulière à cette contrée. T. VIII, p. 291. — Sa description. — *Ibid*. Il paraît que ce sont ces belles oies que le commodore Byron désigne sous le nom d'*oies peintes*, et peut-être aussi celles que Cook indique sous la dénomination de *nouvelle espèce d'oie. Ibid*.

OIE d'Égypte (l') est vraisemblablement celle que Granger appelle l'*oie du Nil.* T. VIII, p. 296. — Elle est moins grande que notre oie sauvage. Sa description. P. 297. — Elle se porte ou s'égare dans ses excursions quelquefois très loin de sa terre natale. *Ibid*.

OIE *rieuse* (l') est indigène au nord de l'Amérique. T. VIII, p. 298. — Sa description. *Ibid*.

OISEAU *anonyme de Fernandès;* sa description. Il ne doit point être rapporté au genre des tangaras. T. VI, p. 264.

OISEAU *brun à bec de grimpereau*. Description du bec et du plumage de cet oiseau qui a rapport aux soui-mangas; et ses dimensions. T. VII, p. 25.

OISEAU *cendré de Guyane*, espèce voisine, mais différente de celle des manakins. T. VI, p. 325.

OISEAU d'*Amérique huppé*, rubetra, mal indiqué par Seba et par les autres nomenclateurs; il ne doit point se rapporter au genre des manakins. T. VI, p. 323.

OISEAU *de Dieu*. Voyez *Manucode*.

OISEAU de la Nouvelle-Calédonie, indiqué par le capitaine Cook. T. VIII, p. 462.

OISEAU *demi-aquatique* d'un nouveau genre, selon M. Forster. — Sa notice d'après ce voyageur naturaliste. T. VIII, p. 464.

OISEAU *de Nazareth*, plus gros qu'un cygne. A presque tout le corps couvert de duvet noir, des plumes frisées au lieu de queue, les jambes hautes, trois doigts à chaque pied; pond un œuf unique dans les forêts, sur un tas de feuilles; on trouve un œuf dans le gésier des petits. T. V, p. 252. — Cet oiseau comparé avec le dronte et le solitaire. P. 233.

OISEAU (l') *de neige de la baie d'Hudson*, paraît être le même que notre pinson d'Ardennes. T. VI, p. 185.

OISEAU *de Paradis*. Erreurs à son sujet. T. V, p. 615. — Ses longues plumes subalaires; les longs filets de sa queue; plumes veloutées de la tête. P. 616. — Mue de cet oiseau, climat qui lui convient; sa nourriture, sa chasse, son vol. P. 617. — Inconnu aux anciens; variétés observées dans cette

espèce. P. 618. — On mutile quelquefois des oiseaux à beau plumage autres que des oiseaux de Paradis. P. 620.

OISEAU de Paradis oriental de Seba, n'est point notre perruche-lori. T. VII, p. 119.

OISEAU *de pluie*. Voyez *Vieillard*. Voyez aussi *Engoulevent* de la Caroline.

OISEAU *de riz*. Voyez *Padda*.

OISEAU *de tempête* (l') est la plus petite espèce de pétrel, et de la branche des pétrels-puffins. T. VIII, p. 419. — Il est en même temps le plus petit de tous les oiseaux palmipèdes. *Ibid*. — Sentant sa faiblesse, il vient chercher un abri près des vaisseaux à l'approche de la tempête, et c'est de ce présage, que les navigateurs prétendent ne pas les tromper, que cet oiseau a tiré son nom. *Ibid*. — Son espèce paraît être universellement répandue sur toutes les mers. P. 420. — Il vole avec une singulière vitesse, et paraît courir au milieu des lames émues et des flots agités. *Ibid*. — Couleurs de son plumage et conformation de son corps; variété de son espèce. P. 421.

OISEAU des barrières de Cayenne et de la Guyane, espèce de coucou qui fait variété dans l'espèce du coucou brun varié de roux. T. VII, p. 237. — Se perche sur les palissades. Ne va point en troupes. *Ibid*.

OISEAU *des glaces*, des habitants de Terre-Neuve, rapporté à l'ortolan de neige. T. VIII, p. 463.

OISEAU *des herbes de Seba*. Voyez *Xiuhtototl*.

OISEAU *du Mexique de Seba;* sa description. T. VI, p. 262. — Il n'est pas assez bien indiqué pour qu'on puisse le rapporter au genre des tangaras. *Ibid*.

OISEAU *du tropique* (grand); il égale ou surpasse la taille d'un gros pigeon de volière. Sa description. T. VIII, p. 183. — Il se trouve à l'île Rodrigue, à celle de l'Ascension et à Cayenne. C'est le plus grand des oiseaux de ce genre. P. 184.

OISEAU *du tropique* (petit). Il n'est que de la taille du petit pigeon commun ou même au-dessous. Sa description. T. VIII, p. 184. — Son cri, son nid dans lequel on ne trouve que deux œufs blanchâtres et un peu plus gros que des œufs de pigeon. P. 185. —

OISEAU *du tropique* (variétés du petit). Cet oiseau offre plusieurs variétés, tant pour la grandeur que pour les couleurs. T. VIII, p. 184.

OISEAU *du tropique* à brins rouges. Sa description. Observation particulière sur cet oiseau et sur les autres du même genre. T. VIII, p. 185.

OISEAU *fleuri* de Fernandez. Voyez *Xochitol*.

OISEAU (grand) du Port-Désiré, du commodore Byron, paraît être un vautour. T. VIII, p. 462.

Angleterre; comment chasse aux lézards, ses mœurs sont ignobles et approchent de celles du milan; est différent du henharrier. *Ibid.* — Fréquente comme lui et comme la soubuse les basses-cours. P. 116. — N'est point, comme on l'a dit, le mâle de la soubuse. P. 116 et 117.

OISEAU (l') *sans ailes* est sans doute le moins oiseau qu'il soit possible, et c'est par cette dernière nuance que la nature termine la suite des formes si richement variées dont elle a rempli le genre volatil. T. VIII, p. 452.

OISEAU (l') *silencieux* de l'Amérique méridionale; son espèce approche plus du genre des tangaras que d'aucun autre; sa description T. VI, p. 264.

OISEAUX. Leur histoire moins détaillée ici que celle des animaux quadrupèdes, et pourquoi. T. V, p. 1. — Leurs espèces sont beaucoup plus nombreuses et sujettes à beaucoup plus de variations à raison de l'âge, du sexe, du climat, de la domesticité, etc. P. 2 et 3. — Difficultés de leur nomenclature, de leur histoire et de rendre leurs couleurs avec le pinceau de la parole. P. 3. — Leurs différences apparentes portent sur les couleurs encore plus que sur les formes. *Ibid.* — Sont moins assujettis que les quadrupèdes à la loi du climat. P. 6. — N'obéissent qu'à la saison. *Ibid.* — Sont plus chauds, plus prolifiques que les quadrupèdes, et par conséquent plus sujets à se mêler avec des femelles d'espèces voisines et à produire des métis féconds, d'où s'ensuit une plus grande multiplicité d'espèces. P. 11. — Plan pour arriver à une histoire complète des oiseaux. P. 12. — Les oiseaux ont le sens de la vue plus parfait que les quadrupèdes. P. 14 et 28. — Exceptions apparentes. P. 14. — Voyez *Œil.* — Les oiseaux sont plus propres et plus habiles au mouvement que tous les autres animaux. P. 15 et suiv., et 28. — Connaissent mieux que nous les qualités de l'air, en prévoient mieux les variations. P. 16. — Connaissent mieux aussi les grandes distances et la surface de notre globe. P. 17. — Par cette raison voyagent plus et plus loin. P. 18. — Voyez *Migration.* — Plusieurs n'ont point de narines extérieures. P. 19. — Ont le sens de l'ouïe plus parfait que l'odorat, le goût et le toucher, plus parfait même que l'ouïe des quadrupèdes. *Ibid.* — Ont en général la voix plus agréable, plus forte, et ils prennent plus de plaisir à l'exercer. P. 20 et suiv. — Se font entendre d'une lieue du haut des airs. P. 23. — Ont les organes de la voix plus compliqués. P. 21. — Volent sans se fatiguer, et chantent de même, puisqu'ils chantent en volant. P. 20. — Sont moins susceptibles d'être modifiés par l'homme. P. 25. — On apprend cependant à quelques-uns à chasser et à rapporter le gibier. *Ibid.* — Un oiseau de haut vol peut parcourir chaque jour quatre ou cinq fois plus de chemin que le quadrupède le plus agile. P. 29. — Les oiseaux vivent plus, à proportion, que les quadrupèdes. *Ibid.* — Croissent plus promptement et sont plus tôt en état de se reproduire. P. 30. — Rapports particuliers observés entre la tribu des oiseaux et celle des quadrupèdes; parmi les uns et les autres il y a des espèces carnassières et d'autres qui observent la diète végétale, et pourquoi. P. 31. — Voyez *Intestins.* — En général sont assez indifférents sur le choix de la nourriture, et souvent ils suppléent à l'une par une autre. P. 32. — La plupart des oiseaux ne font qu'avaler sans jamais savourer. *Ibid.* — Voyez *Nourriture.* — Plusieurs dont le bec est crochu préfèrent les fruits et les grains à la chair; presque tous ceux qui ne vivent que de grains ont été nourris, dans le premier âge, avec des insectes par leurs père et mère. P. 33. — Les oiseaux presque nus, tels que l'autruche, le casoar, le dronte, etc., ne se trouvent que dans les pays chauds; les oiseaux des pays froids sont bien fourrés. P. 35. — Tous sont sujets à la mue comme les quadrupèdes. *Ibid.* — Voyez *Mue.* — Les oiseaux l'emportent sur les quadrupèdes pour le toucher des doigts, dont ils saisissent les corps. P. 37. — Sont plus capables de tendresse, d'attachement et de morale en amour que les quadrupèdes, quoique le fonds physique en soit peut-être plus grand que dans ces derniers; ils paraissent s'unir par un pacte constant et qui dure au moins autant que l'éducation de leurs petits. P. 38 et 43. — Il faut excepter la perdrix rouge et quelques autres espèces. P. 39 (note *a*). — Les oiseaux qui pourraient encore se livrer à l'amour avec succès se privent de ce plaisir pour se livrer au devoir naturel du soin de la famille. P. 41. — N'ont qu'une seule façon de s'accoupler. *Ibid.* — Plus indépendants de l'homme et moins troublés dans leurs habitudes naturelles, ils se rassemblent plus volontiers entre eux. P. 43. — Ont plus de besoin que d'appétit, plus de voracité que de sensualité. P. 42. — Voyez *Migration.* — Ne peuvent avoir que des notions peu distinctes de la forme des corps. *Ibid.* — Comment imitent notre parole et nos chants. P. 308.

OISEAUX (les) n'ont point de chant inné, selon M. Barrington; expériences à ce sujet. T. VI, p. 152. — Les longues pennes de la queue, et les autres appendices ou ornements que portent certains oiseaux, ne sont pas des parties surabondantes dont les autres oiseaux soient dépourvus; ce sont les mêmes parties seulement beaucoup plus étendues; exemples à ce sujet. P. 311. —

Ces ornements de plumes prolongées sont assez rares dans les climats froids et tempérés, et très communs dans les climats chauds, surtout de l'ancien continent; exemples à ce sujet. P. 312. — La plupart des oiseaux qui ne se perchent point en Europe, et même les oiseaux d'eau à pieds palmés, se perchent en Amérique. P. 362.

Oiseaux (les) des climats chauds pondent un moins grand nombre d'œufs que ceux des climats tempérés ou froids, mais ils pondent plus souvent et, pour ainsi dire, en toutes saisons. T. VI, p. 232. — Raison pourquoi les individus et même les espèces d'oiseaux sont beaucoup plus nombreux dans les climats chauds. P. 233.

Oiseaux (utilité des) qui, comme les gobemouches, se nourrissent d'insectes. T. VI, p. 391. — La raison pourquoi l'on est plus incommodé des mouches au commencement de l'automne qu'au milieu de l'été, c'est que tous les oiseaux insectivores sont partis. Ibid.

Oiseaux. Les espèces d'oiseaux qui ont le bec fort et qui vivent de grains sont aussi nombreuses dans l'ancien continent qu'elles le sont peu dans le nouveau, et au contraire les espèces qui ont le bec faible et vivent d'insectes sont beaucoup plus nombreuses dans le nouveau continent que dans l'ancien. T. VI, p. 578.

Oiseaux. Chez les oiseaux qui apprennent à parler, la langue est de la même forme à peu près que celle des perroquets, sansonnets, merles, geais, choucas. T. VII, p. 74. — Ceux qui ont la langue fourchue sifflent plus aisément; et ceux qui avec cela ont l'oreille plus parfaite apprennent plus aisément à siffler en musique : serin, linotte, tarin, bouvreuil, etc. Ibid. — Les oiseaux sont susceptibles d'éducation. P. 77. — L'art de la fauconnerie en est la preuve. P. 78. — Sont les plus libres des êtres; n'ont de patrie que le ciel, en prévoient les vicissitudes et changent de climat à propos. P. 79. — La nécessité de couver les expose aux insultes de quelques quadrupèdes et des reptiles. Ibid. — Terreur que les oiseaux de proie inspirent à tous les autres oiseaux, leur tyrannie restreinte par celle de l'homme. P. 80. — Les oiseaux tiennent le premier rang après l'homme, dominent sur les habitants de l'air, de la terre et des eaux, et approchent de l'homme par quelques-uns de leurs talents. Ibid. — Quelques oiseaux à ailes fortes et pieds palmés, communs aux deux continents. P. 82. — Plusieurs oiseaux des contrées septentrionales y ont péri à mesure qu'elles se sont refroidies. Ibid. — Vingt espèces d'oiseaux, dont quelques-uns granivores, dans le nid desquels le coucou fait sa ponte. P. 218. — Oiseaux dans le nid desquels l'œuf du coucou ne

réussit point. P. 219. — Circulation dans les oiseaux. P. 334 (note e). — Les oiseaux ont une patrie. P. 344.

Oiseaux. Dans l'immense population de ces habitants de l'air, il y a trois états ou plutôt trois patries, trois séjours différents; aux uns la nature a donné la terre pour domicile ; elle a envoyé les autres cingler sur les eaux, en même temps qu'elle a placé des espèces intermédiaires aux confins de ces deux éléments. T. VII, p. 532. — Ils sont d'autant plus nombreux en espèces et en individus que les climats sont plus chauds. P. 534. — La fécondité des oiseaux de terre paraît surpasser celle des oiseaux d'eau. Ibid. — Dans les régions du Nord, il y a peu d'oiseaux de terre en comparaison de la grande quantité des oiseaux d'eau. Raison de cette différence. P. 538. — Tous les oiseaux à cou et à bec très longs rendent une fiente plus liquide que celle des autres oiseaux. P. 543.

Oiseaux, physionomie des oiseaux. Si l'on recherche dans les oiseaux cette physionomie, on s'apercevra aisément que tous ceux qui, relativement à la grosseur de leur corps, ont une tête légère avec un bec court et fin, ont en même temps la physionomie fine, agréable et presque spirituelle; tandis que ceux au contraire qui, comme les barbus, ont une grosse tête, ou qui, comme les toucans, ont un bec aussi gros que la tête, se présentent avec un air stupide, rarement démenti par leurs habitudes naturelles. T. VII, p. 463.

Oiseaux. Tous les oiseaux ont une plus ou moins grande quantité d'air répandue dans tout le tissu de leur corps, et particulièrement dans le tissu cellulaire qui est au-dessous de leur peau, et ils peuvent augmenter ou diminuer à volonté cette quantité d'air pour se rendre plus ou moins légers en augmentant ou diminuant ce volume de leur corps. Exemple sur le pélican. T. VIII, p. 157. — Dans tous les oiseaux dont les œufs sont teints, ceux des vieux ont des couleurs plus foncées et sont un peu plus gros et moins pointus que ceux des jeunes, surtout dans les premières pontes. P. 173.

Oiseaux à blé, attirés par ce grain à la Caroline, où on ne les avait jamais vus. T. VII, p. 343.

Oiseaux aquatiques. Sont pourvus d'une grande quantité de plumes et d'un duvet très fin ; ils ont, outre cela, près de la queue, de grosses glandes, des espèces de réservoirs pleins d'une matière huileuse dont ils se servent pour lustrer et vernir leurs plumes. T. V, p. 34. — Les membranes qui unissent les doigts de leurs pieds, la légèreté de leurs plumes et de leurs os, la forme de leur corps, tout contribue à leur faciliter l'action de nager; il y a plus de trois cents espèces d'oiseaux palmipèdes, et l'élément de l'eau semble appartenir plus aux oiseaux qu'aux quadrupèdes. P. 36. — Oiseaux de proie aquatiques comparés avec les oiseaux de proie terrestres. P. 44. — Parmi les oiseaux aquatiques, comme parmi les terrestres, il y en a qui ne volent point. P. 203.

Oiseaux *aquatiques* (les) doivent être divisés en deux grandes familles; savoir, ceux qui sont à pieds palmés, c'est-à-dire les oiseaux d'eau proprement dits; et ceux qui ont les pieds divisés, et que l'on appelle *oiseaux de rivage.* T. VII, p. 532. — La plupart des oiseaux aquatiques paraissent être demi-nocturnes, étant plus en mouvement la nuit que le jour. P. 533. — Ils ne jettent que des cris et n'ont point de ramage. P. 534. — Leur nombre est peut-être aussi grand en individus, eu égard au nombre des espèces, que ceux de terre. *Ibid.* — Et ils paraissent plus habituellement en troupes que ces derniers. *Ibid.* — Les oiseaux aquatiques sont plutôt captifs que domestiques, et ils conservent toujours les germes de leur première liberté. P. 535. — Ils ne portent que de légères empreintes de la captivité, et leurs espèces n'ont pas autant varié sous la main de l'homme que celles des autres oiseaux domestiques. *Ibid.*

Oiseaux *blancs,* du capitaine Cook, sont des pétrels blancs ou pétrels de neige. T. VIII, p. 412.

Oiseaux *d'eau;* considérations générales sur les oiseaux d'eau, leur naturel et leurs facultés. Ils s'établissent sur les eaux de la mer comme dans un domicile fixe; ils s'y rassemblent en grande société, et vivent tranquillement au milieu des orages. Dès que leurs petits sont éclos, ils les conduisent sur les eaux. T. VII, p. 529. — La plupart de ces oiseaux ne retournent pas chaque nuit au rivage, et quand il leur faut pour le trajet ou le retour quelques points de repos, ils les trouvent sur les écueils, ou même les prennent sur les eaux de la mer. P. 530. — Leur vie est plus paisible et moins pénible que celle de la plupart des autres oiseaux. Ils ont aussi des mœurs plus innocentes et des habitudes plus pacifiques. P. 531. — Ils ont franchi au vol et à la nage les plus vastes mers et se trouvent également dans les parties méridionales des deux continents. P. 532. — Les oiseaux d'eau semblent rechercher les climats froids; exemples à ce sujet. P. 533. — Lieux où ils se trouvent en plus grand nombre. P. 535. — Il y a certains endroits des côtes et des îles dont le sol entier, jusqu'à une assez grande profondeur, n'est composé que de leur fiente; exemples à ce sujet. P. 536. — On a vu plusieurs de ces oiseaux se poser, voyager, dormir et même nicher sur des glaces flottantes au milieu des mers. P. 538. — Ce sont les derniers et les plus reculés des habitants du globe. Ils s'avancent jusque dans les terres où l'ours blanc ne paraît plus, et sur les mers que les phoques, les morses et les autres amphibies ont abandonnées. P. 539.

Oiseaux *d'eau.* La plupart des oiseaux d'eau, tels que les pluviers, les foulques, etc., voient très bien dans l'obscurité, et même les plus vieux de ces oiseaux ne cherchent leur nourriture que dans la nuit. T. VIII, p. 110. — Ceux qui ont les pieds palmés et qui, dans nos contrées, ne se perchent jamais sur les arbres, s'y perchent en Amérique. P. 156.

Oiseaux *d'eau.* L'homme a fait une double conquête lorsqu'il s'est assujetti des animaux habitant à la fois les airs et l'eau. Libres sur ces deux vastes éléments, les oiseaux d'eau semblaient devoir lui échapper à jamais. T. VIII, p. 314. — Les oiseaux d'eau ne tiennent à la terre que par le seul besoin d'y déposer le produit de leurs amours; mais c'est par ce besoin même et par ce sentiment si cher à tout ce qui respire que nous avons su les captiver sans contrainte, les approcher de nous, et, par l'affection à leur famille, les attacher à nos demeures. P. 314 et 315. — Après avoir goûté les plaisirs de l'amour dans l'asile domestique, ces oiseaux, et mieux encore leurs descendants, sont devenus plus doux, plus traitables, et ont produit sous nos yeux des races privées. P. 316. — Lorsque, malgré le dégoût de la chaîne domestique, l'amour a commencé à unir ces couples captifs, alors leur esclavage, devenu pour eux aussi doux que la liberté, leur a fait oublier peu à peu leurs droits de franchise naturelle et les prérogatives de leur état sauvage; et ces lieux des premiers plaisirs, des premières amours, deviennent leur demeure de prédilection et leur habitation de choix. *Ibid.* — L'éducation de la famille rend encore cette affection plus profonde, et la communique en même temps aux petits qui s'attachent au lieu où ils sont nés comme à leur patrie. *Ibid.* — Néanmoins nous n'avons conquis parmi ces oiseaux qu'une portion de l'espèce entière : une autre grande portion nous a échappé, nous échappera toujours, et reste à la nature comme témoin de son indépendance. *Ibid.* — Dans les oiseaux aquatiques, dans ceux surtout qui restent un long temps dans l'eau, les plumes humectées et pénétrées à la longue, donnent insensiblement passage à l'eau, dont quelques filets doivent gagner jusqu'à la peau; alors ces oiseaux ont besoin d'un bain d'air qui dessèche et contracte leurs membres trop dilatés par l'humidité. P. 365. — Le mâle, dans toutes les espèces d'oiseaux d'eau à bec large et à pieds palmés, est toujours plus grand que la femelle. La forme que la nature a le plus reproduite et répétée dans les oiseaux d'eau est celle du canard, qui comprend toutes les nombreuses espèces de ce nom, et celles presqu'en aussi grand nombre des sarcelles. P. 382.

Oiseaux *de basse-cour*. Ne font point de nids, ne s'apparient point ; le mâle paraît seulement avoir pour les femelles quelques attentions de plus que n'en ont les quadrupèdes. T. V, p. 39.

Oiseaux *de Céram*, du voyageur Dampier, paraissent être des calaos. T. VIII, p. 463.

Oiseaux *de Diomède*. Histoire mythologique de ces oiseaux, et fable touchante que l'antiquité en racontait. T. VIII, p. 417. — Nous les rapportons avec toute apparence à l'espèce du pétrel-puffin. *Ibid.*

Oiseaux *de fauconnerie* de la première classe. Ce sont les gerfauts, les faucons, les sacres, les laniers, les hobereaux, les émerillons et les cresserelles. Ont tous les ailes presque aussi longues que la queue ; la première penne de l'aile faite en lame de couteau, et aussi longue que la suivante, qui est la plus longue de toutes. T. V, p. 128.

Oiseaux *de marais* (les) ont les sens plus obtus, l'instinct et le naturel plus grossiers que les oiseaux des champs et des bois ; exposition de ces différences. T. VII, p. 668. — Ils ont presque tous la vue faible et cherchent leur nourriture plutôt par l'odorat que par les yeux. P. 669.

Oiseaux *de nuit*, ne font point de nid, et pourquoi. T. VII, p. 314.

Oiseaux *de Paradis*. Semblent être toujours en mouvement et ne se reposer que par instants. T. V, p. 28.

Oiseaux *de proie*. N'ont ordinairement ni jabot, ni gésier, ni double *cæcum*, et leurs intestins sont moins étendus que ceux des oiseaux qui se contentent d'une nourriture végétale. T. V, p. 31. —Ont la langue molle en grande partie et assez semblable pour la substance à celle des quadrupèdes ; ils ont donc le goût meilleur que les autres, d'autant qu'ils paraissent aussi avoir plus d'odorat. P. 32. — Les plus voraces mangent du poisson, des crapauds, des reptiles, lorsque la chair leur manque. P. 33. — Ont l'estomac membraneux. P. 34. — Il n'y a pas une quinzième partie du nombre total des oiseaux terrestres qui soient carnassiers, tandis que dans les quadrupèdes il y en a plus du tiers. P. 44. — Mais en revanche il existe une grande tribu d'oiseaux qui font une prodigieuse déprédation sur les eaux, tandis qu'il n'y a guère parmi les quadrupèdes que les castors, les loutres, les phoques et les morses qui vivent de poisson. *Ibid.*

Oiseaux *de proie* terrestres comparés avec les oiseaux de proie aquatiques. T. V, p. 44. — Ordre dans lequel on parlera des premiers dans cette *Histoire des oiseaux.* *Ibid.* — Dans toutes les espèces d'oiseaux de proie, les mâles sont d'environ un tiers moins grands et moins forts que les femelles, d'où s'est formé le nom générique de *tiercelet*, qui désigne le mâle dans toutes ces espèces. P. 45. — Tous ces oiseaux ont l'appétit de la proie et le goût de la chasse, le vol très élevé, la vue perçante, l'aile et la jambe fortes, la tête grosse, la langue charnue, l'estomac simple et membraneux, les intestins moins amples et plus courts que les autres oiseaux, le bec crochu, quatre doigts bien séparés à chaque pied ; ils habitent les montagnes désertes, font leurs nids dans les trous de rochers et sur les plus hauts arbres ; plusieurs espèces se trouvent dans les deux continents. Quelques-unes ne paraissent pas avoir de climat fixe et bien déterminé. *Ibid.* — En général sont moins féconds que les autres oiseaux, et le sont d'autant moins qu'ils sont plus grands. P. 46. — Ont presque tous, plus ou moins, l'habitude dénaturée de chasser leurs petits hors du nid bien plus tôt que les autres, et dans le temps qu'ils leur devraient encore des soins ; forcés par leur conformation à se nourrir de chair, par conséquent à détruire et à faire la guerre sans relâche, ils portent une âme de colère qui détruit tous les sentiments doux et affaiblit même la tendresse maternelle ; pressés de leur propre besoin, ils entendent impatiemment les cris de leurs petits, et si la proie devient rare, ils les expulsent, les frappent et quelquefois les tuent dans un accès de fureur causé par la misère. *Ibid.* — Sont insociables par la même raison. P. 47. — Vivent appariés, même après la saison de l'amour, et jamais en famille. *Ibid.* — Changent de couleur à la première mue et même à la seconde et à la troisième. P. 48. — Il y a apparence qu'ils se cachent pour boire, comme le fait le jean-le-blanc. P. 76. — Se distinguent en oiseaux guerriers, nobles et courageux, tels que les aigles, faucons, gerfauts, autours, laniers, éperviers, etc., et en oiseaux lâches, ignobles et gourmands, tels que les vautours, milans, buses, etc., P. 77. — Antipathie nécessaire entre tous les oiseaux de proie. P. 555,

Oiseaux *de proie* nocturnes, ne voient ni au grand jour ni dans l'obscurité profonde. T. V, p. 165. — Attaqués de jour avec acharnement par les petits oiseaux. *Ibid.* — Quels sont ceux qui supportent le mieux la lumière. P. 166. — Sont tous compris sous les deux genres du hibou et de la chouette. *Ibid.* — La plupart de ceux qu'on trouve en Amérique ne diffèrent pas assez de ceux d'Europe pour qu'on ne puisse leur supposer une même origine. P. 167. — Semblent avoir le sens de la vue obtus, parce qu'il est trop affecté de l'éclat de la lumière. Paraissent avoir le sens de l'ouïe supérieur à tous les autres oiseaux et animaux ; ils peuvent ouvrir et fermer les oreilles à volonté ; leur bec est entouré de petites plumes tournées en avant ; les deux pièces, tant supérieure qu'inférieure, sont mobiles ; l'ouverture en est très grande ; le font craquer fort souvent ; ont l'un des trois doigts antérieurs mobile, de manière qu'ils peuvent le tourner en arrière ; lorsqu'ils sortent de leur trou, prennent leur vol en culbutant, sans aucun bruit, comme si le vent les emportait, et toujours de travers. P. 174.

OISEAUX *de rivage* (les) ont communiqué d'un continent à l'autre en suivant les bois et la mer. Comment s'est faite cette migration des oiseaux de rivage. T. VII, p. 533.

OISEAUX *de rivage.* Le plus grand nombre des oiseaux qui se trouvent sur les rivages de la mer ne couvent pas assidûment leurs œufs. Ils laissent au soleil, pendant une partie du jour, le soin de les échauffer. Ils les quittent pour l'ordinaire à neuf ou dix heures du matin, et ne s'en rapprochent que vers les trois heures du soir, à moins qu'il ne survienne de la pluie. T. VIII, p. 65.

OISEAUX *de riz*, attirés par ce grain à la Caroline, où on ne les avait jamais vus. T. VII, p. 343.

OISEAUX *diables* (les) ou *diablotins* de Labat, paraissent devoir se rapporter aux pétrels. Description de ces oiseaux diables et de leur chasse, par le même voyageur. T. VIII, p. 422.

OISEAUX (espèces d') indiquées vaguement et sous des traits peu reconnaissables par différents voyageurs ou naturalistes. Notices qu'ils en ont données. T. VIII, p. 464 et suiv.

OISEAUX *du tropique*, ainsi nommés parce qu'ils ne se trouvent guère qu'entre les deux tropiques. T. VIII, p. 180. — Ils paraissent s'arrêter de préférence sur les îles situées dans la zone torride. *Ibid.* — Ils s'éloignent souvent des terres à des distances prodigieuses. P. 181. — Ils ont le vol très puissant et très rapide, et ils ont en même temps la faculté de se reposer sur l'eau. Leurs pieds sont entièrement engagés dans la membrane, et néanmoins ils se perchent sur les arbres. Leurs ressemblances avec les hirondelles de mer. Leur grosseur est à peu près celle d'un pigeon commun. P. 182. — Le caractère le plus frappant des oiseaux du tropique est un double long brin qui ne paraît que comme une paille implantée à la queue, et c'est de là qu'on leur a donné le nom de *paille-en-*

*queue.* Description de ce brin qui tombe dans le temps de la mue. Les insulaires d'Otaïti et les Caraïbes d'Amérique font des ornements de ces longs brins. *Ibid.* — Habitudes naturelles de ces oiseaux, toutes relatives à leur conformation. P. 183.

OISEAUX *pêcheurs;* ce n'est pas toujours impunément que l'oiseau pêcheur fait sa proie de poissons, car quelquefois le poisson le saisit et l'avale; exemples à ce sujet. T. VII, p. 533.

OISEAUX *pélagiens.* Sont ceux qui ne fréquentent que les hautes mers et qui ne connaissent pas l'homme; ils se laissent approcher et même saisir avec une sécurité que nous appelons stupide, et qui n'est que l'effet du peu de connaissance qu'ils ont de l'homme. T. VIII, p. 240.

OISEAUX *sans ailes.* Dénomination commune aux deux familles des pingouins et des manchots, dont les derniers particulièrement sont en effet entièrement privés d'ailes, et n'ont en place que des ailerons qui ne leur servent qu'à nager. T. VIII. p. 440. — Quelque rapport qu'il y ait par cette privation entre les deux familles des pingouins et des manchots, elles sont néanmoins distinguées par des différences de conformation, autant que séparées par la distance des climats. Les pingouins habitent les plages du Nord, et les manchots celles du Sud. P. 441. — Embarras des naturalistes sur la distinction de ces deux familles que l'on avait confondues. Discussion de leurs opinions et des témoignages des voyageurs, qui confirment les différences que nous établissons entre elles. *Ibid.* — Suite des caractères distinctifs de ces deux familles. P. 442.

OISEAUX *vermivores.* Tous les oiseaux qui se nourrissent de vers se voient en grand nombre sur les terres humides dans le mois d'octobre, pendant les pluies ; mais, dès que les vents froids commencent à dessécher et resserrer la terre, tous les vers se recèlent assez profondément, et les oiseaux auxquels ils servent de pâture sont obligés d'abandonner les lieux où les vers ne paraissent plus ; c'est la cause générale de la migration des oiseaux vermivores dans cette seconde saison. T. VIII, p. 30. — Ils vont chercher cette même pâture dans les terres du Midi, où commence la saison des pluies en novembre et décembre, et par une semblable nécessité ils sont forcés de quitter au printemps ces terres du Midi, où les vers disparaissent dès que la terre n'est plus humide à la surface, et que la chaleur l'a desséchée. *Ibid.*

OISEAUX *de Whidha ;* ce sont les veuves, ainsi nommées par les Portugais, comme oiseaux de la côte de Juida en Afrique. T. VI, p. 197.

OISEAUX. La plupart des oiseaux ne se joignent pas par une vraie copulation ; ils ne font, pour ainsi dire, que comprimer la femelle. T. IV, p. 316. — La plupart des oiseaux sortent de l'œuf au bout de vingt et un jours ; quelques-uns, comme les serins, éclosent au bout de treize ou quatorze jours. P. 320. — Raisons pourquoi, dans les oiseaux, les pères prennent soin de leurs petits, comme les mères. P. 454. — Il n'est pas nécessaire d'accorder de la prévoyance aux oiseaux pour rendre raison de la construction de leurs nids. P. 466. — Pourquoi les oiseaux de basse-cour ne font point de nids. *Ibid.* — Antipathie des oiseaux pour le renard. T. IX, p. 81.

OISEAUX (les) sont susceptibles des impressions musicales. *Add.*, t. XI, p. 252.

OKEITSOK (l'), ou *courte langue*, est un oiseau de mer, du Groenland. Sa notice tirée des voyageurs. T. VIII, p. 465.

OLIVAREZ, oiseau des environs de Buenos-Aires, qui paraît être une variété ou une espèce très voisine du tarin d'Europe. T. VI, p. 230. — Sa description. *Ibid.*

OLIVE, petit bruant de Saint-Domingue ; sa description et ses dimensions. T. VI, p. 292.

OLIVETTE, espèce de pinson qui se trouve à la Chine ; sa description. T. VI, p. 192.

OLIVET, espèce de tangara qui se trouve à Cayenne ; sa description et ses dimensions. T. VI, p. 248.

OLIVIER. Il n'y a point d'oliviers à plus de quatre cents lieues du mont Ararat. T. I, p. 90.

OMBRES. Découverte des ombres colorées. T. II, p. 416. — Ombres colorées au lever et au coucher du soleil. Les ombres, au lieu d'être noires, sont alors d'un bleu plus ou moins vif, et quelquefois verdâtres. Ombres colorées à midi et à d'autres heures du jour, à de certaines inclinaisons de la lumière. *Ibid.* — Explication de ce phénomène. P. 418.

OMBRETTE, oiseau qui se trouve au Sénégal, et auquel on a donné le nom d'*ombrette* à cause de la couleur de terre d'ombre ou brun foncé de son plumage. C'est une espèce anomale dans les oiseaux de rivage. Son bec ne ressemble à celui d'aucun autre de ces oiseaux ; description de ce bec. T. VII, p. 639. — Dimensions de l'oiseau. *Ibid.*

ONAGRE. Voyez *Koulan.*

ONAGRE (l') pourrait bien être le même animal que le czigithai, ou mulet de Daourie. *Add.*, t. X, p. 420.

ONAGRE (l') ou l'ONAGER *des anciens*, n'est autre chose que l'âne sauvage ; on le trouve dans les déserts des pays chauds. T. VIII, p. 531. — L'onagre n'est point le zèbre, mais l'âne dans son état de nature. T. IX, p. 419. — Différences de l'onagre et de l'âne commun. P. 420.

ONCE. Origine de ce nom, avec une courte description de l'animal auquel on l'a donné. T. IX, p. 188. — Comparaison de l'once avec la panthère. *Ibid.* — Différences de l'once et de la panthère. P. 190. — Naturel et tempérament de l'once. P. 194. — L'espèce paraît en être plus nombreuse et plus répandue que celle de la panthère. P. 196. — On s'en sert pour la chasse en Asie ; raison de cet usage. *Ibid.* — Habitudes naturelles de l'once, et sa manière de chasser. *Ibid.*

ONDATRA, espèce de rat musqué de l'Amérique septentrionale. T. IX, p. 227. — Ces différences d'avec les autres rats musqués. P. 228. — Courte description de cet animal. *Ibid.* et suiv. — L'ondatra peut resserrer son corps et le réduire à un moindre volume. *Ibid.* — Issues singulières de l'urine dans les ondatras femelles. *Ibid.* — Les testicules dans ce petit animal deviennent, dans le temps du rut, aussi gros que des noix muscades, et dans les autres temps ils se réduisent à une ligne de diamètre. *Ibid.* — Description des follicules qui contiennent le parfum dans cet animal. P. 229. — Les follicules, ainsi que toutes les parties de la génération, se gonflent et se tuméfient prodigieusement pendant la saison des amours, et ensuite les parties de la génération diminuent et se réduisent presque à rien, et les follicules s'oblitèrent en entier. *Ibid.* — Ses conformités et ses différences d'avec le castor. P. 230. — Les ondatras bâtissent en petit comme les castors ; description de leurs habitations. *Ibid.* — Manière de les prendre ; leur fourrure est assez précieuse, et leur chair n'est pas mauvaise à manger. *Ibid.* — Ils sont en amour en été, et vont ordinairement par couple. P. 231. — Le parfum de cet animal, qui est agréable pour les Européens, déplaît fort aux sauvages de l'Amérique. *Ibid.* — Ces animaux produisent une fois par an, les portées sont de cinq ou six petits. *Ibid.* — Ils se construisent tous les ans une nouvelle habitation. *Ibid.* — Habitudes naturelles de l'ondatra. *Ibid.* — Il s'apprivoise aisément ; il est très joli dans le premier âge. *Ibid.*

ONGLE postérieur de plusieurs coucous en forme d'éperon. T. VII, p. 230. — Ongle du doigt du milieu, dentelé dans l'engoulevent. P. 312. — Excepté le *grand ibijau.* P. 321. — Le montvoyau l'a dentelé sur le bord extérieur. P. 325.

ONGLET, espèce de tangara ; ses dimensions et sa description d'après M. Commerson. T. VI, p. 241.

ONOCROTALE. Le squelette de ce gros oiseau ne pesait que vingt-trois onces. T. V, p. 29. — On dit qu'il vit quatre-vingts ans. P. 31 (note *a*).

ONORÉ (l') est un oiseau de l'Amérique méridionale, qui se rapporte de plus près aux butors qu'aux hérons; leurs ressemblances et leurs différences. Description de cet onoré qui se trouve à Cayenne. T. VII, p. 634 et 635.

ONORÉ *rayé*; il est un peu plus grand que l'onoré de Cayenne; sa description. Ses habitudes naturelles. T. VII, p. 635. — Lorsqu'il est captif dans une maison, il est continuellement à l'affût des rats qu'il attrape avec beaucoup d'adresse; il se tient toujours dans les lieux les plus cachés et ne s'apprivoise jamais entièrement. *Ibid.*

ONORÉ *des bois*; il se trouve à la Guyane et au Brésil; sa description et ses dimensions d'après Marcgrave. T. VII, p. 636.

OREILLES du grand-duc. T. V, p. 173. — De l'autruche. P. 231.

ONYX. Voyez *Agate*. Le nom d'*onyx* qu'on a donné de préférence aux agates, dont les lits sont de couleurs différentes, pourrait s'appliquer assez généralement à toutes les pierres dont les couches superposées sont de diverses substances ou de couleurs différentes. T. III, p. 503.

OPALE, est la plus belle de toutes les pierres chatoyantes; sa description, son chatoiement, sa texture, son peu de densité et ses autres propriétés. T. III, p. 466. — L'opale est, dans la réalité, une pierre irisée dans toutes ses parties; elle est beaucoup plus légère que le feldspath, et aussi beaucoup moins dure. *Ibid.* — Différentes sortes d'opales. P. 467. — Opales noires. *Ibid.* — La gangue de l'opale est une terre jaunâtre et vitreuse, qui ne fait point effervescence avec les acides. P. 468. — Les opales renferment souvent des gouttes d'eau. *Ibid.*

OPINION EN GÉNÉRAL. L'empire de l'opinion n'est-il pas assez vaste pour que chacun puisse y habiter en repos? T. XI, p. 582.

OPINIONS. Première origine des opinions superstitieuses. T. II, p. 122.

OPOSSUM. Voyez SARIGUE. T. IX, p. 281.

OR. Voyez *Argent*. T. II, p. 426.

OR. Origine des paillettes d'or que roulent les rivières. T. II, p. 426.

OR (l'), qui est deux fois et demie plus dense que le fer, perd néanmoins sa chaleur un demi-tiers plus vite. T. II, p. 330. — Étant fondu avec un quart de fer, prend la couleur grise de la platine. P. 336 et 337. — Cet or, mêlé de fer, est plus dur, plus aigre et spécifiquement moins pesant que l'or pur. P. 338. — Les paillettes d'or que les arpailleurs ramassent dans les sables ne sont pas de l'or pur, il s'en faut souvent plus de deux ou trois karats sur vingt-quatre. *Ibid.* — Un morceau d'or pesant soixante grains, avec lequel on avait mêlé, par la fonte, six grains de fer, c'est-à-dire un onzième, était attirable à l'aimant. P. 339.

OR. Voyez *Argent*. T. III, p. 283 et suiv.

OR. Circonstances très rares par lesquelles il peut se minéraliser dans le sein de la terre. T. IV, p. 36. — Il se présente toujours sous sa forme métallique. *Ibid.* — On ne trouve l'or cristallisé et de première formation que dans les fentes du quartz et des autres roches vitreuses, tandis que l'or en pépites, en grains, en paillettes, en filets se présente dans les montagnes à couches schisteuses, argileuses ou calcaires, et même dans la terre limoneuse. P. 37. — L'or, dans les pyrites qu'on a nommées *aurifères*, n'est point minéralisé; il y est seulement interposé ou disséminé en poudre impalpable sans être altéré; il faut que l'or soit précipité pour être minéralisé par le foie de soufre. *Ibid.* — Les cristaux de l'or primitif sont de forme octaèdre régulière, absolument semblable à celle que prend l'or dans le creuset lorsqu'on le tient longtemps en repos et en fusion. *Ibid.*

OR, ses principales propriétés naturelles et conventionnelles. T. III, p. 243. — Se trouve disséminé sur la surface entière de la terre. *Ibid.* — Ses mines gisent dans les fentes du quartz, et souvent l'or y est mêlé avec d'autres métaux, surtout avec l'argent, sans en être altéré. *Ibid.* — L'or, vrai métal de nature, a été formé tel qu'il est, et ne se présente pas sous une forme minéralisée. *Ibid.* — Les précipités de l'or ne conservent pas les grandes propriétés de ce métal, car ils peuvent être altérés ou minéralisés par les sels de la terre. P. 243 et 250. — Temps auquel l'or s'est établi sur le globe. P. 244. — Sublimation de l'or par la chaleur du globe, cause de sa dissémination universelle. *Ibid.* — États différents dans lesquels on trouve l'or; tous ces états sont relatifs à sa seule divisibilité. *Ibid.* — Gisement des mines primordiales de l'or. *Ibid.* — L'or de chaque lieu est toujours de la même essence. P. 245. — On n'a jamais trouvé d'or parfaitement pur, ou à vingt-quatre karats, dans le sein de la terre. *Ibid.* — On ne trouve presque nulle part l'or mêlé avec le mercure. *Ibid.* — Raison de ce fait. *Ibid.* — L'or est la substance qui, de toutes, est la plus dense, et qui, par conséquent, est de toutes la plus matière. P. 246. — Ténacité de l'or plus grande que celle d'aucune autre matière. P. 247. — Une très petite quantité d'arsenic ou d'étain, comme d'un grain jeté sur un marc d'or en fusion, en rend toute la masse aigre et cassante. *Ibid.* — L'or perd aussi sa ductilité par l'écrouissement. P. 248. — Sa fixité n'est point absolue comme on l'a prétendu; il se sublime en vapeur métallique au foyer des miroirs ardents, et même dans nos fourneaux d'affinage. *Ibid.* — L'or en feuilles laisse passer la lumière à travers ses pores, et particulièrement les rayons bleus. P. 249. — Or fulminant; raisons pourquoi on ne trouve point d'or fulminant

lument conformé comme l'homme. Il est encore le seul qui ait les fesses renflées et sans callosités. Son talon pose plus difficilement à terre qne celui de l'homme, et c'est ce qui fait qu'il court plus facilement qu'il ne marche. Il a treize côtes et l'homme n'en a que douze, et il diffère encore de l'homme par la forme des pieds et par la conformation des os du bassin. P. 120. — Caractères distinctifs de cette espèce. P. 121.

ORANG-OUTANG. Ce mot indien, qui signifie homme sauvage, est un nom générique. *Add.*, t. X, p. 153. — Il existe deux espèces de ces animaux. *Ibid.* — Caractères distinctifs de ces deux espèces. P. 154.

ORANVERT. Voyez *Merle* à ventre orangé du Sénégal. Son plumage, ses dimensions. T. VI, p. 56.

; ORCADES. Dans une côte des îles Orcades, qui est coupée à plomb, et qui a deux cents pieds de hauteur perpendiculaire sur les eaux de la mer, lorsque le vent est fort, et qu'en même temps la marée monte, le mouvement est si grand et l'agitation si violente, que l'eau s'élève jusqu'au sommet de ces rochers, c'est-à-dire qu'à deux cents pieds de hauteur, les gouttes d'eau qui se détachent de la mer y tombent en forme de pluie, et que même la mer y jette des graviers et des petites pierres. T. I, p. 182.

ORCHEF ou gros-bec des Indes. T. VI, p. 103.

ORDRE dans lequel on doit considérer les productions de la nature. T. I, p. 17.

OREILLES. Dès le cinquième mois après la conception, les osselets de l'oreille sont solides et durs. Et au septième mois tous ces osselets ont acquis dans le fœtus la grandeur, la forme et la dureté qu'ils doivent avoir dans l'adulte. T. XI, p. 101 et 102. — Le goût pour les longues oreilles est commun à tous les peuples de l'Orient. P. 150.

ORFRAIE. Ne pond que deux œufs. T. V, p. 45 et 46. — Se charge, dit-on, de l'éducation des petits du pygargue chassés et abandonnés par leurs père et mère. P. 62. — Fait à vérifier. P. 68. — Chasse aux oiseaux de mer. P. 67 et 69. — Appelé grand aigle de mer; est plus gros que le grand aigle. mais a les ailes plus courtes; a les ongles noirs, semi-circulaires, les jambes jaunes, nues à la partie inférieure; une barbe de plumes sous le menton, d'où lui est venu le nom d'aigle barbu; se nourrit de chair et de poisson, et enlève les chevraux, les agneaux, les lièvres et les oies aussi bien que les poissons; ne pond que deux œufs et n'élève ordinairement qu'un petit; rangé par Aristote parmi les oiseaux de nuit; ses yeux sont conformés différemment de ceux des oiseaux de nuit et de ceux des oiseaux de jour; il a la cornée recouverte d'une membrane très mince qui forme l'apparence

d'une petite taie sur le milieu de la pupille, et qui est environnée d'un anneau parfaitement transparent; chasse la nuit et le jour; n'a pas le vol si rapide ni si haut que l'aigle. P. 68 et 70. — Il y a des orfraies de différentes grandeurs. P. 73. — Cette espèce n'est nulle part nombreuse, mais elle est répandue presque partout en Europe; il paraît même qu'elle est commune aux deux continents et que les Hurons l'appellent *soudaqua. Ibid.*

ORGANIQUE (l') est l'ouvrage le plus ordinaire de la nature, et celui qui lui coûte le moins. T. IV, p. 165. — La matière organique est en plus grande quantité dans les insectes que dans les autres animaux ; cette surabondance de matière organique ne pouvant être employée à la génération faute d'organes se moule et se réunit tout entière sous une forme qui dépend beaucoup de celle de l'animal même, et qui y ressemble en partie. P. 318.

ORGANISATION. Un corps organisé, dont toutes les parties sont semblables à lui-même, est un corps dont l'organisation est la plus simple de toutes. T. IV, p. 171. — Plus il y aura dans le corps organisé de parties différentes du tout et différentes entre elles, plus l'organisation de ce corps sera parfaite, et plus la reproduction sera difficile. P. 172.

ORGANISATION. L'organisation a, comme toute autre qualité de la matière, ses degrés et ses nuances dont les caractères les plus généraux, les plus distincts, et les résultats les plus évidents, sont la vie dans les animaux, la végétation dans les plantes, et la figuration dans les minéraux. T. II, p. 466.

ORGANISTE, tangara ainsi nommé à Saint-Domingue, parce que son chant imite les sons successifs de l'octave de nos sons musicaux. T. VI, p. 257. — Dimensions, description et habitudes naturelles de cet oiseau. P. 258.

ORIGINE des molécules organiques. *Add.*, t. IV, p. 406.

ORIGNAL; c'est le nom que l'on donne à l'élan dans le nord de l'Amérique. T. X, p. 439.

ORIGNAL *d'Amérique.* Cet animal est de la même espèce que l'élan; seulement il paraît être d'une race plus grande que celle de l'élan d'Europe. Il y a des orignaux qui ont jusqu'à dix pieds de hauteur de corps. *Add.*, t. X, p. 449.

ORPIMENT. Comment on distingue l'orpiment et le réalgar naturels de l'orpiment et du réalgar artificiels. T. III, p. 436.

ORTOHUA *de Fernandès*, paraît être le même animal que le *Zorille.* T. IX, p. 598.

Os. L'accroissement des os se fait par leurs extrémités qui sont molles et spongieuses. Quand ils ont pris une fois de la solidité, ils ne sont plus susceptibles de développement ni d'extension. T. IV, p. 183. — Les os des poissons sont d'une substance plus molle que ceux des autres animaux; ils ne se durcissent pas et ne changent point du tout avec l'âge; les arêtes des poissons s'allongent, grossissent et prennent de l'accroissement sans prendre plus de solidité. P. 314. — Explication de la formation, du développement et de l'accroissement des os. T. XI, p. 70 et suiv. — Les os commencent à s'ossifier par le milieu, et c'est par cette raison que la partie du milieu dans les os longs est toujours la plus mince. P. 72.

ORTOLAN. Nom donné à une très petite tourterelle. T. V, p. 539.

ORTOLAN (l'), est probablement le même oiseau que le *cenchramos* d'Aristote et de Pline, et la *miliaire* de Varron; discussion critique à ce sujet. T. VI, p. 265 et 266. — L'ortolan est oiseau de passage; il chante pendant la nuit. Ces oiseaux ne sont pas toujours gras. Manière de les engraisser en chambre. P. 266. — Manière de les cuire. *Ibid.* — Ils chantent assez bien en cage, sont excellents à manger lorsqu'ils sont gras. Ils arrivent ordinairement avec les hirondelles; ils viennent de la basse Provence et remontent jusqu'en Bourgogne. En arrivant ils sont un peu maigres; ils font leur nid sur les ceps de vigne ou dans les blés, à terre assez négligemment; la femelle y dépose quatre ou cinq œufs grisâtres. Ils vivent d'insectes. P. 267. — Ils retournent dans les pays méridionaux avec leur famille vers la fin d'août ou au commencement de septembre. On les croit originaires d'Italie. *Ibid.* — Description du mâle. P. 268. — Et de la femelle. *Ibid.* — Ces oiseaux, ainsi que les bruants, les pinsons et les bouvreuils ont les deux pièces du bec mobiles. P. 280.

ORTOLAN (variétés de l'), l'*ortolan blanc*, l'*ortolan noirâtre*, l'*ortolan à queue blanche*, l'*ortolan à gorge jaune*. T. VI, p. 269.

ORTOLAN *du cap de Bonne-Espérance*; sa description et ses dimensions. T. VI, P. 276.

ORTOLAN *à ventre jaune du cap de Bonne-Espérance*; sa description et ses dimensions. T. VI, p. 275.

ORTOLAN *de Lorraine*; description du mâle et de la femelle, avec leurs dimensions. T. VI, p. 273.

ORTOLAN *de la Louisiane*; description et dimensions. T. VI, p. 274.

ORTOLAN (l') *de neige* se trouve dans les pays les plus froids, et jusqu'au Spitzberg. T. VI, p. 276. — Il est blanc pendant l'hiver, et subit différentes variétés pendant l'année. P. 277. — Description du mâle pendant l'hiver. *Ibid.* — Ce n'est qu'en été qu'il repasse dans ces climats si froids. *Ibid.* — Ils ne vont vers le midi que jusqu'en Alle-

magne. P. 278. — On les prend à leur passage, parce qu'ils sont très bons à manger. On ne les a jamais entendus chanter dans la volière. *Ibid.* — Ils n'aiment point à se percher et se tiennent ordinairement à terre; ils ne dorment point ou très peu. Raison probable de ce fait. Dimensions de cet oiseau. P. 279.

ORTOLAN *de neige* (variété de l'), l'*ortolan jacobin*, l'*ortolan de neige à collier*; leur description. T. VI, p. 279.

ORTOLAN *de riz*, oiseau de l'Amérique, qui voyage depuis l'île de Cuba jusqu'au Canada. T. VI, p. 280. — Description du mâle et de la femelle, et leurs dimensions. *Ibid.*

ORTOLAN *de riz* (l'), variété de l'*ortolan de la Louisiane*; sa description. T. VI, p. 281.

ORTOLAN *de roseaux* (l') se plaît dans les lieux humides et niche dans les joncs. Ses autres habitudes naturelles par lesquelles il diffère de l'ortolan. T. VI, p. 270. — Description du mâle et de la femelle et leurs dimensions. P. 271.

ORVERT, très petite espèce d'oiseau-mouche. T. VII, p. 43.

Os des oiseaux. Ont la cavité plus grande que ceux des quadrupèdes et sont spécifiquement plus légers, ce qui contribue non seulement à la vitesse du vol, mais à la durée de la vie des oiseaux. Leurs os plus solides et plus légers demeurent poreux, et ne s'obstruent pas aussi promptement que dans les quadrupèdes; car cette obstruction de la substance des os est la cause de la mort naturelle. T. V, p. 29 et 30. — Les poissons, qui ont les os encore plus légers, plus ductiles que les oiseaux, vivent aussi plus longtemps; les femmes, par la même raison, vivent plus longtemps que les hommes. P. 30.

Os *fossiles*. Il y a des os fossiles, c'est-à-dire des os qu'on trouve dans la terre, qu'on ne peut rapporter à aucun animal vivant. T. I, p. 128.

OSSEMENTS trouvés sous des rochers de pierres calcaires en différents endroits; discussions au sujet de ces ossements. *Add.*, t. I, p. 334. — On a trouvé dans des cavernes, tant en Allemagne qu'en France, une grande quantité d'ossements qui ont appartenu à des animaux marins, tels que les ours marins, lions marins, loutres marines et grands phoques, qui vont toujours ensemble en grandes troupes. P. 335.

OSSEMENTS. Les ossements d'animaux qu'on tire du sein de la terre ont appartenu à des animaux plus grands que ceux qui existent aujourd'hui; exposition des faits et des preuves qui démontrent cette vérité. T. II, p. 140 et 141.

OSSIFICATION; elle commence par la partie du milieu de la longueur de l'os. T. IV, p. 369.

OSTÉOCOLLES. Description des ostéocolles

des cavernes du margraviat de Bareith, où les os incrustés et pétrifiés se trouvent en très grande quantité. T. II, p. 580 et suiv.

Ostéocolles *animales et végétales*, manière dont elles se forment. T. II, p. 580 et suiv. — Ostéocolles, ne sont que des incrustations d'une matière crétacée ou marneuse; et ces incrustations se forment quelquefois en très peu de temps, aussi bien au fond des eaux que dans le sein de la terre : exemples à ce sujet. P. 582 et suiv.

Ostiaques (les), diffèrent aujourd'hui des anciens Ostiaques; raisons de cette différence. *Add.*, t. XI, p. 267 et suiv.

Ouanderou, *espèce de Babouin* qui porte une large chevelure avec une grande barbe; sa différence avec le lowando, qui n'est qu'une variété dans cette espèce. Sa description, son naturel farouche. T. X, p. 133. — Caractères distinctifs de cette espèce. P. 135.

Ouanderou. Addition à l'article de ce singe. *Add.*, t. X, p. 172.

Ouarine, *grande espèce de Sapajou*; sa description. Sa voix se fait entendre de très loin. Conformation singulière de l'organe de la voix. Habitudes naturelles de cet animal; sa nourriture. Sa chair n'est pas mauvaise à manger, T. X, p. 192. — Caractères distinctifs de cette espèce. P. 195.

Ouantou. Voyez *Pic noir huppé*, de Cayenne.

Ouette ou *Cotinga rouge de Cayenne*; sa description et ses dimensions. T. VI, p. 336.

Ouïe, *organe de l'ouïe*; les osselets de l'oreille sont entièrement formés dans le temps que d'autres os qui doivent devenir beaucoup plus grands que ceux-ci n'ont pas encore acquis les premiers degrés de leur grandeur et de leur solidité. T. XI, p. 101. — Le sens de l'ouïe ne donne aucune idée de la distance avant l'exercice du sens du toucher. P. 117.—Erreurs du sens de l'ouïe. *Ibid.* et suiv. — Quel est l'organe immédiat du sens de l'ouïe. P. 121. — Les osselets de l'ouïe ne se trouvent pas dans les oiseaux, qui cependant entendent très distinctement. P. 122. — L'ouïe est bien plus nécessaire à l'homme qu'aux animaux. Dans l'homme, c'est non seulement une propriété passive, mais une faculté qui devient active par l'organe de la parole. P. 123.

Ouïe. Ce sens est plus parfait dans les oiseaux que dans les quadrupèdes, et, après la vue, c'est le sens le plus parfait des oiseaux : on en peut juger par la facilité qu'ils ont de répéter une suite de sons et d'imiter la parole humaine, et encore par le plaisir qu'ils prennent à chanter. T. V, p. 20. 23, 25 et 27. — Voyez *Sens.* — Dans l'homme, l'ouïe est le quatrième sens, de même que dans le quadrupède; il est le second dans

l'oiseau. P. 38. — Les oiseaux de proie nocturnes paraissent avoir le sens de l'ouïe supérieur à tous les autres oiseaux. Ils ont les conques des oreilles plus grandes; il y a aussi chez eux plus d'appareil et de mouvement dans cet organe, qu'ils sont maîtres de fermer et d'ouvrir par un privilège qui leur est propre. P. 172. — On a dit que l'autruche était privée du sens de l'ouïe. P. 232.

Ouïe de l'engoulevent, ce qui rend cet organe plus parfait dans cet oiseau et dans les autres oiseaux de nuit. T. VII, p. 313.

Ouistiti, *petite espèce de Sagouin*; sa description, son naturel, sa nourriture. Il produit en Portugal. T. X, p. 206. — Caractères distinctifs de cette espèce. P. 207.

Ouragans. Effets des ouragans. T. I, p. 61. — Description des ouragans, leurs violences et leurs effets dans différents endroits de la terre et de la mer. P. 200 et suiv. — Le calme précède ordinairement les ouragans. Endroits de la mer où l'on ne peut aborder parce qu'il y a toujours des calmes et des ouragans. P. 201. — Explication des tournoiements d'air, et des ouragans et des calmes. *Ibid.* — Ce sont des tournoiements d'air causés par des vents contraires. P. 202. — Ils sont plus fréquents sur la terre que sur la mer. *Ibid.*

Ouroua. Voyez *Vautour* du Brésil.

Ouroucouais. Voyez *Couroucous.*

Ourovang ou merle cendré de Madagascar. Son plumage, ses dimensions. T. VI, p. 57. — Comparé à notre mauvis. *Ibid.*

Ouroubou. Voyez *Vautour* du Brésil, *Marchand.*

Ours. L'ours de mer ou ours blanc est un animal très différent de l'ours de terre. T. IX, p. 139. — Deux espèces d'ours de terre, qui diffèrent non seulement par la couleur, mais par le naturel; ces deux espèces sont l'ours brun et l'ours noir. *Ibid.* et suiv. — Il y a des ours de terre qui sont blancs, et qui pour le reste diffèrent autant que les autres ours de l'ours blanc de mer. *Ibid.* — Les ours bruns se trouvent assez communément dans les Alpes, et l'ours noir y est rare, mais se trouve en très grand nombre dans les parties les plus septentrionales des deux continents. P. 140. — L'ours brun est féroce et carnassier; le noir n'est que farouche et refuse constamment de manger de la chair. *Ibid.* — Habitudes naturelles de l'ours noir. *Ibid.* et suiv. — Les ours roux et bruns sont carnassiers et dévorent les animaux vivants. P. 141. — Les ours bruns sont généralement répandus dans les climats froids, tempérés et chauds, au lieu que les ours noirs ne se trouvent que dans les pays froids. P. 141 et 142. — Ils n'habitent que les montagnes et les déserts, et ne se trouvent point dans les pays bien

# P

PAPEGAI *à bandeau rouge*, ou perroquet de Saint-Domingue. T. VII, p. 170.

PAPEGAI *à tête aurore*. N'est pas bien gros. Apprend difficilement à parler et parle peu. Fait peu de bruit étant privé. Vole en troupe, en faisant retentir l'air de cris aigus. Vit de pacanes, pignons, graines de laurier-tulipier. T. VII, p. 173.

PAPEGAI *à tête et gorge bleues*. Se trouve à la Guyane; y est assez rare. N'apprend pas à parler. A la membrane qui entoure les yeux couleur de chair. T. VII, p. 171. — Confondu avec le perroquet vert facé de bleu d'Edwards. *Ibid.*

PAPEGAI *à ventre pourpre*, se trouve à la Martinique, moins beau que plusieurs autres espèces de ce genre. T. VII, p. 170.

PAPEGAI *brun*, l'un des plus rares et des moins beaux de tous les perroquets. Se trouve à la Nouvelle-Espagne, est de la grosseur d'un pigeon commun. T. VI, p. 225.

PAPEGAI *de Paradis*, ou perroquet de Paradis, perroquet de Cuba; est joli. Ses variétés. T. VII, p. 167 et 168.

PAPEGAI *maillé*, perroquet d'Amérique. Paraît être le perroquet varié de l'ancien continent transporté et naturalisé à la Guyane. N'a pas la voix des perroquets d'Amérique, mais un cri aigu et perçant. Plumes qui entourent sa face et qu'il relève en forme de fraise. T. VII, p. 168

PAPEGAI *violet*, confondu avec le crik rouge et bleu. T. VII, p. 162 et 171. — Assez commun à la Guyane; est joli, mais n'apprend point à parler. P. 172.

PAPEGAIS, perroquets du nouveau continent. Ne se trouvent point dans l'ancien, diffèrent des amazones et des criks en ce qu'ils n'ont point de rouge dans l'aile. T. VII, p. 167.

PAPION, est le nom que nous avons donné à la plus grande espèce de babouins. T. X, p. 87. — Il ne produit pas dans les pays tempérés. La femelle ne fait ordinairement qu'un petit; elle est sujette, comme la femme, à un écoulement périodique. P. 131. — Les papions ne sont pas du nombre des animaux carnassiers; ils vivent de fruits, de racines et de grains; ils s'entendent pour piller les jardins et se jettent les fruits de main en main, etc. *Ibid.* — Sa description, son naturel féroce, sa lubricité, son impudence, etc. P. 130. — Caractères distinctifs de cette espèce. P. 131.

PAPIRE, nom donné au choras. *Add.*, t. X, p. 186.

PAPOUS, race d'hommes noirs parmi lesquels il s'en trouve quelques-uns de blancs. T. XI, p. 157.

PARAGUA, paraît être du Brésil. A beaucoup de rouge, pourrait bien être un lori transporté des grandes Indes. T. VII, p. 173 et 174.

PARAT. Voyez *Moineau*.

PAREMENT-BLEU, oiseau du Japon dont on ne peut donner la description que d'après Aldrovande. T. VI, p. 207.

PARENTÉ (la) d'espèce est très différente de la parenté de famille. Comparaison de la parenté des espèces, de la parenté des races et de la parenté des familles. T. IV, p. 522 et suiv.

PARESSEUX, c'est le nom qu'on a donné à deux animaux d'Amérique, à cause de leur extrême lenteur; le premier de ces animaux s'appelle dans son pays natal *Unau*, et le second s'appelle *Aï*. T. IX, p. 543. — Leur naturel est lent, contraint et resserré, et c'est moins paresse que misère, c'est défaut, c'est dénuement, c'est vice dans la conformation. Description des défauts de nature dans les paresseux (l'unau et l'aï). Habitude naturelle résultant de leur conformation défectueuse. P. 544 et suiv.

PARESSEUX, se meuvent très lentement et ont les yeux couverts et la vue basse; c'est une règle générale. T. V, p. 16 et 17.

PARESSEUX-HONTEUX. Voyez *Aï. Add.*, t. X, p. 361.

PARESSEUX - MOUTON. Voyez *Unau. Add.*, t. X, p. 361.

PARGINIE des Portugais, suivant Kæmpfer. Ses indications sur cet oiseau. T. VIII, p. 409.

PARIS. On vieillit beaucoup plus à Paris qu'à Londres. T. XI, p. 440.

PARIS, mortalité à Paris. Voyez *Mortalité*.

PARLER, ce que c'est. T. VII, p. 73. — Oiseaux qui apprennent à parler. P. 75.

PAROARE, nom formé du nom brésilien *tije guacu paroara*, connu sous celui de *cardinal dominiquain*; son plumage; différence de la femelle. T. VI, p. 122.

PAROARE huppé ou cardinal dominiquain huppé de la Louisiane. T. VI, p. 122.

PAROLE (organes de la) dans les perroquets. T. VII, p. 99.

PAROLE, est le signe le moins équivoque de la pensée; elle met à l'extérieur autant de différence entre l'homme et l'homme qu'entre l'homme et la bête. T. IV, p. 456.

PARRAKA de Barrère, qui le nomme aussi faisan; sa huppe. T. V, p. 453.

PARTIES (les) simples dans le corps animal, paraissent être plus essentielles que les parties doubles. T. IV, p. 347 et 348. — La tête et l'épine du dos sont des parties simples, dont la position est invariable; l'épine du dos sert de fondement à la charpente du corps; cette partie paraît une des premières de l'embryon, car la première chose que l'on voit dans la cicatricule de l'œuf est une masse allongée, dont l'extrémité qui forme la tête ne diffère du total de la masse que par une espèce de forme contournée et un peu plus renflée que le reste; ces parties simples qui paraissent les premières sont essentielles à l'existence, à la forme et à la vie de l'animal. P. 348. — Il y a beaucoup plus de parties doubles dans le corps de l'animal que de parties simples, et ces parties doubles semblent avoir été produites symétriquement de chaque côté des parties simples par une espèce de végétation. P. 348. — Dans tous les embryons, les parties du milieu de la tête et les vertèbres paraissent les premières. P. 349. — Les parties doubles tirent leur origine des parties simples; il réside dans ces parties simples une force qui agit également de chaque côté, ou, ce qui revient au même, les parties simples sont les points d'appui contre lesquels s'exerce l'action des forces qui produisent le développement des parties doubles; en sorte que l'action de la force par laquelle s'opère le développement de la partie droite est égale à l'action de la force par laquelle se fait le développement de la partie gauche, et que par conséquent elle est contre-balancée par cette réaction. *Ibid.*

PASAN, c'est le nom de la gazelle du bézoard; sa description. T. IX, p. 474.

PASAN. Dans la gazelle pasan, les cornes de la femelle ne sont pas si grandes que celles du mâle. Description de cette gazelle, par MM. Forster et Klockner. *Add.*, t. X, p. 473 et suiv. — Elle ne va point en troupes, mais seulement par paires. P. 474. — Singularité des couleurs et leur distribution sur la face du pasan. P. 475. — Ses dimensions. P. 477.

PASSAGE (temps du) des faucons étrangers. T. V, p. 141. Voyez *Migration.*

PASSE-BLEU ou moineau bleu de Cayenne. a rapport au friquet, et plus encore au passe-vert. T. VI, p. 119.

PASSERAT, passereau, passereau sauvage, passeron. Voyez *Friquet* et *Moineau.*

PASSERINE. Voyez *Fauvette* grise.

PASSERINETTE. Voyez petite *Fauvette.*

PASSE-VERT ou moineau à tête rouge de Cayenne, approche de notre Friquet, quoique d'un plumage tout différent. T. VI. p. 118.

PASSE-VERT, espèce de tangara de la Guyane. Description du mâle. T. VI, p. 250. — Description de la femelle. P. 251. — Habitudes naturelles de cet oiseau. *Ibid.*

PASSE-VERT (variété du). Le passe-vert a tête bleue. T. VI, p. 251.

PASSIÈRE, paisse, paisse de saule, paissorelle. Voyez *Friquet* et *Moineau.*

PASSIONS, comment et par quels signes les passions différentes se marquent sur le visage de l'homme. T. XI, p. 56 et suiv. — Une passion sans intervalle est démence, et l'état de démence est pour l'âme un état de mort; de violentes passions avec des intervalles sont des accès de folie, des maladies de l'âme d'autant plus dangereuses qu'elles sont plus longues et plus fréquentes; la sa-

gesse n'est que la somme des intervalles de santé que ces accès nous laissent. T. IV, p. 434. — Une passion n'est autre chose qu'une sensation plus forte que les autres, et qui se renouvelle à tout instant. P. 450.

PATAGONS. Prétendus géants des terres Magellaniques; doutes sur l'existence de ce peuple de géants. T. XI, p. 210 et suiv.

PATAGONS. Description des Patagons, par M. Commerson. *Add.*, t. XI, p. 279 et 280. — Par M. de Bougainville. P. 279 et 280. — Par le commodore Byron. *Ibid.* — Discussion au sujet de la grandeur des Patagons. P. 281 et suiv. — La différence de grandeur donnée par les voyageurs aux Patagons ne vient que de ce qu'ils n'ont pas vu les mêmes hommes ni dans les mêmes contrées; et tout étant comparé, il paraît certain que depuis le vingt-deuxième degré de latitude sud jusqu'au quarante-cinquième, il existe en effet une race d'hommes plus haute et plus puissante qu'aucune autre dans l'univers. P. 284.

PATAS, espèce de guenon ou singe à longue queue; description du patas; son poil est d'un roux presque rouge : il y a dans cette espèce deux variétés : la première est le patas à bandeau noir, et la seconde le patas à bandeau blanc; toutes deux ont une barbe. T. X, p. 138. — Caractères distinctifs de cette espèce. P. 139.

PATAS A QUEUE COURTE (Description du). *Add.* t. X, p. 173.

PATATI, nom que l'on a donné aux habitants d'une terre encore peu connue, entre le fleuve Jeniscé et le golfe Linchidolin; cette terre du continent de l'Asie s'avance jusqu'au soixante-treizième degré, et peut-être beaucoup au delà. *Add.*, t. XI, p. 264.

PATIRA. C'est une espèce de cochon, différente des deux espèces de pécari, et qui se trouve également dans les terres de Cayenne suivant M. de La Borde. *Add.*, t. X, p. 405.

PATIRICH, guêpier de Madagascar, y est nommé *patirich-tirich*, mot qui a rapport à son cri. A un large bandeau noirâtre. Variété dans cette espèce. T. VII, p. 299.

PATTES. L'ara vert se sert de ses pattes comme d'une main. T. VII, p. 148.

PAUPIÈRE, seconde paupière des oiseaux, et son usage. T. V, p. 14. — Paupière supérieure de l'autruche mobile et bordée de longs cils. P. 207.

PAUPIÈRES. La peau des paupières est, comme celle du prépuce, plus longue chez les Orientaux que chez les autres peuples. T. XI, p. 29. — La plus grande partie des animaux n'ont point de cils à la paupière inférieure : dans l'homme et dans les animaux quadrupèdes la paupière supérieure est celle qui a du mouvement, et la paupière inférieure n'en a que très peu : dans les oiseaux et dans les amphibies, c'est au contraire la paupière inférieure qui a du mouvement, et les poissons n'ont de paupières ni en haut ni en bas. P. 53.

PAUXI ou le pierre, ou pierre de Cayenne, hocco du Mexique de Brisson; cusco, poule numidique; son bec chargé d'un tubercule, sa taille, son plumage; se perche, pond à terre; nourriture des petits, son naturel, lieux qu'il affecte; différences entre le mâle et la femelle. T. V, p. 447.

PEAU ou cuir de l'autruche. T. V, p. 228.

PEAU nue et d'un blanc sale aux deux côtés de la tête des aras et par dessous. T. VII, p. 137. — Les autres perroquets n'ont qu'un petit cercle de peau nue autour des yeux. P. 153. — Cette peau couleur de chair dans le papegai à tête et gorge bleues. P. 171.

PEAU. Désorganisation de la peau dans les blafards. Add., t. XI, p. 298. — Autres exemples de la désorganisation de la peau. P. 303. — Homme qui avait la peau chargée de piquants comme un porc-épic. P. 304. — — Description d'un enfant chargé de taches surmontées de poil pareil à celui du veau et du chevreuil. Ibid. et suiv.

PÉCARI. Ses ressemblances et ses différences avec le cochon, T. IX, p. 233. — Il ne peut se mêler avec l'espèce du cochon; essais à ce sujet. Ibid. — Il a sur le dos une fente de deux ou trois lignes de largeur qui pénètre à plus d'un pouce de profondeur, par laquelle suinte une liqueur ichoreuse fort abondante et très désagréable. Ibid. — Habitudes naturelles du pécari. P. 234. — Sa chair n'est pas mauvaise à manger; précautions qu'il faut prendre pour qu'elle n'ait point d'odeur. Ibid. — L'espèce en est très nombreuse dans tous les climats chauds de l'Amérique méridionale. Ibid. — Ils produisent en grand nombre; les petits suivent bientôt leur mère, et ne s'en séparent que quand ils sont adultes. Ibid. — Le poil ou plutôt les soies du pécari sont plus rudes que celles du sanglier, et ressemblent presque aux piquants du hérisson. Ibid. — Cet animal craint le froid et ne pourrait subsister sans abri dans nos climats tempérés. Ibid. — Comparaison du pécari avec le cochon; ils paraissent être anciennement issus de la même souche. T. X, p. 499.

PÉCARI. Il y a deux espèces de pécari dans les terres de Cayenne, suivant M. de La Borde. Add., t. X, p. 404. — Habitudes naturelles de ces animaux. Ibid. et suiv.

PÉCARI. Addition à l'article du pécari. Add., t. X, p. 405.

PÉCARI ou TAJACU (le) n'a pas trois estomacs, mais un seul partagé par deux étranglements. Add., t. X, p. 408.

PÊCHEUR (le) des Antilles du P. Dutertre est très vraisemblablement le même que l'épervier pêcheur de la Caroline de Ca-tesby, et ce dernier par sa forme, sa grosseur, son plumage et ses habitudes, semble appartenir à l'espèce du balbusard. T. V, p. 83. — Quoiqu'il ne fasse pas la guerre aux oiseaux, ni même aux animaux, mais seulement aux poissons, les oiseaux ne laissent pas de s'attrouper pour le poursuivre à coups de bec jusqu'à ce qu'il change de quartier; pêche comme le balbusard; les enfants des sauvages l'élèvent et s'en servent à la pêche. Ibid. — Faucon pêcheur des Antilles. P. 140. — De la Caroline. Ibid. — Faucon pêcheur du Sénégal. Voyez Tanas. — Tous les oiseaux pêcheurs rejettent par le bec les arêtes et les écailles de poissons, roulées en petites pelotes. P. 148.

PÉCHINIENS. Voyez Pygmées.

PEINTADE ou méléagride, ou quetele, ou guinette, ou poule d'Afrique, de Numidie, poule perlée, perdrix de Terre-Neuve, différente du peintade. T. V, p. 339.— Différences du mâle et de la femelle. P. 340, 343 et 345. — Cette espèce s'est perdue et retrouvée; a été transportée en Amérique. P. 340. — Changements qu'elle y a éprouvés. P. 341. Variétés dans la couleur des barbillons. P 340, 343 et 345. — Dans les habitudes et les mœurs, et dans la couleur de la chair. P. 341. — Dans la grosseur du corps. Ibid. — Dans la forme des membranes du cou, le nombre et la hauteur des plumes ou filets de la tête. P. 342 et 343. — Dans les couleurs du plumage. P. 342, 344 et 345. — Dans la couleur, la forme et les dimensions du casque, etc. P. 343. — Dans la couleur des œufs, etc. P. 350. — Ce qu'on doit penser de toutes ces variétés. P. 343. — La peintade n'est point le dindon ni le knor-haan. Ibid. — Plumage, ailes, queue; pourquoi paraît bossue; comparée à la perdrix. P. 343, 347 et 349. — Oreilles découvertes, casque, yeux, bec, pieds, ongles. P. 346. — Parties intérieures. P. 347. — Son cri, ses mœurs, portent l'empreinte du climat. Ibid. — Ses allures, sa nourriture. P. 348. — Aime les marécages, s'apprivoise; comparé au faisan. P. 349. — Sa ponte beaucoup plus considérable dans la domesticité que dans l'état de sauvage; différence des œufs dans ces deux états. P. 350. — Incubation, soin de la couvée, éducation et développement des petits, bon goût de leur chair. P. 351. — Le mâle produit avec la poule domestique des œufs inféconds. Ibid. — Œufs de peintade bons à manger. Ibid. — On trouve de ces oiseaux non seulement en Afrique, mais encore en Asie et dans le sud de l'Europe; n'ont pu s'habituer dans la partie septentrionale. Ibid. — Sont rares en Angleterre. P. 352.—Plus communs en Grèce qu'à Rome. Ibid. — Semblent être oiseaux de passage, puisqu'ils revenaient tous les ans dans le pays où était le tombeau de Méléagre. Ibid.

leur figure. P. 570. — Dans la multitude d'espèces d'animaux á coquilles, on n'en connaît que quatre, les huîtres, les moules. les patelles et les oreilles de mer, qui produisent des perles, et encore n'y a-t-il que les grands individus qui offrent cette production. P. 570 et 571. — On doit distinguer deux sortes de perles, et on les a séparées dans le commerce où les perles de moule n'ont aucune valeur en comparaison des perles d'huître ; défauts des perles de moules. P. 570. — Les moules produisent des perles dans les eaux douces et sous tous les climats; tandis qu'au contraire les huîtres, etc., ne produisent des perles que dans la mer et sous les climats les plus chauds. P. 570 et 571. — Lieux particuliers où elles se trouvent en grande abondance ; les huîtres sont l'espèce de coquillage qui en fournit le plus. P. 571 et 572. — Manière dont on pêche les perles. P. 572 et suiv. — On trouve d'assez belles perles dans les mers qui baignent les terres chaudes de l'Amérique méridionale, et surtout près des côtes de Californie, du Pérou et de Panama ; mais elles sont moins parfaites et moins estimées que les perles orientales, dont les plus belles se pêchent au cap Comorin, dans le golfe Persique. P. 574 et 575. — Les vraies et belles perles ne sont produites que dans les climats chauds, autour des îles ou près des continents, et toujours à de médiocres profondeurs. P. 575.

PÉROU. Remarques sur la forme du terrain au Pérou. T. I, p. 139. — Hautes montagnes du Pérou : raison pourquoi l'on ne trouve point de coquilles dans la plupart des hautes montagnes du Pérou. P. 218. — Quoique le Pérou soit situé dans la zone torride, le thermomètre, dans les grandes chaleurs, n'y monte pas si haut qu'en France, parce que c'est un pays extrêmement élevé. T. XI, p. 212 et 213.

PÉROUASCA ; ce nom peut se rendre par *Belette à ceinture*. Description de cet animal ; sa peau fait une jolie fourrure. *Add.*, t. X, p. 306.

PERPENDICULARITÉ (la) de la tige des arbres et des plantes a pour cause principale les émanations constantes de la chaleur propre du globe de la terre. T. II, p. 226 et 227.

PERRICHE *à ailes variées*, à queue longue et inégale, nommée à Cayenne *perruche commune*. Vole en grandes troupes jusque dans les lieux habités. Aime les boutons des fruits de l'arbre immortel. Taille audessous du merle. Apprend aisément à parler. Sa femelle. Confondu avec l'anaca. T. VII, p. 179.

PERRICHE *à front rouge*, à queue longue et inégale des climats chauds de l'Amérique. N'est point l'aputé-juba. T. VII, p. 183.

PERRICHE *à gorge brune*, à queue longue et égale, de la Martinique. T. VII, p. 178.

PERRICHE *à gorge variée*, à queue longue et égale, de Cayenne. Taille au-dessous du merle. T. VII, p. 178.

PERRICHE-ARA, appelée à la Guyane *makavouanne*. Prononce le mot ara comme les aras, mais d'une voix plus aiguë. Se tient dans les savanes noyées. Vit des fruits du palmier-latanier. A les joues nues, la queue longue. C'est la plus grosse des perriches. T. VII, p. 188.

PERRICHE *à tête jaune*, à queue longue et inégale. Voyage de la Guyane à la Caroline, à la Louisiane, à la Virginie. Se nourrit de graines et de pépins de fruits. T. VII, p 187.

PERRICHE *couronnée d'or*, à queue longue et inégale, appelée à Cayenne *perruche des savanes*, a pondu en Angleterre cinq ou six œufs assez petits et blancs, y a vécu quatorze ans. N'est point la femelle de l'aputéjuba. T. VII, p. 185. — Va en grandes troupes, est intelligente, caressante et parle bien. *Ibid.*

PERRICHE-ÉMERAUDE, *à queue longue et égale*. T. VII, p. 181.

PERRICHE-PAVOUANE de Cayenne, des Antilles, à queue longue et égale. Une des plus jolies. Variété d'âge. Apprend assez facilement à parler; du reste toujours un peu sauvage. A l'air leste, l'œil vif. Vole en troupes; toujours criant. Se nourrit du fruit de l'immortel ou corallo-dendron. T. VII, p. 177.

PERRICHES. Nom donné aux perruches du nouveau continent. T. VII, p. 176. — Se divisent en deux familles caractérisées par la longueur de la queue. La première famille à queue longue se partage en deux branches dont l'une a la queue étagée également. *Ibid.* et suiv. — Et l'autre inégalement. P. 182 et suiv. — Les perriches à queue courte font la seconde famille. P. 189. — Ces perriches à queue courte sont nommées *touis* au Brésil, d'où elles sont originaires. *Ibid.* — Il n'y en a que deux espèces qui apprennent à parler. *Ibid.* — Transportées d'un continent à l'autre. *Ibid.* — Nommées *tuin* par Laët. P. 192.

PERRICHE de la Guadeloupe de Labat. Variété du sincialo. Voyez ce mot. — Ce n'est point l'aiuru-catinga de Marcgrave. T. VII, p. 183.

PERROQUET d'Allemagne. Voyez *Bec-croisé*.

PERROQUET (le) et le singe sont les animaux que les sauvages admirent le plus. Ne sont point des êtres intermédiaires entre l'homme et la brute. T. VII, p. 71. — Les sauvages savent varier à volonté les couleurs du plumage de ces oiseaux, ce qui s'appelle tapirer. *Ibid.* — Le perroquet imite quelques-unes de nos paroles, les cris des animaux, mais non pas le chant. P. 74 et suiv.

— En quoi consiste son imitation. P. 76.
— Les perroquets de l'ancien continent ne se trouvent point dans le nouveau, et réciproquement. P. 82. — Ne s'éloignent guère de l'équateur que de vingt-cinq degrés. *Ibid.* — Ont le vol pesant, court et peu élevé. P. 83. — Leur nomenclature difficile. *Ibid.* — Première espèce portée en Grèce. *Ibid.* — Ces oiseaux fort à la mode chez les Romains; on les tira d'abord des Indes, et ensuite d'Afrique. P. 84. — Se trouvent en grand nombre dans tous les pays qui leur conviennent, d'où on conclut qu'ils font plusieurs pontes, chaque ponte étant peu nombreuse. *Ibid.* — Division du genre des perroquets en deux classes, et de chaque classe en plusieurs familles. *Ibid.* — Perroquets de l'ancien continent. P. 85 et suiv. — Du nouveau continent. P. 136 et suiv. — Point d'autres perroquets au Japon que ceux qui y ont été apportés. P. 126 et 127. — Aras les plus beaux et les plus gros des perroquets. P. 137. — Perroquets, sont des oiseaux erratiques qui causent quelquefois de grands dommages aux récoltes. P. 188.

PERROQUET *à bec couleur de sang*, remarquable par sa taille, par la couleur et la grandeur de son bec. T. VII, p. 105.

PERROQUET (le grand) *à tête bleue* d'Amboine. Est un des plus grands. T. VII, p 105.

PERROQUET *à tête grise*, nommé *petite perruche* du Sénégal. Ce n'est point une perruche. Vole par petites troupes serrées. A le cri aigu. Ne parle pas, dit Lemaire. T. VII, p. 106.

PERROQUET *blanchâtre*. Voyez *Meunier*.

PERROQUET *brun* de M. Brisson. Variété du vaza, ou peut-être espèce intermédiaire entre le vaza et le mascarin. T. VII, p. 105.

PERROQUET *cendré*. Voyez *Jaco*.

PERROQUET de Cuba. Voyez *Papegai* de Paradis.

PERROQUET de la Dominique. Voyez *Crick* à tête bleue.

PERROQUET de la Martinique. Voyez *Amazone* à tête blanche.

PERROQUET de Luçon. Voyez *Perruche* aux ailes chamarrées.

PERROQUET de Macao, mauvais nom de l'ara rouge. T. VII, p. 139.

PERROQUET *de Paradis*. Voyez *Papegai* de Paradis.

PERROQUET de Saint-Domingue. Voyez *Papegai* à bandeau rouge.

PERROQUET des anciens. T. VII, p. 83, 116 et 123. Voyez grande *Perruche* à collier d'un rouge vif.

PERROQUET *gris*, prétendu du Brésil. Y avait peut-être été transporté de Guinée, où les perroquets gris sont communs. T. VII, p. 174.

PERROQUET *noir* ou *vaza*, ou *wouresmeinte*. Se trouve à Madagascar, et selon quelques-uns en Éthiopie. A le bec très petit et la queue assez longue; est familier. T. VII, p. 104. Voyez *Perroquet brun*.

PERROQUET *varié* ou *maillé*, ou perroquet *à tête de faucon*, ou perroquet *élégant*. De la grosseur d'un pigeon; relève. étant en colère, les plumes de son cou. N'est point naturel à l'Amérique. A le cri aigu et perçant. T. VII, p. 103.

PERROQUET *vert*, des contrées méridionales de la Chine. Gros comme une poule. Se trouve aux Moluques, à la Nouvelle-Guinée, mais non en Amérique. T. VII, p. 102.

PERROQUET *vert facé de bleu* d'Edwards. Voyez *Crik* à tête bleue; *Papegai* à tête et gorge bleues.

PERROQUET *vert et rouge* de Cayenne, bâtard amazone, demi-amazone. Voyez *Amazones* à tête jaune.

PERROQUET (très petit) *vert et rouge* d'Edwards, variété ou espèce voisine du moineau de Guinée. T. VII, p. 131.

PERROQUETS-AMAZONES. T. VII, p. 152.

PERROQUETS proprement dits, originaires de l'Afrique et des grandes Indes. T. VII, p. 91. — Perroquets qui ont pondu et élevé des petits en France. P. 101 et 130. — Usage d'élever et de nourrir des perroquets en domesticité, très ancien aux Indes. Comment les sauvages d'Amérique prennent et apprivoisent les perroquets adultes. P. 151. — Perroquets sauvages très méchants. *Ibid.* — Petit perroquet à queue courte, d'Aldrovande, pourrait bien être un kakatoës, et celui de Seba un lori. P. 193.

PERROQUETS âgés de trente et quarante ans. T. V, p. 30. — Les perroquets et plusieurs autres oiseaux, dont le bec est crochu, semblent préférer les fruits et les graines à la chair. P. 33. — Ont le bec supérieur mobile, comme l'inférieur. P. 34 (note *a*).

PERROQUETS de mer, ainsi que les pingouins, volent et nagent, mais ne peuvent marcher. T. V, p. 36.

PERRUCHE sans pieds, comme un oiseau de Paradis. T. V, p. 620.

PERRUCHE *à ailes d'or et queue courte*, probablement des Indes orientales. T. VII, p. 133.

PERRUCHE *à ailes noires et queue courte*, de Luçon. Différence entre le mâle et la femelle. Dorment suspendus la tête en bas. Sont friands du suc de cocotier. T. VII, p. 133.

PERRUCHE (grande) *à ailes rougeâtres*. T. VII, p. 123.

PERRUCHE (grande) *à bandeau noir* des Moluques, mal à propos nommée par quelques-uns ara, lori. T. VII, p. 126. — Très belle espèce. *Ibid.* — Capable d'attachement. *Ibid.*

PERRUCHE *à collier couleur de rose*, d'Afrique. N'est point le perroquet des anciens.

T. VII, p. 122. — Les deux brins de sa queue sont le double du corps. P. 123.

PERRUCHE (grande) *à collier d'un rouge vif et queue longue et égale*. Est selon toute apparence le perroquet des anciens, apporté en Grèce par la flotte d'Alexandre. T. VII, p. 116 et 123. — Se trouve dans l'Asie méridionale et les îles voisines. P. 117.

PERRUCHE *à collier et à queue courte*, des Philippines. De la grosseur du moineau de Guinée; n'apprend point à parler. T. VII, p. 135.

PERRUCHE *à double collier*, grosse comme une tourterelle. Se trouve dans l'île Bourbon et les continents voisins. T. VII, p. 117.

PERRUCHE *à face bleue*, d'Amboine. T. VII, p. 121.

PERRUCHE (petite) *à gorge jaune*, d'Amérique, dénomination donnée au toui à gorge jaune. T. VII, p. 190.

PERRUCHE *à gorge rouge*, des grandes Indes. La plus petite des perruches à longue queue, taille de la mésange. T. VII, p. 125.

PERRUCHE (grande) *à longs brins*. Ressemble fort à la petite perruche à tête couleur de rose à longs brins; mais elle est beaucoup plus grande. T. VII, p. 124.

PERRUCHE *à moustaches*, de Pondichéry. A la queue aussi longue que le corps. T. VII, p. 121.

PERRUCHE *à tête bleue*. T. VII, p. 118.

PERRUCHE *à tête bleue et queue courte*, de Sumatra, de Luçon et de Malaca. Ne se trouve point au Pérou; se nourrit de caillou. Voyez ce mot. T. VII, p. 129.

PERRUCHE (petite) *à tête couleur de rose*, *à longs brins*, doubles de la longueur du corps, du Bengale, où elle s'appelle *fridytutah*. Très belle espèce. T. VII, p. 124.

PERRUCHE *à tête d'azur*, des grandes Indes, de la grosseur d'un pigeon. A la queue aussi longue que le corps. T. VII. P. 120.

PERRUCHE *à tête grise et queue courte*, de Madagascar. T. VII, p. 133.

PERRUCHE *à tête noire*, de Cayenne. Voyez *Caica*.

PERRUCHE *à tête rouge*, ou *moineau* de Guinée, ou *petite perruche* mâle de Guinée. T. VII. p. 130. — Très familière; périt souvent dans le transport. Vit assez longtemps en Europe, pourvu qu'elle soit avec son mâle; y pond quelquefois, couve et fait éclore ses œufs. Le mâle et la femelle fort attachés l'un à l'autre. Ces oiseaux causent beaucoup de dommages aux grains. Se trouvent en Éthiopie. aux Indes, à Java. P. 131. — Appelé mal à propos *moineau du Brésil. Ibid.* — C'est le *psittacus minimus* de Clusius. Diffèrent du *perroquet d'Amérique de diverses couleurs*, donné par Seba. *Ibid.*

PERRUCHE *aux ailes bleues et à queue courte*, du cap de Bonne-Espérance; espèce nouvelle. T. VII, p. 134.

PERRUCHE *aux ailes chamarrées*, ou perroquet de Luçon, a les ailes beaucoup plus longues que les autres. T. VII, p. 122.

PERRUCHE *aux ailes variées et à queue courte*, de Batavia, de Luçon, espèce nouvelle. T. VII, p. 134.

PERRUCHE *couronnée de saphir*, la même que notre *perruche à tête bleue et queue courte*. T. VII, p. 129.

PERRUCHE (petite) de Cayenne, la même que le *sosové*. T. VII, p. 190.

PERRUCHE de la Guadeloupe, confondue avec le crik. T. VII, p. 163.

PERRUCHE (petite) de l'île de Saint-Thomas. Voyez *Toui* à tête d'or.

PERRUCHE des Moluques. Variété ou espèce voisine de la perruche à face bleue. T. VII, p. 121.

PERRUCHE des Savanes, nom donné à Cayenne à la perriche couronnée d'or. T. VII, p. 185.

PERRUCHE des terres Magellaniques. Voyez *Perriche-émeraude*. — Ne se trouve point au détroit de Magellan. T. VII, p. 181.

PERRUCHE *huppée* de Java. Très belle petite espèce; sa huppe a été comparée à l'aigrette du paon; vole en troupes, jase beaucoup, apprend facilement à parler. Sa queue est très longue. T. VII, p. 127.

PERRUCHE *jaune*, d'Angola. T. VII, p. 119.

PERRUCHE ILLINOISE, nom donné mal à propos à l'aputé-juba. T. VII, p. 185.

PERRUCHE-LORI, une des plus jolies; de grosseur moyenne, différente de l'*avis paradisiaca orientalis* de Seba. T. VII, p. 118.

PERRUCHE (petite) maïpouri de Cayenne. Nom donné au Maïpouri. T. VII, p. 174.

PERRUCHE POUX-DE-BOIS, nom de l'aputé-juba de Cayenne. T. VII, p. 185.

PERRUCHE-SOURIS, probablement espèce nouvelle de l'île de France. La moins brillante de toutes; a la queue aussi longue que le corps. T. VII, p. 120.

PERRUCHE *verte et rouge* du midi de l'Asie et non du Japon. T. VII, p. 126.

PERRUCHES de l'ancien continent. Division des perruches à longue queue en deux familles. T. VII, p. 115. — A queue longue et également étagée. *Ibid.* et suiv. — Perruches à queue longue et inégale. P. 122. — A queue courte. P. 128. — Nids et sommeil de quelques espèces. *Ibid.* — Perruches, vont ensemble par grandes troupes sans jamais faire société avec les perroquets. T. VII, p. 177 (note c).

PERSIL, contraire à l'ara vert. T. VII, p. 148.

PERTE et GAIN. Dans tous les jeux, la perte est toujours plus grande que le gain; elle est infiniment plus grande que le gain lorsqu'on hasarde tout son bien; elle est plus grande d'une sixième partie lorsqu'on joue la moitié de son bien; et, quelque petite portion de sa fortune qu'on hasarde au jeu, il y a toujours plus de perte que de gain, et c'est par cette raison, qui n'était pas même soupçonnée, que l'on est plus sensible à la perte qu'au gain. T. XI, p. 318.

Péruviens (les) étaient les seuls peuples de l'Amérique qui eussent des animaux domestiques. T. IV, p. 573.

Pesanteur. Cette force que nous connaissons sous le nom de *pesanteur* est généralement répandue dans toute la matière ; les planètes, les comètes, le soleil, la terre, tout est sujet à ses lois, et elle sert de fondement à l'harmonie de l'univers. T. I, p. 67. — Il n'y a point d'hypothèses à faire sur la direction de la pesanteur. Elle est nécessairement perpendiculaire à la surface. P. 78.

Pesanteur. Mesure de la pesanteur. T. XI, p. 345. — Pesanteur spécifique. P. 346.

Petit deuil. Voyez *Mésange* petit-deuil.

Petit-gris (le) se trouve également dans les parties septentrionales de l'ancien et du nouveau continent T. IX, p. 245. — Ses ressemblances et ses différences d'avec l'écureuil. *Ibid.* — Habitudes naturelles du petit-gris, qui sont différentes de celles de l'écureuil. P. 247 et 248. — Les petits-gris se rassemblent en troupes et traversent ensemble des rivières très larges sur des écorces d'arbres. P. 247.

Petit-gris de Sibérie. Description de ce joli petit quadrupède. *Add.*, t. X, p. 315 et suiv.

Petitesse. Dans les oiseaux comme dans les quadrupèdes, le produit de la génération est proportionnel à la petitesse de l'animal. T. V, p. 46.

Pétrat. Voyez *Friquet*.

Pétrel antarctique ou *damier brun*. Ses ressemblances et ses différences avec le damier. T. VIII, p. 411. — Sa description par le capitaine Cook. *Ibid.* — Il se trouve dans les plus hautes latitudes australes, où plusieurs autres espèces ne paraissent plus. *Ibid.* — Néanmoins il disparaît, ainsi que tous les autres, devant cette formidable glace fixe qui couvre déjà au loin la région du pôle austral. *Ibid.*

Pétrel *blanc et noir* ou *damier*. Voyez *Damier*.

Pétrel *blanc* ou *pétrel de neige*. Est bien désigné ainsi, non seulement à raison de la blancheur de son plumage, mais parce qu'on le rencontre toujours au voisinage des glaces, dont il est pour ainsi dire l'avant-coureur. T. VIII, p. 412. — Ces oiseaux sont presque les seuls objets qui répandent un reste de vie sur ces plages glacées, où toute la nature parait expirante. P. 413.

Pétrel *bleu*. Sa description et les parages où il se trouve. T. VIII, p. 413. — Précaution que la nature semble avoir prise de fourrer le plumage de ces oiseaux dans les mers glaciales qu'ils habitent ou fréquentent. *Ibid.* — On les rencontre souvent à des distances immenses de toutes terres. P. 414. — Ils paraissent capables de vivre longtemps sans aliments. *Ibid.* — Leur manière de nicher dans les creux, sous terre, observée à la Nouvelle-Zélande. *Ibid.* — Deux variétés ou deux espèces de pétrels bleus, l'un à large bec et l'autre à bec étroit. *Ibid.*

Pétrel *cendré* (le) des mers du Nord. T. VIII, p. 406. — Description de sa figure et des couleurs de son plumage. *Ibid.* — Raisons qui ont pu faire donner à ce pétrel le nom de *haff-hert* ou *hav-hert*, cheval de mer, qu'il porte en Norvège et aux îles de Féroé. *Ibid.* — Acharnement de ces pétrels sur le cadavre de la baleine. P. 407. — Parages des mers du Nord où on les rencontre en plus grand nombre. *Ibid.*

Pétrel *de neige*. Voyez *Pétrel* blanc.

Pétrel-puffin. Caractères de la branche des puffins dans la famille des pétrels. T. VIII, p. 416. — Dimensions et description de celui-ci. *Ibid.* — Ponte et nichée de ces oiseaux dans l'île de Man ; manière dont ils nourrissent leurs petits, et capture qu'on en fait. *Ibid.* — Ils ont leur temps réglé d'apparition et de disparition. P. 417. — L'espèce, quoique propre aux mers du Nord, n'y semble pas confinée, mais parait s'être portée sur différentes mers, et jusque dans la Méditerranée. *Ibid.*

Pétrel-puffin *brun*. Sa description par Edwards, sous le nom de *grand pétrel noir*. T. VIII, p. 418.

Pétrel-puffin *gris-blanc*, de l'île Saint-Kilda ou *Fulmar*. Sa description et sa manière de se nourrir sur le dos des baleines vivantes. T. VIII, p. 418.

Pétrel (très grand), *quebranta-huessos* des Espagnols, qui veut dire *briseur d'os*. Quelques notices au sujet de cette espèce encore peu connue, mais qui est certainement du genre des pétrels. T. VIII, p. 415.

Pétrels (les) sont, de tous les oiseaux qui fréquentent les hautes mers, les plus étrangers à la terre, et pour ainsi dire les plus marins, et ceux qui se livrent le plus audacieusement aux vents et aux flots. T. VIII, p. 404. — Quelque loin que les navigateurs se soient portés sur les mers, ils ont trouvé ces oiseaux qui les y avaient devancés. *Ibid.* — Les pétrels ajoutent aux facultés du vol et de la nage celle de marcher ou courir en quelque manière sur les eaux. *Ibid.* — Et c'est d'où leur vient le nom de *pétrel* ou *Petit-Pierre*. *Ibid.* — Leurs espèces sont nombreuses ; conformation caractéristique du bec et des pieds dans ces espèces et leur division en deux familles. P. 403. — Les pétrels proprement dits forment la première, et les pétrels puffins la seconde de ces familles. *Ibid.*—Leur instinct et leurs habitudes communes, leur ponte et la nourriture de leurs petits. Avis important aux chasseurs qui les dénichent. *Ibid.*

PÉTRIFICATION peut s'opérer au fond de la mer comme sur la terre. Exemples à ce sujet. T. II, p. 564 et 565.

PÉTRIFICATIONS. Origine et cause très simple des concrétions figurées et des pétrifications calcaires. T. II, p. 550. — Les coquilles pétrifiées contenues dans les bancs des pierres calcaires sont plus dures que la matière de ces pierres ; preuves et raisons de cette vérité. P. 570. — On trouve assez communément une espèce dominante de coquilles pétrifiées dans chaque endroit, et plus abondante qu'aucune autre ; ce qui prouve encore que la matière des bancs où se trouvent ces pétrifications n'a pas été amenée et transportée confusément par le mouvement des eaux, mais que certains coquillages se sont établis sur le lit inférieur, et qu'après y avoir vécu et s'y être multipliés en grand nombre, ils y ont laissé leurs dépouilles. P. 570 et suiv.

PÉTRIFICATION. Comment s'opère la pétrification des corps organisés. T. III, p. 581. — Dans les pétrifications, la forme domine sur la matière, au point d'exister après elle ; preuve de cette assertion. *Ibid.* — La pétrification est le grand moyen dont se sert la nature pour conserver à jamais les empreintes des êtres périssables ; c'est par les pétrifications que nous connaissons les plus anciennes productions de la nature, et les dépouilles des espèces maintenant anéanties. *Ibid.* — Pétrifications vitreuses, sont moins communes que les pétrifications calcaires, mais souvent elles sont plus parfaites. P. 584. — Raison de ce dernier effet. *Ibid.* — Pétrifications qui se forment en peu de temps dans certaines eaux. On pourrait par l'art imiter la nature, et pétrifier les corps organisés avec de l'eau convenablement chargée de matière pierreuse ; et cet art, s'il était porté à sa perfection, serait plus précieux pour la postérité que l'art des embaumements. P. 585. — Poissons pétrifiés et bien conservés dans les matières calcaires. P. 585 et 586. — Poissons dans les ardoises sont plutôt minéralisés que pétrifiés ; et en général ces poissons sont plutôt dans un état de desséchement que de pétrification. P. 586.

PÉTROLE. Le pétrole est un bitume qui, quoique liquide et coulant, est ordinairement coloré et moins limpide que le naphte. Ces deux bitumes ne se durcissent ni ne se coagulent à l'air. T. III, p. 54. — Moyen de reconnaître si le pétrole est pur ou mélangé avec des huiles végétales. P. 58. — Il s'en trouve en Italie, et particulièrement à Miano, situé à douze milles de Parme. P. 59.

PÉTROLE *et autres huiles terrestres.* Explication de la manière dont la nature produit les sources de pétrole, de bitumes. *Add.*, t. I, p. 319.

PÉTROLE DE GABIAN. Voyez *Bitume.*

PÉTRO-SILEX. Son premier caractère apparent est une demi-transparence grasse qu'on peut comparer à celle de l'huile figée. T. III, p. 508. — Il doit être regardé comme un quartz mêlé de feldspath. Il est fusible à un feu violent. Il se trouve en petits et en gros blocs, et teint de différentes couleurs. *Ibid.*

PEUPLE qui mange des sauterelles. Voyez *Sauterelles.*

PEUPLE. C'est dans les terres de l'Asie, dont la Sibérie méridionale et la Tartarie font partie, que s'est formé le premier peuple digne de porter ce nom, digne de tous nos respects comme créateur des sciences, des arts et de toutes les institutions utiles ; démonstration de cet ancien fait. T. II, p. 123. — Un peuple qui ne perfectionne rien n'a jamais rien inventé ; exemple tiré des Brames et des Chinois. P. 124 et 125.

PEUR, passion commune aux hommes et aux animaux. T. II, p. 451. — Tableau de cette passion dans l'animal. *Ibid.*

PHALANGER, petit animal de l'Amérique méridionale que nous avons appelé *Phalanger* parce qu'il a les phalanges singulièrement conformées ; il est du nombre des quadrumanes, et son espèce approche de celle de la marmose. Caractères par lesquels il en diffère. Différences du mâle et de la femelle. T. IX, p. 552 et 553.

PHALANGER. Additions et corrections à son article. *Add.*, t. X, p. 313.

PHALAROPES, nouveau genre de petits oiseaux aquatiques, qui, avec la taille et à peu près la conformation du cincle ou de la guignette, ont les pieds semblables à ceux de la foulque. Ce sont en effet de petits bécasseaux ou petites guignettes auxquelles la nature a donné des pieds de foulque ; ils paraissent appartenir aux terres ou plutôt aux eaux des régions les plus septentrionales. T. VIII, p. 115.

PHALAROPE *à festons dentelés ;* ces festons ne sont pas découpés net, mais délicatement dentelés dans la membrane des pieds, et ils distinguent cette espèce des deux autres. Sa description. Elle est de la grosseur de la bécassine. T. VIII, p. 116.

PHALAROPE *cendré ;* ses dimensions, sa description. T. VIII, p. 115. — Son cri. *Ibid.*

PHALAROPE *rouge ;* sa description. T. VIII, p. 116.

PHATAGIN, seconde espèce de *Lézard écailleux.* T. IX, p. 259. — C'est un quadrupède vivipare ; ainsi le nom de *Lézard écailleux* lui a été mal appliqué. *Ibid.* — Ses différences générales d'avec les lézards. P. 259 et 260. — Différences particulières du phatagin et du pangolin. P. 260 et 261. — Le phatagin est bien plus petit que le pangolin. P. 261.

PHÉNICOPTÈRE. Voyez *Flammant.*

PHILANDRE. Voyez *Sarigue.* T. IX, p. 281 et suiv. — Les philandres peuvent être regardées comme les représentants, dans le nouveau continent, des makis qui ne se trouvent que dans l'ancien. Cependant on ne peut pas supposer qu'ils viennent les uns des autres par dégénération. Comparaison des philandres et des makis. T. VII, p. 499.

PHILANDRE *de Surinam.* Notice et description de cet animal, dont la femelle porte ses petits sur le dos et les environne de sa queue. *Add.*, t. X, p. 311.

PHILEDON ou PHILEMON, noms du polochion. T. VII, p. 290 (note *c*).

PHILOSOPHIE, *négligée dans ce siècle;* les arts qu'on veut appeler *scientifiques* ont pris sa place; les méthodes de calcul et de géométrie, celles de botanique et d'histoire naturelle, les formules, en un mot, et les dictionnaires occupent presque tout le monde. T. I, p. 28. — Le défaut de la philosophie d'Aristote était d'employer comme causes tous les effets particuliers; celui de celle de Descartes est de ne vouloir employer comme causes qu'un petit nombre d'effets généraux en donnant l'exclusion à tout le reste. La philosophie sans défauts serait celle où l'on n'emploierait pour causes que des effets généraux, et où l'on chercherait en même temps à en augmenter le nombre, en tâchant de généraliser les effets particuliers. T. IV, p. 174 et 175. — Le but de la philosophie naturelle n'est pas de connaître le pourquoi, mais le comment des choses. T. VIII, p. 573.

PHLOGISTIQUE (le) des chimistes n'est qu'un être de méthode et non pas de la nature. T. II, p. 230. — Ce n'est point un principe simple, mais un composé d'air et de feu fixés dans les corps; preuves de cette assertion. *Ibid.*

PHLOGISTIQUE (le) n'est et ne peut être autre chose que le feu fixe animé par l'air. T. III, p. 97 et suiv. — Le phlogistique n'est pas une substance simple, identique et toujours la même dans tous les corps; la matière du feu y est toujours unie à celle de l'air, et sans le concours de ce second élément, le feu fixé ne pourrait ni se dégager ni s'enflammer. P. 100.

PHOQUE, nom générique sous lequel l'auteur comprend : 1º le *Phoca* des anciens qui se trouve dans la mer Rouge et dans la mer des Indes; 2º le phoque commun que nous appelons *Veau marin*, et qui se trouve dans notre Océan; 3º le grand phoque dé-

crit et gravé dans les *Transactions philosophiques*, nº XDLXIX; 4º le très grand phoque appelé *Lion marin* par l'auteur du *Voyage d'Anson.* T. X, p. 1 et suiv. — Les phoques et les morses sont plus près des quadupèdes que des cétacés, parce qu'ils ont deux mains et deux pieds; mais les lamantins, qui n'ont que deux mains, sont plus près des cétacés que des quadrupèdes. Tous diffèrent des autres animaux quadrupèdes par un grand caractère, c'est qu'ils sont les seuls qui puissent vivre également et dans l'air et dans l'eau, les seuls par conséquent qu'on doive appeler *amphibies. Ibid.* — On les a appelés *veau de mer, chiens de mer, loups de mer, veaux marins, chiens marins, loups marins, renards marins.* Leur description détaillée, leur voix, leur figure, leur intelligence; ils sont susceptibles d'une sorte d'éducation; ils ont le cerveau et le cervelet proportionnellement plus grands que l'homme; ils ont les qualités sociales, un instinct très vif pour leur femelle et très attentif pour leurs petits; ils ne craignent ni le froid ni le chaud; ils vivent indifféremment d'herbes, de chair et de poissons; ils habitent également sur la terre et sur la glace. P. 3 et suiv. — Ils ont de très grandes imperfections de nature; ils sont manchots ou estropiés des quatre jambes; leurs doigts ne sont pas séparément mobiles, mais tous réunis par une forte membrane. Leurs pieds étant dirigés en arrière comme une queue de poisson qui serait horizontale, ne peuvent soutenir le corps de l'animal quand il est sur terre, et il est obligé de se traîner comme un reptile, et par un mouvement plus pénible, en s'accrochant avec ses mains et sa gueule à ce qu'il peut saisir. P. 5. — Les phoques vivent en société, ou du moins en grand nombre dans les mêmes lieux; leurs climats naturels sont les bords des mers du Nord; cependant ils peuvent vivre dans les climats tempérés et chauds. Leur espèce varie suivant les différents climats, et même il y en a plusieurs variétés dans le même climat. P. 6. — Différences des petits phoques des mers du Midi et des phoques de notre Océan. *Ibid.* — Comparaison des différentes espèces de phoques. Discussion au sujet du *Phoca* des anciens. P. 7 et suiv. — Le grand phoque décrit dans les *Transactions philosophiques* est très différent des autres. P. 8. — Sa description dans la note de la p. 9. — Il paraît qu'Aristote s'est trompé en assurant que le phoque n'a point de fiel, car il en a la vésicule proportionnée à la grandeur du foie. *Ibid.* et suiv. — Les femelles mettent bas en hiver et font leurs petits sur un banc de sable ou sur un rocher; elles se tiennent assises pour les allaiter, et au bout de quinze jours elles commencent à les emmener pour leur apprendre à nager. Chaque portée n'est que de deux ou trois. Le temps de la gestation doit être de plusieurs mois, parce que le temps de l'accroissement est de plusieurs années; leur vie doit être longue. P. 10. — Voix du phoque, différente suivant l'âge. Ces animaux ne s'effrayent point du bruit du tonnerre; l'orage et la pluie semblent les récréer; ils ont naturellement une mauvaise odeur; ils sont surchargés de graisse. Ils dorment beaucoup et d'un sommeil profond. Manière de les prendre et de les assommer. Ils sont très vivaces et très difficiles à tuer; ils sont courageux et se défendent jusqu'au dernier moment. *Ibid.* — Leur chair n'est pas absolument mauvaise à manger; leur peau fait une fourrure grossière, et leur graisse fournit une huile qu'on préfère à celle de tous les animaux cétacés. P. 11. — Les grands phoques des mers du Canada dont parle le voyageur Denis, sous le nom de *Loups marins*, pourraient bien être de la même espèce que les lions marins des terres Magellaniques; raison de cette présomption. P. 13. — Différence très essentielle entre les petits phoques ou veaux marins et les grands phoques; les premiers n'ont qu'un estomac et ne ruminent pas; les seconds ruminent et ont plusieurs estomacs. *Ibid.*

PHOQUE *commun.* L'espèce se trouve non seulement dans tous les océans, mais dans la Méditerranée, la mer Noire et même dans la mer Caspienne et le lac Baïkal. *Add.*, t. X, p. 40. — Ses habitudes naturelles. Manière de les chasser. Variété dans cette espèce. *Ibid.*

PHOQUE *à capuchon.* Il a un capuchon dans lequel il peut renfoncer sa tête jusqu'aux yeux. *Add.*, t. X, p. 44. — Sa description. Ses habitudes naturelles. Cette espèce est très nombreuse au détroit de Davis. Ses voyages. Elle ne mange que peu ou point du tout dans la saison des amours, P. 45.

PHOQUE *à croissant* (le) est encore un grand phoque; ses différences avec le phoque à capuchon. Ses différents noms en Groenland suivant ses différents âges dans lesquels les couleurs du poil varient beaucoup. *Add.*, t. X, p. 45. — Sa description; sa graisse ou plutôt son huile. P. 46.

PHOQUE *à museau ridé.* C'est le plus grand des phoques sans oreilles; on lui a donné mal à propos le nom de lion marin. *Add.*, t. X, p. 35. — Il se trouve sur les côtes à la pointe de l'Amérique et dans l'île de la Nouvelle-Géorgie, découverte par le capitaine Cook. *Ibid.* — Il se trouve de même dans l'hémisphère boréal, sur les côtes de Kamtchatka et à l'île Behring, et probablement il se trouve sous toutes les latitudes. Je l'ai nommé *phoque à museau ridé*, parce qu'il a sur le nez une peau ridée et mobile

qui peut se remplir d'air ou se gonfler. Ce grand et gros animal est d'un naturel très indolent et très peu redoutable. P. 36. — Il n'est méchant que dans le temps des amours. Sa description. Il n'y a dans la tête que deux petits trous auditifs et point d'oreilles externes. *Ibid.* — Il est plus imparfaitement conformé par les parties postérieures du corps que le phoque commun. *Ibid.*

PHOQUE *à ventre blanc.* Sa description, son naturel, ses habitudes en captivité, sa voix, qui semble se produire en expirant et en aspirant. *Add.*, t. X, p. 37. — Le mâle de cette espèce que nous avons vu éprouvait les irritations de l'amour tous les mois à peu près; il était alors dangereux. Ses différents accents et murmures. P. 48. — Il avait la respiration fort longue, car il gardait l'air assez longtemps et ne respirait que par intervalles, entre lesquels ses narines étaient exactement fermées. Il ne les ouvrait que pour prendre l'air par une forte expiration. Il s'assoupissait ou s'endormait plusieurs fois par jour. On ne le nourrissait que de carpes et d'anguilles roulées dans le sel, et il en mangeait environ trente livres par vingt-quatre heures. Cet animal peut vivre plusieurs jours sans être dans l'eau. Il ne boit que de l'eau salée. Son poids est d'environ six ou sept cents livres. P. 39. — Sa description. P. 40. — Son histoire. P. 41. — Manière dont on traite cette espèce de phoque dans certaines maladies. *Ibid.* — Observations de M. Sabarot de La Vernière sur une femelle de cette espèce. *Ibid.* et suiv. — Cette femelle n'avait qu'un estomac et non pas quatre, comme le dit le docteur Parsons. P. 42.

PHOQUE *gassigiak.* Sa description. Cette espèce se trouve sur les côtes du Groenland et n'est pas voyageuse. *Add.*, t. X, p. 47.

PHOQUE *laktak* (le) est un des plus grands animaux de ce genre et se trouve au Kamtchatka. *Add.*, t. X, p. 47.

PHOQUE *neit-soak.* Sa description. *Add.*, t. X, p. 47.

PHOQUE *utsuk* ou *urksuk* (le) de M. Crantz, pourrait bien être de la même espèce que le phoque à ventre blanc; il en est peut-être de même du grand phoque de l'Acadie, dont parle le P. Charlevoix. *Add.*, t. X, p. 14.

PHOQUES. Le genre entier des phoques doit se diviser en deux tribus, savoir : les phoques sans oreilles externes, et les phoques qui ont des oreilles ou conques extérieures. *Add.*, t. X, p. 3. — Nous ne connaissons que deux espèces bien distinctes de phoques à oreilles : la première est celle du lion marin, remarquable par sa crinière jaune; la seconde, celle de l'ours marin, qui est composée de deux variétés, l'une plus grande que l'autre. *Ibid.* — Pour ce qui est des phoques sans oreilles, nous en cannaissons neuf ou dix espèces ou variétés. *Ibid.* — Aucun animal du genre des phoques n'est ruminant; leur estomac est seulement divisé en plusieurs poches par différents étranglements, et c'est ce qui a trompé le docteur Parsons. P. 43. — Forme de corps et de membres, et habitudes communes à tous les phoques. P. 48. — Usage que font les Groenlandais de leur peau, de leur graisse et de leurs nerfs. P. 49. — Les phoques s'accouplent différemment des quadrupèdes terrestres; les femelles se renversent sur le dos pour recevoir le mâle; elles ne produisent ordinairement qu'un petit dans les grandes espèces, et deux dans les petites. P. 50.

Phosphore artificiel, sa combustibilité plus grande que celle d'aucune autre matière. Il s'enflamme de lui-même sans communication d'aucune matière ignée, sans frottement, sans autre addition que celle du contact de l'air. Le feu est contenu dans le phosphore dans un état moyen entre la fixité et la volatilité. Il contient en effet cet élément sous une forme obscure et condensée. T. II, p. 232.

Phosphore. Ses principes; sa production et ses rapports avec le sel ammoniac. T. III, p. 177.

Physique *expérimentale;* abus dans la manière dont on l'enseigne. T. I, p. 32. — Vrai but de la physique expérimentale. *Ibid.*

Physique *et histoire naturelle.* Nos connaissances en physique et en histoire naturelle dépendent de l'expérience et se bornent à des inductions. T. I, p. 35.

Piats, petits de la pie. T. V, p. 581.

Piauhau, oiseau de l'Amérique méridionale, qui ne doit pas être placé avec les gobe-mouches, moucherolles et tyrans, et qui paraît faire une espèce isolée. T. VI, p. 410. — Sa description. *Ibid.* — Il précède et accompagne les toucans; ses habitudes naturelles. *Ibid.*

Piaye (coucou). T. VII, p. 258.

Picacuroba du Brésil, espèce de tourte. T. V, p. 538.

Pic. Vie laborieuse et solitaire de cet oiseau. Il ne peut trouver sa nourriture qu'en perçant les écorces et la fibre dure des arbres qui la recèle. Il dort et passe la nuit dans l'attitude contrainte de ce travail. Sa voix est un cri rude et plaintif qui semble exprimer la douleur et la peine; ses mouvements sont brusques. Son naturel est sauvage; il fuit toute société et vit ordinairement solitaire. Sa description. T. VII, p. 403. — Forme de sa langue et son mécanisme singulier. Il grimpe autour des arbres et niche dans les cavités qu'il a en partie creusées lui-même. P. 406. — Le genre des pics est très

nombreux en espèces qui varient par les couleurs et diffèrent par la grandeur. Les plus grands pics sont de la taille de la corneille, et les plus petits de celle de la mésange; chaque espèce en particulier paraît peu nombreuse en individus. Sur douze espèces que nous connaissons en Europe et dans le nord de l'un et de l'autre continent, nous en compterons vingt-sept dans les régions chaudes de l'Amérique, de l'Afrique et de l'Asie. P. 407. — Les trois espèces de pics connues en Europe sont le pic vert, le pic noir et l'épeiche ou pic varié. *Ibid.*

Pic *à cravatte noire*, de Cayenne. Sa description. Il est de la grandeur du pic jaune et du pic mordoré de la même contrée. Ces trois espèces sont huppées et paraissent avoir beaucoup d'affinité. T. VII, p. 422.

Pic *à gorge jaune* (petit) de la Guyane. Il n'est pas plus gros qu'un torcol. Sa description. T. VII, p. 423.

Pic *à tête grise*, du cap de Bonne-Espérance. Il a les couleurs plus uniformes qu'aucun autre. Sa description. T. VII, p. 417.

Pic *aux ailes dorées*. C'est un bel oiseau qui semble s'éloigner un peu du genre des pics, par ses habitudes comme par quelques traits de conformation. Il se perche sur les branches des arbres et se tient souvent à terre. Sa description. Ses différences et ses ressemblances avec les pics. T. VII. p. 424. — Il semble faire une espèce moyenne entre le pic et le coucou. Il se trouve au Canada, en Virginie et à la Caroline. P. 425.

Pic *jaune*, de Cayenne. Cette espèce paraît être propre et particulière aux régions les plus chaudes de l'Amérique. T. VII, p. 421. — Sa description. Ses habitudes naturelles. La femelle pond trois œufs blancs presque ronds. *Ibid.* — Différences de la femelle et du mâle. Variété dans cette espèce. *Ibid.*

Pic *mars* ou *picus martius* (le) n'est point l'épeiche, comme quelques naturalistes l'ont écrit, mais le pic vert. T. VII, p. 436.

Pic *mordoré*, de Cayenne. Sa description. T. VII, p. 422. — La femelle, dans cette espèce, n'a pas de rouge sur les joues; il en est de même de celle du pic jaune. *Ibid.*

Pic *noir*. L'espèce de ce pic paraît actuellement confinée dans quelques contrées particulières, et surtout en Allemagne. Elle était néanmoins connue des Grecs. C'est le plus grand de tous les pics de l'ancien continent. Sa description. Il se trouve dans les hautes futaies, sur les montagnes en Allemagne, en Suisse et dans les Vosges. Il ne se trouve ni en Angleterre, ni en Hollande; cependant on le voit dans quelques contrées plus septentrionales et jusqu'en Suède. P. 426 et 427. — L'espèce en général en paraît peu nombreuse. Ils sont cantonnés dans un certain arrondissement qu'ils ne quittent guère.

Pic *vert* du Sénégal. Sa description. T. VII, p. 416.

Pichou (le) de la Louisiane est le même animal que le margay du Brésil. T. IX, p. 578 et 579.

Picicitli (le) ou *oiseau du Brésil très petit et huppé*, de Seba; mal indiqué par cet auteur, et ne doit point se rapporter au genre des manakins. T. VI, p. 324

Pics, se nourrissent comme les fourmiliers, en tirant également la langue pour la charger d'insectes, et sont parmi les oiseaux les représentants des fourmiliers. T. V, p. 31.

Pics. Caractères des pics. Tous les pics diffèrent des autres oiseaux par la forme des plumes de la queue, qui sont toutes terminées en pointe plus ou moins aiguë. T. VII, p. 405. — En tout temps ils sont maigres et secs; leur chair est noire et n'est pas bonne à manger. Ils ne restent pas pendant l'hiver dans nos provinces de France; mais on en voit en Italie dans cette froide saison. P. 413. — Aucune espèce de pic ne se nourrit de graines. P. 430. — Tous ont dix pennes à la queue. P. 442. — Et dans toutes les espèces la femelle porte moins de rouge sur la tête que le mâle, quelquefois même elle n'en a point du tout. P. 443.

Pics *à trois doigts* (les) se trouvent dans les terres de la baie d'Hudson, en Suède, dans la province de Dalécarlie; en Sibérie et même en Suisse. On n'a pas d'observation pour décider si cette singularité est spécifique, ou si ce n'est qu'une variété individuelle. T. VII, p. 446.

Pics-grimpereaux. C'est un genre moyen entre celui des pics et celui des grimpereaux. Nous ne connaissons que deux espèces de ces pics-grimpereaux, qui toutes deux se trouvent à la Guyane. Description de ces deux espèces. T. VII, p. 448. — Leurs habitudes naturelles. Elles vivent ensemble et se trouvent souvent sur le même arbre; cependant elle ne se mêlent pas. *Ibid.*

Pics. Dans les îles, les montagnes s'élèvent ordinairement en forme de cône ou de pyramide, et on les appelle des *pics*. Le pic de Ténériffe, dans l'île de Fer, est une des plus hautes montagnes de la terre; elle a près d'une lieue et demie de hauteur perpendiculaire au-dessus du niveau de la mer; le pic de Saint-Georges, dans l'une des Açores, le pic d'Adam, dans l'île de Ceylan, sont aussi fort élevés. T. I, p. 135.—Composition des pics. *Ibid.* — Ils sont ordinairement embrasés. *Ibid.* — Origine et formation des pics ou des cornes des montagnes. P. 142.

Pics *des montagnes*. Comment ils ont été dépouillés des terres qui les couvraient et les environnaient. *Add.*, t. I, p. 273.

Picuipinima. Voyez *Petite Tourterelle*. T. V, p. 540.

Pie, agace, agasse, ajace, jaquette, dame ouasse, etc. Ses rapports avec les corneilles et les choucas, est omnivore; on la dresse à la chasse, est appariée toute la belle saison, vole en troupe l'hiver. T. V, p. 580. — Devient aisément familière; son talent pour imiter différentes voix et instruments, et même la parole. P. 581. — Cherche la vermine sur le dos des cochons et des brebis, vole différentes choses et les cache bien; ses ailes, sa queue, son vol, ses mouvements continuels, son naturel. *Ibid.* — Son nid; est ardente dans ses amours, fort attachée à sa couvée, la défend courageusement; ses prétendues connaissances arithmétiques; ses œufs; dans quel cas fait une seconde et une troisième couvée. P. 582. — Ses petits aveugles en naissant; leur chair. P. 584. — Plumage, mue, à quel âge les jeunes acquièrent leur longue queue, durée de la vie. *Ibid.* — Sa langue. P. 584 et 585. — Parties intérieures. P. 585.

Pie blanche de Wormius et autres. T. V, p. 585.

Pie brune ou roussâtre. T. V, p. 586.

Pie de la Jamaïque, aussi appelée choucas, mérops, merle des Barbades; sa taille, son plumage; son nid; vole en grandes troupes, paraît frugivore; sa chair; en quoi diffère de nos pies et de l'isana; ses rapports avec le tesquizana. T. V, p. 586 et 588.

Pie de l'île Papoe. Voyez *Vardiole*.

Pie de Madras. T. V, p. 639.

Pie de Perse d'Aldrovande; n'est point un cassique. T. V, p. 657.

Pie des Antilles, ses rapports avec la nôtre; sa queue, son cri, son naturel, sa chair; en quoi diffère de notre pie; ses couleurs. T. V, p. 588.

Pie du Mexique (grande et petite). Voyez *Zanoé* et *Hocisana*.

Pie du Sénégal. T. V, p. 586.

Pie noire et jaune d'Edwards. Voyez *Cassique* jaune.

Pie-de-mer. Voyez *Huîtrier*.

Pie-grièche grise, très commune en France et sédentaire, passe l'été dans les bois, niche sur les grands arbres, en hiver s'approche des lieux habités; pond de six à huit œufs, a grand soin de ses petits, reste en famille tout l'hiver. T. V, p. 155. — Son vol, son cri. P. 156. — A les yeux bruns. P. 158. — Variétés dans cette espèce quant à la couleur; venant d'Italie, des Alpes. P. 156. — Variétés quant à la grandeur. *Ibid.* — Autres variétés du cap de Bonne-Espérance, de la Louisiane, de Cayenne, du Sénégal, de Madagascar, des Indes, etc. P. 157.

Pie-grièche huppée du Canada, ne diffère de notre pie-grièche rousse que par sa huppe et son bec un peu plus gros. T. V, p. 164.

Pie-grièche rousse, plus petite que la grise, a les yeux d'un gris blanchâtre, le bec et les pieds plus noirs, niche dans les plaines sur un arbre touffu, part l'automne en famille, est la seule qui soit bonne à manger; le mâle et la femelle sont d'égale grosseur, diffèrent par le plumage; pond cinq à six œufs, fait son nid avec beaucoup d'art; aussi hardie que la grise. T. V, p. 157 et 158. — A pour variétés les deux pies-grièches du Sénégal des planches enluminées de *Buffon* (nᵒˢ 477, fig. 2, et 479). P. 158 et 159.

PIE-GRIÈCHE. Couve l'œuf du coucou déposé dans son nid. T. VII, p. 218.

PIES-GRIÈCHES, les mâles sont de la même grosseur que les femelles. T. V, p. 153. — Quoique petits, se font craindre des buses, des milans, des corbeaux, et respecter des faucons, éperviers, etc.; se nourrissent communément d'insectes et aussi de petits oiseaux, même de perdreaux, de jeunes levrauts, etc., enfin de grives et de merles pris au lacet. P. 154. — Voyez *Bécardes, Cali-calik, Écorcheur, Fingah, Gonolek, Langraien, Schet-bé, Tcha-chert, Tcha-chert-bé, Vanga.*

PIEDS de l'autruche. T. V, p. 207 et 208.

PIEDS du paon. T. V, p. 408.

PIEDS des oiseaux-mouches, presque imperceptibles. T. VII, p. 37. — Le couroucou a les doigts divisés par paires, ainsi que les anis, les coucous, les perroquets. P. 193. — Pieds du guêpier, semblables à ceux du martin-pêcheur. P. 270. — Pieds courts et pattus de l'hirondelle de fenêtre. P. 365. — Pieds encore plus courts des martinets. P. 374.

PIEDS, leur couleur peut varier quelquefois dans les oiseaux, soit par l'âge ou par d'autres circonstances. T. V, p. 144.

PIEDS *fourchus.* Énumération des animaux à pieds fourchus. T. IV, p. 495.

PIERRES. Lorsqu'on tire les pierres et les marbres des carrières, on les sépare suivant leur position naturelle. Lorsqu'on les emploie, il faut, pour que la maçonnerie soit bonne et pour que les pierres durent longtemps, les poser sur leur lit de carrière; c'est ce que les ouvriers appellent la *couche horizontale;* elles se sont formées par couches parallèles et horizontales. T. I, p. 112. — Dans les carrières autour de Paris, le lit de bonnes pierres n'est pas épais, il n'a guère que dix-huit à vingt pouces d'épaisseur partout. Il y a des pierres dures dont on se sert pour couvrir les maisons, qui n'ont qu'un pouce d'épaisseur dans toute l'étendue de leur lit. *Ibid.* — Grosses pierres dispersées dans les vallons et les plaines; leur origine. P. 232. — Ces blocs dispersés sont bien plus communs dans les pays dont les montagnes sont de sable et de grès, que dans ceux où elles sont de marbre et de glaise. *Ibid.*

PIERRE A AIGUISER. On a donné la déno-

mination vague et trop générale de *pierres à aiguiser* à plusieurs pierres vitreuses, dont les unes ne sont que des concrétions de particules de quartz ou de grès, de feldspath, de schorl, et dont les autres sont mélangées de mica, d'argile et de schiste. T. III, p. 561. — Les anciens donnaient le nom de *cos* à toutes les pierres propres à aiguiser le fer. P. 562. — Bonnes pierres à aiguiser dans les mines de charbon à Newscastle, en Angleterre; il y en a aussi d'assez bonnes près de Saint-Ouen et de Saint-Denis, en France. *Ibid.* — Autres lieux où l'on trouve de bonnes pierres à aiguiser. *Ibid.* — En général, l'on trouve des cos ou pierres à aiguiser dans toutes les parties du monde, et jusqu'au Groenland. P. 563.

PIERRE A FUSIL. La substance des pierres à fusil n'est pas purement vitreuse, mais toujours mélangée d'une petite quantité de matière calcaire. Explication de leur formation et des différentes figures qu'elles prennent dans les cavités où elles se forment. T. III, p. 592. — Sont toujours humides dans leurs carrières, et acquièrent plus de dureté par leur desséchement à l'air. *Ibid.* — Quoique moins pures que les agates, étincellent mieux contre l'acier; raison de cet effet. *Ibid.* — Leurs autres propriétés, leurs couleurs différentes, leur demi-transparence, leur formation par couches additionnelles. *Ibid.* — Les pierres à fusil creuses ne produisent pas, comme les cailloux creux, des cristaux dans l'intérieur de leur cavité; raison de cette différence d'effet. *Ibid.* — Différences des pierres à fusil et des grès. *Ibid.* — Les pierres à fusil font la nuance, dans les concrétions quartzeuses, entre les agates et les grès. *Ibid.* — Différentes sortes de pierres à fusil et lieux où on les trouve. P. 594 et suiv. — Il y a des pierres à fusil mélangées d'une si grande quantité de matière calcaire qu'on en peut faire de la chaux, quoiqu'elles étincellent contre l'acier. *Ibid.* — Décomposition des pierres à fusil longtemps exposées à l'air. Elles se convertissent en terre argileuse. P. 596.

PIERRE A RASOIR, est une sorte de schiste ou d'ardoise dont elle ne diffère que par la couleur et la finesse du grain. T. III, p. 561. — Ces pierres à rasoir sont communément blanchâtres, et quelquefois tachées de noir. Leur description et leurs qualités. *Ibid.* — On trouve de ces pierres à rasoir dans presque toutes les carrières dont on tire de l'ardoise, mais elles ne sont pas toutes de la même qualité. *Ibid.*

PIERRE ARMÉNIENNE, doit être regardée comme une concrétion du cuivre; ses différences avec le *lapis-lazuli;* lieux où elle se trouve. T. IV, p. 40 et 41. — C'est avec la poudre de cette pierre qu'on fait l'azur ordinaire des peintres, qui perd peu à peu sa couleur, et devient vert en assez peu de temps. P. 41. — Cette pierre entre en fusion sans intermède; elle y perd sa couleur bleue avant de se fondre, et l'on en peut tirer une certaine quantité de cuivre. *Ibid.* — Sa substance paraît être mêlée de parties vitreuses et de pierres calcaires. P. 42.

PIERRE CALCAIRE. On doit distinguer les couches de pierres calcaires d'ancienne formation de celles qui sont d'une formation postérieure. T. II, p. 552. — Manière de les reconnaître et de les distinguer. *Ibid.* — Les bancs des pierres calcaires de seconde et de troisième formation sont ordinairement séparés les uns des autres par des joints ou délits horizontaux assez larges, et qui sont remplis d'une matière pierreuse, moins pure et moins liée, que l'on nomme *bousin*; tandis que, dans les pierres de première formation, les délits horizontaux sont étroits et remplis de spath. P. 554 et suiv. — Autres différences entre les pierres calcaires de première et de seconde formation. P. 556. — Pierres calcaires arrondies, liées par un ciment pierreux; il s'en trouve des bancs d'une grande étendue. *Ibid.* — Ces pierres sont d'une formation postérieure à celle des autres. P. 557. — Origine des pierres calcaires roulées et trouées. P. 559. — Les différents degrés de la dureté des pierres calcaires s'étendent de la craie jusqu'au marbre : le plus ou moins de dureté dans ces pierres provient de leur position plus ou moins inférieure aux bancs de même nature qui les surmontent et de quelques autres circonstances qu'il est aisé d'observer. *Ibid.* — Pierres calcaires plus ou moins résistantes à la gelée; leurs principales différences. P. 560. — Explication des effets de la gelée sur les pierres calcaires. P. 560 et 561. — Explication de la manière dont agit le suc pétrifiant dans les pierres calcaires, et comment il leur donne de la solidité et de la dureté. P. 562 et 563. — Il y a beaucoup de points brillants de spath dans les lits inférieurs, et très peu dans les lits supérieurs des matières calcaires. P. 563. — On trouve des bancs entiers composés d'une seule espèce de coquilles, qui toutes sont couchées sur la même face : cette régularité dans leur position et la présence d'une seule espèce, à l'exclusion de toutes les autres, semblent démontrer que ces coquilles n'ont pas été amenées de loin par les eaux, puisqu'alors elles se trouveraient mêlées d'autres coquilles et placées irrégulièrement. P. 564. — Les pierres calcaires ne peuvent acquérir un certain degré de dureté qu'autant qu'elles sont pénétrées d'un suc déjà pierreux. P. 566. — Ordinairement les premières couches des montagnes calcaires sont de pierre tendre; parce qu'étant les plus élevées, elles n'ont pu recevoir le suc pétrifiant, et qu'au contraire elles l'ont fourni aux couches inférieures : comment il est arrivé que dans certaines collines le banc calcaire supérieur est de pierre dure. *Ibid.* — Les bancs supérieurs, dans les carrières calcaires, sont les plus minces, et les inférieurs deviennent d'autant plus épais qu'ils sont situés plus bas. P. 567. — Comment se fait cette augmentation d'épaisseur dans les bancs inférieurs. *Ibid.* — Pierres calcaires errantes et détachées des rochers; on peut en distinguer trois principales sortes; la première est en blocs informes, et néanmoins cannelés et sillonnés comme s'ils eussent été travaillés de main d'homme, mais qui ne l'ont été en effet que par l'action de l'eau : ce sont des congélations grossières qui se sont accumulées. Les pierres de la seconde sorte affectent des figures presque régulières; ce sont des *astroïtes* ou *cerveaux de mer*, etc., pétrifiés; et l'on reconnaît à leur surface les stries et les étoiles de ces productions marines; les pierres de la troisième sorte sont plates, renflées et colorées de gris foncé ou de bleu dans leur milieu. Formation de ces pierres à noyau coloré. P. 568 et suiv. — Pierres calcaires qui offrent à leur surface le spath cristallisé en forme de grains de sel. P. 573 et 574.

PIERRE CALCAIRE *de première formation.* Première origine de la pierre calcaire, et multiplication innombrable des coquillages dont plusieurs espèces ont existé et n'existent plus. T. II, p. 551 et 552. — La plus ancienne formation des pierres calcaires est donc celle des pierres où l'on voit des coquilles ou des impressions de coquilles marines. P. 552. — Elles sont composées pour la plupart de graviers, c'est-à-dire de débris d'autres pierres encore plus anciennes, et il n'y a guère que les couches de craie qu'on puisse regarder comme produites immédiatement par les détriments des coquilles. Ainsi, avant la formation de nos rochers calcaires, il existait déjà d'autres rochers de même nature, dont les débris ont servi à leur construction. P. 561 et 562. — Preuves de cette assertion. P. 563.

PIERRE CALCAIRE *de seconde formation.* Comment ont été produits les bancs de pierre calcaire de seconde formation. T. II, p. 552. — Dans ces pierres de formation secondaire, on peut encore en distinguer de plusieurs dates différentes, et plus ou moins modernes ou récentes : exemple à ce sujet. P. 552 et 553. — Celles de première date sont ces pierres mêlées de petites vis et limaçons fluviatiles ou terrestres; celles de la seconde date sont les pierres qui, ne contenant aucunes coquilles marines ou terrestres, n'ont été formées que des détriments et des débris réduits en poudre des unes et des autres. *Ibid.* — Pierres calcaires de formation récente. P. 571. — Pierres calcaires en grands bancs et de nouvelle formation ; on peut suivre leur origine depuis le haut des montagnes jusque dans les vallées. Elles n'ont été formées que depuis que nos continents, déjà découverts, ont été exposés aux dégradations de leurs parties, même les plus solides, par la gelée et par les autres injures des éléments humides. P. 572 et 573.

PIERRE *colorée*. Les couleurs de ces pierres proviennent quelquefois des parties métalliques, et particulièrement du fer contenu dans la terre végétale ou limoneuse qui surmonte leurs bancs ; mais plus souvent ces pierres ont été imprégnées de ces couleurs dès le temps de leur première formation. Preuves de cette vérité. T. II, p. 571 et 572.

PIERRE DE BOLOGNE. Voyez *Spath pesant*. Description de la pierre de Bologne. Manière de la préparer pour en faire du phosphore. T. III, p. 612 et 613.

PIERRE DE CORNE. La pierre de corne se trouve souvent en grandes masses adossées aux montagnes de granit ou contiguës aux schistes qui les revêtent, et qui forment les montagnes du second ordre. T. II, p. 611. — Elle est plus dure que le schiste simple et en diffère par la quantité plus ou moins grande de matière calcaire qui fait toujours partie de sa substance. On pourrait donner à cette pierre de corne une meilleure dénomination en l'appelant *schiste spathique*, ce qui indiquerait en même temps et la substance schisteuse qui lui sert de base, et le mélange calcaire qui en modifie la forme et en spécifie la nature. *Ibid.* — Diverses sortes de pierres de corne, qui néanmoins sont toutes composées de schiste et de matière calcaire. P. 611 et 612. — Les pierres de corne ou schistes spathiques sont en général assez tendres, et le plus dur de ces schistes spathiques ou *pierres de corne* est celui que les Suédois ont appelé *trapp* (escalier), parce que cette pierre se casse par étage ou plans superposés, comme les marches d'un escalier. P. 612. — Leurs différentes couleurs. *Ibid.* — Toutes sont fusibles à un degré de feu assez modéré, et donnent en se fondant un verre noir et compact. *Ibid.* — En les humectant, elles rendent une odeur d'argile. *Ibid.* — Indication des lieux où se trouve cette pierre de corne ou schiste spathique. P. 613. — Époque de la formation de ce schiste spathique ou pierre de corne. P. 613 et 614.

PIERRE DE CROIX. Cette pierre n'est qu'un groupe formé de deux ou quatre colonnes de schorl, opposées et croisées les unes sur les autres. T. III, p. 494. — Variétés dans la forme de ces pierres et leur description. *Ibid.* — Ce sont des schorls de formation secondaire. *Ibid.*

PIERRE DE FLORENCE. Voyez *Marbre mixte*. T. II, p. 614.

PIERRE DE LABRADOR, est un spath de couleur verdâtre ou bleuâtre, dont le reflet est chatoyant et qui est fusible comme les feldspaths blancs ou rougeâtres. T. II, p. 494.

PIERRE DE LABRADOR. Voyez *Feldspath de Russie*.

PIERRE DE LARD DE LA CHINE. Nom impropre que l'on a donné à cette matière, parce qu'elle a un poli graisseux qui lui donne de la ressemblance avec le lard. T. III, p. 549. — C'est avec cette pierre qu'on fait des magots à la Chine. *Ibid.* — Sa description. P. 549 et 550.

PIERRE DES AMAZONES. Voyez *Jade*.

PIERRE INFERNALE. Voyez *Dissolution d'argent*. T. III, p. 299.

PIERRE MEULIÈRE. Les pierres que les anciens employaient pour moudre les grains étaient d'une nature différente de celle de nos pierres meulières ; celles dont se servaient les Grecs étaient des basaltes dont on choisissait les masses qui offraient le plus grand nombre de trous. T. III, p. 596. — La pierre meulière dont nous nous servons n'a pas été produite par le feu, mais produite par l'eau ; elle est composée de lames de pierre à fusil, incorporées dans un ciment mélangé de parties calcaires et vitreuses. P. 597. — Leur gisement et leur description. P. 597 et suiv. — Lieux particuliers où l'on trouve des pierres meulières propres à faire de bonnes et grandes meules de moulin. P. 597 (note *a*). — Il n'y a dans la pierre meulière qu'une petite quantité de matière calcaire. P. 598. — Autres pierres dont on se sert pour moudre les grains dans les provinces trop éloignées des carrières de vraies pierres meulières. P. 599.

PIERRE NOIRE, dont se servent les ouvriers, n'est qu'une argile dure et noire, qui contient une assez grande quantité de parties ferrugineuses. T. II, p. 531.

PIERRE *vive et pierre calcaire morte*. Il y a dans le genre calcaire, comme dans le genre vitreux, des pierres vives et d'autres qu'on peut appeler *mortes*, parce qu'elles ont perdu les principes de leur solidité et qu'elles sont en partie décomposées. T. II, p. 559.

PIERRES A FOUR. Leur formation, leurs qualités et leurs usages. Les pierres qui résistent le plus au feu souvent ne résistent pas à l'action de la gelée ; et réciproquement, les pierres qui résistent à la gelée ne peuvent supporter le feu sans s'éclater. T. II, p. 570 et suiv.

PIERRES A FUSIL OU SILEX. Comment s'est opérée la formation des pierres à fusil ou *silex* dans les craies. Raison pourquoi les petits blocs de pierre à fusil qui se forment dans les craies sont presque toujours arrondis et tuberculeux. T. II, p. 546.

PIERRES CALCAIRES (les) perdent au feu près de la moitié de leur poids par la calcination. T. II, p. 255. — Elles ne sont en très grande partie que de l'eau et de l'air contenu dans l'eau, transformés par le filtre animal en matière solide. *Ibid.* — Les pierres augmentent de pesanteur par la longue application de la chaleur. P. 367. — La dureté que les pierres calcaires peuvent acquérir par la longue application de la chaleur n'est pas durable, elles perdent cette dureté acquise au bout de quelque temps. P. 369. — Elles perdent de même leur pesanteur acquise. *Ibid.*

PIERRES D'AIMANT. Plus les pierres d'aimant sont grosses, moins elles ont de force attractive, relativement à leur volume : elles en ont d'autant plus qu'elles sont plus pesantes, et toutes ont beaucoup moins de puissance d'attraction quand elles sont nues que quand elles sont armées de fer ou d'acier. T. IV, p. 110

PIERRES DE TOUCHE. Différentes sortes de pierres de touche. Le marbre noir, appelé *pietra di parangone*, a servi de tout temps comme pierre de touche, mais les basaltes sont peut-être encore meilleurs pour cet usage; le laitier noir des volcans ou *pierre de gallinace* serait aussi très convenable en dégrossissant sa surface, sans lui donner le dernier poli. Raisons pourquoi les jaspes, les quartz ne peuvent servir de pierre de touche. Il paraît que les basaltes noirs sont les *lapides Lydii* des anciens. T. IV, p. 54 et 55.

PIERRES GELISSES. Caractères auxquels on peut reconnaître les pierres *gelisses*. T. II, p. 560 et 561.

PIERRES IRISÉES. Comment se produisent les couleurs dans les pierres irisées. T. III, p. 469. — Ce sont, en général, des pierres fêlées et défectueuses. *Ibid.*

PIERRES OLLAIRES. Dénomination ancienne donnée à ces pierres, parce qu'on en peut faire des marmites et autres vases de cuisine; elles ne donnent aucun goût aux comestibles et ne sont mêlées d'aucun autre métal que de fer. T. III, p. 541. — Celles qu'on tire du pays des Grisons s'appellent *pierres de Côme*, parce qu'on les travaille et qu'on en fait commerce dans cette ville; les carrières s'en trouvent près de Pleurs; manière dont on travaille cette pierre de Côme. *Ibid.* et suiv. — Description de cette pierre et des terrains où elle se trouve; manière de les exploiter. P. 542 et suiv. — Propriétés essentielles des pierres ollaires et leurs différences. P. 543. — On peut regarder ces pierres comme une des nuances par lesquelles la nature passe du dernier degré de la décomposition des micas au premier

degré de la composition des argiles et des schistes. *Ibid.* — Leur densité plus grande que celle des serpentines et du talc. *Ibid.* — On tire du fer, avec l'aimant, des pierres ollaires réduites en poudre. *Ibid.* — Toutes les pierres ollaires, serpentines, etc., sont de seconde formation et ont été produites par les détriments des talcs et des micas mêlés de particules de fer. *Ibid.* — Autres endroits où l'on trouve des pierres ollaires. P. 543 et suiv. — Différentes espèces de pierres ollaires. P. 545 (note *e*). — Ce n'est pas de l'argile, comme le dit M. Pott, mais du mica que ces pierres tirent leur origine; discussion à ce sujet. P. 546. — Preuve du passage de la matière micacée ou talqueuse à l'argile. *Ibid.* — Le mica, comme toutes les autres matières vitreuses, se réduit avec le temps en terre argileuse. *Ibid.*

PIERRES PONCES. Sont composées de filets soyeux d'un verre presque parfait. T. IV, p. 59. — L'île de Lipari est l'immense magasin qui fournit des pierres ponces à toute l'Europe. *Ibid.* — Elles y sont par grandes masses, et même par montagnes. Description de leur texture et de leurs qualités. *Ibid.* — Il y en a de quatre sortes; leurs différences. Formation des couches de pierres ponces. *Ibid.* — Les volcans de Lipari et de Vulcano sont les seuls qui produisent en grande quantité la pierre ponce; le Vésuve en donne très peu, et on n'en rencontre point dans l'Etna. P. 60. — Il est probable que la matière première des pierres ponces est le granit vitrifié par le feu des volcans. Raisons qui vont à l'appui de cette opinion. *Ibid.* — Les pierres ponces les plus parfaites sont assez légères pour surnager l'eau. *Ibid.* — Différentes matières qui peuvent se convertir en pierres ponces. P. 61.

PIERRES PRÉCIEUSES. Leur substance diffère de celle des cristaux de roche tant par la densité que par la dureté et l'homogénéité; c'est de la terre limoneuse ou végétale et non de la matière vitreuse qu'elles tirent leur origine. T. III, p. 455.

PIERRES PRÉCIEUSES. L'origine des vraies pierres précieuses est la même que celle des diamants; ces pierres se forment et se trouvent de même dans la terre végétale et limoneuse dont elles sont les extraits les plus purs. T. III, p. 604. — Les propriétés naturelles qui distinguent les vraies pierres précieuses de toutes les autres pierres sont la densité, la dureté, l'infusibilité, l'homogénéité et la combustibilité; de plus, elles n'ont qu'une simple réfraction, tandis que toutes les autres ont au moins une double réfraction, et quelquefois une triple, quadruple, etc. T. IV, p. 1 et 2. — Les vraies pierres précieuses sont : le diamant, le rubis d'Orient ou rubis proprement dit, le rubis balais, le rubis spinelle, la vermeille la topaze, le saphir et le girasol. P. 2. — Ces pierres sont combustibles comme le diamant, il leur faut seulement appliquer un plus grand degré de feu pour opérer la combustion. P. 7. — Raisons de cette différence de combustibilité. *Ibid.* — Texture des diamants et des pierres précieuses. P. 19 et 20. — Des trois couleurs rouge, jaune et bleue, dont sont teintes les pierres précieuses, le rouge est la plus fixe au feu ; aussi le rubis spinelle, qui est d'un rouge très foncé, ne perd pas plus sa couleur au feu que le vrai rubis, tandis qu'un moindre degré de chaleur fait disparaître le jaune des topazes, et surtout le bleu des saphirs. P. 20. — Ces pierres précieuses, rouges, jaunes, bleues et même blanches, ou mêlées de ces couleurs, sont toutes de la même essence et ne diffèrent que par cette apparence extérieure ; on en a vu qui, dans un assez petit morceau, présentaient distinctement le rouge du rubis, le jaune de la topaze et le bleu du saphir. P. 21.

PIERRES TRANSPARENTES. Toutes les pierres transparentes sont susceptibles de devenir électriques ; elles perdent leur électricité avec leur transparence. T. III, p. 492.

PIERRES VARIOLITHES. Ainsi nommées parce qu'elles présentent à leur surface des petits tubercules assez semblables aux pustules de la petite vérole. T. IV, p. 55. — Se trouvent en grande quantité dans la Durance. *Ibid.* — Les torrents les détachent des hautes Alpes dauphinoises, dans une étroite et profonde vallée, entre Servières et Briançon. *Ibid.* — Description de ces pierres. P. 55 et 56. — Les taches qui forment les protubérances des variolithes sont dues à des globules de schorl, plus dur que le reste de la pierre, qui est composée de matières vitreuses mêlées de parties calcaires et de particules de fer. P. 56. — Lieux particuliers où l'on trouve ces pierres variolithes. *Ibid.*

PIERRES *fines.* Toutes les pierres fines et même le diamant ne sont, comme le cristal de roche, que des stalactites de cailloux ou de quelques autres matières vitrifiables. T. I, p. 230.

PIERRES *gélisses.* Dans tous les pays où l'on trouve dans les champs ou dans les autres terres labourables un très grand nombre de coquilles pétrifiées, comme pétoncles, cœurs-de-bœuf, etc., entiers, bien conservés et totalement séparés, la pierre est gélisse, au moins dans la première couche. T. I, p. 132.

PIERRES *qui se forment dans la vessie et dans la vésicule du fiel des animaux,* sont d'une substance et d'une composition différente de celle des bézoards. T. IX, p. 491.

PIERRE-GARIN, est le nom qu'on a donné, sur nos côtes de Picardie, à la plus grande espèce d'hirondelles de mer qui fréquentent ces parages. T. VIII, p. 172. — Ses dimensions. Sa description. Elle arrive en grandes troupes au printemps sur nos côtes, et plusieurs se dispersent et se répandent sur les rivières, sur les lacs et sur les étangs. *Ibid.* — Ces grandes hirondelles de mer se portent aussi au large sur la mer à plus de cinquante lieues de distance des côtes. Elles nichent en grande quantité dans l'île des *Salvages,* près de celles des Canaries. Leur naturel, leur manière de pêcher. Promptitude de leur digestion. Leurs combats en se disputant la proie. P. 172 et 173. — Temps de leurs nichées. La femelle pond sur le sable nu qu'elle creuse ; elle fait deux ou trois œufs qui sont gros eu égard à sa taille. Les œufs ne sont pas tous de la même couleur ; les uns sont gris, d'autres bruns et d'autres presque verdâtres ; ceux-ci viennent probablement des plus jeunes femelles. P. 173. — La femelle ne couve que la nuit, et pendant le jour seulement quand il pleut. Observations particulières sur les nichées de ces oiseaux. Description des jeunes pierregarins. Leurs habitudes naturelles ainsi que celle des vieux. *Ibid.* — Les petits ne peuvent voler que six semaines après leur naissance, parce qu'il faut tout ce temps pour que leurs longues ailes prennent leur accroissement. Ces oiseaux partent et quittent nos côtes de Picardie vers la mi-août. P. 174.

PIETTE ; on lui a donné le nom de religieuse ; c'est une espèce de harle. T. VIII, p. 143. — Sa description. Sa grandeur est entre celle de la sarcelle et celle du morillon. P. 144. — Différence entre le mâle et la femelle, laquelle ne porte point de huppe. *Ibid.*

PIÉTÉ. Éloge de la piété. T. XI, p. 568 et 569.

PIGEON messager, fait en un jour plus de chemin qu'un homme à pied n'en peut faire en six. T. V, p. 29. — Pigeon âgé de vingt-deux ans, n'avait cessé de pondre que les six dernières années de sa vie. P. 30 (note *a*). — Réduction des espèces de pigeons. P. 503. — Quelle est la souche première des différentes races. *Ibid.* — Pigeons déserteurs qui se perchent, d'autres qui s'établissent dans des trous de muraille. P. 506. — Pigeons de volière, gros et petits, captifs sans retour. P. 507. — Origine des différentes races. P. 508. — Pigeon des colombiers, ses pontes ; quels colombiers il préfère. P. 509. — Tous les pigeons ont plus ou moins la faculté d'enfler leur jabot. P. 512. — Mœurs des pigeons, leurs amours. P. 521. — Se trouvent partout dans les deux continents. *Ibid.*

PIGEON à la couronne blanche. T. V, p. 524.

— Le placenta, les enveloppes et le fœtus lui-même se nourrissent tous par intussusception de la liqueur laiteuse contenue dans la matrice ; le placenta paraît tirer le premier cette nourriture, convertir ce lait en sang, et le porter au fœtus par des veines. P. 366 et suiv. .

PLAINES *en montagnes.* Ces plaines sont les meilleurs pâturages du monde. T. I, p. 137.

PLAISIR et DOULEUR. Une lumière trop vive, un feu trop ardent, un trop grand bruit, une odeur trop forte, un mets insipide ou grossier, un frottement dur nous blessent ou nous affectent désagréablement ; au lieu qu'une couleur tendre, une chaleur tempérée, un son doux, un parfum délicat, une saveur fine, un attouchement léger, nous flattent et souvent nous remuent délicieusement : tout effleurement des sens est donc un plaisir, et toute secousse forte, tout ébranlement violent est une douleur. T. IV, p. 424.

PLANCHES coloriées ou enluminées des oiseaux. T. V, p. 3 et 4.

PLANCHES noires. T. V, p. 5.

PLANÈTES. Formation des planètes. T. I, p. 67. — Explication de la formation des planètes. P. 69 et suiv. — Les planètes principales sont attirées par le soleil, le soleil est attiré par les planètes, les satellites sont aussi attirés par leurs planètes principales ; chaque planète est attirée' par toutes les autres, et elle les attire aussi : toutes ces actions et réactions varient suivant les masses et les distances. P. 68. — Les planètes tournent dans le même sens autour du soleil et presque dans le même plan. — Cela suppose nécessairement quelque chose de commun dans leur mouvement d'impulsion, et fait soupçonner qu'il leur a été communiqué par une seule et même cause. P. 69. — Elles ont autrefois appartenu au corps du soleil, et la matière qui les compose a été séparée de cet astre par le choc d'une comète. *Ibid.* et suiv. — Toutes les planètes avec leurs satellites ne sont que la six-cent-cinquantième partie de la masse du soleil. P. 70. — Les planètes les plus grosses et les moins denses sont les plus éloignées du soleil, et pourquoi. P. 73. — Raison pourquoi les planètes les plus denses sont les plus voisines du soleil. *Ibid.* — Les deux grosses planètes Jupiter et Saturne, qui sont les parties principales du système solaire, ont conservé le rapport entre leur densité et le mouvement d'impulsion dans une proportion très exacte ; la densité de Saturne est à celle de Jupiter comme 67 à 94 $\frac{1}{2}$, et leurs vitesses sont à peu près comme 88 $\frac{2}{3}$ à 120 $\frac{1}{72}$, ou comme 67 à 90 $\frac{11}{16}$. *Ibid.* — Les planètes ont été primitivement dans un état de liquéfaction. P. 75. — Elles ont pris leur figure dans ce temps, leur mouvement de rotation a fait élever les parties de l'équateur en abaissant les pôles. *Ibid.* — Explication de la cause de leur mouvement de rotation et de la formation de leurs satellites. P. 75 et 76. — Dans chaque planète, la matière en général est à peu près homogène. *Ibid.* — Les planètes qui tournent le plus vite sur leur axe sont celles qui ont des satellites. P. 76. — Les planètes sont, en comparaison des comètes, des mondes en ordre, des lieux de repos où, tout étant constant, la nature peut établir un plan, agir uniformément et se développer successivement dans toute son étendue. P. 69.

PLANÈTES. Comme le torrent de la matière projetée par la comète hors du corps du soleil a traversé l'immense atmosphère de cet astre, il en a entraîné les parties volatiles, aériennes et aqueuses, qui forment aujourd'hui les atmosphères et les mers de la terre et des planètes : ainsi l'on peut dire qu'à tous égards la matière dont sont composées les planètes est de la même nature que celle du soleil. *Add.*, T. I, p. 248 et 249.

PLANÈTES. Recherches sur le refroidissement des planètes. T. I. p. 337 et suiv. — Jupiter et Saturne, quoique les plus éloignées du soleil, doivent être beaucoup plus chaudes que la terre, qui néanmoins, à l'exception de Vénus, est de toutes les autres planètes celle qui est actuellement la moins froide. P. 339. — Toutes les planètes, sans même en excepter Mercure, seraient et auraient toujours été des volumes aussi grands qu'inutiles, d'une matière plus que brute, profondément gelée, et par conséquent des lieux inhabités de tout temps, inhabitables à jamais, si elles ne renfermaient pas au dedans d'elles-mêmes des trésors d'un feu bien supérieur à celui qu'elles reçoivent du soleil. P. 401. — Nouvelles preuves que les planètes ont été formées de la matière du soleil et projetées en même temps hors du corps de cet astre. P. 401 et 402.

PLANÈTES. Densité des planètes relativement à celle de la terre. Saturne et ses satellites sont composés d'une matière un peu plus dense que la pierre ponce. T. I, p. 408. — Jupiter et ses satellites sont composés d'une matière plus dense que la pierre ponce, mais moins dense que la craie. *Ibid.* — La lune est composée d'une matière dont la densité n'est pas tout à fait si grande que celle de la pierre calcaire dure, mais plus grande que celle de la pierre calcaire tendre. *Ibid.* — Mars est composé d'une matière dont la densité est un peu plus grande que celle du grès, et moins grande que celle du marbre blanc. *Ibid.* — Vénus est composée d'une matière plus dense que l'émeril, et moins dense que le zinc. *Ibid.* — Enfin, Mercure est composé d'une matière un peu moins dense que le fer, mais plus dense que l'étain. Comment il est possible que toutes ces matieres aient pu former des couches de terres végétales. *Ibid.* et suiv.

PLANÈTES. *Tables du refroidissement des planètes*, etc.

Première table des temps du refroidissement de la terre et des planètes, par laquelle on voit que la lune et Mars sont actuellement les planètes les plus froides; que Saturne et Jupiter sont les plus chaudes; que Vénus est encore bien plus chaude que la terre; et que Mercure, qui a commencé depuis longtemps à jouir d'une température égale à celle dont jouit aujourd'hui la terre, est encore actuellement et sera pour longtemps au degré de chaleur qui est nécessaire pour le maintien de la nature vivante, tandis que la lune et Mars sont gelés depuis longtemps. T. IX, p. 352.

Deuxième table sur le refroidissement des planètes. P. 388.

Troisième table, qui représente l'ordre des temps de leur consolidation et de leur refroidissement au point de pouvoir les toucher, abstraction faite de toute compensation. P. 388.

Quatrième table, qui représente l'ordre des temps de leur consolidation; de leur refroidissement au point de pouvoir les toucher; de leur refroidissement à la température actuelle; et encore de leur refroidissement au plus grand degré de froid que puisse supporter la nature vivante, c'est-à-dire à $\frac{1}{25}$ de la température actuelle. P. 390.

Cinquième table plus exacte des temps du refroidissement des planètes et de leurs satellites. P. 391.

Sixième table du commencement, de la fin et de la durée de l'existence de la nature organisée dans chaque planète. P. 395.

PLANÈTES. *Température des planètes.* Voyez *Chaleur du globe terrestre* comparée à la chaleur de Jupiter, la lune, Mars, Mercure, Saturne et Vénus.

PLANÈTES. Les planètes ont été, dans le premier temps, comme le globe terrestre, dans un état de liquéfaction causé par le feu; preuves de cette assertion. T. II, p. 24 et suiv. — La matière qui compose les planètes a autrefois appartenu au corps du soleil, et la matière qui compose les satellites a de même autrefois appartenu au corps de leur planète principale. P. 25. — Raisons qui prouvent que la matière des planètes a fait autrefois partie de celle du corps du soleil. P. 26 et suiv. — Si les planètes de Jupiter et de Saturne, qui sont très éloignées du soleil, n'étaient pas douées, comme le globe terrestre, d'une chaleur intérieure, elles seraient plus que gelées. P. 29 et 30. — Les planètes ont d'abord été lumineuses par

elles-mêmes, comme le sont tous les corps en incandescence et pénétrés de feu. P. 33. — Elles ne sont devenues tout à fait obscures qu'après s'être consolidées jusqu'au centre. *Ibid.* — Explication de leur formation et de celle de leurs satellites, ainsi que de l'anneau de Saturne. P. 34 et suiv. — Les planètes les plus voisines du soleil sont les plus denses, et celles qui sont les plus éloignées sont en même temps les plus légères; et les satellites sont composés de matière moins dense que leur planète principale. P. 34.

PLANTES. Impressions des plantes. Voyez *Poissons.*

PLANTES. Exemple de plantes qui croissent naturellement dans des eaux thermales et chaudes à un très haut degré. T. II, p. 157 et 158.

PLANTES. Les productions des plantes sont beaucoup plus nombreuses que celles des animaux. T. IV, p. 150. — Plantes dont la nature est artificielle et factice. T. VIII, p. 489. — Dans les plantes, les espèces varient et prennent de nouvelles formes en assez peu de temps. T. IV, p. 594.

PLANTES *marines.* Ne sont autre chose que des ruches ou plutôt des loges de petits animaux qui ressemblent aux animaux des coquilles, en ce qu'ils forment comme eux une grande quantité de substance pierreuse, dans laquelle ils habitent comme les autres dans leur coquille. Les plantes marines, que d'abord l'on avait mises au rang des minéraux, ont ensuite passé dans la classe des végétaux, et sont enfin demeurées pour toujours dans celle des animaux. T. I, p. 128.

PLASTRON *blanc.* Voyez *Merle* à plastron blanc.

PLASTRON *noir* de Ceylan ou merle à collier du cap de Bonne-Espérance, comparé au merle et à la pie; ses dimensions, son plumage, différences de la femelle, elle ressemble à l'oranvert; sa véritable patrie. T. VI, p. 54 et 55.

PLASTRON *blanc.* Espèce de colibri. T. VII, p. 68.

PLASTRON *noir.* Espèce de colibri. Sa femelle. T. VII, p. 68.

PLONGEONS. Caractères généraux qui distinguent les plongeons des autres oiseaux plongeurs. Les plongeons, comme les grèbes, ne peuvent marcher que très difficilement. T. VIII, p. 130. — Mais ils se meuvent dans l'eau avec tant de prestesse, qu'il est difficile de les tuer au fusil, et qu'il faut cacher le feu de l'amorce, sans quoi ils se plongent et évitent le coup. Nous connaissons cinq espèces dans ce genre, dont deux fréquentent également les eaux douces et salées dans nos climats, et les trois autres paraissent être attachées aux mers septentrionales. *Ibid.*

PLATINE. Minéral nouveau, sa description. T. II, p. 334. — Il exige plus de chaleur pour se fondre que la mine ou la limaille de fer. *Ibid.* — N'ayant ni fusibilité ni ductilité, il ne doit pas être mis au nombre des métaux dont les propriétés essentielles sont la fusibilité et la ductilité. *Ibid.* — Le platine est un mélange ou un alliage de fer et d'or formé par la nature. P. 335. — Il y a beaucoup de fer dans ce minéral, et ce fer n'y est pas simplement mêlé, mais incorporé de la manière la plus intime. *Ibid.* — On peut en enlever six septièmes du total par l'aimant. *Ibid.* — Sa composition et son mélange. *Ibid.* — Le fer qui est uni au platine et même celui qui n'y est que mélangé, est dans un état différent de celui du fer ordinaire. P. 336. — Ce minéral est très aigre, ce qui aurait dû faire soupçonner que ce n'est point un métal, mais un alliage. P. 338. — La pesanteur spécifique du platine n'est pas à beaucoup près aussi grande que celle de l'or. Diverses expériences à ce sujet, desquelles il résulte que la pesanteur spécifique du platine est d'un douzième moindre que celle de l'or. *Ibid.* et suiv. — Expériences de M. le comte de Milly sur le platine. P. 339 et suiv. — Il y a des espèces de platine qui sont mélangées de parties cristallines comme de petits rubis, de petites topazes, etc., et il y a d'autres espèces de platine qui ne contiennent rien de semblable. P. 342. — Il contient des grains hémisphériques qui paraissent indiquer qu'il est le produit du feu. P. 343. — La mine de platine, même la plus pure, qui ne contient point de parties cristallines, est souvent mélangée de quelques paillettes d'or. *Ibid.* — L'or et le fer dont est composé le platine y sont unis d'une manière plus étroite et plus intime que dans l'alliage ordinaire de ces deux métaux, et le fer qui est incorporé au platine est du fer dans un état différent de l'état du fer ordinaire. P. 344. — Expériences de M. de Morveau sur ce minéral. P. 345 et suiv. — On peut espérer de fondre le platine sans addition dans nos meilleurs fourneaux en lui appliquant le feu plusieurs fois de suite, parce que les creusets ne pourraient résister à l'action d'un feu aussi violent pendant tout le temps qu'exigerait l'opération complète. P. 348. — En le fondant sans addition, il paraît se purger lui-même des matières vitrescibles qu'il renferme, car il s'élance à sa surface des jets de verre assez considérables. *Ibid.* — On peut faire le bleu de Prusse avec le platine, ce qui prouve qu'il est intimement mêlé de fer, et que le plus grand feu ni la coupellation ne peuvent détruire ce fer dont il est intimement pénétré; car après la fusion on retrouve, en rebroyant le bouton, qu'il contient encore des parties ferrugineuses et

magnétiques. P. 349. — Le platine fondu sans addition reprend, lorsqu'on le broie, précisément la même forme des galets arrondis et aplatis qu'il avait avant la fusion. *Ibid.*

PLATINE. On n'en a jamais rencontré dans aucune région de l'ancien continent, et il n'y a que deux endroits en Amérique où l'on ait jusqu'ici trouvé cette matière métallique dans des mines d'or. T. III, p. 402. — Il est en grenaille et mêlé de sablon ferrugineux et magnétique. *Ibid.* — Il n'est pas certain que cette forme de grenaille soit la forme native du platine. *Ibid.* — Le platine est encore plus réfractaire au feu que la mine de fer. P. 403. — Le platine n'est point un vrai métal simple, mais un minerai dont la production est accidentelle. *Ibid.* — Le platine contient toujours du fer, car il est toujours attirable à l'aimant. *Ibid.* — Le platine est toujours aigre et n'acquiert que très peu de ductilité. *Ibid.* — C'est un alliage d'or et de fer fait par la nature. P. 404. — Raisons pourquoi l'on ne peut tirer ni l'or ni le fer du platine. P. 404 et 405. — Principales propriétés du platine. P. 405. — Mélange du platine avec les métaux. P. 406. — Moyens de reconnaître l'or falsifié par le mélange du platine. P. 407 et 408. — La substance du platine, quoique tirée de la même mine, n'est pas toujours la même. P. 407. — Pourquoi le platine ne s'amalgame pas, comme l'or, avec le mercure. P. 408. — Usages utiles qu'on pourrait faire de l'alliage du platine et du laiton. P. 409. — De tous les métaux, le plomb et l'argent sont ceux qui ont le moins d'affinité avec le platine. P. 408. — Le platine n'est qu'un mélange accidentel d'or imbu de vapeurs arsenicales et de fer brûlé autant qu'il est possible; preuves de cette assertion. P. 409 et 410. — Différences du platine avec l'or. P. 410. — La densité du platine n'est pas constante, mais varie selon les différents procédés qu'on emploie pour le fondre. *Ibid.* — Usage de l'alliage du platine avec le fer forgé. P. 413. — Observations intéressantes sur l'histoire naturelle du platine. P. 417 et 418.

PLATINE. Le platine ne se trouve que dans la province de Choco, située au pied des Cordillères, et qui est le magasin de toutes les mines de transport d'or et de platine, lesquelles se trouvent toujours ensemble en petits grains, et gisaient autrefois sur le haut des montagnes d'où elles ont été entraînées par les eaux. T. IV, P. 46. — Manière de traiter les mines d'or mêlées de platine. *Ibid.* — On trouve toujours le platine mêlé avec l'or dans la proportion de 1, 2, 3, 4 onces, et davantage, par livre d'or; les grains de ces deux matières ont à peu près la même forme et la même grosseur.

P. 47. — On n'a pu jusqu'ici s'assurer si le platine ne se rencontre pas seul et sans mélange d'or dans des mines qui lui soient propres. *Ibid.* — Il se trouve, ainsi que l'or qui l'accompagne, de toute grosseur, depuis celle d'une fine poussière jusqu'à celle d'un pois. *Ibid.* — Essais pour tâcher de faire du platine artificiel. P. 48.

PLATRE. Le plâtre et le gypse sont des matières calcaires, mais imprégnées d'une assez grande quantité d'acide vitriolique, pour que ce même acide et même tous les autres n'y fassent plus d'impression. Ces deux substances, le plâtre et le gypse, qui sont au fond les mêmes, ne sont jamais bien dures : souvent elles sont friables, et toujours elles se calcinent à un degré de chaleur moindre que celui du feu nécessaire pour convertir la pierre calcaire en chaux. Usage et emploi du plâtre. Propriété du plâtre calciné. T. II, p. 598 et 599. — Différences entre le plâtre et le gypse. *Ibid.* —Les plâtres sont disposés comme les pierres calcaires, par lits horizontaux, mais leur formation est postérieure à celle de ces pierres : preuves de cette assertion. P. 599. — Le plâtre ne contient point de coquilles marines, et l'on y trouve quelquefois des ossements d'animaux terrestres. *Ibid.* — Exposition de la manière dont se sont formées les couches de plâtre. *Ibid.* — Les stalactites qui se forment dans le plâtre ont des propriétés et des formes toutes différentes de celles des spaths et autres concrétions calcaires. *Ibid.* — Comparaison du plâtre opaque avec le gypse qui a toujours un certain degré de transparence. *Ibid.* — Il y a des plâtres de plusieurs couleurs ; le plâtre blanc est plus pur et plus fin que le plâtre gris. P. 601. — Les couleurs dans les plâtres ne sont pas aussi fixées que dans les marbres; le feu les fait disparaître dans les plâtres, au lieu qu'il ne fait que les rendre plus intenses dans les marbres. *Ibid.* — Les bancs de plâtre sont divisés par un nombre infini de petites fentes perpendiculaires qui les séparent en colonnes à plusieurs pans : causes de cette effet. *Ibid.* — Le plâtre ne perd qu'environ un quart de son poids par la calcination, tandis que la pierre calcaire en perd plus d'un tiers et quelquefois moitié. P. 602. — Comparaison du plâtre et de la pierre après leur calcination. P. 602 et 603 (note). — Propriété commune au plâtre calciné et à la chaux. P. 603 et 604. — L'effet de la prompte cohésion du plâtre calciné dépend beaucoup de l'état où il se trouve au moment qu'on l'emploie. Preuve. P. 604. — Les collines de plâtre, quoique toutes disposées par lits horizontaux, comme celles des pierres calcaires, ne forment pas des chaînes étendues et ne se trouvent qu'en quelques endroits particuliers ; il y a

même d'assez grandes contrées où il ne s'en trouve point du tout. P. 605. — Les bancs des carrières à plâtre, quoique superposés horizontalement, ne suivent pas la loi progressive de dureté et de densité qui s'observe dans les bancs calcaires. P. 606. — Indication des principaux lieux où se trouvent des carrières de plâtre. P. 607 et suiv. — Examen de la composition des collines plâtreuses. P. 609 et 610.

PLATYPIGOS (Simia). Un des noms du babouin à longues jambes. *Add.*, t. X, p. 174.

POIDS du corps de l'homme, relativement à sa grandeur. *Add.*, t. XI, p. 232 et suiv.

PLOMB (le) s'échauffe plus vite et se refroidit en moins de temps que le fer. T. II, P. 283.

PLOMB. Les mines primordiales de plomb sont toutes en galènes de forme hexaèdre, et toutes les mises qui se présentent sous d'autres formes ne proviennent que de la décomposition de ces galènes. T. III, P. 353. — Mine de plomb blanche n'est qu'une céruse ou chaux de plomb cristallisée et produite par l'intermède de l'eau. P 356. — Mine de plomb verte, mine de plomb rouge. *Ibid.* — Mine de plomb singulière, qui renferme des grains de plomb tout à fait purs. P. 355. — Mines de plomb, tiennent presque toutes une petite quantité d'argent, et presque toutes les mines d'argent tiennent aussi du plomb; mais, dans les filons de ces mines, le plomb, comme plus pesant, descend au-dessous de l'argent, et il arrive presque toujours que les veines les plus riches en argent se changent en plomb à mesure qu'elles s'étendent en profondeur. P. 356 et 357. — Toutes les chaux de plomb blanches, grises, jaunes et rouges sont non seulement très aisées à vitrifier, mais même déterminent promptement la vitrification de plusieurs autres matières. P. 359.—Le plomb est le moins dur et le moins élastique de tous les métaux; il est aussi le moins ductile et le moins tenace. *Ibid.* — Comparaison de la chaux de plomb avec celle d'étain. P. 360. — Le plomb peut s'allier avec tous les métaux, à l'exception du fer. *Ibid.* — Melange du soufre avec le plomb par la fusion, forme une espèce de pyrite qui ressemble à la galène. P. 361.— Le plomb ne se trouve pas plus que l'étain dans l'état de métal. P. 346. — La galène de plomb est une vraie pyrite. *Ibid.* — Mines de plomb en galène varient beaucoup par la largeur de leurs filons. P. 346 et 347.—Le plomb se convertit en chaux non seulement par le feu, mais aussi par les éléments humides. P. 347. — Les mines de plomb en céruse sont de troisième formation. *Ibid.*— Décomposition naturelle de la galène. *Ibid.* — Mines de plomb en France ; celle de Pompéan, en Bretagne, est la plus riche. P. 348 et suiv. — En Espagne et autres provinces de l'Europe. P. 351 et suiv. — En Asie. P.353. — En Afrique et en Amérique. P.354.

PLOMB, n'existe pas en état métallique dans le sein de la terre. Causes de cet effet. T. IV, p 43. — Les mines primordiales du plomb sont des pyrites que l'on nomme galènes, et dont la substance n'est que la chaux de ce métal unie aux principes du soufre ; ces galènes affectent de préférence la forme cubique. Leur description, leur décomposition. *Ibid.* — Mines de plomb de seconde formation, provenant de la décomposition des galènes. *Ibid.* — Mine de plomb blanche et ses variétés. *Ibid.* — Mine de plomb verte, serait la même que la mine blanche si elle n'était pas teinte par un cuivre dissous qui lui donne sa couleur verte. *Ibid.* — Mine de plomb rouge, se présente en cristallisations bien distinctes, et paraît être colorée par le fer. *Ibid.* — Les mines de plomb sont souvent mêlées d'argent. *Ibid.*

PLONGEON (grand) ; il est à peu près de la grandeur de l'oie. Il se trouve sur les lacs de Suisse. T. VIII, p. 131 — Ses habitudes naturelles. Il reste très longtemps sous l'eau, et évite en se plongeant les attaques de tous ses ennemis ; on ne peut le prendre qu'avec des filets. *Ibid.* — Temps de ses nichées et position de son nid. *Ibid.* — Sa description. P. 132.

PLONGEON (petit) ; il ressemble au premier par les couleurs ; sa description. Ses dimensions. T. VIII, p. 132. — Ses habitudes naturelles. Il reste tout le temps sur nos étangs, à moins que les glaces ne le forcent à chercher les eaux courantes. Il pond trois ou quatre œufs. Sa manière de nager et de plonger. Observations à ce sujet. *Ibid.*

PLONGEON *cat-marin* ou *chat de mer*, ainsi nommé par les Anglais et les Picards, parce qu'il mange et détruit beaucoup de frai de poisson ; ses ressemblances et ses différences avec le plongeon commun. Le gros de l'espèce va nicher dans des terres plus septentrionales. Cependant quelques-uns font leur nid dans les rochers de nos côtes de Picardie. T. VIII, p. 133. — Habitudes naturelles de ces oiseaux. Leur nourriture. Ils sont toujours fort gras. La femelle est plus petite que le mâle. Différences pour la couleur entre les jeunes et les adultes. *Ibid.* — Variétés dans cette espèce. P. 134.

PLONGEON (grand) *de la mer du Nord.* Voyez *Imbrim.*

PLONGEON (petit) *de la. mer du Nord.* Voyez *Lumme.*

PLONGEUR (petit pétrel) du capitaine Cook. T. VIII, p. 422.

PLUIES (les) diminuent l'intensité de la chaleur des émanations de la terre. T. I, p. 407.

PLUMES, sont d'une substance très légère, d'une grande surface et ont des tuyaux creux. T. V, p. 30. — Plumes des oiseaux aquatiques, des oiseaux du Nord. P. 35. Voyez *Mue.* — Les vautours n'ont point de plumes, mais un simple duvet sur la tête. P. 47. — Les plumes du mansfeni sont si fortes et si serrées que si en le tirant on ne le prend à rebours, le plomb glisse dessus et ne pénètre point. P. 83. — Plumage de l'épervier et de l'autour, sujet à varier beaucoup par les deux premières mues. P. 122. — Plumes de l'autruche. P. 206 et 228. — Rapport constant observé entre la couleur des plumes et celle des œufs. P. 330. — Plumes doubles du tétras. P. 352. — Plumes de la queue du kittaviah ou gélinotte de Barbarie, ont des taches blanches à leur extrémité, semblables à celles du mérops ou guêpier. P. 382. — Plumes de la grosse gélinotte du Canada. P. 396. — Du paon. P. 400 et 412. — Du faisan. P. 423. — De l'argus ou luen. P. 436. — Du chinquis. P. 438. — Du spicifère. P. 438 et 439. — De l'éperonnier. P. 440 et suiv. — De l'oiseau de Paradis. P. 617.

PLUMES des ailes des oiseaux-mouches. T. VII, p. 36. — De la gorge du rubis ; coupe et disposition de ces plumes et des plumes éclatantes des autres oiseaux-mouches. P. 40 et 41. — Plumes à la base du bec des oiseaux-mouches et colibris. P. 45. — Plumes surabondantes ou parasites de quelques oiseaux. Ce que c'est. P. 52. — Les Américains prenaient les aras trois ou quatre fois l'année pour s'approprier leurs belles plumes, dont ils se faisaient des parures. P. 141 et 142. — Plumes de perroquet ; objet de commerce pour les sauvages d'Amérique. P. 151. — Plumes du maïpouri, du caïca, collées contre le corps. P. 176. — Celles du couroucou à chaperon violet sont très fournies et tombent au plus léger frottement. Les Mexicains en faisaient des tableaux très agréables. P. 198. — Plumes soyeuses de la huppe, du cou, de la poitrine et des épaules du touraco. P. 202. — Plumes de différentes espèces dans le houhou. P. 235. — Plumes de la naissance de la gorge dans le polochion, terminées par une espèce de soie. P. 290.

PLUMET *blanc*, oiseau de la Guyane qui paraît former la nuance entre les manakins et les fourmiliers. Sa description. T. VI, p. 325.

PLUVIAN, ainsi nommé parce qu'il a des rapports avec les pluviers ; sa grandeur est à peu près celle du petit pluvier à collier, il a seulement le bec plus fort et le cou plus long. Sa description. T. VIII, p. 55.

PLUVIERS (les) forment de très grandes troupes, qui paraissent dans nos provinces pendant les pluies d'automne, et c'est de leur arrivée dans la saison des pluies qu'on les a nommés *pluviers*. T. VIII, p. 40. — Ils fréquentent, comme les vanneaux, les fonds humides et les terres limoneuses où ils cherchent des vers et des insectes; leurs habitudes naturelles. Ils font sortir les vers de la terre en la frappant avec leurs pieds; ils sont fort gras et cependant leurs intestins paraissent être toujours vides. Ils sont capables de supporter une longue diète. Ils changent souvent de lieux et presque chaque jour. P. 40 et 41. — Parce qu'étant en très grand nombre, ils ont bientôt épuisé la pâture vivante dans chaque endroit. Ils quittent nos contrées aux premières neiges ou gelées, pour gagner des pays plus tempérés. Ils reviennent ou plutôt ils repassent au printemps, toujours attroupés. Leurs plus petites bandes sont au moins de cinquante; leur mouvement à terre est presque continuel, parce qu'ils sont toujours occupés à chercher leur pâture. Ordre qu'ils suivent en volant. P. 41. — Comment ils se séparent et comment ils se rassemblent, soit au vol, soit sur la terre. Manière de les prendre en grand nombre dans les plaines de Beauce et de Champagne. P. 41 et 42. — Les pluviers sont un très bon gibier, et Belon dit que de son temps un pluvier se vendait souvent autant qu'un lièvre. Il semble que la douce chaleur du printemps qui réveille l'instinct assoupi de tous nos animaux fasse sur les pluviers une impression contraire; ils vont dans les contrées les plus septentrionales établir leur couvée et élever leurs petits, car pendant tout l'été nous ne les voyons plus en France; ils sont alors en Laponie ou dans les autres provinces du Nord. Ce sont des oiseaux communs aux deux continents, et qui passent de l'un à l'autre par le nord. P. 42. — L'espèce du pluvier qui, dans nos contrées, paraît aussi nombreuse que celle du vanneau, n'est pas généralement répandue en Europe dans les contrées tempérées. Elle est plus nombreuse dans les régions du Nord, et au contraire les vanneaux sont plus communs dans les contrées du Midi. *Ibid.* — La famille des pluviers est composée d'un grand nombre d'espèces, dont la première est celle du pluvier doré, à laquelle on doit rapporter ce que nous avons dit sur leurs habitudes naturelles. P. 43.

Pluvier (grand). Son cri très remarquable et très fréquent. T. VIII, p. 55 et 56. — Le mot *turrlui* exprime assez bien ce cri, et c'est de ce son articulé et semblable au cri des vrais courlis qu'on a donné à ce grand pluvier le nom de courlis de terre. Cet oiseau a beaucoup de ressemblance avec la canepetière ou petite outarde. Il tient aux autres pluviers par plusieurs caractères communs, mais il en diffère assez par plu-

sieurs autres, pour qu'on puisse le regarder comme étant une espèce isolée. Il diffère en effet des pluviers par la plupart de ses habitudes naturelles. Il est plus grand que le pluvier doré. P. 56. — Description de ses parties extérieures et de son plumage. Ses habitudes naturelles, son vol. Sa course qui est très rapide. *Ibid.* — Il ne fréquente pas les terres basses et humides comme les pluviers, mais le haut des collines et des terres sèches et presque stériles où il demeure en repos pendant le jour; il ne se met en mouvement qu'à l'approche de la nuit. Ces grands pluviers se répandent alors de tous côtés en criant; leur voix se fait entendre de très loin. Singularité remarquable dans la vue de ces oiseaux; il semble qu'ils voient aussi bien pendant la nuit que pendant le jour. P. 57. — Leur naturel sauvage et timide. Leur crainte excessive se marque surtout dans l'état de domesticité. Il semble pressentir les changements de temps et s'agite beaucoup avant que l'orage survienne. Cet oiseau fait une exception dans la classe des oiseaux qui ont une portion de jambe nue. Le temps de son départ et celui de son retour ne sont pas les mêmes que pour les pluviers proprement dits; il part en novembre pendant les dernières pluies d'automne. *Ibid.* — Manière dont ce grand pluvier projette et exécute ses voyages. La femelle ne pond que deux ou quelquefois trois œufs sur la terre nue. Le mâle est aussi constant que vif en amour. Il ne quitte pas sa femelle et l'aide à conduire ses petits, qui ne prennent que tard assez de force pour pouvoir voler. P. 58. — Ils font régulièrement deux pontes par an dans l'île de Malte. l'une au printemps, l'autre au mois d'août. Les jeunes sont un fort bon gibier. Ce grand pluvier ou courlis de terre ne s'avance point en été dans le Nord, comme font les autres pluviers. P. 59. — Observations particulières sur les habitudes de cet oiseau dans l'état de captivité. *Ibid.*

Pluvier (petit). Voyez *Guignard.*

Pluvier *à aigrette*. Il est armé, comme le pluvier huppé, d'un éperon au pli de l'aile et il a sur la tête une aigrette de plus d'un pouce de longueur. Sa grandeur, ses dimensions. T. VIII, p. 52. — Sa description. Il se trouve au Sénégal et dans quelques-unes des contrées méridionales de l'Asie. P. 52 et 53.

Pluvier *à collier*. Il y a des variétés de grandeur dans cette espèce. T. VIII, p. 48. — Le plus petit pluvier à collier n'est pas plus gros qu'une alouette, et c'est le mieux connu et le plus répandu; le plus grand est de la grosseur du mauvis. *Ibid.* — Et il y en a de grandeur intermédiaire. Leur description. P. 49. — Cette espèce se trouve dans presque tous les climats, depuis la Sibérie jusqu'au cap de Bonne-Espérance, ainsi qu'aux Philippines et à Cayenne, et du détroit de Magellan à la baie d'Hudson. *Ibid.* — Les pluviers à collier vivent au bord des eaux de la mer et suivent le cours des marées; ils courent très vite sur la grève en bondissant et en criant. En Angleterre, on trouve leurs nids sur les rochers des côtes; ils y sont très communs, comme dans la plupart des régions du Nord. On en voit aussi quelques-uns sur nos grandes rivières de France. P. 50. — Les petits ne commencent à voler qu'à l'âge d'un mois ou cinq semaines; on assure que ces oiseaux ne font point de nid et qu'ils pondent sur le sable; leurs œufs sont verdâtres et tachetés de brun. *Ibid.*

Pluvier à *lambeaux*. Pourquoi il est ainsi nommé; il se trouve au Malabar. Sa grandeur, ses dimensions et sa description. T. VIII, p. 54.

Pluvier *armé*, de Cayenne. Il est de la grandeur de notre pluvier doré, et plus haut de jambes. T. VIII, p. 54. — Ses autres ressemblances et différences avec le pluvier doré; sa description. *Ibid.*

Pluvier *coiffé*. Sa description. T. VIII, p. 53. — Il se trouve au Sénégal. *Ibid.*

Pluvier *couronné*. Est un des plus grands oiseaux du genre des pluviers. Il se trouve au cap de Bonne-Espérance. Ses dimensions, sa description. T. VIII, p. 53.

Pluvier *doré*. Sa grandeur, ses dimensions. T. VIII, p. 43. — Description de son plumage et de ses autres parties extérieures. P. 44. — Il y a peu de différence dans le plumage entre le mâle et la femelle. Mais les variétés accidentelles et individuelles sont très fréquentes dans cette espèce. Il y a de ces pluviers dorés qui sont presque tout gris. *Ibid.* — Ils arrivent sur les côtes de Picardie à la fin de septembre ou au commencement d'octobre, tandis que dans nos autres provinces plus méridionales ils ne passent qu'en novembre et même plus tard; ils repassent en février et en mars pour aller passer l'été en Suède, en Dalécarlie, etc. C'est sans doute par les terres arctiques qu'ils ont communiqué au nouveau monde, où ils se sont répandus plus au midi que dans l'ancien, car on les trouve à la Jamaïque et jusqu'à Cayenne; ils y habitent les savanes; leurs troupes y sont très nombreuses et se laissent difficilement approcher; mais on ne les voit que dans les temps des pluies. P. 45.

Pluvier *doré à gorge noire*. Il habite, avec le pluvier doré proprement dit, les terres du Nord, où ils font tous deux nichées. T. VIII, p. 45. — Sa description. Sa grandeur est égale à celle du pluvier doré. P. 46.

Pluvier *huppé*. Se trouve en Perse, et il

est à peu près de la taille du pluvier doré, mais il est un peu plus haut de jambes. Sa description. T. VIII, p. 52. — Il est armé d'un éperon au pli de l'aile. *Ibid.*

Pluvier *kildir*. Voyez *Kildir*.

Poches (espèces de) où le crik à gorge jaune conserve son manger, et d'où il le tire par une sorte de rumination. T. VII, p. 160.

Podobé du Sénégal, sa taille, son plumage; comparé au merle ordinaire. T. VI, p. 51.

Poids. Si on enlève à un aimant des poids qu'on était parvenu à lui faire porter, en le chargeant graduellement, il refuse de les soutenir lorsqu'on les lui rend tous à la fois. T. IV, p. 126.

Poids spécifique de la matière. Voyez Matière.

Poisons. Manière dont les substances animales et végétales peuvent devenir des poisons, et le moyen de reconnaître lorsqu'elles tendent à cet état. T. IV, p. 379.

Poissons. On voit dans les ardoises et dans d'autres matières, à de grandes profondeurs, des impressions de poissons et de plantes dont aucune espèce n'appartient à notre climat, et lesquelles n'existent plus ou ne se trouvent subsistantes que dans les climats méridionaux. T. II, p. 10. — Exemples de poissons qui vivent et se trouvent naturellement dans des eaux chaudes au point de ne pouvoir y tremper la main sans se brûler. P. 51, 157 et 158.

Poissons et Plantes. Les poissons et les plantes qu'on trouve dans les ardoises sont des espèces dont la plupart ne subsistent plus: détails et exemples à ce sujet. T. II, p. 161, et suiv.

Poissons électriques. L'aimant leur ôte la faculté d'engourdir, qu'on leur rend en les touchant avec du fer. T. IV, p. 92. — Ils font varier l'aiguille de la boussole. *Ibid.*

Poissons, vivent plus longtemps dans l'air sans eau que dans l'eau sans air. T. VII, p. 337.

Poissons, vivent plus longtemps que les oiseaux, et pourquoi. T. V, p. 31.

Poissons (les) à écailles engendrent avant que d'avoir pris le quart de leur accroissement. T. IV, p. 314. — On peut à peu près reconnaître leur âge en examinant avec une loupe ou un microscope les couches annuelles dont sont composées leurs écailles; mais on ignore jusqu'où il peut s'étendre. *Ibid.* — Raison pourquoi les poissons vivent plus longtemps que les autres animaux. P. 314 et 315. — Dans les poissons à écailles, il n'y a aucune copulation. P. 316. — Les poissons à écailles paraissent être amoureux des œufs que la femelle répand et non pas de la femelle même. *Ibid.* — Les poissons vivent des siècles, parce qu'ils ne cessent de croître qu'au bout d'un très grand nombre d'années. T. XI. p. 76. — Les poissons doivent être les plus stupides de tous les animaux, parce qu'ils ont moins qu'aucun d'eux les facultés du sens du toucher. P. 132. — Ils produisent avant que d'avoir pris le quart ou même la huitième partie de leur accroissement. T. IX, p. 13.

Poix de montagne (la) est un bitume qui est visqueux au sortir du rocher et qui prend à l'air un certain degré de consistance et de solidité, et cette poix de montagne ne diffère de l'asphalte qu'en ce qu'elle est plus noire et moins tenace. T. III, p. 54. — On en trouve en Auvergne. Description des lieux qui en fournissent. P. 59.

Pokko, nom que les nègres du Sénégal donnent au pélican. T. VIII, p. 152.

Polatouche, vulgairement l'*écureuil volant*. T. IX. p. 242. — Ses ressemblances et ses différences avec l'écureuil, le loir et le rat. *Ibid.* et suiv. — Le polatouche n'est pas sujet, comme le loir, à l'engourdissement par l'action du froid. *Ibid.* — Il se trouve également dans les parties septentrionales de l'ancien et du nouveau continent. *Ibid.* — Habitudes naturelles du polatouche. P.243. — Ses convenances avec la chauve-souris. P. 244. — Il est pour ainsi dire engourdi pendant le jour et ne prend de l'activité que le soir. *Ibid.* — L'espèce en est peu nombreuse, quoiqu'il produise ordinairement trois ou quatre petits. P. 245

Polatouche ou Écureuil volant. Toutes les espèces de polatouches grandes et petites sont très différentes du taguan ou grand écureuil volant des Indes méridionales. *Add.*, T. X. p. 319.

Polatouche ou petit écureuil volant. Habitudes naturelles de cet animal en captivité. *Add.*, t. X, p. 319. — Il paraît extrêmement frileux, et il est assez difficile de concevoir comment il résiste aux froids des climats du Nord, où il est indigène. *Ibid.* et suiv.

Polatouches, roussettes et chauves-souris, etc., font la nuance entre les quadrupèdes et les oiseaux. T. V, p. 202.

Pôle. Le climat du pôle a éprouvé, comme tous les autres climats, des degrés successifs de moindre chaleur et de refroidissement : il y a donc eu un temps et même une longue suite de temps pendant lesquels les terres du Nord, après avoir brûlé comme toutes les autres, ont joui de la même chaleur dont jouissent aujourd'hui les terres du Midi. T. II, p. 14. et suiv. — Les parties polaires du globe terrestre, ayant été refroidies les premières, ont aussi reçu les premières les taux et toutes les autres matières volatiles qui tombaient de l'atmosphère. P. 62. — Raison pourquoi les régions australes se sont plus tôt refroidies que les régions boréales. P. 63. — La région de notre pôle qui n'a pas encore été reconnue ne le sera jamais : raison de cette assertion. P. 117. — Il est plus que probable que toute la plage du pôle, jusqu'à sept ou huit de grés de distance, et qui était autrefois terre ou mer, n'est aujourd'hui que glace. *Ibid.* — Toute cette plage du pôle étant entièrement glacée, il y a déjà la deux-centième partie du globe envahie par le refroidissement et anéantie par la nature vivante. P. 118. — Et cet envahissement des glaces doit s'étendre encore plus loin sous le pôle austral que sous le pôle boréal : raison de cette présomption. *Ibid.*

Pôle, *expédition au pôle*. L'expédition au pôle et le passage par le nord-est paraît être impraticable; raison de cette présomption. L'on ne pourra passer de l'Europe à la Chine que par le nord-ouest, en entrant dans la baie de Hudson et cherchant ce passage vers les parties sud-ouest de cette baie. *Add.*, t. 1, p. 281 et suiv.

Pôles (les) magnétiques ne sont pas les mêmes que les pôles du globe. T. IV, p. 106. — Lorsqu'on présente un aimant vigoureux à un aimant faible, il peut arriver que les pôles de même nom s'attirent au lieu de se repousser; mais ils ont cessé d'être semblables lorsqu'ils tendent l'un vers l'autre. P. 114. — Explication d'un phénomène observé par M. Æpinus. *Ibid.* — Les pôles ne sont pas des points mathématiques. P. 118. — Les meilleurs aimants sont ceux dont les pôles sont les plus décidés *Ibid.* — Le pôle boréal est le plus fort dans les aimants, tandis que c'est au contraire le plus faible sur le globe terrestre. P. 119. — Lorsqu'on divise un gros aimant en plusieurs parties, chaque fragment a toujours des pôles. P.120. — Ces fragments, pris séparément, porteront beaucoup plus de poids que quand ils étaient réunis en un seul bloc. P. 120 et 121. — Plusieurs pôles, semblables ou contraires, imprimés à une barre de fer ou d'acier. P. 125. Phénomènes qui prouvent l'attraction mutuelle des pôles opposés et la répulsion des pôles semblables. P. 126. — Expérience du docteur Knigt, rapportée par M. le comte de Tressan. P. 127.

Pôles magnétiques. Il doit y avoir deux pôles magnétiques dans chaque hémisphère. T. IV, p. 100. Les pôles magnétiques boréaux du globe sont moins puissants que les pôles magnétiques austraux. P. 103. — Dans les aimants, au contraire, tant naturels qu'artificiels, le pôle boréal est le plus fort. *Ibid.* — Voilà pourquoi l'aiguille aimantée se dirige toujours vers le pôle boréal du globe dans les deux hémisphères, tandis que l'aiguille qui marque l'inclinaison de l'aimant s'incline vers le nord dans l'hémisphère boréal, et vers le sud dans l'hémisphère austral. *Ibid.* — La situation des pôles magnétiques change, tant par les travaux de l'homme que par les grands mouvements de la nature dans les tremblements de terre et dans la production des laves, qui sont toutes magnétiques. *Ibid.* — L'existence d'un pôle magnétique dans le nord de l'Amérique est prouvée par les observations. P. 104. — Il doit se former, par plusieurs causes accidentelles, de nouveaux pôles magnétiques, plus faibles ou plus puissants que les anciens, dont on peut supposer l'anéantissement par les mêmes causes. P.132.—Les lieux où l'inclinaison de l'aiguille sera de quatre-vingt-dix degrés seront les vrais pôles magnétiques sur la terre. P.137. — Le pôle magnétique est éloigné vers l'est du pôle de la terre, relativement aux mers des Indes et Pacifique. *Ibid.* — Vers 1642, un des pôles magnétiques de l'hémisphère austral pouvait être situé sous la latitude de trente-cinq ou trente-six degrés. P. 140. — Les pôles magnétiques du globe terrestre occupent un assez grand espace. *Ibid.*

POLITESSE. Origine de la politesse des mœurs. T. XI, p, 69.

POLOCHION ou philémon ou philedon, des Moluques. Espèce intermédiaire entre les guêpiers et les promerops. Son cri est polochion, qui signifie *baisons-nous*. A les plumes de la naissance de la gorge terminées par une espèce de soie. T. VII, p. 290.

PONGO et JOCKO, sont les noms que l'on donne à l'orang-outang sur les côtes occidentales de l'Afrique. Ce sont, de tous les singes, ceux qui ressemblent le plus à l'homme. T. X, p. 107. — Le pongo ou grand orang-outang est au moins aussi grand que l'homme et souvent plus grand et beaucoup plus fort. Il marche toujours debout; il se construit une hutte; un abri contre le soleil et la pluie; il se nourrit de fruits et ne mange point de chair. P. 109. — Les pongos vont de compagnie; ils tuent quelquefois des nègres dans les lieux écartés; ils attaquent même l'éléphant, qu'ils frappent à coups de bâton pour les chasser de leurs bois; on ne peut prendre de pongos vivants, parce qu'ils sont si forts que dix hommes ne suffiraient pas pour en dompter un seul; on ne peut attraper que les petits tout jeunes. *Ibid.* — Ils tâchent de surprendre des femmes pour les violer, ils les gardent avec eux, ils les nourrissent, etc. P. 110.

PONGO. Divers noms donnés à cette grande espèce d'orang-outang. *Add.*, t. X, p. 154. — Habitudes naturelles de ce singe. *Ibid.* et suiv. — Sa taille ordinaire. P. 156.

PONTE, une femelle d'oiseau en fait plusieurs successivement, si les œufs lui sont ôtés; mais si elle les conserve, elle s'occupera avec son mâle du soin de les couver et d'élever les petits, sans se livrer aux émotions d'amour qui pourraient donner la fécondité à de nouveaux œufs et l'existence à une nouvelle famille; celle qu'elle a occupe tous ses soins, absorbe toutes ses affections; son attachement pour ses petits est alors sa passion dominante, devant laquelle se taisent toutes les autres passions. T. V, p. 41.

PONTE des perroquets. — Voyez *Perroquet.* — Ponte de quelques perroquets en France. dont les petits ont été élevés par les père et mère. T. VII, p. 101. — Deux perruches de Gorée font éclore èn France deux petits au mois de janvier (note *e*). P. 130. — Ponte des aras. P. 141. — Des amazones. P. 150. Ponte dans le nid d'autrui. P. 205 et 210. — La saison de la ponte des oiseaux à la Guyane est la saison des pluies. P. 324. — L'hirondelle de cheminée fait deux pontes par an. P. 351. — N'en fait point au Sénégal. P. 353. — Pontes des hirondelles de fenêtre. P. 333. — Ponte unique des martinets. P. 377.

POPULATION A PARIS (la) ne va pas en augmentant autant qu'on pourrait le penser. Paris s'est augmenté pour la commodité et non pas par nécessité. T. XI, p. 427. — La population du royaume de France est à peu près de vingt-deux millions d'habitants. P. 436.

POPULATION à *Philadelphie.* En vingthuit ans la population, sans secours étrangers, s'est doublée à Philadelphie, dans l'Amérique septentrionale. *Add.*, t. XI, p. 286.

PORC-ÉPIC. N'est point un cochon chargé d'épines; sa description et ses différences d'avec le cochon. T. IX, p. 519. — Ses ressemblances avec le castor. T. IX, p. 519. — Le porc-épic n'a pas la faculté de lancer ses piquants comme on le croit vulgairement. *Ibid.* — Seulement, lorsqu'il est irrité, il remue ses piquants, et il en tombe quelquesuns de ceux qui tiennent le moins à la peau. *Ibid.* — Il est originaire des climats chauds, et cependant il peut vivre dans les climats tempérés. P. 521 et suiv. — Il se trouve assez communément en Italie, surtout dans les montagnes de l'Apennin. *Ibid.* — Le porc-épic n'est ni féroce ni farouche; il est seulement jaloux de sa liberté, et perce la porte de sa loge pour sortir. P. 522. — Sa nourriture dans l'état de liberté et dans celui de captivité. *Ibid.* — Ses piquants sont de vrais tuyaux de plumes, auxquels il ne manque que les barbes. *Ibid.*

PORC-ÉPIC DE MALACA. Description de cet animal. *Add.*, t. X, p. 349. — Ses habitudes. P. 350.

PORPHYRE *calcinable.* Il y a dans un lieu appelé *Ficin*, près de Dijon, une pierre composée comme le porphyre, mais elle est calcinable et n'a que la dureté du marbre. T. I, p. 129.

Porphyre. Le porphyre est, après le jaspe, la plus belle des matières vitreuses de première formation. Il est composé de jaspe, de feldspath et de petites parties de schorl, incorporés ensemble. Ses différences d'avec les jaspes et d'avec les granites. T. II, p. 499. — Porphyre de différentes couleurs avec des taches plus ou moins grandes. *Ibid.* — Il n'y a ni quartz ni mica dans les porphyres. *Ibid.* — Comparaison des porphyres et des granites. *Ibid.* — Le porphyre se trouve par masses et par grands blocs en plusieurs endroits, il est ordinairement voisin des jaspes. *Ibid.* — Solidité, dureté et durée des ouvrages faits de porphyre, qui résistent beaucoup plus longtemps que les granites aux injures de l'air. *Ibid.* — Différentes sortes de porphyres et leurs descriptions. P. 501 et suiv. — Discussion critique sur l'énumération des porphyres donnée par M. Ferber. P. 501 et suiv. — Il faut distinguer les vrais et anciens porphyres, formés par le feu primitif, des nouveaux porphyres qui ont pu l'être par l'intermède de l'eau ou par l'action du feu des volcans. P. 502.

Porphyre (le) *rouge* est composé d'un nombre infini de pointes d'oursin. Elles sont posées assez près les unes des autres et forment tous les petits points blancs qui sont dans le porphyre : chacun de ces points blancs laisse voir encore dans son milieu un petit point noir qui est la section du conduit longitudinal de la pointe de l'oursin. T. I, p. 129.

Porteur d'eau. Voyez *Pélican*. T. VIII, p. 153.

Portrait et description d'un enfant chargé de taches surmontées de poil pareil à celui du veau et du chevreuil. Voyez *Peau*.

Portraits et descriptions d'une négresse blanche et d'un nègre pie. Voyez *nègre blanc et nègre pie*.

Porzane. Est une poule d'eau qui est commune en Italie, aux environs de Bologne. Ses dimensions. T. VIII, p. 92. — Sa description. Les couleurs de la femelle sont plus pâles que celles du mâle. *Ibid.*

Position. L'analyse des positions est un art qui n'est pas encore né, et cependant cet art serait plus nécessaire aux sciences naturelles que l'art de la géométrie, qui n'a que la grandeur pour objet. T. IV, p. 350.

Potasse. Voyez Alcali fixe. — Usage de la potasse pour les verreries, etc. — T. III, p. 146.

Poto. Voyez *Kinkajou. Add.*, t. X, p. 257. — Courte description du poto. *Ibid.* — Ses habitudes naturelles. *Ibid.* — Il n'est qu'une variété dans l'espèce du kinkajou. P. 258.

Pou des martinets T. VII, p. 382.

Pouacre ou *butor tacheté*. Ses dimensions et sa description. Le pouacre de l'Amérique et qui se trouve à Cayenne paraît être une espèce très voisine ou peut-être la même. Leurs différences. T. VIII, p. 99.

Pouc, espèce de rat qui se trouve dans quelques pays du Nord, et qui est plus grande que celle du rat domestique. *Add.*, t. X, p. 359.

Poudingues. Leur première formation. T. II, p. 316. — Il y a des poudingues calcaires, comme il y a des poudingues vitreux, et les marbres brèches peuvent être regardés comme des poudingues calcaires. — P. 596 et 597. — Lieux où se trouvent les poudingues calcaires auxquels on a donné mal à propos le nom de *cailloux roulés*. P. 597 et suiv. — Légère différence entre les poudingues calcaires et les marbres brèches. P. 598.

Poudingues, sont des blocs de pierres formés par l'agrégation de plusieurs petits cailloux réunis sous une enveloppe commune, par un ciment moins dur et moins dense que leur propre substance. T. III, p. 533. — La plupart des poudingues ne sont formés que des galets ou cailloux roulés. *Ibid.* — Formation des poudingues. *Ibid.* — Différentes sortes de poudingues. P. 323. — Poudingues appelés *Cailloux d'Écosse et d'Angleterre* ; il s'en trouve d'aussi beaux en France, tels que les cailloux de Rennes, les poudingues de Lorraine, etc. Il y a peu de poudingues dont toutes les parties se polissent également ; cause de cet effet. P. 533 et 534. — Différences des ciments qui réunissent les cailloux dont les poudingues sont composés. La plupart des poudingues vitreux ne sont que des grès plus ou moins compacts, dans lesquels sont renfermés des petits cailloux de toutes couleurs, et toujours plus durs que leur ciment. P. 534. — Les poudingues nous offrent en petit ce que nous présentent en grand les bancs vitreux ou calcaires, qui sont composés des débris roulés de pierres plus anciennes. *Ibid.* — La beauté des poudingues dépend non seulement de la dureté de leur ciment, mais aussi de la vivacité et de la variété de leurs couleurs. *Ibid.* — Les poudingues et les grès sont les dernières concrétions purement quartzeuses. P. 535.

Poudre a canon. Combinaisons desquelles dépend sa plus ou moins grande activité. T. III, p. 172.

Pouillot, très petit oiseau d'Europe fort semblable aux petits figuiers d'Amérique. T. VI, p. 589. — Sa nourriture, sa description. P. 590. — Ses habitudes naturelles. Il construit son nid avec autant de soin qu'il le cache. Il est en forme de boule. Raison de cette forme sphérique. *Ibid.* — La femelle pond quatre ou cinq œufs d'un blanc terne piqueté de rougeâtre. La voix de cet oiseau varie beaucoup, et comme il la fait entendre presque continuellement, on lui a donné le nom de *chantre*. *Ibid.* — Son mouvement est encore plus continu que sa voix, car il ne cesse de voltiger de branche en branche. Autres habitudes naturelles du pouillot, dont l'espèce, quoique très petite et faible, est répandue jusqu'en Suède et dans la Grèce. P. 591 et 592.

Pouillot (le grand). Il est moins petit d'un quart que le pouillot commun ; leurs différences. Description du grand pouillot. T. VI, p. 592

Poulains (les) et même les jeunes chevaux jusqu'à l'âge de six ans tettent souvent les femelles des chameaux en Arabie, où l'on prétend que cette nourriture les rend très légers à la course. *Add.,* t. X, p. 414.

Poule. Description de la matrice de la poule, de l'ovaire et des œufs qui y sont attachés. T. IV, p. 200. — Raison pourquoi les poules cessent de pondre lorsqu'elles couvent. P. 314.

Poule numidique. Voyez *Pauxi*.

Poule rouge du Pérou. Voyez *Hocco*.

Poule d'eau. Comparaison des poules d'eau et des râles, leurs ressemblances et leurs différences. T. VIII, p. 89. — Les poules d'eau font la nuance entre les oiseaux fissipèdes, dont les doigts sont nus et séparés, et les oiseaux palmipèdes, qui les ont garnis et joints par une membrane. Habitudes naturelles de la poule d'eau. Construction de son nid que la femelle quitte tous les soirs, après l'avoir couvert avec des brins de joncs et d'herbes. P. 90. — Dès que les petits sont éclos, la mère les mène à l'eau, et leur éducation est si courte qu'elle fait bientôt une nouvelle ponte. La poule d'eau n'est point un oiseau de passage, elle va seulement des montagnes à la plaine et des plaines à la montagne. Elle se trouve dans presque toutes les régions du monde. P. 91. — Exemples à ce sujet. *Ibid.* — Sa description. *Ibid.* — La femelle est un peu plus petite que le mâle, les couleurs de son plumage sont moins foncées, les ondes blanches du ventre sont plus sensibles, et sa gorge est blanche. *Ibid.*

Poule d'eau (variétés de la). Nous connaissons en France trois espèces ou variétés de la poule d'eau, que l'on assure ne pas se mêler, quoique vivant ensemble dans les mêmes lieux. On peut les distinguer par la grandeur. L'espèce moyenne est la plus commune ; la grande et la petite sont un peu plus rares. T. VIII, p. 91.

Poule d'eau (grande). Voyez *Porzane*.

Poule d'eau (petite). Elle n'est pas de beaucoup plus petite que la poule d'eau moyenne ; cependant ces deux espèces ne se mêlent point ensemble et leurs couleurs sont à peu près les mêmes. Observation sur cet oiseau dans l'état de captivité. T. VIII, p. 92.

Poule d'eau (grande) de Cayenne. Cet oiseau s'approche du héron par la longueur du cou et s'éloigne de la poule d'eau par la longueur du bec ; il ressemble néanmoins à cette dernière par le reste de la conformation. Ses dimensions et ses couleurs. Elle est très commune dans les marais de la Guyane, et l'on en voit jusque dans les fossés de la ville de Cayenne ; sa nourriture ; les jeunes ont le plumage tout gris et ils ne prennent du rouge qu'à la mue. T. VIII, p. 95.

Poule sultane. Discussion critique au sujet des oiseaux auxquels les nomenclateurs ont mal à propos donné le nom de *poule sultane*. T. VIII, p. 105. — Toutes les poules sultanes, ainsi que les espèces qui lui sont relatives, ne se trouvent que dans les climats chauds de l'un et de l'autre continent. P. 108.

Poule sultane. Est le même oiseau que le *porphyrion* des anciens. T. VIII, p. 101. — Ce nom, qui rappelle à l'esprit le rouge ou le pourpre du bec et des pieds, était bien plus caractéristique et plus juste que celui de poule sultane. Description du porphyrion, par les anciens. P. 102. — Erreur des modernes au sujet de la conformation des pieds de cet oiseau. Il se nourrit de toutes sortes d'aliments. On l'élève aisément. C'est un très bel oiseau ; description de sa figure et de son plumage. Son naturel est paisible. et il s'accoutume aisément avec nos volailles. *Ibid.* — Ses autres habitudes. *Ibid.* — Description particulière de cet oiseau. *Ibid.* — Observations sur ses habitudes en domesticité. *Ibid.* — Sa manière de manger. La femelle ne diffère du mâle qu'en ce qu'elle est un peu plus petite. Celui-ci est plus gros qu'une perdrix, mais un peu moins qu'une poule. Nous avons une femelle et un mâle de cette espèce qui avaient été envoyés de Sicile, où ces oiseaux paraissent être assez communs, et où probablement ils se sont naturalisés après y avoir été apportés d'Afrique. *Ibid.* — Ils se montrent naturellement disposés à la domesticité, et il serait agréable et utile de les multiplier. Ils ont construit un nid et leur ponte a été de six œufs chez M. le marquis de Nesle, qui les faisait élever avec un grand soin à Paris. *Ibid.* — Mais la femelle n'étant pas assidue à couver ses œufs, ils n'ont rien produit. P. 105.

Poule sultane (petite), oiseau de la Guyane qui, quoique bien plus petite que notre poule sultane, lui ressemble presque parfaitement. T. VIII, p. 107. — Sa description. *Ibid.*

Poule sultane *brune*. Elle se trouve à la Chine ; ses dimensions. T. VIII, p. 106. — Sa description. *Ibid.*

Poule sultane *verte*. Sa grandeur ; sa description. Elle se trouve aux Indes orientales. T. VIII, p. 106.

rience nous a fait remarquer dans toute la matière. *Ibid.*

PROBABILITÉS. De toutes les probabilités morales possibles, celle qui affecte le plus l'homme en général est la crainte de la mort. On doit rapporter à cette mesure, prise pour l'unité, la mesure des autres craintes et de celle des espérances. Évaluation de la probabilité qui produit la crainte de la mort. T. XI, p. 312 et 313. — Toute probabilité qui est au-dessous de dix mille ne doit point nous affecter, soit en crainte, soit en espérance. P. 313.

PROBABILITÉS DE LA VIE, tirée des tables de mortalité. T. XI, p. 347 et suiv. — Pour un enfant qui vient de naître. P. 351. — Pour un enfant âgé d'un an. P. 355. — Pour un enfant de deux ans d'âge. P. 358. — Pour un enfant de trois ans d'âge. P. 359. — Pour un enfant de quatre ans d'âge. P. 360. — Pour un enfant de cinq ans d'âge. *Ibid.* — Pour un enfant de six ans d'âge. P. 361. — Pour un enfant de sept ans d'âge. P. 362. — Pour un enfant de huit ans d'âge. *Ibid.* — Pour un enfant de neuf ans d'âge. P. 363. — Pour un enfant de dix ans d'âge. P. 364. — Pour un enfant de onze ans d'âge. *Ibid.* — Pour un enfant de douze ans d'âge. P. 365. — Pour un enfant de treize ans. *Ibid.* — Pour un enfant de quatorze ans. P. 366. — Pour un enfant de quinze ans. P. 367. — Pour une personne de seize ans. *Ibid.* — Pour une personne de dix-sept ans. P. 368. — Pour une personne de dix-huit ans. *Ibid.* — Pour une personne de dix-neuf ans. P. 369. — Pour une personne de vingt ans. *Ibid.* — Pour une personne de vingt-un ans. P. 370. — Pour une personne de vingt-deux ans. P. 371. — Pour une personne de vingt-trois ans. *Ibid.* — Pour une personne de vingt-quatre ans. P. 372. — Pour une personne de vingt-cinq ans. *Ibid.* — Pour une personne de vingt-six ans. P. 373. — Pour une personne de vingt-sept ans. *Ibid.* — Pour une personne de vingt-huit ans. P. 374. — Pour une personne de vingt-neuf ans. *Ibid.* — Pour une personne de trente ans. P. 375. — Pour une personne de trente-un ans. *Ibid.* — Pour une personne de trente-deux ans. P. 376. — Pour une personne de trente-trois ans. *Ibid.* — Pour une personne de trente-quatre ans. P. 377. — Pour une personne de trente-cinq ans. P. 378. — Pour une personne de trente-six ans. *Ibid.* — Pour une personne de trente-sept ans. P. 379. — Pour une personne de trente-huit ans. *Ibid.* — Pour une personne de trente-neuf ans. P. 380. — Pour une personne de quarante ans. P. 381. — Pour une personne de quarante-un ans. *Ibid.* — Pour une personne de quarante-deux ans. P. 382. — Pour une personne de quarante-trois ans. *Ibid.* — Pour une personne de quarante-

quatre ans. P. 383. — Pour une personne de quarante-cinq ans. P. 384. — Pour une personne de quarante-six ans. *Ibid.* — Pour une personne de quarante-sept ans. P. 385. — Pour une personne de quarante-huit ans. *Ibid.* — Pour une personne de quarante-neuf ans. P. 386. — Pour une personne de cinquante ans. P. 387. — Pour une personne de cinquante-un ans. *Ibid.* — Pour une personne de cinquante-deux ans. P. 388. — Pour une personne de cinquante-trois ans. *Ibid.* — Pour une personne de cinquante-quatre ans. P. 389. — Pour une personne de cinquante-cinq ans. P. 390. — Pour une personne de cinquante-six ans. *Ibid.* — Pour une personne de cinquante-sept ans. P. 391. — Pour une personne de cinquante-huit ans. *Ibid.* — Pour une personne de cinquante-neuf ans. P. 392. — Pour une personne de soixante ans. P. 393. — Pour une personne de soixante et un ans. *Ibid.* — Pour une personne de soixante-deux ans. P. 394. — Pour une personne de soixante-trois ans. P. 395. — Pour une personne de soixante-quatre ans. *Ibid.* — Pour une personne de soixante-cinq ans. P. 396. — Pour une personne de soixante-six ans. P. 397. — Pour une personne de soixante-sept ans. *Ibid.* — Pour une personne de soixante-huit ans. P. 398. — Pour une personne de soixante-neuf ans. P. 399. — Pour une personne de soixante-dix ans. *Ibid.* — Pour une personne de soixante-onze ans. P. 400. — Pour une personne de soixante-douze ans. *Ibid.* — Pour une personne de soixante-treize ans. P. 401. — Pour une personne de soixante-quatorze ans. P. 402. — Pour une personne de soixante-quinze ans. *Ibid.* — Pour une personne de soixante-seize ans. P. 403. — Pour une personne de soixante-dix-sept ans. *Ibid.* — Pour une personne de soixante-dix-huit ans. P. 404. — Pour une personne de soixante-dix-neuf ans. P. 405. — Pour une personne de quatre-vingts ans. *Ibid.* — Pour une personne de quatre-vingt-un ans. P. 406. — Pour une personne de quatre-vingt-deux ans. *Ibid.* — Pour une personne de quatre-vingt-trois ans. P. 407. — Pour une personne de quatre-vingt-quatre ans. P. 408. — Pour une personne de quatre-vingt-cinq ans. *Ibid.* — Pour une personne de quatre-vingt-six ans. P. 409. — Pour une personne de quatre-vingt-sept ans. *Ibid.* — Pour une personne de quatre-vingt-huit ans. P. 410. — Pour une personne de quatre-vingt-neuf ans. *Ibid.* — Pour une personne de quatre-vingt-dix et de quatre-vingt-onze ans. P. 410 et 411. — Pour une personne de quatre-vingt-douze ans. P. 411. — Pour une personne de quatre-vingt-treize et de quatre-vingt-quatorze ans. P. 412. — Pour une personne de quatre-vingt-quinze et de quatre-vingt-seize ans. P. 412 et 413. — Pour une personne de quatre-vingt-dix-sept, de quatre-vingt-dix-huit et de quatre-vingt-dix-neuf ans. P. 413.

PRODIGE. Un prodige dans la nature n'est autre chose qu'un effet plus rare que les autres. T. IV, p. 484.

PRODUCTIONS. Il se forme des productions nouvelles dans tous les animaux lorsqu'ils arrivent au temps de se multiplier; les œufs, dans les ovipares; les corps glanduleux, dans les vivipares, etc. T. IV, p. 317. — Dans les animaux, la production nombreuse dépend plutôt de la conformation des parties intérieures de la génération que d'aucune autre cause. T. VIII, p. 574. — Tous les animaux remarquables par leur grandeur ne produisent qu'en petit nombre, au lieu que tous les petits animaux produisent en grand nombre, et le plus ou le moins dans la production tient beaucoup plus à la grandeur qu'à la forme : exemple tiré des chats comparés aux lions et aux léopards. T. IX, p. 578.

PRODUCTION des femmes. Voyez *Femmes.*

PROFONDEURS (les) dans les hautes mers augmentent ou diminuent d'une manière assez uniforme, et ordinairement plus on s'éloigne des côtes, plus la profondeur est grande. T. I, p. 135. — La profondeur de la mer à la côte est toujours proportionnée à la hauteur de cette même côte, en sorte que, si la côte est fort élevée, la profondeur sera fort grande; et, au contraire, si la plage est basse et le terrain plat, la profondeur est fort petite. P. 135 et 136.

PROGRESSION DE L'AIGUILLE AIMANTÉE. On ne peut pas conclure affirmativement que la progression actuelle de l'aiguille vers l'ouest soit très considérable; il se pourrait, au contraire, que l'aiguille fût presque stationnaire depuis quelques années. T. IV, p. 131.

PROMEROPS sans pieds, comme un oiseau de Paradis. T. V, p. 620.

PROMEROPS. Rapports et différences entre ce genre et ceux des huppes et des guêpiers. T. VII, p. 270. — Se trouvent en Asie, en Afrique et en Amérique. *Ibid.*

PROMEROPS *à ailes bleues*, du Mexique. Se tient sur les montagnes. Vit d'insectes. Taille de la grive. Pennes intermédiaires très longues. T. VII, p. 286.

PROMEROPS (grand) *à parements frisés*, de la Nouvelle-Guinée. A les pennes intermédiaires de la queue très longues; les couvertures des ailes relevées en éventail et même quelques-unes des scapulaires; sur ces plumes naissent plusieurs autres longues plumes en partie décomposées. T. VII, p. 288.

PROMEROPS *brun à ventre rayé*, de la Nouvelle-Guinée. A les pennes intermédiaires de la queue très longues. Différences de la femelle. Autres variétés. T. VII, p. 289.

PROMEROPS *brun à ventre tacheté*, du Cap de Bonne-Espérance. Les six pennes intermédiaires de la queue très longues. T. VII, p. 287. — La femelle est plus petite et ses couleurs sont plus faibles. *Ibid.*

PROMEROPS *orangé* de la Guyane. Différences de la femelle, appelée *cochitototl.* T. VII, p. 289. — Cet oiseau a la queue carrée et beaucoup moins longue que les autres de ce genre. P. 290.

PROMERUPE de l'orient de l'Asie. Espèce intermédiaire entre la huppe et le promerops. T. VII, p. 284. — Taille de l'étourneau. Les deux pennes intermédiaires de la queue très longues. P. 285.

PROPORTIONS (les) du corps humain ont été déterminées d'après un très grand nombre de modèles par le simple coup d'œil des peintres et des sculpteurs, beaucoup mieux que par des mesures; énumération de ces proportions. T. XI, p. 64 et suiv.

PROPORTION de la valeur de l'argent. Voyez ARGENT.

PROYER (le) est un oiseau de passage qu'on voit arriver de bonne heure au printemps. Il établit son nid dans les prés, les orges, les avoines, etc., à trois ou quatre pouces au-dessus du sol. La femelle pond quatre, cinq et quelquefois six œufs. T. VI, p. 288. — Habitudes naturelles des père et mère et des petits. P. 289. — Ils sont répandus dans toute l'Europe. Les oiseleurs les gardent en cage pour leur servir d'appeau ou d'appelant. *Ibid.* — Description du mâle et de la femelle, et leurs dimensions tant extérieures qu'intérieures. P. 290.

PTARMIGAN. T. V, p. 377 et 394.

PUANT. Voyez MOUFFETTE. T. III, p. 492. — Les puants *ou* putois paraissent avoir passé d'Amérique en Europe. T. IV, p. 500.

PUBERTÉ (la) n'arrive que quand le corps a pris la plus grande partie de son accroissement. Tout marque dans ce temps la surabondance de la nourriture dans le mâle et dans la femelle. T. IV, p. 178. — Signes qui précèdent et accompagnent la puberté. T. XI, p. 33. — Signes communs aux deux sexes, et particuliers à chaque sexe. *Ibid.* — Dans toute l'espèce humaine, les filles arrivent à la puberté plus tôt que les mâles; mais, chez les différents peuples, l'âge de puberté est différent et semble dépendre en partie de la température du climat et de la qualité des aliments; dans les villes et chez les gens aisés, les enfants arrivent plus tôt à cet état; à la campagne et dans le pauvre peuple, les enfants sont plus tardifs. P. 34. — Raison pourquoi les filles arrivent plus tôt à cet état que les garçons. *Ibid.* et suiv. — Dans les climats les plus chauds de l'Asie, de l'Afrique et de l'Amérique, la plupart des filles sont pubères à dix et même à neuf ans. *Ibid.* — Les traits du visage et la figure du corps changent si fort dans le temps de la puberté que la même personne pourrait souvent être méconnue. T. VIII, p. 492.

Puberté. Description de l'âge de la puberté. L'existence de l'homme n'est complète que quand il peut la communiquer. *Add.*, t. XI, p. 227. — Le vœu de la nature n'est pas de renfermer notre existence en nous-mêmes. Par la même loi qu'elle a soumis tous les êtres à la mort, elle les a consolés par la faculté de se reproduire. *Ibid.*

Pucerons (les) engendrent d'eux-mêmes et sans accouplement; il paraît que Leeuwenhoeck a fait le premier cette observation. T. IV, p. 299. — Les pucerons n'ont point de sexe : ils sont également, ou pères ou mères, et engendrent d'eux-mêmes sans copulation, quoiqu'ils s'accouplent aussi quand il leur plaît, sans qu'on sache si cet accouplement est une conjonction de sexes, puisqu'ils en paraissent tous également privés ou également pourvus. P. 316 et 317.

Puces et Punaises trouvées dans des nids d'hirondelles de fenêtre. T. VII, p. 351.

Puissance. C'est la même puissance qui cause le développement et la reproduction. T. IV, p. 171.

Puissance de l'homme. Ce n'est que depuis trente siècles que la puissance de l'homme s'est réunie à celle de la nature et s'est étendue sur la plus grande partie de la terre; tableau de la puissance de l'homme sur la nature. T. II, p. 126.

Puissance du moule intérieur. Voyez *Moule intérieur*.

Puissances (les) de la nature réduites aux deux forces attractive et expansive. T. II, p. 213 et 214.

Puma (le) *du Pérou*, a été mal à propos appelé *Lion;* ses différences d'avec le vrai lion. T. IX, p. 171 et 172.

Purpura. Le coquillage appelé *Purpura* a une langue longue, dont l'extrémité est osseuse et pointue; elle lui sert comme de tarière pour percer les coquilles des autres poissons, et pour se nourrir de leur chair. T. I, p. 129.

Pus (le) qui sort des plaies contient une grande quantité de molécules organiques en mouvement. T. IV, p. 379.

Putois. Naturel et tempérament du putois. T. IX, p. 93 et 94. — Il tue toutes les volailles avant que d'en manger et d'en emporter. P. 93. — Il attaque les ruches à miel, et force les abeilles à les abandonner. *Ibid.* — Il produit trois, quatre ou cinq petits. *Ibid.* — Habitudes naturelles du putois. *Ibid.* — Les putois font une guerre continuelle aux lapins; une seule famille de putois suffit pour détruire une garenne. *Ibid.* — Les chiens ne veulent point manger de la chair du putois à cause de sa mauvaise odeur. P. 94. — Le putois a deux follicules qui contiennent la matière de la mauvaise

odeur qu'il répand. *Ibid.* — C'est un animal des pays tempérés. *Ibid.* — Il craint le froid et ne se trouve pas dans les pays du Nord. *Ibid.* — Le putois d'Europe paraît être du même genre que les moufettes ou puants d'Amérique, dont les espèces sont plus nombreuses et la nature plus exaltée. T. IV, p. 500.

Putois rayé de l'Inde. Description de cet animal. *Add.*, t. IV, p. 294.

Pygargue ou aigle à queue blanche. Cette espèce est composée de trois variétés, le grand pygargue, le petit pygargue et le pygargue à tête blanche. T. V, p. 62. — Les noms de ces oiseaux indiquent leurs différences; Aristote a parlé du grand pygargue, sous le nom de *hinnularia*, car il attaque les faons. P. 63. — Les pygargues diffèrent des aigles par la nudité de la partie inférieure des jambes, par leur bec jaune et blanc, par leur queue blanche; ils se plaisent dans les plaines et les bois voisins des lieux habités, et surtout dans les climats froids. *Ibid.*

Pygargue (le grand) est aussi gros, au moins aussi fort et plus féroce que l'aigle commun; produit deux ou trois petits; il les chasse du nid avant qu'ils soient en état de se pourvoir (on dit que l'orfraie en prend soin); fait son nid sur de gros arbres; ne chasse que pendant quelques heures dans le milieu du jour. T. V, p. 63. — Comme il ne chasse ordinairement, ainsi que le grand aigle, que de gros animaux, il se rassasie souvent sur les lieux sans pouvoir les emporter, et comme d'ailleurs il ne souffre point de chair corrompue, il y a souvent disette dans le nid, les aiglons deviennent criards, se battent pour se disputer la nourriture, et les père et mère doivent avoir empressement de s'en débarrasser. *Ibid.*

Pygargue, comparé au jean-le-blanc. T. V, p. 74 et 75.

Pygargus (le) *des anciens*, est le même animal que l'*algazel* ou *gazelle* d'Égypte et d'Arabie. T. IX, p. 479.

Pygmées. L'opinion de l'existence des Pygmées est très ancienne, et il paraît que les Pygmées ou Péchiniens d'Éthiopie, et les Quimos des montagnes de Madagascar, pourraient bien être de la même race. *Add.*, t. XI, p. 278.

Pyrite. Différence entre la pyrite martiale, la pyrite cuivreuse et la pyrite arsenicale. T. III, p. 67 et 68. — La matière pyriteuse provient des corps organisés. P. 69. — La formation des pyrites a précédé celle du soufre. P. 96. — Leur origine et leur formation. P. 198.

Pyrite martiale. Caractères de cette pyrite. — Elle s'effleurit à l'air et s'enflamme d'elle-même lorsqu'elle est humectée. T. III, p. 68. — Elle renferme également la substance du feu fixe et celle de l'acide. Sa nature, sa forme et sa composition. *Ibid.* — On en trouve presque sur toute la surface de la terre et jusqu'à la profondeur où sont parvenus les détriments des corps organisés. *Ibid.* — Chaque pyrite a sa sphère particulière d'attraction; elles se présentent ordinairement en petits morceaux séparés. *Ibid.* — La pyrite martiale ne doit pas être mise au nombre des mines de fer, quoiqu'elle en contienne beaucoup, parce qu'elle brûle plutôt qu'elle ne fond; raison de cet effet. P. 69. — Quoiqu'elle ne paraisse être qu'une matière ingrate et même nuisible, elle est néanmoins l'un des principaux instruments dont se sert la nature pour reproduire le plus noble de tous ses éléments. P. 70.

PYRITES. Les pyrites sont des corps ignés, dont la chaleur et le feu se manifestent dès qu'elles se décomposent. T. III, p. 603. — Ce sont de vraies stalactites de la terre limoneuse; leur formation et leur composition. *Ibid.* — Leur très grande dureté. *Ibid.* — Comparaison des pyrites aux diamants; leurs rapports auxquels on n'avait pas fait attention et qui prouvent que les diamants, comme les pyrites, sont des corps ignés qui tirent leur première origine de la terre végétale. P. 603 et 604. — Le diamant et la pyrite sont des corps de feu dans lesquels l'air, la terre et l'eau ne sont entrés qu'en quantité suffisante pour retenir et fixer ce premier élément. P. 604. — Il se trouve des diamants noirs presque opaques, qui n'ont aucune valeur, et qu'on prendrait au premier coup d'œil pour des pyrites martiales octaèdres ou cubiques. *Ibid.* — Pyrites n'ont admis que très peu ou point d'eau dans leur composition. Preuve de cette assertion. *Ibid.* — Bois, poissons et coquilles pénétrés ou enduits de parties pyriteuses. P. 584. — La minéralisation pyriteuse des corps organisés s'opère de la même manière et par les mêmes moyens que la pétrification vitreuse ou calcaire. *Ibid.*

PYRITES (les), les marcassites et autres semblables minéraux ne sont pas disposés par couches horizontales, comme les matières plus anciennes du globe; mais elles se trouvent au contraire dans les fentes perpendiculaires de ces couches horizontales. T. I, p. 216.

PYRITES MARTIALES. Reproduisent du fer en se décomposant par l'humidité; manière dont se fait cette reproduction. T. III, p. 196.

PYRITES MARTIALES, leur origine et pourquoi on les trouve en si grande quantité à la surface de la terre. T. II, p. 359.

# Q

QUADRATURE DU CERCLE; son impossibilité est démontrée par les simples définitions de la ligne droite et de la ligne courbe. T. XI, p. 311 et suiv. — M. Panckoucke, libraire de Paris et homme de lettres très estimable et très instruit, a publié dans le *Journal des Savants* du mois de décembre 1765 un mémoire sur ce sujet, où il donne des preuves démonstratives de cette impossibilité de la quadrature du cercle; ainsi cette question ne fait plus un problème.

QUADRICOLOR ou moineau de la Chine, gros-bec de Java, son plumage. T. VI, p. 104.

QUADRUPÈDES, leur histoire moins difficile à faire que celle des oiseaux, et pourquoi. T. V, p. 1. — Il n'y en a guère plus de deux cents espèces, dont l'histoire et la description sont le fruit de vingt ans de travail. *Ibid.* — Il est assez facile de donner une connaissance distincte de chacun, avec un bon dessin, rendu par une gravure noire et une bonne description. P. 3. — La plupart des quadrupèdes ont l'odorat plus vif, plus étendu que ne l'ont les oiseaux. P. 18. — La durée de leur vie est proportionnelle au temps employé à leur accroissement, et ils ne sont en état d'engendrer que lorsqu'ils ont pris la plus grande partie de leur accroissement P. 29. — Rapports particuliers observés entre la tribu des quadrupèdes et celle des oiseaux. P. 31. — Il y a dans ces deux tribus des espèces carnassières et d'autres qui se nourrissent de matières végétales, et pourquoi. P. 32. — Dans les quadrupèdes, surtout dans ceux qui ne peuvent rien saisir avec leurs doigts, qui n'ont que de la corne aux pieds ou des ongles durs, le sens du toucher parait réuni à celui du goût dans la gueule. P. 36. — Les quadrupèdes éprouvent les impressions du sixième sens dans toute leur violence; c'est un besoin pressant, un désir fougueux, une espèce de fureur; ils ne connaissent point la fidélité réciproque; les pères ne prennent aucun soin de leur géniture. P. 38. — Il faut excepter le chevreuil, les loups, les renards. P. 39. — Le tiers des quadrupèdes est carnassier, tandis qu'à peine la quinzième partie des oiseaux sont oiseaux de proie, toutefois en n'y comprenant pas les oiseaux de proie aquatiques qui forment une tribu très nombreuse. P. 45. — Il n'y a guère parmi les quadrupèdes que les castors, les loutres, les phoques et les morses qui vivent de poisson. *Ibid.* — Les quadrupèdes se rapprochent des oiseaux par les polatouches, roussettes, chauves-souris, etc.; des cétacés, par les phoques, morses et lamantins; de l'homme, par le gibbon, le pithèque, l'orang-outang; des reptiles, par les fourmiliers, phatagins, pangolins; des crustacés, par les tatous. P. 202.

QUADRUPÈDES. Idée de la circulation de leur sang. T. VII, p. 334 (note *e*).

QUADRUPÈDES, marchent ordinairement en portant à la fois en avant une jambe de devant et une jambe de derrière en diagonale. T. VIII, p. 484. — Le nom de *quadrupède* suppose que l'animal ait quatre pieds : s'il manque de deux pieds comme le lamantin, il n'est plus quadrupède; s'il a des bras et des mains comme le singe, il n'est plus quadrupède, et l'on fait abus de cette dénomination générale lorsqu'on l'applique à ces animaux. T. X, p. 93. — Les vrais quadrupèdes sont les solipèdes et les pieds fourchus; dès qu'on descend à la classe des fissipèdes, on trouve des quadrumanes ou des quadrupèdes ambigus, qui, se servant de leurs pieds de devant comme de mains, doivent être distingués des autres. P. 94. — Énumération des animaux auxquels le nom de quadrupède convient dans toute la rigueur de son acception, et de ceux auxquels il ne convient pas entièrement, et qui font une classe intermédiaire entre les quadrupèdes et les quadrumanes. *Ibid.* — Il y a dans le réel plus d'un quart des animaux auxquels le nom de quadrupède disconvient, et plus d'une moitié auxquels il ne convient pas dans toute l'étendue de son acception. *Ibid.*

QUALITÉ. Les qualités générales de la matière sont toutes également des principes mécaniques, soit qu'elles tombent ou non sous nos sens. T. IV, p. 174.

QUALITÉ PHYSIQUE, c'est-à-dire qualité réelle dans la nature, ne peut avoir qu'une mesure, et par conséquent ne peut être représentée que par un terme. T. II, p. 265. — Démonstration de cette vérité. *Ibid.*

QUAPACTOL ou le *Rieur* du Mexique. Son cri ressemble à un éclat de rire. Passait pour un oiseau de mauvais augure. Taille de notre coucou T. VII, p. 255.

QUARTZ. Le quartz est le premier verre primitif et la matière dont la roche entière de l'intérieur du globe est composée; c'est aussi la première base de toutes les matières vitreuses. T. II, p. 474. — La substance du quartz est simple, dure et résistante à toute action des acides ou du feu. Sa cassure vitreuse indique son essence, et tout démontre que c'est le premier verre qu'ait produit la nature. P. 474 et 475. — Manière dont il s'est formé et comment il a acquis sa solidité dans l'intérieur du globe, en même temps qu'il s'est exfolié et réduit en paillettes à l'extérieur de ce même globe. P. 475. — Le quartz se présente dans des états différents : le premier, en grandes masses dures et sèches, produites par la vitrification primitive; le second, en petites masses brisées et décrépitées par le premier refroidissement, et c'est sous cette seconde forme qu'il est entré dans la composition des granites et de plusieurs autres matières vitreuses; le troisième état du quartz est celui où ces petites masses sont dans un état d'altération ou de décomposition produit par les vapeurs de la terre ou par l'infiltration de l'eau. Différence sensible de ces quartz. P. 479. — Un des caractères du quartz est d'avoir la cassure vitreuse, c'est-à-dire par ondes convexes et concaves, également polies et luisantes, et ce caractère seul suffirait pour indiquer que le quartz est un verre, quoiqu'il ne soit pas fusible au feu de nos fourneaux. *Ibid.* — Quartz de seconde formation, quartz feuilleté, quartz troué, etc. P. 480. — Quartz qui accompagne les filons des métaux. Observation à ce sujet. *Ibid.* — Quartz en blocs détachés et roulés par les eaux ne sont que des débris des grandes masses de quartz primitif. On trouve des bancs d'une grande étendue qui ne sont composés que de ces morceaux de quartz roulé, quelquefois mêlé avec des pierres calcaires, et ces bancs ont été formés de ces matières transportées par les eaux. P. 481.

QUATOZTLI ou *oiseau plus petit que le char donneret* de Seba. Critique à ce sujet. T. VI, p. 263.

QUAUCHICHIL, de Fernandez; notice de ce petit oiseau. T. VIII, p. 464.

QUAUHCILUI, nom donné par Seba au guépier à tête grise.

QUAUHTOTOPOTLI ALTER. Voyez *Épeiche* de Canada.

QUAXOXOCTOTOTL. T. VII, p. 200 (note *b*).

QUEREIVA, espèce de cotinga qui se trouve à Cayenne; sa description. T. VI, p. 332.

QUESTION *de fait*, ne demande point de réponses. Ceux qui croient y répondre par des causes finales prennent l'effet pour la cause. T. IV, p. 161.

QUESTIONS auxquelles on ne peut répondre que par la question même. T. IV, p. 160. — Il faut distinguer avec soin les questions où l'on emploie *le pourquoi* de celles où on doit employer *le comment*, et encore de celles où l'on ne doit employer que *le combien*. P. 161.

QUETELE. Voyez *Peintade*.

QUEUE du dindon, comment se relève. T. V, p. 325.

QUEUE du faisan. T. V, p. 424. — De l'argus ou luen. P. 436. — Du chinquis. P. 438. — Du spicifère. P. 439. — De l'éperonnier. P. 440. — Individus sans queue dans quelques espèces d'oiseaux. P. 451.

# R

RACES. Les races en général tiennent toujours plus du mâle que de la femelle. T. VI, p. 130.

RACHITIQUE. Squelette d'enfant rachitique dont les os des bras et des jambes ont tous des calus dans le milieu de leur longueur; à l'inspection de ce squelette, on ne peut guère douter que cet enfant n'ait eu les os rompus dans le temps que la mère le portait, ensuite les os se sont réunis et ont formé des calus. T. IV, p. 369.

RACKLEHANE de Suède. Serait le petit tétras à queue fourchue s'il avait des barbillons et qu'il n'eût pas le cri tout différent. T. V, p. 371.

RAISON. Pour donner la raison d'une chose il faut avoir un sujet différent de la chose, duquel on puisse tirer cette raison. T. VI, p. 160.

RALE *à long bec :* il a le bec plus long que tous les autres râles. Sa description. Il y en a deux espèces, ou plutôt deux variétés qui diffèrent principalement par la grandeur. T. VIII, p. 84 et 85.

RALE *bidi-bidi*, ainsi nommé de son cri; il se trouve à la Jamaïque, et n'est guère plus gros qu'une fauvette. T. VIII, p. 86. — Sa description. P. 87.

RALE D'EAU ; il court au bord des eaux aussi vite que le râle de terre dans les champs. T. VIII, p. 80. — Ses autres habitudes naturelles. On le prend aisément au lacet. *Ibid.* — Il se tient dans son fort avec autant d'opiniâtreté que le râle de terre dans le sien. Sa grandeur. Sa description. On le voit dans nos provinces autour des sources chaudes pendant l'hiver; cependant il a comme le râle de terre des temps de migrations marquées, et on le voit passer à Malte au printemps et en automne. P. 81. — L'espèce est plus nombreuse que celle du râle de terre, et on la rencontre dans presque toutes les contrées de l'ancien continent. La chair de cet oiseau est moins délicate que celle du râle de terre; elle a un goût de marécage. *Ibid.*

RALE D'EAU (petit). Voyez *Marouette.*

RALE (petit) *de Cayenne ;* ce joli petit oiseau n'est pas plus gros qu'une fauvette. Sa description. C'est le plus joli des râles. T. VIII, p. 87.

RALE *de genét.* Voyez *Râle de terre.*

RALE *de la Guyane.* Voyez *Kiolo.*

RALE *des Philippines.* Voyez *Tiklin.*

RALE *de terre* ou *de genét ;* par quelle raison on l'a nommé *roi des cailles.* Son habitation. Son cri. T. VIII, p. 76. — Ce cri est assez semblable au croassement d'un reptile. Cet oiseau fuit rarement au vol, mais presque toujours en marchant avec vitesse. Il semble acompagner et suivre les cailles en tout temps. P. 77. — Ses différences avec la caille, et ses ressemblances avec les autres râles. Sa description. *Ibid.*

— Il n'est pas aussi fécond que la caille et ne pond que huit à dix œufs, au lieu que la caille en pond jusqu'à dix-huit et vingt. Description du nid et des œufs de cet oiseau. Les petits courent dès qu'ils sont éclos. Manière dont le râle de terre se fait chasser. Son opiniâtreté à rester sans partir devant le chien et sa subtilité à le tromper. Sa manière de voler. P. 77 et 78. — Il se sert plus de ses pieds que de ses ailes. Il part et voyage avec les cailles; manière dont il projette et exécute le voyage. On ne le voit dans nos provinces méridionales que dans le temps de son passage; il ne niche point en Provence comme dans nos autres provinces. P. 78. — Il passe la Méditerranée et on le voit dans les îles de cette mer. Il se trouve aussi dans les provinces du Nord et jusqu'en Norvège; ses migrations en Asie semblent suivre le même ordre qu'en Europe; on le voit dans le mois de mai au Kamtschatka comme en France. *Ibid.* — Il se nourrit principalement d'insectes. Il mange aussi des graines, mais il ne donne à ses petits que des vers ou de petits insectes; il prend, lorsqu'il est adulte, beaucoup de graisse et sa chair est exquise; manière de le prendre au filet. P. 79.

RALE *de Virginie ;* il est gros comme la caille et a plus de rapports avec le râle de terre qu'avec le râle d'eau. T. VIII, p. 86. — Il se trouve dans l'Amérique septentrionale et jusqu'à la baie d'Hudson. Son plumage est tout brun, et il devient si gras et si pesant en automne qu'un homme peut le prendre à la course. *Ibid.*

RALE *tacheté de Cayenne ;* est un des plus beaux et des plus grands du genre des râles. Sa description. T. VIII, p. 86.

RALES, oiseaux qui forment une grande famille, dont les habitudes sont différentes de celle de la plupart des autres oiseaux de rivages. T. VIII, p. 75. — Étymologie de ce nom *râle.* Caractères communs à tous les râles. Ils ont beaucoup de ressemblances avec les poules d'eau. *Ibid.* — Les espèces en sont peut-être plus diversifiées dans les terres humides du nouveau continent que partout ailleurs; il y en a de plus grandes et de beaucoup plus petites que les espèces européennes. P. 84 et 85.

RAMIER. Plus gros que le biset; a pu contribuer, ainsi que le biset et la tourterelle, à la multiplication indéfinie de nos races de pigons. T. V, p. 525 et 533. — Leurs passages, leurs pontes, leur nid; temps de l'incubation, leur roucoulement, leur nourriture, leur manière de boire; qualité de leur chair; comment on les prend; leur espèce peu nombreuse. P. 526. — Se trouvent partout dans les deux continents. P. 528. — Voyez *Pigeon* à queue annelée de la Jamaïque et *Pigeon* à taches triangulaires d'Edwards.

transparents qui sont composés de couches alternatives de différente densité, le rapport des sinus d'incidence et de réfraction ne doit pas être le même ; et, en effet, dans le cristal d'Islande, le rapport est de 5 à 3 pour la première réfraction ; mais celui de la seconde réfraction n'est que de 5 à 3 $\frac{1}{2}$, ou de 10 à 7, au lieu de 5 à 3, ou de 10 à 6. T. III, p. 565. — La puissance réfractive est beaucoup plus grande dans le diamant que dans aucun autre corps transparent ; avec des prismes dont l'angle est de 20 degrés, la réfraction du verre blanc est d'environ 10 $\frac{1}{2}$ ; celle du flint-glass, de 11 $\frac{1}{4}$ ; celle du cristal de roche, tout au plus de 10 $\frac{1}{2}$ ; celle du cristal d'Islande, d'environ 11 $\frac{1}{2}$ ; celle du péridot, de 11 ; tandis que la réfraction du saphir d'Orient est entre 14 et 15, et que celle du diamant est au moins de 30. Il est à présumer que celles du rubis et de la topaze sont un peu plus fortes que celle du saphir, et un peu moins éloignées de celle du diamant. T. IV, p. 4. — Plus la réfraction est forte, et moins il y a de dispersion de la lumière, et c'est là vraiment la cause du grand éclat du diamant et des pierres précieuses. *Ibid.* — Toutes les matières transparentes, solides ou liquides dont la réfraction est relativement à leur densité plus grande qu'elle ne doit être sont réellement des substances inflammables ou combustibles. La réfraction de l'air, qui de toutes est la moindre, ne laisse pas d'être trop grande relativement à sa densité, et cet excès ne peut provenir que de la quantité de feu qui se trouve mêlé dans l'air, et auquel on a donné le nom d'*air inflammable*. P. 6 et 7. — La puissance réfractive des corps transparents devient d'autant plus grande qu'ils ont plus d'affinité avec la lumière, et l'on ne doit pas douter que ces corps ne contractent cette plus forte affinité par la plus grande quantité de feu qu'ils contiennent. P. 7 et 8.

REFROIDISSEMENT (le) des parties polaires du globe terrestre a été accéléré par la chute des eaux. T. II, p. 90. — Indépendamment du refroidissement général et successif de la terre, depuis les pôles à l'équateur, il y a eu des refroidissements particuliers plus ou moins prompts dans toutes les montagnes et dans les terres élevées des différentes parties du globe. P. 111.

. REFROIDISSEMENT. Le temps du refroidissement des corps est en raison de leur diamètre. T. II, p. 223. — Deux points à saisir dans le refroidissement des corps ; le premier, lorsqu'on commence à pouvoir les toucher sans se brûler ; et le second, lorsqu'ils sont refroidis à la température actuelle. P. 271. — Le refroidissement du globe de la terre, depuis l'état d'incan-

descence jusqu'au point de pouvoir le toucher sans se brûler, ne s'est fait qu'en quarante-deux mille neuf cent soixante-quatre ans, et son refroidissement jusqu'à la température actuelle ne s'est fait qu'en quatre-vingt-seize mille six cent soixante-dix ans, en supposant le globe principalement composé de fer et de matières ferrugineuses. P. 276. — La principale cause du refroidissement n'est pas le contact du milieu ambiant, mais la force expansive qui anime les parties de la chaleur et du feu. *Ibid.* — Comparaison du temps du refroidissement des globes de glaise et de grès avec celui du refroidissement des globes de fer. P. 279 et suiv. — Comparaison du temps du refroidissement du marbre, de la pierre, du plomb et de l'étain avec celui du refroidissement du fer. P. 280. — Rapports du refroidissement des différentes substances minérales constaté par un grand nombre d'expériences. P. 283 et suiv.

RÉGULE DE FER. Voyez *Fer, régule de fer.*

REINS de l'aigle commun, sont fort petits à proportion de ceux des autres oiseaux. T. V, p. 60.

RELIGIEUSE. Voyez *Moloxita.*

RELIGION. Toute religion fondée sur des opinions humaines est fausse et variable, et il n'a jamais appartenu qu'à Dieu de nous donner la vraie religion. T. IX, p. 69.

REMIZ. T. VI, p. 628. — Art recherché que le remiz emploie dans la construction de son nid. P. 629. — Il le suspend avec du chanvre, de l'ortie, etc., et le laisse bercer à l'air. Son naturel défiant et rusé. On n'en prend jamais dans les piéges. Description de ce nid. *Ibid.* — La femelle ne pond que quatre ou cinq œufs d'un beau blanc avec la coque transparente. Elle fait ordinairement deux pontes chaque année, et c'est principalement dans les lieux marécageux que ces oiseaux s'établissent. P. 630. — On les voit communément en Pologne et dans quelques provinces de l'Allemagne. Description du remiz. P. 631. — Différences de la femelle, leurs dimensions. P. 632.

RENARD. Caractère du renard et ses habitudes naturelles. T. IX, p. 78. — Ses ruses pour dévaster les basses-cours. *Ibid.* — Manière dont il cache et dépose en différents endroits les oiseaux ou les volailles dont il a fait rapine. *Ibid.* — Sa manière de chasser. P. 79. — Manière de le chasser. *Ibid.* —Le renard est carnassier, vorace, et mange de tout. *Ibid.* — Il est très avide de miel et attaque les ruches et les guépiers. P. 80. — Ses différences d'avec le chien. *Ibid.* — Le renard ne s'apprivoise pas aisément et jamais tout à fait. *Ibid.* — Il produit une seule fois par an et en moindre nombre que le chien ; les portées sont ordinairement de quatre ou cinq, rarement de six, et jamais

moins de trois. *Ibid.* — Manière dont la femelle cache et élève ses petits. *Ibid.* — **La
femelle devient en chaleur l'hiver.** *Ibid.* —
Les renards naissent les yeux fermés; ils
sont deux ans à croître, et vivent treize ou
quatorze ans. *Ibid.* — Différents accents et
différents tons dans la voix du renard, suivant les différentes affections. P. 80 et 81
— Le renard a le sommeil profond. P. 81.
— Lorsqu'il est enchaîné, il ne se jette pas
sur les volailles. *Ibid.* — Variétés nombreuses dans l'espèce du renard. P. 81 et 82. —
Elle ne se trouve point dans les pays très
chauds. P. 82. — Elle est originaire des
pays froids. *Ibid.* —La fourrure des renards
blancs n'est pas fort estimée, parce que le
poil tombe aisément; les gris argentés sont
meilleurs; les bleus et les croisés sont recher-
chés à cause de leur rareté, mais les noirs
sont les plus précieux de tous. C'est, après
la zibeline, la fourrure la plus belle et la
plus chère. *Ibid.* — Le renard se loge souvent dans le terrier du blaireau. P. 84.

**RENARD.** A le sens de l'odorat plus parfait
que le corbeau et le vautour. T. V, p. 18.—
Dans cette espèce, la société du mâle et de
la femelle dure autant que l'éducation des
petits. P. 39.

**RENARDS** *du Groenland.* Notice sur ces
animaux. *Add.*, t. X, p. 290.

**RENARDS** *de Kamtschatka.* La fourrure de
ces renards est de la plus grande beauté.
*Add.*, t. X, p. 290.

**RENARDS** *de Norvège.* Il y en a de différentes couleurs; ils sont si nombreux qu'on
fait tous les ans un commerce considérable
de leurs peaux, dont on vend plus de quatre
mille par année dans le seul port de Ber-
ghen. *Add.*, t. X, p. 290.

**RENARD.** Addition à l'article de cet animal. *Add.*, t. X, p. 290.

**RENARD BLANC.** Description d'un renard
blanc. *Add.*, t. X, p. 290.

**RENNE.** Raison physique de ce que la femelle du renne a du bois comme le mâle.
T. IX, p. 16. — Il paraît que cet animal
existait dans les hautes montagnes de France
il y a deux ou trois siècles. P. 438. — Le
renne ne se trouve actuellement que dans
les pays les plus septentrionaux. *Ibid.* — Sa
description et sa comparaison avec le cerf.
P. 442. — Ses habitudes naturelles. *Ibid.* —
Le renne est devenu animal domestique chez
les Lapons. P. 443.—Grande utilité que l'on
tire de ces animaux. *Ibid.* — On attelle le
renne à un traîneau, et il fait aisément
trente lieues par jour. *Ibid.* — Manière dont
les Lapons élèvent et conduisent ces animaux. P. 444. — Le bois du renne est beaucoup plus grand et plus étendu que celui du
cerf. *Ibid.* — Sa nourriture pendant l'hiver
et pendant l'été. *Ibid.* — Troupeaux de rennes chez les Lapons; avantages qu'ils en

tirent. *Ibid.* — Lorsqu'on les fait changer de
climat, ils dépérissent et meurent. *Ibid.*

**RENNE.** Il y a deux races ou variétés constantes dans cette espèce. *Add.* T. X. p. 438.
— Dans tous les mouvements que font ces
animaux, il se fait un craquement assez fort
pour être entendu de loin; ce même craquement se fait entendre aussi quoiqu'ils soient
en repos, pour peu qu'ils soient émus ou
surpris. *Ibid.* — Un de ces animaux, pris à
76 degrés de latitude et amené à Amsterdam,
ne pouvait supporter la température de ce
climat trop chaud pour lui; c'était un renne
de la petite espèce. P. 440. — Les rennes de
la grande et de la petite espèce varient beaucoup par la figure et par les empaumures
de leurs bois. *Ibid.* — Description d'un jeune
renne par M. Allamand. *Ibid.* — Autre description d'un renne, avec des observations
anatomiques, par M. le professeur Camper,
P. 441 et suiv. — Le renne ne prend son
accroissement entier qu'en cinq ans. P. 440.
— Cet animal a, comme le daim, la pupille
des yeux transversale, et des larmiers semblables à ceux des cerfs, qui se remplissent
d'une matière blanchâtre, glutineuse et plus
ou moins transparente. P. 441.

**RENNE,** *bois de renne.* Les grands bois ou
cornes fossiles trouvées en Irlande doivent
se rapporter au renne et non pas à l'élan.
*Add.*, t. X, p. 438.

**RENNE** *femelle.* Sa description. *Add.*, t. X,
p. 437.

**RENNE.** Observation sur le craquement
qui se fait entendre dans les pieds et les
jambes du renne, et sur la maladie dont
deux de ces animaux sont morts en France. *Add.*, t. X, p. 444. — En Laponie et
dans les provinces septentrionales de l'Asie,
il y a peut-être plus de rennes domestiques
que de rennes sauvages; mais, dans le Groenland, les voyageurs disent qu'ils sont tous
sauvages. Les plus forts de ces rennes du
Groenland ne sont pas plus gros qu'une gé-
nisse de deux ans. *Ibid.*

**RENNE.** Additions relatives aux habitudes
et à la description du renne. *Add.*, t. X, p.
444. — Autres additions relatives au même
sujet. P. 445.

**RENNES** *sauvages* et **RENNES** *domestiques.*
T. IX. p. 444. — Les rennes sauvages sont
plus forts que les rennes domestiques. *Ibid.*
—Description du traîneau qu'on leur fait tirer
et de la manière dont on les attelle. P. 444
et 445. — Conformités du renne avec le cerf.
P. 445. — Le renne jette son bois tous les
ans et se charge de venaison. *Ibid.* — La
femelle ne porte que huit mois, et ne produit qu'un petit. *Ibid.* — Les jeunes rennes
portent la livrée comme les jeunes cerfs.
*Ibid.* — Les rennes n'ont acquis leur plein
accroissement qu'à l'âge de quatre ans. *Ibid.*
—On les soumet à la castration; manière

dont les Lapons font cette opération. *Ibid.*
— Les rennes entiers sont trop difficiles à manier, et on ne se sert que des hongres. *Ibid.* — On ne garde qu'un mâle entier pour cinq ou six femelles, et c'est à l'âge d'un an que se fait la castration. *Ibid.* — Il s'engendre des vers sous la peau des rennes en très grande quantité. *Ibid.* — Soins qu'exigent les troupeaux de cette espèce. P.445 et 446. — La surabondance de nourriture est plus grande dans le renne que dans aucun autre animal. P. 446. — Il est le seul dont le bois tombe et se renouvelle malgré la castration. *Ibid.* — C'est la seule espèce d'animal dans laquelle la femelle porte un bois comme le mâle. *Ibid.* — Raison de la surabondance de nourriture dans cet animal, tirée de la qualité des aliments qu'il prend. P. 446 et 447 — Différence de la grandeur du bois dans les mâles, les femelles et les hongres. P. 447. — Lorsque ces animaux courent, les os de leurs pieds font un craquement que l'on entend de loin. *Ibid.* — Le renne est du nombre des animaux ruminants. P. 448. — Dans l'état de domesticité, il ne vit qu'environ seize ans ; mais, dans l'état de nature, il doit vivre plus longtemps. P. 449. — Manière dont les Lapons chassent les rennes. *Ibid.*

REPRÉSENTATIONS THÉÂTRALES. But et objet utile des représentations théâtrales. *Ibid.*

REPRODUCTION. Différents moyens dont la nature se sert pour la reproduction. T. XI, p. 584. — Explication de la reproduction des végétaux et des animaux qui se reproduisent sans copulation ou par la séparation de leurs parties. P. 176. — La nutrition et la reproduction sont toutes deux non seulement produites par la même cause efficiente, mais encore par la même cause matérielle. P. 183. — La matière qui sert à la nutrition et à la reproduction des animaux et des végétaux est la même ; c'est une substance productive et universelle, composée de molécules organiques toujours existantes, toujours actives, dont la réunion produit les corps organisés. P. 313.

RÉPULSION. — Changement d'attraction en répulsion, comment il s'opère. T. II, p. 215 et 216.

RÉPULSION (la) dans l'aimant n'est que l'effet d'une attraction en sens contraire. T. IV, p. 118.

RÉSERVES. — Quart de réserve. Voyez *Bois.*

RÉSERVOIRS. Grands réservoirs d'eau en Orient, faits par la main des hommes. T. I, p. 62.

RESPIRATION. Expérience qui semble prouver qu'on pourrait élever des animaux, et peut-être même des enfants, pendant quelque temps sans les laisser respirer. T. XI, p. 11. — Il serait peut-être possible d'em-

pêcher de cette façon le trou ovale de se fermer, et de faire par ce moyen d'excellents plongeurs et des espèces d'animaux amphibies, qui vivraient également dans l'air et dans l'eau. P. 12.

RESPIRATION des grenouilles. T. VII, p. 335.

RESSEMBLANCE (la) des enfants aux parents, prouve la vérité du système de l'auteur sur la génération. T. IV, p. 184. — Pour bien juger de la ressemblance des enfants à leurs parents, il ne faut pas les comparer dans les premières années, mais attendre l'âge où, tout étant développé, la comparaison en est plus certaine et plus sensible. T. VIII, p. 493. — Dans l'espèce humaine, on trouve que souvent le fils ressemble à son père, et la fille à sa mère ; que plus souvent ils ressemblent à l'un et à l'autre à la fois, et qu'ils tiennent quelque chose de tous deux ; qu'assez souvent ils ressemblent aux grands-pères et aux grand'mères ; que quelquefois ils ressemblent aux oncles et aux tantes ; que presque toujours les enfants du même père et de la même mère se ressemblent plus entre eux qu'ils ne ressemblent à leurs ascendants, et que tous ont quelque chose de commun et un air de famille. *Ibid.*

RESSORT (le) est le seul moyen par lequel la force d'impulsion et le mouvement puissent se communiquer. T. II, p. 213 — Le ressort dépend de la force d'attraction ; preuves de cette assertion. *Ibid.*

RÉVEIL-MATIN. Voyez *Caille* de Java.

RÊVES. L'idée du temps n'entre jamais dans les rêves. T. IV, p. 443. — Causes occasionnelles des rêves. *Ibid.* et suiv. — Pourquoi presque tous les rêves sont effroyables ou charmants. *Ibid.*

RÉVOLUTION DU MOUVEMENT DE DÉCLINAISON. On ne peut pas la supposer entière, c'est-à-dire de 360 degrés. T. IV, p. 131.

RHAAD, ou *saf-saf,* ou *petite outarde huppée d'Afrique.* N'a point de fraise comme le houbara. Son plumage. T. V. p. 284.

RHAAD (petit). Ne diffère du premier que parce qu'il est plus petit, qu'il n'a point de huppe, et par les couleurs du plumage. T. V, p. 284.

RHINOCÉROS, appartient à l'ancien continent et ne se trouve point dans le nouveau ; l'espèce n'en est pas nombreuse, et elle est confinée aux seuls climats méridionaux de l'Afrique et de l'Asie. T. IV, p. 537 — C'est après l'éléphant le plus puissant des animaux quadrupèdes ; sa grandeur et ses dimensions. T. IX, p. 345 et 346. — Il a les jambes beaucoup plus courtes à proportion de celles de l'éléphant. P. 346. — Ses qualités individuelles et relatives. *Ibid.* — Usage de sa corne. *Ibid.* — Il a la lèvre supérieure mobile et terminée par un appendice. *Ibid.* — Description de cet animal ;

oiseaux sont curieux quoique timides; tous les chants et même tous les bruits les font approcher. P. 465. — Sont très bons à manger lorsqu'ils sont gras. *Ibid.* — Différences et caractères distinctifs des mâles et des femelles. Description des parties extérieures et intérieures de ces oiseaux, et leurs dimensions. P. 466. — Il y a variété de grandeur dans cette espèce. P. 467. — En Anjou, il est une race de rossignols beaucoup plus gros que les autres, laquelle se tient et niche dans les charmilles. Cette race de grands rossignols est aussi fort commune en Silésie. *Ibid.*

Rossignol *blanc.* Il s'en trouve en Italie et en France. T. VI, p. 468.

Rossignol *de muraille.* Comparaison de son chant avec celui du rossignol. T. VI, p. 497 et 498. — Ce n'est que par le chant qu'il y a quelques rapports entre ces deux oiseaux. Le rossignol de muraille se pose sur les tours et les combles des édifices inhabités, même au milieu des villes, sur les clochers; on le trouve aussi dans l'épaisseur des forêts les plus sombres. Ses autres habitudes naturelles. Sa grandeur, sa description. P. 498. — Différences du mâle et de la femelle. Ils nichent dans les trous de muraille, de rochers ou d'arbres creux; leur ponte est de cinq ou six œufs bleus. *Ibid.* — Son naturel est sauvage, son instinct solitaire. *Ibid.* — Et son caractère triste. On peut l'élever en cage en le prenant jeune. Manière de le nourrir. P. 499. — Sa nourriture dans l'état de liberté. P. 500. — Il part de France au mois d'octobre et reste en Italie jusqu'à la fin de novembre. *Ibid.* — Variétés dans cette espèce. *Ibid.* et suiv.

Rossignol *de muraille* d'Amérique. Sa description. T. VI, p. 501.

Rossignol, couve l'œuf du coucou déposé dans son nid. T. VII, p. 218.

Rotje de Groenland et de Spitzberg, rapporté à l'oiseau de tempête. T. VIII, p. 421. — Description du rotje et de sa nichée, par les voyageurs hollandais et par Anderson. P. 422.

Roues (les) des moulins et des forges, tournent plus vite pendant la nuit que pendant le jour; preuve de ce fait par l'expérience. Elles tournent d'autant plus vite qu'elles sont plus près de la vanne; explication de ce fait. *Add.*, t. I, p. 273 et suiv.

Rouge-cap, espèce de tangara de la Guyane dont la tête est rouge. Sa description. T. VI, p. 246.

Rouge-gorge. T. VI, p. 511. — Sa nourriture et ses habitudes naturelles. *Ibid.* et suiv. — Il n'est pas d'oiseau plus matinal que le rouge-gorge. P. 512. — Et il est peut-être le dernier à s'endormir le soir. On le prend aisément, car il est peu défiant et fort curieux. *Ibid.* — Manière de les

prendre en quantité. Ils sont excellents à manger. P. 513. — L'espèce en est répandue dans toute l'Europe, depuis l'Espagne jusqu'en Suède. Différences des petits aux adultes pour les couleurs du plumage. Ils partent sans s'attrouper et seul à seul. P. 514. — Il en reste quelques-uns pendant l'hiver en France, et ceux-ci s'approchent alors des habitations. *Ibid.* — Ils ne craignent point de s'approcher des hommes et d'entrer même dans les maisons où ils sont très familiers. *Ibid.* — Leur nourriture dans cet état de domesticité. P. 515. — Description du plumage du rouge-gorge. *Ibid.*

Rouge-gorge *bleu* de l'Amérique septentrionale. T. VI, p. 519. — C'est une espèce très voisine du rouge-gorge d'Europe. Ses dimensions et sa description. Différences du mâle et de la femelle. *Ibid.* — Son naturel, sa nourriture, son nid. P. 520.

Rouge-gorge, repousse le coucou lorsqu'il se présente pour pondre dans son nid. T. VII, p. 217. — Couve l'œuf du coucou déposé dans son nid. P. 218.

Rouge-noir ou gros-bec de Cayenne. T. VI, p. 101.

Rouge-queue ou pie-grièche de Bengale. De la grosseur de notre pie-grièche grise; a du rouge sous la queue et au-dessous des yeux. T. V, p. 161.

Rouge-queue. Discussion critique au sujet des oiseaux qui ont du rouge dans leur plumage. T. VI, p. 502. — Différences du rouge-queue et du rossignol de muraille. Sa description. P. 503. — Différences du mâle et de la femelle. *Ibid.* — Leur arrivée au printemps et leurs habitudes naturelles. Description de leur nid. La femelle pond cinq ou six œufs blancs variés de gris. L'espèce est très voisine de celle du rossignol de muraille. Il n'a, pour ainsi dire, ni chant ni ramage. P. 504. — Son naturel. *Ibid.* — Sa chair est très grasse et bonne sur la fin de l'été. Il n'en reste aucun pendant l'hiver en France. *Ibid.*

Rouge-queue de la Guyane, espèce voisine de celle du rouge-queue d'Europe. T. VI, p. 505.

Rouge-queue, couve l'œuf du coucou déposé dans son nid. T. VII, p. 218.

Rougettes, roussettes, chauves-souris et polatouches, font la nuance entre les quadrupèdes et les oiseaux, comme l'autruche, le casoar et le dronte font la nuance entre les oiseaux et les quadrupèdes. T. V, p. 102 et 201.

Rougettes. Habitudes naturelles de ces animaux. *Add.*, t. X, p. 233.

Rousseline. Voyez *Alouette* de marais.

Rousserolle ou rossignol des rivières. Son chant, ses allures, son nid. Ses rapports avec la grive, ses différences. T. VI, p. 15 — Se trouve aux Philippines. P. 16.

ROUSSEROLLE (petite), appelée *effarvate*. Est huppée; son babil, son vol. T. VI, p. 15.

ROUSSETTE ou ROUGETTE. Ce sont deux espèces très voisines. T. IX, p. 236 et 237. — Ressemblances et différences de la roussette et de la rougette. P. 237. — La roussette et la rougette sont toutes deux des climats chauds de l'ancien continent. *Ibid.* — Leurs ressemblances et leurs différences avec le vampire. *Ibid.* — Leurs habitudes naturelles et le dégât qu'elles font. P. 239. — Ce sont des animaux carnassiers et qui mangent de tout. P. 240. — Manière de les prendre en les enivrant de liqueurs fermentées. *Ibid.* — Elles vont ordinairement en troupes et plus la nuit que le jour. *Ibid.* — Examen et description de la langue de la roussette. P. 241.

ROUSSETTES (les) volent en plein jour, et les rougettes ne volent que la nuit. *Add.*, t. X, p. 232. — Manière dont les roussettes se tiennent sur les arbres. P. 233.

ROUSSETTES et ROUGETTES (les) se trouvent en grand nombre perchées sur les arbres à l'île de Bourbon. Prises dans la bonne saison, leur chair est bonne à manger. Détail historique et critique sur l'histoire naturelle des roussettes et des rougettes, par M. de La Nux. *Add.*, t. X, p. 232 et suiv. — Elles ne sont point naturellement féroces et ne mordent que quand on les irrite. *Ibid.* — Ces animaux étaient beaucoup plus nombreux dans l'île de Bourbon, il y a cinquante ans, qu'ils ne le sont aujourd'hui. Raison de cette différence. Ils sont en chaleur au mois de mai, qui fait le milieu de l'automne dans ce climat. P. 233. — La durée de la gestation des femelles est de quatre mois et demi ou cinq mois. Les roussettes et les rougettes ne sont point des animaux carnassiers, mais frugivores. P. 234. — Manière dont elles prennent leur vol et parcourent les airs. P. 235. — Mais elles ne peuvent prendre leur vol étant à terre. *Ibid.* — Ce sont des animaux très propres sur leur corps. P. 236.

ROUVERDIN, petit tangara qui se trouve au Pérou, à Surinam et à Cayenne. T. VI, p. 256.

RUBIN ou gobe-mouche rouge huppé de la rivière des Amazones. Sa description. T. VI, p. 387.

RUBIS. Le rubis d'Orient est le vrai rubis ou rubis proprement dit; le rubis balais est un rubis d'un rouge plus clair; et le spinelle un rubis d'un rouge plus foncé. T. IV, p. 1 et 2. — Le rubis contient moins de feu fixe que le diamant; il est moins combustible et spécifiquement plus pesant. P. 15. — La forme de cristallisation du rubis, de la topaze et du saphir est la même, et la densité du rubis est un peu plus grande que celle de la topaze et du saphir. P. 16. — La forme de cristallisation du rubis spinelle et du rubis balais est différente de celle du vrai rubis. *Ibid.* — Le rubis balais n'est qu'une variété du rubis spinelle; les pesanteurs de ces deux pierres sont à peu près les mêmes; elles se cristallisent de la même manière; forme de leur cristallisation. P. 16 et 17. — Leurs différences avec les rubis d'Orient. P. 17. — Dans les rubis d'Orient, lorsque le rouge est mêlé d'orangé, on leur donne le nom de *vermeille*. *Ibid.* — Lieux particuliers où se trouvent les rubis. P. 18. — Les Asiatiques donnent le même nom aux rubis, aux topazes et aux saphirs d'Orient, qu'ils appellent *rubis rouges*, *rubis jaunes* et *rubis bleus*, sans les distinguer par aucune autre dénomination particulière; et, en effet, l'essence de ces trois pierres est la même. P. 19. — Rubis balais se trouvent quelquefois en assez grand volume. P. 20. — Ces rubis balais sont, comme le diamant, cristallisés en octaèdre, mais souvent leur forme extérieure est irrégulière, parce qu'ils ont été frottés dans les sables des rivières. *Ibid.*

RUBIS DU BRÉSIL ne sont que des cristaux vitreux produits par le schorl; il en est de même des topazes, émeraudes et saphirs de cette contrée. T. IV, p. 18 et 19.

RUBIS, une des plus petites espèces d'oiseau-mouche. T. VII, p. 41. — Son plumage. Forme de ses ailes. P. 42. — S'avance plus que les autres oiseaux-mouches dans les terres septentrionales. *Ibid.* — Se nourrit comme les autres du nectar des fleurs. *Ibid.*

RUBIS-ÉMERAUDE, espèce d'oiseau-mouche. T. VII, p. 52.

RUBIS-TOPAZE, espèce d'oiseau-mouche. Plumage, queue, dimensions. T. VII, p. 45. — Bec. Différences du mâle à la femelle. *Ibid.* — Variétés d'âge ou de climat. *Ibid.*

RUFALBIN du Sénégal, porte sa queue épanouie. A l'ongle postérieur fort long, la taille du merle, la queue très longue. T. VII, p. 237.

RUMINANTS. Les animaux ruminants ne ruminent pas encore lorsqu'ils tettent. T. VIII, p. 546. — Ils ruminent beaucoup plus en hiver, et lorsqu'on les nourrit d'aliments secs, qu'en été pendant lequel ils paissent l'herbe tendre. *Ibid.*

RUMINATION. Explication physique de la rumination. T. VIII, p. 546. — La rumination n'est qu'un vomissement sans effort. P. 547.

RUMINATION d'une espèce de perroquets. T. VII, p. 161.

RUSSES. Leurs établissements sur la côte orientale de la Laponie. Voyez *Laponie*.

RUSSIE (Description d'un grand chien mâle de). *Add.*, t. X, p. 285. — Description de la femelle. *Ibid.*

RUSTINE. C'est ainsi qu'on appelle le côté du creuset qui est exposé à l'ouverture par où l'on coule la fonte dans les fourneaux de forges. T. II, p. 361.

RUT. L'effet le plus général du rut est l'exténuation de l'animal, et, dans les espèces d'animaux dont le rut ou le frai n'est pas fréquent et ne se fait qu'à de grands intervalles de temps, l'exténuation du corps est d'autant plus grande que l'intervalle du temps est plus considérable. T. IV, p. 186. — Temps du rut; presque tous les animaux, à l'exception de l'homme, ont des temps marqués pour la génération : le printemps pour les oiseaux; les chats se cherchent au mois de janvier, au mois de mai et au mois de septembre; les chevreuils, au mois de décembre; les loups et les renards, en janvier; les chevaux, en été; les cerfs, au mois de septembre et d'octobre; presque tous les insectes ne se joignent qu'en automne, etc. P. 318 et 319. — Causes occasionnelles du rut dans le cerf et dans quelques autres animaux. T. IX, p. 20.

# S

SABLE. Ce que l'auteur entend par le mot de sable. T. I, p. 122. — Le sable vitrifiable et la glaise, qui n'est que du sable vitrifiable décomposé, est la matière commune dont le globe est composé; et tous les rochers, soit du genre vitrifiable, soit du genre calcinable, sont également appuyés sur la glaise ou sur le sable vitrifiable. P. 230. — Inondations de sable. P. 245. — Les sables vitrifiables ne sont que des fragments de verre. P. 116. — Le sable, en se décomposant, produit les paillettes talqueuses, et par une décomposition encore plus complète il devient glaise et argile. P. 117.

SABLE *vitrescible*. Le sable vitrescible peut se réunir en masses plus ou moins dures, par le moyen de l'eau. *Add.*, t. I, p. 271.

SABLE VITRESCIBLE; différentes origines du sable vitrescible qui se trouve à de grandes profondeurs dans l'intérieur de la terre, et des sables vitrescibles qui se trouvent à sa surface. T. II, p. 56.

SABLON *ferrugineux* (le) qui se trouve dans le platine, est indissoluble, presque infusible et inaccessible à la rouille. T. II, p. 336. — Ce sablon est néanmoins du vrai fer, du fer pur, du fer dépouillé de toutes les parties combustibles, salines et terreuses qui se trouvent dans le fer ordinaire, et même dans l'acier. *Ibid.* — Il n'appartient pas exclusivement au platine; il se trouve en beaucoup d'endroits, et provient du mâchefer. *Ibid.* et suiv.

SABLON MAGNÉTIQUE qui accompagne toujours le platine, se trouve aussi dans les terrains volcanisés et dans tous les lieux où il y a eu des incendies qui ont produit du mâchefer, dont ces sablons ne sont que des particules désunies; le fer de ce sablon, décomposé entièrement par le feu, ne souffre plus d'autre décomposition; il entre souvent dans la composition des mines secondaires et des géodes, qui, quoique formées par l'intermède de l'eau, ne laissent pas d'être attirables à l'aimant, et ce n'est qu'en raison de la quantité de ce sablon magnétique qu'elles jouissent de cette propriété qui ne leur appartient point en propre. T. IV, p. 35. — Ce sablon magnétique n'est ordinairement qu'une poudre composée de paillettes aussi minces que celles du mica; mais il se présente aussi quelquefois en masses assez compactes, sous la forme d'une mine de fer noirâtre qu'on peut regarder comme un aimant de seconde formation; car, non seulement il est attirable à l'aimant, mais encore il attire le fer. *Ibid.*

SACA ou chat de Madagascar à queue tortillée. *Add.*, t. X, p. 302.

SACRE, a le bec et les pieds bleus comme le lanier, est devenu rare comme lui; il est aussi court empiété, de forme plus arrondie que le faucon, et très hardi; c'est un oiseau de passage; on ne sait où il niche. T. V, p. 131.

SACRE d'Égypte. T. V, p. 92 et 94.

SACRET, est le tiercelet ou mâle de l'espèce du sacre. T. V, p. 132.

SAFFRE. Voyez *Cobalt*. T. III, p. 419 et 422.

SAÏ, petite espèce de sapajou, qu'on appelle aussi *pleureur*, dont il y a deux variétés; leur description, leur naturel, leur nourriture. T. X, p. 202. — Caractères distinctifs de l'espèce du saï. *Ibid.*

SAÏGA, animal qui fait une espèce intermédiaire entre les chèvres et les gazelles. T. IX, p. 467 et 468. — Description de ses cornes et ses convenances avec les gazelles. P. 468. — On se sert de la matière de ses cornes comme de l'écaille; cette matière est belle et très transparente. P. 469. — Le saïga ressemble plus aux gazelles qu'aux chamois et aux bouquetins par les habitudes naturelles. *Ibid.*

SAÏGA. Sa description, par Gmelin. Le

saïga ne doit pas être confondu avec le *saïga* des Tartares *Irkutzk*, qui est l'animal du musc. *Add.*, t. X, p. 468. — L'espèce du saïga se trouve, selon M. Forster, depuis la Moldavie et la Bessarabie, jusqu'à la rivière d'Irtisch en Sibérie. Sa nourriture dans l'état de liberté; son naturel. Il a la lèvre supérieure plus longue que l'inférieure; elle paraît pendante, et c'est probablement à cette forme des lèvres qu'on doit attribuer la manière dont cet animal paît, car il ne broute qu'en rétrogradant. Selon M. Forster, les saïgas vont la plupart en troupeaux, qu'on assure être quelquefois jusqu'au nombre de dix mille. Ce qui est plus certain, c'est que les mâles se réunissent pour défendre leurs petits et leurs femelles contre les attaques des loups et des renards. Leur voix ressemble au bêlement des brebis. Les femelles mettent bas au printemps, et ne font qu'un petit à la fois et rarement deux. *Ibid.* — On trouve quelquefois des saïgas à trois cornes, et même on en voit qui n'en ont qu'une seule, ce qui est confirmé par M. Pallas. Description du saïga, par M. Forster. Il n'y a que les mâles qui aient des cornes ; les femelles en sont dépourvues. *Saïga* est un mot tartare qui signifie chèvre sauvage; mais communément ils appellent le mâle *matgatch* et la femelle *saïga*. P. 469.

SAÏMIRI, petite espèce de sapajou, appelé vulgairement *sapajou aurore;* c'est le plus joli des sapajous; sa description et ses habitudes naturelles. T. X, p. 203. — Caractères distinctifs de l'espèce du saïmiri. P. 204.

SAÏMIRI. Addition à son article. *Add.*, t. X, p. 221.

SAISON de vie et saison de mort dans les végétaux et dans plusieurs animaux. T. II, p. 204.

SAISON, les oiseaux sont beaucoup plus soumis à la loi de la saison qu'à celle du climat. T. V, p. 6.

SAJOUS, ce sont des sapajous de moyenne grandeur dont il y a deux variétés, savoir : le sajou brun et le sajou gris; leur description, leur naturel; ils peuvent produire dans nos climats : exemple à ce sujet. T. X, p. 200. — Caractères distinctifs de l'espèce du sajou. P. 201.

SAJOU BRUN. Addition à l'article de ce sapajou, et exposé de quelques-unes de ses habitudes. *Add.*, t. X, p. 218 et suiv.

SAKI, grande espèce de sagouin. Caractères distinctifs de cette espèce. T. X, p. 204.

SALACZAC (le) des Philippines, indiqué par Camel, paraît être un petit martin-pêcheur. T. VII, p. 516.

SALAMANDRES. On trouve dans les salamandres des œufs et des petits vivants; elles ne sont vivipares que comme la vipère. T. IV, p. 316.

SALANGANE des Philippines, des Moluques, etc. Espèce d'hirondelle de rivage fort petite. Son nid se mange. T. VII, p. 393 et suiv. — Ce nid différent des nids d'alcyons des anciens. *Ibid.* — Sa forme; lieux où la salangane le construit. P. 394 et suiv. — Matière qu'elle y emploie. P. 396. — Sa forme, sa structure. P. 397. — Qualité de cette nourriture. *Ibid.* — Cette espèce d'hirondelle est très nombreuse. P. 398. — Appelée aussi *hirondelle de mer, alcyon. Ibid.* — N'est point de passage. A le vol de nos hirondelles, mais vole un peu moins. *Ibid.* — A les ailes plus courtes. *Ibid.* — Taille du troglodyte. *Ibid.*

SALIVE du coucou, ce que c'est. T. VII, p. 207 et 208.

SALOYAZIR de l'île de Luçon Sorte de très petite sarcelle. T. VIII, p. 401.

SALPÊTRE. Manière de faire le salpêtre ou le nitre, et de quelles matières on le tire. T. III, p. 174 et suiv.

SAMOÏÈDES, peuple du nord de l'Asie. Nouvelles observations sur ce peuple. *Add.*, t. XI, p. 259.

SANDERLING. Voyez *Maubèche.*

SANG d'une espèce de grenouille, employé, dit-on, à attirer les perroquets. T. VII, p. 71 et 167. — Circulation du sang dans les divers animaux. P. 334 (note *e*).

SANG. Circulation du sang avait été soupçonnée et annoncée avant Harvey; mais c'est lui qui l'a démontrée. T. IV, p. 201. — Première origine du sang dans le fœtus et dans le poulet. P. 339 et 340. — L'origine et la formation du sang du fœtus sont aussi indépendantes du sang de la mère que le sang du poulet dans l'œuf est indépendant de celui de la poule qui le couve. P. 340. — Le sang paraît plus tôt dans le placenta que dans le fœtus. P. 365. — Dans les premiers temps, et même jusqu'à deux et trois mois, le corps du fœtus ne contient que très peu de sang ; il est blanc comme de l'ivoire, et ne paraît être composé que de lymphe qui a pris de la solidité. P. 366. — Il n'y a nulle communication du sang de la mère avec le sang du fœtus. P. 367.

SANGLIER. Différences du sanglier et du cochon domestique. T. VIII, p. 576. — La durée de la vie du sanglier peut s'étendre jusqu'à vingt-cinq ou trente ans. P. 578. — Les petits sangliers suivent tous leur mère jusqu'à l'âge de trois ans. P. 580. — Le sanglier, surtout le mâle, crie très rarement; mais dès qu'il est surpris, il souffle avec tant de violence, qu'on l'entend de très loin. *Ibid.* — Les sangliers ne sont pas naturellement carnivores, et cependant ils mangent de la chair corrompue. *Ibid.* — Le mâle, dans le temps du rut, demeure ordinairement trente jours avec la femelle. P. 581. — Chasse du sanglier. *Ibid.* — Il est absolument nécessaire de couper les parties de la génération au sanglier dans le moment qu'on vient de le tuer, sans quoi sa chair ne serait pas mangeable. *Ibid.*

Sanglier (le) du Cap-Vert et de quelques autres endroits, a des défenses très grosses et tournées comme des cornes de bœuf. T. IV, p. 480. — Notice au sujet de cet animal ; ses défenses du dessus ressemblent plus à des cornes d'ivoire qu'à des dents. *Add.*, t. X, p. 396.

Sanglier *d'Afrique.* Voyez *Sanglier du Cap-Vert. Add.*, t. X, p. 396.

Sanglier *du Cap-Vert.* Sa description. *Add.*, t. X, p. 396. — Cet animal a refusé de s'accoupler avec une truie ordinaire, et même s'est mis en fureur contre elle et l'a tuée. Différences très remarquables entre le sanglier du Cap-Vert et le cochon. *Ibid.* et suiv. — Sa description, par MM. Pallas et Wosmaër. Il paraît par ses descriptions, et par quelques faits historiques qui sont à la suite, qu'il y a des variétés même assez remarquables dans cette espèce de sanglier d'Afrique. P. 398 et suiv. — Raison de douter si cette espèce n'est pas une simple variété dans l'espèce de notre sanglier d'Europe. P. 400. — Cet animal d'Afrique paraît exister également dans les terres du Cap-Vert, dans celles du cap de Bonne-Espérance et dans l'île de Madagascar. *Ibid.* — Histoire et description de cet animal, par M. Allamand. *Ibid.* et suiv.— Il court beaucoup plus légèrement que le cochon d'Europe. Autre expérience qui semble prouver que le sanglier d'Afrique est d'une espèce différente des autres cochons. P. 401.

Sanglier *du Cap-Vert.* Addition et correction à son article. *Add.*, t. X, p. 403.

San-hia de la Chine. A les deux pennes intermédiaires de la queue fort longues Ressemble au coucou huppé à collier. T. VII, p. 247.

Sansonnet. Voyez *Étourneau.*

Sansonnet. Voyez *Oiseaux.*

Santé. Pourquoi la santé de l'homme est plus chancelante que celle des animaux. T. IV, p. 435 et suiv.

Santorin (les îles de) se sont abîmées dans la mer et élevées au-dessus de la terre à plusieurs reprises. T. IV, p. 84.

Sapajous et Sagouins. On a eu tort de les indiquer par les noms de *singes*, de *cynocéphales*, de *kèbes* et de *cercopithèques* ; car, de la même manière qu'il ne se trouve dans le nouveau continent ni singe, ni babouins, ni guenons, il ne se trouve aussi dans l'ancien continent ni sapajous ni sagouins. T. X, p. 91. — Caractères généraux et particuliers qui séparent les sapajous et les sagouins des singes, des babouins et des guenons ; le premier de ces caractères est d'avoir la cloison des narines fort épaisse ; le second est d'avoir les narines ouvertes sur les côtés du nez et non pas au-dessous du nez : le troisième est de manquer de callosités sur les fesses, et le quatrième de manquer aussi d'abajoues ou de poches au dedans des joues. P. 92. — Le caractère général par lequel on peut distinguer les sapajous des sagouins, c'est que les sapajous ont la queue dégarnie de poil par dessous, et qu'ils peuvent s'en servir comme d'un doigt pour s'accrocher, au lieu que les sagouins ont la queue lâche et entièrement velue en dessous comme par-dessus. *Ibid.* — Ces animaux peuvent être regardés comme les représentants, dans le nouveau continent, des singes, des babouins et des guenons, qui ne se trouvent que dans l'ancien. T. IV. p. 499. — Ressemblances et différences détaillées des sapajous et des sagouins entre eux. T. X, p. 190. — Il y a huit espèces de sapajous et six espèces de sagouins ; énumération de toutes ces espèces. P. 191.

Saphir. La plupart des saphirs blancs répandus dans le commerce ne sont que des saphirs d'un bleu très pâle, qu'on a fait chauffer pour leur enlever cette couleur. T. IV, p. 22. — Il y a des saphirs de toutes les teintes de bleu, depuis l'indigo jusqu'au bleu pâle. P. 23. — Les saphirs d'un bleu céleste sont plus estimés que ceux dont le bleu est plus foncé ou plus clair ; et lorsque ce bleu se trouve mêlé de violet ou de pourpre, ce qui est assez rare, les lapidaires donnent à ce saphir le nom d'*améthyste orientale. Ibid.* — Les saphirs ont une couleur suave, et sont plus ou moins resplendissants au grand jour, mais ils paraissent assez obscurs aux lumières. *Ibid.* —Défaut assez communs dans les saphirs. P. 24.

Saphir *d'eau.* Ses propriétés naturelles, ses couleurs, sa double réfraction. T. III, p. 463. — Ses défauts. Il tire son origine du feldspath et du quartz : preuves de cette assertion. *Ibid.*

Saphir *du Brésil* provient du schorl ; ses rapports avec l'émeraude du Brésil, et ses différences d'avec le vrai saphir. T. III, p. 478 et 479.

Saphir, espèce d'oiseau-mouche de taille un peu au-dessus de la moyenne. T. VII, p. 49.

Saphir-émeraude, espèce d'oiseau-mouche de taille moyenne. T. VII, p. 49.

Sarcelles *à queue épineuse.* Description et caractère distinctif de cet oiseau. T. VIII, p. 395. — Il est naturel à la Guyane, et n'a guère que onze ou douze pouces de longueur. *Ibid.*

Sarcelle *blanche et noire*, surnommée la *religieuse*, parce qu'elle porte une robe blanche, un bandeau blanc, avec coiffe et manteau noirs. T. VIII, p. 396. — Sa taille est à peu près celle de notre sarcelle. *Ibid.* — Elle se trouve à la Louisiane. *Ibid.* — Sa facilité à reparaître l'instant après avoir plongé à une très grande distance est vrai-semblablement la cause pour laquelle les pécheurs de Terre-Neuve lui ont donné le nom d'*esprit*. *Ibid.*

SARCELLE *brune et blanche*. Description de cette sarcelle. T. VIII, p. 398. — Elle ne craint pas la plus grande rigueur du froid, et on la trouve au fond de la baie d'Hudson. *Ibid.*

SARCELLE *commune*. Sa description. T. VIII, p. 383. — Différence de la femelle avec le mâle. P. 384. — Cette différence est en général si grande dans les sarcelles, de même que dans les canards, que les chasseurs peu expérimentés s'y méprennent, et ces méprises ont produit une foule de dénominations impropres contre lesquelles les naturalistes doivent être en garde, pour ne pas multiplier les espèces sur la seule différence des couleurs qui se trouvent dans les oiseaux. *Ibid.* — Le mâle sarcelle, au temps de la pariade, fait entendre un cri semblable à celui du râle. *Ibid.* — La femelle ne fait guère son nid dans nos provinces, et presque tous ces oiseaux nous quittent avant le 15 ou le 20 avril. *Ibid.* — Ils volent par bandes dans le temps de leurs voyages, mais sans garder, comme les canards, d'ordre régulier. P. 385. — Les autres habitudes naturelles. *Ibid.*

SARCELLE de Coromandel. Est plus petite au moins d'un quart que la sarcelle commune. Description de cette sarcelle. T. VIII, p. 391.

SARCELLES d'Égypte. Description du mâle et de la femelle dans cette espèce, qu'on assure se trouver en Égypte. T. VIII. p. 390.

SARCELLE d'été. Sa description. T. VIII, p. 387. — La sarcelle d'été, décrite par M. Baillon, paraît devoir se rapporter à la petite sarcelle et non pas à la sarcelle d'été de Ray. P. 388. — Description de cette sarcelle qu'on nomme *criquart* ou *criquet* en Picardie. Ses habitudes naturelles. *Ibid.* — Elle s'apprivoise aisément et s'accoutume en très peu de temps à la domesticité. *Ibid.* — Ces sarcelles ne se tiennent pas, comme les autres, attroupées. *Ibid.* — Description de leurs nids, nombre des œufs et durée de l'incubation. P. 389. — Description des jeunes criquarts. *Ibid.* — Cet oiseau n'est pas des pays septentrionaux, et il est très sensible au froid. *Ibid.* — Il est à croire qu'il ne vit pas longtemps, vu son prompt accroissement. *Ibid.*

SARCELLE de Féroë (la) est un peu moins grande que la sarcelle commune. Sa description. T. VIII, p. 393.

SARCELLE de Java (la) est de la taille de la sarcelle commune. Sa description. T. VIII, p. 391.

SARCELLE de la Caroline. Sa description. T. VIII, p. 398. — Nous n'avons pas con-naissance que cette espèce se trouve en d'autres contrées que la Caroline. *Ibid.*

SARCELLE de la Chine. Sa description T. VIII, p. 392. — Caractère singulier de cette espèce. *Ibid.*

SARCELLE de Madagascar. Sa description. T. VIII, p. 390.

SARCELLE du Mexique. Sa description. T. VIII, p. 397. L'épithète donnée par Fernandez à la femelle, semble dire qu'elle sait abattre et couper les joncs pour en former ou y poser son nid. *Ibid.*

SARCELLE (petite). Sa description. T. VIII, p. 390. — Cette espèce niche sur nos étangs, et reste dans le pays toute l'année. P. 391. — Construction de son nid. *Ibid.* — Nombre et couleur des œufs; la femelle seule s'occupe du soin de la couvée. *Ibid.* — Habitudes naturelles de ces oiseaux, dont l'espèce est commune en Brie. *Ibid.* — Chasse qu'on en fait en Pologne, au moyen de filets tendus d'un arbre à l'autre, dans lesquels ces sarcelles donnent lorsqu'elles se lèvent de dessus les étangs. *Ibid.* — Le nom grec *phascas* paraît désigner spécialement la petite sarcelle. *Ibid.*

SARCELLE *rousse à longue queue*. Sa description. T. VIII, p. 396. — Ses rapports et ses différences avec la sarcelle à queue épineuse. *Ibid.*

SARCELLE *soucrourette* (la) nous paraît être de la même espèce que la sarcelle de Virginie de Catesby. et la même que la sarcelle soucrourou de Cayenne. T. VIII. p. 394. — Description de cette sarcelle *Ibid.* — Elle est très avide de riz, et mange aussi d'une espèce d'avoine sauvage qui croit dans les marécages; l'une et l'autre de ces nourritures l'engraisse extrêmement et donne à sa chair un goût exquis. *Ibid.*

SARCELLE *soucrourou*. Sa description. T. VIII, p. 394. — Elle se trouve à Cayenne, à la Caroline, et vraisemblablement dans beaucoup d'autres endroits d'Amérique. P. 395. — Sa chair est délicate et de bon goût. *Ibid.*

SARCELLES (les) forment un genre subalterne, secondaire, presque aussi nombreux que celui des canards, et qui ne semble fait que pour le représenter et le reproduire à nos yeux sous un plus petit module. T. VIII, p. 382. — Les sarcelles ne sont proprement que des canards bien plus petits que les autres, mais qui du reste leur ressemblent, non seulement par les habitudes naturelles et par la conformation, mais encore par l'ordonnance du plumage et même par la grande différence des couleurs qui se trouvent entre les mâles et les femelles. *Ibid.* — Les sarcelles étaient assez estimées chez les Romains pour qu'on prît la peine de les multiplier, en les élevant en domesticité. Nous réussirions sans doute à les élever de même. *Ibid.* — Quelques-unes des espèces des sarcelles se sont portées jusqu'aux extrémités des continents. *Ibid.* — Chacune des espèces de sarcelles paraît propre et particulière à un continent ou à l'autre, et, à l'exception de notre grande et petite sarcelle, aucune autre ne paraît se trouver dans tous les deux. P. 383.

SARDOINE est une agate d'un rouge mêlé de jaune, ou purement jaune. T. III, p. 502. — Cette couleur orangée de la sardoine est plus suave à l'œil que le rouge dur de la cornaline. *Ibid.* — Les sardoines sont plus rares que les cornalines, et se trouvent rarement en aussi grand volume. *Ibid.*

SARICOVIENNE, animal du pays de la Plata qui est grand comme un chat, et qui est d'une nature amphibie comme la loutre. Il a de même des membranes entre les doigts de pieds. T. IX, p. 603 et 604.

SARICOVIENNE. La saricovienne ou grande loutre marine se trouve non seulement sur les côtes de l'Amérique, mais aussi sur les côtes de Kamtschatka et des autres parties du nord-est de l'ancien continent. *Add.,* t. X, p. 273. — Faits historiques au sujet des sarcoviennes de Kamtschaka. Leur naturel ; elles évitent les phoques et n'aiment que la société de leur espèce. Elles se tiennent en très grandes troupes. *Ibid.* — Leurs habitudes naturelles. P. 276. — Elles ont l'odorat très bon, mais la vue faible et courte. Leur manière de courir. Elles nagent avec une très grande célérité. Le mâle ne s'attache qu'à une seule femelle. Les femelles ne produisent qu'un petit à la fois et rarement deux. *Ibid.* — Le temps de la gestation est d'environ huit à neuf mois. Les petits, en naissant, ont déjà toutes leurs dents. Les saricoviennes vivent de coquillages et de poissons mous. Elles n'ont pas, comme les phoques, le trou ovale du cœur ouvert. P. 276. — La chair des jeunes est assez bonne à manger. Les peaux des saricoviennes font de très belles fourrures et sont d'un grand prix. P. 277. — Chasse périlleuse de ces animaux. *Ibid.* — Variétés dans la couleur de leurs fourrures, dont les plus belles sont celles qui sont de couleur noire. *Ibid.* — Il y a sous les longs poils un feutre bien fourni. La femelle est plus petite que le mâle, et sa fourrure plus noire. *Ibid.* — Manière dont se fait la mue dans ces animaux. Leurs ressemblances avec la loutre terrestre. Description d'une saricovienne de Kamtschatka. P. 278 et suiv.

SARICOVIENNE *de la Guyanne* (les) varient beaucoup pour la grandeur et la couleur. Leurs habitudes naturelles. Elles ont pour ennemis les jaguars et les couguars. *Add.,* t. X, p. 279.

SARIGUE (le) est un animal du nouveau continent, qui ne se trouve pas dans l'ancien continent. T. IX, p. 281. — Deux caractères singuliers par lesquels on peut distinguer le sarigue de tous les autres animaux. *Ibid.* — La femelle a sous le ventre une ample cavité, une espèce de poche dans laquelle elle reçoit et allaite ses petits. *Ibid.* — Le sarigue, tant le mâle que la femelle, a le premier doigt des pieds de derrière sans ongle, et bien séparé des autres doigts, tel qu'est le pouce dans la main de l'homme. *Ibid.* — Est un animal du nouveau continent et qui ne se trouve pas dans l'ancien. Examen et critique des assertions de quelques auteurs à ce sujet. P. 282 et suiv. — Le sarigue mâle n'a point de poche sous le ventre comme la femelle. P. 290. — Description du sarigue femelle. *Ibid.* — Courte description de la poche que la femelle a sous le ventre. P. 291. — La poche que la femelle porte sous le ventre n'est pas le lieu dans lequel les petits sont conçus, comme l'ont dit plusieurs auteurs ; cette femelle a, comme toutes les autres, une matrice à l'intérieur. *Ibid* — Dans les organes de la génération des sarigues, il y a plusieurs parties doubles qui sont simples dans les autres animaux. *Ibid.* — La conformation des parties de la génération des sarigues, tant mâles que femelles, est singulière et différente de celle de tous les animaux quadrupèdes. *Ibid.* — Cet animal n'affecte pas uniquement les climats les plus chauds. P. 292. — Il produit souvent et produit en grand nombre, quatre ou cinq, cinq ou six, six ou sept petits. *Ibid.* — Ils sont extrêmement petits lorsqu'ils naissent, c'est-à-dire quand ils sortent de la matrice pour entrer dans la poche et s'attacher aux mamelles. *Ibid.* — Dans ces animaux, la matrice n'est, pour ainsi dire, que le lieu de la conception, de la formation et du premier développement du fœtus, dont l'expulsion étant plus précoce que dans les autres quadrupèdes, l'accroissement s'achève dans la poche où ils entrent au moment de leur naissance prématurée. *Ibid.* — Les petits sarigues restent attachés et comme collés aux mamelles de la mère pendant le premier âge et jusqu'à ce qu'ils aient pris assez de force et d'accroissement pour se mouvoir aisément. P. 293. — La poche que la femelle a sous le ventre ne doit pas être regardée comme une seconde matrice ni même comme un abri absolument nécessaire aux petits pendant le temps de leur développement. *Ibid.* — Les petits entrent dans la poche de la mère pour dormir, pour teter et aussi pour se cacher lorsqu'ils sont épouvantés : la mère fuit alors et les emporte tous ; elle ne paraît jamais avoir plus de ventre que quand il y a longtemps qu'elle a mis bas, et que ses petits sont déjà grands. *Ibid.* — Le sarigue marche mal et court lentement. P. 294. — Il grimpe sur les arbres avec une extrême facilité. *Ibid.* — Il se suspend aux branches des arbres par l'extrémité de sa queue, qui est musculeuse et flexible comme une main. *Ibid.* — Ses habitudes naturelles. *Ibid.* et suiv. — Il s'apprivoise aisément; mais il dégoûte par sa mauvaise odeur, qui est plus forte que celle du renard, et il déplaît par sa vilaine figure et par sa queue, qui ressemble à une couleuvre. P. 295.

SARIGUE. Habitudes naturelles de cet animal. *Add.*, t. X, p. 306 et suiv.

SARIGUE *à long poil.* Il est plus grand que le sarigue des Illinois. Ses ressemblances et ses différences avec ce dernier animal. Sa description. *Add.*, t. X, p. 310. — Il ne paraît être, comme celui des Illinois, qu'une variété dans l'espèce du sarigue commun. *Ibid.*

SARIGUE *des Illinois.* Variété dans l'espèce du sarigue commun. Ses différences et ses ressemblances avec ce dernier animal. *Add.*, t. X, p. 310. — Sa description. *Ibid.*

SASSEBÉ ou XAXBÈS. Papegai naturel, dit-on, à la Jamaïque. T. VII, p 172.

SATELLITES. Il est plus que probable que les satellites les plus éloignés de leur planète principale sont réellement les plus grands, de la même manière que les planètes les plus éloignées du soleil sont aussi les plus grosses. T. I, p. 353.

SATELLITES. Comment ont été produits les satellites des planètes et l'anneau de Saturne. T. II, p. 24 et 25. — Ils doivent communiquer un certain degré de chaleur à la planète autour de laquelle ils circulent. P. 29.

SATELLITES *des planètes*, ont tous la même direction de mouvement dans des cercles concentriques autour de leur planète principale; leur mouvement est dans le même plan, et ce plan est celui de l'orbite de la planète : tous ces effets, qui leur sont communs et qui dépendent de leur mouvement d'impulsion, ne peuvent venir que d'une cause commune, c'est-à-dire d'une impulsion commune de mouvement. La terre tourne sur elle-même plus vite que Mars. dans le rapport de 24 à 15, la terre a un satellite, et Mars n'en a point; Jupiter surtout, dont la rapidité autour de son axe est cinq ou six cents fois plus grande que celle de la terre, a quatre satellites, et il y a grande apparence que Saturne, qui en a cinq et un anneau, tourne encore beaucoup plus vite que Jupiter. T. I, p. 76.

SATHERION. L'animal amphibie appelé *satherion* par Aristote, est vraisemblablement la zibeline. T. IX, p. 605 et 606.

SATURNE (planète de). Si Saturne était de même densité que la terre, il se serait consolidé jusqu'au centre en 27,507 ans, refroidi à pouvoir en toucher la surface en 322,154 ans ½, et à la température actuelle en 703,446 ans ½; mais comme sa densité n'est à celle de la terre que : : 184 : 1000, il s'est consolidé jusqu'au centre en 5,078 ans, refroidi à pouvoir en toucher la surface en 59,276 ans, et enfin ne se refroidira à la température actuelle de la terre qu'en 129,434 ans. T. I, p. 339. — Recherches sur la perte de la chaleur propre de cette planète et sur sa compensation à cette perte. P. 352. — Cette planète ne jouira de la même température dont jouit aujourd'hui la terre que dans l'année 130821 de la formation des planètes. *Ibid.* — Le moment où la chaleur envoyée par le soleil à Saturne se trouvera égale à la chaleur propre de cette planète n'arrivera que dans l'année 430195 de la formation des planètes. P. 353. — Saturne a une vitesse de rotation plus grande que celle de Jupiter, puisque, dans l'état de liquéfaction, sa force centrifuge a projeté des parties de sa masse à plus du double de distance, à laquelle la force centrifuge de Jupiter a projeté celles qui forment le satellite le plus éloigné. Et puisqu'il est environné d'un anneau, dont la quantité de matière est encore beaucoup plus considérable que la quantité de matière de ses cinq satellites pris ensemble. P. 367. — Cette planète a été la quatorzième terre habitable, et la nature vivante y a duré depuis l'année 59911, et y durera jusqu'à l'année 262020 de la formation des planètes. P. 393. — La nature organisée, telle que nous la connaissons, est dans sa première vigueur sur la planète de Saturne. P. 396.

SATURNE. *Anneau de Saturne.* Voyez *Anneau.*

SATURNE. *Satellites de Saturne.* La grandeur relative des satellites de Saturne n'est pas bien constatée; mais, par analogie, l'auteur suppose ici, comme il l'a fait pour Jupiter, que les plus voisins sont les plus petits, et que les plus éloignés sont les plus gros. T. I, p. 367. — Distance des satellites de Saturne comparée à la distance des satellites de Jupiter. *Ibid.*

## SATELLITES DE SATURNE.

1er *Satellite.* Recherches sur la perte de la chaleur propre de ce satellite et sur la compensation à cette perte. T. I, p. 367 et suiv. — Le moment où la chaleur envoyée par Saturne à ce satellite a été égale à sa chaleur propre, s'est trouvé dans le temps de l'incandescence. P. 373. — Ce ne sera que dans l'année 124490 de la formation des planètes que ce satellite jouira de la même température dont jouit aujourd'hui la terre. Et il ne sera refroidi à $\frac{1}{25}$ de cette température que dans l'année 248980 de la formation des planètes. P. 375. — Ce satellite a été la dixième terre habitable, et la nature vivante y a duré depuis l'année 40020, et y durera jusqu'à l'année 174784 de la formation des planètes. P. 393. — La nature organisée, telle que nous la connaissons, est en pleine existence sur ce premier satellite. P 396.

2e *Satellite*. Recherches sur la perte de la chaleur propre de ce satellite et sur la compensation à cette perte. P. 375 et suiv. — Le moment où la chaleur envoyée par Saturne à ce satellite s'est trouvée égale à sa chaleur propre a été dans la huitième année après l'incandescence. P. 376. — Et ce ne sera que dans l'année 119607 de la formation des planètes que ce satellite jouira de la même température dont jouit aujourd'hui la terre. — Et il ne sera refroidi à $\frac{1}{25}$ de cette température que dans l'année 239214 de la formation des planètes. P. 378. — Ce satellite a été la neuvième terre habitable, et la nature vivante y a duré depuis l'année 38431, et y durera jusqu'à l'année 167928 de la formation des planètes. P. 393. — La nature organisée, telle que nous la connaissons, est en pleine existence sur ce second satellite. P. 396.

3e *Satellite*. Recherches sur la perte de la chaleur propre de ce satellite et sur la compensation à cette perte. P. 378 et suiv. — Le moment où la chaleur envoyée par Saturne à ce satellite a été égale à sa chaleur propre s'est trouvé dans l'année 631 de la formation des planètes. P. 379. — Ce ne sera que dans l'année 114580 de la formation des planètes que ce satellite jouira de la même température dont jouit aujourd'hui la terre. Et il ne sera refroidi à $\frac{1}{25}$ de cette température que dans l'année 223160 de la formation des planètes. P. 380. — Ce satellite a été la huitième terre habitable, et la nature vivante y a duré depuis l'année 35878, et y durera jusqu'à l'année 156658 de la formation des planètes. P. 393. — La nature organisée, telle que nous la connaissons, est en pleine existence sur le troisième satellite de Saturne. P. 396.

4e *Satellite*. Recherches sur la perte de la chaleur propre de ce satellite et sur la compensation à cette perte. P. 381 et suiv. — Le moment où la chaleur envoyée par Saturne à ce satellite a été égale à sa chaleur propre s'est trouvé dans l'année 6132 de la formation des planètes. P. 383. — Ç'a été dans l'année 54505 de la formation des planètes que ce satellite a joui de la même température dont jouit aujourd'hui la terre. Mais ce ne sera que dans l'année 109010 de la formation des planètes qu'il sera refroidi à $\frac{1}{25}$ de la température actuelle de la terre. P. 384. — Ce satellite a été la quatrième terre habitable, et la nature vivante y a duré depuis l'année 17523, et y durera jus-

qu'à l'année 76526 de la formation des planètes. P. 392. — La nature organisée, telle que nous la connaissons, est prête à s'éteindre dans ce quatrième satellite. P. 396.

5e *Satellite*. Recherches sur la perte de la chaleur propre de ce satellite et sur la compensation à cette perte. P. 384 et suiv. — Ce satellite a joui de la même température dont jouit aujourd'hui la terre dans l'année 15298 de la formation des planètes. P 385. — Le moment où la chaleur envoyée par Saturne à ce satellite s'est trouvée égale à sa chaleur propre est arrivé dans l'année 15946 de la formation des planètes. P. 386. — Et il a été refroidi à $\frac{1}{25}$ de la température actuelle de la terre dans l'année 67747 de la formation des planètes. P. 387. — Ce satellite a été la première terre habitable, et la nature vivante n'y a duré que depuis l'année 4916 jusqu'à l'année 47558 de la formation des planètes. P. 392. — La nature vivante, telle que nous la connaissons, est éteinte dans ce cinquième satellite. P. 395.

SATURNE. Cette planète tourne probablement sur elle-même encore plus vite que Jupiter. T. II, p. 35.

SATURNE. L'anneau de Saturne doit être parallèle à l'équateur de cette planète, c'est-à-dire à peu près dans le même plan; raison de cette présomption. T. I, p. 76.

SATYRE. C'est le nom que quelques auteurs ont donné au singe que les Indiens appellent *orang-outang* ou *homme des bois;* il appartient à l'ancien continent et ne se trouve point dans le nouveau. T. IV, p. 576.

SATYRION. L'animal amphibie appelé *satyrion* par Aristote, pourrait bien être le desman. T. IX, p. 605.

SAUI-JALA ou merle doré de Madagascar; son plumage, ses dimensions. T. VI, p. 68.

SAULET ou paisse de saule. Voyez *Friquet.*

SAUTERELLES. Prodigieuses dévastations causées par les sauterelles. T. IX, p. 37.

SAUTERELLES. Différents peuples qui mangent des sauterelles. *Add.*, t. XI, p. 272.

SAUVAGEON. Raison pourquoi le sauvageon ne communique à la branche greffée aucune de ses mauvaises qualités. T. II, p. 134.

SAUVAGES. Ils ne savent pas ce que c'est de se promener, et n'imaginent pas pourquoi nous nous donnons ainsi du mouvement qui n'aboutit à rien. T. XI, p, 68. — Description des sauvages de l'Amérique, avec des réflexions sur leurs coutumes et leurs mœurs. P. 199 et suiv. — Les sauvages d'Amérique ne veulent pas souffrir l'esclavage, et ils aiment mieux se laisser mourir que de servir et travailler. P. 204.

SAVACOU, oiseau qui est naturel aux régions de la Guyane et du Brésil. Ses ressemblances et ses différences avec le bihoreau et les hérons. Différents noms donnés à cet oiseau à cause de la forme de son bec. Description de ce bec et ses dimensions. T. VII, p. 640. — Il habite les savanes noyées et se perche sur les arbres aquatiques, d'où il épie les poissons dont il fait sa proie. Sa manière de pêcher et de marcher. P. 641. — Il a l'air triste comme les hérons. Ses autres habitudes naturelles. *Ibid.* — Description du savacou et de ses variétés. *Ibid.*

SAVANA, moucherolle qui, par la grandeur, approche de celle des tyrans ; il se tient dans les savanes noyées. Sa description. T. VI, p. 393.

SAVANTS (les) sont déconcertés plus aisément que le vulgaire par l'étalage de l'érudition et par la force et la nouveauté des idées. T. I, p. 83.

SAVEUR (la) piquante des acides provient de l'élément du feu. T. II, p. 258.

SCARLATTE, espèce de tangara très remarquable par sa couleur, qui lui a fait donner le nom de cardinal. T. VI, p. 233. — On doit rapporter à cette espèce les deux moineaux rouges et noirs d'Aldrovande, le *tijé piranga* de Marcgrave, le *chiltotloti* de Fernandez et le *merle du Brésil* de Belon. *Ibid.* — Description du mâle scarlatte ; il a un très beau chant. P. 236. — Ces oiseaux se trouvent en Amérique, au Mexique, au Pérou, au Brésil. *Ibid.*

SCARLATTE (variétés du) ; le *cardinal tacheté* ; le *cardinal à collier* et l'*oiseau mexicain*, appelé par M. Brisson *cardinal du Mexique*. T. VI, p. 236 et 238.

SCHERMAN ou RAT D'EAU DE STRASBOURG. Description de cet animal envoyé par M. Hermann. *Add.*, t. X, p. 336 et suiv.

SCHET-BÉ ou pie-grièche rousse de Madagascar, ressemble plus à la bécarde à ventre jaune qu'à nos pies-grièches, et diffère moins de nos pies-grièches que cette bécarde. T. V, p. 162.

SCHET de *Madagascar* ; il y a trois variétés de cet oiseau, qui sont des moucherolles : la première est le *schet* ; la seconde, le *schet-all* ; et la troisième, le *schet vouloulou*. Description de ces trois variétés. T. VI. p. 398. — On les trouve à Madagascar, au cap de Bonne-Espérance, à Ceylan. P. 399.

SCHISTE. Après le quartz et le granite, le schiste est la plus abondante des matières solides du genre vitreux. Il forme des collines et enveloppe souvent les noyaux des montagnes jusqu'à une grande hauteur. T. II, p. 536.

SCHISTE et ARDOISE. L'argile ou glaise, diffère du schiste et de l'ardoise, en ce que ses molécules sont spongieuses et molles, au lieu que les molécules de l'ardoise ou du schiste ont perdu cette mollesse et cette texture spongieuse qui fait que l'argile peut aisément s'imbiber d'eau. T. X, p. 535. — Le mélange du *mica* et du *bitume* a contribué, avec le desséchement, à cette dureté des molécules de l'ardoise et du schiste. *Ibid.* — Époque de leur formation ; elle a été postérieure à celles des glaises. *Ibid.* — L'ardoise et le schiste sont plus ou moins imprégnés de bitume et mêlés de mica ; ils présentent aussi des impressions de plantes et d'animaux. *Ibid.* — Comparaison des qualités du schiste et de l'ardoise. P. 538. Voyez *Argile*. P. 542.

SCHISTES. Les schistes sont généralement adossés aux flancs des montagnes primitives. T. II, p. 535. — Ils peuvent se réduire à quatre variétés : la première, des schistes simples qui ne sont que des argiles plus ou moins durcies, et qui ne contiennent que très peu de bitume et de mica ; la seconde, des schistes qui, comme l'ardoise, sont mêlés de beaucoup de mica et d'une assez grande quantité de bitume, pour en exhaler l'odeur au feu ; la troisième, des schistes où le bitume est en telle abondance qu'ils brûlent à peu près comme les charbons de terre de mauvaise qualité, et la quatrième, des schistes pyriteux qui sont les plus durs de tous dans leur carrière, mais qui se décomposent dès qu'ils en sont tirés. P. 536. — Les schistes qui contiennent beaucoup de mica sont les meilleures pierres dont on puisse se servir pour les fourneaux de fusion des mines de fer et de cuivre. P. 537. — Les couches les plus extérieures des schistes se divisent en morceaux qui affectent une forme rhomboïdale : causes de cet effet. P. 537 et 638. — Disposition des schistes dans leur carrière. P. 540. — On peut employer les schistes en masse pour bâtir. P. 542. — Plusieurs collines et montagnes calcaires sont posées sur ce schiste : exemple à ce sujet. *Ibid.*

SCHISTES SPATHIQUES. Voyez *Pierres de corne*. T. II, p. 611.

SCHORL, est le plus dense des cinq verres primitifs. T. III, p. 446. — La cristallisation des premiers schorls a été produite par le feu primitif, comme celle du feldspath. P. 462. — Rapports du schorl avec le feldspath. P. 470. — Ses différences avec le quartz. *Ibid.*

SCHORL. Formation du schorl. T. II, p. 476. — Le schorl est le cinquième et le dernier des verres primitifs ; il a plusieurs caractères communs avec le feldspath, et particulièrement la fusibilité qu'il communique de même aux autres matières vitreuses : ils se sont formés en même temps, et par les mêmes effets de nature, lors de la vitrification générale. Il est composé de lames longitudinales comme le feldspath ; il a de même la cassure spathique : il se présente aussi en petites masses cristallisées en prismes, au lieu que celles du feldspath sont cristallisées en rhombes. P. 495. — Il est entré, ainsi que le feldspath, dans la composition de plusieurs matières vitreuses, et en particulier dans celles des porphyres et des granites. *Ibid.*— Schorl de seconde formation; ses différences d'avec le schorl primitif : il a été produit par l'intermède de l'eau, au lieu que l'autre a été produit par le feu primitif. P. 496. — Rapports très voisins entre le schorl et le feldspath. *Ibid.*

SCHORLS, résistent bien plus longtemps que les basaltes à l'impression des éléments humides. T. IV, p. 53. — Le quartz et la chrysolithe, qui est un cristal quartzeux, résistent moins que les schorls à la décomposition par les éléments humides. *Ibid.*

SCIENCE. La seule et vraie science est la connaissance des faits : les faits sont dans les sciences ce qu'est l'expérience dans la vie civile. T. I, p. 15. — Les sciences abstraites ne peuvent s'appliquer qu'à très peu de sujets en physique. Il n'y a guère que l'astronomie et l'optique auxquelles elles puissent être d'une très grande utilité. T. I, p. 32.

SCIENCES *mathématiques.* Inconvénients qui se trouvent dans leur application à la physique. T. I, p. 32. — Point le plus délicat et le plus important de l'étude des sciences ; savoir bien distinguer ce qu'il y a de réel dans un sujet, de ce que nous y mettons d'arbitraire en le considérant. P. 33.

SCIENCES et ARTS. Ce qui est vrai pour les arts, l'est aussi pour les sciences, seulement elles sont moins bornées, parce que l'esprit est leur seul instrument ; parce que dans les arts, il est subordonné aux sens, et que dans les sciences il leur commande, d'autant qu'il s'agit de connaître, et non pas d'opérer ; de comparer, et non pas d'imiter. T. X, p. 97.

SCIENCES. L'un des plus grands moyens d'avancer les sciences, c'est d'en perfectionner les instruments. T. II, p. 422.

SCIENCES. Les hautes sciences ont été inventées et cultivées très anciennement, mais elles ne nous sont parvenues que par des débris trop informes pour nous servir autrement qu'à reconnaître leur existence passée. T. II, p. 123 et 124.

SECRÉTAIRE OU MESSAGER. Grand oiseau d'Afrique très remarquable par sa figure. Il est d'un genre particulier et même isolé. Il a, pour ainsi dire, une tête d'aigle sur un corps de cigogne ou de grue. Ses dimensions et sa description. T. VII, p 578. — Il porte un vrai sourcil au-dessus de l'orbite des yeux. P. 579. — Ses habitudes naturelles ; il est doux et même craintif, et quoique son bec soit conformé comme celui de l'aigle, il ne s'en sert pas pour déchirer ni même pour offenser. Il devient aisément familier ;

on a même commencé à le rendre domestique au cap de Bonne-Espérance. Ils font la chasse aux rats, aux lézards, aux crapauds et aux serpents. Manière dont ils attaquent les serpents. *Ibid.* — Ils nichent dans les buissons à quelques pieds de terre, et pondent deux œufs blancs avec des taches rousses. On peut les nourrir de viande en domesticité ; ils paraissent même avides d'intestins et de boyaux. Le secrétaire peut vivre dans nos climats ; on en a nourri quelques-uns en Angleterre et en Hollande. Il fait entendre, mais rarement, un cri qui a du rapport avec celui de l'aigle ; son exercice le plus ordinaire est de marcher à grands pas de côté et d'autre, et longtemps sans se ralentir ni s'arrêter ; ce qui apparemment lui a fait donner le nom de messager ; comme il doit sans doute celui de secrétaire au paquet de plumes qu'il porte au haut du cou. P. 280. — Il mue en domesticité aux mois de juin et de février dans notre climat. Quelque attention qu'on ait apportée à l'observer, on ne l'a jamais vu boire. *Ibid.* — Ses autres habitudes naturelles. Il préfère, pour sa nourriture, les animaux vivants à ceux qui sont morts, et la chair au poisson. Cet oiseau se trouve aux Philippines aussi bien qu'au cap de Bonne-Espérance ; mais il y a quelques variétés entre ces oiseaux, qui paraissent provenir de la différence du climat ou du sexe et de l'âge. P. 581.

SECTES. Inconvénients des sectes. T. XI, p. 582.

SEL. Origine du principe salin ; ce principe est l'acide aérien qui n'est composé que d'air et de feu. T. III, p. 109 et 110. — Les sels ne sont corrosifs et même sapides que par le feu et l'air qu'ils contiennent ; preuves de cette vérité. P. 111. — Énumération des sels formés par la nature. P. 113. — Propriétés générales et particulières du principe salin. *Ibid.*

SEL *ammoniac* (le) formé par la nature se trouve au-dessus des volcans et des autres fournaises souterraines. T. III, p. 176.— Il y a plusieurs sels ammoniacaux : et de tous ces sels celui que la nature nous présente en quantité est le sel ammoniac, formé de l'acide marin et de l'alcali volatil ; les autres, qui sont composés de ce même alcali avec l'acide vitriolique, l'acide nitreux, ou avec les acides végétaux et animaux, n'existent pas sur la terre ou ne s'y trouvent qu'en si petites quantités qu'on peut les négliger dans l'énumération des productions de la nature. Formation du sel ammonical. Il n'est pas impossible qu'il se forme dans tous les lieux où l'alcali volatil et le sel marin se trouvent réunis. *Ibid.* — Qualités particulières des sels ammoniacaux. *Ibid.* — Comment s'opère la formation du sel ammoniacal dans les volcans. P. 177. —

L'alcali volatil fait l'essence de tous les sels ammoniacaux, puisqu'ils ne diffèrent entre eux que par leurs acides, et que tous sont également formés par l'union de ce seul alcali, et c'est par cette raison que tous les sels ammoniacaux sont à demi volatil. Qualités particulières du sel ammoniacal composé d'acide marin et d'alcali volatil. *Ibid.* — Le sel ammoniac produit un froid plus que glacial dans sa dissolution. *Ibid.* — Usage du sel ammoniac. Il se recueille ou se fabrique en Égypte et aux Indes orientales. P. 178. — Manière dont on extrait ce sel dans ces contrées. *Ibid.* — Purification du sel ammoniac. Qualités particulières de ce sel. P. 179. — Plantes qui fournissent du sel ammoniac naturel. *Ibid.* — Manière dont on recueille ce sel formé par le feu des volcans. *Ibid.*

Sel *de Glauber*. Différence entre ce sel et le sel marin. T. III, p. 136.

Sel *d'Epsom*. Ses différences avec les autres sels. T. III, p. 137.

Sel *gemme* (le) est de tous les sels celui que la nature a produit en plus grande quantité. T. III, p. 136 et 137. — Il est de la même nature que le sel marin, et la formation de ces deux sels est postérieure à celle de l'acide marin et de l'alcali minéral. P. 149. — Le sel gemme se trouve sous une forme concrète cristallisée en amas immenses dans plusieurs régions du globe. P. 149 et 150. — Comment ont pu se former ces grandes masses de sel gemme. Il est communément plus pur que celui que nous obtenons en faisant évaporer les eaux salées. Les grands amas de sel gemme se trouvent sous les couches de la terre qui ont été transportées et déposées par les eaux. P. 152. — Leur formation successive. *Ibid.* et suiv.

Sel *gemme*. Énumération des principaux lieux de l'Europe ou l'on connaît des mines de sel gemme. T. III, p. 149 et suiv. — Description de celle de Wieliczka en Pologne. P. 152. — Ordre des différents bancs de terre et de pierre qu'on trouve avant de parvenir au sel de cette mine. P. 154. — Il y a des mines de sel gemme en France, mais l'usage en est malheureusement prohibé. P. 155. — Il y en a beaucoup en Asie. et le despotisme oriental ne s'étend pas jusqu'à défendre d'en faire usage. *Ibid.* — Il y a peut-être encore plus de mines de sel gemme en Afrique qu'en Europe et en Asie. P. 157 et 158. — Et en général l'Afrique, comme la région la plus chaude de la terre, a peu d'eau douce, et tous les lacs et autres eaux stagnantes de cette partie du monde sont plus ou moins salées. P. 161. — Il se trouve aussi des mines de sel gemme assez fréquemment dans les contrées méridionales de l'Amérique. *Ibid.*

Sel *marin*. C'est par la combinaison de l'acide marin avec l'alcali minéral que s'est formé le sel marin ou sel commun, dont nous faisons un si grand usage. T. III, p. 148. — Abondance et propriétés du sel marin. P. 168. — Il ne peut se décomposer par le feu, mais se décompose par les acides vitrioliques et nitreux. P. 169.

Sel *marin*. Comment on obtient ce sel. Différentes manières de faire évaporer l'eau salée pour l'obtenir. T. III, p. 162 et suiv. — Traitement et purification de ce sel après l'évaporation. P. 165. — Description des salines de la baie d'Avranches en Normandie. P. 165 et 166. — Description de celles de Franche-Comté, avec des observations utiles sur la purification du sel. P. 166 et 167. — Manière dont on tire le sel dans les salines de Lorraine. P. 167. — Manière singulière de se procurer du sel dans le Tyrol près la ville de Hall. P. 168. — Comment on pourrait obtenir le sel aisément dans les climats les plus froids. *Ibid.*

Sel *sédatif*. Sa nature et ses rapports avec le borax. On peut soupçonner, avec fondement, que le sel sédatif a l'arsenic pour principe salin. Indices de cette présomption. T. III, p. 181. — Légèreté remarquable du sel sédatif. Quoique ce sel ait paru simple aux chimistes, et qu'il le soit en effet plus que le borax, il est néanmoins composé de quelques substances salines et métalliques, si intimement unies, que notre art ne peut les séparer ; et ces substances peuvent être de l'arsenic et du cuivre, auquel on sait que l'arsenic adhère si fortement qu'on a grand peine à l'en séparer. P. 182. — Le sel sédatif est encore plus fusible, plus vitrifiable et plus vitrifiant que le borax, et cependant il est privé de son alcali, qui, comme l'on sait, est le sel le plus fondant et le plus nécessaire à la vitrification. *Ibid.*

Sels. Leur différence avec le soufre, et leur composition. T. II, p. 231. — Ils doivent être regardés comme les substances moyennes entre la terre et l'eau. P. 256. — L'air entre comme principe dans la composition de tous les sels. *Ibid.*

Sels. On peut compter trois sels simples dans la nature : l'acide, l'alcali et l'arsenic, qui répondent aux trois idées que nous nous sommes formées de leurs effets, et qu'on peut distinguer par les dénominations de sel acide, sel caustique et sel corrosif. T. III, p. 431.

Sels (*cristallisation des sels*). Raison pourquoi toutes les cristallisations des sels s'opèrent plus efficacement et plus abondamment à la surface qu'à l'intérieur du liquide en évaporation. T. III, p. 114. — La cristallisation et la solubilité dans l'eau ne doivent pas être regardées comme des caractères essentiels aux substances salines. *Ibid.*

Semence *dans les femelles*. **Les** réservoirs de la semence des femelles sont les cavités des corps glanduleux qui croissent sur leurs testicules T. IV, p. 239.

Séminales. La liqueur séminale dans l'un et l'autre sexe est une espèce d'extrait de toutes les parties du corps. T. IV, p. 179. — La femelle a. comme le mâle, une liqueur séminale, et ces liqueurs contiennent également des corps organisés et mouvants; mais elles ont besoin de se rencontrer et de se mêler ensemble, pour que les molécules organiques qu'elles contiennent puissent se réunir et former un animal. *Ibid.* — La liqueur séminale dans les femelles a été admise par les anciens; elle existe en effet aussi certainement que celle du mâle. P. 182. Il n'était pas aisé de reconnaître précisément quelles parties servent de réservoirs à cette liqueur séminale de la femelle. *Ibid.* — Il n'est pas nécessaire que la liqueur séminale, tant du mâle que de la femelle, soit en grande quantité pour former un embryon; il suffit qu'elle se mêle au dedans de la matrice. *Ibid.* — Dans la jeunesse, la liqueur séminale est moins abondante, quoique plus provocante; sa quantité augmente jusqu'à un certain âge; raison de ces effets. P. 184. — La liqueur séminale, volume pour volume, est près d'une fois aussi pesante que le sang dans le moyen âge, et plus pesante spécifiquement qu'aucune autre liqueur du corps. P. 185. — La liqueur séminale des femelles est plus faible et en moindre quantité que celle des mâles. P. 186. — La liqueur séminale des femelles se forme et est contenue dans les corps glanduleux qui croissent sur les testicules. P. 219. — La liqueur séminale contient peu ou plutôt ne contient point d'esprit volatil. P. 226. — Liqueur séminale de l'homme; observation sur cette liqueur. P. 242 et suiv. — Observations sur la liqueur séminale du chien. P 248 et suiv.—Observations sur la liqueur séminale des lapins. P. 251 et suiv. — Observations sur la liqueur séminale du bélier. P. 254 et suiv. — Observations sur la liqueur séminale de la chienne. P. 256 et suiv. — Observations sur la liqueur séminale de la vache. P. 261 et suiv. — Observations sur la liqueur séminale des poissons. P. 268. — Observations sur la liqueur du calmar. *Ibid.* et suiv. — La plupart des liqueurs séminales se délayent d'elles-mêmes et deviennent plus liquides à l'air et au froid qu'elles ne le sont au sortir du corps de l'animal; au contraire elles s'épaississent lorsqu'on les approche du feu et qu'on leur communique un degré même médiocre de chaleur. P. 301. — La liqueur séminale du mâle entre dans la matrice; observation à ce sujet, qui démontre le fait. P. 305. — La liqueur séminale est souvent dans des états très différents. P. 309. — La liqueur séminale du mâle, ainsi que celle de la femelle dans certains états et dans certaines circonstances peut seule produire quelque chose d'organisé. P. 343 et 344. — Il est très douteux que la liqueur séminale du mâle puisse jamais arriver aux testicules de la femelle et y former un fœtus. P. 345. — La liqueur séminale, tant du mâle que de la femelle, peut également pénétrer le tissu de la matrice et entrer dans sa cavité par cette voie; observations qui le prouvent. P. 346.

Semis de bois. Détails des différentes manières dont on peut semer les glands, et les raisons de préférence pour telle ou telle autre manière; le tout prouvé par l'expérience. T. XI, p. 524 et suiv. — Dans quelle espèce de terrain on doit semer de l'avoine avec les glands. P. 526. — Manière de semer et planter dans les terrains secs et graveleux. P. 527 et suiv. — Expériences pour reconnaître quelles sont les terres les plus contraires à la végétation. P. 527. — Le gland peut venir dans tous les terrains. *Ibid.* — Manière de semer et de planter du bois en imitant la nature, qui est aussi la moins dispendieuse et la plus sûre de toutes. Preuve par l'observation et par l'expérience. P. 529 et suiv. — L'abri est l'une des choses les plus nécessaires à la conservation des jeunes plants. *Ibid.* — Arbres et arbrisseaux qu'il faut planter pour faire des abris aux jeunes chênes venus de glands, dans les premières années. *Ibid.* et suiv. — Détails des inconvénients de la culture des bois semés ou plantés. P. 530 et suiv. — Moyen simple et facile qui équivaut à toute culture, et qu'on doit toujours employer dans tous les cas. P. 532 et suiv. — Il y a des terrains où il suffit de receper une fois, d'autres où il faut receper deux et même trois fois les jeunes chênes qui proviennent des glands semés. P. 533. — Manière de rétablir les jeunes plants frappés de la gelée. P. 534. — La meilleure manière est de les receper en les coupant au pied, on perd deux ou trois ans pour en gagner dix ou douze. *Ibid.* — Le chêne, le hêtre et le pin sont les seuls arbres qu'on puisse semer avec succès dans les terrains en friche, et sans culture précédente. *Ibid.* — Le pin dans les terrains les plus arides, et où la terre n'a que peu ou point de liaison; le hêtre dans les terrains mêlés de gravier ou de sable, où la terre est encore aisée à diviser; et le chêne dans presque tous les terrains. *Ibid.* — Toutes les autres espèces d'arbres veulent être semées en pépinière et ensuite transplantées à l'âge de deux ou trois ans. *Ibid.* — Lorsqu'on veut semer du bois, il faut attendre une année abondante en glands. Dans les années où le gland n'est pas abondant, les oiseaux, les sangliers, et surtout les mulots, détruisent le semis. Le nombre des mulots qui viennent emporter les glands semés nouvellement est prodigieux, et le dégât qu'ils font est incroyable; exemple à ce sujet. *Ibid.*

SÉNATEUR. Voyez *Mouette* blanche.

SÉNÉGALI. Sa description. T. VI, p. 170. — Ses variétés. P. 171.

SÉNÉGALI *rayé*. Sa description; on prétend que la femelle ressemble parfaitement au mâle; observation qui semble démentir ce fait. T. VI, p. 172.

SENS, origine du sentiment. T. V, p. 13 et 14. — Leurs différents degrés de perfection dans l'homme et les différents animaux. P. 13 et suiv. — Sont les premières puissances motrices de l'instinct. *Ibid.* — Dans l'homme, le toucher est le premier, c'est-à-dire le sens le plus parfait; le goût est le second, la vue le troisième, l'ouïe le quatrième, et l'odorat le dernier. Dans le quadrupède, l'odorat est le premier, le goût le second, ou plutôt ces deux sens n'en font qu'un, la vue le troisième, l'ouïe le quatrième, et le toucher le dernier. Dans l'oiseau, la vue est le premier, l'ouïe est le second, le toucher le troisième, le goût et l'odorat les derniers; et dans chacun de ces êtres les sensations dominantes suivent le même ordre. P. 37. — Sixième sens commande à tous les autres. *Ibid.*

SENS. Quelle influence un seul sens de plus ou de moins a sur les habitudes et les propriétés d'un animal. T. VII, p. 316.

SENS (nos) ne sont juges que des qualités extérieures des choses. Leurs qualités intérieures ne tombant pas sous nos sens, nous ne pouvons en avoir aucune idée que par leurs effets. T. IV, p. 163. — Les sens sont des espèces d'instruments dont il faut apprendre à se servir. T. XI, p. 13. — Les plaisirs du sens de la vue et de celui du toucher consistent dans la régularité et dans la proportion des formes, et le plaisir de l'oreille consiste aussi dans la proportion des sons. P. 120. — Explication de la manière dont nos sens sont affectés, et ce qu'ils ont de commun entre eux; pourquoi l'œil est affecté par la lumière, l'oreille par le son, etc. P. 127 et 128. — Il paraît que la différence qui est entre les sens ne vient que de la position plus ou moins extérieure des nerfs, et de leur quantité plus ou moins grande dans les différentes parties qui constituent les organes. P. 128. — Récit philosophique où l'on explique le développement des sens et la formation de nos premières idées. P. 133 et suiv. — Les sens doivent être regardés comme parties essentielles à l'économie animale. T. IV, p. 417. — Sens interne et commun; explication de la manière dont il est affecté par le moyen des sens externes, et comment il produit et détermine le mouvement de l'animal. P. 421. — Différence du sens intérieur et des sens extérieurs. *Ibid.* et suiv. — Les ébranlements subsistent bien plus longtemps dans le sens interne que dans le sens externe. *Ibid.* — Les ébranlements du sens de la vue durent plus longtemps que les ébranlements du sens de l'ouïe; preuve de cette assertion. P. 422. — Tous les sens ont la faculté de conserver plus ou moins les impressions des causes extérieures; mais l'œil l'a plus que les autres sens; et le cerveau, où réside le sens intérieur de l'animal, a éminemment cette propriété; non seulement il conserve les impressions qu'il a reçues, mais il en propage l'action en communiquant aux nerfs les ébranlements, etc. P. 424. — Les degrés d'excellence des sens suivent dans l'animal un autre ordre que dans l'homme. Dans l'homme, le premier des sens pour l'excellence est le toucher. et l'odorat est le dernier; dans l'animal, l'odorat est le premier des sens et le toucher est le dernier. L'homme a le toucher, l'œil et l'oreille plus parfaits, et l'odorat plus imparfait que l'animal : en général, les sens relatifs à la connaissance sont plus parfaits dans l'homme, et les sens relatifs à l'appétit sont plus parfaits dans l'animal. P. 426. — Les sens relatifs à l'appétit sont plus développés dans l'animal qui vient de naître que dans l'enfant nouveau-né; il en est de même du mouvement progressif et de tous les autres mouvements extérieurs. P. 429. — L'homme qui a voulu savoir, a traité les sens comme des organes mécaniques, des instruments qu'il faut mettre en expérience pour les vérifier et juger de leurs effets. P. 98.

SENS. Nos sens sont meilleurs juges que les instruments de tout ce qui est absolument égal ou parfaitement semblable. T. II, p. 272.

SENSATION. Distinction entre la sensation et le sentiment. La sensation n'est qu'un ébranlement dans le sens, et le sentiment est cette même sensation devenue agréable ou désagréable par la propagation de cet ébranlement dans tout le système sensible. T. IX. p. 56

SENSATIONS. Une sensation vive est toujours plus précise qu'une sensation tempérée, attendu que la première nous affecte d'une manière plus forte. T. II, p. 272.

SENSATIONS dominantes dans l'homme, dans les quadrupèdes et dans les oiseaux. T. V, p. 18. — Suivent l'ordre établi pour les sens. Voyez *Goût, Odorat, Ouïe, Sens, Toucher, Vue.* Celles qui viennent du sixième sens commandent à tous les autres. P. 37.

SENSIBILITÉ (la) naturelle est peut-être plus sûre, mais toujours moins grande que la sensibilité acquise. T. IX, p. 55.

n'est qu'une concrétion du mica. T. III,
p. 524.

SERPENTINE, tire son nom de la variété
des petites taches qu'elle présente lorsqu'elle
est polie, et qui ressemblent aux taches de la
peau d'un serpent. T. III, p. 539. — La plupart des serpentines sont pleinement opaques; mais il y en a qui ont une demi-
transparence, ou qui la prennent lorsqu'elles
sont amincies. *Ibid.* — Caractères qui approchent ces serpentines demi-transparentes
du jade. *Ibid.* — Leurs différences avec les
serpentines opaques. *Ibid.* — Deux sortes
de serpentines demi-transparentes, leurs
différences par la texture; lieux où elles se
trouvent l'une et l'autre. *Ibid.* — Description
de différentes sortes de serpentines. P. 540.
— Elles sont pour la plupart très attirables
à l'aimant. *Ibid.* — Toutes les serpentines
se polissent assez bien; caractère qui les
distingue des marbres. *Ibid.* — Les serpentines se durcissent au feu et y résistent plus
qu'aucune autre pierre vitreuse ou calcaire.
*Ibid.* — Carrière de belles serpentines en
Espagne, près de Grenade. *Ibid.* — Serpentines en Dauphiné, dont il y a deux petites
colonnes dans l'église des Carmélites à Lyon.
*Ibid.* — Grandes colonnes de serpentine à
Rome, dans l'église Saint-Laurent. *Ibid.* —
Différentes sortes de serpentines ou gabros.
*Ibid.* — Description détaillée des différentes
sortes de gabros. *Ibid.* (note *d*). — Différence dans la densité des divers micas,
talcs, serpentines, gabros, etc. P. 541.

SERPENTS. Pourquoi les serpents sont
moins stupides que les poissons. T. XI,
p. 132.

SERVAL, nom que les Portugais de l'Inde
ont donné à un animal sauvage et féroce,
qui est plus gros que le chat sauvage, et un
peu plus petit que la civette. Description de
cet animal, son naturel, sa férocité, sa légèreté, etc. T. IX, p. 574 et 575. — Le serval nous parait être le même animal que le
chat-tigre du Sénégal et le chat-tigre du cap
de Bonne-Espérance; il est aussi le même
que celui qui a été décrit par MM. de l'Académie des Sciences, sous le nom de *chatpard*. P. 574.

SÈVE. Ce qui arrive lorsqu'on intercepte la
sève en enlevant une ceinture d'écorce à
l'arbre. T. XI, p. 493 et suiv. — L'intercep-
tion de la sève hâte la production des
fruits et fait durcir le bois. P. 494.

SEXES. Les parties sexuelles du mâle et
de la femelle ne sont au fond que les mêmes
organes plus ou moins développés. T. IV,
p. 336.

SHAGA-RAG, variété du rollier. T. V, p. 608.

SIBÉRIE. Raison pourquoi la Sibérie est
plus froide que les autres régions du nord
de l'ancien continent sous la même latitude.
T. I, p. 157 et 158.

SIBÉRIE (Notice au sujet du chien de).
*Add.*, t. X, p. 280 et suiv.

SIÈCLES. Tableau des siècles de barbarie.
T. II, p. 125 et 126.

SIFAC *de Madagascar*, paraît être le même
animal que le douc. T. X, p. 154.

SIFFLEUR. Voyez *Marmotte du Canada*
*Add.*, t. X, p. 325.

SIFFLEUR, paraît avoir plus de rapport
avec les troupiales qu'avec les baltimores;
est nommé baltimore vert par M. Brisson.
T. V, p. 654.

SIFILET. Voyez *Manucode* à six filets.
T. V, p. 625.

SILEX. Voyez *Pierres à fusil*. T. II, p. 546.

SIMIA DORCARIA d'Aristote. Voyez *Babouin*.
T. X, p. 88.

SIMIA ÆGYPTIACA. Le babouin à museau
de chien. *Add.*, t. X, p. 188.

SIMIA HAMADRIAS. M. Linné a nommé ainsi
le babouin à museau de chien. *Add.*, t. X,
p. 188.

SIMON (petit). Oiseau du genre des figuiers,
ainsi nommé à l'île de Bourbon. Sa description. T. II, p. 554. — Ses habitudes naturelles. La femelle pond ordinairement trois
œufs qui sont bleus. P. 555.

SIMPLE. Ce que l'on doit entendre par le
simple et par le composé. T. IV, p. 156. —
Nous prenons partout l'abstrait pour le
simple, et le réel pour le composé; dans la
nature, au contraire, l'abstrait n'existe point;
rien n'est simple et tout est composé. P. 157.

SINCIALO. Perruche à queue longue et inégale, de Saint-Domingue, etc. Taille du
merle. Queue beaucoup plus longue que le
corps. Imite toutes les voix. Se perche en
nombre sur les arbres. Jasent toutes à la
fois. Sont vives et gaies. S'apprivoisent aisément. T. VII, p. 182. — Se nourrissent de
graines de bois d'Inde. Leur chair bonne à
manger. P. 183.

SINGE, est un nom générique qu'on a
appliqué à un grand nombre d'espèces très
différentes entre elles. T. IV, p. 577. — Le
singe proprement dit appartient à l'ancien
continent et ne se trouve point dans le nouveau. *Ibid.* — Les singes sans queue appartiennent tous à l'ancien continent et ne se trouvent point dans le nouveau. *Ibid.* — Toutes
les espèces de singe de l'ancien continent ne
se trouvent point dans le nouveau, et réciproquement toutes celles du nouveau continent ne se trouvent point dans l'ancien.
P. 578. — Naturel des singes en général.
T. IX, p. 300. — Pourquoi le singe est supérieur par l'adresse aux autres animaux.
*Ibid.* — Naturel du singe, défauts réels et
perfections apparentes de cet animal. *Ibid.*
— On a entassé sous le même nom de singe
une multitude d'animaux d'espèce très différente; définition des animaux auxquels on
doit donner le nom de singe. J'appelle singe

un animal sans queue, dont la face est aplatie, dont les dents, les mains, les doigts et les ongles ressemblent à ceux de l'homme, et qui, comme lui, marche debout sur ses deux pieds. T. X, p. 86. — Les anciens n'en connaissaient qu'une seule espèce, les Grecs l'appelaient *pithecos* et les Latins *simia* Ce pithèque est très ressemblant à l'homme tant à l'intérieur qu'à l'extérieur, mais il est beaucoup plus petit. *Ibid.* — Espèce de singe appelé *orang-outang* (homme sauvage); il est aussi haut, aussi fort que l'homme; il est aussi ardent pour les femmes que pour ses femelles ; il ressemble presque entièrement à l'homme. P. 87. — Il n'y a que trois espèces d'animaux auxquels on doive donner le nom de singe, savoir : l'orang-outang, le pithèque et le gibbon, et cette dernière espèce paraît être monstrueuse. P. 89.

SINGE DE NUIT. Description du sagouin nommé ainsi. *Add.*, t. X, p. 222.

SINGE MASQUÉ DE GUINÉE. Le babouin à museau de chien a été ainsi nommé. *Add.*, t. X, p. 188.

SINGE VOLANT. Voyez *Taguan. Add.*, t. X, p. 320.

SINGES. Ordre dans lequel on doit les ranger. T. X, p. 89. — De dix-sept espèces auxquelles on peut réduire ces animaux dans l'ancien continent, auxquels on a donné le nom commun de *singes*, et de douze ou treize espèces auxquelle on a transféré ce même nom dans le nouveau continent, aucune n'est la même ni ne se trouve également dans les deux continents. P. 91. — Caractères généraux et particuliers qui séparent les singes, les babouins et les guenons des sapajous et des sagouins : le premier est d'avoir les fesses pelées et des callosités à ces parties; le second est d'avoir des abajoues, c'est-à-dire des poches au bas des joues, où ils peuvent garder leurs aliments ; le troisième est d'avoir la cloison des narines étroite, et le quatrième est d'avoir les narines ouvertes au-dessous du nez, comme celles de l'homme. P. 92. — Tous les animaux de l'un et de l'autre continent auxquels on a donné le nom commun de *singe* peuvent se réduire à trente espèces avec plusieurs variétés. P. 93. — En disséquant le singe, on peut donner l'anatomie de l'homme. P. 100. — Raisons pour lesquelles on voudrait se persuader que l'espèce du singe pourrait être une variété dans l'espèce humaine; réponses à ces raisons par des raisons plus fortes. P. 101. — Quoique le singe soit très ressemblant à l'homme, il a néanmoins une si forte teinture d'animalité qu'elle se reconnaît dès le moment de sa naissance; il croît beaucoup plus vite que l'enfant, et les secours de la mère ne lui sont nécessaires que pendant les premiers mois; il ne reçoit qu'une éducation purement individuelle et aussi stérile que celle des autres animaux. P. 104. — Le singe n'est pas le premier dans l'ordre des animaux, parce qu'il n'est pas le plus intelligent. *Ibid.* — Il imite l'homme, non pas parce qu'il le veut, mais parce que, sans le vouloir, il le peut, il n'y a rien de libre, rien de volontaire dans cette espèce d'imitation. Etant conformé comme l'homme, le singe ne peut que se mouvoir comme lui; mais se mouvoir de même n'est pas agir pour imiter. Le corps de l'homme et celui du singe sont deux machines organisées de même, qui par nécessité de nature se meuvent à très peu près de la même façon; mais parité n'est pas imitation; l'un gît dans la matière, l'autre n'existe que par l'esprit. *Ibid.* — Si l'on veut comparer les mouvements du singe à ceux de l'homme, il faut employer une autre échelle pour les mesurer. Raisons pourquoi toutes les habitudes du singe sont excessives et ses mouvements désordonnés. Caractère général du naturel des singes. P. 105. — Le passif du singe a moins de rapport avec l'actif de l'homme que le passif du chien ou de l'éléphant, qu'il suffit de bien traiter pour leur communiquer les sentiments doux et même délicats de l'attachement fidèle, de l'obéissance volontaire, du service gratuit et du dévouement sans réserve. *Ibid.* — Le singe est plus loin de l'homme que la plupart des autres animaux par les facultés relatives, par le naturel, par le tempérament, par l'accroissement du corps, et par la durée de la vie, c'est-à-dire par toutes les habitudes réelles qui constituent ce qu'on appelle *nature* dans un être particulier. P. 105 et 106. — Toutes les femelles des singes qui ont les fesses nues sont sujettes, comme les femmes, à un écoulement périodique de sang. P. 131. — Quoiqu'il y ait dans les climats méridionaux, et surtout en Afrique, un grand nombre d'espèces de singes, de babouins et de guenons dont quelques-unes paraissent assez semblables, on a remarqué qu'elles ne se mêlent jamais, et que, pour l'ordinaire, chaque espèce habite un quartier différent. P. 139.

SINGES (les) n'ont pas encore passé à l'île de Bourbon, et l'on a grand intérêt d'en interdire l'introduction, pour se garantir des mêmes dommages qu'ils causent à l'île de France. *Add.*, t. X, p. 517.

SINGES. Voyez *Perroquet.* Nommés *hommes sauvages* par d'autres sauvages. Que serait-ce donc s'ils eussent eu la faculté de la parole. T. VII, p. 72.

SINOPLE, est un jaspe grossier de seconde formation. T. III, p. 524.

SIRIUS. *Étoile de Sirius.* Son énorme distance de notre soleil. T. I, p. 397. — Idée de comparaison entre le système de Sirius et celui du soleil. P. 398.

SIRLI. Oiseau du cap de Bonne-Espérance, qui diffère des alouettes par son bec recourbé, mais qui a plusieurs rapports avec elles. Sa description et ses dimensions. T. VI, p. 443.

SITTACE. Nom indien du perroquet. T. VII, p. 83.

SITTELLE ou TORCHE-POT. Discussion critique au sujet des noms donnés à cet oiseau. T. VI, p. 645. — Il frappe les arbres même avec plus de bruit que les pics et les mésanges. Il grimpe sur les arbres comme les grimpereaux. Ses caractères principaux et ses habitudes comparés à ceux de plusieurs autres oiseaux. P. 646. — Cet oiseau reste dans le pays qui l'a vu naître; il s'approche l'hiver des habitations. Manière dont il se tient et dort dans la cage. *Ibid.* — Ses habitudes naturelles dans l'état de liberté. P. 647. — Son chant au printemps. Établissement de son nid dans les trous des arbres. *Ibid.* — La femelle pond cinq, six ou sept œufs fond blanc sale, pointillé de roussâtre. Elle ne quitte pas sa couvée et attend que le mâle lui apporte à manger. Ils vivent d'insectes et aussi d'amandes, de noisettes, etc. Ils ne font ordinairement qu'une ponte par an. P. 648. — Cris de cet oiseau et quelques autres bruits singuliers qu'il fait entendre. P. 649. — Différences du mâle et de la femelle; leurs descriptions et leurs dimensions. *Ibid.* et suiv.

SITTELLE (variétés de la). T. VI, p. 650. — La *petite sittelle*. Sa description. *Ibid.* — La *sittelle du Canada*. Sa description et ses dimensions. P. 651. — La *sittelle à huppe noire de la Jamaïque*. Sa description et ses habitudes naturelles. *Ibid.* — La *petite sittelle à huppe noire de la Jamaïque*. Son indication. P. 652. — La *sittelle à tête noire de la Caroline*. Ses habitudes naturelles, sa description et ses dimensions. *Ibid.* — La *petite sittelle à tête brune de la Caroline*. Sa description et ses dimensions. *Ibid.*

SITTELLE (grande) à *bec crochu*. Sa description. T. VI, p. 653. — Ses dimensions; elle se trouve à la Jamaïque. *Ibid.*

SITTELLE *grivelée*; elle se trouve dans la Guyane hollandaise. Sa description, ses dimensions. T. VI, p. 653.

SIZERIN. Cet oiseau a plus de rapport avec le tarin qu'avec la linotte, et c'est mal à propos qu'on lui a donné le nom de petite linotte de vigne; il a le cri fort aigu. T. VI, p. 223. — Les sizerins sont des oiseaux voyageurs qu'on ne voit guère que tous les cinq ou sept ans, et qui poussent leurs excursions jusqu'au Groenland. *Ibid.* — L'espèce du sizerin peut se mêler avec celle du tarin; on les prend souvent ensemble, et leurs habitudes naturelles sont communes.

P. **224**. — Ces oiseaux prennent beaucoup de graisse et sont bons à manger. Description du mâle. P. **225**. — De la femelle. *Ibid.* — Leurs dimensions. *Ibid.*

SMALT. Voyez *Cobalt*. T. III, p. 419 et 422.

SMECTIS, est la matière que l'on appelle aussi *argile à foulon*, et qu'il ne faut pas confondre avec une sorte de marne qui est encore plus propre à cet usage et qui porte aussi le nom de *marne à foulon*. T. III, p. 560. — Description du smectis : c'est par sa grande sécheresse qu'il attire les huiles et graisses des étoffes auxquelles on l'applique. *Ibid.* — Différentes sortes de smectis ou argile à foulon. *Ibid.* — Smectis ou terre à foulon d'Angleterre paraît être supérieure à celle de France; indication des lieux où on en trouve. P. 561.

SMIRRING. Oiseau qui paraît appartenir au genre de la poule d'eau. T. VIII, p. 94. — Sa description d'après Gessner. *Ibid.*

SOCIÉTÉ. Origine et fondement de la société parmi les hommes. T. IV, p. 460. — Un empire, un monarque; une famille, un père, voilà les deux extrêmes de la société. T. IX, p. 65. — L'homme en tout état, dans toutes les situations et sous tous les climats, tend également à la société; c'est un effet constant d'une cause nécessaire, puisqu'elle tient à l'essence même de l'espèce, c'est-à-dire à sa propagation. P. 66.—Il y a dans la nature trois espèces de sociétés : la société libre de l'homme, la société gênée des animaux, toujours fugitive devant celle de l'homme, et la société forcée de quelques petites bêtes, qui, naissant toutes en même temps dans le même lieu, sont contraintes d'y demeurer ensemble. P. 147 et 148. — Toute société devient nécessairement féconde, quelque fortuite, quelque aveugle qu'elle puisse être. *Ibid.* — Cause physique du manque de société chez les sauvages. T. IV, p. 582.

SOCIÉTÉ. Ses premiers germes dus à la tendresse maternelle. T. VII, p. 72.

SOCIÉTÉ. Comparaison de la société des animaux quadrupèdes et de celle des oiseaux. T. VIII, p. 39. — Exemples à ce sujet. *Ibid.*

SOCO, espèce de héron du nouveau continent, qui est une des plus grandes et des plus belles. Ses dimensions et sa description. T. VII, p. 603.

SOLEIL. Cause physique du feu dont le soleil est embrasé. Tant que les mouvements des planètes et des comètes qui pèsent sur le soleil en circulant autour de lui dureront, il brillera et remplira de sa splendeur toutes les sphères du monde; et cette source féconde de lumière et de vie ne tarira, ne s'épuisera jamais, parce que dans un système où tout s'attire, rien ne peut se perdre ni s'éloigner sans retour. T. II, p. 27 et 28. — Le soleil tourne sur lui-même, mais au reste il est immobile relativement aux planètes et aux comètes qui circulent autour de lui, et il sert en même temps de flambeau, de foyer, de pivot, à toutes ces parties de la machine du monde : c'est par sa grandeur même qu'il demeure immobile et qu'il régit les autres globes. *Ibid.* — La sphère de l'attraction du soleil ne se borne pas à l'orbe des planètes; elle s'étend à une distance indéfinie, toujours en décroissant, dans la même raison que le carré de la distance augmente. Les comètes obéissent à cette force; leur mouvement, comme celui des planètes, dépend de l'attraction du soleil. T. I, p. 69.

SOLEIL. Par les observations les plus récentes, le soleil est éloigné de la terre d'environ trente-quatre millions de lieues; il est aussi d'un sixième plus volumineux qu'on ne le croyait, et par conséquent le volume entier de toutes les planètes réunies n'est guère que la huit centième partie de celui du soleil, et non pas la six cent cinquantième partie, comme je l'ai avancé dans les volumes précédents, qui ont été écrits avant les nouvelles observations; mais ces nouveaux faits ne font qu'augmenter la probabilité du système de la projection des planètes hors du corps du soleil. *Add.*, t. I, p. 248.

SOLEIL. La chaleur du soleil peut être regardée comme une quantité constante, qui n'a que très peu varié depuis la formation des planètes. T. I, p. 342. — Considérations sur la nature du soleil et sur l'origine du feu dont sa masse est pénétrée. P. 399 et 400. — La chaleur du soleil n'est pas assez forte pour maintenir seule la nature organisée dans la planète de Mercure, quoique cette chaleur du soleil y soit beaucoup plus grande que sur aucune autre planète. P. 400. — Démonstration que la chaleur seule du soleil ne suffirait pas pour maintenir la nature vivante sur la terre, ni sur aucune autre planète. *Ibid.*

SOLEIL. La chaleur que le soleil envoie sur la terre ne pénètre pas à vingt pieds dans la terre, et ne pénètre tout au plus qu'à cent cinquante pieds dans l'eau de la mer. T. II, p. 6. — Cause qui a produit et qui entretient la chaleur et la lumière du soleil. P. 27. — Le soleil est environné d'une sphère de vapeurs qui s'étend à des distances immenses; preuves de ce fait par les phénomènes des éclipses totales. P. 32. — Cette atmosphère est plus dense dans les parties voisines du soleil, et elle devient d'autant plus rare et plus transparente qu'elle s'étend et s'éloigne davantage du corps de cet astre de feu. P. 33.

SOLEIL. La lumière du soleil est l'évaporation de la flamme dense qui environne ce vaste corps en incandescence. T. II, p. 239. — Cette lumière du soleil produit, lorsqu'on la condense, les mêmes effets que la flamme la plus vive; elle communique le feu avec autant de promptitude et d'énergie, elle résiste à l'impulsion de l'air, suit toujours une route directe; on doit la regarder comme une vraie flamme, plus pure et plus dense que toutes les flammes de nos matières combustibles. *Ibid.* — La plupart des taches que les astronomes ont observées sur le disque du soleil leur ont paru fixes; mais il se pourrait aussi qu'il y eût des taches flottantes à la surface de cet astre. P. 400.

SOLFATARES (les) ne sont ni des volcans éteints ni des volcans agissants, et semblent participer des deux. Description des solfatares d'Italie. *Add.*, t. I, p. 317 et suiv.

SOLIDES. La première cause des maladies, surtout celles qui accompagnent la vieillesse, n'est pas dans les liquides, mais dépend de l'altération des solides. T. XI, p. 80.

SOLIDITÉ. Différentes acceptions du mot *solidité*. T. II, p. 281. — Solidité considérée comme opposée à la fluidité. *Ibid.*

SOLIPÈDES. Énumération des animaux solipèdes. T. X, p. 93.

SOLITAIRE de l'île Rodrigue, pèse jusqu'à quarante-cinq livres; son plumage; comparé avec le dronte et l'oiseau de nazare; sa femelle a l'apparence de deux mamelles; il n'a presque point de queue, des ailes courtes et inutiles; l'os de l'aile terminé par un bouton sphérique, dont il se sert pour se défendre, et pour faire en pirouettant une espèce de battement d'aile, par lequel il rappelle sa femelle. T. V, p. 249. — Est très solitaire en effet; ne pond qu'un œuf sur des amas de feuilles; le mâle et la femelle restent unis pour longtemps; ont une pierre assez grosse dans l'estomac; couvent pendant sept semaines; ne mangent point étant pris; la chair des jeunes, bonne à manger. P. 251.

SOMMEIL (le) n'est pas un état accidentel, mais un état aussi naturel que celui de la veille. T. IV, p. 414. — C'est par le sommeil que commence notre existence; le fœtus dort presque continuellement, et l'enfant dort beaucoup plus qu'il ne veille. *Ibid.* — Cause première du sommeil et de la veille. T. II, p. 204.

SOMMEIL. Quelques perruches de l'ancien continent dorment accrochées à une branche la tête en bas. T. VII, p. 128.

SON. Théorie du son et de ses différents effets. T. XI, p. 117 et suiv. — Tous les sons ont un ton, et la différence essentielle entre le bruit et le son, c'est que l'un a un ton et l'autre n'en a point. P. 118. — Cause qui produit la différente intensité des sons. P. 119 et suiv. — Les lois de la réflexion du son ne sont pas aussi bien connues que celles de la réflexion de la lumière. Explication de l'écho. La cavité de l'oreille paraît être un écho où le son se réfléchit avec la plus grande précision. Explication de la manière dont le son ébranle les parties intérieures de l'oreille. P. 120 et 121. — Différences essentielles dans la propagation du son et dans celle de la lumière. P. 123. — Lorsque les particules de la matière sonore sont réunies en très grande quantité, le son agit comme corps solide sur les autres corps. P. 129. — D'où provient le mouvement des corps sonores qui sont à l'unisson, et pourquoi ils frémissent sans qu'on les touche. *Ibid.* — Raison du plaisir que nous causent les sons harmoniques. P. 120.

SON (le), porte beaucoup plus loin la nuit que le jour ; plus loin l'hiver quand il gèle, que par le plus beau temps de toute autre saison ; et la différence est du double. T. V, p. 22. — Le son monte, parce qu'il est réfléchi de bas en haut. P. 23. — Les bruits soudains doivent effrayer, faire fuir les oiseaux qui ont le sens de l'ouïe si parfait, tandis que les sons doux doivent les faire approcher. P. 42.

SONDE. La manière dont on se sert communément pour sonder est sujette à l'erreur lorsqu'on sonde de très grandes profondeurs dans l'eau. T. I, p. 135.

SORS (faucon). T. V, p. 135 et 138. — Temps où il faut les prendre. P. 140.

SOSOVÉ. Est appelé aussi *petite perruche de Cayenne*, espèce de *toui* commun à la Guyane. Apprend à parler. A la voie de polichinelle. T. VII, p. 190.

SOUBUSE, autrement aigle à queue blanche, faucon à collier, comparée avec l'oiseau saint-martin. T. V, p. 115 et 116. — Et avec la harpaye. P. 117. — N'attaque que les faibles, volaille, pigeons, mulots, reptiles ; a le vol bas. P. 116. — Le mâle n'a pas le collier hérissé de petites plumes qui distingue la femelle ; se trouve en France et en Angleterre ; pond trois ou quatre œufs rougeâtres ; niche sur des buissons épais. *Ibid.* — Comparée avec les milans et les buses. P. 117.

SOUDES. Voyez *Alcali minéral* ou *marin*. T. III, p. 147. — Usages et propriétés de la soude. *Ibid.*

SOUFRE. Lorsqu'on fait couler le fer rouge par le moyen du soufre, on change la nature du fer ; ce n'est plus du métal, mais une espèce de matière pyriteuse. T. II, p. 458.

SOUFRE. Sa composition et sa production. T. II, p. 231 et 232. — Le soufre est de la même nature que les autres matières combustibles, et tire de même son origine du détriment des animaux et des végétaux. P. 232. — Il altère, dissout et même décompose le fer et le dénature, car si l'on présente une verge de fer bien rouge à une bille de soufre, le fer qui coule dans l'instant en grenaille n'est plus du fer, ni même de la fonte, mais une espèce de pyrite martiale qui n'est bonne à rien. P. 359. — Le soufre entre en fusion par une chaleur d'environ 90 degrés (division de Réaumur). P. 367.

SOUFRE. Différence essentielle du soufre et du bitume : les bitumes ne contiennent point de soufre, et les soufres ne contiennent point de bitume. T. III, p. 4.

SOUFRE. Quoique le soufre provienne originairement des substances organisées, on ne doit pas le mettre au nombre des bitumes. T. III, p. 53. — Manière dont se forme le soufre au sommet des volcans et des solfatares. P. 95 et 96. — Il est entièrement composé d'acide et de la matière du feu. P. 96. — Comment se fait cette combinaison dans les volcans. Différence essentielle entre le soufre et la pyrite. *Ibid.* — Le soufre, n'étant composé que d'acide pur et de feu fixe, brûle en entier et ne laisse aucun résidu après son inflammation. P. 98. — Propriétés du soufre naturel et artificiel. P. 99. — Inflammation du soufre et manière dont il se fond et brûle. *Ibid.* — Le soufre, quoique entièrement composé de feu fixe et d'acide, n'en contient pas moins les quatre éléments. Preuve de cette assertion. P. 100 — Comparaison de la combustion du soufre avec celle du phosphore. P. 100 et 101. — Le soufre se produit non seulement par l'action du feu, mais aussi par l'intermède de l'eau. P. 102 — L'huile paraît dissoudre le soufre, comme l'eau dissout les sels. Néanmoins il n'y a point d'huile dans la substance du soufre. P. 104. — Indication des principaux lieux de la terre où l'on trouve du soufre en plus grande quantité et de plus belle qualité. P. 105 et suiv. — Les principes du soufre sont presque universellement répandus dans la nature. P. 107.

SOUFRE. *Comment on l'extrait des substances qui en contiennent.* Manière de faire le soufre par sublimation et par fusion. T. III, p. 98. — Manière de le tirer des pyrites. Cette extraction ne se fait qu'en quelques endroits où les matières combustibles sont à bas prix. Presque tout le soufre qui est dans le commerce est recueilli sur les volcans. P. 107 et suiv. — Purification du soufre. P. 108.

SOUFRE, *foie de soufre.* Ses propriétés et son action sur les pierres et les matières terreuses. Le foie de soufre est le composé naturel ou artificiel du soufre et de l'alcali. T. III, p. 102 et suiv. — C'est une combinaison que la nature produit le plus continuellement et le plus universellement. P. 102. — Le foie de soufre fait seul autant et peut-être plus de dissolutions, de changements et d'altérations dans le règne minéral que tous les acides ensemble. Preuve de cette

lames triangulaires presque infiniment minces. Différences dans la figure entre ces lames triangulaires du spath calcaire et celles du cristal de roche. Explication de la formation des spaths calcaires, qui tous sont à faces et angles obliques. T. III, p. 563. — Les couches alternatives du sapth calcaire sont de différente densité, et l'on peut juger de cette différence de densité par le rapport des deux réfractions. P. 564.— Cette différence de densité dans les couches alternatives des spaths calcaires est plus ou moins grande, et c'est par cette raison que leur forme de cristallisation est sujette à des variétés qui ne sont cependant que des formes accidentelles, dont on ne peut tirer aucun caractère réel et général. *Ibid.*

SPATHS-FLUORS. Voyez *Fluors.*

SPATHS PESANTS Dans les spaths pesants, la substance du feu est unie à l'acide et à l'alcali, et a pour base une terre bolaire ou limoneuse. La présence de l'alcali, combiné avec les principes du soufre, se manifeste par l'odeur qu'exhalent ces spaths pesants lorsqu'on les soumet à l'action du feu. T. III, p. 610. — Les spaths pesants ne contiennent point du tout de parties métalliques, et par conséquent ne doivent pas leur grande pesanteur au mélange d'aucun métal. P. 611. — Les spaths pesants ne sont ni vitreux, ni calcaires, ni gypseux ; leur substance est formée des résidus de la terre végétale ou limoneuse. *Ibid.* — Différences des spaths calcaires avec les spaths-fluors et le feldspath. *Ibid.* — On trouve assez souvent les spaths pesants sous une forme cristallisée, mais ils se présentent aussi en cristallisation confuse et même en masses informes. *Ibid.* — On les trouve toujours à la superficie de la terre végétale ou à une assez petite profondeur, souvent en petits morceaux isolés et quelquefois en petites veines, comme les pyrites. *Ibid.* — L'essence des spaths pesants est une terre alcaline très fortement chargée de la substance du feu. P. 612. — Les spaths pesants sont plus souvent opaques que tranparents. *Ibid.* — Ceux qui sont transparents n'ont, comme le diamant et les pierres précieuses, qu'une seule réfraction. *Ibid.* — Variétés de couleurs dans les spaths pesants. *Ibid.* — Ils sont tous phosphoriques. *Ibid.* — Rapports des spaths pesants aux pierres précieuses, qui démontrent leur origine commune. P. 614.

SPATH PERLÉ (le) a été mis mal à propos au nombre des spaths pesants, car ce n'est qu'un spath calcaire. Preuves de cette assertion. T. III, p. 612.

SPATULE. Confusion dans la nomenclature de cet oiseau. T. VII, p. 642 et suiv. — On l'appelle *pale* ou *palette*, parce que son bec est aplati en forme de spatule ou de palette. Description de ce bec singulier, dont la substance est flexible comme du cuir. P. 643. — La spatule est toute blanche; elle est de la grosseur du héron. Ses ressemblances et ses différences. Sa description. P. 644. — Elle se nourrit de poissons, de coquillages, d'insectes aquatiques et de vers. Elle habite les bords de la mer, et ne se trouve que rarement dans l'intérieur des terres. On les voit sur les côtes de France et en plus grand nombre dans quelques endroits de la Hollande. Ces oiseaux font leur nid à la sommité des grands arbres voisins des côtes de la mer ; ils le construisent de bûchettes, et produisent trois ou quatre petits. P. 645. — La langue de cet oiseau est tout à fait petite. Description de ses parties intérieures. Ces oiseaux vont en été jusqu'en Laponie. *Ibid.* — L'espèce, quoique peu nombreuse, est très répandue dans l'ancien continent, et se trouve dans le nouveau avec de plus belles couleurs. P. 646. — Elle passe ordinairement sur les côtes de Picardie dans les mois de novembre et d'avril, mais elle n'y séjourne pas. P. 648. — Elle vit de chevrettes, de petits poissons et d'insectes d'eau. Elle fait, dans certaines circonstances, le même claquement que la cigogne avec son bec. *Ibid.*

SPATULE, variété de la spatule. T. VII, p. 648.

SPATULE d'Amérique. Ses ressemblances et ses différences avec celle d'Europe. La principale est dans la couleur, qui est rouge lorsque l'oiseau est adulte, au lieu que la spatule d'Europe est blanche à tout âge. T. VII, p. 646. — Elle se trouve dans toute l'étendue du nouveau continent, jusqu'au Brésil et au Paraguay. P. 647. — L'espèce n'en est pas fort nombreuse en individus. Les plus grandes troupes sont composées de neuf ou dix, et communément de deux ou trois. Ses habitudes naturelles. Elle n'est pas sauvage et se laisse approcher de très près. P. 648.

SPARR. Origine et formation du sparr ou spath. Le sparr a à peu près le degré de dureté de la pierre; il est quelquefois coloré ; il est transparent et il prend toujours une figure régulière : c'est de la pierre épurée. T. I, p. 228.

SPICIFÈRE. C'est le paon du Japon d'Aldrovande; son aigrette. T. V, p. 438. — Son plumage, sa queue, ses miroirs; différences entre le mâle et la femelle ; ses rapports avec le paon et le faisan ; ressemble fort au faisan du Japon de Kæmpfer. P. 439.

SPÉCIFIQUE, pesanteur spécifique. T. XI, p. 346.

SPECTRES. Effets physiques et réels sur lesquels sont fondées les apparences des spectres et la vision des fantômes. T. XI, p. 109. — Le préjugé des spectres est fondé dàns la nature, et ces apparences ne dépendent pas, comme le croient les philosophes, uniquement de l'imagination. P. 110.

SPERMATIQUES (animaux). Petits corps qui se meuvent dans la liquenr séminale, auxquels on a donné ce nom. T. IV, p. 177. — Les prétendus animaux spermatiques ne sont autre chose que les molécules organiques vivantes, par lesquelles s'opèrent la nutrition, le développement et la reproduction. *Ibid.* — Relation de ce qui en a été dit par différents observateurs. P. 224 et suiv. — Exposition du système fondé sur les animaux spermatiques. *Ibid.*

SPIPOLETTE. Espèce d'alouette un peu plus grosse que la farlouse. — Ses habitudes et sa description. T. VI, p. 432 et suiv. — Elle fait son nid sur des buissons bas, au contraire des autres alouettes qui le font à terre. Manière de les élever en domesticité. Leur chant est agréable. P. 433. — Elles vont de compagnie avec les pinsons, et partent et reviennent avec eux. *Ibid.* — Description et dimensions de la spipolette. P. 434.

STALACTITES. Dans les pierres vitreuses, comme dans les calcaires, la pureté des congélations dépend du nombre des filtrations qu'elles ont subies, et de la ténuité des pores dans les matières qui ont servi de filtre. T. II, p. 574.

STALACTITES. Origine des stalactites, leur formation, leur position, leur figure, etc. Elles forment dans les lieux souterrains des colonnes et des masses de toute sorte de figures. T. I, p. 228.

SARIKI et GLOUPICHI de Steller. T. VIII, p. 469.

STÉATITES, sont ainsi dénommées parce qu'elles ont quelque ressemblance avec le suif par leur poli gras et comme onctueux au toucher. T. III, p. 535. — Le talc domine dans la composition de ces pierres stéatites, dont les principales variétés sont les jades, les serpentines, les pierres ollaires, la craie d'Espagne, la pierre de lard de la Chine, la molybdène, auxquelles on doit encore ajouter l'asbeste, l'amiante, ainsi que le cuir et le liège de montagne. *Ibid.* — Toutes ces substances, quoiqu'en apparence très différentes entre elles, tirent également leur origine de la décomposition et de l'agrégation des particules de mica; ce ne sont que des modifications de ce verre primitif plus ou moins dissous, et souvent mélangé d'autres matières vitreuses, qui, dans plusieurs de ces pierres, ont réuni les particules micacées de plus près qu'elles ne le sont dans les talcs, et leur ont donné plus de consistance et de dureté. *Ibid.*

STERCORAIRE. Voyez *Labbe.*

STÉRILITÉ. Causes de la stérilité dans les hommes et dans les femmes. La plus ordinaire est l'altération de la liqueur séminale dans les testicules des femmes, et, généralement parlant, la stérilité vient plus souvent de la part de la femme que de celle de l'homme. T. XI, p. 43.

STOURNE ou étourneau de la Louisiane. T. V, p. 635.

STRABISME. C'est le nom qui exprime le défaut des yeux louches. Il ne consiste que dans l'écart de l'un des yeux. Différentes prétendues causes de cette fausse direction des yeux. *Add.*, t. XI, p. 240 et suiv. — Véritable cause de ce défaut. P. 241. — Elle consiste dans l'inégalité de force ou de portée des yeux. *Ibid.* — Raison pourquoi l'œil le plus faible se détourne. P. 242. — Formule qui exprime tous le cas du strabisme. P. 243. — Le strabisme est forcé et devient un défaut nécessaire, lorsque l'inégalité de force dans les yeux est de plus de trois dixièmes. *Ibid.* — Réponse aux objections contre la cause du strabisme. P. 244 et suiv. — Raison pourquoi il y a plus de louches parmi les enfants que parmi les adultes. P. 246.

STREPSICEROS de Belon. Brebis de l'île de Candie et de quelques autres îles de l'Archipel ; elle a les cornes droites et sillonnées en vis. T. IX, p. 401. — Le *strepsiceros* des anciens est le même animal que l'*antilope.* P. 479. — Discussion critique sur le *strepsiceros* de Caïus ; c'est vraisemblablement le même animal que le *condoma.* P. 496.

STRESCHIS. Nom donné à l'hirondelle de rivage. T. VIII, p. 370.

STRUNDJAGER. Voyez *Labbe.*

SYLE. Le style n'est que l'ordre et le mouvement qu'on met dans ses pensées. T. XI, p. 562. — Principales règles du style. *Ibid.* et suiv. — Le ton n'est que la convenance du style à la nuance du sujet. P. 565. — Le style sublime ne peut se trouver que dans les grands sujets de la poésie, de l'histoire et de la philosophie. P. 566.

SUBSTANCE (une) homogène ne peut différer d'une autre substance homogène qu'autant que la figure de ses parties primitives est différente, car le fond de toute matière est le même ; la masse et le volume, c'est-à-dire la forme, seraient aussi les mêmes, si la figure des parties constituantes était semblable. T. II, p. 209.

SUC *pétrifiant.* Origine de ce suc. Voyez *Coquilles.* T. II, p. 560. — Manière dont il agit dans les pierres calcaires. Voyez *Pierres calcaires.* P. 562. — Le dépôt du suc pétrifiant dans les pierres calcaires se fait par une cristallisation plus ou moins parfaite, et se manifeste par des points plus ou moins brillants, qui sont d'autant plus nombreux que la pierre est plus pétrifiée, c'est-à-dire plus intimement et plus pleinement pénétrée de cette matière spathique. *Ibid.*

SUCCIN (le), qu'on appelle aussi *karabé,* et plus communément *ambre jaune,* est un bitume qui a d'abord été liquide et qui a pris sa consistance à l'air et même à la surface des eaux et dans le sein de la terre; le plus beau succin est transparent et de couleur d'or; mais il y en a de plus ou moins opaque et de toutes les nuances de couleur, du blanc au jaune et jusqu'au brun noirâtre. T. III, p. 54. — Le succin renferme souvent des petits débris de végétaux et des insectes terrestres. Il est électrique comme la résine végétale. Il est presque uniquement composé d'huile ou d'acide; c'est un résidu des huiles animales ou végétales saisies et pénétrées par les acides, et c'est probablement à la petite quantité de fer contenu dans les succins qu'on doit attribuer leurs couleurs. P. 55. — Le succin a commencé par être liquide. Preuve de ce fait. P. 62 et 63. — Comparaison du succin avec les résines. P. 63.

SUCCIN, *lieux où il se trouve*. Célèbre minière de succin en Prusse. Sa description. T. III. p. 55. — Il est jeté par les eaux de la mer Baltique sur les côtes de la Poméranie. P. 63.

SUCE-FLEURS à ailes brunes. Voyez *Oiseaumouche* pourpré.

SUCRE, est un sel essentiel, que l'on peut tirer en plus ou moins grande quantité de plusieurs végétaux. Ses propriétés. Le principe acide de ce sel est évidemment l'acide aérien. Preuves de ce fait. T. III, p. 143.

SUCRIER, oiseau de l'Amérique qui a rapport aux grimpereaux et aux guit-guits de l'Amérique. Il se nourrit du suc doux et visqueux des cannes à sucre. T. VII, p. 33. — Description du mâle. Le sucrier de Cayenne; sa description, sa voix. *Ibid.* — Variété dans l'espèce du sucrier. P. 34.

SUIF. Les anciens ont dit que tous les animaux ruminants avaient du suif; cependant cela n'est exactement vrai que de la chèvre et du mouton, et celui du mouton est plus abondant, plus blanc, plus sec, plus ferme et de meilleure qualité que celui de la chèvre. T. VIII, p. 564.

SUISSE ou ÉCUREUIL SUISSE ou ÉCUREUIL DE TERRE. Ses ressemblances et ses différences avec le palmiste et le barbaresque. T. IX, p. 249. — L'écureuil suisse ne se trouve que dans les régions froides et tempérées du nouveau continent. *Ibid.* — Il ne se tient pas sur les arbres comme l'écureuil; il demeure à terre et s'y pratique un trou comme le mulot. P. 250. — Il est moins docile et moins doux que le palmiste et le barbaresque. *Ibid.*

SUMXU (le) est un joli animal domestique de la Chine, qu'on ne peut mieux comparer qu'au chat. Notice à ce sujet. *Add.*, t. X, p 302.

SUPERBE. Voyez *Manucode* noir de la Nouvelle-Guinée. T. V, p. 624.

SUPERFÉTATION. Exemple d'une superfétation dans les femmes. T. XI, p. 46. — Les superfétations sont fréquentes dans l'espèce du lièvre, et pourquoi. T. IX, p. 40.

SURDITÉ. Pourquoi les vieillards sont sujets à la surdité. T. XI, p. 122. — Moyen facile de reconnaître si la surdité est extérieure ou intérieure. *Ibid.*

SURIKATE, est le nom d'un joli petit animal qui se trouve à Surinam et dans quelques autres provinces de l'Amérique méridionale. Sa description, son naturel, ses habitudes. Il approche plus du coati que d'aucun autre animal, et il n'a, comme l'hyène, que quatre doigts à tous les pieds. C'est un petit animal de proie qui est fort avide de viande, d'œufs et de poisson, et ne se soucie pas de pain ni de fruits; il boit volontiers son urine, etc. Sa voix ou son cri est très extraordinaire. T. IX, p. 550.

SURIKATE. Observations sur le naturel de cet animal. *Add.*, t. X, p. 296. — Il n'est point un animal de l'Amérique méridionale, mais de l'Afrique, dans les terres montagneuses au-dessus du cap de Bonne-Espérance. *Ibid.*

SURMULOT. Animal beaucoup plus gros que le mulot, mais qui en a les habitudes naturelles; il n'est en France que depuis quelques années. T. IX, p. 132. — Les surmulots mâles sont plus grands et plus méchants que les femelles. *Ibid.* — Ils mordent cruellement et même dangereusement. *Ibid.* — Ils produisent trois fois par an, et leur multiplication est prodigieuse. *Ibid.* — Les femelles rongent les planches de la cage où elles sont enfermées pour faire, avec les copeaux, un lit à leurs petits. *Ibid.* — Les chiens les chassent avec une espèce de fureur. *Ibid.* — Ils se jettent à l'eau lorsqu'ils sont poursuivis et nagent avec une merveilleuse facilité. *Ibid.* — Ils se creusent, comme les mulots, des retraites sous terre, ou bien ils se gîtent dans les terriers des lapins. P. 133. — On peut les prendre avec des furets. *Ibid.* — Les surmulots sont carnassiers et tuent les volailles comme le font les putois. *Ibid.* — Dégâts prodigieux qu'ils font dans les campagnes et dans les granges. *Ibid.* et suiv. — Ils ne s'engourdissent pas comme les loirs pendant l'hiver. *Ibid.* — Ils chassent les souris et les rats. *Ibid.*

SUSPENSION (nouvelle) des aiguilles aimantées, imaginée par M. Coulomb. T. IV, p. 133.

SYACOU, petit tangara appelé au Brésil *syacou*; sa description. T. VI, p. 257.

SYROPERDIX d'Élien, différente de notre perdrix grise. T. V, p. 465.

SYSTÈME *du monde*. Sujet qui est très simple en un sens, c'est-à-dire très dénué de qualités physiques, parce que l'on peut considérer les planètes comme n'étant que des points, à cause de leur grand éloignemént, et qu'on peut, sans se tromper, faire abstraction de toutes leurs qualités physiques à l'exception de celle de la pesanteur, et que leurs mouvements sont d'ailleurs les plus réguliers que nous connaissions et n'éprouvent aucun retardement par la résistance. T. I, p. 31. — L'explication du système du monde est un problème de mathématique auquel il ne fallait qu'une idée physique heureusement conçue pour le réaliser. *Ibid.*

SYSTÈME *du soleil et des étoiles fixes.* Comment il se pourrait faire qu'il y eût communication d'un système à l'autre. T. I, p. 399.

SYSTÈMES. Nécessité des systèmes en tous sujets, et notamment en physique. T. III, p. 185 et 186.

SYSTÈMES *sur la génération.* Difficultés invincibles contre le système des œufs et contre le système des animaux spermatiques. T. IV, p. 231 et suiv.

# T

TABAC (fumée de) employée par les sauvages de l'Amérique pour étourdir les vieux perroquets qu'ils prennent et les apprivoiser. T. VII, p. 151.

TABLE des naissances, mariages et morts dans la ville de Paris dans les années 1670, 1671 et 1672..... Réflexions sur cette table. T. XI, p. 444.

TABLE des naissances, mariages et morts dans la ville de Paris, depuis l'année 1709 jusqu'à 1766 inclusivement. T. XI, p. 414. — Autre table plus détaillée des naissances, mariages et morts dans la ville de Paris, depuis l'année 1745 jusqu'à l'année 1766 inclusivement. P. 415 et 425.

TABLE des enfants trouvés dans la ville de Paris, depuis l'année 1745 jusqu'en 1766. T. XI, p. 428.

TABLE des naissances, mariages et morts dans la ville de Montbard, en Bourgogne, depuis l'année 1765 jusqu'en 1774 inclusivement. T. XI, p. 429.

TABLE des naissances, mariages et morts dans la ville de Flavigny, en Bourgogne, depuis l'année 1770, jusques et y compris l'année 1774. T. XI, p. 430.

TABLE des naissances, mariages et morts dans le bailliage de Saulieu, en Bourgogne, pendant les années 1770, 1771 et 1772. T. XI, p. 435.

TABLE des naissances, mariages et morts dans la ville de Semur, en Auxois, depuis l'année 1770, jusques et compris 1774. T. XI, p. 431. — Autre table des naissances, mariages et morts dans plusieurs bourgs et villages du bailliage de Semur, en Auxois, depuis 1770, jusques et compris 1774. P. 432. — Autre table des naissances, mariages et morts dans le bailliage entier de Semur, en Auxois, depuis 1770 jusques et compris 1774. P. 433. — Autre table des lieux où il naît plus de filles que de garçons dans le même bailliage de Semur. P. 434.

TABLE des naissances, mariages et morts dans la ville de Vitteaux, en Bourgogne, depuis l'année 1770, jusques et compris l'année 1774. T. XI, p. 431.

TABLE de la mortalité dans la ville de Paris, comparée à la mortalité dans les campagnes, jusqu'à vingt lieues de distance de cette ville. T. XI, p. 436. — Réflexion sur cette table. P. 437 et suiv. — Table de comparaison de la mortalité en France et de la mortalité à Londres. P. 438 et suiv.

TABLEAUX faits par les sauvages avec des plumes. T. VII, p. 199.

TABLIER prétendu des Hottentotes. Voyez *Hottentotes.*

TACCO. Coucou à long bec de la Jamaïque. Ressemble à l'oiseau de pluie ou vieillard. T. VII, p. 252. — En quoi il en diffère. *Tacco* est son cri habituel; il en a encore un autre. Vit d'insectes, de lézards nommés *anolis*, de petites couleuvres, de grenouilles, de jeunes rats. Peu farouche. Son vol. Sa chair mauvaise à manger. Se retire et se cache au fond des bois pour faire sa ponte. On ignore s'il fait un nid comme les autres coucous d'Amérique. P. 253 et suiv.

TADORNE (le) paraît être le même oiseau que le *chenalopex* ou *vulpanser* des anciens. T. VIII, p. 356. — Il se gîte en effet comme le renard, et fait sa couvée dans des trous qu'il dispute et enlève ordinairement aux lapins. P. 357. — Le tadorne appartient à la famille des canards, et non pas à celle des oies; sa description. *Ibid.* — Qualités de sa chair et de ses œufs. P. 358. — Il paraît que les tadornes se trouvent dans les climats froids comme dans les pays tempérés, et qu'ils se sont portés jusqu'aux terres australes; cependant l'espèce ne s'est pas également répandue sur toutes les côtes de nos régions septentrionales. *Ibid.* — Ils habitent de préférence sur les bords de la mer, mais on ne laisse pas d'en rencontrer quelques-uns sur des rivières ou des lacs même assez éloignés dans les terres. Ponte et durée de l'incubation. P. 359. — Dès le lendemain du jour que la couvée est éclose, le père et la mère conduisent les petits à la mer, et de ce moment ils ne paraissent plus à terre. *Ibid.* — Ruse employée par la mère tadorne pour sauver sa couvée. *Ibid.* — Description des petits tadornes ; ce n'est qu'à la seconde année que les couleurs de leurs plumes ont tout leur éclat. P. 360. — Raison de croire que le mâle n'est propre à la génération que dans cette seconde année. *Ibid.* — Nourriture du tadorne sauvage. *Ibid.* — Les jeunes tadornes élevés par une cane s'habituent aisément à la domesticité et vivent dans les basses-cours comme les canards. *Ibid.* — On ne voit jamais les tadornes sauvages rassemblés en troupes, mais seulement par couples. *Ibid.* — Ils semblent en s'appariant contracter un nœud indissoluble, et le mâle se montre fort jaloux. *Ibid.* — Maladie singulière des tadornes privés, causée par le défaut de sel marin. P. 361. — Observations sur ces oiseaux en domesticité. *Ibid.* — Les tadornes ressemblent aux canards, autant par les habitudes naturelles que par la forme du corps, seulement ils ont plus de légèreté, de gaieté et de vivacité. *Ibid.* — Caractère particulier à cette espèce de conserver en toute saison les belles couleurs de son plumage. *Ibid.* — Il serait à désirer que l'on pût obtenir une race domestique de ces oiseaux, mais leur naturel et leur tempérament semblent les fixer à la mer et les éloigner des eaux douces. *Ibid.*

TAGUAN ou GRAND ÉCUREUIL VOLANT. Différences très considérables de grandeur entre le taguan ou grand écureuil volant des Indes méridionales et le polatouche ou écureuil volant des pays du nord. *Add.*, t. X, p. 318 et suiv. — Description du taguan. *Ibid.* — Comparaison du taguan au polatouche, laquelle démontre que ce sont deux animaux d'espèces différentes. P. 319. — Notice et description du taguan, par M. Wosmaër. P. 320.

TAGUAN. Description d'un taguan. *Add.*, t. X, p. 322.

TAHUA ou TAVOUA. Voyez *Crik* et *Tavoua.*

TAHBI, nom qu'on a donné au sarigue mâle dans quelques provinces de l'Amérique. T. IX, p. 288.

TAILLE, ce qui fait la belle taille dans l'homme. T. XI, p. 65.

TAILLIS. Voyez *Bois taillis* et *semis.*

TAÏRA ou TAYRA. Notice au sujet de cet animal, qui se trouve au Brésil et à la Guyane. *Add.*, t. X, p. 263.

TAIT-SOU de Madagascar à la queue étagée. T. VII, p. 247.

TAJACU ou TAJACOU ou PÉCARI, animal de l'Amérique qui n'existait pas dans l'ancien continent. T. IV, p. 574. — Voyez *Pécari.* T. IX, p. 233.

TAJACU. Voyez *Pécari. Add.*, t. X, p. 404.

TALAO (le) de Seba ; sa description. On ne doit pas le rapporter au tangara septicolor. T. VI, p. 254.

TALAPOIN, petite guenon d'une assez jolie figure. T. X, p. 149 et 150.

TALC, est formé par l'agrégation des paillettes du mica atténuées et réunies. T. II, p. 488. — Différences du talc et du mica. *Ibid.* — Différences des talcs par leurs couleurs et leur transparence : lieux où on les trouve. P. 489 et suiv. — Usage du talc pour les petites fenêtres des vaisseaux. P. 490. — Différences du vrai talc d'avec celui qu'on appelle *talc de Venise, craie de Briançon*, etc. *Ibid.*

TALC, est formé par de petites parcelles de mica à demi dissoutes, ou du moins assez atténuées pour faire corps ensemble et se réunir en lames minces par leur affinité. T. III, p. 535.

TALCHICUATLI de Nieremberg, est peut-être une variété du petit duc. T. V, p. 184.

TAMANDUA ; ses différences d'avec le tamanoir. P. 251. — Ses ressemblances et ses différences avec le tamanoir et avec le fourmilier. P. 252.

TAMANDUA. Description de cet animal. Ses différences avec le tamanoir. *Add.*, t. X, p. 368.

TAMANOIR. Courte description du tamanoir. T. IX, p. 251. — Il se couvre le corps entier de sa queue ; singularité dans la consistance du poil de cet animal. P. 252. — Il marche lentement, et un homme peut aisément l'atteindre à la course. *Ibid.* — Sa force et la manière dont il se défend contre les animaux de proie. P. 258. — Le tamanoir ne se trouve point en Afrique, quoique quelques auteurs l'aient assuré. *Ibid.* et suiv.

TAMANOIR. Le tamanoir ou grand fourmilier ne craint pas le jaguar ; il vient même à bout de le tuer lorsqu'il en est attaqué. *Add.*, t. X, p. 298. — Description plus exacte que celle que j'avais donnée de cet animal. P. 367. — Ses habitudes naturelles et sa nourriture. Il n'acquiert son entier accroissement qu'à quatre ans. *Ibid.* — Conformation singulière qui fait que cet animal ne respire pas par la bouche, mais seulement par les narines. *Ibid.* — Cet animal, ainsi que le tamandua et le fourmilier, ne se trouve qu'en Amérique et non point en Afrique ; réponse à la critique de M. Wosmaër. P. 369.

TAMANOIR, *petit tamanoir.* Voyez *Tamandua. Add.*, t. X, p. 368.

TAMARIN. Petite espèce de sagouin. Caractères distinctifs de cette espèce. T. X, p. 205.

TAMARINS. Habitudes de ces sagouins. *Add.*, t. X, p. 223.

TAMATIA ou BARBU du nouveau continent ; le volume de la tête est plus considérable dans tous les oiseaux de ce genre que dans aucun autre oiseau. Cette première espèce se trouve à la Guyane et au Brésil. T. VII, p. 455. — Sa description. Ses habitudes naturelles sont communes à toutes les autres espèces de tamatias; ils ne se tiennent que dans les endroits les plus solitaires des forêts. Ils ne vont point en troupes ni même par paires; ils ont le vol pesant et court, et ne se posent que sur les branches basses. Ils ont peu de vivacité et se donnent peu de mouvements; leur mine est triste et sombre. Leur naturel répond parfaitement à leur figure massive et à leur maintien sérieux. P. 456. — On peut les approcher d'aussi près que l'on veut et tirer plusieurs coups de fusil sans les faire fuir. Leur chair n'est pas mauvaise à manger, quoiqu'ils vivent de scarabées et d'autres gros insectes. *Ibid.*

TAMATIA (le beau) est le moins laid de ce genre. Sa description et ses dimensions. On le trouve dans la contrée des Amazones. T. VII, p. 458.

TAMATA *à collier.* Sa description et ses dimensions; il se trouve dans la Guyane. T. VII, p. 457.

TAMATIA *à tête et gorge rouges.* Variétés dans cette espèce. T. VII, p. 457. — Leurs ressemblances et leurs différences. Ils se trouvent à la Guyane et à Saint-Domingue. *Ibid.*

TAMATIAS *noirs et blancs.* Raisons pourquoi l'on ne peut guère séparer ces deux espèces. Leur caractère commun est d'avoir le bec plus fort, plus gros et plus long que tous les autres tamatias, à proportion du corps. T. VII, p. 458. — Dimensions des deux espèces, qui toutes deux se trouvent à la Guyane. P. 459.

TAMBILAGAN. Voyez *Petite Mouette* cendrée. T. VIII, p. 225.

TANAOMBÉ ou *merle de Madagascar*, comparé au mauvis; son plumage, son bec crochu. T. VI, p. 61.

TANAS ou *faucon-pêcheur* du Sénégal. T. V, p. 145.

TANDRAC. Dimensions et description d'un tandrac. *Add.*, t. X, p. 245.

TANGARA, oiseau de l'Amérique méridionale dont le genre est très nombreux; on les a pris pour des moineaux. Ressemblances et différences des tangaras aux moineaux. T. VI, p. 232. — Le genre entier des tangaras, composé de plus de trente espèces, sans compter les variétés, appartient en entier au nouveau continent. *Ibid.*

TANGARA (le grand) se trouve dans les forêts de la Guyane et fréquente aussi les lieux découverts; ses habitudes naturelles. T. VI, p. 233.

TANGARA *bleu.* Il se trouve à Cayenne; sa description. C'est le même oiseau que le moineau d'Amérique de Seba. T. VI, p. 254.

TANGARA *de Canada*, ses différences et ressemblances avec le scarlatte. Sa description. T. VI, p. 238.

TANGARA *diable-enrhumé;* sa description et ses dimensions. T. VI, p. 248. — L'oiseau appelé *teoauhtototl* par Fernandez est le même que celui-ci. P. 249.

TANGARA *à gorge noire*, espèce nouvelle apportée de Cayenne; sa description. T. VI, p. 255.

TANGARA *du Mississipi*, espèce nouvelle qui a beaucoup de rapports au tangara du Canada. Ses différences et sa description. T. VI, p. 239. — Il n'a pas le chant aussi agréable que le scarlatte; il siffle d'un ton net, haut et perçant; ses habitudes naturelles. P. 240.

TANGARA *nègre*, petit tangara de la Guyane; sa description. T. VI, p. 261.

TANGARA *noir et tangara roux* (le) ne sont que la même espèce, dont le premier est le mâle, et le second la femelle. Leurs habitudes naturelles. T. VI, p. 242.

TANGARA *vert du Brésil*, sa description. T. VI, p. 247.

TANGARAS (petits). T. VI, p. 256.

TANREC et TENDRAC, ce sont de petits animaux des Indes orientales, qui ressemblent à notre hérisson; il y en a deux espèces différentes dont nous appelons la première *tanrec* et la seconde *tendrac*; le premier est plus gros et plus grand, et a le museau plus long que le second; il est aussi couvert de piquants, au lieu que l'autre n'a que des poils rudes comme des soies de cochon. Naturel de ces animaux et leurs autres propriétés. T. IX, p. 526.

TANREC, *jeune tanrec.* Courte description de cet animal. *Add.*, t. X, p. 245.

TAPARARA, espèce de grand martin-pêcheur du nouveau continent, qui se trouve à Cayenne. Sa description. T. VII, p. 516.

TAPERE, hirondelle du Brésil. Ressemble à la nôtre suivant Marcgrave, à notre martinet suivant M. Sloane. Fréquente les savanes, les plaines. Se perche sur les arbustes. T. VII, p. 391.

TAPETI. Notice au sujet de cet animal, qui paraît être d'une espèce très voisine de celle du lièvre et de celle du lapin; sa description. Il paraît que l'animal de la Nouvelle-Espagne indiqué par Fernandès sous le nom de *citli* pourrait être le même que le *tapeti. Add*, t. X, p. 353.

TAPIR (le) appartient au nouveau continent et n'existait point dans l'ancien. T. IV, p. 574. — C'est l'animal le plus grand du nouveau monde, et cependant il n'est que de la taille d'une vache ou d'une petite mule. T. IX, p. 416. — Sa description et ses habitudes naturelles. *Ibid.* — Le tapir aime beaucoup l'eau et y séjourne la plus grande partie du temps. P. 417. — Ce n'est point un animal carnassier; il vit de plantes et de racines, et diffère beaucoup de l'hippopotame. *Ibid.* — Comparaison du tapir avec les animaux de l'ancien continent. Il n'est pas possible d'attribuer l'origine de l'espèce du tapir à la dégénération d'aucune espèce d'animal de l'ancien continent. T. IV, p. 497 et 498.

TAPIR. Comparaison du tapir avec l'éléphant. *Add.*, t. X, p. 406. — Notre climat ne convient guère à cet animal. C'est le plus gros quadrupède de l'Amérique méridionale. Il va très souvent à l'eau pour se baigner; il ne mange point de poisson, mais des herbes et des feuilles d'arbrisseaux. La femelle ne produit qu'un petit. *Ibid.* — Habitudes naturelles du tapir. Les mâles vont toujours seuls, à l'exception du temps où les femelles sont en chaleur. *Ibid.* — L'espèce du tapir est assez nombreuse dans les forêts écartées des habitations. Il est d'un naturel tranquille et doux, et ne devient dangereux que quand il est blessé. Il fait de larges sentiers battus dans les forêts, et il faut éviter sa rencontre, parce que son allure est brusque. P. 406 et 407. — Manière de le chasser. Sa peau est très ferme et très épaisse, et on le tue rarement d'un seul coup de fusil. Il n'a pas d'autre cri qu'un sifflet aigu. P. 407. — On en élève quelques-uns à Cayenne en domesticité. Sa chair n'est pas d'un bon goût. Sa description, par M. Bajon. *Ibid.* et suiv. — Le tapir n'est point un animal ruminant et n'a pas trois estomacs, comme il est dit dans la description de M. Bajon; preuve de ces faits. P. 408. — Le mâle est plus grand que la femelle. Description de cet animal. P. 409. — Les femelles entrent en chaleur aux mois de novembre et de décembre. Chaque mâle suit une femelle, et c'est là le seul temps où l'on trouve deux tapirs mâle et femelle ensemble. Le temps de la gestation est de dix à onze mois. Cet animal n'est point amphibie, mais il fait constamment son gîte sur la terre, et même sur les endroits les plus élevés et les moins humides; il fréquente les lieux marécageux pour chercher sa subsistance, et parce qu'il y trouve plus de feuilles et d'herbes que sur les terrains élevés; il fréquente aussi les eaux pour se baigner et laver. Il nage et plonge très bien, et tire souvent sa trompe hors de l'eau pour respirer. *Ibid.* — Il cherche sa nourriture plutôt la nuit que le jour. Il se promène aussi le jour quand il fait humide. Ses autres habitudes naturelles. En domesticité il semble être susceptible d'attachement. P. 410. — On a même des exemples qu'on peut le laisser aller en liberté et qu'il revient de lui-même tous les soirs à son étable. Manière de chasser cet animal. *Ibid.* et suiv. — La chair des jeunes n'est pas mauvaise à manger. *Ibid.* — Observations sur les par-

ties intérieures et dimensions de quelques-unes de ces mêmes parties. *Ibid.* — L'espèce du tapir ne s'est pas étendue au delà de l'isthme de Panama. P. 411. — Sa description par M. Allamand. *Ibid.* — Le nez de cet animal a beaucoup de rapport avec la trompe de l'éléphant, et il s'en sert à peu près de la même façon. Il n'y a cependant point d'appendice ou de doigt à son extrémité. P. 412. — La femelle n'a pas une crinière comme le mâle, mais seulement quelques poils plus longs et éloignés les uns des autres sur cette partie. Elle n'a que deux mamelles, situées entre les jambes de derrière. P. 414.

TAPIRER les perroquets (art de). T. VII, p. 71 et 167. — Cette opération douloureuse est dangereuse pour ces oiseaux. P. 167.

TARABÉ ou AMAZONÉ à tête rouge du Brésil. Ne se trouve point à la Guyane. T. VII, p. 154.

TARIER. Ressemblances et différences du tarier au traquet. T. VI, p. 525. — Dimensions et description du tarier. P. 526. — Différences du mâle et de la femelle. *Ibid.* — Elle pond quatre ou cinq œufs d'un blanc sale, piqueté de noir. Le tarier est d'un naturel aussi solitaire et encore plus sauvage que le traquet. *Ibid.* — Son espèce est moins nombreuse. Il est très bon à manger vers la fin de l'été. *Ibid.*

TARIER ou TRAQUET du Sénégal. Sa description. T. VI, p. 526.

TARIN. Rapports du tarin avec le chardonneret. T. VI, p. 225. — Différence de leur chant et de leurs habitudes. P. 226. — On pourrait regarder l'espèce du tarin comme moyenne entre celle du chardonneret et celle de la mésange, par la manière dont il arrange et suspend son nid. Le tarin est oiseau de passage, et dans ses migrations il a le vol fort élevé. En domesticité il est susceptible d'éducation. *Ibid.* — Sa nourriture; il se fait toujours un ami dans la volière parmi ceux de son espèce, auquel il donne même sa nourriture; cependant il mange beaucoup et boit de même. *Ibid.* — Son nid est fort difficile à trouver, et nous n'avons jamais vu un seul de ces nids. P. 227. — Il y a une sympathie singulière entre l'espèce du tarin et celle du serin, et ils s'apparient très volontiers ensemble. *Ibid.* — Le passage des tarins se fait en Allemagne au mois d'octobre par troupes si nombreuses qu'ils font beaucoup de tort dans tous les endroits où ils se reposent. P. 228. — Cet oiseau vit dix ans, et n'est pas sujet aux maladies. Description du mâle. P. 229. — Description de la femelle et dimensions des deux. *Ibid.*

TARIN (variétés du). Description de la première variété. T. VI, p. 229. — Le *tarin de la Nouvelle-York*; sa description. P. 230.

TARIN *de Provence* (le) est un peu plus

grand et d'un plus beau jaune que notre tarin commun, mais ce n'est qu'une petite variété de climat. P. 228.

TARIN *noir* (le) n'est encore qu'une variété du tarin commun. T. VI, p. 231.

TARIN. Voyez *Oiseaux*.

TARINS, se mêlent avec les chardonnerets et les serins. T. V, p. 11.

TARSIER, est le nom que nous avons donné à un petit animal qui a, comme les gerboises, les tarses extrêmement longs. Cet animal n'est pas plus gros qu'un rat; il a les pattes de devant fort courtes et celles de derrière excessivement longues; la queue d'une longueur démesurée; de très grands yeux, etc. Suite de la description du tarsier et sa comparaison avec la gerboise. Il parait être du même pays que le marmose, le sarigue, etc., ayant comme eux des doigts de forme humaine à tous les pieds; et on le doit mettre au nombre des quadrumanes. T. IX, p. 551.

TARSIER (le) est un animal du genre des gerboises, qui ne se trouve que dans l'ancien continent. *Add.*, t. X, p. 338.

TARTARES. Différences particulières dans la race tartare. T. XI, p. 143. — Observations particulières sur les Tartares. P. 144.

TARTARES. Depuis que les Russes se sont établis dans toute l'étendue de la Sibérie et dans les contrées adjacentes, il y a eu nombre de mélanges entre les Russes et les Tartares, et ces mélanges ont prodigieusement changé la figure et les mœurs de plusieurs de ces peuples. *Add.*, t. XI, p. 267.— Le type de la race tartare parait se trouver chez les Kalmoucks, qui sont les plus laids de tous les hommes. *Ibid.*

TARTARIN, un des noms du babouin à museau de chien. *Add.*, t. X, p. 188.

. TARTRE. Sa formation et ses combinaisons. T. III, p. 142. — Crème de tartre, n'est pas un acide simple, mais combiné avec l'alcali végétal. *Ibid.*

TARTRE VITRIOLÉ (le) résulte de la combinaison de l'acide vitriolique avec l'alcali végétal. T. III, p. 137.

TATOUETTE *ou* TATUÈTE; espèce de tatou qui a huit bandes mobiles sur le dos; sa description et ses caractères spécifiques. T. IX, p. 269. — Le têt du tatuète n'est pas dur, le plus petit plomb suffit pour le percer; sa chair est fort blanche et très bonne à manger. P. 270. — Le tatuète ne fait peut-être pas une espèce réellement distincte et différente de celle du cachicame. P. 271. — Sa chair est aussi blanche et aussi bonne à manger que celle du cochon de lait. P. 276.

TATOUS (les) au lieu de poils sont couverts, comme les tortues, les écrevisses et les autres crustacés, d'une croûte ou d'un têt solide. T. IX, p. 262. — Tatous de plusieurs espèces; comment ils sont recouverts de leurs têts. P. 263. — Leur peau, même dans les parties où elle est la plus souple, tend à devenir osseuse. P. 264. — Leurs caractères génériques et leurs différences spécifiques. P. 265. — Manière dont se fait la contraction du corps des tatous, lorsqu'ils se mettent en rond. *Ibid.* — Tous les tatous ont deux boucliers, l'un sur les épaules et l'autre sur la croupe, à l'exception du cirquinçon qui n'en a qu'un, et c'est sur les épaules. P. 273. — Tous les tatous appartiennent au nouveau continent et ne se trouvent point dans l'ancien. P. 274. — Quelques auteurs ont confondu les tatous avec les pangolins et les phatagins *ou* lézards écailleux. *Ibid.* — Les deux plus grandes espèces de tatous sont le *kabassou* et l'*encourbert*, et les petites espèces sont l'*apar*, le *tatuète*, le *cachicame* et le *cirquinçon.* P. 276. — Dans les grandes espèces, le têt est beaucoup plus solide et plus dur que dans les petites. *Ibid.* — Dans les grandes espèces de tatous, la chair est beaucoup plus dure et moins bonne que dans les petites. *Ibid.* — Les tatous de petite espèce se tiennent dans les lieux humides et dans les plaines, et les tatous de grande espèce ne se trouvent que dans les lieux plus élevés et plus secs. *Ibid.* — Tous les tatous peuvent contracter leurs corps et se resserrer en boule, mais aucun ne peut s'y réduire aussi parfaitement que le hérisson; ils ont plutôt la figure d'une sphère fort aplatie par les pôles. *Ibid.* — Le têt dont ils sont revêtus est un véritable os; structure et organisation de ce têt osseux. *Ibid.* — Leur têt est revêtu en dehors d'une pellicule transparente, qui fait l'effet d'un vernis sur leur corps. *Ibid.* — Leur têt osseux est une partie indépendante de la charpente et des autres parties intérieures du corps de l'animal, dont les os et les autres parties constituantes du corps sont composées et organisées, comme celles de tous les autres quadrupèdes. *Ibid.* — Les tatous sont des animaux innocents; ils vivent de fruits, de légumes et de racines. P. 277. — Quoique originaires des climats chauds de l'Amérique, ils peuvent vivre dans notre climat. *Ibid.* — Ils marchent avec vivacité, mais ils ne peuvent, pour ainsi dire, ni courir ni sauter. *Ibid.* — Leurs habitudes naturelles. *Ibid.* — Ils creusent la terre aussi vite que les taupes, et se cachent dans leur terrier dès qu'ils craignent quelque danger. *Ibid.* Manière de les chasser et de les prendre. P. 278. — Ils produisent quatre petits et plusieurs fois l'année. *Ibid.*—Usage de leur têt et ses prétendues propriétés médicinales. *Ibid.*

TATOU-ENCOUBERT. Sa description. *Add.*, t. X, p. 363.

TATOU *à très longue queue.* Notice sur ses habitudes naturelles. *Add.*, t. X, p. 364.

T. I, p. 394. — La même température nourrit, produit partout les mêmes êtres. *Ibid.* — De la même manière qu'on a trouvé, par l'observation de cinquante-six années successives, la chaleur de l'été à Paris, de 1,026, c'est-à-dire de 26 degrés au-dessus de la congélation; on a aussi trouvé avec les mêmes thermomètres que cette chaleur de l'été était 1,026 dans tous les autres climats de la terre, depuis l'équateur jusque vers le cercle polaire; nombre d'exemples à ce sujet. P. 411. — De ces observations résulte le fait incontestable de l'égalité de la plus grande chaleur en été dans tous les climats de la terre. *Ibid.* — Pourquoi la chaleur est plus grande au Sénégal qu'en aucun climat de la terre. Explication de la cause particulière qui produit cette exception. *Ibid.* — L'excès de la chaleur produit par les causes locales n'étant que de 6 ou 7 degrés au-dessus de la plus grande chaleur du reste de la zone torride, et l'excès du froid produit de même par les causes locales étant de plus de 40 degrés au-dessus du plus grand froid, sous la même latitude au nord, il en résulte que ces mêmes causes locales ont bien plus d'influence dans les climats froids que dans les climats chauds; raisons de cette différence d'effets. P. 413 et suiv.

TEMPÉRATURE *des planètes*. Degrés de chaleur où elles ont passé successivement. Voyez *Chaleur* du globe terrestre, comparée à celle de Jupiter, la lune, Mars, Mercure, Saturne et Vénus.

TEMPÉRATURE. Une seule forêt de plus ou de moins dans un pays suffit pour en changer la température. T. II, p. 130. — C'est de la différence de température que dépend la plus ou moins grande énergie de la nature : l'accroissement, le développement et la production de tous les êtres organisés ne sont que des effets particuliers de cette cause générale. P. 200.

TEMPÊTES subites et très dangereuses sur quelques côtes de la mer. T. I, p. 200.

TEMPS. La succession de nos idées est, par rapport à nous, la seule mesure du temps ; mais cette mesure a une unité dont la grandeur n'est point arbitraire ni indéfinie ; elle est au contraire déterminée par la nature même, et relative à notre organisation. L'intervalle de temps qui sépare chacune de nos pensées et chacun de nos sentiments est l'unité de cette mesure. T. XI, p. 83. — Dans l'enfance, le temps présent est tout ; dans l'âge mûr, on jouit également du passé, du présent et de l'avenir ; et dans la vieillesse, on sent peu le présent, on détourne les yeux de l'avenir, et l'on ne vit que dans le passé. P. 440. — Le temps n'est relatif qu'aux individus, aux êtres dont l'existence est fugitive, et celle des espèces étant constante, leur permanence fait la durée et leur différence le nombre. T. II, p. 202.

TEMPS. Pourquoi l'idée d'une longue suite de temps nous paraît moins distincte que l'idée d'une grande étendue ou celle d'une grosse somme de monnaie. T. II, p. 38. — La durée du temps que nous avons assignée à l'existence des planètes et de la terre depuis leur formation est plutôt beaucoup trop courte que trop longue, et suffit à peine à l'explication des phénomènes successifs de la nature. *Ibid.* et suiv.

TEMPS. Le temps ne peut nous être représenté que par le mouvement et par ses effets, c'est-à-dire par la succession des opérations de la nature. T. II, p. 463. — Quoique la substance du temps ne soit point matérielle, néanmoins le temps entre comme élément général, comme ingrédient réel et plus nécessaire qu'aucun autre dans toutes les compositions de la matière ; or la dose de ce grand élément ne nous est point connue ; il faut peut-être des siècles pour opérer la cristallisation d'un diamant, tandis qu'il ne faut que quelques minutes pour cristalliser un sel. P. 472.

TEMPS (le) est de toutes les choses celle qui nous appartient le moins et celle qui nous manque le plus. T. V, p. 9.

TÉNACITÉ (la) de la matière dépend en grande partie de son homogénéité, et tout alliage dans les métaux en diminue la ténacité. T. III, p. 248.

TENDRESSE maternelle, ses devoirs l'emportent dans les oiseaux sur les émotions des sens. T. V, p. 41.

TEOAUHTOTOTL (le) de Fernandez, espèce de tangara nommé à Cayenne *diable-en-rhumé*. T. VI, p. 248.

TEPEYTZCUITLI ou CHIEN DE MONTAGNE *de la Nouvelle-Espagne*, pourrait bien être le même animal que le glouton. T. IX, p. 588.

TEPEMAXTLA *de Fernandès*, pourrait bien être le même animal que le conepate. T. IX, p. 598.

TÉRAT-BOULAN ou merle des Indes, comparé au merle ; ses différences, son plumage, ses dimensions. T. VI, p. 67.

TERRAINS *arides et stériles*. Lorsqu'on aura des terres tout à fait ingrates et stériles où le bois refuse de croître, et des parties de terrains situées dans des petits vallons en montagnes, où la gelée supprime les rejetons des chênes et des autres arbres qui quittent leurs feuilles, la manière la plus sûre et la moins coûteuse de peupler ces terrains est d'y planter des jeunes pins à vingt ou vingt-cinq pas les uns des autres. T. XI, p. 535. — Un bois de pins exploité convenablement peut devenir un fonds non seulement aussi fructueux, mais aussi durable qu'aucun autre fonds de bois. P. 536.

**Terrains volcanisés.** Les îles de Portland, de Stroma, de Féroë, de Shetland et les îles Orcades sont toutes volcaniques. T. IV, p. 81. — On voit des indices de terrains volcanisés jusque dans la Bourgogne. P. 82.

**Terre.** Le sphéroïde de la terre est renflé sur l'équateur et abaissé sous les pôles, dans la proportion qu'exigent les lois de la pesanteur et de la force centrifuge. Cette vérité de fait est mathématiquement démontrée et physiquement prouvée par la théorie de la gravitation et par les expériences du pendule. T. II, p. 4. — Le globe de la terre était dans un état de fluidité au moment qu'il a pris sa forme, et cet état de fluidité était une liquéfaction produite par le feu. Preuve de cette assertion. *Ibid.* et suiv. — Les matières dont le globe de la terre est composé dans son intérieur sont de la nature du verre. P. 7. — La liquéfaction primitive du globe de la terre est prouvée dans toute la rigueur qu'exige la plus stricte logique ; d'abord, *a priori*, par le premier fait de son élévation sur l'équateur et de son abaissement sous les pôles ; 2° *ab actu*, par le second et le troisième faits de la chaleur intérieure de la terre encore subsistante ; 3° *a posteriori*, par le quatrième fait, qui nous démontre le produit de cette action du feu, c'est-à-dire le verre dans toutes les substances terrestres. *Ibid.* — Tableau de ce qu'était la terre dans son origine et avant la chute des eaux. P. 33 et 42.

**Terre.** L'élément de la terre peut se convertir dans les autres éléments. T. II, p. 260. — Élément de la terre : ce sont les matières vitrifiables dont la masse est mille et cent mille fois plus considérable que celle de toutes les autres substances terrestres qu'on doit regarder comme le vrai fonds de cet élément. P. 261.

**Terre.** L'élément de la terre entre comme partie essentielle dans la composition de tous les corps. T. II, p. 616. — Définition de la terre en général, donnée par les chimistes, est plus abstraite que réelle, et ne peut s'appliquer qu'à une terre idéale qui n'existe pas dans la nature. P. 617.

**Terre** *limoneuse*, provient de la couche universelle de la terre végétale, qui s'est formée des résidus ultérieurs des animaux et des végétaux. Formation successive de cette terre ; ses différences d'avec l'argile ou les glaises : elle se fond bien plus aisément au feu que la glaise, même la plus impure, et elle s'y boursoufle, au lieu que l'argile et les glaises y prennent de la retraite. T. II, p. 531. — Voyez *Limon*, p. 616. — La terre limoneuse est entraînée par l'infiltration des eaux à d'assez grandes profondeurs dans les fentes des argiles ; observation à ce sujet. P. 620. — Elle contribue plus que toute autre à la formation des pyrites martiales. P. 621. — Elle produit ou plutôt régénère par sécrétion le fer en grains, et l'origine primordiale de toutes les mines de cette espèce appartient à cette terre limoneuse ; néanmoins, les minières de fer en grains dont nous tirons le fer aujourd'hui ont presque toutes été transportées et amenées par alluvion, après avoir été lavées par les eaux de la mer. *Ibid.* — La terre limoneuse est la première matrice des mines de fer en grains et des pyrites martiales ; preuves à ce sujet. P. 625.

**Terre** *vitrescible* (la) est la vraie terre élémentaire qui sert de base à toutes les autres substances et en constitue les parties fixes. T. II, p. 256.

**Terre de Cologne.** Voyez *Terre d'ombre.*

**Terre de Guatimala.** Voyez *Bol rouge.* T. III, p. 608.

**Terre de Lemnos,** est un bol d'un rouge foncé et d'un grain très fin. T. III, p. 609 et suiv. — Le bol d'Arménie ressemble assez à cette terre de Lemnos. P. 610.

**Terre d'ombre.** On peut regarder la terre d'ombre comme une terre bitumineuse, à laquelle le fer a donné une forte teinture de brun ; elle est plus légère que l'ocre et devient blanche au feu, au lieu que l'ocre y prend une couleur rougeâtre, et c'est probablement parce que cette terre d'ombre ne contient pas à beaucoup près une aussi grande quantité de fer. T. IV, p. 27. — Il se trouve en France de la terre d'ombre aussi bonne que la terre de Cologne. P. 28.

**Terre de Patna.** Voyez *Bol blanc.*

**Terre de Vérone,** est un bol qui paraît avoir reçu du cuivre sa teinture. T. III, p. 608.

**Terre sigillée.** Voyez *Bol rouge.* Discussion historique à ce sujet. T. III, p. 606.

**Terre végétale,** *se présente dans deux états différents :* le premier, sous la forme de *terreau,* qui est le détriment immédiat des animaux et des végétaux ; et le second, sous la forme de *limon,* qui est le dernier résidu de leur entière décomposition. T. II, p. 618. — Sur la grande couche d'argile qui enveloppe le globe, et sur les bancs calcaires auxquels cette même argile sert de de base, s'étend la couche universelle de la terre végétale qui recouvre la surface entière des continents terrestres ; et cette même terre n'est peut-être pas en moindre quantité sur le fond de la mer, où les eaux des fleuves la transportent et la déposent de tous les temps, et continuellement. *Ibid.* — La couche de la terre végétale est toujours plus épaisse dans les lieux abandonnés à la seule nature que dans les pays habités ; raison de ce fait. *Ibid.* — Elle est plus mince sur les montagnes que dans les vallons et les plaines, et par quelle raison. *Ibid.* — Cette terre est non seulement composée des détriments des végétaux et des animaux, mais encore des poussières de l'air et du sédiment de l'eau des pluies et des rosées. *Ibid.* — La fécondité de la terre diminue par une culture trop longtemps continuée. *Ibid.* — La terre végétale sert non seulement à l'entretien des animaux et des végétaux, mais elle produit aussi la plus grande partie des minéraux, et particulièrement les minéraux figurés. P. 619. — Marche de la nature dans la production et la formation successive de la terre végétale. Elle n'est d'abord, et même après un grand nombre d'années, qu'une poussière noirâtre, sèche, très légère, sans ductilité, sans cohésion, qui brûle et s'enflamme à peu près comme la tourbe; mais, avec le temps, ces particules arides de terreau acquièrent de la ductilité et se convertissent en terre limoneuse. *Ibid.* — Observations qui prouvent évidemment cette vérité. *Ibid.* et suiv. — Comme cette terre contient une grande quantité de substances organiques, elle a des propriétés communes avec les végétaux; comme eux elle contient des parties volatiles et combustibles; elle brûle en partie ou se consume au feu; elle y diminue de volume et y perd considérablement de son poids; enfin, elle fond et se vitrifie au même degré de feu auquel l'argile ne fait que durcir; elle s'imbibe d'eau plus facilement et plus abondamment que l'argile; elle s'attache fortement à la langue, et la plupart des bols ne sont que cette même terre limoneuse, aussi pure et aussi atténuée qu'elle peut l'être; preuves de cette dernière assertion. P. 620. — La couche de terre végétale qui couvre la surface du globe est non seulement le trésor des richesses de la nature vivante, le dépôt des molécules organiques qui servent à l'entretien des animaux et des végétaux, mais encore le magasin universel des éléments qui entrent dans la composition de la plupart des minéraux. Les bitumes, les charbons de terre, les bols, les ocres, les mines de fer en grains et les pyrites en tirent leur origine, et il en est de même du diamant; preuves anticipées de cette dernière assertion. P. 628 et suiv. — Les lieux qui sont dénués de terre végétale ou limoneuse ne peuvent produire de végétaux; exemple à ce sujet. P 629 et suiv. — Comment se forme la terre végétale sur les rochers stériles. Première origine de la terre végétale. P. 630. — Lorsque la terre végétale est réduite en parfait limon et en bol, elle est alors trop compacte pour que les racines des plantes délicates puissent y pénétrer. La meilleure terre pour la végétation est, après celle de jardin, celle qu'on appelle *terre franche*, qui n'est ni trop mas-

sive, ni trop légère, ni trop grasse, ni trop maigre, qui peut admettre l'eau des pluies, sans se laisser trop promptement cribler, et qui, néanmoins, ne la retient pas assez pour qu'elle y croupisse. P. 631. — D'où provient la diminution de la quantité de la terre végétale. Cette diminution est la plus grande dans les pays les plus habités. P. 632.

TERRE VÉGÉTALE ET LIMONEUSE, presque entièrement composée des détriments et du résidu des corps organisés, retient et conserve une grande partie des éléments actifs dont ils étaient animés. *Ibid.* — Elle est le magasin de tout ce qui peut s'enflammer ou brûler. *Ibid.*

TERRE. La théorie de la terre n'avait jamais été traitée que d'une manière vague et hypothétique. T. 1, p. 35. — La première vue du globe de la terre ne présente d'autre idée que celle d'un amas de débris et d'un monde en ruine. P. 36. — Seconde vue de la terre, où tout paraît être dans un état parfait et dans un ordre admirable. *Ibid.* — Nous ne connaissons que l'écorce du globe de la terre, l'intérieur nous est entièrement inconnu. *Ibid.* — Les changements qui sont arrivés au globe de la terre depuis deux ou trois mille ans sont fort peu considérables en comparaison des révolutions qui ont dû se faire dans les premiers temps après la création; raisons de cette différence. P. 40. — La terre, actuellement sèche et habitée, a été autrefois sous les eaux de la mer. *Ibid.* — La surface de la terre a beaucoup plus d'inégalités vers le midi que vers le nord. P. 50. — Principaux phénomènes du globe de la terre. P. 67. — L'intérieur de la terre est une matière vitrifiée dont les sables, les grès, le roc vif, les granits et les glaises sont des fragments, des détriments ou des scories. P. 75. — La terre en général est composée de parties homogènes; la preuve de cette assertion résulte de l'égalité de son mouvement diurne. P. 77. — La terre a reçu son mouvement de rotation par l'obliquité du coup qui l'a mise en mouvement, et elle s'est élevée sous l'équateur par l'action de la force centrifuge. *Ibid.* — La terre a pris, en vertu de sa vitesse de rotation et de l'attraction mutuelle de toutes ses parties, la figure d'un sphéroïde dont les deux axes sont entre eux comme 229 à 230, c'est-à-dire qu'elle est élevée d'environ six lieues et demie à chaque extrémité du diamètre de l'équateur de plus que sous les pôles. *Ibid.* — L'intérieur du globe de la terre n'est pas vide ni rempli d'une matière fort dense, mais d'une matière à peu près semblable à celle de la surface; preuve de cette assertion. P. 79. — Figure de la terre : si l'on examine de près les mesures par lesquelles on a déterminé la figure de la terre, on verra bien qu'il entre de l'hypothétique dans cette détermination, car elle suppose que la terre a une figure courbe régulière. P. 81. — La surface de la terre n'est pas, comme celle de Jupiter, divisée par bandes alternatives et parallèles à l'équateur; au contraire, elle est divisée d'un pôle à l'autre par deux bandes de mer. P. 95. — La terre que nous habitons a été autrefois sous les eaux de la mer; preuves accumulées de cette assertion. P. 137. — Terres qui sont alternativement découvertes et submergées. P. 241.

TERRES COMPOSÉES. Leurs différentes qualités, toutes relatives au mélange des matières dont elles sont formées. T. II, p. 617. — Leurs usages sont aussi multipliés que leurs propriétés sont variées. *Ibid.*

TERRES FAUVES, qui se trouvent dans les environs des minières de charbon de terre, ne sont que des couches de terre limoneuse. T. II, p. 626.

TERRES ANCIENNES. Les terres les plus anciennes du globe sont celles qui sont aux deux côtés des lignes qui partagent l'ancien et le nouveau continent dans leur plus grande longueur. T. I, p. 96. — Les côtes occidentales de l'Afrique sont des terres plus nouvelles que celles des côtes orientales. *Ibid.* — Les terres de l'Europe sont moins anciennes que celles de l'Asie. *Ibid.* — Dans le nouveau continent, les terres occidentales sont plus anciennes que les terres orientales. *Ibid.*

TERRES AUSTRALES. La découverte et la connaissance de ces terres serait très importante pour la physique et l'histoire naturelle. En partant du cap de Bonne-Espérance, en différentes saisons, on pourrait reconnaître une partie de ces terres, lesquelles jusqu'ici font un monde à part. Il faudrait aussi tenter d'arriver à ces terres par la mer Pacifique en partant des côtes du Chili et traversant cette mer sous le cinquantième degré de latitude sud. Ce qui nous reste à connaître du côté du pôle austral est si considérable qu'on peut, sans se tromper, l'évaluer à plus du quart de la superficie du globe. T. I, p. 98. — Les terres entre les tropiques sont les plus inégales de tout le globe : il en est de même des mers, aussi entre les tropiques. P. 105.

TERRES *submergées*. En 1446, il y eut une si grande irruption de l'Océan dans les terres des provinces de Zélande et de Frise qu'il y eut deux ou trois cents villages de submergés ; on voit encore les sommets et les pointes de leurs clochers qui s'élèvent un peu au-dessus des eaux. T. I, p. 239. — Description de la manière dont la nature brille sur la terre; tableau de la terre et de la mer. Correspondance de la mer avec le ciel. Directions correspondantes des chaînes de montagnes, produites par les courants de la mer. T. I, p. 198 et suiv.

TERRE DE FEU. Description des habitants de la Terre de Feu, au delà du détroit de Magellan, à la pointe de l'Amérique. *Add.*, t. XI, p. 289 et suiv. — Température de cette terre. *Ibid.*

TERRES PRIMITIVES. La terre purement brute, la terre élémentaire, n'est que le verre primitif d'abord réduit en poudre et ensuite atténué, ramolli et converti en argile par l'impression des éléments humides; une autre terre, un peu moins brute, est la matière calcaire produite originairement par les dépouilles des coquillages, et de même réduite en poudre par les frottements et par le mouvement des eaux ; enfin, une troisième terre, plus organique que brute, est la terre végétale, composée des détriments des végétaux et des animaux. T. II, p. 616.

TERRES SIMPLES. L'argile, la craie et le limon sont les trois terres les plus simples qui existent réellement. T. II, p. 616.

TERSINE, espèce de cotinga; sa description. T. VI, p. 333.

TESQUIZANA du Mexique, paraît avoir beaucoup de rapports avec la pie de la Jamaïque. T. V, p. 587.

TESTICULES des oiseaux, se flétrissent et se réduisent presque à rien, après la saison des amours, au retour de laquelle ils renaissent et grossissent au delà de ce que semble permettre la proportion du corps. T. V, p. 26. — Ceux d'un aigle commun qui a été disséqué par messieurs de l'Académie étaient de la grosseur d'un pois : les reins étaient aussi très petits à proportion. P. 60. — Ceux de l'autruche varient prodigieusement pour la grosseur. P. 211. — Ceux des femelles des canepetières et des outardes. P. 213 et 295. — Quelques peintades n'en ont qu'un seul. P. 347.

TESTICULES. Les quadrupèdes, les oiseaux et les cétacés ont des testicules ; les poissons et les serpents en sont privés. T. IV, p. 194. — Les testicules des oiseaux se gonflent considérablement dans la saison de leurs amours. *Ibid.* — Les testicules des femelles ne sont pas des ovaires. P. 219. — Description des testicules des truies. P. 220. — Description des testicules des chiennes. P. 222. — Les vésicules des testicules des femelles ne contiennent qu'une lymphe claire, dans laquelle il n'y a rien d'animé ; ce sont les corps glanduleux qui contiennent dans leurs cavités la vraie liqueur séminale, où l'on voit des corps mouvants tout à fait semblables à ceux que l'on voit dans la semence des mâles. P. 256. — Dans l'enfance, il n'y a quelquefois qu'un testicule dans le scrotum, et quelquefois point du tout; les adultes sont rarement dans le cas d'avoir les testicules cachés. Quand même les testicules ne se manifestent pas, on n'en est pas moins propre à la génération. Il se trouve des hommes qui n'ont réellement qu'un testicule; ce défaut ne nuit point à la génération. T. XI, p. 30. — Les testicules des femelles sont dans un état de travail continuel, et c'est une des causes ordinaires et naturelles de la stérilité. P. 44.

TÊTE, première partie qui parait formée dans l'œuf couvé. T. V, p. 298. — Elle est jointe à l'épine du dos. *Ibid.*

TÉTÉMA (le) a beaucoup de rapports avec le *colmar* et avec le *palikour*, ou fourmilier proprement dit, dont il parait être une variété. T. VI, p. 347.

TÉTRAS ou cédron, ou grand coq de bruyère, de montagne, de bois, ou coq noir, ou coq sauvage, ou faisan bruyant; en quoi diffère du faisan. T. V, p. 353. — En quoi il ressemble au coq et en quoi il en diffère. *Ibid.* — Ses plumes. *Ibid.* — La femelle ne fait point de nid, mais couve ses œufs fort assidûment sur la mousse. P. 354. — Grandeur du tétras; il relève sa queue comme le dindon. *Ibid.* — Conjectures sur les noms que les anciens lui ont donnés. *Ibid.* et suiv. — A des sourcils couleur de feu, habite les pays froids et les montagnes; sa chair est exquise. P. 355. — Parait n'avoir point de langue étant mort. P. 356. — Ses pieds pattus, son bec, sa langue, son jabot, son gésier. P. 358. — Sa nourriture; plantes qui lui sont contraires. *Ibid.* — Différences de sexe, d'âge, etc. P. 359. — Comment appelle et féconde ses poules; ses amours. *Ibid.* et suiv. — Destruction des vieux coqs favorable à la multiplication de l'espèce. P. 361. — Ponte, œufs, incubation, petits, leur éducation, dispersion de la famille. P. 362. — Pays qu'ils habitent; les oiseaux de proie leur donnent la chasse par préférence. *Ibid.*

TÉTRAS (petit) à plumage variable, ou petit tétras blanc, n'est blanc qu'en hiver; ne se perche point; mâle et femelle sont de même plumage, se tiennent dans les taillis en troupe; on ne dit point qu'ils aient le dessous des pieds velu. T. V, p. 372.

TÉTRAS (petit) à queue fourchue, ou *grianot*, a presque les mêmes noms et les mêmes qualités du grand tétras, dont il ne diffère essentiellement que par sa petitesse et sa queue fourchue. T. V, p. 362. — Variétés de sexe, d'âge. P. 364. — Vole en troupe, se perche, sa nourriture. P. 365. — Comment passe l'hiver; pays où il se plaît. *Ibid.* — Ses amours, son cri d'appel. P. 366. — Ponte, œufs, incubation, petits, degrés de leur accroissement; chasse qu'on donne aux tétras. P. 367 et suiv. — Au chien courant. P. 370. — S'apprivoisent. P. 368. — Un vieux coq commande ordinairement la troupe. P. 369.

TÉTRAS (petit) à queue pleine, ou coq noir, ou poule moresque. T. V, p. 371. — Distin-

gué du précédent par sa queue pleine et ses barbillons charnus. *Ibid.* — Serait le *racklehane* de Suède, s'il n'avait pas de barbillons et la voix différente. P. 372.

TETTE-CHÈVRE. Voyez *Engoulevent.*

TETZONPAN, appartient à l'espèce du moqueur. T. VI, p. 28.

THÉORIE. Discussion de la théorie sur la formation des planètes, et solution des objections qu'on peut faire contre cette théorie. T. I, p. 404 et suiv. — Autres objections contre la théorie de l'auteur sur le refroidissement de la terre. Réponses satisfaisantes à ces objections. P. 407 et suiv.

THÉORIE (la) de la terre roule sur quatre faits principaux; le premier est, que la terre est partout, et jusqu'à des profondeurs considérables, composée de couches parallèles et de matières qui ont été autrefois dans un état de mollesse; le second, que la mer a couvert la terre que nous habitons; le troisième, que les marées et les autres mouvements des eaux produisent des inégalités dans le fond de la mer; et le quatrième, que ce sont les courants de la mer qui ont donné aux montagnes la forme de leurs contours et une direction correspondante. T. I, p. 140 et 141.

THÉRÈSE *jaune*, oiseau du Mexique dont l'espèce est voisine de celle du bruant. Sa description. T. VI, p. 291.

THERMALES, eaux thermales. Voyez *Chaleur* des eaux thermales.

THERMOMÈTRE. Le degré de la congélation de l'eau, que les constructeurs de thermomètres ont regardé comme la limite de la chaleur et comme un terme où l'on doit la supposer égale à zéro, est au contraire un degré réel de la chaleur. Puisque c'est à peu près le point milieu entre le degré de la congélation du mercure et celui de la chaleur nécessaire pour fondre le bismuth, qui est de 190 degrés au-dessus de celui de la congélation. T. II, p. 421. — Les thermomètres observés pendant cinquante-six années de suite ont démontré que la plus grande chaleur en été est de 26 degrés au-dessus de la congélation, et le plus grand froid de 6 degrés au-dessous, année commune. T. I, p. 411. — Défaut dans la construction du thermomètre de Réaumur. *Ibid.*

THERMOMÈTRE *réel*, c'est-à-dire thermomètre dont les degrés pourraient marquer les augmentations réelles de la chaleur, ne peut être construit que par le moyen des miroirs d'Archimède. T. II, p. 379. — Explication détaillée de la construction de ce thermomètre. P. 393.

THOS *d'Aristote*, nous parait être le chacal; discussion critique à ce sujet. T. IX, p. 583.

TIC-TIC, espèce de todier de l'Amérique méridionale qui se trouve à la Guyane, et qui a été ainsi nommé par imitation de son cri ; il est aussi petit que le todier de l'Amérique septentrionale. T. VII, p. 527. — Leurs ressemblances et leurs différences. Il vit d'insectes et habite de préférence les lieux découverts. *Ibid.*

TIERCELET, nom générique qui désigne le mâle dans toutes les espèces d'oiseaux de proie, et pourquoi. T. V, p. 46.

TIGRE, nom générique que l'on a donné à plusieurs animaux d'espèces différentes ; distinction de ces espèces. T. IX, p. 179. — Le vrai tigre, le seul qui doit porter ce nom, est un animal rare. *Ibid.* — Au lieu d'une seule espèce qui doit porter ce nom, il y en a neuf ou dix, et par conséquent l'histoire de ces animaux est très difficile à faire. P. 180. — Le tigre appartient à l'ancien continent et ne se trouve point dans le nouveau. T. IV, p. 558. — Sa taille est de quatre à cinq pieds de hauteur, sur neuf, dix et jusqu'à treize ou quatorze pieds de longueur. *Ibid.* — Les caractères qui distinguent le vrai tigre des panthères, des léopards et des autres, c'est qu'il est marqué de taches en forme de bandes, longues et transversales, depuis le sommet du dos jusque sous les flancs, au lieu que tous les autres sont marqués de taches rondes et séparées. *Ibid.* — Dans la classe des animaux carnassiers, le lion est le premier, et le tigre est le second. T. IX, p. 181. — Caractère naturel et tempérament du tigre. *Ibid.* — L'espèce n'en est pas nombreuse et paraît confinée aux climats les plus chauds des Indes orientales. P. 182. — Le tigre mange la fiente du rhinocéros. *Ibid.* — Habitudes naturelles du tigre. *Ibid.* — Il abandonne souvent les animaux qu'il vient de mettre à mort pour en égorger d'autres, et paraît n'être jamais rassasié de sang. *Ibid.* — Il est si fort, qu'après avoir mis à mort un buffle, il le traîne aisément dans les bois pour le dépecer à son aise. *Ibid.* — C'est peut-être le seul des animaux dont on ne puisse fléchir le naturel. P. 184. — Combat d'un tigre contre trois éléphants. *Ibid.* et suiv. — La femelle produit quatre ou cinq petits, elle est furieuse lorsqu'on les lui ravit. P. 187. — Son rugissement et sa voix. *Ibid.* — Usage de sa peau. *Ibid.* — Le tigre attaque plus volontiers l'éléphant que le rhinocéros ; et pourquoi. P. 346. — Les tigres du nouveau continent, quoique tous d'espèce différente des tigres de l'ancien continent, sont cependant du même genre. T. IV, p. 500.

TIGRE *noir de Cayenne.* Voyez *Couguar noir. Add.*, t. X, 299.

TIGRE *rouge de Cayenne.* Voyez *Couguar. Add.*, t. X, p. 299.

TIGRE. Nouvelle addition à l'article du tigre. *Add.*, t. X, p. 397.

TIJÉ ou *grand manakin*, oiseau du Brésil et de Cayenne ; description de l'adulte et du jeune. T. VI, p. 317.

TIJÉ-PIRANGA de Macgrave. Voyez *Scarlatte.*

TIJÉ-PIRANGA de Marcgrave, pourrait être la femelle du *tangara à coiffe noire.* T. VI, p. 225.

TIKLIN *brun*, espèce de râle. Sa description. T. VIII, p. 83.

TIKLIN *à collier*, autre espèce de râle des Philippines. Sa description. T. VIII, p. 84.

TIKLIN *rayé*, sa grandeur et sa description. T. VIII, p. 84.

TIKLINS, oiseaux du genre des râles, dont on connaît quatre espèces qui se trouvent aux Philippines. Description de la première espèce de tiklin. T. VIII, p. 83.

TILLY. Voyez *Grive cendrée* d'Amérique. T. VI, p. 25.

TINAMOU *cendré*, sa description et ses dimensions. T. VI, p. 366.

TINAMOU *varié*, sa description, ses dimensions et ses habitudes naturelles. T. VI, p. 367.

TINAMOUS, ce genre d'oiseaux est propre et particulier aux climats chauds de l'Amérique. Ce sont des oiseaux gallinacés qu'on pourrait placer entre les outardes et les perdrix. T. VI, p. 362. — On leur a donné mal à propos le nom de perdrix, dont il diffère beaucoup. Ils diffèrent aussi de l'outarde. P. 363. — Habitudes communes aux tinamous. Leur chair est bonne à manger. P. 364. — Les femelles, dans ce genre, comme dans celui des fourmiliers, sont toutes plus grosses que les mâles. *Ibid.*

TINKAL. Voyez *Borax* brut.

TIRICA, espèce de toui fort doux. Apprend à parler. Appelé aussi *petite jaseuse.* T. VII, p. 191. — Transporté aux Philippines, où il a subi quelques changements. *Ibid.*

TITIRI, c'est ainsi que l'on appelle à Cayenne cet oiseau, qui est un tyran de la plus grande espèce. Description du mâle et de la femelle. T. VI, p. 401. — Naturel et audace de cet oiseau. P. 402. — Il y en a deux espèces voisines l'une de l'autre. *Ibid.* — Elles sont toutes deux très nombreuses à Saint-Domingue. P. 403. — Leur nourriture et habitudes naturelles. *Ibid.*

TLAUHQUECHULTOTOTL (le) de la Nouvelle-Espagne est le même oiseau que le pic noir huppé de Cayenne. T. VII, p. 432.

TOCK, espèce de calao. T. VII, p. 482. — Différences entre l'oiseau jeune et l'adulte. Description de cet oiseau. *Ibid.* — Les tocks sont très communs au Sénégal et sont très niais lorsqu'ils sont jeunes. Mais lorsqu'ils sont adultes, l'âge leur donne de l'expérience au point de changer entièrement leur premier naturel. Leurs autres habitudes naturelles. On prend aisément ces oiseaux lorsqu'ils sont jeunes, et dès le premier moment ils semblent être aussi privés que si on les avait élevés dans la maison ; mais cela vient de leur stupidité, car il faut leur porter la nourriture au bec ; ils ne la cherchent ni ne la ramassent lorsqu'on la leur jette, ce qui fait présumer que les pères et mères sont obligés de les nourrir pendant un très long temps. P. 483. — Différences du tock et du toucan. *Ibid.*

TOCO, espèce de toucan. — Ses dimensions et sa description. T. VII, p. 469.

TOCOLIN, *ococolin*, troupiale gris de M. Brisson, oiseau du Mexique, son bec, sa grosseur ; où se tient et niche, ne paraît pas être un pic ; son plumage, sa chair. T. V, p. 646.

TOCRO ou *Perdrix de la Guyane*, sa description. Elle a à peu près les même habitudes naturelles que la perdrix d'Europe. Différences qui l'en distinguent. Ces perdrix sont brunes et semblent faire la nuance entre nos perdrix rouges et nos perdrix grises. T. VI, p. 368.

TODIER *bleu à ventre orangé*, ce todier est encore plus petit que les autres, n'ayant que trois pouces six lignes de longueur. Sa description. T. VI, p. 527.

TODIER *varié*, sa description d'après Aldrovandre et M. Brisson. Il n'est pas sûr que ce soit un todier. T. VII, p. 528.

TODIER de l'Amérique méridionale. Voyez *Tic-tic.*

TODIER de l'Amérique septentrionale ; il n'est pas plus grand qu'un roitelet. Description du mâle et de la femelle. T. VII, p. 525. — Ce todier se nourrit d'insectes et de petits vers ; il habite dans les lieux humides et solitaires. Il se trouve à Saint-Domingue et à la Martinique. Ses habitudes naturelles. Il niche dans la terre, qu'il creuse avec ses pattes et son bec. La femelle pond quatre ou cinq œufs de couleur grise et tachetés de jaune foncé. P. 526.

TODIERS, origine de ce nom. Nous ne connaissons que deux ou trois espèces dans le genre de ces petits oiseaux, qui toutes appartiennent aux climats chauds de l'Amérique. Caractères communs des todiers avec les martins-pêcheurs et les manakins. La forme singulière de leur bec les a fait nommer *petites palettes* ou *petites spatules.* T. VII, p. 625.

TOLAÏ. C'est un lapin à queue longue qui se trouve en Tartarie. *Add.*, t. X, p. 352.

TOLCANA ou étourneau des roseaux. T. V, p. 636.

TÔLE (la) doit être faite avec le meilleur fer. Défauts dans la fabrication ordinaire de la tôle, et manière de la fabriquer pour la rendre plus parfaite et plus durable. T. II, p. 357.

TÔLE. Manière de faire de la tôle de fer. T. III, p. 229.

TOMBAC. Mines de tombac à la Chine, au Japon et à l'île de Bornéo, sont des mines de cuivre mêlées d'une certaine quantité d'or. T. III, p. 332.

TOMINEOS, nom espagnol de l'oiseau-mouche. D'où dérivé. T. VII, p. 37.

TON. On ne doit pas attribuer la différence du ton dans les sons à la fréquence plus ou moins grande des vibrations. L'on a pris, dans la théorie ordinaire des sons, l'effet pour la cause. T. XI, p. 119.

TOPAZES DE BOHÊME, ne sont que des cristaux de roche colorés de jaune. T. III, p. 450 et 459. — Ces topazes, auxquelles j'ai cru devoir donner la dénomination de *cristaux-topazes*, se trouvent, comme le cristal de roche, dans les climats chauds, tempérés et froids, au lieu que les vrais topazes ne se trouvent que dans les climats les plus chauds. P. 459. — La densité de ces cristaux-topazes est à très peu près égale à celle du cristal blanc, ils ont aussi le même degrés de dureté. P. 460. — Ils perdent leur couleur et deviennent blancs comme le cristal par l'action du feu. *Ibid.*

TOPAZES et RUBIS DU BRÉSIL. Leur nature et leur origine sont toutes différentes de celles des rubis et topazes d'Orient. T. III, p. 480. — Ce sont des cristaux vitreux provenant du schorl ; preuve de cette assertion. *Ibid.* — La plupart des rubis du Brésil ne sont que des topazes chauffées du même pays. P. 481.

TOPAZE DE SAXE, est, comme celle du Brésil, une pierre vitreuse que l'on doit rapporter au schorl ; leurs ressemblances et leurs différences. T. III, p. 482. — La couleur jaune de la topaze de Saxe est toujours moins foncée que celle de la topaze du Brésil. P. 483. — Différences de dureté entre la topaze de Saxe et la vraie topaze. *Ibid.* — La topaze de Saxe perd sa couleur jaune au feu et y devient tout à fait blanche, au lieu que la topaze du Brésil y prend une couleur rougeâtre. *Ibid.*

TOPAZES. On en trouve qui sont moitié topazes et moitié saphirs, et d'autres qui sont tout à fait blanches. T. IV, p. 50. — La topaze d'Orient est d'un jaune vif couleur d'or ou d'un jaune plus pâle et citrin ; dans quelques-unes, et ce sont les plus belles, cette couleur vive et nette est en même temps moelleuse et comme satinée. P. 22. — Celles qui sont entièrement blanches ne laissent pas de briller d'un éclat assez vif ; cependant, il est aisé de distinguer ces topazes blanches, ainsi que les saphirs blancs, du diamant ; car ils n'en ont ni la dureté, ni l'éclat, ni le beau feu. *Ibid.* — Lieux où les topazes et saphirs se trouvent en plus grande quantité. *Ibid.* — Les topazes d'Orient ne sont jamais d'un jaune foncé. *Ibid.*

TOPOGRAPHIE de la surface du globe dans

le temps primitif et immédiatement après la consolidation de la matière dont il est composé. T. II, p. 45.

TORCHEPOT. Voyez *Sittelle*.

TORCOL, pond quelquefois dans des nids de sittelle. T. VII, p. 210,

TORCOL. Mouvement singulier de cet oiseau qui lui a fait donner le nom de *torcol*. T. VII, p. 450. — Ce mouvement dépend d'une conformation particulière et naturelle à cet oiseau, car les petits dans leur nid tordent le cou comme les père et mère. Autres habitudes singulières du torcol. P. 451. — L'espèce de cet oiseau n'est nombreuse nulle part, et chaque individu vit solitairement et voyage de même ; ses autres habitudes naturelles. Il prend sa nourriture à terre et ne grimpe pas sur les arbres, quoiqu'il ait le bec formé comme les pics, et qu'il soit très voisin du genre de ces oiseaux. Sa grandeur et sa description. P. 452 et suiv. — Différence dans la couleur du mâle et de la femelle. *Ibid.* — Il se nourrit comme les pics, en dardant sa langue dans les fourmilières, et comme eux, il n'a point de *cæcum*. Son nom grec, *jynx*, a été tiré de son cri. Il se fait entendre huit ou dix jours avant le coucou ; il pond dans des trous d'arbres, sans faire de nid, huit ou dix œufs d'un blanc d'ivoire. *Ibid.* — Les petits se dispersent dès qu'ils peuvent se servir de leurs ailes. Ces oiseaux sont très difficiles à élever en domesticité. Sur la fin de l'été, ils prennent beaucoup de graisse, et sont excellents à manger. P. 453. — La petite chasse de ces oiseaux se fait dans le mois d'août jusqu'au milieu de septembre, qui est le temps de leur départ, car il n'en reste aucun pendant l'hiver dans nos provinces de France. L'espèce en est répandue dans toute l'Europe ; elle se trouve aussi dans plusieurs provinces de l'Asie. Nous ne connaissons point de variété dans cette espèce. *Ibid.*

TORNOVIARSUK, *oiseau des mers de Groenland*, selon Égède. T. VIII, p. 465.

TORPILLE (la), l'anguille électrique de Surinam et le trembleur du Niger semblent réunir et concentrer dans une même faculté la force de l'électricité et celle du magnétisme. T. IV, p. 92. — S'il existait des corps aussi électriques que la torpille, et en assez grande quantité pour former de grandes masses aussi considérables que celles des mines de fer en différents endroits du globe, il est plus que probable que le cours de l'électricité générale se fléchirait vers ces masses électriques. P. 103.

TORTUES DE MER (les) ne déposent leurs œufs que sur les sables et jamais sur la vase. T. II, p. 168.

TOUAN. Description de ce petit animal, que l'on a envoyé de Cayenne au Cabinet du Roi. *Add.*, t. X, p. 312.

TOUCAN. Les plumes de la gorge du toucan servent aux plus belles parures. T. VII, p. 465. — Ces oiseaux sont les seuls qui aient une plume au lieu de langue. Description de cette plume. Ils font entendre leur voix si souvent qu'on les appelle *oiseaux prédicateurs*. P. 466. — Ils ont les doigts disposés deux en avant et deux en arrière comme les pics. Leurs pieds sont si courts qu'ils ne peuvent marcher et ne font que sautiller. P. 467. — Ils sont répandus dans tous les climats chauds de l'Amérique méridionale, et ne se trouvent point dans l'ancien continent. Ils se nourrissent principalement de fruits de palmiers, et habitent sur ces arbres, dans les terrains humides, et près du bord des eaux. Ils vont ordinairement par petites troupes de six à dix, leur vol est lourd et s'exécute péniblement. *Ibid.* — Ils font leurs nids dans des trous d'arbres, que les pics ont creusés et abandonnés. Leur ponte est de deux œufs. On les apprivoise aisément en les prenant jeunes. Ils ne sont pas difficiles à nourrir, car ils avalent tout ce qu'on leur jette, pain, chair ou poisson. P. 468. — Lorsqu'ils sont obligés de se pourvoir d'eux-mêmes et de ramasser leurs aliments à terre, ils semblent les chercher en tâtonnant, et ne prennent le morceau que de côté, pour le faire sauter ensuite et le recevoir dans leur large gosier ; ils sont si sensibles au froid qu'ils craignent la fraîcheur de la nuit, dans les climats même les plus chauds du nouveau continent. Leur chair, quoique noire et assez dure, ne laisse pas de se manger. *Ibid.* — Différence des toucans et des aracaris. Il y a cinq espèces dans le genre des toucans. *Ibid.*

TOUCAN, *bec du toucan*. En considérant la structure et l'usage de ce bec démesuré du toucan, on ne peut s'empêcher d'être étonné que la nature ait fait la dépense d'un bec aussi prodigieux pour un oiseau de médiocre grandeur, et ce bec mince et faible, loin de servir, ne fait que nuire à l'oiseau, qui ne peut rien saisir, rien diviser, et qui pour se nourrir est obligé de gober et d'avaler sa nourriture en bloc, sans la broyer ni même la concasser. T. VII, p. 462. — Description et dimensions de ce bec. P. 466.

TOUCAN, *langue du toucan*. Cette langue du toucan est encore plus singulière que le bec. Ce n'est point un organe charnu ou cartilagineux comme celle des autres oiseaux, mais une véritable plume bien mal placée, comme l'on voit, et renfermée comme dans un étui. T. VII, p. 465.

TOUCAN à *gorge jaune*. C'est de cette espèce de toucan que l'on tire les plumes brillantes pour faire des parures. Ce ne sont que les mâles qui portent ces belles plumes jaunes sur la gorge. T. VII, p. 469. — Cette espèce est la plus commune de toutes à la

Guyane. P. 471. — Son cri est une espèce de voix articulée. *Ibid.*

Toucan *à ventre rouge*. Ses dimensions et sa description d'après de Laët et Aldrovande. T. VII, p. 471. — Erreur de ce dernier auteur à ce sujet. P. 472.

Toucher. Le sens du toucher est la seule chose qu'on doive regarder comme nécessaire, et qui ne doit manquer à aucun animal. T. I, p. 25. — Si le sens du toucher ne rectifiait pas le sens de la vue dans toutes les occasions, nous nous tromperions sur la position des objets, sur leur nombre, et encore sur leur lieu. T. XI, p. 106. — Explication de l'action du sens du toucher. P. 130. — Pourquoi la main est le principal organe du toucher. *Ibid.* — Le sens du toucher étant imparfait dans les animaux qui n'ont pas de mains, ils ne peuvent avoir que des notions très imparfaites de la forme des corps. P. 131. — Le principal organe du toucher chez les animaux est dans leur museau. *Ibid.* — Les signes transmis par le toucher font beaucoup plus d'effet sur les animaux en général, que ceux qui leur sont transmis par l'œil ou par l'oreille. T. VIII, p. 482.

Toucher, est le sens de la connaissance; est plus parfait dans l'homme que dans l'animal. T. V, p. 13 et 14. — Dans les quadrupèdes qui ne peuvent rien saisir avec leurs doigts, ce sens paraît être réuni avec celui du goût, dans la gueule de l'animal. P. 36. — Les oiseaux l'emportent sur les quadrupèdes, quant au toucher des doigts; cependant ce sens est encore imparfait en eux, attendu la callosité de leurs doigts. P. 37. — Voyez *Sens.* — Dans l'homme, le toucher est le premier sens, c'est-à-dire le plus parfait. *Ibid.* — Dans le quadrupède, il est le dernier, dans l'oiseau, il est le troisième. *Ibid.*

Tougnam-courvi, ou gros bec des Philippines; couleurs du plumage du mâle et de la femelle, nid de cet oiseau. T. VI, p. 103.

Toui *à gorge jaune*. T. VII, p. 190.

Toui *à tête d'or* du Brésil, a pour variété la petite perruche de l'île Saint-Thomas. T. VII, p. 192.

Touis, nom brésilien des perruches à queue courte. T. VII, p. 189. — Sont de la grosseur du moineau, et les plus petites des perruches du nouveau continent. *Ibid.*

Touite, *Pinson varié de la Nouvelle-Espagne;* c'est un bel oiseau; sa description. T. VI, p. 193.

Toulou de Madagascar, variété du houhou. T. VII, p. 236.

Toupet-bleu, espèce qui a des rapports avec celle du pape, mais qui se trouvant à l'île de Java, est très différente de l'autre, qui n'existe qu'en Amérique. Sa description et ses dimensions. T. VI, p. 208.

Touraco, un des plus beaux oiseaux de l'Afrique. Sa huppe, couronne ou mitre. N'a de commun, avec le coucou, auquel on l'a comparé, que la position des doigts deux à deux. Bec courbé. Grosseur du geai. Grande queue. Deux ou trois espèces ou variétés dans ce genre. T. VII, p. 202 et suiv. — Son plumage avant et après la mue. P. 202 à 204. — Mange des fruits. Son cri. Indigène en Guinée. Ne paraît pas être en Amérique. P. 203.

Touraco d'Abyssinie, variété du touraco. T. VII, p. 203.

Touraco du cap de Bonne-Espérance, variété du touraco, T. VII, p. 203.

Tourbe. Les couches de tourbe ne sont pas de l'ancienne formation; elles sont produites par l'entassement successif des végétaux et des plantes qui ont pourri les uns sur les autres. T. I, p. 49. — Ces végétaux à demi pourris ne se sont conservés que parce qu'ils se sont trouvés dans des terres bitumineuses, qui les ont empêchés de se corrompre en entier. P. 233.

Tourbe. Plusieurs lieux où l'on trouve de la tourbe. Différence dans les espèces de tourbes. *Add.*, t. I, p. 327 et suiv.

Tourbillons, imaginés par plusieurs physiciens pour expliquer les phénomènes de l'aimant. T. IV, p. 106 et suiv. — Hypothèse de Descartes à ce sujet. P. 107. — La force magnétique ne se meut pas en tourbillon autour du globe terrestre, non plus qu'autour de l'aimant. P. 108.

Tourmaline. La plupart des schorls, et particulièrement la tourmaline, présentent des phénomènes électriques qui ont la plus grande analogie avec ceux de l'aimant. T. IV, p. 91.

Tourmaline. Sa principale propriété est de devenir électrique sans frottement, et par la simple chaleur; cette électricité que le feu lui communique se manifeste par attraction sur l'une des faces de cette pierre, et par répulsion sur la face opposée. T. III, p. 491. — La tourmaline perd son électricité lorsqu'elle est trop chauffée. P. 492. — La tourmaline se fond comme le schorl à un feu violent. *Ibid.* — Ses autres rapports avec les schorls. *Ibid.* — Différentes sortes de tourmalines. *Ibid.* — Tourmalines de Ceylan, du Brésil, du Tyrol, etc. Leurs différences. *Ibid.* et suiv.

Tourne-pierre, nom donné au coulonchaud, et qui convient à la frayonne. T. V, p. 565 (note *b*).

Tourne-pierre, oiseau de rivage ainsi nommé parce qu'il a l'habitude singulière de retourner les pierres pour trouver dessous les vers et les insectes dont il fait sa nourriture. T. VIII, p. 67. — Manière dont il exécute ce mouvement et retourne des pierres qui pèsent jusqu'à trois livres, quoiqu'il

TRAQUET, oiseau qui est toujours en mouvement, comme le traquet d'un moulin. Ses habitudes naturelles et son cri; il est aisé à prendre aux gluaux. T. VI, p. 520. — Discussion critique au sujet du nom que les anciens donnaient à cet oiseau. Sa description. P. 521. — Son nid est difficile à trouver; la femelle y pond cinq ou six œufs d'un vert bleuâtre, avec de légères taches rousses peu apparentes. mais plus nombreuses vers le gros bout. P. 522. — Le traquet est très solitaire; son naturel est sauvage et son instinct paraît obtus. Il ne prend aucune éducation dans l'état de domesticité. *Ibid.* — Ces oiseaux sont très bons à manger lorsqu'ils sont gras. Ils partent dès le mois de septembre dans les provinces septentrionales de France pour passer l'hiver dans des climats plus chauds. P. 523.

TRAQUET (grand), dont le pays est inconnu. T. VI, p. 529.

TRAQUET *d'Angleterre.* Sa description et ses différences avec le traquet commun. T. VI, p. 524.

TRAQUET à *lunette*, oiseau de l'Amérique méridionale. Sa description. T. VI, p. 530.

TRAQUET *de l'île de Luçon.* Sa description. T. VI, p. 527.

TRAQUET *de Madagascar.* Sa description. T. VI, p. 528.

TRAQUET *des Philippines.* Sa description. T. VI, p. 527.

TRAQUET (grand) *des Philippines.* Sa description. T. VI, p. 528.

TRAQUET *du cap de Bonne-Espérance.* Sa description. T. VI, p. 529.

TRAS. C'est auprès d'Andernach que les Hollandais font leur approvisionnement de *tras*, qui n'est qu'un basalte facile à broyer. T. IV, p. 84.

TREMBLEMENTS DE TERRE. Principales causes des tremblements de terre, l'électricité souterraine, l'éruption des volcans et l'écroulement des cavernes. T. II, p. 74. — Leur direction est dans le sens des cavités souterraines, et leur mouvement se fait sentir quelquefois à de très grandes distances. P. 75. — Il y a eu des tremblements de terre longtemps avant l'éruption des volcans, et ces premiers tremblements de terre ont été produits par l'écroulement des cavernes qui sont à l'intérieur du globe. P. 79. — Description détaillée de leurs effets. *Ibid.* et suiv.

TREMBLEMENTS DE TERRE. C'est au fluide électrique, qui peut parcourir en un instant l'espace le plus étendu, que l'on doit rapporter les tremblements de terre qui se font sentir presque dans le même moment à de très grandes distances. T. IV, p. 80. — On a vu souvent l'aiguille aimantée soumise à de grandes irrégularités dans ses variations après les tremblements de terre. P. 136.

TREMBLEMENTS *de terre.* T. I, p. 59 et suiv. — Exposition des funestes effets de quelques tremblements de terre. P. 210 et suiv. — Il y a des tremblements de terre qui se font sentir au loin dans la mer : effets de ces tremblements sur les vaisseaux. P. 213. — Les tremblements de terre ni les volcans n'ont pu produire les montagnes de la terre; raison de cette négation. P. 214 et suiv. — Tremblements de terre de deux espèces; exposition de leurs différences. P. 215. — Les tremblements produits par les volcans sont bornés à un petit espace. P. 216. — Ceux qui s'étendent fort loin ébranlent ordinairement une zone assez étroite de terrain, et sont presque toujours accompagnés de bruits souterrains. *Ibid.* — Exposition des causes des tremblements de terre. *Ibid.* et suiv.

TREMBLEMENTS *de terre.* Les tremblements de terre qui ne sont pas causés par les feux souterrains, dans le temps de l'éruption des volcans, doivent être attribués aux vents et aux orages souterrains, qui ne laissent pas d'agir avec une grande puissance et de s'étendre quelquefois fort loin. *Add.*, t. I, p. 296. — Les vents souterrains ne suffiraient pas seuls pour produire d'aussi grands effets; il faut qu'ils soient accompagnés de l'explosion électrique de la foudre souterraine. *Ibid.* — On peut réduire à trois causes tous les mouvements convulsifs de la terre : la première est l'affaissement subit des cavernes; la seconde, les orages et les coups de la foudre souterraine; et la troisième, l'action et les efforts des feux allumés dans l'intérieur du globe. *Ibid.* — Les tremblements de terre s'étendent toujours plus en longueur qu'en largeur; exemples à ce sujet. P. 297.

TREMPE. Différents effets de la trempe sur la fonte, le fer et l'acier, selon les différentes nuances et les différents degrés de cette trempe. T. II, p. 453. — Expériences à ce sujet. *Ibid.* et suiv.

TREMPE. Effet de la trempe sur le fer et l'acier. T. III, p. 236. — La trempe à l'eau froide rend le fer cassant : exemple à ce sujet. *Ibid.*

TREMPE *du bois.* T. III, p. 237.

TRÉPIDATIONS. L'inclinaison et la déclinaison sont sujettes à des trépidations presque continuelles. T. IV, p. 136.

TRICOLOR huppé ou faisan doré de la Chine, ses couleurs, sa huppe, sa queue. T. V, p. 433. — Produit avec notre faisan des métis peu féconds. *Ibid.* — Différences entre le mâle et la femelle, entre la femelle jeune et la vieille. *Ibid.* — Œufs, durée de la vie. P. 434.

TRICOLOR, espèce de tangara de Cayenne; sa description. T. VI, p. 251.

TRIPOLI. Ce nom vient de Tripoli, en Bar-

et peut-être beaucoup au delà vers le pôle. *Add.*, t. XI, p. 264.

Tucan. Notice au sujet de cet animal, qui paraît être une variété de l'espèce de la taupe. *Add.*, t. X, p. 360.

Tuf. Ce que l'auteur entend par le nom de tuf. T. I, p. 123. — Formation du tuf. *Ibid.*

Tuf. Formation du tuf par la décomposition des marnes; leur gisement au pied des montagnes. T. III, p. 550. — Leur formation de la filtration des eaux. P. 563.

Tuftedape. Le choras a été ainsi nommé. *Add.*, t. X, p. 186.

Tunguses (les) paraissent faire la nuance entre les Samoïèdes et les Tartares. *Add.*, t. XI, p. 268.

Turc. Description d'un chien turc et gredin. *Add.*, t. X, p. 283.

Turnix. Voyez *Caille* de Madagascar.

Turquin, espèce de tangara bleu qui se trouve à la Guyane et au Brésil. T. VI, p. 242.

Turquoises. Le nom de ces pierres vient probablement de ce que les premières qu'on a vues en France ont été apportées de Turquie; cependant, ce n'est point en Turquie, mais en Perse qu'elles se trouvent abondamment. T. III, p. 575. Turquoises de deux qualités; les premières se nomment *turquoises de vieille roche*, et sont d'un beau bleu; celles de la *nouvelle roche* sont d'un bleu pâle ou verdâtre. P. 576. — Différents lieux où se trouvent les turquoises. *Ibid.* — Turquoises colorées par la nature et turquoises colorées par l'action du feu : celles-ci sont plus communes et se trouvent même en France; mais elles n'ont ni n'acquièrent jamais la belle couleur des premières. *Ibid.* — L'origine des turquoises sont les os, les défenses, les dents des animaux terrestres et marins qui se convertissent en turquoises lorsqu'ils sont à portée de recevoir avec le suc pétrifiant la teinture métallique qui leur donne la couleur; et comme le fond de la substance des os est une matière calcaire, on doit les mettre au nombre des produits de cette même matière. *Ibid.* — Os d'animaux trouvés en Languedoc, en 1628, qui ont pris au feu la couleur des turquoises. *Ibid.* — Discussion historique à ce sujet. P. 577 et suiv. — Grande turquoise de

douze pouces de long, de cinq de large et de deux d'épaisseur. Sa description. P. 578. — Différences dans la dureté des turquoises; causes de ces différences. *Ibid.* — Main d'une femme convertie en turquoise, qui est au Cabinet du Roi, et qui a été trouvée à Clamecy, en Nivernais; cette main n'a point subi l'action du feu. *Ibid.*

Turvert, c'est la tourterelle verte d'Amboine de M. Brisson. T. V. p. 537.

Tutunac. Le métal qu'on appelle aux Indes orientales *tutunac* est probablement un alliage d'étain et de bismuth. T. III, p. 340.

Tuyère. Pièce de cuivre ou de fer qui sert à diriger le vent dans l'intérieur des fourneaux de forge. T. II, p. 360.

Tympe. C'est ainsi qu'on appelle une pièce de fer ou de pierre qu'on pose sur le creuset du côté de l'ouverture par où l'on coule la matière dans les grands fourneaux à fondre la mine de fer. T. II, p. 360.

Tyran, origine de ce mot. Les tyrans sont des oiseaux audacieux, querelleurs et très ressemblant aux pies-grièches. T. VI, p. 400.

Tyran *de la Caroline*, sa différence avec le titiri ou pipiri. T. VI, p. 405.

Tyran *de Cayenne*, sa description. T. VI, p. 406.

Tyran *de la Louisiane*, son indication. T. VI, p. 407.

Tzanatltototl. T. VII, p. 200 (note *a*).

Tzeïran, grosse gazelle de l'Orient et de la Tartarie. T. IX, p. 472. — Sa description; singularités de l'accroissement du larynx dans cet animal. *Ibid.* et 473.

Tzeïran. Habitudes naturelles de cet animal, et manière dont on le chasse, par MM. Forster. *Add.*, t. X, p. 487 et suiv. — Les femelles entrent en chaleur à la fin de l'automne, et mettent bas au mois de juin. Les mâles ont une espèce de sac sous le ventre, semblable à celui du musc, et une proéminence au larynx; les jeunes sont très aisés à apprivoiser : ils s'attachent même à ceux qu'ils connaissent; ils vont en troupe dans leur état de liberté. Leur description. La femelle n'a point de cornes. *Ibid.* — Description du tzeïran, par MM. Allamand et Klocner. *Ibid.* et suiv. — Ses dimensions. P. 489.

# U

Unau. Description de l'unau et sa comparaison avec l'aï. T. IX, p. 543. — Il a quarante-six côtes, quoique son corps soit assez court. Aucun animal n'a autant de chevrons

à sa charpente, car l'éléphant, qui de tous en a le plus, n'a que quarantes côtes. *Ibid.* — Les espèces de l'unau et de l'aï nous rappellent ces monstres par défaut, ces ébauches imparfaites, mille fois projetées, exécutées par la nature, qui, ayant à peine la faculté d'exister, n'ont dû subsister qu'un temps, et ont été depuis effacées de la liste des êtres. Ces paresseux sont le dernier terme d'existence dans l'ordre des animaux qui ont de la chair et du sang ; une défectuosité de plus les aurait empêchés de subsister. P. 544. — Misère innée de ces pauvres animaux ; description de leurs habitudes : ils ne peuvent, faute de dents, ni saisir une proie, ni se nourrir de chair, ni même brouter l'herbe ; ils sont réduits à vivre de feuilles et de fruits sauvages. Ils emploient beaucoup de temps à parcourir quelques toises d'espace ; ils emploient aussi beaucoup de temps pour grimper sur un arbre, dont ensuite ils ne descendent plus, et où ils mangent successivement les feuilles de toutes les branches, sans délayer par aucune boisson cette nourriture aride. P. 546 et suiv.

UNAU (l') et l'Aï sont des animaux ruminants, quoiqu'ils n'aient point de cornes ni de bois sur la tête, ni de sabots aux pieds, comme les pieds fourchus, ni de dents incisives à la mâchoire inférieure ; ils ont plusieurs estomacs comme les ruminants, desquels cependant ils diffèrent encore, en ce que leurs boyaux sont très courts, au lieu que ceux des ruminants sont très longs. T. IX, p. 548. — Ils diffèrent de tous les autres animaux quadrupèdes en ce que, au lieu de deux ouvertures au dehors, l'une pour l'urine et l'autre pour les excréments, ces animaux n'en ont qu'une seule au fond de laquelle est un égout commun, un cloaque comme dans les oiseaux. *Ibid.* — Ces animaux paraissent très mal et très peu sentir, et ils ont la vie très dure ; ils ne meurent que longtemps après qu'on leur a percé ou arraché le cœur ; ils ne se trouvent point dans l'ancien continent : erreurs à ce sujet. Description de l'unau que nous avons vu vivant ; ses habitudes naturelles, sa nourriture, etc. *Ibid.* et suiv.

UNAU. Quelques-unes de ses habitudes naturelles. *Add.*, t. X, p. 361.

UNAU, quadrupède fort lent et qui a la vue basse, comme tous les paresseux. T. V, p. 15 et 16.

UNION *des sciences mathématiques et physiques.* Cette union a de grands avantages, mais elle ne peut se faire que pour un très petit nombre de sujets. La plus belle et la plus heureuse application qu'on en ait jamais faite est au système du monde. T. I, p. 31.

UNIVERS. L'ordre systématique de l'univers est à découvert aux yeux de tous ceux qui savent reconnaître la vérité. T. I, p. 69. — Tableau de l'univers. Des milliers de globes lumineux, placés à des distances inconcevables, sont les bases qui servent de fondement à l'édifice du monde ; des millions de globes opaques circulant autour des premiers en composent l'ordre et l'architecture mouvante ; des forces primitives agitent ces grandes masses, les roulent, les transportent et les animent. C'est du sein même du mouvement que naît l'équilibre des mondes et le repos de l'univers. T. II, p. 197.

UNIVERS. L'étendue de l'univers paraît être sans borne, et le système solaire ne fait qu'une province de l'empire universel du Créateur, empire infini comme lui. T. I, p. 397.

URÈTRE. Dans la femelle de l'ondatra ou rat musqué de Canada, l'orifice de l'urètre n'aboutit point, comme dans les autres quadrupèdes, au-dessous du clitoris, mais à une éminence velue située sur l'os pubis, et cette éminence a un orifice particulier qui sert à l'éjection des urines. Cette organisation particulière ne se trouve que dans quelques espèces d'animaux, comme les rats et les singes, dont les femelles ont trois ouvertures. On a observé que le castor est le seul des quadrupèdes dans lequel les excréments et les urines aboutissent également à un réceptacle commun, qu'on pourrait comparer au cloaque des oiseaux. Les femelles des rats et des singes sont peut-être les seules qui aient le conduit des urines et l'orifice par où elles s'écoulent absolument séparé des parties de le génération ; cette singularité n'est que dans les femelles, car dans les mâles de ces mêmes espèces l'urètre aboutit à l'extrémité de la verge, comme dans toutes les autres espèces de quadrupèdes. T. IX, p. 228.

URINE d'autruche. T. V, p. 210 (note *b*).

URSON, animal de l'Amérique septentrionale, que l'on a appelé *porc-épic* de la baie d'Hudson. T. IX, p. 525. — Sa figure, son naturel, ses habitudes, etc. P. 526.

# V W

VACHE *grognante de Tartarie*. Cet animal paraît être de la même espèce que le bison. *Add.*, t. X, p. 523.

VACHE *de Tartarie*. Sa description ; elle est de la même race que le bison. T. X, p. 523.

VACHE MARINE. Voyez *Morse*. T. X, p. 2.

VACHES. Temps de la chaleur des vaches.

T. VIII, p. 541. — Elles portent neuf mois et mettent bas au commencement du dixième. *Ibid.* — Signes de la chaleur de la vache. *Ibid.* — Elle refuse les approches du taureau lorsqu'elle a conçu. *Ibid.* — Manière de conduire les vaches dans le temps qu'elles sont pleines et lorsqu'elles mettent bas. P. 542. — La vache est en état de produire à l'âge de dix-huit mois, et le taureau à deux ans. *Ibid.* — Les vaches et les taureaux ne vivent communément que quatorze ou quinze ans. *Ibid.* — Manière de choisir et de bien conduire les vaches à lait. P. 548. — Les vaches flandrines et vaches bâtardes sont plus abondantes en lait que les vaches de la race commune. P. 551.

VAISSEAUX. Mâture des vaisseaux : il faudrait faire écorcer et sécher sur pied les sapins que l'on emploie à la mâture des vaisseaux ; et à l'égard des pièces courbes qu'on emploie à la construction des vaisseaux, il vaut mieux les prendre d'arbres de brins de la grosseur nécessaire pour faire une seule pièce courbe, que de scier ces courbes dans de plus grosses pièces. Preuve par l'expérience. T. XI, p. 538.

VAISSEAUX. Moyen fort aisé par lequel on pourrait voir à l'œil simple, sans lunettes, les vaisseaux sur la mer d'aussi loin que la courbure de la terre le permet, c'est-à-dire à sept ou huit lieues. T. II, p. 401. — Ce moyen consiste à supprimer l'effet de la lumière intermédiaire. *Ibid.* et suiv.

VALLONS (les) commencent ordinairement par une profondeur circulaire, et de là ils vont toujours en s'élargissant à mesure qu'ils s'éloignent du lieu de leur naissance. T. II, p. 82.

VAMPIRE, quadrupède volant qui se trouve dans les climats chauds du nouveau continent ; nous l'avons nommé *vampire*, parce qu'il suce le sang des hommes et des animaux qui dorment, sans leur causer assez de douleur pour les éveiller. T. IX, p. 237. — Le vampire est d'une espèce différente de la roussette et de la rougette. *Ibid.* — Ses différences et ses ressemblances avec la roussette et la rougette. *Ibid.* — Son naturel malfaisant et sanguinaire. *Ibid.* — Comment il peut sucer le sang sans éveiller une personne endormie. P. 240.

VAMPIRE. Addition à l'article de cette chauve-souris. *Add.*, t. X, p. 239 et suiv.

VANGA de Madagascar, espèce de bécarde. T. V, p. 162.

VANNEAU. Étymologie de ce nom, qui se rapporte au battement bruyant et fréquent des ailes de cet oiseau. T. VIII, p. 27. — Sa description. Il a aussi été appelé *dix-huit* dans plusieurs de nos provinces, parce que ces deux syllabes prononcées faiblement expriment assez bien son cri. P. 28. — Il a les ailes très fortes. Il vole longtemps de suite et très haut ; ses autres mouvements et habitudes naturelles. *Ibid.* — Les vanneaux arrivent en grandes troupes dans nos prairies au commencement de mars, par le vent du sud, après un dégel. Ils se nourrissent de vers qu'ils font sortir de terre en la frappant de leurs pieds. Ils ne se laissent approcher que difficilement. *Ibid.* — Ils forment une grande et nombreuse société dans les mêmes lieux, et cette société ne se rompt que quand la chaleur de la saison commence à se faire sentir, et deux ou trois jours suffisent pour que toute la troupe se sépare par couples qui vont nicher ailleurs. Les femelles font leur ponte en avril ; elle est de trois ou quatre œufs oblongs, d'un vert sombre fort tacheté de noir ; elles les déposent dans les marais, sur les petites buttes ou mottes de terre élevées au-dessus du niveau du terrain. P. 29. — Les œufs sont bons à manger. Le temps de l'incubation est de vingt jours. Les petits courent dans l'herbe deux ou trois jours après leur naissance, aussi vite que les perdreaux. P. 30. — Ils sont alors couverts d'un duvet noirâtre, voilé sous de longs poils blancs, et dès le mois de juillet ils entrent dans la mue et prennent leurs vraies couleurs. C'est alors qu'ils commencent à se rassembler pour ne plus se séparer que dans le temps des nichées suivantes ; ils forment des troupes de cinq ou six cents, les vieux mêlés avec les jeunes. Ces oiseaux paraissent être inconstants et ne se tiennent guère plus de vingt-quatre heures dans le même canton ; mais c'est par nécessité qu'ils changent de lieu lorsqu'ils ont épuisé les vers qui font leur pâture. Ils sont très gras en automne, au mois d'octobre. *Ibid.* — Le vanneau se trouve au Kamtschatka comme en Europe. Ses habitudes naturelles et ses migrations y sont les mêmes. Et l'on peut croire avec Belon que l'espèce en est répandue presque partout. Manière d'en faire la chasse. P. 31. — En France, elle se fait dans le mois d'octobre, et en novembre en Italie, où ils séjournent pendant l'hiver. Le vanneau est un bon gibier. Description de ses parties intérieures. Il a les oreilles placées plus bas que les autres oiseaux. *Ibid.* — Le mâle et la femelle sont de même grandeur ; ils diffèrent seulement par quelques nuances dans les couleurs, qui, dans la femelle, sont plus faibles ; sa huppe est aussi plus petite que celle du mâle, en sorte qu'il paraît avoir la tête plus grosse et plus arrondie que la femelle. Description du plumage, qui varie assez souvent d'un individu à l'autre. P. 32. — Description du bec et des autres parties extérieures. Dimensions de l'oiseau. On peut garder le vanneau en domesticité ; manière de le nourrir. *Ibid.* Il paraît n'avoir qu'un instinct fort obtus. *Ibid.*

Vautour. Son odorat fort inférieur à celui du chien et du renard. T. V, p. 18. — Le vautour, cruel, insatiable, est le représentant du tigre. P. 31. — En quoi diffère de l'aigle, des éperviers, des buses, des faucons, des milans. P. 45 et 84. — Les vautours se réunissent en troupe; seuls entre les oiseaux de proie, s'acharnent sur les cadavres; semblent réunir la force et la cruauté du tigre, avec la lâcheté et la gourmandise du chacal, qui se met également en troupe pour dévorer les cadavres. P. 83. — Yeux à fleur de tête. duvet fin de dessous les ailes, ongles, attitude, vol. P. 84. — Port d'ailes. P. 89 (note *b*). — Intérieur comparé à celui de l'aigle. P. 89. — Le vautour craint plus le froid que la plupart des aigles; moins commun dans le Nord, plus nombreux en Égypte, en Arabie, dans l'Archipel, en Asie, etc.; usage de sa peau passée avec le duvet. P. 92. — Mange de l'herbe dans le cas de nécessité. P. 263.

Vautour à aigrettes. Moins grand que le percnoptère, le griffon et le grand vautour; queue longue et droite; ses aigrettes ou cornes se forment des plumes de sa tête qui se relèvent quand il est posé; son vol; chasse les oiseaux, les lapins, les jeunes renards, les petits faons, le poisson; mange les cadavres, supporte un jeûne de quatorze jours, niche sur les grands chênes et sur les rochers escarpés, ne pond qu'un œuf ou deux. T. V, p. 90.

Vautour brun d'Afrique. A les pieds couverts de plumes. T. V, p. 93.

Vautour doré. Vautour fauve. Voyez *Griffon*.

Vautour du Brésil. Voyez *Marchand*.

Vautour (grand) ou vautour cendré. Un peu moins gros que le griffon, dont il diffère encore par le duvet du cou, plus long, plus fourni et de la couleur du dos, par une espèce de cravate blanche et par quelque diversité de couleur. T. V, p. 90. — Le vautour noir de Belon appartient à cette espèce. P. 92. — Le genre du grand vautour contient plus d'espèces que celui du petit. *Ibid*.

Vautour (grand) d'Aristote. Voyez *Griffon*.

Vautour jaune. Voyez *Griffon*.

Vautour lanier moyen. Voyez *Harpaye*.

Vautour (petit) de Norvège à tête blanche. A le bas de la jambe et les pieds nus; c'est vraisemblablement le petit vautour blanc des anciens; est commun en Arabie, en Égypte, en Grèce, en Allemagne et jusqu'en Norvège; a la tête et le dessous du cou dénués de plumes et d'une couleur rougeâtre; plumage. T. V, p. 93. — On voit en Abyssinie de ces petits vautours blancs, qui ont la base du bec entourée d'une peau jaune qui s'étend sur la tête jusqu'aux oreilles, descend en pointe sous le cou, est dans les uns nue, en d'autres garnie de plumes effilées, de duvet, quelques-uns sont cendrés.

Vautour (roi des), est le plus bel oiseau de ce genre et gros comme une poule d'Inde, a les ailes et la queue plus courtes à proportion que les autres vautours; il a le bec et les principaux caractères des vautours, et de plus une crête dentelée et mobile sur le bec et les yeux entourés d'une peau rouge, l'iris couleur de perles, au bas du cou une fraise dont l'oiseau peut se faire un capuchon, ce qui a donné lieu de lui appliquer le nom de *vautour moine*. T. V, p. 96. — Plumage de cet oiseau; la couleur des pieds est variable dans les différents individus; les ongles sont forts courts et peu crochus; cet oiseau est de l'Amérique méridionale, depuis et compris le Brésil jusqu'à la Nouvelle-Espagne. P. 97. — Il s'élève fort haut, en tenant les ailes étendues et son vol est si ferme, dit-on, qu'il résiste aux plus grands vents. *Ibid*. (note *d*). — N'attaque que les animaux les plus faibles, rats, lézards, serpents; vit aussi d'excréments; sa chair est détestable. P. 96.

Vaya. Voyez *Perroquet noir*.

Végétal (le) convertit réellement en sa substance une grande quantité d'air, et une quantité encore plus grande d'eau; la terre fixe qu'il s'approprie et qui sert de base à ces deux éléments est en si petite quantité qu'elle ne fait pas la centième partie de sa masse. T. II, p. 256. — Le filtre végétal ne peut produire qu'une petite quantité de pierres, tandis que le filtre animal en produit une immense quantité. *Ibid*.

Végétations. Toutes les végétations peuvent se réduire à trois espèces : la première, où l'accroissement se fait par l'extrémité supérieure, comme dans les herbes, les plantes, les arbres, le bois du cerf et tous les autres végétaux; la seconde, où l'accroissement se fait au contraire par l'extrémité inférieure, comme dans les cornes, les ongles, les ergots, le poil, les cheveux, les plumes, les écailles, les défenses, les dents et les autres parties extérieures du corps des animaux; la troisième est celle où l'accroissement se fait à la fois par les deux extrémités, comme dans les os, les cartilages, les muscles, les tendons et les autres parties intérieures du corps des animaux. T. IX, p. 19.

Végétaux (les) tirent pour leur nourriture beaucoup plus de substance de l'air et de l'eau qu'ils n'en tirent de la terre; ils rendent, en pourrissant, à la terre plus qu'ils n'en ont tiré. T. I, p. 110. — Les végétaux par leur développement, par leur figure, par leur accroissement et par leurs différentes parties ont un plus grand nombre de rapports avec les objets extérieurs, que n'en ont les minéraux ou les pierres qui n'ont aucune sorte de vie ou de mouvement. T. IV, p. 143. — Les végétaux participent encore plus que les animaux à la nature du climat. T. IX, p. 3.

Végétaux. Le fond des végétaux, des minéraux et des animaux n'est qu'une matière vitrescible; car tous leurs résidus, tous leurs détriments peuvent se réduire en verre. T. II, p. 7. — Les espèces de végétaux qui couvrent actuellement les terres du midi de notre continent ont autrefois existé dans les contrées du nord. Preuves de ce fait, tirées des monuments et des observations. P. 100.

Végétaux (les) ont un degré de chaleur propre; expérience qui le prouve. T. II, p. 244 et suiv.

Végétaux. Décomposition des végétaux et des animaux. Il y a une très grande différence dans la manière dont s'opère la décomposition des végétaux et des animaux à l'air ou dans l'eau : exposition de ces différences. T. II, p. 621.

Vengoline, oiseau d'Angola en Afrique, dont le ramage est agréable. T. VI, p. 162. — Description de cet oiseau. P. 162 et 163.

Venin. Origine du venin dans la vipère et dans les autres animaux. T. IV, p. 312.

Vent réfléchi, raison pourquoi il paraît souvent plus violent que le vent direct qui le produit. T. I, p. 195. — Le vent d'est est la cause la plus générale de la couleur des nègres. L'on trouve des hommes noirs dans tous les endroits de la zone torride où le vent d'est n'arrive qu'après avoir traversé de grands espaces de terre, et au contraire dans la même zone torride où ce vent arrive après avoir traversé des mers, on trouve les hommes moins noirs ou simplement basanés. T. XI, p. 215.

Ventricule. Différence entre le ventricule d'un coucou sauvage et celui d'un coucou apprivoisé. T. VII, p. 226. — Ventricule d'un jeune coucou velu intérieurement. P. 227.

Vents (les) élèvent des montagnes de sable en Arabie, en Afrique. T. I, p. 61. — Le vent d'est souffle constamment entre les tropiques; causes et origine du vent d'est. P. 191. — Le vent d'est souffle si constamment dans la mer Pacifique que les vaisseaux qui vont d'Acapulco aux Philippines font cette route, qui est de près d'environ deux mille sept cents lieues, sans aucun risque. Ibid. — Les vents d'est et de nord règnent assez constamment dans la mer Atlantique. Ibid. — Le vent d'est contribue par son action à augmenter le mouvement général de la mer d'orient en occident. Le vent du nord règne presque continuellement dans la Nouvelle-Zemble et

dans les autres côtes septentrionales. Ibid. —Énumération des vents qui soufflent pendant un temps dans les différents endroits de la mer. P. 192. — Vents réglés produits par la fonte des neiges. Ibid. — Vents réglés par le flux et le reflux de la mer, et qui ne durent que quelques heures. Ibid. — Les vents de nord sont assez réglés dans les climats au delà des cercles polaires. Ibid. — Causes générales et particulières des vents. P. 193. — On tenterait en vain de donner une théorie complète des vents, et il faut se borner à en faire l'histoire. Ibid.

Vents de mer et vents de terre, leur différence. T. I, p. 193. — En général, sur la mer, les vents d'est et ceux qui viennent des pôles sont plus forts que les vents d'ouest et que ceux qui viennent de l'équateur; et dans les terres, les vents d'ouest et de sud sont plus ou moins violents que les vents d'est et de nord, suivant la situation des climats. P. 194. — Au printemps et en automne les vents sont plus violents qu'en été ou en hiver, tant sur mer que sur terre; raison de cette différence. Ibid. — Les vents sont plus violents dans les lieux élevés que dans les plaines, jusqu'à la hauteur des nuages, c'est-à-dire jusqu'à environ une demi-lieue de hauteur perpendiculaire, plus haut le ciel est serein et les vents y sont faibles, surtout pendant l'été. Ibid. — La force du vent doit s'estimer non seulement par la vitesse, mais aussi par la densité de l'air. P. 195. — Considération des vents sous des points de vue généraux. Ibid.

Vents alizés ou moussons, leurs différences suivant les différents endroits où ils règnent. T. I. p. 196.

Vents particuliers sur certaines côtes. T. I, p. 196.

Vents de terre qui sont périodiques. T. I, p. 197.

Vents en Égypte et sur le golfe Persique en Arabie, si chauds et si suffocants, qu'ils sont mortels. T. I, p. 199.

Vents qui transportent des sables en grande quantité. T. I, p. 199.

Vents (les) sont plus forts au-dessus des montagnes que dans les plaines; ainsi l'air y est au moins aussi dense. Add., t. I, p. 288.

Vents réfléchis (les) sont plus forts que les vents directs, et d'autant plus qu'on est plus près de l'obstacle qui les renvoie; explication et preuve de ce fait. Add., t. I, p. 287.

Vents des soufflets. Conduite du vent dans les grands fourneaux à fondre les mines de fer. T. II, p. 444.

Vents (les) souterrains peuvent électriser les substances conductrices. T. IV, p. 79.

Venturon, nom du serin d'Italie. T. VI,

p. 124. — Il se trouve non seulement en Italie, mais encore en Grèce, en Turquie, comme aussi en Autriche, en Provence, en Languedoc, en Catalogne, etc. *Ibid.* — Son chant. *Ibid.*

VÉNUS (*planète de*). Si Vénus était de même densité que la terre, elle se serait consolidée jusqu'au centre en 2,744 ans, refroidie à pouvoir en toucher la surface en 32,027 ans, et à la température actuelle de la terre en 69,933 ans; mais comme sa densité est à celle de la terre : : 1,270 : 1,000, elle ne s'est consolidée jusqu'au centre qu'en 3,484 ans $\frac{22}{25}$, refroidie au point d'en pouvoir toucher la surface en 40,674 ans, et enfin à la température actuelle de la terre en 88,815 ans, T. I, p. 338. — Recherches sur la perte de la chaleur propre de cette planète, et sur la compensation de cette perte. P. 365 et suiv. — Cette planète jouira de la même température dont jouit aujourd'hui la terre, dans l'année 91643 de la formation des planètes. P. 349. — Le moment où la chaleur envoyée par le soleil à Vénus se trouvera égale à la chaleur propre de cette planète, ne se trouvera que dans l'année 175924 de la formation des planètes. *Ibid.* — Cette planète a été la onzième terre habitable, et la nature vivante y a duré depuis l'année 41969, et y durera jusqu'à l'année 228540 de la formation des planètes. P. 393. — La nature organisée, telle que nous la connaissons, est en pleine existence sur la planète de Vénus. P. 396.

VERDERIN (le) se trouve à Saint-Domingue. Sa description. T. VI, p. 209.

VERDEROUX, espèce de tangara de la Guyane. Sa description. T. VI, p. 249.

VERDIER. Couve l'œuf du coucou. T. VII, p. 206.

VERDIER. Il ne faut pas confondre le verdier avec le bruant, quoiqu'il en porte le nom dans différentes provinces. T. VI, p. 203. — Il passe l'hiver dans les bois; au printemps il fait son nid, qui est presque aussi grand que celui du pinson; il le compose de mousse et d'herbes sèches en dehors; de crin, de laine et de plumes en dedans; il le pose sur les branches dans les arbres ou les buissons touffus. La femelle pond cinq ou six œufs blancs verdâtres, tachetés de rouge brun au gros bout. *Ibid.* — Ces oiseaux sont doux et faciles à apprivoiser, ils apprennent même à prononcer quelques mots; ils vivent d'insectes et de graines. P. 204. — Description de cet oiseau et de ses dimensions. P. 204 et 205.

VERDIER *sans vert*, oiseau du cap de Bonne-Espérance. Sa description et ses dimensions. T. VI, p. 209.

VERDINÈRE, oiseau de l'Amérique qui se trouve dans les bois de l'île de Bahama.

Sa description et ses dimensions. T. VI, p. 208.

VERDIN de la Cochinchine, son plumage, son bec de merle, ses dimensions. T. VI, p. 73.

VERGE *de fer crénelée*. Sa fabrication et son usage. T. II, p. 354.

VÉRITÉ. Ce mot pris généralement n'a jamais eu et ne peut avoir de définition. T. I, p. 28. — Énumération des vérités. *Ibid.* — Les vérités mathématiques ne sont que des vérités de définition d'après des suppositions. *Ibid.* — Ce ne sont que les répétitions exactes des définitions ou suppositions; la dernière conséquence n'est vraie que parce qu'elle est identique avec celle qui la précède, et que celle-ci l'est avec la précédente, et ainsi de suite en remontant jusqu'à la première supposition. P. 29. — Les vérités mathématiques se réduisent à des identités d'idées, et n'ont aucune réalité. *Ibid.*

VÉRITÉS *mathématiques*, pourquoi elles sont exactes et démonstratives. T. I, p. 29.

VÉRITÉS *physiques*, ne sont pas comme les vérités mathématiques fondées sur des suppositions que nous ayons faites; elles ne sont appuyées que sur des faits. La répétition fréquente ou une succession non interrompue des mêmes événements fait l'essence de la vérité physique. *Ibid.* — Ce n'est donc qu'une probabilité, mais une probabilité si grande qu'elle équivaut à une certitude. *Ibid.* — L'évidence mathématique et la certitude physique sont les deux seuls points sous lesquels nous devons considérer la vérité. P. 30. — Les vérités mathématiques auraient été perpétuellement de pure spéculation, de simple curiosité et d'entière inutilité, si on n'avait pas trouvé moyen de les associer aux vérités physiques. *Ibid.* — La vérité livrée à la multitude est bientôt défigurée; une opinion philosophique ne devient une opinion populaire qu'après avoir changé de forme; mais au moyen de cette préparation, elle peut devenir une religion d'autant mieux fondée, que le préjugé sera plus général, et d'autant plus respectée, qu'ayant pour base des vérités mal entendues, elle sera nécessairement environnée d'obscurités. T. IX, p. 68.

VÉRITÉS *morales* (les) sont en partie réelles et en partie arbitraires, et n'ont pour objet et pour fin que des convenances et des probabilités. T. I, p. 29.

VÉRITÉS. Il y a des vérités de différents genres, des certitudes de différents ordres et des probabilités de différents degrés. Toutes les vérités mathématiques se réduisent à des vérités de distinction. T. XI, p. 309.

VERMEILLE, est un rubis dont le rouge est mêlé d'orange. T. IV, p. 2 et 16. — Différence de la vermeille, de l'hyacinthe et du grenat. P. 19.

VERMILLON. Les Romains faisaient grand cas du vermillon, et tiraient tous les ans d'Espagne environ dix mille livres de cinabre, et les anciens Péruviens employaient aussi le cinabre pour faire du vermillon et ne connaissaient pas le mercure avant l'arrivée des Espagnols dans leur pays. T. III, p. 370.

VERMINE des nids d'hirondelles. T. VII, p. 361. — Des martinets. P. 382.

VERNIS, couleur d'or. T. III, p. 262.

VÉROLE, se communique au fœtus, et l'on n'a que trop d'exemples d'enfants qui sont, même en naissant, les victimes de la débauche de leurs parents. T. IV, p. 369.

VERRAT, *cochon mâle*, qu'on destine à la propagation ; ses qualités. T. VIII, p. 578.

VERRE (le) paraît être la véritable terre élémentaire. Les métaux, les minéraux, les sels ne sont qu'une terre vitrescible. T. I, p. 117. — Le verre se change naturellement en argile par un progrès lent et sensible. *Ibid.* — Il se décompose à l'air et il se pourrit, en quelque façon, en séjournant dans la terre. P. 118.

VERRE (le) pesé chaud, couleur de feu, perd en se refroidissant $\frac{1}{570}$ de son poids. T. II, p. 426. — Expériences sur le temps de la consolidation du verre. P. 429. — Il se consolide plus promptement que la fonte de fer. *Ibid.*

VERRE (le) en poudre se convertit en peu de temps en argile, seulement en séjournant dans l'eau. T. II, p. 55. — Preuves que toutes les matières terrestres ont le verre pour base et peuvent ultérieurement se réduire en verre. P. 140.

VERRE (le) est le terme ultérieur auquel on peut réduire, par le feu, toutes les substances terrestres. Il est la base de ces mêmes substances. T. II, p. 256. — Il est la substance la plus ancienne de la nature. P. 261. — Le verre fait ressort et peut plier jusqu'à un certain point sans rompre. Une glace de deux ou trois lignes d'épaisseur peut plier d'environ un pouce par pied. P. 403.

VERRE d'une très grande transparence. T. II, p. 408. — Comparaison de la transparence de ce verre avec la transparence des glaces de Saint-Gobain. *Ibid.* — Composition de ce verre. *Ibid.* — Difficulté de fondre le verre en grande masse épaisse. P. 409 et 410.

VERRE FOSSILE de Moscovie. Voyez *Talc*. T. II, p. 406.

VERRES PRIMITIFS. Comment se sont formés les verres primitifs, desquels toutes les matières vitreuses tirent leur origine. T. II, p. 473. — Le quartz et les autres verres produits par le feu primitif sont très différents des basaltes ou des laves produits par le feu des volcans. P. 474. — Le quartz, le jaspe et le mica sont les trois premiers verres primitifs et en même temps les matières les plus simples de la nature. Le feldspath et le schorl sont les deux derniers verres primitifs ; ils sont moins simples et beaucoup plus fusibles que les trois premiers : raison de cette différence. P. 475. — Objections au sujet de la nature des verres primitifs et réponses à ces objections. P. 476 et suiv. — Le quartz, le jaspe, le mica, le feldspath et le schorl sont les cinq verres produits par le feu primitif ; en les combinant deux à deux, ils ont pu former dix matières différentes ; combinés trois à trois, ils ont pu former encore dix autres matières ; et, combinés quatre à quatre ou tous les cinq ensemble, ils ont encore pu former cinq matières différentes : et, en général, toutes les matières vitreuses ont été produites par leur mélange ou par la combinaison de leurs détriments. P. 484.

VERS. Origine des vers dans le corps des animaux. T. IV, p. 311. — Cause naturelle des vers auxquels les enfants sont sujets. T. XI, p. 22.

VERS (petits) trouvés dans les nids d'hirondelles de fenêtre. T. VII, p. 361.

VERS-MACAQUES. Se logent dans les narines des perroquets, des cassiques, etc., des chevaux, des singes. T. VII, p. 141.

VERT-BRUNET. Sa description. Le verdier des Indes d'Edwards pourrait bien être une variété dans cette espèce. T. VI, p. 207.

VERT-DE-GRIS ou VERDET, est une espèce de rouille qui pénètre dans l'intérieur du cuivre et, avec le temps, en détruit la cohérence et la texture. T. III, p. 306.

VERT DE MONTAGNE. Comment il est produit par la décomposition du cuivre. T. III, p. 305. — Voyez *Chrysocolle*.

VERT-DORÉ ou merle à longue queue du Sénégal. Son vol étroit, son bec court, ses pieds longs, son plumage. T. VI, p. 52. — Individu de cette espèce qui a la queue beaucoup moins longue. *Ibid.*

VERT-DORÉ, espèce d'oiseau-mouche. T. VII, p. 51.

VERT-PERLÉ. Une des plus petites espèces de colibri, guère plus grand que l'oiseau-mouche huppé. T. VII, p. 69.

VERTU *magnétique*. Il suffit de changer la situation respective des parties constituantes d'une masse ferrugineuse, pour faire évanouir la vertu magnétique. T. IV, p. 113. — On peut, sans aimant ni fer aimanté, exciter dans le fer la vertu magnétique à un très haut degré. P. 124.

VÉSICULE du fiel, est grande dans l'aigle commun et de la grosseur d'un marron. T. V, p. 62. — Manque à quelques pintades, auquel cas le rameau hépatique est fort gros. P. 317.

Vésicules (les) que l'on trouve dans les testicules des femelles ne sont pas des œufs comme Graaf et plusieurs autres anatomistes l'ont prétendu. T. IV, p. 217. — Jamais elles ne se détachent des testicules. P. 218.

Vésuve, l'une des premières éruptions du Vésuve s'est faite du temps de l'empereur Vespasien et fit périr Pline le naturaliste. T. I, p. 208. — Le Vésuve et la Solfatare paraissent avoir communication l'un avec l'autre. *Ibid.*

Veuve (grande). Sa description et ses dimensions. T. VI, p. 199.

Veuve *à collier d'or*. Description de cet oiseau. T. VI, p. 197. — Changement dans son plumage. P. 198. — Cette espèce est fort commune sur les côtes de l'Afrique. *Ibid.*

Veuve *à épaulettes* (la) se trouve au cap de Bonne-Espérance. Sa description et ses dimensions. T. VI, p. 200.

Veuve *à quatre brins*. Ses dimensions, sa description; elle se trouve, comme la veuve à collier d'or, sur les côtes d'Afrique. T. VI, p. 198.

Veuve *dominicaine* (la) a les grandes plumes intermédiaires de la queue moins longues que les autres veuves. Sa description. T. VI, p. 199. — Cette espèce, ainsi que la précédente, subit une double mue chaque année. *Ibid.*

Veuve *en feu* (la) se trouve au cap de Bonne-Espérance et à l'île Panay. Sa description. T. VI, p. 201.

Veuve *éteinte*. Sa description. T. VI, p. 203.

Veuve *mouchetée*. Sa description et sa mue. T. VI, p. 200.

Veuves (les), genre d'oiseaux qui se trouvent en Afrique et dans les climats chauds de l'Asie; ils sont remarquables par les longues pennes de leur queue, toujours beaucoup plus allongées dans le mâle que dans la femelle. T. VI, p. 195. — Mue de ces oiseaux. *Ibid.* — Ils font leurs nids à deux étages avec du coton, et la femelle couve au rez-de-chaussée, selon les voyageurs. Ce sont des oiseaux très vifs, mais fort sujets aux maladies; cependant ils vivent douze ou quinze ans. P. 196.

Vibrations. L'aiguille aimantée est presque toujours agitée par de petites vibrations, dont l'étendue est au moins aussi variable que la durée. T. IV, p. 132. — Imperfection des observations faites jusqu'à présent relativement à ces vibrations, ainsi qu'à la déclinaison de l'aiguille. P. 133.

Vie. La durée totale de la vie peut se mesurer en quelque façon par celle du temps de l'accroissement; un arbre ou un animal qui prend en peu de temps tout son accroissement périt beaucoup plus tôt qu'un autre auquel il faut plus de temps pour croître. T. XI, p. 76. — La durée de la vie ne dé-

pend ni des habitudes, ni des mœurs, ni de la qualité des aliments; rien ne peut changer les lois de la mécanique qui règlent le nombre de nos années : on ne peut guère les altérer que par des excès de nourriture ou par de trop grandes diètes. P. 77. — Durée de la vie; à prendre le genre humain en général, il n'y a pour ainsi dire aucune différence dans la durée de la vie : l'homme qui ne meurt point de maladies accidentelles, vit partout quatre-vingt-dix ou cent ans. *Ibid.*

Vie *corporelle*, ne doit pas être considérée comme une quantité absolue, mais comme une quantité susceptible d'augmentation et de diminution. T. XI, p. 81. — Nous commençons de vivre par degrés, et nous finissons de mourir comme nous commençons de vivre. *Ibid.* — Table sur la probabilité de la vie, laquelle approche plus de la vérité qu'aucune des autres tables qui ont été faites auparavant. P. 99. — La glace et le feu sont les éléments de la mort, la chaleur tempérée est le premier germe de la vie. T. II, p. 205.

Vie. Ce que c'est que notre vie dans la réalité. *Add.*, t. XI, p. 240.

Vie des femmes, plus longue que celle des hommes. T. V, p. 31. — Voyez *Cygne*.

Vie des oiseaux plus longue à proportion que celle des quadrupèdes, relativement au temps employé à l'accroissement. T. V, p. 30.

Vie des poissons, plus longue que celle des oiseaux, et pourquoi. T. V, p. 31.

Vie végétative de l'œuf et vie végétative de la matrice dans les ovipares et dans les vivipares. Voyez *Œuf.*

Vieillards. On a observé que dans les pays élevés il se trouve communément plus de vieillards que dans les lieux bas; exemple à ce sujet. T. XI, p. 77.

Vieillard ou oiseau de pluie, coucou d'Amérique. Sa barbe blanche. Il annonce la pluie par ses cris répétés. Se nourrit de graines et de vermisseaux. Plumes de sa tête, soyeuses et duvetées. Taille un peu au-dessus du merle. Estomac très grand. Queue aussi longue que le corps, étagée. T. VII, p. 250. — Variétés. Le vieillard à ailes rousses. P. 251. — Petit vieillard ou coucou des palétuviers. P. 252.

Vieillard *à ailes rousses*, variété du vieillard. Est solitaire. Quitte la Caroline, son pays, aux approches de l'hiver. T. VII, p. 251.

Vieillard (petit) ou coucou des palétuviers de Cayenne, variété du vieillard. Vit d'insectes, surtout de la grosse chenille des palétuviers. T. VII, p. 252.

Vieillesse. Exemples de vieillesse extraordinaires. *Add.*, t. XI, p. 236 et suiv. — Consolation tirée de la nature pour la vieillesse. Lorsque l'âge est complet, c'est-à-dire quatre-vingts ans, la probabilité de la vie demeure stationnaire et fixe. On a toujours trois ans de vie à espérer légitimement, quelque vieux qu'on soit, si l'on se porte bien. P. 239. — Comparaison des jouissances de la vieillesse et de celles de la jeunesse. *Ibid.* — Consolation tirée de la morale pour la vieillesse. *Ibid.*

VIEILLESSE. Exemple d'une vieillesse extraordinaire dans l'espèce du cheval. *Add.*, t. XI, p. 237 et suiv.

VIGNES. Quelques moyens d'y prévenir et tempérer les effets de la gelée. T. XI, p. 556.

VIGOGNE. On a essayé de naturaliser les vigognes en Espagne, mais elles n'y ont pas réussi : cependant on pourrait croire que si on les laissait en liberté dans les Pyrénées et dans les Alpes, elles pourraient y réussir ; il en est de même de l'espèce du lama, toutes deux ne réussissent que dans les plus hautes montagnes. T. IX, p. 537. — Comparaison de la vigogne et de la brebis. La vigogne paraît être une petite espèce de lama. T. X, p. 499.

VIGOGNE (la) est un animal plus petit que le lama. Ses dimensions. *Add.*, t. X, p. 428. — Sa description. Ses habitudes naturelles en captivité. Il paraît que la vigogne a une si grande abondance de salive, qu'elle n'a nul besoin de boire ; elle jette aussi son urine son arrière. L'espèce n'a pas été réduite en domesticité. Nourriture de la vigogne en captivité. P. 429. — Sa laine est encore plus fine que celle de l'alpaca. Les vigognes vont toujours par troupes nombreuses et se tiennent sur la croupe des hautes montagnes du Pérou, du Tucuman et du Chili. Manière de les chasser. Leur propreté, leur timidité. On les prend et on les tue en très grand nombre. P. 430. — Projet pour se procurer en Europe des vigognes, des alpacas et des lamas. P. 431. — Il serait aussi possible qu'il est important de naturaliser en France les vigognes, les alpacas et les lamas. P. 436.

VINETTE. L'oiseau appelé *vinette* en Bourgogne est le même que le bectigue. T. VI, p. 508.

VINGEON ou GINGEON. Description et habitudes naturelles de ce canard. T. VIII, p. 343. — Il fait sa ponte dans nos îles en janvier, et en mars on trouve des petits gingeonneaux. *Ibid.* — Pris quelques jours après leur naissance, ils sont déjà très difficiles à apprivoiser et ont déjà gagné l'humeur sauvage et farouche de leurs père et mère. Leur accroissement est assez prompt. P. 344. — On peut faire couver des œufs de gingeon par des poules, et par là se procurer des gingeons domestiques. *Ibid.* — La chair des gingeons privés est excellente. *Ibid.* — Une raison de plus de désirer de réduire cette espèce en domesticité, est l'in-

térêt qu'il y aurait à la détruire ou l'affaiblir, du moins dans l'état sauvage, parce qu'ils dévastent les cultures. *Ibid.* — Nourriture des gingeons. *Ibid.* — Leur cri est un véritable sifflet que l'on sait imiter. *Ibid.* — Ils ont l'habitude de se percher sur les arbres, et n'ont pas le plumage aussi fourni que les canards des pays froids. P. 345. — Les gingeons sont, dans la basse-cour, les ennemis déclarés de toute la volaille. *Ibid.* — Leur caractère est méchant et querelleur, mais leur force, heureusement, n'égale pas leur animosité. *Ibid.*

VINTZI, espèce de petit martin-pêcheur de l'ancien continent, qui se trouve aux Philippines. Sa description et ses dimensions. T. VII, p. 515.

VIPÈRE (la) n'est pas vraiment vivipare ; elle produit d'abord des œufs, et les petits sortent de ces œufs, et tout cela s'opère dans le corps de la mère ; au lieu de jeter ses œufs au dehors, comme les autres animaux ovipares, elle les garde et les fait éclore en dedans. T. IV, p. 315 et 316.

VIRGINITÉ. Les signes de la virginité physique sont ou imaginaires ou très incertains. T. XI, p. 37. — Préjugé ridicule sur ce sujet. P. 38.

VISAGE. Formes différentes du visage dans les différentes passions. T. XI, p. 56 et suiv.

VISION. Explication de la manière dont se fait la vision. T. XI, p. 103. — Démonstration que nous voyons les objets renversés et doubles, quoique nous les jugions droits et simples. *Ibid.*

VISON, c'est un animal de l'Amérique septentrionale, qui ne nous parait être qu'une variété dans l'espèce de la fouine. T. IX, p. 598 et suiv.

VITESSE *de la lumière* (la) est la plus grande qui nous soit connue, car la lumière fait 80 mille lieues en une seconde. T. II, p. 219.

VITESSE *des planètes et des comètes* (la) est aussi très grande. T. II, p. 219.

VITREC. Voyez *Motteux.*

VITRESCIBLE. Matières vitrescibles ; suivent dans leur refroidissement l'ordre de la densité. T. II, p. 333.

VITRIFIABLE. Matières vitrifiables ; origine et gradation du gisement et de la formation des matières vitrifiables. T. II, p. 262.

VITRIFIABLE. Les matières vitrifiables ne se dissolvent point à l'eau-forte. T. I, p. 109.

VITRIFICATION *générale du globe*. Comparaison de cette vitrification avec celle qui s'opère sous nos yeux par le feu des volcans ; avec les différences de leurs produits. T. II, p. 474.

VITRIOL. On a donné le nom de *vitriol* à trois sels métalliques formés par l'union de l'acide vitriolique avec le fer, le cuivre et le zinc. Et l'on pourrait, sans abuser du nom, l'étendre à toutes les substances dans lesquelles la présence de l'acide vitriolique se manifeste d'une manière sensible. Ces trois vitriols se trouvent dans le sein de la terre, mais en petite quantité, et il paraît que ce sont les seules matières métalliques que la nature ait combinées avec cet acide. T. III, p. 120.

VITRIOL *de cuivre.* Le vitriol de cuivre ou couperose bleue se trouve dans les mines de cuivre. T. III, p. 124. — Manière de tirer ce vitriol des mines de cuivre, et d'en faire avec les débris du cuivre. *Ibid.*

VITRIOL *de fer.* Les mines de vitriol de fer ou couperose verte se trouvent dans les mines de fer, où l'eau chargée d'acide vitriolique a pu pénétrer. T. III, p. 121. — On tire aussi ce vitriol des pyrites martiales, en les décomposant par la calcination et par l'humidité. *Ibid.* — Manière dont se fait cette extraction du vitriol. *Ibid.* Il y en a des mines en France et en Italie. P. 123.

VITRIOL *de zinc.* Le vitriol de zinc ou couperose blanche se trouve dans les mines de zinc ou de calamine. T. III, p. 124.

VITRIOLS *dont la base est terreuse.* Pris généralement, ils peuvent se réduire à deux; le premier est l'alun, et le second est le gypse. T. III, p. 126.

VIVANT *et organisé.* Pourrait-on croire que de certaines formes de corps, comme celles des quadrupèdes et des oiseaux, de certains organes pour la perfection du sentiment, coûteraient plus à la nature que la production du vivant et de l'organisé, qui nous paraît si difficile à concevoir. T. IV, p. 151.

VIVANT *et l'animé* (le), au lieu d'être un degré métaphysique des êtres, est une propriété physique de la matière. T. IV, p. 153.

VOIX. Les gens qui ont la voix fausse n'entendent pas bien également des deux oreilles, et c'est parce qu'ils entendent mal qu'ils chantent faux. T. XI, p. 122. — Le porte-voix pourrait être perfectionné, et on pourrait en faire des cornets d'approche pour l'oreille, comme on fait des lunettes d'approche pour les yeux. P. 123.

VOIX. C'est par l'expiration que l'homme forme sa voix, au lieu que les animaux la forment par l'inspiration. Observations qui semblent le prouver. *Add.*, t. XI, p. 252.

VOIX des oiseaux. En général plus forte à proportion et plus agréable que celle des quadrupèdes. T. V, p. 19 et 27. — Plus agréable dans les pays peuplés et policés que dans les déserts de l'Afrique et de l'Amérique. P. 24. — S'étend, se fortifie, se change, s'éteint ou se renouvelle suivant les circonstances, le temps, etc. P. 26. — Il y a un rapport physique entre les organes de la voix et ceux de la génération, rapport indiqué en ce que les premiers ne s'exercent jamais plus que lorsque les derniers sont plus en action. P. 27. — Observation à faire sur les organes de la voix des oiseaux dans le temps où ils sont en amour. *Ibid.* — Force de la voix des aigles. P. 61. — Voix ou cri de l'autruche. P. 232 et 233. — Où se forme la voix du coq. P. 307.

VOIX ou cri de l'oiseau-mouche. T. VII, p. 38. — Du colibri. P. 59. — Voix des enfants imitée de préférence par le jaco et par tous les oiseaux parleurs, au rapport des anciens. P. 92. — Voix des perroquets de l'ancien monde, différente de celle des perroquets d'Amérique. P. 103. — Le cri de l'ara est *ara*, prononcé d'un ton rauque, grasseyant et très fort. P. 137. — Voix forte du crik à tête violette. P. 166. — Voix du maïpouri, espèce de perroquet semblable à celle du tapir. P. 175. — Différents cris des coucous mâles et femelles, jeunes et vieux. P. 220. — Cri singulier du coucou de Loango. P. 229. — Du quapactol. P. 255. — Cri sourd de l'ani, à quoi ressemble. P. 261. — Cri du momot. P. 267. — De la huppe. P. 276. — Des guépiers. P. 293. — Bourdonnement et cri de l'engoulevent. P. 314. — L'engoulevent varié de Cayenne a deux cris. P. 323. — Cri de l'hirondelle. P. 350 et suiv. — Différents cris des martinets. P. 377. — Cri de l'hirondelle des blés de l'île de France, a du rapport avec celui de notre hirondelle de cheminée. P. 400.

VOL de l'étourneau. T. V, p. 628.

VOL des oiseaux, dépend de la force des muscles pectoraux et du peu de volume et de masse du corps relativement à l'étendue de la queue et des ailes, et à la légèreté des parties dont elles sont composées. T. V, p. 20 et 30. — En trois minutes on perd de vue un aigle qui s'élève et qui présente une étendue de plus de quatre pieds, d'où il suit que cet oiseau parcourt plus de sept cent cinquante toises par minute. P. 29. — Vol des oiseaux, est quatre ou cinq fois plus vite que la course du quadrupède le plus agile. *Ibid.* — Voyez *Ailes, Faucon, Mouettes, Mouvement, Oiseaux.*

VOL du milan. T. V, p. 109.

VOL des hirondelles. T. VII. p. 328. — Leçons de vol données par les hirondelles de cheminée à leurs petits. P. 351. — Vol des martinets. P. 375.

VOLCANS sous les eaux de la mer. T. I, p. 37. — Les volcans se trouvent tous dans les hautes montagnes. Il y en a un grand nombre dont les feux sont éteints; quelques-uns ont des correspondances souterraines. P. 39. — Matières rejetées des volcans sont de même nature que celles qu'on trouve sur la croupe de la montagne; elles sont seulement défigurées par la calcination. P. 58. — Examen de l'action des volcans.

P. 59. — Les volcans sont toujours dans les montagnes et ne se trouvent jamais dans les plaines. P. 60. — Accélération du mouvement dans les tourbillons qu'ils vomissent. P. 72. — Description de l'effet des volcans. P. 269 et suiv. — Explication de la cause et des effets des volcans. P. 206. — Énumération des volcans dans les différentes parties du monde. P. 207. — Les éruptions et les autres effets des volcans dans les pays septentrionaux, tels que ceux de l'Hécla, sont aussi violents que ceux des volcans des pays méridionaux. P. 208. — Énumération des principaux volcans de l'Asie. *Ibid.* — Énumération des principaux volcans de l'Afrique. P. 209. — Énumération des principaux volcans en Amérique. *Ibid.* et suiv. — Les volcans causent des tremblements de terre. P. 210. — Les matières anciennement rejetées des volcans et entièrement refroidies, se sont quelquefois rallumées et ont fait d'assez fortes explosions pour causer des petits tremblements de terre. P. 216. — Le feu du volcan vient plutôt du sommet de la montagne que d'une grande profondeur. *Ibid.* — Raison pourquoi les volcans se trouvent tous dans les plus hautes montagnes. P. 218. — Les volcans sous-marins forment de temps en temps des îles nouvelles. P. 219 et suiv. — Il y a au fond de la mer des volcans semblables à ceux que nous connaissons sur la surface de la terre. P. 221.

VOLCANS. Après la surface des mers, rien sur le globe n'est plus mobile et plus inconstant que la surface des volcans. *Add.*, t. I, p. 296. — Volcans qui rejettent de l'eau ; exemples à ce sujet. P. 304. — Les volcans ont des communications avec la mer ; preuves de cette assertion. *Ibid.*

VOLCANS. Il n'existait aucun volcan en action avant l'établissement des eaux sur la surface de la terre, et ils n'ont commencé d'agir, ou plutôt ils n'ont pu prendre une action permanente qu'après leur abaissement. T. 71. — Volcans terrestres et volcans sous-marins ; différences dans leurs effets. *Ibid.* — Le volcan sous-marin ne peut agir que par instants, et un volcan terrestre ne peut durer qu'autant qu'il est voisin des eaux. P. 72. — Tous les volcans qui sont maintenant en travail sont situés près des mers. *Ibid.* — Les feux des anciens volcans sont devenus plus tranquilles depuis la retraite des eaux ; néanmoins plusieurs continuent de brûler, mais sans faire aucune explosion ; et c'est là l'origine de toutes les eaux thermales, des bitumes coulants et des huiles terrestres. P. 74. — Raison pourquoi les volcans sont situés dans les montagnes. P. 75 et suiv. — Ceux qui sont actuellement agissants s'éteindront dans la suite des siècles. *Ibid.* — Les volcans, par leurs éruptions, ont recouvert de déblais tous les terrains qui les environnent. P, 79.

VOLCANS ÉTEINTS. Il s'en trouve en une infinité d'endroits. Énumération de ceux de la France, de l'Italie, etc. *Add.*, t. I, p. 313 et suiv.

VOLCANS *éteints*. Anciens volcans de l'Auvergne, du Velay, du Vivarais et du Languedoc ; observations sur les matières qu'on y trouve. T. III, p. 85.

VOLCANS ÉTEINTS. On pourrait compter cent fois plus de volcans éteints que de volcans actuellement agissants. T. II, p. 72. — Les volcans éteints sont placés dans le milieu des terres, ou tout au moins à quelque distance de la mer. *Ibid.*

VOLCANS *éteints*. On peut reconnaître des volcans éteints en Bretagne, et les suivre dans une partie du Limousin et en Auvergne, où se sont faites de fortes éruptions. T. IV, p. 82. — La plupart des volcans éteints n'ont pu être produits que par les foudres de l'électricité souterraine. P. 84. — Tous les volcans produits par les tonnerres souterrains n'ont exercé leur action que sur les schistes, les argiles, les substances calcaires et métalliques, et les autres matières de seconde formation et conductrices de l'électricité. *Ibid.* — Divers degrés de conservation de leurs cratères. P. 85. — La plupart des volcans éteints doivent être rapportés aux premières époques des révolutions du globe après sa consolidation, pendant lesquelles ils n'ont agi que par moments. P. 86.

VOLCANS (les) éteints ou actuellement agissants forment de larges bandes qui s'étendent autour du globe dans plusieurs directions. T. IV, p. 81. — Auprès d'Édimbourg, les volcans semblent avoir trouvé des bornes qui les ont empêchés d'entrer dans l'Angleterre proprement dite. P. 82. — Les volcans des environs de Naples et de la terre de Labour, comme tous les autres volcans, semblent éviter les montagnes primitives, quartzeuses et granitiques, qui sont, par leur nature vitreuse, imperméables au fluide électrique. P. 83. — Les volcans et surtout ceux qui sont actuellement agissants, portent sur des cavités dont la capacité est au moins égale au volume de leurs projections. P. 84. — Les premiers et plus anciens volcans n'ont été, pour ainsi dire, que des explosions momentanées. P. 86. — On doit distinguer deux sortes de volcans ; les premiers produits par l'électricité souterraine, et les seconds alimentés par les substances combustibles. *Ibid.* — Les premiers volcans ont laissé des cratères, autour desquels se trouvent des matières fondues par les foudres. *Ibid.* — Parmi les causes accidentelles, les plus puissantes pour changer la direction de l'aimant sont l'éruption des volcans et les torrents de laves et de basaltes qui occupent souvent de très grandes étendues à la surface de la terre. P. 104.

VOLCANS (*matières volcaniques*). Prenant en général toutes les matières rejetées par les volcans, il se trouvera dans leur quantité un certain nombre de substances qui n'ont pas changé de nature; le quartz, les jaspes et les micas doivent se rencontrer dans les laves, sous leur forme propre ou peu altérée; le feldspath, le schorl, les porphyres et granites peuvent s'y trouver aussi, mais avec de plus grandes altérations, parce qu'ils sont plus fusibles; les grès et les argiles s'y présenteront convertis en poudres et en verres; on y verra les matières calcaires calcinées, le fer et les autres métaux sublimés en safran, en litharge; les acides et alcalis devenus de sels concrets; les pyrites converties en soufre vif; les substances organisées, végétales ou animales, réduites en cendres. T. III, p. 72. — On y trouvera aussi des productions formées par l'eau; les laves et les basaltes ont leurs stalactites. *Ibid.* — Exposition particulière des différentes sortes de matières volcaniques. P. 74 et suiv. — Difficulté de distinguer les matières produites par le feu des volcans, de celles qui ont été formées par le feu primitif, ou par l'intermède de l'eau. P. 75. — Brèches volcaniques ou marbres composés de laves et de matières calcaires. P. 78.

VOLCANS. Tableau de l'effet des volcans. T. III, p. 71.—Origine et cause des volcans. P. 73.

VOLCANS. Chrysolithe des volcans, sa description. T. IV, p. 49 et suiv. — Schorls et grenats volcaniques; leur description et leur altération par le feu des laves en fusion. P. 50. — Cristaux de roche, améthystes, hyacinthes des volcans n'ont été que peu ou point altérés par le feu de la lave en fusion. *Ibid.*— Toutes les matières volcaniques, basaltes, laves et laitiers se réduisent à la longue en terre argileuse par l'impression des éléments humides. P. 53. — Produits salins par le feu des volcans, et que l'on peut recueillir dans les matières volcanisées. *Ibid.*

VOLFRAN, est la plus pesante des concrétions du fer produites par l'intermède de l'eau; cause de cette grande pesanteur. La pyrite arsenicale qui en approche le plus est le mispickel. Le volfran est aussi dur que dense, c'est un schorl mêlé d'arsenic et d'une assez grande quantité de fer décomposé par l'eau, parce qu'il n'est point attirable à l'aimant. Description du volfran, il y en a de plusieurs sortes. Le *tungstein* des Suédois est une de ces sortes. T. IV, p. 30.

VOUROU-DRIOU de Madagascar. A douze pennes à la queue. Le bec plus long et plus droit que les autres coucous. T. VII, p. 249. — La femelle plus grosse que le mâle; elle a aussi le plumage différent. *Ibid.*

VOYAGE *autour du monde.* Magellan est le premier qui ait fait le tour du monde en l'année 1519 et dans l'espace de onze cent vingt-quatre jours; François Drake a été le second en 1577 et en mille cinquante-six jours; ensuite, en 1586, Thomas Cavendish fit ce même voyage en sept cent soixante-dix-sept jours. T. I, p. 97.

VUE. Ce sens est plus parfait dans les oiseaux en général que dans les quadrupèdes. T. V, p. 14. — Sans cela les oiseaux n'auraient jamais osé se servir de leur légèreté, et si jamais la nature a produit des oiseaux à vue courte et à vol rapide, ces espèces auront péri. P. 15. — La vue est le seul sens par lequel on puisse comparer immédiatement les espaces parcourus. *Ibid.*— Ce sens est obtus dans les quadrupèdes qu'on nomme *paresseux*, et qui ne se meuvent que très lentement. P. 16. — Un objet ne disparaît à la vue qu'à la distance de trois mille quatre cent trente-six fois son diamètre. P. 17 (note *a*). Voyez *Sens.* — Dans l'homme la vue est le troisième sens, ainsi que dans le quadrupède, et le premier dans l'oiseau. P. 37. — Semble obtus dans les oiseaux de proie nocturnes, parce qu'il est trop sensible. P. 171.

VUE. Effets de sa trop grande sensibilité. T. VII, p. 313. et suiv.

VUE (sens de la). Le premier défaut du sens de la vue est de peindre tous les objets renversés. Un second défaut, c'est qu'on voit aussi d'abord tous les objets doubles. Ces deux erreurs se rectifient par l'usage du sens du toucher. T. XI, p. 103. — Nous ne pouvons avoir par le sens de la vue aucune idée des distances; sans le toucher, tous les objets nous paraîtraient être dans nos yeux, parce que les images de ces objets y sont en effet. P. 105. — On ne peut avoir par ce sens aucune idée de la grandeur relative des objets avant d'avoir fait usage du sens du toucher. *Ibid.* — Erreurs produites par le sens de la vue sur la grandeur des objets lorsque la distance de ces objets nous est inconnue. P. 109. — Autres apparences trompeuses du sens de la vue. P. 110. — Le plus petit angle sous lequel les hommes puissent voir les objets est d'environ une minute. Cet angle donne pour la plus grande distance à laquelle les meilleurs yeux peuvent apercevoir un objet environ trois mille quatre cent trente-six fois le diamètre de cet objet. La portée de nos yeux augmente ou diminue à proportion de la quantité de lumière qui nous environne, quoiqu'on suppose que celle de l'objet reste toujours la même, en sorte que nous pouvons apercevoir le même objet lumineux à une distance cent fois plus grande pendant la nuit que pendant le jour; exemple à ce sujet. P. 111. — Il y a trois choses à considérer pour déterminer la distance à laquelle nous pouvons apercevoir un objet éloigné ; la première est la grandeur de l'angle qu'il forme dans notre œil ; la seconde, le degré de lumière des objets voisins et intermédiaires que l'on voit en même temps, et la troisième, l'intensité de lumière de l'objet même. P. 113. — Les gens qui ont la vue courte, voient les objets plus petits que les autres hommes. P. 114. — Plusieurs causes qui peuvent produire la vue courte. P. 115. — Les gens qui ont la vue courte ne peuvent jamais voir les objets d'aussi loin que les autres, même en faisant usage du verre concave. *Ibid.* — La longue vue des vieillards dépend de plusieurs autres causes que de l'aplatissement des humeurs de l'œil. P. 116.

Vue *claire* et Vue *distincte ;* leur différence. T. XI, p. 115 et 116.

Vue distincte et indistincte. Limites de la vue distincte lorsque les yeux sont inégaux en force. *Add.*, t. XI, p. 242. — Explication des phénomènes de la vue distincte et indistincte. P. 243.

---

Wheel-bird, l'un des noms de l'engoulement. Voyez ce mot.

Whip-pour-whil, ainsi nommé d'après son cri. Ses migrations. Sa ponte. Ses œufs. Incubation. T. VII, p. 317. — A paru nouvellement en Virginie. P. 318. — Taille de cet oiseau. *Ibid.*

Worabée, petit oiseau d'Abyssinie qui a plus de rapport avec le genre des serins qu'avec aucun autre. Sa description. T. VI, p. 149.

Woures-feique de Madagascar, espèce de canard à crête. T. VIII, p. 401.

Wouresmeinte. Voyez *Perroquet noir.*

# X

Xaxbès. Voyez *Sassebé.*

Xiuhtototlt (le) de Fernandez, ou l'oiseau des herbes de Seba ; sa description. T. VI, p. 261. — Cet oiseau n'est pas assez bien indiqué pour qu'on puisse le rapporter au genre des tangaras. P. 162.

Xochitol, troupiale de la Nouvelle-Espagne de Brisson, est selon Fernandez le costotol devenu adulte. T. V, p. 645. — Distinction de deux xochitols décrits par Fernandez ,dont l'un nommé aussi *oiseau fleuri,* semble être celui auquel le nom de *costotol* peut convenir dans son premier âge ; ce xochitol est nommé *carouge* par M. Brisson ; paraît être plutôt un troupiale, suspend son nid comme ce dernier ; son plumage, sa nourriture. P. 646.

# Y

Yacapitzahoac, oiseau du Mexique du genre des grèbes, mais dont l'espèce n'est pas déterminée. T. VIII, p. 124.

Yacou, iacupema, son cri. T. V, p. 449. — N'est ni un faisan ni un dindon ; ses rapports avec l'un et l'autre et avec les hoccos ; sa taille, son cou, son bec, sa queue. P. 449 et 450. — Le *guan* ou *quan* des Indes occidentales d'Edwards, semble appartenir à cette espèce ; son plumage, sa chair bonne à manger ; est, selon Ray, de la même espèce que le *coxolitli* de Fernandez. P. 450.—Le marail est peut-être sa femelle. *Ibid.*

Yarqué. Description de ce sagouin. *Add.*, t. X, p. 221.

Yeux. Énumération des différentes couleurs dans les yeux des hommes. T. XI, p. 51. — Les yeux que l'on croit être noirs ne sont que d'un jaune brun ou d'orange foncé ; il ne faut, pour s'en assurer, que les regarder de près. *Ibid.* — Dans la plupart des animaux la couleur des yeux de tous les individus est à peu près la même ; les yeux des bœufs sont bruns, ceux des moutons sont couleur d'eau, ceux des chèvres sont gris. P. 52. — Explication du mouvement des yeux. *Ibid.* — Les yeux paraissent être formés de bonne heure dans le fœtus ; ce sont même, des parties doubles, celles qui paraissent se développer les premières dans le petit poulet. P. 100. — Les yeux ne sont pas, à beaucoup près, aussi gros à proportion dans le fœtus humain et dans les embryons des vivipares que dans ceux des ovipares. *Ibid.* — Il y a peu de gens qui aient les deux yeux également forts ; lorsque cette inégalité est à un certain degré, on ne se sert que d'un œil, et c'est cette inégalité dans les yeux qui produit le regard louche. P. 113. — Lorsque la portée des yeux est parfaitement égale, on voit mieux avec les deux yeux qu'avec un; mais cette différence ne va qu'à une treizième partie; en sorte qu'avec les deux yeux on voit l'objet comme s'il était éclairé de treize lumières égales; au lieu qu'avec un seul œil, on ne le voit que comme s'il était éclairé de douze lumières. P. 114. — Raison mathématique pourquoi l'on ne voit guère mieux avec les deux yeux qu'avec un. *Ibid.*

YEUX. Lorsque les yeux sont dirigés vers le même objet, et qu'on le regarde des deux yeux à la fois, si tous deux sont d'égale force, l'objet paraît comme s'il était éclairé de treize lumières égales; au lieu qu'en ne regardant qu'avec un seul œil, ce même objet ne paraît que comme s'il était éclairé de douze lumières. *Add.*, t. XI, p. 241.

YEUX LOUCHES. Voyez *Strabisme.*

YEUX LOUCHES. Moyen de redresser les yeux louches. *Add.*, t. XI et suiv. — Le principal de ces moyens est de couvrir le bon œil pendant huit ou quinze jours, et de faire agir le mauvais œil, c'est-à-dire le plus faible; on lui verra reprendre de la force par cet exercice forcé. P. 246. — Observations à ce sujet. *Ibid.* et suiv. — Raisons pourquoi les personnes louches tournent le mauvais œil du côté du nez. *Ibid.* — Lorsque l'inégalité de force dans les yeux est excessive, elle ne produit pas le regard louche. P. 249.

YEUX. Voyez *Œil.* Ceux de l'autruche, T. V, p. 207.

YEUX (les) des petits hirondeaux crevés se rétablissent d'eux-mêmes. T. VII, p. 351.

YSQUIEPATL ou MOUFFETTE, est un animal très différent des fourmiliers. T. IX, p. 253. — C'est le même animal que le *coase* ou *squash* de la Nouvelle-Espagne. P. 593. — Autre ysquiepatl, qui est le même animal que le chinche. *Ibid.*

# Z

ZANOÉ, comparé à la pie, son cri, son plumage. T. V, p. 590.

ZÈBRE. Cet animal appartient à l'ancien continent et ne se trouve point dans le nouveau; il paraît affecter un climat particulier, c'est surtout à la pointe de l'Afrique où on le trouve plus communément. T. IV, p. 561. — Sa description, sa grandeur, sa forme, etc. T. IX, 418. — Le zèbre ne se mêle ni ne produit avec l'âne ou le cheval. P. 419. — Il ne se trouve que dans les parties orientales et méridionales de l'Afrique. P. 420. — On a fait ce qu'on a pu pour rendre les zèbres domestiques et pour les faire servir aux mêmes usages que les chevaux; mais jusqu'à présent on n'a pas pleinement réussi. P. 422. — Cependant si le zèbre était dressé jeune, il pourrait peut-être servir aux mêmes usages que le cheval et l'âne. *Ibid.* — Le zèbre pourrait bien provenir du mélange de deux espèces différentes. La nature, dans aucun de ses ouvrages, n'est aussi tranchée ni aussi peu nuancée que sur la robe du zèbre. T. IV, p. 486.

ZÈBRE. Comparaison du zèbre avec l'âne et le cheval. *Add.*, t. X, p. 420. — Cet animal tient de plus près au cheval qu'à l'âne. *Ibid.* — Conjectures sur l'identité de l'espèce du zèbre et du czigithai ou mulet de Daourie. P. 421. — On peut espérer qu'en réduisant le zèbre en domesticité on en tirerait une grande utilité. *Ibid.*

ZÈBRE. Il y a dans l'espèce du zèbre une variété qui paraît constante. *Add.*, t. X, p. 423. — Description de cette variété. *Ibid.* — Cette variété, qui n'est pas rayée, est d'un naturel plus doux et plus souple que les autres zèbres. *Ibid.* — Exemple de l'accouplement d'un âne avec une femelle zèbre, et de la production d'un petit métis de ces deux animaux. P. 423 et 424.

ZÉBU (le) n'est pas le *bubalus* des anciens; ce n'est qu'une variété dans l'espèce du bœuf. T. IX, p. 373. — Origine de cette race de petits bœufs. P. 382.

ZÉBU (le) semble être un diminutif du bison, dont la race, ainsi que celle du bœuf, a subi de très grandes variétés, surtout pour la grandeur. Quoique originaire des pays très chauds, peut vivre et produire dans nos pays tempérés. Exemple à ce sujet. *Add.*, t. X, p. 519. — La loupe que cet animal porte sur le dos est une fois plus grosse dans le mâle que dans la femelle. *Ibid.*

ZÉLANDE. Habitants de la Nouvelle-Zélande; leur description par le capitaine Cook. *Add.*, t. XI, p. 294.

ZÉLANDE (Nouvelle-). Il est douteux qu'on y ait trouvé des perroquets. T. VII, p. 181.

ZÉOLITHE. Les anciens n'ont fait aucune mention de cette pierre; elle se trouve en grande quantité dans l'île de Féroë. Il ne faut pas confondre la vraie zéolithe avec une autre pierre à laquelle on a donné le nom de *zéolithe veloutée*, et qui n'est qu'une pierre calaminaire. T. III, p. 588. — Description et propriétés de la vraie zéolithe.

*Ibid.* — Différentes sortes de zéolithes et leurs différentes propriétés. *Ibid.* et suiv. — La zéolithe n'a pas été produite par le feu, mais par l'intermède de l'eau, qui réside toujours dans sa substance en certaine quantité. *Ibid.* — Différents lieux où l'on trouve des zéolithes.

ZEMBLIENS. Habitants de la Nouvelle-Zemble; discussion critique à ce sujet. *Add.*, t. XI, p. 255 et suiv.

ZEMNI. Description du zemni; son naturel et ses habitudes sont à peu près les mêmes que celles du hamster et du zizel. *Add.*, t. X, p. 359 et 360.

ZIBELINE. Sa description, ses variétés, son changement de couleur selon la saison, son agilité, son inquiétude, surtout pendant la nuit, etc. T. IX, p. 599. — Les zibelines habitent le bord des fleuves; elles vivent de chair, de poisson et de graines. Elles se trouvent principalement en Sibérie; leur fourrure est très précieuse, les plus noires sont les plus estimées. Manière dont se fait la chasse des zibelines. P. 600.

ZIBELINES. Habitudes naturelles de ces animaux. Leur nourriture. Temps de leur accouplement. Ils produisent quatre à cinq petits. Manière de les chasser. *Add.*, t. X, p. 270.

ZIBET. Ses ressemblances et ses différences avec la civette. T. IX, p. 217.

ZILATAT, espèce de petit héron ou crabier blanc du nouveau continent, qui se trouve au Mexique. Sa description. T. VII, p. 620.

ZIMBRE. Voyez *Bison*.

ZINC. Ce demi-métal se tire également de la pierre calaminaire et des blendes. T. III, p. 395. — Comparaison de cette pierre calaminaire et des blendes. *Ibid.* — Le zinc existe non seulement dans la pierre calaminaire et les blendes, mais encore dans plusieurs mines de fer. P. 396. — La formation des mines de zinc est postérieure à celle des autres mines métalliques, et même postérieure à leur première décomposition. *Ibid.* — Le zinc est très volatil, il ne se trouve dans aucune mine primordiale des métaux. *Ibid.* — Manière de tirer le zinc des blendes et de la pierre calaminaire. *Ibid.* — Lieux où l'on trouve des minières de pierre calaminaire. *Ibid.* et suiv. — Le zinc s'emploie rarement pur et n'est pas même si propre à faire du cuivre jaune ou du laiton que la pierre calaminaire. P. 397. — Manière dont se fait le laiton ou cuivre jaune avec le cuivre rouge et la pierre calaminaire. *Ibid.* — Le zinc est non seulement très volatil, mais très inflammable. P. 398.

— Moyen d'obtenir le zinc dans sa plus grande pureté. *Ibid.* — Propriétés naturelles du zinc, ses conformités et ses différences avec l'étain. *Ibid.* et suiv. — Fleurs de zinc. Conversion de la chaux de zinc en verre couleur d'aigue-marine. P. 400. — Le zinc en fusion, et sous sa forme propre, s'allie avec tous les métaux et minéraux métalliques, à l'exception du bismuth et du nickel. *Ibid.* — Alliage du zinc avec les métaux, il les rend tous aigres et cassants. P. 401. — Amalgame du zinc avec le mercure est différent des autres amalgames. *Ibid.* — La chaux du zinc est très difficile à réduire et conserve mieux sa blancheur que la céruse ou chaux de plomb. Il paraît donc que le blanc de zinc serait préférable au blanc de plomb dans la peinture. *Ibid.* — Le vitriol de zinc est blanc et se trouve assez souvent dans le sein de la terre. *Ibid.*

ZINC, ne se trouve qu'en concrétions, puisqu'on ne le tire que de la pierre calaminaire et des blendes. Il n'a été formé par la nature qu'après toutes les autres substances métalliques. Raison de cet effet. T. IV, p. 45. — Plusieurs mines de fer de dernière formation contiennent beaucoup de zinc, et c'est par son affinité avec le fer que la substance du zinc, qui est volatile et inflammable, s'est fixée. Preuve de cette assertion. *Ibid.* — Régule de zinc est plus ou moins attirable à l'aimant. *Ibid.*

ZIZI, ce nom exprime le cri de cet oiseau qui ne se trouve point dans les pays septentrionaux. T. VI, p. 285. — Il s'apprivoise aisément. On pourrait soupçonner qu'il est de la même espèce que le bruant. *Ibid.* — Description du mâle et de la femelle. P. 286. — Dimensions. *Ibid.*

ZIZEL. Ses ressemblances et ses différences avec le hamster. T. X, p. 327. — Description du zizel et ses habitudes naturelles. *Ibid.*

ZITZIL. Voyez *Colibri piqueté*.

ZONE (la) incendiée par les feux souterrains a pris une double direction en partant d'Antibes. T. IV, p. 82 et 83.

ZONE TORRIDE. Le fer, tenu verticalement, acquiert plus promptement et en plus grande mesure la vertu magnétique dans les zones tempérées et froides que dans la zone torride. T. IV, p. 120.

ZONÉCOLIN, chante assez bien, est huppé; sa femelle. T. V, p. 501.

ZOPILOTL, nom mexicain du vautour du Brésil, ou du marchand. T. V, p. 98.

ZORILLE. Quatrième espèce de mouffette. T. XI, p. 593. — Sa description. P. 597.

FIN DE LA TABLE ANALYTIQUE

*<br>* *

PARIS — IMPRIMERIE V° P. LAROUSSE ET C<sup>ie</sup>

19, RUE MONTPARNASSE, 19

*<br>* *

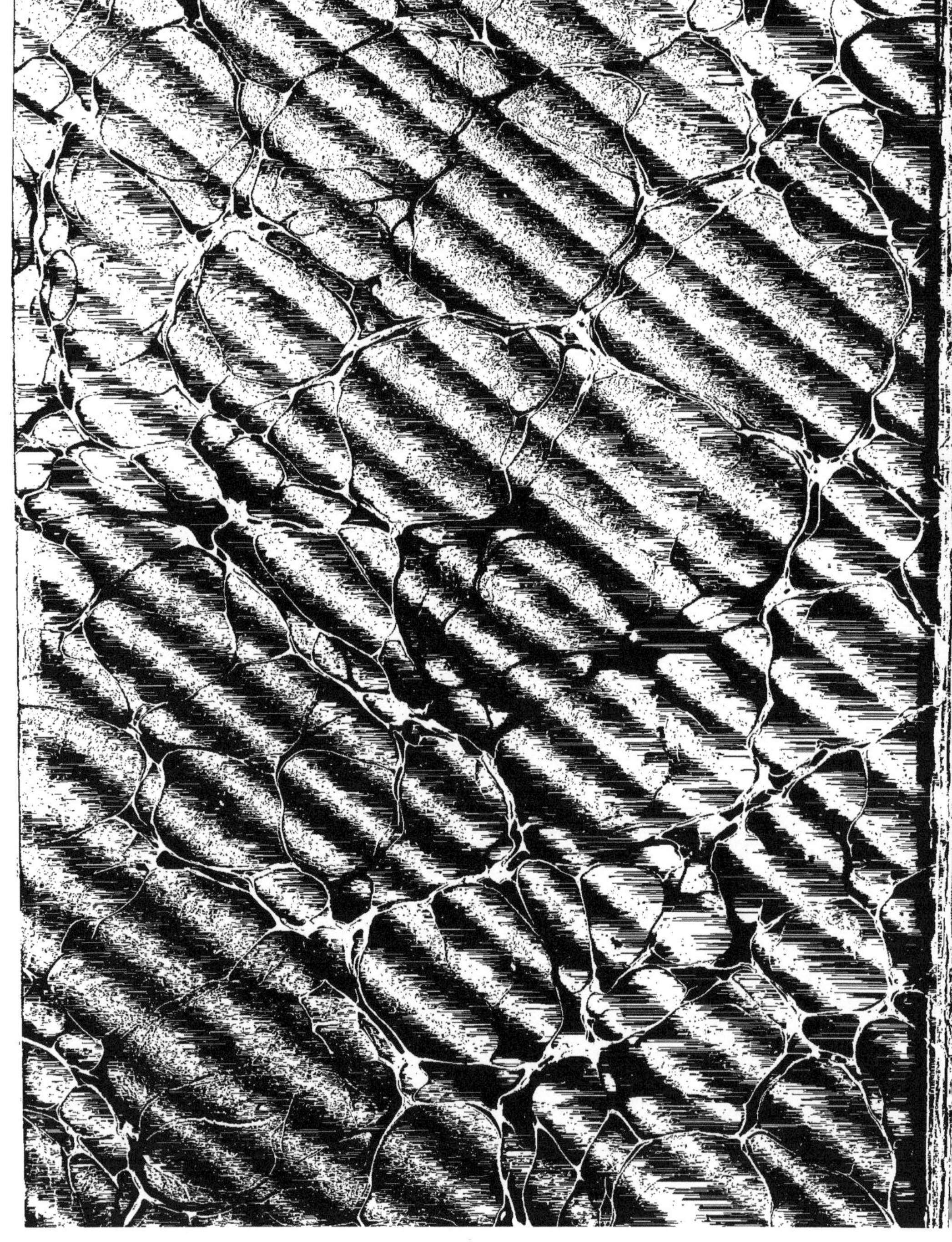

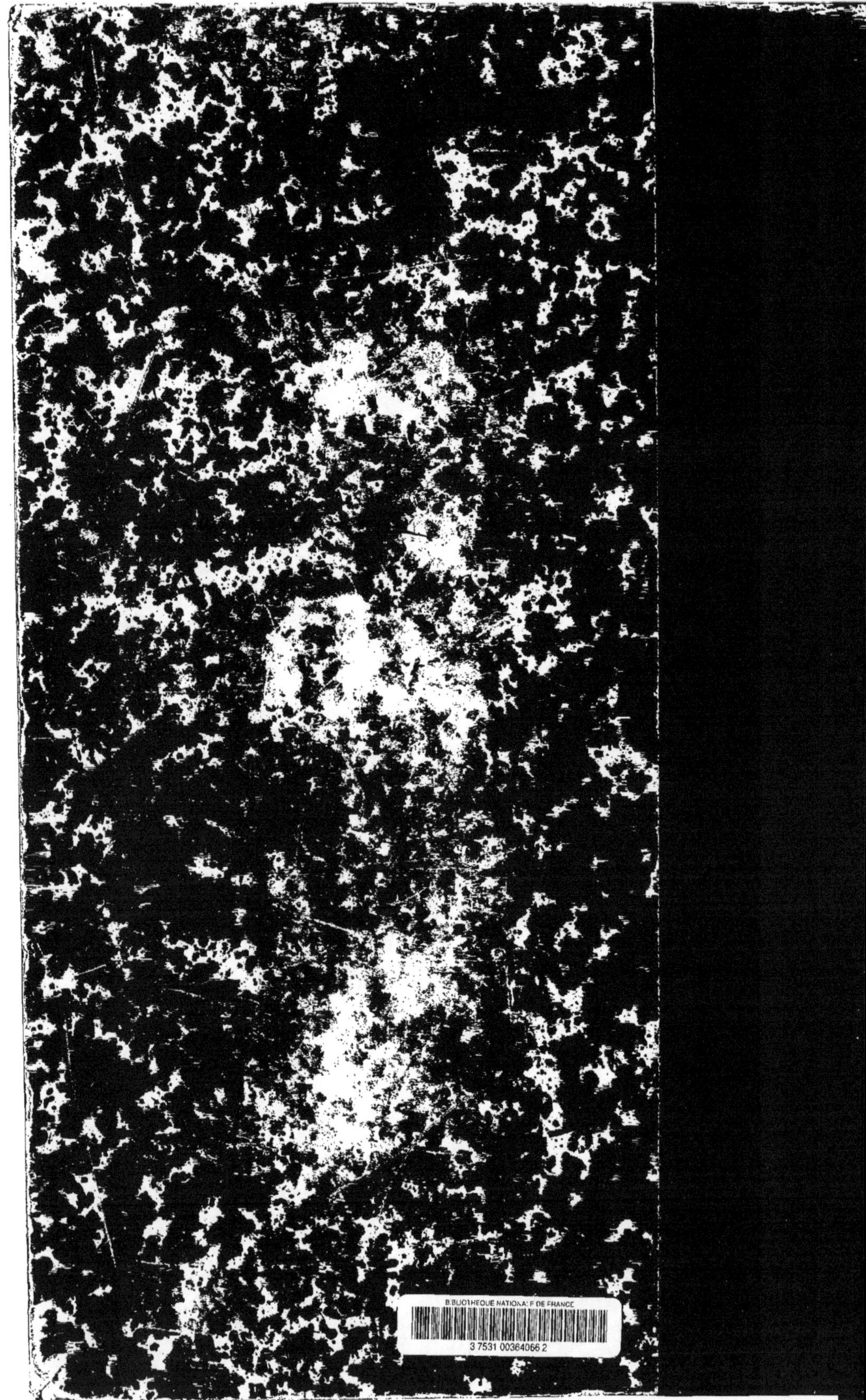
BIBLIOTHEQUE NATIONALE DE FRANCE

3 7531 00364066 2

www.ingramcontent.com/pod-product-compliance
Ingram Content Group UK Ltd.
Pitfield, Milton Keynes, MK11 3LW, UK
UKHW020606230726
13926UKWH00005B/2230